中国自动化
技术发展报告

ZHONGGUO ZIDONGHUA JISHU FAZHAN BAOGAO

孙优贤　陈　杰　等编著

化学工业出版社

·北京·

图书在版编目（CIP）数据

中国自动化技术发展报告/孙优贤等编著．—北京：化学工业出版社，2017.11
ISBN 978-7-122-30715-6

Ⅰ.①中⋯　Ⅱ.①孙⋯　Ⅲ.①自动化技术-技术发展-研究报告-中国　Ⅳ.①TP2-12

中国版本图书馆 CIP 数据核字（2017）第 243681 号

责任编辑：宋　辉　　　　　　　　装帧设计：王晓宇
责任校对：王素芹

出版发行：化学工业出版社（北京市东城区青年湖南街 13 号　邮政编码 100011）
印　　装：大厂聚鑫印刷有限责任公司
787mm×1092mm　1/16　印张 32¼　字数 860 千字　2018 年 1 月北京第 1 版第 1 次印刷

购书咨询：010-64518888（传真：010-64519686）　售后服务：010-64518899
网　　址：http：//www.cip.com.cn
凡购买本书，如有缺损质量问题，本社销售中心负责调换。

定　　价：128.00 元

编写委员会

编写人员名单

章	负责人	参加编写人员
第1章 综述	孙优贤（浙江大学） 陈　杰（北京理工大学）	孙优贤　陈　杰
第2章 冶金自动化	阳春华（中南大学） 丁进良（东北大学）	孙　备
第3章 化工自动化	朱群雄（北京化工大学） 杜文莉（华东理工大学）	程　辉　赵　亮 田　洲　耿志强
第4章 能源自动化	管晓宏（西安交通大学） 韩　璞（华北电力大学） 袁景淇（上海交通大学）	曾豪骏
第5章 工业控制网络	仲崇权（大连理工大学）	陈　晨
第6章 人机交互自动化	戴琼海（清华大学）	刘世霞　田　丰
第7章 数控机床自动化	于海斌（中国科学院沈阳自动化研究所）	王明辉　于　东　贺鑫元 胡静涛　朱志浩
第8章 机器人	于海斌（中国科学院沈阳自动化研究所）	王明辉　胡静涛　王笑寒 何玉庆　赵新刚　潘新安 姜志斌　刘金国　丛　杨 宋国立　胡明伟
第9章 车辆自动驾驶 及控制	陈　虹（吉林大学）	高炳钊　许　芳　赵海艳 高金武　刘奇芳

章	负责人	参加编写人员
第 10 章 列车运行控制 及自动驾驶	宁　滨（北京交通大学）	荀　径　唐　涛
第 11 章 航天航空自动化	段广仁（哈尔滨工业大学） 胡　军（北京控制工程研究所）	周　彬
第 12 章 陆用装备自动化	陈　杰（北京理工大学）	邓　方

　　自动化科学与技术在当今社会发展中起着至关重要的作用，并且正经历着日新月异的发展和变化，为全面展现中国自动化行业与技术发展概貌，中国自动化学会组织专家编写，由化学工业出版社出版《中国自动化技术发展报告》（以下简称《报告》）。《中国自动化技术发展报告》是一本全面反映我国自动化技术发展水平的报告。内容包括冶金自动化、化工自动化、能源自动化、工业控制网络、人机交互自动化、数控机床自动化、机器人、车辆自动驾驶及控制、列车运行控制及自动驾驶技术、航天航空自动化和陆用装备自动化十一大工业领域中自动化技术的发展状况和趋势，分别介绍自动化技术的系统特征、国内外发展现状、新技术新方法、应用情况以及本行业的自动化技术发展建议。本报告的目的是把脉技术现状、分析发展动向、为技术人员和决策者提供宏观支持。

　　为写好本报告，2016年7月，自动化领域知名学者共同组成了报告的编写委员会，负责报告的起草工作，经过深入交流与充分讨论，决定将自动化技术所涉及的研究领域分为十一个大的方面，分别剖析其特征和意义，梳理并介绍该技术领域的国内外现状及发展趋势、最新技术与方法、应用情况，凝练研究方向和发展建议等。

　　经过编写组数十位专家、学者一年多的写作和反复修改，《报告》得以完成。《报告》分为12章，第1章"综述"由浙江大学孙优贤和北京理工大学的陈杰负责，第2章"冶金自动化"由东北大学的丁进良、中南大学的阳春华负责，第3章"化工自动化"由北京化工大学的朱群雄和华东理工大学的杜文莉负责，第4章"能源自动化"由西安交通大学的管晓宏、华北电力大学的韩璞和上海交通大学的袁景淇负责，第5章"工业控制网络"由大连理工大学的仲崇权负责，第6章"人机交互自动化"由清华大学的戴琼海负责，第7章"数控机床自动化"和第8章"机器人"由中国科学院沈阳自动化研究所的于海斌负责，第9章"车辆自动驾驶及控制"由吉林大学程虹负责，第10章"列车运行控制及自动驾驶"由北京交通大学的宁滨负责，第11章"航天航空自动化"由哈尔滨工业大学的段广仁和北京控制工程研究所的胡军负责，第12章"陆用装备自动化"由北京理工大学的陈杰负责。

　　由于报告涉及多个行业和领域，参加编写的专家、学者众多，在此不一一列举，详细的编写人员名单在文前列出。

　　《报告》的顺利完成得益于国内外多名专家和同行的鼎力支持，同时，有很多为《报告》编写提供帮助的教授、学者、行业从业人员和研究生，他们是：龚至豪、方浩、邓华民、邱晓波、武云鹏、蔡涛、白永强、辛斌、陈晨、陈文颉、甘明刚、彭志红、孙健、窦丽华、高欣、王亚军、吴峰华、马彦、章新杰、张建伟、许男、王菲、张玉新、褚洪庆、郭露露等，感谢他们为本书付出的辛勤工作。

　　由于编著者水平所限，疏漏之处在所难免，恳请读者批评指正。

编著者

目 录
CONTENTS

第 *1* 章
综　述

控制科学在当今社会发展中起着至关重要的作用，并且正经历着日新月异的变化，为全面展现中国自动化行业与技术发展概貌，推动中国自动化技术的加快发展，中国自动化学会组织行业专家编写《中国自动化技术发展报告》。

2016 年 7 月，由孙优贤院士牵头，自动化领域多位知名学者共同组成了编写委员会，负责《报告》的起草工作，经过编委会深入交流与充分讨论，决定将自动化技术所涉及的研究领域分为冶金自动化、化工自动化、能源自动化、工业控制网络、人机交互自动化、数控机床自动化、机器人、车辆自动驾驶及控制、列车运行控制及自动驾驶、航天航空自动化和陆用装备自动化十一个方面，分别剖析其特征和意义，梳理并介绍该技术领域的国内外现状及发展趋势、最新技术、应用情况，凝练研究方向和发展建议。

1.1　自动化技术在各行业的发展状况

近十年来，自动化科学在中国获得了很大的发展，取得了长足的进步，但真正在理论上有较大影响或便于应用的原创性成果仍然较少，基于控制的具有自主知识产权的成果也很鲜见，这与我国处于世界第二大经济体的地位和大力推进科技强国的目标是不匹配的，特别是一些高端智能控制装备仍依赖进口，核心技术亟待突破。

当今处于信息化时代，在日新月异的信息科学大环境中各领域的自动化技术都在快速发展。为了比较精确地把握其发展方向、研究控制科学中一些新分支，就必须对各自动化技术的历史与现状进行系统分析。下面从以下几个自动化技术领域来分别阐述。

1.1.1　冶金自动化

（1）发展背景及研究意义

冶金是从矿石中提取金属或金属化合物，用各种加工方法将金属制成具有一定性能的金属材料的过程和工艺。冶金工业可以分黑色冶金和有色冶金。冶金工业在我国有着悠久的历史，书中这部分内容主要围绕钢铁冶金、有色冶金和矿物处理这三方面对冶金自动化的研究背景进行介绍。

冶金工业是我国国民经济的重要基础产业，其广泛地涉及机械、电子、化工、建材、航天、航空、国防军工等各个行业，为我国国民经济和国防军工发展提供基础和关键性的材料，在经济建设、社会发展和国家安全中具有不可替代的战略地位。随着我国经济的发展，冶金工业也取得了巨大的发展，目前我国在冶金方面的产量和制造能力均居世界前列。但是随着世界经济发展速度的放缓，我国冶金行业面临着利润大幅下降、经营困难等挑战。另一方面现代工业发展对冶金工业在高质量、精细化等方面提出了更高的要求。因此传统的冶金自动化技术已经无法满足现代工业生产的需求，冶金自动化技术的创新和发展是从根本解决冶金工业困境的有效途径。

（2）研究现状及发展方向

随着信息技术和自动控制技术的发展，冶金自动化和其他行业一样取得了长足的发展与进步。冶金工业属于典型的流程工业过程，其自动化系统普遍采用 PCS（过程控制系统）、MES（制造执行系统）和 ERP（企业资源规划系统）所构成的三层体系结构。各个层次系统的发展概况如下。

目前我国大多冶金行业生产过程控制系统（PCS）广泛采用了 PLC、DCS、工业 PC 实现数字化自动控制，现场总线、工业以太网相结合的网络应用已经普及，无线通信、RFID 等物联网、移动通信网开始应用；常规检测仪表的配备比较齐全，钢水温度成分预报、铸坯和钢材表面质量等软测量技术在现场获得应用；取样测温、扒渣、自动标识等工业机器人开始应用于钢铁过程；将工艺知识、数学模型、专家经验和智能技术结合，应用于炼铁、炼钢、连铸和轧钢等典型工位的过程控制和过程优化；涌现了操作平台型高炉专家系统、"一键式"全程自动化转炉炼钢、智能精炼炉控制、加热炉燃烧优化控制、热连轧模型控制、冷连轧模型控制、竖炉和磨机等耗能设备智能运行反馈控制、铝电解槽优化控制等先进控制技术与系统。

制造执行系统在大型冶金企业基本普及，通过信息化促进生产计划调度、物流跟踪、质量管理控制、设备维护、库存管理水平的提升；EMS（能源管理系统）通过建立能源中心，实现了电力、燃气、动力、水、技术气体等能源介质远程监控、集中平衡调配、能源精细化管理等功能；涌现了全流程物流件次动态跟踪、炼铸轧一体化计划编制、高级计划排产、设备在线诊断、一贯制质量过程控制、基于大数据的产品质量分析等技术和系统。

企业资源规划系统在信息化技术的支撑下已经在基于互联网和工业以太网的 ERP、CRM（客户关系管理）、SCM（供应链管理）、电子商务等取得成功应用，在更好地满足客户需求、缩短交货期、精细控制生产成本方面发挥了作用；一些重点企业在聚集了海量的生产经营信息资源的基础上，建立了数据仓库、联机数据分析、决策支持和预测预警系统，着手进行数据挖掘、商业智能等深度开发；一些重点企业建立了集团信息化系统，支持企业一体化购销和异地经营，涌现了产销一体化、供应链深度协同等具有国际先进水平的技术和系统。

冶金自动化系统的发展也面临新的问题和挑战。从企业内部情况来看，各层次功能相对独立，无法实现各种终端的互联，信息交互不畅，忽略了不同生产过程之间以及调度管理信息间的紧密联系，使大量的信息和知识得不到有效利用。从企业之间情况来看，企业普遍存在着设备网、控制网、现场总线、工业以太网和互联网等多种网络形式且各网络互不兼容，信息的开放、共享和可用性较差，部分信息传输的实时性得不到保证。新一轮产业革命正在孕育，高技术与战略性新兴产业迅猛发展，对冶金工业的需求不断增长，为其发展提供了新契机。大数据、人工智能、工业互联网、工业云等新技术为冶金工业的发展创造了新动能和新挑战。因此，如何实现冶金行业智能制造和智能生产是未来一段时间研究的重点。

1.1.2 化工自动化

（1）发展背景及研究意义

自动化系统是石化工业实现生产"安、稳、长、满、优"的重要保障和技术系统，随着化工过程规模和复杂程度越来越高，其突出问题是，在原材料变化情况下如何保证系统的正常运行和优化，这给工业自动化系统提出了更高的要求，增加了更多的难度。

石化工业流程长、产品多、工艺复杂、装置规模不一，在激烈的世界市场竞争中，其产品结构需进一步优化，技术水平急需提高。各企业需要持续提高运行管理和日常操作优化等水平，通过细化管理和技术进步，进一步保证工业系统运行安全、提高能源利用效率、降低能源消耗，推进装置的节能减排高效运行。

以上总体目标的实现离不开工业过程自动化和运行优化技术。工业过程自动化是信息技术、计算机技术和工业过程仿真技术等综合利用,对生产过程的知识与运行信息进行处理和整合,借助生产过程控制技术和集成管理,提高和发挥企业的潜在生产力,实现工业过程的自动化与智能化运行及与效益、能耗、产品、环境等密切联系的生产指标获得优化控制。

(2)研究现状及发展方向

由于在典型的炼化装置生产操作过程中,存在着动态响应时间滞后、变量未能在线测量、动态响应非线性、干扰相互偶合、约束、大的外部干扰等特性,从而导致传统的 PID 控制效果不佳。20 世纪 70 年代初,学术界提出以多变量预估控制为核心的先进控制(advanced process control,APC)理论,根据装置运行的实时数据,采用多变量模型预估技术计算出最佳的设定值,送往控制器执行。多变量预估控制范围不再只是针对某个具体的工艺测量值或与之有关的变量,而是根据 1 组相关的测量值乃至整个装置的所有变量。通过实施 APC,可以改善过程动态控制的性能,减少过程变量的波动幅度,使生产装置在接近其约束边界的条件下运行(卡边操作)。20 世纪 90 年代以来,大规模的模型预估控制和用于优化的非线性预估控制技术得以完善,在石油化工行业获得广泛应用,大量工业装置在已有 DCS 基础上配备了先进控制系统。

先进控制可以保证该控制环节稳定运行在给定工况,但先进控制不能确定装置的最优工况及对应的生产参数。针对该问题,在先进控制的基础上,进一步研发出针对整个装置的在线、闭环在线优化(real-time optimization,RTO)技术。在线优化是模拟和控制的紧密结合,在装置稳态模型的基础上,通过数据校正和更新模型参数,根据经济数据与约束条件进行模拟和优化,并将优化结果传送到先进控制系统。

近 10 年来,在先进控制的建设完成之后,进行在线优化建设已经成为过程工业的热点,国外化工企业纷纷在主要化工装置上实施了在线优化系统,并获得了良好的经济效益回报。

先进控制和在线优化不仅是生产过程的核心,更是企业信息化的关键所在,因此应在企业信息化建设规划中加以统筹,实现与 MES、APS、ERP 等信息系统及 DCS、PLC 等控制系统的有机整合,从而进一步促进工业化和信息化融合。

当前世界各国先进的石油化工企业正在越来越深入广泛地利用信息技术解决生产实际问题,通过应用先进的信息技术,为企业取得了巨大的经济效益,成为企业技术进步中一项投入少、增效快的重要措施。国外大企业集团在制订今后 20 年技术发展规划时,均进一步增大了有关信息技术开发应用的比重。国外炼化行业信息化的发展趋势是:生产过程进一步向集中控制发展,生产过程信息与经营管理信息集成,实现管控一体化,工厂管理模式向高效率的扁平化方向变化;提高生产过程先进控制、优化及处理故障水平,直接从生产过程中获取效益,生产多种牌号产品、新产品满足市场需求;利用在线模型实时指导生产全过程,降低生产成本,提高生产经营效益,增强企业的竞争能力。面对日益增长的竞争,对于生产装置的局部和整体的优化被提到了前所未有的高度。

1.1.3 能源自动化

(1)发展背景及研究意义

能源与环境问题关系到人类社会的生存和可持续发展。当前,可持续发展和能源安全、环境保护和全球气候变化的矛盾突出,完全消耗煤、油等化石能源的能耗模式难以为继。优化能源结构,在能源的生产和消费中节能减排,充分利用多种能源特别是可再生能源,协调优化能源生产与需求,是解决能源与环境问题必须采用的措施。目前能源利用主要存在四个方面的问题:首先充分利用水能,迅速扩大使用风能、太阳能等可再生新能源,是最终解决能源环境问题的必由之路。其次是风能、太阳能等可再生能源产能的不确定性,即产量由风速、光照强度等自然条件决定，它们的精确预测十分困难，且无法大规模经济存储。风电、光电等可再生电源接入电网后，如何保证电网安全稳定运行，具有很大挑战性。而能源需求端的节能优化极其重要，如何实现更新改造生产设备和工艺的节能潜力，同时优化企业能源系统的运行都是能源节能减排的重要方向。最后能量实时平衡是能源电力系统自动化运行的特点，当能源供应包含较大比例的可再生新能源时，产能具有高度不确定性，电网很难按传统的方法满足电能需求。另外，能源需求特别是高耗能企业的能源需求通常也具有高度不确定性。不确定能源供给与不确定能源需求之间的多尺度时空匹配，对能源系统的安全经济运行提出了全新的挑战。

实现上述节能减排的关键是信息科技和能源自动化技术。应用最新的信息技术，充分感知能源生产与消耗的状态信息以及与可再生能源生产密切相关的环境信息，对能源生产和消耗进行实时监测、预测、统一优化调度和控制，以便优化协调和配合能源生产和消耗，在不改变设备和工艺的前提下，实现节能减排、降低能源生产成本的目标。

（2）研究现状及发展方向

能源的自动化可体现在各个能源领域的各个阶段。目前主要有火力、水力、风力、光伏、光热发电这五种发电方式，虽然可持续再生能源作为一种新型能源，其技术尚未成熟，但是火力、水力发电自动化系统作为一种成熟的能源控制系统，给这些可再生能源的自动化提供了一定的参考价值。

一个完整的能源自动化系统一般包括两部分：数字化总体控制系统，不同级别的监控信息系统。目前应用最为广泛的数字化总体控制系统为分散控制系统，其主要综合了顺序控制、协调控制、逻辑控制以及专家控制等综合控制，整个系统基本实现了智能化、分散化的总体目标；而现场总线作为连接智能现场设备和自动化系统的数字式、双向传输、多分支结构的通信网络，可以更好地实现现场设备的数字化与智能化，但是由于技术和商务的原因，现场总线技术仍未实现控制系统的全面覆盖。监控信息系统是通过将整个发电的自动化系统进行互联，建立统一的实时数据库和应用软件开发平台。另外，架设控制系统与管理系统的桥梁，实现生产信息与管理信息的共享。在此基础上，通过计算、分析、统计、优化、数据挖掘手段及图形监控、报表、WEB发布等工具，实现发电厂生产过程监视、机组性能及经济指标分析、机组优化运行指导、机组负荷分配优化、设备故障诊断、寿命管理等应用功能，从而在更大的范围、更深的层次上提高生产运行和生产管理的效率，为企业经营者提供辅助决策的手段和工具，最终提高发电企业的综合经济效益。遗憾的是，监控系统的发展并不尽人意，上面提出的许多目标都没有实现。现在应用比较成熟的主要功能有发电厂生产过程远程监视与数据报表、机组性能及经济指标计算等。关于监控信息系统还有许多理论和技术需要做较为深入的研究。

当前，可持续发展和能源安全、环境保护和全球气候变化的矛盾突出，能源生产与消费模式的革命成为国际共识，也成为以德国"工业4.0"、"中国制造2025"等国家战略为代表的第四次工业革命的一部分。信息与能源技术深度融合，形成能源流与信息流融合的信息物理融合能源系统（CPES）或者能源互联网，对提高能源利用效率，推动节能减排至关重要。因此如何实现能整个能源网络的自动化也成为目前及未来的研究热点之一。

1.1.4 工业控制网络

（1）发展背景及研究意义

书中这部分内容主要讨论可编程控制器（program logic controller，PLC），PLC为一种专为工业环境应用而设计的数字运算装置，由可编程的存储器、控制器和IO接口构成。通过顺序循环执行的输入信号采集、控制指令执行与运算结果输出等操作实现对目标装备与生产过程的监视、控制和管理。其融合了自动化、计算机以及网络通信等技术，成为各种机械装备和生产过程控制中最为重要和普及，应用场合最多的工业控制网络装置。

在 PLC 的多年发展过程中，逐步在逻辑控制、流程控制以及运动控制领域中形成了相应的编程标准，同时监控管理组态软件的流行以及标准网络接口的加入分别解决了 PLC 控制系统的编程开发、监控管理与网络通信问题，推动了其在冶金、汽车、市政、交通、纺织、机器人等各领域的应用。虽然目前的控制软件能够解决控制网络中 PLC 设备在不同场合下的应用，但是在生产规模、生产效率以及生产工艺要求日益提高的情况下，PLC 对于控制网络增大，控制逻辑复杂产生的问题无法很好地解决，主要包括以下两部分问题。

首先在各类工业现场中受布线条件、应用环境与成本等因素影响，多种不同类型的总线并存。不同类型的总线由不同厂商的 PLC 设备提供支持。但对控制系统而言，这些互不兼容的网络相互孤立，不同总线内部的数据无法自由流动和共享，系统集成困难。其次在 PLC 控制系统中，随着系统规模、网络结构的日益复杂，在控制能力提高的同时，系统的开发与维护难度也急剧增大。现有的设备和编程开发工具都是面向单个设备的编程方式。用户局限于网络内单个设备功能的实现，其开发效率、维护难度以及从系统角度实现网络环境的整体功能的实现。

因此，在多种网络构成的 PLC 控制系统中，如何对网络内不同总线不同类型设备进行统一的操作、管理与监控；如何提高统一操作与管理过程中的通信效率与服务质量；以及如何将控制网络视为一个整体进行统一的编程开发，通过编译将控制程序分散下载至最佳设备，是 PLC 控制网络发展过程中必须要解决的问题。

（2）研究现状及发展方向

PLC 控制系统由设备、变量与网络组成。PLC 设备以事件触发、循环扫描的方式执行控制程序，完成各自的控制功能；变量记录控制指令的执行结果与控制程序的运行状态；通过网络进行设备间程序运行级别的程序同步与数据共享，实现控制程序的分布式执行。由此可知多总线集成及程序开发与编译是工业控制网络中最重要的两个部分。

不同类型的设备具有不同的参数，不同的工程应用对应不同的变量定义与控制程序，而不同总线则需要不同的参数与变量获取方法。在 IEC61158 第四版标准中，定义了包括 11 种工业以太网在内的 19 种现场总线标准。而在目前控制网络中，控制软件应分别支持不同总线的通信方式、通信命令与报文，目前主流的多总线设备集成主要有 EDDL、FDT 以及 OPC-UA 技术，都是从不同角度实现了总线的设备集成，但本质上以上三种技术均需要针对不同总线开发专用软件与设备通信，如果设备非标或设备厂商没有提供上述软件产品，现场工程师很难开发出满足标准的 EDDL 解释程序、设备与通信 DTM 组件或 OPC UA 服务器程序，这也成为工业现场开展设备集成工作所面临的主要问题。目前国内外已有学者开始尝试使用 XML 语言对通信协议的内容开展描述研究，如 Baroncelli 等提出了 XMPL（XML-based Multi-Protocol Language），同时从 2012 年开始，由斯坦福大学主导提出的软件定义网络 SDN 技术受到了越来越多的学者与研发人员的关注。虽然尚未在工业中得到应用，但是都从不同角度对解决现有的多总线设备集成问题有一定的启发性。

目前可编程控制系统的程序开发需要针对每个控制器单独编程，相关研究主要侧重于编译算法、程序优化方法以及针对各自硬件平台的程序并行执行算法。目前已有大量方法针对不同的目标平台与编程语言开展了 PLC 控制程序的编译、优化与仿真研究，但都只是针对单台设备，没有涉及网络化多 PLC 控制系统设备间程序并行分析、任务分配与变量同步等问题的研究，这将是未来 PLC 工业控制网络研究的重点和难点之一。

1.1.5 人机交互自动化

（1）发展背景及研究意义

从自动化和人机交互的发展来看，二者是相辅共生的关系。随着数量庞大的知识与信息的产生，许多复杂的问题单纯依靠自动化技术很难获得精确且高效的处理结果，往往需要借助于人机协同和交互来实现最终的目标。从发展趋势来看，随着大数据研究与应用的迅速发展，如何能够在庞杂稀疏的海量大数据中自动获取有价值的知识与信息，做出正确的决策，是大数据时代要解决的核心问题，也是提升人工智能水平所面临的难题。同时，随着知识总量以爆炸式的速度急剧增长，旧的知识很快过时，知识像产品一样在频繁更新换代，人类当前分析利用海量知识的能力，还存在着巨大的不足。

人机交互自动化包括人与计算机或智能空间的通信过程，随着信息化进程的推进，其应用已渗透到了包括文化教育、医疗卫生、制造服务业等国民经济各行业和国防军事领域，并已成为 21 世纪重大信息技术之一。全球著名的管理咨询公司麦肯锡于 2013 年 5 月发布了一份题为《颠覆性技术：技术进步改变生活、商业和全球经济》的报告，就 2025 年影响人类生活和全球经济的颠覆技术进行了预测，其中最具影响力的前五项颠覆性技术中的移动互联网、知识工作自动化、物联网和先进机器人四项，均以人机交互与自动化作为重要支撑。国家对于下一代人机交互与自动化的理论和方法对于经济社会发展的推动作用有着十分清楚的认识，在《国家中长期科学和技术发展规划纲要（2006～2020 年）》中把人机交互与自动化理论作为支撑信息技术发展的科学基础，并列入面向国家重大战略需求的基础研究；"十二五"科技发展规划把同人机交互与自动化相关的研究列入强化前沿技术研究领域，强调要突破"海量数据处理、智能感知与交互等重点技术，攻克普适服务、人机物交互等核心关键技术。"人机交互与自动化解决的是人类如何与计算机智能地相互作用，以及如何设计出与计算机智能地互动的工具，这不仅是人们日常使用计算机和诸多高端应用领域面临的重大课题，也是人类如何设计和使用科技这一重大主题的核心内容。

（2）研究现状及发展方向

人机交互与自动化相结合的技术体系，从基础的理论到最终的产业化应用形态共分为四个层级："模型与方法层"，"范式与关键技术层"、"平台层"、"产业应用层"。为支撑上述技术体系，针对人机交互与自动化相结合技术的特点，目前国内外已有的关键技术包含以下几个方面：主要研究视觉传感、深度传感、触控传感等多传感器数据融合技术的多源感知技术，主要研究新一代语音识别技术、人体姿态估计技术、手势理解技术等的自然交互技术，主要研究依赖新型传感器的人体生理参数获取及理解技术的生理计算技术，主要研究新型主动式及被动式单向脑机接口技术，主要研究基于多元信息融合技术的用户意图理解算法，主要研究对用户情感状态的理解和基于情感的交互技术，主要研究复杂信息及其分析结果的呈现方式的信息可视化技术等。同时为了更好实现人机交互的信息传递及其可视化，行为捕捉装置、生理信息采集器件、脑机接口芯片、微显示设备、自动化处理平台、自然交互平台等硬件系统同样需要进行重点研发。

目前国外许多国家已经把人机交互与自动化相结合作为研究发展规划的重点。美国政府的"网络与信息技术研发计划战略规划（NITRD）"中对人机交互和信息系统（HCI&IM）的预算每年占比达 20%，在八个领域中列第二。麦肯锡 2013 年报告列出的前五项颠覆技术中有四项（移动互联网、知识工作自动化、物联网、先进机器人）以人机交互为支撑。以美国为代表的许多国家已经把人机交互与自动化相结合作为研究发展规划的重点。而我国同样在不断加大在人机交互领域的投资，目前在机器人、智能穿戴设备以及智能家电等方面也已经取得了相当大的进步。

1.1.6　数控机床自动化

（1）发展背景及研究意义

数控系统是机床装备的"大脑"，是决定数控机床功能、性能、可靠性、成本价格的关键因素，数控系统关系到国家经济、产业安全和国防安全。是现代各种新兴技术和尖端技术产业的"使能产业"。

目前在我国数控系统中，经济型数控系统已形成规模优势并主导中国市场；普及型数控系统已经形成了较大的产业规模，但日本、德国等外国品牌的市场份额仍然较高；国产高档数控系统的关键技术已经取得突破，但外国品牌仍然占据绝大多数份额。

可看出，我国数控系统产业仍基础薄弱，"缺心少脑"，作为信息"大脑"的数控系统其安全可控和自主化应用问题形势依然严峻。因此为实现国产数控系统产量市场占有率和产值市场再提高，需要数控系统包括伺服驱动、伺服电机等关键技术的自主创新和自主可控。

（2）研究现状及发展方向

数控技术的发展始于 1952 年，美国麻省理工学院研制出第一台试验性数控系统，开创了世界数控系统技术发展的先河。20 世纪 90 年代以来，受计算机技术高速发展的影响，利用 PC 丰富的软硬件资源，数控系统朝着开放式体系结构方向发展。该结构不仅使数控系统具备更好的通用性、适应性和扩展性，也是智能化、网络化发展的技术基础。进入 21 世纪，数控系统技术在控制精度上取得了突破性进展。从而获得更高的加工精度。目前，德、美、日等国企业已基本掌握了数控系统的领先技术。运转率进一步提高，循环时间得以缩短，并逐步实现了数控系统的数字化、无纸化生产以及网络化和智能化。

我国对数控系统技术的研究始于 1958 年，经过几十年的发展已形成具有一定技术水平和生产规模的产业体系。虽然国产高端数控系统与国外相比在功能、性能和可靠性方面仍存在一定差距，但近年来在多轴联动控制、功能复合化、网络化、智能化和开放性等领域也取得了一定成绩。

为进一步发展我国的数控系统技术，建议加大我国对数控行业的扶持力度。建议进一步加强、集中对数控系统行业的管理和协调功能，充分发挥政府的服务功能，及时解决发展中的问题，推动国产数控系统行业的持续健康发展。同时，加强协调指导，采取多方面的政策措施，支持我国数控系统自主化建设。此外，在国家拉动内需政策实施过程中，切实带动国产数控系统企业的发展，避免出现拉动"外需"的出现。

1.1.7　机器人

（1）发展背景及研究意义

机器人是一种能够半自主或全自主工作的智能机器，可以辅助甚至替代人完成工作。现在已从最初的简单机电一体化装备，逐渐发展为具备生机电一体化和智能化特征的装备，通过加装的传感器信号进行信息融合而具有很强的自适应能力、学习能力和自治功能，从而能更方便地服务人类生活、扩大或延伸人的活动及能力范围，并显示出不可替代的作用和地位。机器人作为高端智能装备的突出代表，是衡量一个国家科技创新和高端制造业水平的重要标志，它的发展越来越受到世界各国的高度关注。

目前，机器人系统可细分为特种机器人、服务机器人和工业机器人这三大类机器人系统。随着新材料、新能源以及人工智能等技术的快速发展，机器人的智能化程度将越来越高，特别是人机交互的层次将日渐加深。同时，由于新一代信息技术与机器人技术的深度融合，机器人将具备更深层次的思维和学习能力。

工业机器人即面向工业领域应用的机器人系统，主要从事焊接、装配、搬运、切割、喷漆、喷涂、检测、码垛、研磨、抛光、上下料、激光加工等作业，能改善工人工作环境、提高劳动生产率、提高成品率、改善健康安全条件、缓解招工压力等。它是产业高端化的重要指标，是提升制造产业发展质量和竞争力的重要路径。

特种机器人是面向特殊应用的机器人系统，从运动空间上包括地面机器人、水下机器人、飞行机器人、空间机器人等。机器人可以替代人员进入危险环境进行长时间、近距离作业，提高任务完成效率，保护人员安全，对维护社会稳定和经济发展起到重大作用。

服务机器人是面向家庭、生活及类似环境中的机器人系统，包括医疗机器人、康复机器人、行为辅助机器人、家政服务机器人、教育娱乐机器人、助老助残机器人等。可以有效缓解老龄残障人群的社会服务压力、推动民生科技快速发展、是实现先进科技成果惠及民生的战略举措。

（2）研究现状及发展方向

机器人既是制造业的关键支撑装备，也是改变人类生活方式的重要切入点，正成为全球高科技竞争的新增长点。世界机器人前沿技术已经从最初的简单机电一体化装备，逐渐发展成为具备生机电一体化和智能化特征的装备，具有很强的自适应能力、学习能力和自治功能。

以欧美及日本为代表的工业机器人技术日趋成熟，从伺服系统、精密减速器、运动控制器三大核心零部件的核心关键共性技术，到系列机器人本体、典型行业工艺与集成应用、多机协作与网络协同控制等关键应用技术，都已到达实用化水平。我国工业机器人技术在多个领域已实现了技术突破，产业已经初具规模。初步突破了国产电机及其驱动、减速器、控制器的关键技术研发和小批量试制，并在国产机器人上实现小批量应用。在工业机器人领域我国已形成了工业机器人全系列的产品，实现了初步产业化，在多个领域得到广泛应用。

国外特种机器人技术具有较高技术成熟度和工程化水平，在航天、军事、反恐防暴等领域应用成果显著。随着高性能仿生、高速作动、多模感知以及新能源、新材料在特种机器人领域的应用，将推动国际特种机器人技术水平达到一个新的高度。我国部分特殊环境服役机器人进入实际应用，包括水下机器人、南极科考移动机器人样机、核裂变堆运行维护机器人、灾难救援、公共安全等多种型号机器人样机等。

国外服务机器人在关键共性技术方面实现突破，医疗康复等行业形成了较大的产业规模。我国服务机器人技术经过多年发展，在医疗康复、助老助残、家政服务等方面实现了丰富的技术积累，取得了一批技术成果，实现初步产业化。

为进一步发展我国的机器人自动化技术，对于工业机器人，需要从优化设计、材料优选、加工工艺、装配技术、专用制造装备等多方面入手，全面提升高精密减速器、高精度伺服电机、高性能机器人专用伺服驱动器、网络化智能型机器人控制器等关键零部件的质量稳定性，以突破技术壁垒。为推进服务机器人实现商品化，重点突破人机协同与安全、信息技术融合、影像定位与导航、生肌电感知与融合等关键技术。此外，要大力开展新一代机器人技术，包括人机共融、人工智能、机器人深度学习等前沿技术研究。

1.1.8 车辆自动驾驶及控制

（1）发展背景及研究意义

汽车电控系统是根据汽车机械结构，通过电子技术实现汽车控制与优化的机电一体化车体控制装置。汽车电控系统包括动力控制系统，底盘控制系统和车身电子控制系统。从产品需求角度来说，汽车电控系统除了复杂的功能要求外，还应具备实时性、安全性、可靠性，以及环保性。市场需求对汽车电控系统的高标准要求，使得电控系统在技术开发过程中面临诸多问题、开发周期较长，对传统控制理论和方法的应用提出了挑战。

　　如今，汽车电子化程度的高低，已成为衡量汽车综合性能和技术水平的重要标志。在汽车产业高速发展的直接推动下，我国汽车电子零部件产业有了长足的发展，国内汽车电子作为后发市场，汽车电子厂商多集中在附加值较低的领域，与国外巨头差距较大。此外，过去几年我国汽车电子产业在国内汽车产业飞速发展的带动下发展迅速，企业的技术实力、服务水平都得到较大提升。但是国内汽车电子企业与国际大型的汽车零部件、汽车电子企业相比在技术积累、经验等方面仍存在较大差距。

　　（2）研究现状及发展方向

　　我国是汽车工业大国，却不是汽车工业强国，汽车电子产业的发展同时面临巨大挑战，巨大的汽车电子市场基本掌握在国外汽车电子公司手上。

　　内燃机电控系统的提升和改进是由发动机结构优化推动的，因此，全球领先的汽车企业往往又掌握着最新的技术，包括缸内直喷技术、进气增压技术、可变气门正时及升程技术、废气再循环技术、可变进气歧管技术等、燃烧速率控制技术和可变排量技术等。传动系统在结构上趋向于多档化和大扭矩承载能力方向发展，以增强对发动机工作点的调节能力，提升车辆的动力性和经济性，新技术在于对机械结构和执行机构的优化。底盘控制系统中的制动系统在结构上变化不大，防抱死系统是主动安全的基础和核心技术，一般基于液压或气压制动实现。

　　新能源汽车的电子控制单元（ECU）包括能源再生制动系统、电机控制系统、动力总控系统、电动助力转向系统以及能源管理系统，决定着汽车的动力性、安全性、可靠性、能源利用率以及控制策略。动态协调控制策略是复合制动技术研究的核心部分，目前国内外应用的控制方法主要有模糊逻辑控制、PID控制、模型预测控制等。新能源汽车的电机驱动系统现阶段通常用永磁无刷直流电机作为轮毂电机，其最大的特点就是将动力、传动和制动装置都整合到轮毂内，因此将电动车辆的机械部分大大简化，并且便于采用多种新能源车技术。新能源汽车的动力总成控制系统主要由电源系统和驱动系统组成。针对现在使用的镍镉电池、镍氢电池、锂离子电池的比功率相对比较低这个问题，超级电容得到了发展，它具有传统电容和电池两者的优点，提高电池的比功率。另外，近年来各种智能控制技术、模糊控制技术、神经网络控制技术已开始应用于汽车电机控制中，具有结构简单、响应快、抗干扰强的优点，极大地提高了驱动系统的技术性能。对于新能源汽车的电动助力转向系统，目前国内外的控制方法主要是PID控制、模糊控制和H_∞控制三种方法。其他的方法还有神经网络控制和最优控制。对于能源管理系统的研究主要集中在电池组的专家诊断系统、荷电状态（SOC）和健康状况（SOH）的估计、电池组的均衡管理策略。目前国内外对SOC和SOH的估计策略有较多的研究，最近几年兴起的方法有卡尔曼滤波法、神经网络法、线性模型法及一些其他衍生的算法。

1.1.9　列车运行控制及自动驾驶

　　（1）发展背景及研究意义

　　随着通信、控制与计算机技术的飞速发展，列车自动驾驶（ATO）的研究成为轨道交通自动化的一个重要课题。列车自动驾驶ATO系统有利于提高铁路运输的自动化程度，将在保障行车安全、提高运输效率、降低司机劳动强度等方面发挥重要的作用。目前，城轨列车自动驾驶已经得到了广泛的发展和应用，而重载铁路和高速铁路由于其自身的复杂、网络庞大、车辆类型繁多等特点，尚未完全实现或应用列车自动驾驶ATO的功能。

　　（2）研究现状及发展方向

　　全自动运行技术是一项全球领先的技术，虽然已经发展到了相对成熟的地步，但是我国在此方面还相对落后，北京地铁机场线和上海地铁10号线均采用国外技术，只有即将开通的北京地铁燕房线是具有完全自主知识产权的我国第一条全自动运行线路。

列车驾驶策略的优化技术起源于20世纪70年代，近年来列车节能速度曲线研究的焦点是"充分考虑现实列车站间运行过程中的约束条件"与"设计快速有效的算法"，且国内外很多学者都做了深入的研究，取得不错的成果。另外为列车速度跟踪控制技术逐步发展为自适应控制以应对控制过程中参数时变，以及容错控制方法来增强ATO可靠性。

为发展汽车自动化技术，需要跨学科的协作来推进控制理论方法在汽车控制工程中的应用，而且人机交互与一体化决策控制尤为重要。

1.1.10 航天航空自动化

（1）发展背景及研究意义

航天航空自动化技术主要包括航天器和航空器的自动控制，以提高其稳定性和性能指标。航天器的自动控制是指对航天器的姿态和轨迹的自动控制，需应用多变量控制、统计滤波、最优控制和随机控制等理论，使控制系统具有自适应和自组织的能力。航空器采用主动控制技术，并采用电传操纵来改善飞机的性能，同时采用余度技术来保证电传送的可靠性。近代飞机中的飞行管理系统是将各分系统联合起来使性能达到最好的水平。当对飞机要求较高时，采用综合控制，包括智能控制以完成许多复杂的自动控制和高指标。

航空航天技术处于装备制造业的制高点，是一个国家科技水平、国防实力、工业水平和综合国力的集中体现和重要标志。

目前，在航空领域，不仅美、欧发达国家加快发展民用航空工业，巴西、日本、韩国、印度等国家也将民用航空工业作为战略高科技重点发展。近年来我国民用飞机由研制生产中小型飞机逐渐向大型飞机延伸发展，随着低空领域改革进程的加快，我国通用航空技术将步入发展快车道。

在航天领域，美国、俄罗斯、欧洲、日本及印度等国家和地区持续加大航天领域投入，加强空间基础设施建设，为航天科技快速发展提供坚实基础。全球航天科技进入高速成长期，航天制造业发展势头强劲。我国已具备快速发展的基础条件，发展前景广阔。卫星制造、运载系统、地面设备和卫星应用各领域均实现快速增长。下一步，我国航天科技将由试验应用型向业务服务型加速转变，并从以国家投入为主向多层次、多渠道投资体系转变。

（2）研究现状及发展方向

为提高航天、航空器的可靠性，除保证设备、系统的固有性能和余度外，还必须加强故障诊断、定位、隔离和系统重构。因此利用实时知识基的专家系统，采用分级递阶智能控制系统或专家控制系统来满足进一步的改进需求。

超声速飞行控制系统设计遍及古典控制、现代控制、时域方法、频域方法、线性控制、非线性控制、鲁棒控制、自适应控制、预测控制、智能控制等方法。

航天器轨道机动可以分成绝对轨道机动和相对轨道机动两大类，目前国内外很多学者用直接法和间接法设计了很多最优轨道机动控制律方法。对于航天器轨道交会系统，低增益反馈方法是一个常用的高性能控制律方法，经各种具体分析和设计，取得了很多研究成果。

航天器姿态控制主要是基于现代控制理论，如线性方法：LQG优化控制，$H_2/H\infty$控制，以及基于LMI的多目标控制，以及非线性方法：基于Lyapunov直接方法、滑模变结构控制、反步法（Backstepping）控制、自适应控制、非线性$H\infty$控制、反馈线性控制等。

姿轨一体化建模包括姿态轨道"独立—耦合"建模方式、基于对偶四元数建模方式等。

此外，执行机构如何配置以实现轨道机动和姿态调整所需的控制力和控制力矩也是中外学者研究的一个热点。

对于空间联合体控制技术，现有基于线性模型的控制方法包括最优控制、鲁棒控制、自适应控制、滑模变结构控制、智能控制等，以及基于非线性模型的控制方法如模糊控制、非线性滑模控制、自适应变结构控制和反馈线性化等。

航天器编队飞行凭借巨大的技术优势、广阔的应用前景，从诞生之初就获得了世界各航天大国的青睐，成为当今一大热门研究领域。各国分别提出并实施了一系列航天器编队研究计划。理论上，航天器编队飞行动力学控制方面的研究主要包括编队初始化，构形保持控制以及构形重构。而编队动力学控制研究主要围绕相对运动模型以及编队控制器设计两方面。

此外，为稳步推进航天航空自动化系统的发展，应遵循"先期概念研究——地面仿真、测试和试验——飞行试验——建设实用系统"的发展思路，并注意对航天航空自动化系统的各个组成部分进行合理安排，从整体上推进航天航空自动化发展进程。

1.1.11 陆用装备自动化

（1）发展背景及研究意义

陆用装备指地面战场使用的常规重型机械化装备和轻型地面作战装备及相应的作战指挥系统。陆用装备自动化系统主要由陆上主战武器系统、信息支援系统、指挥控制系统以及装备保障系统四部分组成。随着高科技的军事应用与发展，武器装备向精确化、远程化、智能化、系统化方向发展，因此发展高技术武器及传统武器的信息化升级将成为各国争夺的制高点。

我国在陆用装备控制技术方面的研究取得一定进展，但仍需吸取国外陆用装备控制技术的长处，并继续对我国陆用装备中各领域的控制技术进行技术、理论、方法、应用的创新，以进一步提高我国陆用装备自动化水平，来应对未来战争和战场需求。

（2）研究现状及发展方向

随着信息技术等各种高技术在军事领域的广泛应用，陆用装备呈现出机械化与信息化综合集成的发展趋势，即网络化、一体化、智能化、无人化和协同化这五种技术特征。网络化是指通过相互联接的指挥、控制、通信、计算机、情报、监视、侦察构成的网络化武器装备系统的网络能力，达到了平台相互联接的联合作战能力，实现了构建一个完善的多传感器信息网络；陆用自动化技术一体化是指随着计算机技术和通信技术的发展，原有的火力控制，指挥控制等分属多个领域的技术界限越来越模糊，控制、通信与计算一体化，控制、决策与管理的一体化直接导致了火力控制与指挥控制的一体化；陆用装备的智能控制系统是一种在信息智能处理基础上给出任务决策配合操作者完成作战任务的系统，具有自主性、灵活性、共享性和可靠性，能够完成态势感知、敌我识别、信息共享、自主诊断、辅助决策、任务链动态构架等功能，并具有良好的人机交互性；陆用无人装备的智能化主要表现采用智能控制技术，能自动识别、自主打击目标并自动进行杀伤评估，并应用在智能化的无人驾驶飞机与直升机以及智能化的无人化车辆等方面；陆用装备的协同研究主要集中在对坦克以及陆航直升机等陆用装备通过多智能体协同执行任务和利用 MAS技术构建火力分配模型。

未来陆用装备系统的核心理念将向着敏捷性、自适应的方向发展，利用大数据技术、人工智能技术、实时动态规划、基于知识的技术方法，向智能化、一体化、无人化发展。

1.2 报告研究内容及结构安排

报告分为 12 个章节，其中，第 1 章 "综述"，第 2 章 "冶金自动化"，第 3 章 "化工自动化"，第 4 章 "能源自动化"，第 5 章 "工业控制网络"，第 6 章 "人机交互自动化"，第 7 章 "数控机床自动化"，第 8 章 "机器人"，第 9 章 "车辆自动驾驶及控制"，第 10 章 "列车运行控制及自动驾驶"，第 11 章 "航天航空自动化"，第 12 章 "陆用装备自动化"。

第 2 章
冶金自动化

2.1 冶金自动化背景介绍

　　冶金是从矿石中提取金属或金属化合物，用各种加工方法将金属制成具有一定性能的金属材料的过程和工艺。冶金工业可以分黑色冶金和有色冶金。黑色冶金工业主要指包括生铁、钢和铁合金（如铬铁、锰铁等）的生产，有色金属工业指除黑色金属外其余所有各种金属和合金的生产。冶金在我国具有悠久的发展历史，冶金自动化也涵盖诸多方面，但本章主要围绕钢铁冶金、有色冶金和矿物处理等主流工艺的自动化技术进行展开，所涉及的技术进展则选取代表性的成果进行介绍。

2.1.1 冶金行业概况

2.1.1.1 钢铁冶金

　　钢铁工业是国民经济的重要基础产业，是实现工业化的支撑产业，也是技术、资金、资源、能源密集型产业，在整个国民经济中占有举足轻重的地位。20 世纪 90 年代以来，中国钢铁工业飞速发展，钢产量从 1990 年的 6535 万吨，以每年增长 600 万～700 万吨的速度大幅度增长。1996 年首次超过 1 亿吨大关，跃居世界第 1 位，数量上基本满足了国民经济的需要，扭转了长达 40 年的被动局面。1999 年达到 1.22 亿吨，连续 4 年居世界各国之首，占世界钢产量的比重从 1949 年的不到 0.1% 提高到 15.8%。与此同时，我国粗钢产量虽然大，但整体并不强，许多高端特钢依赖进口。图 2-1 和图 2-2 分别列出了 1949～2015 年我国的粗钢产量与世界的粗钢产量[1]。

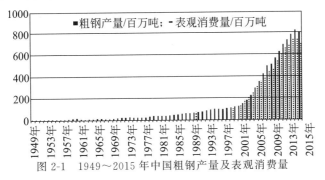

图 2-1　1949～2015 年中国粗钢产量及表观消费量

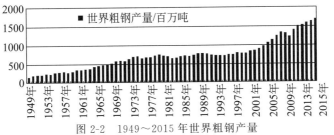

图 2-2　1949～2015 年世界粗钢产量

进入 21 世纪，钢铁行业在经历了高速发展之后，又遇到了市场萎缩、产能过剩的问题。据统计，2007～2011 年上半年，我国钢铁行业处于稳定上升阶段，2011 年上半年，整体资产规模高达 48640 亿元。随后，由于国内需求的降低，钢材价格的持续走低，钢铁行业整体进入"寒冰期"。2013 年 5 月，重点大中型钢铁企业利润仅有 1.5 亿元，其中甚至有四成的企业亏损。而 2015 年，钢铁企业的"日子"更加不好过，钢铁价格持续创下新低，供需矛盾持续突出，产能过剩仍是最大问题。2015 年 1 月价格持续下降，降幅达 7.17％；2 月降幅减缓，但仍有 2.68％。据钢协统计，2015 年 1～4 月，钢铁企业亏损面高达 45.54％，利润持续增亏，钢铁行业成为"最不赚钱的工业"[2,3]。2016 年前三季度，国民经济运行总体平稳、稳中有进、稳中提质、好于预期，同时钢铁行业化解过剩产能工作取得较大进展，为行业转型脱困提供了较好的外部环境。

目前，钢铁行业运行中还存在诸多的困难和问题。目前我国钢铁行业属于微利行业，行业吨钢毛利在 2～30 元，只有批量大、高效率、高质量才能有盈利空间。然而由于当今市场上多品种、小批量产品需求的不断提高，对现有的生产制造模式产生了巨大的挑战，亟待将企业生产制造过程、能源系统、原材料物流等因素综合考虑，构建具备多系统协同的我国钢铁工业制造新模式。

2.1.1.2 有色冶金

有色金属又称非铁金属，是除铁、锰、铬之外所有金属的统称，广泛应用于机械、电子、化工、建材、航天、航空、国防军工等各个行业。有色金属工业开发利用有色金属矿产资源，为我国国民经济和国防军工发展提供基础及关键性材料，在经济建设、社会发展和国家安全中具有不可替代的战略地位。有色金属工业与国民经济的产业关联度高达 91％，是国民经济和国防建设的基础性产业，也是国家参与 21 世纪国际竞争的支柱产业，对我国经济发展和综合国力提升具有不可替代的重大支撑作用[7]。

我国有色金属工业在国家经济建设和国防安全巨大需求的驱动下，从无到有，一批有色金属企业的生产经营规模进入世界前列，我国也逐步成长为有色金属大国。2002 年，我国铜、铝、铅、锌、镍、锡、锑、镁、钛、汞十种常用有色金属产量达到 1012 万吨，首次超过美国，成为世界有色金属生产第一大国，之后我国有色金属的产量和消费量一直位居世界第一，占世界有色金属市场的份额逐年稳步上升；2009 年十种常用有色金属产量达到 2605 万吨，总消费量 2665 万吨，其中铜、铝、铅、锌总产量分别占全世界产量的 22.43％、35.45％、42.02％、38.65％，总消费量分别占全世界消费量的 31.66％、37.07％、41.67％、40.17％；2011 年，十种常用有色金属产量增长到 3424 万吨，铜、铝、铅、锌等主要有色金属生产和消费量均居世界第一位，占据世界的 40％ 以上。2012 年以来，由于世界经济发展动力不足，对有色金属的需求增长放缓，但我国有色金属工业体量巨大且平稳增长，2015 年，我国十种常用有色金属产量达到 5155.8 万吨，已占据世界总量的 50％ 以上。在世界有色金属市场周期性下行的行业背景下，铜、铝、锌、镍等有色金属价格持续下降，企业利润大幅下降、经营困难，我国有色冶金行业面临严峻挑战；另外，高端有色金属产品的制造对有色冶金过程的精细化控制提出了新的要求。

在有色金属行业"去产能，促升级"的行业背景以及大数据、人工智能、无线通信、物联网等信息技术突飞猛进的时代背景下，推进创新驱动，优化产业布局和产业结构，增强我国有色金属行业的国际竞争力，争得有色金属的定价话语权，由中低端向高端迈进，已成为目前我国有色金属行业的工作重点。

2.1.2 冶金自动化概况

随着信息技术和自动控制技术的发展，冶金自动化和其他行业一样取得了长足的发展与进步。自动化对冶金行业生产起到了重要的作用。冶金工业属于典型的流程工业过程，其自动化系统普遍采用 PCS（过程控制系统）、MES（制造执行系统）和 ERP（企业资源规划系统）所构成的三层体系结构。各个层次系统的发展概况如下。

目前我国大多冶金行业生产过程控制系统（PCS）广泛采用 PLC、DCS、工业 PC 实现数字化自动控制，现场总线、工业以太网相结合的网络应用已经普及，无线通信、RFID 等物联网、移动通信网开始应用；常规检测仪表的配备比较齐全，钢水温度成分预报、铸坯和钢材表面质量等软测量技术在现场获得应用；取样测温、扒渣、自动标识等工业机器人开始应用于钢铁过程；将工艺知识、数学模型、专家经验和智能技术结合，应用于炼铁、炼钢、连铸和轧钢等典型工位的过程控制和过程优化；涌现出操作平台型高炉专家系统、"一键式"全程自动化转炉炼钢、智能精炼炉控制、加热炉燃烧优化控制、热连轧模型控制、冷连轧模型控制、竖炉和磨机等耗能设备智能运行反馈控制、铝电解槽优化控制等先进控制技术与系统。

制造执行系统在大型冶金企业基本普及，通过信息化促进生产计划调度、物流跟踪、质量管理控制、设备维护、库存管理水平的提升；EMS（能源管理系统）通过建立能源中心，实现了电力、燃气、动力、水等能源介质远程监控、集中平衡调配、能源精细化管理等功能；涌现出全流程物流件次动态跟踪、炼铸轧一体化计划编制、高级计划排产、设备在线诊断、一贯制质量过程控制、基于大数据的产品质量分析等技术和系统。

企业资源规划系统在信息化技术的支撑下已经在基于互联网和工业以太网的 ERP、CRM（客户关系管理）、SCM（供应链管理）、电子商务等取得成功应用，在更好地满足客户需求、缩短交货期、精细控制生产成本方面发挥了作用；一些重点企业在聚集了海量的生产经营信息资源的基础上，建立了数据仓库、联机数据分析、决策支持和预测预警系统，着手进行数据挖掘、商业智能等深度开发；一些重点企业建立了集团信息化系统，支持企业一体化购销和异地经营，涌现出产销一体化、供应链深度协同等具有国际先进水平的技术和系统。

冶金自动化系统的发展也面临新的问题和挑战。从企业内部情况来看，各层次功能相对独立，无法实现各种终端的互联，信息交互不畅，忽略了不同生产过程之间以及调度管理信息间的紧密联系，使大量的信息和知识得不到有效利用。从企业之间情况来看，企业普遍存在着设备网、控制网、现场总线、工业以太网和互联网等多种网络形式且各网络互不兼容，信息的开放性、共享和可用性较差，部分信息传输的实时性得不到保证。新一轮产业革命正在孕育，高技术与战略性新兴产业迅猛发展，对冶金工业的需求不断增长，为其发展提供了新契机。大数据、人工智能、工业互联网、工业云等新技术为冶金工业的发展创造了新动能和新挑战。因此，如何实现冶金行业智能制造和智能生产是未来一段时间研究的重点。

2.2 冶金自动化国内外现状

2.2.1 矿物处理过程自动化技术国内外现状

近年来，国内外许多大型矿物处理企业在技术改造中，大力推广电子信息技术、工业控制技术、优化技术和生产管理系统。用新工艺、新技术、新方法开展了创新改造工作，使企业管理信息化、生产过程自动化、设备智能化的水平有了较大提高。很多大型企业已从单项开发应用向集成化、综合化发展，向管控一体化、现代集成制造系统（CIMS）方向推进，特别是大型企业的整体自动化水平提高较快、绩效明显[9]。

碎矿过程优化控制的重点是各级碎矿和碎矿与磨矿之间的负荷配置，最终应尽可能提供最佳入磨粒度分布的矿石产品[10]。主要采用设备联锁控制和先进的数据分析技术来实现复合分配。比如，美国 Split Engineering 公司的 Split-Online® Rock Fragmentation Analysis system 系统[11]。

磨矿过程控制与优化软件产品在国外已经商业化，如南非 MINTEK 的 MillStar 控制模块。据报道，该软件在稳定旋流器溢流浓度和粒度的前提下，可提高破碎处理能力 4%，磨矿处理能力 6%～16%[13]。澳大利亚 Manta 的公司 Manta Cube 控制技术，可提高 6.1% 的处理量，保证磨矿过程稳定和达到最大处理能力[14]。由于我国铁矿资源品位低、矿物组成复杂、嵌布粒度粗细不均、矿物间共生紧密的特点，多采用两段闭路磨矿过程。由于工艺流程较长，因此影响磨矿产品粒度指标的因素较多。原矿性质频繁波动使得一段磨矿过程不确定性较大，易造成磨机负荷工作点发生漂移，使其工作在"欠负荷"或"过负荷"故障工况，甚至发生磨机"涨肚"或"空砸"等事故。针对我国赤铁矿再磨过程和混合选别过程的特点，在过程控制方面提出了虚拟未建模动态补偿驱动的设定值跟踪智能切换控制方法[64,65]。针对赤铁矿磨矿过程运行优化，提出基于数据与知识的复杂磨矿过程智能运行反馈控制方法。该方法将运行数据与运行知识相集成，采用分层反馈结构，提出由基于 CBR 的回路预设定模型、磨矿粒度动态神经网络软测量模型以及回路设定值模糊动态调节构成的复杂磨矿智能运行反馈控制方法，取得了显著的工业应用成效，稳定并优化了磨矿粒度，提升磨矿作业率约 2.78%，提高磨机台时处理量 4.42%。

浮选过程的液位、充气量、药剂添加、矿浆酸碱度等单回路工艺参数控制，基本得到了实现。浮选过程控制的难点是如何解决频繁变化的矿石性质和生产严格的精矿质量要求、最佳回收率要求之间存在的矛盾。药剂添加量、泡沫层厚度和充气量是浮选过程的三个重要控制参数[34,44]，国外采用先进控制方法和专家系统等实现整个浮选回路的优化控制[18~20]。比如，ABB 公司的专家优化系统、南非 MINTEK 公司的 FloatStar 优化模块、Outokumpu 公司的浮选优化控制软件等。

我国开展浮选过程控制技术研究起步较早，但是发展缓慢。2009 年，北京矿冶研究总院和清华大学共同研究设计了基于前馈控制的串联浮选槽液位 PID 参数整定方法。应用到了江西德兴铜矿的大山选矿厂 200m³ 浮选机流程和泗洲 130m³ 浮选机上[21~23]。随着信息技术和网络技术的发展与应用，这方面的研究逐渐增多。对浮选过程精矿品位和尾矿品位与浮选药剂之间具有强非线性、不确定性、难以用精确数学模型来描述，常规控制方法难以给出药剂量优化设定值的难题，将建模与控制相结合，提出了浮选药剂智能优化设定控制方法。同时在选矿厂浮选过程中成功应用，稳定了精矿品位和尾矿品位，降低了浮选药剂消耗，取得了显著的应用效果[67]。针对浮选过程控制层和设定值优化层间采用不同网络实现的问题，提出了一种双网环境下浮选工业过程运行控制系统。该方法在具有一定的网络丢包概率范围内与一定的噪声幅值内，可以保证系统运行层是稳定的[68]。

大型高效浓密机的应用使浓密机的稳定控制和优化控制变得异常重要起来；南非 MINTEK 公司的 LeachStar 软件中包含了对浓密机优化控制模块，该模块旨在减小絮凝剂的消耗，改善浓密机溢流水的澄清状况。澳大利亚也开发了新的仪器和控制策略来优化矿山行业的浓密机操作[24]。芬兰 OutoTec 公司的 SUPAFLO 高效浓密机控制技术可实现浓缩过程的控制[25]。

在此基础上，针对浓密机生产过程工艺机理复杂，具有大滞后、非线性的特点，以及给矿性质波动频繁、难以实现浓密机自动控制的难题，国内提出了由基于智能推理技术的浓度智能设定层和底流浓度控制层组成的浓密机生产过程底流矿浆浓度智能优化控制策略[26]。

2.2.2 钢铁冶金过程自动化技术国内外现状

钢铁行业自动化技术包括两个主要层面：各工序单元设备的过程控制（包括设备的工艺

过程控制和主要运输设备的运行过程控制）和生产流程的协调运行控制。钢铁生产过程中的物质状态转变与物质性质控制一般属于冶金设备的生产工艺过程控制，如高炉冶炼、转炉冶炼、连铸机浇铸、热轧机组轧制、冷轧机组轧制等，控制的主要对象是待加工的物质流对象（如铁水、钢水、铸坯、板材或型材）在以满足冶金规范的工艺质量标准为控制目标（如产品的成分与温度等）下的加工工艺过程，物质流在冶金设备上的加工是按照生产计划调度任务的安排而进行的单元设备生产，运输设备主要输送各单元设备之间的物质流，保证运输设备的正常运行并实施有效的运行过程控制是生产过程有序高效的基本保障；物质流管制属于流程的协调运行控制，如工序间设备能力的匹配、时间节奏的协调控制、物质流运输的路径优化、生产扰动的监控与处理等，控制的主要对象是满足工艺质量要求的时间节奏和物质的量等。

过程控制系统（PCS）是钢铁企业信息化的重要组成部分，是实施现代先进工艺的重要手段和保障条件。常规检测仪表的配备比较齐全，在金属原位分析、钢水连铸、连续测温、冶金反应过程中气体成分的动态分析、热风炉烟气中的氧含量（残氧量）连续监测、高速带钢多功能检测系统、热轧板带材表面质量检测、热轧板带材尺寸参数检测、冷轧带钢板形检测、高精度冷轧带钢截面轮廓检测等方面取得了突破，针对高端产品的生产和质量控制，普遍应用了计算机图像处理技术、激光技术、无损检测技术等先进检测技术，研发出具有自主知识产权的装备及技术。近年我国宝钢股份等多家钢铁企业配备了生产过程自动控制系统，各个工艺流程不仅已实现先进的单机控制系统，而且也有功能完善的管控一体化系统。钢铁过程控制水平的提升在保证冶金工业达到高效、优质、低耗、安全和环保等方面起到了巨大的作用。轧制过程自动化，特别是带钢冷热轧过程自动化，由于系统庞大，对控制速度、通信速度要求高，大部分企业引进国外系统，部分企业采用自主设计、自主集成计算机控制系统，并自主开发控制模型及各项控制功能。基于数学模型的计算机过程控制覆盖炼铁、炼钢、轧钢等主要工艺过程，研发了操作平台型高炉专家系统、"一键式"全程自动化转炉炼钢、智能精炼控制系统、加热炉燃烧过程优化技术与计算机控制、3500mm 中厚板轧机核心轧制技术和关键设备、带钢热连轧计算机控制系统、1880mm 热轧关键工艺及模型技术自主开发与集成、冷连轧机轧制过程动态仿真及控制优化、宽带钢冷连轧工艺及模型控制技术研发与集成、冷轧机板形控制核心技术等。

制造执行系统（MES）是企业经营管理与生产控制的接合部，其核心是生产计划与调度自动化技术。MES 在重点钢铁企业已基本普及，实现了冶、铸、轧一体化计划编制及动态调整、事件驱动的全过程协同动态控制与实时跟踪技术、全流程物流跟踪、质量监控、库存动态管理等功能。此外，深层次专用系统开始应用，如高级计划排产、设备在线诊断、质量统计过程控制、产品质量分析及新品工艺设计等。能源管理系统（EMS）开始推广应用，近百家钢铁企业建立能源中心，实现了能源远程监控、集中调配，以及能源计划、能源质量、能源设备、成本综合管理等功能。以宝钢、鞍钢、武钢等为代表的大型钢铁联合企业已逐渐推广设备状态监测和故障诊断技术，设备管理模式正逐步从单纯的计划维修方式向计划维修与预知维修相结合的方式转变。以冶金工业为背景的设备故障诊断技术在信号采集、数据传输、诊断方法与系统集成等方面都取得了很大的发展。

现阶段钢铁企业在车间级 MES 系统已普及，但生产线覆盖率及业务覆盖面有待提高。企业车间级制造执行管理、司磅称量管理、检化验管理基本实现信息化，但在设备管理、安保管理的信息化方面还需加强。此外，能源管理系统（EMS）作为钢铁企业优化资源配置、合理利用能源、改善环境的重要措施，国内半数以上钢铁企业也已相继建成。但从业务覆盖面上看，能源管理系统对业务的覆盖较薄弱。因此必须从全局高度对能源介质的生产、输配、存储和使用过程进行监视及控制，才能保证系统经济、安全、高效运行。随着信息、控制与数据等诸多技术的发展，能源中心的发展趋势为：与 ERP、产销一体化等系统逐步融合，信息共享，实现更深层次的管控一体化。

企业资源计划系统（ERP）在多数钢铁企业内部的供应链管理中已基本成形，企业建设统一财务管理系统，在总账、固定资产、应收、应付等财务管理业务方面覆盖情况较好。采购管理、公司层面生产管理、公司层面质量管理、销售管理、协同办公管理、人力资源管理、综合统计、数据分析已基本实现信息化，但是电子商务、工程项目管理信息化方面还需加强。一些重点企业在聚集了海量的企业生产经营管理信息资源的基础上，建立了数据库、联机数据分析、决策支持和预测预警系统，着手进行数据挖掘、商业智能等深度开发。随着钢铁企业集中度提高和结构调整，开始出现了集团化、信息化系统，支持企业并购和异地经营。

2.2.3 有色冶金过程自动化技术国内外现状

有色冶金过程自动化技术涵盖了工艺参数检测、过程建模、模型修正、生产调度、优化控制、过程监视、软测量、故障诊断、企业信息网络、过程可视化、虚拟工厂、数字化工厂等众多内容。国内外的研究机构做了大量的研究工作，取得了一定的成绩，但由于有色冶金工艺的多样性、有色冶金机理的复杂性和有色冶金自动化的特殊性，各种方法的研究和实施相对独立进行，尚需在方法深度和方法之间的融合程度等方面进行加强。

在有色冶金过程优化控制方面，目前针对铜、铝、铅、锌等过程进行了大量的研究工作并取得了一定的应用效果。PID 控制依然是使用最为广泛的控制器。然而，在过程动态特性比较复杂的情况下，使用 PID 控制难以获得满意的控制性能，基于人工智能和数据的优化控制方法，如：专家系统、模糊控制、神经网络控制，以及各种智能方法的集成，得到了一定程度的应用。但这些研究主要是基于局部工艺过程的优化，在实际生产中不仅要提取/提纯某种金属，还要考虑综合回收各种有价金属，以充分利用矿物资源、降低生产费用，全流程的综合优化极其困难，全流程整体优化方面的研究也相应较少。由于国外原料性质较稳定，局部优化可达到较优的经济和技术指标。但我国原料来源广泛、性质多变，现有的或者引进的方法在实际应用中面临着诸多瓶颈问题，从底层控制到上层管理，大量依赖人的经验，或采用工程手段将全局优化问题分解为各个层次上的优化或控制问题，而每个层次处于不同的时间尺度。另外，针对每一层次特定的优化控制问题时，通常采用滚动或近似算法，难以保证生产全局最优化。因此，亟需研究有色冶金过程智能优化制造，提高有色冶金生产的智能化，实现有色金属企业的全局优化。

在有色冶金过程关键参数在线检测方面，由于有色金属和冶炼工艺的多样性，待检测参数具有不同的特征，出现了多种多样的检测技术。冶炼窑炉和电解槽存在明显的场分布，其研究更多地集中于各物理场分布的计算及模拟上。以铝电解槽为例，电解槽内温度高、磁场干扰严重、界面分布无法直接检测、参数分布特征明显等因素的存在，关键过程参数如初晶温度、温度场分布、氧化铝含量等的实时在线检测仍难以在实际生产中实现。目前，铝电解槽内电场分布计算以 3D 有限元法为主；在磁场分布计算方面，涌现出了磁化强度积分方程法、磁衰减系数法、标量磁位法、表面磁荷法、磁偶极子法、有限元法等，但由于槽内多相共存且存在频繁的能量、物质、信息流动，动态变化特征明显，其生产过程中的关键参数实时检测仍亟待开发。湿法冶金存在明显的物质浓度的变化问题，其主要研究目标是溶液痕量金属离子浓度检测。这类问题的一般解决方法是根据离子的物理化学特性，从电化学分析和光谱分析法的角度进行研究及设备开发。这两类方法虽然是重要的痕量金属离子分析方法，但仅能在分析溶液中单一痕量离子时取得较好的效果。在有色冶金料液中，一般都含有多种金属离子，同时分析这些金属离子的难度远远高于分析单一的离子。另外，由于金属离子浓度差别大，且多种金属离子化学特性相似，使得杂质离子的检测信号经常被掩蔽掉或存在信号重叠现象，导致它们的分析检测难度极大。针对该问题，国内开展了多金属离子浓度同时在线检测分析技术研究和仪器开发，取得了初步成效。

在虚拟冶金与数字化方面，DEM 方法、VOF 方法和基于 CFD 仿真的虚拟现实可视化方法在熔池熔炼、磨矿等过程中得到了应用。Outotec、Siemens、ABB 和 ANDRITZ Metals 等企业已经将可视化及数字化技术用于工艺设计、过程模拟、员工培训、远程协助和企业信息化建设等方面。但这些应用目前大多基于冶金可视化的呈现性功能，通过视觉上的直观印象提供辅助决策，尚需提供基于工艺机理的更深入可视分析与智能决策功能。

在企业信息化方面，我国有色金属工业信息化系统主要采用的是由 PCS（过程控制系统）、MES（制造执行系统）和 ERP（企业资源规划系统）构成的三层体系结构。这种体系结构尚存在一些问题，主要体现在以下两个方面。

① 智能化程度低，需要大量的人工干预；MES 中所涉及的信息及优化过程非常复杂，大多数情况下仅是一个替代经验管理方式的系统平台；难以保证生产过程的高效和优化。

② 信息集成度低。一方面 MES 各功能子系统之间以及 MES 与企业其他相关信息系统之间缺乏必要的集成，导致 MES 作为制造引擎的功能未能得到充分发挥；另一方面多源信息融合和复杂信息处理等功能非常弱，大量未经提取和净化的原始信息对控制、调度、决策的支持作用极为有限，仍需依赖人工处理。

虽然我国有色冶金企业的信息化水平已经有了长足的发展，但是总体上还是处于信息化管理层面。另外，我国有色金属资源具有低品位、多共生伴生、难冶炼的特点，有色金属行业资源浪费和环境污染较为严重，生产工艺较国外更为复杂，生产能耗更高，这对"中国制造 2025"的实施提出了挑战。随着云计算、大数据、人工智能等技术的发展，数字化、智能化和知识自动化已成为有色冶金过程自动化的发展趋势。

2.3 冶金自动化技术与方法

2.3.1 参数检测与关键工艺参数的软测量

2.3.1.1 矿物处理过程参数测量技术

（1）基于多传感器信息的磨机负荷软测量

磨机是矿产资源处理中的重要设备，其功能是将矿石磨碎至后续生产工艺需要的粒度，磨机的工作状况对整个选矿过程的产量和质量起着至关重要的作用。然而，磨机的内部工况，主要包括磨矿浓度、磨矿粒度、填充率等，难以直接测量，所以通常采用间接测量的方法，如声响检测法、驱动功率检测法等，但这些方法有各自的局限性，效果并不理想。

磨机内部负荷制约着磨矿过程的生产效率，因此磨机负荷检测技术一直是国外研究的热点。磨机负荷指球磨机内瞬时的全部装载量，包括新给矿量、循环负荷、水量及钢球装载量等。料球比、矿浆浓度、充填率等磨机负荷参数代表磨机的内部工作状态，能够准确反映磨机负荷，如料球比过大、矿浆浓度过高均会导致磨机过负荷。磨机过负荷而又操作不当会造成磨机"堵磨""涨肚"，甚至发生停产事故。磨机欠负荷会引起磨机"空磨"，导致钢耗增加、设备损坏。因此，及时准确地检测磨机负荷对保证磨矿产品质量和磨矿生产过程稳定运行，降低磨机能耗和钢耗，以及提高磨矿生产率意义重大[33]。

球磨机旋转运行的工作方式和磨机内部的恶劣环境，导致磨机负荷难以实现在线直接检测。现有的融合轴承振动、振声和磨机电流信号，结合专家知识和规则推理间接估计磨机负荷状态的方法，难以维持磨机的最佳负荷。磨机电流信号能够反映磨机负荷，但随着磨机运行工况频繁波动，存在极值点；振声信号比轴承振动信号包含更多的磨机负荷参数信息，但灵敏度低、抗干扰性差，依据振声信号只能有效地检测料球比。因此，融合以上信号的软测量方法难以准确地实现磨机负荷的在线实时检测。磨机筒体振动信号灵敏度高、抗干扰性强，与矿浆浓度直接相关。在现有检测信号的基础上，引入筒体振动信号，采用软测量技术融合多传感器信息是解决磨机负荷在线检测问题的有效途径。

① 针对采用高维筒体振动频谱建模会增加模型复杂度和降低模型泛化性，基于特征提取和特征选择的维数约简方法会造成频谱信息损失，以及模型输入和模型参数同时影响模型精度的问题，提出了一种基于互信息、核主元分析和自适应遗传算法的频谱特征提取及选择方法。该方法包括频谱特征选择模块、频谱特征提取模块和基于自适应遗传算法的组合优化模块三部分。其中频谱特征选择模块采用互信息算法选择与磨机负荷参数相关性较强的频谱特征；频谱特征提取模块采用频谱聚类算法将频谱自动划分为具有不同物理意义的分频段，通过 KPCA 算法提取能够代表分频段主要信息的频谱特征；基于自适应遗传算法的组合优化模块在由特征选择和提取方法获得的频谱特征中优选软测量模型的输入子集，同时选择模型参数。

② 针对采用筒体振动频谱建立的单模型泛化性差，不同频谱特征子集蕴含的信息不同，以及筒体振动、振声和磨机电流信号相互冗余与互补的问题，提出了基于核偏最小二乘、分支分界和自适应加权融合算法的选择性集成多传感器信息的磨机负荷软测量方法。软测量模型包括预处理模块、特征子集选择模块、选择性集成核偏最小二乘模块以及参数负荷转换模块四部分。其中预处理模块将筒体振动和振声信号转换为频谱；特征子集选择模块选择频谱的特征子集、原始频谱和时域电流信号，组成候选特征子集集合；选择性集成核偏最小二乘模块将选择性集成建模作为一个求解最优子模型及其加权系数的优化问题，结合基于核偏最小二乘的磨机负荷参数子模型建模算法、基于分支分界的寻优算法和基于自适应加权融合的加权算法，实现融合最优传感器信息的磨机负荷参数集成建模；参数负荷转换模块将磨机负荷参数转换为磨机内的钢球、物料和水负荷。

③ 针对离线建立的磨机负荷集成模型难以适应磨矿过程的时变特性，需要对集成子模型及其加权系数进行自适应更新的问题，提出了基于近似线性依靠（ALD）、KPLS 和自适应加权融合算法的在线集成磨机负荷软测量方法[78]，包括磨机负荷参数子模型在线更新和加权系数在线更新两部分。为解决建模精度和速度间的均衡问题，子模型在线更新部分采用基于 ALD 条件的 OLKPLS（On Line KPLS）算法，该算法采用新样本的 ALD 值判别新样本与训练样本间的线性依靠程度，采用满足 ALD 条件的新样本更新 KPLS 子模型。加权系数在线更新部分采用基于均值和方差递推更新的在线 AWF 算法，进行子模型加权系数的自适应更新。

（2）基于模糊和神经网络的竖炉焙烧过程质量预报技术

竖炉是对赤铁矿石进行高温还原磁化焙烧，使弱磁性矿物变成强磁性矿物的设备。竖炉焙烧的生产质量影响整个选矿过程的金属回收率和精矿品位。衡量竖炉焙烧质量的指标可以用磁选管回收率表示。竖炉焙烧的过程参数中对综合生产指标磁选管回收率影响最大的是燃烧室温度、还原煤气流量和搬出制度。竖炉焙烧过程具有复杂特性，如燃烧室温度控制的大时滞和不确定性；煤气成分不稳定，其压力、热值经常处于无规律的波动之中，给系统带来不确定性；关键工艺参数磁选管回收率难以在线连续测量，磁选管回收率的化验周期长，一般每天只化验一次，呈现大滞后特性；矿石在炉内呈现流动状态，热气流呈逆流状态，热交换复杂；焙烧过程往往会伴随着冒火、上火、炼炉等一些异常的发生；生产信息与边界条件常常干扰竖炉焙烧系统的运行；燃烧室温度、还原煤气流量、搬出制度中任一个变量的变化都会对焙烧质量产生影响，呈现强耦合性、强非线性，过程机理复杂。

针对上述复杂性，提出了一种基于模糊主模型和神经网络补偿模型组成的磁选管回收率软测量模型的结构。模型的输入变量包括燃烧室温度、还原煤气流量和矿石搬出时间。磁选管回收率软测量算法主要包括模糊主模型算法和 RBF 神经网络补偿算法。其中，模糊主模型采用同步聚类方法得到模糊规则；而神经网络采用了搜寻后收敛进度算法进行学习，提高了学习速率。

（3）基于建模误差 PDF 控制的选矿全流程精矿品位预测

精矿品位是选矿过程全流程的重要的产品质量指标。针对精矿品位难以在线连续测量、化验与统计周期较长、运行指标和精矿品位之间具有多变量、强耦合与非线性特性、干扰因素多的问题，提出了由线性主模型和非线性误差补偿模型组成的精矿品位和产量预报模型的混合建模策略。针对非高斯干扰使得模型参数估计中均值和方差指标不适用的问题，将随机控制系统概率密度函数 PDF 控制的思想引入参数选择问题，提出了基于误差 PDF 的模型参数选择方法。通过使模型输出误差 PDF 跟踪一个给定的分布形状来调整模型内部可调参数，以保证模型的精度。

2.3.1.2 钢铁冶金过程参数测量技术

（1）黑体空腔钢水连续测温

钢水温度连续测量一直是冶金生产上未能很好解决的难题。20 世纪 60 年代以后消耗型快速热电偶逐渐完善并成为测量钢水温度的标准技术。其贡献在于实现了对钢水温度的测量，成本低和实用性强。不足是人工间断测量和误差较大，使前后两次间断测量结果不能准确反映钢水温度的变化趋势。炼钢的过程实质上是控制温度和成分的过程。若能实现钢水温度的连续测量，提高测量精度，则可降低炼钢出钢温度和连铸浇铸温度，对提高钢材质量、降低能耗和提高生产效率有直接影响，也是提高冶金生产自动化水平的重要一环。

基于基尔霍夫（Kirchhoff）关于黑体辐射源的物理模型（即从非透明材料构成的密闭等温腔体内发出的辐射是黑体辐射），提出黑体空腔钢水连续测温方法和传感器。该方法是将一端封闭，一端开口的空心管插入钢水中，并保证插入足够的深度，利用高温钢水介质给该空心复合管均匀加热，形成近似密闭等温的腔体。根据黑体空腔理论，由腔体材料固有辐射和多次反射辐射形成的腔体效应使这一腔体辐射近似于黑体辐射。利用红外辐射测温系统测量该腔体的近似黑体辐射能量，通过计算得出该腔体的端部温度，由于腔体端部与钢水介质通常处于热平衡态，这个被测腔体温度就代表了钢水温度。其特点是用在线黑体空腔理论代替了昂贵的铂铑热电偶，兼有接触式测温准确和非接触式测温成本低的优点。

（2）连铸坯表面温度测量技术

连铸坯表面温度测量一直是冶金工业未能解决的国际难题，其原因是铸坯表面有随机出现的厚度不等且发射率不确定的氧化皮干扰和高温、浓水雾的恶劣环境。至今国内外还没有能准确测量铸坯表面温度的产品，这也是无法实现连铸二冷水闭环控制的主要原因。实现铸坯表面温度测量不仅能提高钢材质量、产量和节能降耗，而且可以改变现行开环控制为闭环控制，带动我国连铸自动化水平上升到一个新台阶。

目前国内外相关研究机构均不能解决氧化皮的干扰。针对此问题，提出了一种能够克服氧化皮干扰和现场恶劣条件的铸坯表面温度分布的测量方法与装置。该方法解决了随机产生的氧化铁皮对铸坯表面温度测量影响这一难题，提高测量系统的稳定性和准确性。所提出的测量方法可以准确、稳定地测量铸坯表面温度，并且根据温度变化可以确定工艺参数的变化，从而确保铸坯表面温度测量值可以进入二冷动态配水系统。

2.3.1.3 有色金属冶金过程参数测量技术

有色冶金过程参数众多，常规的过程参数，如温度、流量和液位的检测技术已经非常成熟，检测仪器也价格低廉，然而，一些表征过程运行状态的关键参数难以进行在线检测，如湿法冶金过程中的杂质离子浓度，由于溶液中主金属离子与杂质离子浓度比大、杂质金属离子电化学特性相近，容易出现极谱波信号掩蔽、干扰、重叠等现象。另外，湿法冶金过程料液的高温、高浓稠、高浓度比基体成分对杂质离子信号存在干扰，难以实现这些重金属杂质离子浓度的在线检测。长期以来，国内有色冶金企业的高端在线检测仪器依赖进口。这些引进的在线分析仪耗资巨大，但由于国内工艺流程本身的特殊性和生产环境的恶劣，引进的在线检测仪未能发挥应有的作用。目前，我国有色冶金企业的关键工艺参数检测主要是通过离线分析、人工化验方法实现，分析滞后时间长，检测周期长，导致过程操作优化困难，造成生产过程物耗和能耗高，严重影响了企业的经济效益。

针对我国有色金属企业环境恶劣、矿石物理化学性质波动大等特点，研制专用的在线检测仪器和研究工艺参数的软测量方法是实现关键工艺参数在线检测的两个主要途径。

① 在检测仪器开发方面，有色冶金过程检测仪器主要用于检测有色金属元素的成分及含量、有色矿物颗粒大小等信息，其原理是基于有色金属元素的物理化学性质的差异性，利用光谱、极谱、质谱等手段进行分析与测量。在湿法冶金方面，中南大学研制了多金属离子浓度在线检测仪，针对冶金料液在线取样和制样难的问题，提出了恒温分散自动取样和制样技术，研制了高温、高浓稠冶金料液多级分散自动取样和进样装置。针对溶液中主金属离子与杂质离子浓度比大，杂质金属离子电化学特性相近，容易出现极谱波信号掩蔽、干扰、重叠等现象的问题，提出了以半波电位之差与峰高比为优化目标的测试体系优化方法，研究了针对掩蔽、重叠现象严重的测试体系优化技术，研制了可以同时检测高基体浓度下的多种重金属杂质离子浓度同时检测的线性扫描极谱测试体系，提出了基于启发式随机搜索算法——状态转移算法进行参数优化的重叠极谱峰分离方法，实现了极谱波重叠峰分离，主金属离子（基体成分）信号的掩蔽、杂质离子信号增敏，以及重叠峰信号的迁移，形成了具有完全自主知识产权的原创性和实用性产品，填补了国内湿法冶金领域多重金属离子浓度在线检测仪器的空白。北京矿冶研究总院开发了 BOXA-Ⅱ载流 X 荧光分析仪、BPSM-Ⅲ载流矿浆粒度浓度分析仪、BGRIMM 系列矿浆化学参数分析仪。重庆科瑞公司开发了全国第一台有色金属成分含量检测仪器——全谱直读光谱仪。

② 在软测量方面，目前国内主要的技术是建立基于物料平衡机理模型，使用基于机器学习等方法建立数据模型。在此基础上，将两种模型进行集成，将能够在线检测的参数作为模型的输入量，待检测的关键工艺参数作为模型的输出。利用历史数据辨识机理模型的参数，对数据模型进行训练。同时，利用人工化验结果对软测量模型进行不同时间维度的修正。最终，得到准确的关键工艺参数软测量结果。这种方法的本质是在无法对关键工艺进行直接测量的情况下，采用尽可能多的历史和在线信息对关键工艺参数的数值进行逼近。如图 2-3 是氧化铝生产过程苛性比值与溶出率软测量方案。

2.3.2 过程控制技术

2.3.2.1 矿物处理过程控制技术

（1）再磨过程泵池液位与旋流器给矿压力模糊切换控制

我国赤铁矿普遍采用两段连续闭路磨矿工艺流程。工艺流程较长，影响磨矿产品粒度指标的操作因素较多。针对二段再磨过程泵池液位受到大的随机干扰的影响，造成泵池液位波动大，使旋流器给矿压力频繁波动在工艺规定范围外的状况，提出了由泵池液位区间控制和旋流器给矿压力回路控制组成的模糊切换控制方法[71]。将人工操作经验与智能控制方法相结合，在实现旋流器给矿浓度回路控制的基础上，采用模糊控制算法和切换控制策略，设计了由泵池液位区间控制和旋流器给矿压力回路控制组成的模糊切换智能控制方法，当泵池液

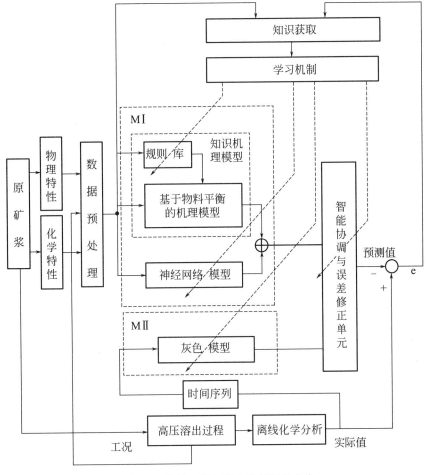

图 2-3　苛性比值与溶出率软测量方案

位处于其目标值范围内时，由泵池液位区间控制通过对给矿压力设定保持器和模糊补偿器的切换，将给矿压力设定值控制在其允许的波动范围内，同时采用 PI 控制器实现旋流器给矿压力设定值的跟踪控制，从而将给矿压力的波动控制在允许的范围内，提高旋流器的分级效率；另外，当泵池液位异常时，由工况识别模块选择液位异常控制器工作，避免泵池出现"冒槽"和"抽空"事故。再磨过程泵池液位区间与给矿压力模糊切换控制系统结构如图 2-4 所示。

再磨过程控制器由泵池液位区间切换控制与旋流器给矿压力回路控制两层控制结构组成。泵池液位区间以泵池液位上下限的中间值为区间控制的参考值，使泵池液位控制在工艺所规定最大范围内的同时，尽可能减少给矿压力设定值的改变。当泵池液位的实际值与参考值之间的偏差在较小范围内或者泵池液位有靠近参考值的趋势时，由切换机制选择压力设定保持器，不改变给矿压力的设定值；当泵池液位偏离参考值有越过上下限的趋势时，切换到压力设定值的补偿器，给出在工艺规定波动范围内的给矿压力设定值，通过给矿压力 PI 控制器，使实际给矿压力跟踪其设定值，从而使泵池液位处于安全目标值范围内，使得旋流器给矿压力在工艺规定范围内波动。

为了充分利用泵池液位的安全范围，泵池液位区间控制以泵池液位上下限的中间值 $h_{sp}=(h_{min}+h_{max})/2$ 作为区间控制的参考值，使泵池液位控制在工艺所规定最大范围内的

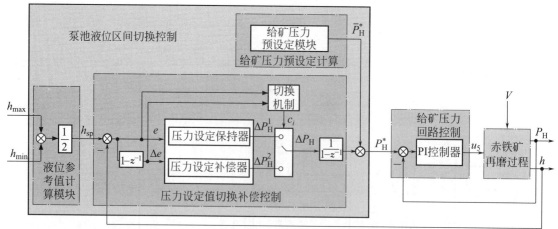

图 2-4　再磨过程泵池液位区间与给矿压力模糊切换控制系统结构图

同时，尽可能减少给矿压力设定值 P_H^* 的改变。压力设定值切换补偿控制模块由压力设定保持器、压力设定补偿器以及相应的切换机制三部分组成。

当泵池液位处于其安全范围内时，如果泵池液位的实际值 h 与参考值 h_{sp} 之间的偏差 e_2 在较小范围内，或者泵池液位有靠近参考值的趋势时，由液位区间切换机制选择压力设定保持器 ΔP_H^1，不改变给矿压力的设定值。当泵池液位偏离参考值有越过上下限的趋势时，即 $e_2(k)\Delta e_2(k) > 0$，结合人工操作经验，采用模糊控制算法给出旋流器给矿压力在工艺规定波动范围内的设定值补偿值 ΔP_H^2，并由液位区间切换机制选择压力设定值补偿器的输出。切换机制则根据当前液位工况，采用基于规则推理的方法建立泵池液位区间切换机制，根据不同的工况选择相应的压力设定保持器、压力设定补偿器的输出，作为当前压力设定值的补偿值 ΔP_H。

压力初始设定值计算模块采用实验统计的计算方法，给出液位处于稳态时旋流器给矿压力的初始设定值 $\overline{P}_H$，由于旋流器给矿压力控制的目标是使给矿压力在工艺规定的波动范围内工作，因此其预设定值不需要准确计算。给矿压力回路控制器在得到当前工况下的旋流器给矿压力设定值 P_H^* 之后，通过给矿压力 PI 控制器，使实际给矿压力 P_H 跟踪其新的设定值 P_H^*，减少给矿压力的波动。

采用上述泵池液位区间与旋流器给矿压力模糊切换控制，可以在保证泵池液位处于安全目标值范围内的同时，使得旋流器给矿压力在工艺规定范围内波动，从而实现赤铁矿再磨过程的控制目标。

（2）混合选别浓密过程区间串级智能切换控制

选别浓密过程是将选别后的精矿矿浆进行浓密处理，使其底流矿浆浓度达到工艺确定的目标值范围。该过程是以底流矿浆泵转速为输入，矿浆流量为内环输出，矿浆浓度为外环输出的串级非线性被控过程。由于底流矿浆流量与矿浆浓度具有强非线性，并难以建立精确数学模型。针对上述问题，采用未建模动态补偿一步最优 PI 控制产生底流矿浆流量的预设定值，结合模糊推理流量设定补偿和基于规则推理的切换机制，提出了混合选别浓密过程底流矿浆浓度和流量区间串级智能切换控制方法[81]。混合选别浓密过程底流浓度和底流流量区间串级控制结构如图 2-5 所示，其由流量设定智能切换控制和底流流量 PI 控制组成。

采用 PI 控制，设计底流流量控制器。底流流量为快过程，底流浓度为慢过程。根据得到的以底流流量设定值为输入，以底流浓度为输出的被控对象模型，引入控制器驱动模型，采用控制器驱动模型的输出与被控对象的输出构建未建模动态的前一拍值，利用一步最优

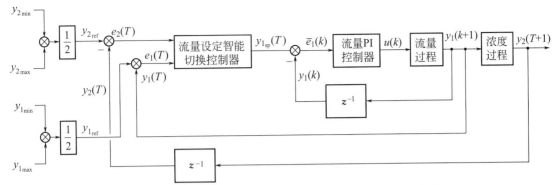

图 2-5　混合选别浓密过程底流浓度和底流流量区间串级控制结构

PI 控制，设计未建模动态补偿一步最优 PI 控制器。将未建模动态补偿一步最优 PI 控制、模糊推理补偿控制和切换控制相结合，设计流量设定智能切换控制器，从而实时产生底流流量控制内环的设定值，通过底流流量内环控制，使底流流量跟踪设定值，从而实现对底流浓度的控制。

（3）分级设备的混合智能控制技术

螺旋分级机是磨矿回路中的分级设备，直接影响磨矿分级的效率和产品质量。螺旋分级机溢流浓度控制是磨矿过程控制的关键问题。

根据螺旋分级机溢流浓度与粒度的关系特性，在给矿条件相对稳定的情况下，其溢流浓度和溢流粒度存在某种对应关系，通常分级机溢流浓度都工作在大于临界浓度的范围内，随着溢流浓度的增加，溢流粒度呈下降趋势；反之，随着溢流浓度的降低，溢流粒度呈上升趋势。根据这种对应关系，可以通过分级机溢流浓度来间接控制分级机溢流粒度。分级机溢流浓度是影响螺旋分级机溢流粒度的重要参数，并且溢流浓度的高低将直接影响分级机的返砂量和返砂浓度，进而影响球磨机的磨矿效率和球磨机的处理量。若分级机溢流浓度过高，会出现粒度"跑粗"事故，浓度过低则会出现分级机返砂量过大，造成球磨机的联合给矿器"堵塞"或发生球磨机"涨肚"等事故。因此，实现分级机溢流浓度的设定值跟踪控制不仅是保证磨矿产品质量的主要手段，也是提高磨矿效率、减少故障发生的重要措施。

针对上述问题，文献［76］提出了磨矿过程分级机溢流浓度混合控制方法，其控制的结构如图 2-6 所示。

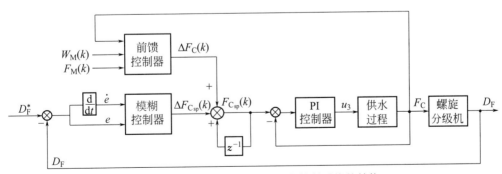

图 2-6　分级机溢流浓度混合智能控制系统的结构

该方法由基于物料平衡模型的前馈控制器和以溢流浓度 D_F 为被控量、以分级机补加水流量 F_C 为控制量的串级控制器组成。前馈控制器则根据球磨机给矿量 W_M 及其变化量

ΔW_M、球磨机入口加水量 F_M，采用基于物料平衡模型，给出分级机补加水流量的前馈补偿量 ΔF_c。分级机溢流浓度的模糊控制为外环，模糊控制器根据分级机溢流浓度设定值 D_F^* 与其检测值 D_F 之间的偏差和偏差变化率，采用模糊控制算法给出当前时刻分级机补加水流量设定值增量 $\Delta F_{C_{sp}}$，以适应分级溢流浓度与补加水之间非线性、大滞后的特性；分级机补加水流量的 PI 控制为内环，根据补加水流量设定值 $F_{C_{sp}}$ 与其检测值 F_c 之间的偏差，采用 PI 控制算法实现补加水流量的设定值跟踪控制，抑制来自补加水管道压力变化带来的流量波动。

2.3.2.2 钢铁冶金过程控制技术

过程控制是钢铁冶金过程中的重要技术，对生产率、品质、成品率及单位能源消耗等生产环节的效果有很大提高。过程控制几乎充斥着钢铁冶炼和生产过程中的各个环节，从炼铁、炼钢到轧制等不同的生产环节都离不开过程控制。高炉的炉内为伴随着气、液、固三相的流动与固液的相变的氧化、还原反应过程，这个过程是非常复杂的现象，因此是模型化较为困难的代表过程之一。高炉控制分为使高炉作业稳定化的中长期管理与适当调节铁水温度与铁水成分的炉热控制。过程控制建立在过程检测的基础上，因此高炉炉况控制包括两个重要部分：一部分是高炉的炉况监视；另一部分是铁液温度控制。其中高炉的炉况监视是一个检测过程，铁液温度控制需要建立过程控制模型，常见的模型有 Wu 模型、Ec 模型、多变量一阶自回归矢量模型、Tc 模型、神经网络模型、动力学模型、贝叶斯模型、混沌预报模型。除了常用的解析的数学模型外，国内很多钢铁企业还开发了"高炉控制专家系统"，如首钢开发了人工智能高炉冶炼专家系统，鞍钢开发了 10 号高炉热状态专家系统，马钢开发了 2500m³ 高炉自动化控制系统，浙江大学开发了"高炉智能控制专家系统"。对于高炉系统的控制，专家学者们认识到：高炉冶炼过程的自动化控制问题需要建立在新的控制思想与控制理论基础上，才能够找到实现高炉过程自动化的途径。

由于高炉炼铁技术的不断进步，高炉朝着大型化的方向发展，这就必然要求高炉所配套的热风炉能够更加稳定地提供更高的风温和更大的风量；同时热风炉本身也是一个具有很大能耗的设备，应尽量考虑到节约能源和降低消耗。为此，热风炉必须装备完善的自动化系统。解决热风炉的过程控制问题是提高热风炉系统自动化水平的重要方式，常用的方法有使用工艺理论建立的数学模型、现代控制理论的方式、人工智能控制形式、数学模型加入人工智能的混合形式。其中，数学模型是国际上热风炉控制使用最多的模型，数学模型虽然有效，但是数学模型的建立相当复杂，对企业的自动化水平要求较高，因此基于数学模型的热风炉过程控制很少有钢铁企业采用，这种常用方式并不适合于我国的热风炉控制。国内的热风炉控制需要根据实际情况，开发有针对性的控制系统。如涟钢 5 号高炉热风炉的技改项目，采用了模糊控制技术，实现了热风炉燃烧的智能控制，不仅替代了人工操作，而且取得了较好的控制效果。鞍钢 10 号高炉的 4 号热风炉的流量优化设定专家系统，不要求完善的基础自动化和复杂、昂贵的分析仪器，还能自动设定热风炉各加热器的煤气和空气流量，在实际应用中，取得了良好的效果。

由于焦炉生产具有高能耗、易污染、干扰因素多、被控参数相互关联复杂、关键参数检测困难等特点，常用的炼焦炉优化控制方法与模型有工艺结构分析法、相关性分析法、数学模型方法及计算机通信技术、计算机控制技术、PLC 技术等先进的方法。其中在诸多的方法中较为常用的仍是数学模型的方法，安阳钢铁集团建立了一种基于数学模型控制的炼焦炉自动加热控制系统，根据蓄热室连续测温，优化了数学模型，建立了炼焦炉专家知识库，应用 ABB 公司的 DCS 成功实现了炼焦炉的自动加热控制。在诸多方法中较为实用的是计算机控制技术，北京科技大学的学者将模糊控制理论应用于炼焦炉的计算机控制，取得了良好的性能指标和经济效益，经专家鉴定为国内领先水平。

炼钢过程控制包括了转炉的精炼控制、连铸机的铸模内钢液液位控制及冷却控制。首先是转炉的精炼控制，主要实现钢包的控制、钢包车装置的控制、电极升降装置的控制、炉盖及炉盖的提升机构的控制、吹氩装置的控制、冷却水系统的控制、电炉变压器的控制、加料系统的控制、高压及低压电控制系统的控制、生产过程数据的采集等功能。国内莱钢公司利用计算机自动控制系统控制转炉精炼炉，有效地改善了生产人员的工作环境，提高了生产效率。转炉炼钢的中电控制一般采用计算机控制技术，分为静态控制和动态控制。静态控制是指在炉次吹炼结束前，根据铁水特性、辅料成分检测数据及目标钢种的重点要求，计算下一炉次的主料、辅料、吹氧量及冷却剂的加入量。动态控制是利用副枪检测、烟尘分析等数据，对吹炼后期进行控制以提高终点命中率。关于静态控制的数学模型有如下几种：机理模型、统计模型、增量模型、智能算法模型。动态控制模型是指当转炉吹炼接近吹炼终点时，采用一定的检测技术，检测炉内钢水温度和钢水碳含量，并将检测结果送到过程计算机，过程计算机根据所检测到的结果，计算出到达目标钢水温度和目标钢水碳含量所需要补吹的氧气量及冷却剂加入量，并且以测到的结果为初值，随着吹炼进行，每隔三秒，进行一次动态计算，对转炉内钢水的温度和碳含量进行预测。

连铸环节的过程控制问题主要有连铸机铸模内的金属液面控制和连铸机二次冷却控制。液面控制是现代连铸机生产高品质、无缺陷连铸坯的关键质量控制点，同时也是保证连铸生产稳定的重要因素之一。宝钢4号连铸机采用了先进的液面测量和控制反馈系统，该系统集成了德国西门子 S7 300 PLC 和捷克 VUHZ 液面检测系统，实现自动开浇、正常浇注、浸入式水口快换、浇注中断、终浇控制等功能。东北大学的学者采用一种简化的模糊 PID 结构，结合了传统模糊 PI 与模糊 PD 控制方法的特点对连铸过程结晶器液面进行控制，实验结果表明该方法对周期性扰动具有良好的抑制效果，对过程参数的变化具有很强的鲁棒性。连铸环节除了有对金属液面的控制外，还有对二次冷却的控制，连铸二次冷却控制技术可以概括为以下几类控制方式：拉速关联配水、基于传热模型在线计算动态控制、基于传感器测温反馈控制、基于有效拉速计算动态控制、人工智能优化控制五大类控制方式。在连铸设计及生产中，可以根据生产实际的需要进行选择，挑选合适的二次冷却控制方式，合理的二次冷却控制方式对于确保铸坯质量有重要意义。

钢铁轧制部分主要分为热轧和冷轧，由此而出现了关于热轧机组的过程控制研究和冷轧机组的过程控制研究。带钢热轧机的控制主要包括加热炉的控制、钢板的厚度控制和钢板的冷却控制。加热炉的控制主要是燃烧控制，随着计算机技术的发展，加热炉的控制策略不断优化。加热炉控制策略大体包括了加热炉燃烧控制策略、数模优化控制以及智能控制和专家系统控制策略等。加热炉的燃烧控制是通过对空燃比、烟气残氧量、燃烧流量和空气流量等参数的控制，对调节系统不断进行优化，使加热炉内实现燃料的最佳燃烧。钢板轧制厚度控制技术是钢板轧制过程中最重要、最基础的控制技术。一般采用的方法是分析各种干扰因素对轧机钢板出口厚度的影响，其中包括了弹性变形和弹跳方程、轧辊偏心、轧辊的椭圆度、轧辊磨损、轧辊的热胀冷缩、轧辊平衡力的波动、轧机的振动、轧辊缝润滑剂膜厚度的变化等，通过这些影响因素建立电液位置控制系统理论模型，实现自动位置控制和轧机的顺序控制。而热轧带钢层流冷却过程的控制更为复杂，由于冷却水量与带钢卷取温度之间具有复杂的非线性关系，且层流冷却过程工况条件变化频繁，缺乏连续实测的带钢温度数据，因此中小型钢厂经常采用查询控制策略表格的方法进行控制。目前的层流冷却控制方法有基于经验模型和策略表格的开环设定控制、基于模型的开环控制、基于预设定与线性补偿模型相结合的控制、基于智能技术的控制等。

带钢冷轧机的控制主要包括冷轧带钢卷取机张力控制、冷轧带钢的板型控制、冷轧带钢的厚度控制等。卷取张力控制系统一般是以模拟器件为主，近年来国内逐步开发了单片机张力控制系统，卷取张力控制设备有以下两方面的发展：以磁粉离合器为基础的张力控制设备和以变频器为基础的张力控制系统。冷轧带钢的板形控制问题是冷轧厂生产中不断出现和必须解决的问题，提高产品的板形质量也是轧机设备改进、发明、轧制工艺不断优化的内容。带钢的板形控制首先要明确带钢的板形分类，然后找到板形凸度的影响因素，再加以控制。现在已经将冷轧带钢的厚度控制的全部过程融于计算机网络。在控制中，一方面采用最优控制、多变量控制、自适应控制、解耦控制等最先进理论研究成果；另一方面采用人工智能、模糊控制、神经网络等知识工程方法，以追求系统的灵活性和多样性，开发出高精度、无人操作的自动厚度控制。

2.3.2.3 有色冶金过程控制技术

有色冶金生产工艺的种类多，过程动态特性复杂，具有强非线性、不确定性强、强耦合、时滞、输入受限等难点问题，且不同的冶炼工艺具有其特有的控制难题，需要利用工艺的特点针对性地设计控制策略，因此，尚无具有统一框架的有色冶金过程控制技术。目前，常用的有色冶金过程控制方法包括：基于智能集成的有色冶金过程优化控制方法、基于操作模式的优化控制方法、专家系统、PID控制、模型预测控制。一些控制理论方法，如自适应控制，也应用在局部的控制回路中。我国自动化工作者根据有色冶金过程的特点，提出了基于智能集成的有色冶金过程优化控制方法，该方法运用传统的建模与优化技术、软测量技术、预测技术以及专家系统、神经网络、模糊推理、模拟退火等智能技术，通过建模方法的智能集成、优化方法的智能集成以及控制方法的智能集成共同完成过程的优化控制。其基本思想是：以已知生产条件为输入，考虑到生产边界条件等的波动，建立生产目标、工艺指标以及操作参数的集成优化控制模型；采用智能集成方法、协调多种优化手段获得以成本最低或能耗最小等经济效益指标为目标的、满足生产目标要求和生产约束条件的最优操作参数值；将最优操作参数值作为控制器设定值，实现整个生产过程的在线闭环优化控制。智能集成优化控制结构如图2-7所示。

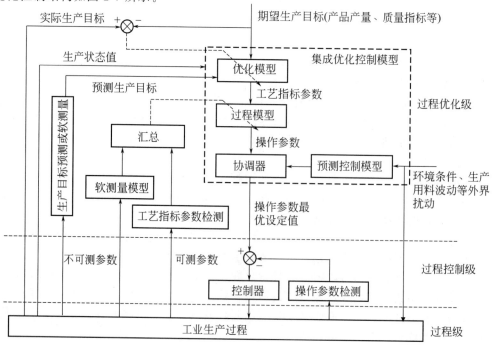

图 2-7　智能集成优化控制结构

2.3.3 运行优化技术

2.3.3.1 矿物处理过程运行优化技术

从工业生产过程的角度来讲，自动控制或者人工控制的作用不仅要使控制系统的输出很好地跟踪设定值，而且要控制整个工业生产过程，将反映产品在加工过程的质量、效率与消耗相关的运行指标均控制在工艺规定的目标值范围内。工业过程运行控制的目的是在保证安全运行的条件下，尽可能提高反映产品质量与效率的工艺指标，尽可能降低反映产品在加工过程中消耗的工艺指标。

针对现有的以控制系统性能指标为目标的常规优化控制理论与方法难以实现将工业过程的综合生产指标控制在目标值范围内的优化控制问题，采用将综合生产指标自动转化为控制回路设定值，使控制系统跟踪设定值，从而保证实际指标进入目标值范围内的思想，将智能方法与预测和反馈相结合，建模与控制相集成，提出了由回路设定模型、前馈补偿与反馈补偿器、综合生产指标预报模型、故障诊断模型与容错控制器组成的工业过程混合智能优化控制结构和方法。

以磨矿过程为例，文献［76］提出了磨矿运行优化控制策略。对于磨矿过程来说，其首要任务就是在实现磨矿过程安全、稳定、连续运行的条件下，将反应磨矿产品质量的关键工艺参数——磨矿粒度指标控制在工艺规定的范围内，使得矿石到达单体解离或接近单体解离，同时减少原矿性质变化对磨矿粒度指标的影响，提高磨矿粒度的合格率，在将磨矿粒度控制在工艺规定的范围内的同时，应尽可能地接近其上下限的中间值，避免发生"过磨"和"欠磨"现象，满足后续选别工序对磨矿产品质量的要求。

同时，在保证磨矿粒度指标的前提下，提高球磨机的处理能力，将表征球磨机负荷的工艺参数——球磨机有功功率控制在最佳工作点附近，减少磨矿产品的单吨电耗，并且避免磨矿过程出现"过负荷"和"欠负荷"故障工况，减少磨矿设备故障停车时间，提高设备运转率，即将磨机有功功率控制在范围内。

采用所提出的混合智能优化控制结构，将案例推理、神经网络、模糊控制、PID控制等控制技术与建模技术相集成，提出了设定模型、预报模型、预测与反馈分析调整模型、前馈与反馈补偿器的设计方法；提出了由机理逆模型、基于案例推理的设定模型和基于模糊规则的性能评判模型组成的控制回路设定模型设计方法，在磨矿、竖炉、磁选等过程进行应用验证；提出了四种结构的综合工艺指标预报模型的设计方法；提出了基于案例推理的参数整定和PID相结合的前馈及反馈补偿器设计方法，基于模糊概念表示和模糊逻辑的聚类分析的前馈及反馈补偿器参数整定方法等。

以竖炉焙烧过程为例，文献［79］提出混合智能运行反馈控制方法。由于竖炉焙烧过程具有综合复杂性，如多变量强耦合、强非线性、磁选管回收率等关键工艺参数不能连续在线测量等问题，而且，难以用控制回路的输入与输出的解析式来表示，因此采用单一的常规控制方法难以对综合生产指标进行优化控制。

燃烧室中心温度对象的变量配对是：输入为加热煤气流量 u 和加热空气流量 v，输出为燃烧室中心温度 T_1。综合生产指标的变量配对是：输入为燃烧室中心温度 T_1、还原煤气流量 T_2 和搬出制度 T_3，输出为磁选管回收率 C、台时产量 Y、煤气消耗量 E 等综合生产指标。根据前述对焙烧机理的分析与总结，如上的变量配对既能保证对象的可控性，也能最大限度地消除变量间的强耦合问题，为实现焙烧过程的自动控制和优化控制创造了先决条件。

在上述变量配对的基础之上，文献［79］提出如图2-8所示的混合智能运行反馈控制方法，通过两层结构，即智能优化设定层和智能过程控制层，磁选管回收率化验SPC（统计过程控制）过程，还原带温度测量SPC过程，以及前馈、反馈补偿模型来实现竖炉焙烧过程的混合智能控制。

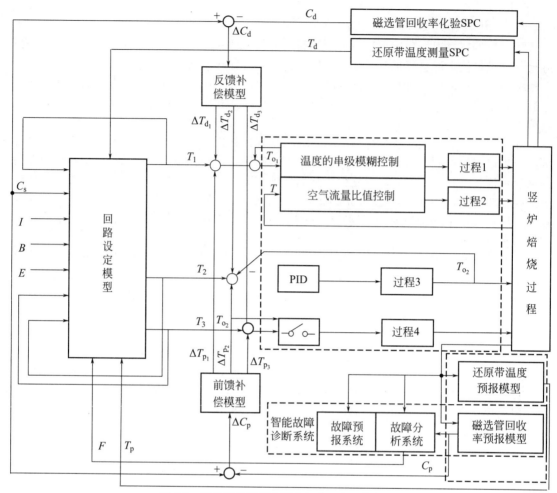

图 2-8　竖炉焙烧过程的混合智能运行反馈控制

图 2-8 中，系统的组成主要包括：过程 1～过程 3 使用流量检测仪表对流量进行计量，使用线性调节阀门作为执行机构，过程 4 使用电动机对矿石的搬出机进行拖动，各种模型系统、燃烧室温度分布的智能控制器和 PID 控制器以程序的形式运行于 DCS 系统中。竖炉焙烧过程混合智能运行反馈控制的主要功能如下。

① 智能过程控制层　竖炉燃烧室温度分布的回路智能控制由过程 1 和过程 2 体现，将专家规则、案例推理、模糊控制等智能方法与常规控制相结合，燃烧室中心温度预报模型与控制相集成实现了由带有燃烧室中心温度预报模型的温度串级模糊控制和带有煤气及空燃比补偿模型的空气流量比值控制组成的燃烧室温度分布智能控制。还原煤气流量的回路控制由过程 3 体现，采用常规 PID 控制方法。搬出制度的控制由过程 4 体现，回路设定模型给出搬出制度 T_3 的设定值后，由软件实现搬出电动机的定时启停，即过程 4 的控制，达到电动机按规定动作而将焙烧矿搬出还原带的目的，保证焙烧矿不发生"过还原"或"欠还原"的现象，使其质量得到保障。搬出制度采用开环时序控制。过程 1～过程 4 的控制任务通过 DCS 控制系统来实现，使得过程的被控变量（燃烧室中心温度 T、还原煤气流量 T_{o_2} 和搬出制度 T_{o_3}）稳定跟随优化设定值（燃烧室中心温度 T_1、还原煤气流量 T_2 和搬出制度 T_3）。

② 智能优化设定层　包括回路设定模型、智能故障诊断系统以及前馈、反馈补偿模型。

智能优化设定层主要通过基于案例推理和机理分析相结合的回路设定模型来设定燃烧室中心温度 T_1、还原气流量 T_2 及搬出制度 T_3 的设定值。回路设定模型综合考虑生产过程的各种信息，如智能故障诊断系统的输出信息 F、边界条件的变化 B、生产线信息 I、煤气消耗量 E、还原带温度的预报值 T_p、还原带温度的实测统计值 T_d、磁选管回收率的目标值 C_s、燃烧室中心温度 T_1、还原气流量 T_2 及搬出制度 T_3 的上次操作值等，然后基于智能方法或机理计算的方法给出燃烧室中心温度 T_1、还原气流量 T_2 及搬出制度 T_3 的预设定值，经过设定值判别输出模型处理后得到初步设定值。前馈、反馈补偿模型采用基于案例推理技术得出的专家规则实现，利用过程的输入量和输出量，通过磁选管回收率预报模型产生难以在线连续测量的磁选管回收率预报值 C_p，然后与磁选管回收率的目标值 C_s 进行比较，产生的误差 ΔC_p 经过前馈补偿模型的输出 $\Delta C_{p_i}(i=1,2,3)$ 来校正回路优化设定值（T_1-T_3）。通过人工化验 SPC 过程产生的磁选管回收率化验统计值 C_d 与其目标值 C_s 进行比较后反馈校正回路设定值（T_1-T_3）。通过智能优化设定层给出过程回路的设定值后，并由智能过程控制层保证在当前状态下过程回路跟踪这些设定值，就能实现综合生产指标（磁选管回收率、台时产量和煤气消耗量）的优化控制。

由以上分析可见，可以通过具有两层结构的混合智能控制方法实现复杂的竖炉焙烧过程的自动控制和综合生产指标的优化控制，并解决了过程本身具有多变量强耦合、机理复杂、磁选管回收率和还原带温等关键工艺参数难以在线连续测量以及焙烧过程易发生故障的一系列问题。

2.3.3.2　钢铁冶金过程运行优化技术

企业的运行效率不仅体现了企业的管理水平，而且体现出企业的竞争实力。对钢铁企业冶炼和生产过程进行运行优化，对提高企业效率，追求事半功倍之功效有重要意义。钢铁企业的运行优化主要分为三种优化形式：优化设备运行、优化生产经营和优化基础管理。

① 优化设备运行。良好的设备运转方式，是保持生产良好运行、实现效益最大化的基础。强化设备管理，通过设备定修，加强点、面巡检，强化攻关等多种方式，保证设备长周期稳定顺行，为优化生产组织和争创效益提供良好的设备保障。优化设备运行方式，深入开展节水、节电等活动，进一步完善设备"避峰就谷"的运行方式，科学合理安排生产计划，严格设备启停制度，减少浪费，降本增效。设备的优化运行归根结底是底层设备的优化控制，通过对设备的优化控制保证设备的优化运行。以钢铁企业制氧系统的空分设备控制为例，空分设备能够提供企业所需要的氮气和氧气，但是空分设备也是非常耗能的。因此提高空分设备的控制水平，自然对钢铁企业起到节能降耗的作用，自然属于设备的优化运行。

② 优化生产经营，向高效生产要效率。企业要降本增效、实现效益最大化，关键是要提高生产经营运行效率。优化生产经营主要是针对市场，通过优化经营降低生产成本。东北大学学者针对市场需求以及市场价格不断波动的情况，以某钢铁公司高线厂为背景，将产品成本控制和生产经营计划相结合，建立了目标成本设定模型、生产能力测算模型，并在此基础上建立了实现目标成本控制的多目标优化模型，通过模型转换及利用加权和法求解多目标规划得到了考虑产品成本的生产经营计划方案，并在实际的钢铁企业中验证了模型的可行性。要优化基础管理，向科学管理要效率。

③ 优化基础管理主要是对企业资源计划的优化，也就是通常所说的 ERP，是由物料需求计划、制造资源计划逐步演变并结合信息技术发展起来的。ERP 是以计算机技术为基础，包含先进的管理理念、管理思想和科学的管理方法，以产业方程式为内涵，资源需求为外延，嵌入企业业务流程，以业务流驱动物流、资金流、信息流，集成企业全域管理的一个高度集成的、安全的信息管理系统。武汉科技大学有学者以钢铁企业关键生产线设备系统为研究对象，从时间、性能、成本、资源和环境五个方面出发，建立关键设备绿色度评价指标体系，并对各个指标的内涵进行了分析。

除了在传统意义上对设备的优化运行、对经营和管理的优化以外，近年来国内有关人员提出了关于企业优化运行的新概念，即绿色制造。绿色制造又被称为环境意识制造，实际上也是一种智能制造，是在保证高效生产的同时，还注意节约资源，减少对环境的危害。在整个产品生命周期中要求对环境的负面影响最小，资源利用率最高，并使企业经济效益和可持续发展协调优化。对于钢铁企业的绿色制造研究，比较早的专家是段瑞钰院士（见文献［83］），他首先对可持续发展进行了分析，然后对绿色制造的内涵、技术等进行了研究，指出了钢铁企业环境保护的内涵，包括污染物的末端治理，更强调一开始就要从源头制止污染物的生成。他指出环境友好的钢铁工业应该包括：①对资源和能源的优化选择；②优化钢铁制造过程；③再资源化、再能源化和无害化处理钢厂的排放物，更要控制好钢厂污染物的排放过程。段瑞钰院士还讨论了钢铁工业在节能、清洁生产和绿色制造方面的问题，强调系统优化钢铁制造流程的重要性。指出通过节能、清洁生产、绿色制造来逐步解决钢厂的环境问题。给出的具体措施包括：①尽力让产业结构的调整与升级得到加强，同时尽力让产业集中度得到进一步提高，以及合理的区域结构布局得到有效推进；②对于国外的先进技术经验要借鉴引进，工艺与设备的技术创新要加强，高附加值产品的生产等措施；③转变企业的增长方式，根据市场需求与供应特点，进行市场化管理；④通过政策化、法律化来进一步处理环境保护问题。

2.3.3.3 面向工况高效迁移的有色金属冶金过程运行优化技术

有色冶金过程机理复杂，操作参数多且相互关联，其优化控制面临难以建立优化模型的瓶颈问题。有色冶金过程运行工况往往由多个操作参数共同决定，只有从整体出发，对所有操作参数进行同时在线决策才能获得更有效的生产效益和节能降耗效果。当生产工况变化时，现实中需要多名操作工人基于经验同时反复调整，这种动态调整时间往往很长，甚至引起工况的不稳定，造成生产指标波动大，产品质量不合格，带来大量的能源浪费。而且由于我国矿源的复杂性和外部扰动的频繁性，这种多操作参数同时调整的状况经常发生。对于有色冶金，人们在长期生产过程中积累了大量生产数据，如何利用这些数据实现生产过程的优化运行尤为重要。采用基于 PCA 和相似矩阵快速聚类的多级操作模式智能发现策略，从大量生产数据中挖掘形成优良操作模式库，使用基于柯西不等式的操作模式分级快速匹配、基于实数编码混沌伪并行遗传算法的操作模式演化及基于迁移代价的工况动态调整过程优化策略，形成了如图 2-9 所示的面向工况高效迁移的有色冶金过程运行优化方法。

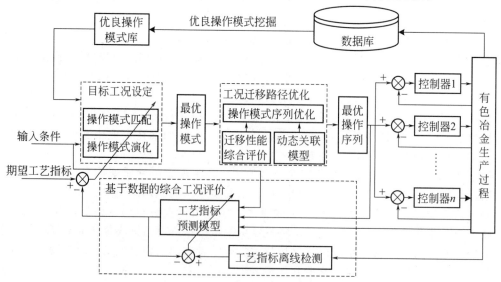

图 2-9 面向工况高效迁移的有色冶金过程运行优化方法

有色冶金过程生产运行数据主要包括条件参数、状态参数、操作参数以及工艺指标，当矿源、生产条件等的改变引起生产工况变化时，需多个操作参数的同时调整来保证到达目标工况。将条件参数和可控的多个操作参数组成操作模式，如何从形成的优化操作模式库中快速搜索与目标工况相适应的操作模式是实现多个操作参数同时优化决策的关键。采用基于 PCA 和相似矩阵快速聚类的多级操作模式智能发现策略，实现优良操作模式的有效发现；在此基础上，使用基于柯西不等式的操作模式分级快速匹配方法，将匹配过程分为获取相似操作模式的初级匹配和确定最优操作模式的次级匹配两级过程，在初级匹配中通过引入柯西不等式，构造了相似性快速判断准则，快速剔除相似性较小的操作模式，使次级匹配只需在相似操作模式集中进行搜索。通过合理设置初级匹配的相似度阈值，可以在保证操作模式精度的条件下，有效减少模式匹配时间，提高模式匹配速度，克服了因操作模式库庞大引起相似操作模式搜索效率低的问题。

当优良操作模式库中不存在与目标工况相适应的最优操作模式时，需要利用少量相似样本集进行操作模式演化。基于实数编码混沌伪并行遗传算法的操作模式演化方法综合输入条件、预测的工艺指标、期望工艺指标及当前的操作条件，构造综合工况评判准则，实现对有色冶金生产性能的客观评价；基于操作模式快速匹配方法获得的相似操作模式集，利用投影寻踪回归建立相似操作模式集与关键工艺指标之间的联系，作为操作模式演化过程的关系约束；将混沌信息机制引入到"独立进化、信息交换"的伪并行遗传算法中，采用实数编码独立进化各子种群，形成了一种基于实数编码混沌伪并行遗传算法，求解目标工况下的模式操作分量，获取最优操作模式。操作模式匹配和演化为矿源等输入条件变化时复杂工业过程目标工况的快速设定提供了有效途径。

随着工况条件的变化，操作决策者往往希望工况从当前状态迁移到期望状态。由于反应过程的复杂性，这个迁移过程是非均衡、非定长、非稳态的。其迁移过程的代价包含两层含义：一是迁移过程中期望指标的时间及空间分布状态对于过程产量和质量的影响；二是动态调整过程本身稳定性或性能退化风险的量化计算。为此，提出了基于迁移代价的工况动态调整过程优化方法，该方法通过融合调节时间与调整过程资源能源消耗，构造迁移代价函数、构建基于实时状态与期望状态偏差的工况波动约束关系，根据生产指标面临的性能退化风险，评估迁移路径的时序稳定性，从而得到综合迁移代价。基于 Legendre 伪谱法设计了以综合迁移代价为目标，以工况波动范围为约束的最优操作模式序列优化方法，实现多操作参数的同时在线决策。

2.3.4 计划调度

2.3.4.1 矿物处理过程计划调度

选矿厂通过生产计划与调度来组织、指导、协调和控制选矿的生产经营活动，包括选矿厂计划的编制、执行、调整及检查分析与总结等环节。选矿过程属于典型的流程工业过程，其生产过程连续且主体生产设备和工艺固定。选矿生产计划调度的核心内容是对选矿企业主要生产指标进行合理决策，并在此过程中对原料、设备及能源等资源进行合理分配。

选矿生产全流程综合生产指标优化决策是选矿生产计划调度的核心内容，主要任务为各生产子周期（如天）合理分配资源（如原料组合与用量分配、设备台数与运时等），通过合理优化各子周期内的全流程综合生产指标（日精矿品位、全选比、回收率、吨精成本及精矿产量），达到最终优化选矿企业综合生产指标（年/月度精矿品位、全选比、回收率、吨精成本及精矿产量）的目的。该决策过程具有多层次、多时间尺度、多冲突目标和复杂约束等特点。多层次、多时间尺度体现在企业初步制定的总体生产目标，需要通过不同层次决策部门对总体目标层层分解后确定最终的选矿生产全流程综合生产指标，若按决策指标分类，此过程划分成两个主要的层次。在第一层，根据经营决策部门制定的全周期（如可以为全年、多月、单月）综合生产指标目标范围，选矿厂通过合理分配资源优化每个月度的企业综合生产指标，其中优化配置的生产资源即可形成月度生产计划的主要内容，例如各种原矿的月度总处理量、设备运行计划等，这些计划可以指导原料外购、能源输送、设备检修等辅助生产计划。在第二层，选矿厂将决策的月度综合生产指标进一步分解成可执行的日生产全流程综合生产指标，作为日生产计划的重要组成部分。为实现选矿企业综合生产指标优化，达到提高企业生产效益、效率以及减少消耗的目的，必须确定合理可行的日生产全流程综合生产指标。

（1）选矿企业综合生产指标多目标优化方法

选矿企业综合生产指标多目标优化方法在企业期望的企业综合生产指标目标范围内，考虑选矿主体生产设备能力、原料与能源资源、库存及产品等约束条件，建立以最大化精矿品位、回收率、产量，最小化全选比、成本为目标的选矿综合生产指标多目标优化模型（MP-PP）。针对现有选矿企业综合生产指标优化研究所考虑目标或约束不够全面，且主要采用加权法将各目标聚合为单目标问题求解，而权重难以合理确定等问题。采用所提出的梯度驱动的多目标混合进化算法求解 MPPP 问题。其中梯度驱动算子中的搜索方向为各目标函数负梯度方向的严格凸锥组合，并进行归一化，该方向将搜索空间中的选定点沿所有或其中一些目标函数的下降方向移向 Pareto 前沿，从而减少纯进化算法中无效的随机交叉和变异的次数。

（2）选矿生产全流程综合生产指标多目标优化分解方法

选矿生产全流程综合生产指标多目标优化分解方法将上层优化确定的选矿企业综合生产指标进一步优化分解为合理可行的选矿生产全流程综合生产指标。该过程具有多层、多周期和多冲突目标特点，针对分别在各层、各周期单独优化时，上层确定的综合生产指标可能导致下层全流程生产指标不可行等问题，建立了一体化选矿企业综合生产指标与生产全流程综合生产指标优化分解模型。针对所建立的 0-1 混合整数多目标非线性规划（0-1 MO-MINLP）模型考虑不同时间尺度内的冲突目标（精矿品位、选矿比、回收率、成本和产量指标）、大量生产约束以及原料组合优化问题，提出基于周期滚动的两层分解策略减小问题规模，以及基于交互式分割（IP）与梯度驱动（MO-G）相结合的多目标混合进化算法进行求解。所提出的 IP 方法用来提供有效的组合节点，理想点求解方法用来删除不可行节点，改进的 MO-G 算子用来加速选定组合节点的进化过程，且构建均为连续变量的割集排除先前迭代过程中产生的（决策者不满意的）可行原料组合。

2.3.4.2 钢铁冶金过程计划调度

钢铁生产计划与调度对于降低成本和能源消耗有重要的作用及意义，然而钢铁生产计划与调度存在工件成组、优先级约束以及工件高温引起的高等待费用等特征与工艺约束，因此提高钢铁企业生产计划与优化调度水平是极具挑战性的。国内对钢铁过程计划与优化调度已存在大量研究，计划优化与调度面向于钢铁冶炼和生产的各个环节，甚至是一体化的计划与优化调度。在计划优化方面主要包括炼钢-连铸生产批量计划、钢管生产批量计划、炼钢连铸热轧集成批量计划、原料采购计划、产品发货计划。在优化调度方面主要包括炼钢连铸生产调度、炼钢车间生产调度、热轧生产调度、板坯最优堆垛问题、冷轧生产调度等。计划优化与生产调度问题归结起来可以被视为单机、流水车间、并行机、混合流水车间和多处理器等的调度问题，将实际的计划与调度优化问题提炼为经典的优化问题，并求解约束条件下的最优解或者近优解。

（1）炼钢-连铸批量计划智能优化编制技术

为了满足热轧及其后序工序生产能力需求和多炉次钢水能够在连铸机上连续浇铸，企业需要进行炼钢-连铸工序的批量计划和调度计划的编制。实际编制炼钢-连铸批量计划需要考虑的因素众多，例如板坯的宽度区间，出钢记号，交货期，流向，烫辊材，炉次内板坯宽度跳跃幅度约束，炉次内板坯宽度跳跃次数约束，炉次内板坯成分约束，中间包内炉次宽度跳跃幅度约束，中间包内炉次宽度跳跃次数约束，中间包内炉次钢水成分约束，浇次内宽度跳跃幅度约束，浇次内钢水成分约束等。另外，炼钢-连铸批量计划的一个重要功能是确定出板坯的宽度，而目前文献中的模型所考虑的因素只是一小部分，且大都没有确定板坯的宽度。炼钢-连铸批量计划以给定的一定量待生产板坯及其成分属性、尺寸属性、加工属性、合同属性和转炉与精炼炉加工炉次数目标值及范围、热轧加工烫辊材板坯重量目标值及范围、热轧后续工序加工板坯重量目标值及范围为已知，以转炉容量及对钢水成分的要求、中间包使用寿命及对钢水成分要求、连铸机宽度调整及对钢水成分要求为约束，确定板坯所在的炉次、炉次所在的浇次及浇次内炉次顺序、板坯的浇铸宽度，从而形成浇次计划。

① 提出由炉次计划、中间包计划、浇次计划组成的炼钢-连铸批量计划整体优化编制策略。将炉次计划、中间包计划、浇次计划中对宽度的不同要求作为计划编制优化模型中的性能指标与约束方程。将转炉与精炼炉、加工炉次数目标值及范围、热轧加工烫辊材板坯重量目标值及范围、热轧后续工序加工板坯重量目标值及范围，作为中间包计划优化编制模型的性能指标和约束方程。采用基于迭代局部搜索算法（iterated local search，ILS）和变邻域搜索算法（variable neighborhood search，VNS）相结合及基于蚁群优化算法的多目标优化策略。

② 建立以极小化板坯组成的炉次数、炉次内板坯重量与转炉容量的差、炉次内板坯间合同属性和加工属性差异及高优先级板坯优先生产为性能指标，以转炉容量及同一炉次内板坯间宽度跳跃幅度和次数为约束方程，以板坯是否在炉次生产为决策变量的炉次计划优化编制模型。将 ILS 和 VNS 相结合，提出了 ILSVNS 的炉次计划优化编制方法。

③ 建立以极小化转炉加工炉次数与目标偏差、精炼炉加工炉次数与目标偏差、热轧加工烫辊材重量与目标偏差、热轧下游工序加工板坯重量与目标重量偏差、炉次组成中间包数量、中间包内炉次数与中间包使用寿命偏差、中间包内炉次间成分属性差异为目标，以中间包使用寿命、中间包内宽度跳跃和钢水成分要求、转炉加工炉次数目标范围、精炼炉加工炉次数目标范围、热轧加工板坯重量目标范围、热轧下游工序加工板坯重量目标范围为约束方程，以炉次是否在中间包内生产为决策变量的中间包计划优化编制模型。基于 ILS 和 VNS，提出了双层 ILSVNS 的中间包计划编制方法。考虑到中间包利用率及多目标权重对解的影响，在优化编制方法中加入了可动态调整目标权重及中间包利用率参数的方法。

④ 建立以极小化中间包组成浇次数、浇次内中间包之间宽度和成分差异、中间包内炉次间宽度和成分差异为目标，以中间包使用寿命、中间包内宽度跳跃和钢水成分要求、浇次内中间包宽度跳跃和钢水成分要求为约束方程，以浇次内中间包顺序、中间包内炉次顺序、板坯浇铸宽度为决策变量的浇次计划优化编制模型。提出了基于蚁群优化算法的双层蚁群优化编制方法。

（2）炼钢-连铸生产重调度技术

炼钢-连铸生产静态调度是指在生产工艺路径和炉次处理时间为固定常数的前提下，以给定浇次在连铸机上准时开浇、同一浇次内炉次连续浇铸及同一设备上相邻炉次作业不冲突等为目标，决策各炉次在转炉工序和精炼工序的加工设备，并决策各炉次在转炉、精炼炉及连铸机上的开工时间，形成调度时刻表。在炼钢-连铸生产过程中，因铁水或废钢供应不及时会经常发生钢水在转炉设备上开工延迟，可能造成同一设备上相邻炉次作业冲突或同一浇次内相邻炉次在连铸机上断浇，导致静态调度计划失效。炼钢-连铸生产重调度是在保证生产工艺路径不变的前提下，以转炉、精炼炉上相邻炉次作业不冲突和同一浇次内相邻炉次在连铸机上不断浇为目标，决策未加工炉次在转炉和精炼的加工设备，以及在转炉、精炼炉和连铸机上的开工时间及完工时间，决策已开工炉次在该设备上的完工时间。在炼钢-连铸生产重调度优化中，以所有炉次在相邻工序的加工等待时间总和最小为目标、同一浇次内相邻炉次在连铸机上不断浇和同一设备上相邻炉次作业不冲突为等约束方程。采用数学规划或进化计算的优化算法难以满足实时性要求，因此只能依靠有经验的调度工程师凭经验人工编制重调度计划，不仅决策炉次数量少、编制时间长，而且使所有炉次加工等待时间长、重调度效率低。

① 以所有炉次在相邻工序的加工等待时间总和最小为性能指标，以转炉、精炼炉上相邻炉次作业不冲突和同一浇次内相邻炉次在连铸机上不断浇等建立约束方程，以在设备上已开工但未完工炉次的完工时间、未开工炉次的加工设备、开工时间和完工时间为决策变量，建立了炼钢-连铸生产重调度优化模型。利用炉次处理时间在规定区间内可调，并结合调度专家的经验，提出了炼钢-连铸生产智能重调度策略。其结构由炉次作业冲突和连铸断浇识别、重调度炉次决策、炉次加工设备决策、炉次在各设备上的开工时间和完工时间决策、基于甘特图和线性规划的炉次加工设备、开工时间和完工时间调整等部分组成。

② 将启发式、线性规划、有向图和甘特图相结合提出了炼钢-连铸生产智能重调度算法，包括以下内容。

a. 基于有向图的炉次作业冲突和连铸断浇识别算法。该算法由基于有向图表示炉次加工设备、加工顺序及相互关系的邻接矩阵、开工延迟时的炉次开工时间和完工时间计算、炉次作业冲突和连铸断浇判别公式组成。

b. 重调度炉次决策算法。其由炉次加工状态判别和重调度炉次选择组成，重调度炉次选择的原则是以在某设备上已开工但未完工的炉次，以及未开工炉次为重调度炉次。

c. 启发式炉次的加工设备决策算法。其启发式因素为优先选择使炉次作业冲突值最小的设备、相邻设备间位置距离最短的设备和加工炉次数最少的设备作为炉次的加工设备。该算法由炉次批次划分和排序、炉次开工时间和完工时间计算、炉次作业冲突值计算和炉次加工设备决策组成。

d. 启发式和线性规划相结合的炉次在各设备上的开工时间和完工时间决策算法，包括启发式的炉次在各设备上的开工和完工时间预决策、基于线性规划的炉次开工和完工时间调整算法。预决策算法由炉次作业冲突值计算、冲突解消、炉次连铸断浇值计算和断浇消除组成。调整算法以所有炉次在相邻工序的加工等待时间总和最小为目标，以炉次加工区间为约束方程，采用单纯型算法求解炉次开工和完工调整时间。

e. 基于甘特图和线性规划的炉次加工设备、开工时间和完工时间人机交互调整算法。该算法包括基于甘特图的重调度计划可视化、基于人机交互的炉次加工设备、炉次开工和完工时间调整。炉次加工设备调整采用启发式算法，炉次加工区间调整采用线性规划算法。

(3) 热轧生产计划混合智能编制技术

现代大型钢铁企业的热轧生产过程是由多台并行步进式加热炉和热轧机组成的。两流连铸机浇铸的不下线高温板坯或库存板坯，首先在选定的加热炉内加热，然后被加热至规定温度后出炉，并通过辊道被送至热轧机，经粗轧、精轧和卷曲形成一定长度、宽度、厚度、硬度和表面质量的热轧卷（使用同一套精轧工作辊轧制的板坯称为一个轧制单元）。热轧生产计划编制问题中包含着轧制计划编制和加热炉装炉计划编制两大问题，其中轧制计划编制问题中包含着板坯选择、直装单一作业轧制单元编制、非直装单一作业轧制单元编制和非直装混合作业轧制单元编制四个子问题。热轧生产计划编制首先从给定的大量板坯（包括库存板坯和待生产板坯）中确定一定数量板坯作为进行轧制单元编制的板坯（即板坯选择），之后依次进行直装单一作业轧制单元编制、非直装单一作业轧制单元编制和非直装混合作业轧制单元编制，从而获得一定数量的轧制单元，形成满足日生产要求的轧制计划；并进而以轧制计划为基础，确定出轧制单元内板坯的加热设备以及加热开始和结束时间，形成加热炉的生产作业时间表（称为加热炉装炉计划）。已有文献在建模时往往对实际热轧生产计划编制问题进行了一些简化，忽略了一些实际计划编制需要考虑的重要因素，使得这些文献方法不能应用于实际中。目前缺少面向实际应用的、有效可行的热轧生产计划编制技术。

① 直装单一作业轧制单元编制

以最小化同一轧制单元内待生产板坯在连铸机上浇铸时两流浇铸时间差、最大化轧制单元平均长度、最大化轧制单元板坯优先级总和、最小化同一轧制单元内待生产板坯的轧制顺序与浇铸顺序差异以及最小化轧制单元内相邻轧制板坯间轧制宽度、轧制厚度、硬度、出炉温度、精轧温度和卷曲温度跳跃量为目标，以同一轧制单元内待生产板坯的钢级相同且总重量不超过依据钢级规定的重量以及同一轧制单元内任意主体材板坯与之前安排的主体材板坯轧制长度之和不超过该板坯表面质量规定的长度值等为约束方程，以轧制单元所要轧制的板坯和轧制单元内板坯的轧制顺序以及轧制单元内待生产板坯在连铸机上浇铸时的宽度、浇注流和顺序为决策变量，建立了直装单一作业轧制单元编制问题的数学模型。分析了该问题难以采用已有优化方法解决的原因，提出了基于蚁群和变邻域搜索算法混合的直装单一作业轧制单元编制方法。该方法由基于蚁群和变邻域搜索算法混合的主体材编制算法以及基于启发式的烫辊材编制算法组成。主体材编制算法在迭代过程中，先粗略确定主体材，然后在此基础上，确定构成主体材的待生产板坯在浇铸时所在的浇注流、顺序以及宽度，并根据这些结果调整粗略确定的主体材内板坯位置。利用实际生产数据的仿真试验结果表明，其中的混合算法所得结果明显优于人工方法所得结果。

② 非直装单一作业轧制单元编制

以最大化轧制单元平均长度、最大化轧制单元板坯优先级总和以及最小化轧制单元内相邻轧制板坯间轧制宽度、轧制厚度、硬度、出炉温度、精轧温度和卷曲温度跳跃量为目标，以同一轧制单元主体材板坯的钢种相同以及同一轧制单元内任意主体材板坯与之前安排的主体材板坯轧制长度之和不超过该板坯表面质量规定的长度值等为约束方程，以轧制单元所要轧制的板坯、轧制单元内板坯在轧制单元中所在的区域和轧制单元内板坯的轧制顺序为决策变量，建立了非直装单一作业轧制单元编制问题的数学模型。分析了该问题难以采用已有优化方法解决的原因，提出了基于蚁群和模拟退火算法混合的非直装单一作业轧制单元编制方法。该方法由基于蚁群和模拟退火算法混合的主体材编制算法以及基于启发式的烫辊材编制算法组成。利用实际生产数据的仿真试验结果表明，其中的混合算法在求解精度上优于单一蚁群算法、单一模拟退火算法和人工方法，在求解时间上远远少于人工方法。

③ 非直装混合作业轧制单元编制

以轧制单元内各流向板坯总重量达标准量、最大化轧制单元平均长度、最大化轧制单元板坯优先级总和以及最小化轧制单元内相邻轧制板坯间轧制宽度、轧制厚度、硬度、出炉温度、精轧温度和卷曲温度跳跃量为目标，以同一轧制单元内相邻主体板坯的钢种要满足衔接要求且同钢种主体材板坯连轧数量不小于钢种规定的数量以及同一轧制单元内任意主体材板坯与之前安排的主体板坯轧制长度之和不超过该板坯表面质量规定的长度值等为约束方程，以轧制单元所要轧制的板坯、轧制单元内板坯在轧制单元中所在的区域和轧制单元内板坯的轧制顺序为决策变量，建立了非直装混合作业轧制单元编制问题的数学模型。分析了该问题难以采用已有优化方法解决的原因，给出了基于变邻域禁忌搜索的编制算法。算法中给出了以提高搜索效率为目的的基于5种邻域结构（包括板坯插入、板坯替换、板坯交换、板坯删除和板坯区间交换）的搜索策略。利用实际生产数据的仿真试验结果表明，本算法所得结果明显优于人工方法所得结果。

④ 加热炉装炉计划编制

以最小化热轧机等待加热板坯的时间、最小化板坯加热时间以及最小化加热炉内冷热板坯混装次数为目标，以板坯按轧制顺序出炉、板坯在加热炉上加工时间不小于规定最短时间以及同一加热炉同时加热的板坯数量不超过规定数量为约束方程，以轧制单元内板坯的加热设备以及加热开始和结束时间为决策变量，建立了加热炉装炉计划编制模型。分析了该问题难以采用已有优化方法解决的原因，给出了基于蚁群优化的求解算法。算法对板坯的加热设备直接进行优化，而板坯的加热开始和结束时间则在板坯的加热设备确定基础上根据约束条件通过启发式方法计算得到。利用实际生产数据的仿真试验结果表明，本算法所得结果明显优于人工方法所得结果。

2.3.4.3 有色金属冶金过程计划调度

计划调度是企业生产管理的重要环节，主要包括企业原料供应的优化及生产负荷优化调度，直接影响企业的生产成本和利润。在有色冶金过程中，计划调度在锌电解过程的节能降耗中得到了成功的应用。传统锌电解生产采用恒定电流的方式进行电解沉积。为了平衡电网的用电负荷、提高功率因数和用电效率，我国电力部门采用了分时计价的电费计价方式，即将一天二十四小时划分为用电尖峰、高峰、腰荷和低谷等多个时段，不同时段的电价不同。由于电费分时计价政策的实施，为了降低锌电解用电费用，需采用新的分时供电方式进行电解沉积。即电价越高，电流密度越低；反之，电价越低，则应提高电流密度。然而，电流密度过高，会使槽电压上升，导致电耗增大；电流密度过低，会造成锌的反溶，也会使电耗增大。因此，必须对锌电解过程中的直流电力负荷进行优化调度，在保证锌电解产量的前提下，优化各时段的电流密度，达到降低电费的目的。大型锌湿法电解生产综合优化控制系统结构如图 2-10 所示。

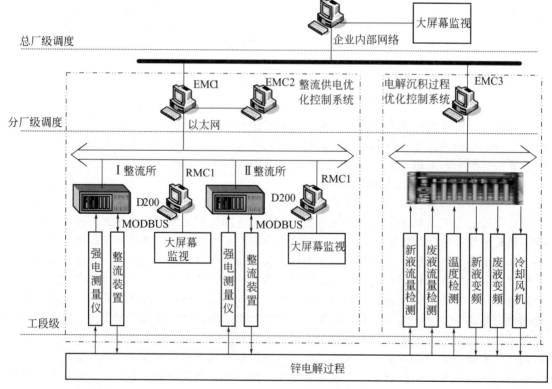

图 2-10　大型锌湿法电解生产综合优化控制系统结构图

由图 2-10 可知, 大型锌湿法电解生产综合优化控制系统由总厂调度级、分厂调度级与工段级的三级实时控制网络组成。总厂调度级 DMC 完成锌电解综合优化计算功能, 实时在线优化锌电解系列电流、电解液酸锌浓度、温度等关键工艺参数, 并通过企业内部网络将最优系列电流、最优电解液酸锌浓度及最优温度等送往供电分厂 EMC1 及电解分厂 EMC3。EMC1 和 EMC2 实时监视整流供电运行状况, 并将各时段最优电解系列电流通过以太网送往整流所 RMC1、RMC2。RMC1 和 RMC2 确定整流机组的最优投运组合和各投运机组的最优电流, 并将各现场采集的信号通过以太网传输至大屏幕显示器进行集中显示。D200 通过 MODBUS 协议与直流强电测量仪、整流装置进行信号传输, 并由整流机组控制器完成各系列电解槽稳流控制。EMC3 通过 Profibus 总线与现场控制器进行数据通信, 实时监视电解生产运行状况, 实现各系列电解槽的电解液酸锌浓度和温度的实时控制。DMC 实现全厂整流供电系统、锌电解生产状态集中监视 (大屏幕)、事故报警, 同时具有记录、统计分析和报表打印、供电系统日常管理以及系统安全管理等功能。对提高企业信息化程度及企业生产效率, 保障设备的安全可靠运行发挥了重要作用。

2.3.5　一体化控制技术

2.3.5.1　矿物处理过程一体化控制技术

矿物处理过程一体化控制技术, 其内涵是在市场需求、节能降耗、环保等约束条件下, 通过优化决策产生实现企业综合生产指标 (反映企业最终产品的质量、产量、成本、消耗等相关的生产指标)、优化的生产制造全流程的运行指标 (反映整条生产线的中间产品在运行周期内的质量、效率、能耗、物耗等相关的生产指标) 和过程运行控制指标 [反映产品在生产设备 (或过程) 加工过程中的质量、效率与消耗等相关的变量], 通过生产制造全流程运行优化和过程运行控制实现运行指标的优化控制, 进而实现企业综合生产指标优化。

一体化控制系统的控制对象是生产制造全流程, 即由生产设备 (或过程) 变为整条生产线。一体化控制系统的性能指标是生产制造全流程的运行指标, 它由与产品在生产加工过程中的质量、生产效率、能耗、物耗等相关的多目标组成。一体化控制涉及过程运行控制、生产制造全流程运行优化、生产过程管理与决策, 因此其控制系统由控制层、运行层和管理层三层结构组成, 采用多种类型网络 (设备网、控制网、企业管理网等)、多种控制计算机 (PLC、DCS、管理计算机)、传感器与执行机构组成的硬件平台, 组态软件、实时数据库、关系数据库等组成的支撑软件平台, 采用一体化控制技术研制的软件系统 (运行控制、运行优化、指标分解转化软件) 来实现。与传统工业过程控制系统和生产管理系统相比, 系统结构发生了根本变化。不同层次网络和多种软件系统的引入, 控制系统需要协同运行控制、运行优化与管理决策来实现企业综合生产指标全局优化, 加上控制系统使用者的多元化, 对一体化控制系统提出了安全性、协同性、易用性的更高要求。

针对上述问题, 东北大学开展了复杂生产制造过程一体化控制技术的研究。其中, 结合选矿过程提出的一体化控制策略总体结构如图 2-11 所示, 选矿过程一体化控制策略由三层结构组成, 包括月综合生产指标目标值优化、日综合生产指标目标值优化及运行指标目标值优化。月综合生产指标目标值优化决策出月原矿量, 并计算月综合生产指标目标值。该目标值作为日综合生产指标优化的目标值约束, 以实现日综合生产指标累积计算的月综合生产指标多目标优化, 决策出日原矿种类和原矿量作为原矿处理系统的目标值, 并计算日综合生产指标目标值。日精矿品位和精矿产量等日综合生产指标的目标值作为运行指标目标值优化的目标, 决策出竖炉、磨矿和磁选过程自动化系统的运行指标目标值。通过上述自动化系统跟踪目标值, 使日精矿品位和产量等日综合生产指标的实际值跟踪目标值, 从而使月综合生产指标实际值尽可能接近月综合生产指标目标值, 从而实现全流程集成优化。技术细节参见文献 [82]。

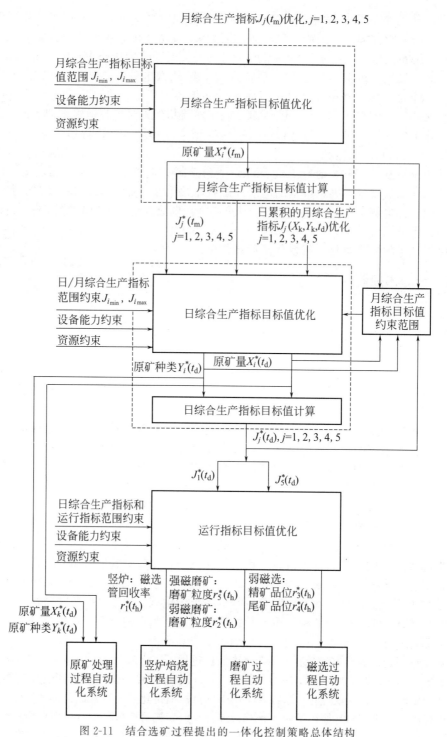

图 2-11 结合选矿过程提出的一体化控制策略总体结构

2.3.5.2 钢铁冶金过程一体化控制技术

在钢铁企业中一体化的控制技术具体涉及一体化的生产计划优化问题、一体化的生产调度优化问题和机电一体化的控制问题。一体化的控制技术主要是针对一体化的生产方式的,随着一体化的生产方式的逐渐普及应用,一体化的控制技术逐渐成为研究热点。以一体化的生产计划与调度问题为例，针对连铸热轧一体化中 CC-DHCR 和 CC-HDR 工艺的特点，研究了包括批量计划层、作业调度层及动态调度层的 CC-DHCR 和 CC-HDR 一体化计划调度三层体系结构，并在武钢二热轧 CC-DHCR 生产管理系统中实施，实际应用效果良好。钢铁企业中的一体化批量计划问题，多采用运筹学的方法进行研究。东北大学的学者唐立新教授针对炼钢-连铸-热轧一体化生产批量计划问题的特征进行了分析，为一体化批量计划的数学模型的建立提供了基础。孙福权等学者采用模糊专家系统和运筹学模型相结合的新混合算法，处理炼钢-热轧一体化批量计划匹配问题。许剑等学者分析了基于直接热装和直接轧制工艺的一体化组批问题，建立了基于并行策略的组批模型，并构造了分组协同蚁群算法。马天牧等学者考虑了热装热送工艺要求，给出了一体化计划编制的框架结构，提出给予模型控制和参数控制的两环控制策略来解决炼钢、连铸、热轧三大批量计划难以协调匹配的问题，并给出了评价一体化计划的两个重要的指标：数量和次序匹配率。

相对于一体化的批量计划问题，一体化的生产调度问题研究相对较少。张彩霞等学者提出了综合采用启发式搜索方法和离散事件仿真方法来解决一体化生产调度问题。朱宝琳学者建立了一体化生产计划调度模型，将拉格朗日松弛法应用于模型中，利用拉格朗日松弛法较好的分解特性，对大规模复杂调度问题进行了分解。模型中除了考虑了生产工艺和工序间连续生产、合同的准时交货问题，还考虑交货周期短、中间库存最少、热装比最大等直接与企业效益相关的优化目标。宁树实学者针对钢铁企业炼钢-连铸-热轧一体化生产调度中存在的若干问题进行了研究，提出了一体化生产计划体系下的热轧批量计划编制问题的数学模型及其求解算法；宁树实学者还建立了一体化生产计划体系下的炼钢连铸生产计划编制问题的数学模型，并根据炼钢和连铸工序衔接紧密的特点，提出了一种统一求解炼钢-连铸生产计划方法，使得炼钢炉次计划编制和连铸浇次计划编制交互进行而不是分别独立求解，达到两种计划同时优化的效果。宁树实还提出了基于准时制的动态调度思想，并据此建立了炼钢-连铸生产动态调度的数学模型。

钢铁企业的一体化技术除了一体化的生产计划编制、一体化的生产调度外，还有机电一体化控制技术。机电一体化控制技术是指将机械、微电子、控制、计算机、信息处理等多学科交叉融合形成更加有效的控制技术，目前已被广泛应用于钢铁企业。在钢铁企业中，机电一体化系统是以微处理器为核心，把微机、工控机、数据通信、显示装置、仪表等技术有机结合起来，采用组装合并方式，为实现工程大系统的综合一体化创造有利条件，增强系统的控制精度、质量和可靠性。机电一体化控制技术在钢铁企业中主要应用在以下几个方面。

① 智能化控制技术　由于钢铁工业具有大型化、高速化和连续化的特点，传统的控制技术遇到了难以克服的困难，因此非常有必要采用智能控制技术。智能控制技术主要包括专家系统、模糊控制和神经网络等，智能控制技术广泛应用于钢铁企业的产品设计、生产、控制、设备与产品质量诊断等各个方面，如高炉控制系统、电炉和连铸车间、轧钢系统、炼钢-连铸-轧钢综合调度系统、冷连轧等。

② 分布式控制系统　分布式控制系统采用一台中央计算机指挥若干台面向控制的现场测控计算机和智能控制单元。分布式控制系统可以是两级的、三级的或更多级的。利用计算机对生产过程进行集中监视、操作、管理和分散控制。随着测控技术的发展，分布式控制系统的功能越来越多。不仅可以实现生产过程控制，而且可以实现在线最优化、生产过程实时调度、生产计划统计管理功能，成为一种测、控、管一体化的综合系统。分布式控制系统具有特点控制功能多样化、操作简便、系统可以扩展、维护方便、可靠性高等特点。分布式控制系统与集中型控制系统相比，其功能更强，具有更高的安全性，是当前大型机电一体化系统的主要潮流。

③ 开放式控制系统　开放控制系统是目前计算机技术发展所引出的新的结构体系概念。"开放"意味着对一种标准的信息交换规程的共识和支持，按此标准设计的系统，可以实现

不同厂家产品的兼容和互换，且资源共享。开放控制系统通过工业通信网络使各种控制设备、管理计算机互联，实现控制与经营、管理、决策的集成，通过现场总线使现场仪表与控制室的控制设备互联，实现测量与控制一体化。

④ 计算机集成制造系统　钢铁企业的 CIMS 是将人与生产经营、生产管理以及过程控制连成一体，用以实现从原料进厂、生产加工到产品发货的整个生产过程全局和过程一体化控制。目前钢铁企业已基本实现了过程自动化，但这种"自动化孤岛"式的单机自动化缺乏信息资源的共享和生产过程的统一管理，难以适应现代钢铁生产的要求。未来钢铁企业竞争的焦点是多品种、小批量生产，质优价廉，及时交货。为了提高生产率、节能降耗、减少人员及现有库存，加速资金周转，实现生产、经营、管理整体优化，关键就是加强管理，获取必需的经济效益，提高企业的竞争力。

⑤ 现场总线技术　现场总线技术是连接设置在现场的仪表与设置在控制室内的控制设备之间的数字式、双向、多站通信链路。采用现场总线技术取代现行的信号传输技术就能使更多的信息在智能化现场仪表装置与更高一级的控制系统之间在共同的通信媒体上进行双向传送。通过现场总线连接可省去 66% 或更多的现场信号连接导线。现场总线的引入导致 DCS 的变革和新一代围绕开放自动化系统的现场总线化仪表，如智能变送器、智能执行器、现场总线化检测仪表、现场总线化 PLC 和现场就地控制站等的发展。

⑥ 交流传动技术　传动技术在钢铁工业中起作至关重要的作用。随着电力电子技术和微电子技术的发展，交流调速技术的发展非常迅速。由于交流传动的优越性，电气传动技术在不久的将来由交流传动全面取代直流传动，数字技术的发展，使复杂的矢量控制技术实用化得以实现，交流调速系统的调速性能已达到和超过直流调速水平。现在无论大容量电动机或中小容量电动机都可以使用同步电动机或异步电动机实现可逆平滑调速。交流传动系统在轧钢生产中一出现就受到用户的欢迎，应用不断扩大。

2.3.5.3　有色冶金一体化控制技术

针对铝电解生产特点，我国科技工作者提出了基于多相-多场耦合仿真的大型铝电解槽结构、工艺与控制器综合优化方法，研发了多目标协同优化控制方法，形成了具有自主知识产权的大型铝电解槽低电压高效节能一体化优化控制技术。

(1) 铝电解槽多相多场耦合仿真模型

铝电解槽在强大直流电作用下，形成气（阳极气体）、液（电解质熔体和铝溶体）、固（加入的原料及凝固电解质等）三相共存，多种物理场［电场、磁场、热场（即温度场）、流场、应力场、浓度场］交互作用的电解体系，随着现代铝电解槽电流强度不断增大，体系中相间、场间以及相-场间的耦合作用以及它们对电解槽运行特性的影响越加强烈，因此必须建立更精确的模型对多相-多场给予更深入的研究才能为大型铝电解槽结构、工艺和控制技术的优化创造条件。

充分考虑多相多场复杂耦合关系，首先在流场仿真中建立"液（电解质）-液（铝）-气"和"液-气-固（氧化铝颗粒）"两类三相流耦合仿真模型，更精确地实现了全域流场、铝液-电解质界面分布的一体化数值解析；然后，建立了基于上述两类三相流耦合仿真的浓度场（氧化铝浓度分布）仿真模型，更精确地实现对电解槽下料过程中氧化铝颗粒瞬态分散与传质过程规律的仿真研究；进而建立了基于铝电解过程电流效率损失机理、相间传质理论、三相流耦合仿真和磁流体稳定性仿真的电解槽区域电流效率仿真模型以及铝电解槽主要技术经济指标（电流效率、吨铝电耗和槽寿命）的理论计算与评估模型，从而在电解槽参数-多相流特性-多物理场特性-技术经济指标之间建立起了直接的关系模型；最后将两类三相流、六种物理场和两种最重要的电解槽特性参数的计算机三维耦合仿真集成于一体，构成完整的多相多场耦合仿真模型，显著提高了物理场仿真精度，主要仿真输出变量的偏差从 15%～

30%缩小到 5%～10%。

（2）铝电解工艺（运行技术条件）与控制器综合优化方法

如图 2-12 所示，将铝电解机理模型与多相-多场耦合仿真模型相结合，建立模拟电解槽（数字电解槽）和对模拟电解槽实施控制并具有自寻优功能的模拟控制器；通过分别给定模拟电解槽和模拟控制器相关参数，并启动两者的模拟运行，使两者的"运行"达到动态平衡；再建立一个参数综合评价与优化决策模块，对模拟电解槽和模拟控制器的输出参数进行综合评价，并将优化决策结果分别反馈到两者的参数给定环节。通过大量仿真研究并结合现场试验，首次构建出可使大型铝电解槽在 3.75～3.95V 的低电压下实现高效、低电耗、低排放，稳定运行的状态空间及其配套条件，并据此建立低电压高效节能运行技术条件（工艺条件），实现"五低-三窄-一高"（即：低温、低过热度、低氧化铝浓度、低槽电压、低阳极效应系数、窄物料平衡工作区、窄热平衡工作区、窄磁流体稳定性调节区、高电流密度），其中以"五低"追求电解过程的高电效、低电耗和低排放，以"三窄"追求电解过程的平稳性和电解槽长寿命，以"一高"追求电解过程强化增效并满足低电压下的热平衡要求。

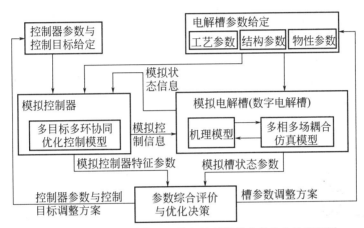

图 2-12　铝电解槽结构、工艺与控制器综合优化方法原理图

（3）铝电解槽"临界稳定控制"与多目标多环协同优化控制

多目标多环协同优化控制技术的基本控制结构如图 2-13 所示，主要创新如下。

① 建立了基于反应机理建模、数据辨识建模、多物理场仿真建模和专家知识建模的多信息融合模型及"基于多信息融合模型的状态解析方法"，克服常规技术仅仅根据槽电阻波动情况来判断槽稳定性所带来的判断不全面的问题。

② 建立一种以物料平衡、热平衡和磁流体稳定性综合分析为基础的"多环耦合临界状态参数动态辨识/仿真"模型，实现对电解槽重要状态参数及其控制稳定度的软测量。

③ 建立"多目标优化计模型"，它根据重要状态参数及其控制稳定度的解析结果以及重要状态参数与其理想临界状态的偏差解析结果实现重要控制参数的最优控制目标值计算，对物料平衡、热平衡与极距、槽稳定性三个关键控制环节进行协同优化求解，得到下料速度、氟盐添加速率和槽电压三个操作变量的多步优化控制序列，使电解槽状态快速稳定地逼近理想临界状态，达到高效、节能和低排放目标。

（4）基于云架构的新一代全分布式铝电解一体化控制系统

研制了基于 ARM9 和多 CPU 网络结构的新一代槽控机，全部槽控机通过 CAN 总线互联构成车间控制网，通过 CAN-Ethernet 协议转换装置实现其与全厂监控网的无缝连接；车间可选配基于无线通信的移动式信息监控系统，使现场操作人员随时随地获取自己关注的生产管理信息。全厂监控网设计为私有云架构，将海量的来自槽控机及其他途径的监控数据、

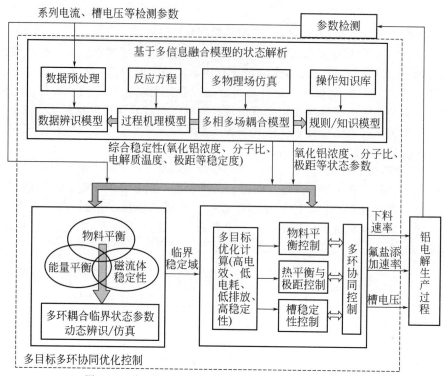

图 2-13　多目标多环协同优化控制技术的基本控制结构

历史数据、报警数据及离线检测工艺数据等组织成服务器集群结构，实现企业内部信息资源共享并满足控制系统和用户对海量信息快速与高效处理的需求。全厂监控网通过 VPN 技术连接到远程工艺服务公有云中心，为用户提供全世界范围内的实时信息与监控信息共享和远程工艺分析与会诊功能。基于云架构的全分布式铝电解一体化控制系统结构如图 2-14 所示。

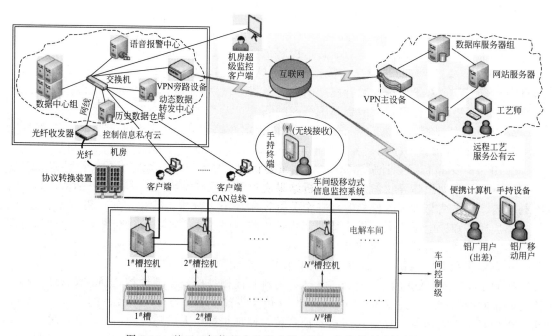

图 2-14　基于云架构的全分布式铝电解一体化控制系统结构

2.4 应用效果

2.4.1 选矿自动化应用效果

我国赤铁矿资源丰富，但其品位低、磁性弱、嵌布粒度细、矿物组成复杂，难以选别。赤铁矿选矿过程主要包括竖炉焙烧、磨矿和磁选工序将有用矿物和脉石分离，使得有用矿物成分富集，从而获得品位合格的精矿和尾矿。

针对我国具有综合复杂性的选矿生产过程的全流程的控制与管理问题，研究提出了选矿生产全流程控制技术及系统，包括以企业综合生产指标优化为目标的由全流程生产线生产指标优化决策、运行指标优化决策和智能运行优化反馈控制组成的生产全流程一体化控制系统结构；以企业综合生产指标优化为目标的多目标、多尺度全流程生产指标优化决策技术；由运行指标优化值预设定、全流程生产指标终点预报、生产指标预测分析和反馈分析与校正组成的运行指标智能动态优化决策技术；由回路优化值预设定、运行指标终点预报、前馈与反馈补偿组成的数据驱动的智能运行反馈控制技术。研发了生产全流程一体化控制技术创新平台。平台由综合生产指标优化系统、工艺指标优化系统、智能过程控制系统和全流程虚拟对象系统组成的半实物仿真实验系统，通过仿真实验研究改进全流程混合智能优化控制技术及系统原型。在此基础上研究全流程混合智能优化控制软件产品的开发技术，逐步形成通用化、模块化的综合生产指标优化软件、工艺指标优化软件、智能过程控制优化软件及集成软件开发技术。进一步研发工业生产过程综合自动化系统的 EIC 三电一体化集成设计技术，建立从方法研究、系统原型研究、仿真平台及仿真验证研究到软件产品开发、软件测试平台研究，到综合自动化系统集成设计研究，再到开发、安装、调试、投运和维护的集成化、系统化和配套化思路，从而协调全流程综合自动化系统整个研发过程的各个环节，多层次、多方位地构建统一有序的体系，提高综合自动化系统开发的效率。

研制的选矿生产过程全流程综合自动化系统技术已推广应用至酒钢选矿生产过程综合自动化系统改造中。使得磨矿粒度提高 $2.46\% \sim 3.76\%$，磨矿粒度合格率提高 $6.75\% \sim 7.43\%$，金属回收率提高 2.01%，精矿品位提高 0.57%，处理量提高 12 万吨/年，操作员减少 50%，消耗减少 20%，节电 725.40 万千瓦·时/年。

2.4.2 钢铁自动化应用效果

钢铁工业能耗占国内工业总能耗 15% 以上，其节能减排不仅与企业效益密切相关，且具有重要的国家战略意义，已被列入国家中长期科技发展纲要。在钢铁企业生产规模确定的情况下，能源优化调度是实现节能减排的关键手段，而国外相关技术对我国严格保密。目前能源系统，系统结构极其复杂，无法采用机理模型进行准确描述；现有的基于人工经验的调度方式导致决策滞后，未实现系统性优化；粗放式运行模式无法实现能源变化的预测功能，导致能源浪费、对环境造成影响。

针对上述问题，大连理工大学采用基于数据驱动的方法，在能源预测与调度方面取得了重大创新与突破。

① 对产能/耗能单元能源变量动态性差异大、难以统一建模实现预测的问题，提出了基于输入补偿的回声状态神经网络模型和基于简约梯度的多输入模型参数优化方法，形成了能源产消量、存储量的短期预测技术。对产消、存储量 30min 预测精度提高到 90% 以上，部分用户达 95% 以上。

② 对预测结果不确定性问题，构建了基于回声状态网络集成模型，提出了冶金能源区

间预测技术。对 60min、置信度为 95％的预测区间可完全覆盖实际值，设备异常预报准确率提高到 97％以上。

③ 对能源系统变量的长期预测问题，基于工业数据可粒度化特性，提出了基于动态时间弯曲的能源数据信息粒等距化方法，可将能源预测时长扩展至 24h。对能源介质发生量的预测精度平均达 95％以上，消耗量精度提高到 90％以上。

④ 提出了能源滚动优化调度技术。应用于企业氧气系统，使氧气平均放散率下降 2.1 个百分点，空分机组平均负荷提高 5.66％。

基于上述理论及关键技术创新，结合实时数据采集、能源监控与人机交互技术，研发了冶金能源预测与优化调度系统，已成功应用于我国多家大型冶金企业，创造了显著的经济和社会效益。本项目成果不仅可应用于其他冶金行业能源系统，还可进一步作为化工、石油等高耗能行业工业节能降耗的有效措施，具有显著的推广应用价值。

2.4.3 有色冶金自动化应用效果

铝电解是有色金属行业的用电大户，其耗电量占全国总发电量的 5％左右。铝电解节能控制技术是铝电解槽迈向大型化和实现高效、低耗、低排放运行的一项关键技术，一直是国际铝业界核心技术秘密。多年来，我国很多企业一直致力于提高电流效率以降低直流电耗，虽取得了较好的电流效率指标，但吨铝直流电耗的指标在 13100kW·h 附近徘徊了 30 年。

我国科研工作者针对大型铝电解槽多种结构和工艺参数均对多相-多场分布特性产生重大影响并形成复杂耦合关系的特点，提出了基于多相-多场耦合仿真的大型铝电解槽结构、工艺与控制器综合优化方法，构造出大型铝电解槽低电压下高效、低电耗、低排放、稳定运行的状态空间，确立了相应的高效节能运行技术条件（工艺条件），提出了"临界稳定控制"思想，研发了多目标、多环协同优化控制技术，解决了大型铝电解槽在低电压、高效节能工艺条件下多相-多场交互作用强烈，关键工艺参数可调区间显著变窄的多优化目标、多环节强耦合、多参数临界稳定的控制难题。技术的成功应用，显著降低了平均槽电压，提高了氧化铝浓度控制精度，降低了电解质温度，吨铝平均直流电耗下降至 12600kW·h，优于国际先进指标 13100～13300kW·h，取得了显著节能效果。

2.5 发展建议

2.5.1 技术发展建议

当前，发达国家纷纷实施"再工业化"战略，强化制造业创新，重塑制造业竞争新优势；从全世界产业发展大趋势来看，发达国家正利用在信息技术领域的领先优势，加快制造工业智能化的进程。美国智能制造领导联盟提出了"智能过程制造"的技术框架和路线，拟通过融合知识的生产过程优化实现工业的升级转型。德国针对离散制造业提出了以智能制造为主导的第四次工业革命发展战略，即"工业 4.0"计划，其目标是实现个性定制的自动化与高效化。英国宣布"英国工业 2050 战略"，日本和韩国先后提出"I-Japan 战略"和"制造业创新 3.0 战略"。德国、日本和韩国等国家注重离散工业的智能制造，美国因为拥有强大的石化与化工制造工业，其 SPM 计划对以石化与化工为代表的流程工业的智能制造进行了规划。面对第四次工业革命带来的全世界产业竞争格局的新调整和抢占未来产业竞争制高点的新挑战，我国宣布实施"中国制造 2025"。

智能制造已成为公认的提升制造业整体竞争力的核心技术。智能制造是我国实现制造强国的主攻方向。智能制造只有与制造业的特点与目标密切结合，充分利用大数据，将人工智能、移动互联网、移动计算、建模、控制与优化等信息技术与制造过程的物理资源紧密融合与协同，研发实现智能制造目标的各种新功能，才可能使制造业实现跨越式发展。流程工业与离散工业具有完全不同的特点。流程工程主要是原料加工成为成品材料的物质转化过程，它包含物理化学反应的气、液、固多相共存的连续化复杂过程。特别是原料成分波动、物质转化过程受到外界随机干扰，导致转化过程变得更加复杂，机理难以弄清。因此，原材料、成品材料和物质转化过程难以数字化。因此，流程工业的智能制造和离散工业的智能制造是不完全相同的。

综上所述，需要认识到冶金等流程工业智能制造的不同，发展适合流程工业特点的智能制造新模式。

2.5.2　人才培养发展建议

建议完善可持续发展的冶金工业自动化专业的职业教育与适合工科特征的专业人才培养模式，培养一批冶金工业自动化系统的专业技术与人才队伍。具体建议如下。

① 培养目标要适合工科学科的特征与目标需求；课程体系要重新进行梳理，增加实验、实践环节，注重动手能力的培养。注重系统工程师能力的培养。

② 完善人才引进、培养、使用、评价、激励和保障政策，优化人才引进和培养环境，重点培养和造就面向工业创新需求的实战型工程技术人才和具有扎实素养的应用型研发人才，提升在职人员劳动素质，培养一批冶金工业自动化领域的专业技术与研发人才队伍。

2.5.3　政策发展建议

① 国家重视、积极投入，提升冶金工业企业创新能力。

我国冶金等制造业的取得长足发展，主要借助人力成本优势，从长远发展来看，必须依靠企业自主创新能力的提升来发展。引导企业逐渐完整自主创新体系与自主创新能力，也为人才培养建议下培养的人才提供出路。

② 组织由学术、研发与企业三方共同开展冶金等流程工业智能优化制造的战略规划与顶层设计。

建议由国家相关部门组织产、学、研各方面的专家组成研究组，共同研讨我国流程工业的特征、现状和问题；研讨流程工业两化深度融合实现智能制造的内涵与挑战；研究发展思路、发展目标及重点任务、重点工程科技问题、重大关键技术和技术路线图；为我国流程工业两化深度融合的应用实施和推广提出配套政策及措施建议。

③ 加强基础设施建设，强化企业创新主体地位，优化流程工业智能优化制造创新环境。

参 考 文 献

[1] 窦力威. 中国钢铁工业运行情况及其展望［技术报告］，太原，2016. https://wenku.baidu.com/view/75cdf8f9fad6195f302ba624.html.

[2] 张建良，周芸，徐润生，王广伟，焦克新. 中国冶金，2016，(2)：1.

[3] 林腾昌. 中国冶金，2016，(7)：7.

[4] 中国钢铁工业协会2016年第四季度信息发布会新闻稿，http://www.chinaisa.org.cn/gxportal/.

[5] 柴天佑. 基础自动化，2000，(4)：64.

[6] 柴天佑. 辽宁视窗，2003，5：30.

[7] 周晓君，阳春华，桂卫华. 控制理论与应用，2015，32 (9)：1158.

[8] 夏平. 矿冶，2007，16 (2)：85.

[9] 孙云东，杨金艳. 黄金，2010，31 (4)：35.

[10] 周俊武，徐宁. 有色金属（选矿部分），2011，(A1)：47.

[11] 杨琳琳，唐秀英，宁旺云. 现代矿业，2012，28 (4)：116.

［12］ R. Ahmadi，M. Hashemzadehfini，M. Amiri Parian. Advanced Powder Technology，2013，24：441.

［13］ A. Ebadnejad，G. R. Karimi，H. Dehghani. Powder Technology，2013，245：292.

［14］ 石立，张国旺，肖骁. 金属矿山选矿厂磨矿分级自动控制研究现. 有色金属（选矿部分）2013，增刊：44.

［15］ 王会清，顾淑萍. 甘肃冶金，2009，31（4）：16.

［16］ J. Bouchard，A. Desbiens，R. D. Villar，E. Nunez. Mineral Engineering，2009，22：519.

［17］ 耿增显，柴天佑，岳恒. 仪器仪表学报，2008，29（12）：2486.

［18］ 李海波，郑秀萍，柴天佑. 浮选过程混合智能优化设定控制方法. 东北大学学报（自然科学版）2012，33（1）：1.

［19］ 刘利敏，杨文旺，刘之能，吴峰. 基于 BP 神经网络的浮选回收率预测模型. 有色金属（选矿部分）2013，增刊：206.

［20］ 缪天宇，王旭，王庆凯，苗薪. 数控技术，2012，9：18.

［21］ Betancourt，F.，Bürger，R.，Diehl，S.，Farås，S. Minerals Engineering，2014（62）：91.

［22］ 耿增显，柴天佑，岳恒. 浓密机生产过程综合自动化系统. 控制工程 2008，15（4）：353.

［23］ Jahedsaravani. A，Marhaban. MH，Massinaei. M. Minerals Engineering，2014，69：137.

［24］ 徐宁，周俊武，王清. 铜业工程，2011（1）：54.

［25］ 柴天佑，丁进良，王宏，等. 自动化学报，2008，34（5）：505.

［26］ 高素萍. 金属矿山（增刊），2005，8：516.

［27］ 王启柏. 矿业装备，2015：26.

［28］ 周平，柴天佑. 控制理论与应用，2008，25（06）：1095.

［29］ 汤健. 赤铁矿磨矿过程运行优化模型研究：［学位论文］. 辽宁：东北大学流程工业综合自动化中心，2012.

［30］ 高兰，贾瑞强，钱鑫. 中国矿业，2001，10（5）：44.

［31］ DF-6201 雷达物位计.［online］，2011，http：//www. dfmc. cc/product/642. html.

［32］ MSE-ML30 激光料位计.［online］，2016，https：//msechina. cnal. com/product/detail-15174271. shtml.

［33］ 丁进良，岳恒，齐玉涛，等. 仪器仪表学报，2006，27（9）：981.

［34］ 任会峰. 基于泡沫图像的铝土矿浮选 pH 值软测量及应用［学位论文］. 中南大学，2012.

［35］ 陈建宏，等. 金属矿山（增刊），2004（11）：88.

［36］ 杨峰. 铜业工程，2002（1）：39.

［37］ 林春强. 在线矿浆品位分析仪的设计与现场应用［学位论文］，大连理工大学，2013.

［38］ 陈辉. 分数阶微分图像增强技术及在铜浮选监控系统中的应用［学位论文］. 中南大学，2013.

［39］ 何花金. 凡口铅锌矿选矿生产自动检测技术的应用. 有色金属（选矿部分），2011（2）：48.

［40］ 王卫星. 浮选工业生产过程中的计算机视觉器. 金属矿山，2002（9）：39.

［41］ 曾荣. 浮选泡沫图像边缘检测方法的研究. 中国矿业大学学报，2002（9）：421.

［42］ 马秦伟，李云霞. 自动化新技术在选矿厂的应用. 技术探讨，2015，2：20.

［43］ 马永亮. 基于无线振动监测技术在选矿球磨机中的应用. 河南科技，2013（9）：78.

［44］ 李建奇. 矿物浮选泡沫图像增强与分割方法研究及应用［学位论文］. 中南大学，2013.

［45］ 李振兴，文书明，罗良烽. 选矿过程自动检测与自动化综述. 云南冶金，2008（3）：20.

［46］ 周俊武. 选矿过程检测与控制技术新进展. 有色冶金设计与研究，2015，3：6.

［47］ 余刚. 选矿生产全流程综合生产指标优化方法的研究［学位论文］. 东北大学，2012.

［48］ Tianyou Chai，S. Joe Qin，Hong Wang. Optimal operational control for complex industrial processes. Annual Reviews in Control. 2014，38：81.

［49］ Ding，J. L.，Chai，T. Y.，Wang，H. Offline Modeling for Product Quality Prediction of Mineral Processing Using Modeling Error PDF Shaping and Entropy Minimization. IEEE Transactions on Neural Networks，2011，22 (3)：408.

［50］ Zhou Ping，Yuan Meng，et al. ELM Based Dynamic Modeling for Online Prediction of Molten Iron Silicon Content in Blast Furnace. Information Sciences，2015（325），237.

［51］ Ding，J. L.，Chai，T. Y.，Wang，H. Knowledge-Based Global Operation of Mineral Processing Under Uncertainty. IEEE Trans on Industry Informatics，2012，8（4）：849.

［52］ Chai，T. Y.，Zhang. Y. J.，Wang，H，Su. C. Y，Sun，J. Data-based virtual unmodeled dynamics driven multivariable nonlinear adaptive switching control. IEEE Transactions on Neural Networks. 2011，22（12）：2154.

［53］ Liu. Q Chai，T. Y，Qin. S. J. Tension Soft Sensor of Continuous Annealing Line Using Cascade Frequency Domain Observer with Combined PCA and Neural Networks Error Compensation. IEEE Trans. on Neural Networks，2011，22（12）：2284.

［54］ G. Yu，T. Y. Chai，X. C. Luo. Multiobjective Production Planning Optimization Using Hybrid Evolutionary Algorithms for Mineral Processing. IEEE Transactions on Evolutionary Computation 2011，15（4）：487.

[55] T. Y. Chai，L. Zhao，J. B. Qiu，F. Z. Liu，J. L. Fan. Integrated Network-Based Model Predictive Control for Setpoints Compensation in Industrial Processes. IEEE Transactions on Industry Informatics，2013，9（1）：417.

[56] F. Liu，H. Gao，J. Qiu，S. Yin，T. Chai，J. Fan. Networked multirate output feedback control for setpoints compensation and its application to rougher flotation process. IEEE Transactions on Industrial Electronics，2013，61（1）：460.

[57] Dai Wei，Zhou Ping，et al. Hardware-in-the-Loop Simulation Platform for Supervisory Control of Mineral Grinding Process. Powder Technology，2016：422.

[58] 严爱军，柴天佑. 竖炉燃烧室温度的智能控制方法及应用. 控制工程，2005，12（4）：305-309.

[59] Chai T Y，Zhang Y J，Wang H，Su C Y，Sun J. Data-based virtual unmodeled dynamics driven multivariable nonlinear adaptive switching control. IEEE Transactions on Neural Networks，2011，12（22）：2154-2171.

[60] Zhao D Y，Chai T Y，Wang H，Fu J. Intelligent control of hydrocyclone separation process . Control Engineering Practice，2014，22（1）：217-230.

[61] 周平，柴天佑. 磨矿过程磨机负荷的智能监测与控制. 控制理论与应用，2014（10）：1352-1359.

[62] 耿增显，柴天佑，岳恒. 浮选药剂智能优化设定控制方法的研究. 仪器仪表学报，2008，29（12）：2486-2491.

[63] 范家璐.（东北大学）. CN 103941701 B. 2016（专利）一种双网环境下浮选工业过程运行控制系统及方法.

[64] 耿增显，柴天佑，岳恒. 浓密机生产过程综合自动化系统. 控制工程，2008，15（4）：353-356.

[65] 贾瑶，张立岩，柴天佑. 矿浆中和过程中基于模型预估模糊自适应控制. 东北大学学报：自然科学版，2014，35（5）：617-621.

[66] 赵大勇，柴天佑. 再磨过程泵池液位区间与给矿压力模糊切换控制. 自动化学报，2013，39（5）：556-564.

[67] 吴峰华，岳恒，柴天佑. 竖炉焙烧过程生产质量监控系统. 东北大学学报（自然科学版），2007，28（7）：913-916.

[68] Li C B，Ding J L. Ensemble random weights neural network based online prediction model of the production rate for mineral. IEEE Transactions on Industrial Electronics. 2016. to be published.

[69] 杨翠娥. 动态多目标优化算法及其应用［学位论文］，东北大学，2016.

[70] Cuie Yang，Jinliang Ding，Tianyou Chai，Yaochu Jin. Reference point based prediction for evolutionary dynamic multiobjective optimization. Evolutionary Computation（CEC），2016 IEEE. to be published.

[71] 赵大勇. 赤铁矿磨矿全流程智能控制系统的研究［学位论文］. 东北大学. 2014.

[72] 刘金鑫. 赤铁矿磁选过程智能优化控制系统的研究［学位论文］. 东北大学. 2009.

[73] 严爱军. 竖炉焙烧过程混合智能控制的研究［学位论文］. 东北大学. 2006.

[74] 丁进良. 动态环境下选矿生产全流程运行指标优化决策方法研究［学位论文］. 东北大学. 2012.

[75] 汤健，郑秀萍，赵立杰，岳恒，柴天佑. 基于频域特征提取与信息融合的磨机负荷软测量. 仪器仪表学报［J］，2010，31（10）：2161-2167.

[76] Jian Tang，Tianyou Chai，Lijie Zhao，Wen Yu，Heng Yue. Soft sensor for parameters of mill load based on multi-spectral segments PLS sub-models and on-line adaptive weighted fusion algorithm，Neurocomputing，2012，78（1）：38-47.

[77] 汤健，柴天佑，赵立杰，岳 恒，郑秀萍. 基于振动频谱的磨矿过程球磨机负荷参数集成建模方法. 控制理论与应用，2012，2.

[78] Jian Tang，Wen Yu，Tianyou Chai，Lijie Zhao. On-line principle component analysis with application to process modeling，Neurocomputing，2012，82（1）：167-168.

[79] 吴峰华. 竖炉焙烧运行工况故障诊断与容错控制的研究：［学位论文］. 辽宁：东北大学流程工业综合自动化中心，2011.

[80] Jinliang Ding，Tianyou Chai，Hong Wang. Offline Modeling for Product Quality Prediction of Mineral Processing Using Modeling Error PDF Shaping and Entropy Minimization，IEEE Transactions on Neural Networks，2011，22（3）：408-419.

[81] Chai T，Jia Y，Li H，et al. An intelligent switching control for a mixed separation thickener process. Control Engineering Practice，2016，57：61-71.

[82] Tianyou Chai，Jinliang Ding，Gang Yu and Hong Wang. Integrated Optimization for the Automation Systems of Mineral Processing，IEEE Transactions on Automation Science And Engineering，2014，11（4）：965-982.

[83] 段瑞钰. 冶金流程工程学. 北京：冶金工业出版社. 2009.

第 3 章
化工自动化

3.1 背景介绍

针对石油化工行业的技术特点和发展水平，"十一五"期间和"十二五"开局时期，我国对石油化工企业的主要装置进行了先进控制、离线稳态、动态模拟和离线仿真优化等方面的研究及建设工作，取得了一定的效益；但针对市场多变、原料结构多样、环保要求日益提高等条件下装置的全局和在线优化方面工作仍有待提高，此方面与国际先进水平还有较大差距。

自动化系统是石化工业实现生产"安、稳、长、满、优"的重要保障和技术系统。随着化工过程规模和复杂程度越来越高，运行过程中报警时有发生，若处理不当，局部报警可能引起联锁反应，导致报警系统功能失效，最终造成事故灾害。石化工业生产过程报警系统的行为和特性由系统运行情况决定，其表征的各个操作单元之间、生产装置之间、各测控回路之间互相关联，报警信号传递错综复杂，导致报警类型、特征及传播的复杂性。正因为过程系统数据和机理的复杂性，使得报警系统难于应对过程变化而进行工况健康监控与控制，适应性差，同时报警产生机理不清楚或机理模型复杂，使得难于建立报警识别模型以及分析引发报警的根源等，由此给工业自动化系统提出了更高的要求，增加了更多的难度。

石化工业流程长、产品多、工艺复杂、装置规模不一，在激烈的世界市场竞争中，其产品结构需进一步优化，技术水平急需提高。各企业需要持续提高运行管理和日常操作优化等水平，通过细化管理和技术进步，进一步保证工业系统运行安全、提高能源利用效率、降低能源消耗，推进装置的节能减排，使其高效运行。

以上总体目标的实现离不开工业过程自动化和运行优化技术。工业过程自动化是信息技术、计算机技术和工业过程仿真技术等综合利用，对生产过程的知识与运行信息进行处理和整合，借助生产过程控制技术和集成管理，提高和发挥企业的潜在生产力，实现工业过程的自动化与智能化运行及与效益、能耗、产品、环境等密切联系的生产指标获得优化控制。工业过程自动化的核心技术是过程全流程优化运行技术，其实质是在原料变化、设备性能改变、市场价格波动条件下，在生产过程环保、产量、产品指标等约束下，通过对工业过程的运行优化，使生产过程的运行指标和产品指标达到要求，同时实现节能、减排、高效利用资源。对一个工业过程来讲，从原料到产品通常涉及多个相对独立的过程，对每一个独立的过程或装置进行自动化控制和优化相对简单，但各个单元之间是相互联系和影响的，优化运行难度较大，此过程要涉及不同的生产过程模型、物流和能流的统筹匹配、上下游装置的相互制约等。就现阶段而言，不同单元的在线协同优化是工业过程优化控制的最先进技术之一，此技术通过将各个局部单元进行协同优化，以某一全局目标函数为导向，在满足各项生产约束指标条件下获得最优的关键操作参数组。在实际生产中，可设定装置效益最大化或者综合产品能耗最小化等为优化目标，在不改变工艺过程、不显著增加硬件设施投入、不需要增配专业人员等情况下，仅通过优化调整工艺过程操作参数（如温度、压力、流量等）实现装置生产力的提升。

3.2 国内外现状

近年来，中国石化炼化企业的信息化水平显著提高，ERP、MES、PIMS 等信息系统在企业得到了广泛应用，极大地促进了企业管理和生产水平的提高。通过多年的企业信息化建设与应用，各企业的用户在享受信息化带来的便利的同时，也感觉到目前企业信息化建设的不足。企业的信息化建设不应单单是信息处理，而更应该通过信息化建设提高决策效率，并将决策信息快速用于生产干预，解决企业快速响应市场问题。随着生产流程控制技术的不断进步，先进控制和在线优化作为实现管理目标与生产技术指标综合控制的手段越来越重要。这些手段与其他信息系统的集成应用，是国外信息化工作的热点，也是企业信息化的发展方向。

在典型的炼化装置生产操作过程中，存在着动态响应时间滞后、变量未能在线测量、动态响应非线性、干扰相互偶合、约束、大的外部干扰等特性，从而导致传统的 PID 控制效果不佳。20 世纪 70 年代初，学术界提出以多变量预估控制为核心的先进控制（advanced process control，APC）理论，根据装置运行的实时数据，采用多变量模型预估技术，计算出最佳的设定值，送往控制器执行。多变量预估控制范围不再只是针对某个具体的工艺测量值或与其有关的变量，而是根据一组相关的测量值乃至整个装置的所有变量。通过实施 APC，可以改善过程动态控制的性能，减少过程变量的波动幅度，使生产装置在接近其约束边界的条件下运行（卡边操作）。20 世纪 90 年代以来，大规模的模型预估控制和用于优化的非线性预估控制技术得以完善，在石油化工行业获得广泛应用，大量工业装置在已有 DCS 基础上配备了先进控制系统。

先进控制可以保证该控制环节稳定运行在给定工况，但先进控制不能确定装置的最优工况及对应的生产参数。针对该问题，在先进控制的基础上，进一步研发出针对整个装置的在线、闭环在线优化（real-time optimization，RTO）技术。在线优化是模拟和控制的紧密结合，在装置稳态模型的基础上，通过数据校正和更新模型参数，根据经济数据与约束条件进行模拟和优化，并将优化结果传送到先进控制系统。

近 10 年来，在先进控制的建设完成之后，进行在线优化建设已经成为过程工业的热点，国外化工企业纷纷在主要化工装置上实施了在线优化系统，并获得了良好的经济效益回报。

先进控制和在线优化不仅是生产过程的最高层面，更是企业信息化的最基础工作，应在企业信息化建设规划中加以统筹，实现与 MES、APS、ERP 等信息系统及 DCS、PLC 等控制系统的有机整合，做好在炼化企业的应用，从而促进自动化和信息化融合。

当前世界各国先进的石油化工企业正在越来越深入、广泛地利用信息技术解决生产实际问题，通过应用先进的信息技术，为企业取得了巨大的经济效益，成为企业技术进步中一项投入少、增效快的重要措施。国外大企业集团在制订今后 20 年技术发展规划时，均进一步增大了有关信息技术开发应用的比重。国外炼化行业信息化的发展趋势是：生产过程进一步向集中控制发展，生产过程信息与经营管理信息集成，实现管控一体化，工厂管理模式向高效率的扁平化方向变化；提高生产过程先进控制、优化及处理故障水平，直接从生产过程中获取效益，生产多种牌号产品、新产品满足市场需求；利用在线模型实时指导生产全过程，降低生产成本，提高生产经营效益，增强企业的竞争能力。面对日益增长的竞争，对于生产装置的局部和整体的优化被提到了前所未有的高度。

本节按照炼化企业的不同流程，分别从乙烯、炼油和聚烯烃三个方面进行介绍。

3.2.1 乙烯流程自动化系统的国内外现状

在乙烯生产过程的自动控制与优化运行技术方面，国外从 20 世纪 60 年代至今已经进行了大量的理论和应用研究。从最初采用基于经验方程或分子反应动力学的烃类裂解模型指导裂解反应的操作优化，到目前基于严格机理的乙烯装置先进控制与实时优化解决方案，其技术进步也是非常迅速的。目前已经有多家国外软件公司在乙烯装置上采用先进控制与软件包进行优化解决方案的实施。如 Aspen Tech 公司以 DMCplus 为基础，提供了一整套乙烯工厂的模拟、先进控制和实时优化的解决方案。其实时优化解决方案主要包括两个主要部分：用于先进控制（APC）的 Aspen DMCplus 和用于闭环实时优化的 Aspen Plus Optimizer。Aspen DMCplus 基于多变量模型预估控制理论，DMCplus 控制系统能够增强装置生产的抗干扰能力和约束处理能力，降低生产的波动，充分挖掘装置的工艺和设备能力，DMCplus 能以更加接近于装置的真正的约束条件下及更接近产品规格要求下可靠运行，实现最优卡边操作。通过近 5 年的开发过程，Aspen Tech 的乙烯装置优化技术已在中国石化北京燕山分公司投入使用，后续模型维护专业性强，工作量大，目前 APC 运行正常，RTO 运行状况有待提高。同样，Honeywell 公司也推出了先进控制和优化软件包 Profit Suite。它的实时优化框架包括三层：①通过 Profit Controller 实施的局部优化；②通过 Profit Optimizer 实施的全局实时优化；③通过 Profit Max 利用严格的机理模型对高度非线性过程实施优化。Profit Optimizer 采用了其特有的基于分布式二次规划（DQP）的协同控制与优化算法，该技术在上海赛科石化公司得到了使用。除了上述两家公司外，还有 Invensys 提供的 ROMeo 作为实时优化技术解决方案。ROMeo 以物理化学平衡机理模型作为建模的基础，采用基于方程的开放式求解算法，它高度集成了离线分析、在线优化、数据校正、在线性能监测等多种功能。ROMeo 采用与 PRO/II 一致的热力学模型，确保了计算的准确性和可靠性。ROMeo 具有友好易用的人机界面，并提供与各种第三方组件（如炼油反应装置、乙烯裂解炉模型以及用户自定义模型）的接口，为各类过程优化工作提供强有力的支持。镇海炼化已经完成乙烯装置炉区和急冷区的优化，正在实施分离区的优化，模型的收敛性不高是亟待解决的问题。目前发达国家的乙烯生产装置都已经完成了先进控制系统的实施，正在进行以整套装置效益最大化为目标的实时优化技术开发和实施。

自 20 世纪 60 年代以来，我国乙烯从无到有，从小到大，经历了波澜壮阔的高速发展期。在乙烯装置建设初期，我国的乙烯工艺基本上都是靠引进国外成套专利和生产设备建设而成，导致我国在乙烯装置先进控制和优化技术方面的研发起步较国外滞后几十年，但在"九五""十五""十一五"科技攻关计划的支持下，国内的科研院所、高校、工程公司和部分乙烯生产企业已经开展了大量的节能、降耗和工艺改造方面的工作，使得我国乙烯工业运行的技术水平与日俱增，在一定程度上缩减了与国际上先进的乙烯装置在运行能耗和产品质量方面的差距，并且取得了一定的节能降耗成效。然而，限于工艺对象的复杂性，针对某个工段、某个局部的设备所进行的优化并不能代表过程的全局最优，有时候甚至是为了缓解装置运行瓶颈而实施一些折中运行方式。经过几十年的发展壮大，我国乙烯工业的技术与装备水平显著提高，以武汉乙烯为代表的百万吨级乙烯装备全面实现了国产化，以华东理工大学为代表的重点化工院校和科研院所在国内乙烯工业装置上许多局部单元进行的大量的先进控制与单元层面的优化工作也取得了显著成效。如华东理工大学针对乙烯裂解炉开发的裂解炉温度均衡控制、裂解炉裂解深度控制、裂解深度优化运行技术以及裂解炉炉群负荷优化配置技术，已经在中国石化多家大型乙烯装置上进行了工业应用示范，使得裂解炉 COT 温度控制更平稳、裂解深度控制更卡边，并确保了裂解深度及负荷等运行在优化的工况下；此外，华东理工大学还分别在乙烯装置的深冷与脱甲烷系统、乙烯精馏塔、丙烯精馏塔以及 C_2/C_3

加氢反应系统等乙烯装置的关键单元上进行了过程优化与先进控制的研发工作。但是由于乙烯生产工艺流程长，温度、压力等状态变量跨度大，热集成度高等特点，使得其工艺流程中的物流和能流耦合作用强，描述全流程的模型十分复杂，同时裂解产品收率与压缩及后续分离系统相互制约。因此，上述针对乙烯生产工艺的优化与控制方面所开展的研究工作都是局部的，未能充分考虑不同单元过程之间的相互影响和协同优化。而工业过程的局部优化并不能保证全装置的整体运行在最优条件下，必须对各个局部进行协同优化，以确保装置的整体优化运行，使得整个装置的经济效益最大化。

裂解炉是乙烯装置的核心设备，如何建立能够合理描述炉管内轴向和径向的流体传质、传热情况和炉管外的烟气流动和温度分布情况的裂解炉数学模型是该领域的研究重点之一，这些模型包括炉管内流体的一维活塞流模型和二维模型以及炉膛热传递的零维、一维、二维和三维模型。求解不同维数的机理简化模型需要不同的数值解法，从最简单的欧拉法、龙格库塔法，一直到最近应用的网格法和有限元法。裂解炉管内发生的是高温快速热裂解吸热反应，所需热量需由管外炉膛通过燃料燃烧、烟气辐射和对流作用来提供，因此，合理、准确的辐射室数学模型的建立，对整个裂解炉模型化研究具有重要意义。辐射室数学模型主要包括辐射传热模型、燃料燃烧模型和烟气流动模型，目前求解辐射传热的计算方法有罗伯-伊万斯法、别洛康法、区域法、蒙特卡罗法、热流法和离散坐标法。

随着湍流流动理论、燃烧理论及数值模拟方法和软件的成熟，许多学者将燃料燃烧模型和湍流流动模型纳入总辐射室模型，同时对炉膛辐射传热过程也相应采用更精确的高维模型来描述，获得了炉膛内较完整的仿真模拟。Gosman 首次建立了包含湍流、燃烧和辐射传热模型的完整的裂解炉辐射室数学模型，为后续研究奠定了基础[1]；Detemmerman 和 Froment 首次将类似上述完整辐射室三维数学模型与辐射管内裂解的三维数学模型进行耦合求解，建立了整个裂解炉的综合数学模型[2]。文章针对丙烷原料，反应管内带螺旋翅片，辐射室采用分区法计算辐射传热速率，烟气流型采用基于雷诺时均的 N-S 方程的 CFD 模型求取，并考虑了局部辐射对炉膛温度分布的影响，烟气浓度分布应用涡流消散燃烧模型求取，管内裂解反应过程采用 De Saegher 等建立的三维数学模型（不含结焦模型），以管外壁温度和炉墙温度作为边界条件反复迭代计算，得到了较完整的仿真结果，一次模拟需要 800 小时；Heynderickx、Oprins 等相继对其进行了扩展应用和数值解法的改进[3]；Stefanidis 等采用更加详细的燃烧动力学模型（DRK），配合基于涡流消散概念的湍流-化学相互作用模型（EDM）对工业裂解炉辐射室的流场、温度场和浓度场等进行模拟运算[4]。通过与基于简化燃烧反应动力学（SRK），配合涡流破碎模型/有限反应速率模型（EBU）的模拟运算的对比结果表明，后者（简化模型）得到的燃烧反应速度过快，使得其燃烧范围和火焰高度均变小，导致炉膛内温度分布及整体模型的误差较大，文章指出应用详细燃烧模型进行模拟的重要性；蓝兴英等采用类似文献的方法对 USC 型裂解炉的辐射室进行三维模拟，并结合管内裂解反应的二维数学模型，建立的综合数学模型是目前国内最完整最详细的裂解炉模型[5]；吴德飞等也相继应用 CFD 模型对裂解炉辐射室进行三维数学模拟研究[6]。

乙烯收率主要取决于裂解炉的裂解深度。裂解深度受炉型、进料类型、进料组分和操作工况的影响而变化。在炉型和进料类型确定的情况下，则受进料成分和操作工况的影响。所以，要提高乙烯收率或双烯收率，就要把裂解炉的裂解深度始终控制在较优的数值。由此可以看出，在裂解炉的控制当中，裂解深度的控制起着举足轻重的作用[7,8]。

高质量的裂解深度控制主要取决于三个条件：炉管出口温度控制、裂解炉模型特性和裂解气分析以及分析仪表误差检查。在炉管出口温度控制平稳且分析仪表运行正常的情况下，裂解炉模型的准确性是高质量裂解深度控制的重要条件。好的模型根据进料把裂解过程准确地模拟出来，并预测出裂解气成分、裂解炉状况以及达到裂解深度目标所需要的炉管出口温度。

国内关于裂解深度模型的工作目前处于理论研究阶段，其数学模型难以克服现场装置各种干扰因素和人为因素的影响，尚不能在工业装置上投入使用。国外对于裂解深度模型已经开发出商用软件，但由于国内的裂解原料特性与从国外引进时的设计条件不同，裂解过程的模型发生了变化，如果直接将国外的商用软件应用到国内乙烯装置上将会有一定的误差，达不到预定的效果。

华东理工大学综合运用信息技术、自动化技术、智能控制技术和化学工程技术等，研究出适合我国乙烯生产过程的裂解深度模型与先进控制软件，具有重大意义，可以提升乙烯企业的生产技术水平和国际竞争力。

虽然不少国外软件公司开发了通用和专用流程模拟软件以及适用于实时控制的多变量高级控制商品化工程软件，在工业装置上也有了成功的应用，但由于这些产品对我国工业企业的适应性不强、工程服务和维护费用过高等原因，导致这些产品不能取得预期的效益。因此，我们必须立足于与国内研究机构开展全面合作和自主开发。

经过多年攻关，虽然我国在乙烯成套技术与装备方面已取得重要进展和工程应用成果，但迄今还没有一套完整的针对乙烯装置自主知识产权的全流程优化运行技术开发及工业应用的成功案例，这就需要国内的研究机构与乙烯生产企业充分利用后发优势，加大科研和开发力度，通过攻关，尽快研发出符合我国乙烯装置要求的面向节能降耗的先进控制与优化运行一体化技术，进一步增强我国乙烯行业的国际竞争力，缩小国内乙烯与国际乙烯之间的运行水平差距，占领这一技术的制高点，全面提升国内乙烯装置的运行水平。

3.2.2　汽油管道调和控制优化系统的国内外现状

汽油是炼油厂的主要产品之一，原油进厂经过常压蒸馏、减压蒸馏以后生产出的直馏汽油、石脑油、减压渣油等中间组分经过催化裂化、重整、延迟焦化后产出可用于调和成品汽油的组分油，各组分油经过油品调和过程之后出厂。

汽油调和技术的研究和开发早在 20 世纪 50 年代就得到了广泛的关注，其本质上是一个物理过程，按照已实现工业化的汽油调和不同的工艺流程可分为两种类型：基于储罐的调和技术和基于管道的调和技术。不同类型的汽油调和工艺之间的优缺点不同，其所代表的工艺水平也不同。汽油调和技术的发展依赖于过程分析技术、先进控制技术、优化技术以及信息技术；因此，结合先进的过程分析技术，深入研究汽油属性的实时分析方法，研究辛烷值调和关系模型及调和配方的优化，研究调和计划与调度的建模及优化，对于提高生产效率、减少产品质量过剩、节省储罐资源具有积极的意义[9]。

汽油管道调和技术是上述调和技术中发展最为迅速的，该技术能够充分利用油品资源，最大限度地使用价格低、库存充裕的组分油，从而减少价格高的组分油的用量，提高汽油产量，并节省成本。此外，在线近红外光谱分析技术在汽油调和过程中的广泛应用，不仅可以节省油品分析的费用，而且极大地缩短了汽油属性的分析周期，并且使得汽油管道调和过程的实时优化得以实现，汽油产品的品质得到了有效的保障[10~12]。相比国际上先进的汽油管道调和技术，我国汽油调和技术水平总体上比较落后，其技术瓶颈是由于汽油属性分析的近红外光谱分析技术发展不成熟。早在 20 世纪 90 年代，国内炼油厂已经着手开发并引进汽油管道调和技术，但是由于近红外建模与分析技术的落后，大部分装置的优化投用率很低。如中石油大连某公司于 1992 年引进的汽油调和系统因缺乏近红外分析仪的配套模型等原因，造成系统的优化控制长时间不能投用[9]；中石化兰州炼油厂在 1995 年动工的汽油管道调和项目，1998 年完工后仅仅投运一年，优化控制系统便停运至今；中石化镇海炼油化工股份有限公司 1995 年建成的管道调和系统，其调和配方的优化控制一直难以实现。近年来，中石化金陵石化炼油厂和华东理工大学联合开发的在线汽油管道调和技术取得了突破，并得到了国内外专家的认可。虽然管道调和技术取得了巨大的进步，然而在线近红外分析技术仍然是制约其发展的技术难题，近红外分析模型的建立与维护并未得到足够的重视和投入。因此，结合汽油管道调和工艺过程，研究基于近红外光谱的汽油属性的在线检测技术，建立有效的汽油调和关系模型，开发合理的汽油调和调度模型与配方优化方案，对于提高汽油调和生产效率，优化资源配置，提高现有调和装置的利用率，具有积极的意义。

3.2.3 聚烯烃过程控制优化系统的国内外现状

聚烯烃（聚乙烯、聚丙烯等）是最重要的烯烃衍生品，其生产技术反映了一个国家资源加工的水平。2015年，我国聚乙烯和聚丙烯的表观消费量分别约2247万吨和2000万吨。中国未来城市化进程将继续拉动聚烯烃的市场需求，预计未来10年内仍将保持6%～7%的增长率。然而，我国聚烯烃产业呈现通用产品产能过剩、高端产品依赖进口的现状。一方面，随着煤制烯烃和丙烷脱氢技术的快速发展，聚烯烃的总产量得到明显提升，供需缺口大幅缩小；另一方面，国产的高端牌号供应严重不足，高端聚烯烃产量还有巨大的提升空间。2015年年底，中央政府提出供给侧改革。通过增加高端产能，实现聚烯烃产业升级，是石化行业供给侧改革的重要内容。

聚烯烃技术进步的核心推动力是催化剂和聚合工艺技术，但是，一方面，催化剂的技术革新周期长、成本高；另一方面，我国引进了几乎所有的先进聚烯烃生产工艺，问题在于缺少核心技术的支撑。2009年陶氏化学公司的科学家在《科学》杂志上发表文章指出[13]，开发先进聚烯烃材料需要同时考虑分子结构控制的精准性和制造成本。因此，如何通过局部的、有限的投入，在较短时间内缩短与世界先进水平的差距是目前我国聚烯烃产业转型升级发展的重大需求。基于现有催化剂体系，在设备不改动或小改动的前提下，利用国产或引进的工业装置生产高端化、差别化产品，是我国聚烯烃产业发展的必由之路。然而，工业聚合过程产品结构的控制一直是化学工程和控制科学与工程的棘手问题。这是因为，一方面，聚合反应机理、聚合物体系、聚合反应器操作呈现复杂性、耦合性和高度非线性；另一方面，影响聚合物性能的链结构参数如分子量分布、共聚物组成分布在线测量困难。通过先进的过程模型化与优化技术对聚烯烃生产装置进行消化、吸收再创新，是实现高端聚烯烃产品智能优化制造的重要手段。

如何建立能够合理描述炉管内轴向和径向的流体传质、传热情况以及炉管外的烟气流动和温度分布情况的裂解炉数学模型是该领域的研究重点之一，这些模型包括炉管内流体的一维活塞流模型和二维模型以及炉膛热传递的零维、一维、二维和三维模型。求解不同维数的机理简化模型需要不同的数值解法，从最简单的欧拉法、龙格库塔法，一直到最近应用的网格法和有限元法。裂解炉管内发生的是高温快速热裂解吸热反应，所需热量需由管外炉膛通过燃料燃烧、烟气辐射和对流作用来提供。因此，合理、准确的辐射室数学模型的建立，对整个裂解炉模型化研究具有重要意义。辐射室数学模型主要包括辐射传热模型、燃料燃烧模型和烟气流动模型，目前求解辐射传热的计算方法有罗伯-伊万斯法、别洛康法、区域法、蒙特卡罗法、热流法和离散坐标法。

随着湍流流动理论、燃烧理论及数值模拟方法和软件的成熟，许多学者将燃料燃烧模型和湍流流动模型纳入总辐射室模型，同时对炉膛辐射传热过程也相应采用更精确的高维模型来描述，获得了炉膛内较完整的仿真模拟。Gosman首次建立了包含湍流、燃烧和辐射传热模型的完整的裂解炉辐射室数学模型，为后续研究奠定了基础；Detemmerman和Froment首次将类似上述完整辐射室三维数学模型与辐射管内裂解的三维数学模型进行耦合求解，建立了整个裂解炉的综合数学模型，文章针对丙烷原料、反应管内带螺旋翅片及辐射室，采用分区法计算辐射传热速率，烟气流型采用基于雷诺时均的 $N-S$ 方程的 CFD 模型求取，并考虑了局部辐射对炉膛温度分布的影响，烟气浓度分布应用涡流消散燃烧模型求取，管内裂解反应过程采用 De Saegher 等建立的三维数学模型（不含结焦模型），以管外壁温度和炉墙温度作为边界条件反复迭代计算，得到了较完整的仿真结果，一次模拟需要 800h；Heynderickx、Oprins 等相继对其进行了扩展应用和数值解法的改进；Stefanidis 等采用更加详细的燃烧动力学模型（DRK），配合基于涡流消散概念的湍流-化学相互作用模型（EDM）对工业裂解炉辐射室的流场、温度场和浓度场等进行模拟运算，通过基于简化燃烧反应动力学（SRK），配合涡流破碎模型/有限反应速率模型（EBU）的模拟运算的对比结果表明，后者（简化模型）得到的燃烧反应速率过快，使得其燃烧范围和火焰高度均变小，导致炉膛内温度分布及整体模型的误差较大，文章指出应用详细燃烧模型进行模拟的重要性；蓝兴英等采用类似文献的方法对 USC 型裂解炉的辐射室进行三维模拟，并结合管内裂解反应的二维数学模型，建立的综合数学模型，是目前国内最完整、最详细的裂解炉模型；王国清、吴德飞等也相继应用 CFD 模型对裂解炉辐射室进行三维数学模拟研究。

聚烯烃工业生产中常以熔融指数与密度作为产品的质量指标，但是这两者均是非常宏观的性质，仅反映聚合物的平均分子量和共单体的平均含量。具有相同熔融指数和密度的产品，微观分子结构却可能相去甚远，其力学性能和加工性能也相差巨大。原因在于聚烯烃具有复杂的链结构（如分子量分布、短支链分布）以及共聚组成分布、序列分布等精细结构。恰是这些微观结构对聚烯烃的最终使用性能以及加工性能起着决定性的作用。以高密度聚乙烯管材为例，它的加工性能和耐慢速裂纹增长性能取决于分子量分布与短支链分布。因此，开发、生产聚烯烃新材料尤其是高端牌号、专用料，需要对其链结构进行严格的控制。然而，聚烯烃的分子量分布等链结构无法在线检测，这给聚合物产品质量的实时控制带来了挑战。采用先进的过程建模与模拟技术对工业聚合装置进行严格的数学描述，对分子量分布等链结构作出准确预测，是实现聚烯烃微观结构软测量的重要手段。

矩方法可求解聚合物平均分子量以及分布指数，是一种简便的计算平均分子量的方法。Flory 分布则提供了全面、清晰的分子量分布信息，为了解聚合物分子量分布和动力学研究提供了充分的依据。这两种方法已逐渐取代熔融指数法成为工业生产中表征聚合物分子量及分布的重要依据。以提高资源利用率，提高产品的高附加值为目标，烯烃聚合过程建模、优化和控制领域发展的一个重要趋势是越来越面向更精细的链结构。

3.2.4 化工过程报警优化管理与安全应急演练

报警系统对保障生产安全、促进高效生产的重要作用毋庸置疑，目前已在各个工业领域得到了广泛重视，多个行业也已制定了相关工业指南与标准。2006 年美国 PAS 公司出版了手册《The Alarm Management Handbook：A Comprehensive Guide》；2009 年美国 DRoTH 公司出版了专著《Alarm Management for Process Control》。2009 年国际自动化学会（ISA）发布 "Management of Alarm Systems for the Process Industries（ANSI/ISA-18.2-2009）" 标准；2014 年国际电工委员会（International Electrotechnical Commission，IEC）发布 "Management of Alarm Systems for the Process Industries（IEC-68682）"。为实现报警系统智能化，各大公司推出了报警系统专用软件，如 Matrikon 公司的 Alarm Manager 及其配套工具，UReason 公司的 OASYS-AM，以及 TiPS 公司的 LogMate 等。同时，报警研究领域近年来也已引起学界的广泛关注，如 IFAC Safeprocess 2009、IEEE CDC 2010 和 IFAC World Congress 2011 等都进行了关于报警系统设计、分析等研讨。国外高校也与企业进行联合研究，例如，加拿大 Alberta 大学联合 Matrikon、Suncor 和 Imperial Oil 等公司，开展 "报警分析与设计的先进技术研发（Development of An Advanced Technology for

Alarm Analysis And Design）"专项研究；澳大利亚西澳大学与 Chevron 公司联合，进行"应用于实时报警管理的自适应优化学习（Adaptive Optimization Learning Applied to Real Time Alarm Management）"研究等。

目前，针对过程工业报警系统"报警数量过多、难以辨别"这一突出问题，已有大量学者分别从报警阈值设计、报警识别、报警溯源分析等方面着手进行研究。主要技术有过程运行监测与故障诊断技术、过程关键装置风险评估技术、化工过程柔性设计以及化工过程本质安全技术等。其中，过程状态分析、故障诊断、安全预警和事故防范技术的研究与应用得到了普遍重视。报警阈值设计方面，Jiang 构建离线模型、在线模型分别对独立变量参数和因变量参数进行阈值优化[14]。Mezache&Soltani 运用模糊神经网络训练阈值估计[15]。Verdier & Hilgert 通过改进 Cumulative sum（CUSUM）算法，得到自适应报警阈值，提高其对时间的适应性[16]。Brooks，Thorpe & Wilson 综合考虑报警管理、过程控制和产品质量，根据三者相互关系计算报警阈值，以减少误报警量[17]。报警识别方面，包括对重复报警、抖振报警等干扰报警的识别与处理，此类报警是导致报警泛滥的原因之一。为有效处理此类报警，通常可采取死区设置、报警时间延迟、报警搁置、报警自动抑制等方法。报警溯源分析方面，主要通过分析报警传播路径，找到产生报警的根源，进而排除异常状况与消除报警。通常可运用邻接矩阵、符号有向图（SDG）、溯因推理、专家系统、解析模型、数据驱动模型等求取报警信息传播路径及演化规律。因此，构建报警变量与相关过程变量之间的阈值非线性区间估计模型；放大报警特征差异，实现报警在线分类识别模型；探究报警溯源分析模型，寻找导致报警的根源，是有效处理报警、保障系统安全的关键问题所在。

在总结安全与环保工作经验的基础上，需要内部职工提高安全意识、丰富安全知识，从而有效实施安全教育与管理，实现安全教育常态化，确保企业生产安全。同时，应急预案被证明是应对灾害发生的有效手段。目前，生产企业也逐渐开展安全预案与应急救援实战演练，但是由于灾害的种类不同、应对的执行者各异以及设备、场地和环境等条件的限制，相关的应急预案从制定到学习再到演练，耗费大量人力、物力和财力，是一个巨大的负担和工作量，实际演练存在着训练机会不多、训练效果不明显、训练效果无法重现、训练效果评价不真实等现象，还不能随时随地进行演练，甚至出现程序化、形式化，效果并不十分理想。北京化工大学开发的事故应急预案学习与救援演练三维平台，根据自动化系统的报警信息和企业的应急管理预案，引导操作员进行有针对性的事故处理和演练学习，为提高安全责任、掌握安全应急技术提供了新技术和新方法，形成了石化企业安全保障的整体技术方案，并进行了工业应用及其推广，具有重要的理论研究意义和实际应用价值。

3.3 新技术和新方法

化工过程对象的复杂性，往往由于产生机理不清楚或机理模型复杂，或难于建立其生产过程模型，或所建模型适应性差，难于应对过程的变化而进行正确评估与预测、工况监控与控制。数据驱动的过程建模、优化与诊断方法不需要过程精确的解析模型，在实际系统中更容易直接应用。从工业应用角度出发，一方面需要研究如何将已有的过程知识融入基于过程数据建模的方法中，提高数据模型的适应范围；另一方面需要研究通过对过程数据进行挖掘得到过程知识，并建立数据和机理混合模型的方法，有效降低解析模型的建立难度，并提高其精度，从而解决过程工业过程复杂性高的难题。

数据模型和机理模型之间既有本质区别也有联系，在机理模型中，系统不确定性与时变性信息是显式表达的，在数据模型中则相反；数据驱动的控制理论和方法并不排斥已有的模型驱动方法，它们之间是相互渗透并优势互补的。一般来说，对受控对象知识掌握越多，控制效果越好，同时，数据方法也需对受控系统的信息有比较深入的理解，才能更好地控制对象的运行；模型驱动方法对离线数据是一次性使用，数据方法是在控制过程中始终都对离线数据的不同层面、不同尺度进行利用[18,19]。随着信息技术等软硬件的迅速发展，以及丰富的数据处理方法，为数据方法提供了可行性和可能性；基于数据对系统行为的预报、控制和评价结果，还可用实时闭环系统的运行数据进行模型检验。因此，数据和机理模型两种方法相互协调与修正，紧密结合在一起，共同解决复杂系统的建模、优化与控制领域的关键问题，具有更好的实用性和实时性，也是安全和可靠的。

3.3.1 乙烯流程自动化技术新方法

3.3.1.1 裂解过程关键性能建模新方法

（1）裂解炉过程建模

Geng 和 Cui 等以乙烯裂解过程半机理半经验 Kumar 模型为基础，研究模型中一次反应产物选择性系数及动力学参数的优化调整，一次系数与动力学参数是随着不同类型、不同组分构成的进料油品而变化的，尤其是前者，受油品性质影响很大，且对产物收率影响重大[20]。基于此，着眼于 Kumar 模型的应用拓展，应用混沌优化算法来调整一次反应系数及动力学参数，该方法不仅结构简单、编程容易实现、收敛速度较快，且由此建立的裂解模型精度较高，然后将二次规划-混沌粒子群综合算法用于模型参数的优化，同样取得了较理想的结果[21,22]。此综合算法将粒子群算法用于参数的全局搜索，二次规划用于局部搜索，加入混沌映射，保证了粒子的多样性，避免算法陷入局部最小值，并开发了裂解炉过程建模与优化软件系统。

（2）裂解炉耦合模型建模

Lan、Gao 和 Xu 等采用 CFD 技术，结合流体力学基本传输方程、k-epsilon 湍流模型、裂解反应机理模型、推测的湍流扩散燃烧概率密度函数模型、辐射传热的离散坐标法等提出了一种全面的乙烯裂解炉数学模型[23]，定量地研究了烧嘴位置、炉管管径、管间距等对乙烯裂解炉运行性能影响，给出了详细的流速和温度场、热通量分布、密度分布。这对理解工业裂解炉运行过程和工业裂解炉设计具有一定的价值。Stefanidis 等通过对工业石脑油裂解炉的三维 CFD 仿真，发现炉墙高辐射涂层技术有利于提高裂解炉的热裂解效率，并提高石脑油的转化率和乙烯收率[24]。

胡贵华等结合工业数据，采用 CFD 方法研究了工业 SL-Ⅱ型乙烯裂解炉的炉膛内的流速场、温度场（图 3-1）、密度场以及炉膛表面的热通量分布，为乙烯裂解炉炉型几何结构优化和操作参

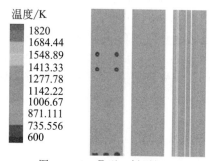

图 3-1　SL-Ⅱ型乙烯裂解炉
炉膛烟气温度场分布图

数优化提供了一定指导意义[25]。

张禹等针对裂解炉 CFD 模拟在细节刻画方面的不足，研究了烧嘴详细结构、烟气辐射性质以及阴影效应（shadow effect）对裂解炉模拟的影响[26]，计算的炉膛温度分布，如图 3-2 所示。

基于以上研究，华东理工大学开发的裂解炉炉膛燃烧和炉管反应耦合模拟技术，并结合

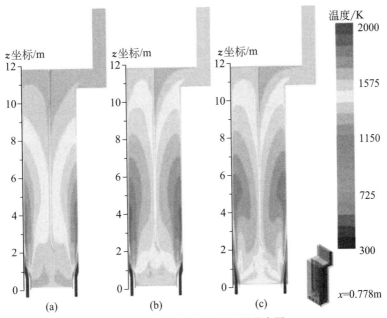

图 3-2　裂解炉炉腔内部温度分布图

比利时根特大学的 Coilsim 软件形成了 Coilsim-Craft 产品。

（3）裂解过程关键性能指标代理模型

金阳坤等针对乙烯生产过程对模型需求层次的不同，基于裂解炉现场运行信息和裂解过程机理，分别建立了裂解过程机理稳态模拟和全周期模拟的智能代理模型[27]。结合所提出的神经网络隐含层节点数自动确定方法和基于预测误差的混合自适应采样方法，提出了一种基于神经网络的自适应智能代理建模方法，并应用该方法建立了裂解炉稳态模拟的智能代理模型。为了克服传统方法获得的全周期模拟的代理模型的预测误差会随着预测时间推移而显著积累的问题，建立了一种基于前馈神经网络-状态空间（FNN-SSM）的裂解炉全周期模拟的智能代理模型，测试结果表明 FNN-SSM 方法获得的智能代理模型在整个运行周期内具有一致性，且整体预测性能良好。

周书恒等从影响裂解产物产率的因素出发，引出不同裂解过程之间的相似性。着重分析了一种基于实例的迁移学习算法——TrAdaBoost 算法[28]。针对特殊应用场景下TrAdaBoost 算法的泛化误差较大的问题，提出基于实例的数据集重构迁移学习算法——Bag-TrAdaBoost，解决了旧数据量庞大，易将新信息淹没的难题。UCI 数据和工业裂解炉数据的仿真结果验证了新算法的有效性；基于裂解条件不变时产物产率随时间呈指数衰减的特性，同时针对 TrAdaBoost 及其各类改进算法缺乏对数据本身特性的关注这一问题，对其进行改进，并考虑了实例之间的时序关系。考虑周期运行的裂解炉为产率建模提供了大量的源数据，提出了基于多源时序迁移学习算法——TrAdaBoost. TS 算法。UCI 数据和工业裂解炉数据的计算结果验证了新算法的有效性。

朱群雄、耿志强等[29,30]研究影响裂解炉产物收率的主要因素——温度，结合不同温度下乙烯裂解炉投入与产出配置数据，提出了基于数据包络分析交叉模型（DEACM）和层次融合算法（AHP）结合的乙烯裂解炉能源效率分析与评价算法；通过分析不同裂解温度下每天收率及其结焦情况，运用 DEACM 模型找到不同温度下最佳生产日期配置标杆；然后基于层次融合算法对所有温度最佳标杆生产配置数据进行融合，得到乙烯裂解炉平均生产标杆，进而得到影响乙烯裂解炉产物收率的最佳生产温度和投入产出配置，分析得到乙烯裂解炉不同温度下最优生产日期的能源效率和最佳裂解温度，实际工业乙烯裂解炉应用验证方法的有效性。

3.3.1.2 乙烯生产过程控制新技术

（1）裂解炉裂解深度控制

裂解炉操作的目标是保证一定运行周期的前提下，使裂解炉操作收益最大化（增加产品收率，降低能耗、物耗）。乙烯装置中油品属性变化频繁，COT 稳定控制技术保证了 COT 的稳定，但不能保证裂解深度稳定；由于在线分析仪存在较大的测量滞后（一般为 $10\sim30min$），而裂解炉反应停留时间只有 $0.38s$ 左右，不能直接采用在线分析仪的输出结果控制裂解炉的操作。

为此，裂解深度先进控制采用基于裂解深度神经网络预测模型的智能 Smith 预估控制方案，通过分析油品特性、裂解炉负荷、气烃比、COT 等主要参数与裂解深度因子（丙乙比）之间的关系，建立裂解深度预测模型，从而根据裂解炉的运行状况预测当前的裂解深度，并利用在线分析仪分析结果对裂解深度预测模型的输出进行校正，并作为裂解深度控制器的 PV 值。然后通过深度控制器自动设定 COT 控制器的设定值。在裂解炉运行后期，当 COT 温度设定值到达预设的控制限时，现场技术人员可以通过调整裂解炉总进料流量，达到稳定裂解深度的目标。

在深度控制系统中，深度控制器采用带死区的比例-积分-微分（PID）控制策略，该控制策略在 DCS 系统中有对应的控制模块，故将在 DCS 中直接实现，这一方面降低了通信故障带来的系统风险；另一方面提高了系统的可操作性能。因为操作人员对 DCS 的操作过程非常熟悉，系统操作界面优化，维护量小，满足长期投用的要求。

（2）裂解过程监控方法

红外视频检测系统可用于监测裂解炉炉膛内的温度场，如图 3-3 所示[31]。该系统采

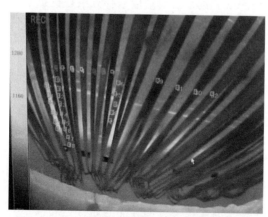

图 3-3 红外视频监测的裂解炉炉膛内部温度场

用红外热成像，高温探头通过密封连接机构固定在炉墙的侧壁，对炉膛内的情况进行实时监测，并将图像传回计算机进行分析处理。通过一系列算法将炉膛和炉管壁面的红外辐射数据转换成温度，并通过深浅来标识，系统另外配备一些校正参数，可以通过测温枪得到的现场实际温度对热成像系统的温度分布进行校正。监视器上共有 32 个测温点可供选择，通过拖动鼠标将测温框放置在需要测温的区域，就可以获得该点的温度实时数据，系统每隔 10min 会进行一次自动采样，并将所有 32 个点的温度数据保存以供用户导出。除了测温框以外，程序还允许用户自行在监视图像内绘制直线线段，并输出沿着该直线上的一条温度曲线，实时地显示在监测画面的右边，允许同时监测的最大线段数量为 8 条。该系统可用于以下方面：通过该成像设备对炉管外壁和炉墙温度进行实时监测，及时发现并预防炉膛内可能发生的烧嘴故障、热点的产生等对操作过程不利的因素；通过长时间的数据监测，掌握各炉管的外壁温度随运行周期和炉膛负荷的变化规律，指导炉膛的全周期操作，包括运行及清焦。理想状况下可以得到炉膛、炉管温度与操作时间的关系，从而进行可重复的、便捷的模式操作。

3.3.1.3　乙烯生产过程优化新技术

（1）裂解炉裂解深度在线优化技术

裂解炉在运行过程中，由于裂解原料属性和裂解炉运行状态的变化，单一的裂解深度很难保证裂解炉运行在优化状态。裂解深度过低，反应不完全，乙烯产率偏低，产生大量的液体副产品，增加后续分离的负荷；裂解深度过高，尽管乙烯收率高，但丙烯收率低、重组分结焦量增加，裂解炉运行周期缩短。

为此，需要应用裂解炉在线优化技术[32,33]，获得最优操作条件，提高裂解炉运行效益。该技术主要包括以下内容。

① 裂解原料属性测量和表征　裂解原料通常包括气相（LPG 和乙烷等）、轻石脑油、石脑油、尾油等种类。对于气相裂解原料，由于其组成比较简单，可以通过气相色谱的测试方法获得详细的原料组成；而对于石脑油等液相原料，通常只测定其密度、馏程和 PIONA 值等。

② 裂解产品全组分收率预测　首先要建立裂解炉管和炉膛的几何结构模型，再根据过程操作参数，包括裂解炉操作温度、裂解原料横跨温度、进料负荷、气烃比、燃料气组成、裂解原料属性、裂解产品组成等，利用裂解炉模拟软件 Coilsim 建立裂解炉裂解产品收率预测模型，实现裂解气组成的预测。

③ 裂解深度在线优化的实现　裂解炉实时优化的技术路线是，从高附加值产品经济效益的角度出发，提出了乙烯裂解炉经济效益优化指标，通过优化该经济指标，能够找到不同的裂解原料以及工艺参数条件下裂解炉运行的最佳裂解深度。同时在优化过程中引入了在线校正和滚动优化思想，能够有效克服高附加值收率模型的不确定性以及工艺扰动。裂解收率在线模型与裂解深度实时优化系统需要裂解原料属性以及当前裂解炉运转条件和变量，其中裂解原料属性可从原料在线分析仪直接得到，或者由实验室分析后人工输入到 DCS 中的裂解炉优化系统界面，再由 DCS 上传至实时数据库中；裂解炉优化系统服务器从实时数据库读取油品信息和裂解炉运转条件及变量，计算出当前裂解炉优化结果，通过 OPC 服务器，再进入 DCS 系统，作为裂解炉先进控制系统的设定值。

（2）裂解炉群负荷配置优化技术

Jain 等最早研究了乙烯裂解炉炉群负荷分配问题，将该问题归结为并行单元多进料的优化调度问题[34]。假设每个单元都具有随着运行周期指数衰减的性能指标函数。结合各种约束，最终归结为混合整数非线性规划问题。采用分支定界算法，将混合整数非线性规划问题转化为多个非线性规划模型，并对一些非线性约束进行线性化处理，如大 M 法和其他方法转化为线性约束，最终分析了模型的数学特征，求得了全局最优解。该研究对于乙烯裂解炉炉群负荷分配与清焦调度问题还只是处于简单的假设（如假设原料充足，单个裂解炉单个运行周期内只处理一种原料，没有设备运行过程因故障导致的停车等）情况下进行的，而工业现场有许多约束和模型获取仍然是一个巨大的挑战。20 多年来，乙烯裂解炉炉群负荷分配和清焦调度问题仍然只是有少数人在研究。这不是工业需求推动力不强，而是真正工业过程极其复杂。乙烯裂解炉炉群负荷分配和清焦调度问题的难点包括：①准确描述裂解过程的模型基础；②过程优化问题的高效求解方法；③熟悉生产工艺流程，提炼对问题的准确描述。Pinto 等综述了过程操作调度数学规划的分配和序列模型。尽管一般的调度模型都是与具体问题密切相关的，但仍然可以找出它们当中的共同特点，划入不同的类似约束集。调度模型主要有两个类别：单个单元任务分配模型和多个单元任务分配问题。最主要的问题是建立过程可用的时域表达形式和网络结构。同时也讨论了调度模型中的一些主要特征、计算量和它们的优点及局限性。

华东理工大学研发了裂解炉群负荷动态分配优化技术，解决了以下关键技术：建立了不同裂解原料、不同炉型的产物收率预测模型；构建废热锅炉出口温度预测模型和燃料气消耗模型；构建裂解炉群负荷分配优化模型，开发了智能优化求解算法；开发了裂解炉群负荷动态分配软件平台。

（3）乙烯生产过程能源优化技术

乙烯裂解炉是工业用能、耗能大户，同时也是实施环境保护的重点对象，尤其是在清焦阶段会排放出大量的二氧化碳、一氧化碳和粉尘，在节能减排形势日益严峻的今天，如何利用新的方法和技术达到减排要求是炉群调度过程中的一个重要问题。简海东等在炉群平均利润最大化目标下，采用 GAMS 软件的 DICOPT 算法对该 MINLP 问题进行了求解，获得了每台裂解炉在不同运行周期内适合的原料种类及其生产负荷。此外，也提出了以平均结焦量最小为目标的新的炉群调度优化模型，将两种优化结果做了比较，结果表明后者能够以牺牲少量利润的代价，有效降低生产吨乙烯产品的结焦量，减少清焦过程所产生的 CO、CO_2 和粉尘等污染物排放，产生可观的环境效益。

孙海清等在注重石化企业能源利用效率的问题上，强调企业生产装置既包括生产系统，也包括能源系统，生产系统和能源系统存在很强的耦合，既包括物质流上的耦合，也包括能量流上的耦合。采用基于离散时间表达的调度建模方法，建立了蒸汽动力系统中关键设备的子模型以及系统的物料和能量平衡方程，从能源效率的角度，建立了基于㶲分析的乙烯装置蒸汽动力系统多周期 MINLP 调度模型。利用乙烯装置实际数据，以㶲效率最大化为优化目标实现优化调度计算。在蒸汽动力系统优化调度基础上，研究了乙烯装置的生产系统模型，建立了裂解炉的线性收率模型、燃料消耗模型、超高压蒸汽的发生模型、三机透平的功率消耗模型和分离过程模型。针对乙烯装置生产系统和蒸汽动力系统存在的耦合关系，建立了生产系统和蒸汽动力系统耦合的能量平衡和物料守恒模型。通过与蒸汽动力系统的约束方程集成，提出了以最小化乙烯装置生产成本为目标的 MINLP 集成优化调度模型，并进行了优化计算与分析。根据乙烯装置的实际运行数据，引入了基于可行域划分的"模式"的概念，以凸区域代理模型为基础，提出了一种基于模式建模的 MINLP 集成优化调度模型，能够得到更符合实际生产的调度策略。

（4）乙烯生产过程多目标优化技术

乙烯生产过程中原料油及其水、电、燃料、蒸汽等能源工质是影响乙烯能效的主要投入因素，如何对这些目标合理分析与优化是乙烯生产过程主要多目标优化问题。不同规模、不同技术、不同生产配置，乙烯生产能效也会不同，过高的乙烯生产投入以及生产乙烯、丙烯等有效产物量少将导致乙烯生产过程能效低。因而研究基于松弛变量的数据包络分析（DEA）乙烯生产过程能效评价与优化方法有助于指导乙烯生产配置，提高乙烯生产能效。通过运用 DEA 模型得到同种技术或同种规模下不同生产配置最佳能效标杆，结合 DEA 模型中的松弛变量，得到低能效乙烯生产配置中投入产出的改进物理量，进而优化非有效乙烯生产配置，达到有效生产[35,36]。

北京化工大学以中石化和 Lummus 公司联合开发的 SL-I 型裂解炉为例，建立了乙烯裂解炉工艺机理模型，针对原 Kumar 反应动力学模型对不同石脑油适应性差的缺点，提出了一种序列二次规划混沌粒子群优化算法（SQPCPSO），并利用该算法对原 Kumar 模型的 10 个一次反应选择性系数和二次反应动力学参数进行优化调整，基于反应过程碳和氢原子平衡、模型与实际产物收率误差为综合优化目标函数，调整结果比原 Kumar 模型的精度更高，提高了模型的适应性和准确性，不同石脑油和不同炉型的计算结果表明了所提方法的有效性和实用性[37]。同时，研究了基于模糊聚类算法的石脑油性质的相似识别，建立了不同聚类油品的 Kumar 反应动力学模型库及优化操作模型库；基于过程操作数据、工艺数据、经验知识等，提出了一种基于数据和机理模型融合驱动的乙烯裂解炉过程建模方法；针对在线数据建模精度和再学习问题，提出了一种基于软阈值法的自适应主元提取的 WMPCA 新算法，以及一种 WMPCA-RBF 自学习调整的过程在线建模方法，提高了在线建模的精度和适应性。在上述工作的基础上，研究了乙烯裂解炉生产过程的智能优化操作解决方案，提出了一种多群竞争自适应粒子群优化算法（FCMAPSO），并利用该算法对乙烯裂解炉融合模型进行优化，结合多油品相似性、工况模式识别，实现了不同油品模型智能优化预测控制，开发完成了乙烯裂解炉优化操作软件系统，实际应用结果验证了所提优化方案的有效性和实用性。针对乙烯裂解炉的多目标优化操作问题，研究设计了乙烯裂解炉生产过程多目标优化策略和解的综合评价方法，提出了一种基于动态层次分析的自适应多目标粒子群进化算法，实时动态客观决策、自适应调节粒子进化状态参数，提高了目标解的分布均匀性和多样性。考虑产物收率、结焦厚度与运行周期等多个目标和操作约束，实现了不同目标之间协调和均衡策略，根据偏好选择合适的优化操作条件，为乙烯裂解炉的多目标优化运行提供了一种可行的解决方案。

Pandey 等对乙烯厂的冷端分离过程进行了模拟，然后采用精英非支配排序遗传算法（NSGA）对该过程进行了最大化利润、满足产品需求和规格的多目标优化处理，实验结果得到满足决策者偏好的折中解。

Yu 等提出了一种自适应的多目标教学式优化（SA-MTLBO）算法，该算法产生的 Pareto 最优前沿具有良好的收敛性与分布性。将 SA-MTLBO 算法用以优化石脑油裂解制取乙烯过程，并在得到的非劣解集中，采用快速非劣解排序方法与拥挤距离法对非劣解进行排序，用以实现产物（乙烯、丙烯与丁二烯）产量最大化的多目标优化操作。

3.3.2 炼油流程汽油调和自动化新技术

随着现代工业的迅速发展，石油作为国家战略物资在国民经济中发挥着至关重要的作用。中国的石油资源比较匮乏，根据《BP 世界能源统计年鉴 2015》报道，截至 2012 年，中国石油净进口量增长 61 万桶/日，占全世界增量的 86%。中国已经成为全世界最大的石油进口国。炼油厂中 60%～70% 的原油将最终转化为汽油，汽油生产环节蕴藏着巨大的经济效益，汽油产品不仅是炼油厂的重要经济来源，而且关系到整个社会的稳定，同时还对生态环境有着深远的影响。随着我国汽车保有量的持续增加，高品质汽油产品的需求量不断攀升，由汽车尾气带来的环境问题也越来越尖锐：《2014 中国环境状况公报》显示，2014 年在全国开展空气质量检测的 161 个城市中，仅有 16 个城市空气质量年均值达标，145 个城市空气质量超标。环境问题促使我国汽油标准加快升级。

3.3.2.1 汽油调和配方优化技术

汽油调和是汽油产品生产过程中的最后一步，旨在充分利用炼厂的油品资源生产出产品质量过剩最小的高品质汽油，并最大限度地提高一次调和成功率。汽油调和是成品汽油生产技术的核心，直接影响到汽油产品的质量，并关系到整个汽油生产的经济效益。典型的汽油调和是指在汽油的生产过程中，将不同的组分油，按照一定的调和比例，并加入抗氧剂、抗静电剂等油品添加剂，调配出符合国家质量标准规定的所有指标的成品汽油的过程。按混合方式不同，汽油调和可分为罐式调和和管道调和两种类型。调和配方可优化控制是汽油管道调和最大的优点，其发展依赖于过程分析技术、计算机技术、自动化技术、人工智能、数据库技术，最主要的特点是：调和系统中引入了过程分析仪表，使得调和调度任务、调和配方的实时优化得以实现，并便于不确定事件的处理。管道调和系统的控制优化技术主要包括以下几个部分（图 3-4）：汽油属性的在线检测技术，调和建模与在线校正技术，调和实时滚动优化技术，以及调和调度优化技术。

其中汽油属性的在线检测技术，通过近红外分析仪表和化学计量学模型，对汽油组分油

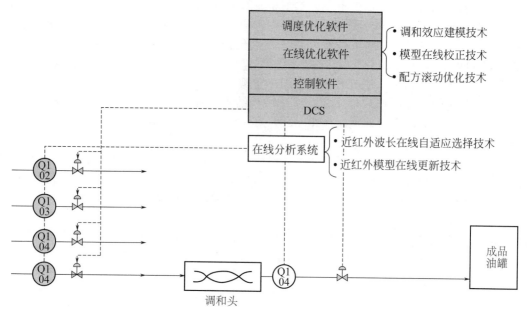

图 3-4 汽油调和控制优化系统结构图

和成品油的关键属性进行在线检测，如辛烷值、馏程、芳烃、烯烃含量等。调和建模与在线校正技术：为根据组分油配方和属性，对调和成品油属性进行预测的数学模型；为保证其长期有效性，必须在运行过程中，实时地对模型参数进行在线辨识和校正。调和实时滚动优化技术：根据在线检测的数据，以调和模型为基础，对调和配方进行在线优化，从而达到成品油质量和成本的最优化。调和调度计划技术：为针对多个批次的调和的调度问题，通过多批次调度优化，在生产多种约束的前提下，找到最合理的调和生产模式，提高调和的生产效率。

3.3.2.2 汽油属性在线检测技术

汽油属性的在线分析主要通过在线近红外分析仪实现。在线近红外分析是过程分析技术的一种，过程分析技术覆盖自动化、计算机、化工工艺、化学计量学等多学科的复合技术领域。近红外分析技术是通过对样品近红外光谱的分析来测量该样本的相关物理化学性质。20世纪80年代以来，近红外光谱分析技术得到快速的发展，并在农牧业、林业、食品、药品、造纸等多个领域有着极其广泛的应用，其在汽油调和中的使用促进了调和优化控制技术的发展，并在国内外引起广泛的关注。

我国对近红外技术的应用研究始于20世纪90年代初期，1996年以来有大量的文献报道了在线近红外分析系统在汽油调和过程中的应用，陆婉珍院士在其著作《现代近红外光谱分析技术》[38]中对近红外技术的原理、发展以及在石油化工过程中的应用作了细致的探讨，并给出了使用该技术的一般方法。近红外的使用离不开近红外光谱与待测样本属性之间的数学模型，对近红外技术的研究和应用主要集中在光谱建模问题上。近红外定量分析模型的研究主要集中在四个方面：光谱预处理方法、波长或变量选择算法、模型拟合方法、模型更新策略等。

由于近红外模型是该分析仪表能否准确检测汽油属性的关键，并且在生产过程中，随着生产条件和状态的变化，模型的精度会不断降级，直至失去有效性，因此，为了提高近红外模型的长期有效性，相应的模型自适应和在线更新技术得到开发及应用。

（1）近红外建模波长选择与在线自适应技术

汽油的近红外光谱含有大量重叠的宽谱带，很少有锐锋和基线分离的峰，光谱的"指纹性"较弱，而且倍频与合频吸收更容易受到温度和氢键的影响，此外，光谱的吸收强度也非常弱，这些特点使建立准确可靠的近红外模型非常困难[39]。

近红外光谱中包含了物质大量的物理、化学信息，但是对特定的性质并不是所有波长点的贡献都相同，无效信息或有效信息含量较少的波长点的引入会将噪声和扰动带入模型，降低模型的解释性，并增加计算复杂度[40]。因此，光谱波长选择是建立近红外分析模型的基础和重要步骤[41]，其目的是针对特定的样品体系，通过对光谱波长结构的适当选择，减弱各种非目标因素对校正模型的影响，尽可能地去除无关信息变量，从而简化模型、减少计算复杂度并提高模型的预测性能及鲁棒性[42~44]。

近红外光谱波长选择和压缩方法从处理对象不同的角度可分为两类：一种是从原始波长中直接选择有效变量，该类方法主要包括连续投影法（SPA）、无信息变量消除（UVE）、人工智能算法（GA、粒子群）等，其中 CARS（competitive adaptive reweighted sampling）算法是这类方法的典型代表；另一种是采用信号处理技术对初始波长进行降维压缩，如利用 PCA 算法对光谱处理并提取主成分[45]，使用小波变换进行信息提取等。其中，第一类方法一般能够选择出数量较少的波长用于建模，并可以取得与全波长建模相似或更好的效果。这种方法虽然能够提高模型计算的效率，但是往往会因为去除了较多的变量而遗漏了很多有用信息，影响模型的鲁棒性，模型的延展性不佳。PCA 是一种有效的降维算法[46]，可以消除变量间的多重相关性，在近红外建模过程中也已有相当广泛的应用。与第一类方法相比，PCA 所提取的主成分能够更好地表征光谱信息，信息遗漏相对较少。然而在利用 PCA 提取主成分的时候只考虑了主成分对光谱的代表性，却没有考虑到其对样本属性的表征。对于相同的光谱样本、不同属性的建模过程中，采用 PCA 方法得到的主成分是相同的，这使得模型的针对性不强，不利于提高模型的预测精度。

结合两类方法，从而达到取长补短的目的，融合 PCA-GA 算法的近红外光谱变量选择策略。该方法首先利用 PCA 技术对原始光谱进行坐标转换，以消除波长间的多重相关性，然后选取特征值累积贡献率大于 90% 的特征变量。对剩余的特征变量，采用 GA 算法进行选择，之后将两个步骤中所选出的特征变量融合在一起，形成投影矩阵，用于对原始光谱降维。按特征值贡献率的选取方法能够保证经过 PCA-GA 筛选之后形成的新主成分对初始光谱具有充分的代表，GA 算法的运用可以从剩余的成分中提取对因变量具有最大相关的信息，不仅具有很强的针对性，而且可避免或减少信息的遗漏，这对于提高模型的鲁棒性和预测精度非常关键。

上述的波长选择，一般均在离线建模阶段进行。在模型建立完成以后，即可与近红外仪表结合，进行对汽油样品的检测，在使用期间只能保持所构建的波长结构与模型系数不变。而实际生产过程中调和配方的改变、参调组分油的变更、原油种类及属性的波动、仪器响应误差等都会影响近红外模型的预测精度，又由于在不同的工况下相同波长段所表征的信息不同，固定的波长结构必将导致模型的预测准确性、鲁棒性会变差。

为使近红外定量分析模型的波长结构能够根据工况变化实时更新，一种基于偏最小二乘的自适应波长选择及局部建模策略（adaptive wavelength selection and local regression strategy based PLS，AWL-PLS）得到了研究和应用。相比于静态建模方法，该算法采用实时建模策略，其建模与预测过程融合在一起。在算法的实现过程中，首先根据待分析样本的近红外光谱从数据库中选取样本建立校正集；然后，对所选取的校正集进行波长选择，删除无信息或有效信息含量较少的波长段；最后，利用已确定的波长结构与校正集建立 NIR 定量分析模型并对待测光谱进行分析。从上述基本步骤可以看出，采用该局部策略建模并更新模型的过程中，需要解决两个关键问题，光谱相似度定义和光谱波长更新方法。

AWL-PLS 方法采用有监督局部保留投影（supervised locality preserving projection，SLPP）算法对光谱降维，然后根据降维后的特征向量利用欧式距离结合向量的夹角余弦值度量样本间的相似性。SLPP 是对局部保留投影算法（locality preserving projection，LPP）的改进，其主要思想与 LPP 相同：使原始空间中距离较近的点，在降维后的低维空间中也保持较近的局部结构。通过相似度定义，可以从光谱数据库中选择与当前光谱相似的光谱，用于波长自适应选择和近红外模型的建立。

在选择相似光谱完成后，波长的自适应更新及选择算法是建立 AWL-PLS 模型的关键之一，也是近红外定量分析中不可或缺的一步。在近红外分析中常用的波长选择算法大都属于有监督选择的范畴，即在波长选择过程中需要同时用到样本的光谱矩阵和属性信息，建立定量分析模型；然后通过一定的规则选出使模型的均方误差最小、决定系数最大的波长结构。针对特定的样本集，有监督选择方法往往能够获得较好的结果，然而在实际应用中，尤其是用于在线检测的过程中，当待测样本随生产过程的变化与校正集所涵盖的范围发生偏离，初始的波长结构会逐渐由最优变为次优，进而导致 NIR 模型产生较大的预测误差。由于波长的更新依赖于样本的属性信息（如汽油样本的辛烷值、蒸气压等），这些信息的获取需要人工采样并在实验室进行分析，滞后时间较长，不能及时地完成波长结构重选与更新。为了使近红外模型的波长结构能够随生产过程的变化动态更新，开发了一种融合相关系数与方差分析的无监督、自适应波长选择方法，从而提高了模型自适应的能力。具体方法为，对相关系数法进行改进，使其能够在不增加新的样本属性信息的条件下可以度量每个波长点对待分析样本属性的重要性。

（2）近红外检测模型的在线更新技术

近红外是一种间接分析技术，需要通过建立校正模型来实现对未知样本的定性或定量检测。建立校正模型所选取的训练集样品、光谱预处理方法、波长选择技术、建模算法等都会对近红外检测结果产生影响。近红外模型的建立和更新是保证该系统正常运行的关键步骤，也是近红外日常维护的主要工作。在使用近红外技术对物质属性进行分析的过程中，为了使模型能够适应工业实际情况，需要向现有模型中添加新的样品来更新和扩展模型。这就需要对近红外模型本身进行在线的自适应更新和校正。

现有的自适应建模及模型更新方法大致可以分为两种类型[47]：①采用递归算法将新的样本添加进原始校正集，以此将最新工况特征增加进模型中，减弱历史数据对当前模型的影响，从而拓展模型范围；②采用即时学习（just in time，JIT）策略，根据待分析样本的特点更新模型，完成模型在采样间隔的更新。递归方法可以有效地利用新样本信息来更新模型，但是对于近红外系统，由于采样间隔较长，模型的更新无法抵消其衰减的速度，这就造成递归的优势无法充分发挥，效果不明显。即时学习策略可以有效地解决采样间隔模型跟踪能力衰减的问题，将其与递归算法结合可以实现模型的闭环更新：在采样间隔，根据即时学习策略对待测样品建立局部模型进行分析；当光谱样本的参考属性可用时，利用递归算法更新初始校正集，使模型的整体结构适应最新工况要求。

结合上述两种方法的优缺点，提出了一种基于奇异点判别的自适应建模及模型维护方法［实时递归及局部权重偏最小二乘算法（online recursive and locally weighted PLS algorithm，ORL-PLS)]；采用递归策略将模型的更新融合到在线分析过程中，通过对光谱样本的检测，分离异常样本点，有区别地将新的可用样本更新至校正模型中；在对待测样品分析的过程中，模型采用局部学习策略，根据待测样品的光谱特征来更新校正集样本权重。

ORL-PLS 方法集合递归 PLS 和 JIT 策略，在有新的样品添加时，利用递归 PLS 方法更新协方差矩阵，在没有新的样品添加时，利用 JIT 策略更新协方差矩阵。通过结合递归 PLS

和 JIT 策略保证协方差矩阵的不断更新，保证 PLS 模型的协方差矩阵能够得到最迅速的更新，从而保证率模型的精度和长期有效性。

3.3.2.3 汽油调和建模与在线校正技术

汽油调和的关键问题在于调和配方的求解和优化，而配方的求解必须以调和模型为基础。调和模型为根据组分油的属性和调和配方对成品油属性进行计算及预测的数学公式。汽油生产过程中需要控制的质量属性主要包括：研究法辛烷值、马达法辛烷值、蒸气压、硫含量、苯含量、芳烃含量、烯烃含量、密度、干点、馏程等。在这些属性中，硫含量、苯含量、芳烃含量、烯烃含量、密度等满足线性调和关系，采用线性模型就可以满足工业现场的要求；而蒸气压、辛烷值等属性具有明显的非线性特点，往往需要分别建立模型。

本小节以汽油关键指标辛烷值为例，简单介绍调和效应模型及其在线校正技术。现有的辛烷值调和关系模型大致可分为两类：回归模型和神经网络模型，两类模型各有优缺点，并且在工业现场都有相应的应用实例。但是由于这些模型的计算过程复杂、时效性不好、模型维护难度大等原因使得其在工业现场的普及率不高，目前国内炼厂计算汽油调和配方的主要模型仍然是线性模型。

针对上述问题，结合现场操作人员的知识和经验，开发了调和效应模型与在线校正技术。组分在调和前单独测量的辛烷值与其在调和过程中表现出的实际辛烷值往往有较大差值，这个差值被调和调度人员定性地称为调和效应。调和效应数值的定量计算，往往是根据调和经验来进行主观估计，缺少定量的计算和辨识方法。调和效应模型，使用调和效应参数对组分油的属性进行补偿，并对补偿后的组分油属性进行线性叠加，完成对成品油属性的预测。这种方式不但能够提高模型的精度，而且能够在模型的形式上继续保持线性，从而可以使用最小二乘方法，结合调和实验数据，将调和效应参数定量地辨识出来。

与近红外的化学计量学模型类似，调和效应参数也会随着组分油的参调量与本身属性的变化而变化。因此，调和效应参数会随着时间的推移而逐渐失效。在线校正技术考虑到调和效应参数的这种特性，以调和总管成品油的检测属性为基础，使用改进的递归最小二乘方法，对调和效应参数进行在线辨识和校正，动态、实时地调整调和效应参数，从而保证了配方优化使用的调和模型的精度。

调和效应模型，虽然是以辛烷值为例进行开发完成的，但是由于调和效应的类似性，相关的技术完全可以推广应用到汽油的其他属性，如馏程和蒸气压。此外，调和效应模型的在线校正技术具有非常强的工程应用价值。使用该技术，不但能够彻底地取消调和模型离线建模和维护的工作量，而且能够对组分油的属性在线检测误差进行补偿，进一步减少对近红外模型的维护工作量。通过该技术的应用，可以极大地提高汽油调和系统的工业应用性，提高优化系统的投用率。

3.3.2.4 汽油调和实时滚动优化技术

汽油调和优化的目标是调和成本最低或成品汽油质量过剩最小，同时要结合实际生产状况，综合考虑满足各种汽油质量指标约束（包括 RON、MON、DON、RVP、硫含量、苯含量、氧含量、烯烃含量、芳烃含量、密度等）各组分油的库存和产量限制以及各组分油的配方限制等。与传统的罐式调和不同，管道调和的优化方式往往采用在线的方式，即在调和过程中，并不是一直完全按照调和的初始配方进行操作，而是根据在线检测到的组分油和成品油质量属性，结合调和模型，对调和配方进行在线优化。优化后的配方下达到 DCS 上进行执行，执行后的调和结果，经过在线检测系统的测量，再次反馈到调和优化系统中对调和配方进行优化。这种周期性的优化方式，形成了质量优化的闭环在线运行，能够在组分油属性波动的情况下，仍然很好地达到预期的调和效果，并将质量过剩及调和成本控制到最低。

传统的罐式调和只需要在开始前对调和配方进行计算和优化，虽然调和模型的非线性和多个等式及不等式约束为优化问题的求解带来一定的难度，但是由于求解问题的静态特性和较低的维度，其求解的配方优化问题相对比较简单。管道调和在运行中的配方在线优化，不但是周期性地对调和配方优化问题进行求解，而且其优化问题也是随着时间在动态变化的。在调和运行过程中，两个优化周期之间，调和过程在连续运行，调和的成品油也在连续地进入调和目标罐中。因此，在优化周期到来时，需要首先对配方优化问题进行更新，需要对目标罐中已经完成的部分进行更新，包括累积体积更新和累积质量属性更新。在每次优化的时候，可以优化的部分都是目标罐中调和未完成的空白部分，因此汽油调和配方的在线优化问题，在本质上属于时间窗口滑动的滚动优化问题。结合该优化问题特性开发的在线滚动优化技术，在每个优化执行周期，都会按照如图 3-5 所示的方式对调和模型进行更新，对目标罐和优化问题进行更新，然后再进行优化问题的求解，从而给出最新、最优的调和配方，用以执行。

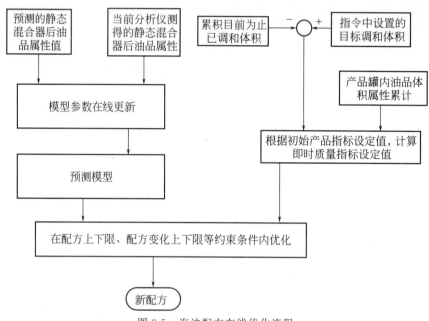

图 3-5　汽油配方在线优化流程

3.3.2.5　汽油调和调度优化技术

生产计划与调度方案的制定是产品生产之前需要完成的重要任务；在企业中起着承上启下的作用，是生产过程顺利进行的关键因素；合理有效的计划与调度方案能够提高资源的利用率、减少操作损失、增加利润空间[48]。汽油调和过程的生产调度位于整个汽油生产过程的最顶层，决定了汽油产品的产量、排产顺序、订单交付等诸多与市场联系紧密的生产操作，对于提高炼厂效益非常重要，一直以来都是炼油企业关注的重点[49]。

调和调度是对计划方案的具体执行，根据计划层制定的各汽油产品的总产量，在组分油产率、调和头加工能力、组分油罐和产品油罐库存水平等操作约束以及产品质量指标等属性约束下，安排每周或每天调和系统所需要生产的汽油产品牌号以及各牌号汽油的产量。

传统的调度模型都是假设每天订单已知，然后进行生产排产，然而，提货订单通常具有较大的不确定性，很难预先获知准确的提货量，传统的调度方案制定方法较难妥善处理这种不确定性。因此在建立调度模型的时候，应假设每个调和周期的订单信息未知，而调度时域内各牌号汽油的总需求量已知；调度模型根据调和头加工能力、组分油产能等操作约束安排各牌号汽油的生产、提货时序，从而在订单到来之前给出较合理的生产方案和预估提货方案，这对于提高企业的市场应变能力具有重要的现实意义。

此外，调度系统不能完全独立于上层的计划和下层的在线优化系统。因此，调和调度系统应与计划和在线优化系统形成有机的整体，完成调和全周期的优化运行。主要内容如下。

① 计划任务有效性的验证。计划任务的验证，以调和关系模型为基础，进行计划周期内的任务有效性验证和优化。改优化问题不需考虑生产的顺序，只需考虑计划周期内的整体组分油和成品油的产量与平均属性，因此计划的优化问题是连续 NLP 问题。

② 调度系统需要给出多个调和批次的排产顺序和每个调和批次的具体生产参数，如参调组分油、初始配方、成品目标罐等，因此调度问题需要求解的是一个复杂的 MINLP 问题。

③ 具体调和批次运行中，配方在线优化技术会在线、周期性地对当前的调和配方进行优化，从而保证当前批次的配方最优性。

④ 每个批次调和完成后，调和的数据将反馈给计划和调度系统，并结合新到的订单信息，对下一个批次开始的调度周期进行多批次的调度优化。因此，整个调度和配方在线优化系统形成了闭环在线优化，达到了在不同时间尺度的整体优化。

3.3.3 聚烯烃流程自动化系统新技术

3.3.3.1 聚烯烃过程分子量分布等关键指标建模

田洲等提出了一种乙烯聚合过程模型与性能-结构关系模型集成的建模方法[50]，模型框架如图 3-6 所示。过程模型可以预测聚乙烯的微观链结构——短支链分布和分子量分布。修

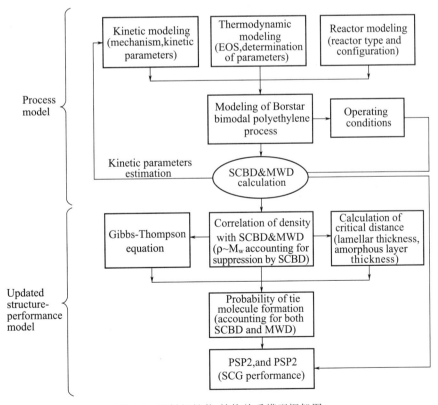

图 3-6　聚烯烃性能-结构关系模型框架图

正的结构-性能关系模型考虑了短支链分布的影响，实现了从产品链结构直接估计材料的耐慢速裂纹增长性能（SCG）。通过耦合过程模型和结构-性能关系模型，揭示了关键工艺参数对聚乙烯分子量分布与短支链分布联动以及管材 SCG 的影响规律。

共聚物组成及其分布为共聚物提供了一个清晰的三维分布模型，Monte Carlo 方法十分适合于模拟共聚物的组成分布，但从计算时间的角度来说，该方法效率较低。翁金祖等人通过将传统 Monte Carlo 模拟中的所有链分解成数百万个线程，提出了一种基于 GPU 平台的计算微观分布的并行 Monte Carlo 模拟方法[51]。之后给出了基于所提并行方法的加速比的理论分析。所提方法在不同实例中均表现出良好的并行性能。该方法在处理三元或者更多元共聚过程中具有更大的优势。作者认为所提方法有可能扩展到其他微观分布甚至是基于 Monte Carlo 模拟的过程优化上。

3.3.3.2 聚烯烃过程流程重构的参数优化及其反演计算

张晨等人从固定流程工艺结构（串联和并联）出发，对聚合过程的反应器网络综合问题展开研究，将工艺操作条件的反演优化和流程结构的重组优化问题相结合[52]。首先根据聚合工艺的结构特点，在给定的过程装置上，构造了由 CSTR 和分流器相互连接组成的广义超结构网络。与传统的反应釜串联或并联的流程结构不同，此超结构通过分流器的引入将所有的反应器相互连接，使得各反应釜出料处的聚合物可通过回流发生进一步的反值，从而开发出流程整体的生产潜能，也为之后的流程重构优化奠定了模型基础。基于此超结构模型，构建了单体转化率最大化和 MWD 误差最小化的流程重构优化命题，并改进和利用不同的多目标优化方法，通过系统地调整连续型决策变量，求解得到最优的流程结构和工艺操作条件。最终针对不同的 MWD 指标约束（双峰、三峰），研究和验证了此流程重构优化方法的适用性和有效性：最优的流程结构方案克服了传统流程结构的工艺局限性，在保证多种产品期望质量指标的同时有望大幅提升过程产能。

张晨等基于构建的完整联立方程机理模型，利用 HDPE 工业过程的现场数据进行了模拟计算，通过分子量分布模拟计算值和实际测量值的比较，验证了此联立模型的准确性和良好的收敛性能，并为流程工艺的操作优化奠定了计算基础。提出了用于求解大规模 NLP 问题的系统性优化算法策略，它将各类 NLP 求解器和其内部算法参数的自动整定方法相结合，有效提升了求解器的性能。最终应用此优化策略，针对 HDPE 游浆聚合过程进行了固定流程结构下的稳态产量优化研究[53]。结果显示，在串联和并联结构下，优化后的工艺操作条件使得指定 HDPE 产品的产量得到了一定的提升，同时满足期望的单峰或者双峰分子量分布，从而证明了此优化策略的适用性和有效性。

3.3.3.3 高密度聚乙烯生产过程乙烯消耗预测模型

高密度聚乙烯（high density polyethylene，HDPE）作为注塑制品、电器导线护套、塑料管道、安全帽、纤维等的原材料被广泛用于与生活息息相关的诸多行业，例如农业、机械、汽车、电工电子以及日常生活用品等。高密度聚乙烯的生产工艺流程如图 3-7 所示，主要由四部分构成，即原料催化剂预处理工段，此工段对反应主要原料以及催化剂等辅助材料进行去杂质等处理；反应工段，该工段为高密度聚乙烯的反应关键阶段；后续处理工段，该工段对产品进行提取等操作；溶剂己烷回收工段，该工段对部分未使用的材料进行回收处理。该生产工艺悬浮聚合阶段采用的是德国 Basell 公司研制的 Hostalen 低压淤浆装置。生产高密度聚乙烯的主要原材料为以乙烯，其中用氢气来平衡产物的分子量，有 1-丁烯共聚单体等中间产物。

高密度聚乙烯生产过程中，如何有效降低乙烯原材料的单耗是一个待解决的问题，为此建立高密度聚乙烯生产过程的乙烯单耗模型具有一定的指导意义。通过分析装置流程，最后

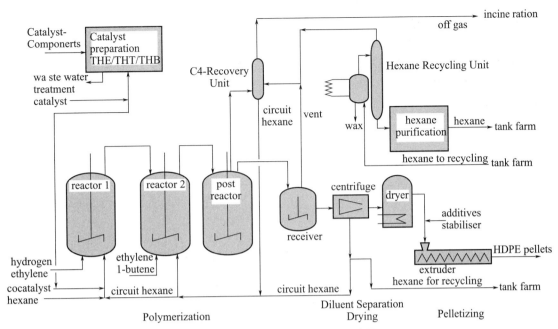

图 3-7 高密度聚乙烯的生产工艺流程

选出 15 个与其息息相关的辅助变量：氢气乙烯分压比、催化剂进料速率、反应器侧温、乙烯反应器侧压、反应器侧压、闪蒸罐压力、反应器压力、反应器温度、催化剂进料量、乙烯分压量、乙烯分压比、一氧化碳含量、二氧化碳含量、乙烯甲烷比率以及乙烷水含量；待测变量为乙烯单耗。HDPE 模型输入数据见表 3-1。

表 3-1　HDPE 模型输入数据

序号	变量描述	序号	变量描述
1	氢气乙烯分压比	9	催化剂进料量
2	催化剂进料速率	10	乙烯分压量
3	反应器侧温	11	乙烯分压比
4	乙烯反应器侧压	12	一氧化碳含量
5	反应器侧压	13	二氧化碳含量
6	闪蒸罐压力	14	乙烯甲烷比率
7	反应器压力	15	乙烷水含量
8	反应器温度		

　　常用的石化生产过程模型大致分为三类：白箱模型、黑箱模型以及灰箱模型。白箱模型是通过对石化过程机理的分析而建立的，也被称作机理模型。建立机理模型的前提是要充分分析石化过程内部的反应机制，随着现代的石化生产过程越来越多样化、复杂化、集成化，相应的机理知识很难获取，由此机理模型不再适用于复杂化工过程建模。黑箱模型是避开分析复杂的机理而从数据的角度建立的，也被称作经验模型，神经网络方法具有较强的非线性映射能力，已经广泛应用于复杂化工过程建模。灰箱模型是结合了部分机理知识和数据知识的混合模型，也被称作混合模型，混合模型也应用到了部分机理模型，不太适用于现代复杂化工过程建模。

HDPE 生产过程呈现高非线性、相关变量多维性、工艺高度复杂和流程高度综合等特点，因此导致采用机理分析的方法建立模型越来越棘手。先进的传感技术使得过程数据越来越容易被采集和存储，这些过程数据背后蕴含着重要的过程知识，所以基于数据驱动策略的方法在解决复杂流程工业过程建模的问题中发挥着越来越重要的作用。贺彦林等[54]提出具有抗干扰的递阶极限学习机网络（图3-8），建立了高密度聚乙烯生产过程精确度较高的乙烯单耗模型。从图 3-9 可以看出，该模型能够较高精度地预测高密度聚乙烯生产过程的乙烯单耗。

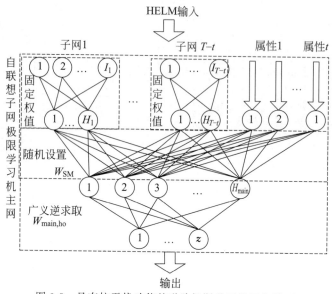

图 3-8　具有抗干扰功能的递阶极限学习机网络模型

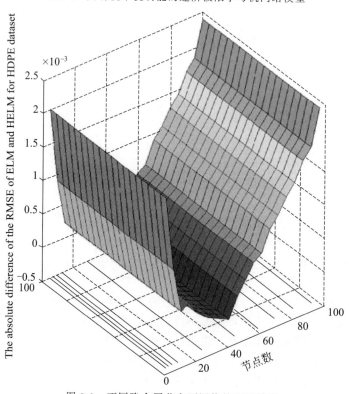

图 3-9　不同隐含层节点下网络的预测精度

3.3.4 报警优化管理与企业安全应急救援演练技术

3.3.4.1 化工复杂过程层次因果图构建方法

大规模复杂过程监控变量较多，变量之间存在过程连接性信息和因果信息，触一发而动全身，易导致冗余报警甚至报警泛滥。因此，在实现有效监控报警的前提下，需挖掘过程变量之间的关联信息，建立过程因果拓扑结构，如图3-10所示。该模型可以针对复杂过程进

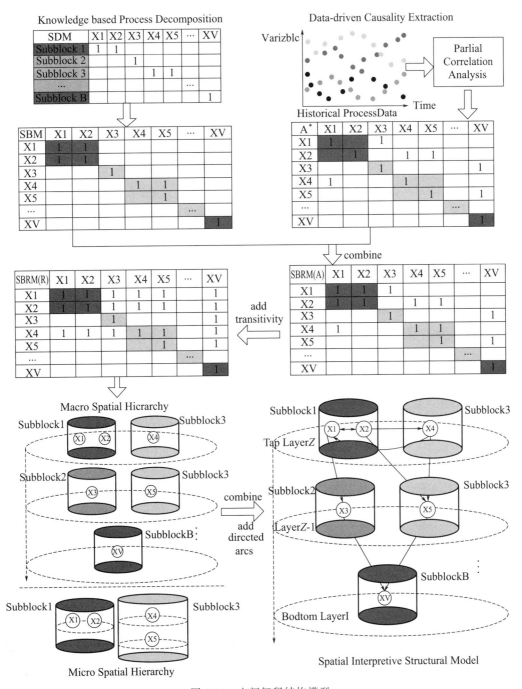

图 3-10 空间解释结构模型

行微观和宏观上的层次划分，清晰地展示出过程的关联性和因果信息，有利于后续的故障诊断和报警溯源[55]。

3.3.4.2　化工过程分布式监控方法

强集成、多维度、非线性等复杂特征使得单一、集中式方法无法实现合理、有效、安全的报警监控。因此，需采用高效、鲁棒的监控方法对复杂过程进行分布式监控，如图 3-11 所示。依据上述得到的空间解释结构模型，将每个子单元和它的邻接子结点看作一个诊断模块，对于每一个诊断模块，利用极限学习机算法建立监控模型，从而实现分布式监控[56]。

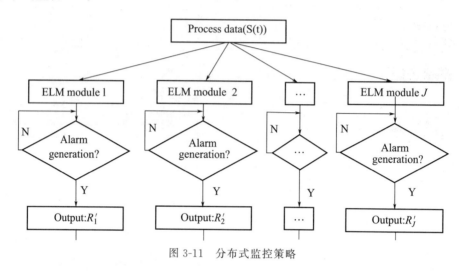

图 3-11　分布式监控策略

3.3.4.3　报警根源多模块融合诊断方法

由于每个诊断模块都具有先验不精确性和不确定性，导致多个模块输出结果存在不一致性。考虑以上问题，有学者提出一种 BPA-IAHP 多模块数据融合算法（图 3-12），从而消除诊断过程的先验不精确性和不确定性，使得报警根源诊断结果更可靠[57]。

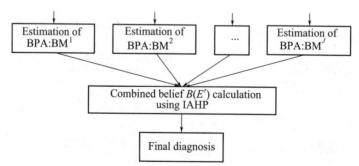

图 3-12　基于 BPA-IAHP 的数据融合策略

在生产企业应急救援演练方面，北京化工大学研发了基于模块化工作流框架的企业安全应急救援平台，针对系统的可定制性、可扩展性研究并设计基于 OSGi 技术的模块化工作流模型，在此基础上构建基于 OSGi-jBPM 技术的模块化工作流框架，研发了基于 VRGIS 的三维视景平台，运用虚拟现实技术三维真实模拟石化厂区布局、重点危险源等全部流程和细节，研究虚拟现实系统中涉及的渲染优化、物理模拟、动态纹理等技术，提供二维平面地图系统、三维虚拟现实场景和后台管理系统，并采用地理信息系统技术同步展示虚拟现实平台，实现和虚拟现实平台的交互，根据数据分析人员运动的态势以及最优救援逃生路径[58]。另外，研发了基于预案和的演练流程实时推理机制，将应急预案和文字化预案可视化，编写成为计算机可以识别并运行的脚本，提出 NPC（non-player control）组态化推理机制、基于 EFSM（extended finite state machine）的组态化真人推理机制以及多分枝应急救援演练推理机制，使三维场景按照预案脚本进行应急演练救援的推演，实现对三维场景中的人物、设备进行各种操作[59]。再将种类繁杂、型号各异的终端机器组织在一起，构建一个完整的联机仿真支撑平台，提供统一的网络平台接口，由平台统一进行资源分配、场景管理、实体管理、流程管理。同时，实时同步各个终端的状态，以确保所有的主机都共享一个相同的虚拟场景，同时进行演练过程的参数监控、流程监控等数据方面的获取与处理，在局域网内部实现多台机器联机进行应急救援演练仿真，实现人机随意混合应急演练，对应急演练过程进行整体和个体的考核与评价。

3.4 应用情况

3.4.1 乙烯流程先控与优化技术的应用情况

（1）裂解炉耦合模型建模

华东理工大学提出并实现了乙烯裂解炉炉膛内流动、燃烧、辐射传热的三维 CFD 模型与炉管内自由基裂解反应模型的耦合建模技术，为中国石油大庆石化 15 万吨/年大型裂解炉的自主设计制造提供了技术支撑。北京化工大学研发的乙烯裂解炉过程建模与优化系统在天津石化分公司进行了工程应用，取得了较好的应用效果。

（2）乙烯生产过程控制新技术

裂解炉裂解深度先进控制技术已经在扬子石化、上海石化、天津石化、镇海炼化、吉林石化、齐鲁石化和兰州石化等企业的乙烯装置裂解炉进行了应用，开发了裂解深度软测量模型和在线校正系统，裂解气在线分析仪故障诊断与处理系统，以及裂解深度先进控制软件，运行效果如下：裂解深度软测量值与正常运行时的在线分析值的误差在±3%范围内（图 3-13）；裂解深度控制在设定值的±0.01 范围内（图 3-14），提高了裂解深度控制平稳度；"双烯"收率和经济效益有显著提高。

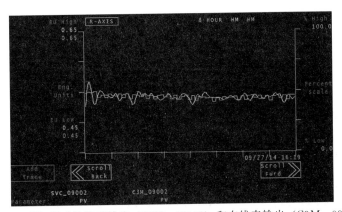

图 3-13　裂解深度软测量输出（SVC＿09002）和在线表输出（C3M＿09002）

（3）乙烯生产过程优化新技术

裂解炉裂解深度在线优化技术已经在扬子石化、镇海炼化和吉林石化等乙烯装置裂解炉

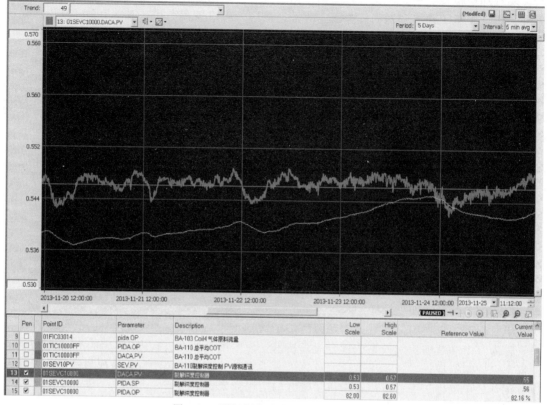

图 3-14　裂解深度波动范围（±0.005）

进行了应用，建立了裂解产物收率预测模型，开发了以高附加值产品收率和经济效益最大化为目标的裂解深度在线优化软件，实现了根据不同油品在线调整裂解炉的裂解深度，明显提高了关键产品收率［扬子石化"双烯"收率增加 0.33 个百分点（图 3-15）；镇海炼化高附产品收率增加 0.21 个百分点（图 3-16）；吉林石化乙烯装置"双烯"收率增加了 0.55 个百分点］，带来了良好的经济效益。

（4）裂解炉群负荷配置优化技术

华东理工大学提出的裂解过程关键性能指标代理模型化方法和研发的裂解炉群负荷动态分配优化技术已成功应用于上海石化、扬子石化等大型乙烯装置。其中在上海石化的项目通过中国石化科技开发部组织的技术鉴定，双烯收率提高 0.187%，年创直接经济效益近 2000 万元，整体技术达到了国际领先水平。

3.4.2　汽油管道调和控制优化技术的应用情况

上文中介绍的汽油管道调和优化技术，经系统集成后，已于 2013 年 4 月完成了工业化投用，2014 年 6 月通过中石化总部组织的技术鉴定，运行至今一切正常，一次汽油调和成功率＞95%，优化系统投用率＞90%，关键指标辛烷值的质量过剩控制在 0.2 以内。取消加剂循环后，每个批次的储罐占用时间减少 6～8h，汽油挥发减少 0.1%（以汽油产量为基准）。每年为炼厂带来约 9000 万元的经济效益，减少 VOC 挥发 3000 吨/年，带来了巨大的社会和环保效益。

本项目开发的技术已推广应用到金陵石化 450 万吨/年柴油调和过程和 200 万吨/年的航空煤油调和过程，以及镇海炼化 300 万吨/年汽油调和过程。

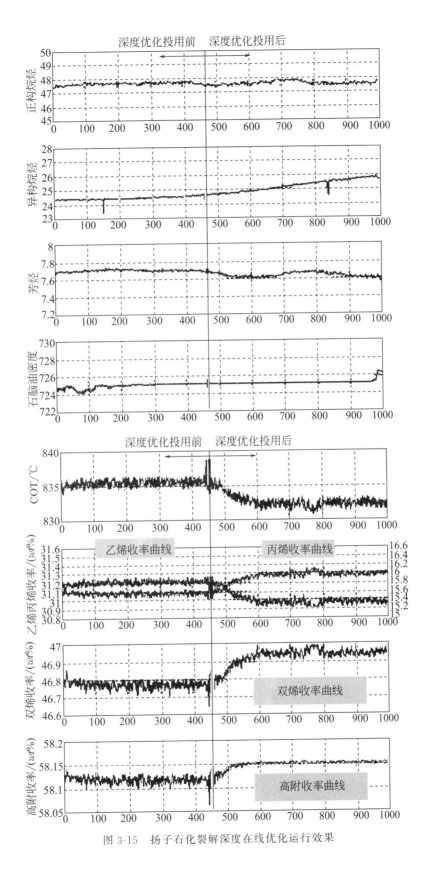

图 3-15　扬子石化裂解深度在线优化运行效果

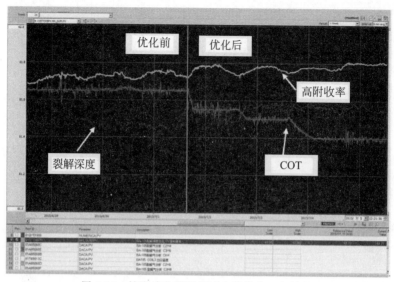

图 3-16　镇海炼化裂解深度在线优化运行效果

3.4.3　聚乙烯聚合过程优化技术的应用情况

华东理工大学提出了以分子量分布作为产品质量指标的乙烯聚合过程优化技术，率先开发了分子量分布优化控制系统并应用于工业装置。系统投运后，各反应器内氢气乙烯摩尔比、聚乙烯产品熔融指数波动明显减小，转型料比例从 1.38％降至 0.06％。

北京化工大学研发高密度聚乙烯装置串级反应优化操作系统，在吉林石化乙烯厂进行了工程应用，建立了基于 GRNN、RBF 和最小二乘法的串级反应过程乙烯单体单耗的智能模型和一反熔融指数、二反熔融指数及二反密度的软测量仪表。建立了反应过程乙烯总单体单耗的神经网络优化模型，利用粒子群和遗传算法进行操作参数优化，提供了 HDPE 优化操作条件，通过生产运行表明 9455F 单耗小于 1.028t/t 聚乙烯和 PE100 单耗小于 1.030t/t 聚乙烯。

3.4.4　企业生产安全应急救援演练的应用情况

北京化工大学研发的炼化企业生产安全教育与应急演练指挥平台系统包括安全管理与教育系统、重点危险源三维虚拟现实展示与监控管理子系统、灾害仿真子系统、三维应急救援演练与指挥子系统。该系统为中石化天津分公司提供了职工在线安全知识学习、培训、考试与安全知识竞赛功能，提供了重点危险源 VR 系统展示和危险源分布情况、基本信息查询和应急救援路径优化，实现人物动作、灾害效果、设备运转等三维场景交互建模与模拟仿真，使得三维场景按照预案脚本进行应急演练救援的推演，在可调环境条件下进行应急救援三维学习演示与考核，支持在局域网内部实现多台机器联机进行应急救援演练仿真，实现真人和机器人随意混合应急演练，以及整体和个体上的考核与评价。

该系统在天津石化公司上线运行以来，实现了所有人员都能自我学习安全生产与管理的方针政策、法律法规、安全生产禁令、应急响应、安全知识等方面的应知应会内容。不同层次的人员可设置培训题目的难易程度、考试范围等，自动记录员工上网学习的时间、次数与结果，提高了职工参与学习的积极性，丰富了 HSE 教育形式，提升了职工 HSE 技能。使安全培训教育实现全天候、全方位覆盖，实现了全员 HSE 教育的网络化、系统化、信息化管理。该系统弥补了企业传统安全教育的不足，实现了公司不同层次人员的安全教育培训和动态管理，以及对危险源有效的监控管理和应对突发安全事件的处理能力。系统的成功部署和实施得到了天津分公司各级单位的一致好评，节省了大量的人力和资金成本。相关研究成果和示范应用获得 2012 年度天津市企业管理现代化创新成果一等奖、中石化现代化管理成果二等奖，并建议向全国石化企业进行推广应用。

3.5　发展建议

自动化技术在化工企业当中的运用，优化和平稳了装置生产操作，提高了装置产能，显著降低了过程能耗与物耗，带动了化工行业的科技进步。为了持续发挥自动化技术在提升化工装置的生产制造效率方面的作用，进一步发展建议如下[60]。

（1）加强对自动化仪表的重视和维护

当前化工企业生产的自动化仪表设备经常会在作业环节出现各种问题，这就需要管理人员加强对于化工仪器仪表的认识和重视，并对当前所存在的腐蚀问题、生产环境问题、自动化仪表计量作业问题等提出有效的解决方案，从而真正有效地提升生产现场的仪表开标率以及设备的精准性和完整性。

（2）加大对自动化软件系统的完善和维护

我国化工企业的自动化生产制造系统存在着许多的漏洞，除了硬件问题外，还有软件上的一些隐患，使得自动化生产制造设备在作业过程中经常产生突发情况，造成一些生产故障；同时，对于已经建设完成的先进控制和实时优化系统，随着工况的变化，会导致运行效果变差，甚至无法投用。为此，应该深入研究 DCS、PLC 等设备系统，真正使其高效发挥实际作用，才能够从根本上提升设备的功能和使用率，全面提升 DCS 等自动化生产设备系统的整体水平；同时还要加强对先进控制和实时优化系统的维护，保证其一直高效运行，持续发挥效力，为企业创造更多效益。

（3）加强自动化系统的信息安全防护技术

工业控制网络的安全越来越重要，若受到攻击将导致整个控制系统瘫痪，严重威胁整个企业或国家的安全生产和稳定。因此，需要加强工业控制网络的安全防护技术，突破工业控制网络攻击与防御的关键技术，结合高仿真工业控制网络攻防平台，研究可适用于不同控制系统的各种攻击形式、关键点、防御措施，从软件和硬件不同层面上，解决自动化系统的信息安全防护技术，确保工业级应用的可靠性和稳定性要求。

（4）加强自动化人才队伍建设

由于化工自动化技术给企业发展带来更高效率和更好的效益，各化工企业都认识到持续运行自动化技术的重要性，而自动化人才队伍是促进自动化技术持续应用的关键。所以，各化工企业不仅重视仪表自动化人员的培训和技术水平的提高，更重视工艺人员的自动控制、计算机和仪表知识的普及，采用产学研结合、科研院校联合培养等方式，加强自动化人才队伍的建设。

参 考 文 献

[1]　Gosman A D，Lockwood F C，Megahed I E A，Shan N G. Journal of Energy，1982，6（6）：353-360.

[2]　Detemmerman T，Froment，F. Revue de Institut Francais du Petrole，1998，53（2）：181-194.

[3]　Oprins A J M，Heynderickx G J. Chemical Engineering Science，2003，58（21）：4883-4893.

[4]　Stefanidis G D，Merci B，Heynderickx G J，Marin G B. Computers & Chemical Engineering，2006，30（4）：635-649.

[5]　蓝兴英，高金森，徐春明，张红梅. 过程工程学报，2004，4（3）：221-227.

[6]　吴德飞，何细藕，孙丽丽，申海女. 石油化工，2005，34（8）：749-753.

[7] 杨金城，胡春. 石油化工自动化. 2005，(5)：5.

[8] Honggang Wang，Zhenlei Wang，Hua Mei，Feng Qian and Zhiwu Tang. Oil and Gas Journal. 2011，109 (6)：104.

[9] 袁洪福，褚小立，陆婉珍. 炼油技术与工程. 2004，34 (7)：1-5.

[10] 佟新宇. 优化控制及近红外技术在汽油调合中应用的研究 [学位论文]. 天津：天津大学，2005.

[11] 黄小英，邵波，王京华，符青灵. 第十五届全国分子光谱学术报告会论文集. 2008.

[12] Chen M，Khare S，Huang B，Zhang H，et al. Industrial & Engineering Chemistry Research. 2013，52 (23)：7886-7895.

[13] Hustad P D. Science，2009，325：704-707.

[14] Jiang R. Reliability Engineering and System Safety，2010，95 (3)：208.

[15] Mezache A，Soltani F. Signal Processing，2007，87 (9)：2100.

[16] Verdier G，Hilgert N，Vila J P. Computational Statistics and Data Analysis，2008，52 (9)：4161.

[17] Brooks R，Thorpe R，Wilson J. Journal of hazardous materials，2004，115 (1-3)：169.

[18] 侯忠生，许建新. 自动化学报，2009，35 (6)：650.

[19] Van Helvoort J，de Jager B，Steinbuch M. Automatica，2007，43 (12)：2034.

[20] Geng Z，Cui Y，Xia L，Zhu Q，Gu X. Chemical Engineering Science，2012，80：16-29.

[21] Xu W. X.，Geng Z. Q.，Zhu Q. X.，Gu X. B. Industrial & Engineering Chemistry Research. 2013，52 (9)：3363.

[22] Xu W. X.，Geng Z. Q.，Zhu Q. X.，Gu X. B. Information Sciences，2013，218：85.

[23] Lan X，Gao，Xu C，Zhang H. Chemical Engineering Research & Design，2007，85 (A12)：1565-1579.

[24] Stefanidis G D，Van Geem K M，Heynderickx G J. Chemical Engineering Journal，2008，137 (2)：411-421.

[25] Hu G H，Wang H G，Qian F. Chemical Engineering Science，2011，66 (8)：1600-1611.

[26] Zhang Y，Qian F，Zhang Y，Schietekat C M，Van Geem K M，Marin G B. AIChE Journal，2015，61 (3)：936-954.

[27] Jin Y K，Li J L，Du W L，Qian F. Canadian Journal of Chemical Engineering，2016，94 (2)：262-272.

[28] 周书恒，杜文莉. 化工学报，2016，65 (12)：4921-4928.

[29] Han Y. M.，Geng Z. Q.，Wang Z.，Mu P. Journal of Analytical and Applied Pyrolysis. 2016，122.

[30] Han Y. M.，Geng Z. Q.，Zhu Q. X.，Qu Y. Q. Energy. 2015，83：685.

[31] 唐磊，仓亚军，吴海斌，郭刘虎，钟核俊，刘纯红. 乙烯工业. 2015，27 (2)：42.

[32] 蒋勇，王宏刚，梅华，钱锋. 化工进展. 2010，29 (7)：1373-1376.

[33] 陆向东，赵亮. 石油石化绿色低碳. 2016，2：24.

[34] Jain V，Grossmann I E. AIChE Journal，1998，44 (7)：1623-1636.

[35] Han Y. M.，Geng Z. Q.，Gu X. B.，Wang Z.. Industrial & Engineering Chemistry Research. 2015，54：272.

[36] Han Y. M.，Geng Z. Q. Chemical Engineering & Technology. 2014，37 (12)：2085.

[37] Xia L. R.，Chu J. Z.，Gu X. B.，Geng Z. Q. Transactions of the Institute of Measurement and Control. 2013，35 (4)：531.

[38] 陆婉珍. 现代近红外光谱分析技术 [M]. 北京：中国石化出版社. 2007.

[39] 褚小立. 化学计量学方法与分子光谱分析技术. 北京：化学工业出版社. 2011.

[40] 杜国荣. 复杂体系近红外光谱建模方法研究 [学位论文]. 天津：南开大学，2012.

[41] 褚小立，袁洪福，陆婉珍. 化学进展. 2004，16 (4)：528-542.

[42] Xiaobo，Z.，Jiewen，Z.，Povey，M. J.，Holmes，M.，& Hanpin，M. Analytica Chimica Acta. 2010，667：14-32.

[43] Liu F.，Jiang Y.，He Y. Analytica Chimica Acta. 2009，635：45-52.

[44] Balabin，R. M.，& Smirnov，S. V. Analytica Chimica Acta. 2011，692：63-72.

[45] 李硕，汪善勤，张美琴. 光学学报. 2012，32 (8)：289-293.

[46] Jolliffe，I. Principal component analysis. John Wiley & Sons，Ltd.. 2002.

[47] Kadleca P，Gabrysa B，Strandtb S. Computers and Chemical Engineering. 2009，33：795-814.

[48] Castillo-Castillo，P. A.，& Mahalec，V. Computers & Chemical Engineering. 2016，84 (4)：611-626.

[49] Castillo-Castillo，P. A.，& Mahalec，V. Computers & Chemical Engineering. 2016，84 (4)：627-646.

[50] Tian Z，Chen K R，Liu B P，Luo N，Du W L，Qian F. Chemical Engineering Science，2015，130：41-55.

[51] Weng J Z，Chen X，Yao Z，Biegler L T. Macromolecular Theory and Simulations，2015，24 (5)：521-536.

[52] Zhang C，Shao Z J，Chen X，Gu X P，Feng L F，Biegler L T. AIChE Journal，2016，62 (1)：131-145.

[53] Zhang C，Zhan Z L，Shao Z J，Zhao Y H，Chen X，Gu X P，Yao Z，Feng L F，Biegler L T. Industrial & Engineering Chemistry Research，2013，52 (22)：7240-7251.

[54] He Y. L.，Geng Z. Q.，Zhu Q. X. Neurocomputing. 2015，165：171.

[55] Gao H. H.，Liu F. F.，Zhu Q. X. Industrial & Engineering Chemistry Research. 2016，55：3641.

[56] 高慧慧，贺彦林，彭荻，朱群雄. 化工学报，2013，64 (12)：4348.

[57] Han L.，Gao H. H.，Xu Y.，Zhu Q. X. Journal of Loss Prevention in the Process Industries. 2016，40：471.

[58] 江志英，朱群雄，徐圆. 计算机与应用化学. 2012，29 (11)：1326.

[59] 熊鹏，徐圆，朱群雄. 北京化工大学学报（自然科学版）. 2017，44 (3)：99.

[60] 袁欣，关延军，孙东民. 乙烯工业. 2016，28 (2)：58.

第 **3** 章

第 *4* 章

能源自动化

4.1 背景介绍

4.1.1 我国的能源系统

能源与环境问题事关人类社会的生存和可持续发展。当前，可持续发展和能源安全、环境保护及全球气候变化的矛盾突出，完全消耗煤、油等化石能源的能耗模式难以为继。

燃煤占我国一次能源消耗的 70% 左右。煤燃烧是造成我国空气污染物和温室气体排放最主要的源头，也是造成我国大面积雾霾最主要的原因。优化能源结构，在能源的生产和消费中节能减排，充分利用多种能源特别是可再生能源，协调优化能源生产与需求，是解决能源与环境问题必须采用的措施[1~3]。发电用煤占我国原煤消耗量的 50% 左右[4]，燃煤火力电站的节能减排，不但具有重大经济效益，对源头上降低空气污染和雾霾，也极为关键。

能源生产与消费模式的革命成为国际共识，也成为以"工业 4.0""中国制造 2025"等国家战略为代表的第四次工业革命的一部分。信息技术与能源技术深度融合，形成能源流与信息流融合的信息物理融合能源系统，发展相应的能源自动化技术，对提高能源利用效率，推动节能减排至关重要[5,6]。

2016 年，全社会用电量 5.92 亿千瓦·时，装置容量 16.46 亿千瓦，其中火电超过 10 亿千瓦。能源电力系统的生产需要基于能源自动化技术的节能优化调度，其目标应该是以最节能的方式生产电能和其他能源，同时满足系统能量平衡、安全约束、其他辅助约束，以及发电机组和能源生产设备的复杂运行约束。因此，能源电力系统的优化运行包含自动化科学与工程领域的复杂科学问题。

充分利用水能，迅速扩大使用风能、太阳能等可再生新能源，是最终解决能源环境问题的必由之路。全球的风能、太阳能资源总量足以满足人类全部的能源需求[7,8]，增加可再生能源供给是改变我国能源结构最重要的手段之一。我国建立了 7 个风电基地，风电装机容量世界第一。2016 年全国并网风电装机容量 1.49 亿千瓦，超过 7 个三峡电站的装机容量。我国在青海、新疆、甘肃等地建立了光伏基地，装机容量增长迅速，仅西北地区的光伏装机容量已经达到 3000 万千瓦。

产能的不确定性是风能、太阳能等可再生能源的共同特点，即产量由风速、光照强度等自然条件决定，它们的精确预测十分困难，且无法大规模经济存储。风电、光电等可再生电源接入电网后，如何保证电网安全稳定运行，具有很大挑战性。根据可再生能源生产的随机特性，将它们与水电、火电等传统能源适当组合，对系统进行综合优化调度，可显著提高对可再生新能源的消纳能力。风电、光电与可存储的水电和抽水蓄能配合使用，等效于存储消纳一部分不确定可再生能源。例如，酒泉风电基地运行与黄河上游阶梯水电基地的优化配合，提高了可再生能源的利用率、产生了巨大的社会和经济效益。然而，水电生产涉及水资源利用，要同时考虑防洪、输水、灌溉、航运、环保、生态等多个目标以及流域管理约束。水电与其他能源的协调配合，需要协调优化水利系统与电网的调度运行。

能源需求端的节能优化极其重要。我国冶金、化工、建材等高耗能行业的能耗巨大。楼宇建筑也能耗惊人，目前占到我国总能耗的30％左右，涉及电、热等多种能源，有巨大节能空间。我国制造业单位产值的能耗与国际先进水平相距甚远[4]，不仅更新改造生产设备和工艺的节能潜力大，优化企业能源系统的运行也有巨大的节能减排潜力。

由于电力等二次能源生产的一次能耗一般呈非线性特性，即不同的负载或需求水平上的单位能耗不同，因此能源供应与需求的协调优化，即所谓需求响应，也是能源系统节能减排的重要途径。协调需求侧电能和其他能源介质的生产、存储和使用，调整不同时段的用能需求模式，可以使得电力能源供应系统能够按更加节能的方式生产。优化调度有一定柔性的能源需求和电力负载（例如电解铝、电解锌，电动汽车充电，楼宇空调系统等），能够使能源需求在一定程度上匹配可再生能源的生产过程，形成柔性负载追逐可再生新能源的新用能模式，促进新能源发电不确定性在需求侧的有效消纳，达到节能降耗目的。

能量实时平衡是能源电力系统自动化运行的特点。当能源供应包含较大比例的可再生新能源时，产能具有高度不确定性，电网很难按传统的方法满足电能需求。另外，能源需求特别是高耗能企业的能源需求通常也具有高度不确定性。不确定能源供给与不确定能源需求之间的多尺度时空匹配，对能源系统的安全经济运行提出了全新的挑战。

在充分利用可再生能源、传统能源与可再生能源的协调配合、能源消耗终端的节能提效以及需求响应四个方面，实现上述节能减排的关键是信息科技和能源自动化技术。应用最新的信息技术，充分感知能源生产与消耗的状态信息以及与可再生能源生产密切相关的环境信息，对能源生产及消耗进行实时监测、预测、统一优化调度和控制，以便优化协调和配合能源生产及消耗，在不改变设备和工艺的前提下，实现节能减排、降低能源生产成本的目标。

就减排而言，火力电站（燃煤、燃气电站）面临最大的环保压力。除了采用低氮燃烧技术以外，烟气净化是在环保岛内完成的。环保岛是烟气脱硝、除尘、脱硫装备的集成。2015年，全国二氧化硫、氮氧化物、烟（粉）尘分别排放1859万吨、1852万吨和1538万吨（详见环境保护部发布的《2015中国环境状况公报》），其中，燃煤电站的贡献率分别约占47％、50％和10％。根据《火电厂大气污染物排放标准》（GB 13223—2011），燃煤机组烟气排放标准（标准状况）为烟尘<20mg/m³，SO_2<50mg/m³，NO_x<100mg/m³，燃气机组排放标准（标准状况）则为烟尘<5mg/m³，SO_2<35mg/m³，NO_x<50mg/m³。从执行情况看，大量燃煤机组（尤其是重点地区）已经开始对标燃气机组，执行超低排放。对此，除了常规控制系统之外，一个重要途径是流场调控。流场调控包括烟气速度场、飞灰颗粒场和还原剂浓度场的调控。均匀的流场对环保岛全生命周期的高效运行至关重要，流场调控成为面向超低排放的环保岛规划、改造、运维的重大装备设计技术。

信息物理融合能源系统（cyber-physical energy system，CPES）或能源互联网，集信息获取、通信、计算和控制于一身，将信息网络与能源物理系统深度融合，是实现上述目标的理论基础[6,9~17]。

4.1.2　能源控制系统的背景

4.1.2.1　火力发电机组控制系统

利用煤、石油和天然气等化石燃料所含能量发电的方式统称为火力发电。按发电方式不同，火力发电分为燃煤汽轮机发电、燃油汽轮机发电、燃气-蒸汽联合循环发电和内燃机发电。

大型火力发电机组是典型的过程控制对象，它是由锅炉、汽轮发电机组和辅助设备组成的庞大设备群。由于其工艺流程复杂，设备众多，管道纵横交错，有数千个参数需要监视、操作或控制，没有先进的自动化设备和控制系统，要正常运行是不可能的。而且电能生产还要求高度的安全可靠性、经济性和低排放，尤其是大型骨干机组，这方面的要求更为突出。因此，大型火电机组的自动化水平受到特别的重视。

大型单元火电机组是以锅炉、汽轮机、给水泵、风机和发电机为主体设备的一个整体，它们通过管道或线路相连构成生产主系统，即燃烧系统、汽水系统和电气系统。

① 燃烧系统　包括输给煤、配风、燃烧、除灰和烟气排放系统等。

② 汽水系统　包括锅炉、汽轮机、凝汽器及给水泵等组成的汽水循环和水处理系统、冷却水系统等。

③ 电气系统　包括发电机、励磁系统、厂用电系统和升压变电站等。

单元机组控制系统总称为协调控制系统（CCS），它是将机组的锅炉和汽机作为一个整体进行控制的系统，并且汽机的负荷-转速控制系统也可看作 CCS 的一个子系统，CCS 完成锅炉、汽机及其辅助设备的自动控制。

单元机组控制系统是一个具有二级结构的递阶控制系统，第一级为协调控制级，第二级为基础控制级。它们把自动调节、逻辑控制和联锁保护等功能有机地结合在一起，构成一个具有多种控制功能、能满足不同运行方式和不同工况的综合控制系统。

（1）单元机组控制系统中的协调控制级

由于锅炉-汽轮机发电机组本质上相互耦合，所以当电网负荷要求改变时，如果分别独立地控制锅炉和汽机，势必难以达到理想的控制效果。CCS 把锅炉和汽机视为一个整体，在锅炉和汽机各基础控制系统之上设置协调控制级，来实施锅炉和汽机在响应负荷要求时的协调和配合。这种协调是由协调级的单元机组负荷协调控制系统来实现的，它接受电网负荷要求指令，产生锅炉指令和汽机指令两个控制指令，分别送往锅炉和汽机的有关控制系统。但目前尚很难制定一个"协调"优劣的标准，它一般根据对象的特点和控制指标的要求，选择合理的协调策略，使其既能易于实现，又能满足工程实际的要求。

（2）单元机组控制系统中的基础控制级

锅炉和汽机的基础控制级分别接受协调控制级发出的锅炉指令和汽机指令，完成指定的控制任务，它包括如下一些控制系统。

① 锅炉燃烧控制系统　锅炉燃烧过程自动控制的基本任务是既要提供适当的热量以适应蒸汽负荷的需要，又要保证燃料的经济性和运行的安全性。为此，燃烧过程控制系统有三个控制任务：维持主汽压以保证产生蒸汽的品质；维持最佳的空燃比以保证燃烧的经济性；维持炉膛内具有一定的负压以保证运行的安全性。燃烧控制系统包括以下几个部分。

a. 燃料量控制　机组的主要燃料是煤粉，但在启动和低负荷时还使用燃油，另外燃油也用于点火和煤粉的稳定燃烧，故燃料量控制又分为燃油控制和燃煤控制。在燃油控制中，包括燃油压力控制（保证燃油压力不低于油枪安全运行所需的最低油压）、燃油量控制（保证燃油量满足负荷的要求）和雾化蒸汽压力控制（保证雾化蒸汽压力总大于燃油压力以使燃油能充分雾化）。在燃煤控制中，主要是根据锅炉指令并与送风量相配合，产生各台给煤机的转速指令。一方面，它与风量控制系统一起，保证送入锅炉的热量满足负荷的要求和汽压的稳定；另一方面，它将需求的燃料量平均分配给各台给煤机。一般用汽机前的主蒸汽压力代替炉膛热负荷。

b. 制粉系统控制　制粉系统的三个重要被控变量分别是磨煤机出口温度、磨煤机入口负压和磨煤机进出口差压，后者是用来间接反应难以在线测量的磨煤机内存煤量。制粉系统的控制目标就是，在保证运行安全的前提下，在单位时间内尽可能多地磨制出合格的煤粉。具体操作要求是，通过调整给煤量来维持磨煤机出口温度，通过改变热风流量来维持磨煤机入口负压，通过调节温风流量来维持磨煤机进出口差压，将被控变量控制在规定范围之内，而又维持较高的制粉效率。

c. 风量控制　风量控制和燃料控制一起，共同保证锅炉的出力能适应外界负荷的要求，同时使燃烧过程在经济、安全的状况下进行。燃烧需要的空气由送风机提供，锅炉燃烧的总风量为送风机风量和一次风量之和。此外，在风量控制系统中，还包括二次风的分配控制（燃料风、助燃风和过燃风）。在风量控制系统中，被控量是炉膛内的含氧量，控制量是一次风机挡板开度（即一次风量）。为了保证煤粉在炉内充分燃烧，又不使过多的剩余空气带走热量，必须保证炉膛内的氧量为一个定值。

d. 炉膛负压控制系统　炉膛压力控制系统的任务是调节锅炉的引风量，使其与送风量相适应，以维持炉膛具有一定负压力，保证锅炉运行的安全性和经济性。在炉膛压力控制系统中，被控量是炉膛内的负压，控制量是引风机挡板开度（即引风量）。

② 给水控制系统　亚临界机组一般使用汽包锅炉。汽包锅炉给水自动控制的任务是使锅炉的给水量适应锅炉的蒸发量，以维持汽包水位在规定的范围内。在汽包锅炉给水自动控制系统中，被控量是汽包水位，控制量是给水量，蒸汽量作为前馈信号。

超（超）临界机组一般使用直流锅炉。直流锅炉没有汽包，锅炉给水控制系统的主要任务不再是控制汽包水位，而是以汽水分离器出口温度或焓值作为表征量，保证给水量与燃料量的比例不变，满足机组不同负荷下给水量的需求，即直流锅炉的给水控制是比值控制系统。

③ 汽温控制系统

a. 主蒸汽温度控制　锅炉过热汽温（也称主蒸汽温度）是锅炉过热器出口蒸汽的温度，一般要求主蒸汽温度稳定在额定温度的±2℃的范围内。但是，汽温对象的复杂性给汽温控制带来了许多困难。目前，电厂锅炉过热汽温控制系统多采用喷水降温的方法来维持过热汽温恒定。

b. 再热蒸汽温度控制　随着蒸汽压力提高，为了提高机组热循环的经济性，减小汽轮机末级叶片中蒸汽湿度，高参数机组一般采用中间再热循环系统。将高压缸出口蒸汽引入锅炉，重新加热至高温，然后再引入中压缸膨胀做功。为了进一步提高机组热循环效率，目前在大型（1000MW 及以上）火电机组中正在研究试用二次再热系统，即蒸汽从中压缸做完功后，被再次引入锅炉加热至高温，然后送给低压缸（单轴）或另一台汽轮机（双轴）做功。

再热汽温的控制，一般采用以烟气控制为主，以喷水降温控制为辅的方式，在紧急情况下才使用喷水降温。这种控制策略要比单纯采用喷水降温控制有较高的热经济性。实际采用的烟气控制方法有变化烟气挡板位置、采用烟气再循环、摆动喷燃器角度、采用多层布置圆形喷燃器、汽热交换器和蒸汽旁通等方法。

④ 辅助控制系统　辅助控制系统主要有：除氧器压力、水位控制系统；空气预热器冷端温度控制系统；凝汽器水位控制系统；辅助蒸汽控制系统；汽机润滑油温度控制系统；高压旁路、低压旁路控制系统；高压加热器、低压加热器水位控制系统。此外还有氢侧、空侧密封油温度控制系统；凝结水补充水箱水位控制系统；电动给水泵液力耦合油温度控制系统；电泵、汽泵润滑油温度控制系统；发电机氢温度控制系统等。这些控制系统的控制结构基本上采用单回路控制。

为保证单元机组的可靠运行，除上述参数调节系统外，自动控制系统还包括以下部分。

a. 自动检测部分　它自动检查和测量反映过程进行情况的各种物理量、化学量以及生产设备的工作状态参数，以监视生产过程的进行情况和趋势。

b. 顺序控制部分　根据预先设定的程序和条件，自动地对设备进行一系列操作，如控制单元机组的启、停及对各种辅机的控制。

c. 自动保护部分　在发生事故时，自动采用保护措施，以防止事故进一步扩大，保护生产设备使其不受严重破坏，如汽轮机的超速保护、震动保护，以及锅炉的超压保护、炉膛灭火保护等。

⑤ 环保岛控制系统　环保岛控制系统包括：脱硫塔浆液 pH 控制、喷淋流量控制；脱硝装置喷氨量控制；电除尘器电极电压控制、振打周期控制等，控制目标是主要排放物（二氧化硫、氮氧化物、粉尘浓度）和二次污染物（氨逃逸量）达标。

4.1.2.2　水力发电机组控制系统

水力发电机组的工作原理是，通过河川、湖泊等位于高处具有势能的水流至低处，经水轮机转换成水轮机的机械能，水轮机又推动发电机发电，将机械能转换成电能。

水力发电机组中的水轮发电机由水轮机驱动。发电机的转速决定输出交流电的频率，因此稳定转子的转速对保证频率的稳定至关重要。可以采取闭环控制的方式对水轮机转速进行控制，即采取发出的交流电的频率信号样本，将其反馈到控制水轮机导叶开合角度的控制系统中，从而去控制水轮机的输出功率，以达到让发电机转速稳定的目的。

水电机组控制主要包含频率控制和电压控制，分别由调速系统和励磁系统完成。水电机组调速系统也称为水轮机调速系统或水轮机调节系统，由调速器、引水系统、水轮机、发电机及负载组成，承担水电机组频率和负荷调节。励磁系统由励磁机、电压调节器、功率单元和发电机组成，负责水电机组的电压调节。

水电机组调速系统和励磁系统均为典型的工业控制系统，均由控制器和被控对象组成，进行闭环调节。

（1）水轮机调节系统

水轮机调节系统是一个闭环控制系统，由两部分组成：一部分是控制系统；另一部分是被控对象。水轮机控制系统主要是由水轮机调速器和测量环节组成，测量环节用来检测被控对象的参数与给定参数的偏差，经由调速器按一定特性关系转换为导叶接力器的行程偏差，对被控对象实施控制；被控对象主要由引水和泄水系统、机械液压系统、水轮机和发电机几部分构成，是一个复杂的被控制系统，具有机械、水力、电气几方面的特性。

（2）水电机组励磁系统

发电机励磁控制系统是由同步发电机及其励磁控制系统共同组成的反馈控制系统，励磁调节器是励磁控制系统的主要组成部分，其主要功能是感受发电机电压的变化，然后对励磁功率单元施加控制作用。在励磁调节器没有改变给出的控制命令以前，励磁功率单元不会改变其输出的励磁电压。通用形式的半导体励磁调节器装置主要由电压测量比较、综合放大和移相触发三个基本单元组成，每个单元由若干个环节组成。

发电机是电力系统中最重要的设备之一，励磁控制系统是实现对同步发电机有效控制的重要组成部分。其主要任务是向同步发电机的励磁绕组提供一个可调的直流电流或电压，从而控制机端电压的恒定，以满足发电机正常发电的需要，同时控制发电机组间无功功率的合理分配。励磁控制系统的主要作用包括以下几个方面。

① 维持发电机端电压在给定值，当发电机负荷发生变化时，通过调节磁场的强弱来恒定机端电压。

② 合理分配并列运行机组之间的无功分配。

③ 提高电力系统的稳定性，包括静态稳定性、暂态稳定性及动态稳定性。

④ 直流电机的转动过程中，励磁就是控制定子的电压使其产生的磁场变化，改变直流电动机的转速；改变励磁，同样起到改变转速的作用。

4.1.2.3　风力发电机组控制系统

风力发电电源由风力发电机组、支撑发电机组的塔架、蓄电池充电控制器、逆变器、卸荷器、并网控制器、蓄电池组等组成。风力发电机组包括风轮、发电机。风轮中含叶片、轮毂、加固件等。它有叶片受风力旋转发电、发电机机头转动等功能。

风电机组控制系统可以分为主控系统、变桨距控制系统、变流器控制系统、偏航控制系统。控制系统主要采用分布式，其中主控制器只有一个，并且位于地面的塔筒柜里面，而从控制器有多个，这些从控制器之间是通过光纤、工业以太网、Profibus、CANBus等进行通信的。

（1）主控系统

主控制器实时监控风电系统的工作状态（包括监测电力参数、风力参数、机组状态参数，完成机组的启/停及其他功能），在主控系统硬件上，几乎所有厂家都选择使用PLC作为主控制器，其系统构成灵活，扩展容易，具有开关量控制的优势，还能够进行连续过程的PID回路控制，并且能够和上位机构成复杂的控制系统，实现生产过程的综合自动化。

（2）变桨距控制系统

变桨控制系统则是专门针对不同的工况下对桨叶进行精确控制，以实现桨叶的正常动作和紧急收桨。变桨系统的主要目的就是为了控制桨叶的速度和位置，在风速合适时风机发电，在风速过大时风机安全收桨。

（3）变流器控制系统

风力发电机发出的交流电的电压和频率都很不稳定，随叶轮转速变化而变化；经过整流单元整流，变换成直流电，再经过斩波升压，使电压升高到正负600V，送到直流母排上；再通过逆变单元，把直流电逆变成能够和电网相匹配的形式送入电网。

（4）偏航控制系统

偏航控制系统是风电机组特有的伺服系统，其主要作用有两个：一是与风电机组的控制系统相互配合，使风电机组的风轮始终处于迎风状态，充分利用风能，提高风电机组的发电效率，同时在风向相对固定时能提供必要的锁紧力矩，以保障风电机组的安全运行；二是由于风电机组可能持续地向一个方向偏航，为了保证机组悬垂部分的电缆不至于产生过度的扭绞而使电缆断裂、失效，在电缆达到设计缠绕值时能自动解除缠绕。

4.1.2.4 光伏、光热发电控制系统

利用太阳能发电有两大类型：一类是光伏发电；另一类是光热发电。就目前太阳能发电控制技术成熟程度和实际推广应用情况来看，在利用太阳能发电方面，光伏发电是应用最广的。

（1）光伏发电控制系统

光伏发电系统是利用光伏电池方阵将太阳能转化为电能，并储存到系统的蓄电池中或直接供负载使用的可再生能源装置。其工作原理是：白天，光伏电池组件接收太阳光，转换为电能，一部分供给直流或交流负载工作；另一部分多余的电量可通过防反充二极管给蓄电池组充电，在夜晚或阴雨天，光伏电池组件无法工作时，蓄电池组供电给直流或交流负载工作。

光伏发电系统一般包括光伏电池板、DC/AC变换装置、储能装置、电能输出变换装置、控制器五大部分。

根据供电方式的不同，光伏发电系统可以分为三种系统：独立型、并网型和混合型。

① 独立型光伏发电系统 独立型光伏发电系统含有蓄电池，且由控制器来控制充放电。在晴天光照充足时，多余电量会存入蓄电池，而阴雨天或者晚上光照不足时，蓄电池放电。

② 并网型光伏发电系统 并网光伏发电系统指光伏发电系统连接了电网，其工作原理是太阳能光伏阵列实现光电转化，将太阳能转化为电能，经过DC/DC变成高压直流电，再

经 DC/AC 逆变器，最后输出与电网电压同幅、同频、同相的正弦交流电。

光伏并网发电系统根据结构分为两类：一类是不含蓄电池的系统，称为不可调度式光伏并网发电系统；另一类是含有蓄电池的系统，称为可调度式光伏并网发电系统。由于可调度式光伏并网发电系统增加了储能环节，带来诸多问题。比如增加蓄电池充电装置增加了成本，降低了可靠性；蓄电池寿命短，需定期更换，而且报废的蓄电池需专门处理，否则会造成环境污染。而不可调度式光伏并网发电系统具备集成度和可靠性高，安装调试方便等特点。所以目前并网光伏发电系统主要以不可调度式系统为主。

光伏并网发电系统按供电方式分为集中并网发电系统和分布式并网发电系统两类。前者投资成本高，对电网冲击大，而后者具有结构灵活、可分散设置、传送损失小、反应快等优点。

③ 混合型光伏发电系统　混合型光伏发电系统比以上两个系统多了一个备用发电机组（柴油机发电、风力发电等）。当光照不足时启用风力发电，当无光无风时启用柴油机发电。其中风光互补型发电系统中不含有蓄电池，把包含风力和光伏的发电系统称作风光互补型并网发电系统。

另一种为光伏—燃料电池的并网系统，它包含光伏系统、燃料系统、供热系统和负载，该系统可显著减少环境污染。

为了提高发电效率和品质，光伏发电控制系统的核心是进行蓄电池充电控制、逆变器控制和并网控制，其控制要求具体如下。

① 对于独立光伏发电系统，控制指标有太阳能电池额定功率、蓄电池额定容量、逆变器输出电压、频率范围及电流总谐波畸变率、太阳能光伏发电系统的总效率（包括电池组件的 PV 转换率、控制器、蓄电池和逆变器的效率）等。

由于电池处于浮放电状态，要求蓄电池的放电小、深放电能力强、充电效率高、少维护或免维护、工作温度范围宽等。另外，在充放电控制技术中，还应包括短路保护、击穿保护、反向放电保护等保护功能。

② 对于光伏并网发电系统，并网控制的关键和难点在于如何维持太阳能电池的最大功率输出，同时又能够达到低谐波失真的输出电流同步控制，因此并网控制是一项如何将功率变换器的动态性能、系统干扰、输出波形失真综合考虑的系统控制技术。

为了使发电系统的输出电压与电网电压在频率、相位、幅值上保持一致，而且发电系统和电网间功率能够双向调节。这涉及功率因数校正、大功率变换以及高稳定性系统等技术问题。

（2）光热发电控制系统

光热发电技术也称为聚光型太阳能热发电技术，是利用大规模反射镜实现对太阳光的聚焦，将分散的太阳能转换为热能，将热能进行存储，在需要时利用储存的热能产生高温高压的蒸汽，驱动汽轮机进行发电。

根据聚光方式的不同，光热发电包括塔式太阳能热发电、槽式太阳能热发电、碟式太阳能热发电和线性菲涅耳式光热发电。

塔式太阳能热发电系统，也称集中型太阳能热发电系统，利用大量的定日镜将太阳能聚焦到塔顶的吸热器上加热工质。

槽式太阳能热发电系统利用抛物面的聚光系统将太阳能聚焦到管状的吸收器上，将管内的传热工质加热到一定温度。槽式太阳能热发电系统以线聚焦取代了点聚焦。

碟式太阳能热发电系统是利用旋转抛物面的碟式反射镜将太阳聚焦到一个焦点上，接收器就设在抛物面的焦点上，接收器内的传热工质被加热到 750℃ 左右，驱动发动机进行发电。

线性菲涅耳式光热发电系统通过一组平板镜来取代槽式系统抛物面型的曲面镜聚焦，调整控制平面镜的倾斜角度，将阳光反射到集热管中，为简化系统，一般采用水或水蒸气作为吸热介质。成本相对低廉，但效率也相应降低。

由于塔式与槽式光热发电技术是当今光热发电的主流技术路线，接下来主要介绍它们的控制系统。

塔式太阳能热发电系统都是由聚光集热子系统、储能子系统、辅助能源子系统以及汽轮机发电子系统构成的，其中聚光集热子系统又可以细分为聚光子系统和集热子系统。

塔式太阳能热发电系统仅仅是热能产生的过程系统与常规火力发电过程系统不同。因此，塔式太阳能热发电系统只有热能生产过程的控制是特有的，在此仅介绍这一部分，其他相同的部分参阅本章第 4.1.2.1 节。

① 聚光子系统的自动控制　聚光子系统需要完成复杂的控制功能，包括定日镜基本单元的控制和操作、全体定日镜的调度、镜场设备的监控和维护、整个聚光子系统的通信和时间同步等。

其中镜场控制系统能够对定日镜基本单元、多面定日镜、全镜场进行调度和控制，包括转角、读取角度、故障诊断等操作；镜场控制系统与气象观察站通信，实时获得云层、太阳辐射、风速风向、温度等各项重要环境信息，并提供以上信息的存储、历史趋势查询等功能；通过 OPC（oLE for process control）接口与其他控制网通信，实现聚光子系统和集热子系统、储能子系统、汽轮机发电子系统之间的协调控制。

② 集热子系统的自动控制　吸热器是塔式太阳能热发电集热子系统的关键设备之一，其性能直接会影响到整个电站的安全可靠性和经济性。根据吸热介质的不同，可以分为空气吸热器、水吸热器和熔盐吸热器，下面以水工质吸热器为例介绍汽包水位控制系统。

汽包水位控制系统的目的、任务以及控制策略与常规的火力发电系统是完全相同的。但是，对于塔式太阳能热发电吸热器，由于来自聚光系统的能量极不稳定，存在一天中不同时刻的正常变化和环境干扰引起的波动，所以汽包水位控制在常规锅炉水位三冲量控制系统的基础上增加镜场能量这个输入值，成为四冲量控制系统。

吸热器壁面温度的自动控制分为两个部分：吸热器温度变化率的控制和吸热器表面过冷过热温度点控制。

槽式光热发电控制系统包括太阳能镜场（SF）控制系统、导热油（HTF）控制系统、储热（TES）控制系统、汽水循环（SG）控制系统、T/G 岛控制系统及协调控制系统。其中定日镜与镜场监控系统实时通信，监控计算机发送定日镜追日跟踪数据或控制指令，定日镜返回其运行状态、绝对位置、跟踪点信息、故障信息等实时数据。

4.1.2.5　核电厂控制系统

核电厂是利用核裂变反应释放出的能量来发电的工厂，通过冷却剂流过核燃料元件表面，把裂变产生的热量带出来，再产生蒸汽，推动汽轮发电机发电。压水堆核电站主要由一回路系统和二回路系统两大部分组成。

一回路系统主要由核反应堆、稳压器、蒸汽发生器、主泵和冷却剂管道组成。二回路系统的设备和功能与常规蒸汽动力装置基本相同，它主要由汽轮发电机、凝汽器、给水泵和管道组成，所以将它及其辅助系统和厂房统称为常规岛（CI）。

核能发电实际上是"核能→热能→机械能→电能"的能量转换过程。其中"热能→机械能→电能"的能量转换过程与常规火力发电厂的工艺过程基本相同，只是设备的技术参数略有不同。核反应堆的功能相当于常规火电厂的锅炉系统，只是由于流经堆芯的反应堆冷却剂带有放射性，不宜直接送入汽轮机，所以压水堆核电厂比常规火电厂多一套动力回路。

常规岛（CT）中的大多数控制系统（例如，汽轮机控制系统、旁路控制系统等）与火力发电站中的类似，仅仅是对被控参数的要求不同。

所以，核电厂的主要控制系统包括反应堆控制系统、稳压器控制系统、蒸汽发生器控制系统、蒸汽排放控制系统和汽轮机控制系统。

（1）反应堆控制系统

压水堆核电厂有模式 A 和模式 G 两种运行模式，目前大型压水堆都多采用 G 运行模式。在 G 运行模式下，核反应堆控制由功率控制系统（功率补偿棒组控制系统）和冷却剂平均温度控制系统（R 棒组控制系统）来实现。

① 功率控制系统　功率控制系统的主要功能是根据负荷需求控制功率补偿棒组的位置，所以也称为功率补偿棒组控制系统。其最终目标是使功率补偿棒组的位置与功率相对应。

最终功率设定值是由核反应堆冷却剂平均温度控制系统提供的。它被用作蒸汽排放系统投入工作时的运行功率，或在厂用负荷运行时、在低负荷下运行时的运行功率。

② 冷却剂平均温度控制系统　冷却剂平均温度控制系统的功能是通过调节冷却剂平均温度实现核反应堆功率与负荷的精确匹配。由于它是通过调节 R 棒组实现的，所以又称为 R 棒组控制系统。冷却剂平均温度是压水核反应堆功率控制的主调节量，它的变化反应了核反应堆功率与负荷的失配情况。

R 棒组控制系统是一个闭环系统，它由三通道非线性调节器、棒速程序控制单元和控制棒棒速逻辑控制装置及驱动机构等设备组成。

③ 硼浓度控制　一回路慢化剂（冷却剂）硼浓度控制是反应性控制的主要手段之一。通过核反应堆化学与容积控制系统注入除盐、除氧水稀释慢化剂实现控制反应性，或者通过供给一回路必要数量的接近于当时一回路硼浓度的硼酸稀释溶液并将此补充液注入上充泵入口处，调节慢化剂的硼浓度以控制反应性。

（2）稳压器控制系统

稳压器控制系统包括压力控制系统和水位控制系统。

① 稳压器的压力控制系统　为了保持反应堆冷却剂的压力在一个不变的整定值上，并防止冷却剂压力超出规定范围引起反应堆停堆和安全阀动作，稳压器压力一般设置四种手段进行调节：

a. 通过喷雾阀向稳压器蒸汽空间喷水；

b. 通过压力释放阀向稳压器外排放蒸汽；

c. 用比例加热器加热稳压器中的水；

d. 用大功率加热器加热稳压器中的水。

② 稳压器的水位控制系统　稳压器的水位控制系统是通过控制冷却剂系统的补水流量来维持水位为整定值。整定值是冷却剂平均温度的函数。水位测量值与水位设定值之间的偏差信号引入调节回路，调节回路输出补水流量信号，该流量信号值与实际流量值的比较信号，送入补水阀控制的调节回路，开启和关闭补水阀。

（3）蒸汽发生器控制系统

蒸汽发生器控制系统是保持蒸汽发生器的水位不论在稳态还是动态工况下都在规定的限度以内，而水位是靠对给水流量的控制来保证。核电站主给水系统自高压加热器出口给水母管至蒸汽发生器进口为止，在给水管道上设置有旁路给水调节阀和主调节阀，每台蒸汽发生器的给水流量的调节是通过该两个给水调节阀来实现，同时给水泵的转速也受给水流量的控制。

① 三冲量给水控制系统　与火力发电厂的水位控制系统相似，每台蒸汽发生器的水位控制系统是一个三冲量控制系统，即决定给水调节阀开度的三个信号是：水位偏差信号、蒸汽流量信号和给水流量信号。

蒸汽发生器的实测水位信号经过滤波回路后与规定水位进行比较,产生水位偏差信号;该水位偏差信号进入主调节回路,主调节回路输出经过蒸汽流量信号和给水流量信号的动态定值修正后,输出控制给给水调节阀的开度信号。

正常运行时,即负荷在15%~100%之间,主调节阀采用三冲量控制系统。当负荷小于15%负荷时,采用单冲量对旁路给水调节阀进行控制。

② 给水泵转速控制系统 给水泵转速控制系统的组成是:给水压力和蒸汽压力之差与压差整定信号比较。整定压差是根据蒸汽流量计算出来的,信号比较的偏差送给水泵转速调节回路控制给水泵的转速。

当主给水泵设置成定速泵时,则蒸汽发生器的水位控制由给水调节阀完成。

(4)蒸汽排放控制系统

① 向凝汽器蒸汽排放控制系统 蒸汽排放至凝汽器通常采用以下两种方式。

a. 温度控制方式 冷却剂的平均温度与汽轮机的定值平均温度比较,当负荷变化时平均温度定值也随之变化,经温度比较器产生一个温度偏差信号。该偏差信号作为控制输入信号控制开启蒸汽排放阀,向凝汽器排放蒸汽。

b. 蒸汽压力控制方式 反应堆停堆和启动期间,可以将蒸汽排放阀切换到压力控制方式,在这种控制方式下,向凝汽器排放蒸汽只受蒸汽压力控制。

② 向大气排放蒸汽控制系统 当凝汽器不能使用时,蒸汽向大气排放。蒸汽压力与给定值比较,得出偏差信号进入PID调节回路控制排放阀。压力整定值比给定蒸汽发生器安全阀动作压力值稍低。

(5)汽轮机控制系统

核电站正常运行时,在核岛一侧,为适应电网负荷变化要求,反应堆功率变化的速率必须满足跟踪电网负荷变化的要求;在常规岛一侧,汽轮机控制系统根据电网功率需求自动调节汽轮机进汽阀门开度,以到达调节并满足输出功率的要求。

汽轮机控制系统通过调节汽轮机进汽阀对汽轮机实施功率控制、频率控制和压力控制,并对机组的负荷和转速实施超速限制、超加速限制、负荷速降限制和蒸汽流量限制,使机组安全经济地运行于各种工况。

汽轮机控制系统一般分为基层控制器和上层控制器两层,上层控制器实现压力控制、负荷控制和应力控制等功能。当上层控制器出现故障时,基层控制器仍能达到对汽轮机实施增/减负荷和进行转速的控制和保护。

4.2 国内外现状

4.2.1 能源系统的国内外研究现状

未来学家里夫金提出互联网与能源体系交汇的设想[5],认为信息技术与能源的融合将根本改变能源的开发利用。可再生电力传输和管理系统FREEDM正在北卡罗莱那州州立大学研发,大数据信息处理与能源优化相结合取得进展,初步具备能源互联网特征[18,19]。

美国可再生能源国家实验室NREL以及伯克利劳伦斯国家实验室LBNL、阿贡国家实验室ANL等,研究电、热、气等多能源综合集成,提高可再生能源利用率,加快应用与推广[20~22]。

德国政府的能源创新计划(E-energy),提出类似CPES或者能源互联网的概念。苏黎世联邦理工(ETH)学者提出能量枢纽(energy hub,EH),建立能源、负荷、网络之间交换和耦合关系模型,描述电、热、气等多种能源间的转化、存储、传输等[23,24]。

我国 CPES 或能源互联网虽刚起步，但相关工程项目正在规划和启动，如全球能源互联网、国家风光储输示范工程等。中国电科院周孝信院士等提出了以电力为核心的新一代能源系统[2]。国家电网公司、清华大学、天津大学、浙江大学等团队深入研究了能源互联网的技术内涵和特征、价值与实现架构，提出能源供给和消费、输送载体、多源大数据以及协同优化调控等几个方面的应用框架模型[3,25~28]。清华大学、东北大学、上海交通大学团队等分析了网络拓扑结构模型及信息物理融合系统的特点，研究基于能源路由器的能源互联[29~31]。华北电力大学团队提出并分析了能源互联网的广义"源、网、荷、储"协调优化运营模式[32]。

4.2.2 能源控制技术的国内外现状

4.2.2.1 火力发电自动化技术现状

火力发电是目前电力工业的主体，火力发电技术的创新要着重考虑电力生产对环境的影响以及对不可再生能源的影响。虽然非化石能源发电（核电、水电、风电、太阳能发电等）有了很大的发展，但是从发电量占比、机组出力、负荷调节及电价经济性等方面综合评价，火力发电仍占据我国电力系统的基础性地位。截至 2015 年年末，化石能源发电在全部电力装机容量中占比高达 65.8%。然而受电力消费持续疲软、火电机组装机过剩、煤电机组承担高速增长的非化石能源发电深度调峰和备用等因素影响，火力发电设备利用小时数屡创新低。2015 年年底，发电设备利用小时大幅下降至 4329h，而到了 2016 年年底，发电设备利用小时数已经下降到不足 4000h。火力发电供应过剩严重挤占了风电、光伏发电项目的发电空间，导致"弃风弃光"形势进一步恶化。为此，2015 年下半年以来，国家出台了一系列政策严控煤电行业装机容量增长过快的势头，同时大力促进清洁能源发展，推动电力生产结构优化，这在中长期也将对火力发电行业形成明显的挤出效应，影响火力发电行业未来的发展。

中国产业调研网发布的 2016 年中国火力发电市场现状调研与发展趋势分析报告认为，目前政府对清洁能源的建设热情，并不会改变未来数年内火力发电在中国电源结构中的支配地位。考虑到核电及水电项目建设周期较长，风电和太阳能发电受成本及技术等因素制约难以迅速扩大规模，未来中国北煤南运、西电东输的能源格局仍将长期存在。

在此形势下，对于现役火力发电机组，优化运行是目前主要的研究方向，例如煤质扰动下的燃烧优化、受热面吹灰优化、汽轮机滑压运行优化、冷端系统凝汽器背压优化等，以提高机组的运行效率。此外，目前不仅要求全厂的自动控制系统投入率达到 100%，还对控制品质指标提出了更高的要求。因此，火力发电厂自动化设备和系统的数字化和智能化是当今的发展方向。

（1）火力发电厂控制设备数字化

火力发电厂控制设备的数字化经历了从最初的直接数字控制系统（DDC）、数据采集系统（DAS）、单回路数字调节器、分散控制系统（DCS）直到今天的现场总线控制系统（FCS）近 60 年的发展过程。在这个发展过程中，直到 DCS 的普遍应用，才完成了火力发电厂自动控制系统的全面计算机控制，即数字化控制。只有在全厂全面使用 FCS 进行控制，才能最终实现火力发电厂控制设备数字化。

从 1975 年第一套诞生到现在，DCS 得到了突飞猛进的发展。从总的发展情况来看，DCS 的发展主要体现为：系统的功能逐步从现场控制站向监控层、生产调度管理层发展；系统改变了以前由单一回路进行控制的局面，目前综合了顺序控制、协调控制、逻辑控制以及专家控制等综合控制功能；先前整套系统都是由厂家自己独立生产的，现在逐步变成了开放的市场选购。开放性带来的系统趋同化迫使厂家将 DCS 向与生产工艺相结合紧密的高级控制功能的方向发展，以求与其他同类DCS产品厂家的差异化。随着数字化的发展，使得现场控制站的功能和整个系统体系的结构发生了重大的变化，使整个系统朝着更加智能化、分散化的方向发展。从具体产品来说，DCS从诞生到现在，发展过程经历了初创期、成熟期、扩展期，现在已经形成了新一代DCS产品。

20世纪末，经济全球化和专业化分工，特别是发展中国家的崛起，加剧了世界加工行业的竞争。用户进一步提高了对企业的效率和效益的要求。用户不再单纯地去提高单个装置的自动化水平，而是想把单个的生产过程甚至是整个工业的生产过程作为一个整体来进行控制，保证其正常运行。而且要求所采用的控制系统具有实时性、系统性、全面性和准确性。正是在这种工业生产的背景下，各DCS公司分别推出新一代系统，如ABB公司的Industrial IT、西门子公司的电站专用DCS系统TELEPERMXP等。TELEPERMXP系统功能强大、质量可靠、具有完全的开放性和完善的技术支持，能够提供电厂测量和控制涉及的所有功能。近年来，西门子公司还推出了SPPA-T3000系统，并在国内电厂项目陆续得到应用。

日益走向成熟的现场总线控制系统FCS（Fieldbus Control Systems）是继DCS之后的新一代控制系统。现场总线（Field Bus）是连接智能现场设备和自动化系统的数字式、双向传输、多分支结构的通信网络。在FCS中，每台现场仪表（如变送器、执行器、电动门和开关柜等）就是一台微处理器，既有CPU、内存、接口和通信等数字信号处理功能，也有非电量信号检测、变换和放大等模拟信号处理功能。因此，实现现场设备数字化，FCS是最理想的控制设备。但遗憾的是，FCS发展到今天还没能完全实现现场总线控制模式，其主要原因是，若要实现现场总线控制模式，现场设备数字化是关键，由于技术和商务的原因，没办法使生产现场设备的厂家达成标准的现场总线协议。因而，目前的现场总线控制系统（FCS）大都是由DCS扩充而成的，现场总线仪表的占有率最多也才达到50%。

（2）国内控制设备发展与应用

我国分散控制系统的应用始于1982年。石化企业的第一套分散控制系统应用在上海某公司炼油厂，引进Foxboro公司的Spectrum系统用于常减压装置生产控制。从20世纪90年代初我国一些企业引进和消化国外先进技术，生产具有自主知识产权的DCS产品，经过多年努力已经取得可喜的成果，如上海新华的TiSNet-P600过程控制系统、北京和利时的HOLLiAS MACS系列分布式控制系统、国电智深公司的EDPF-NT分散控制系统、浙大中控的WebField ECS-700分散控制系统、山东鲁能控制工程有限公司与华北电力大学韩璞教授团队联合开发的LN2000、上海颐能信息科技有限公司与华北电力大学韩璞教授团队共同开发的EthCCS2.0现场总线控制系统等。

① 上海新华TiSNet-P600过程控制系统　TiSNet-P600过程控制系统是采用新华33系列I/O模件，以新华32位CPU组成的新华控制器XCU为核心，根据不同工业现场环境要求灵活配置，构成光纤环网型网络结构和星型网络结构的DCS系统。TiSNet-P600由新华冗余的控制器XCU、以太网交换机、电源、33系列I/O模件、通信网络和人机接口站HMI组成。采用可视化图形组态软件和视窗架构的人机界面，分布式实时数据库在网络上共享，能适应各种类型的工业生产过程分散型控制、监视、信息和数据处理。系统运行新华集团公司配套的TiSNet软件包OnXDC，包括xHMI人机接口站、人机界面可视化图形组态软件和图形组态编程软件。提供各种预定义的功能块，提供由用户可自定义新功能块的工具。xCU图形组态编程软件具有非常丰富的控制算法，符合IEC 61131-3标准的应用指令和控制算法的多种编程方式。提供SAMA图形式的逻辑图，用户直接以软件存盘或打印存档。

② 北京和利时HOLLiAS MACS系列分散控制系统　北京和利时HOLLiAS MACS系列分布式控制系统是和利时在总结十多年用户需求和多行业的应用特点、积累三代DCS系

统开发应用的基础上，全面继承以往系统的高可靠性和方便性，综合自身核心技术与国际先进技术而推出的新一代 DCS，目前包括两种型号：HOLLiAS MACS-S 系统、HOLLiAS MACS-K 系统。

MACS-S 系统适合于大规模或超大规模且安装密度适中的项目，采用 SM 系列硬件。I/O 模块和端子模块分别安装在机柜正反面，适合安装空间规划严格和安装密度适中的场合，日常维护主要在机柜后面的端子侧进行。

MACS-K 分布式控制系统拥有开放的系统软件平台，可根据不同行业的自动化控制需求，提供专业技术解决方案。采用全冗余、多重隔离和诊断等可靠性设计技术，并吸收了安全系统的设计理念，从而大大提高了系统的可靠性和可用性。系统的 I/O 模块和端子底座组合设计并具有斜装结构，适合安装密度高、空间较小的场合，散热性能较 MACS-S 系列更好，机柜模块安装容量更大。I/O 模块全部采用防腐处理，通过了 G3 环境试验和 CE 认证，保证了系统安全可靠使用。

③ 国电智深 EDPF-NT 分散控制系统　EDPF-NT 分散控制系统是一个融计算机、网络、数据库和自动控制技术为一体的工业自动化产品，实现自动控制与信息管理一体化设计。该系统是吸取国际上众多同类系统的先进思想，并结合我国国情而设计开发的一套先进过程控制系统，以面向功能和对象而实现的"站"为基本单元，专门设计的分布式动态实时数据库用于管理分布在各站的系统运行所需的全部数据。具有开放式结构和良好的硬件兼容性及软件的可扩展性。可广泛应用于火电站、水电站、冶金、化工、造纸、水泥和污水处理等行业的过程自动化控制及信息监视与管理。

EDPF-NT 分散控制系统支持面向厂区级应用的基于分布式计算环境（DCE）的多域网络环境。采用"域"管理技术，成功解决多套控制系统管理互联及集中监控功能要求。

④ 浙大中控 WebField ECS-700 分散控制系统　ECS-700 系统是 WebField 系列控制系统之一，是在总结 JX-300XP、ECS-100 等 WebField 系列控制系统广泛应用的基础上设计、开发的面向大型联合装置的大型高端控制系统，其融合了先进的控制技术、开放的现场总线标准、工业以太网安全技术等，为用户提供了一个可靠的、开放的控制平台。ECS-700 系统按照提高可靠性原则进行设计，可以充分保证系统安全可靠；系统内部所有部件均支持冗余，在任何单一部件故障的情况下仍能稳定正常的工作。同时，ECS-700 系统具备故障安全功能，模块在网络故障的情况下，进入预设的安全状态，保证人员、工艺设备的安全。ECS-700 系统具备完善的工程管理功能，包括多工程师协同工作、组态完整性管理、单点组态在线下载等，并提供完善的操作记录以及故障诊断记录。ECS-700 系统作为开放的控制平台，其融合了最新的现场总线技术和网络技术，支持 HART、FF、PROFIBUS、MODBUS、EPA 等国际标准现场总线的接入和多种异构系统综合集成。

⑤ LN2000 分散控制系统　山东鲁能控制工程有限公司与华北电力大学韩璞教授团队联合开发的 LN2000 继承和发扬了传统 DCS 的优点，实现了控制功能分散，显示、操作、记录、管理集中，采用了多种先进技术，如计算机技术、图形显示技术、数据通信技术、先进控制技术等，以其系统结构合理、功能强大、丰富的控制软件、充分体现现代意识的简洁操作界面、得心应手的组态及维护工具和开放的通信系统，集数据采集、过程控制、生产管理于一体，能够满足大、中、小不同规模的生产过程的控制和管理需求，有着广泛的应用领域。现 LN2000 分散控制系统已升级到了 LN3000 分散控制系统。

⑥ EthCCS2.0 现场总线控制系统　上海颐能信息科技有限公司与华北电力大学韩璞教授团队共同开发的 EthCCS2.0 现场总线控制系统采用数字仪表代替传统的模拟仪表，实现现场仪表的互操作性和信息互用。另外，具有把分散系统变成现场总线控制系统，在现场建立开放的通信网络，实现全数字通信网络，因而使现场总线具有全分布式结构，危险分散；

全数字化，可靠性和精度高；用户有高度的系统集成主动权且组态方便；现场设备的智能化和功能自治；对现场环境的适应性；节省投资和安装费用的六大优点。

（3）发电厂厂级监控信息系统

1997 年 10 月，国家电力规划设计总院的侯子良教授通过多年研究总结，在国内首次提出了 SIS 系统的概念，明确指出"火力发电厂厂级监控信息系统主要是为火电厂全厂实时生产过程综合优化服务的生产过程实时管理和监控的信息系统"。2000 年，国家经贸委颁布了《火力发电厂设计技术规程》（DL 5000—2000），明确表明"当电厂规划容量为 1200MW 及以上、单机容量为 300MW 及以上时，需要建立厂级监控信息系统"。从这时开始，SIS 系统得到了快速的发展和应用。2002 年，国家经贸委又发布了《电网和电厂计算机监控系统及调度数据网络安全防护规定》，明确了 MIS、SIS、DCS 等安全等级划分措施和原则。2005 年，《火力发电厂厂级监控信息系统技术条件》发布。

发电厂厂级监控信息系统（supervisory information system，SIS，图 4-1）正逐步成为发电企业技术进步的一个新的主要方向，一方面，将面向机组的 DCS、NCS（厂用电自动化系统）和面向全厂的煤、灰、水、RTU 等自动化系统互联，建立统一的实时数据库和应用软件开发平台；另一方面，与 MIS、ERP 系统互联，架设起控制系统与管理系统之间的桥梁，实现生产实时信息与管理信息的共享。在此基础上，通过计算、分析、统计、优化、数据挖掘手段，及图形监控、报表、WEB 发布等工具，实现发电厂生产过程监视、机组性能及经济指标分析、机组优化运行指导、机组负荷分配优化、锅炉吹灰优化、设备故障诊断、寿命管理等应用功能，从而在更大的范围、更深的层次上提高生产运行和生产管理的效率，为企业经营者提供辅助决策的手段和工具，最终提高发电企业的综合经济效益[33]。

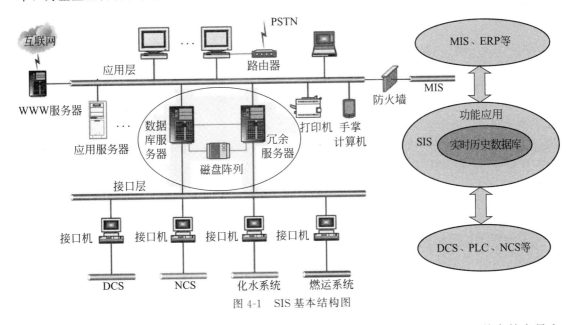

图 4-1 SIS 基本结构图

实时/历史数据库是整个 SIS 系统的核心，是电厂生产运行的"黑匣子"，其存储容量和存储效率直接关系到数据采集范围和精度。由于电厂生产过程数据海量、精度要求高、带有时标，常见的关系型数据库不能很好地满足要求，因而专用的实时/历史数据库被广泛地用于生产过程数据的存储和管理。国外已有多种这类成熟软件产品，目前国内装机量较多的实时数据库系统基本上多是国外的产品，如美国 OSI 公司的实时数据库 PI、美国 Instep 公司的实时数据库 eDNA、美国 ASPENTECH 公司的实时数据库 InfoPlus. 21、美国 Honeywell

公司的实时数据库 PHD 等。近年来，国内一些公司也开发出了自己的类似软件产品，并已经投入使用。如韩璞团队开发的 RD6DB，由北京华电杰德科技有限公司发售、上海自动化仪表股份有限公司的 SupDATA，北京力控元通科技有限公司的 pSpace 等。

遗憾的是，SIS 的发展并不尽人意，上面提出的许多目标都没有实现。现在应用比较成熟的主要功能有发电厂生产过程远程监视与数据报表、机组性能及经济指标计算等。关于 SIS 还有许多理论和技术需要做较为深入的研究。

（4）优化控制软件及系统

尽管在火电厂中已经普遍使用了 DCS（或 FCS）作为主要的控制装备，使用 SIS 作为机组运行实时管理系统，但是就控制系统本身来讲，还仍然使用常规的 PID 控制系统，处于商业性和技术性考虑，许多新型的控制策略和算法并不能在现有的控制装备中得以实现。因此，近些年又发展起来外挂式优化控制站。

所谓优化控制站，包括硬件和优化控制软件两部分，与电厂现有的 DCS 软/硬件相连接。优化控制软件从现有 DCS 中获取生产数据，经过分析、建模、优化等运算后，得出的系统模型、优化的 PID 参数、优化控制算法的输出等，通过硬接线或通信总线方式送回原DCS，达到 DCS 优化控制的效果。实质上外挂式优化控制站就是另一个小型的 DCS，在站内实现用户所需的新型控制策略和最优控制算法。

① 国外优化控制系统　目前，国外尚没有任何自动化或信息化系统能与 SIS 概念或架构功能完全相符合，但国外大部分分散控制系统提供商开发了多种火力发电厂优化控制软硬件系统，这些软硬件系统就是我们所说的外挂式优化控制站。由于 DCS 开发商自己开发与自己 DCS 挂接的优化控制站，所以，优化站系统就不需要硬接线的 I/O 通道部分，按照自己 DCS 的通信协议与主控 DCS 进行通信。

国外在功能上比较完善并有较多应用的优化控制系统有德国西门子公司的 Si-Energy 优化控制软件、瑞士 ABB 公司的 Optimax 优化控制软件、西屋的 Smart Process 优化控制软件等。这些系统在国内外多个大型火力发电厂中具有广泛的应用。

a. 西门子公司的 Si-Energy 优化控制软件[35]　Si-Energy 是用于电厂全厂管控一体化的软件产品，从字面上可以看出其 Si-Energy 中有 Siemens 的 Energy 的意思。西门子的优化软件包含许多子功能产品，可以根据用户的需要进行灵活配置，用户不需要的功能可以自行裁剪。功能上包含对机组性能的实时优化、对设备维护的优化管理、对文件和各种接口性能等的优化管理。其特点是以成本为中心，从燃煤消耗、设备损耗到人员使用率等全厂的实时优化管理。

b. 瑞士 ABB 公司的 Optimax 优化控制软件　瑞士 ABB 公司的 Optimax 优化控制软件主要用于火力发电厂的实时性能分析。从字面上看 Optimax 是 Optimum 和 Maximum 的缩写，也就是最大限度地优化机组运行效率，以效率为核心，将发电厂各设备及系统运行在效率最高、能源消耗最少的模式。主要的模块有诊断模块（该模块已在德国 Staudinger 电站的 2 台 285MW 机组及 Boxberg 电厂的 2 台 500MW 机组、瑞典的 Fokrsmark 核电站成功应用[36]）、锅炉清洁模块等。

c. 西屋的 Smart Process 优化控制软件[37]　Smart Process 是一套智能优化控制软件。它采用线形模型、神经元网络和模糊逻辑等原理，通过建立模型来优化发电机组，并将优化设定值和偏差值直接送至机组 DCS 实现闭环控制。Smart Process 作为一种 DCS 平台独立软件包，能够在市场上任何一种过程控制系统中应用。

Smart Process 的主要模块有：锅炉效率优化、低氮氧化物排放优化、浊度优化、蒸汽温度优化、经济负荷优化调度、电除尘优化、流化床优化、锅炉吹灰优化。

d. 霍尼韦尔的 UES-SIS 优化控制软件[37]　UES-SIS 优化控制软件主要包括如下模块：

连线控制优化控制、主压力控制、经济负荷分配、锅炉燃烧控制和温度优化控制等。霍尼韦尔 UES-SIS 优化控制软件模块在上海金山石化热电厂有所应用。实际测试表明，电厂采用优化控制软件模块后能将空气量降低 31%，NO_x 排放量减少 15%，锅炉热效率提高 2%～3%。

② 国内优化控制系统　国内高校和电力研究院对优化控制站做了大量的研究和推广应用工作，浙江省电力研究院、华北电力大学、上海交通大学、东南大学、华电电科院、国电电科院等，取得了一系列的研究成果。如浙江省电力研究院与华北电力大学韩璞教授团队合作研发的 TOP7 热工优化控制平台。

TOP7 热工优化控制平台包括硬件和软件两部分。控制系统运行于专用的计算机内，计算所需的过程实时参数由 DCS 给出，优化计算结果通过硬接线或通信总线送回原 DCS 系统，并叠加于调节回路的输出中。优化控制平台的结构如图 4-2 所示。

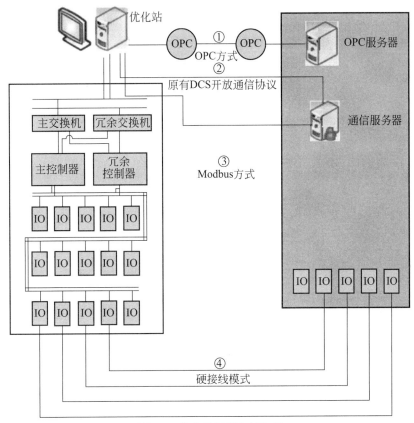

图 4-2　优化控制平台结构图

TOP7 系统的作用机理是以建立被控对象的数学模型为基础，通过状态观测、预测控制等先进的控制算法和策略得出对常规控制回路的修正值，并将修正值直接作用于 DCS 模拟量调节输出当中，起到对调节效果进行优化的作用。TOP7 具有以下特点。

a. 开放性　能与不同的 DCS 连接，系统开发完毕以后，能够根据多种 DCS 协议与不同厂家的 DCS 通信，信息传递方式有多种，可以是硬件方式，也可以是软件方式，如 I/O 硬连接、OPC 接口、MODBUS 协议等。

b. 集成性　具备常规的 AI、AO、DI、DO 模块，配置冗余控制器，硬件采用模块式或插卡式，易于扩展。在技术实现上尽可能使用成熟技术集成，如以太网技术、通用工业控制计算机、长期应用于现场的过程通道卡件等。

c. 优化能力强　软件便于复杂回路的功能模块化封装，能够对现场控制对象进行参数辨识，对现场系统能够进行参数寻优。

4.2.2.2　水力发电自动化技术现状

我国水利水电工程正在经历一个前所未有的大规模建设阶段，随着一批大型和特大型水利水电工程的建设，各类水利水电工程对自动化控制系统的需求将非常广泛，为水利水电自动化与信息化技术的应用和发展开辟了广阔的空间，水利水电自动化控制系统和技术将是今后研究及发展的主要方向。

（1）大型水电站综合自动化系统

实施水电站综合自动化系统可显著提高水电站自动化水平及安全运行水平，为实现电站"无人值班"（少人值守）、流域梯级电站远方集中控制和优化调度提供强有力的技术保障，目前我国几乎所有新建水电站都同步实施了综合自动化系统工程。水电站计算机监控系统是综合自动化系统的核心和基础，目前我国主要大中型水电站计算机监控系统均采用更符合我国国情的国内厂家开发的系统。我国水电站计算机监控系统从 20 世纪 80 年代开始，经历了初期以常规为主、计算机为辅的试点模式，到取消常规的全计算机监控实用化模式；系统结构也从全厂集中式结构，发展为比较适合水电站的分层分布式开放系统结构。经过 20 多年的努力和发展，系统功能和性能指标得到了很大提高，计算机监控系统在水电站也获得了广泛应用，技术也逐步趋于成熟，已经可以比较好地实现水电站的本地和远方集中控制、安全监视、优化运行等功能，并满足水电站"无人值班"（少人值守）的发展需要。

① 南瑞自控公司的 SSJ-3000 监控系统　龙滩水电站计算机监控系统按"无人值班（少人值守）"设计，采用南瑞自控公司的 SSJ-3000 监控系统，这是一种面向对象的监控系统软件，支持开放系统平台。该系统同时支持 UNIX 系统（NC2000）和 Windows 系统（EC2000）。该系统为全分布开放式双光纤以太环网结构，系统庞大，结构复杂，系统总 I/O 测点达 23000 多点，单机 I/O 测点达 2088 点。为保证系统安全可靠，分为主站级和现地控制单元级，主站级采用双服务器冗余设置，现地控制单元级采用双 CPU 冗余设置。网络上接入的每一个设备都具有自己特定的功能，实现功能的分布，保证了网络上的节点设备中任一部分故障或不工作，均不影响系统其他功能部分的运行。网络节点设备资源相对独立，又可为其他节点共享，为今后功能扩充提供了较大的方便。冗余化的设计和开放式系统结构，既先进可靠，又便于扩充。

② 北京中水科水电科技开发有限公司的 H9000V4.0 监控系统　三峡右岸电站计算机监控系统采用北京中水科水电科技开发有限公司研制的新一代水电站计算机监控系统 H9000V4.0。根据三峡右岸电站的实际情况和分层分布的基本原则，右岸电站监控系统采用三网四层的全冗余分层分布开放系统总体结构。三网即厂站控制网、厂站管理网和信息发布网三个网络，采用网络分层结构，使不同性质的信息在不同的网络通道上传输，确保系统控制的实时性、安全性和可靠性。四层即现地控制层、厂站控制层、厂站管理层和厂站信息层四个层次，每个层次的功能各有侧重，相互协调配合，完成电站计算机监控系统的全部功能。

（2）梯级集控中心自动化系统

梯级集控中心自动化系统包括电调自动化系统和水调自动化系统。电调自动化系统主要实现流域梯级电站的信息采集与处理、运行监视，满足梯级水电站操作控制、生产调度、集中监控需要。水调自动化系统是梯级集控中心自动化系统的一个重要组成部分，主要进行与水库运行有关的监视、预报、调度和管理。该系统基于对历史资料的收集整理，通过实时水文、气象和水库运行信息的自动采集，利用数据库管理技术，进行在线水文预报、调洪演算、优化调度和水务综合管理等，提供满足防洪、发电及其他综合利用要求的水库调度决策方案，同时支持水电厂和电网的经济调度。

NC2000流域集控中心监控系统软件是面向水利水电行业研制的大型计算机监控系统软件，目前已经在国内集控中心监控系统领域占据80％以上市场。

梯调NC2000软件系统有以下一些功能：①可以对各级电站上送来的遥信、遥测量进行监视并对各级电站进行遥控、遥调；②对综合量进行计算；③可以进行语音报警和电话录音报警；④对历史数据进行存储和管理；⑤报表功能，可以根据数据自动生成一览表、报表，并且可以进行历史曲线查询；⑥实现AGC/AVC功能。

（3）大型引水工程调度自动化系统

随着我国大型长距离调水工程的建设，全线统一优化调度、泵站闸站远程监控、全线自动化运行管理等一批关键技术成为研究开发热点，长距离梯级泵（闸）站引水工程自动化系统及相关技术装备的研发将是今后研究发展的主要方向。

南瑞水调自动化系统是为了满足电网调度机构、流域梯级调度部门、水电站、水利和防汛部门等单位实际需求的自动化系统平台。该系统提供以下功能：①水情实时监视与查询；②洪水预报；③防洪调度；④发电调度；⑤水资源调度管理；⑥历史数据管理。该系统按照三阶层软件模型构建，在商用数据库和内存实时数据库的支持下提供实时雨水数据采集、数据处理、数据通信、水务自动计算、实时报警、系统管理、调度决策支持、运行分析评价等水库调度和水资源调度支撑系统所需的功能，满足水能资源充分利用、日常调度运行管理、防洪及发电调度决策支持、水库运用计划制订等要求。

4.2.2.3 风力发电自动化技术现状

风电控制系统包括现场风力发电机组控制单元、高速环形冗余光纤以太网、远程上位机操作员站等部分。现场风力发电机组控制单元是每台风机控制的核心，实现机组的参数监视、自动发电控制和设备保护等功能；每台风力发电机组配有就地HMI人机接口以实现就地操作、调试和维护机组；高速环形冗余光纤以太网是系统的数据高速公路，将机组的实时数据送至上位机界面；上位机操作员站是风电厂的运行监视核心，并具备完善的机组状态监视、参数报警、实时/历史数据的记录显示等功能，操作员在控制室内可实现对风场所有机组的运行监视及操作。

目前风电机组监控系统缺乏标准化。通常风电设备制造商会为自己生产的风电机组开发配套的监控系统，但是其兼容性较差。通常还有第三方开发的第三方监控系统。国外有许多非常先进的风电监控系统，如Vestas公司的VestasOnline SCADA系统，西门子公司的SCADA系统WinCC OA。国内公司有国电南瑞的NSW3000风电场综合监控系统，金风公司的风电场中央监控系统等，这些系统均在国内风电场有典型的应用。

（1）国外技术

① VestasOnline SCADA系统　VestasOnline SCADA系统是Vestas Wind System A/S集团总结其多年开发和现场成功的运行经验，采用先进的计算机软硬件技术和网络技术，专门为风电场设计的计算机监控系统。

维斯塔斯Online®风电厂控制器是市场上同类产品中第一个专为风电厂而设计的。它拥有非常先进的技术，可以确保公共连接点的并网符合所有已知的并网准则。它独立于SCADA系统运行，能够准确地监测和控制每台风机。实时控制功能包括：功率因素或无功功率的闭环控制（两种选项）；电压闭环控制；有功功率闭环控制，弃风，降额，变化率限制；频率控制（三种选项），调速器控制。电厂控制器是一项完全集成的解决方案，支持数据采集以及对于所有风电厂部件的控制，包括通过各种行业协议的第三方设备的接口。

② SIEMENS WinCC OA系统　西门子SCADA系统PVSS/SIMATIC WinCC Open

Architecture（WinCC OA）是西门子公司主打的 SCADA 系统，它具有以下几个亮点：a. 面向对象，可进行高效的工程组态和灵活的系统扩展；b. 分布式系统架构，可以加载多达 2048 台服务器；c. 具有可扩展性——从小型的单用户系统到多达 1000 万个变量的分布式冗余高端系统；d. 多平台支持，系统可用于 Windows、Linux 和 Solaris；e. 具有大量的驱动程序和连接选件，如 OPC、OPC UA、S7、Modbus、IEC 60870-5-101/104、DNP3、XML 和 TCP/IP。

（2）国内技术

国电南瑞公司的 NSW3000 系统可以与风机的主控系统紧密结合，提供准确可信的在线故障预警和诊断，丰富的统计分析、报表输出、用户权限管理等功能，以及风电机组状态智能诊断、风功率预报系统等高级功能。

它可以实现：a. 风电场风机监控系统、升压站监控系统和箱变监控系统一体化综合监控，与电网调度 EMS 系统无缝衔接；b. Web 浏览功能，基于设备对象组织、管理系统；c. 强大的前置处理通信规约，如部颁 CDT、SC1801、μ4f、MODBUS、IEC 60870-5-101、102、103、104 系列以及 DNP、TASE.2、OPC2.0 等。

4.2.2.4　光伏、光热发电自动化技术现状

（1）光伏发电自动化技术现状

光伏发电技术经过几十年的发展，已日渐成熟，装机容量快速增长。国外光伏发电技术发展迅速，大型太阳能监控商研发了多款监控软件，并成为全球市场的主流产品，主要包括德国的 Skytron Energy、SMA、SDS 与 Meteocontrol。国内光伏监控技术也处于不断发展的阶段，众多企业相继开发出多款 SCADA 和功率预测系统，但仍然有许多技术问题没有彻底解决。

在西班牙和美国，光热发电已形成一定的规模，技术已经成熟，比如西班牙 Ingeteam 的光热电站整场控制系统（LOC+FCS+DCS）。光热发电在我国发展时间较短，但在太阳能聚光方法及设备、高温传热储热、电站设计等集成以及控制方面，已经取得实质性进展。槽式和塔式光热电站目前均已实现了大规模商业化运行，且槽式光热电站技术比塔式光热电站技术更成熟；而碟式及线性菲涅尔式则分别处于系统示范阶段。

① 国外技术

a. Solar-Log 监控系统　德国 SDS 公司的 Solar-Log 监控系统可以实现采集电站的基本信息、发电量、逆变器状态、电站性能比和储能系统状态等。对于设备商，可以实现对光伏电站进行远程管理，并提供全面和专业的监控。2010 年，SDS 公司推出光伏远程监控系统和数据服务模式。

b. PVGuard 监控平台　德国 skytron energy 公司的 SCADA 软件 PVGuard 一直是光伏电站远程监控软件的市场领先者，其具有以下特点：

ⓐ 高效的控制室操作（服务日志、错误处理、仪表板）；

ⓑ 智能可靠的警报管理功能，配备自学习故障检测算法；

ⓒ 全面的操作与维护记录；

ⓓ 高分辨率历史数据库，在整个电站生命周期内记录每分钟数据；

ⓔ 灵活的分析工具和可高度自定义的报告；

ⓕ 采用自适应算法，可根据当前气象数据、电厂特点和过去几周的输出来预测未来 7 天的每小时发电情况。

PVGuard 现在不只是 SCADA 软件，现已成为能源生产规划、绩效分析和系统并网的领先工具。例如，PVGuard 可调用底层监控系统积累的综合性数据库中的数据，并可访问单个测量值，从而生成最有意义的电厂绩效报告；通过显示相对于逆变器功率值和电压值的

测得辐照度，以图形的方式验证电厂的太阳能逆变器的行为。另外，可通过将辐照度、模块温度和风速的测量值映射到散布图中，研究太阳能模块的冷却效应。

c. Meteo control 远程监控系统　德国 Meteo control 公司创立的独立第三方运维模式已在欧洲地区发展得较为成熟，其远程监控系统检测光伏电站的太阳辐射量、系统效率、关键设备的性能指标等，可以观测、总结出系统效率的规律和影响因素，达到调节发电量的效果。而目前中国的运维大多停留在简单清洗组件和数据统计层面，虽然去除组件表面灰尘遮挡能够在一定程度上提高发电量，但是对于电站整体的检测程度和系统稳定性维护方面都是远远不够的。

② 国内技术

a. SETECH-I 大型光伏电站 DCS 系统　中海阳能源集团股份有限公司自主研发的 SE-TECH-I 大型光伏电站 DCS 系统，采用多级计算机集散控制技术，以工业现场总线作为网络通信枢纽，实现了对太阳能光伏发电站的过程监测和控制。该软件功能包括：

ⓐ 现场数据的实时收集、显示、统计与评估功能；

ⓑ 可对每个晶体阵列实现动态或手动切换启停；

ⓒ 具有对环境（日照、风速、风向、气温等）的监测功能；

ⓓ 具有多种工作模式和多用户管理、权限管理功能；

ⓔ 可接入国家智能电网，接受智能电网的统一调度管理。

b. 赛德-I 型 DCS 集散控制系统　上海禅德智能科技有限公司的赛德-I 型 DCS 集散控制系统，实现了光伏电站主要设备的监测和控制。其功能包括：

ⓐ 环境监测，如风向、风速、温度、湿度、日福照量等；

ⓑ 定日跟踪，如天文法＋实时跟踪法＋GPS 校时/定位法；

ⓒ 汇流箱数据检测；

ⓓ 逆变器主要参数获取；

ⓔ 变压器出入口电压、电流、温度等。

c. TAOKE 光伏电站第三方数据监控平台　2010 年，TAOKE 推出光伏电站第三方数据监控平台，具备远程监控和数据服务两种模式。TAOKE 电站用户通过光伏数据采集器可进行电站的远程管理和维护，逆变器厂家通过 TAOKE 的绿色电力网云平台对自己品牌的逆变器进行全球管理。

d. SPSF-3000 光伏并网电站负荷预测系统　北京国能日新系统控制技术有限公司独立开发的国内第一款光伏并网电站负荷预测系统 SPSF-3000，采用人工智能神经网络、粒子群优化、光电信号数值净化、高性能时空模式分类器及数据挖掘算法对各个光伏电站进行建模，提供人性化的人机交互界面。通过对光伏电站进行功率预测，为光伏电站管理工作提供辅助手段，平均预测精度超过 85％。

e. 东润环能大型新能源场站功率预测系统　北京东润环能科技股份有限公司利用国内外 5 家气象源数据支撑，通过大数据挖掘分析多重因素，开发出功率预测系统，并与中国科学院大气物理研究所创建功率预测云服务平台。

（2）光热发电自动化技术现状

西班牙 Ingeteam 的光热电站整场控制系统实现了对定日镜场、热交换系统和发电系统的监测与控制，市场占有率高。

2013 年 7 月，中控太阳能公司完成中国第一座商业化运营的塔式太阳能热发电站的建设，应用 DCS 技术，供电与通信网络采用全冗余设计，有效提升系统可靠性；将镜场控制系统与气象系统、全厂 DCS 系统集成在一个平台上，实现光热电站的全自动化运营，其中首创以智能小镜面定日镜为核心的大规模镜场集群控制技术、高效吸热系统和云预测系统。

2016 年 4 月，北京首航节能技术公司建设中广核德令哈 50MW 槽式光热电站，成为中国首个开工的大规模商业化槽式光热发电项目，其控制系统包括槽式聚光器控制系统和热工监控单元。槽式聚光器控制系统实现控制聚光器的定日跟踪；热工监控单元实现监控槽式聚光器装置中的集热器，包括温度、导热介质流量、集热管压力在内的热工数据，计算和显示每个槽式聚光器装置单独的以及镜场总计的热功率。其他槽式光热电站控制系统也有投入运营的，比如南京科远 NT6000 分布式控制平台。

4.2.2.5 核能发电自动化技术现状

虽然在火电项目上，我国自动控制系统经历了引进、消化、吸收，然后自主化生产的过程，现已趋于成熟，但是由于核电站自动控制系统对于安全性、可靠性的极高要求，国内仍有部分核电站沿用传统的模拟控制系统，DCS 系统在核电中应用较少或仅在部分新建核电机组上应用。例如，秦山核电厂主控制系统采用 Foxboro 公司的 SPEC200 组装仪表，对循环冷却水系统进行过 DCS 改造；大亚湾核电站主控制系统采用 Baily9020 系统，对常规岛进行过 DCS 改造；岭澳核电站常规岛主控制系统是法国 Cegelec 公司提供的 ALSPA P320 控制系统。DCS 在核电行业的应用是一种发展的趋势，同时也是有效提高核电站综合自动化水平的必要手段。目前仍有少数没有国产化整体解决方案的产品，成为我国核工业产业链中的薄弱环节。

（1）国外技术

① 西屋 Common Q＋OVATION 控制系统　西屋公司的 Common Q＋OVATION 控制系统指核岛 DCS 采用 Common Q 平台，常规岛 DCS 采用 OVATION 平台。包括 8 大子系统：运行与控制中心系统（OCS）、数据显示与处理系统（DDS）、保护与安全监督系统（PMS）、电站控制系统（PLS）、汽轮机控制与诊断系统（TOS）、堆芯测量系统（IIS）、专用监测系统（SMS）和多样化驱动系统（DAS）。

② 西门子 Teleperm XS＋XP 控制系统　西门子公司的 Teleperm XS＋XP 控制系统指核岛 DCS 采用 TXS 平台，常规岛 DCS 采用 TXP 平台。包括 8 大子系统：过程信息和控制系统（PICS）、安全信息和控制系统（SICS）、过程自动化系统（PAS）、反应堆控制监督和限制系统（RCSL）、保护系统（PS）、汽轮机保护和控制系统（TPCS）、安全自动化系统（SAS）、优先级与执行器控制系统（PACS）。该系统在国内也有应用，田湾核电站采用的就是德国西门子公司的 Teleperm XS＋XP 系统。

③ 三菱 MELTAC-Nplus R3 控制系统　三菱 MELTAC-Nplus R3 控制系统应用于核岛 DCS 系统，包括：反应堆保护系统（RPC）、专设安全驱动系统（ESFAC）、安全逻辑机柜系统（SLC）、反应堆功率控制柜系统（RPCC）、堆芯冷却监测系统（CCMS）和安全相关系统（SR）。岭澳核电站二期采用的就是三菱 MELTAC-Nplus R3 系统。

（2）国内技术

① 第三代核电 HOLLiAS-N 数字化仪控系统　2006 年，和利时推出第三代核电 HOL-LiAS-N 数字化仪控系统平台，其属于非安全级 DCS 平台，可以满足二代改进型压水堆、三代先进压水堆、高温气冷堆、快中子堆等不同堆型对于数字化仪控系统的要求，可实现核岛、常规岛及辅助系统控制，先进主控室监控操作等功能。该系统已经成功应用于大亚湾核电站 KIT/KPS 系统改造、巴基斯坦恰希玛二期电站计算机系统等项目。目前正在实施红沿河 1～4 号机组、宁德 1～4 号机组、阳江 1～4 号机组、防城港 1～2 机组和石岛湾高温气冷堆示范电站等核电站数字化仪控系统项目。

② 核级 DCS "和睦系统"　2010 年 10 月，中广核成功发布了国内首家自主产权核级 DCS 产品"和睦系统"，其主要功能包括对核反应堆进行保护和控制，实现电站反应堆安全停堆和事故缓解功能。该系统已广泛应用在国内多个在役机组的改造和新机组的建设中，如

阳江核电站5、6号机组，红沿河核电站5、6号机组，华龙一号示范工程防城港3、4号机组，田湾核电站5、6号机组，以及华能石岛湾高温气冷堆核电站示范工程等。

③ 中核控制DCS平台　中核控制系统工程公司开发完成国内自主知识产权的全厂非安全级DCS平台NicSys2000，其包括核电站棒控棒位系统（RGL）、堆芯中子注量率测量系统（RIC）和核电站堆外核测量系统（RPN）。

2015年，中核控制系统工程公司联合Schneider-Invensys承建福清1~4号机组、方家山核电厂、海南昌江核电厂共计8台机组全厂DCS项目，目前正在进行安全级DCS平台NicSys8000N的研制。

4.3 新技术和新方法

4.3.1 信息物理融合能源系统

目前，信息物理融合能源系统或能源互联网的研究尚处于初始阶段，其结构、组成和主要功能并没有一致的定义[38~40]。一般认为，信息物理融合能源系统主要由支持能源流和信息流双向流动的智能电网、企业能源系统、智能楼宇能源系统、智能家居能源系统等能源终端系统组成，如图4-3所示。

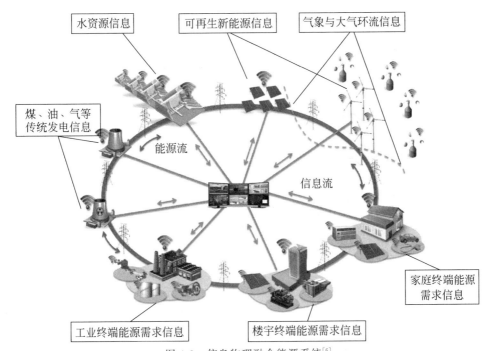

图4-3　信息物理融合能源系统[6]

信息物理融合企业能源系统通常涉及多种能源介质，由企业电力系统（可能包括自备电厂、风能、太阳能等电源）、企业燃气系统（如冶金企业的煤气发生、储罐及煤气管道）、气体制备（包括氧、氮、氩等）、企业蒸汽系统等组成，能源介质有可能存储或互相转换（如高炉煤气可作为自备电厂的发电燃料，也可存储利用），形成关联的复杂网络化动态系统。企业能耗与生产设备和工艺直接相关，但也与企业能源系统的运行相关。信息物理融合的企业能源系统能够支撑该系统的节能优化运行，以及与生产制造设备和系统的协调优化，通过需求响应实现节能减排。

信息物理融合建筑能源系统包括空调、照明、电梯等耗能设备,可能与电网和城市热力网相连,包含太阳能制热、太阳能发电、风力发电等产能设备,以及蓄电、蓄冰、蓄热、蓄热水等储能设备。楼宇建筑能源需求多属于柔性需求,与建筑结构、人员活动、室内外环境有关,有较大的不确定性[42~43]。整体优化调度控制建筑多能源系统,调控中央空调、水循环、风循环、除湿、新风、照明以及遮阳百叶、电梯、储能系统等,同时通过控制储能设备进行能源电力的需求响应,例如系统需求低谷期间制冰,以便在需求高峰期间供给中央空调系统使用,具有巨大的节能降耗潜力[44]。

总之,信息物理融合能源系统是能源供需节能优化的基础。通过整体规划和优化运行综合能源系统,使得多种可再生能源、可再生能源与传统能源、能源生产与需求充分协调与配合,就能够在不改变设备和工艺及不大量增加投资的基础上,实现系统层次上的节能减排。

实现信息物理融合能源系统节能减排,保证物理与信息系统的安全性,需要先进的能源自动化技术。以下介绍的技术有些已经取得长足发展,有些正在开发,有些需要研究与开发。

4.3.1.1 信息物理融合能源系统信息感知[6]

信息物理融合能源系统在不同层次上的信息感知框架如图 4-4 所示。

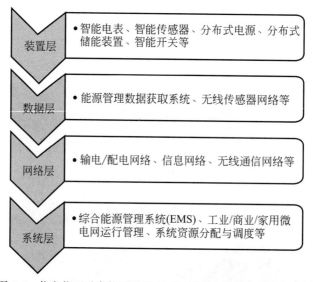

图 4-4 信息物理融合能源系统在不同层次上的信息感知框架[6]

风能、太阳能等可再生能源的产能取决于高不确定的气象环境,动态关系十分复杂。风电场的气象环境信息感知主要通过风速仪和风向标传感器来实现,一般需要部署不少于 3 层的风速观测传感器设备。除测量风速和风向外,还应测量风电场的温度、气压、湿度、降雨等气象要素,实现综合环境信息感知,为风能系统分析提供数据基础。基于光强、风速等传感器,光伏发电系统需要测量太阳辐射强度、风速、温度、照度等气象信息,以确定光伏发电系统的产能。

工业用电需求与大型设备的启停及生产直接相关,呈现高不确定、大容量冲击、大幅度波动特征。只有通过对生产过程、能源系统进行全面信息感知,深入分析企业能源特别是用电负荷的整体随机性特征以及与生产计划、工况波动间的关系,才能够为节能生产提供基础。

智能电网的高级测量体系 AMI（advanced metering infrastructure）是终端用户用能感知的基础，是一个基于智能电表，通过多种通信介质，测量、收集并分析用户用电数据，提供开放式双向通信的系统，是智能电网的基础信息平台。

建筑能源系统需求的不确定性是室内人员需求的不确定性、室外环境的不确定性、设备运行效率的不确定性等共同作用的结果。感知室内人员的分布和实时需求，对于提高优化运行暖通空调系统、照明系统，提高楼宇能源系统效率至关重要，是降低建筑运行能耗的基础[45]。许多传感技术能够用于室内人员的定位与检测，如 RFID、视频和红外感知技术。

传感器技术已经从单传感器测量转变为网络化多传感器测量，以无线传感器网络为代表的新一代智能感知技术，为信息物理融合能源系统的信息感知提供了经济、高效、便捷、安全、可靠的解决方案[46]。

4.3.1.2　信息物理融合能源系统建模、分析与仿真

以信息物理融合能源系统的多能量流之间及能量流与信息流的融合与相互作用为基础，建立描述信息与物理系统融合的动态模型，提出信息物理融合能源系统综合评价指标及高效仿真方法，为系统规划和安全运行奠定基础。

基于传感器网络技术，精细化获取能源供需信息，建立能源互联网供需两侧包括可再生新能源、柔性负载等的时空随机分布模型，分析信息物理融合能源系统供需、转存节点的动态随机特性，建立网络拓扑变化的关联模型。

信息物理融合能源系统的多种能源在生产、存储、运输、转换、消耗方面存在复杂的时空关联关系，同时海量状态与控制信息，直接影响能源互联网规划、运行、交易行为，形成物理与信息系统相互作用、相互影响的混合动态系统。现有的混合自动机模型无法描述能源互联网异质节点的互接特点，需要开发信息物理融合的建模技术，将设备状态与控制节点、能量节点和能量流的关联关系，抽象成逻辑节点和逻辑连接网络，建立异质信息物理融合模型，同时开发大规模信息物理融合混合动态系统的仿真评价技术，描述和仿真系统的经济性和综合安全性。

信息物理融合能源系统的供需均具有高不确定性。由于风能、太阳能等可再生新能源的产能取决于高度不确定的气象环境，动态关系十分复杂，风速、光照等气象参数很难精确确定。能源需求侧特别是企业能源需求与市场制造系统密切相关，仅靠能源系统的历史信息难以确定需求。需要结合气象、地理环境和能源需求历史，建立随机特性分析模型，开发匹配能源互联网多能源特点的随机特性分析新技术，为能源互联网供需匹配与动态调度决策建立基础。

4.3.1.3　信息物理融合能源系统的运行优化与调度

需要在信息物理融合能源系统架构下，提出供需两侧系统的运行优化方法。考虑可再生能源非预期条件，建立供应侧随机动态优化调度新理论，提出资源优化配置策略，提出多时间尺度的供需匹配优化方法。

能源供应及需求侧非预期条件下的全场景可行性具有很大挑战。风能、太阳能等清洁、可再生能源具有高不确定性及随机性，需求侧也具有高不确定性。优化调度的解应能够满足所有可能场景下的可行性。在多时间尺度下的调度问题中，众多随机因素并非同时实现，而是逐个、逐阶段实现，在实现的同时也要有与其对应的本时段调度决策，这些本时段调度决策必须在不依赖于未来时段随机因素实现信息的情况下做出，这就是随机规划中的非预期条件（nonanticipative constraints）。在随机动态优化调度中，必须考虑大量随机因素不可数、无穷多场景及多时段非预期条件。

高不确定性可再生能源的消纳及与传统能源协调配合问题也具有很大挑战性。当大规模

可再生新能源并入电网时，必须留有足够备用，以应对风电的波动。考虑机组的容量、爬坡能力以及电网传输容量约束，存在可再生新能源的安全消纳上限。此外，由于备用配置成本的增加，导致新消纳风电所带来的发电成本下降，不足以弥补更多高效率、大容量机组为预留备用而不得不运行在低效率点、高成本小机组接近满负荷运行所产生的成本增量。因此，在信息物理融合能源系统的随机动态优化调度中，必须考虑高不确定性新能源的安全经济消纳问题。在调度模型中同时考虑最优消纳量也是一个挑战性问题。高不确定性新能源可以与传统能源实现有效的协调配合，如水电、抽水蓄能系统、负荷响应与可再生新能源的协调配合。

充分利用共享信息资源，分析信息物理融合能源终端对电、热、气等多能源随机需求行为，提出多节点供需转存响应策略和协调优化方法。建立多能源终端随机行为分析模型，提出灵活、可重构的分布式建模方法，设计含分布式发电单元、储能单元、天然气热电联供和智能用户的供需转存、协同优化方法，为能源互联网提高能源利用率、增强运行灵活性和互动能力提供有效途径。建立能源互联网系统的物理安全（safety）与信息安全（security）综合安全模型，分析能源网络物理约束和互联网数据通信的关联关系，提出异常数据和行为的检测方法、故障监控方法和控制命令认证方法，重点解决多能源终端接入导致的综合或集成安全问题。

4.3.2　火力电站建模及优化控制技术

随着火电机组容量的增大，对运行的安全性和经济性要求也在逐步提高，这就要求控制系统具有良好的抗扰动能力，较强的鲁棒性以及稳定性。控制器参数设置是至关重要的，它直接关系到电厂的安全、经济运行。在现场，无论是调试人员还是运行人员，他们大都是根据自己的经验采用试凑的方式进行参数设置。这种试凑方式获得的控制器参数也能使控制系统稳定，但很难使系统满足各项品质指标，经常是牺牲经济性指标来满足安全性指标。我国电力行业热工自动化标准化委员会制定了热工控制系统的性能指标标准，对控制系统的主要性能指标给出了量化值，这样就可以对系统运行的各项安全指标和经济指标进行量化衡量。为了同时满足安全性和经济性指标，必须对控制器参数进行优化。

对于热工系统，最优化问题就是如何调整控制器参数，使调节品质达到最好。一个控制系统达到了最优，也即指调节品质达到了最好。衡量调节品质的指标包括三个方面："稳定性""准确性"和"快速性"。不同的调节对象，对调节品质的要求是各有侧重的，这就形成了各类不同的目标函数。

可见，对于火电机组控制系统参数优化需要解决三方面的问题：

①　如何求取火电机组的数学模型；

②　在已知数学模型的基础上，如何选取目标函数，使火电机组动态调节品质达到最佳；

③　在提出的目标函数下，采用什么样的策略来改变控制器参数，使这个目标函数达到最小（或最大），即寻优策略的问题。

4.3.2.1　火电站仿真机

火电站仿真机为火电机组优化运行、控制系统参数优化提供了一个非常有效的实验平台。特别是基于虚拟 DCS 的激励式仿真机的出现，使得火电站仿真机的应用如虎添翼，它已经成为火电机组优化运行不可或缺的实验装备。

所谓激励式仿真机（stimulation simulator），就是将 DCS 与火电厂热力设备和机组模型直接对接构成的仿真系统。全激励模式保留原有的分散控制系统软件和硬件，接入一个只限于实现热力设备和机组模型仿真的仿真计算机。激励方式涉及激励系统至仿真计算机的接口，两个计算机系统之间的硬件接口可由通信接口实现。激励方式的优点是保留了分散控制系统的全部功能，可在仿真机上方便地进行控制算法分析研究及改进，激励软件和硬件很容易做到与实际电厂始终保持一致，电厂备用硬件可用于仿真机。基于虚拟 DCS 的激励式仿真机是使用虚拟 DCS 复现实际 DCS 的全部功能，具有极高的软件逼真度，同时以软件代替硬件，极大地降低了实现成本。

所谓虚拟 DCS，是相对于过程工业系统中运行的真实 DCS 而言的。虚拟 DCS 就是将真实 DCS 在非 DCS 的计算机系统中以某种形式再现。实际 DCS 主要是由分散处理单元（DPU）和人机界面（HMI）构成的。同样，虚拟 DCS 也由虚拟 DPU 和 HMI 构成，HMI 可以是真实 DCS 的人机界面。虚拟 DPU 是虚拟 DCS 的核心。虚拟 DPU 是指将实际分散控制单元中的 DPU 功能移植到虚拟 DPU 软件上，使 DPU 功能脱离实际硬件而实现的。这样整个虚拟 DCS 系统就可以脱离数据采集及数据运算硬件设备而工作，节省大量硬件投资。

在实现虚拟 DCS 的前提下，建立虚拟 DCS 与仿真模型的通信接口，由仿真计算机构成的仿真对象经过运算之后，各模型的状态数据通过通信网络传递给虚拟 DPU。虚拟 DPU 接受仿真计算机的数据驱动后，将运算结果传递给 HMI 显示，同时传回给仿真计算机，复现实际 DCS 中的数据 I/O 及控制运算功能。

与传统的仿真机相比，激励式仿真机更能够复现实际机组的 DCS 系统，并与实际系统的逻辑结构相同，没有传统的仿真机中逻辑关系上的混乱与逻辑环节的缺失。传统的仿真机将控制算法与模型混合在一起，只是实现了 DCS 外观功能的仿真，对于工程师站的组态仿真则无能为力，仿真培训对象只能局限于运行人员，缺乏对热控人员的培训功能。而基于虚拟 DCS 的激励式仿真系统能够很好地弥补这一缺点，是节省投资、缩短开发周期、获得最高逼真度和最多应用功能的理想技术方案。

基于虚拟 DCS 的激励式仿真机具有以下功能。

① 机组运行人员培训及考核。

② 热控人员培训——可以进行操作员界面组态、控制系统图组态、系统诊断、控制器参数优化等各种培训。

③ 事故分析——根据现场记录，分析出事故产生的原因，然后在仿真机上再现这个事故，核实事故原因。

④ 设计、改造方案论证——控制系统改造方案的论证；研究新型机组在新的工艺流程下机组控制逻辑的设计方案，并模拟试验机组运行过程可能遇到的问题及处理方法。

⑤ 开发、论证、修改运行规程——在仿真机上，可以任意修改运行规程，而不存在危险性问题，特别是事故处理步骤的优化只能在仿真机上完成。

⑥ 测试评估控制系统的配置——激励式仿真机直接复制了现场使用的 DCS 的全部功能，具有极高的软件逼真度，控制逻辑组态与实际过程的物理逻辑一致。因此，在仿真机上，很容易评估控制系统的配置情况。

⑦ 人为因素评估——一般把这种仿真机与操作员之间的界面设计成可变的。改变界面后，观察这种改变对操作员的影响。例如，把电站中的操作员画面设计成动态可变的，使操作界面与实际略有不一致，使控制开关的颜色发生变化等。通过这些变化的训练，来减少操作员的错误。通过上述的人为改变，观察改变前后操作员的反应，以及比较新老操作员对变化反应的不同，可以研究人们的依赖性及复杂训练的效果。

4.3.2.2　火电机组智能建模

系统建模是热工系统优化控制的基础，只有得出被控系统的数学模型才能进一步优化控制器参数。然而机理建模过于复杂，试验建模又必须得到现场的配合，因为这些因素的存在，虽然最小二乘类辨识理论在 20 世纪 80 年代就已发展成熟，但是生产过程系统的最小二乘法建模实际上仍然停留在理论层面，实际应用并不多，实际应用较多的仅仅是阶跃响应和方波响应建模法。

20 世纪 90 年代以后，国内大部分电力、化工、炼油等生产过程陆续引进分散控制系统和厂级监控信息系统，使得大量的生产过程运行和调整数据可以方便地保存、查看。因此，通过对海量的现场运行数据分析，可以找出数据中隐藏着的系统的大量有用信息，利用智能优化技术，不去考虑激励信号源的形式，只要系统的输出是由这个输入信号激励的，就可以根据输入和输出数据拟合出系统的传递函数。这种方法为生产过程建模开辟了一条实用之路。

如果系统的输入 $u(t)$ 发生的变化（不论是人为干扰还是自动控制的结果）能够激励系统输出也发生变化，而且 $u(t)$ 激励的时间足够长，能激励出系统的全部状态，那么就可以把模型辨识的问题转化成参数优化的问题（图 4-5）。

如果令数据的采样周期为 T_s，选取 m 个采样数据点，则可以定义误差指标函数为

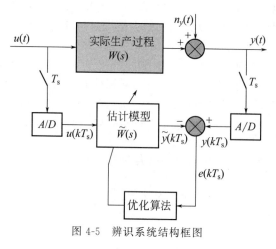

图 4-5　辨识系统结构框图

$$Q = \sum_{k=1}^{m} [y(kT_s) - \widetilde{y}(kT_s)]^2 = \sum_{k=1}^{m} e^2(kT_s)$$

根据问题领域的工程经验，选择一种合适的估计模型结构 $\widetilde{W}(s)$，在系统运行的历史数据中，或人为地给系统加入各种扰动所得到的数据中，找出一组适合于辨识的输入、输出数据，使用任何一种群体智能全局搜索算法进行参数优化，即可得到系统模型参数[88]。

4.3.2.3　火电机组控制系统参数优化

在控制系统设计中有三类最优化问题：第一类是在控制对象已知，控制器的结构、型式也已经确定的情况下，调整控制器的参数，使得控制系统的调节品质最好，此时，一般使用 PID 或变形 PID 控制律的控制器；第二类是在控制对象已知或者有一个近似的初始模型的情况下，寻找最优控制作用，使系统的调节品质最好，这就要寻找最优控制器的结构、型式及参数，由于这类问题是要确定最佳函数，所以被称为函数最优化问题，对于这类问题的典型控制算法有自适应控制与预测控制；第三类问题是当被控对象未知时，不需要求出被控对象特性，直接寻找最优控制策略使控制品质最佳，比如模糊控制。

在火力发电生产过程中，通常使用试凑法来整定 PID 控制器参数，虽然可以使控制系统稳定，但是，并不能使控制系统运行在最佳状态。产生此种情况的原因是，"经典控制理论"和"现代控制理论"都解决不了火电机组控制系统优化设计问题，因此，在工程上，不得不选择试凑法或经验整定法（其中最典型的是 Z-N 法）来整定控制器参数。然而在实际应用中，这些法则普遍存在一些问题：不仅其效果严重地依赖于个人的经验，而且需耗费大量的时间进行现场试验。随着过程控制系统趋于庞大和复杂，现场试验变得越来越困难，因此，随着计算机技术在控制领域的普及，人们开始追逐尽量减少现场试验，利用生产现场运行中的大量数据来建立过程数学模型，然后使用各种优化算法来解决控制系统参数优化（整定）的问题。

控制系统的性能指标是衡量和比较控制系统工作性能的准则，在优化算法中它体现在目标函数的选取上。衡量控制系统性能的指标包括三个方面："稳定性""准确性"和"快速

性"，实际上这是一个多目标优化问题。不同的控制对象，对调节品质的要求是各有侧重的，这就形成了各类不同的目标函数。但是，大量实践表明，一般选取综合型品质目标作为优化目标函数能取得较好的优化效果。

优化控制系统结构如图 4-6 所示。

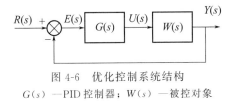

图 4-6　优化控制系统结构

$G(s)$ —PID 控制器；$W(s)$ —被控对象

对于如图 4-6 所示的系统，可以选取目标函数为

$$Q = \int_0^{t_s} [c_1 t \, | \, e(t) \, | + c_2 u^2(t)] \mathrm{d}t + \sum_{j=1}^5 Q_j$$

式中，t_s 为可能的过渡过程时间；t 为系统时间变量；c_1、c_2 为相应积分项的权系数；Q_j 为惩罚函数。

$$Q_1 = \begin{cases} 0 & 0.75 \leqslant \varphi \leqslant 0.98 \\ 10^{40} & 0.75 > \varphi > 0.98 \end{cases} \qquad \varphi \text{ 为衰减率}$$

$$Q_2 = \begin{cases} 0 & 5\% \leqslant M_p \leqslant 30\% \\ 10^{40} & 5\% > M_p > 30\% \end{cases} \qquad M_p \text{ 为超调量}$$

$$Q_3 = \begin{cases} 0 & t_r \leqslant t_r^* \\ 10^{40} & t_r > t_r^* \end{cases} \qquad t_r \text{ 为上升时间；} t_r^* \text{ 为希望的上升时间}$$

$$Q_4 = \begin{cases} 0 & t_s \leqslant t_s^* \\ 10^{40} & t_s > t_s^* \end{cases} \qquad t_s \text{ 为过渡过程时间；} t_s^* \text{ 为希望的过渡过程时间}$$

$$Q_1 = \begin{cases} 0 & |u(t)|_{\max} \leqslant U_{\max} \\ 10^{40} & |u(t)|_{\max} < U_{\max} \end{cases} \qquad U_{\max} \text{ 为希望的控制器输出绝对值的最大值}$$

当有了被控对象传递函数以后，再给出各种品质指标值，使用各种群体智能算法（遗传算法、蚁群算法、粒子群算法等）即可优化出 PID 控制器的最优参数。

但是，任何优化算法都要有选择优化参数的论域问题。实践表明，并不是参数论域选择得越大越好，对于群体智能算法而言，参数论域大会陷入局部最优。

韩璞教授经过多年的实验研究，在文献［88］中给出了根据被控对象的参数即可估计出 PID 控制器参数的经验公式，而且能达到电力行业标准给出的品质指标。由该经验公式得到的控制器参数值可直接用于实际控制系统，作为粗略的整定参数，运行时再进行细调；也可作为各种优化算法进行参数寻优时的初值以及估计寻优参数区间。

（1）有自平衡能力被控对象的经验整定公式

如果有自平衡能力，被控对象为

$$W(s) = \frac{K}{(1+Ts)^n} e^{-\tau s}$$

控制器为

$$G(s) = \frac{1}{\delta} \left(1 + \frac{1}{T_i s} + \frac{T_d s}{1 + a T_d s} \right)$$

经验整定公式为

$$\delta = \alpha K(\beta + n_1)$$
$$T_i = \gamma(nT + \tau)$$
$$T_d = \frac{T_i}{4 \sim 8}$$
$$a = 0.1 \sim 1$$

式中：

$$n_1 = \begin{cases} <2\frac{\tau}{T}+1>+n & \tau>0 \text{ 时} \\ n & \tau=0 \text{ 时} \end{cases}$$
$$\alpha = 0.081, \quad \gamma = 0.6$$
$$\beta = \begin{cases} 5 & n_1 = 1 \\ 8 & n_1 = 2 \\ 10 & n_1 = 3 \\ 11 & n_1 = 4 \\ 12 & n_1 \geqslant 5 \end{cases}$$

（2）无自衡被控对象

如果无自平衡能力，被控对象为

$$W(s) = \frac{K}{s(1+Ts)} e^{-\tau s}$$

控制器为

$$G(s) = \frac{1}{\delta} \left(1 + \frac{1}{T_i s} + \frac{T_d s}{1 + a T_d s}\right)$$

经验整定公式为

$$\delta = \alpha K \left(\frac{T}{10} + \frac{\tau}{5}\right)$$
$$T_i = \beta(T + \tau)$$
$$T_d = \frac{T_i}{4 \sim 8}$$
$$a = 0.1 \sim 1$$

式中：

$$\alpha = \begin{cases} 5 & \text{要求 } M_p < 40\% \\ 9.5 & \text{要求 } M_p < 30\% \end{cases}$$
$$\beta = 10$$

4.3.2.4 自适应控制

所谓自适应控制就是按着生物自适应现象的工作原理设计出的控制器，它能自动地、适时地调节系统本身的控制规律和参数，以适应外界或内部引起的各种干扰及系统本身参数的变化，使系统运行在最佳状态。

就自适应控制系统的构成来讲，与常规控制系统没什么两样，所不同的仅仅是常规控制器的结构和参数都是在设计时确定下来的，而自适应控制器的结构或/和参数都是随运行工况和环境条件而变化的。

自 1958 年由美国麻省理工学院的 Whitaker 教授提出第一个自适应控制系统以来，已经有近 60 年的发展史。发展到现阶段，无论从理论研究还是从实际应用的角度来看，比较成熟的自适应控制系统有模型参考自适应控制系统（model reference adaptive system，MRAS）和自校正调节器（self-tuning regulator，STR）两大类。

（1）模型参考自适应控制系统

参考模型的输出 y_m 直接表示了被控对象的输出应当怎样理想地响应参考输入信号 r，换句话说，就是用参考模型来表达对控制系统性能指标的要求，因此，不同的被控系统就应该给出不同的参考模型。此外，从模型参考自适应控制系统结构（图 4-7）可以看到，只有参考输入发生变化时参考模型才起作用，因此，这种用模型输出来直接表达对系统动态性能要求的做法，对于一些运动控制系统来说往往是直观和方便的。但是，对于生产过程控制系统来说，往往要维持系统的输出与参考输入相等，而参考输入通常是保持不变的，因此，对过程控制系统来说，使用模型参考自适应控制并不方便。

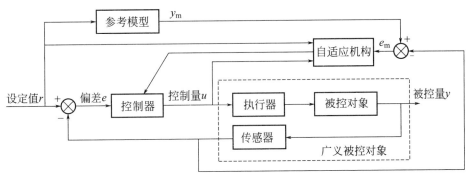

图 4-7　模型参考自适应控制系统结构框

当对象特性在运行中发生变化或系统受到了扰动时，控制器参数的自适应调整过程与上述过程完全一样。设计这类自适应控制系统的核心问题是如何综合自适应调整律（简称自适应律），即自适应机构所应遵循的算法。

此外，从图 4-7 中不难看出，对于参考模型环节来讲，它是一个开环系统，因此，参考模型一定是有自平衡的，所以，模型参考自适应控制不适合无自衡能力的被控对象。

（2）自校正调节器

与模型参考自适应控制系统相比（图 4-8），自校正控制系统缺少了参考模型环节，这样，设计控制器参数时就缺少了依据。因此，要依据通用被控对象模型来设计控制器参数估计器，而不是像模型参考自适应控制系统那样，依据不同的被控对象，给出不同的参考模型。

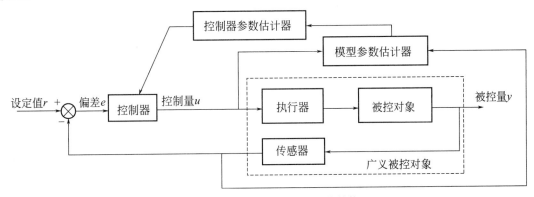

图 4-8　自校正自适应控制系统结构

实现自校正自适应控制的关键是在线估计被控对象的数学模型。然而，到目前为止，虽然已从理论上解决了多变量系统在线闭环辨识问题[13]，但对于现代工程系统来说，这些辨识算法在实际中还不能得到很好的应用。因此，自校正自适应控制的普遍应用受到了很大的制约。

由于上述的各种原因，虽然自适应控制在许多领域都有过成功的应用案例，但是，至今还停留在试验性应用的层面上，它并没有像 PID 那样被广泛、持久地使用。在火力发电领域，在 20 世纪 90 年代后期，就有些学者做过在主气温、主气压系统中使用自适应控制策略的研究，但是，迄今为止，也只是在现场中做了试验性应用而已，并没有在实际生产长期运行中得到应用。

4.3.2.5 预测控制

预测控制也称模型预测控制（model predictive control），是 20 世纪 70 年代后期直接从工业中发展来的一类新型计算机控制算法。预测控制系统的一般结构如图 4-9 所示。

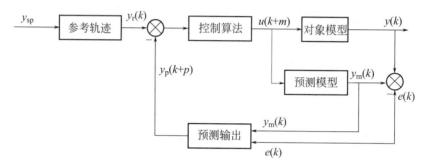

图 4-9　预测控制系统的一般结构

预测控制的核心思想是：依据被控对象的输出 $y(k)$ 与基础的预测模型输出 $y_m(k)$ 之间的偏差 $e(k) = y(k) - y_m(k)$，来预报被控对象的未来输出 $y_p(k+p)$，依此产生最优的控制量 $u(k+m)$。这也是称作预测控制的原因。

预测控制发展至今，虽然有不同的表示形式，但归纳起来，它的任何算法形式不外乎预测模型、滚动优化、反馈校正三个特征。这三个特征体现了预测控制更能符合复杂系统控制的不确定性与时变性的实际情况，这也是预测控制在复杂控制领域中得到重视和实用的根本原因。所以它一经问世，就引起了工业控制界的广泛兴趣，在电力、石油、化工和航空等领域中已经有成功应用的案例，许多大公司也不断推出和更新各种预测控制工程软件产品，为预测控制的应用起到了促进和桥梁的作用。MATLAB 软件包中有模型预测控制工具箱，在控制系统设计、调试、计算机仿真方面得到了广泛应用。

预测控制是线性控制，又采用反馈校正控制方式，对预测模型要求也比较低，所以，它在工程上的应用范围要比自适应控制更广泛。特别是近些年出现了外挂式优化控制站，使得预测控制的应用如虎添翼，在火力发电厂中得到了越来越多的实际应用。

4.3.2.6 模糊控制

模糊控制系统是一种计算机控制系统，故其组成类似于一般的数字控制系统（图 4-10），所不同的是数字控制器中的控制算法是模糊运算。

模糊控制就是利用模糊集合理论，把人类专家用自然语言描述的控制策略转化为计算机能够接受的算法语言，从而模拟人类的智能，实现生产过程的有效控制。因此可以说，模糊控制就是智能控制。

1974 年，玛丹尼教授将模糊集合和模糊语言逻辑成功地用于蒸汽机控制，宣告了模糊

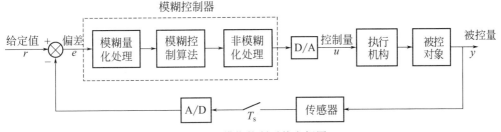

图 4-10 模糊控制系统方框图

控制的诞生。模糊控制非常适用于控制复杂、非线性、大滞后和不确定性的被控对象。

尽管模糊控制已有 40 多年的发展历史，但是，直到今天模糊控制也没能在生产过程控制系统里得到大范围的应用，也仅是有成功应用的案例。然而，获得的模糊控制理论成果远远多于工程应用。产生这种情况的原因是，模糊控制器是非线性控制，它具有非线性系统的所有缺点：控制品质不仅与控制器参数有关，还与控制系统的实际运行状态有关，如果运行状态与设计状态不一致，那么得不到所需要的控制品质，而设计控制器时是没法确定实际运行状态的；单纯的模糊控制器类同于经典的 PD，它属于有差调节，不适合于过程控制系统；极其容易产生稳态时的等幅振荡；如果使用模糊 PD＋确切 I 控制策略，控制品质也不优于确切 PID 控制策略；如果使用模糊自整定 PID 控制策略，得到的控制品质也不比确切 PID 控制策略的好，还给控制器的设计带来极大的困难。

此外，设计一个好的模糊控制器需要对实际系统有特别深的了解，这恰恰是模糊控制器的设计者做不到的。如果是生产现场的技术人员来设计模糊控制器，目前我国的情况是，这些技术人员多数不具备这方面的知识。因此，在 20 世纪 90 年代就有学者在火电机组的钢球磨煤机上试验性地使用模糊控制[90]，但是，并没能长久地运行。

4.3.2.7　火电机组关键状态变量在线监测技术

在电力市场深入改革的今天，厂网分开、竞价上网使各发电厂为了加强市场竞争力而努力提高发电效率，降低发电成本。然而，影响火电厂经济运行的一个重要因素是许多重要技术参数和经济参数难以进行在线实时测量，如烟气含氧量、飞灰含碳量、煤种发热量、球磨机负荷等都是直接反映发电效率和运行安全的重要热工参数，出于技术或经济上的原因，无法用常规的传感器直接测量。一方面，火电厂对某些难测参数采用的人工取样化验离线分析方法，化验滞后大、采样周期长、代表性差，难以直接用于在线监测和指导控制；另一方面，火电厂许多生产环节为保证安全和稳定性，被迫采取保守工况运行，牺牲了经济性。

采用软测量技术是解决以上问题的有效途径之一。20 世纪 90 年代以来，软测量技术在理论研究和实际应用方面均取得了迅速发展，它是利用一些易于实时测量的、与被测变量密切相关的变量（二次变量），通过在线分析，来估计不可测或难测量变量的方法。以分散控制系统 DCS 为代表的先进控制系统在我国电力系统得到了广泛应用，其强大的数据采集和数据处理及数据传输功能，配合软测量技术，可对各种难测变量实时监测。因此，对热工过程的难测变量进行软测量，对于电厂相关生产过程的操作和监控，以及优化管理方面都具有重要作用和意义[50]。

（1）炉膛出口烟气温度在线监测

炉膛出口烟气温度过高会导致锅炉过热器结焦事故，严重时使过热器处出现结渣，减小甚至堵塞过热器各管屏之间的空隙，使炉膛负压升高，锅炉无法满负荷运行[51]。烟气温度较高处的受热管热负荷升高，蒸汽温度升高，受热管得不到及时冷却，管壁温度有可能超过金属的允许工作温度而引起过热，此时管子的蠕胀速度加快，使用寿命降低，严重时会引起爆管。炉膛出口烟气温度实时测量可用于电站锅炉炉膛受热面灰污染实时监测、实时指导吹灰或检验吹灰效果[53]。

根据不同的测量原理，发展了不同形式的测量技术。从目前应用最广泛的热电偶测温法到近几年兴起的红外光谱测温法、光纤测温法，基于数字图像处理技术的光学辐射法、基于声学理论的炉膛测温技术等，均在实际应用中取得了一定的成果。

① 热电偶测温　在测量炉膛温度时把测量端伸入到炉膛中，当测量端与烟气处于热平衡状态时，测量端的温度就是被测点的温度。热电偶的结构简单，测温范围大，互换性好。但是由于受到感温元件耐温性能的限制，只能做短时间的测量，而且测点个数有限而无法反映某一平面的平均烟温。热电偶的探针是通过开孔伸入炉膛的，比较笨重，易变形卡涩，故障率高且就地操作费时费力。目前，热电偶主要是在锅炉进行热态特性试验时或者处于初始燃烧状态时，指导锅炉送粉与送风，当锅炉正常稳定运行时，一般只选择锅炉个别关键部位进行检测。

② 红外光谱测温　红外光谱测温一般用于替代炉膛烟温探针进行炉膛出口烟气温度的测量，利用红外光谱测温法测量炉膛温度，它实质上是测量炉膛中一定波长范围内某一气体的辐射能量，然后根据公式求出烟气的温度，得到炉膛温度场。由于在锅炉燃烧过程中会产生很多气体，成分十分复杂且存在着大气干扰和吸收。为了准确测量烟气的温度，选择窄带红外光谱成为必然。CO_2是化石燃料燃烧后的共有产物，并且其红外光谱波长范围比较窄，因此红外光谱测温仪大都是采用带有特殊设计的红外滤色镜的薄膜热电堆，滤除其他波长的红外能量，通过接收高温CO_2气体的红外光谱辐射能进行分析[55]，以得到烟气温度。此类产品是基于高温CO_2气体的光谱分析，因此对所测环境的CO_2浓度有一定要求，浓度过低之处测量误差较大，多个测温探头之间数据不能联合处理。

③ 光纤测温　光纤测温法是以光纤作为传递温度信息的载体，是随着光纤技术发展起来的一种测温方法。它是通过选择耐温可达 2000K 的蓝宝石单晶光纤作为基体，在其端部涂覆铱等金属薄膜构成黑体腔，将其伸入高温火焰中，黑体腔会和火焰达成局部热平衡，且通过光纤将辐射能量传送给光电检测系统，利用双色测温方法或者单波长测温法可以测量出被测火焰温度。光纤温度计具有测温上限高、精度高、动态响应快等优点，有较好的推广应用前景。

④ 辐射测温　电站锅炉炉膛中发生的燃烧过程伴随着强烈的辐射能传递过程，温度测量一般基于普朗克辐射定律。在一个典型的彩色 CCD 摄像头测温系统中，火焰的图像通过摄像头摄取并且经过像素处理后，以数字的形式存储在计算机内，根据比色法测温原理[57]，就可以进行炉膛中单点的温度计算。基于数字图像处理的测温技术基本上都是在实验室条件下进行设计和验证的，在不考虑误差的理想情况下可以相当精确地重建出温度场。从目前对炉膛火焰图像处理的研究来看，火焰图像处理技术具有广阔的发展前景，但是在温度场三维重建以及温度场在线测量等方面此技术还有许多需要改进和完善的地方。

⑤ 声波测温　锅炉炉膛温度场声学测量是一个跨学科的研究项目，需要复杂和细致的研究分析，尽管取得了一定的成果，但是还存在不少问题。典型的问题如：由于计算的时候都是将声波在炉膛中传播路径按照直线进行处理，而实际上由于炉膛中烟气温度梯度的存在以及烟气的流动，声波在炉膛中并不是严格按照直线的方向传播的，因此必须考虑声波在温度场传播中由于折射导致的弯曲效应问题，找到减小甚至消除折射带来误差的方法。

⑥ 激光光谱测温　基于激光光谱的测温技术是一种较新的温度测量技术，具有测量准确、反应速度快、非接触的特点。激光光谱测温技术的核心是可调谐二极管激光吸收光谱技术（TDLAS），对于非均匀分布的流场，通过设计多光路测量系统，将 TDLAS 与图像重建技术相结合得到被测区域的内部信息，即确切的空间分布情况，可以实现温度二维分布测

量[58,59]。基于激光光谱的炉膛参数检测技术只需要待测气体的一条特征谱线，在谱线的选择方面要尽量避免其他气体谱线的干扰。

除此之外，基于全流程机理建模的烟气温度软测量方法具有测量精度高、无需额外补充硬件设备、可用于在线测量等优点，也是重点发展方向之一。

（2）受热面污染在线监测

影响锅炉结渣和积灰的原因错综复杂，不仅仅是锅炉的内容，而且还包含了灰渣化学反应动力学、传热学等学科，是一种多学科交叉理论[61]。工业发达的国家早就开始研究电站锅炉受热面结渣和积灰的在线监测的理论模型，并开发出电站锅炉受热面结渣和积灰的在线监测系统，来指导电站锅炉吹灰，使电站锅炉能够安全经济地运行[62]。

（3）能耗在线监测

目前，发电厂的机组能耗试验及能耗诊断方式方法，仍然以现场测量计算为主，在线能耗测试及优化等方面的软件开发和应用还处于初级阶段。而传统的离线热力性能测试存在诸如响应滞后很多等缺陷。随着火电机组逐渐向大容量、高参数方向发展，运行实时采集数据的不断完善，对在线实时监测机组指标数据进行采集并加以分析管理，已成为现在火电机组发展的必然趋势。

对于现代工程中的复杂系统，使用状态方程来描述也是比较困难的，一般还是习惯用传递函数矩阵来描述高阶的多变量系统。对多输入/多输出的系统进行控制是比较困难的。现在较为成熟的控制策略有三种：状态反馈控制（不适合于火电厂，只有实验性研究）、解耦控制和协调控制。虽然它们各自都有缺陷，但是，目前也仅能用这些方法对多变量系统进行控制。

4.3.2.8 火力电站环保岛装备设计与运行优化

（1）火力电站环保岛的构成及工作原理

我国现有各类火力电站 4000 余座，主要是燃煤机组和较小比例的燃气机组。火力电站的主要污染物排放是二氧化硫、氮氧化物、烟气粉尘和炉渣。2010 年，我国火电装机容量7.1 亿千瓦，行业二氧化硫和氮氧化物排放量双双超过 1000 万吨，粉尘排放则超过 280 万吨。到 2015 年，火电装机容量上升到 9.9 亿千瓦，但行业二氧化硫和氮氧化物排放量较2010 年的水平均有一定程度下降，粉尘排放甚至下降了 45%，它归因于国家排放标准的严格执行、企业社会责任和全民环保素质的提高。其中，集烟气脱硫、脱硝、除尘一体的烟气环保岛起到了不可替代的作用。2014 年，国家发改委、环境保护部和国家能源局在《煤电节能减排升级与改造行动计划（2014～2020 年）》中明确提出了东部地区新建燃煤电站机组污染物超低排放要求（标准状况）：SO_2 浓度 $<35mg/m^3$、$NO_x<50mg/m^3$、粉尘浓度 $<10mg/m^3$。超低排放压力对环保岛的优化设计和运行提出了新的挑战。

先进环保岛系统包括烟气脱硝装置、低低温电除尘装置、脱硫装置、湿式电除尘装置，如图 4-11 所示。

① 脱硝（$DeNO_x$）装置工作原理 烟气离开炉膛之后，经过一系列换热器和省煤器进入脱硝装置。烟气脱硝装置采用的主流工艺是选择性催化还原技术（selective catalytic reduction，SCR）。

1959 年，德国 Engelhardt 公司发明了选择性催化还原反应脱硝（SCR-$DeNO_x$）工艺。日本石川岛公司则将该工艺用于火力电站烟气脱硝，并于 1975 年在 Shimoneski 电厂建立了第一个 SCR-$DeNO_x$ 示范工程，随后在世界各国得到广泛应用。选择催化还原工艺原理是，在催化剂（V_2O_5-WO_3/TiO_2）和氧气参与的条件下，使用 NH_3 或其他类型的还原剂与烟气中的 NO_x 反应，将烟气中的 NO 和 NO_2 还原为无污染的 N_2 及水。

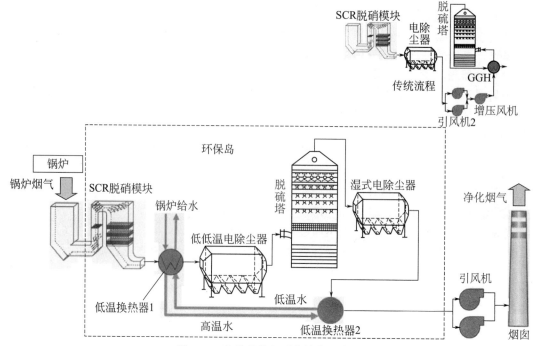

图 4-11　先进环保岛系统结构示意图

$$4NH_3 + 4NO + O_2 \longrightarrow 4N_2 + 6H_2O$$
$$4NH_3 + 2NO_2 + O_2 \longrightarrow 3N_2 + 6H_2O$$

脱硝装置位于省煤器与空预器之间，运行温度为 280～400℃。通过喷嘴将还原剂（如 NH_3）射入主流烟气中，经过足够的混合距离，烟气和还原剂得到充分混合后进入催化反应器。采用 SCR 脱硝技术，烟气中氮氧化物的脱除效率可达 85% 以上，工艺上要求将氨逃逸量控制在 3×10^{-6} 以下。

② 低低温电除尘（ESP）装置工作原理　低低温电除尘技术由日本播磨重工（IHI）开发，相比于传统电除尘器，低低温电除尘装置除尘效率可达 99.8%，符合超低排放的要求。低低温电除尘装置在环保岛中位于脱硝和脱硫装置之间，主要包括电除尘器本体系统、电除尘装置的电气系统、上下游的换热器以及相应的烟道结构。

低低温电除尘器的工作原理是，利用上游设置的低温换热器降低进入电除尘器的烟气温度，降温后的烟气进入荷电区，直流高压电源产生的强电场使气体电离，产生电晕放电，进而使悬浮的粉尘荷电，在电场力的作用下，烟气中的粉尘被吸附到阳极板上，在振打极板的过程中，粉尘落入灰斗被收集起来，达到除尘目的。

一般而言，低温换热器采用的热媒是水。离开空预器进入低低温电除尘装置的烟气温度为 120～140℃，流过冷却器之后，烟气释放热量，温度会下降至 85～90℃，而此时流出换热器的水的温度通常会升高 30℃。热媒吸收的这些能量后，一部分流至湿式电除尘与烟囱之间的加热器上用于加热进入烟囱的烟气，使其升温至酸露点之上，防止对烟囱造成腐蚀；另一部分热量可用于加热锅炉补水或气机冷凝水，以提高锅炉效率、降低煤耗。

除此以外，低低温电除尘装置有诸多的优点。首先，烟气的实际流量会随着温度的降低而减小，这样不仅可以降低下游设备规格，节省空间和材料，也有利于锅炉引风机降低能耗，减少日常运行费用。据估计，烟气温度降低后，实际烟气量减少约 10%，可节约煤耗 1.4g/kW。其次，烟气冷却后，粉尘的比电阻下降，到达电除尘的最佳效率区间（10^4～

$10^{11}\Omega\cdot cm$），如图 4-12 所示，能够提高荷电性能，避免反电晕现象，进而提高电除尘器效率并降低二次扬尘的可能性。最后，低低温电除尘装置设计安装门槛不高，即使是已经投运的大型机组，也有系统改造的可行性，原有从空预器出口至除尘器的烟道正好可以利用作为增设低温换热器的位置，只需根据此部尺寸设计低温换热器的规格即可。

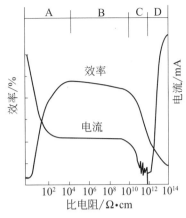

图 4-12　粉尘比电阻与静电除尘效率及电晕电流的关系

③ 脱硫（FGD）装置工作原理　湿法脱硫始于 20 世纪 60 年代末，其中，石灰石-石膏湿法烟气脱硫技术因其技术成熟、运行稳定、脱除效率在 90% 以上，是目前火电行业的主流脱硫技术，得到广泛的应用。

石灰石-石膏湿法脱硫的工作原理是利用脱硫剂石灰石粉经溶解后形成石灰石水溶液，经吸收塔循环泵输送，在吸收塔内由喷嘴雾化喷入烟气中，烟气中的 SO_2 与喷入的碱性物质发生化学反应，生成亚硫酸钙和硫酸钙，SO_2 被脱除。脱硫后的烟气依次经过除雾器除去雾滴、烟气再热器加热升温后，经烟囱排入大气。浆液中的固体物质连续地从浆液中分离出来，经脱水后浓缩成具有较低含水率的石膏副产品。脱硫装置化学反应原理如图 4-13 所示。

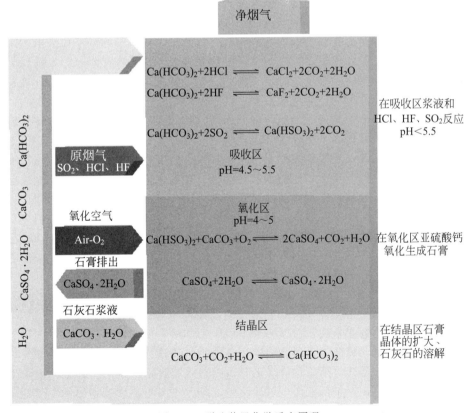

图 4-13　脱硫装置化学反应原理

脱硫装置在环保岛中位于低低温电除尘装置的下游、湿式电除尘装置的上游。主要包括烟气系统（烟道挡板、烟气再热器、增压风机等）、吸收系统（吸收塔、循环泵、氧化风机、除雾器等）、吸收剂制备系统（石灰石储仓、石灰石磨机、石灰石浆液灌、浆液泵等）、石膏脱水和储存系统（石膏浆泵、水力旋流器、真空皮带脱水机等）、废水处理系统及公用系统（工艺水、电、压缩空气等）。

④ 湿式电除尘（WESP）装置　烟气在经过低低温电除尘器之后，虽然能脱除 99.8% 的粉尘，但往往仍然达不到超低排放要求。此外，烟气经过脱硫装置时，会再次携带相当数量的微细颗粒物及液滴，因此，需要在脱硫装置下游增设湿式电除尘装置。

湿式电除尘器的工作原理是直接将水通过喷嘴雾化喷向放电极与电晕区，由于水的比电阻相对较小，水滴在电晕区与粉尘结合后，使得粉尘比电阻下降。在直流高电压的作用下水雾荷电分裂并进一步雾化。电场力、荷电水雾通过碰撞拦截、吸附凝并，捕集粉尘粒子，粉尘粒子在电场力的驱动下到达集尘极，而喷在集尘极表面的水雾形成连续水膜，流动的水将捕获的粉尘冲刷到灰斗中随水排出。湿式电除尘器能有效遏制二次扬尘的发生，对微细颗粒物、重金属等有着显著的脱除效率，对 PM2.5 气溶胶颗粒物的脱除效率可达 99% 以上。

（2）火力电站环保岛装备流场设计指标

为了保证火力电站环保岛的高效长期运行，达到超低排放的最终目的，环保岛中的脱硝、低低温电除尘、脱硫、湿式电除尘装置有各自的流场设计指标。

① 脱硝装置　脱硝装置流场设计指标：催化反应器入口平面烟气速度分布相对标准差<15%；氨浓度相对标准差<5%；烟道内烟气最高速度应不产生金属构件的明显磨损，应控制在 30m/s 以内；飞灰颗粒分布应尽可能均匀；脱硝装置全流程压损尽可能低。

在脱硝装置运行过程中，为了保证氮氧化物脱除效率，需要将催化反应器入口平面的烟气速度分布相对标准差控制在 15% 以内。烟气速度分布均匀度的提高，能够保证烟气通过催化反应器时的停留时间，有利于烟气和催化剂充分接触，获得较高的反应效率。同样，催化反应器入口平面氨浓度分布相对标准差也需要控制在 5% 以内。氨浓度分布越均匀，说明烟气和氨混合均匀度越高，脱硝反应时反应物的利用程度就越高，反应越完全，局部氨浓度过高造成氨逃逸量过量的问题也能避免。控制烟道内的烟气最高速度，可以避免高速烟气对烟道内导流结构、支撑结构的过度冲刷，降低烟道内结构的磨损风险。控制飞灰颗粒分布均匀度的目的是为了保护催化剂。在环保岛中，脱硝装置位于锅炉装置下游，燃烧后带有大量飞灰颗粒的烟气会直接进入到脱硝装置。由于飞灰颗粒的密度远大于烟气，在流动情况下具有比烟气更大的惯性，携带飞灰颗粒的烟气在经过一系列弯道结构时，很容易在局部地区产生富集。如果不及时对飞灰颗粒富集情况进行控制，烟气携带飞灰颗粒进入催化反应器，容易对催化剂造成冲蚀、影响脱除效率并降低催化剂的使用寿命。因此，需要控制飞灰颗粒分布均匀度，在流场优化的过程中预防飞灰颗粒的局部富集。脱硝装置的整体压损表征着装置的能耗，在流场调控时尽可能降低压损，符合节能减排的方针，是脱硝装置重要的设计指标。

② 低低温电除尘装置　低低温电除尘装置流场设计指标：多台电除尘器之间的烟气流量负荷尽可能均匀；电除尘装置入口处的烟气速度分布相对标准差<15%。

通常而言，低低温电除尘装置包含多台电除尘器和多台低温换热器。对进入每台电除尘器的烟气负荷进行控制，确保进入每台电除尘器的烟气流量趋于一致，能够保证每台低温换热器的换热效率，避免烟气负荷不均导致的烟气换热效率过低。同时，需要对电除尘装置入口分布均匀度进行控制，对于低低温电除尘装置，烟气进入电除尘器本体的速度分布是影响除尘效率的最直接因素。

③ 脱硫装置　脱硫装置流场设计指标：烟气在脱硫塔中的速度分布相对标准差尽可能低；温度分布尽可能均匀；脱硫装置多个出口之间的烟气流量负荷尽可能均匀，因为每个出

口都与一台湿式电除尘器相连。

烟气在脱硫塔中的速度分布相对标准差表征烟气在脱硫装置中的分布情况。在脱硫装置中，烟气与喷淋浆液的充分接触是决定脱硫效率的最主要因素，而烟气在脱硫装置中的分布情况，影响着其与喷淋浆液相互接触。因此，优化脱硫装置的烟气速度场，使烟气速度分布相对标准差尽可能低，有利于保证脱硫装置的整体运行效率。考虑到石灰石-石膏湿法脱硫的效率随着温度升高而降低，温度分布均匀度也是重要的控制参数。调控脱硫装置内温度场尽可能均匀，能够避免脱硫效率局部偏低，符合超低排放的需求。在火力电站环保岛中，离开脱硫装置的烟气会进入湿式电除尘装置中，由于空间约束和装置尺寸原因，下游往往存在多台湿式电除尘装置，形成"一拖多"的模式。为了保证湿式电除尘装置的运行效率，需要对脱硫装置多个出口之间的烟气流量负荷进行调控。因此，脱硫装置多个出口之间的烟气流量负荷也是重要的设计指标。

④ 湿式电除尘装置　在火力电站环保岛中，湿式电除尘装置与低低温电除尘装置类似，其流场设计指标：多台电除尘器之间的烟气流量负荷尽可能均匀，电除尘装置入口处的烟气速度分布相对标准差<15%。

(3) 流场优化的计算流体力学仿真技术

随着计算机技术的日益进步，计算流体力学（computational fluid dynamics，CFD）已经被广泛应用于火力电站环保岛设备流态模拟和优化设计过程中。

① 计算流体力学简介　计算流体力学在20世纪30年代因为飞机领域研究的需求开始被运用。从20世纪60~70年代开始，计算流体力学得到快速发展。在80年代之后，CFD技术已普遍应用在工业领域。目前，CFD技术已发展成熟，在各行业领域都有应用，能对很多工业问题进行有效的模拟计算分析。

计算流体力学是指通过计算机软件实现模拟的方式对包含流体运动、传质、传热以及多相混合等物理过程的系统做出模型求解，即建立相关物理过程的控制方程组并对其进行数值求解。它的基本原理是将原本在时间和空间范围上连续的物理量场（譬如速度场、压力场等）离散化，并在离散自变量点上基于一定的规则建立物理量场离散变量之间的关系，然后采用适当的算法求解所建立的关系方程组。数值求解方法包括：有限体积法、有限差分法以及有限元法等。

② 优化设计方法　对于火力电站环保岛中的装置，常见的优化可分为以下几种。

a. 调控策略优化　以非均匀喷氨为例，在获得上游烟气速度分布的情况下，基于已有喷氨格栅分区信息，通过调节阀门控制喷氨入射量，保持入射总量不变，增加烟气高速区的喷氨量，减少低速区的喷氨量，使烟气与氨充分混合，避免催化反应器局部区域氨浓度过高或过低，保证氮氧化物脱除率，同时控制氨逃逸量。火力电站环保岛中其余装置的调控策略优化与非均匀喷氨类似，在此不赘述。

b. 装置结构优化　装置结构优化，指的是经过CFD仿真，获得流场参数之后，在流场中增设导流板、导流条等结构，或者对已有的装置进行结构优化，以达到流场设计指标的目的。

典型的，如导流板结构设置、飞灰防聚并导流结构设置、整流格栅结构优化。导流板结构是常规的流场调控装置，而反聚并导流结构则主要针对的是烟气携带的飞灰颗粒，其结构示意如图4-14所示。以飞灰防聚并导流结构为

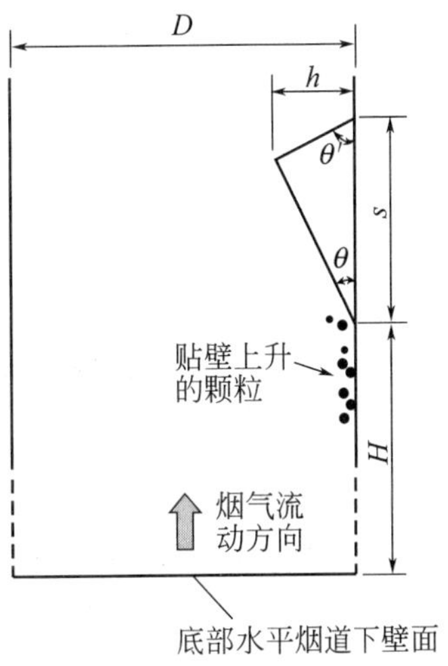

图 4-14　飞灰防聚并导流结构示意

例，由于在环保岛中脱硝装置位于低低温电除尘装置上游，飞灰颗粒数量较多，该结构一般布置在脱硝装置中。基于CFD仿真结果，对飞灰颗粒可能富集的区域进行判断并根据装置尺寸设置合适的飞灰防聚并导流条，分散局部富集的飞灰颗粒，防止高速烟气携带的飞灰颗粒对支撑结构、导流结构、催化剂造成冲蚀、降低装置运行效率。

c. 装置外形优化　装置外形优化，指的是利用CFD仿真，对装置的外形尺寸和结构进行优化及再设计，以达到流场设计指标的要求。以脱硝装置全流程低压损设计为例，在几乎不影响主要流场设计指标的情况下，对装置的外形进行优化，通过增大烟道内外侧的弧板半径，降低脱硝装置的整体压损，从而降低装置的能耗。

③ 火力电站环保岛设备流态模拟及优化设计　利用CFD软件，对火力电站环保岛设备进行建模和全流程仿真，并根据上述优化方法进行相应的优化设计。火力电站环保岛中，仿真和优化的对象包括脱硝装置（π式或塔式脱硝装置）或低低温电除尘装置、脱硫装置以及湿式电除尘装置。

a. π式脱硝装置　以某 2×1000MW 机组烟气脱硝装置为例，典型的 π 式脱硝装置的仿真范围从省煤器出口开始，直至空预器，包括省煤器、变径烟道、弯道烟道、喷氨格栅、混合格栅、顶盖烟道、催化反应器以及灰斗、过渡烟道等结构。通过在弯道、变径烟道和顶盖烟道设置导流板，同时在飞灰颗粒可能富集的区域设置防聚并导流条，对脱硝装置流场进行优化。仿真及优化设计结果如图 4-15 所示。

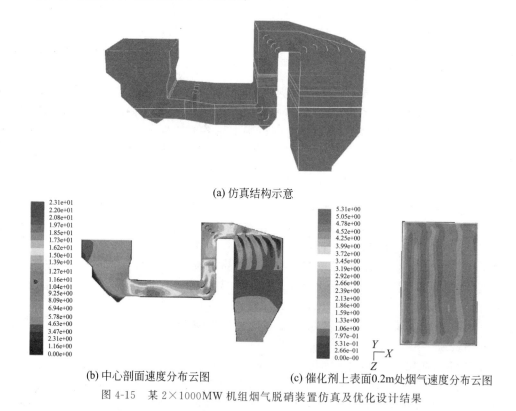

(a) 仿真结构示意

(b) 中心剖面速度分布云图　(c) 催化剂上表面0.2m处烟气速度分布云图

图 4-15　某 2×1000MW 机组烟气脱硝装置仿真及优化设计结果

b. 塔式脱硝装置　与 π 式脱硝装置不同，塔式脱硝装置催化反应器上游的烟道结构较少。相对 π 式脱硝装置，塔式脱硝装置的变径结构多数为双向变径且幅度较大。以某 2×660MW 机组塔式脱硝装置为例，其双向变径结构在前后向及左右向均扩张了约 7m 的距离，如图 4-16所示。仿真范围包括入口烟道、喷氨格栅、混合格栅、催化反应器及尾部烟道。通过在弯道、变径烟道设置导流板，对塔式脱硝装置流场进行优化。仿真及优化设计结果如图 4-17 所示。

c. 低低温电除尘装置　以某 $2×1000MW$ 机组低低温电除尘系统为例，从空预器出来的烟气被一分为三，分别进入三台低温换热器，编号为 A_1、A_2、A_3，每台低温换热器连接着一台电除尘装置。为了使得多台电除尘装置之间的负荷均匀，在弯道处设置了导流板。仿真及优化设计结果如图 4-18 所示。

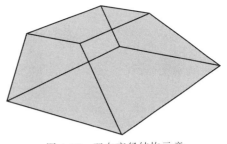

图 4-16　双向变径结构示意

在对低低温电除尘装置进行仿真建模的过程中，除了对负荷均匀度进行优化外，还需要对低温换热器入口平面烟气速度分布均匀度进行优化。低温换热器由许多换热管构成，为了增加换热面积、提高换热效率，还会在换热管上

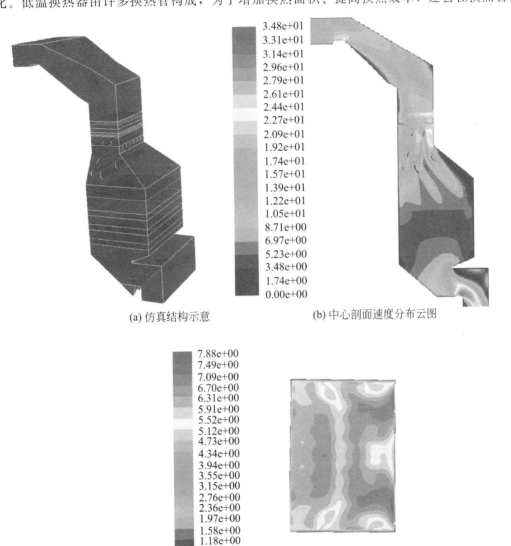

(a) 仿真结构示意　　　(b) 中心剖面速度分布云图

(c) 催化剂上表面0.2m处烟气速度分布云图

图 4-17　某 $2×660MW$ 机组塔式脱硝装置仿真及优化设计结果

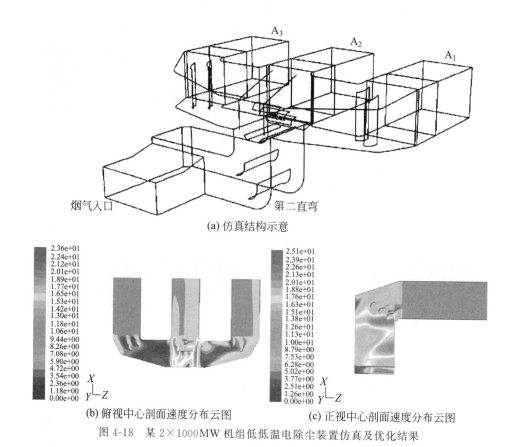

(a) 仿真结构示意

(b) 俯视中心剖面速度分布云图　　　　(c) 正视中心剖面速度分布云图

图 4-18　某 2×1000MW 机组低低温电除尘装置仿真及优化结果

增设翅片结构，如图 4-19 所示。虽然单个翅片结构厚度有限，但是由于其数量较多，对流场存在一定的影响，因此，也需要对其进行仿真建模。

d. 脱硫装置　以某 2×1240MW 机组脱硫装置为例，仿真建模范围包括入口烟道、脱硫塔本体、塔内支架结构、喷淋装置、除雾器。其装置结构示意如图 4-20 所示。

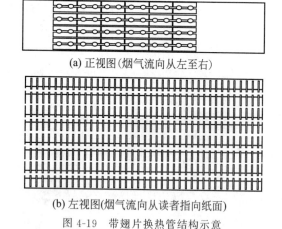

(a) 正视图(烟气流向从左至右)

(b) 左视图(烟气流向从读者指向纸面)

图 4-19　带翅片换热管结构示意

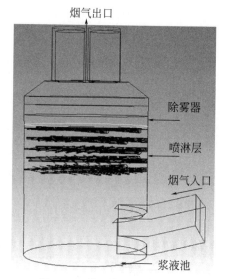

图 4-20　某 2×1240MW 机组
脱硫装置结构示意

与环保岛其余设备相比，由于脱硫过程中喷淋装置会喷射出液滴，在对塔内流场进行仿真时，需要采取两相流模型，即考虑液相的石灰石浆液与烟气之间的相互作用。

图 4-21 给出了脱硫装置不同高度横截面的烟气速度分布云图，这些截面位于喷淋层的中心位置，速度分布相对标准差均在 20% 左右，表明烟气在喷淋区域内的速度分布相对均匀，脱硫效率能够得到保证。

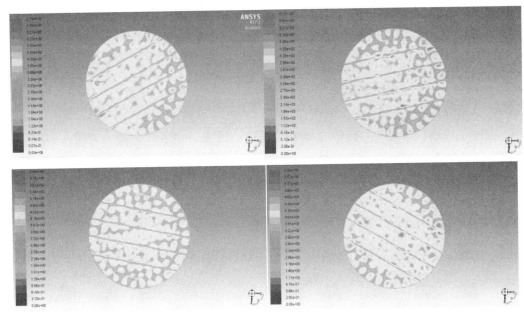

图 4-21　脱硫装置不同高度横截面的烟气速度分布云图

e. 湿式电除尘装置　以某 $2 \times 1240MW$ 机组湿式电除尘装置为例，仿真建模范围包括电除尘器本体以及上下游过渡烟道。通过在电除尘器入口处的梯形扩张烟道中设置孔式均分板和导流板，提高进入电除尘器的烟气速度分布均匀度，仿真及优化设计结果如图 4-22 所示。

（4）环保岛远程监控和运行优化

我国火力发电机组数量巨大（4000 余座），分布在所有省份，电站环保岛与技术提供方往往距离遥远，环保岛的运行维护难以得到技术提供方的快速支持。一些机组经常要到例行检修时才发现环保岛装备故障，如电除尘器阴极线断线掉针、脱硝装置催化剂磨损、脱硫装置局部堵塞等；另外，脱硫脱硝除尘效率下降虽然不时发生，但由于测点有限、工艺复杂，现场操作人员不能及时发现问题并采取调控对策，导致整个环保岛不能最大限度地发挥作用。为此，开发环保岛健康状态远程诊断系统对故障预警和运行优化有重要现实意义。远程诊断结果包括：脱硝效率、催化剂寿命预测、催化剂局部破损报警、低低温电除尘效率、脱硫塔脱硫效率、湿式电除尘器除尘效率、湿式电除尘器实时负荷等。如图 4-23 所示是该诊断系统示意及相关模块，它包括 L2 数据库、模型和算法模块、运行优化模块、实时仿真模块、烟气物性参数数据库、与现场 DCS 的通信接口等。其中 L2 数据库是为了与现场 DCS 实时数据库区分而命名的。L2 数据库位于环保岛监控中心，一个监控中心可以同时监控数十个机组的环保岛。诊断系统利用存放在 L2 数据库中的环保岛历史数据、机组实时数据等，通过实时仿真平台计算脱硫脱硝除尘效率，诊断结果写入 L2 数据库，同时，通过网络发布到机组环保岛控制室，为现场操作人员提供参考。

环保岛运行优化技术包括脱硫塔浆液 pH 值、湿式电除尘器高压供电电压和喷淋水流量

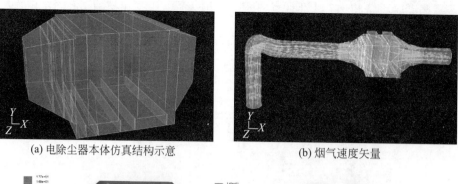

(a) 电除尘器本体仿真结构示意   (b) 烟气速度矢量

(c) 俯视中心剖面速度分布云图   (d) 正视中心剖面速度分布云图

图 4-22　某 1240MW 机组湿式电除尘器仿真及优化设计结果

设定值、脱硝装置喷氨量设定值等，其设计技术和优化示意如图 4-24 所示。

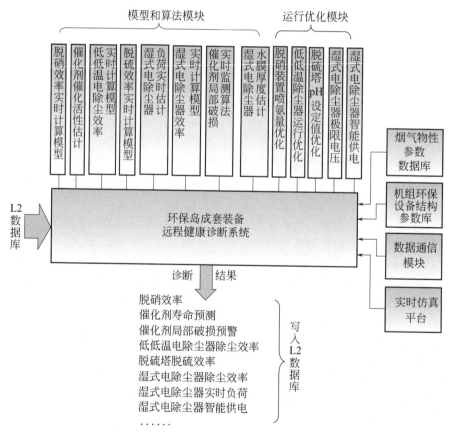

图 4-23　远程健康诊断系统及相关模块（含运行优化模块）示意

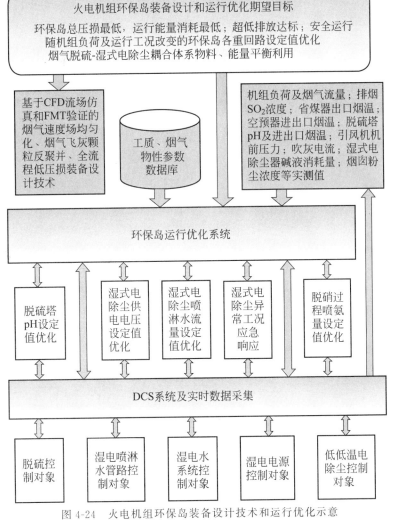

图 4-24　火电机组环保岛装备设计技术和运行优化示意

4.3.3　水力发电核心控制技术

4.3.3.1　水轮机调速控制技术

（1）数字调速系统的组成与功能

数字调速系统由被控对象（水轮发电机组）、检测部分、数字控制器、执行器等组成闭环控制系统。检测单元主要有频率、水头、有功功率和相位差等的检测，用于反馈信号；数字控制器可由单片机、工业控制计算机（PC）、可编程控制器（PLC）或者 DCS、FCS 来实现；执行机构主要有常规的电液随动系统、步进电动机或伺服电动机数字式电液随动系统。

数字调速系统的功能主要是对转速（频率）、水轮机的开度、水位及发电机输出有功功率等进行控制。

（2）数字控制器的组成原理

图 4-25 所示为带电液随动系统的增量式数字 PID 调速控制系统的组成原理框图，图中步进电动机与电液随动系统组成数字式电液随动系统。由于步进电动机是按增量工作的，可用数字控制器输出的增量对步进电动机直接实行控制，由步进电动机带动电液随动系统调节

导叶接力器以控制导叶的开度。频率控制信号可来自频率给定（空载时）和测量的电网频率（并网时使机组频率跟踪电网频率以便快速并网）。功率调节的反馈信号可取自功率变送器，也可取自步进电动机的位移输出。

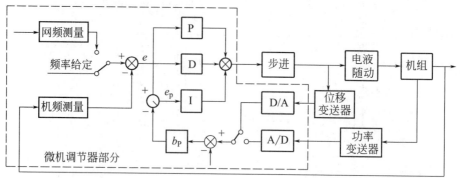

图 4-25　带电液随动系统的增量式数字 PID 调速控制系统的组成原理框图

（3）数字调速系统的三种调节模式及其转换

数字调速系统有频率调节、功率调节和水轮机开度调节三种调节模式：空载状态下只能是频率模式，并网后如调度中心要求机组担任调频任务，则调速器必须处于频率调节模式；如果调度中心要求机组担任额定负载调节，则调速器可在功率调节或水轮机开度调节模式下运行。

数字调速系统的三种调节模式间的转换关系如图 4-26 所示。

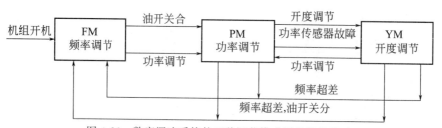

图 4-26　数字调速系统的三种调节模式间的转换关系

① 频率调节与跟踪

a. 频率自动调节　当机组处于空载运行时，调速器在自动工况，频率跟踪功能退出，此时频率给定为 f^*，频率反馈为 f，控制策略一般为 PID 控制。

b. 频率跟踪　当投入频率跟踪功能时，控制器自动地将网频作为频率给定，与频率自动调节过程一样，在调节过程终了时，机频与网频相等，实现机组频率跟踪电网频率的功能。

c. 相位控制　调速器处于频率跟踪方式运行时，即使机组频率等于电网频率，但由于可能存在相位差，也不能使机组快速并网。

调速系统测量机组电压与电网电压的相位差 $\Delta\varphi$，经 PI 控制器运算后，其结果与频率经 PID 控制器运算后的值相加作为控制器输出。优化 PI 控制器的参数，可使机组电压与电网电压的相位差在 0° 附近不停地摆动，使调速器控制的机组的并网机会频繁出现，可实现机组快速、自动、同步并网。

② 功率调节　并网运行的发电机的调速器受电网频率及功率给定值控制。机组并网前 $b_p = 0$，并网后，频率给定自动整定为 50Hz，b_p 置整定值，实现有差调节；同时切除微分作用，采用 PI 控制，并投入人工失灵区。这时，导叶开度根据整定的 b_p 值随着频差变化，

并入同一电网的机组将按各自的 b_p 值自动分配功率。控制器的功率给定值由电网根据负荷情况适时调整。功率信号一方面通过前馈回路直接叠加于 PID 控制器输出；另一方面与 PID 输出相比较，其差值通过 b_p 回路调整功率。由于前馈信号的作用，负荷增减较快。

③ 水轮机开度调节　当调速器处于水轮机开度调节运行方式时，发电状态下的调速器按水位给定值采用 PI 控制。这时，根据前池水位调整导叶开度，使前池水位维持在给定水位，从而保证在相同来水的情况下机组出力最大；在机组频率超过人工失灵区时自动转入频率调节模式。

4.3.3.2　水情自动预报技术

水情预报系统是一种用于对江河湖泊进行水情灾害监控的系统，是一种将水情、通信技术、计算机和网络技术等多种现代技术相互融合的系统，是能够对监测区降水量、水位、流量、蒸发量、含沙量和水质等水文气象要素及闸门开度等水情数据进行实时测量、快速传送、有效处理的综合性手段。通过利用多种现代技术，有效提高了原有水情预报系统的实时性、可靠性、准确性，大大提高了系统的处理能力。水情自动预报技术为各种水域的水情监控及利用提供了有效支撑，是数字水利建设的基础。建立水情自动预报系统必须解决以下几个方面的问题：①预报模型库的建立；②预报方案的构建；③通用的模型参数率制定；④实时交互式预报。

目前，用于中国水文作业预报的方法基本上可以分为基于相关图法的实用水文预报方案和基于物理概念的流域水文模型两种方法。

基于相关图法的实用水文预报方案是中国水文预报人员长期实践工作经验的总结和凝练，是行之有效的作业预报方法。它既有一定的理论依据，又有大量实测资料为基础，能充分结合本流域的特征，一般具有较高的预报精度。特别是在水位流量关系复杂、水利工程影响较大的流域和河段，实用水文预报方案仍然能发挥重要的作用。实用水文预报方案以图表形式汇编，计算简单，操作方便，运用灵活，并能够随时根据实际发生的情况进行修订。

目前，我国七大流域基本上都已汇编出了比较完善的水文预报方法，归纳起来主要有以下六种预报方法：① 考虑前期降雨量的降雨径流经验相关法（antecedent precipitation index，API 法）；②相应水位法；③合成流量法；④水位（流量）涨差；⑤多要素合轴相关法；⑥降雨径流法

4.3.4　风力发电核心控制技术

4.3.4.1　风力发电机组优化控制技术

典型的风力发电机组的控制系统从功能划分，主要包括正常运行控制、阵风控制、最佳运行控制（最佳叶尖速比控制）、功率解耦控制、安全保护控制、变桨距控制等部分（图 4-27）。

在该系统中，其监测应用的传感器类型主要有温度传感器、压力传感器、转速传感器、变桨角度传感器、扭缆传感器以及风速、风向传感器等。用以记录发电量参数和风速风向参数，并根据这些测量获取的信息产生控制作用，对于较为先进的系统，还应能根据历史信息进行长期和短期风量预测。

风机所有的监视和控制功能都通过控制系统来实现，它们通过各种连接到控制模块的传感器来进行监视、控制和保护。控制系统给出叶片变桨角度和发电机系统转矩值，作用给电气系统的分散控制单元的上位机和旋转轮毂的叶片变桨调节系统。采用最优化的能量场算法，使风机不遭受没必要的动态压力。

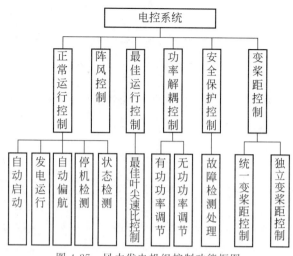

图 4-27　风力发电机组控制功能框图

（1）风力发电机组基本控制系统的要求与功能

风力发电机组的启动、停止、切入（电网）和切出（电网）、输入功率的限制、风轮的主动对风，以及对运行过程中故障的监测和保护必须能够自动控制。风力资源丰富的地区通常都是在海岛或偏远地区，甚至海上，发电机组通常要求能够无人值班运行和远程监控，这就要求发电机组的控制系统有很高的可靠性。

并网运行的风力发电机组的控制系统具备以下功能：

① 根据风速信号自动进入启动状态或从电网切出；

② 根据功率及风速大小自动进行转速和功率控制；

③ 根据风向信号自动偏航对风；

④ 发电机超速或转轴超速，能紧急停机；

⑤ 当电网故障，发电机脱网时，能确保机组安全停机；

⑥ 电缆扭曲到一定值后，能自动解缆；

⑦ 在机组运行过程中，能对电网、风况和机组的运行状况进行检测及记录，对出现的异常情况能够自行判断并采取相应的保护措施，并能够根据记录的数据，生成各种图表，以反映风力发电机组的各项性能；

⑧ 对在风电场中运行的风力发电机组还应具备远程通信的功能。

（2）风力发电机组的转速与功率控制

风力发电机组中的风力机叶片的空气动力学设计，应保证其能很容易地调节从风中捕获的能量。当风速大于额定值时，为保持风力机机械组件的受力在限制范围内，并将发电机的输出功率控制在安全范围内，必须考虑采取一定的措施，对风力机叶片的捕获功率和转速进行限制。风力机的功率曲线给出了其功率特性，即风速与风力机机械功率之间的关系。典型的风力机的功率曲线具有三个风速参数，即切入风速、额定风速和切出风速。切入风速即为风力机开始运行并输出功率时的风速。为补偿风力机的功率损耗，其叶片必须捕获足够多的功率。额定风速既是系统输出额定功率时的风速，也是发电机自身输出额定功率时的风速。切出风速是风力机停机之前的允许达到的最高风速。

为了保证不同风速条件下发电机均能向电网中输出功率，必须对其采取合适的变速控制。当风速升高至额定风速以上时，为了将风力机输出功率保持在额定值处，必须对其采取功率控制措施，为此目前采用的技术主要有三个：被动失速、主动失速和变桨距技术，而变桨距技术是大中型风力发电机组采用较多的技术之一。采用变桨距技术的风力机在风轮轮毂上使用了可调节型叶片，当风速超过其额定值时，变桨距控制器将减小叶片的攻角，直至完全顺桨。随着叶片前后压力差的减小，叶片的升力也将随之减小。

对于运行在低于额定风速条件下的变速风力机的控制，是通过控制发电机实现的。这种控制的主要目标是在不同的风速下实现风力机捕获功率最大化，可通过将叶尖速比维持在最佳处，同时调节风力机转速的方式来实现的。变桨距风力发电机组根据变距系统所起的作用可分为三种运行状态，即风力发电机组的停机模式、发电控制模式和变桨距控制模式。

① 停机模式　变距风轮的桨叶在静止时，节距角为 90°（即顺桨状态），此时气流对桨叶不产生转矩，其产生的功率低于内部消耗功率，因此风力机处于停机模式。此时叶片处于完全顺风状态，机械制动器处于开启状态。

② 发电控制模式　当风速达到额定的启动风速时，桨叶应能向增大攻角的方向转动，气流对桨叶逐渐产生一定的攻角，风轮开始启动。在发电机并入电网之前，系统的节距给定值由发电机转速信号产生。转速控制器按一定的速度上升斜率给出其速度的定值，变桨距系统根据给定的速度参考值，调整节距角，进行速度控制。

③ 变桨距控制　当风速高于额定风速但低于切出风速时，在系统发电并以额定功率向电网输电的过程中，为避免风力机遭到损坏，桨叶节距就向迎风面积减小的方向转动一定的角度；反之则向迎风面积增大的方向转动一定的角度。

由于变桨距系统的响应速度受到限制，对于快速变化的风速，通过改变节距来控制输出功率的效果并不理想。因此，为了优化功率曲线，在进行功率控制的过程中，其功率反馈信号不再作为直接控制桨叶节距的变量。变桨距系统由于风速低频分量和发电机转速控制，风速的高频分量产生的机械能产生波动，通过迅速改变发电机的转速来进行平衡，即通过转子电流控制对发电机的转差率进行控制，当风速高于额定风速时，允许发电机转速升高，将风能以风轮动能的形式储存起来，转速降低时，再将动能释放出来，使功率曲线达到理想的状态。

4.3.4.2　风力场负荷预测技术

风电场发电负荷预测方法可以分为两种：一种是直接通过风电场的历史电功率时间序列来预测未来的风电场功率，这种方法与我们常用的供电负荷预测方法类似；另一种则是通过对风电场的原动机功率来源——风的预测，间接对风电场的电功率进行预测。可以看出，第一种方法考虑因素很少，算法简单，但预测效果不佳。第二种方法考虑因素较多，预测效果较好，但算法较为复杂，需要大量的计算资源。随着现代计算机软硬件能力的不断提升和新的数值计算方法的不断出现，第二种方法已被公认为最具研究价值的方法。

风速由于受气压、温度、湿度、纬度、地形、海拔、地表粗糙度等众多因素影响，具有很强的随机性和波动性，是气象学中公认最难预测的气象参数之一。

目前针对风速的预测方法主要分为两类。第一类为数值统计预报方法，主要包括：①持续预测法；②卡尔曼滤波法（Kalman filters）；③随机时间序列法（ARMA）；④人工神经网络法（ANN）；⑤模糊逻辑法（Fuzzy logic）。第二类为物理分析方法，主要包括：①空间相关性法（spatial correlation）；②数值天气预报方法（numerical weather prediction）。

4.3.4.3　风电并网优化控制技术

（1）恒速恒频风力发电系统

传统的恒速恒频风电系统中使用较多的是同步发电机和异步发电机，其并网方式各有不同。

同步发电机并网要求比较苛刻，必须经过严格的整步或准同步才能并入电网，即使并网以后也必须保证电动机转速不变。这种同步发电机与电力系统之间的连接称为刚性连接。同步发电机运用在风力发电系统中时，弊端就出现了：风速是不可控的，随着风速的变化引起发电机转速的变化，很可能使得电动机发生失步等问题。

风力发电机采用异步发电机时，所采用的并网方式主要有以下几种：直接并网、准同期并网和降压并网[69]。其中，直接并网和准同期并网都要求转速接近同步才能并网，此外准同期并网还要求励磁建立起额定电压，然后再对其进行校正调节，当电动机端电压、频率和相位都达到并网要求时才并网。降压并网和软并网都要在电网和电动机之间添加额外的设备：前者串联电感或电阻等用以减小并网时的冲击电流；后者则使用双向晶闸管进行并网。使用异步发电机的风力发电机组并网时对电网冲击较大。同时系统本身也存在诸如发电机本身不能输出无功功率、需要另外做无功补偿、电压和功率因数控制比较困难等问题。

（2）变速恒频风力发电系统

采用变速恒频双馈电动机的风力发电机组与传统的使用同步电动机或者异步电动机的风电机组并网过程不同。变速恒频双馈式风力发电系统可以根据电网电压和发电机转速的不同来调节励磁电流，当定子侧输出电压满足并网条件时可在变速条件下并网，这种变速恒频双馈电动机与电网构成的连接称为"柔性连接"[69]。目前，这种变速恒频双馈电动机的并网方式主要有直接并网、空载并网、带独立负载并网和孤岛并网这四种。

4.3.5 光伏发电核心控制技术

4.3.5.1 逆变器优化控制方法

目前，逆变器的输出控制模式主要有两种：电压型控制模式和电流控制模式。

由于在电压型模式中，逆变器输出的是标准正弦脉宽调制信号，因此，并网电流和输出电源的质量完全取决于电网电压，只有当电网电压质量很高时，才能得到高质量的并网电流和输出电源。如果电网电压受到扰动或出现不平衡时，则由于并网逆变器对电网呈现出低阻抗特性，因此，并网电流相应地就会受到扰动，从而降低了输出电源的质量。而在电流型模式中，输出电流是受控量，它的质量受到电网电压的影响较少，这是因为对电网来说，并网逆变器呈现出高阻抗特性。因此，采用这种模式，可以减小电网电压的扰动对输出电流的影响，从而改善了输出电源的质量。总之，一般采用电流型控制模式实现并网控制目标。

光伏并网控制目标是：控制逆变电路输出的交流电流为稳定的高质量的正弦波，且与电网电压同频、同相。

（1）逆变器并网优化控制方法

对于逆变器控制，单独采用 PI 控制存在原理性稳态误差，且误差信号为一个余弦函数。为了减小和消除系统在输入和扰动同时作用下的稳态误差，可以采用电网电压前馈补偿控制。

由于采用了电网电压前馈的控制方式，使得在反馈信号为零时能产生一个与电网电压相匹配的调制深度，从而避免了直流侧产生过高的电压。同时，通过电网电压前馈控制方式，还可以抵消电网电压及其扰动的影响，使其近似成为一个简单的无源电流跟随系统。

（2）锁相控制技术

并网逆变器不仅要独立地为局域网供电，而且还要与电网连接，将其输出的电能送到电网上去。并网控制的关键是锁相技术。锁相环（PLL）可分为两种：电流锁相环和电压锁相环。电流锁相环以系统输出电流为参考，它通过锁相技术调节使电网电压的相位与电流相位达到基本一致，并使其输出功率因数基本为 1，它可以实现良好的平衡负载的能力。电压锁相环主要是通过检测电网电压的幅值和相位，将其与基准电压的幅值与相位进行比较，从而调整逆变器的电压幅值与相位。当它们的相位相差 1Hz 时，锁相环控制逆变器与电网脱离，但其不能保障电流与电压相位一致，因此功率因数不高[73,74]。

同步锁相环要解决的关键问题在于：如何在不受电网电压扰动影响的情况下，正确检测出电网电压的零相位时刻；如何产生 n 倍于电网频率的等间隔相位离散信号。

（3）串级并网控制策略

在太阳能光伏发电并网控制系统中，除了用同步锁相控制环（PLL）来保证并网电流与电网电压同频同相，也将常规逆变器的波形控制技术应用于太阳能光伏并网发电系统的逆变器控制之中。下面是一种基于双回路控制（有效值外回路、瞬时值内回路）与同步锁相控制相结合的串级并网控制策略，整体设计框图如图 4-28 所示[75]。

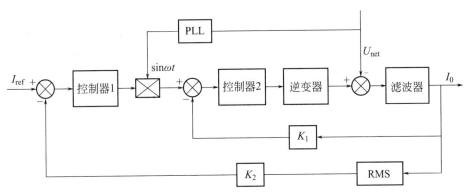

图 4-28　串级并网控制设计框图

4.3.5.2　最大功率跟踪控制技术

由于太阳光强度是自然环境的函数，受天气的影响，因此光伏电池系统是一个随机的并且不稳定的供电系统，对系统的控制要比常规电网供电系统复杂得多。在常规的电气设备中，为使负载获得最大功率，通常要进行恰当的负载匹配，使负载电阻等于供电系统（或电气设备）的内阻，此时负载上就可以获得最大功率。对于一些内阻不变的供电系统，用外阻等于内阻的简单方法就可以得到最大功率[79]。

在工作时，由于光伏电池的输出特性受负荷状态、日照量、环境温度等的影响而大幅度变化，其短路电流与日照量几乎成正比地增减，开路电压受温度变化的影响较大，有 $\pm 5\%$ 程度的变化。这样就会使输出功率产生很大变化，即最大功率点随时在变化。因此，就不可能用一个简单的固定电阻（或等效为一个固定的电阻）来获取最大功率。另外，由于光伏电池的输出特性具有复杂的非线性形式，难以确定其数学模型，编制算法会遇到光伏电池正确模型识别的困难，即无法用解析法求取最大功率。要想在光伏系统中高效利用太阳能获取最大功率输出，就很有必要跟踪、控制最大功率点。

光伏阵列输出特性具有非线性特征，并且其输出受光照强度、环境温度和负载情况影响。在一定的光照强度和环境温度下，光伏电池可以工作在不同的输出电压，但是只有在某一输出电压值时，光伏电池的输出功率才能达到最大值，这时光伏电池的工作点就达到了输出功率电压曲线的最高点，称为最大功率点（max power point，MPP）。因此，在光伏发电系统中，要提高系统的整体效率，一个重要的途径就是实时调整光伏电池的工作点，使其工作在最大功率点附近，这个过程就称为最大功率点跟踪（max power point tracking，MPPT）。

目前，关于光伏电池的最大功率点跟踪算法有许多文献资料中都有相关探讨，使用不同的控制方法在其复杂程度及效果上是有很大差异的，依据原理与实现方法，大概可将其归纳为六种方法，分别为电压反馈法、功率反馈法、直线近似法、实际测量法、扰动观察法和增量电导法。

4.3.5.3 光伏发电储能控制技术

由于蓄电池寿命长短与充放电控制有很大关系，同时太阳能电池发电受光照强度和温度的影响，其输出变化很大，为非线性特性曲线。所以为了最大限度利用系统的发电量并保护蓄电池，防止蓄电池在电池板无法供电状态下向电池板反充，从而使蓄电池达到最佳工作状态，延长其使用寿命。

光伏发电储能控制技术有恒流、恒压以及两阶段、三阶段充电法等。

（1）恒流充电法

恒流充电法是以一定的电流进行充电，在充电过程中随着蓄电池电压的变化进行电流调整使其恒定不变。该方法适用于对多个蓄电池串联的蓄电池组进行充电，能够均衡蓄电池组单个电池充电差异；缺点是过长的充电时间且充电电压在后期会偏高，不易控制。所以在光伏发电系统的 VRLA 蓄电池中不适合使用恒流充电方法。

（2）恒压充电法

恒压充电法是以一恒定电压对蓄电池进行充电。因此在充电初期由于蓄电池电压较低，充电电流很大，但随着蓄电池电压的渐渐升高，电流逐渐减小。在充电末期只有很小的电流，这样在充电过程中就不必调整电流。相对恒流充电，此方法的充电电流减小，所以充电过程中析气量小，充电时间短，能耗低，充电效率可达 80％；如充电电压选择适当，可在 8h 内完成充电。此方法的缺点如下。

① 在充电初期，如果蓄电池放电深度过深，充电电流会很大，不仅危及充电控制器的安全，而且蓄电池可能因过流而受到损伤。

② 如果蓄电池电压过低，后期充电电流又过小，充电时间过长，不适合串联数量多的电池组充电。

③ 蓄电池端电压的变化很难补偿，充电过程中对落后电池的完全充电也很难完成。

（3）两阶段、三阶段充电法

两阶段充电法弥补了恒流与恒压充电方法的缺陷，结合了恒流与恒压充电法的优点。第一阶段电压和电流工作状态与恒流充电法类似；第二阶段采用恒压充电方式对蓄电池充电。

两阶段充电法的优点：在第一充电阶段，VRLA 蓄电池充电后期不会出现象恒压充电中的大电流；在第二充电阶段，也避免了 VRLA 蓄电池电压过高的现象，不会导致过量析气的产生。

三阶段充电法是当蓄电池容量已经达到额定容量，此时铅酸蓄电池以较小的电流向蓄电池进行浮充电模式对其充电，铅酸蓄电池在浮充阶段的充电电压比恒压阶段时要低。

4.3.6 核电厂关键控制技术

4.3.6.1 核反应堆的功率协调控制技术

核电厂的功率控制系统一般包含核反应堆功率控制系统、核反应堆冷却剂温度控制系统及化学与容积控制系统。而核电厂功率控制系统对于改善核反应堆的升降、停堆和启动功率及保持核反应堆运行的稳定性等具有重要影响。尤其是做好功率控制协调，可确保核反应堆保持经济、安全的运行状态。对功率分布及功率控制协调需实现剩余反应性的消除，以弥补运行中因中毒、温度变化等造成的反应性变化。

（1）反应堆功率控制调节方法

如今工业用电的需求对电网调峰提出较高要求，核电站也要适应电网调峰的要求。

① PID 控制 PID 控制具有较高的可靠性和鲁棒性，且算法简便，在不同工业领域的

生产控制中均获得了较好的控制效果。反应堆功率控制可选用冷却剂平均温度 PID 控制器和功率 PID 控制器开展功率调节。PID 控制器选用数字 PID 控制中的增量算式。在降功率与升功率条件下，选用经验调节方式，先对比例系数进行调整，然后依次分别是积分系数和微分系数，由此获得降功率与升功率两部分 PID 的参数。按照以上参数设置的 PID 控制器在不同工作条件下都具有较好的控制效果，而当反应堆工作状况与调节工况偏差过大时，控制效果便会明显减弱。

② 专家 PID 控制　专家控制是指模拟人工智能将人为对事件的主观信念纳入到控制系统中，按照高水平操作员的经验或经验规则完成系统管控。而专家 PID 控制便是将 PID 控制与专家控制规则相结合，其不仅具备传统 PID 控制的稳定性优势，且具备专家控制的智能性。在控制时主要依据专家调整变量的经验或专家知识对 PID 控制器内的微分、积分和比例实施有效整定，以大幅度提升 PID 控制的动态性。而恰当设定和应用此类经验规则是专家 PID 控制器设计的关键环节，应用中可依据核反应堆功率系统的实际运行规律按照控制需求对系统变化速率和超调量实施控制，直至实现反应堆的功率调控。此种方案不但能充分利用 PID 控制器的稳定、简捷和易于现场操作的特点，还能将专家控制规则不受被控对象数学模型影响的特点有效集成，由此可极大提升系统控制质量。

（2）功率控制与功率分布的协调

在核反应堆功率控制系统上加上了功率分布的限制，使得核反应堆在功率变化时，轴向功率偏移量满足运行梯形图要求，保证核反应堆运行的安全性。功率分布与功率控制系统流程如图 4-29 所示。

① 设定运行的目标区域　在设定反应堆运行的目标区域时，采用常轴向偏移法，目标值 AO_{ref} 会随着堆芯寿命期的变化而不同。

② 功率分布调节　可使用双堆数学模型对反应堆堆芯活性区进行划分，得到的上下部分各选用六组缓发中子的点堆子动力学方程控制，通过功率分布系统便能实时检测上下两个点堆的功率状况，然后利用算法求得轴向偏移；再与实际功率水平相结合共同代入到运行带中检测能否满足运行标准。若满足，则继续开展功率调控；若不满足，则先压低功率变化幅度，再对功率分布是否符合梯形图要求进行检测，由此循环监控，以确保工作过程中功率分布符合安全运行标准。

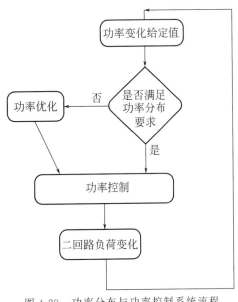

图 4-29　功率分布与功率控制系统流程

③ 轴向偏移控制　选用上述功率分布调节方式，当功率由 20% 上升至 100% 时加入协调控制，反应堆的轴向偏差更低，其运行的稳定性与安全性更有保障。

4.3.6.2　核电站事故控制技术——状态逼近法

（1）状态逼近法（SOP）的背景

20 世纪 80 年代初，法国根据美国三里岛事件的经验反馈，针对事件导向事故规程（EOP）的局限性，开始研究状态逼近法事故程序（SOP），其目标是能够处理叠加事故；可以在出现人因失误后进行诊断和修正；用较少的程序覆盖更多的事件；可以覆盖更严重的事件。2003 年，法国全部核电站采用 SOP。

（2）状态逼近法（SOP）介绍

① SOP 的设计思想　核电站的事故种类是无限的，但是电站的物理状态是有限的；通过在主控室得到的信息，就可以确定堆芯的物理状态；在事故工况下，可以通过反映机组状态的 6 个状态功能参数的实际情况，选取适当的策略来控制机组，以保证堆芯的安全。

② 对热工水力事件进行分级　SOP 对热工水力事件进行了分级，分级标准是反应堆 6 个状态功能的参数域值，按照各参数即时显示值与域值比较可以将其分为三级：没有降级、部分降级和降级。

6 个状态功能和关键参数分别为：次临界度（S/K，中间量程）；堆芯余热导出 [WR(p，T），饱和裕度]；一回路水装量（IEP 堆芯水位）；二回路水装量（IES 蒸发器水位）；二回路完整性（INTs 蒸发器压力和放射性）；安全壳完整性（INTe 安全壳压力和放射性）。

③ 根据状态分级采用相应的程序进行事故处理　根据状态分级采用的不同的 SOP 程序进行处理。状态功能降级时使用 ECP4；状态功能部分降级时使用 ECP2/3；状态功能未降级时使用 ECPI/ECPR1。

④ SOP 处理事故的八大策略　SOP 中一回路处理事故的策略共 8 个：稳定一回路；稳定一回路-控制反应性；平缓后撤；快速后撤；恢复余热导出；降低过高的 ΔT_{sat}；恢复一回路水装量；堆芯的最终保护。

⑤ SOP 控制机组参数的主要思想　SOP 控制机组参数的主要思想是：优先采用正常可用的反应堆控制功能，在其正常功能出现不可用时，按照优先顺序采用替代的控制功能，目标是实现规程要求的参数目标。比如：反应堆冷却，正常采用 SG（蒸汽发生器），SG 不可用时，利用安注和破口，最后采用安注-排泄（稳压器安全阀打开）。操纵员执行 SOP，实际是在完成两个任务：确认保护动作，控制机组参数。

⑥ 程序结构、循环使用、监视事件发展过程　在每本 SOP 程序里面，有若干个处理事故的策略或序列，每个序列是根据机组 6 个 SF 的参数变化情况在事故处理程序的初始定向（IO）中进行选择的，在单一事故或者初因事件没有恶化的情况下，一般只需要采用某一程序的一个序列进行事故控制。

每个序列的结构基本一样，由三部分组成：控制（机组）-监视（重要设备和系统）-重新定向（重新评价机组状态），重新定向的目的是确定下一步的控制策略（或者停留在本序列，或者更换序列或事故程序），三部分构成一个循环。

循环控制的作用在于不断检查每个序列的目标是否达到，处理机组叠加故障，以及弥补人员执行程序中的错误。

⑦ SOP 引入了一些新的控制方法

a. 冷却方式的多样性　SOP 包含的冷却方式比 EOP 明确而全面。包括：打开稳压器安全阀，最大速度冷却，快速冷却，最终冷却方式，冷却速率要求等。

b. 对主泵的运行要求发生了变化　事故情况下停运主泵不再只看饱和裕度，而是以堆芯水位和饱和裕度为参考，此外根据循环监视的主泵运行情况决定是否停运主泵。

c. 改进了对堆芯水位的监视　为了保护堆芯，SOP 改进了对堆芯水位的监视，增加了一个沸点仪以监视堆芯水位和堆芯出口饱和裕度这两个反映堆芯状态的最重要参数。

d. 放射性蒸发器再利用　在要求进行最终冷却或者在三个蒸发器都存在放射性情况下冷却堆芯时，要求对放射性可以监测的（放射性读数在记录仪满量程之内）蒸发器重新解除隔离投运，进行堆芯冷却。

（3）SOP 的不足

① 在单一始发事件发生时处理事故不够迅速，因为它考虑了各种可能出现的情况。

② 处理正在演变的事件时不够灵活，它只关注参数是否达到降级标准，不太考虑人的能动性以及提前干预的可行性。因此，法国电力公司专门出台管理文件。告诉持照人员在执行事故程序时，如何在"忠实"和"有效"之间找到最佳点。

③ 使操纵员忙于执行文件和操作，不能参与主动的监控和思考，因此其安全作用减弱，失去了很重要的一道屏障。

4.4 能源自动化技术的应用

4.4.1 能源系统优化技术的应用

能源系统优化技术应用以大型能源电力系统包括风能、太阳能可再生新能源和传统水、火、核电、抽水蓄能等各种机组的联合调度问题为原型，考虑了能量和时间混合约束的机组调度、基于价格协调的相同机组调度、系统安全约束和网络传输能力约束等，能综合处理各种机组、各种约束的优化调度系统。一方面作为集中调度式电力市场计算出清电价和成交量的核心模块；另一方面为发电供应商进行优化调度决策，提供选择竞标策略的基础。主要功能包括：调度案例的建立，系统信息与机组信息上载，优化调度程序的调用，调度结果的查询及下载，以及调度管理员调度执行监控等。

市场策略仿真系统通过对交易过程的仿真，可以研究市场的动态行为和内在规律，为市场参与者提供虚拟的市场环境，进行竞价策略决策、分析利润、验证系统安全性和竞标人员的技能训练。通过市场仿真，发现电力市场结构和机制存在的问题，改进市场结构和规则。其主要功能包括：用户上载竞标数据、调用相应的市场算法计算市场清算电价及各参与者的成交量、调用调度算法分析计算各参与者的中标电量、以各种图形展示交易的过程、交易的结果、参与者的成本与利润。竞标策略辅助决策部分将提供电价接受者（price-taker）的最佳报价、基于序优化的竞标策略优化。

市场预测系统电力市场环境下的负荷、电价的影响因素和相互关系，以基于神经网络、支持向量机回归为主的非线性回归模型为基础，建立负荷和电价的预测模型。主要功能包括三个方面：原始数据管理、预测管理、模型管理。优化调度软件系统运行界面如图 4-30 所示。

上述集成化能源电力系统优化软件系统，基于 WEB 技术设计实现，采用浏览器/服务器/数据库三层体系结构。其系统的总体结构如图 4-31 所示。

此系统在国家电网西北电网电力生产优化调度系统中应用，实现了西北电网水、火、风、光等能源信息管理及联合调度的功能，可为西北电网全网的优化经济调度提供决策支持，取得了重大经济效益。同时，为西北电网作为国家水、火、风三大电源基地所亟待解决的风电消纳、打捆外送、跨区输电的调度决策与合理定价提供了重要的理论依据与实施方案。

系统中的电力市场环境下的资源优化调度、电力市场预测、电力市场仿真系统，充实完善了发电企业信息系统整体解决方案和电力市场运营支持系统，选配机组调度模块和市场预测模块作为山东鲁能软件发电企业信息系统整体解决方案和电力市场运营支持系统的一部分，在百年电力、日照电厂、石横电厂和山东电力调度中心应用，取得了良好的效果。

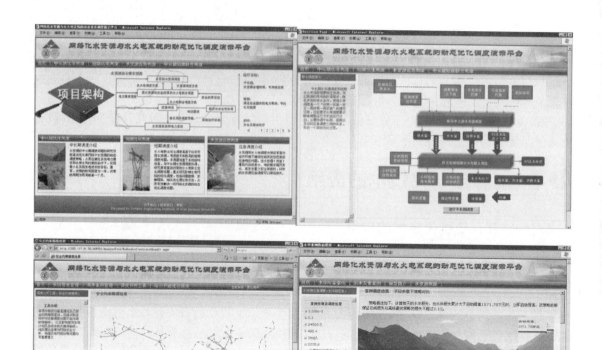

图 4-30　优化调度软件系统运行界面

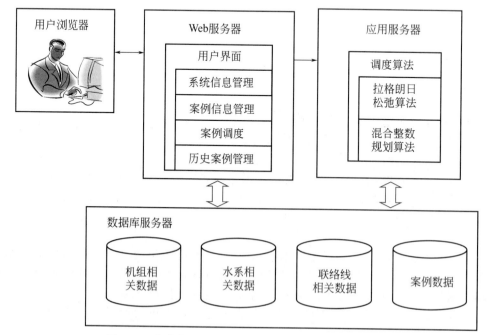

图 4-31　集成化能源电力系统优化软件系统的总体结构

136

4.4.2 火电厂燃煤热值在线辨识技术的典型应用（煤质在线监测）

煤质在线分析仪于 20 世纪 70～80 年代开始出现。首先出现的是在线测灰仪，随后又产生了在线元素分析仪，它们最初应用在快速监测以及煤质动态监控方面。现在，它们不仅被安装在矿井井口，还被安装在选煤厂和装载地。从 80 年代末至今，煤质在线分析仪的应用开始从单一的质量监测转向工艺控制。例如，选煤工艺中重介质质量的调节、运输卡车调度及料仓混合比例等方面问题均开始以煤质在线分析仪的即时测定结果为依据。

德国 Berthold 公司创建于 1949 年，专门从事高级测量仪器的研究、设计和生产，Berthold 公司的煤质在线分析仪表有微波水分仪、灰分测量系统和飞灰中测碳仪[78]。过去主要采用的水分测量技术，例如红外线、电导或电容法都受到许多种干扰参数的影响，因而无法推广和应用。目前，最成功的工业在线水分测定仪是采用微波技术。微波水分仪利用透射法测量被照射部分物料的全部截面，即使对于水分分布不均匀的物料也可得到具有代表性的测量结果，因而明显优于反射法。通常，一般的微波水分仪只能在一种频率情况下测量，而德国 Berthold 公司制造的 LB345 微波水分仪能在很宽的频率（2.7～3.4GHz）范围内，发出多种微波频率，用于抑制由于多次反射而引起的谐振干扰现象。LB354 微波水分仪的微波信号送至发射天线，透过物料，被对方向的接收天线收集，微波穿过物料时，会引起自由水分子旋转，这种效应降低了微波的强度发生衰减和速度发生相移的问题。LB354 微波水分仪具有独特的功能，它对发出的每一个微波频率，都能测量其衰减和（或）相移，从而十分精确地测量水分，可忽略温度、颗粒大小、挥发物或含盐量的影响。射线穿过物料时，射线和物料原子间相互作用，导致物料对射线的吸收衰减。利用对射线十分敏感的闪烁探测器，可测出射线和吸收率。低能量镅对射线的吸收率随物料原子序数的提高而增加，煤中灰的组分比煤本身有更高的原子序数，增加了对射线的吸收率，这就是测量灰分的直接依据。LB420 测灰仪利用双能量透射法，测量由于煤中灰分使其衰减的射线强度，显示煤中灰分含量（质量分数）。

日本关西电力公司研制了一套需要采制样的煤质在线分析系统，完成了从采样、传送、预处理、煤质分析全过程的全自动煤质在线分析。该系统首先将试样运往分析装置，然后进行试样分析及其辅助作业，同时监视各分析装置的动作情况，并管理分析结果。该装置对煤样的元素分析基本上采用燃烧吸收红外线方式，工业分析采用热天平方式和炉内氛围气体控制方式，一次分析的时间约为 1h。

在煤的灰分监测仪中，国内普遍采用核技术，应用核技术检测煤中灰分的方法归纳起来有以下 4 种：双能γ射线穿透法、60keV 的γ射线散射法、电子对法和中子活化分析法。应用较多的是双能γ射线穿透法和中子活化分析法。目前，华能上海石洞口电厂使用的 LB420 测灰仪和西北电力集团燃料公司研制的 TN-200 型测灰仪都是采用双能γ射线穿透法进行煤质测量的。中子活化分析法的原理是利用热中子激发被测煤样中各元素的原子核，测定这些激发态的原子核跃迁时发出的射线能谱，即可得到各元素的含量。国内曾对此分析仪有过研究，但尚没有成熟的产品。国外中子活化分析测灰仪的主要产品为美国 Gamma Metrics 公司的 Model3612C 型测灰仪和澳大利亚 Scantech 公司的 COALSCAN9000 型测灰仪。另外美国 Gamma Metrics 公司生产的利用中子源测定多种煤质指标的 1218 型在线测煤仪，能够直接测量硫、灰分、碳、氢、氮、氟、硅和水分等，并可间接测量发热量和二氧化硫等，但还没有在线测定煤质挥发分的仪器。

国内外在煤质的在线辨识方面往往采用在线分析的仪器，尽管随着时间的推移，分析仪器测量精度不断得到提高，但其价格昂贵，对于国内多数中小型电厂往往不够普及。在煤质在线辨识的计算方法方面，国内多采用以发热量为索引，正反平衡相互校验的方法进行煤质的辨识，目前国内外对于入炉煤质在线辨识研究和应用还存在一些不足，主要表现在以下几个方面。

① 实时数据检测、筛选和验证不够完善。煤质在线辨识系统计算使用的数据难免存在失真的情况，其原因主要有数据传输网络异常、传感器故障、测点异常及干扰等，从而导致系统计算结果出现较大偏差，性能计算可靠性得不到保证，无法真实反应实际的情况，因此实时数据的预处理和验证工作非常重要。

② 机组的正常运行存在许多动态的过程，使得整个热力系统变得十分复杂。热力系统主要设备的实时运行参数存在着明显的惯性延时特性，在实时运行数据进行合理的处理方面有待进一步的研究。

③ 由于测量技术手段的不足，火电机组运行中，一些重要的参数尚且无法或者无法准确在线测量，如入炉煤给煤量、飞灰含碳量等的测量或计算，还需要进一步研究和探讨。

④ 煤质在线计算的整体思路模型少有深入的改良。由于发热量等具体的参数难以测量，单单以发热量为索引进行煤质的在线辨识，在一些情况下，其辨识结果还有待于进一步发展和完善。

以上这些关键技术问题客观存在的同时，也指明了火电机组入炉煤质在线辨识研究领域的发展方向。

4.4.3　智能（数字）化电厂的建设与智慧电厂的未来

伴随着电力体制改革的深入，电力市场的竞争必然会更加激烈，尽可能地提高经济效益必然是未来电厂追求的目标。显然，提高电厂信息化，实现生产过程高度自动化和管理现代化是目前一个较为有效的途径。智能（数字）化电厂的建设目标是将所有信号数字化，利用网络技术，实现可靠而准确的数字化信息交换、跨平台的资源实时共享，进而利用智能专家系统提供各种优化决策建设，为机组的操作提供科学指导。其作用是可以降低发电成本、提高上网电量、减少设备故障，最终实现电厂的安全、经济运行和节能增效。

4.4.3.1　智能（数字）化电厂的技术背景

智能化电厂的基础必然是电厂的数字化，所谓数字就是计算机信息处理技术将电厂各个生存周期阶段所存在或发生或关联的、反映电厂各个过程或结果的现象、特征、本质及规律的声音、文字、数字、符号、图形和图像等模拟信息转换为数字信息，用于生产服务，这个过程中必然要用到计算机网络、实时/历史数据库以及无处不在的嵌入式系统。

（1）计算机网络

目前几乎所有的电厂都架构了计算机网络，普遍采用 DCS、SIS、MIS 等，逐层将生产一线的数据数字化并集中到管理层，网络可达不再是困扰电厂信息网络的难题，安全性以及采集信息的优化处理成为目前较为关心的问题。

（2）实时/历史数据库

电厂数字化过程中需要大量的数据进行传输、存储、加工以及优化，自然需要在很多节点上设置数据库，完成数据的转换。电厂中的数据库分为两大类，一类是实时数据库，多用于生产一线，实现数据的就地存储及初步处理。电厂发展早期，这一类数据库被国外技术所垄断，例如，美国 OSIsoft 公司的 PI 数据库，美国 Instep 公司的 eDNA 数据库等，国外的数据库技术整体较为成熟，除了单纯的数据存储以外，还提供了很多较为方便的数据处理加工工具。为了打破国外技术垄断，出现了很多国产数据库，例如华北电力大学韩璞教师团队研发的 RD6DB 数据库已经应用到多个现场信息系统中。另一类是历史数据库，多存在于上层的信息系统中，实现数据的长期存储及数据的深加工。这一类数据库目前依然是国外产品占主导地位，例如，Oracle、SQLServer、Access 等。

（3）嵌入式系统

随着科技的进步，智能终端已经深入到平时的生活中，各种智能手机、PAD、WATCH给生活带来了翻天覆地的变化。智能终端代替传统仪表进入工业现场也是迟早的事情。很多文献都表明现场总线控制系统是未来工业控制现场的发展趋势，代表了一个现场数字化的程度，而现场总线控制系统和传统的分散控制系统最大的区别就在于现场级采用了大量的智能仪表终端，将数据处理和简单的回路控制放到了生产一线。智能终端的使用自然伴随着嵌入式系统的广泛应用，但是在一定程度上也使得现场数据成倍增加，提高了数据采集和处理的复杂程度。

4.4.3.2 智能（数字）化电厂

（1）自动控制装置与仪表

目前，电厂普遍存在着三大控制系统：DCS（分散控制系统）、FCS（现场总线控制系统）和PLC（可编程逻辑控制器），三大系统各有各的应用场合，短时间内，很难说谁能够替代谁，对数字电厂的建设发挥着各自的作用。

但是，要想实现全厂设备数字化，全部使用现场总线控制系统是关键。现场总线控制系统的产生源于要打破分散控制系统的封闭性，其设计核心在于通信协议，原则上只要按照协议规范设计的智能终端，其数据都能够进入系统。但是现场总线控制系统无法兼容传统仪表，已建成的DCS改造成FCS，比直接采用FCS成本都高。因此，其使用和推广受到了很大的限制，在电厂中的应用并不多，仅在一些示范工程或者相对独立的辅控系统中得到了局部应用。不过，从已经应用的FCS系统来看，其对于电厂数字化的贡献要远远大于DCS。

（2）系统设备性能优化

生产数据通过控制系统数字化以后，利用更高一级的SIS系统，能够完成生产数据的汇总监视和上传功能，如何更加高效利用这些数据，也自然是数字化电厂的一个很重要方向。SIS系统本身在热力性能经济性数据计算、分析、试验、考核方面已经有了很多经验。数字化电厂需要在原架构的SIS网络基础上，在厂级生产数据中心增加厂级运营优化增值服务概念，通过专用软件功能模块，做到厂级、机组级、设备级的耗差分析和能效对比，提高各个班组的运行水平，会大大提升电厂运营的生产能效。

① 优化目标 利用各种优化手段，实现设备级、机组级、厂级的优化运行，最大限度地提高电厂运营的生产能效。例如，设备级：根据2/8定律，对大型用电设备优化用电负荷，实现节能降耗。机组级：利用各种先进优化技术，提高机组效率，比如目前较为成熟的有利用优化定值的方法提高控制系统调节品质；利用燃烧优化系统保证锅炉低氧燃烧；尽可能使汽轮机处于滑压运行方式；通过有效手段减小凝汽器端差；提高水塔效率以及减少锅炉漏风等。厂级：需要站在全厂的角度，使用专用的厂级性能计算和分析应用软件，以计算整个电厂的各种效率（锅炉、汽轮发电机组及其辅助系统等）、损耗（煤、水、电、热耗等）及性能参数等。发现运行中的问题，并进行必要的操作指导，达到效益的最大化和成本的最低化。国外电厂常常花1～2年时间完成经济指标的测试和达标工作。

② 优化手段及方法

a. 控制器参数优化 伴随着外部环境变化，或者设备老化，控制器参数往往已经不再合适，需要经过一段时间以后，对主要回路的控制器参数进行优化。现在可以使用一些智能优化算法对被控系统建模，进而优化出最佳的控制器参数。智能优化算法往往利用的是历史数据，精确并且覆盖范围广的历史数据是对优化效果的一个有力保证。

b. 先进控制算法的使用 受限于分散控制系统本身的环境，或者先进控制算法的工程应用，先进算法在现场的成功应用少之又少，但是这依然没有能够阻挡大量学者或者工程技术人员的研究兴趣，模糊控制、预测控制、自适应控制等先进控制算法被应用到现场，取得了一些经验。对于一些具有明显非线性对象特征的系统，PID控制方式很难适用，先进控制算法的应用是唯一的路径，需要摆脱DCS的束缚，利用一些外挂式优化控制站实现高级复杂控制。

c. 在役机组节能优化　通过数据挖掘方法，建立大型燃煤发电机组的全工况能耗时空分布模型；通过机组能耗模型来动态确定机组在不同工况和边界约束条件下的运行可达目标值和维修可达目标值；以降低供电煤耗为主线，用系统论的方法，针对在役火电机组，从发电的全过程，通过对燃煤、油、水、汽等介质和设备系统的研究，建立单元机组实时能流图在线监测与优化控制平台。

（3）新型检测与监控技术与智能系统

① 智能传感器　智能传感器（intelligent sensor）是具有信息处理功能的传感器。智能传感器带有微处理机，具有采集、处理、交换信息的能力，是传感器集成化与微处理机相结合的产物。而使用智能传感器就可将信息分散处理，从而降低成本。与一般传感器相比，智能传感器具有以下三个优点：通过软件技术可实现高精度的信息采集，而且成本低；具有一定的编程自动化能力；功能多样化。例如，智能流量计、智能压力变送器、智能温度变送器、智能液位变送器、智能I/O前端。智能传感器改变了传统传感器信号传递方式，微处理器将模拟信号变成了数字信号，提高了数据传输的精度。在一定程度上弥补了DCS模拟终端的缺陷。

② 现场总线仪表　现场总线仪表和智能传感器一样，也是在现场完成了信号的数字化，但是又不同于智能传感器，现场总线仪表规范了上传数据的格式，并对于设备本身的状态信息做了定义，使得仪表的智能化程度更高。现场总线仪表的引入，必然会在很大程度上提高电厂数字化，增加来自现场的信息量，现场总线仪表比传统的仪表科技含量高，这反而是限制其发展的一个瓶颈，降低了技术门槛，实现"傻瓜式"维护，会有利于现场总线仪表在现场的推广。

③ 新型检测技术与系统　一些特殊场合或者现场数据，借助于传统的测量装置很难获取，利用新型检测技术可以弥补这一缺点。例如，煤质成分在线分析，气体成分在线分析，金属寿命检测，利用激光、声波、CCD图像测量炉膛温度场，以及烟气含氧量、飞灰含碳量、磨煤机负荷软测量等，通过新型检测技术，覆盖了传统测量装置难以覆盖的地方，利用消除数据盲点。

（4）智能管控信息系统

① 监控信息系统　监控信息系统（supervisory information system，SIS）的作用是从DCS或者其他控制系统中获取现场数据，并集中到统一的数据平台上。该数据平台采用专用的实时/历史数据服务器，有能力长期储存大量的生产实时数据，企业的技术人员和管理人员能够随时随地查看现场的实时数据和历史数据，随时了解机组在不同时间段内的运行情况，通过对实时数据进行分析、计算、统计，指导调整运行方式、更有效地利用设备资源、提高机组运行效率、提高生产管理水平。主要功能如下。

a. 生产过程信息监测和统计　通过多种形式的画面使生产管理人员不用到生产现场即可了解生产过程的状态、总貌及关键数据的汇总。监视画面除了包括DCS操作员站所监视的内容之外，还增加了更多的综合信息及分析结果。管理人员不仅可以了解当前的过程信息，而且可以了解由其他功能软件计算出的过程分析的信息趋势，从而可以了解过程的性能随过程状态的变化情况。通过统计模块，可以方便实现电厂生产上各种统计任务，如超温统计、自动利用率统计和其他各种指标的统计工作。

b. 实时性能计算、分析和操作指导　降低机组运行可控损失，改进机组热耗，将主/再热蒸汽温度、压力，空预器排烟温度等主要可控参数的实时状态参数与其目标值进行计算、比较、分析——耗差分析，对耗差超出允许范围的情况，系统可诊断出造成大偏差的原因，并给出可供选择的操作指导意见。通过优化机组运行，改进机组热耗，从而降低运行成本。帮助运行人员对吹灰、喷水、蒸汽状态、烟温及其他性能参数进行很好的判断、权衡，帮助他们很好地对影响经济性的主要原因进行监测、操作和控制，不断提高对机组设备的掌控能力。

c. 设备状态监测与故障诊断　针对各种运行状态参数，结合其历史信息，考虑环境因素，采用专业的分析和判断方法，评估其是处于正常状态，还是异常或故障状态，并进行显示和记录，对异常状态做出报警，在故障状态下为故障诊断提供信息。根据状态监测获得的信息，结合结构参数、物性参数、环境参数，对设备的故障进行预报、判断和分析，确定其性质、类别、部位、程度、原因，指出发展的趋势和后果，提出控制其继续发展和消除故障的对策措施，最终使设备恢复到正常状态。

② 管理信息系统　管理信息系统（management information system，MIS），位于数字化电厂的最高层，是一个以人为主导，利用计算机硬件、软件、网络通信设备以及其他办公设备，进行信息的收集、传输、加工、储存、更新、拓展和维护的系统。主要功能包括，数据处理功能。计划功能，控制功能，预测功能和辅助决策功能。管理信息系统按照不同的应用场合或者功能，又有很多划分，例如，燃料管理信息系统，用于燃料相关信息的管理，包括计划、采购、定价、化验、存储、结算等；备品备件管理信息系统，用于备品备件信息的管理。管理信息系统属于数字电厂的高级优化系统，用于大局统筹。MIS 的功能越来越多，系统越来越庞大，而且从电厂建设的初步规划到电厂建设完成后的正常生产运行，所有的数据资料都储存在 MIS 中。现在的 MIS 已经含有生产资源计划、制造、财务、销售、采购、质量管理、实验室管理、业务流程管理、产品数据管理、存货、分销与运输管理、人力资源管理和定期报告系统等，因此，把这样的 MIS 升级称为 ERP（企业资源计划）系统。

③ 自动发电控制　自动发电控制（automatic generation control，AGC）是电网中发电机组调度与控制的一项重要内容，是实现电网有功频率控制、维持系统频率质量以及互联电网之间联络线交换功率控制的一种重要技术手段，其控制策略的优劣直接决定了 AGC 控制效果的好坏。因此，科学、合理的 AGC 控制策略对于保障电网的安全、可靠和经济运行具有重要意义。

AGC 是控制中心利用联络线交换功率、系统频率和机组实发功率等信息，按照确定的控制策略计算 AGC 机组输出功率来适应负荷波动的一种闭环反馈控制，属于负荷频率控制范畴。国内外从 20 世纪 50 年代开始进行 AGC 控制策略的研究与实验工作，取得了丰硕的理论研究与工程实践成果。从控制策略的设计与实现方式上，可将现有的 AGC 控制策略分为常规的 AGC 控制策略和 AGC 动态优化策略。AGC 控制策略经历了从最初的利用飞轮调速器的 PI 控制策略，到基于微处理器的控制策略，再到自适应控制策略和自调整控制策略等的发展历程。随着控制理论和智能算法的发展，模糊逻辑和遗传算法等在 AGC 控制策略设计中也逐步得到广泛应用。不同的控制策略特点不同，应根据实际系统状况和运行特点进行分析并研究合适的方案，才能达到理想的控制效果，因此，全面了解各种 AGC 控制策略非常必要。

④ 机组自启停控制系统　机组自启停控制系统（automatic plant start-up and shutdown System，APS）是热工自动化技术的最新发展方向之一。APS 是实现机组启动和停止过程自动化的系统，其优势在于可以提高机组启停的正确性、规范性，大大减轻运行人员的工作强度，缩短机组启停时间，从整体上提高机组的自动化水平。

实现机组级自启/停要通过一个渐进的过程来实现。如何在较短时间内不但较高水平地完成 DCS 各个功能，又能实现 APS 功能且不影响 DCS 其他功能的实现，APS 的结构方案成了关键。机组级自启停（APS）采用多层级功能组结构，最高层为机组级自启停功能组。这样做不但使 APS 对下层 DCS 功能的影响较小，而且还可以把 APS 拆开分步试投。

APS 对电厂的控制是应用电厂常规控制系统与上层控制逻辑共同实现的。常规控制系统是指：闭环控制系统（MCS/CCS）、锅炉炉膛安全监视系统（FSSS）、顺序控制系统（SCS）、数据采集系统（DAS）、给水泵汽轮机数字电液调节系统（MEH）、汽轮机旁路控制系统（BPC）；给水全程控制系统；汽轮机数字电液控制系统（DEH）及电气控制部分（ECS）等。在没有投入 APS 的情况下，常规控制系统独立于 APS 实现对电厂的控制；在 APS 投入时，常规控制系统给 APS 提供支持，实现对电厂的自启停控制。

机组自启停系统可分为三层。

第一层为操作管理逻辑，其作用为选择和判断 APS 是否投入，是选择启动模式还是停止模式，选择哪个断点及判断该断点允许进行条件是否成立。如果条件成立则产生一个信号使断点进行。可以直接选择最后一断点（如升负荷断点），其产生的指令会判断前面的五个断点是否已完成，如没有完成则先启动最前面的未完成断点，具有判断选择断点功能，从而实现机组的整机启动。

第二层为步进程序，是 APS 的构成核心内容，每个断点都具有逻辑结构大致相同的步进程序，步进程序结构分为允许条件判断（与门）、步复位条件产生（或门）及步进计时。当该断点启动命令发出而且该断点无结束信号，则步进程序开始进行，每一步均需确认条件是否成立，当该步开始进行时同时使上一步复位。如果发生步进时间超时，则发出该断点不正常的报警。

第三层为各步进行产生的指令。指令送到各个顺序控制功能组，实现各个功能组的启动/停止，各个功能组启动/停止完毕后，均返回一完毕信号到 APS。

⑤ 负荷优化分配 电力系统的深入改革，厂网分开，竞价上网，以及煤的价格持续上涨，迫使电厂提高运行的经济性。负荷优化分配技术在不对电厂硬件设施进行改造的前提下，仅需对中调的针对各个单元机组的负荷指令重新分配，就能有效提高电厂运行的经济性。

电厂负荷优化分配在 20 世纪末就已受到广泛从业人员的重视，国外在这方面更是较早就已投入大量的研究工作，发展至今诞生了很多优化方法，归结起来大致可以分为三类：传统算法、数学算法和依托计算机的智能算法。

传统优化算法包括效率法、循环函数法和等微增率法；数学优化算法包括线性规划法、动态规划法和网络规划法等；智能方法包括模拟退火算法、禁忌搜索和基于神经网络的算法。

① 效率法：按机组效率的高低，顺序地从高到低依次分配给各机组，实践证明，这样的运行方式节能效果不佳，因为在负荷分配中真正起决定作用的是机组耗量变化率。

② 等微增率法：该方法是借助拉格朗日乘子建立相应的目标函数，以负荷一阶导数相等为准则求出负荷优化值，再用约束条件检验所求值，若不符合则进行迭代，直到所求所有优化值都符合条件为止。等微增率法对目标函数有较严格的要求：首先必须是凸函数，其次微增量曲线必须有较高的精度，但是上述两点对于实际运行的热电厂来说都很难满足，因此等微增率法在实际应用中受到了很大的限制。

③ 动态性规划法是运筹学的一个分支，是求解多阶段决策过程及不定期和无限期决策过程最优化的数学方法。该方法的主要思想是：把多阶段决策过程分解为一系列单阶段决策问题，并逐个求解，从而得到最优决策，通过这种方法可以将一个整体最优化问题转化为一个序列多阶段最优化问题。将其应用于热电厂负荷优化分配中，优点是对煤耗特性没有严格的规定限制条件，计算精度较高。但其局限性在于：计算量较大；方法烦琐，不够简捷，另

外作为一种有限穷举法，维数障碍是其求解大规模问题的最大局限。

目前，对于火电厂纯凝汽式机组，在负荷分配方面的方法研究已经日趋完善。但是对于热电联产机组的负荷分配问题依然没有得到较好解决。与纯凝机组相比，供热机组的待优化变量明显增多，不仅有电负荷，而且有热负荷。对于一台两次调节抽汽式汽轮机，其待优化的变量则有三个：电负荷、工艺热负荷和采暖热负荷。不仅如此，这些变量不仅要满足自身的上下限限制，而且由于它们之间还存在隐函数关系，变量的增多必然导致目标函数更为复杂。供热机组的热力特性不如纯凝机组单一，尤其对于大容量机组来说，在不同运行工况下，目标函数也可能不同，需要分段讨论，这就使得目标函数更为复杂多变。现有的负荷分配方法各具优势，但不可否认都存在一定的缺陷，尤其是当问题规模扩大，参与变量和约束条件增多时，往往会出现局部最优的现象，数值稳定性差，收敛困难。因此找到一种高效稳定的负荷分配方法至关重要，对热电厂的节能降耗具有重大现实意义。

4.4.3.3 智能（数字）化电厂小结

目前很多电厂已经具备了建设智能（数字）化电厂的基础条件，DCS 和 SIS 已为火电厂提供了一个综合优化控制和管理的数字化平台，高效合理地利用这些信息，仅从直接经济效益计算，每年为电厂节省上千万元是完全可能的，如考虑故障预测和诊断等提高安全性，防止重大设备损坏或不必要的非计划停运，其经济效益将更大。

如果进一步实现现场设备级数字化，推广应用现场总线及相应的现场总线智能终端，还可进一步提高运行的安全可靠性，适应现代化管理的要求，减少运行维护成本，降低基建工程费用，可见火电厂数字化对电力企业追求投资效益最大化具有重要意义。

4.4.4 水电厂计算机实时监控系统 H9000 的典型应用

随着三峡工程左岸电站首台机组 2003 年 7 月发电，三峡右岸电站、龙滩等一批特大型水电站的建设也全面展开，进入建设高潮，标志着中国水电建设进入巨型机组特大型电站时代。与常规电站相比，巨型机组特大型电站计算机监控系统应进一步考虑下列问题。

① 提高控制系统的可靠性问题。

② 巨型机组的强电磁场对控制系统电子设备的电磁干扰问题。

③ 监控系统的海量数据实时采集与处理能力问题。

④ 海量报警信息的智能化处理与辅助运行技术水平进一步提高的问题。

目前 H9000 监控系统的最新版本是 V4.0 版本，主要针对巨型机组特大型电站应用进行开发。相比于其他老版本，系统进一步改进和完善了系统已有功能，开发了新型的人机联系、报表、Web 等功能，使人机联系的图形和报表更加美观友好。同时，改进了数据采集和数据存储功能，以满足海量数据的需要，进一步提高了系统的性能指标和可靠性指标。

H9000V4.0 系统就是要满足像三峡电站这样的特大型机组巨型电站的需求，因此在三峡右岸电站的应用充分发挥了该系统的技术优势，全面应用了系统的各种功能。

三峡右岸监控结构采用分层分布式冗余多网络系统结构，总体结构分为两层：全场控制层（PCL）和现地控制层（LCL），两层之间采用冗余的高速网络连接。系统总体结构在场站层和就地控制单元层的基础上，将电站监控系统场站层进一步分为场站控制层、场站信息层和生产信息查询层。网络分为电站控制网、电站信息网和信息发布网三层，即整个系统采用三网四层的全冗余分层分布开放的系统结构。

右岸电站监控系统共有 18 个现场控制单元（LCU），均采用了冗余技术设计。LCU 利用了远程 I/O 技术并采用了分布式布置。LCU 的控制软件配合系统的各种功能可以做到分布控制、面向对象控制及数据采集，具有良好的结构，易于维护。

该系统于 2007 年 3 月投入运行，同年 12 月通过了初步验收。系统设备经过了试运行的考验和国务院验收委员会的验收，目前都在稳定、可靠地运行。

4.4.5 风力发电 Deif 主控系统的典型应用

丹麦的丹控公司（DEIF）成立于1933年，在风电行业初始就已经在做风力发电机组的设计。主控控制系统主要是控制整台风机的运转，监测电力参数、风力参数、机组状态参数，启/停及其他功能模块，实时监控风电系统工作状态。通过采集风力发电机组信息和其工作环境信息，保护和调节风力发电机组，使其保持在工作要求范围内。

AWC500是丹控公司的高级风能控制器，目前丹控公司与国内多家风机厂商进行合作，为其提供可靠的风机主控系统。AWC500的基本信息如下。

AWC500主控系统的硬件结构主要以 PLC 为核心控制器，系统一般由塔底控制柜和机舱控制柜组成。塔底设置主控控制站，机舱作为远程 I/O，通过现场总线与塔底主站进行通信。塔底控制柜安装于塔筒底部，负责与机舱远程 I/O 直接进行总线通信，与远程监控系统进行以太网通信，对风机的整体运行进行监测和控制，根据算法对偏航系统、变流器系统和变桨系统发送控制指令。机舱控制柜以远程 I/O 的方式，设置成控制分站，通过多种现场总线协议与塔底主控及变桨系统进行通信，采集风向、风速、风轮转速、齿轮箱和发电机温度等数据。人机界面安装于塔底控制柜，通过总线技术与主控通信，根据用户权限的不同对风机进行信息浏览与控制。主控系统通过 CANopen、Profibus 等协议与变流器、变桨系统进行通信，实现风机最优控制。以太网交换机将每台风机的信息，通过光纤发送到中央监控系统中，各风电机组通常采用环形拓扑结构。

AWC500主控系统具有如下功能：①数据采集与处理；②"看门狗"功能；③数据监视；④故障检测；⑤启动/停机功能；⑥最大功率跟踪；⑦恒功率运行。

目前，丹控公司的主控系统广泛应用于如明阳风电2MW系列风机（MY2.0MW）和东方汽轮机公司出品的风机中。除此之外，丹控公司的主控系统还在全国30多个风力发电厂有着广泛的应用。

4.4.6 远景"阿波罗"光伏云平台技术的典型应用

4.4.6.1 应用背景

在国家政策的扶持下，光伏分布式项目呈几何式增加，相应的分布式电站运维的各类问题也逐渐显现：一是在业主与电站投资人非同一家的情况下，电站运维常常被忽视；二是项目规划大都只考虑到电站建设，而忽略运维环节；三是运维人员紧缺或不够专业，造成发电效率低，电站出了问题无法及时发现。

远景能源是国内的一家能源互联网技术服务提供商，"阿波罗"光伏云平台是其针对光伏电站运维管理而推出的一款电站监控和管理软件，可以实现对分布式光伏电站全方位数据采集、数据分析和智能化运维管理。

4.4.6.2 数据源

光伏企业数据：逆变器数据、汇流箱数据、直流柜数据和电表数据等。

其他数据：地理位置数据、公共天气数据、电池板温度、大气温度和日照情况数据等。

4.4.6.3 实现路径

除了逆变器数据外，"阿波罗"光伏云平台还从气象站、汇流箱、直流柜、电表，甚至直接从组串、组件上采集数据，进而形成一套具备多样性的数据，这比单一的数据更可靠。在接入项目运行数据之后，"阿波罗"光伏云平台可以进行电站绩效的对标、电站健康度体检以及损失电量分析等工作。与此同时，"阿波罗"光伏云平台还可以对每个电站进行全生命周期的资产风险评估和评级，综合评测电站整体性能，从而判断电站的交易可能和潜在的交易价值。系统可以在短时间内迅速做出风机布置规划、项目容量，计算投资收益率，给出具体的测风方案。

4.4.6.4 应用效果

（1）降低运维人力成本

以往在一个较为集中的电站区域内，需要安排多名值班巡检员，还会出现顾此失彼、不能兼顾的现象。接入到"阿波罗"光伏云平台后，可以简化运维组织结构，将多个电站分为若干大区，每个大区只需设置专职后台数据员 1~2 名，同时成立巡检小组对区域内每个电站定期进行预防性巡检。与传统缺乏自动化分析处理的运维模式相比，人力成本至少可以减少 50%。

（2）减少发电量损失

由于分布式电站分散，过往汇流箱、逆变器等设备运行故障造成停机，而值班人员不能及时发现造成的发电量损失经常发生。这些分散的电站资产接入到"阿波罗"光伏云平台后，通过大数据分析引擎技术，从电站采集的数据通过自设定的分析逻辑开展自分析，对于数据异常情况，"阿波罗"光伏云平台会主动推送报警，提醒后台数据员着重关注，极大降低了后台数据员的工作强度，故障预防率得到有效提升。

（3）及时预警，避免安全隐患

光伏电站运维中最关注的是安全问题，而光伏电站内的电气设备众多，隐患也多。"阿波罗"光伏云平台通过数据分析后的预警功能，则可以避免这样的安全隐患。

4.4.7 非能动型压水堆核电技术 AP1000 的典型应用

4.4.7.1 AP1000 简介

AP1000 是一种先进的"非能动型压水堆核电技术"，其原理是铀制成的核燃料在"反应堆"的设备内发生裂变而产生大量热能，再用处于高压下的水把热能带出，在蒸汽发生器内产生蒸汽，蒸汽推动汽轮机带着发电机一起旋转，电就源源不断地产生出来，并通过电网送到四面八方。

4.4.7.2 AP1000 核电技术特点

① 主回路系统和设备设计采用成熟电站设计、简化的非能动设计提高安全性和经济性、严重事故预防与缓解措施、仪控系统和主控室设计、建造中大量采用模块化建造技术。

② AP1000 设计简练，易于操作，而且充分利用了诸多"非能动的安全体系"，比如重力理论、自然循环、聚合反应等，比传统的压水堆安全体系要简单有效得多。这样既进一步提高了核电站的安全性，同时也能显著降低核电机组建设以及长期运营的成本。

③ AP1000 的经济性强。采用模块化施工建设，建设周期可缩短。由于很多系统和子系统在工厂而不用到电站装配，因此建设时间可缩短至 3~4 年。AP1000 大型化单机容量以及达 60 年的设计寿命，能与联合循环的天然气电厂相竞争。

④ 因为独特的非能动安全系统，AP1000 与正在运行的电站设备相比，阀门、泵、安全级管道、电缆、抗震厂房容积分别减少了约 50%、35%、80%、70% 和 45%。虽然部分产品的量减少了，但价值量基本不变。

4.4.7.3 应用

AP1000 是美国西屋公司研发的一种先进的"非能动型压水堆核电技术"。西屋公司在已开发的非能动先进压水堆 AP600 的基础上开发了 AP1000。该技术在理论上被称为国际上最先进的核电技术之一，由国家核电技术公司负责消化和吸收，且多次被核电决策层确认为日后中国主流的核电技术路线。

国家核电技术公司的 AP1000 和中广核集团与中核集团共推的华龙一号被默认为中国核电发展的两项主要推广技术，两者一主一辅，AP1000 技术主要满足国内市场建设和需求，华龙一号则代表中国核电出口国外。

目前，作为国内首个采用 AP1000 技术的依托项目三门核电一号机组已并网发电，除在建的两个项目（三门、海阳）外，三门二期、海阳二期、广东陆丰、辽宁徐大堡以及湖南桃花江等内陆核电项目均拟选用 AP1000 技术。

4.4.8 企业多能源系统的需求控制与优化

4.4.8.1 简介

随着工业信息化的深入发展，以信息技术改造现有的能源利用体系，最大限度提高能源效率，实现能源系统与生产的深度协调优化，是解决能源问题的最大挑战。协调优化可以有效实施的前提是企业具备对生产过程能耗和排放状态的有效监测和深度感知，并依托于高效的企业能源管理信息化系统。目前高耗能企业基本都配备有企业能源管理系统（energy managment system，EMS）与制造执行系统（manufacturing execution system，MES），为企业能源优化调度提供数据保证与应用平台。

高耗能企业具有复杂的能源系统结构，以钢铁企业为例，其包含副产煤气、电力、蒸汽等多种能源介质，具有品种类型多、副产能源多、转换空间大和优化难度高的特点。副产煤气、电力和蒸汽均具有自己的运行网络，以各自的工作方式运行。但由于存在耦合关系，各种能源最终构成了复杂的网络化系统结构。我国钢铁企业能源在转化、存储、运输过程中的严重损耗和放散使低能源利用率成为企业能耗与国际先进水平差距的主要原因之一。

高耗能企业生产过程中需要消耗大量的能源和载能工质，也可能产生大量的二次能源。以钢铁企业为例，生产过程使用多种能源及能源介质（如电、蒸汽、副产煤气等），并拥有包括能源产生、储存、转换及消耗等环节在内的复杂能源系统。

如图 4-32 所示，钢铁企业的生产活动与能源的产生和消耗相联系。钢铁企业的焦炉、高炉和转炉在钢铁生产过程中会产生三种主要的副产煤气，即焦炉煤气（COG）、高炉煤气（BFG）和转炉煤气（LDG）。同时，轧钢、转炉和烧结等环节也对各种类煤气有一定的需求量。富余的煤气则可用煤气柜存储或进行热电联产。蒸汽作为一种重要的能源也具有复杂的能源网络。钢铁生产过程中的焦炉、高炉、轧钢等环节需要大量蒸汽，而余热锅炉、蒸汽锅炉和热电联产装置都能产生蒸汽。蒸汽由于具有较高的温度和压力，同电能一样，不能进行大量存储而需直接使用。同时，几种能源之间也存在相互的耦合关系。

由于钢铁企业内部多种能源存在复杂的产生/消耗关系，且各种能源之间存在相互的耦合，因此整个钢铁企业具有一种带有复杂的、网络化的、不确定性的多能源结构。

4.4.8.2 典型应用

（1）特大钢铁企业用电电量和负荷预测

地区或大电网的用电预测建模在国内外已有广泛的研究，这一类用电预测也已有了相对成熟的技术，在一些实际的应用中取得了良好的预测效果。钢铁大企业的用电预测是一个崭新的研究课题，钢铁企业的用电具有用电量大、负荷波动大且与生产状况紧密相关等特点。特大钢铁企业用电电量和负荷预测要考虑本企业的生产特点和调度计划，预测企业日用电量和负荷曲线。

（2）发/用电负荷平衡和节能优化运行

根据以上钢铁大企业用电电量和负荷预测的结果，研究负荷跟踪算法，在超短期负荷预

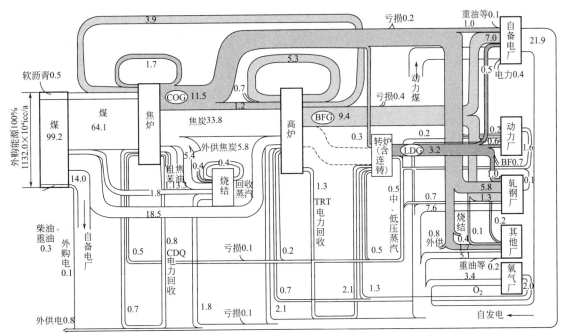

图 4-32 某钢铁企业能源流动图

测的基础上，采用滚动优化的方法不断求解，可以实现当前时段前后近期内的总体能量平衡条件下的最佳出力，达到总体负荷跟踪的目的。利用各个负荷跟踪算法，分析探讨各种适合大型钢铁企业的关口平衡条件。不同的负荷跟踪算法对应不同的关口平衡模型，同时涉及不同的企业负荷、关口平衡算法参数。分析研究各关口平衡模型在不同负荷类型（如正常负荷，阶跃冲击负荷，脉冲负荷等）下得到的关口流量特征，得到关口平衡模型最优设置。设计与开发宝钢集团发供用电负荷优化运行系统。在充分考虑宝钢电厂自发、自用、自平衡的原则下安排电厂的发电计划，减少倒供电量；减少功率交换的差价损失；提高宝钢的经济效益。通过使用此系统，运行人员将能有效制定、调整用电负荷曲线，更为合理地安排生产检修计划，提高用电的计划性和经济合理性，为全面降低宝钢的综合能耗打下基础。

　　传统调度方式和新方式对比如图 4-33 所示。高耗能企业用电负荷优化运行系统界面截图如图 4-34 所示。

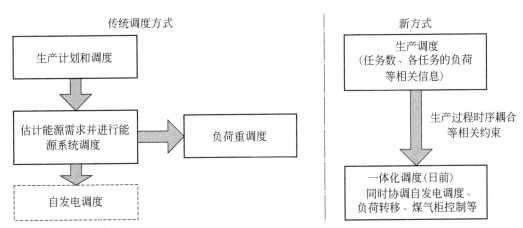

图 4-33　传统调度方式和新方式对比

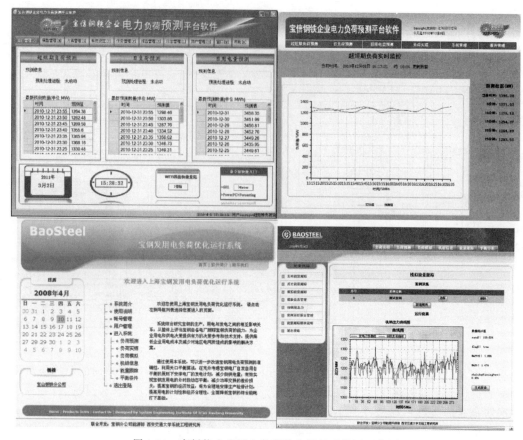

图 4-34 高耗能企业用电负荷优化运行系统界面截图

4.4.9 风电场信息物理融合能源系统信息构建方案

4.4.9.1 系统概述

在大型的风电场中有几十台甚至上百台风力机，如何有效地对各风力机的状态进行监控，使整个风场风机安全、可靠、经济地运行变得至关重要。可以通过建立风电场的SCADA（supervisory control and data acquisition，数据采集与监视控制）系统解决上述问题，实现风场全系统风机监控、信息共享和故障诊断及维护。

现场 SCADA 系统主要完成数据采集、网络构建、集中监控等功能。采集系统通过多种通用接口，实现将各厂商的风机、变电站、测风塔、气象站等前端传感器中的信息进行接入采集，并通过现场光纤网络，采用 OPC 技术实现数据接入中央监控系统。通过组建光纤环网或者星型网络将风场各风机、测风塔等前端传感器与中央监控系统构建以太网络，并由中央监控系统完成整个网络的时间同步。现场 SCADA 系统监控中心可实现对现场装机容量、风机部件参数、风机控制器组件气象基础信息等信息进行监视，并对风机开关机进行远程控制，实现风场的风机网络拓扑图监控，系统提供 Web 访问界面，允许被授权用户访问系统。具备报表处理功能，可实现风场地形图录入、转换，实现逻辑风机与实际风机的实时连接，并由现场 SCADA 系统安装盘在指定服务器上实现现场 SCADA 系统安装，具备完善的日志管理功能，可实现数据备份/恢复，数据导入/导出，预留多种接口，可通过邮件、传真、GPRS、CDMA 等模式将信息及时通知相关用户。

目前，风电市场上有多种风电场管理系统产品，但早期多为引进国外大型风电机组时配套购买，如英国 Garrad Hassan 公司的 GH SCADA 系统、丹麦的 Clever Farm SCADA 系统、美国的 Second WEIND-ADMS SCADA 系统等。目前，国电南瑞 NS2000W 风电场监控系统也开始得到广泛应用。

4.4.9.2 风电场信息物理融合能源系统

获取充分的信息和数据是信息物理融合能源系统优化运行的基础。在新型传感器与传感器网络的支撑下，在系统整体范围内同步获取系统环境和状态信息，进行深度的大数据分析和计算，就能够以更高的精度和效率，分析、预测系统中的各种不确定性因素，实现系统的安全、高效运行。

从系统划分上来说，信息物理融合系统由两部分组成：其一是按照自然物理规则运行，并直接作用于现实世界的物理系统；其二是实现物理系统信息感知、传输、分析，并通过控制指令反作用于物理环境的信息系统。具体对于风电场物理信息融合能源系统，其物理系统包括了近地大气运动流场、风机的传动机制与电机励磁等过程，涉及了大气动力学、机械、电气等多个领域；而其信息系统的主要目标是采集、传输、整合不同用途的传感器资源，通过多源信息融合和深度大数据计算，更好地实现信息感知、系统分析与优化控制。

信息感知主要包括地理信息、气象信息、环境信息、能量信息的感知。

地理信息是整个风电场构建的基础。在风电场设计阶段，需要以地理信息系统（GIS）为支撑，在宏观的风资源评估基础上，从小区域中确定如何布置风力发电机组，使整个风电场具有较好的经济效益，即实现风电微观选址。对风电场选址的失误造成发电量损失和增加维修费用将远远大于对场址进行详细调查的费用。因此，GIS 信息对于风电场的建设至关重要。与此同时，在风电场的运营阶段，GIS 提供的风电场所在区域的地形、地貌，以及风机排布等信息同样对风电场的尾流分析、风速估计、发电功率预测十分重要。相对于其他信息感知源，GIS 主要提供在风电场建设阶段就已经确定的静态信息，并不需要为风电场运营配置额外的感知源和信息采集装置。

同水电、火电等常规电厂可以通过调节水轮机闸门、汽轮机主汽门来控制出力所不同的是，风能的一个显著特点是其能量的产生完全由风速、温度等自然条件所决定，对于天气环境的量测与预报，以及对于风资源的高效利用具有基础性作用。由于气候状态难以预测并且在不断变化，其出力具有高度的不确定性。对于大型风电场，数值动力预报是最常用和最有效的方法，可以考虑建立和运行数值天气预报（NWP）模型，但投入的成本很高。国内有一些风电场的预测系统，采用直接购买欧洲中期数值预报中心或德国天气在线等机构的风速数值预报风速的方式。近年来，中国电科院完全自主研发的中尺度数值天气预报系统在风电场中也逐渐得到广泛应用。NWP 作为中长期气象感知和风电场内进一步精细分析的重要基础，需要在足够短的时间周期内不断更新动态数据。从风电场的角度，NWP 信息主要通过大型 NWP 系统的数据接口获得，并不需要为风电场运营配置额外的感知源和信息采集装置。

环境感知指通过风机和测风塔内置的前端传感器设备获得的风电动机实时发电功率以及风速、风向、气压和温度等环境信息的过程。风机在实际运行中，其所在地的风速、风向、压力和温度等环境条件是实时变化的，这些都会对风机发电功率特性造成影响，使得风机发电功率与风速的对应关系动态变化。因此，在进行风电功率预测时，需要根据传感器所收集的风机周围的实时气象状况，建立风电动机发电功率动态估计模型，进而在预测风速基础上更好地对风电场发电功率进行预测，提高风电预测精度。另外，风电动机内置的风速仪、风向标、转速传感器和温度指示器等传感器，实时记录了风电动机运行状态，风场工作人员根据这些信息对风机进行实时控制，以保证风机的安全稳定运行和提供高质量的电能。

测风塔是环境感知中的重要组成部分。在风电场风况实时监测和风电预测方面发挥着重要作用。测风塔上装载了测风速计、风向标、气压计、温湿度计等传感器设备，采用分层梯度来测量和采集风电场微气象环境场内的风速、温度、湿度、气压等气象信息。其上搭载的气象要素实时监控系统，每隔 5~10min 将采集计算得到的数据发送至数据接收平台并入库。在基于统计时间序列的风电预测方法中，可以直接采用测风塔实时记录的风速、风向等历史数据作为数据源来训练模型，实时数据用来对预测模型的参数进行校正。另外，在基于 NWP 的风电预测方法中，测风塔记录的大量地面分层高度风速数据可以用来绘制风速廓线，估计风场地表粗糙度，进而更好地估计风机轮毂的风速和发电功率。

作为风电场能量管理系统（EMS）的重要功能，能量感知是对风电场内各风机的发电数据进行实时信息采集、监视、分析，并可以通过信息流调控能量流，实现风电场运行的优化和控制决策，保障运行的安全、经济和优质。相比于环境感知，能量感知反映了风机实现风-电能量转换的物理过程，其获得的有功、无功、电压、电流等信息也是风电场运行与控制的最直接对象。根据《风电场接入电力系统技术规定》（GB/T 19963—2011），在并网风电场中，必须具有将单个风电机组运行状态，风电场高压侧出线的有功功率、无功功率、电流等信息向电力系统调度机构输送的能力。

以多元信息感知为基础的信息物理融合能源系统（CPES）平台，为大规模风电场动态系统建模的参数信息获取、多源信息融合、状态信息估计等方面提供了强有力的支撑，基于风能传播的动态物理模型，充分考虑多元信息之间的相互支撑关系，再结合数据驱动的建模思想，为风电场发电功率波动性实时动态分析与控制提供了可能。

4.4.9.3 能源自动化的发展和建议

能源环境问题和相关技术是当前最受关注的领域，事关人类社会的可持续发展。基于能源自动化技术，整体规划和优化运行综合能源系统，能够在基本不改变能源供需工艺的基础上，通过充分配合与协调多种可再生能源、可再生能源与传统能源、能源生产与需求，以实现综合能源系统的安全节能减排。为了进一步发展能源自动化技术，特提出以下几点建议。

① 信息物理融合能源系统，包括智能电网、企业能源系统、智能楼宇能源系统、智能家居能源系统等，是"工业 4.0"、"中国制造 2025"计划在能源领域的实施，也是信息化与工业化"两化融和"、信息化带动工业化在能源领域的具体体现。信息物理融合能源系统是能源自动化技术的最新方向，应该系统化发展相关的基础理论和关键技术，高度重视其应用推广，推动能源自动化技术的升级换代。

② 新能源，包括风能、太阳能，将成为能源系统不可或缺的一部分，应该充分考虑新能源的高不确定性特点，建议注重发展新能源自动化技术，包括能源转换和存储的建模、分析、控制、优化等。

③ 未来能源系统是高度信息化、网络化、智能化的系统，系统综合安全包括传统的物理系统安全和网络信息安全，是未来能源自动化技术的一部分。建议注重发展系统综合安全模型和分析方法，解决信息网络与物理系统中异构数据分析、多源信息融合、综合安全监控等挑战性问题。

④ 目前，自动化学科专业的人才培养体系，以传统自动化技术为主导，课程体系以传统动态控制系统为重要对象。为了适应能源自动化技术的上述新发展，需要在专业基础理论和实践教学等多个方面，改革课程体系，以适应新形势下大能源领域对高层次人才的需求。

参 考 文 献

［1］ 严陆光. 看准方向，坚定信心，大力促进我国大规模非水可再生能源发电的前进. 电工电能新技术. 2009（2）：1-6
［2］ 周孝信. 能源革命下的新一代能源系统. 国家电网，2015，（8）：58-60.

［3］　刘振亚. 全球能源互联网. 北京：中国电力出版社，2015.

［4］　《中国电力年鉴》编辑委员会. 中国电力年鉴 2015，北京：中国电力出版社.

［5］　J. Rifkin. The Third Industrial Revolution：How Lateral Power Is Transforming Energy，the Economy，and the World. New York：Macmillan，2011.

［6］　管晓宏，赵千川，贾庆山，吴江，刘烃. 信息物理融合能源系统［M］. 北京：科学出版社，2016.

［7］　X. Lu，M. McElroy and J. Kiviluoma. "Global Potential for Wind-generated Electricity" *Proceedings of the National Academy of Sciences*. vol. 106 no. 27，2009，pp. 10933-10938.

［8］　M. Jacobson and C. Archer Saturation wind power potential and its implications for wind energy. *Proceedings of the National Academy of Sciences*，vol. 109，no. 39，2012，pp. 15679-15684.

［9］　E. Lee. Cyber-Physical Systems-Are Computing Foundations Adequate? Position Paper for NSF Workshop On Cyber-Physical Systems：Research Motivation，Techniques and Roadmap，2006.

［10］　L. Atzoria，A. Ierab，G. Morabito. The Internet of Things：A survey. *Computer Networks*，vol. 54，no. 15，2010，pp. 2787-2805.

［11］　邬贺铨. 物联网的应用与挑战综述. 重庆邮电大学学报（自然科学版）：2010（5）：526-531.

［12］　D. Singh，G. Tripathi，A. Jara. A survey of Internet-of-Things：Future Vision，Architecture，Challenges and Services. 2014 IEEE World Forum on Internet of Things（WF-IoT）.

［13］　H. Farhangi. The Path of the Smart Grid. *IEEE Power and Energy Magazine*，vol. 8，no. 1，2010，pp. 18-28.

［14］　US Department of Energy，Office of Electric Transmission and Distribution Grid 2030：A National Vision for Electricity's Second 100 Year. 2003.

［15］　Z. Junping，F. Wang，K. Wang，W. Lin，X. Xu and C. Chen. Data-Driven Intelligent Transportation Systems：A Survey，*IEEE Transactions on Intelligent Transportation Systems*，vol. 12，no. 4，2011，pp. 1624-1639.

［16］　H. Kagermann，W. Wahlster，J. Helbig. Recommendations for Implementing the Strategic Initiative INDUSTRIE 4. 0. National Academy of Science and Engineering，2013.

［17］　Marija D，Xie L，Khan U A，et al. Modeling of future cyber-physical energy systems for distributed sensing and control［J］. IEEE Transactions on Systems Man & Cybernetics Part A Systems & Humans，2010，40（4）：825-838.

［18］　Huang A. FREEDM system-a vision for the future grid［C］// Power and Energy Society General Meeting. IEEE Xplore，2010：1-4.

［19］　A. Q. Huang，M. L. Crow，G. T. Heydt，J. P. Zheng，S. J. Dale. "The future renewable electric energy delivery and management（FREEDM）system：the energy internet". Proceeding of the IEEE，2011（99）：133-148.

［20］　http：//www. lbl. gov/research-areas/.

［21］　http：//www. nrel. gov/.

［22］　http：//www. anl. gov/energy.

［23］　S. Hartmut，K. Ludwg. "E-Energy-Paving the Way for an Internet of Energy". Information Technology，2010（52）：55-57.

［24］　Geidl M，Koeppel G，Favre-Perrod P，et al. Energy Hubs for the Future. IEEE Power and Energy Magazine，2007，5（1）：24-30.

［25］　孙宏斌，郭庆来，潘昭光. 能源互联网：理念、架构与前沿展望. 电力系统自动化，2015（19）：1-8.

［26］　曹军威，孟坤，王继业，杨明博，陈震，李文焯，林闯. 能源互联网与能源路由器. 中国科学：信息科学，2014，44（6）：714-727.

［27］　徐宪东，贾宏杰，靳小龙，等. 区域综合能源系统电/气/热混合潮流算法研究. 中国电机工程学报，2015，35（14）：3634-3642.

［28］　董朝阳，赵俊华，文福拴，等. 从智能电网到能源互联网：基本概念与研究框架，电力系统自动化，2014，38（15）：1-11.

［29］　顾泽鹏，康重庆，陈新宇，等. 考虑热网约束的电热能源集成系统运行优化及其风电消纳效益分析，中国电机工程学报，2015，35（14）：3596-3604.

［30］　蔡巍，赵海，王进法，等. 能源互联网宏观结构的统一网络拓扑模型. 中国电机工程学报，2015，35（14）：3503-3510.

［31］　刘东，盛万兴，王云，等. 电网信息物理系统的关键技术及其进展［J］. 中国电机工程学报，2015，35（14）：3522-3531.

［32］　曾鸣，杨雍琦，刘敦楠，曾博，欧阳邵杰，林海英，韩旭. 能源互联网 "源-网-荷-储" 协调优化运营模式及关键技术［J］. 电网技术，2016，01：114-124.

［33］ 韩璞. 火电厂计算机监控与监测［M］. 北京：中国水利水电出版社，2005.

［34］ 曹文亮，高建强，王兵树等. 电厂厂级监控信息系统现状及发展前景［J］. 中国电力，2002，35（9）：59-62.

［35］ Siemens Co. Sienergy-Solutions for Knowledge-Based Power Plant Management［M］. 1999.

［36］ T. Edgar，D. Himmelblau. Optimization of Chemica Process. Mcgraw Hill. 1989.

［37］ 郑慧莉. 优化控制软件系统在电厂的发展前景［J］. 仪器仪表用户. 2012（05）：11-14.

［38］ C. Macana，N. Quijano，and E. Mojica-Nava. A survey on cyber physical energy systems and their applications on smart grids. *Procedings of IEEE PES Conference Innovative Smart Grid Technology*，Oct. 2011，pp. 1-7.

［39］ P. Palensky，E. Widl and A. Elsheikh. Simulating Cyber-Physical Energy Systems：Challenges，Tools and Methods. *IEEE Transactions on Systems，Man and Cybernetcs：Systems*，vol. 39，no. 5，pp. 1277-1291，Oct. 2009，vol. 44，no. 3，2014，pp. 318-326.

［40］ J. Kleissl and Y. Agarwal. Cyber-Physical Energy Systems：Focus on Smart Buildings. *Proceedings of ACM DAC'10*，June 13-18，2010，Anaheim，California，USA.

［41］ Z. Wang，F. Gao，Q. Zhai，X. Guan，J. Wu，K. Liu. Electrical Load Tracking Analysis for Demand Response in Energy Intensive Enterprise. *IEEE Transactions on Smart Grid*，vol. 4，no. 4，Dec. 2013，pp. 1917-1927

［42］ 清华大学 DeST 开发组，建筑环境系统模拟分析方法：DeST，中国建筑工业出版社，2006.

［43］ H. Wang，Q. Jia，C. Song，R. Yuan，X. Guan. Building Occupant Level Estimation Based on Heterogeneous Information Fusion. *Information Sciences*，vol. 272 Jul. 2014，pp. 145-157.

［44］ Z. Liu，F. Song，Z. Jiang，X. Chen，X. Guan. Optimization Based Integrated Control of Building HVAC System. *Building Simulation*，vol. 7，no. 4，Aug. 2014，pp. 375-387.

［45］ H. Wang，Q. Jia，C. Song，R. Yuan，X. Guan. Building Occupant Level Estimation Based on Heterogeneous Information Fusion. *Information Sciences*，vol. 272 Jul. 2014，pp. 145-157.

［46］ Vehbi C. Gungor，Bin Lu，and Gerhard P. Hancke. Opportunities and Challenges of Wireless Sensor Networks in Smart Grid. *IEEE Transactions on Industrial Electronics*，vol. 57，no. 10，pp. 3557-3564，2010.

［47］ 韩璞，吕玲，张倩，董泽，基于经验整定公式的热工系统控制器参数智能优化. 华北电力大学学报，2010 年第 5 期.

［48］ 金以慧. 过程控制. 北京：清华大学出版社，1993.

［49］ 朱北恒，尹峰起草，中华人民共和国国家发展和改革委员会发布. 火力发电厂模拟量控制系统验收测试规程. 北京：中国电力出版社，2006.

［50］ 韩璞，乔弘，王东风，等. 火电厂热工参数软测量技术的发展和现状［J］. 仪器仪表学报，2007，28（06）：1139-1146.

［51］ 谭小平. 锅炉炉膛出口烟温对锅炉性能的影响［J］. 锅炉制造，2005（2）：23-24.

［52］ 刘丛涛，黄业胜. HG2008/186-M 锅炉热偏差问题探讨［J］. 中国电力，1996（3）：3-8.

［53］ 徐啸虎，周克毅，韦红旗，等. 燃煤锅炉炉膛灰污染监测的炉膛出口烟气温度增量方法［J］. 中国电机工程学报，2011，31（29）：21-26.

［54］ 王东风，刘千. 电站锅炉炉膛温度测量技术发展［J］. 中国测试，2014，40（3）：8-12.

［55］ 吕晓静，翁春生，李宁. 高压环境下 1.58 下春波段 CO_2 吸收光谱特性分析［J］. 物理学报，2012，61（23）：234205. 1-234205. 7.

［56］ 曾庭华，马斌. 锅炉炉膛温度场测量技术［J］. 广东电力，1999，12（1）：48-50.

［57］ 周怀春. 炉内火焰可视化检测原理与技术［M］. 北京：科学出版社，2005.

［58］ 李宁，严建华，王飞，等. 利用可调谐激光吸收光谱技术对光路上气体温度分布的测量［J］. 光谱学与光谱分析，2008，28（8）：1708-1712.

［59］ Wang F，Cen K F，Li N，et al. Two-dimensional to-mography for gas concentration and temperature distri-butions based on tunable diode laser absorption spec-troscopy［J］. Measurement Science and Technolgy，2010，21（4）：045301.

［60］ Li N，Weng C S. Calibration-free wavelength modulation absorption spectrum of gas［J］. Acta Physica Sinica，2011，60（7）：070701. 1-070701. 7.

［61］ 王少波. 电站锅炉积灰结渣监测与吹灰优化分析町科技创新与应用［J］. 2012，10：060.

［62］ Lan Dabison. An intelligent approach to boiler sootblowing［J］. Modem Power Systems，2003（1）.

［63］ 张建云. 中国水文预报技术发展的回顾与思考［J］. 水科学进展，2010，04：435-443.

［64］ 张建云，章树安. 水文科技发展回顾及思考［J］. 水文. 2006，03：13-17.

［65］ 张恭肃，王成明. 对 API 模型的改进［J］. 水文. 1996，04：20-25.

［66］ MAIDMENT D R. 水文学手册［M］. 张建云，李纪生译. 北京：科学出版社，2002.

［67］　李炎，高山. 风电功率短期预测技术综述［A］. 中国农业大学. 中国高等学校电力系统及其自动化专业第二十四届学术年会论文集（下册）［C］. 中国农业大学，2008：5.

［68］　刘其辉. 变速恒频风力发电系统运行与控制研究. 浙江大学博士学位论文 2005. 01.

［69］　李建林，赵栋利，李亚西，许洪华. 几种适合变速恒频风力发电机并网方式对比析. 电力建设. 2006. Vol. 27. No. 5：8-17.

［70］　赵阳. 风力发电系统用双馈感应发电机矢量控制技术研究. 华中科技大学博士学位论文. 2008.

［71］　刘其辉，贺益康，卞松江. 变速恒频风力发电机空载并网控制. 中国电机工程学报. Vol. 24. No. 3. Mar. 2004：6-11.

［72］　李亚西，王志华，赵斌，许洪华. 大功率双馈发电机"孤岛"并网方式. 太阳能学报. 2006. 27（1）：1-6.

［73］　李文杰. 太阳能光伏发电系统并网控制技术的研究［D］. 太原科技大学硕士学位论文，2012.

［74］　惠晶，方光辉. 新能源发电与控制技术（第 2 版）［M］. 北京：机械工业出版社，2012.

［75］　吴丽红. 太阳能光伏发电及其并网控制技术的研究［D］. 华北电力大学硕士学位论文，2010.

［76］　杜慧. 太阳能光伏发电控制系统的研究［D］. 华北电力大学硕士学位论文，2008.

［77］　刘冲，周剑良，谭平. 基于数字化控制的核电站反应堆功率控制系统［J］. 南华大学学报：自然科学版，2010，5（35）：57-58.

［78］　R. 伍德沃. 煤质在线分析技术的发展［J］. 煤时代. 1998，10.

［79］　Daley，S. Advances in power plant control and monitoring［J］. Computing & Control Engineering Journal，2001，12（2）：51-52.

［80］　Li Jing，Zhuang Xin-guo，Zhou Ji-bing，Coal Facies Characteristic and Identification of Transgressive/Regressive Coal-Bearing Cycles in a Thick Coal Seam of Xishanyao Formation in Eastern Junggar Coalfield，Xinjiang［J］. Journal of Jilin University Earth Science Edition. 2012，2（1）：27-29.

［81］　董奕勤. 煤质在线分析系统在火电厂的应用研究［J］. 工业技术，2014（25）：137.

［82］　冷晓芳，宋寿增. 煤质在线监测仪在太原第一热电厂的应用［J］. 电力学报 2004，19（4）：352-354.

［83］　Munukutla，S.，Sistla，P.. A Novel Approach to Real-time Performance Moni-toring of a Coal-fired Power Plant［C］. International Conference on Electric Utility Deregulation and Restructuring and Power Technologies，London，2000：273-277.

［84］　甘丹. 煤质在线检测技术及发展前景［J］. 工业技术. 2013.

［85］　姚维达，王桂平，邓小刚，毛琦，文正国. H9000V4.0 计算机监控系统的技术特点与应用［A］. 中国水力发电工程学会信息化专委会. 中国水力发电工程学会信息化专委会 2008 年学术交流会论文集［C］. 中国水力发电工程学会信息化专委会，2008：5.

［86］　国家发改委重大技术装备协调办公室. 三峡工程重大装备自主创新总结，www. chinaequip. gov. cn，2008-04-24

［87］　田永华. 钢铁企业蒸汽合理利用及优化分配研究：［硕士论文］. 沈阳：东北大学，2011.

［88］　韩璞 著. 现代工程控制论. 北京：中国电力出版社，2017.

［89］　杨志远，陆会明，王欣，罗毅. 自适应预估控制及其在火电厂中的应用［J］. 自动化学报 1999 年 3 期.

［90］　李遵基，张国立，蔡军，等. 中储式球磨机制粉系统模糊控制算法研究［J］. 华北电力大学学报自然版 1995（2）33-38.

第 5 章
工业控制网络

5.1 工业控制网络研究现状与趋势

5.1.1 工业控制网络背景

　　近年来，集散控制系统 DCS、可编程控制器 PLC、可编程序自动化控制器 PAC、数控系统 CNC 和嵌入式控制单元 ECU 等成为控制系统的主流形式，其融合了自动化、计算机以及网络通信等技术，成为各种机械装备和生产过程控制中最重要、最普及、应用场合最多的工业控制装置，与机器人、CAD/CAM 并称现代工业自动化的三大支柱。国际电工委员会将 PLC 定义为一种专为工业环境应用而设计的数字运算装置，由可编程的存储器、控制器和 IO 接口构成，通过顺序循环执行的输入信号采集、控制指令执行与运算结果输出等操作实现对目标装备与生产过程的监视、控制和管理。

　　在 PLC 的多年发展过程中，逐步在逻辑控制、流程控制以及运动控制领域中形成了 IEC61131-3、IEC61499 以及 PLCOPEN 编程标准，同时监控管理组态软件的流行以及标准网络接口的加入分别解决了 PLC 控制系统的编程开发，监控管理与网络通信问题，推动了其在冶金、汽车、市政、交通、纺织、机器人等各领域的应用。目前各大 PLC 生产厂商均面向不同行业推出了各具特点的设备管理与编程开发工具：如西门子 TIA portal 平台中的 Step7 软件支持梯形图、功能块、结构化文本等编程语言，通过数据块 DataBlock 对变量与设备参数进行封装，提供了基于面向对象与集中数据管理的编程方式；罗克韦尔的 RSLogix5000 软件提供了系统配置以及支持梯形图、结构化文本的程序编辑与调试环境，同时特别针对运动控制提供在线和离线编程工具，包括图形化位置和凸轮运动曲线编辑与监控、线性与圆弧插补、传动参数自整定与诊断等功能；施耐德针对不同行业提供整合工艺设计功能的开发环境，如利用 CoDeSys 编程平台针对机械切割行业提供卷径计算、力矩给定、惯量补偿、摩擦补偿等功能；欧姆龙的 CX-Programmer 软件则在通用开发模板、编程与调试便利性和易用性上进行了优化设计，使其在中小型 PLC 市场中得到快速普及。这些软件解决了控制网络中单个 PLC 设备在不同应用场合下的编程开发与管理维护等问题。

　　随着 PLC 在各领域应用的深入，其自身也在不断发展，不断体现出新的特点。在生产规模、生产效率以及生产工艺要求的不断推动下，控制系统的规模逐渐增大，控制逻辑日益复杂。PLC 控制系统已经由传统的单机控制加上网络通信等功能，朝着向网络化大规模 PLC 控制系统的发展，随之而来也产生了一些新的问题。

　　首先在各类工业现场中受布线条件、应用环境与成本等因素影响，多种不同类型的总线并存。如大多数制造企业使用的现场总线包括 FF、HART、Modbus、Profibus PA、DeviceNet 等；使用的控制网络有 Control Net、Profibus DP、EPA、ModBUS TCP 和 EtherCAT 等，而在生产管理和经营管理层，使用的又是以太网或者 Internet。不同类型的总线由不同厂商的 PLC 设备提供支持。但对控制系统而言，这些互不兼容的网络相互孤立，不同总线内部的数据无法自由流动和共享，系统集成困难。目前主流的设备集成技术如

EDDL 电子设备描述语言[2]、FDT 现场设备工具以及基于 OPC-UA 的 FDI 现场设备集成规范[3]，它们目的都是把不同总线设备集成在一起。但其本质上都需要为各种总线单独开发符合各自技术要求的软件，如与协议对应的 EDD 解释程序、FDT 驱动组件以及 OPC-UA 设备服务器软件等。在实际使用过程中，一方面需要购买新的软件来兼容新的总线；另一方面，不同总线的设备需要通过不同的软件进行操作，用户难以从系统的角度对网络内的设备进行统一管理。

PLC 控制系统由设备、变量与网络组成。PLC 设备以事件触发、循环扫描的方式执行控制程序，完成各自的控制功能；变量记录控制指令的执行结果与控制程序的运行状态；通过网络进行设备间程序运行级别的程序同步与数据共享，实现控制程序的分布式执行。随着系统规模的增长，网络结构愈发复杂，在控制能力得到提高的同时，系统的开发与维护难度也急剧增大。现有的设备管理与编程开发工具，如 Step7、RSLogix5000 以及 CX-Programmer 提供的都是着眼于单一 PLC 控制器的程序开发，面向单个设备的编程方式。用户局限于网络内单个设备的功能实现。网络化控制系统需要的控制任务的分解、分配、实施以及设备间的数据映射与变量同步等操作，无法从系统的角度考虑网络环境下的整体功能实现，开发效率与维护难度逐渐难以满足现场应用的要求。

因此，在多种网络构成的 PLC 控制系统中，如何对网络内不同总线不同类型设备进行统一的操作、管理与监控；如何提高统一操作与管理过程中的通信效率与服务质量；以及如何将控制网络视为一个整体进行统一的编程开发，通过编译将控制程序分散下载至最佳设备，是 PLC 控制网络发展过程中必须要解决的问题。这将改变现有的系统开发与管理方式，使用户不再局限于网络内的单个设备，而以系统的角度对在线设备进行统一管理与整体编程。对提高网络化大规模 PLC 控制系统的开发效率，降低系统维护与管理的难度具有积极的影响。

近年来，在美国提出的 CPS 物理信息系统，欧盟通过其第 7 个科研框架计划提出的网络化嵌入式控制系统，以及我国的中国制造 2025 规划中，也都强调了异种网络构成的控制系统，以及分布式的感知与控制对实现生产制造过程的信息化与智能化的重要意义。在德国提出的工业 4.0 中，也将上述技术作为其核心的 CPPS（Cyber Physical Production System）信息物理制造系统要解决的关键问题之一。而目前网络化控制系统的相关研究则主要集中于网络延时对系统控制性能的影响与鲁棒性分析[4,5]，较少涉及对控制网络整体的管理与编程方法的研究。因此如何在多种总线构成的 PLC 控制系统中实现以控制网络为整体的统一的设备操作与管理，编程开发和优化编译下载具有重要的研究意义和应用价值。

5.1.2 多总线设备集成方法研究现状

要对工业现场中不同总线和网络的设备进行统一编程、操作与管理，应使各个设备的系统参数、变量与指令能够进行统一理解和处理。其中系统参数记录了设备生产厂商、序列号、生产日期等静态信息，以及包括设备运行、通信、接口等在内的设备配置与运行状态信息。变量则反映了设备的输入输出以及程序的计算结果，记录了生产过程中产生的各类数据，与设备的寄存器和存储区对应。指令提供了可被用户使用的具有逻辑运算、算术运算、定时计数、程序控制等功能的编程语句，是控制程序的基本组成元素。不同类型的设备具有不同的参数，不同的工程应用对应不同的变量定义与控制程序，而不同总线则需要不同的参数与变量获取方法。在 IEC61158 第四版标准中，定义了包括 11 种工业以太网在内的 19 种现场总线标准。不同的总线对应于不同的物理层接口，链路层 MAC（Media Access Control）介质访问控制机制，以及通信方式、通信命令与通信报文格式。控制系统可通过各总线对应的网络接口卡，适配器，网桥等硬件设备实现物理层与数据链路层接入，而控制软件应分别支持不同总线的通信方式、通信命令与报文，以实现对不同总线设备的访问。目前主流的 EDDL、FDT 以及 OPC-UA 技术分别从不同的角度实现了多总线的设备集成。

（1）EDDL 电子设备描述语言

EDDL 是一种基于结构化文本的描述性语言，其通过一套可裁剪的标签元素，定义了现场设备中的参数、变量、通信乃至软件所需的图形界面，实现设备资源的通用理解；通过解释程序与不同总线的设备通信，为用户层提供数据访问与设备管理等服务，实现设备资源的统一获取与访问。EDD 设备描述文件主要包括设备厂商、设备类型与版本等识别信息，菜单、趋势图等可视化界面元素，设备参数与功能信息，以及通信协议相关的通信映射信息四部分主要内容，如图 5-1 所示。

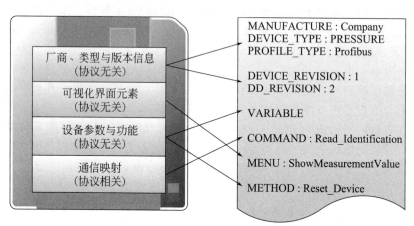

图 5-1　电子设备描述文件的主要内容

EDDL 解释程序与现场设备通信取得相应参数。EDD 为解释程序指明了设备使用的协议类型（目前兼容 FF、HART 以及 Profibus 三种总线），并对每条通信映射指定应使用的通信命令号、应执行的功能块或参数被分配的设备槽位与索引号，同时给出参数在请求或响应报文数据段中的位置，以便解释程序进行报文的封装与解析，如图 5-2 所示。

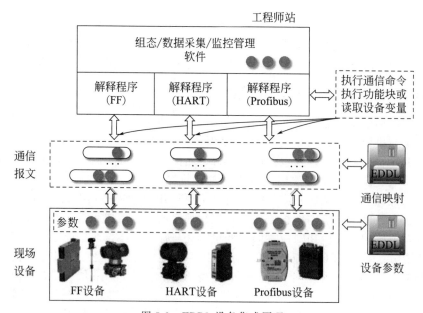

图 5-2　EDDL 设备集成原理

如图 5-2 所示，EDDL 解释程序为每种总线单独编写，支持各种协议的通信命令、可调用设备中符合标准的功能块，以及读写指定槽位特定索引下的变量。解释程序根据通信映射描述选择上述操作，并根据参数与报文数据段的对应关系获取目标参数，实现对各自总线设备的操作与管理。

（2）FDT/DTM 技术

与 EDDL 基于描述的方法不同，FDT 技术采用微软的组件对象模型 COM，将设备厂商开发的设备驱动程序作为一个软件组件嵌入到应用程序。在 FDT 技术中，驱动程序称为DTM（Device Type Management）设备类型管理组件，分为设备 DTM 与通信 DTM 两类。框架程序通过设备 DTM 实现对现场设备参数与状态的管理，通过通信 DTM 来实现对现场设备的访问与控制。FDT 的核心思想是通过定义一系列标准的组件接口，解决框架程序与设备驱动组件的集成问题，实现在同一现场中不同厂商设备的集成与互操作。DTM 组件与框架应用程序需要由设备制造商以及 HMI、MES 等软件开发商分别开发，FDT/DTM 逻辑结构如图 5-3 所示。

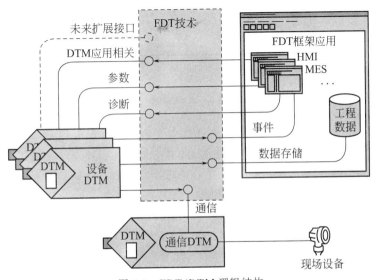

图 5-3　FDT/DTM 逻辑结构

如图 5-3 所示，系统主要包括 FDT 框架应用，设备 DTM 以及通信 DTM 三部分。设备DTM 组件由设备厂商提供，封装了设备支持的参数、功能与管理方法，实现设备的配置校准、维护和可视化显示等功能；通信 DTM 组件封装了对应总线的协议栈，为设备 DTM 提供现场数据；FDT 框架应用程序是 DTM 的运行环境，支持 FDT 规范，可以通过标准接口调用设备 DTM 提供的功能。根据应用环境与功能不同，框架应用程序可以是组态软件、设备管理工具和人机界面等。FDT 技术则定义了规范的 DTM 组件与 FDT 应用的接口，如表5-1 所示。

表 5-1　DTM 组件常用接口

分类	接口名称	说明
组件管理相关	IDtm	DTM 组件的管理接口
	IFdtContainer	框架应用程序的管理接口，用于 DTM 实例的数据管理功能
设备识别信息	IDtmInformation	DTM 组件的信息接口版
	IDtmHardwareIdentification	访问硬件设备属性与状态

分类	接口名称	说明
设备状态与参数	IDtmdiagnosis	为带有组态参数的 DTM 提供框架应用程序所需要的基本诊断功能
	IDtmOnlineDiagnosis	为框架应用程序提供可选的在线的诊断功能
	IDtmOnlineParameter	为 FDT 框架程序提供同步的访问在线设备参数的功能
	IDtmParameter	为 FDT 框架程序提供访问内存中离线设备参数的功能
通信相关	IDtmChannel	用于访问通信通道集合
	IFdtChannel	提供维护数据通道相关参数的方法
	IFdtCommunication	提供访问现场总线设备的途径并实现所有与通信相关功能的接口
	IFdtCommunicationEvent	通信 DTM 实现,提供通信事件回调接口
	IFdtEvent	框架应用程序的事件回调接口
	IDtmEvents	DTM 组件事件的回调接口
显示相关	IFdtDialog	为 DTM 组件提供在框架程序中显示错误、警告等对话框信息

如表 5-1 所示,DTM 组件通过 IDtmInformation 与 IDtmHardwareIdentification 接口提供组件与现场设备的版本、厂商等静态识别信息;通过 IDtmOnlineParamater、IDtmParameter、IDtmOnlineDiagnosis、IDtmdiagnosis 接口提供设备参数与状态的访问和管理,通过 IDtmChannel、IFdtCommunicationEvent、IFdtEvent 接口实现与设备和框架应用程序的通信管理。而 FDT 框架程序通过 IFdtContainer 接口管理 DTM 组件,通过 IFdtDialog 接口为 DTM 组件提供界面窗体调用功能,通过 IFdtCommunication 接口与通信 DTM 交互。

(3) OPC UA 技术

OPC UA 由 EDDL 合作组织与 FDT 集团共同开发,基于 WebService 的客户机与服务器方式运行。服务器与设备通信实现设备管理与数据管理,客户机从服务器取得现场数据,进行监控与运算等应用。OPC UA 技术的核心思想是通过制定客户机与服务器程序的标准实现架构及其通信规范,解决现场客户端软件与不同设备厂商提供的服务器程序的集成问题。

OPC UA 客户端模型主要包括客户端应用程序、中间接口以及协议栈三部分,如图 5-4 所示。客户端程序即为用户使用的组态、监控与管理软件,其通过 OPC UA 中间接口与服

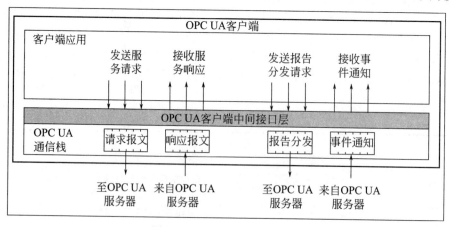

图 5-4 OPC UA 客户端模型

务器交互，主要包括发送与接收各类数据的服务请求。

如图 5-4 所示，在 OPC UA 客户端中，中间接口层将客户端程序的功能实现与 OPC UA 协议栈分离出来，通过 API 或事件与回调函数在二者间传递数据。OPC UA 协议栈将客户端程序的请求转化为报文发送给服务器，同时也接收服务器传来的响应与通知，并通过中间接口传递给客户端程序。

OPC UA 服务器模型由服务器应用程序、中间接口以及协议栈三部分组成，如图 5-5 所示。服务器应用程序通过中间接口层向客户端发送和接收消息，协议栈将消息转换为报文与客户端交互。

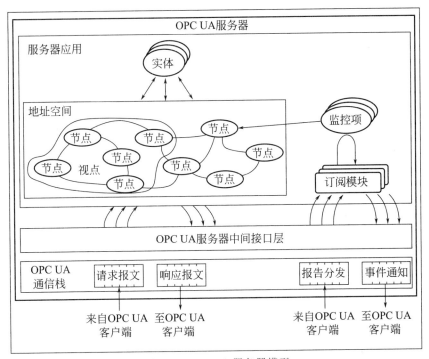

图 5-5　OPC UA 服务器模型

如图 5-5 所示，OPC UA 服务器应用程序由实体、地址空间、监控项与订阅模块四部分组成。其中，实体是 OPC UA 服务器可以直接访问的物理设备或者软件程序，是系统的数据来源，不同协议的现场设备可以通过定制的 OPC UA 服务器实现数据采集；地址空间是一块虚拟出来的用于存放数据的存储区，由一系列相互关联的节点构成。其中可以被客户端访问的节点组成视点；监控项与服务器中的部分节点对应，当监控项检测到节点数据发生变化或者出现报警等信息时，将通知订阅模块；订阅模块通过中间接口向客户端发布通知。OPC UA 允许多个服务器之间进行关联，即一个服务器作为另一服务器的客户端，以适应大型网络的数据管理与传输需求。

综上，三种技术分别从不同角度实现了多种总线的设备集成：EDDL 基于描述技术，通过解释程序与设备交互，实现参数的统一获取与访问；FDT 与 OPC UA 对传统的驱动程序进行了统一，FDT 技术提出了驱动组件与框架程序的软件接口规范，OPC UA 规定了设备服务器程序与客户端软件的实现结构与交互接口，从而实现第三方软件与不同厂商驱动程序的集成。

本质上，以上三种技术均需要针对不同总线开发专用软件与设备通信，如果设备非标或设备厂商没有提供上述软件产品，现场工程师几乎很难开发出满足标准的 EDDL 解释程序、

第 5 章

设备与通信 DTM 组件或 OPC UA 服务器程序，这也成为工业现场开展设备集成工作所面临的主要问题。

目前国内外已有学者开始尝试使用 XML 语言对通信协议的内容开展描述研究，如 Baroncelli 等提出了 XMPL（XML-based Multi-Protocol Language）基于 XML 的协议描述语言的概念。虽然其没有给出该语言的实现细节，但是指出了协议中应被描述的对象：协议状态、报文集合与协议数据结构，同时给出了该语言解析软件的实现架构[7]。Michael A. and Gordon B. 提出了一种用于识别以太网协议类型的描述语言 PP（Packet Parsing），其通过结构体对目标协议报文头的格式进行定义，形成识别规则库。在 FPGA 中对识别规则库进行解析，实现高效可扩展的报文识别与转发处理等操作[8]。刘喆等研究了 EtherCAT 工业以太网的报文结构与解析方法，通过 XML 语言对报文的构成进行了描述。在此基础上实现了一种开放的可扩展的 EtherCAT 协议解析器，使用者可以根据解析对象的格式自定义解析规则，以获得清晰直观的解析结果。Gatan N. C. 提出了 DCON ASCII 协议的设备描述方法，该方法基于电子设备表单 EDS 文件，并扩展了对通信命令的请求与响应格式的描述，以便于软件对设备信息的获取与解析。上述方法通过描述语言对通信协议的报文封装方式开展了描述研究，虽然最终目标并非设备集成，但为弥补 EDDL 以及现有设备描述技术在通信协议方面存在的局限提供了新的思路。可对通信协议中的通信命令、协议数据结构以及通信报文封装与解析方法进行描述，应用软件解析描述文件以统一的方式与不同总线设备通信。

2012 年开始，由斯坦福大学主导提出的软件定义网络 SDN 技术受到了越来越多的学者与研发人员的关注。SDN 是一种新型网络结构。它将原来紧密耦合在网络设备中的转发控制功能独立出来，交由计算设备编程实现。从而将整个网络虚拟成为一个独立的可编程控制的交换机，用户可以通过一个节点控制整个网络功能。另外，SDN 也极大简化了网络设备自身的实现，其不再需要理解并支持上千种类型协议，而仅是接收并执行 SDN 控制器的指令，实现用户要求的转发控制。这一特性同时也引起了工业控制领域学者们的注意，目前在现场总线控制系统中，设备的运行逻辑支持基于 IEC61131 或者 IEC61499 标准的可编程控制功能。但在通信协议上，绝大部分设备依靠自身固有的协议栈进行报文的封装与解析。如果控制系统中设备的协议栈可以支持类似 SDN 功能，同时稍加扩展，则可编程控制器就可以通过软件对设备的报文进行封装与解析，实现与各类通信协议设备的互联。目前部分厂商的控制器，如西门子 S7，三菱 FX2N，大工计控 PEC 等系列的 PLC 控制器已经支持了自由通信指令，可通过编程实现对任意协议的支持。但是编写的通信程序与控制程序关联在一起，并共同下载至控制器中执行，两者互相耦合，没有实现通信与控制的分离。如果可以参考 SDN 网络的特点，将通信程序从控制程序中分离出来，就可以在不影响设备正常运行的情况下，对通信网络进行动态的控制与管理，将为工业现场不同总线设备的集成以及系统维护、升级与改造提供更大的便利。

5.1.3 程序开发与编译方法研究现状

目前可编程控制系统的程序开发需要针对每个控制器单独编程，相关研究主要侧重于编译算法、程序优化方法以及针对各自硬件平台的程序并行执行算法，下面分别给出各部分研究现状。

PLC 控制程序的编译方法主要分为编译型和解释型两种类型。编译型编译将源程序转换成可执行的二进制目标文件，由目标机直接执行；解释型编译将源程序转换为可被解释程序识别的中间代码，通过逐条解释实现控制程序的执行。两者各有利弊，编译型程序执行效率高，但是通用性差，针对不同的硬件平台需要设计不同编译器。解释型通用性较好，但是逐条解释执行中间代码，效率稍低。

编译型编译方法中，张礼兵等分析了 IBM PC 机器码的结构，以及运算、传送、移位、跳转等指令的执行周期，提出了将数控编程使用的 SIPROM 与梯形图语言转换成 IBM PC 机器码的方法，并通过 VC＋＋实现编译程序的开发。KIM H. S. 等使用二叉树将梯形图程序转换成指令表，并通过映像查表的方法将指令表翻译成可执行的汇编指令，实现 PLC 梯形图程序的编译。程晓红针对 RISC 精简指令集的指令结构与功能，通过词法、语法与语义分析实现梯形图语言的语法检查，通过逆波兰表达式实现中间代码生成，并将其转换为 AVR 单片机支持的 130 条指令，实现控制程序的执行。陆林等针对信捷 XC 系列 PLC，通过模板文件描述不同硬件平台所支持的不同指令，解决编译过程中不同硬件平台的目标代码生成问题。黄仁杰等研究并实现了基于 ARM 单片机机器码的 PLC 编译系统，通过梯形图编译器、代码解析生成器、汇编编译器将用户开发的梯形图逻辑直接编译成能够在 ARM 中执行的机器码，并给出了代码执行效率测试结果。在解释型编译方法研究中，Tang 提出了一种梯形图指令节点编译方法，将程序编译为自定义的中间指令代码，在基于 PC 的软 PLC 控制器上运行。Chmiel 提出了一种指令运行时的解释执行方法，以适用于处理能力较弱的小型便携式 PLC 控制器。伍抗逆针对 7 轴联动机床控制要求，通过词法分析构造工具 LEX 和语法分析自动构造工具 YACC，参考 FANUC 公司 FS 系列 PMC 的指令系统实现了运动准备以及运动执行相关 NC 指令的解释执行。高进、郭书杰等分析了 IEC61131 标准中 IL 指令表语言的结构，提出了一种将指令表转换为操作码和操作数的中间代码的方法。张航伟等以固高公司的 GT-400-SV-PCI 型运动控制器为对象，分析了数控程序开发中可能出现的 8 类问题，并提出了利用数据库存取数控代码的方法，为程序的执行与优化提供服务。刘思胜等通过查表法实现了 G 代码到 GALIL 运动控卡指令的转换，并通过 OPENGL 技术对输入的加工代码进行图形验证，实现了刀具运动轨迹仿真和材料去除过程仿真。

在控制程序分析与优化研究中，Deveza 提出了一种将 PLC 控制程序转换为 MATLAB 仿真语言的方法，以便于对控制程序的运行结果进行仿真。王新华等提出了一种梯形图与指令表程序的遍历与互转算法。卓保特等为了兼顾存储空间、执行速度和可移植性，重新设计了 SIPROM 语言的指令编码格式，减少了存储空间，并在 PLC 解释执行算法的基础之上，利用逻辑运算的性质，提出了改进的 PLC 解释执行算法，减少了逻辑运算的步数从而提高了 PLC 系统运行的速度[9]。Yan Y. 和章航平等分析了指令的依赖关系与运行原理，根据梯形图程序结构结合常开常闭输入节点的取值期望，给出了程序运行时冗余指令产生的原因，通过插入跳转指令提出了一种避免冗余指令、提高 CPU 工作效率的优化编译方法[10,11]。刘洁提出状态空间编译法对控制程序进行化简，许文亮通过线性矩阵不等式对程序中的混杂变量进行分离[12]。

上述方法针对不同的目标平台与编程语言开展了 PLC 控制程序的编译、优化与仿真研究，针对单台设备，没有涉及网络化多 PLC 控制系统设备间程序并行分析、任务分配与变量同步等问题的研究。随着 PLC 应用的日益广泛，其执行的控制逻辑变得越来越复杂。PLC 控制程序顺序扫描执行，其执行效率受限制于 PLC 设备的扫描周期，随着控制程序的增长，执行速度也变得越来越慢。近年来越来越多的研究学者开展利用 FPGA 特有的硬件并发特性来提高 PLC 控制程序执行速度的研究，成为 PLC 控制领域新的热点。

Miyazawa 等首次在 FPGA 上实现了梯形图的简单逻辑功能，如常开、常闭、上升/下降沿触发、线圈输出、置位/复位以及与、或、异或等操作，并利用 VHDL 语言的定时时钟模拟 PLC 程序的周期扫描执行过程。Makoto Ikeshita 等提出了将串行执行的 SFC 程序转化为可并行执行的 Verilog 程序，在 FPGA 上实现高速可编程控制器。通过将 SFC 程序的基本组成元素"步、动作"翻译为寄存器，"转换条件"翻译为门控检测电路，在 FPGA 中实现 PLC 的控制功能[13]。为了提高将梯形图转换为 VHDL 的效率，Welch、Zulfakar 提出了 PLC 控制器直接生成 FPGA 架构的方法[14,15]。上述研究提出了 PLC 控制指令以及控制程序在 FPGA 中的实现方法，从指令转换的角度利用了 FPGA 的硬件处理特性，提升程序执行效率。

D. Du 等提出了通过 FPGA 实现 PLC 的方案，提出了将梯形图转换成 VHDL 的方法，并给出程序转换的实现方法：首先将梯形图转换成 VHDL 语言，并通过状态机来模拟 PLC 的控制程序的循环扫描执行方式；然后通过并行触发信号控制状态机切换，实现梯形图语言在 FPGA 芯片中的执行。Shuichi Ichikawa 等学者分析了 PLC 控制程序在 FPGA 上运行的三种方式：流依赖模式(Flat)、顺序依赖模式（Sequential）及进行依赖分解后的层次运行模式(Levelized)，并对每种模式的特点进行了分析[16]。D. Alons 等人提出梯图到 VHDL 的自动转化方法，并在 Eclipse 软件平台上开发了转换工具，实现了基于 FPGA 的 PLC 控制系统[17]。Shaila S.，Manis M. P. 等在 Visual Studio2008 上开发了能初步实现梯形图向 VHDL 转换的集成环境，将梯形图转换为 HDL 代码，编译后下载至 FPGA 芯片[18,19]。赵营、万真龙等在对梯形图语言进行了语义分析的基础上，提出了控制程序的控制依赖与数据依赖模型，并通过依赖关系分解算法，确定控制程序的执行层次以及在 FPGA 中的执行方法。上述方法在指令转换的基础上，开始对控制程序的依赖关系与执行逻辑进行分析，并尝试将控制程序并行化。虽然上述研究仍然是针对单个 PLC 设备，但是其利用了 FPGA 芯片内部的并发特性提高了程序执行速度。

5.2　多种网络设备统一管理技术

5.2.1　概述

控制系统中需要管理的对象包括网络、设备与数据。网络定义了设备间的连接关系以及信息交换的格式与方法；设备是系统控制功能的主要实施者，设备参数体现并反映了设备的运行状态，而系统中各设备的状态决定了控制系统的状态；数据主要来源于设备的输入输出、寄存器和内存变量，反映控制系统状态以及生产过程中产生的各类信息。系统应用软件根据对应的协议与网络设备进行通信，对网络设备进行操作和管理。而不同的网络所采用的通信协议不同，不同类型的设备所具有的状态与寄存器资源也不相同。通常用户通过协议手册了解通信时应使用的通信方式、通信命令以及报文格式，编写或安装协议栈软件；通过设备手册了解设备的参数与寄存器定义，开发管理软件，对设备的运行状态以及各类数据进行操作与访问。

多网络设备统一管理方法利用互联网中的描述技术，对控制系统中的网络与协议相关的通信方式、通信命令与报文格式进行定义，形成协议描述文件，使协议栈软件可以通过描述文件定义协议功能，以统一的方式对不同网络中的协议提供支持，实现与不同总线设备通信；对网络系统中的设备资源，如系统参数、存储区、通信接口进行定义，形成设备描述文件，使不同总线、不同类型设备的资源与属性具有统一的理解与访问方法；对生产过程中产生的实时、历史以及过程数据进行定义，形成描述文件，使各类数据在系统中具有统一的表达、理解与使用方式。通过加载描述，自动获得协议信息、设备资源和系统参数与数据，对多种网络中的设备进行统一的配置和管理。

5.2.2　基本原理

根据开放系统互连 OSI（Open Systems Interconnection）体系中的 7 层网络模型，

IEC61158 标准将现场总线结构简化为物理层、数据链路层以及应用层三层结构。

物理层为物理连接的数据链路实体提供透明的数据传输服务，负责从数据链路层接收数据单元，添加前导码和定界符，编码后将信号发送至物理媒体，或对媒体中传输的信号进行解码，去掉前导码和定界符后将数据传递至数据链路层。在编码方式与通信媒体选择上，各类现场总线一般采用 RS485 串行通信或 IEEE802.3 以太网标准。

数据链路层向高层用户提供透明可靠的数据传送服务，主要包括数据帧封装，数据校验以及介质访问控制等功能。在现场总线控制系统中，总线上的所有设备共享通信介质。为避免同一时刻有多个设备争用总线而产生冲突，链路层通过令牌、时分复用等介质访问控制机制保障控制网络的响应时间、吞吐量和传输效率。

在应用层中，应用软件为用户提供设备管理、变量管理、编程开发、监视控制等功能，其中设备与变量是现场监控与管理的核心，这些信息主要来源于现场设备的系统参数、IO 接口与寄存器，信息被封装为报文在网络中传输，实现信息共享。不同类型的总线使用不同的通信协议，对应于不同的报文格式。除此之外，不同协议采取的通信方式、通信命令也各不相同。通信软件在与设备通信之前应了解设备的参数与寄存器的定义，及其所支持的通信协议与通信接口，根据协议要求进行通信报文的封装与解析。

在多总线设备统一管理方法中，上述信息分别包含在协议、设备以及变量描述中。应用软件加载描述文件，自动获得变量属性，设备资源以及通信方式与报文格式，实现对不同总线设备的统一操作与管理，系统结构如图 5-6 所示。

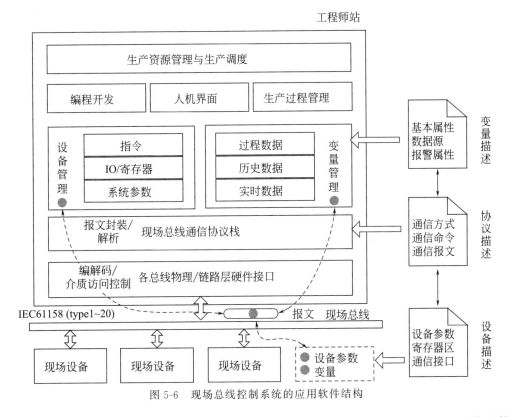

图 5-6 现场总线控制系统的应用软件结构

图 5-6 中，控制系统中的现场设备主要包括 DCS（集散控制系统）、PLC（可编程控制器）、PAC（可编程自动化控制器）、CNC（数控系统）、ECU（嵌入式控制单元）等控制器以及仪表、传感器、驱动器与执行器等数据采集与执行单元。它们通过现场总线连接，进行

分布式数据采集、运算与控制。设备中的参数与变量是生产制造过程中各类数据的主要来源。设备描述为系统提供设备的参数、IO 接口、寄存器、通信接口等资源的定义与说明，指导用户通过软件对设备与变量进行操作与管理。

物理层与数据链路层硬件接口为了设备间透明可靠的数据传输进行物理信号的编解码以及数据帧的校验与介质访问控制等操作。应用层协议提供通信服务和系统管理服务，由不同报文的传输与解析实现。协议栈软件负责通信报文的封装与解析，其将用户层请求按通信协议的格式要求封装为报文传递至数据链路层与物理层硬件接口，或从这些接口中接收报文，按格式解析报文字段，获得现场数据。通信协议描述提供了与设备通信时应使用的通信方式、通信命令以及报文格式等信息，指导协议栈软件与设备交互。

制造企业在生产过程中不断产生各类实时数据、历史数据以及包含着生产、经营与管理业务逻辑相关的过程数据。在应用软件中，各类数据以变量的形式体现，变量描述从基本信息、数据源属性以及处理方式对变量进行统一的描述与表达，使其在系统的各类软件，如生产监控、制造执行系统 MES 以及企业资源计划 ERP 中被高效的获取、理解与使用。设备管理通过设备描述获得设备参数、IO 接口与寄存器等信息，并根据用户定义生成变量；通过协议描述获得与设备通信应使用的通信方式与报文格式，与设备通信并为应用软件提供设备参数与变量信息的存储、访问与修改等管理服务。

编程软件通过指令组合对设备的运行程序进行编程或组态；人机界面软件对生产过程中产生的各类实时、历史和过程数据进行监视与控制；生产过程、生产资源管理与调度以上述软件模块为基础，对生产过程中的制造数据、生产计划、原材料、产成品以及人员和生产设备等信息进行合理的组织、管理与展现，根据生产计划与生产工艺要求，对生产过程与企业资源进行管理。

5.2.3 设备描述的主要内容与实现

在工业控制网络中，设备的状态、参数以及变量是设备管理与变量管理的主要对象，也是各类软件的主要数据来源，而通信命令、通信方式与通信报文是操作这些对象的主要手段，这些信息构成了协议、设备与变量描述的核心内容。

（1）设备的系统参数

系统参数反映并影响现场设备的配置与运行状态，以大工计控 PEC8000 可编程控制器为例，PLC 设备的典型系统参数如表 5-2 所示。

表 5-2　PLC 设备的典型系统参数

分类	参数	变量地址	备注
静态参数	序列号	SM15	设备的唯一编码
	设备类型	SM15	设备类型编码
	生产时间	SM72-74	设备出场时间
	版本	SM124	设备的硬件与软件版本
程序执行参数	程序运行状态	SM0.4	PLC 用户组态程序执行状态标志
	程序扫描周期	SM8	组态程序执行一轮的时间,单位 ms
	程序工作模式	SM164.2	正常或者安全模式运行
	程序指令数量	SM198	用户程序指令总数
	程序延迟运行时间	SM212	上电后程序延时运行的时间

分类	参数	变量地址	备注
通信参数	串口通信地址	SM2	串口通信地址（地址拨码开关值）
	串口通信等待时间	SM248	串口通信最大超时时间
	串口通信状态	SM67	串口通信是否发生主从模式、地址溢出等错误
	以太网通信地址	SM17-20	设备的 IP 地址
	以太网工作状态	SM104.0-1	半双工/全双工，带宽 10M/100Mbps
	以太网超时时间	SM181	以太网通信超时时间设定值
IO 接口参数	DI 防抖时间	SM213	DI 输入的抖动滤波处理时间
	AI 报警上下限	SM131-132	AI0 通道报警上下限值
	输出保持	SM169	当程序停止运行时，各输出是否保持
	IO 接口使用情况	SM194	DQ0 接口在组态程序中是否被使用
	A/D 转换时间	SM148	ADC 当前轮转换时间
特殊功能参数	PID 运行状态	SM64.1-7	PID 运行状态，包括参数设置错误、采样状态等
	PID 参数自整定	SM320	前 8 路 PID 自整定使能标志
	设备冗余配置	SM149	冗余心跳报文间隔等

第 5 章

如表 5-2 所示，系统参数分别从程序执行、通信参数、IO 接口配置以及特殊指令等方面体现并影响设备的运行状态。程序执行参数反映了控制器程序下载过程中是否出现异常、程序解析执行过程中是否产生错误以及程序执行过程中堆栈是否溢出等状态；同时还包括程序最快与最慢扫描时间等与设备运行相关的信息。通信参数则主要包括设备在网络中的通信格式、通信接口与通信方式等参数，可以通过参数配置改变通信模式或者查询参数了解设备通信状态。IO 接口参数则包含设备开关量输入防抖时间，模拟量输入的零点满度与报警值，输出保持方式等配置信息。除此之外具有 PID 指令和设备冗余等功能的一系列配置和状态参数。

系统参数是设备描述的主要内容之一，包括名称、类型以及与通信相关的通信命令与通信报文等属性。描述文件中对应的节点如表 5-3 所示。

表 5-3　系统参数描述

节点	属性	说　　明
设备参数 Para	ParaID*	描述文件中参数的唯一索引
	ParaName*	参数名称
	Length*	参数长度
	DataType*	参数数据类型
	ReadBitIndex*	参数在读报文数据段的偏移
	ReadCmdID*	读该寄存器区应使用的命令
	WriteBitIndex*	参数在写报文数据段的偏移
	WriteCmdID*	写该寄存器区应使用的命令
	ReadBlockValueList	读命令中数据字段取值
	WriteBlockValueList	写命令中数据字段取值
	Enum	枚举编号

注：* 为必选属性，其余可选。

表 5-3 中，Read/WriteCmdID 属性给出了读写该系统参数应使用的通信命令；Read-BitIndex 属性定义了在读操作的响应报文中，系统参数在数据段中的偏移，而 WriteBitIndex 则对应于该参数在写请求报文数据段中的偏移；Read/WriteBlockValueList 属性给出了读写操作对应报文中部分报文字段的取值。

（2）设备的寄存器与 IO 变量

变量用于存储设备的输入输出以及控制程序的运算结果，用户通过设备中的变量定义和指令编程完成控制程序的开发以及生产过程的监控与管理。PLC 设备中的输入输出变量或寄存器与物理 IO 对应，物理 IO 连接控制系统的开关、触点、传感器和执行器等，其接口属性主要包括类型（开关量或模拟量）、操作方式（输入或输出）与数量等。

在设备描述中，IO 接口与寄存器的属性包括名称、操作方式、长度、地址范围、读写方式以及与之对应的通信协议等。在设备描述中，寄存器与 IO 接口统一通过寄存器区 Area 节点描述，主要包括基本信息与操作方式两部分内容，如表 5-4 所示。

表 5-4　设备存储区描述

节点	属性	说　　明
根节点 Area	AreaID*	寄存器区 ID
	AreaName*	存储区名称
	UnitLen*	存储区基本操作单元长度
	UnitNum*	存储区基本操作单元数量
	DynaAddr	是否允许动态编址
	OperateInfoList*	操作方式（OperateInfo）列表
子节点 OperateInfo	OperateType*	位操作、字操作或双字操作
	MaxRead	可连续读取的寄存器长度
	MaxWrite	可连续写的寄存器长度
	StartAddr	该操作允许的起始地址
	EndAddr	该操作允许的终止地址
	ReadCmdID	该寄存器区的读命令
	WriteCmdID	该寄存器区的写命令
	ReadBlockValueList	读命令中数据字段的取值
	WriteBlockValueList	写命令中数据字段的取值

注：* 为必选属性，其余可选。

表 5-4 中，不同的存储区支持不同的操作方式，由 OperateInfo 子节点描述。Operate-Type 属性为 0 表示位操作；OperateType＝2 表示整块操作；OperateType＝1 表示单元操作，单元长度取决于 Area 节点的 Unitlen 属性：Unitlen＝8 为字节操作，Unitlen＝16 为字操作，Unitlen＝32 为双字操作；每种方式对应着不同的操作范围与通信命令，由 OperateInfo 节点的 Start/EndAddr 以及 Read/WriteCmdID 属性定义。MaxOperate 属性描述一条报文最大可操作的寄存器长度，长度单位由 OperateType 属性决定。Read/Write-BlockValueList 为通信命令报文中特定字段的赋值方法。协议栈软件可以根据上述信息获得设备支持的寄存器区信息，以及操作各寄存器区对应报文的封装与解析方法。

（3）应用层协议与通信方式

应用层协议提供通信服务和设备管理服务。通信服务用于设备的数据访问，实现设备的数据交互；设备管理服务用于设备的状态查询、功能切换和参数设定等操作。不同协议使用的通信命令和通信方式不同。表 5-5 列举了 EPA、Profibus、FF 三种总线常用的通信命令。

表 5-5　EPA、Profibus、FF 协议常用的通信命令

通信协议	通信命令	说明	类型
EPA	Variable Read	变量读	通信服务
	Variable Write	变量写	
	Download domain	域下载	
	Upload domain	域上载	
	Variable Distribute	变量分发	
	Event notification	事件通知	
	Event notification acknowledgement	事件通知确认	
	EPA Device attribute inquiry	设备属性查询	设备管理
	EPA Device Annunciation	设备声明	
	Set EPA device attribute	设置设备属性	
	Clear EPA device attribute	清除设备属性	
Profibus	Data exchange	数据交换	通信服务
	Get input	读输入	
	Get output	读输出	
	Domain download	域下载	
	Domain upload	域上载	
	Check configuration information	检查设备组态信息	设备管理
	Get configuration information	获取设备组态信息	
	Global control	全局控制	
	Set substation address	设置从站地址	
	Set parameter	设置参数	
	Diagnose substation	从站诊断信息	
FF	Read variables	变量读	通信服务
	Write variables	变量写	
	Domain Download	域（程序）下载	
	Domain Upload	域（程序）上载	
	Event Notification	事件通知	
	Acknowledge Event Notification	事件通知确认	
	Program run	程序运行	设备管理
	Program stop	程序终止	
	Program restart	程序恢复	
	Read device identification	读设备 ID	

表 5-5 中，各种协议支持的通信命令可分为两类：通信服务类命令，用于读写设备变量实现数据交互，主要操作设备存储区，如变量读写、域上载下载等；设备管理类命令，用于对设备配置与运行状态进行管理，主要操作设备的系统参数，如设备上线管理、系统参数读写、设备诊断等。

不同的通信命令使用不同的通信方式，目前各总线共支持请求/应答、预订者/发布者以及报告分发三种通信方式，如图 5-7 所示。

图 5-7 中，请求/应答方式用于两个设备之间进行点对点数据交互，如客户机/服务器、主/从等方式，绝大部分通信命令均使用该方式与设备通信；预订者/发布者方式，用于多个用户向同一数据源订阅数据，当其值发生改变或预定时间到时，数据源向订阅者发布数据，如 EPA 协议的数据分发命令，以及 FF 协议采用的预订/发布 VCR（虚拟通信关系，Virtual Communication Relationship）的变量读写命令等；报告分发方式，当触发条件满足时，数据源向网络内所有设备广播数据，如各总线的事件通知命令。

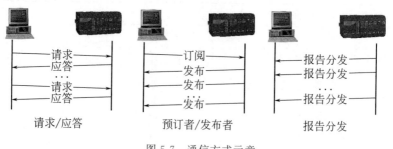

图 5-7　通信方式示意

综上，通信命令的描述应包含名称，类型，通信方式等基本信息，以及与之对应的请求与正负响应报文的格式，如表 5-6 所示。

表 5-6　通信命令描述

节点	属性	说明
通信命令 Command	CmdID*	描述文件中该命令的唯一索引
	CmdName	用于软件显示
	CmdType	管理类或数据交互类命令
	CheckType*	通信报文使用的校验类型
	CommType*	请求/应答或其他方式
	Show2User	该命令是否暴露给用户
	Request	请求报文字段构成
	Response	正响应报文字段构成
	Error	负响应报文字段构成

注：＊为必选属性，其余可选。

通信命令主要包括管理类（CmdType＝0）与数据交互类（CmdType＝1）两种类型；通信方式主要有三种，请求/应答（CommType＝0），预订者/发布者（CommType＝1），以及报告分发（CommType＝2）；CheckType 字段描述校验类型：0 不校验，1CRC 校验，2 奇校验，3 偶校验等；Show2User 描述该命令是否允许软件暴露给用户，并被用户直接调用；请求报文格式通过 Request 定义，如 Request＝"0-1-2-3-4"代表该报文是由编号为 0、1、2、3、4 的报文字段顺序组合而成。同理正负响应报文格式由 Response 与 Error 属性定义。

（4）通信报文

通信命令通过报文传输使设备按着报文定义的命令执行。通信报文是在不同设备间传输，用于执行通信命令的有序字节序列。典型的应用协议报文由报文头，数据区与校验码几部分组成，每部分又分别由若干报文字段构成，如目的设备地址 DA、命令功能号 FC、报文长度 PL、数据段长度 DL、数据段 DS、报文校验码 FCS 等等，各字段分别具有数据类型，长度，赋值方法等属性。可从最基本的报文字段入手，对其名称，长度，赋值方法等属性进行描述，通过字段间的排列组合，构成不同命令对应的请求与正负响应的报文格式。报文字段描述主要包括长度、类型、字节顺序以及赋值方式等属性，如表 5-7 所示。

表 5-7　通信报文字段的描述

节点	属性	说明
报文字段 Packetblock	BlockID*	描述文件中该字段的唯一索引
	BlockName	用于软件显示
	Length*	记录该字段的字节长度
	DataType	该字段数据类型
	ByteSeq	报文字段内存中的字节序
	DealType*	在报文中的赋值方式
	BlockValue	在报文中的值

注：*为必选属性，其余可选。

ByteSeq 属性指定报文字段在报文中的字节顺序，包括低字节在前（ByteSeq＝1），和高字节在前（ByteSeq＝0）两种方式；报文字段的赋值方法由 DealType 属性定义，共包括静态和动态两种赋值方法：DealType＝0 为静态赋值，此时报文字段的值为常量，BlockValue 属性存储赋值立即数；DealType＝1 动态赋值，此时数据字段的值需要在报文封装与解析时动态计算，BlockValue 属性描述赋值方法，表 5-8 列出了常用的赋值方法。

表 5-8　报文字段常用赋值方法

赋值类型	BlockValue	赋值方法
静态赋值（DealType＝0）	立即数	报文字段的值为 BlockValue 指定的立即数
动态赋值（DealType＝1）	0	每个报文自增 1（为 EPA 协议的"MsgID"字段使用）
	1	报文长度
	6	设备地址
	7	变量地址
	8	要操作的变量数量
	9	数据段
	10	数据段长度
	11	帧校验结果
	12	错误码
	18	保留,值为 0
	19	报文长度-6（为 Profibus DP 协议的"LE"和"LEr"字段使用）

综上，设备描述主要包括系统参数、IO 接口与寄存器、通信命令以及通信报文四个主要部分。在工程应用中，设备描述文件应遵守各元素的语义和语法定义，但并不强制要求包含以上全部节点与属性，可根据实际需要选择相应的节点编写描述文件。

5.2.4　变量描述的实现

变量描述定义了用户在编程、监控、MES 以及 ERP 系统中所使用的数据信息，为各类软件提供统一的理解与存储格式。变量描述主要包括基本属性、数据源信息以及报警信息三方面内容，结构如表 5-9 所示。

表 5-9 变量描述节点说明

节点	属性	说明
基本信息 ItemInfo	ItemID*	变量的唯一索引
	ItemName*	用于软件显示
	DataType*	变量的数据类型
	SrcType*	设备变量/内存变量/过程变量等
	Unit	单位
	DefultValue	变量默认取值
	Memo	说明等备注信息
数据源属性 SrcProp	ValueScript	如果是内存变量存储赋值脚本
	DeviceID	工程中的设备编号
	IODataType	在设备中的数据类型
	ItemLength	在设备中的变量长度
	AreaID	如果是设备变量记录存储区 ID
	WordIdx	如果是设备变量记录字地址偏移
	BitIdx	如果是设备变量记录位地址偏移
	ParaID	如果是设备参数记录参数 ID
	ProtMacID	如果是设备状态记录状态机 ID
	RefreshCycle	如果是周期变量存储刷新周期
	MaxProjVal	零点满度转换工程满度值
	MinProjVal	零点满度转换工程零点值
	MaxIOVal	零点满度转换 IO 满度值
	MinIOVal	零点满度转换 IO 零点值
报警信息 AlarmInfo	AlarmType*	报警类型
	DeadArea*	报警死区
	LoLoValue	下下限报警值
	LoValue	下限报警值
	HiValue	上上限报警值
	HiHiValue	上限报警值
	AimValue	目标值报警值
	ShiftValue	变化率报警值

注: * 为必选属性，其余可选。

表 5-9 中，基本信息主要包括变量名称、变量类型、数据类型、长度、单位以及备注。数据源属性描述了设备变量与内存变量的数据来源：如果是设备参数，DeviceID 与 ParaID 属性指定目标设备的参数，软件可从对应的设备描述中获得目标参数的属性与对应的通信命令与通信报文；如果是设备变量，DeviceID 与 AreaID 指定目标设备与存储区，WordIdx 与 BitIdx 指定变量在存储区中的地址偏移，IODataType 与 ItemLength 描述在设备中该变量的数据类型与长度，软件可从设备描述中获得操作该变量应使用的通信命令与报文格式；如果是内存变量，ValueScript 属性存储变量赋值脚本。如果是需要周期刷新的变量 RefreshCycle 属性存储变量刷新周期，单位 ms，如果变量需要进行量程转换，Max/MinProjValue 以及 Max/MinIOValue 属性指定转换范围。变量共支持六种报警操作：下下限、下限、上限、上上限、目标值以及变化率报警，通过 AlarmType 属性定义；变量可同时支持多种报警类型，每种类型对应一个 AlarmInfo 字段。

5.2.5　基于描述的设备操作与管理

在系统软件中，设备需要被操作与管理的内容包括通信命令、系统参数与变量。通信命令可被直接配置以完成对设备的特定操作，如设备的启动/停止，切换设备状态，扫描从设备等；系统参数可以被用于管理和设定设备的运行状态，如程序运行模式，DI 防抖滤波时间等；变量用于读取或修改设备的输入输出，或与组态逻辑相关的寄存器值。系统软件应分别根据协议描述、设备描述以及变量描述对设备进行配置和管理，并根据用户操作与协议描述封装成通信报文，实现与设备交互。

（1）系统参数管理

系统软件解析设备描述中的系统参数 Para 字段，将设备支持的系统参数以表格形式显示，如图 5-8 所示。

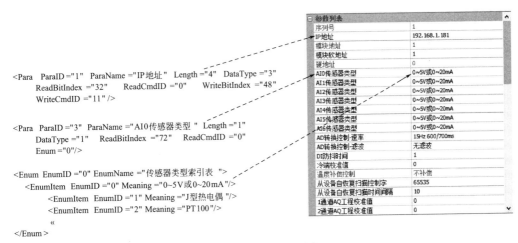

图 5-8　系统参数列表

软件根据用户选择的参数，从描述中获得操作该参数应使用的通信命令，根据协议描述进行通信报文的封装与解析，完成设备运行状态的配置与管理。从描述文件获得相关信息生成报文过程如图 5-9 所示。

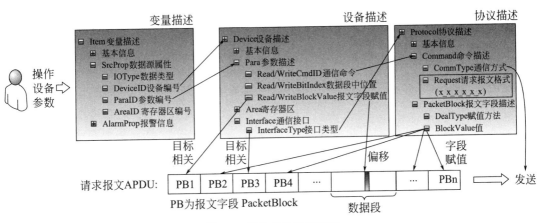

图 5-9　设备参数操作流程

图 5-9 中，首先从变量描述中获得参数所在设备的类型编号以及参数编号，然后根据设备类型找到对应的设备描述文件，根据参数编号获得参数描述；通过参数描述中的 Read/WriteCmdID 属性得到读写该参数应使用的通信命令，从协议描述中的 Command 通信命令

描述获得该命令的请求报文格式；根据协议描述中的报文字段描述 PacketBlock 以及参数描述中的 Read/WriteBlockValueList 获得报文中各字段的赋值方法；根据参数描述中的 Read/WriteBitIndex 获得目标参数在报文数据区中的位置偏移，从而完成报文封装与解析；从通信命令描述中的 CommType 属性获得该报文的通信方式，与设备交互，完成目标参数的读写操作。

（2）变量读写

系统软件解析变量描述，根据 ItemName、DataType、SrcType 等属性获得变量名称、数据类型、IO 类型等，绘制变量列表显示给用户，如图 5-10 所示。

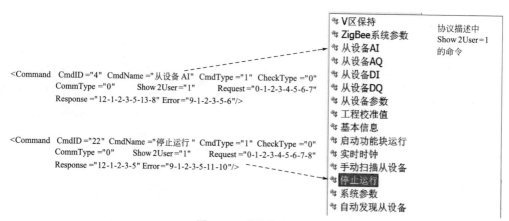

```
<Item Itemid="64" ItemName="温度区间8" DataType="5" SrcType="1" ItemLength="2"
    Unit="摄氏度" DefaultValue="0">
  <SrcProp  DeviceID="0"  AreaID="0"  WordIdx="0"  BitIdx="0"  IOType="3"
    FreshCycle="500"  MaxProjVal="100" MinProjVal="-100" MaxIOVal="1000"
    MinIOVal="-1000"/>
  <AlarmProp AlarmType="2" DeadArea="1" LowValue="18"/>
  <AlarmProp AlarmType="3" DeadArea="1" HiValue="23"/>
</Item>
```

图 5-10　变量列表

软件根据用户选择的变量，从变量描述中获得该变量所属的设备、地址与数据类型，从设备描述中获得操作该寄存器应使用的通信命令，根据协议描述进行通信报文的封装与解析，完成变量读写。与设备参数操作过程类似，软件首先通过变量地址获得对应的设备类型与寄存器区编号；根据变量的数据类型，从设备描述的寄存器区描述中找到对应的操作方式描述，通过命令编号得到读写该寄存器区应使用的通信命令，并从协议描述中获得该命令对应的报文格式与通信方式，实现变量读写操作。

（3）通信命令调用

系统软件解析协议描述中的通信命令 Command 字段，形成命令报文，由通信程序完成收发，由描述文件（Show2User 属性为 1）以命令形式暴露给用户，供其直接访问，如图 5-11 所示。

```
<Command  CmdID ="4"  CmdName ="从设备AI"  CmdType ="1"  CheckType ="0"
    CommType ="0"      Show 2User ="1"      Request ="0-1-2-3-4-5-6-7"
  Response ="12-1-2-3-5-13-8" Error ="9-1-2-3-5-6"/>


<Command  CmdID ="22"  CmdName ="停止运行"  CmdType ="1"  CheckType ="0"
    CommType ="0"      Show 2User ="1"      Request ="0-1-2-3-4-5-6-7-8"
  Response ="12-1-2-3-5" Error ="9-1-2-3-5-11-10"/>
```

图 5-11　通信命令列表

软件根据用户选择的通信命令，从协议描述中获得其对应报文的封装与解析方法，与设备通信。软件根据调用的命令编号，在通信命令描述中通过 Request/Response/Error 属性得到请求与正负响应报文的格式；根据通信方式与报文字段描述获得各字段的赋值方法，封装报文与设备通信。

5.3 控制网络统一编程方法

5.3.1 概述

在 PLC 控制系统中，控制程序是描述 PLC 资源分配与执行逻辑的控制语句，由存储信息的变量与处理信息的指令共同组成。指令中的操作码定义指令功能，操作数引用变量，以事件触发、循环扫描等方式完成控制程序的执行。PLC 控制网络中的各个设备通过逻辑控制、过程控制、以及运动控制指令完成各自的控制功能；通过变量记录指令的执行结果与控制程序的运行状态，建立网络数据映像区，通过变量同步机制进行控制器间程序运行级别的状态共享与变量同步，实现网络化分布式控制功能，如图 5-12 所示。

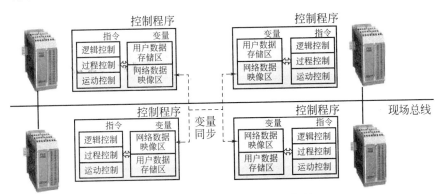

图 5-12　网络化多 PLC 可编程控制

控制网络统一编程方法将网络中的所有设备视为一个整体进行程序开发，通过编译将指令与变量分散下载至对应设备，通过插入网络通信指令实现设备间的运行状态与数据同步。该方法使用户不再局限于网络中单个设备的功能实现，而是以系统的角度根据控制网络要实现的整体功能进行统一编程。

编译方法为控制网络整体编程的核心问题，主要包括以下四个步骤：①控制程序建模；②并行任务提取；③并行任务的分配；④变量同步。下面将从控制程序建模开始，给出编译方法的原理与实现过程。

5.3.2 控制程序建模

控制程序建模是编译方法的基础，以 IEC61131 标准中的功能块图（FBD，Function Block Diagram）语言为对象，将控制程序的执行抽象为离散事件系统，以事件图为工具对控制程序及其执行过程建模，为控制逻辑的分析以及并行任务的提取提供基础。

5.3.2.1 离散事件系统

离散事件系统是指受事件驱动、系统状态发生跳跃式变化的动态系统[20]。离散事件系统的状态仅在离散的时间点上发生变化，这类系统中引起状态变化的原因是事件，通常状态变化与事件的发生一一对应。在 PLC 控制系统中，设备的参数与变量反映了控制系统的状态，其值仅在指令执行结束时刻发生变化，可将 PLC 控制程序的执行视为一种离散事件系统。下面给出本章中需要使用的离散事件系统的相关概念以及与 PLC 控制系统间的对应关系。

定义 5.1 实体：构成离散事件系统的各种物理对象称为实体。以多控制器的网络化控制系统为研究对象，可编程序控制器 PLC 是构成系统的基本对象，为系统的实体。

定义 5.2 属性：反映实体某些性质的参数称为属性。在网络化控制系统中，PLC 设备的参数与变量为实体的属性。

定义 5.3 状态：在某一确定时刻，实体的状态是实体所有属性的集合，而系统状态是实体状态的集合。在网络化控制系统中，PLC 是实体，PLC 的状态是参数与变量的集合，系统的状态是所有 PLC 状态的集合。

定义 5.4 事件：事件是引起系统状态发生变化的行为。在网络化控制系统中，控制指令的执行将引起 PLC 中变量与参数值的改变，从而造成控制系统状态的变化。因此控制指令的执行是离散事件系统中的事件。

事件图是一种通过图形对象对离散事件系统进行建模的形式，它通过事件以及事件之间的逻辑、时序关系来刻画离散事件系统的动态特性。在事件图中，节点用来描述系统中的事件，节点间的弧用来描述促使下一事件发生的条件与操作。从而通过节点的跃迁描述离散事件系统状态的变化，通过调度弧跟踪状态变化的条件与过程，如图 5-13 所示

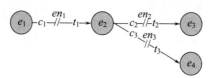

图 5-13　事件图示例

图 5-13 中，e_1 至 e_4 为事件节点，c_1 至 c_3 为事件调度标识，en_1 至 en_3 为事件触发的条件，t_1 至 t_3 为事件转换的延时。如果 s 时刻事件 e_1 被触发，且条件 en_1 为真，则事件 e_2 将在延时时间 t_1 后被触发；如果此时条件 en_2 为真，则事件 e_3 将在 t_2 后被触发；同理如果 $s+t_1$ 时刻条件 en_3 为真，则事件 e_4 将在 t_3 后被触发。

事件图的优势在于能够直观地表达事件间的调度关系，并能支持基于图论的事件调度分析和优化。事件图中的事件触发与功能块图的指令执行过程存在以下对应关系：

- 事件的触发与指令的执行对应；
- 事件触发条件与指令的使能参数 EN 对应；
- 事件转换延时与指令执行时间对应；

二者的不同主要在于事件图允许不同事件的并行触发，如图 5-13 中的事件 e_3 与 e_4；而功能块图程序中的不同的指令只能串行执行，如图 5-13 中的指令 2 至 5。如将指令执行顺序与事件图中的调度标识 c_i 对应，将并行触发的事件转化为按 c_i 顺序串行触发，即可通过事件图描述功能块图指令的执行过程。

5.3.2.2　事件图模型建模

在 PLC 控制程序中，指令按照从上至下从左至右的顺序依次执行，指令的执行将触发对应变量的改变事件。将指令执行过程中输入参数对输出参数的影响映射为调度弧，将各个变量的改变事件映射为节点，实现控制程序的事件图建模。

建模操作主要分为控制网络拆分与事件图映射两个主要步骤，下面结合实例给出控制程序建模的具体方法。

（1）控制网络拆分

在功能块图程序网络中，所有指令均通过逻辑连线保持连通。而连线的本质就是能流或者指令间的参数传递的一种形象化的表示方法。因此在控制程序建模过程中，需要首先将连线转换为变量，将控制网络拆分为一系列独立的指令。拆分后指令的执行顺序与原程序一致。

以图 5-14 所示的程序片段为例，该段程序中共有 11 个变量，6 条控制指令以及 2 条逻辑连线。在建模过程中需要使用临时变量替换连线，使控制网络转换为指令序列。用户在使用功能块图语言编程时，为了共同使用同一能流，经常使用"逻辑与"指令构造分支结构，图中的单输入多输出的"AND"指令。该指令仅作为信号传输使用，对程序逻辑无影响，因此在网络拆分过程中其输入输出参数相同，可将该指令删除。图中的标号为指令的执行顺序。

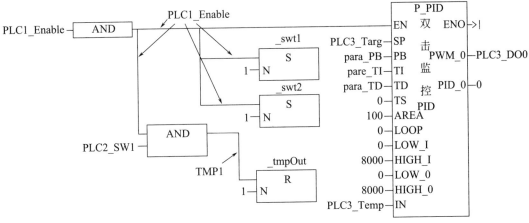

图 5-14　控制网络拆分

（2）事件图映射

将控制网络拆分后，控制程序转化为互不连接的控制指令集合，指令的各引脚均存在变量。则分别将变量映射为事件图中的节点，将指令映射为调度弧，完成控制程序建模。

① 将变量映射为事件图中的节点。对拆分后的控制指令进行整理，依此对输入输出参数进行编号与映射。以图 5-14 为例，事件与变量映射关系如表 5-10 所示。

表 5-10　事件与变量映射关系

事件节点	对应变量	类型
V_{11}	PLC1_Enable	IO 变量（PLC1 设备）
V_{12}	PLC3_Targ	IO 变量（PLC3 设备）
V_{13}	para_PB	内部变量
V_{14}	para_TI	内部变量
V_{15}	para_TD	内部变量
V_{16}	PLC3_Temp	IO 变量（PLC3 设备）
V_{17}	PLC3_DO0	IO 变量（PLC3 设备）
V_{21}	_swt1	内部变量
V_{31}	_swt2	内部变量
V_{41}	PLC2_SW1	IO 变量（PLC2 设备）
V_{42}	TMP1	临时变量
V_{51}	_tempOut	内部变量

用事件节点替代变量，则拆分后的指令序列可表示如图 5-15 所示。

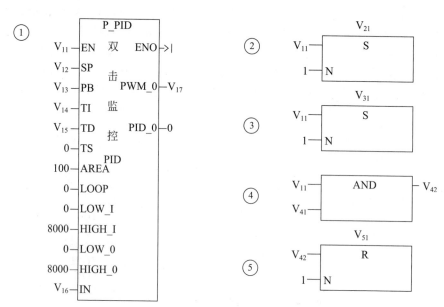

图 5-15　将变量映射为事件后的指令序列

② 将控制指令映射为调度弧。根据式(5-1)，分别分析各指令输入输出参数的依赖关系，并将其转化为调度弧，从而形成各指令对应的事件图片段，如表 5-11 所示。表中 v_i 为事件节点 V_i 对应变量的取值。

表 5-11　指令与事件图

指令	调度弧	事件图片段
 P_PID V_{11}—EN　　ENO→1 V_{12}—SP　双 V_{13}—PB　击　PWM_0—V_{17} V_{14}—TI V_{15}—TD　监　PID_0—0 0—TS　控 100—AREA　PID 0—LOOP 0—LOW_I 8000—HIGH_I 0—LOW_0 8000—HIGH_0 V_{16}—IN	$(1,1,e_1,\rho_{1,1},\sigma_{1,1})(1,v_{11},e_1,\rho_{1,2},\sigma_{1,1})$ $(1,v_{11},e_1,\rho_{1,3},\sigma_{1,1})(1,v_{11},e_1,\rho_{1,4},\sigma_{1,1})$ $(1,v_{11},e_1,\rho_{1,5},\sigma_{1,1})(1,v_{11},e_1,\rho_{1,6},\sigma_{1,1})$	事件图片段（V_{11},V_{12},V_{13},V_{14},V_{15},V_{16} → V_{17}，弧标注 $(1,1,e_1,\rho_{1,1},\sigma_{1,1})$、$(1,v_{11},e_1,\rho_{1,2},\sigma_{1,1})$、$(1,v_{11},e_1,\rho_{1,3},\sigma_{1,1})$、$(1,v_{11},e_1,\rho_{1,4},\sigma_{1,1})$、$(1,v_{11},e_1,\rho_{1,5},\sigma_{1,1})$、$(1,v_{11},e_1,\rho_{1,6},\sigma_{1,1})$）
V_{21} V_{11}—[　S　] 1—[N]	$(2,1,e_2,\rho_{2,1},\sigma_{2,1})$	V_{11} —$(2,1,e_2,\rho_{2,1},\sigma_{2,1})$→ V_{21}
V_{31} V_{11}—[　S　] 1—[N]	$(3,1,e_3,\rho_{3,1},\sigma_{3,1})$	V_{11} —$(3,1,e_3,\rho_{3,1},\sigma_{3,1})$→ V_{31}

指令	调度弧	事件图片段
V_{11} ─ [AND] ─ V_{42}, V_{41} ─	$(4,1,e_4,\rho_{4,1},\sigma_{4,1})$ $(4,1,e_4,\rho_{4,2},\sigma_{4,1})$	V_{11} $(4,1,e_4,\rho_{4,1},\sigma_{4,1})$ → V_{42} ; V_{41} $(4,1,e_4,\rho_{4,2},\sigma_{4,1})$ →
V_{42} ─ [R] V_{51}, 1 ─ N1	$(5,1,e_5,\rho_{5,1},\sigma_{5,1})$	V_{42} $(5,1,e_5,\rho_{5,1},\sigma_{5,1})$ → V_{51}

表 5-11 中，指令 j 中输入参数 u 对输出参数 w 影响的弧 $a_{j,uw}$ 定义为：$a_{j,uw} = (s_j, en_{j,uw}, e_j, \rho_{j,u}, \sigma_{j,w})$。其中 s_j 为指令 j 的执行顺序，$en_{j,uw}$ 为指令 j 中输入参数 u 对输出参数 w 的影响的使能条件，e_j 为指令 j 的执行时间，$\rho_{j,u}$ 为指令 j 同步输入参数 u 产生的通信代价，$\sigma_{j,w}$ 为指令 j 同步输出参数 w 的通信代价。

③ 将事件图片段连接成事件图模型。遍历各指令对应的事件图片段，如果不同的片段中存在相同的节点则将这些片段相互连接，形成事件图模型，如图 5-16 所示。

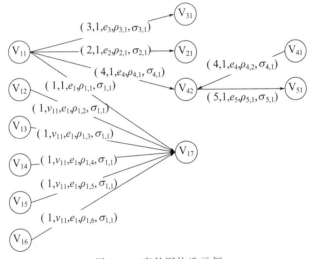

图 5-16 事件图构造示例

图 5-16 中，其中节点为其对应变量的改变事件，调度弧代表了指令的执行过程，则连接后形成的事件图模型描述了控制程序中变量与指令的相互作用关系。即如果 c_1 时刻指令 1 执行，且事件 V_{11} 对应的变量 PLC1 _ Enable 为真，则在 c_1 时刻指令 1 执行，读取事件 V_{11} 至 V_{16} 对应的变量，在 t_1 延时后变量改变事件 V_{17} 被触发；随后指令 2 执行，t_2 延时后事件 V_{21} 被触发；接着指令 3 执行，t_3 延时后事件 V_{31} 被触发；然后指令 4 执行，同时读取 V_{41} 对应的变量，t_4 延时后事件 V_{42} 被触发；最后指令 5 执行，t_5 延时后事件 V_{51} 被触发。而如果变量 PLC1 _ Enable 为假，则事件 V_{17} 不会被触发。

与功能块图程序执行过程对比可知，事件图模型中的事件触发与功能块图程序的指令执行一一对应，可用其对控制逻辑的执行过程进行分析与拆解。注意在实际建模过程中，并不一定所有的控制程序均能连接成为一张事件图，即最终模型中可能包含一个或多个相互之间没有连接关系的事件图网络。后续操作将分别针对每一个事件图网络实施。

5.3.3 并行任务提取

功能块图程序中控制逻辑通过指令与变量相互关联，如何将面向网络编写的控制程序分解为无耦合关系的并行任务是编译方法要解决的关键问题，也是任务分配与程序下载的前提。

控制程序建模已将指令的执行过程以及指令与变量间的相互作用关系转换为离散事件系统。在事件图模型中，根据节点类型以及调度标识与调度条件等约束采用深度优先方法进行遍历，模拟 PLC 控制程序的执行过程；依次提取各路径中的事件节点与调度弧，逐步将事件图分解为一系列运行逻辑独立、无耦合关系的并行任务，实现控制程序解耦。下面将从事件节点的分类开始，给出事件图模型的遍历与并行任务的提取方法。

（1）事件节点的分类

在事件图中，节点代表离散事件，弧代表事件间的调度活动。节点的入度为以该节点为终点的调度弧的数量，出度为以该节点为起点的调度弧的数量。在控制程序模型中，节点代表变量改变事件，调度弧代表控制指令对变量的影响。节点的入度为通过各指令可能对该变量产生影响的输入参数的数量，出度为受该变量影响的输出参数的数量。入度与出度反映了变量与指令间依赖关系，可据此将节点分为以下 8 种类型。

表 5-12　事件节点的类型

节点类型	入度(n)与出度(m)	图例
0 入单出	$n=0, m=1$	$\textcircled{v} \rightarrow$
0 入多出	$n=0, m>1$	$\textcircled{v} \Rightarrow$
单入单出	$n=1, m=1$	$\rightarrow \textcircled{v} \rightarrow$
单入多出	$n=1, m>1$	$\rightarrow \textcircled{v} \Rightarrow$
多入单出	$n>1, m=1$	$\Rightarrow \textcircled{v} \rightarrow$
多入多出	$n>1, m>1$	$\Rightarrow \textcircled{v} \Rightarrow$
单入 0 出	$n=1, m=0$	$\rightarrow \textcircled{v}$
多入 0 出	$n>1, m=0$	$\Rightarrow \textcircled{v}$

表 5-12 中，节点入度为 0 表示该变量只作为指令的输入，其值不受其他变量与指令的影响，典型情况为 PLC 设备的数字量或模拟量输入接口，对事件图的遍历通常从这类结点开始；入度为 1 代表该变量只受一条指令以及一个变量影响，依赖关系明确；入度大于 1 代表该变量先后受到多个变量的影响，依赖关系复杂，是遍历过程中应重点考虑的问题。节点的出度为 0 表示该变量不作为任何指令的输入，其值不影响其他变量，典型情况为设备的数字量或模拟量输出接口；出度为 1 代表该变量只作为一条指令的输入，同时只影响一个变量；出度大于 1 代表该变量通过一条或多条指令影响多个变量值。在事件图的遍历过程中，应根据 PLC 控制程序的执行原理对不同类型的节点采取不同的处理策略，以模拟控制程序的执行过程，识别控制逻辑中的并行任务。

（2）事件图模型的遍历

深度优先搜索（DFS，Depth First Search）是图论中的一种基本遍历算法，类似于树的先序遍历，从顶点深入到每一个可能的分支路径，直至图中各个顶点都被访问。深度优先搜索通常采用递归的方式实现，算法如下：

① 访问搜索到的未被访问的邻接点；

② 将此节点的访问标志置为真；

③ 搜索该顶点的未被访问的邻接点，若该邻接点存在，则从此邻接点开始同样的访问和搜索，如果不存在，则退回上一顶点继续搜索。

在深度优先算法中，遍历过程中的节点与弧的访问顺序通常没有约束，然而在 PLC 控制程序中，控制指令总是严格按照从上至下，从左至右的顺序执行。在上小一节的讨论中，将控制程序事件图模型中的节点根据入度与出度的不同分为 8 种类型，下面针对每种类型给出迭代步骤 c 中的邻接点选择方法。为方便讨论，将事件调度标识作为事件图中弧的权值。

① 0 入单出节点：以当前节点为根构造一个新的事件序列，访问下一个相邻的结点，并将该节点从事件图模型中删除。

② 0 入多出节点：从首先选择权值最小的弧进行深度优先遍历，生成事件序列。当回溯到此节点后，选择余下分支中权值最小的弧继续遍历，重新生成另一序列。全部分支都完成遍历后，将该节点从模型中删除。

③ 单入单出节点：将当前节点和弧加入已生成的事件序列，访问下个相邻接点，并将该节点及弧从模型中删除。

④ 单入多出节点：将当前节点和弧加入事件序列，从权值最小的弧开始深度优先遍历。并将该节点及其下层节点置于一个事件序列中，回溯到当前节点时，遍历权值次低点的节点。当全部分支均被遍历后，将当前节点和弧从模型中删除。

⑤ 多入单出节点：判断该节点是否存在于当前事件序列中，若不存在，则依据节点输入弧权值、输出弧权值确定遍历路径，并将经过的节点与弧加入事件序列。记唯一的输出弧权值为 out，用 in_{now} 表示当前输入弧权值，in_x 表示其他任意输入弧的权值，则多入单出节点的处理流程如图 5-17 所示。

图 5-17 中，处理流程可总结为：如果当前弧的权值 in_{now} 小于输出弧权值 out，则除非不存在其他满足 $in_{now} < in_x < out$ 的弧，该节点才可以加入事件序列。即如果在一段控制程序中某变量仅被使用一次，且被使用之前被多条指令修改，则仅最后一条修改指令有效。反之如果当前弧的权值 in_{now} 大于输出弧权值 out，则除非不存在其他满足 $in_x < out$ 或 $in_x > in_{now}$ 条件的弧，该节点才可以加入事件序列，即如果仅在该变量被使用之后存在修改其值的指令，则根据 PLC 控制程序的循环执行特点，仅最后一条修改指令有效。

⑥ 多入多出节点：判断该节点是否存在于当前事件序列中，若不存在，则选取权值最小的输出弧，按照多入单出的方法进行处理。当回溯到该结点时，直接选取下一个权值最小的输出弧，重复进行以上操作，以此类推。

⑦ 多入 0 出节点：判断当前节点是否存在于事件序列中。如果不存在且当前输入弧权值最大，则将当前节点和弧加入事件序列，同时将输入弧从模型中删除。

⑧ 单入 0 出节点：将当前节点及输入弧加入事件序列中，回溯到上个分支继续遍历，同时将当前节点及输入弧从模型中删除。

针对各节点应用上述方法，通过深度优先算法对事件图进行遍历，得出的路径即为一个事件序列，它包含遍历经过的所有节点与弧的信息（即事件与调度活动的信息），描述了起始变量经过若干指令处理后会对哪一部分变量产生影响。通过该方法，图 5-18 所示的事件图可被分为如下 10 个事件序列。

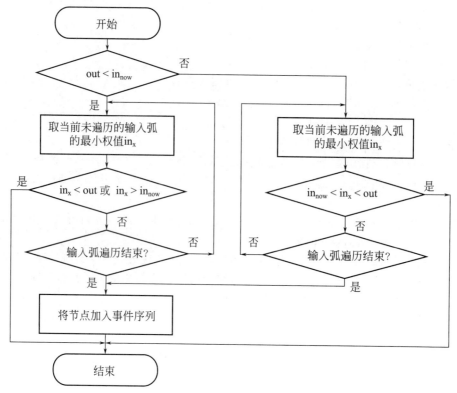

图 5-17　多入单出节点的处理流程

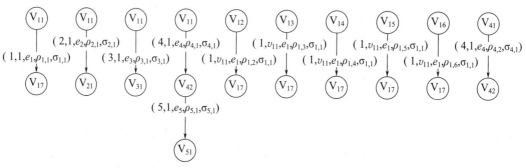

图 5-18　遍历事件图后划分的事件序列

（3）事件序列的合并

在上一节中，事件图模型被转化为一系列相互独立的事件序列，事件序列描述了变量与指令间的相互影响。但同一条指令可能存在于多个事件序列之中，不同变量可能通过相同的指令对其他变量产生影响。因而需要对包含相同指令的事件序列进行合并，形成相互之间无耦合关系的并行任务，保证不同任务中各个变量不受其他任务的影响。事件序列合并步骤如下：

① 将各事件序列划分为独立的一组；

② 检查两组事件序列中是否包含权值相同的弧；

③ 若包含权值相同的弧，且弧上箭头指向的节点相同，则将其合并为一组事件序列；

④ 重复第②步，直到任意两组事件序列均不满足步骤③的条件为止。

依此方法，可将图 5-18 所示的事件序列合并为以下 4 个并行任务。各任务之间相互独立，无耦合关系，可将还原后的功能块程序下载给不同设备，如图 5-19 所示。

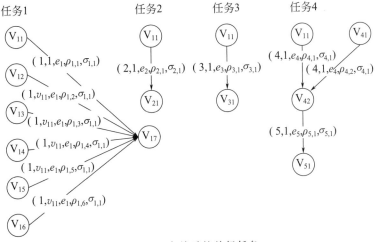

图 5-19 合并后的并行任务

5.3.4 并行任务的分配

任务提取将面向网络编写的控制程序分解为无耦合关系的并行任务，而这些任务应被合理的分配至最佳的设备中执行，使程序整体运行效率最高。下面将从任务分配问题开始，给出具体的分配原则。

（1）任务分配问题

任务分配的目的是针对提取后的并行任务，寻求一种优化分配方案，使得面向网络编写的控制程序分散下载至各控制器后，程序整体运行效率最高。

控制指令的执行和网络通信并行进行，对于单个设备控制程序的执行时间应根据指令执行时间和通信代价的最大值计算；而对于面向网络编写的控制程序，其分散下载至各 PLC 设备后并行执行，程序整体执行时间为所有设备中控制程序执行时间的最大值。下面给出任务分配问题的定义。

已知参数：

① 设备数为 m，任务数为 n。

② 任务集合：$T = \{t_1, t_2, t_3, \cdots, t_n\}$，其中 n 为任务数。

③ 任务 i 的指令集合：$B_i = \{b_{i1}, b_{i2}, b_{i3}, \cdots, b_{i\delta(i)}\}$，其中 $\delta(i)$ 为任务 i 中包含的指令数；b_{ij} 代表任务 i 中的第 j 条指令，可通过四元组 $(s_{ij}, en_{ij}, e_{ij}, \tau_{ij})$ 定义，其中 s_{ij} 为任务 i 中指令 j 的执行顺序，en_{ij} 为指令的使能条件，e_{ij} 代表指令的执行时间，τ_{ij} 代表指令执行过程中产生的通信代价。

④ 任务分配向量：$P = \{p_1, p_2, \cdots, p_n\}$，其中 p_i 为任务 i 被分配的设备编号。

任务分配问题的目标函数如式（5-1）所示。

$$
\left.
\begin{aligned}
\min F &= \max_{1 \leqslant h \leqslant m} F_h \\
F_h &= \max(E_h, \Gamma_h) \\
E_h &= \sum_{i \in \{i \mid p_i = h\}} \sum_{j=1}^{\delta(i)} e_{ij} \\
\Gamma_h &= \sum_{i \in \{i \mid p_i = h\}} \sum_{j=1}^{\delta(i)} \tau_{ij}, \tau_{ij} = \sum_{u=1}^{\mu_i(j)} \rho_{j,u}^i + \sum_{w=1}^{\omega_i(j)} \sigma_{j,w}^i \\
s.t. &\ 1 \leqslant i \leqslant n, 1 \leqslant h \leqslant m
\end{aligned}
\right\} \tag{5-1}
$$

式中各参数取值含义如下。

① 面向网络编写的控制程序分散下载至各设备中并行执行，因此控制程序整体执行时间 F 为各设备中程序执行时间的最大值，即 $\max\limits_{1\leqslant h\leqslant m}F_h$。任务分配的目标是程序整体执行时间 F 的值最小，即 $\min F=\max\limits_{1\leqslant h\leqslant m}F_h$。

② 在单个设备的程序执行过程中，控制指令的执行和网络通信并行进行。设备 h 中程序执行时间 F_h 为指令执行时间 E_h 和通信代价 Γ_h 的最大值，即 $F_h=\max(E_h,\Gamma_h)$。

③ 设备 h 中的指令执行时间 E_h 为分配到该设备中的所有指令的执行时间之和。被分配到设备 h 中的任务集合 T_h 可表示为 $T_h=\{t_i\,|\,p_i=h\}$；任务 i 所包含的指令集合为 $B_i=\{b_{i1},b_{i2},b_{i3},\cdots,b_{i\delta(i)}\}$，其中 $\delta(i)$ 为任务 i 中的指令数；任务 i 中的指令 j 的执行时间为 e_{ij}，因此设备 h 中的指令执行时间 $E_h=\sum\limits_{i\in\{i\,|\,p_i=h\}}\sum\limits_{j=1}^{\delta(i)}e_{ij}$。

④ 同理，设备 h 运行过程中产生的通信代价 Γ_h 为分配到该设备中的所有指令执行过程产生的通信代价之和。任务 i 中的指令 j 产生的通信代价为 τ_{ij}，因此 $\Gamma_h=\sum\limits_{i\in\{i\,|\,p_i=h\}}\sum\limits_{j=1}^{\delta(i)}\tau_{ij}$。

⑤ 任务 i 中的指令 j 产生的通信代价 τ_{ij} 应等于同步该指令各个输入和输出参数产生的通信代价之和。式 $\tau_{ij}=\sum\limits_{u=1}^{\mu_i(j)}\rho_{j,u}^i+\sum\limits_{w=1}^{\omega_i(j)}\sigma_{j,w}^i$ 中，$\mu_i(j)$ 和 $\omega_i(j)$ 分别为任务 i 中指令 j 的输入和输出参数数量；$\rho_{j,u}^i$ 为同步任务 i 中指令 j 的输入参数 u 产生的通信代价；$\sigma_{j,w}^i$ 为同步任务 i 中指令 j 的输出参数 w 产生的通信代价。

对于 n 个并行任务与 m 个设备，任务分配向量 P 有 m^n 种取值方法。该问题为经典的二次分配问题（Quadratic Assignment Problem）的变种。常用的启发式的优化方法，如粒子群，遗传算法，禁忌搜索等均可满足此问题的求解需求。上述方法的求解过程本文不再赘述。

（2）变量同步

通过控制程序建模，任务提取与分配三步操作，控制逻辑已被分解为并行任务分配至目标设备。分配后的各任务之间虽然不存在依赖关系，即某一任务的输出不会影响其他任务的执行结果。但不同设备中的任务可能具有相同的输入，或使用其他设备的 IO 变量，因此为实现分配后各任务间的运行状态与数据同步，保证下载后控制逻辑的正常执行，应根据需要进行设备间的变量同步。

如果要同步的变量为多个指令共同使用的输入参数，设为 par，则同步方法如下：

① 首先确定参数 par 的源设备；

② 若 par 被分配到多个目的设备，则在这些设备中使用副本 par_copy 替换原参数 par；

③ 在目的设备的程序头部插入网络通信指令，从源设备中读取 par 参数值并为副本 par_copy 赋值。

在上述步骤中，需要首先判断该变量的源设备。如果 par 为设备的输入寄存器，状态寄存器，或者定时器标志等 IO 相关变量，则其源设备即为这些变量的所属设备；如果 par 为 IO 无关变量，可将其分配至使用该变量次数最多的设备。确定源设备后，其他使用该参数的设备统称目标设备。

在目标设备中，将该参数替换为副本以示区别。副本需要与源参数同步以保证控制逻辑的正常执行。如果目标设备与源设备直接连接，可以在目的设备中插入网络通信指令，从源设备中读取目标参数为副本赋值。则如图 5-20 所示。

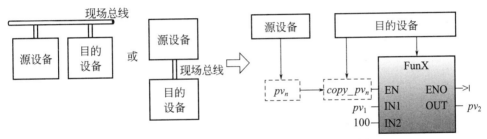

图 5-20　目的设备与源设备直接连接时的变量同步

图 5-20 中，目标设备中的指令 FunX 需要使用 pv_n 作为输入参数，则创建副本 $copy\_pv_n$，通过网络通信指令与源设备中的 pv_n 同步。如果目标设备与源设备之间无法直接通信，则需要依次在中间设备中插入网络通信指令，实现间接通信，如图 5-21 所示。

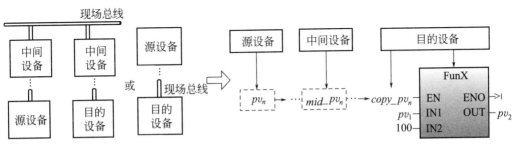

图 5-21　目的设备与源设备不直接连接时的变量同步

图 5-21 中，如果源设备与目标设备无法直接连接，则需要在中间设备中创建副本 mid_pv_n，同时插入网络通信指令，将参数 pv_n 逐级传递至目标设备中。指令输出参数的同步方法与输入参数类似，区别在于网络通信指令的插入位置为目标设备控制程序的结尾，用于将输出参数的副本写入源设备中。

在面向网络编程过程中，除设备 IO 以及被用户指定地址的变量外，其余变量仅作为符号参与编程，因此完成上述操作后，应在目标设备的存储区中为变量分配地址，然后将指令与地址转换为可被设备识别的操作码与操作数，通过域下载服务将其下载至设备中扫描执行。变量编址以及操作码与操作数的转换为 PLC 程序编译方法中的常规操作。

5.4　编程开发平台软件

基于描述的多总线设备统一操作与管理方法为以控制网络为整体的程序开发与编译方法提供了基础。基于上述方法，使用 Visual Studio 2010 通过 VC++开发了 PLC 控制网络设备管理与编程开发平台软件 PLC_Config。可对控制网络中不同总线不同类型的设备进行统一管理以及针对大工计控 PEC、MAC 等系列 PLC 产品组成的控制网络进行整体编程。

5.4.1　软件功能结构

PLC_Config 软件主要包括程序编辑器、编译器、设备管理、变量管理以及通信协议栈五个组成部分，软件功能结构如图 5-22 所示。

图 5-22 中，设备管理模块解析设备描述文件，为用户提供系统参数配置、运行状态管

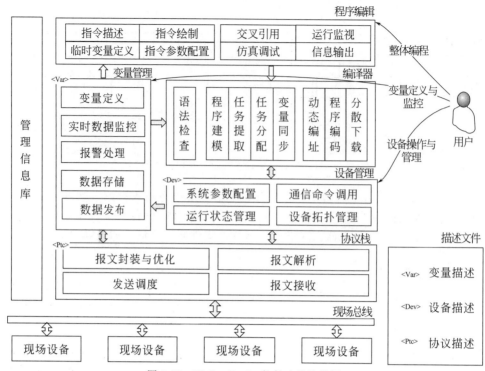

图 5-22　PLC ＿ Config 软件功能结构图

理、通信命令调用以及设备拓扑配置与扫描等功能。变量管理解析变量描述文件，提供变量定义、监控、报警以及实时数据监控与历史数据存储等功能。协议栈解析协议描述文件，根据用户操作查找对应的通信命令，通过报文描述进行通信报文的封装与解析，并根据数据刷新以及调度延时要求对通信报文进行优化与调度，提高控制网络的通信效率与服务质量。程序编辑器提供了面向网络的编程环境，允许用户脱离具体设备以控制网络为整体开发控制程序，具有指令管理、程序编辑、以及仿真调试等功能。编译器对控制程序进行语法检查，并通过程序建模，并行任务识别与分配，变量同步，指令码转换等操作将控制程序分散下载至最佳设备，实现控制逻辑的分布式执行。管理信息库主要负责程序编辑与编译器的运行参数配置，以及工程文件，设备拓扑、变量与指令的管理。用户通过设备管理模块实现控制网络内不同类型设备的统一操作与管理，通过变量管理模块实现变量的定义与监控，通过程序编辑器与编译器实现控制网络的整体编程。

软件界面如图 5-23 所示，其中 a、b 为设备拓扑与变量列表，c 为设备参数配置与变量定义界面，d 为面向网络的控制程序统一开发环境。

设备描述文件为软件提供现场设备参数、状态、寄存器、通信接口与通信协议信息；设备管理模块用其进行设备拓扑、系统参数与设备运行状态的维护与管理；编译器利用设备拓扑中的设备类型与连接关系进行控制程序的分配与优化。变量描述为软件提供变量的基本信息、数据源属性以及报警信息；变量管理模块用其进行变量编辑、监控与报警等操作；为程序编辑与编译器提供编程所需的变量资源以及指令输入输出参数检查的依据。协议描述为通信协议栈提供设备管理与变量管理应使用的通信命令以及通信报文的格式，为报文封装与解析提供依据。通信优化与调度方法对协议栈中基于描述生成的周期通信报文进行优化以提高通信效率，同时对不同类型报文的发送进行控制，以满足用户对调度延迟的需求。控制网络整体编程方法为软件提供面向网络的程序编辑与编译功能，编译器用其进行控制程序建模与

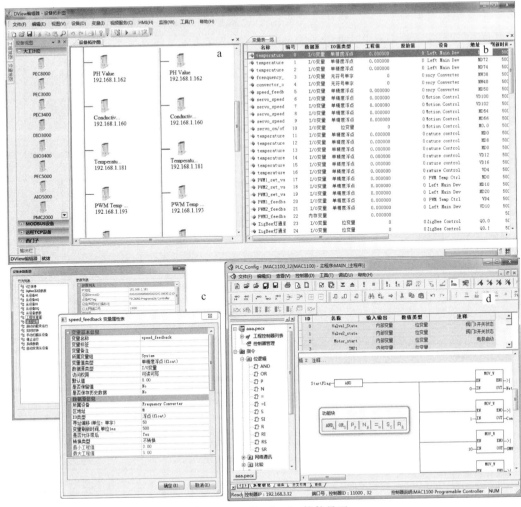

图 5-23　PLC_Config 软件界面

任务提取、分配以及分散下载。下面分别给出相关模块的实现方法。

5.4.2　平台软件程序实现

5.4.2.1　描述文件的解析

变量、设备与协议描述通过 XML 语言编写，使用 DOM（Document Object Model）文档对象模型解析。DOM 是 W3C 制定的处理 XML 语言的标准编程接口，采用树型数据结构存储 XML 文档的内部逻辑，提供了一套用于存取与维护 XML 文档的属性与方法。软件采用基于 DOM 技术的 MSXML4.0 组件实现描述文件的解析，如图 5-24 所示。

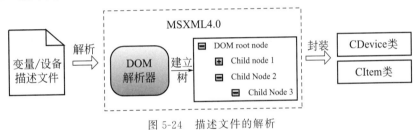

图 5-24　描述文件的解析

由于设备资源与通信命令和报文具有明确的对应和关联关系，为使用方便在软件实现过程中将协议描述合并至设备描述中。设备描述与变量描述经过解析生成 CDevice 与 CItem 类，其成员与描述文件的结构一一对应，如图 5-25 所示。

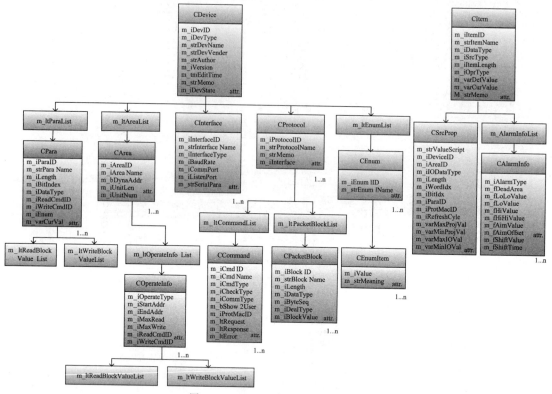

图 5-25   CDevice 与 CItem 类结构

图 5-25 中，CDevice 类包含设备基本信息的属性以及参数 CPara 类列表、寄存器区 CArea 类列表以及设备接口类 CInterface 和通信协议类 CProtocol 列表。CItem 类则包括变量的基本信息、数据源属性以及报警信息。各个类的结构与成员和设备与变量描述的结构和属性一致。

5.4.2.2 设备管理

在网络化控制系统中，设备管理主要包括设备拓扑，参数配置以及设备功能调用等功能，主要涉及通信接口、设备参数、与通信命令 3 个对象。

图 5-26 中，软件将所有具有描述文件的设备类型以列表的方式进行显示，以设备厂商进行分组。在设备拓扑中，可对设备基本信息以及与总线的连接方式进行配置，如图 5-27 所示。

图 5-27 中，基本信息主要包括设备名称、标签，通信接口配置包括设备与总线连接的接口类型与地址参数。软件分别从 CDevice 和 CInterface 类的成员中获得上述信息，供用户配置。完成设备拓扑配置后，软件将按用户配置的参数尝试读取属于该设备的变量，如果返回正或负响应，则认为设备在线，如果无响应，则设备离线。

设备参数通过通信命令访问，软件根据设备描述中的可以直接被用户调用的通信命令将参数分组展现给用户，如图 5-28 所示。通过点击"上载"与"下载"按钮完成参数读写和命令执行，如启动功能块运行、停止运行、扫描从设备、程序上下载等。

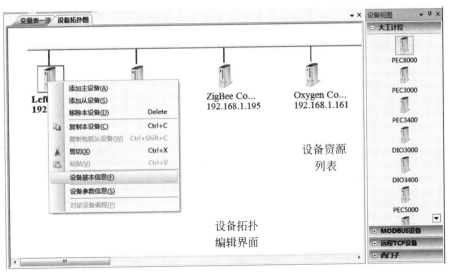

图 5-26 设备拓扑编辑界面

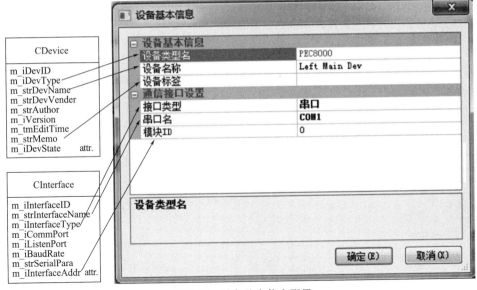

图 5-27 设备基本信息配置

5.4.2.3 变量管理

变量分为设备变量、内存变量以及过程变量三种类型,其中内部变量用于设备自身使用,无需通信处理;过程变量是指制造过程记录的工序或节点信息,一般通过条码等自动获取,存储在数据库中,由 MES 或 ERP 系统维护;设备变量位于目标设备的存储区中,用于表示设备的输入输出或控制程序的运算结果。根据系统需要由用户定义,生成变量表,如图 5-29 所示。

图 5-29 中,变量属性主要分为基本信息、数据源信息以及报警属性三部分内容,与变量描述中的属性一一对应。

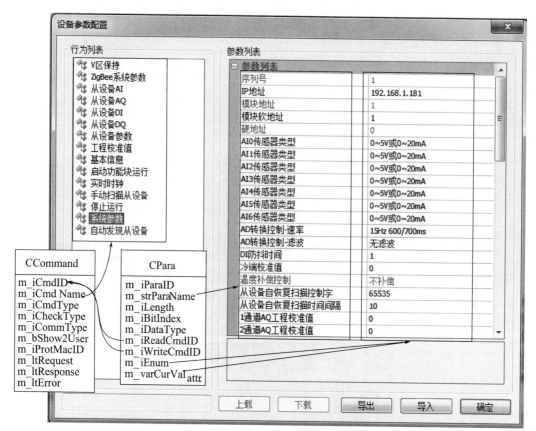

图 5-28　设备参数配置对话框

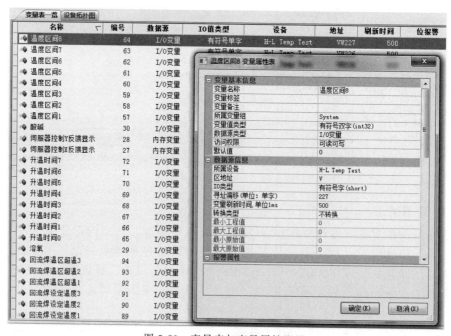

图 5-29　变量表与变量属性配置

5.4.2.4 通信调度

在基于描述的多种网络设备统一管理方法中，设备与变量描述为应用软件提供了获取不同总线设备资源的通用方法。协议栈可以无需关心设备与协议间的差异，以统一的方式与不同总线设备交互。而另一方面，不同操作生成的报文的数量、通信频率以及实时性要求不同，在报文发送过程中应根据报文类型进行优先级调度。在网络化 PLC 控制系统中，总线中传输的报文可以划分为以下 3 种类型。

（1）周期实时报文

以固定周期按时发送，一般用于采集输入信号和输出闭环控制信号，通常为短数据帧，通信频率高。其异常延迟或丢失将影响系统控制效果的稳定甚至引起系统失效，在各类系统中具有最高优先级，需要实时传输。

（2）突发实时报文

当预定条件被触发时进行发送，如报警、通知、非周期读写等操作，一般为短数据帧，通信时刻随机。这类报文的异常可能导致报警失效或报警处理延迟，引发安全风险，其优先级居中，需要实时传输。

（3）非实时报文

需要时被发送，如系统初始化，程序上下载，设备诊断等操作，一般为长数据帧，通信时刻随机。其报文不需要实时传输，优先级最低。

在上述三种报文类型中，周期实时报文优先级最高，非实时报文最低。协议栈应对不同类型报文的发送与接收进行调度，保证各自的服务质量，如图 5-30 所示。

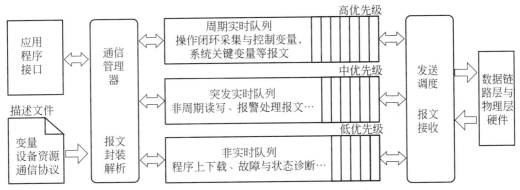

图 5-30　协议栈的报文发送与接收示意图

图 5-30 中，软件通过用户程序接口调用协议栈的通信服务与数据管理服务；通信管理器根据用户操作基于变量、设备与协议描述进行报文的封装与解析；周期与突发实时队列以及非实时队列存储待发送的不同类型的请求报文以及从总线上接收的响应报文，其中周期实时队列优先级最高，非实时队列优先级最低。协议栈基于上述结构完成报文的发送与接收。

5.4.2.5 程序编辑与编译

功能块图程序由指令与变量组成。在程序编辑器中，用户从工程树中选择编程所需的指令，软件从指令描述中获得指令名称与参数，将其绘制到指定网络的目标位置，通过配置指令的输入输出参数完成程序编辑。

在 IEC61131-3 标准中，功能块图指令包括隐藏在功能块内部的数据处理算法与暴露在外部的输入输出参数。其中数据处理算法由可被控制器识别的操作码唯一确定，参数作为算法的输入与输出由用户配置。这些信息存储在指令描述中供开发程序解析。指令描述内容如

表 5-13 所示。

表 5-13 指令描述节点含义

节点	属性	备 注
BlockInfo	FunctionType	指令类型,用于指令分类
	BlockTag	指令名称
	OperationCode	指令操作码
	ParaNum	参数数量
Para	ID	参数 ID
	IOType	参数输入输出类型:0 输出 1 输入 2 头顶
	Name	参数名称
	DataType	数据类型
	RegList	支持的寄存器名称列表
	Max/MinValue	取值范围
	OperateEx	参数引脚支持的特殊操作

软件根据描述以分组的形式(组名由描述中的 FunctionType 属性指定)绘制指令列表供用户使用,如图 5-31 所示,根据指令名称、输入输出参数数量与名称进行指令绘制,解析变量描述获得用户定义的变量,根据输入输出参数类型以及允许使用的寄存器对变量进行筛选,供用户选择。同时也可以在指令引脚上定义临时变量,数据类型与该引脚对应参数的数据类型一致,地址在程序下载前动态编址确定。

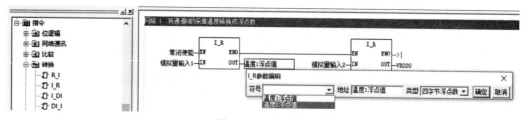

图 5-31 程序编辑

软件分别通过 CNetwork、CFBClass、CFBParaClass 以及 CLinkageObj 数据结构描述功能块程序中网络、指令、参数与连线。如图 5-32 所示。

程序编辑器后台存储网络 CNetwork 类链表,用户对程序的编辑过程就是对 CNetwork

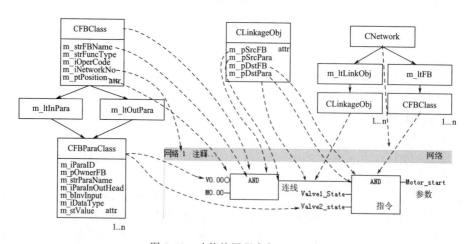

图 5-32 功能块图程序与 C++类

类中指令对象链表 m＿ltFB 和连线对象链表 m＿ltLinkObj 的操作。软件通过上述数据结构完成控制程序的存储与绘制。

编译器将用户面向网络编写的控制程序转换为指令码分散下载至对应设备，如图 5-32 所示。

图 5-33 中，编译器使用控制网络统一编程与编译方法通过程序建模、任务分解、任务分配、以及变量同步等操作将用户面向网络编写的控制程序分散下载至各个设备，实现网络化分布式控制功能。

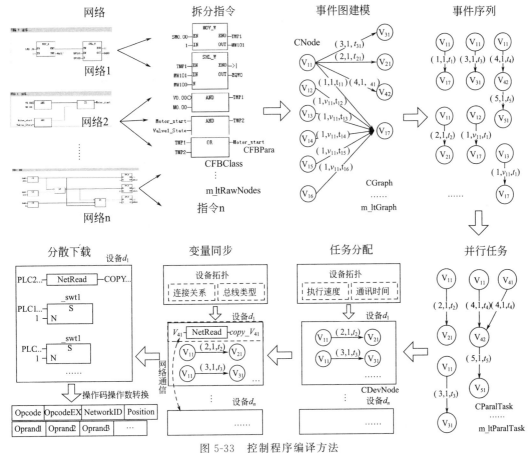

图 5-33　控制程序编译方法

5.5　工程应用案例

将网络化可编程控制系统和 PLC＿Config 软件在大连理工计算机控制工程有限公司综合监控系统中进行应用验证。系统使用 EPA 与 Modbus 总线，采用网络化 PLC 设备作为数据采集器和控制器，对办公与生产楼内的视频、能耗、生产线、电梯、门禁以及照明等设备组成的六大系统进行监测和控制。

5.5.1　系统结构

综合监控系统主要分为生产线监控、用电能耗监测、视频监控、电动门控制、电梯运行状态监测以及照明回路控制六个部分，在监控中心通过电视墙与操作台实现人机交互，系统结构如图 5-34 所示。

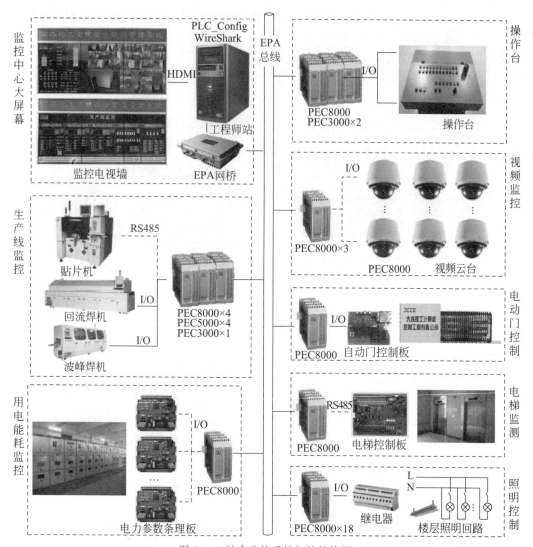

图 5-34　综合监控系统拓扑结构图

　　图 5-34 中，生产线体负责大批量贴片与直插原件的安装与焊接，由印刷机、贴片机、回流焊、波峰焊、空压机和排风机组成；控制系统涉及波峰焊与回流焊机的温度、排风以及变频器传输控制；空压机与排风机的起停控制；贴片机的贴片速度、完成板数、抛料率等参数的采集与监视。电力监测系统用于对生产与办公大楼内的电流、电压以及功率进行监测，实时统计大楼整体能耗情况。视频监控系统由 31 台定焦摄像头与 7 台云台球机以及 3 台网络 DVR 组成，在监控中心中通过视频控件在电视墙中实现 38 路画面的直播与回放，以及云台球机控制。电动门控制系统对楼宇厂区大门进行远程开关监控。电梯状态监测系统对电梯位置、开关门、目标楼层等运行状态进行实时监视。照明控制系统对厂区 18 个照明回路的开关状态进行监测。

　　系统中的 PLC 设备通过 EPA 网络与工程师站连接，实现设备管理、数据监控与编程开发；通过 RS485 或 I/O 接口与被控对象连接，根据用户操作对其实施远程控制。

5.5.2　应用程序开发

使用 PLC_Config 对控制网络进行统一编程，对控制程序进行优化编译，将其分散下载到相应的控制设备中。编程界面如图 5-35 所示。

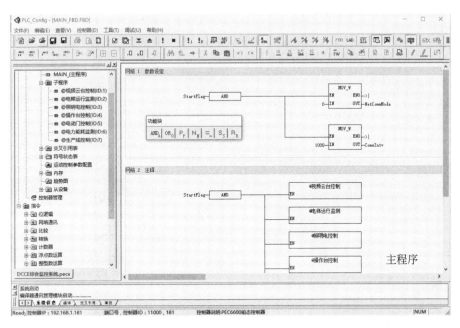

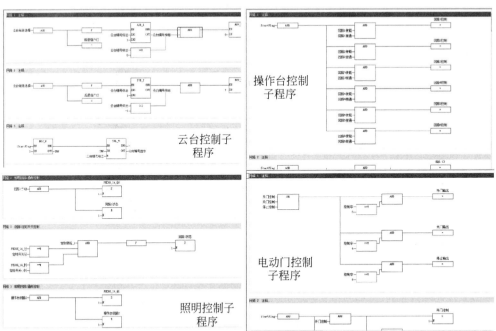

图 5-35　楼宇综合控制网络主程序与部分子程序

统一编写的控制程序共有一个主程序，以及视频云台控制、电梯运行监控、照明电控制等 7 个子程序，共包含 316 个控制网络，7658 条指令。控制系统中各设备被分配指令情况如表 5-14 所示。

表 5-14　统一编写的控制程序分散下载结果

系统名称	设备	指令数
操作台控制	PEC8000	542
	PEC3000×2	0
视频云台控制	PEC8000×3	381×3
电动门控制	PEC8000	48
生产线监控 回流焊	PEC8000	1134
	PEC3000	240
	PEC5000×2	531+356
波峰焊	PEC8000	1632
	PEC5000×2	480+425
空压与排风	PEC8000	38
照明控制	PEC8000×18	990
电梯监测	PEC8000	102
电力监测	PEC8000×6	928
指令总数	—	8009

表 5-14 中，统一编写的控制程序被分散下载到 40 台设备中。其中操作台控制系统在编程时直接使用主从模式，在程序中直接操作 PEC8000 主设备的 IO 映像区，PEC3000 从设备仅作为 IO 扩展而不参与逻辑运算，编译器没有为其分配指令。在各系统中，生产线监控系统中的波峰焊与回流焊机中的控制器即为上述 PEC8000、PEC5000 与 PEC3000 PLC 设备，主要完成多温区 PID 控温、PCB 变频传输、风机起停、超温报警、照明等控制。其余各系统主要完成被控对象状态监测、开关量控制、起停控制、自由通信等功能，被分配的指令相对较少。通过比较可知分散下载后指令数量较统一编程增加了 351 条，是编译器自动生成的用于在设备之间进行变量同步的网络通信指令。经过现场调试与使用，编译下载后各系统的控制逻辑与功能和统一编写的控制程序保持一致。

5.5.3　设备管理与变量管理

系统内各控制器通过以太网与工程师站连接，软件基于描述对设备运行状态，系统参数以及通信命令进行配置与访问。同时为满足监控要求，变量管理模块中共定义变量 1506 个，刷新周期 100~500ms 不等，设备拓扑与变量表如图 5-36 所示。

软件基于设备描述进行设备拓扑编辑、设备运行状态管理以及变量定义等操作；基于变量描述管理变量基本信息，数据源属性以及报警操作；基于协议描述进行通信报文的封装与解析，为设备管理与变量管理提供实时数据。

工程应用结果表明适用于多种网络的协议、设备与变量描述技术可以提供设备管理与通信过程所需通信协议、设备资源与变量信息，软件加载描述文件即可对不同总线不同协议的设备进行通信与管理；统一编程与编译方法可以较好地根据控制逻辑与设备拓扑将用户面向网络开发的控制程序分散下载至各控制设备中，并保持控制逻辑的正确执行。这些方法对网络化 PLC 控制系统的编程与监控管理系统的设计与实现具有积极的指导价值。

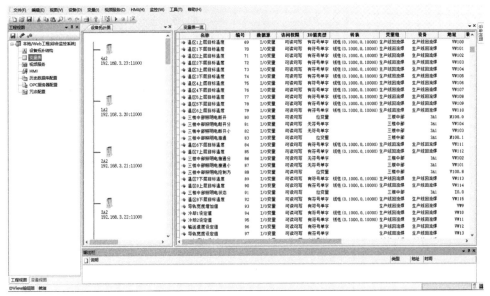

图 5-36　设备拓扑与变量表

5.6　发展建议

建立基于网络互联技术的工业网络全互联体系架构，研究多种工业有线、无线网络的兼容与统一标准化技术体系，实现感知网、控制网、互联网的全面互联集成，开发工业物联网网关等新型网络设备，实现新一代工业泛在网络与网络互联互通，选取典型智能工厂开展试点示范。

研究动态自组织软件定义的工业控制网络技术。研制基于软件定义的可重构工业控制网络，构建扁平化、统一管理的新型工业控制网络架构，攻克基于软件定义的流交换技术、管理和控制业务混合传输模式下的实时通信技术、网络自动重构技术等关键技术，研制基于软件定义的工业控制网络交换机和控制器，实现前端的感知控制和工业网络管理的智能化、网络路径智能规划与系统协同协作，使智能工厂设备具有即插即用、按需重构、实时互联和安全运行的能力。

面向我国智能工厂发展需求，依据多种工业有线、无线网络的兼容与统一标准化技术体系，建立面向智能工厂的工业物联网实验验证测试认证平台，研究相关的组网、互联、互操作等关键技术，建立网络系统评测方法，开发智能工厂环境下的网络测试工具，实现工业物联网实验验证测试平台，开展关键技术、标准、产品实验验证，为核心技术的成功应用提供必要的技术验证保障。

针对智能工厂现存的多种控制器信息集成难题，开发基于移动互连操作系统和分布式数据库的控制管理器，具有移动网络互联、全分布式可编程控制、数据组态监控、与多种现有主流控制器互联互通以及车间数据管理等功能。制定多种形态的分布式控制系统规范，实现车间设备多种控制器数据无缝集成。

针对过程控制、离散控制和数控等系统控制的需求，研发高可靠、可维护、自诊断、高安全的工业控制系统，研究与主流控制网络的接口技术，安全数据共享技术和可靠同步运行技术，开发用于流程、离散和数控一体化分布式、安全控制系统，支持工业信号通用输入输出，满足隔离型、本质安全型、宽温型、高防护型等多种性能要求。在安全装备或系统上实现示范应用。

　　坚持以需求为牵引、市场为导向、创新为主体的原则，重点研发智能工厂共性关键技术，提升我国工业自动化行业的整体创新水平和自主能力，满足国家科技创新、产业升级和转型的重大战略需求。

参 考 文 献

［1］　胡学林. 可编程控制器原理与应用. 北京：电子工业出版社，2007.

［2］　德佳咨询. 2015 中国 PLC 市场研究报告，2015. 12.

［3］　缪学勤. 解读 IEC61158 第四版现场总线标准，仪器仪表标准化与计量，2007，3：1-4.

［4］　IEC（2010）61804-2 Function Blocks for Process Control Part 2：Specification of FB concept and Electronic Device Description Language.

［5］　IEC（2009）62453 Field Device Tool（FDT）interface specification.

［6］　IEC（2012）62541 OPC Unified Architecture Specification. Part1：Concepts.

［7］　Chong quan Zhong，Chen Chen. Protocol description and optimization scheduling for multi-fieldbus integration system. ISA Trans，2015，59：457-470.

［8］　Chen Chen，Zhong Chongquan，Wu Wenyan. Modelling and compilation method for multi-PLC control program. International Journal of Modelling，Identification and Control，2014. 10，22（3）：225-235.

［9］　National Science Foundation，Cyber-physical systems summit report，Missouri，USA（April 24-25，2008），http：//precise. seas. upenn. edu/events/iccps11/_doc/CPS_Summit_Report. pdf.

［10］　Portfolio of Networked Embedded & Control Systems FP7 Projects，2008. 9. European Commision information society and media.

［11］　智能制造装备产业"十二五"发展规划，北京，2012. 5. 15.

［12］　Jay Lee. 工业大数据，工业 4. 0 时代的工业转型与价值创造. 北京：机械工业出版社，2015. 7.

［13］　Zhu C.，Guo G. Optimal control of networked control systems with limited communication and delays. Int. J. Modeling，Identification and Control. 2012，17（1）：55-60.

［14］　Zhang H.，Fang H.，Ren X.，Qian T. Stability analysis of networked control system based on quasi T-S fuzzy model，Int. J. Modelling，Identification and Control，2012，16（1）：41-49.

［15］　Yucel Cetinceviza，Ramazan Bayindir. Design and implementation of an Internet based effective controlling and monitoring system with wireless fieldbus communications technologies forprocess automation—An experimental study. ISA Transaction，2012，51：461-470.

［16］　缪学勤. 新版 IEC61158 现场总线标准概论，仪器仪表标准化与计量，2004，2：18-25.

［17］　缪学勤. 解读 IEC61158 第四版现场总线标准，仪器仪表标准化与计量，2007，3：1-4.

［18］　IEC/TR（2006）61158-1. Digital data communication for measurement and control Fieldbus for use in industrial control systems-Part1：Over-view and guidance.

［19］　Rend S.，et al. Field Devices-Models and their Realizations. IEEE ICIT，2002，Bangkok，THAILAND.

［20］　Wollschlaeger M. A framework for fieldbus management using XML description. Proceedings of the IEEE International Workshop on Factory Communication Systems Proceedings. Oporto，2000：3-10.

第 6 章
人机交互与自动化

6.1 人机交互自动化背景介绍

6.1.1 人机交互与自动化的关系

从发展来看，自动化和人机交互是相辅共生的关系。一方面，随着数量庞大的知识与信息的产生，许多复杂的问题单纯依靠人工智能等自动化技术很难获得精确且高效的处理结果，往往需要借助于人机协同和交互来实现最终的目标。正如 2012 年 2 月《自然》杂志"图灵诞辰百年"纪念专辑文章指出："传统机器智能陷入困境，人机协同问题求解是解决现实世界不可计算问题的一种有效途径"[1]。另一方面，人机交互需要自动化技术的支持来实现自然的交互效果。例如美国 NASA 正在开展的"human-centered computing project"，就是研究和设计能充分利用自动化的、面向空间和任务控制等领域的交互式系统。同样在 2012 年的《自然》杂志上，介绍该项研究的一篇文章更加清晰地指出"It is not going to be humans versus robots，but humans and robots，working together."[2]

从发展趋势来看，随着大数据研究与应用的迅速发展，如何能够在庞杂稀疏的海量大数据中自动获取有价值的知识与信息，做出正确的决策，是大数据时代要解决的核心问题，也是提升人工智能水平所面临的难题。同时，随着知识总量在以爆炸式的速度急剧增长的同时，旧的知识很快过时，知识像产品一样在频繁更新换代，人类当前分析利用海量知识的能力，还存在着巨大的不足。海量知识的快速膨胀与利用海量知识能力不足之间的矛盾，正在日益突出。这种矛盾集中体现在对海量语言文字信息的智能理解与推理能力上。一方面，语言文字，是人类知识的最基本载体，也是信息交流和传播的最基本媒介；另一方面，语言信息的理解和推理问题，是人工智能的核心问题之一，也是能够自动化地利用知识的根本性标志之一。因此，为了有效解决上述矛盾，利用大规模知识资源，并借助于大数据有关规律和处理方法，提出一系列智能语言信息理解与推理的方法和技术，构建具有类人智能的系统是信息领域未来发展的核心研究方向。这一方向向前推进依赖于自动化技术与人机交互技术有机结合。

另外，建立以自然人机交互为中心的计算环境，使普通大众能够分享信息技术发展的成果，是 21 世纪人类社会需要解决的重大课题。自然人机交互把人的认知、计算系统以及物理环境作为一个整体，通过理解人来设计计算系统。其目标是使人的能力和计算资源的协同达到最大化，实现人与计算机两个认知主体的协同和双向交流。以人为中心的计算为人机交互的发展提出了重要的挑战。在自然人机交互中，计算系统需具备模拟人类感知、认知和反馈呈现的能力，需要有效理解和处理多通道、非精确、动态变化的交互信息。在这一前提下，人机自然交互就需要从感知、认知和反馈呈现三个层面研究人的能力和局限，并以此为指导建立计算环境的感知、认知计算理论和模型。自然人机交互理论与现有的人机交互理论有着本质差别。现有的人机交互理论把人类的信息加工过程抽象成包含感知、认知和运动三个子系统的模拟人类处理器（modal human processor，MHP）。它假定用户通过 MHP 把交互任务分解成机器规定的操作序列，计算机只需被动执行操作并简单反馈。因此，它是以机器为中心的人机交互，是一种停留在命令层次的交互方式，信息的认知加工完全由用户来完成。而以自然人机交互则不同，它是一种认知层次的交互方式。在这种交互方式下，用户只需要通过自然行为来表达其交互意图，而计算机则需要主动地理解用户的交互意图。

6.1.2 战略意义

人机交互自动化包括人与计算机或智能空间的通信过程，随着信息化进程的推进，其应用已渗透到了包括文化教育、医疗卫生、制造服务业等国民经济各行业和国防军事领域，并已成为21世纪重大信息技术之一。全球著名的管理咨询公司麦肯锡于2013年5月发布了一份题为《颠覆性技术：技术进步改变生活、商业和全球经济》的报告，就2025年影响人类生活和全球经济的颠覆技术进行了预测，其中最具影响力的前五项颠覆性技术中的移动互联网、知识工作自动化、物联网和先进机器人四项，均以人机交互与自动化作为重要支撑。国家对于下一代人机交互与自动化的理论和方法对于经济社会发展的推动作用有着十分清楚的认识，在《国家中长期科学和技术发展规划纲要（2006～2020年）》中把人机交互与自动化理论作为支撑信息技术发展的科学基础，并列入面向国家重大战略需求的基础研究；"十二五"科技发展规划把同人机交互与自动化相关的研究列入强化前沿技术研究领域，强调要突破海量数据处理、智能感知与交互等重点技术，攻克普适服务、人机物交互等核心关键技术。人机交互与自动化解决的是人类如何与计算机智能地相互作用，以及如何设计出与计算机智能地互动的工具，这不仅是人们日常使用计算机和诸多高端应用领域面临的重大课题，也是人类如何设计和使用科技这一重大主题的核心内容。

6.1.3 问题与挑战

人机交互与自动化技术相结合解决的是人如何使用计算机这种信息技术共性基础问题，是国家《中长期科学和技术发展规划纲要》中的基础研究方向。当前我国正处于用信息化促进产业升级的转型期，其关键是提升人对信息的掌控力，这对人机交互技术提出了重大挑战。

研究人机交互与自动化技术相结合面临的一个主要挑战是如何利用多学科交叉的研究成果，探索模拟人脑自身的构造原理和工作机理，实现对人脑的计算模拟。研究基于类脑神经机制的分析推理方法，研究基于大规模知识库的概念、判断和推理方法，进而形成一种新的计算模型——类脑计算模型，已成为新的研究热点。

人机交互与自动化研究面临的另一个挑战是如何利用信息技术从功能层面实现对人类智能的模拟实现，使系统具备对新的复杂环境的适应性；能很好地和人交互并从中学习；能在线学习；能存储所学知识，回忆所学知识用于新任务；有记忆结构；智能可以逐渐自主发育等。

在物联网、云计算、移动互联环境下，随着各种应用的个性化、智能化和社交化的发展趋势，人机交互与自动化对情境感知与自然人机交互的需求越加迫切。目前国内外的类人交互技术尚缺乏真正意义上的自然感和真实感，特别是机器和用户之间的交流形式没有突破。近年来，虚拟人交互技术也开始应用于智能对话系统中，引入虚拟人交互技术可以使用户获得更加自然、有效的交互体验。其研究面临的主要挑战是如何从认知心理、人机交互、语音处理和虚拟现实等跨学科的角度，探索类人的言语交互的基础理论和关键模式：包括类人言语交互的心理机制和用户的交互行为机制；视觉感知和听觉感知的双通道作用，言语交流的跨通道协作机制；以及自然情感交流的交互反馈机制等，从而实现虚拟人与人类真实自然的交流。

随着智能技术的快速发展，以机器人为代表的智能机器越来越多地渗透到国民经济与人类生活的各个领域，"人机共存"正成为信息社会的一个重要特征。因此，实现安全、高效、友好的人机交互极其重要。在人与人的交互过程中，情感是表达和理解交互意图的重要途径，是交互效果的关键瓶颈。当前通过文本信号、视觉信号、听觉信号、生理信号、空间运动信号等实现的多模态人机交互，面临着信号采集受到干扰、多模态信号融合困难、感知数据大量冗余和交互意图存在歧义等诸多问题。情感——作为交互意图和交互效果的综合体现，在人机交互信息的主动采集、高效融合、选择感知和意图理解等关键环节，扮演着不可替代的调控作用。因此，具有情感的人机交互是实现人机和谐、友好共存的有效途径，也是人机交互与自动化研究所面临的一个重大挑战。

人机交互与自动化是通过智能技术实现人与计算机的通信，从而提高人类利用和探索信息空间的能力。这其中计算机作为一类认知主体，需具备模拟人类感知和认知能力，从而能理解人的自然交互行为和意图以及物理空间的状态变化，通过智能技术执行操作并以适当的方式反馈给用户，进而使交互更自然和高效。这就要求人机交互与自动化具有自然性、自发性和主动自适应反馈的特点。感知用户自然行为是指利用用户自然习得的运动技能和人体生理生化的自然变化作为输入，使用户在交互时不必有意地、主动地输入，也不必考虑计算机能否理解，这一方面拓展了输入的带宽，另一方面也大大地降低了用户的学习和使用计算机的门槛。自发地理解用户状态和意图是指计算机能自发地排除用户的自然行为和状态自然变化的歧义性或不确定性，判断出用户的真实目的和情绪状态并做出执行决策，这要求计算机不再只是被动执行用户的命令，具有了更多自主性。主动自适应反馈是指计算机把用户意图执行的状态和结果，根据环境、用户等上下文状态自适应地选择适合的感知通道和形式，并主动地反馈给用户，这将大大降低用户的认知负荷，使交互更为可用。可以说交互过程中的自然性、自发性和自适应反馈是人机交互与自动化面临的挑战。

在人机交互与自动化中，计算系统需具备模拟人类感知和认知能力，需要有效理解和处理非精确的、多通道的、动态变化的交互信息。研究人员和工业界一直在探索以人为中心的人机交互，并取得了重要进展。如微软倡导的以多触摸、Kinect 深度感知为代表的自然用户界面（NUI），强调交互的自然性，得到了业界的广泛响应；基于现实的交互（RBI）试图从现实世界的自然物理、身体感知和技能、环境感知和技能以及社会感知和技能四个不同层次来挖掘人的现实行为，实现人机交互设计的统一框架；普适计算利用嵌入到环境的传感器和智能设备来感知人和环境的变化，强调交互设备的隐藏性。NUI、RBI 和普适计算的本质是通过计算机对人的感知系统进行拓展。脑机接口（BCI）是用户与环境通信直接使用大脑的可测量信号，而不再依赖于周围神经和肌肉运动系统来控制计算设备的交互方式，强调交互意图执行的自动化，其本质是使计算机成为人类运动系统的扩展，经过 40 多年的努力，目前脑机接口有了长足的进步，在辅助行动能力受限的特殊人群上取得了部分的应用。情感计算、生理计算也是对以人为中心的交互的探索，它们通过脑电、生理生化指标的变化来推测人的意图和情感，强调交互的自适应性。

综上所述，人机交互与自动化的还有类脑模拟、在线智力发育、具有情感的人机交互、自然交互中的自发性和自然性等挑战问题。

人机交互与自动化的研究目标就是应对上述挑战与问题，为人类使用信息技术提供软件、硬件环境和工具，支撑计算智能产业与市场。计算机是人类认知能力的延伸，人与智能计算机共同形成了"认知联合系统"，在这个系统中，计算机如何准确地捕获、理解人类的行为、表情和语言，人类如何与智能计算机相互作用，以及如何设计出易用且易于接受的自然交互系统是人机交互与自动化研究的关键，这不仅是人类如何设计和使用科技这一重大主题的核心内容，也是我们日常使用计算机和诸多高端应用领域面临的重大课题。

第 **6** 章

6.2 人机交互自动化技术国内外现状

6.2.1 国际研究现状

目前国外许多国家已经把人机交互与自动化相结合作为研究发展规划的重点。美国政府的"网络与信息技术研发计划战略规划（NITRD）"对人机交互和信息系统（HCI&IM）的预算每年占比达20%，在八个领域中列第二。麦肯锡2013年报告列出的前五项颠覆技术中有四项（移动互联网、知识工作自动化、物联网、先进机器人）以人机交互为支撑。欧盟 Horizon 2020 计划从 2014 年开始实施，信息与通信技术总预算为 7.74 亿欧元，其中信息与通信技术比 FP7 预算增长了 25%，2014 年预算 1.25 亿欧元。在欧盟"Horizon 2020"计划中，在信息与通信技术领域 2014～2015 年指南中列出的 37 个项目中，直接涉及人机交互与自动化的有 4 个（ICT 20-2015：Technologies for better human learning and teaching，ICT 21-2014：Advanced digital gaming/gamification technologies，ICT 22-2014：Multimodal and Natural computer interaction，ICT 31-2014：Human-centric digital age）。金砖国家中，巴西、俄罗斯、印度、南非等国家也将人机交互与自动化作为重点的发展方向。巴西将机器人、信息和通信技术等定为重点发展的科研领域。巴西科学技术部主要的技术研发领域包括微电子与计算机视觉领域。俄罗斯把电子信息技术（宽频多媒体技术）作为信息技术领域重点发展方向之一。印度制定的《信息技术行动计划》中包括数据发掘、数据仓储、数字图书馆、国家历史文献信息数字化。南非政府颁布的《南非国家研究与开发战略》以及《信息通信技术战略》中均包含了信息和通信技术（ICT）的推广。在亚太地区，日本制定的《创新战略 2025》中，包括了人机交互与自动化相关"自动翻译""虚拟现实"等内容。政府支持的项目中重点包括了大型低耗电显示、多语言交流、超临场感交流等。韩国制定的 u-Korea 战略包括了可穿戴式计算机技术，u-IT839 计划的九项产品中包含了数字电视/广播设备、下一代计算机/外设设备、智能机器人。澳大利亚目前在信息通信技术领域主要发展方向：人机交互技术、实时计算机视觉系统、自动脸部和身体跟踪技术。澳大利亚政府通过"超级科学计划"投入 11 亿澳元用于包括信息通信技术的三大优先领域科研基础设施建设。

世界各个工业巨头也已经开始了这方面的研究。

① 美国的 IBM 公司长期经营的"Watson"计算机系统项目启动于 2006 年，由 8 所大学共同承担开发任务，旨在建造一个能与人类回答问题能力匹敌的计算系统，可以理解自然语言复杂性并且能够利用交互行为不断学习。Watson 系统强化了对认知能力的研究，以应对大数据特别是海量非结构化数据的挑战。该系统首先被应用于医疗和金融领域，这两个行业同样每天都面临着非结构化数据的"泛滥"，对信息的快速处理迫在眉睫。Watson 完全有潜力去分析海量内容，包括新的研究成果、公开发表的报告、病患的治疗效果以及各类文章和探讨结论，以帮助医生有据可依地进行科学决策。

② 在日本，"Todai 机器人"是日本国立情报学研究所（National Institute of Informatics，NII）开展的一项旨在探索人工智能和机器学习发展程度的研究项目。该项目于 2011 年启动，于 2015 年制造出能够通过普通大学入学考试的机器人，而在 2021 年制造出能够通过难度更高的东京大学入学考试的机器人。对于社会学题目，"Todai 机器人"项目研究的重点是自然语言处理技术。所涉及的自然语言处理技术大致可以分为高层自然语言处理技术、基础自然语言处理技术和其他技术，其中高层技术包括文本蕴含关系检测（textual entailment recognition，TER）、自动问答（question answering）和基于知识的推理（knowledge based inference）等；基础技术包括深度句法分析（deep parsing）和指代消解（coref-erence/anaphora resolution）等。

③ DARPA 于 2014 年 1 月 30 日启动了一项名为"大机制（big mechanism）"的研究项目征集，目前征集工作已经截止（2014 年 3 月 18 日截止）。按照构想，"大机制"是一个复杂系统的因果解释模型，其核心目的是开发一种自然语言文本的"自动阅读（machine reading）"的技术，抽取用于因果机制推理的相关片段并将这些片段"合并（assembly）"进入更加复杂的因果模型，进而在这些模型的基础上进行推理来产生"解释（explanation）"。在 DARPA 的项目指南中明确提出，"大机制"项目需要最新的研究源源源不断地注入，也同样需要结合很多领域的研究成果，特别是来自于统计和基于知识的自然语言处理、本体、知识表达和推理、可视化、仿真及大规模因果网络的等领域的研究成果。

④ 微软创始人之一 Paul Allen 的 Allen Institute for Artificial Intelligence（AI2）公司，已经启动了 AI2 项目，在华盛顿大学教授 Oren Etzioni 的带领下，AI2 项目想要制造出一台能够通过高中生物课程的机器人。给这台机器人输入教科书上的内容，之后对它进行考试，设法让机器人通过高中生物考试。该项目将集中处理因果关系、知识的不确定性、语义和隐性知识的理解等人工智能的核心挑战。

6.2.2　国内研究现状

人机交互与自动化相结合在我国有着重大的需求。中华民族的复兴需要数字技术作为核心支撑，需要增强信息产品和信息服务的供给能力，而跨越式发展依赖于信息基础设施的显著改善。习近平总书记在远程医疗系统显示屏前与中日友好医院领导视频通话，指出用信息化系统提高医疗水平叫"如虎添翼"。在其中，人机交互与自动化相结合的目标：大幅度增强信息产品和服务的供给能力，真正为信息技术的全面普及和广泛应用插上翅膀。目前，我国国内多个著名企业也在关注人机交互与自动化相结合相关的研发。例如，华为正在提倡全连接世界的人机交互，中兴正在开发穿戴健康设备与平台，联想正在研究基于笔的多通道交互创新，百度正在开展的脑计划，科大迅飞正在开发语音云平台，海信在研发智能家电交互系统，百度正在研发百度大脑。

人机交互与自动化相结合在若干年内将对我国经济建设起到重要推动作用。首先它将催生智能穿戴等新兴产业。当前高端智能手机和平板的创新速度放缓，智能穿戴将成为重新激励技术与市场的先锋，并进入主流。市场研究机构 Research and Markets 发布的最新报告显示，到 2018 年全球智能穿戴产品市场的规模将达到 83 亿美元，未来 5 年的年复合增长率（CAGR）预计高达 17.71%，而其核心技术突破是人机交互与自动化相结合。与此同时，人机交互与自动化相结合将促进传统产业的升级换代。目前传统产业的竞争焦点已逐渐转移到用户体验的提升上来。例如针对智能生活方面，交互将让生活更美好。智能家居以年均 19.8% 的速率增长，在 2015 年产值达 1240 亿元，人机交互与自动化相结合带来的新型用户体验是未来竞争的焦点。谷歌：32 亿美元收购 Nest。苹果：iWatch 进一步定位为"遥控家居多功能设备"。在智能汽车领域，预计中国汽车电子市场规模到 2015 年将突破 4000 亿元，人机交互与自动化相结合让汽车越来越人性化，交互系统正成为汽车电子商务的新入口。在智慧医疗方面，医疗和养老机构资源紧缺，老年人和残疾人将以居家养病和监护为主，人机交互与自动化相结合提供便捷。2010 年年底全国残疾人总数达到 8502 万人，其中信息交互障碍比较严重的视力残疾人为 1732 万人，听力残疾人为 2054 万人。此外，人机交互与自动化相结合将能满足我国高端应用领域的重大需求，它是人机交互与自动化相结合，是机器人等高端制造业的关键使能技术。

6.2.3 发展需求

随着信息时代的全面到来，信息化已成为当今社会的一个基本形态，给生产力、生产方式乃至社会管理方式带来了深刻的变革。处在信息和数字化技术时代的21世纪，数字化已悄然成为中华民族复兴的核心支撑之一。2013年国务院办公厅发布的关于促进信息消费扩大内需的若干意见中就明确提出，要从鼓励智能终端产品创新发展、增强电子基础产业创新能力、提升软件业支撑服务水平这三方面增强信息产品的供给能力。

目前，移动互联网和智能终端已成为全世界信息产业巨头的战略必争之地，围绕其展开的各项信息技术创新也成为最为活跃的领域。微软体感交互设备kinect的面世，为当前的人机交互方式带来了重大变革。苹果Siri、谷歌Glass等感官功能扩展概念一经推出更是引起轰动。智能的人机交互方式、舒适可穿戴的设备终端与云计算、移动互联网的紧密结合，将在未来对人们访问互联网和信息交互等日常生活带来深刻变革，引导我们进入智能可穿戴计算时代，彻底改变人们接入互联网的方式和入口。可穿戴技术在2013年获得井喷式发展，2013年已被称为"可穿戴计算年"。融合多感观通道的自然人机交互技术将成为未来信息领域的创新来源，催生出大批的技术创新型企业以及围绕新技术而衍生的创意软件和应用。我国对人机交互与自动化相结合的需求主要体现在以下两个方面。

6.2.3.1 我国高端应用领域的需求

人机交互与自动化相结合是机器人等高端制造业的关键使能技术。中国机器人企业目前还处于发展的起步阶段。近年来机器人的市场迅速放大，给机器人产业带来了良好发展的机遇，原来以人为主导的生产模式，将会变为以机器人为主导的制造模式。工业机器人作为先进制造业中不可代替的重要装备和手段，已成为衡量一个国家制造业水平和科技水平的重要标志。机器人的投产使用，可将目前的人力资源转移到具备更高附加值的岗位上。机器人将取代许多简单繁重甚至危险的低端劳动岗位，同时又将制造许多更需要创新精神的高端技术职位。工业机器人的广泛应用将创造出市场需求，进而带动自身产业的成长。推动制造业朝着数字化、智能化的方向升级。我国服务机器人的发展起步比较晚，市场空间比较大。在个人及家用服务机器人方面，根据IFR的统计数据，2012年家用机器人销量约为196万台，销售额6.97亿美元，环比上升53%；娱乐机器人销量约为110万台，环比上升29%，销售额为524万美元。家用服务机器人和娱乐机器人大致占97%的市场份额。与工业机器人的广泛应用相比，服务业机器人对智能化的要求更高，而这需要以智能人机交互技术的进步为前提。

总体来说，我国机器人技术及工程应用水平和国外相比还有一定的距离。业界普遍认为，随着硬件设备越来越廉价，智能语音和传感技术的进步，机器人操作的智能化和亲民化才能使得其大规模产业化成为可能。

6.2.3.2 传统产业的升级换代的需求

智能手机的风靡让消费者彻底感受到了"智能"产品的魅力，随时随地、随心所欲地与网络世界进行无障碍沟通，改变了人们的生活方式，也引发了众多消费者对智能家居生活的向往。各行业龙头企业纷纷将智能产品作为重要发展战略方向，这也推动着我国智能家电标准建设的快速前进。目前，我国智能家居产业以年均19.8%的速率增长，在2015年产值达1240亿元。以智能电视为例，谷歌TV、苹果TV和三星Smart TV均已实现量产。智能电视的普及催生了人们使用电视方式的改变，由传统的看电视发展到"玩"电视，电视将实现IT化。中国电子商会消费电子产品调查办公室日前发布的《2012年1~6月份中国平板电视城市消费者需求状况调研报告》显示：高达 94％的消费者已对智能电视有所了解，36％的消费者打算近期购买智能电视。这再次明确了平板电视行业的智能化趋势。如今硬件已不是智能电视主要瓶颈所在。智能电视已拥有了高性能处理器、高级操作系统，但是其最大的问题在于内容匮乏，人机交互模式不成熟。

除智能家居产业外，智能汽车、智能医疗同样存在相应的需求。中国汽车电子市场规模到 2016 年已达 740.6 亿美元。智能汽车产业的快速发展，急需人性化、智能的交互方式，使用户以自然的方式驾驶汽车，而非面对烦琐的、让人难以理解的命令面板，让人不知所措。随着社会老龄化的到来，医疗和养老机构的资源将变得极度紧缺，老年人和残疾人将以居家养病及监护为主。这些人群都迫切需要更加智能、便捷与自然的智能交互技术为其提供基本的技术保障。由此可见，人机交互与自动化相结合带来的新型用户体验将是未来竞争的焦点。该产业链的发展壮大，必将成为拉动信息消费的内在驱动力。

6.2.4　现有技术和解决方案的不足

目前，我国人机交互自动化这方面的研究明显落后，至今鲜见政府或大型企业发布相关项目。面对我国智能终端电子产品和技术的快速发展态势，迫切需要我们以用户的体验为中心，融入计算机对用户的智能感知功能，构建人机间的协同和共生关系；组织开展前瞻性、创新性的研究，完成一系列技术攻关，形成多种具有自主知识产权的杀手锏新功能，建立新的行业标准。从而打破由苹果、三星、谷歌等巨头公司形成的技术与市场垄断，推动我国人机交互与自动化相结合产业链向高技术、高附加值的方向健康发展。

计算机和互联网诞生以来，信息膨胀的速度远远超出人类的智力掌握能力以及感官与控制能力，而传统信息技术理论基础构建于几十年前，很难应对现代信息社会的挑战。因此，人类迫切需要通过推进相关自动化计算技术（比如类人智能）的研究和产业化，延伸自我感官能力和智力，为未来信息技术建立全新的理论基础与产业平台，实现海量信息的高效获取与智能应用，从信息化向智能化迈进。

人脑在信息处理过程中表现出的可靠性和低能耗性相当卓越，在对新环境与新挑战的适应能力、对新信息与新技能的自动获取能力和在复杂环境下进行有效决策并稳定工作能力等方面，迄今为止没有任何一个系统可以媲美人脑。对人脑信息处理机制及人类智能的研究将可能发展出一套自动化计算理论与技术，引领未来信息技术向智能化方向迈进。

就世界范围的科学技术发展而言，计算技术引领了信息化时代的发展，但也存在计算模式固定、处理信息不灵活等缺陷。未来信息与计算技术将突破几十年不变的图灵模式，模仿人脑随环境、问题自动调整，向更加灵活的计算发展，实现信息获取、信息处理模式多样化。例如，现代互联网几乎承载了人类所有的知识，但计算机无法理解这些知识，而未来的互联网将真正理解并利用所承载的海量信息，更为智能化地为人类提供信息与知识服务；工业机器人目前还停留在肢体和躯干的运动，而建立在精密感知能力、类人思维能力和海量信息处理能力之上的智能技术则将使下一代机器人成为有神经感应、有一定思考能力的智能机器人。

在国际上，一些发达国家正在开足马力进行新一代智能技术的革新。为了推动下一代信息与通信技术的发展，2013 年欧盟委员会在未来旗舰技术框架下发布了人脑计划，联合信息技术、智能科学、脑科学领域的专家，采用脑神经生理数据示踪技术和搭建基于信息技术的大规模脑模拟器的方式，揭示人脑结构及人脑信息处理的模式，启发下一代信息技术的发展并开展相关应用。IBM 公司研发的 Watson 系统在海量知识处理领域可战胜知识渊博的人类对手；苹果公司在人机对话领域的研究成果 Siri 可以与人自由交流并提供信息服务；谷歌公司发展类人神经信息处理平台，实现了从海量信息中自动学习出特定类别的物体（如人脸）的智能系统等。以智能制造为代表的"第四次工业革命"也成为德国汉诺威 2013 工业博览会的热门话题。目前德国已拨款两亿欧元（约 16 亿人民币）研发经费开展有组织的智能革命。德国的机械设备制造协会、电子工业中央联盟和信息通信新媒体协会有史以来第一次搭建了联合工作平台。

自然的人机交互方式、舒适可穿戴的设备终端与云计算、移动互联网的紧密结合，将在未来给人们访问互联网和信息交互等日常生活带来深刻变革，引导我们进入智能可穿戴计算时代[3~5]。智能的人机交互方式将彻底释放用户手指与键盘的紧张关系，减轻人们对鼠标、键盘的操控依赖与操控复杂度，淡化计算机工具与技术的界线，使用户更加关注任务本身。得益于该种自然和谐的人机交互技术，用户对机器的使用门槛将进一步降低。计算机也将越来越能读懂人在自然状态所传递的命令。融合多感观通道的自然人机交互技术将成为未来信息领域的创新来源，催生出大批的技术创新型企业以及围绕新技术而衍生的创意软件和应用。该产业链的发展壮大，必将成为拉动信息消费的内在驱动力。

在我国经济转型升级、实现"两个一百年"的"中国梦"伟大目标的进程中，将智能革命上升到国家战略层面，发展人机交互与自动化技术，明确路线图和时间表，占领科学、技术和产业先机，把我国在上一次信息、计算机和互联网革命中丢失的机遇抢回来，已成为当务之急。

6.3 技术与方法

针对发展趋势和现有问题，需要首先加深人机伙伴关系，形成人机交互与自动化的技术体系，以及传感器件、交互感知和认知计算技术、在线自主发育智能学习技术、人机交互与自动化相结合开发平台；提升人机交互与自动化的设备和系统的原始创新能力，包括智能计算设备、穿戴器件、脑神经计算模拟；增强用户人机交互与自动化的技能与体验，包括专业人员培训、大众数字体验等方面；突破重型装置和设施的操控、军事国防等关键及重要影响的应用。

6.3.1 技术体系

人机交互与自动化相结合的技术体系，从基础的理论到最终的产业化应用形态共分为四个层级：模型与方法层，范式与关键技术层，平台层，产业应用层。

模型与方法为整个体系提供基础技术原理，其中包括针对类人智能处理的"知识类人表达与知识图谱""脑神经计算模拟""认知计算模型""心理模型""运动模型"五个部分。

范式和关键技术层为体系提供一系列的准则和范式，来明确规范人机交互与自动化相结合过程中各个环节的技术标准，其中包括："界面范式""多源感知""自然交互""生理计算""脑机接口""意图理解""情感计算""自主发育式学习""动态呈现"等范式。

平台层为体系提供具体的应用工具，来支持实际应用的需求，具体包括："自动化处理平台""自然交互平台"。

产业应用层在上述应用工具的支持下，针对各产业的需求和实际的应用情景进行具体开发，主要针对的行业包括："智能穿戴""智能家居""智慧医疗""移动办公""智能汽车""数字文化""在线教育"。

6.3.2 关键技术

为支撑上述技术体系，针对人机交互与自动化相结合技术的特点，目前国内已有的关键技术包含以下几个方面：

（1）多源感知

主要研究视觉传感、深度传感、触控传感等多传感器数据融合技术。具体地说，多源感知主要利用计算机技术将来自多传感器的信息和数据，在一定的准则下进行自动分析和综合，为进一步的决策和估计进行相应地信息处理。在实际应用中，信息融合可以在不同信息层次上出现，因而相应的研究包括数据层融合、特征层融合、决策层融合。

① 数据层融合　这类技术的研究通常依赖于传感器类型，主要对同类数据进行融合。现有工作中数据级融合要处理的数据都是在相同类别的传感器下采集，因而数据融合不能处理异构数据。

② 特征层融合　特征级融合是面向监测对象特征的融合。具体来说，这种融合技术主要提取所采集数据的特征向量，并用其代表所监测物理量的属性。例如，在图像数据的融合中，可以利用边缘的特征信息来代替全部数据信息。

③ 决策层融合　决策级融合是高级的融合。该技术主要利用特征级融合所得到的数据特征，进行相应的判别、分类以及简单的逻辑运算，最后根据应用需求进行较高级的决策。因而，决策级融合是面向应用的融合。比如在森林火灾的监测监控系统中，通过对于温度、湿度和风力等数据特征的融合，可以断定森林的干燥程度及发生火灾的可能性等。这样，需要发送的数据就不是温湿度的值以及风力的大小，而只是发送发生火灾的可能性及危害程度等。

在传感网络的具体数据融合实现中，可以根据应用的特点来选择融合方式。

（2）自然交互

主要研究新一代语音识别技术、人体姿态估计技术、手势理解技术等。确切地说，目前主要研究以下几个方面。

① 发展智能穿戴终端和便携式交互设备，搭建支持智能交互创新的支撑性软硬件系统。

② 研究计算机智能理解人类行为、状态和意图的表示方法，人体交互动作、行为的准确感知；研究多通道融合的自然交互技术，以及手势、体感、语音等自然交互关键技术，提高交互精度。

③ 研究面向云端跨设备的用户界面表示方法和表述语言；研究远程交互、桌面交互和多移动设备间的跨设备交互技术，构建面向智能云计算终端的分布式用户界面工具和多通道交互技术集；研究并构建大空间低成本便携手势体感交互技术。

（3）生理计算

主要研究依赖新型传感器的人体生理参数获取及理解技术。目前的主要研究热点如下。

① 研究多通道生物信号实时感知与采集，设计研发面向生理信号，如皮肤电、眼电、肌电等可穿戴式感知与采集设备。

② 研究通道生理信号融合与理解，融合多种心理和生理信号，以提高对某一心理活动识别的准确率。通过多通道生理信号的融合，利用各种生理信号的特点，来提高对心理活动的识别率。

③ 研究生理信号的界面表征和交互，研发用户任务分析和意图理解方法，设计和研发多通道生理信号的表征方式、显式和隐式交互技术、跨通道错误纠正技术等。

（4）脑机接口

主要研究新型主动式及被动式单向脑机接口技术。脑机接口主要研究如何在人脑与计算机之间实现通信。该技术的核心在于采集反映人脑主观意图的脑活动信号中，计算机识别大脑的主观意图，并转化为控制命令输出给计算机或外部设备。例如基于脑电的脑机接口技术是通过实时分析头皮上采集的脑电数据，解码人的主观意愿，实现人脑对计算机、家用电器、电动轮椅及机器人等设备的直接控制。对脑机接口的研究已持续了超过30年。20世纪90年代中期以来，从实验中获得的此类知识呈显著增长。在多年来动物实验的实践基础上，应用于人体的早期植入设备被设计及制造出来，用于恢复损伤的听觉、视觉和肢体运动能力。研究的主线是大脑不同寻常的皮层可塑性，它与脑机接口相适应，可以像自然肢体那样控制植入的假肢。在当前所获取的技术与知识的进展之下，脑机接口研究的先驱者们可令人信服地尝试制造出增强人体功能的脑机接口，而不仅仅止于恢复人体的功能。

如图6-1所示，脑机技术具体可以分为两类：非侵入式脑机接口和侵入式脑机接口。这两种技术的主要区别在于是否需要植入传感器。

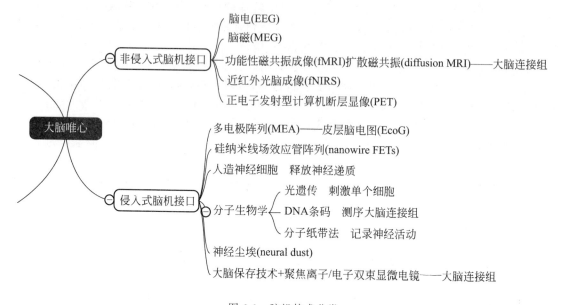

图 6-1　脑机技术分类

侵入式脑机接口主要用于重建特殊感觉（例如视觉）以及瘫痪病人的运动功能。此类脑机接口通常直接植入到大脑的灰质，因而所获取的神经信号的质量比较高。但其缺点是容易引发免疫反应和愈伤组织（疤），进而导致信号质量的衰退甚至消失。

为了解决这一问题，研究者开始研究非侵入式脑机接口。该技术主要利用非侵入式的神经成像术作为脑机之间的接口在人身上进行了实验。用这种方法记录到的信号被用来加强肌肉植入物的功能并使参加实验的志愿者恢复部分运动能力。虽然这种非侵入式的装置方便佩戴于人体，但是由于颅骨对信号的衰减作用和对神经元发出的电磁波的分散和模糊效应，记录到信号的分辨率并不高。这种信号波仍可被检测到，但很难确定发出信号的脑区或者相关的单个神经元的放电。脑电图作为有潜力的非侵入式脑机接口已得到深入研究，这主要是因为该技术良好的时间分辨率、易用性、便携性和相对低廉的价格。

① 研究脑电信号及其反映出的大脑神经系统的思维活动，特别是脑电数据中与主观意图相关的特异性信号的产生规律，发现具共性特征的脑电信号与主观意图的对应规律，研究基于脑电信号的自动特征提取方法。

② 研究机器学习、模式识别等自动化学科中新理论、新方法在脑机接口中的应用，设计自适应能力强的在线脑电处理算法，构建将脑电信号实时翻译为主观意图或情感状态的关键模型与相关求解算法。

③ 研制实用性强的新型脑机接口装置与示范性应用，例如结合脑机接口技术与神经反馈技术来增强大脑功能以及治疗情感障碍疾病的样例仪器，以脑电信号作为输入的计算机游

戏引擎等。

（5）意图理解

主要研究基于多元信息融合技术的用户意图理解算法。随着人机交互技术的迅速发展，如何使计算机理解用户意图逐渐成为研究热点。目前主要研究集中在话语意图理解和操作意图理解。话语意图理解旨在准确地分析和理解说话人的意图，通过分析特定领域的语音文本来获取其中的语义信息。其研究方法大致可分为基于规则或文法的理解方法、基于统计的理解方法以及基于例句的理解方法。操作意图理解中的一个研究热点是交互式搜索意图理解。该技术将可视化交互和计算建模紧密结合，协助用户进行信息探索，使得用户有效获取信息（图6-2）。

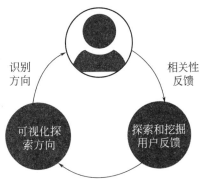

图 6-2　一种基于可视化和用户反馈的意图理解机制

（6）情感计算

主要研究对用户情感状态的理解和基于情感的交互技术。目前，在情感计算的研究中，研究者们着重研究如何利用传感器获取由人的情感所引起的生理及行为特征信号，建立"情感模型"，创建感知、识别和理解人类情感的能力。情感计算的最终目的是开发能够针对用户的情感做出智能、灵敏、友好反应的个人计算系统，缩短人机之间的距离，营造真正和谐的人机环境。情感计算主要研究包括以下内容。

① 情感机理的研究　情感机理的研究主要是情感状态判定及与生理和行为之间的关系。该部分研究是为情感计算提供理论基础，主要涉及心理学、生理学、认知科学。自古以来，人类情感的研究都是研究者们关注的重点。心理学家、生理学家已经在这方面做了大量的工作。现有的研究表明，任何一种情感状态都可能会伴随几种生理或行为特征的变化；而某些生理或行为特征也可能起因于数种情感状态。然而，情感状态与生理或行为特征之间的对应关系不明确。这些对应关系需要进一步研究。

② 情感信号的获取　情感信号的获取是情感计算中重要的一环。情感计算中所有的研究都基于各种传感器获得的信号。可以说没有情感信号的获取就没有情感计算的研究。在实际使用中，各类传感器应具有如下的基本特征：传感器在使用过程中不应影响用户的正常生活，这也对传感器的重量、体积、耐压性等有一定的要求，传感器也应该经过医学检验，确保对用户无伤害。另外，考虑到数据的隐私性，传感器的数据传输应该安全可靠。最后，传感器应该价格低、易于制造。在现有的研究中，MIT媒体实验室制作的传感器是其中优秀的代表。该实验室已研制出多种传感器，如脉压传感器、皮肤电流传感器、汗液传感器及肌电流传感器等。其中，皮肤电流传感器可实时测量皮肤的电导率，通过电导率的变化可测量用户的紧张程度。脉压传感器可时刻监测由心动变化而引起的脉压变化。汗液传感器是一条带状物，可通过其伸缩的变化时刻监测呼吸与汗液的关系。肌电流传感器可以测得肌肉运动时的弱电压值。

③ 情感信号的分析、建模与识别　该部分研究的主要任务是对所获得的信号进行建模和识别，并将情感信号与情感机理相应方面的内容对应起来。由于情感状态是一个隐含在多个生理和行为特征之中的不可直接观测的量，不易建模。因此研究者们开发了诸如隐马尔可夫模型、贝叶斯网络模式等数学模型来对情感进行建模。例如，MIT媒体实验室的研究者们建立了一个隐马尔可夫模型，该模型根据人类情感概率的变化推断得出相应的情感走向。他们的研究可以部分度量人工情感的深度和强度，构造定性和定量的情感度量的理论模型、指标体系、计算方法以及测量技术。

④ 情感理解 这部分研究的主要目的是根据情感信息的识别结果，对用户的情感变化做出最适宜的反应。通过研究对情感的获取、分析与识别，计算机便可了解一个用户所处的情感状态。在了解用户情感状态的基础上，计算机可以做出适当反应，并且适应用户情感的不断变化。在情感理解的模型建立和应用中，应注意以下事项：情感信号的跟踪应该是实时的和保持一定时间；情感的表达是根据当前情感状态、适时的；情感模型是针对个人生活的并可在特定状态下进行编辑；情感模型具有自适应性；通过理解情况反馈调节识别模式。

⑤ 情感表达 这部分主要研究在给定某一情感状态的条件下，如何以一种或几种生理或行为特征表现出这一情感状态。这里说的生理或行为特征可以是语音和面部表情等。情感的表达提供了情感交互和交流的可能。该部分研究可以使机器具有情感，能够与用户进行情感交流。

⑥ 情感生成 在情感表达基础上，该部分研究着眼于如何在计算机或机器人中，模拟或生成情感模式，开发虚拟或实体的情感机器人或具有人工情感的计算机及其应用系统的机器情感生成理论、方法和技术。

（7）信息可视化

主要研究复杂信息及其分析结果的呈现方式。信息可视化认为可视化和交互技术可以借助人眼通往大脑的宽频带通道来让用户同时目睹、探索并理解大量的信息。因此，信息可视化侧重于选取的空间表征，确切地说，该技术主要致力于创建那些以直观方式传达抽象信息的手段和方法。信息可视化处理的对象是抽象的，结构化以及非结构化数据集合（如图表、层次结构、地图、文本、复杂模型和系统等）[6]。

国内外众多研究机构和公司都处在积极推广可视化技术应用的过程中。如图 6-3 所示，在大数据时代，数据可视化技术的发展和产业化主要研究以下问题。

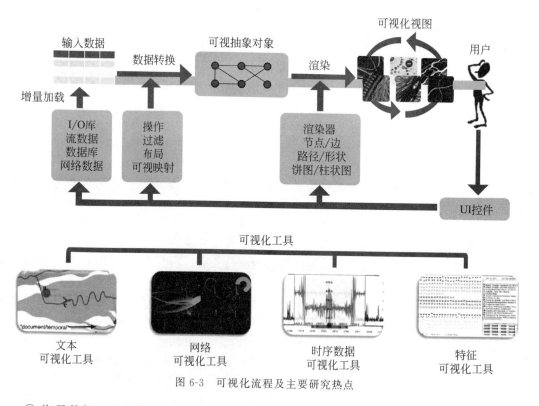

图 6-3 可视化流程及主要研究热点

① 海量数据 在实践中，我们遇到的数据往往是海量的实时信息流，比如微博信息流

和实时的 RSS 新闻信息聚合。对这类信息进行分析跟踪，对于帮助我们及时了解舆论风向，理解信息传播规律以及发现突发性事件有非常重大的意义。但是由于当前技术的限制，大多数数据可视化系统均不具备处理和分析大规模实时数据流的能力。瓶颈存在于数据可视化的各个过程，比如缺乏高效可靠的文本数据挖掘技术、高度可扩展的可视化图像表达方法以及在大规模数据下的有效的人机交互方法等。如何适应大数据时代的海量实时数据，是近些年信息可视化的一个研究热点。

② 多源异构　在大数据的很多应用中，经常需要融合、关联和分析来自不同数据源的数据。例如描述同一主题的文本数据由不同的用户、不同的网站产生，文本内容具有多种不同的呈现形式。例如新闻数据撰写比较规范，通常是长文本。而微博等撰写所用语言比较随意，是短文本。另外，文本数据经常需要和其他相关的非文本数据一起进行关联分析。例如，微博数据既包含了无结构的文本微博信息，也包含了用户的一般性资料，比如地理信息、年龄段、性别等非文本的结构数据。数据可视化的一个重要的优点是它允许用户融合多种异构的数据信息，以多种不同的角度去关联、分析以及理解数据。因而研究者提出一系列的可视分析技术用于有效地将多源异构数据进行融合，为进一步分析做好准备。

③ 数据不确定性　当前的机器学习和数据挖掘技术并不能够完全正确地理解复杂数据所包含的内容（特别是语义方面的）及其各种各样的关联性，因此由机器学习和数据挖掘所提取出来的信息，往往含有不确定性。如何在数据挖掘中准确地描述这种不确定性，并且在分析中忠实地将不确定性展现给用户，避免误导用户得出错误的结论或者做出错误的决策，也是数据可视化的一个主要研究方向。

④ 复杂特征的理解　在机器学习领域，数据和特征的质量决定了数据分析的上限，而所设计和开发模型及算法只是逼近这个上限而已。通常来说，特征是机器学习系统的最重要的输入，对最终模型的影响是毋庸置疑的。由此可见，特征工程尤其是特征选择在机器学习中占有相当重要的地位。如何将可视化技术和智能特征工程有机地结合在一起，帮助大数据应用选择质量更高的特征，是可视化研究的重点之一。

6.3.3　核心器件与系统

人机交互与自动化相结合技术的发展将催生一系列的新感知设备，在核心器件与系统方面需要重点研发的内容如下。

① 行为捕捉装置　以多源感知技术为基础，采用自然交互技术的研究成果，实现更易用、更稳定、环境限制更少、体积更小、成本更低的新型体感交互设备。

② 生理信息采集器件　为实现生理计算的需求，开发多种新型生物传感器，更为便捷、快速地获取用户的各种生理参数。

③ 脑机接口芯片　针对脑机接口应用，开发更为简化的计算及传感器单元。

④ 微显示设备　主要用于可穿戴式设备，实现更高分辨率，更高对比度，更低功耗的核心显示元件及成套设备。

⑤ 自动化处理平台、自然交互平台　构建跨操作系统的、具有统一接口和功能实现的人机交互与自动化相结合的软件平台系统或中间件系统。

6.4　应用

人机交互与自动化技术的发展将会促进多个相关产业的发展。

6.4.1 智能穿戴

智能穿戴产业受到人机交互与自动化技术的直接影响，且具有巨大市场潜力。2014年初，市场调研机构 ABI Research 报告称，可穿戴设备市场在接下来5年将创造5亿台销量。2014年5月，瑞士信贷发表报告预测称，在苹果和谷歌的拉动下，未来两三年，可穿戴技术市场规模将由目前的30亿～50亿美元增长至300亿～500亿美元。

6.4.2 智能家居

智能家居也是人机交互与自动化的很重要的应用领域，人机交互与自动化技术的发展能够带动智能家居新产品研发，推动智慧生活产业发展。智能家居以年均19.8%的速率增长，在2015年产值达1240亿元，拥有良好用户体验的智能家居设备势必成为未来产业的主流。

6.4.3 智慧医疗

老龄化及慢性非传染性疾病的快速增长，为智慧医疗产业发展提供了发展机遇。养老产业已经进入培育期，居家健康服务以及智慧医疗保障服务是关键内容。

6.4.4 移动办公

人机交互与自动化技术的另一个重要应用领域是移动办公。日前公布的《2017智能移动办公行业趋势报告》显示，智能移动办公平台近三年市场规模增长迅速，2016年达到35.7亿元，增长超过70%，这种创新的办公方式正在解决传统办公场景的痛点。《报告》展望未来趋势称，预计2020年移动办公平台市场规模将达到120亿元。

2016年，中国移动办公市场需求迎来井喷之年。国际知名数据公司 IDC 调查显示，82%的中国员工会将自己的智能手机用作工作用途，商务办公移动化进入高速发展阶段，市场前景广阔。

苹果公司和 IBM 宣布联合两家公司领先市场的力量，通过引入苹果公司的 iPhone 和 iPad，形成新类别的商务应用来解决企业移动领域中的各种挑战以及刺激以移动为引导的商业变革。

6.4.5 智能汽车

随着技术的发展，汽车驾驶的方式也在随之改变，越来越自动化、人性化的驾驶方式出不出现。随着人机交互与自动化技术的发展，智能汽车也逐步成为人们日常生活中不可或缺的必需品。

赛迪预计中国汽车电子市场规模在2016～2020年将以11%年复合增长，到2020年全球汽车电子市场规模将达到近6800亿元。人机交互与自动化让汽车越来越人性化，交互系统正成为汽车电子商务的新入口。

6.4.6 智能机器人

当前智能机器人已经逐步走向民用。2017年全球服务机器人市场规模将达到450亿美元，未来五年（2017年～2021年）年均复合增长率约为16.19%，2021年全球服务机器人市场规模将达到820亿美元。

IDC 预计，全球商用服务机器人在医疗、零售批发、公共事业和交通领域的市场规模在2020年将达到170亿美元。中国作为全球最大的子市场，将在未来几年贡献主要增量。针对机器人相关的服务消费涵盖了应用管理、教育与培训、硬件部署、系统整合及咨询等，其总额到 2021 年将突破 193 亿美元（约合 1283 亿元人民币）。

日本经济产业省（METI）预计到 2020 年日本服务机器人市场规模将超越工业机器人，到 100 亿美元左右，远期到 2035 年前后约达 500 亿美元，服务机器人将是未来日本机器人产业的制高点。到 2017 年全球服务机器人市场规模年复合增长率约 17.4%，将达 461.8 亿美元规模。

6.4.7　数字文化

先进的数字化技术，特别是人机交互与自动化技术是推动数字文化产业发展的关键技术。2011 年～2020 年是我国文化产业发展的黄金十年，文化产业将发展成为支柱性产业，而数字文化产业将成为文化产业的主流。美国最大的移动运营商 Verizon 通信公司 50% 的移动网络流量来自视频服务，70% 的收入来自文化产业，我国数字文化产业预计在未来的 5～7 年中也将占到文化产业总额的 70%。

6.4.8　舆情分析

随着计算机网络和信息技术的广泛应用以及大数据时代的到来，越来越多的民众通过互联网对现实生活中某些热点、焦点问题发表言论和观点。面对汹涌而来的网络舆情，政府及相关部门的应对仍显不足[7]。对于随时可能出现的突发网络舆情，潜在的可能被批评者——政府、央企或其他公司，需要第一时间了解舆情，把握其走向，从而避免情势进一步恶化。由监测发展到分析、研判，并提出应对策略，网络舆情监测行业应运而生。中国政府采购网的检索结果表明，来自江苏、甘肃、福建、广西、宁夏、天津、四川、浙江、河北等地的各级政府部门，为采购类似系统，耗费十几万元至数十万元不等。

6.5　发展建议

人机交互自动化是信息技术的重要组成部分，涉及自然语言处理、计算机视觉、计算机图形学、认知科学、人机工程学、信息可视化与可视分析、可用性工程等多个学科，是当前信息产业竞争的焦点。人机交互自动化的效果直接影响计算机的可用性和效率，影响人们日常生活和工作的质量及效率。随着计算机计算能力的不断增加以及移动便携终端处理性能和服务能力的增强，丰富的软件应用与匮乏的人机交互形式之间的矛盾已经成为制约计算机系统发展的一个重要矛盾。高效、自然的人机交互与自动化系统已经成为当前信息产业的一个新兴发展方向和重要的产业突破方向。

6.5.1　技术发展建议

为了推动人机交互自动化的进一步发展，需要继续推动现有的热点研究，并增加与之相关的研究方向的发展。具体来讲，需要发展的技术方向包括以下内容。

① 多源感知　进一步加强研究视觉传感、深度传感、触控传感等多传感器数据融合技术。

② 自然交互　主要研究新一代语音识别技术、人体姿态估计技术、手势理解技术等。

③ 生理计算　主要研究依赖新型传感器的人体生理参数获取及理解技术。

④ 脑机接口　主要研究新型主动式及被动式单向脑机接口技术。

⑤ 意图理解　主要研究基于多元信息融合的用户意图理解技术。

⑥ 情感计算　主要研究对用户情感状态的理解和基于情感的交互技术。

⑦ 自主发育式学习　研究高维视觉感知到低维表达的映射问题。

⑧ 动态呈现　主要研究面向新型现实设备及多通道显示系统的信息呈现方式。

⑨ 模型可视分析　主要研究复杂机器学习和数据挖掘模型的工作机理，从而帮助自动化领域专家改进和完善模型[8]。

⑩ 信息可视化　主要研究复杂文本信息、社会网络信息及其分析结果的呈现方式。

6.5.2　人才培养建议

人机交互自动化是一门交叉学科，为了推进这门学科稳步向前发展，需要培养交叉创新性的学科人才。第一，在培养过程中，所培养的人才一定要尽快融入各自的创新队伍中去，了解这一交叉学科的全貌。研究人员初入一个新领域必然要接触到新知识，相应机构能够提供一定的经费鼓励所培养人才参加学术研讨会，培养他们参与交流的精神，同时也希望团队给予所培养人才更多的支持。第二，所培养的人才一定要借助自己原有的学科优势开阔视野，培养敢于挑战权威的精神。因此所在团队或组织应该鼓励所培养人才用所学过的知识解释一个新的研究方向，或者是在新方向中注入新的研究方法，从而不断产生新的方法和发明。

6.5.3　政策发展建议

6.5.3.1　紧扣国家与社会发展需求，发展人机交互与自动化技术

人机交互自动化和自然交互所涉及的关键技术作为我国信息产业中为数不多掌握自主知识产权并处于国际领先水平的领域，得到了国家各级主管部门的重视，被列入《国家中长期科学和技术发展规划纲要（2006～2020 年）》《信息产业科技发展“十二五”规划和 2020年中长期规划纲要》等多项国家科技发展规划和政策支持领域。科技部、工信部等部门在标准制定、基础研究、产业引导上都给予了切实政策支持，为进一步加大产业化力度提供了坚实的政策基础和保障。“十二五”时期，世界科技发展呈现新趋势，国内经济社会发展提出新要求，我国科技发展处于可以大有作为的重要战略机遇期。研究发展高效、自然和谐的人机交互与自动化关键技术及应用系统将引发以智能、泛在、融合和普适为特征的新一轮信息产业变革，对于我国信息产业的发展具有重要战略意义。

6.5.3.2　提高创新能力水平，突破关键技术创新

“十三五”期间需要以提升综合国力，维护国家安全，掌握信息核心技术，开拓前沿技术发展领域，提高我国信息技术的自主创新能力和增强信息产业的核心竞争力为基本出发点。围绕前沿探索技术，努力掌握若干可以与发达国家竞争的前沿技术，做好技术筹备，力争尽快改变我国信息核心技术受制于人的局面；重视核心关键技术，在数个方向上发展能与发达国家抗争的关键技术，为我国信息技术和产业可持续发展奠定技术基石；强调重大技术系统，强化集成创新。

在信息应用技术方面，前沿探索技术包括在人机交互与自动化技术专题中，重点研究光学立体成像技术及显示装置、跟踪定位技术与设备、新型视听触觉交互技术与设备、虚拟环境与对象的高效建模和逼真表现技术、虚拟与真实环境无缝融合技术、虚拟环境运行支撑及行业应用技术、三维数字动漫高效制作与表现技术、数字媒体组织管理与内容保护技术、互动普适（pervasive）数字娱乐技术等，实现技术的突破与创新。

6.5.3.3　加速科研成果产业化

“十一五”及“十二五”期间通过国家支持先后形成了“科大讯飞语音产业基地”“昆明国家金融电子产品高新技术产业化基地”等多个技术产业基地，在语音识别、多点触控、手写识别、投影交互等单项人机交互技术方面形成了良好的产业链，并在国内外市场竞争获得

了巨大的成功，为新型人机交互技术的转移和应用提供了很好的产业基础及市场环境。在"十三五"期间，需要以国家"863"计划信息技术领域的研究成果为基础，选择较为成熟的技术和成果纳入到项目系统中，与国家中长期科学和技术发展规划密切衔接，进行多学科交叉融合，走"大众化"两极发展的研究道路，积极开展国际合作，牵引未来重要的技术变革，在学术界和现实社会产生突出影响。需要以自然和谐的新型人计交互技术的规范标准的体系建设为中心工作内容，研制符合多个应用尺度应用需求的新型人机交互与自动化装置，形成人机交互与自动化技术的标准、评测体系和服务平台，并在金融服务、家庭娱乐、互联网语音识别服务等应用领域形成应用示范和体验平台，在取得经济效益和社会效益的同时，全面支撑我国人机交互相关产业的跨越式发展。

6.5.3.4 促进信息技术产业发展，加快产学研紧密结合

"十二五"期间，通过国家"863"计划信息技术领域虚拟现实专题的支持，在基于深度的三维内容获取、新型体感人机交互、虚实融合显示、语音识别等技术方面开展了多项研究工作，取得了一系列成果，并在一些重要领域进行了应用和推广。为技术的进一步发展和创新，建立了研究基地和人才队伍，形成了北京理工大学、科大讯飞、中国科学院声学所、吉林大学、南天信息、南开大学等多个稳定的研发团队和研究基地。这些团队和研究基地在进行基础研究的同时，在军事、医疗、娱乐、通信、展览展示等领域开展了相关技术的集成和应用，针对国家需求，开发研制了定点增强现实古迹复原系统、基于姿态检测的互动投影系统、大幅面多点触控交互系统、室内多人增强现实浏览系统、新型虚实融合头盔显示器、新型语音识别输入系统、非特定人大词汇量连续语音识别系统、口语语言学习系统、语种识别系统、说话人识别系统、关键词识别系统、音频 DNA 系统、音乐检索系统、目标人变声系统、单/多通道语音增强系统、超声定位电子白板系统等，荣获了多项国家级和省部级的科研奖励。上述单位在研究过程中，不断摸索并积累大量人机交互方面的研究经验，形成了深厚的产、学、研合作基础。结合教育部"985""211"的条件建设经费，具备了深度摄像机、头盔显示器、大范围跟踪设备、三维扫描仪、三维表面属性数据采集系统、三维显示器、三维打印机等必要的研究设备，为新型人机交互与自动化系统及工程化研究奠定了良好的硬件基础和软件环境。

参 考 文 献

[1] Turing at 100：Legacy of a universal mind. http：//www. nature. com/news/turing-at-100-legacy-of-a-universal-mind-1. 10065.

[2] Bell J. Mars exploration：Roving the red planet. Nature，2012，490（7418）：34-35.

[3] 董士海，王坚，戴国忠，等. 人机交互和多通道用户界面. 北京：科学出版社，1999.

[4] Interaction with large displays：A survey. ACM Computing Surveys，2015，47（3）：46.

[5] MG Helander. Handbook of human-computer interaction. Elsevier，2014.

[6] S. Liu，W. Cui，Y. Wu，M. Liu. A Survey on Information Visualization：Recent Advances and Challenges. The Visual Computer，2014，1-21.

[7] X Wang，S Liu，J Liu，J Chen，J Zhu，B Guo. TopicPanorama：A Full Picture of Relevant Topics. IEEE Transactions on Visualization and Computer 2016，22（12）：2508-2521.

[8] S Liu，X Wang，M Liu，J Zhu. "Towards better analysis of machine learning models：A visual analytics perspective." Visual Informatics 2017，1（1）：48-56.

第 7 章
数控机床自动化

7.1 数控系统背景介绍

7.1.1 我国数控技术的现状

数控技术是设备实现自动化、柔性化、集成化、网络化、智能化的关键技术，数控系统是机床装备的"大脑"，是决定数控机床功能、性能、可靠性、成本价格的关键因素。数控系统产业关系到国家经济利益、产业安全和国防安全，是现代各种新兴技术和尖端技术产业得以存在或发展的"使能产业"[1]。特别是对于国防工业急需的高速、高精、多轴联动的高档数控机床和高档数控系统，一直是重要的国际战略物资，受到西方国家严格的出口限制。

在政府的扶持和行业企业的努力下，我国数控系统产业经过几个五年计划的奋力拼搏，从无到有，形成了一批数控系统骨干企业，奠定了我国数控系统产业基础；经济型数控系统已形成规模优势，主导中国市场；普及型数控系统已实现批量生产，已经形成了较大的产业规模，但日本、德国等外国品牌的市场份额仍然较高；国产高档数控系统的关键技术已经取得突破，并开始在国内许多知名企业推广应用，但外国品牌仍然占据绝大多数份额。总体来看，国产数控系统产量市场占有率在逐年提高，但产值市场占有率增长速度缓慢。

伴随工业互联网与智能制造时代的来临，作为信息"大脑"的数控系统其安全可控和自主化应用问题形势日益严峻。基础薄弱、"缺心少脑"一直是"中国制造"的短板。要实现"中国制造 2025"的目标[2]，形成"中国智造"的核心竞争力，离不开数控系统包括伺服驱动、伺服电动机等关键技术的自主创新和自主可控。

7.1.2 数控系统典型特征描述

数控系统是数值控制系统的简称（numerical control system）[3]。系统根据计算机存储器中存储的控制程序，执行部分或全部数值控制功能，并配有接口电路和伺服驱动装置的专用计算机系统。通过利用数字、文字和符号组成的数字指令来实现一台或多台机械设备动作控制，它所控制的通常是位置、角度、速度等机械量和开关量。

数控系统种类繁多，形式各异，组成结构上都有各自的特点。这些结构特点来源于系统初始设计的基本要求和硬件及软件的工程设计思路。对于不同的生产厂家来说，基于历史发展因素以及各自因地而异的复杂因素的影响，在设计思想上也可能各有千秋。例如，在 20 世纪 90 年代，美国 Dynapath 系统[4]采用小板结构，热变形小，便于板子更换和灵活结合，而日本 FANUC 系统[5]则趋向于大板结构，减少板间插接件，使其有利于系统工作的可靠性。

然而无论哪种系统，它们的基本原理和构成是十分相似的。一般整个数控系统由三大部分组成，即数控装置、伺服系统和测量系统[6]。数控装置硬件是一个具有输入和输出功能的专用计算机系统，按加工工件程序进行插补运算，发出控制指令到伺服驱动系统；测量系统检测机械的直线和回转运动位置、速度，并反馈到控制系统和伺服驱动系统，来修正控制指令；伺服驱动系统将来自控制系统的控制指令和测量系统的反馈信息进行比较及控制调节，控制 PWM 电流驱动伺服电动机，由伺服电动机驱动机械按要求运动。这三部分有机结合，组成完整的、闭环控制的数控系统。按系统的技术特征，数控系统有多种分类方式。

7.1.2.1 按照运动轨迹划分

（1）点位控制数控系统

控制工具相对工件从某一加工点移到另一个加工点之间的精确坐标位置，而对于点与点之间移动的轨迹不进行控制，且移动过程中不做任何加工。这一类系统设备有数控钻床、数控坐标镗床和数控冲床等。

（2）直线控制数控系统

不仅要控制点与点的精确位置，还要控制两点之间的工具移动轨迹是一条直线，且在移动中工具能以给定的进给速度进行加工，其辅助功能要求也比点位控制数控系统多，如它可能被要求具有主轴转数控制、进给速度控制和刀具自动交换等功能。此类控制方式的设备主要有简易数控车床、数控镗铣床等。

（3）轮廓控制数控系统

这类系统能够对两个或两个以上坐标方向进行严格控制，即不仅控制每个坐标的行程位置，同时还控制每个坐标的运动速度。各坐标的运动按规定的比例关系相互配合，精确地协调起来连续进行加工，以形成所需要的直线、斜线或曲线、曲面。采用此类控制方式的设备有数控车床、铣床、加工中心、电加工机床和特种加工机床等。

7.1.2.2 按照加工工艺划分

（1）车削、铣削类数控系统

针对数控车床控制的数控系统和针对加工中心控制数控系统。这一类数控系统属于最常见的数控系统。FANUC 用 T 和 M 来区别这两大类型号。西门子则是在统一的数控内核上配置不同的编程工具：用 Shopmill 和 Shopturn 来区别。两者最大的区别在于：车削系统要求能够随时反映刀尖点相对于车床轴线的距离，以表达当前加工工件的半径，或乘以 2 表达为直径；车削系统有各种车削螺纹的固定循环；车削系统支持主轴与 C 轴的切换，支持端面直角坐标系或回转体圆柱面坐标系编程，而数控系统要变换为极坐标进行控制；对于铣削数控系统更多地要求复杂曲线、曲面的编程加工能力，包括五轴和斜面的加工等。随着车铣复合化工艺的日益普及，要求数控系统兼具车削、铣削功能。

（2）磨削数控系统

针对磨床控制的专用数控系统。FANUC 用 G 代号区别，西门子须配置功能。与其他数控系统的区别主要在于要支持工件在线量仪的接入，量仪主要监测尺寸是否到位，并通知数控系统退出磨削循环。磨削数控系统还要支持砂轮修正，并将修正后的砂轮数据作为刀具数据计入数控系统。此外，磨削数控系统的 PLC 还要具有较强的温度监测和控制回路，同时要求具有与振动监测和超声砂轮切入监测等仪器接入、协同工作的能力。对于非圆磨削，数控系统及伺服驱动在进给轴上需要更高的动态性能。有些非圆加工（例如凸轮）由于被加工表面高精度和高光洁度要求，数控系统对曲线平滑技术方面也要有特殊处理。

（3）面向特种加工数控系统

这类系统为了适应特种加工，往往需要有特殊的运动控制处理和加工作动器控制。例如，并联机床控制需要在常规数控运动控制算法中加入相应并联结构解耦算法；线切割加工中需要支持沿路径回退；冲裁切割类机床控制需要 C 轴保持冲裁头处于运动轨迹切线姿态；齿轮加工则要求数控系统能够实现符合齿轮范成规律的电子齿轮速比关系或表达式关系；激光加工则要保证激光头与板材距离恒定；电加工则要求数控系统控制放电电源；激光加工则需要数控系统控制激光能量。

7.1.2.3 按照伺服系统划分

按照伺服系统的控制方式，可以把数控系统分为以下几类。

（1）开环控制数控系统

这类数控系统不带检测装置，也无反馈电路，以步进电动机为驱动元件。CNC装置输出的进给指令（多为脉冲接口）经驱动电路进行功率放大，转换为控制步进电动机各定子绕组依此通电/断电的电流脉冲信号，驱动步进电动机转动，再经机床传动机构（齿轮箱、丝杠等）带动工作台移动。这种方式控制简单，价格比较低廉，从20世纪70年代开始，被广泛应用于经济型数控机床中。

（2）半闭环控制数控系统

位置检测元件被安装在电动机轴端或丝杠轴端，通过角位移的测量间接计算出机床工作台的实际运行位置（直线位移），由于闭环的环路内不包括丝杠、螺母副及机床工作台这些大惯性环节，由这些环节造成的误差不能由环路所矫正，其控制精度不如全闭环控制数控系统，但其调试方便，成本适中，可以获得比较稳定的控制特性，因此在实际应用中，这种方式被广泛采用。

（3）全闭环控制数控系统

位置检测装置安装在机床工作台上，用以检测机床工作台的实际运行位置（直线位移），并将其与CNC装置计算出的指令位置（或位移）相比较，用差值进行调节控制。这类控制方式的位置控制精度很高，但由于它将丝杠、螺母副及机床工作台这些连接环节放在闭环内，导致整个系统连接刚度变差，因此调试时，其系统较难达到高增益，即容易产生振荡。

7.1.3　数控系统行业状况

基于数控系统的行业应用状况，目前数控系统可分为经济型、普及型和高档型[7]。经济型数控系统是指与精度中等、价格低廉的数控车床、数控铣床配套的数控系统，主要加工形状比较简单的直线、圆弧及螺纹类等零件；普及型数控系统是指与价格中等的数控铣床、车削中心、立/卧式铣削中心配套的数控系统，主要加工形状比较复杂的曲线及曲面类零件；高档数控系统是指可与多轴、多通道、高速、高精、柔性、复合加工的高档、大/重型数控机床和数控成套设备配套的数控系统，主要满足航空航天、军工、汽车、船舶等关键零件的加工。

（1）经济型数控系统

经济型数控系统是指两轴或者三轴联动，开环控制，配置步进电动机驱动，系统分辨率大于$1\mu m$，主轴转速最高可达到6000r/min左右，快移速度最高可达到8～10m/min，定位精度可达到0.03mm，主要与价格相对较低的数控车床、数控铣床配套的数控系统产品。

（2）普及型（中档）数控系统

普及型（中档）数控系统是指实现在三轴或者四轴联动，半闭环反馈控制，系统分辨率达到$1\mu m$，主轴转速最高可达到10000r/min左右，快移速度最高可达到24～40m/min，定位精度可达到0.03～0.005mm，具有人机对话、通信、联网、监控等功能，主要与数控铣床、全功能车、车削中心、立/卧式加工中心配套的数控系统产品。

（3）高档数控系统

高档数控系统是指可实现在多轴联动（五轴或者五轴以上），具有多通道控制能力，支持全闭环反馈控制，系统分辨率达到亚微米或纳米级，主轴转速可达到10000r/min以上，快移速度可达到40m/min以上，进给加速度可达1g以上，定位精度可达到0.01～0.001mm。除具有人机对话、通信、联网、监控等功能外，还具有专用高级编程软件，主要与多轴、多通道、高速、高精、柔性、复合加工的高档、大/重型数控机床和数控成套设备配套的数控系统，主要满足航空航天、军工、通信、汽车、船舶等重要、关键零件的加工。

我国发展数控技术起步于1958年。伴随着我国机床工业的发展，从1958年我国研制出第一台数控机床开始，我国数控系统产业至今已经走过了50余年的风雨路程。特别是近5年来，在国家相关政策（科技攻关计划、04重大专项等）的引领下，数控系统行业有了重大发展。经济型数控系统已形成规模优势，主导我国市场；普及型数控系统已实现批量生产，形成了较大的产业规模，但日本、德国等外国品牌的市场份额仍然较高；国产高档数控系统的关键技术已经取得突破，并开始在国内许多知名企业推广应用，但外国品牌仍然占据绝大多数份额。按经济型数控系统、普及型数控系统、高档数控系统划分，具体情况分析如下。

（1）国内企业主导的经济型数控系统市场

经济型数控系统主要与价格相对较低的数控车床、数控铣床配套。因此，产品要求价格低、市场响应及时，但市场规模大。因技术要求低，目前国内厂商已经形成经济型数控系统的成套解决方案。外国公司也向我国推出了几款经济型数控系统，如西门子的802S等产品，但在性价比和市场服务方面均无优势。国产经济型数控系统已形成规模优势，年生产量最高时达16余万台，主导国内市场，市场占有率始终稳定在95％以上。

经济型数控系统的生产企业主要以广州数控设备有限公司为代表，并在南京地区积聚了一批生产企业，如南京华兴数控设备有限责任公司、南京新方达数控有限公司、江苏仁和新技术产业有限公司等。因经济型数控系统市场进入门槛低，生产企业在价格上恶性竞争，已出现产能过剩现象。"蓝天数控"目前未进入经济型数控市场，但行业正在进行经济型数控系统产品的升级换代，未来"蓝天数控"将以高性能、低成本的产品进入该市场。

（2）国外品牌主导的普及型数控系统市场

普及型（中档）数控系统主要与数控铣床、全功能车、车削中心、立/卧式加工中心配套。普及型数控系统数量不及经济型数控系统，年生产量在2万～3万台，对标产品主要是发那科（FANUC）Oi系统。经过多年的发展，目前国产普及型数控系统的功能与性能指标已突破，功能指令级已实现全覆盖。为适应配套要求，国内企业相继开发出交流伺服驱动系统和主轴交流伺服控制系统，完成了20～400A交流伺服系统和与其相配套的交流伺服电动机系列型谱的开发，并形成了系列化产品和批量生产能力，全套解决方案初步形成。

因普及型数控系统的功能与性能的要求，对产业化条件提出了相应的要求。为使我国数控系统产品可靠性设计、试验、生产和管理达到国外先进水平，满足我国数控机床行业对国产数控系统可靠性设计与制造技术的迫切需求，在政府的支持下，国内部分数控系统研发和生产企业如华中数控、高精数控等已经建立了达到国家标准规定检测能力的质量检测中心，配置了先进的电磁兼容性和可靠性检测仪器设备，经过几年的努力，使国产数控系统的平均无故障工作时间（MTBF）达到20000h，接近国外同档次数控系统可靠性水平。

因普及型数控系统单台产品的价值高，目前是市场上竞争的焦点，形成了国外产品、中国台湾产品、中国大陆产品的市场格局。目前市场占有主导地位的企业为国外企业，如发那科的Oi系统和西门子的802D、810等产品。近年来，由于ECFA协议的签订，中国台湾的数控系统产品异军突起，如中国台湾的新代与宝元产品。国产普及型数控系统已实现批量生产，可靠性不断提高，正逐渐被用户接受，市场占有率约为30％，市场上有影响力的厂家包括华中数控、高精数控、北京凯恩帝数控技术有限公司。其中沈阳高精数控实现了中档数控系统向俄罗斯、日本的批量出口。

（3）国外品牌垄断的高档数控系统市场

高档数控系统产业关系到国家经济利益、产业安全和国防安全，是现代各种新兴技术和尖端技术产业得以存在或发展的"使能产业"，国外至今对我国封锁限制。在国家的支持下，结合市场需求，通过不断研发，国内数控系统企业在高档数控系统、伺服驱动单元及主轴驱动等功能部件等方面掌握了一些国外一直对我们封锁的关键技术，如多轴联动、多过程控制、复杂曲线及曲面处理等。产品研制方面取得了突破，开发出了多通道、总线式高档数控装置产品、9轴联动、可控64轴的高档数控系统，打破工业发达国家对我国的技术封锁和价格垄断。

因国内机床制造水平的差距，加上国外的封锁，国产高档数控系统的生产量较少。目前市场占有主导地位的企业为西门子840D产品。针对国产高档数控系统在配套方面存在的问题，在政府的组织下，沈阳计算、高精数控与沈阳机床集团合实施的"国产数控机床应用国产数控系统示范工程"，实现了高性能数控系统的批量配套。近年来，在国家专项的支持下，高精数控与中航工业沈飞集团合作，实现了"蓝天数控"在航空领域的配套应用。在示范工程的带动下，目前国产高档数控推广应用台套数逐年上升，批量生产的基础逐步夯实。市场占有主导地位的企业为西门子、高精数控、华中数控。其中，高精数控实现高性能数控系统的批量出口。

7.2 数控系统国内外现状

7.2.1 数控系统国外现状[8]

数控系统的发展始于1952年，美国麻省理工学院研制出第一台试验性数控系统，开创了世界数控系统技术发展的先河。20世纪80年代中期，数控系统技术进入高速发展阶段。1986年，三菱（Mitsubishi）推出了采用Motorola 32位68020 CPU的数控系统，掀起32位数控系统的热潮。1987年，发那科公司32位多CPU系统FS-15的问世，使系统内部各部分之间的数据交换速度较原来的16位数控系统显著提高。

20世纪90年代以来，受计算机技术高速发展的影响，利用计算机丰富的软硬件资源，数控系统朝着开放式体系结构方向发展。该结构不仅使数控系统具备更好的通用性、适应性和扩展性，也是智能化、网络化发展的技术基础。工业发达国家相继建立开放式数控系统的研究计划，如欧洲的OSACA计划、日本的OSEC计划、美国的OMAC计划等[9]。此外，随着数控系统性能的不断提升，数控机床的高速化成效显著。德国、美国、日本等各国争相开发新一代的高速数控机床[10~12]，加工中心的主轴转速、工作台移动速度、换刀时间分别从20世纪80年代的3000～4000r/min、10m/min和5～10s提高到90年代的15000～50000r/min、80～120m/min和1～3s[13]。

进入21世纪，数控系统技术在控制精度上取得了突破性进展。2010年国际制造技术（机床）展览会（IMTS 2010）上，专业的数控系统制造商纷纷推出了提高控制精度的新举措，发那克公司展出的Series 30i/31i/32i/35i-MODEL B数控系统推出了AI纳米轮廓控制、AI纳米高精度控制、纳米平滑加工、NURBS插补等先进功能，能够提供以纳米为单位的插补指令，大大提高了工件加工表面的平滑性和光洁度。西门子公司展出的SINUMERIK 828D数控系统所独有的80位浮点计算精度，可充分保证插补中轮廓控制的精确性，从而获得更高的加工精度。此外，三菱公司的M700V系列数控系统也可实现纳米级插补[8]。

目前，德国、美国、日本等国家的企业已基本掌握了数控系统的领先技术。2015年发那克公司推出的Series oi-MODEL F数控系统，推进了与高档机型30i系列的"无缝化"接轨，具备满足自动化需求的工件装卸控制新功能和最新的提高运转率技术，强化了循环时间缩短功能，并支持最新的 I/O 网络——I/O-Link。MAZAK 提出的全新制造理念——Smooth Technology，以基于 Smooth 技术的第七代数控系统 MAZATROL SmoothX 为枢纽，提供高品质、高性能的智能化产品和生产管理服务。SmoothX 数控系统搭配先进软硬件，在高进给速度下可进行多面高精度加工；图解界面和触屏操作使用户体验更佳，即使是复杂的五轴加工程序，通过简单的操作即可修改；内置的应用软件可以根据实际加工材料和加工要求快速地为操作者匹配设备参数。DMG 推出的 CELOS 系统简化和加快了从构思到成品的进程，其应用程序（CELOS APP）使用户能够对机床数据、工艺流程以及合同订单等进行操作显示、数字化管理和文档化，如同操作智能手机一样简便直观。CELOS 系统可以将车间与公司高层组织整合在一起，为持续数字化和无纸化生产奠定基础，实现数控系统的网络化和智能化[14]。

7.2.2 数控系统国内现状[8]

我国对数控系统技术的研究始于 1958 年，经过几十年的发展已形成具有一定技术水平和生产规模的产业体系，建立了沈阳高精数控、华中数控、航天数控、广州数控和北京精雕数控等一批国产数控系统产业基地。虽然国产高端数控系统与国外产品相比在功能、性能和可靠性方面仍存在一定差距，但近年来在多轴联动控制、功能复合化、网络化、智能化和开放性等领域也取得了一定成绩[15]。

（1）多轴联动控制

多轴联动控制技术是数控系统的核心和关键，也是制约我国数控系统发展的一大瓶颈。近年来，在国家政策支持和多方不懈努力下得到了快速发展，逐渐形成了较为成熟的产品。沈阳高精数控、华中数控、航天数控、北京机电院、北京精雕等已成功研发五轴联动的数控系统。应用华中数控系统，武汉重型机床集团有限公司成功研制出 CKX5680 七轴五联动车铣复合数控加工机床，用于大型高端舰船推进器关键部件——大型螺旋桨的高精、高效加工。应用高精数控的 GJ400 系统，沈阳机床集团有限公司成功研制出 GMC2060u 桥式五轴联动高速龙门加工中心，用于飞机大型发动机及机身结构件（梁、框、叶轮、叶片等）的高精、高效加工。

（2）功能复合化

目前，国际主流数控系统厂商大多推出了集成 CAD/CAM 技术的复合式数控系统。数控技术与 CAD/CAM 技术的无缝集成，有效提高了产品加工的效率和可靠性，在加工技术产业链里的地位越加重要。国内已开始在这方面进行探索和尝试，北京精雕推出的 JD50 数控系统，正是集 CAD/CAM 技术、数控技术、测量技术为一体的复合式数控系统，具备在机测量自适应补偿功能。该功能是以机床为载体，辅以相应的测量工具（接触式测头），在工件加工过程中实时测量，并根据测量结果构建工件实际轮廓，将其与理论轮廓间的偏差值自动补偿至加工路径。该功能有效解决了产品加工过程中由于来料变形、装夹变形、装夹偏位等因素影响导致后续加工质量不稳定的问题。

（3）网络化与智能化

随着计算机及人工智能技术的发展，国产数控系统的网络化、智能化程度不断提高。沈阳机床集团于 2012 年推出了具有网络智能功能的 i5（industry，information，internet，intelligent，integrate）数控系统[16]。该系统满足了用户的个性化需求，用户可通过移动电话或计算机进行远程，对 i5 智能机床下达各项指令，使工业效率提升了 20%，实现了"指尖上的工厂"。i5 数控系统提供的丰富接口使数据在设备和异地工厂之间实现双向交互，为用户提供了不同层次和规模的应用[17]。2014 年第八届中国数控机床展览会（CCMT 2014）

上，华中数控围绕新一代云数控的主题，推出了配置机器人生产单元的新一代云数控系统和面向不同行业的数控系统解决方案。新一代云数控系统以华中 8 型高端数控系统为基础[18]，结合网络化、信息化的技术平台，提供"云管家、云维护、云智能"三大功能，完成设备从生产到维护保养及改造优化的全生命周期管理，打造面向生产制造企业、机床厂商、数控厂商的数字化服务平台。

（4）开放性

尽管目前国内市场上传统的封闭式数控系统依旧应用广泛，但开放式数控系统已是大势所趋。数控系统的开放性为大型生产活动的自动化和信息化创造了有利条件，也是"工业 4.0"时代对数控系统提出的新要求。沈阳高精数控的 GJ400 数控系统采用开放式体系结构，支持 PLC、宏程序以及外部功能调用等系统扩展。PLC 系统硬件平台提供多种总线接口，可灵活实现与各类外部设备的连接，为大型加工企业的自动化改造提供了软、硬件支持。

（5）远程监控及故障诊断

近年来在国家"863"计划的资助下，国内许多大学和企业都开展了面向数控设备的远程监测和故障诊断解决方案研究。西北工业大学与企业合作研究建立了基于互联网的数控机床远程监测和故障诊断系统，为数控机床厂家创造了一个远程售后服务体系的网络环境，节省了生产厂家的售后服务费用，提高了维修和服务的效率。广州数控提出的数控设备网络化解决方案，可对车间生产状况进行实时监控和远程诊断，目前已实现了基于 TCP/IP 的远程诊断与维护，降低了售后服务成本，也为故障知识库和加工知识库的建立奠定了基础。

7.2.3　插补技术国内现状

插补是数控机床加工中生成刀具轨迹的基础，插补精度直接影响数控系统的加工质量，插补速度直接决定数控机床的加工效率，因此插补算法是整个数控系统运动控制的核心。传统的 CNC 系统只有直线和圆弧插补等有限几个方法，加工精度和效率难以提高[19]。

随着 CAD/CAM 技术的发展，样条曲线插补技术改变了传统的小线段逼近参数曲线的插补方法，直接对参数曲线进行插补，成为当前数控插补的热点[20]。近几年，国内外学者针对样条曲线插补先后提出了均匀参数插补算法、匀速插补算法和自动调节进给速度插补算法等[21]，使得加工工件的表面质量和精度不断提高。

样条曲线是指由多项式曲线段连接而成的曲线，在每段的边界处满足特定的连续条件，其形状一般由一组控制点决定。由于样条曲线能精确统一地表示解析曲线和自由曲线，因此被国际标准化组织规定为 CAD/CAM 的数据交换标准。按照 STEP-NC 的论述，样条曲线插补是将符合 STEP 标准的三维几何模型加工信息直接作为数控系统的输入，也就是直接对参数曲线进行插补。

随着样条插补在数控系统中的广泛应用，高速高精加工已经成为当今制造业领域的新要求。一些高档的商用数控系统已经实现了多种样条曲线的插补功能。相比传统的微小线段和圆弧段插补，样条插补可以减小 CAD/CAM 与 CNC 系统之间的通信负担，而且避免高速加工中加速度和加加速度的频繁变化，可提高加工质量。但是，西方发达国家一直在高档数控系统出口方面对我国进行限制，因而，研究样条插补对于我国自主研发高档数控系统具有重要的理论和现实意义。

插补技术是数控技术的核心技术，直接反应数控系统的性能。所谓插补就是根据给定进给速度和给定轮廓线型的要求，在轮廓的已知点之间，确定一些中间点的方法，也就是坐标点"密化"过程[24]。由于插补运算在机床运动过程中实时进行，即在有限的时间内，必须对各坐标轴实时地分配相应的位置控制信息和速度控制信息，加工出各种形状复杂的零件，插补算法的优劣直接影响 CNC 系统的性能。

按表达刀具轨迹的不同可以分为小线段插补、样条插补和参数样条插补（NURBS 插补）。小线段、圆弧样条、双圆弧样条、螺旋线等曲线是以弧长为参数的曲线，弧长是曲线最好、最本质的参数，便于在插补过程中对曲线进行控制。虽然多项式样条不是以弧长为参数的曲线，但易求得其近似弧长。对于小线段插补来说难点并非下一个插补点计算，而是要结合速度控制实现段之间最佳速度的过渡。

由于对圆弧样条或者圆柱螺旋线，其轨迹的生成可以通过对小线段拟合得到，使得单个刀具轨迹距离变长，同时曲线是以弧长为参数的曲线，从这两点来说，圆弧和圆柱螺旋线是适合作为加工轨迹的。有关圆弧样条的插补研究非常多，Vickers 和 Bradleyzai 对小线段加工与圆弧样条进行加工效率对比，发现前者加工时间是后者 5 倍。丁国龙研究了螺旋线的插值算法，圆柱螺旋线的连续插补及加减速运动控制，误差控制方法，推导了段内位移、速度、加速度的计算公式，以及段间的进给速度与转接误差控制[25]。

参数样条插补是伴随着参数样条造型技术进步而发展的，典型的就是 NURBS 插补技术[26]。虽然 NURBS 曲线在造型中广泛使用，但是在加工中远不及造型丰富。相比于小线段插补，NURBS 插补有如下优点：简化 G 代码，减少数据传输任务；输入到数控系统的 G 代码所包含的信息只有控制点、节点矢量、权因子以及加工工艺信息，信息量很少；加工轨迹变长，适合高速加工；另外，NURBS 插补方法可以提高加工质量，增加表面光滑性。

但是用 NURBS 曲线表达的刀具轨迹的加工方法尚存在以下不足：NURBS 曲线不是以弧长为参数的曲线，且弧长的计算只能用积分方法，没有解析表达式；满足误差内的弧长逼近计算方法需要迭代计算，这增加了计算量。对于 NURBS 曲线，参数 u 没有几何意义，参数 u 与弧长是非线性映射关系，仅简单考虑控制参数 u，很难满足加工要求。最初 Bedi 等把参数 u 增量设定为常数，实现了简单的 NURBS 曲线插补，但这种方法会产生较大的速度波动[27]。随后 Shpitalni 等开发了一阶泰勒展开插补方法[28]，Yang 和 Kong 开发了二阶泰勒展开方法，有助于减少速度波动，使 NURBS 插补技术在工程应用成为可能[29]。Cheng 等对比了一阶、二阶泰勒插补方法，四阶（fourth-order）Runge-Kutta 方法以及 Predictor-corrector 方法，从 CPU 计算时间和插补精度比较，得出二阶泰勒插补方法是比较好的方法[30]。Yeh 和 Hsu 通过两次泰勒展开的方法，补偿参数值，修调进给速度，实现进给速度的平滑，使得速度波动大大减少。但无论是泰勒展开方法还是参数补偿方法，在实时计算下一个插补点时，都要计算曲线一阶或者二阶导数，这无疑增加了实时插补的计算量[31]。对此，Lei 等利用辛普森方法计算弧长，在 NURBS 曲线上采样，横坐标是参数值，纵坐标是该点对应的累积弧长值，在误差控制范围内采用二分方法，生成逆长度函数，在实时插补时不需要任何迭代、求导等时间耗费的计算，很容易求得下一个插补点。

在速度控制方式上有自适应速度、恒定速度、加减速等速度控制方式。限于当时的技术条件，恒定速度控制是最简单方法。随着技术不断更新和提高，Yeh 和 Hsu 考虑参数补偿方法，减少速度波动，进一步考虑加工精度，以曲率半径近似代替该点圆半径，建立误差与进给速度约束关系，实现在满足误差要求范围内的自适应速度控制[31]。Tsai 的研究表明，加工时刀触点的切削速度和效率直接影响加工质量，因此提出了恒定的刀触点切削速度算法，并得到了实验验证[30]。Faroukit 等指出加工轨迹曲率变化引起切削力变化，并且由于加工曲线凸凹变化也会引起材料去除率的变化，依此建立了曲率变化的速度函数模型，保证恒定的材料去除率。Tikhon 等也提出了基于此目的的自适应速度控制方法，并且实验验证该方法的有效性。Cheng 和 Tsai 提出实时调整进给速度的 NURBS 插补方法。Tsai 等在前加减速运动控制中嵌入加减速插补模块，以提高插补时轮廓跟随精度。Ni 等也开发了避免超过最大速度的加速度约束的 NURBS 插补器。

样条曲线插补的方法有均匀参数插补、匀速插补和自动调节进给速度插补等。均匀参数插补法由 Bedi 等提出[27]。这种方法在每个插补周期 T 内，利用相等的微小参数增量 Δu 计算下一个插补参数。均匀参数插补法首次给出了参数曲线直接实时插补的解决方案，然而该方法难以确定 Δu 的值。Δu 太大会造成较大的位置误差，影响加工精度；Δu 太小则会导致插补速度过慢，影响加工效率。由于样条曲线的弧长与参数之间存在非线性关系，用相同参数步长法所分割的弦线步长往往不相等。刀具在相同的插补周期内切削不等长弦线，导致刀具的瞬时插补步长不均匀，引起数控机床震动。

在不考虑弦高误差的前提下保持恒定速度进给能够减小数控机床震动，是数控加工的理想状态。Shipitalni、Yang 和 Yeh 等学者在各自文献中都提出保持恒定进给速度插补的方法。杜鹃、田锡天等提出的等弧长插补算法也实现了匀速插补[22]。匀速插补能够实现加工过程的恒速进给，保证了较高的插补速度和较小的速度波动，具有对数控机床冲击较小的优点。但是匀速插补法由于没有考虑加减速过程中的速度变化要求，难以保证插补精度，存在误差难以控制的问题。

针对匀速插补法中存在的问题，Yeh 和 Hsu 提出了限定误差的自动调节进给速度插补算法。该算法要求在大多数时间内进给速率是不变的，只有弦高误差超出预定的范围时才会进行调节[31]。梁宏斌、王永章等进一步将这种方法应用到空间的样条曲线插补中[32]。由于该方法在曲线的曲率较小时，会使误差过度冗余，影响了加工效率，徐宏、胡自化等人提出了基于冗余误差控制的样条曲线插补算法[33]。基于冗余误差控制的样条曲线插补算法吸取了限制弦高误差插补算法和恒定进给速度插补算法的优点，通过引入进给倍率因子，保证了加工工件的轮廓精度和数控机床的加工效率。

机床的实际加减速能力，是另一个影响加工速度和精度的因素。Nam 等提出了加速度控制算法，将加速度及加加速考虑在内，减小了数控机床在加工过程中的震动[34]。刘凯、赵东标提出的自适应加减速控制方法在保证加速度满足限制的同时，对加速度的变化进行控制，使得速度的变化更加平滑，减小了机械冲击[35]。考虑到速度方向的变化给各运动轴带来的影响，孙玉娥、林浒提出了一种能保证各运动轴平稳运行的速度规划算法，从而保证了数控机床的平稳运行[36]。Liu、彭芳瑜等提出的插补算法又进一步考虑了机床的动力学特征对数控加工的影响，在保证加工速度和精度的同时，避免对机床造成过量的冲击[37]。

7.2.4 现场总线技术

传统数控系统的数控装置与驱动间采用模拟或脉冲接口方式。随着现场总线技术的发展与成熟，目前已成为数控系统的标准化接口[38]。现场总线自 20 世纪 80 年代出现以来，经历了近 30 年的发展，目前的主要技术现状如下。

（1）多种现场总线共存

现场总线自产生以来，经历了不断竞争淘汰的发展过程。到目前为止，世界上出现了上百种现场总线标准。但至今为止还没有一种适用于所有控制领域的现场总线标准。各种现场总线都有自身的技术特点和适用范围，并且每种现场总线都有一定的大公司或大财团相支持，如 Siemens 公司支持的 Porfibus 总线[39]，Rockwell 公司支持的 ControlNet[40] 总线，Alstom 公司支持的 WorldFIPz 总线等[41]。各大公司与财团为了自身利益相互不妥协，因此可以预见多种现场总线并存的局面将会持续相当长的一段时间。

（2）每种总线各有技术优势

不同的自动化领域对应用于该领域的现场总线有不同的要求。所以某种现场总线可能会很好地适用于某特定的自动化领域，但不一定能很好地适合其他领域。据 ARC 公司的市场调查，世界市场对各种现场总线的需求的实际额为：航空、国防占 34%，该领域主要采用

Profibus-FMS、ControlNet、DeviceNet；医药领域占 18%，该领域主要采用 FF、Profibus-PA、WorldFIP 三种总线；过程自动化领域占 15%，该领域主要采用 FF、Porfibus-AP、WorldFIP 三种总线；加工制造领域占 15%，该领域主要采用 Profibus-DP、DeviceNet 两种总线；交通运输领域占 15%，该领域主要采用 Porfibus-DP、DeviceNet；农业领主要采用 P-NET、CAN、Profibus-PA/DP、DeviceNet、ControlNet；楼宇主要采用 Lonworks、Profibus-FMS、DeviceNet。由此可见，随着各种总线在各领域的竞争发展，占有市场 80%左右的总线将只有六七种，而且其应用领域比较明确，但这种划分又不是绝对的，相互之间又互有渗透。

为了实现高速、高精、高可靠加工，数控系统要求现场总线具有良好的实时性、同步性和可靠性。现场总线与工业以太网技术发展十分迅速，国际电工委员会于 2007 年 7 月发布第四版 IEC 61158 现场总线标准[42]。该标准采纳了经过市场考验的 20 种主要类型的现场总线，其中包含的基于实时以太网技术的现场总线标准有 8 种，而应用于数控领域主要有 PROFINET 实时以太网、EtherCAT 实时以太网和 SERCOS-Ⅲ 实时以太网。这三种现场总线在通信机制、实时性能、同步性能以及可靠性等方面都存在较大差异。

当前国外的安全现场总线主要有西门子公司的 ProfiSafe，Open DeviceNet Vendors Association（ODVA）组织的通用工业协定安全（Common Industrial Protocol Safety，CIP Safety），德国 Beckhoff 公司的 Safety Over EtherCAT（SFOE）。这些安全总线只支持各自公司的特定总线。CIP Safety 支持 EtherNet 和 SERCOS-Ⅲ。

Profisafe 是基于 PROFIBUS 和 PROFINET 的安全总线，Profisafe 可以高效灵活地提供功能安全。Profisafe 可以达到的最高的安全等级为 SIL 3。Profisafe 和 AS-I（Actuator-Sensor-Interface）Safety 是第一个在一个现场总线网络上广泛使用的安全性协议，它们几乎是同时都在 1998 年发布的。它们在各自的现场总线上增加了安全功能。例如，Profisafe 可以在 PROFIBUS DP、PROFIBUS PA 或 Profinet 总线上进行使用。到 2015 年，已经有超过 410 万个支持 Profisafe 节点被使用在各个工业自动化领域。

2005 年，ODVA（Open DeviceNet Vendors Association）组织发布了 CIP Safety，它可以基于 EtherNet/IP、ControlNet 和 Device-Net 等通信平台，实现安全功能。具有安全功能的总线可以在接近于 1 的概率上，确定接收到的由总线传输来的数据是正确的或是错误的。

7.3 数控系统新技术与新方法

7.3.1 概述

在数控系统中，当用户需要实现某一控制目标时，通常由外部系统或操作者根据控制目标编写控制程序（在机床中为工件程序），控制程序输入到系统中后经处理和计算后发出各种控制信号，控制信号通过执行单元与驱动装置实现各种控制动作，从而完成相应的控制目标。基于上述处理流程，数控系统涉及如下关键技术。

① 实时平台　作为数控系统的基础支撑平台，为系统提供实时的、网络化计算平台。

② 人机接口　系统的人机交互接口，实现用户、编程系统及上层管理系统与数控系统间的交互。

③ 工艺解释　根据用户的工艺要求，实现用户控制程序（加工语言）的解析、控制命令的协调控制。

④ 加工过程控制　根据控制命令的要求，通过运动规划、插补与控制，驱动电动机与

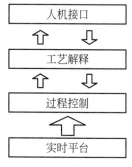

人机接口

⇧ ⇩

工艺解释

⇧ ⇩

过程控制

⇧

实时平台

图 7-1　数控系统结构

机床电器，实现加工过程的控制。

数控系统结构如图 7-1 所示。

7.3.2　实时平台

硬件平台、软件平台与通信平台构成了数控系统的实时计算平台，而数控系统从低档向中档、高档方向发展，促使数控系统的硬件平台经历了由微处理器结合 FPGA 或 DSP、SoC、PC 平台到多机系统，软件平台由模块结合监控程序到采用任务结合多任务实时操作系统，数控装置与驱动装置间的通信平台由模拟接口、脉冲串接口发展到采用现场总线技术。

随着数控系统新需求的提出，特别是可重构、网络化、集成化、复合化的发展，对实时计算平台提出了新的要求。

① 可移植　在确保能力不变的前提下，数控系统可运行在不同的平台。

② 可扩展　系统的功能可根据用户的需求扩充。

③ 互操作　系统的功能模块可按统一的方式相互协作，并以定义的方式实现数据交换。

④ 可伸缩　根据用户的需求，系统功能、性能与硬件规模可进行调整。

为满足上述需求，数控系统硬件平台将采用如下技术。

① 多核处理器技术　随着微电子技术的发展，制造成本的不断降低，微处理器多核技术、超线程技术不断完善。多核处理器所能够提供的真正意义上的多任务（多进程），满足多轴联动、多通道协调等对处理器的并发处理能力、实时处理的需求，可支持数控系统可扩展与可伸缩性。

② 可重构多核技术　为了满足用户的个性化加工需求，以提高产品的附加值，通常要求数控系统控制结构、功能模块按加工的需求重新配置。可重构多内核处理技术使系统的硬件模块或（和）软件模块能根据变化的数据流或控制流对系统结构及算法进行重新配置，可充分发挥系统的软硬件资源，确保系统可扩展特性的实现。

数控系统软件平台将采用如下技术。

① 软件体系结构技术　软件体系结构通过采用实时组件规范软件模块的接口与实时特性，以确保软件模块间的互操作；采用基础中间件抽象操作系统与网络的特性，以支持系统的可移植性；采用应用框件抽象控制软件的功能与行为，以确保系统的可扩展性。

② 主体技术　软件主体通过其自治、交互、协作、通信和实时处理能力，使数控系统中的应用模块具有自主行为，并通过相互协作，支持高效、智能的加工控制任务，以应对未来开放、动态和多变的应用环境。

数控系统通信平台将采用如下技术。

① 实时以太网技术　针对现场总线在互操作性存在的问题，未来数控装置与驱动装置间将以以太网技术为基础，并通过解决实时性、同步性、确定性、可靠性与安全性等关键技术，满足数控系统多通协调、多轴联动对通信的要求。

② 传感器网络、无线总线技术　随着数控系统向高速、高精、智能化方向发展，数控系统中的检测信息与控制对象将日趋增多，传感器网络、无线总线技术将引入系统的通信平台，以方便装置间的互操作，满足数控系统的发展需要。

③ 实时异构网络技术　随着网络化制造的发展，未来数控系统与数控系统之间、数控系统与上层应用系统之间、数控系统中装置之间将形成异构的通信网络，基于 IPv6 机制具有 QoS 实时服务保证的实时异构网络技术将确保系统互操作的实现。

7.3.3 人机接口

作为系统的人机交互接口，人机接口在工件程序编程方面经历了由加工代码编程到蓝图（工件图纸）编程；在反馈信息表现形式方面由一维信息（文本流、反馈信息代码）到二维信息（加工轨迹的图形化显示）与三维（加工工件的三维实体造型）；在操作方式方面由菜单驱动到图形化界面方式，由加工现场直接操作到网络操作。交互方式仍比较单一，系统设置、加工操作复杂。随着数控技术向网络化、集成化、复合化与智能化方向发展，未来日趋复杂的应用环境对人机接口提出了新的需求。

① 为简化操作者的工作，提高人机交互的效率，需要吸纳人机工程学和社会学的成果，扩展人机间的沟通行为及沟通方式（语言、触觉、图像等），以丰富系统表现信息的形式，提高系统的信息识别、理解能力。

② 为适应动态、复杂的应用环境，系统的人机接口应具备智能化功能，如嵌入专业知识来以提供操作工艺信息，提供学习功能以适用操作者的技能等，减少人工操作，以实现用户友好交互方式。

为满足上述需求，基于人机交互技术的发展，数控系统在人机接口方面将采用如下方式。

① 多媒体多通道方式　在系统反馈信息的表现形式方面，采用多媒体技术侧重解决数控系统信息表现及输出的自然性和多样性问题，如通过动画仿真工件的加工过程，通过音频反映加工状态，通过视频反映加工工况等；而在系统的操作方式方面，采用多通道技术侧重解决数控系统信息输入及识别的自然性和多样性问题，如通过自然语言理解、动作识别等输入加工命令，以拓宽系统输出的带宽，提高人机交互的效率。

② 智能交互方式　通过对设备环境、机床特征及工件信息等进行感知和识别，进行参数、任务、动作的自动配置与优化，以支持智能加工。如通过人机合作为操作者提供专业操作知识及工艺信息；通过现场分析与自优化，自动调整相关工艺参数与操作参数；通过操作者的日常操作与示教，获取操作技能，实现自动编程，以减少人工操作。

③ 虚拟现实方式　通过数字头盔及数据手套等新型交互设备，将要加工的工件、工艺背景信息与所看到的加工设备相互融合，建立加工工件与现实加工场景间的联系。一方面屏蔽加工设备的操作细节，将传统对设备的操作转化为对工件的操作；另一方面以视觉形式反映了操作者的思想，使以往只能借助辅助设计工具的工件加工设计模式提升到数字化的"即看即所得"的形式，从而建立以人为中心，用户友好的人机界面。

7.3.4 工艺解释

工艺解释负责加工语言的解析与加工命令的协调控制，其中解析将加工语言编写的用户程序翻译成系统能够识别的控制命令，而协调控制则根据系统的状态对命令进行处理，以完成相应的控制。在程序解释方面，目前加工语言仍以基于运动的代码（G 代码、M 代码）为主，缺少工件几何与工艺信息的规定。由于用户程序中无工件的完整信息，系统只能作为具体加工动作的被动执行者，无法进行工艺规划。在协调控制方面，加工命令与具体机床密切相关，由于系统只是被动执行命令，工件设计到工件加工间信息的传输是单向的，难以支持先进的制造模式。

随着数控系统向复合化、集成化与智能化方向发展，数控系统对工艺解释提出了新的要求。

① 提高加工语言的抽象级别，以使用户程序支持工件工艺与几何信息及加工工艺控制信息的描述，从而提高用户程序对加工工艺与工艺控制信息的描述能力，以满足复合化、智

能化的需求。

② 建立统一的工艺信息模型，以使系统从加工命令的被动执行者转变为支持在线工艺规划等功能，支持系统与 CAX 系统间的集成，以满足系统集成化发展的需要。

为满足上述需求，数控系统在工艺解释方面将采用如下技术。

① 加工工艺的复合技术　基于复合机床复杂的机床配置结构，一方面通过扩展加工语言，以支持对联动轴、通道、主轴、刀塔等加工资源，以及在相应的加工资源上所执行的车、铣、钻、磨等加工工艺间的关系的描述；另一方面建立加工资源的管理机制，加工工艺间的协调控制机制，避免加工工艺间的冲突，实现多种加工工艺优化操作，以支持加工工艺的复合。

② 基于特征的工艺规划技术　工件的加工过程可以看作对组成工件形状特征进行加工的总和。基于特征的加工，一方面通过提高加工语言的抽象级别，将现有的针对低层次几何信息（点、线、圆等）的编程方式提升为遵循工艺编程惯例的基于加工特征（凹槽、台、倒角）的编程；另一方面基于特征引入所带来的工艺信息，进行基于特征的加工工艺规划过程，以提高加工工艺的编程效率。

③ STEP-NC 技术　针对现有加工语言存在的问题，通过将 STEP 标准延伸到数控系统中，开发支持铣削、车削等加工工艺的数据模型及信息提取与工艺解释技术，建立面向对象的加工语言编程方式，支持用户工件程序对工件几何信息、工艺信息的描述，替代现有的基于运动的加工代码，为数控系统集成化与智能化奠定基础。

④ 网络化设计/制造集成技术　通过建立统一的信息模型与标准的数据接口，消除设计到制造的语义差异；开展加工工艺知识库与基于知识库的智能化工艺规划和控制策略的研究，实现数控系统与 CAM 系统的融合；解决制造特征识别技术，支持数控系统与 CAD/CAPP 间的互操作，确保网络化设计/制造的集成，以支持基于知识的制造。

7.3.5　加工过程控制

过程控制由运动控制与逻辑控制组成。基于现有机床的机械与电气结构，目前过程控制的运动控制部分与逻辑控制部分相互分离，其中运动控制以开环串联的传动机构为控制对象，以旋转电动机与驱动装置为主要执行部件，通过速度规划和位置插补与控制，实现多轴联动控制；而逻辑控制以设备的电气开关、电动机、主轴单元为控制对象，通过采用可编程逻辑控制技术，实现顺序控制与点位控制。

随着数控系统向高速、高精、高可靠与智能化方向发展，数控系统的控制对象、执行机构、检测部件发生了相应的变化。

① 多种传动结构　随着机床运动结构的日趋复杂，数控机床的传动结构由以开环串联为主到采用并联、串并混合等多种形式。

② 多种执行部件　为了提高机床的精度与速度，执行部件由以旋转电动机为主到采用直线电动机、力矩电动机与电主轴等直接驱动部件。

③ 检测单元的多样化　随着检测技术的发展，过程控制的反馈信号由以位置信号为主到引入加速度、扭矩、温度、振动等多种信号。

④ 运动控制与逻辑控制功能的相互融合　随着系统功能的日趋复杂，逻辑控制不仅支持顺序控制，也要具有运动控制功能。

为了适应上述需求的变化，数控系统的加工控制将采用如下技术。

① 面向制造特征的运动规划与插补技术　基于特征的工艺规划所建立的工艺数据模型，通过开展面向制造特征的加速度与加加速度运动规划（$1g$ 以上）、空间复杂型面高精度直接插补技术（纳米或皮米）的研究，提高系统对复杂型面加工的处理能力，以满足高速、高精

加工对速度与精度的要求。

② 基于多传感器融合的高速、高精、智能控制技术　基于过程控制中多种检测信号的引入，通过开展多传感器信息融合技术、加工过程建模技术、控制性能评价与优化等关键技术的研究，解决在高速高精加工中温度、振动、噪声等因素对加工性能的影响，实现加工过程的高速、高精与智能化控制。

③ 监测、诊断和预测技术　基于检测技术与传感器网络技术的发展，通过建立故障检测、诊断与预测的认知模型，开展数据采集、特征提取与数据融合、故障诊断与预测推理，以及性能评价和保障决策等关键技术的研究，确保系统安全、可靠地运行，提高系统的智能化程度。

④ 可重构控制技术　针对机械结构、执行部件、检测单元的多样性，通过开展过程控制的可重构控制结构、进给轴与主轴和电器设备等加工资源间的协调机制、融合运动控制与逻辑控制功能的过程控制编程语言的研究，实现数控系统过程控制的可编程，以支持个性化制造对加工过程要求。

7.3.6　具体应用技术

（1）开放式数控系统软硬件平台

针对传统数控系统封闭结构，以模拟或脉冲接口为主，通过自主创新，掌握了数控系统硬件设计和批量制造技术，实现了基于国产"龙芯"CPU数控系统硬件设计和批量制造技术；掌握了基于实时系统的数控操作系统技术，研制出基于自主知识产权的现场总线协议芯片，并制定了开放式数控系统系列化国家标准，其中总线标准被《中国工业报》评为机床行业年度十大新闻之一，实现了国产数控系统的开放化与全数字。

（2）基于数学机械化方法的高速、高精、多轴运动控制技术

针对传统数控系统在速度、精度、多轴联动方面存在的差距，通过将吴文俊院士开创的数学机械化方法与数控技术融合，对运动控制过程进行建模，研制出相当于西门子 MDynamics 的运动控制算法库，在关键技术指标方面达到国际主流系统水平，如柔性加减速控制、纳米级插补、程序预读、5 坐标刀具补偿等。

（3）高档数控系统功能性能全指令覆盖

针对国产数控系统指令集与国外产品存在的差距，以西门子 840Dsl 为对标产品，建立了高档数控系统功能分析数据库，逐项进行对标开发，已实现功能指令集的全覆盖，主要功能 100% 覆盖，全部功能覆盖 95% 以上。同时针对高速、大型数控机床的配套需求，通过主持实施"数控系统功能安全技术研究"课题，为我国机床行业第一项国际标准 IEC/TS 60204-34：2016《Safety of machinery-Electrical equipment of machines-Part 34：Requirements for machine tools》[43] 的制定提供了支撑。

（4）基于故障树的故障诊断法

故障树（fault free，FF）是用来表明产品组成部分的故障、外界事件或它们的组合。使用故障树分析方法将导致数控机床故障的原因，形象地进行故障分析，具有简单明了、思路清晰、逻辑性强等特点。将系统级的故障现象（顶事件）与最基本的故障原因（底事件）之间的内在关系表示成树形的网络图，逐层之间由数字逻辑关系构成。它通常把系统的故障状态称为顶事件，通过树状结构搜索，然后找出系统故障和导致系统故障的诸多原因之间的逻辑关系。并将这些逻辑关系用逻辑符号表示出来，由上而下逐层分解，直到不能分解为止，推导出各故障和各单元故障之间的逻辑关系，利用这些逻辑关系最终找出对应的底层故障原因，并由此计算出故障发生的概率，进而对数控机床的故障进行诊断、检测和维护。该方法在系统安全、可靠性分析领域发挥着重要的作用。

（5）基于多传感器信息融合技术的故障诊断法

由于数控系统的复杂性，以前单一化的监测系统和数据分析处理技术已经不能满足要求。所以开发传感器信息融合技术，为数控机床状态监测开辟了新途径。为了保证数据机床长期无故障运行以及在故障情况下进行快速诊断和故障排除，不仅需要监测系统进行加工状态监视，还需要对状态信息进行特征提取，方便故障诊断在线监测使用。信息融合主要应用于多个传感器通道信号的融合和不同诊断途径的诊断结论之间的融合。其诊断方法可表述为：对每个传感器检测信息分别进行预处理和特征提取，建立对数控机床的初步结论；再通过关联处理、决策层融合判决，得到联合推理结果。这种方法可以极大地减少在诊断时的漏判率，错判率，提高诊断的准确性。采用信息融合技术以便获得比单一传感器更具体、更准确的诊断结果。目前，信息融合的主要方法有基于神经网络的信息融合以及基于模糊聚类的信息融合以及基于 DS、证据理论的信息融合等。

（6）视觉数控技术

计算机视觉技术是测量控制领域、工业检测领域内最具发展潜力的新技术，它具有非接触、柔性好、速度快等特点，可以实现在危险环境下或者不适合人类长期重复劳动下的产品检测任务。工人在生产车间长时间地重复单一的上下料操作，在高噪声的工业生产环境中也很难长时间地保持专注，容易造成不合格产品和劳动伤害。

由于计算视觉技术具有良好的重复性和一致性，可以实现实时在线检测。计算机视觉技术还可以根据生产节拍做出实时调整，非常容易满足大规模流水线生产要求，可以完成在生产线各个检查环节的应用。在线实时检测可以全程监控生产过程，提高检测结果的可靠性，保证产品质量。同时，计算机视觉系统结构相对简单，技术升级投入也比较小，成本低，可以替代部分昂贵的专用检测设备。在第四次工业革命背景下，数控技术正朝着多技术集成、自适应方向发展，将视觉技术运用到数控机床上，会使数控技术在这个方向上迈进一大步。

在数控机床上应用计算机视觉技术，主要是评估刀具参数、评测工具表面粗糙度、规划走刀路径、安全监控等。这些应用均涉及图像配准技术，图像配准是图像处理与分析中的基本问题，可以完成图像分析、变化检测、三维重建、目标识别和图像检索等处理工作。因此，图像配准技术是计算机视觉技术应用于数控系统中的关键技术。

随着计算机视觉技术和硬件技术的发展，在数控系统中集成视觉技术，不仅仅使数控系统具有检查和搜索目标的能力，更是令数控系统可以从空间的思维去审视加工状态，将视觉数据处理成视觉信息反馈给数控系统，如果视觉数据安全可靠、精度足够高，人工操作就可以被完全取代，真正实现数控机床全自动、自适应的加工操作。

7.4 应用情况

由于历史原因，国内高档机床用户在对国产数控系统的认知度、信任度以及品牌等方面均存在疑虑，特别是国产中档、高档数控系统难以实现首台、首套以及首批的应用。国家及政府相关部门通过科技重大专项以及国产数控系统应用示范工程，来树立国产数控系统品牌，增强用户信心，提高对国产数控系统的认知度；同时也可探索最终用户、主机厂与系统厂的长效合作机制，找到技术创新与产业化的结合点，建立高档数控系统的规模化产业模式，加速具有自主知识产权的高档数控系统在国产数控机床的应用，解决对首台、首套及首批应用的不信任和风险。

7.4.1 中科院沈阳计算所、沈阳高精数控、沈阳机床集团联合实施的"国产数控机床应用国产数控系统示范工程"[44]

在辽宁省和沈阳市政府的大力推动下，沈阳机床集团与中科院沈阳计算所、沈阳高精数控技术有限公司联合攻关的"国产数控机床应用国产数控系统示范工程"正式实施，迈出了国产中高档数控系统产业化的关键一步。

该示范工程由沈阳机床集团提供6大类11个型号30台套的数控机床，配套使用沈阳高精数控公司研制开发的3种型号的数控系统，在两个月的时间内完成了具有自主知识产权的30台套国产数控机床的配套调试、机床检测及样件试切加工等工作。

经过双方的联合攻关，在五轴联动高速加工中心产品上，"蓝天数控"系统替代了原来使用的意大利菲迪亚C1数控系统，可实现高速加工、五轴联动加工功能；在五轴联动车铣复合加工中心产品上，"蓝天数控"系统替代原来使用的德国西门子840D数控系统，可实现车、铣复合加工、五轴联动加工功能；在双过程数控轮毂车床产品上，"蓝天数控"系统替代原来使用的日本发那科18i数控系统；在立式加工中心和普及型数控车床产品上，使用"蓝天数控"系统替代原来使用的日本发那科系列数控系统进行配套控制，尤其是配套国产数控系统的五轴联动高速加工中心，能够加工具有复杂型面的高档叶轮、人像雕塑等工件，并完全符合各种检测指标要求，成功替代了原配的国外同类数控系统产品，证明了具有自主知识产权的国产高档数控系统和数控机床已达到了国际先进水平。

此次示范工程率先实现了国产中高档数控系统在国产数控机床上的批量应用，找到技术创新和产业化的结合点；树立国产品牌，增强用户信心，提高对国产数控系统的认知度；数控系统厂家、机床厂家、最终用户三方密切合作，协同配合，在推动国产数控系统规模产业化等方面发挥积极的作用。

7.4.2 鲁南机床与华中数控实施的应用示范工程

山东鲁南机床集团与武汉华中数控股份有限公司认真落实国家发改委和中国机床工具工业协会领导的指示精神，启动"国产数控机床应用国产数控系统示范工程"项目，以此推动国产中、高档数控系统的推广应用，已经收到了良好的效果，实现了主机厂、系统厂的合作共赢。

鲁南机床与华中数控实施的"国产数控系统应用示范工程"机床共69台。其中，五轴联动加工中心2台，龙门加工中心8台，卧式加工中心10台，立式加工中心12台，数控铣床7台，全功能数控车床30台。第一期安排30台，2007年12月初机床全部安装调试完毕，2007年12月份全部投入正常使用。第二期安排39台，计划2008年9月启动，2009年上半年完成。

2007年12月，示范工程项目第一期已如期完成，鲁南机床30台中、高档数控机床批量配套华中数控中、高档数控系统，成功自产自用，形成了一定规模的联网应用示范车间，技术先进。用于企业关键零部件的加工，工艺路线合理，运行稳定可靠，加工的零件达到设计要求，证明配套国产数控系统的国产数控机床及国产中、高档数控系统可以替代进口产品。

鲁南机床还和华中数控一起合作，将这30台中、高档数控机床全部用网络连接以来，形成了一个联网应用示范车间，这对国内机床制造企业来说是个创举。鲁南机床认为通过自产自用数控机床配套国产数控系统，公司既节省了大量财力，也实现了加工工艺水平和加工能力的提升。同时也建立了一个考验自产机床的试验基地，为用户提供了一个实地考察、试用国产数控系统、国产机床的场所，可谓一举多得。

2007 年 12 月 28 日，山东省经济贸易委员会组织国内机床行业知名专家对鲁南机床与华中数控合作实施的"国产数控机床应用国产数控系统示范工程"进行了鉴定验收。与会专家听取了工作报告，审查了相关技术文件，考查了现场，并进行了质询。一致认为：鲁南机床与华中数控共同承担和实施的"国产数控机床应用国产数控系统示范工程"项目，取得巨大成功，在国内机床行业尚属首次，具有典型意义，对国产数控机床及国产数控系统产业的发展具有重大的示范作用，可以在行业范围内予以推广。

2008 年 1 月 10 日，国家发展改革委重大技术装备协调办公室在山东滕州召开《国产数控系统应用推广座谈会》[45]。与会代表现场观看了山东鲁南机床有限公司配用国产数控系统的数控机床工作演示，给予高度评价，一致认为鲁南机床和华中数控共同实施的"国产数控机床应用国产数控系统示范工程"是一项系统工程，从机床制造、人才培养、用户使用等多个角度做工作，可以实现机床厂、系统厂、用户厂三方共赢。

7.4.3 通过"高档数控机床与基础制造装备"国家重大课题专项推动技术应用[46]

2009 年以来，"高档数控机床与基础制造装备"国家重大课题专项（以下简称 04 专项）累计立项 40 多项课题，支持华中数控、广州数控、大连光洋、沈阳高精等国内数控系统骨干企业，以西门子、发那科等国外先进数控系统技术和产品为赶超目标，围绕重点领域的国家重大战略需求，自主研发高档数控系统。华中数控攻克了"高可靠、成套化的开放式平台技术""高速、高精、多轴联动控制技术""基于指令域大数据的网络化、智能化技术"等一批高档数控系统关键技术，研制出全数字总线式华中 8 型高档数控系统，实现从模拟接口、脉冲接口到全数字总线控制、高速高精的技术跨越。大连光洋攻克了运动控制现场总线技术、GRTK 实时内核技术、精密的位置/角度感知技术、智能电源技术等一批高档数控系统关键技术，研制出 GNC60/61/62 系列高档数控系统。广州数控攻克了大功率电动机拖动技术、高功率因数伺服电源技术、高分辨率编码器接口技术、高速现场总线技术等一批高档数控系统关键技术，研制出 GSK27 系列高档数控系统。沈阳高精攻克了开放式数控系统软硬件平台、高速、高精、多轴运动控制算法等一批高档数控系统关键技术，研制出 GJ400 系列高档数控系统。

航空企业是高端数控装备的聚集地，目前使用的数控系统基本上被国外品牌垄断，在功能和性能上受到国外封锁限制，且存在国家安全隐患，设备使用和维护都非常被动。2012 年，华中数控和沈阳高精分别为沈阳飞机工业（集团）有限公司改造了辛辛那提 LANCE2000 加工中心。经过近一年的生产验证，数控系统完全能满足使用要求。在此基础上，沈飞打消了对国产数控系统的疑虑，又拿出 30 多台设备交给华中数控和沈阳高精进行数控改造，包括：国外五轴高速龙门加工中心、AB 摆五轴加工中心、立式加工中心、车削中心等。目前，这批数控系统已累计运行 30 多万小时，其功能、性能、可靠性经受了考验，为沈飞的军工生产发挥了重要作用。近期，又有 30 多台国产新数控机床，其中包括 8 台五轴数控机床，配套华中数控、沈阳高精的数控系统即将交付沈飞使用。国产高档数控系统在航空企业应用终于在沈飞"起航"。在沈飞的示范效应带动下，华中 8 型数控系统开始在成飞、西飞、洪都航空等骨干航空企业得到应用。

广州数控开发的数控系统成果 27i、25i 已经实现配套数千台，如沈阳巨浪特种机床、广州宏力立加、江阴贝尔滚齿机、宁国飞鹰专机改造、哈斯机床旧机改造等。与上海航天八院联合研制的搅拌摩擦焊已经成功应用，其配套的广州数控高档数控系统受到好评。

大连光洋自主研发了数控系统、伺服电动机、主轴、传感器，于 2013 年 5 月与航天科工集团 3 院 31 所合作，交付了 2 台高速、高精度、五轴立式加工中心，已经完成了多个批次、多个品种的航发关键零部件的加工。航天科工集团 3 院 31 所又订购了大连光洋 22 台五种类型的五轴高档数控机床，用于建设飞航导弹发动机生产线，上述机床的数控系统、伺服驱动，精密传感以及电动机、转台、电主轴等关键功能部件全部为大连光洋自主研发，机床自主化率高达95%。此后，大连光洋先后与哈尔滨东安发动机、贵州黎阳航空发动机、湖南株洲南方动力等军工企业签订合同。

沈阳高精在实现中高档数控系统配套应用的同时，针对行业转型升级对客户化定制的需求，基于"蓝天数控"在开放式数控的技术积累，开展了基于二次开发平台的专用型数控系统的研制及产业化推广，将数控技术拓展到电加工、柔性组合单元、激光加工等专用领域，拓展了国产数控系统的应用范围。

为了摆脱国外数控系统的封锁限制，我国数控机床企业也纷纷加入数控系统技术的研发行列。沈阳机床集团组建自己的研究院，从底层技术源代码算法做起，历时5年，投入巨资，研制成功i5数控系统。通过充分利用沈阳机床的市场优势和i5数控系统的技术创新，支撑了沈阳机床融资租赁商业模式的创新，带动了i5数控系统产业化。

大连机床集团则侧重于应用型研发，走与国内多家高校和科研机构合作的产、学、研之路。特别是与华中数控合作，在华中数控系统的软硬件平台基础上，发挥大连机床掌握机床、工艺和应用的技术优势，自主开发了大连机床自己的DMTG数控系统。近年来，累计销售了近万台套产品，同时也开创了国产数控系统和国产数控机床协同创新的全新发展模式。

为了推动国产数控系统的应用示范和产业化，04专项立项支持了一批航空航天、汽车、发电装备和船舶制造企业应用国产数控机床和数控系统。华中数控、广州数控、大连光洋、沈阳高精所研制的高档型数控系统与10多类600多台高速、精密、五轴联动的高档数控机床实现配套。这些设备包括高速精密车削中心、高速立式加工中心、精密立式加工中心、车铣复合加工中心、高速卧式加工中心、精密卧式加工中心、九轴六联动砂带磨、数控工具磨床等高档数控机床。并在沈飞、成飞、航天八院、航天三院、核九院、东汽、东安发动机、黎阳发动机等航空航天、发电装备制造等一批重点领域批量示范应用，打破了我国航空、航天领域高档数控机床配套数控系统被国外全面垄断的局面。

7.5 数控系统发展建议

发达国家在其工业化过程中对装备制造业发展制定了优惠政策或者法律法规，长期给予强有力的扶持。与这些国家相比，我国对数控行业的扶持力度相对不足。2006年出台了《国务院关于加快振兴装备制造业的若干意见》（国发［2006］8号）和《国务院关于实施〈国家中长期科学和技术发展规划纲要（2006～2020年）〉若干配套政策》（国发［2006］6号），虽然方向和原则已经确定，但部分具体的政策措施落实起来仍存在很大困难，实施细则出台缓慢。

建议相关部门进一步加强、集中对数控系统行业的管理和协调功能，建立、健全良好的协作配合机制以及健全的工作机制，充分发挥政府的服务功能，及时解决发展中的问题，推动国产数控系统行业的持续健康发展。同时，精心组织实施《高档数控机床与基础制造装备》科技重大专项，把数控系统自主化作为重大专项的重要内容之一，加强协调指导，采取多方面的政策措施，支持我国数控系统自主化建设。同时，在国家拉动内需政策实施过程中，切实带动国产数控系统企业的发展，避免出现拉动"外需"的出现。具体建议如下。

① 出台有关法规和政策，切实改善国产数控产品市场竞争环境[47]。

由于历史的原因，国内户对选用国产品牌特别是高档产品，仍然不敢"吃螃蟹"，导致国产品牌走入"不好，不用。不用，更不好"的怪圈。更为严重的是，很多政府采购招标项目，违反国家招标法的规定，在标书中指定国外品牌的数控系统及功能部件，致使国产品牌丧失了与国外公平竞争的权利和机会。国家有关部门曾经发布规定，对部分数控系统企业实行先征后返政策，退还的税款专项用于企业的技术改造和研究开发，该规定已于 2008 年 12 月 31 日到期。

② 加大对国产高档数控系统的支持力度[48]。

围绕国家科技重大专项"高档数控机床与基础制造装备"的启动，加大对高档数控系统的研发支持力度；在国家重点支持的首台、首套高档数控机床上，积极应用国产中、高档数控系统，颁布实施"首台、首套"细则。同时，加快实施"国产数控系统应用示范工程"，支持数控系统行业和企业建立中试及可靠性研究与测试平台；支持建立数控技术服务和培训中心；支持数控系统企业建立数控系统技术联盟。

③ 加快数控系统行业组织结构调整，做大做强骨干企业[49]。

国家集中各种政策资源，重点扶持 3～5 家数控系统研发生产单位，尽快成长为产业的骨干企业。企业自身要加快体制和机制创新，建立起灵活、高效的科学管理体系和人才激励机制。要加大研发投入和技术改造力度，增强数控系统及其功能部件的试验检测手段，提高新产品开发成功率和可靠性。大幅度提高数控系统生产设备的自动化水平，提高质量、降低成本，努力提高国产数控系统的国际竞争力。要发挥政府政策导向和市场机制的推动作用，支持数控系统生产研制单位之间进行联合重组、资产置换等多种方式，建立互惠共赢的战略协作关系。

④ 加强数控系统产业自主创新能力建设，以标准体系指导数控系统的研发[49]。

以高档数控机床与基础制造装备重大专项为平台，利用重大专项资金，重点支持高档数控系统的关键技术、基础共性技术，以及高档数控系统标准化技术研究。要精心组织，创新工作方法，通过科学立项、公开招标选定项目承担单位。要把项目成果的推广应用作为项目可行性研究报告和核准审批的重要内容，建立相应的项目考核验收和责任追究机制。

行业企业应高度重视和支持国产数控系统标准化工作，积极参加数控系统现场总线技术标准联盟等国家倡导的标准化组织，加速制定下一代高档数控系统标准体系结构的规范和协议及相关的技术标准，并在国产数控系统行业内推广和共享，指导下一代高档数控系统的研发，避免受制于人。

⑤ 加大培训力度，做好数控系统技能人才培养和服务工作[49]。

坚持产、学、研结合，鼓励和支持高等院校同企业、科研机构建立多渠道、多形式的紧密型合作关系，联合开展攻关和研发工作。根据数控产业发展的特点，有计划、多渠道、多层次地共同培养创新性人才。充分发挥高等院校的作用，选择若干个重点院校，加强数控技术学科的建设。

依托重点骨干机床制造企业，联合数控系统厂和职业院校，建立具有权威资质的数控技术培训与服务中心，面向全国进行招生，为数控机床生产和使用企业培训操作使用、工艺编程、维护维修人员，推广使用配套国产数控系统产品。支持数控系统企业建设面向最终用户的销售服务网站，为用户提供应用国产数控系统的全方位的解决方案，建立用户对国产数控系统的信心。

⑥ 在政府采购招标和专项实施中加大对自主品牌中高档数控系统的支持[50]。

在政府采购招标中支持、协调好各级政府间、各部门间的关系并有效监督实施，落实、加大对自主创新中、高档数控的支持。特别是在航空航天、兵器、核工业、造船等涉及国家安全的军工行业采购数控机床项目中，严格禁止指定国外数控系统品牌，严格根据实际加工所需的主要技术指标填写招标技术要求，不搞技术储备，造成功能"多余和浪费"。

在数控系统行业试行建立财政性资金采购自主创新产品制度。将重点发展的高档数控系统产品列入《政策采购自主创新产品目录》。使用财政性资金采购高档机床的项目，有关部门应将承诺采购国内自主创新产品作为申报立项的条件，并明确采购自主创新产品的具体要求。不按要求采购的，有关部门不予财政性资金支持。

在数控系统行业试行政策首购新产品制度。国内企业、科研机构自主开发试制或首次投向市场，符合国民经济发展要求和先进技术方向，具有较大市场潜力并需要重点扶持的高档数控系统产品，有关部门可出资购买交付用户单位使用，或向用户支付财政性资金，由用户直接购买。

对于重大专项中的高档数控机床和基础制造装备研制项目申报，应优先立项支持选用国产数控系统的项目，并在项目中明确分配专门经费支持所配套的高档数控系统的研发，推动自主研发的高档数控系统的应用验证和市场推广。应把数控机床厂、数控机床用户和数控系统厂联合申报，作为项目立项的重要条件。

⑦ 鼓励支持数控系统厂家与机床厂之间的战略合作[51]。

继续鼓励数控系统厂家与机床厂进行资产的联合重组、资产置换，组建互惠共赢的产业战略联盟。围绕国家科技发展规划纲要上提出的"高档数控机床与重大基础制造装备"的重点装备和高档数控系统，组织有关产、学、研、政结合的技术联盟与相关应用示范工程，成为一个长效机制，促使数控系统和数控机床协同发展，实现产业规模效应。

⑧ 从技改、税收和金融政策方面继续扶持，增强数控系统企业综合实力[52]。

a. 继续支持具有自主知识产权的国内数控系统生产企业增值税 50% 的先征后返政策，对中高档数控系统产品加大返还力度；对那些从国外进口数控系统贴牌销售的企业，应严格禁止享受国内数控系统企业税金返还政策；调高三坐标及以下普及型数控机床和数控系统的进口税率；调高数控机床和数控系统等出口退税率。

b. 建议国家对外国企业在中国总装生产数控系统的进口组件，按数控系统同等税率征收进口关税。同时对国内数控系统企业进口关键电子元器件实行零关税。

c. 调配多种资源，扶优扶强，支持骨干数控系统企业进行技术改造，建立国家级的数控产业基地。以国家参股或以无息贷款或贴息贷款形式引导企业加大投入，支持重点企业在数控系统规模化生产设备、工艺手段、性能检测和可靠性考核、研发及中试的条件和质量保证体系等方面，进行技术改造，保证产品质量。在可能的情况下，促进行业企业整合、重组，各取所长，合理分工，逐步建成具备与国际数控系统企业同台竞技能力的骨干企业。

解决数控系统企业的中长期贷款难的问题。对数控系统产业的发展和建设提供更多的资金支持，并帮助解决数控系统企业抵押、担保方面的困难，如国家开发银行贷款、国债项目支持、贷款贴息补助等相关措施。

⑨ 支持国产数控系统在国家拉动内需计划中，克服困难，继续发展壮大[53]。

国家政策支持是国产数控系统行业实现快速发展的保证。我们恳切期望政府部门继续关心支持国产数控系统行业这棵"幼苗"，使其在国家新一轮经济建设中苗壮成长。建议国家对能够带动中、小规格数控机床生产、销售的项目给予重点支持和投入，如中、小型机械制造企业和汽车零部件制造企业的技改项目、职业教育数控实训基地建设等。对国内能满足要求的数控系统和数控机床的进口予以严格审批。

⑩ 设立针对数控系统的奖项，加大对国产数控系统成绩的宣传力度。

建议在政府奖项中对实现了与机床批量配套的国产中高档数控系统产品进行奖励，在国家质量监督检验检疫总局设立的"中国名牌"和"产品质量免检"项目中，对国产中高档数控系统产品进行奖励。同时，通过中央和省市各级主要媒体，加强舆论宣传，客观反映国产数控系统的技术水平、质量和售后服务状况，引导用户选用"经济、实用、先进"的国产数控系统。

参 考 文 献

[1] 吴旭. 南方农机. 2012, (1)：47-48.

[2] 周济. 中国机械工程. 2015, 26 (17)：2273-2284.

[3] 叶佩青, 张勇, 张辉. 机械工程学报. 2015, 51 (21)：113-120.

[4] 隋大刀, 张俐. 制造技术与机床. 1994, (8)：39.

[5] 孙勇主编. 零件数控车床加工：FANUC 系统. 北京：知识产权出版社, 2015.

[6] 梁桥康主编. 数控系统. 北京：清华大学出版社, 2013. 24.

[7] 中国产业调研网. 2016-2022 年中国数控系统市场调查研究及发展趋势分析报告. 2016.

[8] 蔡锐龙, 李晓栋, 钱思思. 机械科学与技术. 2016, 35 (4)：493.

[9] 邵明. 嵌入式数控系统及其功能模块的研究：长沙：中南大学, 2008.

[10] Pritschow G., Daniel Ch., Junghans G., et al. CIRP Annals-manufacturing Technology, 1993, 42 (1)：450.

[11] Proctor F. M., Albus J. S. IEEE Spectrum, 1997, 34 (6)：62.

[12] Japan OSEC. Open System Environment for Controller Architecture Overview (Draft 2. 0). 1997.

[13] 张曙. 机电产品开发与创新, 2005, (5)：150.

[14] 汪艺. 制造技术与机床, 2015, (6)：40.

[15] 刘辛军, 谢福贵, 汪劲松. 机械工程学报, 2015, 51 (13)：3.

[16] 胡启林. 装备制造. 2014, (7)：75.

[17] 李淑梅. 机械制造, 2014, 52 (4)：77.

[18] 刘艳. 制造技术与机床. 2012, (5)：22, 24.

[19] 石平政. 企业技术开发. 2016, 35 (11)：71.

[20] 焦青松, 李迪, 王世勇. 组合机床与自动化加工技术. 2014, (1)：1.

[21] Yong T., Narayanaswami R. Computer-Aided Design. 2003, 35 (1)：1250.

[22] 杜鹃, 田锡天, 朱明铨, 刘书暖, 李建克. 计算机集成制造系统. 2005, 11 (4)：488.

[23] 刘日良, 张承瑞, 张元才, 王锐. 计算机集成制造系统. 2004, 10 (6)：641-645.

[24] 赵巍. 数控系统的插补算法及加减速控制方法研究, [学位论文]. 天津：天津大学, 2004.

[25] 丁国龙. 基于圆柱螺旋样条的刀具轨迹模型研究, [学位论文]. 武汉：华中科技大学, 2008.

[26] 黄翔, 曾荣, 岳伏军, 廖文和. 南京航空航天大学学报. 2002, 34 (1)：83.

[27] Bedi S, Ali I, Quan N. Journal of Engineering for Industry. 1993, 115：329-336.

[28] Shpitalni M, Koren Y, Lo CC. Computer-Aided Design, 1994, 26 (11)：832-838.

[29] Yang DCH, Kong T. Computer-Aided Design. 1994, 26 (3)：225-233.

[30] Tsai MC, Cheng CW, Cheng MY. Machine Tools & Manufacture. 2003, 43：1217-1227.

[31] Yeh S, Hsu PL. Computer-Aided Design. 2002, 34：229-237.

[32] 梁宏斌, 王永章, 李霞. 计算机集成制造系统. 2006, 12 (3)：428-433.

[33] 徐宏, 胡自化, 张平, 杨冬香, 杨端光. 计算机集成制造系统. 2007, 13 (5)：961-966.

[34] Nam SH, Yang MY. Computer-Aided Design. 2001, 41：1323-1345.

[35] 刘凯, 赵东标. 小型微型计算机系统. 2008, 29 (4)：769-771.

[36] 孙玉娥, 林浒. 计算机辅助设计与图形学学报. 2011, 23 (7)：1249-1253.

[37] 刘可照, 彭芳瑜, 吴昊, 胡建兵. 基于机床动力学特性的 NURBS 曲线直接插补. 2004, (11)：19-22.

[38] 夏继强, 邢春香, 耿春明, 满庆丰. 北京航空航天大学学报. 2004, 30 (4)：358-362.

[39] 薛建中, 郑崇勋, 闫相国. 仪器仪表学报. 2001, 22 (4)：244-245.

[40] 佟为明, 林景波, 李凤阁. 微处理机. 2005, (2)：59-62.

[41] 赵红卫, 郑雪洋, 王欣, 黄志平, 张闯. 铁道机车车辆. 2003, 23 (Suppl. 2)：60-66.

[42] 缪学勤. 工业控制网络. 2007, (3)：1-4.

[43] IEC/TS 60204-34—2016 Safety of machinery-Electrical equipment of machines-Part 34：Requirements for machine tools.

[44] 维普资讯. 制造技术与机床. 2007, 11：2.

[45] 维普资讯. CAD/CAM 与制造业信息化. 2008, 2：3.

[46] 舒畅. 航空制造技术. 2013：1/2：24.

［47］　姜博. 欧洲 B 数控企业面向中国市场竞争策略研究，［学位论文］. 北京：中国人民大学. 2009.

［48］　李原良. 科技创新导报. 2011，（11）：228.

［49］　肖明，武衡. 设备管理与维护. 2009，（7）：66-67.

［50］　素菲娅. 金属加工：冷加工. 2009，（5）：15-16.

［51］　陈吉红. 金属加工：冷加工. 2012，（6）：10.

［52］　中国机床商务网. 我国机床产业入世十年的发展情况. 2011.

［53］　冯海彬. 技术升级，国产数控机床要抢占中高市场. 2016.

第 **7** 章

第8章
机器人

8.1 背景介绍

8.1.1 概述

1956年，美国发明家乔治·德沃尔和物理学家约瑟·英格柏格成立了一家名为Unimation的公司。1959年，他们发明了世界上第一台工业机器人，命名为Unimate，意思是"万能自动"。1961年，Unimation公司生产的世界上第一台工业机器人在美国通用汽车公司安装运行，开始了工业机器人的应用时代[1]。

根据国际标准化组织（ISO）最新资料，对机器人的定义如下：具有一定程度的自主能力，可在其环境内运动以执行预期任务的可编程执行机构[2]。机器人是一种能够半自主或全自主工作的智能机器，可以辅助甚至替代人完成工作，服务人类生活，扩大或延伸人的活动及能力范围，在某种程度上可以把人类从极限、危险、能力不及等工作环境中或者烦琐沉重的简单重复性劳动中解放出来，逐渐显示出其不可替代的作用和地位[3]。机器人已经从最初的简单机电一体化装备，逐渐发展成为具备生机电一体化和智能化特征的装备，被加装了越来越多的传感器，并将多种传感器得到的信息进行融合，使其能够有效地适应变化的环境，具有很强的自适应能力、学习能力和自治功能。机器人的诞生和机器人学的建立及发展，是20世纪自动控制领域最具说服力的成就，是20世纪人类科学技术进步的重大成果。

机器人作为高端智能装备的突出代表，是衡量一个国家科技创新和高端制造业水平的重要标志，它的发展越来越受到世界各国的高度关注。2012年，美国奇点大学瓦德瓦教授在《华盛顿邮报》撰文"Why it's China's turn to worry about manufacturing"，提出人工智能、机器人和数字制造技术结合将引发制造业革命，如果中国不重视这几项技术的发展，将会出现制造业空心化，美国将利用技术优势重新夺回制造业的领导权[4]。2013年，麦肯锡全球研究所发布的《引领全球经济变革的颠覆性技术》报告中，将先进机器人列为物联网、云技术、下一代基因技术、3D打印、新材料、可再生能源等12项颠覆性技术中的第5项。2013年，美国发布了机器人发展路线报告，其标题就是"From Internet to Robotics"，将现今的机器人与20世纪互联网定位于同等重要的地位，将影响人类生活和社会经济发展的各个方面，并列为美国实现制造业变革、促进经济发展的核心技术[5]。2016年达沃斯论坛年会主题为"掌握第四次工业革命"，认为人工智能、机器人、3D打印、物联网等尖峰科技的汇集将造就一场新的工业革命[1]。

8.1.2 典型特征描述

机器人具有感知、决策、执行等基本特征，通常包括执行系统、驱动系统、控制系统、感知系统、决策系统等[6]。

① 执行系统　可包括操作机构、移动机构等，进一步分为手部、腕部、臂部、腰部、基座等。手部又称末端执行机构，是工业机器人和多数服务机器人直接从事工作的部分；腕

部，上与臂部相连，下与手部相接，一般有 3 个自由度，以带动手部实现必要的姿态；臂部相当于人的胳膊，下连手腕，上接腰身，通常带动腕部做平面运动；基座是整个机器人的支撑部件，有固定式和移动式两种类型，在移动式中，有轮式、履带式和足式等。

② 驱动系统　它将能源传送到执行机构的装置。其中，驱动器有电动机和气动、液压装置；而传动机构，最常用的有减速器、链、带及齿轮等传动部件。

③ 控制系统　由控制计算机及相应的控制软件和伺服控制器组成，对执行机构发出如何动作的命令；根据作业任务要求的不同，又可分为点位控制、连续轨迹控制和力（力矩）控制。

④ 感知系统　包括内部传感器和外部传感器，分别获得机器人自身和外部的信息，由感知不同信息的传感器构成，包括视觉、听觉、触觉、味觉、嗅觉等传感器。

⑤ 决策系统　通过计算机专用或通用软件来完成，完成任务或行为的分析和判断。

机器人通常具有以下几个特征。

① 类人　机器人的动作机构具有类似于人或其他生物的某些器官（肢体、感受等）的功能。

② 通用　可通过灵活改变动作程序从事多种工作。

③ 智能　具有记忆、感知、推理、决策、学习等不同程度的智能。

④ 独立　完整的机器人系统在工作中可以不依赖于人的干预。

8.1.3　分类情况和行业应用概况

目前，国内越来越多的专家和学者倾向于在国际机器人联合会的分类基础上，将服务机器人细分为特种机器人和服务机器人，与工业机器人组成三大类机器人系统。

8.1.3.1　工业机器人

国际机器人联合会将工业机器人定义为面向工业领域的多关节机械手或多自由度机器人；ISO 8373 将工业机器人定义为自动控制的、可重复编程、多用途的操作机，可对三个或三个以上轴进行编程，可以是固定式或移动式，在工业自动化中使用[2]。目前工业机器人的范围已经在扩展，即面向工业领域应用的机器人系统。

工业机器人主要有以下优点：提高产品质量与一致性；改善工人工作环境；提高劳动生产率；增强生产柔性；减少原料浪费，提高成品率；改善健康安全条件；缓解招工压力；节省生产空间等。

工业机器人的主要应用有焊接、装配、搬运、切割、喷漆、喷涂、检测、码垛、研磨、抛光、上下料、激光加工等作业[6]。汽车行业和电子行业的发展对工业机器人的发展起到了最有利的推动作用。随着机器人技术进步的推动和人力成本的上涨，工业机器人已从传统的汽车制造、机械加工等行业进入电子电气行业、橡胶及塑料工业、食品工业、物流等诸多领域中，这些行业的机器人应用潜力是巨大的。

焊接机器人因具有焊接质量稳定、劳动生产率高、可极大地解放人类的高强度、高危险环境的工作等诸多优点，已在很多工业领域，尤其是汽车制造业得到了广泛的应用，是机器人技术在工业场合的比较典型、成功地应用范例之一。码垛机器人是在工业生产过程中执行大批量工件、包装件的获取、搬运、码垛、拆垛等任务的一类工业机器人，具有结构简单、占地面积少、适用性强、能耗低、教示方法简单易懂的特点，目前多应用在啤酒、饮料、食品、烟草、物流等劳动强度大、生产量大的行业。喷涂机器人是可进行自动喷漆或喷涂其他涂料的工业机器，常应用于五金、军工、船舶等领域中，具有仿形喷涂轨迹精确、喷涂表面质量稳定、通过降低过喷涂量来提高材料的利用率等优点。AGV 是指装备有电磁或光学等自动导引装置、能够沿规定的导引路径行驶、具有安全保护以及各种移载功能的运输车，因其具有性能稳定、结构小巧、运动灵活、定位精度高、智能化等特点，被广泛地应用于电子、汽车、化工、医药、物流等各领域。

工业机器人在制造业中已从"备选"成为"必选"，使用工业机器人代替劳动力逐渐符合新的发展趋势，推动制造业转型升级，促进从劳动密集型模式向智能化方式转变。工业机器人作为高端装备的重要组成部分，产业的工业机器人密度与生产效率、产品质量和性能正相关，是产业高端化的重要指标，是提升制造产业发展质量和竞争力的重要路径。

8.1.3.2 特种机器人

特种机器人是面向特殊应用的机器人系统，从运动空间上分，包括地面机器人、水下机器人、飞行机器人、空间机器人等。

未来战争新模式初见端倪、深海资源开发需求的日益急迫、自然灾害的频发、重大生产事故总量高居不下、新型恐怖犯罪活动不断加剧、反恐防暴与灾难救援等，都对特种机器人提取了明确的需求。大力发展特种机器人装备，减少各类灾害、重大生产事故、恐怖事件等造成的重大人员伤害和经济损失，保持社会稳定，成为亟待解决的战略任务。在国家发展战略的海洋、极地、新能源等的重大科技发展战略和关乎国家经济、科技、国防、社会等发展战略的多项重大科技专项/工程的实施中，特种机器人在水下资源勘探、空间探索、核电运行维护、应急处理机器人等都发挥了不可替代的重要作用，极端作业性能（重载、高速、高加速度、高精度等）、极端作业环境（真空、微重力、高低温、核辐射、水下等），为极端作业机器人发展提出了新的挑战。机器人化武器装备可执行战术或战略任务，实现"零伤亡"，符合未来武器装备无人化、智能化、信息化的发展趋势。面向极端环境科学研究和战略资源开发等国家重大战略任务需求研制的机器人系统，可以实现极地、海斗深渊、国际海底区域及月面等区域的探索、勘探和战略资源开发。在应对地震、洪涝灾害和极端天气、矿难、火灾、社会安防等公共安全事件中，以及在消防、电力、核工业等特殊行业中，机器人可以替代人员进入危险环境进行长时间、近距离作业，提高任务完成效率，保护人员安全，对维护社会稳定和经济发展起到重大作用。

8.1.3.3 服务机器人

在家庭、生活类似环境中的机器人系统，包括医疗机器人、康复机器人、行为辅助机器人、家政服务机器人、教育娱乐机器人、助老助残机器人等。

人口老龄化加剧、残障人口众多、社会服务水平地域差异等已成为影响社会发展的突出问题，发展以医疗、助残、家政服务、助老等为代表的服务机器人产业，可以有效缓解老龄残障人群的社会服务压力、推动民生科技快速发展，是实现先进科技成果、惠及民生的战略举措。

服务机器人中最典型、技术水平相对较高的是手术机器人和康复机器人。临床手术机器人系统可分为两类：诊断机器人和治疗机器人。诊断机器人可提供给医生无法直接获取的信息，辅助医生完成对患者的诊断，例如，胶囊机器人。治疗机器人则是在医生的监控下，直接完成手术操作或者由手术机器人协助医生完成相关操作，治疗机器人主要应用于精准外科手术，例如达芬奇手术机器人、ROSA spine 手术机器人。康复与助力机器人针对中风、脊髓损伤病人的上肢、下肢、手腕、手指、脚踝等肢体的康复，代替传统康复医师的治疗手段，重建患者中枢神经系统对残疾肢体的控制能力，进而帮助患者实现运动功能的恢复及增强，重新学习日常生活活动。

随着新材料、新能源以及人工智能等技术的快速发展，机器人的智能化程度将越来越高，向具备与人共融、自主学习、灵活作业、适应复杂环境等功能的方向发展，特别是人机交互的层次将日渐加深。同时，随着新一代信息技术与机器人技术的深度融合，机器人将具备更深层次的思维和学习能力。在此情况下，无论是在工业领域，还是在特种应用、社会生活服务领域，机器人的应用将越加广泛。

虽然三类机器人具有一些共性技术，但是在功能、结构、性能上均存在着较大的差异性，因此，在发展现状、新技术新方法、应用情况等节均按工业机器人、特种机器人（地面机器人、水下机器人、飞行机器人、空间机器人）、服务机器人（手术机器人、康复机器人）分类介绍。

8.2 国内外现状和发展趋势

8.2.1 国外机器人发展态势

机器人既是制造业的关键支撑装备，也是改变人类生活方式的重要切入点，随着应用领域的不断扩展，其研发及产业化应用已成为衡量一个国家科技创新、高端制造及智能社会发展水平的重要标志。目前，机器人正成为全世界高科技竞争的新生长点，许多国家都已经把机器人技术列入本国21世纪高科技发展计划中。

美国政府在2011年公布了"国家机器人计划"，计划每年对以人工智能、识别等领域为主的机器人基础研究提供数千万美元规模的支持。2013年提出了"美国机器人发展路线图"。2013年，美国互联网巨头谷歌（Google）相继收购了7家机器人高科技企业，受到了全世界的关注，收购企业中甚至包括美国国防总省国防高等研究计划局（DARPA）2012年举办的机器人挑战赛的前几名企业。

在欧洲，2014年欧洲委员会与180多家企业和研究机构共同成立机器人领域研究与创新项目"欧盟SPARC"，主要致力于在制造业、农业、卫生保健、运输、社会安全、家庭等领域推进实用机器人的开发，总共将达到28亿欧元规模。

日本发布的"新产业发展战略"明确了机器人产业等7个产业领域为重点发展产业。2015年年初，日本政府公布了《日本机器人新战略》，提出三大核心目标，即世界机器人创新基地、世界第一机器人应用国家、迈向世界领先的机器人新时代，在其五年行动计划中，明确提出"研究开发下一代机器人中要实现的数据终端化、网络化、云计算等技术"。

虽然美国、德国、日本在机器人行业发展均处于世界领先地位，但它们的优势领域各不相同。

美国的主要优势在于系统集成、环境感知技术，在医疗机器人和军用机器人等领域居首。技术优势体现在：性能可靠，功能全面，精确度高；智能技术发展快，其视觉、触觉等技术已在航天中广泛应用；高智能、高难度的军用机器人、太空机器人等发展迅速，主要用于扫雷、布雷、侦察、站岗及太空探测方面。

日本在微电子技术以及机械电子一体化技术方面居于世界领先地位，将电子技术、信息技术和控制技术融合于传统的机械技术中，为产业发展奠定了坚实基础。在工业机器人、家用机器人方面优势明显，特别是仿人机器人技术领先。

德国在工业机器人以及在机器人系统化解决方案的制定方面处于世界领先地位。技术稳定性强是其主要特点之一。而从整体运行成本、维护成本和设备的稳定性等方面都是其优势。

8.2.2 工业机器人现状

8.2.2.1 国内外发展概述

以欧洲、美国、日本为代表的工业机器人技术日趋成熟，从伺服系统、精密减速器、运动控制器三大核心零部件的核心关键共性技术，到系列机器人本体、典型行业工艺与集成应用、多机协作与网络协同控制等关键应用技术，都已到达实用化水平。以 ABB、库卡、发那科和安川为代表的"四大家族"工业机器人国外企业，占据 60% 以上的市场份额[1]。与此同时，机器人领域国际巨头和行业新锐都已实现了本体轻量化、大负重自重比、具有柔顺力控制和智能感知功能的新一代工业机器人技术，部分产品已推向市场。

我国工业机器人技术在多个领域已实现了技术突破，产业已经初具规模。初步突破了国产电动机及其驱动、减速器、控制器的关键技术研发和小批量试制，并在国产机器人上实现小批量应用；在应用及系统集成方面，经过多年的积累，已在汽车、航空航天、工程机械等多个领域开展了大量的应用集成，在搬运、焊接、喷涂、装配等多个作业环节上攻克了系列关键技术问题，实现了单机、多机协同的现场应用。培育了以新松、博实、广州数控、安徽埃夫特、南京埃斯顿等多家机器人主机和系统集成骨干企业。在工业机器人领域，我国已形成了工业机器人全系列的产品，实现了初步产业化，在多个领域得到广泛应用，我国新增装机量中国产自主品牌工业机器人所占比重从 2012 年不到 10% 上升到 2014 年的 29%，其中自主导引车（AGV）占据国内市场的 90% 以上。

8.2.2.2 工业机器人机构技术

近年来对于工业机器人本体设计的研究重点主要在于机构设计与优化、结构设计与优化、传动系统设计、关键部件设计技术等方面。

机构设计与优化主要包含机构型选择、尺度参数设计与优化等。随着非冗余串联机器人在工业中的成熟应用，研究人员开始将研究重点转向冗余机构的构型设计及尺度综合，七自由度、八自由度冗余构型开始得到应用，如 2012 年安川推出 SDA 系列七自由度机械臂，具有类人体积、高速、高精度、高灵活性的特点[7]；库卡联合德国宇航中心推出的新一代机器人 LBR iiwa 采用七自由度构型，增加了灵活性能，实现了狭小空间作业等能力[8]；2016年德国 KBee 公司研发的协作型机器人 Frnaka Emika 采用肘部偏置式的七自由度构型，在消除夹点、增加安全性的同时增加了工作范围[9]。随着技术发展，双臂机器人也成功应用到工业生产中，安川推出 15 个自由度机械臂双臂机器人，手臂采用七自由度无偏置式构型，在装配和处理工件上的能力与人类处于一个等级；2014 年 ABB 公司推出的 YuMi，采用双臂七自由度偏置式构型，在动作灵活性及拟人性上有了质的飞越[10]。我国也对冗余自由度机械臂构型展开了研究，但真正能够成熟应用的产品很少，大多还处于实验室研发阶段，如新松公司分别于 2015 年和 2016 年推出的七自由度单臂及双臂柔性机械臂、中国科学院沈阳自动化研究所研发的七自由度协作型机器人 SHIR5、北京大学研发的七自由度单/双臂机器人 WEE 等。

在并联机器人方面，型综合与数综合研究主要是通过旋量、图论、群论等理论，主要研究包括：文献［13］利用完善了 GF 集的理论体系，开发基于该理论的并联机构型综合软件原型，为并联机构的设计应用提供了实用工具；提出无运动奇异性的冗余平面并联机构，能够无限旋转，解决了并联机器人末端执行器无法无限旋转的问题，拓展了应用范围；文献［14］基于旋量理论进行机构综合和设计，研究变胞机构和可重构机构；对含闭环机构的 Delta 并联机构进行了改进，并完成了运动学和动力学以及控制研究。文献［15］借助达朗伯原理建立了平面 PRRRRP 并联机构弹性动力学方程，指导了并联机器人结构参数设计。

结构设计与优化涉及材料选择、结构件的轻量化设计与优化、人机工程学设计等。传统的工业机器人多使用铝合金和钢材制造，近几年来随着新材料的出现，开始尝试采用高强度、高刚度、低密度、大阻尼的新材料如碳纤维、锂铝合金等，在降低自重、保证刚度的同时，获得高负载自重比、高动态性能的优点。Codian Robotics 的 delta 型机器人使用碳纤维、钛、阳极电镀铝、316 不锈钢和塑料等多种材料组合，降低自重的同时提高了自身刚度[16]；ABB 的 YuMi 采用刚性镁铝合金作为骨架，在非承力部位采用软材料填充，实现了小惯量的安全性设计[2]。结构件的轻量设计与优化的目标是求解具有最小重量的结构，同时满足一定的约束条件，以获得最佳的静力或动力等性态特征，也可以大幅减重的同时得到较满意的刚度效果。在机构的设计及优化上，存在着尺寸优化、形状优化、拓扑优化三个层次。目前在拓扑优化方面，更多的是使用商业软件，如 OPtistruct、ANSYS、TOSCA 等。拓扑优化的目的是在满足结构约束情况下，通过给每个有限元赋予内部伪密度的方法，寻找零部件材料在一定的设定空间内的最佳分布方案，使结构变形能最小（即刚度最大）。

传动机构要求结构紧凑、传动刚度大、回差小、效率高、寿命长等，保证传动双向无间隙。目前采用较多的传动系统包括齿轮传动如 PUMA，谐波传动如 LBR iiwa，摆线针轮行星如焊接机器人前三个关节，平行四连杆机构如码垛机器人，行星轮传动如 MRRES 模块化机器人等[3]。

国外对核心零部件的研究主要集成在轻质、高能密度方面，如日本的 Nabtesco、Harmonic Drive，美国的 Kollmorgen 等。我国虽然在核心部件研究有所欠缺，但也取得一些成果，如苏州绿地的谐波减速器、广州数控的伺服电动机、秦川机床的 RV 减速机等，另外一些研究单位和高校对于电动机、谐波减速器等做了一定的研究，如哈尔滨工业大学在借鉴国外先进技术的基础上自主研发了无框力矩电动机、电磁制动器等，并应用到多款柔性机械臂中[17]；中科院沈阳自动化研究所基于谐波减速器设计的内嵌式扭矩传感器，成功应用到自主研发的模块化机器人中，避免了机器人关节中引入扭矩传感器等柔性元件造成的刚度问题[3]。

8.2.2.3　工业机器人控制技术

工业机器人是一个复杂的、多输入和多输出的非线性系统，具有强耦合、时变以及非线性等动力学特性，其控制过程相当复杂。由于机器人参数测量与建模的不精确，加上机器人负载以及工业外部干扰的不确定性，在研究机器人控制问题时，实际上无法获取到机器人完整、精确的对象模型，工业机器人的特定应用环境，决定了它必须面对各种不确定性因素的存在。另外，协作型机器人在与人配合工作的过程中，不得不综合考虑各种不确定环境因素，例如：接触、碰撞、避障等。目前广泛应用于实际系统中的机器人控制方法主要有 PID 控制和计算力矩控制方法。

PID 控制器结构简单，不依赖机器人系统动力学矩阵的惯性结构，只需根据实际轨迹和期望轨迹的偏差进行负反馈。由于 PID 控制器忽略了系统中非线性因素的影响，因而属于线性控制器，这类方法有两个缺点：一是无法实现高精度跟踪控制，且难以保证受控机器人具有良好的动态和静态品质；二是由于机器人的非线性特点，需要较大的控制能量。

计算力矩的控制思想为：利用机器人的动力学模型，在控制回路中引入非线性补偿，使这个复杂的非线性强耦合系统实现近似全局线性化解耦。该方法是典型的考虑机器人动力学模型的动态控制方案，其控制量的确定以及控制目标的实现主要依赖于精确的系统动力学模型。由于测量技术水平的限制，机器人很难预先获得精确的数学模型，且存在摩擦干扰等不确定因素的影响，再加上机器人所处特殊环境时会造成系统参数发生变化，这些均对计算力矩控制法的应用构成很大挑战。

为进一步提高 PID 的控制特性，广大学者进行了深入的研究，将其与智能控制相结合，实现智能算法与 PID 控制的优势互补，取得了不少成果。常见的智能 PID 控制主要有：模糊 PID 控制、神经网络 PID 控制、专家系统 PID、变结构 PID 控制等。另外，广大学者也提出了很多先进控制方法，如自适应控制、鲁棒控制、变结构控制、滑模控制等。

8.2.2.4　高精度运动规划

轨迹规划是讨论在关节空间和笛卡尔空间中机器人运动的轨迹及轨迹生成办法，包括关节空间规划方法、笛卡尔空间规划方法、轨迹优化以及无碰撞轨迹规划等问题。关节空间规划的主要方法为三次多项式插值法、五次多项式插值等。北京理工大学提出基于傅里叶余弦级数的关节空间轨迹规划函数，能减弱柔性关节机械臂的残余振动[18]；中国科学技术大学对关节轨迹的执行时间进行归一化处理，并提出五阶关节运动轨迹插值算法，保证关节位置轨迹、速度轨迹和加速度轨迹的连续性[19]。笛卡尔空间规划方法是直接按末端执行器在直角坐标的位置和姿态，对时间函数进行规划，其路径形状是规则曲线，目前主要方法包括直线插补算法、圆弧插补算法、螺旋曲线插补算法、笛卡尔空间姿态插补方法等。ABB 公司研发的 True Move TM 和 Quick Move TM 运动控制软件，在提高运动速度和加速度的同时保证了运动精度；KEBA 推出的 KeMotion 控制系统能提供高效的 KeMotion 轨迹，获得优良的运动性能及动态性能；北京理工大学实现机械臂关节空间与末端笛卡尔空间的相互转换，对机械臂末端特殊任务的轨迹进行了规划，得到各关节的轨迹、速度以及加速度，均十分光滑连续[18]。轨迹优化中常用的优化准则有时间最优轨迹规划、能量最优轨迹规划、冲击最优轨迹规划和综合最优轨迹规划。无碰撞路径轨迹规划的代表性方法有 C-空间法、人工势场法、动态规划法、柔性路径规划法、基于拓扑学的方法以及启发式搜索方法等。哈尔滨工业大学进行了双机器人协调轨迹规划，提出双机器人布局的理论，利用遗传算法完成布局优化，系统稳定性和灵活性都有提高[20]；华南理工大学研究基于八叉树结构的层级式碰撞检测球体模型，解决了双机器人碰撞检测中的距离计算问题，成功实现了双机器人系统离线避碰路径规划和优化[21]。

8.2.2.5 机器人标定方法

标定是运用先进的测量手段和适当的参数识别方法辨识出机器人模型的准确参数，从而提高机器人精度的过程。机器人标定技术可以划分为三个不同的层次：关节级，决定关节传感器值与实际关节值之间的关系；标定完整的机器人运动学模型，描述连杆的几何参数和齿轮或关节柔性的非几何参数；动力学级，标定不同连杆的惯性特征等。

前两级有时被称为静态标定或运动学标定，又可细分为基于运动学模型的参数标定、自标定及基于神经网络的正标定和逆标定。前两种标定方法之间存在着共同的问题：如何选择合适的标定模型来精确反映所标定的实际机器人结构、采用何种方法来对误差参数进行精确测量辨识与补偿。

标定分为建模、测量、参数辨识和补偿四步。基于运动学方程，建立机器人误差参数与末端位姿之间的方程，即为误差模型。通过测量方法（如机械测量、非接触测量等手段）记录机器人多个位姿关节值，得到一系列方程组，进而通过一定的数学方法，求解其中的未知量即参数误差，最后使用一定的方法来消除这些误差，这就是误差补偿。

目前国内外关于误差建模的研究主要分为微分法、误差传递矩阵、微小位移合成法、矢量法等。法国 Institut de Recherches en Communications et en Cybernétique de Nantes 将假象弹簧扩充到 6 维，计算了被动关节的弹性变形，进一步精确了柔性机械臂误差模型[22]。中国科学院沈阳自动化研究所提出了基于距离误差的机器人运动学标定模型，避免了标定过程中坐标测量结果从测量设备坐标系向机器人基础坐标系变换带来的误差[23]。天津大学在位置标定模型的基础上，研究了两步法标定模型，实现了分步标定机器人运动学参数和坐标系转换矩阵中与角度和位置相关的误差，提高了标定后机器人末端位姿补偿精度[24]。

在标定过程中，测量系统的精度直接决定了标定精度。用于机器人静态精度标定的测量系统包括双经纬仪测量系统、球杆仪、三坐标机及关节型多杆随动测量系统等。国内外也有较为成熟的产品推出，如加拿大 NDI 的三维视觉测量装置、瑞士 Leica AT402 绝对激光跟踪仪、FARO Laser Tracker 激光跟踪仪、Dynalog 机器人标定设备等。新松公司结合辨识法和几何法的优点，提出基于双轴倾角传感器的新零位标定方法[25]；加拿大 Montreal 大学在机器人末端添加延长辅助机构，研究分析了负载对工业机器人标定结果的影响[26]；北京理工大学自开发的刚度测试设备，通过实验手段对柔性关节动力学模型的力学参数进行测量，得到的柔性关节动力学模型更加精确[18]。

参数辨识是一个标准的非线性或线性最小二乘优化过程，常用的算法有最小二乘法。该方法无须考虑系统或扰动的任何先验信息，但计算量大，且需优化轨迹；Le-venberg-Marquardt 算法将牛顿法和最陡下降法相结合，具有很强的局部收敛性能、收敛速度快、鲁棒性强，但相同误差收敛条件下所需内存大；扩展卡尔曼滤波法作为处理非线性系统的经典方法，将非线性函数在估计点附近进行泰勒级数展开，可以处理状态估计中的不确定性及假设情况下的测量。近年来，许多学者提出了一些提高参数辨识效率的理论问题。Norwegian University of Science and Technology 提出更先进的参数估计方法的应用——极大似然估计，应用于运动学参数辨识[26]；新松公司提出基于柔性变形补偿的运动学参数辨识方法，并将其成功应用在 SR210B 型机器人的运动学参数辨识中[23]。

目前误差补偿的方法可以归纳为关节空间补偿、微分误差补偿、基于神经网络的实时误差补偿等。天津大学提出适合工业现场的温度误差补偿方法，在兼顾加工效率的同时减小了环境温度变化和机器人自身发热对加工精度的影响。

8.2.2.6 人机协作

在人机协作方式方面，美国西北大学将物理性人机交互分为两种形式：Hands-off-pHRI 和 Hands-on-cHRI，为协作型机器人的研发奠定了基础[27]。ISO/TS 15066 标准规定了四种能够实现协同操作的方式，包括具有安全等级的受控制动、手动引导、速度和间距监控、功率和力限制，并对四种方式的要求、风险等进行分析[28]。

人机协作安全设计可分为被动安全机制和主动安全机制[27,29]。被动安全机制是通过设计来达到安全性，具有高稳定性的优点。主动安全机制通过轨迹规划以及控制等手段来达到安全的物理性人机交互，具有针对性、通用性的优点，但稳定性较差，存在不可预知的风险。被动安全机制包括机器人本体轻量化、功率和力限制柔顺机构、缓冲材料、柔顺关节等。美国 Barrett Technology 公司研发的 WAM ARM 机器人采用绳轮传动，电动机等都安装在基座上，使臂杆惯量小，即使以最高速打到人体上也不会产生危险；日本 Kawada Industries 公司研发的 NEXTAGE 机器人使用 80W 低功率电动机，无法产生使人受伤的力；德国 KBee 公司研发的 Franka Emika 机器人采用柔顺轮廓设计；日本 FANUC 推出的 CR-35iA 机器人包裹一层柔软的橡胶外套，用于减少与人类接触的压力和缓冲冲击力，同时可以减少夹持点和锐边；美国 Rethink Robotics 公司研发的 Baxter 和 Sawyer 机器人，采用串联弹性驱动机构驱动关节。相比于刚性驱动，弹性驱动更加符合安全要求。从目前来看，单一的被动或者主动安全机制已经无法良好地解决物理性人机交互的安全问题，应与其他安全策略结合，提高人机交互的安全性能[6]。

8.2.2.7 AGV 自动导引车技术

AGV 自动导引车是在计算机和无线局域网络的控制下，经导航装置引导并沿程序设定路径运行完成作业的无人驾驶自动小车。AGV 在国内外已有大规模应用，目前的案例是 AGV 在室内应用较多；但随着需求的发展，户外或半户外 AGV 技术将逐步完善和进入应用阶段。

AGV 的研究主要为 AGV 本体、自主导航技术、地图创建技术等方向。AGV 本体研究主要涉及机械结构、移动机构、控制装置等。目前 AGV 自动导引系统应用的导引方式有直接坐标、电磁导引、磁带导引、光学导引、激光导航、惯性导航、视觉导航和 GPS 导航等。

第**8**章

AGV 地图创建可分为离线创建和在线创建。另外一些新的技术和理论被应用到 AGV 中，如柔性作业车间环境下 AGV 系统单向导引路径网络设计模型、SLAM 最优解、路径规划问题等。

8.2.2.8　视觉感知

机器视觉系统可以分为 2D 视觉感知和 3D 视觉感知。2D 视觉感知可分为引导、测量、检验、识别等。3D 视觉感知系统可以划分成离线建模和在线识别两部分，离线建模主要是通过视觉扫描设备扫描三维物件的三维模型；3D 识别技术从特征类型上可以分为基于目标形状的识别方法和基于目标表面特征的识别方法两类。

伊利诺斯大学于 2006 年描述了机器人视觉伺服系统的一般框架[30]，并对基于位置的视觉伺服系统和基于图像的机器人视觉伺服系统的结果及稳定性进行了分析；于 2007 年针对由图像噪声引起的参数不稳定问题[31]，描述了通过双面视觉的极限约束去估计机器人视觉伺服系统参数的方法以及运动物体的追踪方法。以上研究对工业机器人视觉伺服控制的研究起到了引导作用。

机器人视觉伺服系统需要对目标进行识别和定位。美国麻省理工学院针对静态图像的目标检测问题，提出直接从样本中学习特征，不需要任何先验知识、模型或者运动分割的框架，该类方法在机器人二维视觉的定位识别中广泛应用[32]。英国剑桥大学使用积分图用于图像特征表达，针对图像的检测问题，采用了级联分类器的方法，实现对运动目标鲁棒实时检测。美国芝加哥大学将 HOG 与支持向量机相结合，提出了可变形部件模型，成为近年来最受欢迎的目标检测模型之一[33]。近年来随着深度学习技术的发展，出现了大量基于深度学习机制的工业机器人目标检测方法，通过对场景进行准确的识别和定位，能够提高工业机器人视觉伺服控制的精度[34]。

在国内，北京理工大学针对机器人线结构光视觉系统中的线结构光视觉传感器标定、机器人手眼标定和基于图像控制的机器人视觉系统自动标定问题，提出基于两消隐点正交几何特性的摄像机内参数标定方法，使标定精度能够满足毫米级测量要求[35]。浙江大学提出并实现了基于最小化重投影误差的工业机器人手眼标定优化算法[36]。中国科学院沈阳自动化研究所[37,38]针对工业机器人手眼立体视觉的机器人定位问题，提出手眼标定方法，无需求解摄像机外参数和手眼变换矩阵，仅获取标定时刻的摄像机综合参数和机器人位姿，就可以在机器人基坐标系中视场范围内的任意两点进行检测，根据立体视觉的约束关系求解出目标物体在机器人基坐标中的位置，进而实现对目标物体的精确定位；针对机器人视觉测量系统中手眼标定的问题，提出将摄像机外参数矩阵和手眼矩阵合在一起标定的新方法，减小了误差，提高了测量精度；完成工业机器人 3D 目标识别系统可对任意复杂模型进行有效识别，并进行位姿估计，对复杂场景中存在的光照、遮挡、目标混淆等干扰，鲁棒性好，定位精度高。北京航空航天大学[39]针对工业机器人视觉伺服控制系统对抓取物的模糊识别问题，提出基于 walsh 变换的基元模式识别特征的定义方法，可从少量的采样点中识别出对象，具有较好的实时性。

8.2.3　特种机器人现状

8.2.3.1　国内外发展概述

国外特种机器人技术具有较高技术成熟度和工程化水平，在航天、军事、反恐防暴等领域应用成果显著。以美国"机遇号"和"勇气号"火星探测机器人以及欧洲"菲莱"彗星探测机器人为代表的空间机器人，代表了空间机器人技术的最高水平；以欧洲、美国、日本为代表的双足、四足、扑翼、水下等仿生机器人在功能仿生与机构设计、高功率作动与柔顺控制、智能感知与自主导航等方面取得了突破性进展，其中美国波士顿动力公司四足仿生机器人已在美国海军太平洋军演中得到了应用；美国、欧洲等国家和地区在反恐防暴、现场侦查等特种应用领域，形成了系列机器人产品，达到了一定的产业规模；空中侦查与打击、地面作战与爆炸物拆除、战场支援与后勤保障等军用机器人已应用于实战场合，开启了现代局部战争的新模式。随着高性能仿生、高速作动、多模感知以及新能源、新材料在特种机器人领域的应用，将推动国际特种机器人技术水平达到一个新的高度。

我国部分特殊环境服役机器人进入实际应用。已经成功研制出 6000m 自治水下机器人、长航程水下机器人、7000m 水下潜水器（蛟龙）、系列化作业型水下机器人（ROV），为谱系化水下机器人研究与规模化应用奠定了坚实的基础。研制出多种长航程南极科考移动机器人样机，在极地科考实现初步示范，为进行南极大时空范围科考提供了技术保障。自主研发的多种型号核裂变堆运行维护机器人已经投入使用，打破国外垄断，为核能源安全利用提供了技术手段。同时，研制出灾难救援、公共安全等多种型号机器人样机，部分机器人在芦山地震救援中实现了初步示范应用。

8.2.3.2 地面机器人

通常，地面机器人系统包括移动机构、环境感知、环境建模、本体感知、运动规划、跟踪控制等几个方向。

（1）移动机构

移动机构直接确定了该机器人的工作空间与范围，按照运动形式可为轮式机构、履带式机构、腿式机构、组合式机构以及其他运动形式机器人。

轮式机构机器人对平坦路面的适应性好，运动速度快，且容易控制，但对地面的变化敏感，平稳性较差。技术研究难点与热点主要集中在轮的转向结构，包括阿克曼转向机构滑动转向、全轮转向、轴-关节式转向及车体-关节式转向。

履带式机构机器人地形适应能力强、接地比压小，并且结构紧凑、载荷能力大、平稳性好，但是能耗较高，尤其在机器人需要转弯时，能耗更大。履带式机构可分为单节双履带式、双节四履带式、多节多履带式及自重构式移动机器人。斯坦福大学、中国科学院沈阳自动化研究所、山东大学、哈尔滨工业大学等都开展了模块化可重构履带机器人的研究。

腿式机构机器人在地面实现离散点触式前进，可以适应多种路面，越障能力强，但缺点在于控制困难，移动速度较慢，容易翻覆。日本本田公司从 1993 年至今已经推出 P 系列 1、2、3 型和"ASIMO"双腿步行机器人[40]。由波士顿动力学工程公司研发的四足机器人 Bigdog 的行进速度可达到 7km/h，能够攀越 35° 的斜坡，可携带质量超过 150kg 的武器和其他物资。在国内，山东大学、国防科技大学、哈尔滨工业大学等都开展了四足机器人的研究。

为了克服几种基本类型移动机器人的缺点，发挥其优点，人们将两种以上的移动机器人类型的结构组合。常见的类型有轮履复合式机器人、腿轮式机器人以及腿与轮和履带组合式机器人。采用此种结构形式，既可以充分发挥轮式的快速性，又可以突出履带式良好的地面适应性。

其他的运动形式机器人包括无肢运动机器人和跳跃机器人。无肢运动是一种不同于传统的轮式或有足行走的独特的运动方式，目前所实现的无肢运动主要是仿蛇机器人。跳跃作为一种独特的运动方式，引起学者们的注意。跳跃实现的位移大，且能够越过数倍甚至数十倍自身尺寸的障碍物，适用于非结构路面。

（2）环境感知

环境感知是通过各类环境传感器（二维/三维激光测距仪、单目/立体视觉相机、雷达等）获取机器人周边的环境信息，并对获取的数据进行分类、目标识别、静/动态障碍物检测等操作。根据处理感知数据的方法不同，分为本体感知数据处理和基于外感知数据处理。加州理工学院[41]将本体感知数据与外感知模块相结合，估计远距离处的地形的可通过性。卡内基-梅隆大学[42~44]利用傅里叶分析将一系列表征地形粗糙的参数提取出来；利用激光雷达数据的分散程度、表面粗糙程度以及线性程度对数据进行分类，从而对自然地形进行分析。加州大学圣地亚哥分校[44]利用正障碍物、负障碍物、阶跃边缘障碍物、边坡陡度以及地形粗糙程度来表征地形的可通过性；提出了一种基于对象的提取方法，对对象尺寸、大地以及自由空间的深度特征，对象点云的密度信息，可见度信息进行处理，最终完成对象检测任务。

（3）环境建模

环境建模的方法主要有 2D 占据栅格地图、2.5D 高程图、3D 栅格地图、点云地图。2D 栅格地图是获取相对于车体坐标系下的环境信息，把环境信息投影到车体平面坐标系下，建立二维栅格地图，并根据每个栅格的被占据的概率，把环境信息分为可通行、不可通行和未知三种情况。这种方法可以快速地构建平面地图信息，在相对平坦的道路环境中得到广泛应用；但由于 2D 占据栅格地图只能描述当前栅格被占据的概率，对于动态障碍物信息以及环境中的细节信息描述不足，难以有效地描述栅格内的环境特征，因此不适合在野外场景中的环境表述，尤其对局部路径规划中局限性比较大的情况。在 2.5D 高程图中，栅格储存了环境中的高度信息，可以在规划中考虑道路的高度信息。

（4）本体感知

基于各类本体传感器获取或估计机器人运行状态信息。常见的运行状态包括机器人在三维空间下的位置和姿态。在无法精确获取完整的本体传感器数据的情况下，通过融合本体传感器数据及环境传感器数据的方法对机器人本体状态进行估计。常见的融合方法包括视觉里程计、同时构图与定位（SLAM）算法等。使用激光雷达或者相机进行增量式运动估计，通常称作激光/视觉里程计，通过提取扫描点云的角点和边来构建帧与帧之间的数据关联。

基于视觉的方法通常包括检测、匹配或者跟踪图像上的静态特征点，基于特征的里程计方法要求环境特征信息丰富。2014 年苏黎世联邦理工大学提出了 SVO（Fast Semi-Direct Monocular Visual Odometry）[46]，这种半稠密的方法结合直接图像对齐法和基于特征法的优点在速度及鲁棒性上都得到的很好的验证结果。2014 年德国[47]提出 LSD-SLAM（Large-Scale Direct Monocular SLAM）算法，是基于图像灰度进行直接对齐而不是基于特征点来获得高精度的运动估计，同时能够得到大尺度并且相对稠密的环境地图。

（5）运动规划

基于机器人本体移动能力在局部或全局的环境地图中规划出连接初始状态及全局/局部目标状态的可行路径。地面机器人运动规划按方法分为图搜索算法、随机搜索算法、数值优化、人工势场算法与基于人工智能思想的规划算法。

经典的图搜索算法有 Dijkstra 与 A^*。基于概率的规划器，首先其路图的构造是基于概率的，主要有两种基本方法——随机路图法（PRM）和快速探索随机（RRT）。基于优化的运动规划方法是通过针对特定系统构造待优化的函数，其中该优化函数还需满足不同的约束。这种方法的好处是，需要考虑的特性可以变成约束加入到数值优化中。人工势场法在处理障碍物的局部避碰问题时，具有实时性好、比较实用的优点，因此局部避碰经常使用基于势场的方法；缺点是存在局部极小值问题。基于人工智能的方法包括神经网络算法、增强学习算法、遗传算法、蚁群算法和粒子群算法。

（6）跟踪控制

跟踪控制是基于机器人运动规划的全局路径及局部轨迹，控制机器人的各个执行机构以跟踪已规划的路径。目前，移动机器人跟踪控制方法主要包括 PID 控制算法、反馈线性化算法、自适应控制算法、智能控制算法、滑模控制算法。

非线性状态反馈方法主要通过非线性状态反馈，基于移动机器人运动学模型，设计非线性状态反馈控制律，对机器人的非线性进行完全补偿，得到一个闭环系统，然后可以利用成熟的线性控制理论，如极点配置、小增益原理等补偿不确定因素影响，使系统达到一定的鲁棒性能要求。

智能控制方法中应用比较多的是模糊控制和神经网络方法。日本佐贺大学提出运用模糊推理的鲁棒自适应控制方法，运用模糊对立方法配合自适应方法来辨识不确定性的上界。延世大学[48]针对具有模型不确定性的机器人提出了一种输出反馈跟踪控制策略，系统输出反馈的观测器-控制器结构由模糊逻辑实现，从而在具有外部扰动和负载不确定的情况下，保证了系统的鲁棒跟踪性能。

滑模控制算法的基本思想是针对不同的移动机器人的模型表达式，设计一个适当的滑模面，在此基础上设计反馈控制律将系统驱动到滑模面上来实现期望参考轨迹的跟踪。美国伊利诺大学[49]首次提出了应用于机器人控制的变结构控制器。长安大学[50]针对含有未知参数的移动机器人运动学模型，利用自适应反演控制技术，构造了具有全局渐近稳定性的自适应轨迹跟踪控制器。中国科学院自动化研究所[51]采用自适应反演控制算法的思想设计了变结构控制的切换函数，构造了具有全局渐近稳定性的滑模轨迹跟踪控制器，实现了全局渐近跟踪。

8.2.3.3 水下机器人

(1) 总体优化设计技术现状

水下机器人（UUV）是典型的多学科交叉耦合的复杂集合体。总体设计涉及水动力外形、耐压结构、能源、推进、操纵与控制等众多方面，还需进行制造成本与运行费用、进度与风险、质量与寿命的分析。优化设计技术在总体设计阶段的工作不但包括基本的学科性能分析，还包括可靠性、维修性、全寿命周期费用、研制风险和周期、作业效能等分析，从而得到总体性能最优的设计方案。

多学科设计优化技术发掘和利用不同学科和目标之间的相互作用产生的协同效应，从系统角度进行优化设计。2002年，美国海军研究所发起水下武器设计与优化项目，旨在为鱼雷、导弹等水下航行装置开发基础性的计算工具和协同设计虚拟计算环境，给设计更快、更高效和价格适中的水下航行装置提供一个平台[52]。2010年，密歇根大学[53]在潜水艇概念设计中应用该方法研究相关性能。国内，上海交通大学对载人潜水器的多学科设计优化开展了理论研究[54]；"十一五"期间，我国7000m载人潜水器课题组开展了多学科设计优化在载人潜水器设计中的应用研究[55]。

(2) 智能控制体系现状

UUV需要在无人干预或少量干预的情况下完成任务，其控制系统需要解决多方面的问题：常规问题，如信息的采集与处理、运动求解、故障诊断、组合导航、环境建模等；智能领域问题，如使命规划、情景评价、机器学习等[56]。UUV的体系结构，即使命管理、信息处理和系统控制的总体结构，是将机器人各子系统集成为一体的逻辑框架，定义了各模块的功能及其相互关系，与机器人的自主能力和智能水平有重要关联。

国际上开展的研究大部分是围绕机器人能力展开的，侧重于机器人开发的通用化体系结构的研究才刚刚起步。在体系结构评价准则中，模块化、可移植性、标准化和通用化显得越来越重要。因为传统的体系结构倾向于针对使命的整体化编程，对于如何构造模块化的、可再利用的程序组件上没有太多的指导。因此，研究和设计通用化的UUV控制体系结构是未来发展需要解决的一项关键技术。

（3）机动目标定位追踪技术

利用 UUV 实施海洋中其他机动目标的定位与追踪，是应用的一个关键问题。由于对机动目标探测采用主动方式存在诸多弊端，因此在实际应用中通常采用被动方式进行目标探测。在基于被动探测的机动目标追踪系统中，UUV 受到水下环境噪声、平台噪声、多途效应、多杂波、低信噪比、信号滞后等多种因素的限制；由于 UUV 平台尺度的限制，无法搭载大尺度目标探测传感器，由此引起的一系列难题使 UUV 对机动目标的定位追踪技术成为制约该应用发展的关键技术之一。

在以美国为代表的海军网络中心战的牵引下，UUV 开始装备面向远程探测的被动声呐设备，并开展了机动目标定位追踪技术研究。如意大利 SACLANTCEN 水下研究中心和美国 MIT 大学合作，在 Odyssey Ⅱ UUV 安装了艏鼻阵，用于主被动目标的定位与追踪；美国利用艏部安装的线列阵用于对水下目标进行远距离精确探测。

（4）通信技术现状

网络化是 UUV 发展和应用的重要趋势。通信是实现网络化的基础，其涉及岸基监控中心与网络的通信、网络内各节点的通信、UUV 网络与其他网络之间的通信等。UUV 网络的通信方式主要包括无线电通信、激光通信以及水声通信等。

无线电通信是路基、空基、天基等网络广泛采用的通信方式，但由于其通信距离较近，难以实现长距离的水下通信。无线电通信是 UUV 网络通过海面或近海面通信节点与岸基监控中心或其他空基、天基等网络通信的主要方式。

激光通信是以大气、其他介质或自由空间为媒介，让载波激光传输有效信息的通信技术。水下激光通信存在脉冲衰减、散射、折射、时间展宽、背景干扰等多种困难。因此，小型化、低功耗、稳定可靠的水下激光通信装置和通信技术尚不成熟，距离全面实际应用仍存在一定距离。

水声通信是目前水下通信的主要手段，在 UUV 网络中发挥着不可替代的作用。由于在复杂海洋环境中受声音传输速度慢，且受到多途效应、噪声、混响等影响，水声通信面临着通信带宽窄、延时大、误码率高等问题。目前国内外针对高速、远程水声通信已经提出了多项技术，包括信号调制解调、信道均衡、高效的通信协议等，高效、高速、可靠的远程水声通信技术正逐步成熟。在发射端及接收端都装配多个天线的 MIMO 无线通信技术，由于可获得极高的频谱效率，被认为是实现高速水声通信的一项关键技术。此外，水声组网通信也是需要重点研究和解决的技术，主要包括网络结构优化设计、网络通信协议优化设计和网络管理技术。

（5）能源技术现状

为了实现 UUV 长期有效运行，持续可靠的能源是需要解决的一项关键技术，主要涉及高效能源技术、节能控制技术、能源补给技术和海洋能源利用技术四个方面。

① 高效能源技术　由于可容纳能源的空间有限，携带体积小、容量大的高效能源是实现 UUV 系统长期运行的一种最为直接的途径。目前 UUV 广泛应用的能源主要是一次电池和二次电池，如铅酸电池、镍镉电池、镍氢电池、银锌电池、锂离子电池、燃料电池等。锂离子电池是近年来在水下得到广泛应用的二次电池；燃料电池是在等温条件下直接将储存在燃料和氧化剂中的化学能高效地转化为电能的发电装置。

② 节能控制技术　包括设计传感器的探测策略进而降低其功耗，设计控制策略降低控制系统的功耗，设计休眠唤醒等机制来降低通信、动力等系统的功耗等。

③ 能源补给技术　包括通过能源中心进行能源补给，补给的方式为充电或者更换能源模块。能源中心为 UUV 实现能源补给，主要采用充电方式。因此，能源补给主要涉及充电设施的识别和对接技术、快速高效补给技术以及非接触式的电能传输技术等，关于水下湿插

拔和非接触式充电，国外已有相关产品出售，我国的产品在可靠性和成熟度等方面还存在一定差距。

④ 海洋能源利用技术　海洋蕴含着巨大的能源，包括海流能、温差能、沉积物能等。如何利用海洋能源，实现 UUV 在运行过程中的能源再生，将是解决系统能源问题的前景广阔的手段。关于海洋能的利用，国内外已经开展了大量的研究工作，但实现大功率、小型化、长期稳定可靠工作的海洋能装置还需深入研究。

(6) 导航定位技术现状

UUV 在海洋探测应用中，需知其精确的自身位置。由于在水下作业过程中，无法接收 GPS 信号，因此，不直接依赖于 GPS 信号的高精度水下导航成为 UUV 的一个关键问题。当潜入水下作业时，由于声学定位系统难以为 UUV 提供高频率、实时的导航信息，因此在水下作业过程中必须采用自主导航系统，包括惯性导航系统（INS）和航位推算导航系统（DR）。自主导航系统都不可避免地存在累积误差：INS 定位误差随航行时间增加而增加，DR 定位误差随航行距离增加而增加，因此 UUV 在水下进行长时间作业时，需要借助声学定位系统为自主导航系统提供导航校正信息，以减小和消除自主导航系统的误差。常用的声学定位系统包括超短基线声学定位系统（USBL）和长基线声学定位系统（LBL），声学定位系统可以为水下作业过程中的自主导航系统提供高精度的位置校正信息。UUV 之间的协作导航也是实现水下导航的一种有效途径，其思想是将高精度导航功能的 UUV 视为移动的导航节点，进而实现低精度导航能力的 UUV 获得高精度的导航定位校正信息。

此外，新型的导航技术如地形匹配、地磁场重力场匹配等地球物理导航，以及基于自然环境特征的同步定位与地图构建（SLAM）技术等，则是解决高精度水下导航问题的关键，但是这些技术的应用仍有许多关键问题未得到完善解决。

8.2.3.4　飞行机器人

飞行机器人主要包括扑翼飞行机器人、固定翼飞行机器人和旋翼飞行机器人。扑翼飞行器是基于仿生学原理，采用与鸟类或昆虫相似的扑翼飞行模式，依靠翅膀的扑动与空气产生相对运动，能够同时产生升力和推力。目前，采用扑翼飞行原理设计的仿鸽子、仿蜂鸟、仿蜻蜓、仿蝴蝶的仿生扑翼机器人本体已被研制。

固定翼飞行机器人和旋翼飞行机器人都有比较成熟的飞行器本体，被称为无人机。固定翼无人机的原理是通过高速运动时流过机翼的气流产生的对机体的升力，具有飞行速度快、燃料利用率高的优点，缺点是必须要助跑才能起降。旋翼无人机是通过机翼的高速旋转使气流产生对本体的升力，具有垂直起降，定点悬停，机动灵活等的优点，缺点是飞行速度慢等，又可分为无人直升机、多旋翼无人机。

近几年一些具有混合体结构的飞行器也在逐步实现无人化，一般是结合固定翼和旋翼飞行器的特点，典型的如倾转旋翼飞机和 VTOL（vertical take-off and landing）固定翼飞机，结合了旋翼无人机的垂直起降、定点悬停的优点和固定翼无人机快速飞行的优点[57]；飞艇和动力翼伞，由于其具有负载能力强、稳定性好的特点，也被用于系统的无人化[58]。

由于扑翼飞行机器人的研究起步晚，其中的很多空气动力机理还无法得到彻底解释，大多数处在飞行器本体系统的设计、空气动力机理和动力学模型建立的初期研究阶段，因此无人机是目前主要的研究焦点。无人机的核心技术主要包括控制技术、导航技术、环境感知、路径规划、多机协同等，其中控制技术会随本体的变化有所不同，其余都是各种技术在不同本体平台上具有通用性。

(1) 控制技术

无人机根据自身运动状态自动地调节控制输入，使其能跟踪上状态的期望值。对于不同本体的无人机，系统模型会有很大的不同，但是空间六自由度运动刚体都是欠驱动、强耦合

第
8
章

的非线性系统。按控制算法来分，可以把无人机的控制技术分为线性飞行控制系统、基于模型的非线性控制器、基于学习方法的控制器。

线性飞行控制系统是比较传统的控制器，也是在开始研究阶段采用最多的控制器。它是在平衡的附近对系统进行线性化，在此基础上进行控制器的设计。缺点是当无人机做大机动飞行时会偏离平衡点，控制的性能将会下降，从控制理论的角度来说也很难证明闭环系统的渐进稳定性。它包括 PID 控制器、LQR 控制器和 H_∞ 控制器[59]。PID 控制器由内环和外环两个环路构成，内环是姿态控制环，外环是位置控制环，把内外环看成两个在时域上相互分离的系统。LQR 或 LQG 是被广泛应用于无人机领域的线性最优控制器。H_∞ 控制器是鲁棒性控制器的一种，是针对系统模型不确定和扰动提出的，已成功地应用于共轴无人直升机的姿态和高度控制上以及直升机的抗扰动控制[60]。

基于模型的非线性控制器是根据无人机实际系统的非线性动力学模型设计的控制器，以保证控制器在不同飞行状态的效果。主要方法有反馈线性化、自适应控制和模型预测控制（MPC）。反馈线性化通过非线性的坐标变换，把原有的系统状态变量变换到一个新的坐标系下进而使系统具有线性的形式，目前已经把反馈线性化控制器成功地用于无人机的特技表演[61]。自适应控制在系统存在未建模部分和参数不确定的情况下有较好的鲁棒性，包括把观测控制策略用于自适应控制器的设计，实现无人直升机的自主吊装[62]；自适应控制算法用于控制大机动转弯时的姿态和空速[63]。MPC 是用一个确切的模型预测输出，并通过在线的求解最优控制使得最终的输出误差最新，包括把 MPC 用于 ServoHeli-40 无人直升机上，在巡航时表现出比较好的跟踪性能[64]。

基于学习方法的控制器不需要系统的动力学模型，但是需要实际飞行的数据来训练系统。比较流行的是模糊逻辑、基于示教的学习和人工神经网络。模糊逻辑是把飞行员的知识转化为能够用于模糊控制系统的规则，开创性的工作是由 Sugeno 和 Griffin 在 1993 年开展的[65]，在 1995 年成功地应用于 Yamaha R-50 无人直升机[66]。基于示教的学习是根据飞行数据训练控制器，斯坦福大学用增强学习方法设计的控制器用于无人直升机的花式飞行[67]。此外，在基于学习的方法中还有一种就是人工神经网络也被用于无人机的模型辨识和控制当中[68]。

（2）导航技术

无人机的导航系统主要有惯性导航系统（INS）、全球导航卫星系统（GNSS）等。INS 主要利用惯性测量单元的信息估计本体的运动状态，在初始条件正确给定的条件下短时精度很高，缺点是位置和速度误差随时间而不断积累。GNSS 能提供高精度位置和速度信息，但导航信息更新频率低、动态性能较差，有遮挡的情况下信号容易丢失。为了满足导航精度与稳定性的要求，采用以 INS 为主、GPS 为辅的 INS/GPS 组合导航系统广泛应用于无人机系统[69]。组合导航实际上是一种采用多传感器信息融合的方法获取精确的运动状态信息，除 INS/GPS 外，在没有 GPS 信号或室内场景中还有基于视觉传感器的导航算法和基于距离传感器的导航算法。

（3）环境感知

无人机根据传感器信息获取自身所处环境的信息，如障碍物检测、目标识别、环境地图的构建。这些感知能力对于提高无人飞行系统环境适应能力和自主水平有重大意义，可分为基于视觉的被动环境感知和基于激光雷达的主动环境感知。

基于视觉的被动环境感知主要包括无地图情况下的障碍物检测、基于视觉的同步定位与地图构建（SLAM）和同步地图构建与规划（SMAP）。无地图情况下的障碍物检测主要是根据图像的光流信息、障碍物的已知特征和深度视觉信息来检测障碍物。基于视觉 SLAM 主要是集中定位和精确环境地图的生成，在此基础上检测障碍或引导飞行[70]。SMAP 侧重于环境地图构建，进而可以用于避障和路径规划。基于激光雷达的环境感知中，激光雷达可以提供关于环境结构的准确信息，而且具有较低的计算要求。

（4）路径规划

无人机根据环境信息、自身约束条件和需要执行的任务，规划出一条可以跟踪的路径使其能够顺利地到达目标点以完成任务。无人机具备在三维空间运动的能力，因此需要考虑三维规划问题。近些年来，针对外部环境约束对飞行机器人作业的影响，国内外学者开展了大量研究并提出若干具有代表性的方法，如 Road Map 方法[71]、势场法[72]、启发式[73]方法等。更进一步，面向飞行机器人应用场景，针对三维复杂环境，提出基于流体扰动的路径规划方法[74]；在某些情况下，仅考虑了外部环境约束对飞行机器人作业的影响是不够的，例如当发生故障或需要进行高机动飞行时，其自身的动力学约束会影响飞行机器人对路径的跟踪性能。针对高机动飞行，在加速度跟踪控制器基础上，引入飞行机器人动力学约束，并将环境约束转变为走廊约束，实现了高机动飞行[75]；文献［76］使用类似的策略，在路径规划的基础上加入包含动力学约束的轨迹规划，实现了飞行机器人在复杂室内环境下的全自主高机动飞行；针对故障问题，基于 differential flatness 的轨迹重规划方法，保证发生故障后飞行机器人完成既定任务的能力[77]。

（5）多机协同

现阶段关于多机协同的研究集中在编队飞行、避障和负载运输等方面。主要包括多机航迹规划和协同编队控制两个方面。

多无人机协同航迹规划是指在满足各种约束条件的前提下，为整个无人机群中的每架无人机规划出一条从起始点到目标点的航迹，并且使得无人机群整体性能达到最优[78]。目前，通过引入阻塞因子与可变协同航程来解决空间协同与时间协同，采用基于路径均衡蚁群优化的航迹规划方法，用以解决多无人机的航路规划[79]。

多无人机协同编队控制是指多无人机根据实际环境等因素按照一定的队形进行排列。目前多无人机编队控制的方法包括领航-跟随法和虚拟领航法。非线性 MPC 算法可以计算并执行存在约束条件下的紧急回避轨迹动作，预测出躲避其他飞机的可执行路径[80]；混合分解和可达集分析组合，可用于设计多个无人机的避撞算法[81]。

8.2.3.5 空间机器人

空间机器人是在太空中执行空间站建造与运营支持、卫星组装与服务、行星表面探测与实验等任务的特种机器人。

（1）在轨捕获技术现状

1966 年 3 月 16 日，美国"双子星座 8 号"与"阿金纳"号火箭在世界上首次采用宇航员参与下的空间手控交会对接，该项技术针对合作目标进行抓捕，不能对某些空间目标进行在轨抓捕，是最早的专用对接技术[82,83]。1981 年，加拿大研制的航天飞机遥控机械臂系统（SRMS）[84]利用在卫星上搭载刚性臂杆，来实现对目标卫星的在轨操作和捕获实验。1997 年日本发射的世界上第一个自由飞行机器人（ETS-Ⅶ），也采用刚性臂杆捕获方式，完成空间目标抓捕、卫星模块更换等在轨操作任务[85]。欧空局研制的地球同步轨道清理机器人采用飞爪和飞网捕获技术[86]，来清理失效卫星和较大的空间碎片，或将未进入正常轨道的卫星送入预定轨道。美国华盛顿大学航空宇航学院在"在轨自主服务卫星（OASIS）"项目研究中[87]采用空间电磁对接的技术来实现航天器对接任务。国内，西北工业大学[88]把绳系机器人的控制系统引入仿真环境，实现直观显示控制系统的控制效果，模拟了空间绳系机器人对目标卫星的捕获仿真效果。哈尔滨工业大学[89]针对空间柔性机器人在轨抓取目标过程中的抓取策略与稳定控制、转移目标过程中的轨迹跟踪与振动抑制进行研究，提高了抓取控制的适用性、抓取的安全性，同时提高了控制效率及精度，有效抑制了空间柔性机械臂在抓取过程中的柔性振动。

（2）遥操作控制技术现状

最早，Nat. Space Dev. Agency of Japan[90]针对空间机器人的视觉反馈存在时延的情况，利用单边系统和"移动-等待"策略克服系统的不稳定。空间机器人存在时延较大问题，需要采用基于虚拟预测环境的机器人遥操作技术，在本地端建立遥环境和机器人的模型，形成控制回路，来抵消大时延对系统稳定性和操作特性的影响[91]，如日本的 ETS-Ⅶ、德国的 ROTEX 和美国 NASA 的火星探测任务都采用了这种方法。国内，西北工业大学[92]采用混合非线性参数辨识的 LM 和递推最小二乘方法的混合辨识算法，准确辨识出空间机器人系统的运动学参数。西北工业大学[93]使用虚拟夹具技术对操作者的动作进行限制和引导，实现交互式空间机器人遥操作实验，有效提高了操作者的临场感，使操作者快速准确地完成遥操作任务。北京邮电大学[94]针对空间机器人工作环境的特殊性要求，基于无源性理论提出了一种适用于变时延的力反馈双边控制系统，利用 PD＋d 控制器有效补偿了由操作者和从端环境带来的干扰。

（3）控制技术现状

在自适应控制方面，环境变化时可以调整控制器参数来适应新的环境或在线学习不确定参数来达到期望的控制，在空间机器人领域取得了一定的进展，包括针对基体姿态可控的空间机器人[95]，环境变化时可以调整控制器参数来适应新的环境或在线学习不确定参数来达到期望的控制；改进自适应控制方法[96]，可应用于具有更强耦合性的姿态不可控、基体自由漂浮的空间机器人系统；针对不确定性空间机器人系统，利用耗散性理论提出了鲁棒性自适应控制策略[97]；基于奇异摄动理论，设计了漂浮基带柔性铰空间机器人关节空间、惯性空间期望运动轨迹跟踪的奇异摄动控制方案[98]；空间机器人多臂精准协同控制方法，解决单臂空间机器人在轨服务任务中机械臂末端位姿控制精度有限的问题[99]；结合动态滑模方法与终端滑模控制技术，设计了漂浮基空间机器人系统载体姿态与各关节协调运动的动态终端滑模控制方案[100]。

（4）运动轨迹规划技术现状

空间机器人运动轨迹规划技术目前大部分还处于研究阶段，相关研究介绍如下。国际方面，有双向的 Lyapunov 规划[101]（以减小陷入零空间的概率）、FFSR 螺旋运动路径规划方法[102]（达到协同控制规划的目的）以及采用傅里叶正交向量作为输入基[103]，构造使末端与基座同时达到期望状态的最优控制数值算法。在国内，利用"增广变量法"[104]和耗散性原理设计了任务空间内的自适应鲁棒性轨迹跟踪控制器，解决了模型不确定性和外部干扰的问题；利用 PSO 对关节空间轨迹进行规划[105]，提出基于 PSO 的轨迹规划方法，解决空间机器人系统的姿态稳定性的影响问题；提出基于多项式插值与粒子群优化算法相结合的非完整运动规划方法[106]，实现了关节角速度及关节角加速度在初始和终止状态均为零，其关节角轨迹平滑连续的轨迹路径；提出间接求解机器人逆运动学的方案[107]，实现了自由漂浮空间机器人回避动力学奇异的非完整轨迹规划；提出了基座重心位置稳定、基座姿态和重心位置同时稳定的协调规划方法[108]，克服了以往基于微分运动学所无法回避的奇异问题。

（5）星表探测机器人本体和系统

星表探测机器人的行驶机构大致分为轮式、腿式和履带式三种，其中履带式行驶机构容易被星球表面土壤磨损，所以很少应用。因此，目前研究以轮式和腿式这两种方式为主。美国卡内基-梅隆大学机器人研究所基于陀螺进动的基本原理的行走方式，研制了用陀螺仪稳定的单轮移动机器人 Gyrover[109]，避免了车底净高等附加几何约束，对车辆地形适应能力的限制。美国桑地亚国家实验室于 1991 年提出四轮驱动两体机器人全地形月球探测漫游车 RATLER[110]，通过一种空的中心枢轴得到可变形的底盘，保持复杂地形时四轮同时着地，能够爬越比较大的障碍。美国卡内基-梅隆大学研制了新一代 Nomad 机器人，即月球和火星科学探测实验车[111]，变形底盘、内部车体均化系统和轮内推进极大地提高了移动性、稳定性、可控性、易操作性和易维护性。美国 CMU[112] 首次研制了新型的腿结构行星探测机器人，伸展杆独立调节并采用被动脚，使得机器人本体在复杂的地形上始终保持水平姿态。日本 Tohoku 大学[113] 开发了一种轮腿式移动机器人，融合了腿式移动机构的地形适应能力和轮式移动机构的高速高效性能。俄罗斯移动车辆工程学院研制的履带式行星探测车——Trackl 行星漫游者[114] 具有很强的适应地形的能力，动载荷小，设计紧凑，有很强的移动能力。在国内，行星探测机器人的研制从 2000 年开始，北京航空航天大学研制了一种自动球形行星探测机器人[115]，具有良好的动态和静态平衡性。2001 年，上海交通大学研制了一款五轮月球机器人，具有适应复杂三维地形的能力，能较好地满足月球上行驶的要求[116]。上海交通大学研制一种由两个机器人单元组成的管道形、轮腿式月球探测机器人（PWLER），具有良好的倾翻稳定性[117]。2006 年，北京航空航天大学将轮腿融合在一起，设计开发了六足轮腿结构的星表探测机器人[118]。我国星表探测机器人的研究起步较晚，整体来说，星表探测机器人的技术水平和欧洲、美国、日本的差距还较大。

8.2.4　服务机器人现状

8.2.4.1　国内外发展历程

国外服务机器人在关键共性技术方面实现突破，医疗康复等行业形成了较大的产业规模。以美国 Intuitive Surgical 公司为代表的医疗与康复机器人技术得到了快速发展，部分产品到达了实用化和产品化水平；以美国、日本、韩国为代表的仿人机器人技术已经到达了较高水准，在自主作业、智能感知、人机交互等技术领域取得了突破性进展；以 iRobot 为代表的室内清洁机器人引领了世界家庭服务机器人市场的发展；"达芬奇"微创手术机器人实现了全球销量超过 3000 台的产业规模。

我国服务机器人技术经过多年发展，在医疗康复、助老助残、家政服务等方面实现了丰富的技术积累，取得了一批技术成果；在助老助残领域进行了应用示范，在医疗康复领域研制出微创手术、心脑血管介入治疗、骨科治疗、颌面外科诊疗等系列手术辅助机器人样机，其中骨科治疗机器人已初步实现产品化，具备产业化条件；脑外科辅助手术机器人系统实现了医疗外科机器人临床应用的突破，成功实施手术 5000 余例；以科沃斯、银星等公司为代表的清洁服务机器人已有近 100 万台已经走进家庭，实现初步产业化。

8.2.4.2　手术机器人

（1）机构和结构

早期的手术机器人大多采用工业机器人串联构型，或者直接将工业机器人应用于手术中。例如 1985 年，美国 Memorial Medical Center 使用 PUMA 工业机器人进行脑组织内肿瘤的活体组织切片检查[119~121]。串联式机器人体积较大，占据了手术室的有限空间；各个机械臂的误差是叠加的，累计误差有可能导致机器人末端的定位精度降低；只有一个底座，而随着串联机械臂的增多，器械末端的稳定性将降低，容易导致器械末端的不稳定[122]。

并联结构具有体积小、定位精度高、状态维持性好、器械末端稳定性佳等优点。但硬件及软件设计更为复杂；并联工作空间有限，尤其是绕轴位的工作范围小[122]。MAZOR 的 SpineAssist 利用并联机构完成了脊柱外科手术中椎弓根螺钉植入的关键步骤。

多关节蛇形机构包括若干个单元节组成的柔性体、微盘组合式吸盘以及连接单元节柔性体与吸盘的回转基座。由于每一单元节柔性体的功能、结构完全一样，柔性臂具有扩展性，在结构强度和刚度允许的情况下，可以制成 10 节或更多节的柔性臂[123]。机构外径较小，可在狭小的手术空间内为医生提供灵活的手术操作；人体内存在大量的血管等组织，微小的蛇形构型更有利于在血管等狭小空间内进行操作[124,125]。

微型胶囊机构的工作原理是通过患者服用进入人体，可以辅助医生探测人体胃肠等组织的情况。胶囊结构受到体积的限制，只能结合内窥镜进行诊断，并没有治疗的能力。

RCM（remote center-of-motion）结构：在微创手术中，机构以创口为中心运动，虽然在很小空间内运动，但都要求有大范围角度调整能力。根据其工作特点，机械臂的姿态机构采用 RCM 结构，以保证末端工具能以某个固定点为中心产生大范围的角度调整[126]。

（2）控制方法

目前大多的工业机器人控制方法均可以应用于手术机器人的控制，然而结合手术机器人在临床中的实际应用，仍有部分针对手术机器人的控制方法。

① 主从控制方法　医生可以操纵主手控制从手完成相关操作，同时从手可以将真实的力信息反馈给主手，这样医生可以和被操作对象进行真实的交互[127]。目前常用的主从控制方法包括位置控制、力反馈控制和力位混合控制等方式。位置控制方式能够保证机器人在大范围内的精确度，同时保证主从位置跟踪时的精确性；力反馈控制方式法能够有效地实现力反馈，同时能够满足力反馈的实时性要求[128]；协同控制方法，从手机器人不再是简单地跟随主手遥操作指令运动，而是将主手的遥控操作过程和从手的自主运动在功能及作用上独立开来，并合作共同实现对从手的协同控制。这样既可以保证医生获取力反馈信息，又可以将医生操作带来的不必要震颤消除，保证机器人自身高精度和高性能的优势。

② 微型胶囊机器人控制方法　由于体积较小，无法为其安装大型的电动机和驱动器，因此，早期的胶囊机器人并没有主动的控制，而是使机器人在胃肠等器官内自由运动。这种控制方式，胶囊采集的角度和位置等都不确定，因此为了更好地控制胶囊机器人，一些新的控制方式被提出。为了提高内窥镜在体内活动的灵活性，微型胶囊机器人控制可以由 LED 提供光源，两个独立的永磁直流电动机提供驱动，三脚架腿装有扭转弹簧，可以折叠收缩，在导管内进退自如[129]；利用定位磁铁，机器人由胃镜导入腹腔后，由磁定位系统固定于腹壁[130]。

（3）手术机器人关键技术

① 图像配准　将不同时间和不同来源的图像进行关联，使图像点在空间位置上一致，解剖点得到匹配，从而使医生获取更丰富和详尽的信息。医学图像配准可根据图像成像原理分为单模态图像配准和多模态图像配准。对于单模态图像配准，由于成像原理相同，可假设其灰度是相同的或线性相关的，因此单模态图像配准常采用基于灰度的相似度测量，如平方差方法[131]或互相关算法[132]，这些方法的优势在于其拥有较高的效率。对于多模态医学图像的配准，常采用交互信息作为相似度测量函数；灰度信息会受成像原理影响造成的不确定性，导致配准的时效性下降，精度降低。但是，具有相同解剖结构，其解剖标识是相同的，基于解剖标识的相似度测量可应用于多模态图像配准。对于图像相似度测量方法，其最重要的步骤就是自动分割和识别图像特征点，并在不同图像中将特征关联或配对。因此部分学者提出了降低特征误识别率的方法[133,134]，基于 ICP 的医学图像配准算法可以应用于不同模态的各器官的图像配准[135,136]。

② 手术导航　分为主动导航系统和被动导航系统。被动导航系统在初始空间标定后，手术过程中不再进行器械与骨结构的相对定位测量，其关键是如何在手术开始时通过标定等方式，建立术前规划与患者的实际体位的对应关系。美国 Intergrated Surgical Systems 公司被动导航技术的 ROBODOC 机器人系统是最早一款真正具有导航功能的实用化手术机器人[137]；英国 Imperial College 研发的 ACROBOT 半自主机器人系统，在术前 CT 图像上进行规划，并需要将用于固定基准点的夹钳连接在股骨和胫骨上，实现坐标系配准，主要用于

全膝关节置换和微创膝关节单髁置换术[138]；SPINEASSIST 系统是在以色列 Technion 开发的 MARS 系统基础上由 Mazor 医疗技术公司研发并推出的，可以为脊柱融合术中的椎弓根螺钉人工植入过程提供精确的方向导引，用于椎弓根螺钉手术和经椎板关节突螺钉固定手术[139]；瑞典 Medical Robotics 公司研制的 PINTRACE 手术机器人系统采用基于解剖结构特征点的导航方式[140]。基于主动的光学定位的手术导航系统，用于辅助医生完成某些复杂的需要精确定位的手术，如微创神经手术、微创骨科手术等，将光学定位导航技术与机器人技术相结合，成为一种趋势。在实际应用过程中，骨科机器人光学导航系统的精度主要受到包括图像数据、定位技术、配准算法和空间标定算法等技术精度的影响，提高这些技术的精度，对于提高整体的手术精度有着重要的意义。

8.2.4.3 康复机器人

（1）本体结构技术

目前康复机器人的本体结构主要采用两大类技术，即末端牵引式技术和外骨骼式技术。

末端牵引式技术的本体结构是以普通连杆机构或串联机器人机构为主体机构，使机器人末端与患者肢体连接，通过机器人运动带动患者肢体运动从而达到康复训练目的的机械系统。机器人与患者相对独立，仅通过患肢体与机器人末端相连，主要采用简单的四、五连杆机构以及二、三自由度串联机构，结构设计简单、控制容易。目前大多数已研制的牵引式康复机器人采用串联机构设计方法，少数采用并联机构或串并混联机构进行机构设计。从 20 世纪 90 年代末开始，很多西方发达国家开发了多种末端牵引式康复机器人系统，如 MIT-MANUS、MIME、GENTLE/S 等已经完成了或正在进行人体康复临床试验，并且部分已在治疗中得到应用。我国的清华大学、东南大学等在牵引式上肢康复机器人的研究上取得了一定成果，部分开始了临床试验，但相对国外众多成熟的研究而言，研究范围小、差距大。采用末端牵引式技术的康复机器人只能实现相对简单的康复训练任务和末端运动轨迹，多用于缓解瘫痪引起的关节僵硬、肌肉萎缩等并发症，康复效果非常有限。

外骨骼式结构的康复机器人是可穿戴式的人机一体化机械设备，具有与人体肢体相似的结构和关节活动度，可直接驱动人体肢体的各个关节，模拟人体肢体的真实关节运动，其包围式结构将人和机器人整合在一起，利用人来指挥、控制机器人，实现辅助患者正常运动功能。近年来，国内外在外骨骼式结构的康复机器人系统研究上取得令人瞩目的发展，部分外骨骼机器人已经开始进入实际应用阶段。目前大多数外骨骼康复机器人以多自由度串联式机器人机构为主体机构，极少数外骨骼式康复机器人系统采用并（混）联机构，国内的类似研究全部采用串联式主体结构。国外，绝大多数的外骨骼式康复机器人，如 CADEN-7、TWREX、ARMin Ⅱ等都处于机械原理样机设计及性能分析研究阶段，仅部分系统，如 SAILARMin 等开展了临床试用研究，且处于初期验证阶段。国内，哈尔滨工业大学和华中科技大学是较早开展外骨骼式上肢康复机器人研究的单位，取得了一些技术上的突破。

（2）运动控制技术

现有康复机器人采用的运动控制技术，主要是基于力与位置的反馈，采用相应的控制算法驱动机器人改变患者肢体的运动，达到康复训练的目的。有两种方法使用最为广泛，即力位混合控制和阻抗控制。

力位混合控制方法最先由 Raibert 等提出，用来解决机器人在受限环境中的控制[141]，该问题可简单描述为在某些方向上需要对机器人进行位置控制，而在另外方向上需要控制机构与外界的相互作用力。针对下肢步态运动，瑞士苏黎世大学研制的 Lokomat 康复机器人采用力位混合控制方法，实现了合作式的步态训练控制策略，从而达到更为舒适自然的步态康复[142]。中国台湾国立成功大学对二自由度的上肢康复机器人，提出种结合模糊逻辑的自

第 8 章

适应力位混合控制技术，专门用于神经肌肉障碍患者的肩关节和肘关节运动训练[143]。国内华中科技大学针对气动人工肌肉驱动的康复机器人系统，采用了融合模糊逻辑的力位混合控制方法，实现了可穿戴式上肢康复机器人的有效控制[144]。

阻抗控制方法注重实现康复机器人的主动柔顺控制，避免机构与肢体之间的过度对抗，从而为患者创造一个安全、舒适、自然的接触，避免患肢再次损伤的危险。瑞士苏黎世大学以阻抗控制方法为基础，实现了患者主动参与式的康复机器人步态训练策略[145]。德国柏林工业大学针对下肢康复机器人 Gait Trainer GT Ⅰ提出自适应阻抗控制方法，用于实现步态训练[146]。新西兰奥克兰大学针对踝关节康复机器人提出可变式阻抗控制方法，根据不同状态下踝关节的柔顺度，对控制器的阻抗参数比例进行调整，实现被动式运动训练过程中的主动柔顺性[147]。

（3）驱动技术研究现状

目前康复机器人的驱动系统主要采用电动机驱动、绳驱动、气缸驱动、气动人工肌肉驱动、液压式驱动和智能材料驱动等驱动技术。

电动机驱动是应用最为广泛且最为成熟的一种驱动技术。典型康复机器人有美国加州大学与芝加哥康复研究所研制的 ARM Guide 康复机器人，它具有一个主动自由度，通过电动机驱动直线导轨实现大臂层伸等运动[148]。此外，意大利比萨大学研制了电动机驱动的 5-DOF 上肢康复机器人 L-EXOS，实现肩关节 4-DOF 的主动运动和腕关节的被动运动[149]。

针对牵引式康复机器人系统，大多采用绳驱动技术牵引患者肢体做相应的康复动作，减轻肢体自重对康复治疗的影响。意大利 Patton 等设计的 NeRebot 与 MariBot 康复机器人采用绳驱动方式面向中风患者上肢运动功能的恢复，提高了机器人辅助运动的本质安全性和空间性能[150]。华盛顿大学研制的 CADEN-7 康复机器人基于绳驱动技术，将绝大部分驱动器与减速装置放在肩部，实现远距离传递，大幅度减小了齿轮传动带来的冲击与摩擦[151]。针对肩、肘部的复合运动，加拿大 Queen 大学研制绳驱动的 6-DOF 上肢康复机器人 ME-DARM，实现任意程度的肩部运动以及提高重力补偿效果[152]。

气缸或人工气动肌肉驱动具备柔性控制、安全性高等特点，尤其是人工气动肌肉的动作方式、工作特性等与人的肌肉功能相似，使得整个机器人系统的运动特征与人肢体相似，具有其他驱动方式没有的柔顺性，正逐渐取代传统的电动机驱动方式，广泛应用到上肢康复机器人、手功能康复机器人等领域。美国亚利桑那大学基于人工气动肌肉驱动方式研发了上肢康复机器人 RUPERT，实现肩、肘、腕部及大臂运动，增大了工作空间，提高了安全性[153]。针对患者肩部、前臂伸缩等被动康复训练，加州大学设计 5-DOF Pneu-WREX 上肢康复机器人，驱动气缸实现了自动力平衡，降低重力对机器人运动的影响[154]。华中科技大学设计了可穿戴式手腕、手臂及上肢设备，人工气动肌肉驱动技术的使用保证了机器人设备的高安全性[155~157]。

形状记忆合金是一种较新颖的智能材料，而采用形状记忆合金驱动的方式具有驱动速度快、负载能力强等优点。但是因记忆合金存在较严重的疲劳和寿命问题，在康复机器人上很少获得成功应用，一个比较成功的案例是加拿大西安大略大学研制的智能手腕矫正器 WHO，可实现四肢瘫痪患者有效抓取物体的动作[158]。

（4）感知与交互技术研究现状

感知与交互接口的灵活、简便、易用性是康复机器人高效运行的基础。基于生物电信号的新型人机交互感知技术已成为康复机器人领域的研究热点，包括肌电（electromyography，EMG）、脑电（electroencephalography，EEG）以及眼电（electrooculography，EOG）等。

目前，基于 sEMG 的交互感知技术基本分为利用患肢本身残存的肌电，激发患者在意识上的主动参与，而且鼓励患者在运动过程中自主控制患肢的肌肉收缩；利用左右肢体或上下肢体的运动协调性，使用健康侧肢体的肌电信号控制瘫痪侧肢体的运动，实现镜像康复。

基于 EEG 的交互技术相当于在身体外部重建了大脑控制信号的传递通路，使用电动机、功能性电刺激设备等作为执行器，重新恢复患者对肢体运动功能的控制。

8.3 新技术和新方法

8.3.1 工业机器人的新技术和新方法

8.3.1.1 机构设计及优化的新技术和新方法

沈阳新松、北京大学、中科院沈阳自动化研究所在 2015～2016 年期间分别推出各自的七自由度构型机器人柔性多关节机械臂、WEE、SHIR5，在构型和尺度设计方面均采用仿生设计，模仿人类手臂的尺度和运动机构，实现了与人协作的能力，为我国新一代七自由度工业机器人的发展奠定了基础。

在机构设计和分析理论研究方面，浙江大学等提出一种前后大臂偏置式七自由度构型工业机器人，前后大臂有具有连杆偏移量，消除了无偏置式七自由度工业机器人原有的结构边界奇异点和边界奇异点，同时提出了一种基于能量耗散来求反求功率的机械结构及驱动系统设计方法[159]。天津大学等在分析 UPR-SPR 和 UP 虚拟链约束旋量系统及其旋量子系统的基础上，以虚拟链中运动副轴线作为参考，揭示了组成 UPR-SPR 型和 UP 型等效运动并联机构的四和五自由度分支运动链运动副轴线需满足的几何条件，由此得到多种含冗余驱动/过约束的 1T2R 三自由度位置型并联机构的新构型，在其末端串接一个两自由度转头，可形成五自由度混联机器人[160]。北京交通大学等利用了连巧机构变尺度特性以及约束奇异特性，根据驱动单元不同的输入特性，设计了一类具有可以适时切换到不同操作模式的可重构并联机构构型[161]。北京交通大学等提出了单支链含闭环连杆单元的并联化构构型方案，并相应对其中的典型机构进行运动学性能等参数分析及评判，为含连杆单元的并联机构工业化设计应用提供一定的理论和技术支持[162]。山东科技大学提出了用于坐标测量器的五自由度并联机构，并对其进行了工作空间及静力学的分析[163]。

在机构优化方面，广东石油化工学院以其三个主动执行器的电能消耗最小化为目标对 3-RRR 平面并联机器人进行尺度优化[164]。北京航空航天大学基于姿态可操作度的数值指标提出机械臂尺寸优化方法，以六自由度机械臂为例的优化结果表明机械臂姿态可操作度提高了 40.33%[165]。大连理工大学以新松的 165kg 六自由度机器人 SR-165 为研究对象，从机器人优化设计阶段的尺寸综合、机器人加工装配完毕后的精度优化等方面进行了应用和探讨[166]。苏州大学提出了以连杆长度和截面积等作为设计变量，以惯性项和关节转矩为优化目标，建立了机构参数优化模型，在给定约束条件下，运用 NSGA-Ⅱ方法完成了工业机器人的机构参数优化[167]。浙江大学提出基于灵敏度分析的机器人关键零件多目标优化改进设计方法，获得各目标变量对各设计变量的敏感程度，在对前、后大臂结构进行目标优化设计的基础上实现机器人轻量化设计与静力学分析[168]。

8.3.1.2 机器人标定新技术新方法

在误差建模方面，天津大学提出了基于绝对位置精度的几何误差标定方法，建立了包括连杆参数误差、基坐标系误差、工具坐标系误差在内的完整运动学误差模型，通过模型参数冗余性分析提高了参数辨识有效性，通过研究最优标定姿态选择策略提高了误差标定效率[169]。

在测量方面，南京理工大建立了用于工业机器人零位标定和运动学参数标定系统，对工业机器人进行完整的运动学参数标定仿真和实验、多个球面约束的标定实验，验证了该运动学参数标定方法的可行性与可靠性[170]。天津大学王庆林、刘艳等以具有一组正交直径的同心圆为靶标，提出了基于两消隐点正交几何特性的摄像机内参数标定方法，利用毕达哥拉斯定理建立了摄像机内参数的约束方程，将 K-均值聚类算法与最小二乘方法结合求解消隐点，提高了消隐点的精度和鲁棒性，保证了摄像机标定的精度和鲁棒性[171]。

在参数辨识方面，哈尔滨工业大学依照运动旋量理论发现在关节轴方向上的旋转平移不会对精度造成影响，在原有模型基础上建立基矩阵，从而达到减少辨识参数个数的目的；通过对不同型号的机器人进行实验，经过标定后的机器人不论在工作空间内的任何位置及何种姿态，其性能精度都能够得到一定幅度的提高[172]。南京航空航天大学提出一种基于分步辨识的方法来提取机器人的关键动力学参数，该方法每次辨识的惯性参数较少，辨识方程相对简单，计算量小，辨识累计误差小，能很好地实现了对超过四自由度的关节机器人动力学参数的辨识[173]。

8.3.1.3　高精度运动规划新技术新方法

在冗余自由度逆解方面，浙江大学提出一种解析法和数值法相结合的逆运动学解法，实现前后大臂偏置式七自由度机器人的逆运动学求解，并通过焊接作业仿真得到验证[174]。浙江大学提出了基于李群李代数与旋量方法的串联机器人逆运动学算法和动力学建模算法，扩大了逆解子问题的适用范围，且在求解过程中能明确逆运动学多解的几何意义，有效避免增根的产生，便于在机器人的高速实时控制中实现[175]。哈尔滨工业大学针对冗余机械臂的运动学奇异问题，采用阻尼最小二乘法进行回避，并利用其冗余特性对避奇异指标进行了优化[176]。北京理工大学提出了一种基于虚拟关节法的冗余度机器人运动学逆解算法，在同时满足唯一性和解耦条件要求的情况下，重构成具有 6 个自由度的虚拟机器人，将解转化为冗余度机器人的解，从而实现了冗余度机器人的求解[177]。

在轨迹优化方面，哈尔滨工业大学在考虑关节角速度和角加速度为约束条件的同时，增加了关节力矩约束条件，利用遗传算法对 B 样条轨迹进行了时间最优优化[178]。北京交通大学等针对机器人大轨迹运动时轨迹段间夹角对机器人运行平稳性的影响提出并设计了 PL 转接法，针对机器人启停阶段加速度突变对其运行平稳性的影响采用了 S 型加减速方法[179]。北京理工大学针对传统工业机器人末端避障算法精度不高的问题，提出了一种多运动障碍物动态避障算法，利用各障碍物的运动状态得到与冗余机器人之间的最小预测距离，并利用雅可比转置矩阵将其转化为机器人上对应杆件的躲避速度，进而再将躲避速度引入梯度投影法中，求得机器人的关节角速度，并通过积分得到障碍运动中机器人关节角度值，在完成末端轨迹跟踪的同时实现避障[180]。

在轨迹规划振动抑制方面，哈尔滨工业大学实现了关节及臂杆柔性参数的辨识，开发了基于输入成形的振动抑制控制算法，将辨识问题转换为非线性系统优化问题，采用粒子群优化算法确定其待定参数，得到了样机关节刚度、关节等效转动惯量以及臂杆弹性模量等参数，根据辨识结果，设计了最优任意时延输入成形器，通过对输入轨迹进行整形，达到了抑制臂杆振动的效果[181]。

8.3.1.4　AGV 自动导引车新技术新方法

浙江大学提出基于可巧换磁导航和视觉导航的 AGV 系统框架，使用视觉导航进行站点识别，而在干道上使用磁条导航，并确定系统的分层和运行流程；根据系统的实际需求，确定了适用的导航和路径规划技术。

8.3.1.5 视觉感知

哈尔滨工业大学[182]以基于特征的 Bin-picking 系统为基础，提出一种低成本的视觉检测方法，通过 Kinect 传感器获取目标零件空间点云，利用数据点在空间分布上的统计差异以及零部件自身结构特征，设计有效的分割算法获取单个目标单元；通过对比 ICP 算法，证明算法处理残缺点云具有一定的优越性，使后续机器人的抓取工作顺利进行。北京航空航天大学[183]针对目标模型完全未知以及运动情况不明的问题，根据空间非合作目标的上述特点，提出了采用点云的非合作目标从模型获取到相对运动测量的技术方法。天津大学[184]对联合双边滤波的灰度权值系数进行改进，以双边系数为核，采用非局部平均算法估计灰度相关性，实验表明，该方法对大多数设备获取的深度图像都有良好的修复效果。

8.3.2 特种机器人的新技术和新方法

8.3.2.1 地面机器人

在移动机构方面，青岛理工大学张平霞等[185]针对目前多轴轮式机器人转向控制不灵活这一问题，基于阿克曼转向控制定理，分别提出了基于 D（机器人转向中心与第 1 轴的距离在机器人纵向轴线上的投影距离）和基于前后轮转角的转向控制方案。华南理工大学的方彦奎等[186]通过结合履带式的结构，采用真空泵给吸盘提供负压并与履带吸盘机械结构相结合，控制吸盘交替吸附使机器人能够在光滑墙体上工作。哈尔滨工业大学的韩媛媛等[187]设计了基于半圆形柔顺腿的六足机器人，突出特点是具有半圆形柔顺腿，该腿有一个关节，由一个直流电动机驱动，结构简单，控制方便。

在环境感知与建模方面，中国科学技术大学的黄如林等[188]在动态障碍物几何特征的基础上，考虑障碍物回波脉冲宽度特征，以提高障碍物检测跟踪的正确率；基于障碍物时间维度与空间维度信息来构建时空特征向量，进而采用支持向量机的方法实现动态障碍物的识别，以提升障碍物识别的准确率；通过样机试验对所提出方法的准确性和有效性进行验证。山东大学的于金山等[189]给出了一种语义库构建方案，基于支持向量机实现语义库分类形成子语义库，在子语义库基础上基于网络文本分类来提取关键特征点形成特征模型库，通过语义分类列表整合子语义库实现物品查询；实现面向智能服务任务的云端语义地图，基于多尺度图像分割与视差图分析，设计标注库与归属库，描述物品关联归属关系。

在定位方面，山东大学的张威[190]提出一种基于神经网络的室内与室外环境定位方法，将环境中的无线网络信息的强度作为神经网络的输入，然后神经网络后接一个隐马尔可夫模型得到机器人实际的位置。南京信息职业技术学院的马永兵[191]提出了一种适用于果实采摘机器人夜间果实定位识别的方法，引入 RSSI 信号强度定位技术，并在此基础上提出了一种泰勒级数展开的高精度定位方法。华南理工大学的刘桓等[192]，利用 RFID 无线射频信号来解决机器人绝对定位问题。

在运动规划方面，武汉大学的林云汉等[193]在人工势场法 MAPF 的基础上提出了新的方法 EMMAPF，该算法能使机器人逃出局部极小值，并且能够学习之前的障碍类型，从而达到加速算法的目的。中国香港城市大学的刘明[194]提出一种基于 3D 点云的机器人在线路径规划方法，与一般的基于 2D 栅格地图的方法不一样，这种方法将规划置于 3D 的曲面上，是基于一个张量投票框架（TVF），TVF 能对 3D 点云数据进行结构重组，对于提取 3D 曲面信息效果非常好；为了加速 TVF，使其能够在实际系统中实时的应用，使用了并行计算方法 GPU。

8.3.2.2　水下机器人

（1）水下机器人自主作业技术

由 UUV 和机械手等作业工具构成水下自主作业系统（underwater vehicle-manipulator systems，UVMS）。

中国科学院沈阳自动化研究所在"十二五"期间，围绕"863"计划"深海潜水器作业工具、通用部件与作业技术"课题，以机械手为核心开展自主作业研究，主要包括：浮游载体与力学手的协调控制，针对水下机器人-机械手系统（UVMS）小稳心、易受机械手扰动的特点，研制出基于不同载体的 UVMS 系统；机械手的轨迹规划，针对水下门开启、盖板启闭、旋拧螺栓等典型作业，开展了既要满足末端的轨迹约束，同时也要满足末端姿态约束的轨迹规划问题；针对高精度水下自主作业需求，研究了基于水下机械手腕部力感知的运动规划，通过力感知在线调整机械手控制；基于视觉的水下机械手自主作业，搭建了水下机械手视觉伺服实验平台，主要针对不同光照和水质下的图像处理、水下目标识别、水下三维场景建模、机械手视觉伺服、轨迹规划、自主抓取等内容开展研究。

（2）面向海洋观测的多 UUV 协同控制技术

在大规模海洋环境观测、海底资源勘查、区域探测和搜索等领域，多 UUV 系统相对于单 UUV 显示出更大的优势。研究和设计高效的协作控制策略和方法，成为实现多 UUV 高效协调合作执行复杂海洋环境中任务需要研究和解决的一个关键问题。

中国科学院沈阳自动化研究所建立了异构多 UUV 视景仿真系统，针对弱通信条件下的多 UUV 水下探测所涉及的关键技术进行了研究，在多 UUV 体系结构、编队控制、任务分配、通信、协作导航等方面取得了一定的研究成果，如基于多智能体角色联盟的异构多 UUV 群体体系结构、基于跟随领航者的多 UUV 队形控制、基于移动单信标和移动双信标的多 UUV 协作导航等。针对多 UUV 组网的水声通信关键技术，设计了水声通信协议，进行了组网湖上试验；提出一种人工势场和模糊规则相结合的多水下机器人队形控制算法；开展了模块化、分布式多水下机器人协调控制软件体系结构研究，基于行为的多水下机器人协调控制方法及运动控制稳定性研究，基于市场拍卖机制的多水下机器人任务分配方法研究等。

（3）水下发射对接技术

在许多实际海洋观测和探测应用中，要求 UUV 在水下长时间工作，不允许 UUV 返回到水面支持平台进行能源补充、数据上传和下载新的使命任务等。因此，为了延长 UUV 的水下作业时间、提高工作效率和降低风险，UUV 从能源信息中心或光/电缆网络接驳盒发射，以及 UUV 与能源信息中心或光/电缆网络接驳盒对接，是一种解决 UUV 能源、数据传输、使命下载、安全检测等问题的有效途径。

尽管水下环境受海面风浪影响较小，但是充满了强黏性的水介质，使得物体在海水中运动的黏性不可忽略。此外，UUV 相对固定目标或者移动目标的发射和对接，属于流体中多体相对运动范畴，多个物体运动的流场耦合叠加，使得 UUV 运动的水动力特性更加复杂，大大增加了 UUV 运动的复杂性和不可预测性以及控制的难度；在深海环境下，由于 UUV 感知的局限性，UUV 对对接目标的识别和精确定位也是一个复杂的问题。这些因素使得 UUV 水下发射和对接的失误率和风险性增加。因此，可靠的水下发射对接技术即成为 UUV 未来发展需要解决的一个关键技术。

中国科学院沈阳自动化研究所开展了 UUV 能源补充系统关键技术研究，建立了一套水下实验系统及相应的监测系统。哈尔滨工程大学开展了自治式潜水器搭载对接技术研究，完成了 2 次对接。利用超短基线结合单目视觉的水下对接终端导航系统，设计了应答器和光源同轴布置策略，为实现 UUV 水下终端对接目标识别与定位提供了基础。

（4）目标探测识别技术

中国科学院沈阳自动化研究所以 7000m 载人潜水器的工程需求为背景，以水下单目摄像机为视觉传感器，进行了基于已知模型的水下机器人视觉定位方法研究。余琨针对对接视觉、视觉传感器的目标探测技术以及多传感器信息集成技术进行了研究，为水下机器人自主作业定位提供了理论依据和技术手段。华中科技大学提出了一种基于视觉和接近觉信息融合的定位方法，应用于其自行研究的四自由度水下机械手 HuaHai-4E 上，最终实现水下目标物的定位及抓取。中国科学院沈阳自动化研究所郝颖明等以 7000m 载人潜水器的水下悬停为应用背景，分别针对已知模型和未知模型的目标物，提出了水下机器人视觉悬停定位技术的、基于模型的、单目视觉位姿测量方法和基于特征的视觉伺服方法。

8.3.2.3　飞行机器人

（1）控制技术

针对四旋翼无人机空气动力学模型不确定部分带来的扰动的问题，南京航空航天大学提出了一种新型非线性弹性轨迹跟踪控制器，该控制器有一个非线性扰动观测器和 backstepping 控制器，能够有效地减轻模型不确定性带来的影响[195]。南京航空航天大学对四旋翼的系统模型参数不确定和测量噪声提出了能够在线自适应误差补偿的基于支持向量机的滑模控制方法，保证了系统的稳定性和鲁棒性[196]；模型参数不确定和噪声通过离线的支持向量机计算，在此基础上设计在线的自适应误差补偿滑模控制器。天津大学提出了基于 immersion 和 invariance 的非线性滑模鲁棒性控制器，以提高控制器的鲁棒性和抗扰动能力[197]；控制器的结构采用内外环级联控制。滑模控制器用于姿态控制内环来补偿模型不匹配的扰动，immersion 和 invariance 应用于位置外环针对参数不确定带来的误差，并通过李雅普诺夫方法证明了位置控制和航向控制的渐近稳定性。

（2）导航技术

北京航空航天大学针对无人机的定位提出了一种基于 SINS/GPS 信息的自适应噪声边界的光滑变结构滤波器，相比于 EKF，该滤波器具有更高的精确度和更强的鲁棒性能[198]。为了获得更精确的姿态信息，南京航空航天大学采用了光流传感器信息和 IMU 信息融合的方法，并用 Allan 协方差矩阵代替卡尔曼滤波中的常规噪声，用光流传感器信息可以弥补 MEMS-IMU 的稳定性的缺陷，使其在长时间工作后仍能估计出较为精确的信息[199]。

（3）环境感知

为了实现在室内和室外环境中的四旋翼无人机能够完全自主地起飞和着陆，香港科技大学使用视觉传感器检测着陆平台，并且通过基于 SRUKF 的传感器融合方法的 IMU 增强了视觉测量，能够实现所有的计算都是实时和机载的，同时在多种环境下验证算法精度和鲁棒性[200]。

（4）路径规划

广西民族大学面向无人战斗机应用场景提出了优化方法，实现了存在障碍物与威胁情况下的二维路径规划，通过连接选定的二维坐标点，无人战斗机可以找到躲避威胁区域的安全路径，并且保证飞行过程中燃油的消耗最少[201]。武汉大学面向环境调查任务，基于等高线地图和遗传算法提出能量最优覆盖路径规划方法，该方法首先通过叉乘贝塞尔曲面构建整个环境的地形图，在此基础上计算每一条路径飞行过程中所消耗的能量建立起能耗估计器，并把能耗估计器作为一种权重应用于遗传算法中进行路径规划[202]。北京理工大学面向固定翼飞行机器人检测任务，基于遗传算法，提出了考虑了风扰的路径规划方法，为了考虑无人机的最小转弯半径，Dubins 模型用于估计飞机的动力学，同时针对纷扰的影响提出了虚拟目标物的概念[203]。

（5）多机协同

针对多机编队飞行过程中的系统执行器故障下的协同容错控制问题，清华大学通过求解两组耦合的反向递推黎卡堤方程，得到适当的分布式协同容错控制律，使得该多机编队系统的协同跟踪误差在有限时间域内有界，并且满足预定的性能指标约束[204]。针对考虑通信因素的多无人机协同目标最优观测与跟踪问题，北京航空航天大学引入费舍信息矩阵对无人机探测所获取的信息进行表征，考虑无线通信链路特性并对无人机间信息成功传递概率进行建模，以无人机群体所获取的关于目标的信息量为指标函数，分别建立是否考虑通信因素情况下的多机协同目标最优观测及跟踪问题模型[205]。针对由于无人机存在通信和测量约束而无法直接与地面保持通信的问题，北京航空航天大学基于 Dubins 曲线，采用最小转弯半径和航向调整相结合的方法对具有初始及终止航向角约束的多无人机进行协同航路规划，确保所有无人机同时到达指定位置，形成多机协同通信保持的初始构型[206]。针对随机移动目标，在多机协同通信保持的动态过程中，考虑平台性能、通信约束、碰撞规避等约束条件，采用非线性模型预测控制（NMPC）实现无人机协同分布式在线优化。

8.3.2.4 空间机器人

（1）双臂捕获卫星技术

为解决空间机器人双臂捕获非合作卫星操作过程的动力学与控制问题表现出闭环接触几何、运动学约束共存等问题，福州大学[207]针对双臂空间机器人捕获自旋卫星过程的动力学演化模拟，以及捕获操作后其不稳定闭链混合体系统的镇定控制问题开展了研究。利用模糊逻辑环节克服参数不确定影响，由 H 鲁棒控制项消除逼近误差来保证系统控制精度，通过最小权值范数法分配各臂关节力矩，来保证两臂协同操作，从而解决了系统的全局稳定性问题。

（2）基于主动视觉的空间机器人遥操作技术

信息传输存在的时延问题是空间机器人遥操作系统主要的技术难点之一，空间时延问题导致操作员对空间机器人的运行环境信息不能及时获取，使操作受到极大的影响。为增加空间机器人遥操作系统的鲁棒性和良好的可操作性能，上海理工大学[208]设计了一套基于 PTZ 的主动视觉系统和利用手控器数据手套的力觉反馈系统，采用虚拟现实技术，使操作员有身临其境的感觉，克服了通信时延的影响。

（3）失效航天器的姿态机动接管控制技术

当航天器达到寿命末期时，大部分情况下其有效载荷仍然能够继续工作，但由于推进系统携带的燃料耗尽或部分执行机构失效，从而使其丧失了三轴姿态控制和轨道位置保持能力。针对失效目标航天器的姿态接管控制问题，为解决空间机器人抓捕目标组合体的非线性强耦合时变系统，即失效卫星参数不确定和推力器构型矩阵突变的问题。西北工业大学[209]采用指令滤波 backstepping 控制来重构姿态机动接管控制律，利用 Lyapunov 方法分析系统稳定性，通过最优二次规划的动态控制分配算法对推力器的推力进行控制重分配，解决了对燃料耗尽航天器和部分执行机构失效航天器的姿态机动接管控制的关键问题。

（4）自由漂浮双臂空间机器人的避自碰轨迹规划技术

与单臂空间机器人相比，双臂冗余空间机器人拥有更多的灵活性，可以完成更多复杂的任务。自由漂浮空间机器人系统，其基座与机械臂之间存在的强耦合作用，使得其相比地面机器人系统要复杂得多。针对自由漂浮的双臂空间机器人系统可能出现的自碰问题，四川大学[210]将危险域用于评估两个机械臂之间发生碰撞的危险程度，在路径规划时利用危险域的反馈信息，设计一种安全避自碰的轨迹规划方案，用以保证两个机械臂可以运动在安全位型，从而实现了避免双臂发生自碰的问题。

8.3.3 服务机器人的新技术和新方法

8.3.3.1 医疗机器人

（1）医学图像配准技术

安徽大学通过一种基于特征点 Renyi 互信息的医学图像配准算法完成医学图像配准。起初从模板图像与待配准图像中依次提取出多尺度特征点，然后使用其空间坐标计算特征点 Renyi 互信息目标函数，实现图像配准。该算法有效地避免了多模噪声图像间的灰度差异影响，减少了待处理的数据量，同时使用 Renyi 互信息来消除目标函数所受的局部极值的影响，进一步提高了配准精度。实验证明，该算法适于单模和多模医学图像配准，速度较快、精度高、鲁棒性强，是一种有效的自动配准方法。

大连理工大学采用基于混合互信息和改进粒子群优化算法的医学图像配准方法。在每次迭代时，首先使用基于 Renyi 熵的改进粒子群优化算法对图像进行全局搜索，再使用基于 Shannon 熵的 Powell 算法对当前得到的最优解进行局部寻优。

（2）手术导航技术

清华大学针对临床需求提出一种基于高性能立体全像技术的新型精准空间透视融合手术导航系统，该系统能够实现对微创手术器械追踪与手术感兴趣区域中关键解剖组织的三维立体增强显示，为医生提供精确、直观的透视融合引导。浙江工业大学设计了一种基于陀螺仪的低成本颅内血肿穿刺手术导航系统，解决现有的颅内穿刺手术导航系统价格昂贵、使用范围受限、外科医生在操作上存在一定困难等问题。

8.3.3.2 康复机器人

（1）系统机构设计技术及调节方法

基于并联机构设计技术，合肥工业大学提出一种混合步幅可变输入的康复机器人机构设计与分析方法[211]。通过探索成人的正常步态为设计依据，对机器人训练机构进行尺寸综合分析，并对其运动学、工作空间、控制规律进行了分析与仿真，在理论上证明该设计方案的可行性。针对下肢康复机器人存在操作复杂、难以实现所需训练轨迹、易形成异常步态等问题，提出了一种五杆变胞机构解决方法[212]。针对不同身高、康复期的患者，可精确调节调整杆摆动位置，使其变胞为可在矢状面内实现步态轨迹的四杆机构。

针对下肢外骨骼结构，哈尔滨工业大学提出一种新型的构型设计方式驱动关节转动，并基于模块化的设计思想完成六自由度下肢外骨骼机器人的结构设计[213]。北京理工大学和哈尔滨工业大学合作提出了一种辅助患者行走及康复的下肢移动康复机器人设计方案，集成多个传感器、CAN 总线和伺服电动机等，通过人机交互和移动系统获得运动规律，实现自动向前、左右转弯、防超速、防跌倒等功能[214]。

（2）系统现代控制技术与方法

华中科技大学利用模糊 PI 控制方法对可穿戴式上肢康复机器人实施位置控制，该上肢机器人借助结合眼动跟踪仪的虚拟现实平台通过气动肌肉驱动实现上肢的康复训练[215]。基于代理的滑模控制方法对气动肌肉驱动的穿戴式腕关节康复机器人进行位置控制，该方法结合滑模控制与 PID 控制的优点，既保证位置控制的跟踪精度，又确保运动过程的安全性[216]。哈尔滨工业大学提出自适应迭代学习的患者被动训练与模糊自适应阻抗控制的患者主动辅助训练相结合的控制策略，在下肢外骨骼式机器人上进行了初步试验研究[213]。

（3）交互感知技术

针对基于 sEMG 的交互感知技术，中国科学院沈阳自动化研究所提出利用 sEMG 作为交互检测信号应用于病情或疗效评估领域，如评估针刺治疗面瘫疗效等[217]；基于 sEMG，研究了关节连续运动的估计方法，借助肌肉生理力学模型建立以 sEMG 特征为输入的关节动力学模型，进而估计出关节角度、角速度等参数，作为连续交互感知的依据[218]；此外，针对肌电交互系统实际应用时遇到的一些非理想情形，如肌电传感器损坏、表面电极脱落等造成原始输入数据部分丢失或错误，提出在建立运动模型时融合容错机制，使得模型在 sEMG 输入部分丢失/错误下，仍能保持一定精度继续工作，从而提高交互鲁棒性[219]。

8.4 应用情况

8.4.1 工业机器人的应用

随着工业机器人技术的不断发展，机器人广泛应用在汽车制造、机械加工、焊接技术、上下物料、搬运堆码、产品装配、焊接喷漆等生产中。点焊机器人、弧焊机器人、装配机器人、搬运机器人、喷漆机器人等已被大量采用[6]。

（1）机器人化焊接

焊接在工业制造的连接工艺过程中是最重要的应用。焊接机器人因具有焊接质量稳定、劳动生产率高、可极大地解放人类的高强度甚至是高危险环境的工作等诸多优点，已在很多工业领域，尤其是汽车制造业得到了日益广泛的应用，也是机器人技术在工业场合的比较典型、成功的应用范例之一[220]。

KUKA 公司研发了带有集成压力传感器的电动机交替焊钳，借助焊钳电动机内置传感器，KRC2 机器人在焊接过程中不断准确地进行压力调节，获得具有可重复性的高质量焊缝，此项技术大大节省了作业周期，被广泛地应用在精密仪器焊接加工领域。日本 UNIX 公司研发的 UNIX-700FV 垂直多关节焊接机器人充分利用垂直多关节六轴的运动，可在任意改变焊接头角度的同时进行高速焊接作业，其具有最大合成速度 5300mm/s、高速、高重复精度与高刚性的特点，主要应用于各种高精密仪器的焊接领域。新松公司开发生产的 RH6 弧焊机器人属于六自由度垂直关节型通用工业机器人，最大工作负荷 6kg，重复定位精度 ±0.08mm，采用四连杆机构设计，自重 140kg，可以方便地采用吊装、壁装等方式，进行大型零件的焊接，主要应用于汽车、摩托车、家电、轻工等领域。常州菲曼斯焊接设备有限公司将柔顺控制技术应用于 FD-B4 多功能焊接机器人中，将电缆内藏，既防止电缆弯曲，提高工作效率，又最大限度地减少电缆和夹具之间互相干扰，更容易取得合适的焊枪姿态，现已被应用在汽车制造业、电子仪器、飞机轮船等行业。

（2）机器人化装配

汽车生产制造厂商通过引入机器人自动装配生产线，能够完成柔性化组装，提高生产效率和装配质量[221,222]。

日本 FANUC 公司的 F-200iB LR 型装配机器人提供零件装配操作的应用方案，其具有更大的灵活性、高速性能的最大化吞吐量、超长的系统运行时间，通过机器人视觉减少到最小的误差，可以应用于各种电子产品的生产装配流水线。丹麦 Universal Robots 公司的 UR5 机器人采用紧凑的设计理念，具有重量轻、编程简单方便、工作范围广以及安装成本低等特点，被广泛地应用于汽车座椅装配、手机、计算机等电子设备装配等制造业领域。KUKA 公司的 KR QUANTEC K 系列机器人被称为面向塑料工业的专家，采用智能化负载能力和工作范围分级，可实现负载能力范围从 90～270kg 的简便、安全又经济的机器人整合，采用机械下滑式制动器可大幅降低电动机的能耗。ABB 公司的 IRB 140 装配机器人采用柔性化集成技术，可靠性强，正常运行时间长；速度快，操作周期时间短；精度高，零件生产质量稳定；功率大，适用范围广；坚固耐用，适合恶劣生产环境；通用性佳，柔性化集成和生产；适用于各种环境的工业装配领域。

（3）机器人化喷涂

喷涂机器人是可进行自动喷漆或喷涂其他涂料的工业机器人，被大量地应用在汽车、家具、电器等行业，具有仿形喷涂轨迹精确、喷涂表面质量稳定、通过降低过喷涂量来提高材料的利用率等优点。

关节型工业机器人通过密封设计，利用其自由度大、速度快、工作空间运行灵活的特点，尤为适合有复杂运行轨迹的运行操作。喷涂机器人的优点为柔性大，工作范围大大；可提高喷涂质量和材料使用率；易于操作和维护；可离线编程，大大缩短现场调试时间；设备利用率高，喷涂机器人的利用率可达90%～95%。

新松公司在2015年推出的新产品——S系列智能爬壁喷涂机器人，集成网络化控制、自动导航、自动路径规划以及作业区域智能识别等关键技术，主要用于船舶喷涂、船舶表面二次清理，可以在垂直壁面及曲面上灵活移动，提高作业效率；该机器人还可应用于核工业和石油化工等其他行业的大面积涂装作业。深圳市荣德机器人公司制造的RDP01六轴喷涂机器人采用最前沿的技术——中空手腕，可实现内表面和外表面的大范围喷涂以及形状复杂工件的喷涂，可与喷涂生产线系统等辅助设备集成作业，具有较高的材料利用率和精确的仿形喷涂轨迹等优点，可适用于笔记本外壳喷涂、汽车内饰件喷涂、手机外壳喷涂等领域。ABB公司的ABB-IRB-580喷涂专用机器人具有高柔性、紧凑的设计构型、中空手腕技术等特点，并具有独有的集成过程系统，可自动弥补环境和设备的物理变化来实现优质的漆膜均匀度，现已广泛应用于汽车涂装生产过程中。

（4）机器人化码垛

码垛机器人是在工业生产过程中执行大批量工件、包装件的获取、搬运、码垛、拆垛等任务的一类工业机器人，具有结构简单、占地面积少、适用性强、能耗低、教示方法简单易懂的特点，目前多应用在物流、啤酒、饮料、食品、烟草等劳动强度大、生产量大、工伤事故率高的行业。

新松公司推出的全新SRM160A/300A系列码垛机器人采用四轴设计，具有主从机器人协调控技术、可基于CAD模型的免示教作业以及可靠、快速、精度高等优点，因其采用刚性的手臂设计，提升了手臂负载能力，扩大了适用范围，使其适合堆垛袋、盒、箱、瓶子等。广州数控推出的MD-200码垛机器人采用GSK-RC机器人控制器，具有高定位精度、使用寿命长、安全高效等优势。安徽埃夫特推出的ER130-C204型四轴码垛机器人末端负载能力为130kg，重复定位精度达到±0.3mm，具有高速码垛和稳定的特点，控制系统采样现场总线架构，扩展方便，适用于食品、建筑以及家电等行业的搬运工作。Fanuc继M-410iB之后推出的M-410iB/140H码垛机器人具有一体化、紧凑型、先进设计理念的体现；采用灵活小巧型手腕，大幅缩短程序调试时间；可支持固定安装模式和随手爪安装模式等优点，并且支持负载从140～700kg的大范围负载搬运任务；在纸箱、袋装品等的码垛、堆放及拣选等领域具有独特的优势。

（5）机器人化柔性装配

新松公司在2015年推出国内首台七自由度协作机器人，具备快速配置、牵引示教、视觉引导、碰撞检测等功能，适用于布局紧凑、精准度高的柔性化生产线，满足精密装配、产品包装、打磨、检测、机床上下料等工业操作需要，具有极高的灵活度、精确度和安全性的产品特征。山思跃立科技有限公司和北京大学共同推出的WEE人机协作双臂机器人采用全方位动态补偿的控制方案以及完整的力控制策略，具有力控制模型以及视觉跟踪模式等多种控制模式，其高精度以及高带宽的优点使其可以应用在精密组装和其他要求高精度的工业应用中。Rethink Robotics推出Sawyer协作机器人具有高安全性、机器自我学习和人机交互学习等优点，具有自我校正、力量感知以及拟人化操作等功能；操作精度高达 0.1mm，可从事诸多高精度的工作，可应用于材料搬运、传送带物品装卸、简单机器操作以及装箱拆箱等操作领域。

（6）AGV 物料搬运

在现代化的生产流水线上，用于物料搬运的 AGV 灵活机动性好，能够适应各种工作场所，运行线路灵活多变；自重比大，负载能力可以根据应用场合而量身定制；可持续运行时间长，在电能允许的条件下可连续工作 24h；安全性高，工作性能可靠。

新松公司采用磁导航引导方式，研制出用于变速箱装配型 AGV，可根据不同类型的变速箱结构配置相应的定位夹具，进而满足不同类型变速箱的装配要求，极大地提高了变速箱装配效率[222]。青岛海通研制的惯性导航 AGV，定位准确性高，灵活性强，便于组合和兼容，适用领域广，不仅可应用于室内，还可应用于室外，不仅适应普通地面，还可以适应钢板地面[223]。富士康公司自主研发了应用于流水线生产的产品物料搬运的潜伏式 AGV，结构简单、可靠性高、工作范围广、具有灵敏的转弯功能，现已大批量地投放到各种产品的生产流水线上[224]。KUKA 公司研发的 KMP OMNIMOVE 型 AGV 采用环境监控的激光扫描仪用于导航，实现了最大定位精度±1mm，同时其拥有两个净载重 45t 的运输车辆机械耦合可实现最大载重 90t 的作业环境，作为重负荷平台，可在非常狭窄的空间灵活行驶，使其广泛地应用在飞机、船舶、汽车等重型工业。

8.4.2　特种机器人的应用

8.4.2.1　地面机器人

在军事应用方面，美国喷气推进实验室（JPL）在 iRobot 公司、CMU、南加州大学的合作下，开发出了具有视觉导引和自动爬楼梯能力的 Urbie 战术侦察机器人[225]，主要用于城市战术侦察任务；Bigdog 是由波士顿动力学工程公司专门为美国军队研究设计的四足机器人，不仅可以跋山涉水，还可以承载较重负荷的货物，被称为"世界上最先进的适应崎岖地形的机器人"。在国内，由中国科学院沈阳自动化研究所研发的"灵蜥"系列型排爆机器人已经成为我国公安、武警部队执行反恐防暴任务的主要设备。"灵蜥"系列机器人自投入应用以来，执行了多次实际的排爆、排险作业任务，同时也承担了奥运会、国庆六十周年、世博会、亚运会等重大活动的安全保卫任务。

地面机器人对于环境科考方面的意义同样重大。中国科学院沈阳自动化研究所针对南极科考，研发了冰雪面移动机器人系统，针对南极科考，分别于 2007 年、2011 年、2014 年三次在南极进行科考实验，获得大量以前无法获取的科学数据。

在灾害救援方面，由德国施密茨公司研发的陆虎 60 雪炮车灭火机器人已经在国内一些消防部门实装应用，该机器人除了喷水灭火外，还能吹风排烟。SAFFiR 消防机器人是由美国海军开发的灭火机器人，外形接近人类，依靠双足站立行走，装有红外、激光、测距等多种传感器，能够自己跨越障碍物，在滚滚浓烟中能行动自如。日本的 Snakebot 蛇形机器人，能够深入到一些灾害发生之后的废墟中，搜寻幸存者，之前曾在美国佛罗里达一次停车场坍塌事故中帮助救援队实时营救。中国科学院沈阳自动化研究所研制的废墟搜救机器人等在 2013 年芦山地震中参与搜寻工作，这款机器人能改变自身的构型，进入危险区域或救援人员无法进入的复杂环境，利用自身携带的红外摄像机、声音传感器可将废墟内部的图像、语音等信息实时传回后方控制台。

哈尔滨工业大学针对我国煤矿安全与求援，研制出煤矿井下探测机器人，具有防爆、越障、涉水、自定位、采集识别和传输各种数据的功能，还能进入事故现场采集影像和数据信息，为及时抢险救人提供重要依据和参考。

无人车在国内外已经有产业化的趋势。美国的谷歌无人车作为全球无人车的领导对象，其技术发展已经相当成熟，目前谷歌无人车已经行驶超过 30 万英里（1mile=1609.344m）。在国内，从近年百度无人车的运行状况来看，目前对红绿灯识别精度超过 99.9%，对行人判断的准确率达 95%，用摄像头判断物体的准确率达到 90.13%；国内其他影响力比较大的还有乐视无人车、高德无人车等。

8.4.2.2 水下机器人

水下机器人的主要应用领域包括海洋科学考察、海底资源勘探、海洋工程、水下搜救、海洋军事、海洋渔业和水产养殖等。

（1）长航程自主水下机器人的典型应用

由于水下机器人平台搭载能源有限，因此利用海洋环境能作为机器人的能量供应源成为当前的研究热点，其中太阳能 AUV 就是一种利用光伏技术将太阳能转换为机器人可利用能源的具有长续航能力的自主水下机器人。2003 年，由美国海军研究所、美国自主水下系统研究所、FSI 公司、TSI 公司和美国海军水下作战中心联合开发了第二代太阳能自主水下机器人（SAUV II）用于海洋远程监控和侦察任务。2004 年，由日本海洋科学技术中心研制的 URASHIMA AUV，采用不依赖空气的燃料电池作为能源；2005 年，该 AUV 以创世界纪录的 317km AUV 航行距离完成海试。

采用低功耗电子设备和控制方法也是提高自主水下机器人续航力的一种有效手段。Autosub Long Range AUV 由英国国家海洋中心研制，重 650kg，最大下潜深度 6000m，续航时间为 6 个月，航行距离达 6000km；在无支持母船的情况下，可为海洋学家提供海洋和海底观测数据，且可以周期性浮出水面通过卫星通信将观测数据发送给地面人员。

推进器是自主水下机器人的驱动装置，结合流体力学知识和船用螺旋桨设计理论对机器人的型线优化、桨-机一体匹配进行专门研究，从而得到最优外形设计和高效推进装置设计，达到提高续航力目的。由蒙特利湾海洋研究所（MBARI）研制的 Tethys AUV 便是这样一种长续航力 AUV，可以在 0.5m/s 和 1m/s 两种速度模式下航行，续航时间一个月，最大航行距离可达 3000km，重 120kg，最大下潜深度 300m，主要用于进行化学和生物测量。

（2）遥控水下机器人的典型应用

ROV 主要用于水下探测、考察、救助、取样等作业任务，还可完成水下高清摄像、照相，投放和回收水下探测设备，以及用机械手和专用设备等执行高强度的海洋调查和水下作业等。

深海潜水器技术和装备是海洋探测及资源开发的重要手段，其技术水平在一定程度上代表着海洋资源勘探开发及海洋权益维护能力的水平。日本 JAMSTEC 研制的"ABISMO"号小型无人探查机，在 2008 年成功获得水深 10350m 处海底的沉积物样品。美国 Woods Hole 海洋研究所研制成功 Jason II 号 ROV 于 2009 年，首次在太平洋 1220m 深处发现并拍摄下海底火山爆发的影像。法国海洋开发研究院研发的 Victor 6000 深海作业型 ROV 主要用于海洋科学考察和采样作业任务。

我国上海交通大学自主研发的"海龙号"ROV 用于在深海生物基因和极端环境下微生物的科学考察取样，能在 3500m 水深、海底高温和复杂海底地形的特殊环境下开展海洋调查及探测作业任务。由上海交通大学研制的"海马号"ROV 是我国迄今为止自主研发的下潜深度最大、国产化率最高的无人遥控潜水器系统。

（3）自主遥控水下机器人的典型应用

2003 年，中国科学院沈阳自动化研究所在国内率先提出自主遥控水下机器人 ARV（autonomously and remotely operated vehicle，ARV）的概念，ARV 是在 AUV 和 ROV 研究的基础上实现的一种新型水下机器人，具有一定的流线外形，自带能源，没有脐带电缆，仅携带一根光缆与水面母船进行通信。ARV 具有模块化的载体结构和模块间的标准电气接口，可实现载体的重构和功能重组。通过对载体模块重组，可以实现 AUV 和 ROV 两种工作模式，即大范围探测工作方式和局部定点调查工作方式。

中国科学院沈阳自动化所研制成功的"北极" ARV，在 2008 年、2012 年和 2014 年，先后参加了中国第三次、第四次、第六次北极科考任务。"北极" ARV 能自主完成对指定海冰区的连续观测，可定量计算出太阳辐射对海冰融化的影响，同时从动力学和热力学两方面分析出海水对北极海冰的影响。2016 年，中国科学院沈阳自动化所研制的全海深 ARV 关键技术验证平台最大下潜深度 10767m 并成功探测作业，获得了我国第一批万米温盐深剖面数据。

（4）水下滑翔机的典型应用

水下滑翔机（autonomous underwater glider，AUG）依靠净浮力和姿态角调整驱动，具有能源消耗小、效率高、续航力大（可达上千千米）的特点。作为一种低成本、长航时和长航程的自主水下机器人，美国等一些发达国家的水下滑翔机技术已经很成熟，美国研发的主要是三种型号的水下滑翔机：Slocum、Spray 和 Seaglider。

协调合作进行海洋观测是其最重要的应用方式。美国多家大学和科研机构包括普林斯顿大学、海军研究生院、哈佛大学、麻省理工学院、加州理工大学、蒙特利海湾研究所、伍兹霍尔海洋研究所等联合开展了自适应海洋采样网络（AOSN）和自适应采样及预测（ASAP）等大规模的研究项目，取得了一批在该研究方向具有代表性的研究结果。ASAP项目显示出多台水下滑翔机组成自主、分布式、可移动、可重构的三维立体海洋观测网络所具有的卓越优势和广阔前景。

"十二五"期间，由我国多家科研机构共同承担"深海滑翔机研制及海上试验研究"项目，研制出多种型号水下滑翔机的工程样机。2016 年，由中国科学院沈阳自动化研究所研制的"海翼"号深海滑翔机下潜深度两次突破 5000m，最大下潜深度达到 5751m，创造了我国水下滑翔机的最大下潜深度记录。

8.4.2.3 飞行机器人

固定翼无人机在军事上有广泛的应用，美国的"全球鹰""捕食者"和"死神"在实战中完成了搜索、侦察和攻击任务；无人直升机 MQ-8 火力侦察兵，可在海军舰船上起飞和着舰，常用于执行海军侦查任务。在国内，北京航空航天大学研制了固定翼 WZ-5 型无人机；南京航空航天大学研制了 CK-1 无人机；西北工业大学研制了 ASN 系列无人机等已经实现量产。

旋翼无人机主要应用在民用领域。在国内，中国科学院沈阳自动化研究所研制出了系列旋翼无人直升机 ServoHeli-40（起飞质量 40kg）和 ServoHeli-100（起飞质量 100kg），能够自主起飞降落、定点悬停、轨迹点跟踪飞行，载有两自由度云台高清相机和图像实时回传系统；地面站能够实时处理回传图像，识别和定位倒塌建筑物；在 2013 年庐山地震中参与搜救任务，提高了灾后搜救的效率；此外，还应用于大连海面溢油监测和跨长江、淮河的高压线架设[226]。在消费级无人机领域，深圳大疆创新科技有限公司推出悟和精灵等系列的四旋翼无人机广泛地应用于航拍领域。

8.4.2.4 空间机器人

空间机器人是在地外行星上或太空中完成相关任务的机器人。太空环境是一个微重力、高真空、强辐射、大温差的恶劣环境，在这样危险的环境中，采用空间机器人协助或代替宇航员完成大量艰巨、危险的任务正成为世界各空间大国的一致目标。

空间机器人已经在"国际空间站"、月球探测和火星探测等任务中得到广泛而成功的应用。1981年，加拿大研制的航天飞机遥控机械臂系统（SRMS）[227]随哥伦比亚号航天飞机入轨，成为世界上第一个实现空间应用的在轨操作机器人。1997年，日本发射了世界上第一个自由飞行机器人（ETS-Ⅶ）[228]，并完成了空间目标抓捕、卫星模块更换等在轨操作技术验证工作。2007年，美国通过"轨道快车"项目也完成了类似的验证。2001年"国际空间站"遥控机械臂系统（SSRMS）入轨，2008年加拿大特殊用途灵巧机械臂（SPDM）[229]、日本实验舱机械臂（JEMRMS）[230]相继进入"国际空间站"，上述机器人在"国际空间站"的建造、维护和舱外实验等方面获得了成功应用。2011年，仿人形机器人航天员（Robonaut-2)[231]进入"国际空间站"，并成功开展了各类灵巧操作的技术验证，证明了机器人在代替航天员执行空间操作方而存在着巨大潜力。

星表探测机器人的应用最早见于20世纪70年代，苏联月行车Lunokhod-1/2[232]于1970年和1973年相继成功登陆月球。1971年7月30日，由阿波罗15号飞船携带的美国载人月球车（LRV）登陆月球，成为世界上最早实现空间应用的载人月球车。1971年，苏联火星车PROP-M随苏联自动考察站火星-3探测器登上火星，这是世界上第一辆火星探测车。1997～2004年，美国旅居者号、勇气号和机遇号火星车先后登陆火星[233,234]。2012年，美国好奇心号着陆火星，成为目前执行任务的功能最为强大的火星车。

我国空间站包括核心舱、实验舱Ⅰ、实验舱Ⅱ和节点舱，其中，核心舱配置大型机械臂[235]。该机械臂具有首尾互换的"爬行"功能，通过爬行覆盖舱外大部分操作区域。该核心舱机械臂的研究突破了高比刚度和比强度材料的设计与应用、关节和末端执行器等核心部件机电热一体化设计、高可靠长寿命空间润滑以及全工况覆盖的在轨任务地面验证等多项关键技术。

我国研制嫦娥三号巡视器——"玉兔号"。2013年12月，我国首个在地外天体表面执行巡视探测任务的新型航天器嫦娥三号巡视器发射成功，安全实现月面软着陆并成功实施两器分离和互拍，传回清晰图像。该应用采取重力辅助两相流体回路技术[236]，解决了巡视器月面长期月夜生存问题，突破了巡视器月面移动技术[237]，构建巡视器内场和外场等试验设施，验证了巡视探测的地面试验技术[238]。

空间机器人已经在"国际空间站"的在轨组装、维护、检查和辅助航天员活动等任务中得到广泛而成功的应用。1981年，加拿大研制的航天飞机遥控机械臂系统（SRMS）是世界上第一个空间在轨操作机器人技术的应用，用来部署和回收固定自由的有效载荷、转移和支持航天员舱外作业、卫星维修、国际空间站建造以及国际空间站在轨操作的观测辅助任务。1997年，日本发射的自由飞行机器人（ETS-Ⅶ），通过在轨操作技术成功完成空间目标抓捕、卫星模块更换等任务。2008年加拿大研制的特殊用途灵巧机械臂（SPDM）、日本实验舱机械臂（JEMRMS）相继进入"国际空间站"，实现对载荷的灵巧操作，完成了"国际空间站"的建造、维护和舱外实验等任务。荷兰空间中心研制的欧洲机械臂ERA，为可重定位、完全对称的七关节机械臂，实现对国际空间站俄罗斯舱段的装配、维护，机械臂末端装有红外相机来对舱段进行检查。2011年，NASA与通用汽车公司联合开发了面向空间应用的仿人形双臂机器人航天员（Robonaut-2），具有强大的环境感知、通用型能力以及灵巧的操作能力，可以实现非合作目标的操作，在"国际空间站"上得到了充分验证。

国内空间机器人起步虽然较晚，但经过多年来中国科学院、哈尔滨工业大学、北京邮电大学、北京理工大学、北京航空航天大学、中国空间技术研究院等单位针对空间机器人开展的大量研究，取得了一定的成果。

8.4.3 服务机器人的应用

8.4.3.1 手术机器人

2001 年，在 MARS 系统基础上，Mazor 医疗技术公司研发并推出了 SPINEASSIST 系统，该机器人是典型的器械导引系统，主要为脊柱融合术中的椎弓根螺钉人工植入过程提供精确的方向导引，适用于椎弓根螺钉植入手术和经椎板关节突螺钉固定手术。2004 年，韩国 Hanyang 大学开发的脊柱辅助手术系统 SPINEBOT 用于辅助椎弓根螺钉的植入过程，不同于 SPINEASSIST 系统，SPINEBOT 将五自由度机械臂安装在手术床旁，免去了在患者身体上额外建立通道的过程，从而减少对患者的损伤。2005 年，法国 MedTech SA 研发的 BRIGHT 系统，用于锯骨或钻骨手术中的定位。ROSA SPINE 手术机器人系统可以在术前规划轨迹引导下，由机器人末端完成手术过程，结合定位导航设备，机器人可以实时跟踪患者术中体位变化。达芬奇（DA VINCI）外科手术辅助机器人是比较成功的商用系统，获得美国 FDA 认证，在心脏外科、泌尿外科、普通外科和妇科中有着较好的应用。

国内医疗手术机器人领域也得到迅速发展和一些应用。

Remebot 为海军总医院与北京航空航天大学合作研发的应用于无框架立体定向手术的第六代机器人系统，由北京柏惠维康科技有限公司研发生产。Remebot 包括计算机手术规划平台、视觉手术导航平台和机器人手术操作平台。计算机手术规划平台利用 CT 或 MRI 医学图像重建颅内组织与病灶的三维图像，便于医师确定穿刺路径，进行术前规划和手术模拟。视觉手术导航平台利用机器人和视觉摄像头完成空间映射，实现医学图像空间与机器人手术空间的坐标关系统一。机器人手术操作平台通过控制智能机械臂完成手术定位和操作。

北京航空航天大学和北京积水潭医院合作研发了双平面骨科机器人系统，主要适用于股骨颈空心钉内固定术、骨盆骶髂关节螺钉内固定术等骨科手术，解决传统手术中需要反复 X 射线透视、定位困难和操作缺乏稳定性等问题。在针对骨盆骨折、长骨骨折等复杂部位骨折患者的螺钉固定术中，可以在髓内钉插入长骨髓腔之后，辅助确定远端螺孔的位置和方向，进而提高手术精度。术中引入 C 臂实时 X 线图像，再结合光电、电磁、机器人等不同的定位系统确定髓内钉远端孔的位置，有效降低术中辐射[239]。

天津大学研发的"妙手"是类似于达芬奇外科手术辅助机器人的主从式腔镜手术机器人，该系统包含主操作手（左手和右手）、从操作手（左手和右手）、图像系统、控制系统、各种手术器械和其他辅助器械，可以在医生控制下完成切割、分离、剥离、缝合、打结等手术操作。该系统于 2014 年进入临床试验阶段，最早由中南大学湘雅三医院采用新一代"妙手 S"机器人，分别为 3 位患者进行了胃穿孔修补和阑尾切除手术。医生通过操纵杆控制伸入患者体内的机械臂，利用末端多样的手术器械和灵活的腕部转动完成不同动作。

中国科学院沈阳自动化研究所和第三军医大学第二附属医院共同研发脊柱微创手术机器人，它由机械臂和控制台两大系统组成。主体机械臂形如一只粗壮的人体手臂，包括"胳膊、前臂、手掌"三大部位。连接三大部位的各关节均可全方位转动，可轻松到达脊柱椎体和骨骼相关部位任何位置；"手掌"部分可根据手术需要安装骨钻、骨刀、椎弓根螺钉等多种手术器械，并附带有摄像头和照明光源，实时传输手术界面至控制台；医生通过在控制台上操控指挥机械臂完成相关手术动作。在研究人员的操控下，机器人一分钟就可完成对一块腰椎模型的两次定位、瞄准、钻孔操作，而且在两次对同一部位的重复操作中，十分精准。

中国科学院深圳先进制造研究院与北京积水潭医院联合研发出具有安全性高、操作稳定、精度高的脊柱手术辅助机器人 RSSS，在导航系统引导下，能够实时跟踪手术器械的位置和姿态，辅助医生进行椎弓根螺钉内固定术、椎板减压等手术，提高手术精度和稳定性。第二代脊柱手术机器人 RSSSⅡ目前已实现了辅助医生更精确的植钉、磨削等操作。

哈尔滨工业大学研制了微创腹腔外科手术机器人系统。该机器人手术具有三大优势：一是机器人只需在患者皮肤上开几个小切口，通过其挂持的 3～4 个不超过 10mm 的手术器械即可开展手术，患者失血少、疼痛小、恢复快、术后疤痕小；二是机器人的末端工具具有多个自由度，灵巧似人手，又比人手小得多，可以到达人手难以到达的手术位置，实现人手难以实现的高难度操作，使手术操作更精细、准确；三是机器人突破了人眼的观察极限，具有 3D 成像能力的高端内窥镜可将采集到的图像放大 10 倍以上，并以 3D 方式呈现给操作医生，从而能够极大地提高手术的安全性和操作的方便程度。

8.4.3.2 康复机器人应用

（1）上肢康复的典型应用

在康复治疗中，人的上肢要完成比下肢更为复杂的动作，其神经控制中枢系统更为复杂，参与更多的日常生活活动，且肢体损伤后恢复更慢，患者并发治疗 3 个月后，仍有 55%～75% 的患者有上肢障碍。所以，研发上肢康复机器人对患者的康复训练尤为重要。目前，许多研究机构和组织已开发了不同类型的上肢康复机器人，有些已经进行了临床测试并推向市场。

美国麻省理工学院 Hogan 提出的 2-DOF 臂平面康复机器人系统 MIT-MANUS，具有一定的重力补偿作用[240]；然后又研发了 2-DOF 腕关节康复机器人，与 MIT_MANUS 结合形成完整系统，实现 4-DOF 康复运动，并已经开始应用于临床治疗。日本大阪大学研发了 3-DOF 的 EMUL 康复机器人，由电流变液制动器来改变康复阻力大小，在 EMUL 基础上增加 3-DOF 的腕关节康复模块研制了 6-DOF 末端牵引式上肢康复机器人系统，以上系统均实现与虚拟现实（VR）技术的结合[241]。英国南安普顿大学研制了著名的 5-DOF 的 SAIL 上肢外骨骼式康复机器人，在两肩、肘转动关节装有扭簧弹性辅助支撑系统，将虚拟现实技术与电信号刺激臂部肌肉技术相结合，完成对肩、肘、腕部训练，取得了不错的康复效果[242]。莱斯大学开发了一种基于混联机构的 5-DOF 前臂外骨骼式康复机器人，前面为 3-DOF 的 3-RPS 并联机构，可以完成腕关节屈/伸、外展/内收、臂伸缩功能，后面串联 2 个转动自由度，实现前臂转动及肘部的屈/伸运动，在肘部转动副处有一个克服臂部重量的配重[243]。

（2）下肢康复的典型应用

下肢功能康复机器人的典型产品是瑞士医疗器械公司与瑞士苏黎世大学研制的下肢外骨骼式步态康复训练机器人 LOKOMAT，具有四个自由度，配合使用减重装置和跑步机带动患者往复地完成步态运动。外骨骼采用直流伺服电动机驱动丝杠传动，后续研究中增加了外骨骼踝关节的姿态控制，以防止患者足尖下垂导致足部损伤。采用 PD 控制、阻抗控制、力/位混合控制、自适应控制等策略，实现患者多种主被动康复训练，满足不同患者康复需求，同时它也是临床实验研究中应用最为广泛的步态训练机器人[244]。

另外，瑞士洛桑联邦理工学院分别研制了末端式下肢康复机器人 Lambda[245]、坐卧式外骨骼式下肢康复机器人 MotionMaker[246]、步态训练机器人 WalkTrainer[247]。Lambda 机器人采用形如 λ 的并联机械结构，左右两侧对称，每侧均为三自由度，是目前末端式下肢康复机器人中自由度最多的设备，能够实现下肢髋、膝、踝关节在矢状面内的运动，末端轨迹可以在机器人的工作空间内自由规划，但是目前该系统还只能完成被动运动训练，尚不具备主动康复功能。MOtionMaker 由瑞士公司 Swartec 产品化后推向市场，由一张倾斜度可调的躺椅和两条三自由度的机械腿组成，可完成下肢髋、膝、踝关节的屈伸运动；最大的特点是集成了闭环控制的 FES 设备，能够实现运动训练与 FES 相结合的康复策略。WalkTrainer 同样由瑞士 Swortec 公司进行了商业化，主要由 5 个模块组成，包括可全方位移动的支架平台、盆骨矫正器、悬吊减重系统、腿部矫形器及可实时控制的 FES 系统。

（3）手功能康复的典型应用

德国柏林工业大学的 Wedge 等研制了肌电控制的外骨骼康复机器手，每根手指有 1 个电动机驱动、2 条钢丝绳牵引，通过驱动 3 组平面四杆机构实现手指独立的关节运动，钢丝绳根据滑轮半径成一定比例伸缩，从而能够精确控制单个手指的关节，方便康复训练因人调整[248]。

日本岐阜大学开发了基于虚拟现实技术的手部外骨骼康复机器人，共有 18 个自由度，依靠电动机驱动实现腕部、手指的运动，同时配有提供双侧康复疗法的数据手套，患者可通过戴在健肢手指上的数据手套来自主控制患肢上的外骨骼以驱动患侧手指，实现实时交互的力觉信息和位置信息[249]。

香港理工大学研发的神经康复机器手 Hand of Hope，采用互动式意念驱动手部训练的康复机器系统，通过采集患者大脑意念驱动患侧肢体的 EMG 信号，控制机器手上各个关节的微电动机，使患侧肢体实现与机器人共同动作的康复训练，从而促进肌肉的再学习能力[250]。

日本东京工业大学研发的双向机制的手功能康复机器人由气动人工肌肉提供驱动力，每根手指通过设置一个双向联动机构实现手指屈伸运动。同时为实现精确的力辅助运动，在每根手指机构的末端装有一个防水的气囊传感器用于装置的抓握力控制，实现患手抓握动作训练[251]。

8.5 发展建议

8.5.1 技术发展建议

（1）工业机器人

面向"中国制造 2025"十大重点领域及其他国民经济重点行业的需求，开展本体优化设计及性能评估技术、基于智能传感器的智能控制技术、精确参数辨识补偿、协同作业与调度、开放式跨平台机器人与用控制技术、机器人系统快速标定和误差修正技术、快速编程和智能示教等工业机器人关键技术研究，加强机器人应用工艺及系统集成研究，带动国产化机器人整机及零部件规模化发展，提升可操作性和可维护性，重点发展真空（洁净）机器人、全自主编程智能工业机器人、人机协作机器人、双臂机器人、重载 AGV 等，引导我国工业机器人向中高端发展。

从优化设计、材料优选、加工工艺、装配技术、专用制造装备等多方面入手，全面提升高精密减速器、高精度伺服电动机、高性能机器人专用伺服驱动器、网络化智能型机器人控制器等关键零部件的质量稳定性，突破技术壁垒。

（2）特种机器人

促进服务机器人向更广的领域发展，围绕国防军事、救援救灾、深海勘探、空间探索、能源安全、公共安全、重大科学研究等领域，重点发展军用机器人、海洋资源勘探和开采机器人、救援机器人、核环境机器人、消防救援机器人、极端环境科考机器人等，推进特种机器人实现系列化和实用化。

（3）服务机器人

围绕医疗康复、助老助残、家庭服务等领域，培育智能医疗、智慧生活、现代服务等方面的需求，重点突破人机协同与安全、信息技术融合、影像定位与导航、生肌电感知与融合等关键技术，重点发展手术机器人、智能型公共服务机器人、智能护理机器人等，推进服务机器人实现商品化。

（4）新一代机器人技术

重点开展人机共融、人工智能、机器人深度学习等前沿技术研究，突破人机自然交互、机器人自主学习人类技能、机器人认知学习、多机器人网络化集群协调控制、面向人机安全协作的柔顺关节、高集成一体化关节设计、复杂物体抓持的仿生灵巧手的构型设计和操作等核心技术。

8.5.2　人才培养建议

① 组织实施机器人产业人才培养计划，加强大专院校机器人相关专业学科建设，建立完善的机器人课程体系，加大机器人职业培训教育力度，加快培养机器人行业急需的高层次技术研发、管理、操作、维修等各类人才。

② 建立以校企合作为平台的专业人才培养方案。机器人专业课程体系建设是人才培养方案建设的关键，在专业课程体系设置过程中，必须以校企合作为平台，建立体现机器人专业人才培养方案；以工学结合为特征，设计贯彻能力培养的教学体系。

③ 联合企业、政府、研究机构和高校成立产业联盟，促进产、学、研、用结合。结合高校、企业和研究机构的优势。让企业的技术人员多到高校和研究机构进行深层次的技术培训，让高校的学生多到企业进行技术实践，从而实现学以致用。

8.5.3　政策制定建议

① 建立面向机器人技术与产业发展的国家创新体系　机器人技术具有风险大、难度高的特点，国内外的经验都表明，这样跨越时代的技术进步，仅靠企业是无法实现机器人技术创新和产业发展目标的。所以，依托国内有基础、有实力的核心研发队伍，建立机器人产、学、研、用紧密结合的创新体系，就变得十分必要。以美国为例，2012 年，为了促进"制造业回归"，美国开始实施"制造业创新网络"计划，创立新的研究机构，从事以成果转化为目的的共性基础技术研发，旨在加强研究机构与制造企业之间的合作，支撑和补足国家和区域创新体系的不足。

② 设立机器人发展专项　将机器人发展作为国家战略，集中解决我国机器人科研布局散、产业技术能力弱、产学研合作虚、技术转移难等一系列问题，支持和引导国内科研机构、大学、高新技术企业积极参与机器人关键技术研发和应用。专项研究目标和内容要减少低水平的重复，不断提高研究水平和起点，集中力量攻克难点，保证机器人技术研发的系统性和可持续性。

③ 对从事机器人产业化的企业出台鼓励扶持政策　特别是在央企设备采购中，鼓励和支持采购国产机器人产品和系统；在重大工程项目中，对采用国产机器人产品应有单独的规定和要求。继续执行战略新兴产业专项对首台（套）应用的支持政策，加大政府采购支持力度；扩大对重要行业批量化应用的支持，制定首台（套）后续政策，国家针对首台（套）后的小批量采购，对采购企业进行补贴，进而加快机器人产品的应用推广。

④ 在财税方面对机器人技术产业发展提供一定帮助　尤其是在创新方面加强所得税抵税力度。应当加强对机器人产业的信贷扶持力度，可以针对性地提出无息贷款制度。根据我国进出口的实际情况来制定相应的政策，以积极的政策和手段提高我国机器人市场需求。

参 考 文 献

［1］　IFR，"History of Industrial Robots，"IFR，Ed.，ed，2012.

［2］　ISO，"Robots and robotic devices—Vocabulary，"ed，2012.

［3］　潘新安，"一种模块化可重构机器人的设计理论与实验研究，"博士论文，2013.

[4] V. Wadhwa，"Why it's China's turn to worry about manufacturing，" 2012.

[5] U. S. Robotics，"From Internet to Robotics，" 2009.

[6] B. Sciliano and O. Khatib，Handbook of Robotics，2016.

[7] ROBOTIQ. Review of collaborative robot.

[8] B. Robert. (2015). DLR Light-Weight Robot Ⅲ. Available：http：//www. dlr. de/rmc/rm/en/desktopdefault. aspx/tabid-3803/6175 _ read-8963/.

[9] (2016). FRANKA EMIKA. Available：https：//www. franka. de/

[10] ABB. (2015). ABB introduces YuMi®，world's first truly collaborative dual-arm robot.

[11] L. M. Liu，"Collaborative Robotics，" presented at the IEEE ICMA 2016，China，2016.

[12] 王．侯澈，赵忆文，宋国立. "面向直接示教的机器人负载自适应零力控制，"机器人，2017，39：439-448.

[13] 孟祥敦. 并联机器人机构的数综合与型综合方法 [D]. 上海：上海交通大学，2014.

[14] Zhang. J，Dai. J. S，Huang. T. Characteristic equation-based dynamic analysis of a three-revolute prismatic spherical parallel kinematic machine. ASME Journal of Computational and Nonlinear Dynamics，2015，10 (2)：021017.

[15] Wu. J，Wang. L. P，Guan. L. W. A study on the effect of structure parameters on the dynamic characteristics of a PRRRP parallel manipulator. Nonlinear Dynamics，2013，74 (1-2)：227-235.

[16] http：//www. codian-robotics. com/en/

[17] 陈少帅. 空间机械臂关节中谐波减速器的研制 [D]. 哈尔滨：哈尔滨工业大学，2014.

[18] 杨永泰. 空间柔性机械臂动力学建模、轨迹规划与振动抑制研究 [D]. 北京：北京理工大学，2014.

[19] 王琨. 提高串联机械臂运动精度的关键技术研究 [D]. 合肥：中国科学技术大学，2013.

[20] 于广东. 双工业机器人协调技术的研究 [D]. 哈尔滨：哈尔滨工业大学，2014.

[21] 欧阳帆. 双机器人协调运动方法的研究 [D]. 广州：华南理工大学，2013.

[22] Klimchik A，Chablat D，Pashkevich A. Stiffness modeling for perfect and non-perfect parallel manipulators under internal and external loadings. Mechanism and Machine Theory，2014，79：1-28.

[23] 高文斌，王洪光，姜勇，等. 一种模块化机器人的标定方法研究 [J]. 机械工程学报，2014，50 (3)：33-40.

[24] 李睿. 机器人柔性制造系统的在线测量与控制补偿技术 [D]. 天津：天津大学，2014.

[25] Feng Y L，Qu D K，Xu F，et al. Joint Stiffness Identification and Flexibility Compensation of Articulated Industrial Robot [J]. Applied Mechanics & Materials，2013，336-338：1047-1052.

[26] Albert Nubiola，Ilian A. Bonev，Absolute calibration of an ABB IRB 1600 robot using a laser tracker，Robotics and Computer-Integrated Manufacturing，2013，29 (1)：236-245.

[27] Sciliano，B.，Khatib，O.，Sciliano，B.，& Khatib，O. Handbook of robotics [M]. 2016，Springer，1385-1418.

[28] ISO. ISO/TS15066. 2016.

[29] 熊根良，陈海初，梁发云，等. 物理性人-机器人交互研究与发展现状 [J]. 光学精密工程，2013，21 (2)：356-370.

[30] Chaumette F，Hutchinson S. Visual Servo Control，Part I：Basic Approaches [J]. IEEE Robotics & Automation Magazine，2015，13 (4)：82-90.

[31] Chaumette F，Hutchinson S. Visual servo control II advanced approaches. IEEE Robotics & Automation Magazine，2007，14 (1)：109118.

[32] Viola P，Jones M J. Robust Real-Time Object Detection [J]. International Journal of Computer Vision，2001，57 (2)：87.

[33] Lowe D G. Distinctive Image Features from Scale-Invariant Keypoints [J]. International Journal of Computer Vision，2004，60 (2)：91-110.

[34] Hinton G E，Osindero S，Teh Y W. A Fast Learning Algorithm for Deep Belief Nets [J]. Neural Computation，2006，18 (7)：1527-1554.

[35] 刘艳. 机器人结构光视觉系统标定研究 [D]. 北京：北京理工大学，2015.

[36] 程玉立. 面向工业应用的机器人手眼标定与物体定位 [D]. 杭州：浙江大学，2016.

[37] 陈锡爱. 基于手眼立体视觉的机器人定位系统 [J]. 计算机应用，2005，25 (s1)：302-304.

[38] 王金涛，曲道奎，徐方. 三维视觉测量系统标定技术 [J]. 计算机应用，2006，26 (s1)：35-37.

[39] 黄荣瑛，HuangRongying. 机器人视觉系统模糊识别抓取物算法 [J]. 北京航空航天大学学报，2009，35 (2)：197-200.

[40] "日本本田公司的人形机器人，"机器人技术与应用，2000，21-23.

[41] A. Howard，M. Turmon，L. Matthies，B. Tang，A. Angelova，and E. Mjolsness，"Towards learned traversability for robot navigation：From underfoot to the far field，" Journal of Field Robotics，2006，23：1005-1017.

［42］ R. Hoffman and E. Krotkov．"Terrain Roughness Measurement from Elevation Maps，"Proceedings of SPIE-The International Society for Optical Engineering，2003，4：104-114.

［43］ J. F. Lalonde，N. Vandapel，D. F. Huber，and M. Hebert，"Natural terrain classification using three-dimensional ladar data for ground robot mobility，"Journal of Field Robotics，2006，23：839-861.

［44］ J. Larson and M. Trivedi，"Lidar based off-road negative obstacle detection and analysis，"2011，16：192-197，2011.

［45］ B. Li，T. Wu，and S. C. Zhu，Integrating Context and Occlusion for Car Detection by Hierarchical And-Or Model：Springer International Publishing，2014.

［46］ C. Forster，M. Pizzoli，and D. Scaramuzza，"SVO：Fast Semi-Direct Monocular Visual Odometry，"in IEEE International Conference on Robotics and Automation，2014：15-22.

［47］ J. Engel，T. Schöps，and D. Cremers，LSD-SLAM：Large-Scale Direct Monocular SLAM：Springer International Publishing，2014.

［48］ E. Kim，"Output Feedback Tracking Control of Robot Manipulators With Model Uncertainty via Adaptive Fuzzy Logic，"IEEE Transactions on Fuzzy Systems，2004，12：368-378.

［49］ K. K. D. Young，"Controller Design for a Manipulator Using Theory of Variable Structure Systems，"IEEE Transactions on Systems Man & Cybernetics，1978，8：101-109.

［50］ 闫茂德，贺昱曜，武奇生，"非完整移动机器人的自适应全局轨迹跟踪控制，"机械科学与技术，2007，26：57-60.

［51］ 叶涛，侯增广，谭民，李磊，陈细军，"移动机器人的滑模轨迹跟踪控制，"高技术通讯，2004，14：71-74.

［52］ 杨卓懿. 无人潜器总体设计方案设计的多学科优化方法研究［D］. 哈尔滨工程大学博士学位论文，2012.

［53］ Hart，C. G.，Vlahopoulos，N.，A Multidisciplinary Design Optimization Approach to Relating Affordability and Performance in a Conceptual Submarine Design，University of Michigan，2009.

［54］ LIU W，CUI W C. Multidisciplinary design optimization（MDO）：A promising tool for the design of HOV［J］. Journal of Ship Mechanics，2004，8（6）：95-110.

［55］ 操安喜. 载人潜水器多学科设计优化方法及其应用研究［D］. 上海交通大学博士学位论文，2008.

［56］ 林昌龙. 基于自主计算思想的水下机器人体系结构研究［D］. 中科院沈阳自动化研究所博士学位论文，2010.

［57］ Saeed A S，Younes A B，Islam S，et al. A review on the platform design，dynamic modeling and control of hybrid UAVs［C］// IEEE International Conference on Unmanned Aircraft Systems. 2015.

［58］ Bingbing L，Juntong Q，Tianyu L，et al. Real-Time Data Acquisition and Model Identification for Powered Parafoil UAV［C］//International Conference on Intelligent Robotics and Applications. Springer International Publishing，2015：556-567.

［59］ Kendoul F. Survey of advances in guidance，navigation，and control of unmanned rotorcraft systems［J］. Journal of Field Robotics，2012，29（2）：315-378.

［60］ Schafroth D，Bermes C，Bouabdallah S，et al. Modeling，system identification and robust control of a coaxial micro helicopter［J］. Control Engineering Practice，2010，18（7）：700-711.

［61］ Mellinger D，Kumar V. Minimum snap trajectory generation and control for quadrotors［C］// 2011：2520-2525.

［62］ Bisgaard M，Cour-Harbo A L，Bendtsen J D. Adaptive control system for autonomous helicopter slung load operations［J］. Control Engineering Practice，2010，18（7）：800-811.

［63］ Castañeda H，Salas-Pena O S，Leon-Morales J D. Robust flight control for a fixed-wing unmanned aerial vehicle using adaptive super-twisting approach［J］. Proceedings of the Institution of Mechanical Engineers Part G Journal of Aerospace Engineering，2014，228（12）：2310-2322.

［64］ 齐俊桐，宋大雷，戴磊，et al. The New Evolution for SIA Rotorcraft UAV Project［J］. Journal of Robotics，2010，2010（3）.

［65］ Fuzzy hierarchical control of an unmanned helicopter［C］// In Proceedings of the 17th IFSA World Congress. 1993.

［66］ Sugeno M，Sugeno M. Intelligent Control of an Unmanned Helicopter Based on Fuzzy Logic［J］. Nato Asi on Soft Computing & Its Application，1995.

［67］ Abbeel P，Coates A，Ng A Y. Autonomous Helicopter Aerobatics through Apprenticeship Learning［J］. International Journal of Robotics Research，2010，29（13）：1608-1639.

［68］ Johnson E N，Kannan S K. Adaptive Trajectory Control for Autonomous Helicopters［J］. Journal of Guidance Control & Dynamics，2015，28（3）：8D1-1-8D1-12 vol. 2.

［69］ Munguía R. A GPS-aided inertial navigation system in direct configuration［J］. Journal of Applied Research & Technology，2014，12（4）：803-814.

［70］ Kendoul F，Fantoni I，Nonami K. Optic flow-based vision system for autonomous 3D localization and control of small aerial vehicles [J]. Robotics and Autonomous Systems，2009，57（6）：591-602.

[71] Lee D，Shim D H. Path planner based on bidirectional spline-RRT ＊ for fixed-wing UAVs [C] //Unmanned Air-craft Systems（ICUAS），2016 International Conference on. IEEE，2016：77-86.

[72] Chen Y，Luo G，Mei Y，et al. UAV path planning using artificial potential field method updated by optimal control theory [J]. International Journal of Systems Science，2016，47（6）：1407-1420.

[73] Akar E，Topcuoglu H R，Ermis M. Hyper-Heuristics for Online UAV Path Planning Under Imperfect Information [C] //European Conference on the Applications of Evolutionary Computation. Springer Berlin Heidelberg，2014：741-752.

[74] Wang H，Lyu W，Yao P，et al. Three-dimensional path planning for unmanned aerial vehicle based on interfered fluid dynamical system [J]. Chinese Journal of Aeronautics，2015，28（1）：229-239.

[75] Mellinger D，Kumar V. Minimum snap trajectory generation and control for quadrotors [C] //Robotics and Auto-mation（ICRA），2011 IEEE International Conference on. IEEE，2011：2520-2525.

[76] Richter C，Bry A，Roy N. Polynomial trajectory planning for aggressive quadrotor flight in dense indoor environ-ments [M] //Robotics Research. Springer International Publishing，2016：649-666.

[77] Chamseddine A，Zhang Y，Rabbath C A，et al. Flatness-based trajectory planning/replanning for a quadrotor un-manned aerial vehicle [J]. IEEE Transactions on Aerospace and Electronic Systems，2012，48（4）：2832-2848.

[78] Li W，Cassandras C G. Centralized and distributed cooperative receding horizon control of autonomous vehicle mis-sions [J]. Mathematical and computer modelling，2006，43（9）：1208-1228.

[79] 林林，孙其博，王尚广，等. 多无人机协同航路规划研究 [J]. 北京邮电大学学报，2013，36（5）：36-40.

[80] Nonami K，Kendoul F，Suzuki S，et al. Autonomous Flying Robots：Unmanned Aerial Vehicles and Micro Aerial Vehicles [M]. Springer Science & Business Media，2010.

[81] Hoffmann G M，Huang H，Waslander S L，et al. Precision flight control for a multi-vehicle quadrotor helicopter testbed [J]. Control engineering practice，2011，19（9）：1023-1036.

[82] Hinkel H，Zipay J J，Strube M，et al. 2016 IEEE Aerospace Conference. 2016，United states，（6）.

[83] Young K A，Alexander J D. Journal of Spacecraft and Rockets. 1970，7（9）：1083.

[84] Hiltz M，Rice C，Boyle K，et al. Proceeding of the 6th International Symposium on Artificial Intelligence and Ro-botics & Automation in Space：i-SAIRAS 2001. 2001，Canada，18-22（6）：1-8.

[85] Oda M，Inaba N，Fukushima Y. Advanced Robotics. 1999，13（3）：335-336.

[86] Bischof B，Kerstein L，Starke J，et al. Science and Technology series. 2004，109：183-193.

[87] Bloom J，Sandhu J，Paulsene M. Washington：University of Washington. 2000.

[88] 付国强，黄攀峰，陈凯，等. 计算机测量与控制. 2009，（12）：2513-2515.

[89] 魏承. 空间柔性机器人在轨抓取与转移目标动力学与控制. 哈尔滨工业大学，2010.

[90] Oda M. 1997 Ieee International Conference on Robotics and Automation-Proceedings. 1997：3054-3061.

[91] Cooper B. Proceedings of SpaceOps 1998. 1998.

[92] 赵刚，黄攀峰，邵玮，等. 计算机仿真. 2008，（12）：92-94＋179.

[93] 张斌，黄攀峰，刘正雄，等. 宇航学报. 2011，（02）：446-450.

[94] 张晓锋，宋荆洲. 计算机光盘软件与应用. 2012，（22）：204-205.

[95] Walker M W，Wee L B. Ieee Transactions on Robotics and Automation. 1991，7（6）：828-835.

[96] Shin J H，Lee J J. Robotica. 1994，12：541-551.

[97] 丰保民，马广程，温奇咏，等. 宇航学报. 2007，（04）：914-919.

[98] 陈志勇，陈力. 空间科学学报. 2010，（03）：275-282.

[99] 贺亮，王有峰，吴蕊，等. 哈尔滨工业大学学报. 2013，（09）：107-112.

[100] 张燕红. 机电技术. 2015，（03）：31-35.

[101] Nakamura H，Yamashita Y，Nishitani H. Sice 2002：Proceedings of the 41st Sice Annual Conference. 2002，（1-5）：1974-1979.

[102] Nakamura Y，Suzuki T. Journal of Spacecraft and Rockets. 1997，34（1）：137-143.

[103] Fernandes C，Gurvits L，Li Z X. 1992 Ieee International Conf on Robotics and Automation：Proceedings，Vols 1-3. 1992：893-898.

[104] 丰保民. 自由漂浮空间机器人轨迹规划与轨迹跟踪问题研究. 哈尔滨工业大学，2007.

[105] 刘正雄，黄攀峰，闫杰. 计算机仿真. 2010，（11）：172-175.

[106] 石忠，王永智，胡庆雷. 宇航学报. 2011，（07）：1516-1521.

[107] 张福海，付宜利，王树国. 机器人. 2012，（01）：38-43.

[108] 徐文福，王学谦，薛强，等. 自动化学报. 2013，(01)：69-80.

[109] Nandy G C，Xu Y S. 1998 Ieee International Conference on Robotics and Automation，Vols 1-4. 1998：2683-2688.

[110] Klarer P. Robotics for Challenging Environments：202.

[111] Rollins E，Luntz J，Foessel A，et al. 1998 Ieee International Conference on Robotics and Automation，Vols 1-4. 1998：611-617.

[112] Krotkov E，Simmons R. International Journal of Robotics Research. 1996，15（2）：155-180.

[113] Dai Y J，Nakano E，Takahashi T，et al. Iros 96-Proceedings of the 1996 Ieee/Rsj International Conference on Intelligent Robots and Systems-Robotic Intelligence Interacting with Dynamic Worlds，Vols 1-3. 1996：402-409.

[114] Kemurdjian A L. 1998 Ieee International Conference on Robotics and Automation，Vols 1-4. 1998：140-145.

[115] 丁希仑，洪弈光，赵志文，等. 中南工业大学学报. 2000，31：438-441.

[116] 刘方湖，陈建平，马培荪，等. 机械设计. 2001，(05)：15-40.

[117] 刘方湖，马培荪，陈建平. 机械工程学报. 2002，38（11）：42-48.

[118] 丁希仑，徐坤. 航空制造技术. 2013，(18)：34-39.

[119] Shao H M，Chen J Y，Truong T K，et al. A New CT-Aided Robotic Stereotaxis System；proceedings of the Symposium on Computer Application，F，1985 [C].

[120] Kwoh Y S，Hou J，Jonckheere E A，et al. A Robot with Improved Absolute Positioning Accuracy for Ct Guided Stereotactic Brain Surgery [J]. IEEE Transactions on Biomedical Engineering，1988，35（2）：153-160.

[121] Shao H，Chen J，Truong T，et al. A new CT-aided robotic stereotaxis system；proceedings of the Proceedings of the Annual Symposium on Computer Application in Medical Care，F，1985 [C]. American Medical Informatics Association.

[122] 田伟，范明星，刘亚军. 脊柱导航辅助机器人技术的现状及远期展望 [J]. 北京生物医学工程，2014，33（5）：527-531.

[123] 马培荪，王建滨，朱海鸿，等. 一种蛇形柔性臂的系统及结构 [J]. 上海交通大学学报，2001，35（1）：72-75.

[124] Simaan N，Taylor R H，Flint P. A Dexterous System for Laryngeal Surgery [A]. Proceedings of the 2004 IEEE International Conference on Robotics & Automation [C]. New Orleans，USA，2004：351-357.

[125] Jienan Ding，Kai Xu，Roger Goldman，et al. Design，simulation and evaluation of kinematic alternatives for insertable robotic effectors platforms in single port access surgery [A]. 2010 IEEE International Conference on Robotics and Automation [C]. Alaska，USA，2010：1053-1058.

[126] 张立勋，董九志，李艳生，等. 一种主被动式辅助腹腔镜手术机器人的运动学分析 [J]. 机械设计，2008，25（9）：13-16.

[127] 陈卫东，席裕庚，蔡鹤皋. 具有力觉临场感的主从遥控 机器人系统的双向控制

[128] 盛国栋，曹其新. 遥操作机器人系统主从控制策略 [J]. 江苏科技大学学报（自然科学版），2013，(5)：493-497.

[129] Oleynikov D，Rentschler M，Hadzialic A. Miniature robots can assist in laparoscopic cholecystectomy. Surg Endosc. 2005；19（4）：473-476.

[130] Lehman A C，Wood N A，Farritor S，et al. Dexterous miniature robot for advanced minimally invasive surgery. Surg Endosc. 2010；25（1）：119-123.

[131] Ashburner J，Friston K J. Nonlinear spatial normalization using basis functions [J]. Human brain mapping，1999，7（4）：254-266.

[132] Orchard J. Globally optimal multimodal rigid registration：An analytic solution using edge information；proceedings of the Image Processing，2007 ICIP 2007 IEEE International Conference on，F，2007 [C]. IEEE.

[133] Benameur S，Mignotte M，Labelle H，et al. A hierarchical statistical modeling approach for the unsupervised 3-D biplanar reconstruction of the scoliotic spine [J]. IEEE Transactions on Biomedical Engineering，2005，52（12）：2041-2057.

[134] Benameur S，Mignotte M，Destrempes F，et al. Three-dimensional biplanar reconstruction of scoliotic rib cage using the estimation of a mixture of probabilistic prior models [J]. IEEE Transactions on Biomedical Engineering，2005，52（10）：1713-1728.

[135] Chen E C，Mcleod A J，Baxter J S，et al. Registration of 3D shapes under anisotropic scaling [J]. International journal of computer assisted radiology and surgery，2015，10（6）：867-878.

[136] Mei X，Li Z，Xu S，et al. Registration of the Cone Beam CT and blue-ray scanned dental model based on the improved ICP algorithm [J]. Journal of Biomedical Imaging，2014，2014（1）.

[137] Siebert W，Mai S，Kober R，et al. Technique and first clinical results of robot-assisted total knee replacement [J]. Knee，2002，9（3）：173-180.

第 8 章

[138] Cobb J, Henckel J, Gomes P, et al. Hands-on robotic unicompartmental knee replacement A PROSPECTIVE, RANDOMISED CONTROLLED STUDY OF THE ACROBOT SYSTEM [J]. Journal of Bone & Joint Surgery, British Volume, 2006, 88 (2): 188-197.

[139] Sukovich W, Brink - Danan S, Hardenbrook M. Miniature robotic guidance for pedicle screw placement in posterior spinal fusion: early clinical experience with the SpineAssist® [J]. The International Journal of Medical Robotics and Computer Assisted Surgery, 2006, 2 (2): 114-122.

[140] Larsson N, Molin L. Rapid prototyping of user interfaces in robot surgery—Wizard of Oz in participatory design [M]. Advances in Information Systems Development. Springer. 2006: 361-371.

[141] Raibert M H, Craig J J. Hybrid position/force control of manipulators. Journal of Dynamic Systems, Measurement, and Control, 1981, 103 (2): 126-133.

[142] Bernhardt M, Frey M, Colombo G, Riener R. Hybrid forceposition control yields cooperative behaviour of the rehabilitation robot lokomat. In: Proceedings of the 9th International Conference on Rehabilitation Robotics. Chicago, USA: IEEE, 2005. 536-539.

[143] Ju M S, Lin C C, Lin D H, Hwang I S, Chen S M. A rehabilitation robot with force-position hybrid fuzzy controller: hybrid fuzzy control of rehabilitation robot. IEEE Transactions on Neural Systems and Rehabilitation Engineering, 2005, 13 (3): 349-358.

[144] Jiang X, Xiong C, Sun R, Xiong Y. Fuzzy hybrid forceposition control for the robotic arm of an upper limb rehabilitation robot powered by pneumatic muscles. In: Proceedings of the 2010 International Conference on E-Product EService and E-Entertainment. He0nan, China: IEEE, 2010. 1-4.

[145] Duschau-Wicke A, von Zitzewitz J, Caprez A, Luenenburger L, Riener R. Path control: a method for patient-cooperative robot-aided gait rehabilitation. IEEE Transactions on Neural Systems and Rehabilitation Engineering, 2010, 18 (1): 38-48.

[146] Hussein S, Schmidt H, Krueger J. Adaptive control of an end-effector based electromechanical gait rehabilitation device. In: Proceedings of the 2009 IEEE International Conference on Rehabilitation Robotics. Kyoto, Japan: IEEE, 2009. 425-430.

[147] Tsoi Y H, Xie S Q. Impedance control of ankle rehabilitation robot. In: Proceedings of the 2008 IEEE International Conference on Robotics and Biomimetics. Bangkok: IEEE, 2009. 840-845.

[148] Kahn L E, Zygman M L, Rymer W Z, et al. Robot-assisted reaching exercise promotes arm movement recovery in chronic hemiparetic stroke: A randomized controlled pilot study [J]. Journal of NeuroEngineering and Rehabilitation, 2006, 3: No. 12.

[149] Frisoli A, Salsedo F, Bergamasco M, et al. A force-feedback exoskeleton for upper-limb rehabilitation in virtual reality [J]. Applied Bionics and Biomechanics, 2009, 6 (2): 115-126.

[150] Rosati G, Gallina P, Masiero S. Design, implementation and clinical tests of a wire-based robot for neurorehabilitation [J]. IEEE Transactions on Neural Systems and Rehabilitation Engineering, 2007, 15 (4): 560-569.

[151] Perry J C, Rosen J, Burns S. Upper-limb powered exoskeleton design [J]. IEEE/ASME Transactions on Mechatronics, 2007, 12 (4): 408-417.

[152] Ball S J, Brown I E, Scott S H. MEDARM: A rehabilitation robot with 5DOF at the shoulder complex [C]. IEEE/ASME International Conference on Advanced Intelligent Mechatronics. Piscataway, USA: IEEE, 2007.

[153] Zhang H, Austin H, Buchanan S, et al. Feasibility study of robot-assisted stroke rehabilitation at home using RUPERT [C]. IEEE/ICME International Conference on Complex Medical Engineering. Piscataway, USA: IEEE, 2011: 604-609.

[154] Sanchez Jr R J, Wolbrecht E, Smith R, et al. A pneumatic robot for re-training arm movement after stroke: Rationale and mechanical design [C]. IEEE International Conference on Rehabilitation Robotics. Piscataway, USA: IEEE, 2005: 500-504.

[155] Xing K X, Xu Q, He J P, et al. A wearable device for repetitive hand therapy [C]. 2nd Biennial IEEE/RAS-EMBS International Conference on Biomedical Robotics and Biomechatronics. Piscataway, USA: IEEE, 2008: 919-923.

[156] Xiong C H, Jiang X Z, Sun R L, et al. Control methods for exoskeleton rehabilitation robot driven with pneumatic muscles [J]. Industrial Robot, 2009, 36 (3): 210-220.

[157] Jiang X Z, Huang X H, Xiong C H, et al. Position control of a rehabilitation robotic joint based on neuron proportion-integral and feedforward control [J]. Journal of Computational and Nonlinear Dynamics, 2012, 7 (2): 024502.

[158] Makaran J E, Dittmer D K, Buchal R O, et al. The SMART WristHand Orthosis (WHO) for Quadriplegic Patients [J]. Journal of Prosthetics and Orthotics, 1993; 5 (3), 73-76.

[159] 陈勉. 前后大臂偏置式七自由度工业机器人本体设计与仿真优化 [D]. 杭州：浙江大学，2016.

[160] 汪满新. 一种五自由度混联机器人静柔度建模与设计方法研究 [D]. 天津：天津大学，2015.

[161] 叶伟，方跃法，巧盛，等. 基于运动限定机构的可重构并联机构设计 [J]. 机械工程学报，2015，51（13）：137-143.

[162] 赵福群. 基于连杆机构的新型并联机器人构型设计与分析 [M]. 北京：北京交通大学. 2016.

[163] Chen X, Liang X, Sun X, et al. Workspace and statics analysis of 4-UPS-UPU parallel coordinate measuring machine [J]. Measurement, 2014, 55 (9)：402-407.

[164] 陈珂，柯文德，刘美，等. 基于执行器能量消耗的并联机器人优化 [J]. 武汉科技大学学报，2015（6）：449-454.

[165] 贾世元，贾英宏，徐世杰. 基于姿态可操作度的机械臂尺寸优化方法 [J]. 北京航空航天大学学报，2015，41（9）：1693-1700.

[166] 白云飞. 六自由度工业机器人优化技术 [D]. 大连：大连理工大学，2015.

[167] 许辉. 高速串联工业机器人优化设计方法研究 [D]. 苏州：苏州大学. 2016.

[168] 陈勉. 前后大臂偏置式七自由度工业机器人本体设计与仿真优化 [D]. 杭州：浙江大学. 2016.

[169] 尹仕斌. 工业机器人定位误差分级补偿与精度维护方法研究 [D]. 天津：天津大学，2015.

[170] 丁吉祥. 工业机器人运动学参数标定技术研究. 丁吉祥 [D]. 南京：南京理工大学，2015.

[171] 刘艳. 机器人结构光视觉系统标定研究 [D]. 北京：北京理工大学，2015.

[172] 白海龙. 基于POE方法的工业机器人运动学标定研究 [D]. 哈尔滨：哈尔滨工业大学，2015.

[173] 丁亚东，陈柏，吴洪涛，等. 一种工业机器人动力学参数的辨识方法 [J]. 华南理工大学学报：自然科学版，2015（3）：49-56.

[174] 陈勉. 前后大臂偏置式七自由度工业机器人本体设计与仿真优化 [D]. 杭州：浙江大学，2016.

[175] 陈庆诚. 结合旋量理论的串联机器人运动特性分析及运动控制研究 [D]. 杭州：浙江大学，2015.

[176] 宋少华. 七自由度机械臂动力学建模与轨迹规划研究 [D]. 哈尔滨：哈尔滨工业大学，2015.

[177] 管小清. 冗余度涂胶机器人关键技术研究 [D]. 北京：北京理工大学，2015.

[178] 宋少华. 七自由度机械臂动力学建模与轨迹规划研究 [D]. 哈尔滨：哈尔滨工业大学，2015.

[179] 姜良伟. 六自由度可重构模块化工业机器人运动学与动力学研究 [D]. 北京：北京交通大学，2016.

[180] 管小清. 冗余度涂胶机器人关键技术研究 [D]. 北京：北京理工大学，2015.

[181] 杨益波. 柔性关节柔性臂杆机械臂动力学建模与振动抑制研究 [D]. 哈尔滨：哈尔滨工业大学，2015.

[182] 佐立营. 面向机器人抓取的散乱零件自动识别与定位技术研究 [D]. 哈尔滨：哈尔滨工业大学，2015.

[183] 高伟，杨光. 基于点云的空间非合作目标运动测量技术研究 [J]. 计算机仿真，2016，33（6）：41-45.

[184] Yang J, Ye X, Li K, et al. Depth recovery using an adaptive color-guided auto-regressive model [C] // European Conference on Computer Vision. Springer-Verlag, 2012：158-171.

[185] 张平霞，朱永强，黄瑞生，张西富，"五轴全轮转向轮式机器人转向模式研究，"机械设计与制造，pp. 39-42，2015.

[186] 方彦奎，刘立宇，陈俊同，叶佐镇，李庆鸿，吴泽滨. "一款履带式多功能攀爬机器人的设计，"科学家，vol. 4，pp. 2-3，2016.

[187] 韩媛媛，王生栋，郑超，查富生. "基于半圆形柔顺腿的六足机器人研究，"机械与电子，pp. 72-75，2016.

[188] 黄如林，梁华为，陈佳佳，赵盼，杜明博. "基于激光雷达的无人驾驶汽车动态障碍物检测、跟踪与识别方法，"机器人，vol. 38，2016.

[189] 于金山，吴皓，田国会，薛英花，赵贵祥. "基于云的语义库设计及机器人语义地图构建，"机器人，vol. 38，2016.

[190] Zhang W, Liu K, Zhang W, Zhang Y, and Gu J, "Deep Neural Networks for wireless localization in indoor and outdoor environments，"Neurocomputing, vol. 194, pp. 279-287, 2016.

[191] 马永兵，"基于RSSI信号强度定位的夜间采摘作业机器人设计，"农机化研究，2017.

[192] 刘桓，张智键，李杰辉，何翔. "基于RFID的移动机器人定位系统，"机械工程师，2016.

[193] Min H, Lin Y H, Wang S, Wu F, and Shen X, "Path planning of mobile robot by mixing experience with modified artificial potential field method，"Advances in Mechanical Engineering, vol. 7, 2015.

[194] Liu M. "Robotic Online Path Planning on Point Cloud，"p. 1, 2015.

[195] Chen F, Lei W, Zhang K, et al. A novel nonlinear resilient control for a quadrotor UAV via backstepping control and nonlinear disturbance observer [J]. Nonlinear Dynamics, 2016：1-15.

[196] Xue K, Wang C, Li Z, et al. Online Adaptive Error Compensation SVM-Based Sliding Mode Control of an Un-

manned Aerial Vehicle [J]. International Journal of Aerospace Engineering，2016，2016（6）：1-14.

[197] Zhao B，Xian B，Zhang Y，et al. Nonlinear robust sliding mode control of a quadrotor unmanned aerial vehicle based on immersion and invariance method [J]. International Journal of Robust ＆ Nonlinear Control，2014，25 （18）：3714-3731.

[198] Outamazirt F，Li F，Lin Y，et al. A new SINS/GPS sensor fusion scheme for UAV localization problem using nonlinear SVSF with covariance derivation and an adaptive boundary layer [J]. 中国航空学报（英文版），2016，29 （2）：424-440.

[199] Zhang L，Xiong Z，Lai J，et al. Optical flow-aided navigation for UAV：A novel information fusion of integrated MEMS navigation system [J]. Optik-International Journal for Light and Electron Optics，2015，127.

[200] Yang S，Ying J，Lu Y，et al. Precise quadrotor autonomous landing with SRUKF vision perception [C] //2015 IEEE International Conference on Robotics and Automation（ICRA）. IEEE，2015：2196-2201.

[201] Zhang S，Zhou Y，Li Z，et al. Grey wolf optimizer for unmanned combat aerial vehicle path planning [J]. Advances in Engineering Software，2016，99：121-136.

[202] Li D，Wang X，Sun T. Energy-optimal coverage path planning on topographic map for environment survey with unmanned aerial vehicles [J]. Electronics Letters，2016，52（9）：699-701.

[203] Zhang X，Chen J，Xin B. Path planning for unmanned aerial vehicles in surveillance tasks under wind fields [J]. Journal of Central South University，2014，21：3079-3091.

[204] 史建涛，何潇，周东华. 多机编队系统的协同容错控制 [J]. 上海交通大学学报，2015，49（6）：819-824.

[205] 邸斌，周锐，董卓宁. 考虑信息成功传递概率的多无人机协同目标最优观测与跟踪 [J]. 控制与决策，2016，31 （4）：616-622.

[206] 朱黔，周锐. 面向目标跟踪的多机协同通信保持控制 [J]. 控制理论与应用，2015，32（11）：1551-1560.

[207] 程靖，陈力. 力学学报. 2016，（04）：832-842.

[208] 黄诚，刘华平，沈昱明. 计算机应用研究. 2014，（08）：2372-2375.

[209] 黄攀峰，王明，常海涛，等. 宇航学报. 2016，（08）：924-935.

[210] 盛进源，刘宜成，张欢庆，等. 计算机应用研究. 2017，（10）：1-7.

[211] 姜礼杰，王良诣，王勇，等. 一种混合输入并联拟人步态康复机器人的机构设计与分析 [J]. 机器人，2016，38 （4）：495-503.

[212] 姜礼杰，王勇，高爱丽. 一种康复训练机器人的机构设计及调节方法 [J]. 华中科技大学学报（自然科学版），2015，1.

[213] 周海涛. 下肢外骨骼康复机器人结构设计及控制方法研究 [D]. 哈尔滨工业大学，2015.

[214] 张立娟，姜世公，崔登祺，等. 人体下肢运动康复训练机器人的设计 [J]. 兵工自动化，2015，34（5）：50-53.

[215] 郭萌，涂细凯，何际平，等. 基于模糊 PI 控制的穿戴式上肢康复机器人 [J]. 华中科技大学学报（自然科学版），2015，1.

[216] 黄明，黄心汉，袁勇，等. 2 自由度腕关节康复机器人的代理滑模控制方法 [J]. 华中科技大学学报（自然科学版），2015，1.

[217] Han J D，Xiong A B，Zhao X G，Ding Q C，Chen Y G，Liu G J. sEMG based quantitative assessment of acupuncture on Bell0s palsy：an experimental study. Science China Information Sciences，2015，58（8）：1-15.

[218] Han J D，Ding Q C，Xiong A B，Zhao X G. A state-space EMG model for the estimation of continuous joint movements. IEEE Transactions on Industrial Electronics，2015，62（7）：4267-4275.

[219] 丁其川，赵新刚，韩建达. 基于肌电信号容错分类的手部动作识别. 机器人，2015，37（1）：9-16.

[220] 于洪健. 基于并联机器人机构的汽车薄板件柔性装配夹具研究 [D]. 哈尔滨工业大学，2010.

[221] Takao MOTONAGA，卜幼文，荷国茗. 在汽车生产线上机器人应用的现状和前景 [J]. 汽车工艺与材料，1987 （6）.

[222] 吴启平，金亚萍，等. 自动导引车（AGV）关键技术现状及其发展趋势 [J]，制造业自动化. 2013. 2，35（2）：106-107.

[223] http：//www. htagv. com/

[224] 徐欢，刘俏，等. 搬运型 AGV 在物料运输系统中的应用 [J]，物流科技. 2013（6）：82.

[225] Matthies L，Xiong Y，Hogg R，D. Zhu，A. Rankin，B. Kennedy，et al.，"A portable，autonomous，urban reconnaissance robot," Robotics ＆ Autonomous Systems，vol. 40，pp. 163-172，2002.

[226] Qi J，Song D，Shang H，et al. Search and Rescue Rotary‐Wing UAV and Its Application to the Lushan Ms 7. 0 Earthquake [J]. Journal of Field Robotics，2015.

[227] Hiltz M，Rice C，Boyle K，et al. Proceeding of the 6th International Symposium on Artificial Intelligence and Ro-

botics & Automation in Space：i-SAIRAS 2001. 2001，Canada，18-22 (6)：1-8.

[228] Oda M，Inaba N，Fukushima Y. Advanced Robotics. 1999，13 (3)：335-336.

[229] Ogilvie A，Allport J，Hannah M，et al. Sensors and Systems for Space Applications Ii. 2008，6958.

[230] Bülthoff H H，Wallraven C，Giese M A. Handbook of Robotics. Berlin：Springer，2007.

[231] Barnhart D，Sullivan B，Hunter R，et al. AIAA SPACE 2013 Conference and Exposition，September 10，2013-September 12，2013，San Diego，CA，United states.

[232] Bülthoff H H，Wallraven C，Giese M A. Handbook of Robotics. Berlin：Springer，2007.

[233] Lindemann R A，Bickler D B，Harrington B D，et al. Ieee Robotics & Automation Magazine. 2006，13 (2)：19-26.

[234] Grotzinger J P，Crisp J，Vasavada A R，et al. Space Science Reviews. 2012，170 (1-4)：5-56.

[235] 江磊，姚其昌，何亚丽，等. 机器人技术与应用. 2008，(03)：17-19.

[236] 周建平. 载人航天. 2013，(02)：1-10.

[237] 李大明，饶炜，胡成威，等. 载人航天. 2014，(03)：238-242.

[238] 代树武，吴季，孙辉先，等. 空间科学学报. 2014，(03)：332-340.

[239] Lei H，Sheng L，Manyi W，et al. A biplanar robot navigation system for the distal locking of intramedullary nails [J]. The International Journal of Medical Robotics and Computer Assisted Surgery，2010，6 (1)：61-65.

[240] Fasoli S E，Krebs H I，Stein J，et al. Effects of robotic therapy on motor impairment and recovery in chronic stroke [J]. Archives of Physical Medicine and Rehabilitation，2003，84 (4)：477-482.

[241] Haraguchi M，Kikuchi Y，Jin Y，et al. 3-D rehabilitation systems for upper limbs using ER actuators/brakes with high safety："MUL"，"Robotherapist" and "PLEMO" [C]. 17th International Conference on Artificial Reality and Telexistence. Los Alamitos，USA：IEEE Computer Society，2007：258-263.

[242] Cai Z，Tong D，Meadmore K L，et al. Design & control of a 3D stroke rehabilitation platform [C]. IEEE International Conference on Rehabilitation Robotics. Piscataway，USA：IEEE，2011.

[243] Pehlivan A U，Celik O，O'Malley M K. Mechanical design of a distal arm exoskeleton for stroke and spinal cord injury rehabilitation [C]. IEEE International Conference on Rehabilitation Robotics. Piscataway，USA：IEEE，2011：5975428.

[244] Westlake K P，Patten C. Pilot study of lokomat versus manual-assisted treadmill training for locomotor recovery post-stroke. Journal of NeuroEngineering and Rehabilitation，2009，6 (1)：18.

[245] Bouri M，Le Gall B，Clavel R. A new concept of parallel robot for rehabilitation and fitness：the Lambda. In：Proceedings of the 2009 International Conference on Robotics and Biomimetics. Guilin，China：IEEE，2009. 2503-2508.

[246] Metrailler P，Blanchard V，Perrin I，Brodard R，Frischknecht R，Schmitt C，Fournier J，Bouri M，Clavel R. Improvement of rehabilitation possibilities with the Motion MakerTM. In：Proceedings of the 1st IEEE/RAS-EMBS International Conference on Biomedical Robotics and Biomechatronics. Pisa，Italy：IEEE，2006. 359-364.

[247] Stauffer Y，Bouri M，Fournier J，Clavel R，Allemand Y，Brodard R. A novel verticalized reeducation device for spinal cord injuries：the WalkTrainer，from design to the clinical trials. In：Robotics 2010 Current and Future Challenges. Croatia：In-tech Publishing，2010. 193-209.

[248] Wege A，Zimmermann A. Electromyography sensor based control for a hand exoskeleton [C]. Robotics and Biomimetics，2007. RCB2C 2007，International Conference on IEEE，2007：1470-1475.

[249] Satoshi Ueki，Haruhisa Kawasaki，Satoshi Ito. Development of a Hand-Assist Robot with Multi-Degrees-of-Freedom for Rehabilitation Therapy [J]. IEEE /ASME Transactions on Mechatronics，2012，17 (1)：136-146.

[250] http：//www. rehab-robotics. com /HOH.

[251] Kotaro Tadano，Masao Akai，Kazuo Kadota，et al. Development of Grip Amplified Glove using Bi-articular Mechanism with Pneumatic Artificial Rubber Muscle [C]. 2010 IEEE International Conference on Robotics and Automation Anchorage Convention District，Anchorage，AK，2010：2363-2368.

第 **8** 章

第 9 章
车辆自动驾驶及控制

近年来，随着电子信息技术的快速发展和汽车制造业的不断变革，汽车电子技术的应用和创新极大地推动了汽车工业的进步与发展，对提高汽车动力性、经济性、安全性，改善汽车行驶稳定性、舒适性，降低汽车排放污染、燃料消耗起到非常关键的作用，同时也使汽车具备了娱乐、办公和通信等丰富功能。据统计，汽车产品创新的 90％源于电子控制技术。尤其是近年来随着节能减排以及动力性和安全性要求的逐渐提高，新型执行器和动力源被不断引入汽车系统中。现代汽车电子集电子技术、汽车技术、信息技术、计算机技术和网络技术等于一体，包括基础技术层、电控系统层和人车环境交互层三个层面，经历了分立电子元器件控制、部件独立控制及智能化、网络化集成控制应用三个发展阶段。在全世界汽车行业竞争日益激烈的背景下，需要通过技术、理论、方法的创新，充分发挥优化、控制和实现技术的基础支撑作用，提高汽车电控系统的自主研发能力，促进我国汽车产业的安全和健康发展。

从车辆驾驶的角度来看，无论是新能源汽车还是传统内燃机汽车、智能汽车还是完全驾驶员驾驶的汽车，汽车的主要任务并没有改变，即实现从地点 A 到 B 的行驶，在操作层面上都是对方向、油门、制动和挡位的操作，目标始终为安全、节能、环保、舒适等。而汽车驾驶的自动化，实际上就是在操作层面上实现转向、驱动、制动等的自动化，其核心技术还是控制。如自动变速箱技术实现了前向行驶时挡位的自动化；自适应巡航系统实现一定速度范围内的驱动、制动的自动化；ABS/ESP 则通过对制动的主动干预，提高汽车行驶的安全性。因此，从汽车技术发展的角度来看，汽车驾驶的自动化一直都在进行。车辆自动驾驶的研究重心依然需要落脚在汽车电子控制系统的开发上，包括整车控制器的开发以及对汽车动力学控制和动力传动控制各子系统的深度开发，以完全掌握二次开发能力。

9.1 汽车电控系统技术背景介绍

从产品需求角度来说，汽车电控系统除了复杂的功能要求外，还应具备实时性、高安全性、可靠性以及环保性。实时性是对汽车电控系统的硬性规定，即便电控系统在应对异常和复杂事件时，也必须在指定时间内完成，这对系统硬件计算能力和嵌入式系统提出了很高的要求。为应对汽车电控系统面临日益增多的功能和任务，嵌入式系统已由无操作系统发展为基于实时系统的软件框架，车载控制器也发展至今天的 32 位，频率达到 300MHz。

高安全性是指汽车电控系统的隐患概率控制极其严格，这不仅表现在对软硬件漏洞的检测，还包括对原材料、部件和工艺的管控。任何一个小的质量问题都有可能造成严重的安全问题和经济损失。例如丰田公司在采购供应链优化过程中，因加速踏板的安全性不达标发生了"刹车门"事件，造成超过 50 亿美元的直接损失[1]。

高可靠性要求电控系统一方面在全世界范围销售时能够适应不同环境、气候和油品的差异化；另一方面在长时间内能够无故障地运行。为保证电控系统的高可靠性，产品设计时需要满足严格的冲击、震动以及电气标准，开发时需要考虑各种工况下的控制策略，包括故障状态下的安全策略。在高可靠性的标准下，即便国际知名品牌的产品有时也有问题，除了上述提到的丰田"刹车门"事件，大众汽车因 DSG 变速器在频繁启动时存在可靠性隐患，于

2013 年在中国大陆召回部分缺陷汽车，共计 384181 辆[2]。

由于汽车电控系统销量较大，2015 年中国汽车电子市场规模达到 4112.82 亿元，2016 年达到 4917.58 亿元（智研咨询，2017 年），产品必须符合国家相关环保标准和规范，满足环保性要求。因此在芯片选型、EMC 辐射和原材料有毒、有害物质检测方面，须通过严格的检测和认证。

市场对汽车电控系统的高标准要求，使得电控系统在技术开发过程中面临诸多问题，对传统控制理论和方法的应用提出了挑战。这也导致产品开发周期较长，存在一定的风险。汽车电控系统开发过程中具有被控对象复杂、控制目标和工况多样化的特征。

9.1.1 汽车电控系统典型特征

9.1.1.1 内燃机汽车电控系统典型特征

传统动力控制系统包括对内燃机和传动系统的控制两方面。内燃机是将石化能源通过燃烧由化学能转化为机械能的复杂机械装置，其控制系统性能伴随着电子传感技术的发展、燃烧模式的优化以及国际能源、环境政策的调整而不断提升。目前内燃机电控系统采用的传感器从进气到排放有十多个，甚至测量缸内压力的传感器也得到了应用。尽管如此，被测量多是间接变量、难以直接测量关键被控量，因此内燃机控制中存在较多估计问题，如进气量估计、残余气体比例等。随着多种燃烧模式，如稀薄燃烧、分层燃烧、匀质充量压燃和低温预混合燃烧的提出，内燃机的理论热效率上限不断提升，各种新技术和电气执行机构在内燃机上得到了应用。尽管内燃机性能不断得到提升，但机械结构和电控系统的复杂性大大提高。为响应驾驶员动力需求，内燃机需要在各种工况下快速稳定切换，控制系统设计面临暂态性能差、多工况切换的问题。

传动系统连接发动机和传动轴，实现驱动、倒车、驻车以及空挡等功能。根据传动系统结构不同，控制系统功能也有所不同。除了换挡规律设计需要平衡经济性和动力性指标外，有级式自动变速器的控制系统还需要完成起步控制、换挡控制和冲击抑制等控制问题。速比控制是无级自动变速器的重要控制技术，离合器行程或者离合器压力控制是有级式自动变速器的关键技术。电动机和液压系统是传动控制中的执行器，而测量系统一般仅装有输入轴和输出轴转速传感器，将对离合器或转速比的控制转化为转速调节问题，因此存在着转速参考轨迹优化与控制、离合器压力和驱动轴力矩估计等问题。当前动力和传动的电控系统一般是相互独立设计的，通过 CAN 总线交互需求信息。为提高动力系统性能，动力传动控制系统一体化设计是发展趋势。

底盘控制系统包括主动安全、被动安全、转向以及悬架等功能模块。主动安全包括防抱死制动系统、电子稳定系统和驱动防滑系统，是通过底层车轮滑移率控制算法控制汽车制动系统调节车轮滑移率，以在物理极限内，调节汽车转向速度，最大限度地保证汽车转向稳定性和操控性。其中，防抱死制动系统是各种主动安全功能的基础，也是第一代电子制动系统的核心。主动安全控制系统的传感器功能有限，仅能测量轮速和横摆角速度，以及通过 CAN 总线获得转向角，因此需要构建精确的汽车动力学模型，估计轮胎力、滑移率等重要被控变量。被动安全系统主要是安全气囊，主要技术在于如何准确判断引爆策略以增加对人体的保护。电动转向系统是利用电动机作为助力源，通过检测转向轴上的转矩信号，结合车速设计的转速伺服装置，使其得到一个与汽车工况相适应的转向作用力，半主动和主动悬架功能则表现为车体变化对负载变化、路面波动的干扰抑制能力，使车辆在给定频率范围内获得理想的乘坐舒适性及操作稳定性。近些年来，基于底盘控制系统整体的自动泊车功能、无人驾驶和驾驶辅助系统的蓬勃发展，使得汽车电子智能化和网络化的特点日趋明显。

车身电子控制系统包括汽车安全、舒适性控制和信息通信系统，用于增强汽车的安全、舒适和方便性，一般包括安全带、中央防盗锁、内外照明、车窗座椅等设备的驱动和信号采集。该系统的典型特征是车窗防夹和大灯随动功能，大部分功能通过逻辑系统实现，没有复杂的控制算法和系统动态。车窗防夹功能需要在车窗上升过程中识别车窗是否处于夹持状态，适合各种天气、密封条老化、机械磨损、供电波动因素影响的防夹估计算法是该问题的核心。而大灯随动控制则是融合了车辆运动学、车身传感信息的前大灯配光优化与调节。

随着新技术的发展和电子产业的推动，汽车电子和汽车工业必将相互促进、共同发展。

9.1.1.2　新能源汽车电控系统典型特征

新能源汽车同内燃机汽车相比，驱动方式和能量传输方式更为丰富，使用电动机辅助或代替了传统的柴油/汽油发动机，并引入电池组（锂电池、新能源电池等）作为能量源，为电动机提供动力。目前常见的新能源汽车形式包括：混合动力汽车、燃料电池汽车和纯电动汽车。新能源汽车的发展是世界各国普遍公认的解决汽车节能与环保问题的主要技术手段，同时我国也已把新能源汽车列为国家的七大战略性新兴产业之一。在新能源汽车中，电控系统是除电动机、电池关键技术以外的另一个最核心的技术。其电控系统主要由电池管理系统和控制系统构成，管理电池组和控制电池能量的输出以及调节电动机的转速等。电控系统性能的优劣与汽车的安全性、可靠性、能源利用率以及控制策略等都有着密不可分的关系。

新能源汽车在改善油耗和排放方面有明显的优势，其节约能源的主要措施是电控系统通过提高混合动力的深度、优化分配电动机-发动机能量和电池能量，以及利用可以回收的制动能量等，来提高能源利用率。同时，新能源汽车在行驶安全性等方面也有一定的明显优势：相对于发动机，电动机驱动扭矩比较容易测量或观测到，从而可以更准确地估计车辆行驶状态，这不仅有利于汽车安全稳定性控制，也为能量优化分配提供依据；电动机的响应速度远远高于发动机，有可能实现更高精度的轮胎滑移率控制；多个驱动动力源以及分布式电动机驱动可以实现更灵活的驱动/制动力分配，从而达到车辆稳定裕度最大的行驶状态，为保证安全行驶的前提下提高能源利用率，提供了可能性。

近年来在新能源汽车的能量与电池管理、制动能量回收以及车辆主动安全控制等方面的研究已经取得了一系列进展，并逐渐呈现出以下明显的特征。

在新能源汽车中，电动机驱动和电池的引入以及混合动力的深度逐渐提高，使发动机、电池等多个能量源以及传动系统与制动系统之间的优化能量分配和各子系统间的协同控制成为关注焦点。在保证行驶安全的前提下，无论是优化电动汽车多能量源配置，提高能量制动回收率，还是协调各子系统间控制功能的相互冲突和干扰等方面，优化与控制技术的核心使能作用越来越重要。但是当前能量优化管理多以经济性为单一指标，而主动安全控制技术以能耗为代价，因此为保证电动化汽车安全经济行驶，面向安全性的能量优化控制亟待加强。

新能源汽车是一个具有强非线性、强耦合和不确定性的复杂系统，新型执行器和能量源的不断引入增加了控制自由度和动力学耦合的复杂程度，现有的基于规则的电控系统设计方法已经不再胜任，基于模型的设计成为发展趋势。但是，电池电化学等能量转化过程的复杂性以及机械部件的摩擦与变形等，依据能量和力（力矩）守恒等物理化学基本定理建立的机理模型往往复杂且阶次太高，这给基于模型的优化与控制带来了新的挑战。因此，有效利用离线和在线数据，有机结合数据和机理方法，研究汽车电控系统的设计与实现得到广泛关注。

9.1.2　汽车电控行业概况

如今，汽车电子化程度的高低，已成为衡量汽车综合性能和技术水平的重要标志，国外汽车电子产品生产主要集中在几家主要的汽车电子公司，如日本的电装公司、美国的德尔福公司、德国的博世公司和西门子公司。它们依靠自身拥有的核心技术和长期的经验积累，为世界上多家大型汽车厂商提供配套电子部件。

2015 年我国汽车销售量达到 2460 万辆，连续 8 年成为全世界最大的汽车市场。在汽车产业高速发展的直接推动下，我国汽车电子零部件产业有了长足的发展，国际汽车电控供应商也纷纷在我国建立了独立的研发和销售机构。然而，国内汽车电子作为后发市场，与国外巨头差距较大。我国汽车电子厂商多集中在附加值较低的领域，而在较为专业化的动力和底盘控制领域鲜有建树，因此，汽车电子产业的发展同时面临巨大挑战，巨大的汽车电子市场基本掌握在国外汽车电子公司手上。数据显示，世界 100 强的汽车零部件企业有 70% 在中国设厂，对中国投资的汽车零部件企业超过 1200 家[3]，仅德国博世、大陆，日本电装和美国德尔福的市场占有率就达到 40%（赛迪顾问，2011 年）。

从全世界视角来看，由于汽车电控系统产品要求高、行业进入门槛高，汽车电子行业基本被国际寡头垄断。2012 年全世界前 10 大汽车电子厂家的市场占有率达到 70%。以汽车半导体市场为例，2013 年该领域全世界前 10 大厂商总营业收入占全世界的 61%，德国博世 2013 年营业收入 464 亿欧元，国内最大的汽车电子厂商航盛电子的同期营业收入约 5 亿欧元，仅为博世的 1%，差距巨大（HIS，2013 年）。

从我国的情况来看，过去几年我国汽车电子产业在国内汽车产业飞速发展的带动下发展迅速，企业的技术实力和服务水平都得到较大提升。但是国内汽车电子企业与国际大型的汽车零部件、汽车电子企业相比在技术积累、经验等方面仍存在不足。目前我国的汽车电子企业有一千余家，行业集中度较低，企业规模不大。未来随着汽车市场的发展及车内电子系统得到更为广泛的应用，我国汽车电子行业将继续稳定增长。

9.1.3　汽车 V 模式开发流程

随着汽车智能化和网联化进程的不断推进，汽车电子占整车制造成本的比例越来越高，电控系统的开发流程也变得日益复杂，电子控制技术已经成为汽车性能提升的核心使能技术。尤其是随着节能减排以及动力性和安全性要求的逐渐提高，新型执行器和动力源被不断引入汽车系统中，这些新技术的引入增加了控制自由度和动力学耦合的复杂程度，使得电控系统的设计、标定与验证更加困难[4]。

如何更新升级汽车电控系统而不必增加过于昂贵的投入对汽车电控系统的开发流程提出了挑战。为此，各汽车厂商和研究机构展开了大量研究，控制领域和汽车工程领域的国际著名期刊都先后推出汽车控制方面的特刊，几乎相关的国际著名学术会议都设立有关汽车控制的分会场。在这些论文和会场中，被反复提到的一项系统开发的核心技术就是基于模型的控制系统开发（model-based design，MBD）。

基于模型的电控系统开发是面向机电一体化产品的现代开发手段，在整个开发过程中以系统模型作为共同的对象，而非物理原型和文本，是解决现在由于领域和分工的不同所形成的将控制算法和系统设计分离对待、分别研究现状的一个突破口。其主要的优点包括：缩短产品上市时间，保证产品质量，以及降低成本，减少对物理原型的依赖。基于模型的开发支持系统级和元器件级设计，并且可以在开发的各阶段进行连续测试、仿真和验证，因此，它已经逐渐成为满足"安全性、动力性、低成本、低油耗和排放"等汽车电控系统开发要求的有效解决手段，也成为高等院校工程实践教育的一个重要组成部分。

基于模型的汽车电控系统设计在控制算法理论研究和系统设计之间构建了一个桥梁，有助于控制算法设计回到系统设计中，为实现先进控制算法应用到工程系统中提供了一个通用的设计框架。这种设计思路在加深研究人员对应用系统的理解的同时，也为工程应用人员提供了丰富的理论指导。它基于理论推导出参数的选取准则，可以大大减少控制器参数标定工作量。从系统层面上讲，整个系统的开发进程遵循 V 流程[5]，如图 9-1 所示。它在总结系统设计步骤间传递关系的同时，展示了系统开发过程需要完成的主要任务。电控系统设计的 V 流程主要包括：需求分析，性能描述，控制系统设计，模型建立，控制算法设计，离线仿真，快速原型，硬件在环测试，实车实验等。其中，基于模型的思路贯穿整个系统开发进程，即控制需求、设计和验证始终需要立足在系统模型上。实际上，在整个顶层的 V 流程的框架下，每一步还需要有很多小的、细化的闭环 V 流程支撑。

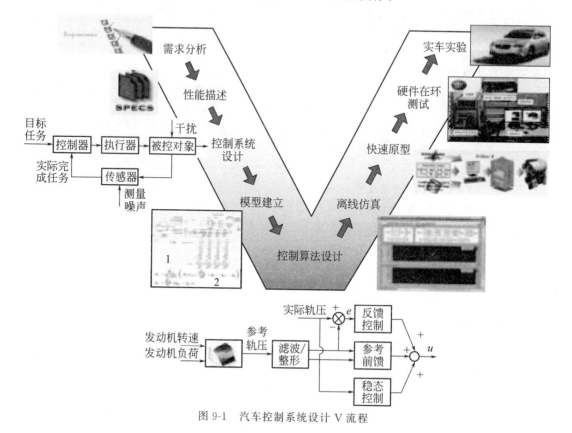

图 9-1　汽车控制系统设计 V 流程

9.2　汽车电控系统技术国内外现状

9.2.1　内燃机汽车电控技术现状

内燃机电控系统的提升和改进是由发动机结构优化推动的，因此，全世界领先的汽车企业往往又掌握着最新的技术。除了传统的电子节气门技术以及基于三元催化的空燃比控制技术外，最新的技术有：缸内直喷技术、进气增压技术、可变气门正时及升程技术、废气再循环技术、可变进气歧管技术、燃烧速率控制技术和可变排量技术等。其中，缸内直喷技术和废气再循环技术最早应用于柴油机，目前也推广到汽油机控制中。不同厂家专注不同的技术，开发出各有特色的产品，如大众公司开发出 TSI 发动机、福特公司推出 Ecoboot 发动机技术、本田和宝马公司推进了 VTEC 技术、克莱斯勒公司研发的 HEMI 发动机配备了可变排量技术、丰田和福特公司则将燃烧速率控制技术应用到产品中。

传动系统在结构上趋向于多档化和大扭矩承载能力方向发展，以增强对发动机工作点的调节能力，提升车辆的动力性和经济性。就目前而言，量产车中有级式自动变速器驱动挡位达到 8 个，无级变速器扭矩容量高达 380N·m（Jatco CVT8）。挡位的增加和承载能力的增大在原理上不产生新的问题，新技术在于对机械结构和执行机构的优化。但随着人们对汽车性能要求的提升，传动系统工作模式切换趋于更加快速和平顺，基于 CAN 总线的信息交互机制已经不能满足传动控制对发动机力矩需求快速性要求，动力传动系统一体化控制思想将逐步打破汽车零配件厂家的壁垒，成为未来的发展趋势。如丰田雷克萨斯 LS400 型轿车上的自动变速器和发动机使用同一个 ECU，使换挡品质达到最佳。

尽管电子控制功能不断完善和增加，但底盘控制系统中的制动系统在结构上变化不大。防抱死系统是主动安全的基础和核心技术，一般基于液压或气压制动实现，早期采用开关型电磁阀实现增压、保压、减压三种控制模式，因此产品中采用的是逻辑门限控制方法。随着电磁阀由开关型过渡到流量型，轮缸压力才能得到精确控制，进而推动了主动安全技术的发展。主动安全的市场基本被德国的博世、大陆以及日本的电装等公司占领，国内主要工科院校都有相应的研究，有一定市场推广能力的国内厂家有武汉元丰汽车电控系统有限公司、浙江亚太机电股份有限公司。在电动转向系统逐渐普及的今天，线控助力转向系统已经悄然而至。与传统助力转向系统相比，线控转向最大的特点是取消了方向盘与车轮之间的机械连接，因此驾驶员路感的模拟、轮胎转向的响应控制以及自动防故障系统是主要研究点。同时，由于线控转向系统隔离了驾驶员对转向的直接控制，因此汽车处于失稳状态或者收到驾驶员错误指令时，可自行进入稳定控制，提高汽车安全性和稳定性。该技术目前已在英菲尼迪 Q50L 车型上得到应用。悬架系统的控制指的是半主动悬架和主动悬架的干扰路面波动、载荷变化的干扰抑制问题。从系统模型和动态特性来说，控制问题没有发生变化，技术的进步体现在执行机构的优化和更新。底盘系统的电气化，尤其是线控转向和主动悬架的发展，为底盘一体化控制提供了技术空间和可行性。

9.2.2 新能源汽车电控技术现状

对于新能源汽车而言，其动力性、安全性、可靠性、能源利用率以及控制策略都与其电子控制单元（ECU）的性能密切相关。因此，电子控制技术的开发和研究对新能源汽车的发展具有重要的价值和意义。对于不同的新能源汽车而言，其电子控制单元存在一定差异性，但在整体上，电子控制单元包括以下几个主要构件，即能源再生制动系统、电动机控制系统、动力总控系统、电动助力转向系统以及能源管理系统。

在新能源汽车的开发过程中，能源再生制动系统是关键的开发内容之一，其研究需要结合汽车的动力学特性、电动机以及电池特性等因素。汽车机电复合制动系统协调控制技术是能源再生制动系统研究的关键。机械摩擦制动以制动效能、制动稳定性为目标，电动机再生制动以制动能量回收率为目标，将两者融为一个复杂的整体，在制动过程中存在一定的相互影响和相互制约。汽车机电复合制动系统的实现形式主要有并联和串联两种。目前，国内外学者对汽车机电复合制动系统进行了广泛的研究，已经取得了一定的研究基础与进展，研究成果成功应用于电动汽车上，获得了较理想的制动性能及能量回收效果。动态协调控制策略是复合制动技术研究的核心部分，其包括电动机再生制动与机械摩擦制动动态协调控制策略和电动机再生制动与制动防抱死系统（ABS）协调控制策略等。目前国内外应用的控制方法主要有模糊逻辑控制、PID 控制、模型预测控制等。

电动机控制系统主要构件包括电动机、数字控制器、传感器以及电力电子变流器等。新能源汽车的电动机驱动系统目前主要采用开关磁阻电动机、感应电动机以及永磁同步电动机。在控制原理上，主要包括电枢电压控制法和直流电动机励磁控制法等。永磁无刷直流电动机具有转速高、重量轻、体积小等优点，且容易实现四象限控制。现阶段通常用永磁无刷直流电动机作为轮毂电动机：在驱动过程中它被用作驱动电动机，而在制动过程则为发电机工作状态。轮毂电动机技术最大的特点就是将动力、传动和制动装置都整合到轮毂内，因此将电动车辆的机械部分大大简化，并且便于采用多种新能源车技术。对于乘用车所用的轮毂电动机，日系厂商对于此项技术研发开展较早，目前处于领先地位，包括通用、丰田在内的国际汽车巨头也都对该技术有所涉足。目前国内也有自主品牌汽车厂商开始研发此项技术，在 2011 年上海车展展出的瑞麒 X1 增程电动车就采用了轮毂电动机技术。国内外学者也对相关技术进行了研究，例如，安徽农业大学齐海军等对新能源汽车用无刷直流电动机控制器进行性能分析，研制开发了一套包括机械结构和测控软件两部分的性能测试系统。测试平台能够完成在线工况控制、实时数据采集和保存及离线信号处理等功能；郑州日产汽车有限公司杨小兵等分析了新能源汽车永磁无刷直流电动机制动能量回馈的双闭环控制方法，论述了永磁无刷电动机能量回馈原理和双闭环控制原理，根据电动机制动能量回馈原理提出一种实现制动可靠的能量回馈控制方法。

目前，国内外学者对新能源汽车的动力总成系统都做出了大量的研究。新能源汽车的动力总成控制系统主要由电源系统和驱动系统组成。电源系统的性能是汽车行驶里程、运行成本的关键所在；驱动系统是汽车的核心部件，它决定了汽车的动力性能。所以发展新能源汽车的关键就是要提升驱动系统和电源系统的性能。现在使用的电池有镍镉电池、镍氢电池、锂离子电池等多种。但是这些电池的比功率相对来说比较低。针对这个问题，超级电容得到了发展，它具有传统电容和电池两者的优点，提高电池的比功率。目前，充电站、充电桩等基础设施建设以及快速充电技术等都有了快速的发展。随着电动机驱动系统和控制技术的发展，近年来各种智能控制技术、模糊控制技术、神经网络控制技术已开始应用于汽车电动机控制中，使汽车电动机驱动系统实现了结构简单、响应快、抗干扰强，极大地提高了驱动系统的技术性能。

新能源汽车和燃油汽车一样，有三种不同的转向系统，即转向管柱式齿轮齿条式转向器、小齿轮式齿轮齿条转向器和齿条式齿轮齿条式转向器，其结构主要包括电动机、传感器以及电控单元等。电动助力转向系统在开发工作上以研制出低成本、高性能的传感器以及助力电动机为主。国内外公司与学者均对电动助力转向系统做了广泛的研究和应用。日本捷太格特（JTEKD）公司推出电控式齿轮比可变的转向系统。采埃孚公司推出 Servolectric 电动助力转向系统，其所需能量比液压转向减少 90% 以上。在 NEDC 行驶循环工况，每百千米燃料量可减少 0.4L，在城市工况燃油量可减少 0.8L，Servoletric 的核心在于其高度精确的电控单元[6]。目前国内外关于电动助力转向系统的控制方法主要应用的是 PID 控制、模糊控制和 H_∞ 控制三种方法。其他的方法还有神经网络控制、最优控制等。

新能源汽车能量管理系统主要包括功率限制单元、充放电控制单元以及功率分配单元等。其主要工作是根据电池状态信息等对各单元进行控制，从而使新能源汽车的电池系统处于最佳运行状态。对于能量管理系统而言，其在数据采集模块上需具备较好的可靠性和安全性，从而实现电池的无损充电和充放电监控，有利于保证电池的正常运行。对于新能源汽车的能量管理系统，国内外学者进行了广泛的研究。目前对于能源管理系统的研究主要集中在以下三个方面：电池组的专家诊断系统、荷电状态（SOC）和健康状况（SOH）的估计、电池组的均衡管理策略。德国 Mentzer Electronic GmbH 和 Werner Retzlaff 公司联合推出的 BADICOACH 系统具有电池诊断相关功能，同时能够显示最差单体电池的 SOC 并提供相关保护。德国的 B. Hauck 公司设计的 BATTMAN 系统将不同型号动力电池模块做成一个系统，通过改变硬件的跳线和在软件上增加选择参数的办法，来实现对不同型号电池组的管理。北京交通大学自 1999 年起一直致力于电池能量管理系统的研究，形成了涵盖铅酸、镍氢和锂电池的结构多样的适应不同车型的系列产品，具有单体电池电压的检测、电池充放电电流的检测、电池均衡管理、SOC 估算、故障诊断等功能。目前国内外对 SOC 和 SOH 的估计策略有较多的研究，最近几年兴起的方法有卡尔曼滤波法、神经网络法、线性模型法及一些其他衍生的算法。

9.2.3　汽车传感器、执行器技术现状

汽车越来越多的部件采用电子控制，传感器作为其中感知部分起到重要作用。从内燃机电喷控制系统到智能车感知系统，传感器在汽车中发挥的作用越来越大。传感器一般由敏感元件、转换元件、调理电路组成，其发展大体可分三个阶段：第一阶段是 20 世纪 50 年代伊始，结构型传感器出现，它利用结构参量变化来感受和转化信号；第二阶段是 20 世纪 70 年代开始，固体型传感器逐渐发展起来，这种传感器由半导体、电介质、磁性材料等固体元件构成，是利用材料某些特性制成。如利用热电效应、霍尔效应，分别制成热电偶传感器、霍尔传感器等。第三阶段是 20 世纪末开始，智能型传感器出现并快速发展。

传感器的工作原理是基于各种物理、化学、生物效应，由此启发人们进一步探索具有新效应的敏感功能材料，并以此研制具有新原理的新型传感器，这是发展低成本、高性能、多功能和微型化传感器的重要途径。智能化、微型化、集成化、多功能化以及新材料和新工艺制成的新型汽车传感器必将逐步取代传统的汽车传感器，成为汽车传感器发展的主流，使汽车的安全性、可靠性、舒适性和环保性能得到进一步改善。

传感器给控制模块提供信号，而控制模块通过各种类型的执行器控制车辆系统。执行器由执行机构和调节机构组成，执行机构是根据调节器控制信号产生推力或位移的装置，调节机构是根据执行机构输出信号去改变能量或物料输送量的装置。汽车执行器主要包括电动、液动、气动、智能材料执行器等类型，它们各有特点，适于不同的场合。

电动执行机构以直流电动机、永磁电动机等作为动力源，可以输出较大的功率，取消了液压系统所需的复杂油路，使系统结构大为简化，并且响应速度快，能精确调节。液压执行机构以液压泵、电磁阀为驱动和控制装置，在自动变速器、制动系统、悬架减震器等部件中广为使用，液压执行机构功率大，动力传递平稳，快速性能好，缺点是受外界环境影响较大，成本高。气动执行机构多用于商用车，优点是成本低、对环境要求不高，缺点是响应速度慢、噪声大等。智能材料（压电晶体）执行机构用于内燃机喷油阀的动作控制，使内燃机喷油阀的动作响应更快，满足精确喷油量的控制需求。

9.3　汽车电控系统与驾驶自动化的技术与方法

9.3.1　车辆动力学系统建模及仿真技术与方法

车辆动力学性能（包括操纵稳定性、乘坐舒适性、动力加速性和制动安全性）是汽车的核心竞争力，车辆动力学技术是我国汽车工业实现底盘自主开发，形成国际竞争力的重要共性核心技术，包括车辆动力学建模与仿真、试验测试及评价、控制等关键理论与技术方法，是底盘集成匹配的重要支撑。

车辆动力学模型是汽车电控系统仿真平台的核心，已经有多年的研究历史，各国专家和学者对其进行了大量的研究，取得了相当丰富的科学成果，对汽车特性有了广泛而深入的认识。在汽车平顺性的早期研究阶段，受到当时数学、力学理论、计算手段及试验方法的限制，通常把车辆系统简化成集中质量-弹簧-阻尼模型。这类模型与汽车实际结构相比虽然作了较大的简化，但能够定性地分析汽车振动特性和结构参数对平顺性的影响，如应用二自由度模型即可分析悬架系统对平顺性的影响，七自由度模型是最基本的整车平顺性模型，可分析车体的垂向、俯仰和侧倾振动。为了提高模型的建模精度和分析精度，还出现了根据刚柔耦合系统动力学理论建立的整车的刚柔耦合模型[7]。

车辆操纵动力学模型也发展迅速，早期出现了二自由度、三自由度、五自由度、七自由

度等经典模型。随着计算机技术的发展以及对汽车动力学研究的深入，使车辆动力学建模达到了一个全新的阶段，国内学者们建立了许多复杂的车辆模型，如郭孔辉教授建立的十二自由度模型，可以分析稳态工况下汽车的稳态响应的变化规律和对汽车的稳态性能进行趋势性预测，但仍然无法精确仿真各个工况的动态过程。

汽车运动动力学是汽车动力学的重要组成部分，吉林大学管欣教授课题组在汽车运动动力学方面进行了多年的研究积累，主要研究平直道路上由于加速、转向及制动等操作引起的车体、转向和车轮系统的动态响应，描述汽车作为整体的大范围运动过程。汽车运动动力学的研究是从侧向动力学开始的，逐渐扩展到纵向动力学以及垂向动力学，研究内容包括加速性、制动性、稳定性、操纵性和平顺性等，为全面研究汽车整体性能提供了重要方法和理论基础。

轮胎与路面的接触是产生车辆运动的主要外力来源，研究轮胎在各种复合工况下的受力状态对研究车辆动力学至关重要，建立能够精确描述轮胎力学特性的模型是汽车动力学仿真研究需要解决的首要问题。吉林大学郭孔辉教授团队提出并发展的统一轮胎模型（UniTire模型）至今已有三十年的研究历史，在发展过程中坚持以理论模型为基础而逐渐形成了完整的半经验模型，不仅对各种工况具有很好的表达能力，而且模型简洁，具有突出的预测能力和外推能力。UniTire模型还可以与通用的动力学仿真软件联合起来进行车辆动力学仿真，对轮胎模型的实用化有很大的推进作用。

随着计算机计算能力的不断提升，更精细的模型分析与建立成为可能，车辆动力学模型的复杂程度也随之不断提高。现在可以将由车辆单个部件特性建立的模型整合成整车的综合模型，用以在样车试验之前进行仿真和评估车辆特性。例如，多刚体系统动力学分析软件的应用，使复杂的模型得到了明确的表达和方便的求解。在应用计算机技术的同时，先进控制理论与技术的应用也极大地推动了车辆动力学的发展。在国内科研院校与企业的共同努力，相继实现了多种车辆底盘控制系统（如 ABS、ESC、EPS 等）。

近几年来，车辆主动安全技术、智能网联技术受到国内学者的极大关注，可以预见，车辆动力学将在车辆主动控制、车辆多体动力学和"人-车-路"闭环系统等领域得到广泛应用。突破传统的机械-液压系统的基础动力学，面向先进电控系统、智能驾驶系统的整车集成动力学模型开发与仿真技术将不断得到完善。

9.3.2 动力控制系统技术与方法

9.3.2.1 发动机控制系统

发动机电子控制技术起始于 20 世纪 70 年代末期，初衷是提高车辆的燃油经济性、动力性以及降低排放。随着对发动机性能要求越来越高，促使新技术和新设计不断应用到发动机中，使得发动机机械结构和电控系统的复杂性大大提高。国内汽车电子企业和研究机构通过不懈努力，缩小了与国际先进厂商的差距。如一汽技术中心率先攻克发动机电控共轨技术难题，已全面自主掌握电控共轨系统；武汉菱电汽车电子有限公司开发了自主知识产权的汽车发动机管理系统开发平台；无锡油泵油嘴研究所攻克了电控共轨系统等难题。

发动机电控技术在目前产品中主要采用大量数据表格描述被控对象和低计算成本、简单易实现的控制策略，电子控制单元中包含了大量 map 图，包括和进气相关的容积效率 map图、不同转速和负载下的输出力矩 map 图、不同温度和转速下的摩擦力矩 map 图等。据统计，发动机电控单元中基于数据的 map 图达到几十个，而需要标定的参数则达到上千个。

为提高产品的安全性和可靠性，发动机电控系统开发和标定流程已实现标准化。软件设计基本实现了基于实时操作系统（OSEK-OS）和开放、标准化软件框架（AUTOSAR）的开发流程，功能模块的代码可以自动生成。为应对汽车电控系统标定任务复杂化面临的挑战，自动标定技术得以发展和应用，可以减少标定工程师的工作量，自动生成和优化 map

图，从而降低标定成本。基于模型的标定和优化方式已经得到工业界的认可，并应用到实际产品开发中，如著名汽车电子公司 ETAS 已开发出快速自标定工具，Matlab 软件也为复杂动力传动系统提供了基于模型的标定工具箱。

发动机控制一直是工业界和学术界共同关注的研究热点，国内企业和科研院所也取得了瞩目的成果。发动机控制系统是由多个子控制模块构成的复杂系统，控制问题一般包括节气门控制、空燃比控制、点火正时控制、怠速控制和废气再循环控制等。对于柴油机而言，由于工作在稀薄燃烧模式下，且是压燃点火方式，因此不存在点火正时控制，但需要对预混合和多点喷射进行控制。

发动机电控系统根据当前行驶状况下整车对发动机的全部扭矩需求计算出节气门的最佳开度，从而控制电子节气门到达相应的开度。电子节气门本身是一个具有严重非线性的系统，采用简单的控制策略很难保证闭环系统的鲁棒性和控制性能。近几年的研究成果中，基于降阶观测器和 backstepping 原理设计的控制器对参数变化引起的模型不确定性具有鲁棒性；将滑模控制和基于自适应的变增益 PID 反馈加前馈的控制器设计方法应用于电子节气门控制，能够克服非线性特征的影响，取得很好的轨迹跟踪效果。

对于汽油机来说，空燃比控制不精确会导致汽油机的动力性和经济性下降，有害气体的排放增加。为提供每个工作循环内完全精确的混合气配制，喷射的燃油量必须精确计量以匹配吸入的空气量。在电喷汽油机中，绝大多数采用的是在稳态工况下以 map 为基础的空燃比控制加闭环修正、消除稳态误差的策略。尽管有些系统参数难以精确获得，但在忽略传输时滞影响的前提下设计的基于模型的空燃比自适应控制器能够降低汽油机空燃比系统中参数不确定对空燃比跟踪控制的影响。研究表明，在装有缸压传感器及没有氧传感器的情况下，可通过观测器估计出空燃比，提高瞬态工况的空燃比控制精度。为适应系统的时变性，减少模型标定工作量，可将预测控制方法应用到神经网络模型描述的空燃比控制。考虑到从进气到传感器测量点的时滞影响，时滞系统控制理论可用于空燃比控制器设计，提高控制精度。柴油主要通过多次喷射技术优化燃烧质量、输出功率和排放物，如何实现喷射时间优化和精确燃油喷射则成为主要研究内容。

点火控制的基本功能是在规定时间内点燃混合气，完成相应的扭矩需求。点火系统的首要任务是保证在规定时间内点燃混合气。为此，点火系统必须严格控制点火正时，同时也要确保火花塞能够释放足够的能量点燃混合气。针对气体燃料发动机，基于 RBF 神经网络方法设计的最优点火控制系统能够满足气体燃料发动机的要求，较大地提高控制性能。由于燃烧过程具有明显的随机特征，将数据统计原理应用到点火时间控制中，设计一种基于假设检验和缸压传感器的燃烧相位统计控制策略，可消除燃烧随机特性对点火时刻闭环控制的影响。该策略不仅能够使得燃烧相位均值在稳态工况下保持在期望工作点，而且保证燃烧相位统计分布具有最小方差。同时，根据缸压传感器的实时测量数据，可实现一种满足概率约束的最佳燃烧相位优化策略，实现最优燃油经济性。

怠速控制的基本功能是确保在离合器没有接合的状态下稳定、可靠地工作，不受其他条件变化的影响，定量输出功率。策略的实质就是通过怠速执行器调节进气量，同时配合喷油量（即空燃比）及点火提前角的控制，改变怠速工况燃料消耗所发出的功率，以稳定或改变怠速转速。目前在怠速控制中应用最多的控制策略是对空气量调节的比例积分（PI）控制和点火的比例反馈控制，但研究的重点已经从传统的控制向无需精确模型、前馈控制、智能控制等方向转移。在两输入-单输出的非线性均值模型的基础上设计自抗扰控制器能够抑制怠速状态下干扰对转速波动的影响。怠速控制具有数据-机理模型混合的特点，基于前馈与反馈相结合的方法，通过"三步法"的非线性控制器设计方案能够提高转速的稳定性。此外，实验证明，将模糊控制、神经网络与 PID 控制器结合，新的控制器增益整定方法可以实现快控制响应、强鲁棒性，提高怠速的稳定性。

9.3.2.2 动力传动与自动换挡

由于发动机的转速范围有限，转速过低会熄火，转速过高效率低且有飞车危险，因此汽车发动机输出的动力要经过一系列的动力传递装置才能到达驱动轮，这之间的动力传递机构称为汽车的传动系统，主要由离合器、变速器、传动轴、主减速器、差速器以及半轴等部分组成，其结构示意如图 9-2 所示，经过传动比后到达车轮的动力匹配过程如图 9-3 所示，变速箱的引入不仅能满足驱动力的需求，还能实现发动机/电动机等动力系统工作在最佳的高效区域内。随着电控技术的发展和智能化程度的提升，国内传动系统的控制技术日趋成熟。目前采用的变速箱种类主要有电控机械自动变速箱（automated manual transmission，AMT）、液力自动变速箱（automatic transmission，AT）、机械式无级自动变速箱（continuously variable transmission，CVT）和双离合器自动变速箱（dual-clutch transmission，DCT），不同的自动变速器具有各自不同的特点及相应的控制需求，主要控制技术有起步控制、换挡控制、冲击抑制控制等，传动系统的控制对车辆动力性、平顺性和快速性有着重要的影响。

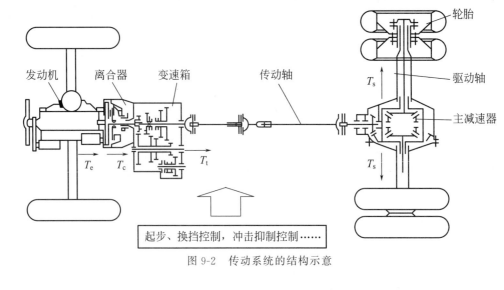

图 9-2 传动系统的结构示意

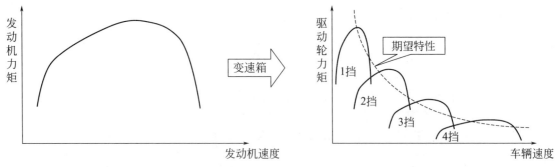

(a) 油门开度一定情况下的发动机力矩　　　　　　　　(b) 车辆行驶力矩

图 9-3 经过传动比后到达车轮的动力匹配过程

自动变速器的起步/换挡控制技术是以电子控制单元为核心，通过液压执行机构控制离合器的分离和接合、选换挡操作，并通过电子装置控制发动机的供油实现起步、换挡的自动操纵。其基本的控制思想是：根据驾驶员的意图（加速踏板、制动踏板、操纵手柄等）和车辆的状态（发动机转速、输入轴转速、车速、挡位），依据适当的控制规律（换挡规律、离合器接合规律等），借助于相应的执行机构（离合器执行机构、选换挡执行机构）和电子装置（发动机供油控制电子装置），对车辆的动力传动系统（发动机、离合器、变速器）进行联合操纵。

　　起步控制技术解决的是发动机产生的力矩传递到车轮，带动车辆运动的瞬态过程的平顺性问题。实际上通过对离合器分离结合的过程进行精确控制，其目标是保证离合器能够尽快结合的同时不至于使发动机熄火，并且在该过程中获得尽量小的滑摩损失和良好的动力性能。针对 AMT 干式离合器的啮合控制，主要是对离合器滑摩速度进行给定值的跟踪控制。目前已经有的控制方法有基于 map 的标定、模糊控制、PID 控制等。实际上，离合器啮合过程中存在相互矛盾的性能指标，采用优化的方法进行设计，已经成为改善性能的技术突破口而受到研究者们青睐，例如基于模型预测控制，线性二次型优化控制，基于数据的预测控制。离合器接合点进行辨识也是离合器啮合控制的另外一个难点。

　　换挡过程控制技术是改善行驶过程中换挡品质的重要途径，自动变速箱的出现，减轻了驾驶员驾驶的工作量，但是人们对车辆驾驶性能的要求也不断提高。对于换挡过程，可分为动力换挡和非动力换挡两种，两者对应的换挡控制过程不同。例如，AMT 变速箱换挡过程存在动力中断，驾驶舒适性会受到影响。针对这一过程的控制，通常分成三个阶段来完成：力矩控制阶段、速度同步阶段和力矩恢复阶段。而 AT 和 DCT 安装有两套离合器，转矩从一个离合器转移到另一个离合器上来实现，换挡过程不需要动力中断即可完成，换挡过程一般分为转矩相和惯性相两个阶段。针对 AMT 的换挡控制，如果离合器结合过快或是发动机的力矩恢复太快都会引起明显的换挡冲击；如果离合器分离的时机没有掌握好，传动轴中积聚的弹性势能会导致传动系统的剧烈振动，引起较强的冲击。因此考虑驾驶员驾驶意图识别、获取驱动轴的力矩信息的换挡控制策略，是目前提升换挡性能的技术方向。存在的方法有滑模控制、鲁棒控制、前馈加反馈控制、非线性 Backstepping 等。

　　冲击抑制控制技术解决的是由于车辆动力传动系统部件的弹性变形（包括离合器的扭转弹簧变形、驱动轴的扭转弹性变形等）引起的弹性共振，这种弹性共振会使乘坐人员产生不适的感觉，同时还影响车辆纵向行驶性能。为了降低或消除不期望的振动，往往需要车辆传动系统主动控制，如在瞬态过程中（例如急踩油门和急松油门），通常主动通过改变发动机力矩来衰减传动系统的振动。对于由于离合器弹性势能积聚引起的较大换挡冲击，驱动轴力矩能否准确获得是实现良好冲击抑制的关键。虽然驱动轴是传动系统的重要部件，但是其力矩传感器或是高精度编码器由于成本和耐久性的原因却不能产品化到车辆，因此采用适当的方法对驱动轴上的力矩进行估计就显得非常的重要。Luenberger 估计器、Kalman 滤波器和非线性估计器已经用于驱动轴力矩的估计。

　　此外，离合器压力控制、速比控制也是自动变速箱的重要控制技术。其中速比控制是针对无级变速箱而言的，由于 CVT 有不同的机械结构，因此不存在换挡冲击的控制问题，但对于 CVT 来说，主要控制的问题是如何保持最佳的夹紧力、提供快速的速比控制，以最大限度地提高燃油经济性。对于 CVT 的速比控制，已经开展了一些研究，如改进 PID 算法、广义模型预测控制、模糊控制等。当行星齿轮空转时，速比控制变得不足，加入输出力矩控制很有必要。为了得到在不同工况下均令人满意的燃油经济性，常常将 CVT 的速比控制和发动机的控制结合起来形成集成控制。

9.3.3　底盘控制与安全系统技术与方法

9.3.3.1　驱动/制动系统及其线控控制

　　汽车底盘控制技术是汽车系统中的关键组成部分之一，按汽车运动方向可以将其分为三类：纵向的驱动/制动控制，横向的转向控制，垂向的悬架控制。其中驱动/制动控制主要是根据驾驶员的操纵命令，通过专门的操控装置来实现对汽车的加减速控制。由于普通驾驶员一般仅具有线性区的驾驶经验，当轮胎处于附着极限时，汽车的动态响应将出现很强的非线性特性，这使得一般不具备极限工况驾驶经验的驾驶员难以操控汽车。因此，在对汽车底盘驱动/制动控制方法进行分析设计时，主要是从路面附着系数展开分析，通过调节车轮的驱动/制动力矩，从而调节车轮的纵向滑移率，使车轮同地面能够产生更大的附着力，提高汽车行驶安全性，保证乘员的生命财产安全。

（1）第一代底盘驱动/制动控制技术

第一代底盘驱动/制动控制系统主要由传感器、电子控制单元（ECU）和执行机构三部分组成，例如 ABS（防抱死制动系统）与 TCS（牵引力控制系统），ABS 的作用就是在汽车制动时，根据每个车轮速度传感器传来的速度信号，迅速判断出车轮的抱死状态，自动控制制动器制动力的大小，使车轮不被抱死，处于边滚边滑的状态，以保证车轮与地面的附着力在最大值；而 TCS 是根据驱动轮的转速及传动轮的转速来判定驱动轮是否发生打滑现象，当前者大于后者时，通过抑制驱动轮转速来进行防滑控制，它与 ABS 的作用模式十分相似，两者都使用感测器及刹车调节器。

（2）第二代底盘驱动/制动控制技术

第二代底盘驱动/制动控制系统主要采用的是线控技术（X-by-wire），包括线控驱动系统和线控制动系统。

① 线控驱动系统　线控驱动系统根据驾驶员的操纵行为和汽车行驶状态信息，分析驾驶员操纵意图，精确控制动力装置（发动机或电动机）输出功率和车轮驱动力，以提高汽车动力性、经济性和操纵稳定性。线控驱动系统一般由加速踏板总成（由加速踏板和踏板位置传感器组成）、驱动控制器、驱动执行器等组成。驾驶员踩下加速踏板，踏板位置传感器将位置信号传送至驱动控制器，驱动控制器将采集到的相关传感器信号经过处理后发送指令至驱动执行器，从而控制输出驱动力的大小。对于传统内燃机汽车，加速踏板与节气门之间通过电信号进行控制来取代原来的机械传动，这种形式又被称为线控油门；对于电动汽车，驱动执行器即为驱动电动机，其可能是单电动机的中央驱动电动机，也可能是多轮独立电动机。因此，线控驱动系统包括传统内燃机汽车和多轮独立驱动电动汽车线控驱动控制。

② 线控制动系统　线控制动系统，即采用电线取代部分或全部制动管路，通过控制器操纵电控元件来控制制动力大小。线控制动系统由制动踏板模块、车轮制动作动器、制动控制器等部分组成。制动踏板模块包括制动踏板、踏板行程传感器、踏板力感模拟器。踏板行程传感器通过检测驾驶人的制动意图并将其传递给制动控制器，控制器综合纵/侧向加速度传感器、横摆角速度传感器等信号进行计算，控制车轮制动器快速而精确地提供所需的制动压力，同时制动踏板模块接收控制器送来的信号，控制踏板力感模拟器产生力感，以提供给驾驶人相应的踏感信息。线控制动系统是实现新能源汽车再生制动的最佳制动系统形式，受到国外许多汽车厂家和科研机构的重视。线控制动系统主要包括电子驻车制动系统、电液线控制动系统和电子机械制动系统等类型，而线控制动系统控制主要包括踏板力模拟控制和制动稳定性控制。

a. 踏板力模拟控制　线控制动系统取消了制动踏板与液压主缸之间的机械连接，因而必须采用特定装置——踏板力模拟器来模拟制动踏板力感，保证给驾驶人类似于传统制动系统的制动踏板感觉。好的制动踏板力感是车辆良好性能的必要条件，是车辆用户满意度的一个重要指标。

b. 制动稳定性控制　线控制动系统可独立控制四轮制动力，制动响应迅速、准确。控制器接收制动踏板发出的信号和车轮传感器信号，识别车轮是否抱死、打滑等，以控制车轮制动力。

（3）国内制动系统市场现状

2015 年全世界汽车制动系统市场规模已超过 500 亿美元，中国汽车制动系统市场已超过 600 亿元人民币。随着汽车市场饱和，全世界及中国汽车制动系统已经进入平稳增长阶段。预计 2016～2020 年全世界和中国制动系统市场年均增速分别保持在 4.4％、7.3％。电子控制系统成为行业发展的主要拉动力量。国内制动系统市场中厂商的主要发展方向如图 9-4 所示，包括制动防抱死、制动力分配、刹车辅助、车身稳定控制、自动驻车等系统，其中制动防抱死系统和制动力分配系统的装配率最高，已接近 90％；车身稳定控制系统发展迅速，装配率接近 50％；刹车辅助系统和自动驻车系统在自动驾驶技术发展之下，装配率也在迅速增长（水清木华行业研究报告，2016）。

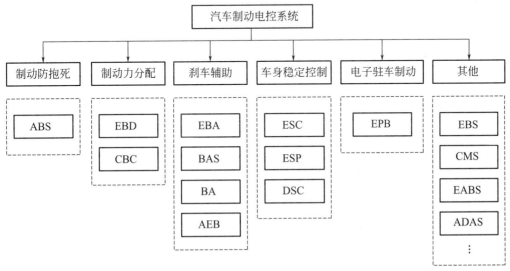

图 9-4　国内制动系统市场中厂商的主要发展方向

9.3.3.2　转向控制与线控转向

（1）电动助力转向控制技术

电动助力转向（EPS）是近年来国内乘用车上正在逐渐普及的一种电控转向系统。相对于传统液压助力转向系统，电动助力转向系统具有节能、易于布置、助力特性可随车速变化、可满足辅助驾驶或无人驾驶对转向系统的要求等明显优点。助力电流决策、助力电流跟随控制是这种电控系统的核心控制技术。

助力电流决策策略的出发点主要是改善方向盘操持特性和力输入横摆特性。传统上，其核心策略包括随速助力特性、惯量补偿策略、阻尼补偿策略、摩擦补偿策略和过热保护限电流策略。即一方面利用具体车辆转向负载力矩、转向助力矩和操舵力矩的内在关系，通过开环控制实现了对一定操作条件下操舵力矩的控制；另一方面在转向回正时，通过对转向系统动力学特性的补偿，改善车辆力输入横摆响应。近年来国内也开展了应用闭环控制进行助力电流决策的研究。针对模型参数、干扰、噪声等不确定性问题，有些学者研究了利用不同形式的鲁棒方法设计控制器，然而这些研究对算法效果仅进行了基于转向系统线性模型的仿真验证。

助力电流跟随控制是电动转向的另一项关键技术，其要点是实现对电动机输出力矩的快速、稳定控制。考虑到电动机力矩与电流存在对应关系，对输出力矩的控制都是以控制电动机电流的方式实现的，控制输入量是电动机电压。由于感生和动生电动势的存在，电动机电压与电流的关系是非线性的，通过前馈环节可以补偿由感生和动生电动势带来的非线性，吉林大学吕威等人应用前馈和反馈的控制方案有效提高了电流跟随控制效果。此种控制方案中前馈精度越高，控制效果越好。然而在 EPS 工作时，受内部温度与电流的影响，电动机参数会发生变化，导致前馈精度变差，为此在线辨识方法被引入控制过程，例如模型参考自适应方法，模糊 PID 控制方法、基于扰动观测器的鲁棒预测控制策略等。

（2）主动转向控制技术

在车辆使用过程中，由于车辆的非线性特性、使用工况的不确定性和车辆动力学固有约束，不能实现最优横摆动力学响应。通过引入电控主动转向系统，可以破解原有机械约束，根据车辆使用工况和状态，主动改变车轮转角，提高车辆操纵稳定性。

依据型式不同，主动转向系统分为主动前轮转向系统、电控四轮转向系统和主动四轮转向系统。主动前轮转向系统的前轮转角由驾驶员和控制系统共同决定；电控四轮转向系统的前轮转角由驾驶员决定，后轮转角由控制系统决定；主动四轮转向系统的前轮转角由驾驶员和控制系统共同决定，后轮转角由控制系统决定。

主动转向控制策略主要包括期望响应决策和期望响应跟随控制。对于主动前轮转向系统，后者输出的是附加前轮转角；对于电控四轮转向系统，后者输出的是后轮转角；对于主动四轮转向系统，后者输出的是附加前轮转角和后轮转角。

在进行横摆响应控制时，通常使用横摆角速度和侧向加速度或重心侧偏角作为反馈量，控制过程是两输入一输出或两输入两输出，控制方法包括最优控制方法、模型参考自适应方法等。基于这些方法的控制器都是依据车辆线性区特性设计的，不具备对车辆参数变动、环境干扰和大侧向加速度下轮胎侧偏特性非线性变化的适应性。为此以鲁棒控制、变结构控制和自适应控制为代表的控制方法被引入到控制中。这些方法都表现出了增强控制算法对干扰的鲁棒性和对车辆参数变动与非线性的适应性的优点，但是也都存在实际适用性验证不足的问题。

（3）线控转向控制技术

线控转向是一种方向盘与转向轮之间不存在机械连接的转向技术。当驾驶员转动方向盘时，电子控制单元首先采集方向盘转角、车速等信息，然后一方面控制车轮转向电动机实现期望的车轮转角；另一方面通过对方向盘反力电动机的控制，给驾驶员以良好的操舵感受与路面反馈，并实现方向盘与车轮运动的协调。

由于方向盘与转向轮之间不存在机械连接，因此不仅可以通过主动改变车轮转角来改善车辆的横摆响应，也可以改善其方向盘操持特性，实现期望的方向盘反力特性和转向传动比特性，但是也存在需要通过控制实现方向盘与车轮双向运动协调的问题。

线控转向的核心控制策略包括方向盘操持特性改善策略和主动转向策略。主动转向策略与主动转向系统的主动转向策略基本相同，详见前述。方向盘操持特性改善策略主要包括方向盘反力控制策略、变传动比策略和方向盘与车轮运动双向协调控制策略。容错控制也是线控转向系统近年研究的热点之一。

① 方向盘反力控制策略　在车辆使用过程中，方向盘反力控制是通过对转向负载电动机的控制，使驾驶员获得期望的驾驶感受，包括力感特性、路感特性、回正特性、转向滞后、转向摩擦特性、转向惯量感觉和转向阻尼感觉等。期望特性的实现是控制策略的难点，转向负载力矩信息获取又是期望转向特性实现的难点。针对转向负载力矩信息获取问题，目前国内研究的代表性方法主要有两种：一种是基于车速、方向盘转角和车辆特性的重构方法；另一种是基于车轮转向控制电动机输出力矩和车轮转向动力学的估算方法。前者具有彻底过滤路面冲击和路面附着信息的特点；后者估算的转向负载力矩包括路面不平和路面附着信息，因此可设计出包含这些信息的转向反力控制策略。

② 变传动比策略　在线控转向系统中，车轮转角控制的期望值是控制器依据方向盘实际转角确定的，它们之间并不存在确定的机械约束，因此可以依据期望设计变化的虚拟传动比特性，将这称为变传动比策略。变传动比策略输出的是车轮转角期望值的基础部分，它与

主动转向输出的附加转角共同构成车轮转角的期望值。

一种较早的变传动比策略是固定横摆角速度增益策略，即车速变化时横摆角速度稳态增益不变。吉林大学宗长富等人应用汽车操纵稳定性综合评价方法，研究了典型车速下汽车横摆角速度增益值的优化问题，得出了"采用优化后横摆角速度增益值设计的转向传动比，可有效提高汽车操纵性，减轻驾驶员负担"的结论。为了反映期望转向灵敏度随车速的变化，提出了"高速段以侧向加速度增益为依据，中速段以横摆角速度增益为依据，低速段使用基于主观评价的调试方法"的变传动比策略设计方法。

③ 方向盘与车轮运动的双向协调控制　在线控转向系统中，方向盘与车轮间不存在机械连接，但是良好的驾驶感受要求方向盘与车轮的运动双向协调，包括在车轮卡死、转向回正等情况下，即一方面车轮运动要依据设计策略，良好跟随驾驶员对方向盘的操作；另一方面方向盘运动也要始终与车轮运动一致。吉林大学郑宏宇等人在分析多种双向协调控制方案基础上，提出了力控和位置差反馈型线控转向系统双向控制策略，如图 9-5 所示。此策略不仅实现了方向盘与车轮运动的双向协调，而且避免了力反馈-位置差型双向控制结构中需要进行转向负载力矩估计的问题。

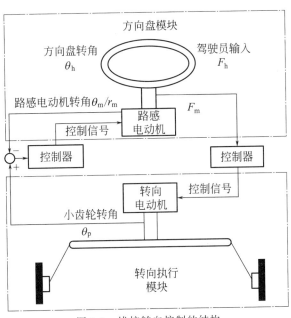

图 9-5　线控转向控制的结构

9.3.3.3　悬架控制

悬架是汽车中的一个重要总成，它把车架与车轮弹性地联系起来，悬架设计的好坏对车辆的总体性能有着重要的影响，因为行驶中的汽车会由于路面的凸凹不平等因素震动，影响驾驶员和乘客的乘坐舒适性，损坏车辆的零部件和运载的货物。

（1）悬架的构型

根据控制形式的不同，悬架系统可分为如图 9-6 所示的被动悬架（固定弹簧、阻尼结

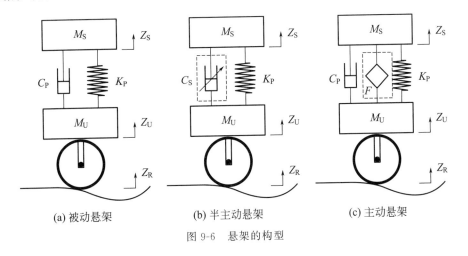

(a) 被动悬架　　　　(b) 半主动悬架　　　　(c) 主动悬架

图 9-6　悬架的构型

构)、半主动悬架（弹簧、变阻尼结构）和主动悬架（弹簧、阻尼、作动器机构）三种构型。由于被动悬架结构简单、可靠、设计难度小、价格低廉，因此应用广泛，但由于其刚度/阻尼特性不能随路况、载荷及行驶状态改变，故不能适应多种道路行驶条件。主动悬架装备可控能量输入元件［油（气）泵、电机］闭环控制系统，能够根据传感器采集得到的路面及车辆行驶信息主动调整簧载与非簧载重量间的作用力，使车辆在给定频率范围内获得较为理想的乘坐舒适性及操纵稳定性。但主动悬架系统复杂度高且功率消耗大，实现难度较大。20世纪70年代，Karnopp和Crosby等提出了半主动悬架，通过控制减振器阻尼状态，使半主动悬架系统能够适应路面、载荷或行驶状态的变化；相对于主动悬架，其结构简单、能耗低、成本低廉、性能优异，成为研究热点。

（2）智能悬架系统关键部件

① 主动悬架　主动悬架一般由执行机构、传感系统、控制系统以及能源系统四个主要部件构成，执行机构的作用是执行控制系统的指令，通常由信号发生器、转矩发生器（气缸、液压缸、电磁铁、伺服电动机等）构成；测量系统负责测量系统所处的各种不同状态，给控制系统提供有效的依据，包括各种传感器；控制系统的作用是对数据进行有效的处理并发出各种控制指令，其主要部件是计算机；能源系统的作用则是给前面各个部分提供能量。

② 半主动悬架　作为半主动悬架的关键部件，阻尼可调减振器通常利用智能材料或压控阀实现阻尼特性的控制，其性能指标主要包括阻尼力调节范围、响应时间、结构紧凑性、能耗以及可靠性，然而这些指标往往是相互制约的，故通常采用多场耦合-多目标优化的设计思路，使减振器性能最优。

a. 磁流变减振器　20世纪90年代，智能材料（如电流变液和磁流变液）开始陆续应用于半主动悬架系统。其原理为：通过改变电/磁场，使流体的流动特性发生显著的改变，减振器的阻尼状态随之改变，从而使电子控制单元与机械系统的接口变得更简单、安静，且响应迅速。重庆大学、合肥工业大学、中国科技大学、吉林大学等积极研究了磁流变减振器样机。天津大学丁阳设计了含永磁体的双向可调磁流变减振器，且具有"失效保护"功能：加载正向（反向）磁场时，减振器处于高阻尼（低阻尼）状态；不加载磁场或电控系统失效时，减振器处于中等阻尼状态。吉林大学郭孔辉等设计了一种多级线圈的泵式磁流变减振器，将磁场系统布置在减振器缸体端部，磁场系统约束少、布置灵活，可实现大的阻尼力调节范围，同时泵式的结构利于减振器散热。香港中文大学陈超提出了一种集馈能、感应及磁流变技术于一体的磁流变减振器，该减振器实现了自供能和位移传感，更加节能、紧凑。重庆大学廖昌荣等设计了一种多级流道的磁流变阀，提高了磁场的利用率，可在紧凑的空间内产生巨大的阻尼力调节范围。

b. 阀控半主动减振器　阀控半主动减振器通过调节油液流过液压阀的进出口压差，控制减振器的阻尼状态。目前汽车上装备较多的阀控减振器多为比例溢流阀，如SACHS的CDC减振器、Mando的SDC减振器等。这类减振器能实现很大的压缩/拉伸阻尼力调节范围、响应迅速，但结构复杂，设计难度大。磁流变阀控减振器将磁场系统布置在减振器主体之外，磁路设计约束少、布置灵活且易于散热。吉林大学郭孔辉、章新杰等利用磁流变液、磁流变弹性体响应快、易控制且挤压模式作用力大的特点发明了紧凑型磁流变压力流量阀，并提出了等饱和强度的磁场特性优化设计准则，为减振器阻尼调节及液压系统的压力控制提供了一种高效执行器。

（3）状态观测及估计

路面不平度输入是车辆产生振动的主要原因之一，有效的路面信息能够能更好地指导车辆性能协调控制，全面提升智能悬架的性能，减少智能悬架作动器的工作次数，降低辅助能量的需求，延长相关部件的使用寿命，提高车辆的操纵稳定性、平顺性和整体品质。路面信息可以通过机械测量、前置摄像以及观测器估计获取；但机械测量工作量大、成本高，目前采用车辆垂向动力学的观测器估计方式受到了广泛的关注。北京理工大学秦也辰等采用神经网络的方法在线获取路面不平度信息，并对其进行了等级的辨识。吉林大学章新杰等采用卡尔曼滤波的方法获取路面不平度信息，并考虑了载荷的自适应。现有技术大多是先获得道路典型特征参数，然后基于上一时刻的路面信息，控制当前车辆的状态，具有一定的滞后性，无法针对前方道路信息做出及时的调整，汽车智能化和网联化的发展为解决这一问题提供了契机。

（4）悬架控制

车辆可控悬架系统具有对象模型便于建立（最简单的对象模型为二自由度单轮车辆线性模型）及可研究范围广阔（实际系统包括非线性、不确定性以及状态相关约束）的特征，车辆可控悬架系统的控制方法在近 40 年间得到了广泛研究，且随着控制理论的发展，越来越多的新方法开始被应用于可控悬架控制系统。

① 传统控制方法　传统控制方法主要指以物理不可实现的被动悬架系统为模板而衍生出的一类无模型半主动控制算法。此类方法中最为经典的控制算法为天棚阻尼控制算法（skyhook control）。在此基础上还发展出了地棚阻尼控制算法（groundhook control），通过在车辆非簧载重量与惯性参考之间安装理想阻尼器的方式衰减非簧载重量振动。吉林大学郭孔辉等利用一个权衡指数将天棚控制与地棚控制相结合，有效降低簧载重量及非簧载重量的振动，进而分别改善系统乘坐舒适性及操纵稳定性。

② 现代控制方法　现代控制方法是指基于现代控制理论的状态空间表达式为模型基础的控制方法，如最优控制、模型预测控制以及鲁棒控制等。最优控制与系统辨识、状态观测等共同构成了现代控制理论的系统框架。作为最优控制领域最具有代表性的控制策略，基于状态反馈的线性二次控制（linear quadratic regulator，LQR）由于结构形式简洁、便于得到最优反馈阵以及权重可调，在车辆可控悬架系统领域得到了非常广泛的应用。吉林大学陈虹等应用可达集和状态空间椭圆，考虑输出及控制的时域约束，设计了受约束的 H_∞ 主动悬架控制器，兼顾了平顺性和操纵稳定性。哈尔滨工业大学的高会军和孙维超等提出了采用电液伺服作动器的主动悬架方案，并考虑作动器带宽、时滞及失效等问题，设计了自适应鲁棒悬架控制器。模型预测控制将约束条件下的无限时间最优控制转化为有限时间域内的滚动优化问题，其最大优势在于对未来系统状态的预估以及能够在求解系统最优控制输入时将系统约束（控制量约束、状态约束或输出约束）考虑在内。北京理工大学的秦也辰利用混杂 MPC 实现了半主动悬架控制，通过路面预瞄使半主动悬架系统性能得到较大提升。在实际应用的过程中，另一个需要综合考虑的因素为系统中广泛存在的结构以及非结构不确定性。在悬架应用领域，目前得到应用的鲁棒控制方法主要通过 H_∞ 控制以及变结构控制（sliding mode control，SMC）两种方式实现。

③ 智能控制方法　随着研究人员对于控制对象的研究逐渐深入，控制对象模型的高度非线性、不确定性以及时变特性逐渐成为制约控制方法应用的主要因素。上述现代控制方法欠缺通过自组织、自学习的方式实现控制策略自调节的机制，制约了其在复杂系统中的应用。为解决这类问题，自 20 世纪中后期开始，研究人员开始尝试将人工智能（artificial intelligence，AI）方法应用于控制领域。不同于传统控制算法，智能控制方法多利用专家知识、经验及各种规则，通过非精确的方式构建控制策略。常用的智能控制方法包括模糊控制、神经网络控制、遗传算法等。江苏大学陈龙等针对汽车多工况行驶对操纵稳定性和平顺性的综合要求，提出了一种基于混合模糊控制的半主动悬架整车控制策略，较好地改善了汽车的平顺性和操纵稳定性。神经网络控制有很强的非线性拟合能力，学习规则简单，便于计算机实现，具有很强的鲁棒性、记忆能力。湖南师范大学 Jin yao 等针对主动悬架系统构建了误差集成神经网络控制（integrated error neural control，IENC）方法，该算法具有较好

的鲁棒性；针对 LQG 最优控制算法中权重系数依靠经验确定的不足，吉林大学陈双、宗长富等提出了车辆悬架的遗传粒子群 LQG 控制算法，仿真结果表明该方法综合改善汽车的平顺性和操纵稳定性。

（5）悬架与底盘的集成控制

悬架是汽车的一个子系统，需要与汽车的其他子系统协调工作，使得汽车的综合性能达到最优。上海交通大学喻凡指出，底盘集成控制的核心是在考虑轮胎和车辆非线性以及执行器等限制条件的基础上，最优地分配每个轮胎的控制力及力矩。重庆大学卢少波和李以农比较了主动前轮转向、主动制动、主动悬架及三者的集成控制对汽车侧倾稳定性的影响，指出集成控制效果最为明显；随后他们仿真研究了磁流变半主动悬架与转向及制动系统的协调控制，将车辆的运行工况分为 7 类，并给出了相应的控制策略。江苏大学陈龙等应用大系统递阶控制理论实现了悬架系统的集成控制，并提出了一种基于主动悬架评价指标的车身姿态解耦控制方法。合肥工业大学陈无畏等设计了基于车辆状态识别的协调控制器，仿真优化了控制参数，改善了车辆的平顺性和操纵稳定性，随后利用可拓集合理论对汽车进行功能分配，并利用最优控制实现汽车悬架与转向系统的集成控制。悬架与整车集成的动力学控制开始逐渐引入悬架的 K&C 特性及复合工况轮胎特性影响，以期更为准确地描述汽车动力学特性并充分利用轮胎的附着椭圆，拓展汽车的稳定边界；应用系统与综合的方法研究汽车动力学控制能更好地分解各子系统的性能要求和设计协同控制策略。

（6）故障容错

汽车悬架控制系统的故障（如传感器失效，执行器卡死、失效等）会造成闭环系统性能上的衰减，甚至造成闭环系统失去稳定。解决故障容错问题一般采取硬件补偿和控制补偿两种方法。硬件补偿即在设计悬架硬件时考虑失效的影响，使硬件具有失效保护的功能，如在磁流变减振器磁路中加入永磁体，使减振器在驱动失效时维持一定的阻尼力，不致平顺性恶化。控制补偿通常设计具有容错能力的鲁棒控制器实现对作动器和传感器失效的容错。哈尔滨工业大学高会军等提出了一种借助自适应鲁棒控制思想，适应和补偿系统本身及执行器故障引起的参数不确定性与外界不确定性非线性，稳定车身垂直及俯仰运动，改善发生故障时的舒适性；此外还设计了模糊 H_∞ 控制器，以解决作动器时滞和失效问题。

9.3.4 新能源汽车电控系统技术与方法

9.3.4.1 电动机控制系统

为摆脱对不可再生的石油能源的依赖和减少对空气的污染量，汽车行业一直在努力研发更为先进可靠的新能源汽车。新能源汽车与传统燃油汽车的最大区别在于采用由电池能源供电的电动机驱动系统。目前，国内采用的驱动电动机有直流无刷电动机、感应电动机、开关磁阻电动机、异步电动机和永磁同步电动机等。基于当前汽车对驱动电动机的特殊要求，不同的电动机解决方案都在研究和论证过程中，其中永磁电动机作为驱动电动机的解决方案已经被越来越多地采用，永磁电动机是在 Y 系列电动机的基础上，将电动机转子嵌入稀土钕铁硼材料而制成，其作为驱动电动机具有如下特点：永磁同步轮毂电动机在性能上具有功率密度高、转矩专属性能好、功率因数高和过载能力强等优点，在新能源汽车领域得到越来越多的应用。

目前国内对于新能源汽车电动机驱动系统的研究方法主要分为以下三类。

（1）矢量控制方法

矢量控制也称磁场定向控制（FOC），其基本思路是：通过坐标变换实现模拟直流电动机的控制方法来对永磁同步电动机进行控制，如图 9-7 所示。矢量控制的思想就是对永磁同步电动机的转矩进行控制，其中，对转矩的控制是根据对电流分量的控制来实现的。由于对电流分量控制策略的不同，矢量控制通常可分为如下几类：$i_d=0$ 控制、最大转矩电流比控制、单位功率因数控制和恒磁链控制。针对永磁同步电动机的控制，主要是对转矩的给定值进行跟踪控制，目前已有的控制方法有电流预测控制、滑模控制和模糊 PI 控制等。

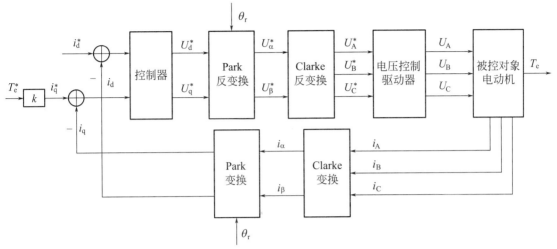

图 9-7　矢量控制方法的基本原理

（2）直接转矩控制方法

　　与矢量控制相比，直接转矩控制（DTC）不需要复杂的坐标变换，对电动机参数依赖性小，转矩响应快，鲁棒性能好，控制结构简单，易于数字化实现，因此直接转矩控制作为一种高性能的控制策略成为近年来的研究热点。直接转矩控制直接在定子坐标系下分析交流电动机的数学模型，采用定子磁场定向，直接将电动机瞬时转矩和定子磁链作为状态变量加以反馈调节，转矩和定子磁链闭环都采用双位式（bang-bang）控制，如图 9-8 所示。虽然传统的直接转矩控制简化了结构，对电动机参数依赖性小，但其采用滞环比较器和开关表，导致磁链和转矩波动较大，在低速时这一现象更为明显，对控制精度和稳态性能有较大的影响。针对这些固有问题，国内众多学者提出了许多解决方案，如零矢量控制策略、全阶滑模观测方法、扩展卡尔曼滤波方法、空间矢量方法、模型预测方法等。

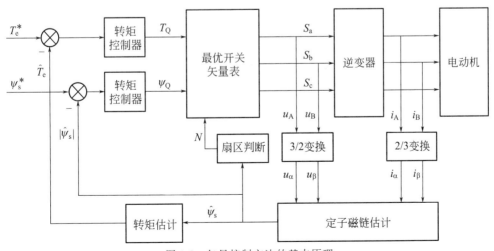

图 9-8　矢量控制方法的基本原理

（3）无传感器技术

为了精确得到高精度转子的位置信息和速度信息，通常采用旋转变压器或光电编码器，但是由于机械传感器的存在，不仅会增加电动机轴上的转动惯量和电动机控制与控制系统之间的接口电路，并且提高了系统的成本。所以开发永磁同步电动机的无传感器技术也逐渐成为电动机驱动控制系统的一个重要课题。通过大量文献研究发现，永磁同步电动机的速度辨识问题主要分为以下两类：第一类是速度估计法，该方法主要是基于电动机基波激励模型中与转速有关的量进行转子位置与速度估计，如自抗扰、扩展卡尔曼滤波法和滑模观测方法等，此类方法具有良好的动态特性，但是对电动机参数变化敏感，鲁棒性差，低速时会因反电动势过小或无法检测而导致运行失败，因此多用于中、高速运行；第二类是高频信号注入法，该方法可以实现电动机的全速范围的转子位置和速度检测，但由于信号处理过程复杂，影响动态性能，所以在突加、突卸负载或转速指令变化较大时会出现跟踪失败。基于以上 2 类方法的缺陷，国内学者从以下几个方面对其进行改进：Lyapunov 观测器法、脉振高频电压信号注入法和 Luenberger 观测器法的结合等。

9.3.4.2 电池管理系统

动力电池是电动汽车的能量源，其主要任务是为整车提供驱动电能。目前电动汽车常用的电池有铅酸电池、镍氢电池、锂离子电池、燃料电池等。动力电池主要的性能参数有比能量、比功率、循环寿命等，这些参数对电动汽车的续驶里程、加速和爬坡能力、安全性和经济性有重要影响。

国际电工技术委员会（international electrotechnical commission，IEC）在 1995 年制定的电池管理系统标准中给出的电池管理系统应有的主要功能包括：显示电池状态，提供电池温度信息、电池高温报警，显示电解液状态，电池性能异常报警，提供电池老化信息，记录关键数据。随着电动汽车的发展，对先进电池和电池管理系统的需求也日益提高。先进的电池管理系统功能主要包括：数据采集、电池状态估计、安全管理、能量管理和信息管理。动力电池管理系统功能框图如图 9-9 所示。

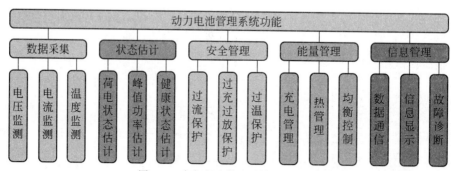

图 9-9 动力电池管理系统功能框图

（1）数据采集

电池管理系统（battery management system，BMS）中所有的算法和控制策略都是以 BMS 采集的数据为基础的，因此，电池参数的采集速度及采样精度对 BMS 性能有着重要的影响。采集的数据包括电动汽车电池组中每块电池的端电压和温度、充放电电流以及电池组总电压。当电池电量或能量过低需要充电时，及时报警，以防止电池过放电而降低电池的使用寿命。当电池组的温度过高，非正常工作时，及时报警，以保证电池正常工作。建立每块电池的使用历史数据档案，为进一步优化和开发新型电池、充电器、电动机等提供数据支持，为离线分析系统故障提供依据。

（2）状态估计

电池状态包括荷电状态（state of charge，SOC）、健康状态（state of health，SOH）和峰值功率状态（state of peak power，SOP）估计，是车辆进行能量或功率匹配和控制的重要依据。动力电池SOC被用来描述动力电池的剩余容量状况。对电动汽车而言，SOC就像普通燃油汽车的剩余油量一样重要。同时，SOC作为电动汽车能量管理重要的决策因素之一，对于优化电动汽车能量管理、提高动力电池容量和能量利用率、防止动力电池过充电和过放电、保障动力电池在使用过程中的安全性和长寿命等起着重要作用。准确估计电池SOH可以为其自身的检测与诊断提供依据，有助于及时了解电池组各单体电池的健康状态，及时更换老化的单体电池，提高电池组的整体寿命，进一步提高电动汽车的动力性能。进行动力电池峰值功率估计可评估动力电池在不同SOC和SOH下充放电功率的极限能力，优化匹配动力电池组和汽车动力性之间的关系，最大限度地发挥电动机再生制动能量回收能力。动力电池峰值功率的实时估计值也是整车控制单元进行能量管理和优化的重要决策因素之一，其对于合理使用动力电池、避免动力电池出现过充/过放现象以及延长动力电池使用寿命有重要的理论意义和实用价值。

（3）均衡控制

当动力电池单体串联应用于纯电动汽车时，由于电池组内电池单体之间存在不一致性，会造成电池组使用性能下降，其可用容量和寿命远低于单体电池，电池性能得不到充分发挥，减少了电动汽车的续驶里程，同时增加了使用成本。而均衡控制作为BMS中的重要环节，可通过实时监测电池组的状态信息，根据相应的控制策略对电池组进行均衡管理，从而减小电池组不一致性在使用过程中造成的影响，提高电池组容量利用率，增加续驶里程。

（4）热管理

温度是制约电动汽车性能提升的关键因素，高温对动力电池有双重影响。一方面，随着温度上升，电解液活性提高，离子扩散速度加快，电池内阻减小，电池性能改善；另一方面，较高的温度会导致电极降解以及电解液分解等有害反应的发生，影响电池的使用寿命，甚至对电池内部结构造成永久性损坏。对于在大功率放电和高温条件下使用的电池组，电池热管理尤为必要。热管理的功能是使电池单体温度均衡，并保持在合理范围内，对高温电池实施冷却，在低温条件下对电池进行加热等。

（5）安全管理

电池的安全功能主要包括在故障条件下切断电池与负载的联系、在温度过高的环境下采取措施进行降温处理、保证BMS内部及BMS与外界的正常通信等。具体功能包括监测电池的电压、电流、温度等是否超过限定值；防止电池过度放电，尤其防止个别电池单体过度放电，防止电池过热而发生热失控；防止电池能量回馈时发生过充电现象；在电源出现绝缘度下降时对整车多能源系统进行报警或强行切断电源。

（6）通信功能

电池管理系统与车载设备或非车载设备的通信是其重要功能之一，根据应用需求可采用不同的通信接口。某些BMS还有远程通信功能，将电源系统的数据传输到远程终端。CAN总线是一种通信速率高、可靠性高的现场总线，在汽车电控装置中应用广泛。使用CAN总线可减小线束的重量，提高汽车各电控单元之间通信的可靠性。

（7）充电管理

电池充电管理是指BMS对电池充电过程中的电压、电流进行控制和优化，使得电池按照指定的方式进行充电，其中包括电流大小及充电时长等。充电管理还包括电动汽车在行车过程中的能量回收控制。电动汽车在制动或惯性滑行中会释放出多余能量，通过能量回收控制，可以把这些释放的能量通过充电的方式传输给电池，从而提高电池能量的使用效率。

（8）信息显示

电池管理系统通过仪表把电池的状态信息显示出来，进而告知驾驶员或汽车维修人员。需要显示的信息通常包括：实时电压、电流、温度信息，只需将整个电池组的总电压、总电流、最高电池电压、最低电池电压、最高电池温度、最低电池温度等信息显示在仪表上；电池剩余电量信息，反映电池剩余电量的比例（％），也会把剩余行驶里程的估算值显示在仪表上；报警信息，警告驾驶员注意电池组存在的安全问题或即将发生的安全问题。

（9）故障诊断

电池可能出现的故障有：反极性、活性物质脱落和自放电大等。这些故障常被称为"慢性病"。由于这些故障在使用过程中所产生的"症状"不明显，不容易被发现。用户必须正确使用电池，并注意加强日常维护和诊断，如发现电池故障症状，应对其进行严格检测，采取维护措施。因此，通过对电池各种故障信息的积累来获得诊断方法是十分必要的。

目前，对于电池管理系统，SOC 估计、SOH 估计、均衡控制和热管理是主要技术难题，还具有较大的发展空间。

9.3.4.3 制动能量回收

新能源汽车具有清洁高效的特性，然而续驶里程短等问题一直制约着新能源汽车的发展和普及，制动能量回收技术作为能够有效提升新能源汽车续驶里程的方法，受到了众多企业、高校及研究院所的青睐。

在一般内燃机汽车上，当车辆减速、制动时，车辆的动能通过制动系统转变为热能，并向大气中释放浪费掉。而在电动汽车上，当车辆制动时，电动机可作为发电机运行，这种被浪费的动能可通过制动能量回收技术转变为电能并储存于储能装置中以便再次利用，从而达到提升续驶里程的目的，此外制动能量回收技术的引入，还大大提高了汽车能效，并减少刹车盘的损耗。制动能量回收系统的工作过程如图 9-10 所示。制动能量回收技术的关键在于如何使制动过程中的车辆回收更多的能量。新能源汽车的制动系统分为再生制动系统和机械制动系统两个子系统，而制动能量回收全部来源于再生制动系统，所以如何合理分配两个子系统的制动力矩，同时平衡总制动力矩，是影响整车制动能量回收的重要因素之一。

图 9-10　制动能量回收系统的工作过程

国内的汽车厂商所生产的电动汽车基本都带有制动能量回收装置，例如比亚迪秦、北汽E150、上汽荣威 550、吉利帝豪 EV 和奇瑞 eQ 等。然而，国内对电动汽车制动能量回收技术的研究起步较晚，目前量产的新能源车型均采用并联式制动能量回收控制策略，即直接沿用传统制动系统，只需对控制软件进行设置，不新增执行机构，电动机回馈制动力直接叠加在原有机械制动力之上，不调节原有机械制动力。虽然采取此种控制策略制动感觉差、能量回收效率低，但对于整车厂而言，实现简单，成本低廉，具有更大的工程应用价值。当然，整车厂商目前的研发状况受制于国内技术水平，制动能量回收技术的实际应用方面与国外的差异还是客观存在的。

虽然较为先进的制动能量回收控制算法和策略没有应用于量产的新能源汽车，但国内企业、研究院所和高校在制动能量回收技术方面取得了一定的成果。从技术层面讲，现阶段关于制动能量回收技术方面的研究主要可以分为两种：装置产品开发和控制策略研究两类。

（1）制动能量回收装置产品开发

在制动能量回收装置方面，又分为对能量存储装置研究、机械结构研究及能量回收电路研究。能量存储装置除了应用最为广泛的锂离子电池外，还有超级电容、空气储能装置和液压储能装置，采用锂离子电池加超级电容双能量源的方式，既弥补了电池功率密度低的缺陷，又缩短了充放电时间，延长储能装置循环寿命；吉利公司的李佳皓、金启前等发明了一种包括无级变速器、飞轮电动机、电池包及控制器的制动能量回收装置，采用独立的飞轮储能结构；江苏大学陈龙、高泽宇等利用扭力弹簧的弹性势能储存汽车动能，减小对动力电池的依赖程度。此外，国内学者对制动踏板、真空助力器、传动轮组和DC/DC变换器及电路方面也做了大量研究工作，从不同的方面提高制动能量回收效率，减缓电动机制动力矩加入所带来的冲击和不良的驾驶体验，有效减少制动器负担，延长制动器的使用寿命。通过对制动能量回收装置的开发，实现对汽车液压制动力与电动机制动力的控制与调配，确保汽车制动的安全性和能量回收效率，兼顾驾驶舒适性。

（2）制动能量回收控制策略研究

在制动能量回收控制策略研究方面，国内各大高校做了很多有价值的科研工作，分别针对不同的对象，设计不同的控制方法，在不同的工况中对汽车的油耗和排放进行了对比研究，分别验证了各自策略的优越性。典型的制动能量回收控制策略有三种：并行制动能量回收控制策略是在汽车传统的制动系统上叠加电动机制动力，方法简单易实现，具有一定的应用价值，但回收能量少；理想制动力分配策略，即调节前后轮上的制动力遵循 I 曲线，充分利用路面附着条件，但这种方法对控制系统的要求比较高，实现难度大，而且回收能量的效率低；最大制动能量回收控制策略会尽可能多地将制动力分配给驱动轴，在保证车轮不发生抱死的情况下，对制动时所产生的能量进行回收，虽然回收能量提升很多，但容易发生危险情况，且对整个控制系统的精度要求也相对较高。

目前应用于实车的制动能量回收控制策略主要是基于规则的控制，虽然先进控制算法的采用仍停留在仿真验证阶段，但各大高校及研究院所取得的成果十分理想。基于模糊控制的制动能量回收策略研究很受欢迎，各高校的学者通过选取不同的模糊输入变量、优化模糊规则，在满足制动力矩的需求和制动安全的前提下，分配给电动机更多的制动力矩以提高能量回收效率。路面识别、驾驶员制动意图判断对制动力矩的分配和能量回收效率存在很大影响，可见针对不同路面和制动强度设计不同的制动控制策略是十分重要的；电动机制动的加入改变了传统制动系统制动性能，制动能量回收系统和 ABS 间的矛盾不得不协调，清华大学张抗抗等人着重考虑了中低附着系数及对接路面上车辆制动的安全性，提出基于制动能量回收系统与 ABS 系统的集成控制方式；山东理工大学张学义提出了一种制动能量回收发电系统稳压控制方法，使电动汽车制动能量回收发电系统在基准电路、比较电路、触发电路和 H 桥控制电路的协调下工作，保持输出电压稳定，保证安全高效地给蓄电池充电；神经网络、遗传算法和全局优化等算法的应用也是近些年的热点，模型预测控制对制动力矩的优化也有了一定程度的应用，保证了制动过程力矩的控制精度，达到制动平顺和回收能量最优的效果。

作为新能源汽车的关键技术之一，制动能量回收技术仍有很大的发展空间，新型能量回收装置及先进控制策略的应用还有一段路程要走。

9.3.5 汽车智能行驶优化

经济性行驶优化通过改善车辆行驶轨迹并结合整车能量优化，能够有效降低汽车能源消耗。当车辆通过特定路段时，不同的驾驶策略对应不同的燃油消耗，通过一定的优化策略对车辆驾驶进行决策和综合优化，可以达到降低能耗的目的[8,9]。

目前以提高能效为目的的车辆行驶优化在车辆上的应用主要为启发式指导。通过驾驶辅助系统，提供驾驶员经济性行驶的必要信息与指导，包括预测交通流、减少制动、提前换挡以及在短时停车时关闭发动机等。车载行驶优化辅助方式按照对驾驶员的指导时间分成以下三类。

（1）行车前辅助系统

除给驾驶员一般行驶建议之外，这种驾驶辅助系统集成于导航系统当中，指导驾驶员以最经济的行驶路径驾驶。

（2）在线行驶辅助系统

在线行驶辅助系统是先进驾驶辅助系统（ADRS）的扩展，一般分成三类：在线评估系统、在线提示系统和预测巡航控制器。在线评估系统通过对驾驶员的实际操作和当前车辆的性能状况进行在线经济性评估，给出驾驶员反馈信息；在线提示系统通过对前方道路信息和交通事件进行预测性优化，实时提供给驾驶员最优操作建议；而预测巡航控制器则应用在自动驾驶当中，此时车辆完全自主驾驶。

（3）行车后评估系统

在行车后，该系统对过去一段时间的行驶数据进行分析，给出驾驶员节油数据，以进一步提高驾驶员对于经济性行驶的积极性。

目前车辆行驶优化策略主要以经验规则为基础，通过道路实车实验的方法总结、分析得到车辆经济性操控策略。在不考虑怠速情况下，车辆行驶过程一般分为加速、巡航和减速阶段，如图 9-11 所示。按照驾驶经验，忽略前车、换道等其他情况时，车辆在经济性行驶时应当减少制动，增加滑行距离，在信号灯信息可以获取时，通过提前进入滑行阶段以避免制动；当车辆在加速过程中轻踩油门、平稳加速；当车辆处于巡航阶段时，通过适当放宽前后车间距约束，在保证安全的前提下适当减少制动频次以减少能耗。经验型驾驶策略来源于实车实验总结，对驾驶员的指导主要以经济性驾驶原则指导为主，具有良好的可操作性。

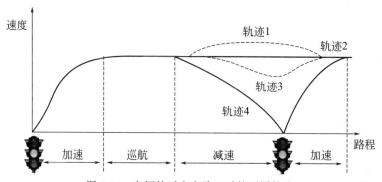

图 9-11　车辆接近十字路口时的不同轨迹

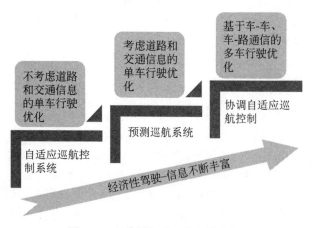

图 9-12　经济性驾驶三个不同阶段

车辆经济性行驶优化一般基于车辆当前状况及道路信息对车辆在未来一段时间的优化，通过合理匹配车辆运动与道路条件、交通状态、车辆性能之间的关系，在满足出行的前提下达到节能减排的目的。随着信息获取程度的不断加深，经济性行驶优化可以分为三个不同的阶段：不考虑道路和交通信息的单车行驶优化、考虑道路和交通信息的单车行驶优化及基于车-车、车-路通信的多车行驶优化，如图 9-12 所示。

（1）不考虑道路和交通信息的单车行驶优化

目前实际应用于汽车上的行驶优化系统多数为没有考虑道路和交通信息的单车优化系统，主要集中于改善发动机工作点、挡位在线优化以及驾驶员油门和制动踏板操作合理化等。

智能巡航系统（intelligent cruise control system）是 20 世纪 70 年代末提出的一种新型汽车智能驾驶系统，该系统利用雷达探测主车与目标车辆间的相对速度、相对距离、相对方位角等信息，并将其传递给主控 ECU。ECU 由此判断主车行驶状况以及与目标车辆间的相对运动关系和位置关系，调节主车的行驶速度，从而使得两车保持安全距离，并在前方交通状况良好时自动以设定的车速巡航。该系统能降低 62% 的追尾碰撞事故，且在无事故发生时能大大降低驾驶员的劳动强度，也被称为自适应巡航控制系统（ACC)[10]。自适应巡航控制技术已经相对比较成熟，在中高端车上均有配备。

另外，自适应巡航控制系统主要针对的是驾驶舒适性和行驶安全性，没有考虑车辆行驶的经济性。因此，随着对车辆燃油经济性要求的提高，基于经济性的巡航控制方法逐渐被提出。清华大学徐少兵、李升波等基于车辆行驶经济性，在自适应巡航控制过程中研究车辆加速过程的经济性策略，通过建立装备 CVT 变速器和汽油发动机的车辆解析模型，构建出以发动机油耗为性能指标的最优控制问题。结果显示，当车辆平均巡航速度较低或较高时，应采取匀速行驶策略；当平均巡航速度为中速时，"加速-滑行"策略更为经济，相对匀速巡航策略，采用这种巡航策略最大可节油 13%。综上所述，不考虑车辆外界信息的车辆行驶优化主要考虑车辆自身的动力学特性，在满足驾驶员需求的前提下优化车辆自身行驶状态，以降低车辆能源消耗。

（2）考虑道路和交通信息的单车行驶优化

随着交通信息在车辆行驶优化系统的应用，车辆通过获取交通信息，结合车辆动力学及经济性能要求，可以实现车辆行驶轨迹和挡位的优化。

预测能量管理（predictive energy management）是以混合动力汽车能量管理为基础，参考道路与交通信息而形成的新的能量管理策略。全球定位系统（global positioning system，GPS）及地理信息系统（geographic information system，GIS）在车辆上的应用，使得预测能量管理系统获取前方交通流、道路坡度、路段长度、限速等信息，通过发动机/电动机的转矩或功率分配以及挡位的配合，提高车辆的燃油经济性。

预测巡航控制系统（predictive cruise control system）通过获取交通灯信息，适当放宽巡航速度的跟踪要求，以减少车辆在交通路口的停车时间。在满足车间距的安全要求前提下，可以适当提高行驶速度，使车辆到达路口时，可以顺利通过路口；相反，在满足车间距的安全要求前提下，车辆可以适当减少车速以降低刹车率，适当增加滑行距离，使车辆到达路口时停车。结果显示，这种巡航控制策略在满足行驶安全的前提下，可以减少车辆制动距离并能够减少车辆的停车时间，达到降低能耗的目的[11]。

（3）基于车-车、车-路通信的多车行驶优化

车联网和地理信息系统在汽车以及交通系统中的充分应用，使车辆不再是交通系统中的单独个体，而是与外界车辆和基础设施有着信息联系的具有高度自动化的行驶工具。此时，车辆行驶优化从单个车辆轨迹和能量优化逐渐扩展到多车行驶优化。协调自适应巡航控制（cooperative adaptive cruise control）是在自适应巡航控制的基础上，通过车辆间的无线通信，交换车辆的位置和速度信息，实现车辆之间的协调行驶优化。协调自适应巡航控制使得车辆行驶之间具有高度的统一性，目前在汽车编队控制中得到了广泛的应用。

随着智能交通的不断发展，未来车辆行驶优化将不仅仅考虑车辆行驶的经济性，也将考虑车辆行驶的安全性以及对于整个交通系统通行率的影响。基于无线通信、传感探测等技术

进行车-路信息获取，通过车-车、车-路信息交互和共享，实现车辆和基础设施之间智能协同与配合，达到优化利用系统资源、提高道路交通安全、缓解交通拥堵的目标。因此，车辆行驶优化如何对智能交通系统的上层调度进行配合，实现车辆行驶优化与交通系统智能化的整合与提升，是当前研究的技术热点之一。

9.3.6　车身电子技术

车身电子技术包括汽车安全、舒适性控制和信息通信系统，主要有用于增强汽车安全、舒适和方便性的安全气囊、安全带、中央防盗门锁、自适应空调、座椅控制、自动车窗等以及用于解决日益庞大的信息交互数据流而发展起来的 CAN、LIN 网络。用于娱乐和信息获取的多媒体技术也在汽车平台上获得了广泛的应用。

随着汽车电子技术的发展，车内的手动控制空调系统发展为计算机控制的全自动空调，这种空调系统利用各种传感器随时检测车内外温度、阳光强度的变化，并把传感器的信号送到空调系统的电子控制单元，电子控制单元按照预先编制的程序对传感器信号进行处理，从而使车内温度、空气湿度及流动状态始终保持在驾驶员设定的水平上。中央防盗门锁的使用既方便了驾驶员开锁车门，又能起到防盗作用。电子止动防盗系统是目前世界上普遍采用的汽车防盗技术。电动车窗和电动后视镜的使用既方便了驾驶员和乘客，又减轻了他们的劳动强度，现在已经得到广泛的应用。汽车电动座椅按人体工程学的设计要求，具有良好的静态和动态舒适性。电动座椅具有各种调节机构，可适应不同驾驶员、乘员在不同条件下获得最佳驾驶位置与提高乘坐舒适性的要求。多功能动力调节座椅已经得到了广泛的应用。

汽车总线技术的出现极大地促进了汽车电子控制技术的发展，而 CAN 总线是使用最为广泛的汽车网络通信技术，主要原因是 CAN 总线的高性能、高可靠性、实时性以及相对较低的价格优势，同时其传输速率已经能够完全满足现代车载网络的需求，而 LIN 作为一种价格低廉的串行通信技术，在某些汽车功能的实现当中能够很好地辅助 CAN 总线，进一步降低汽车电子方面对的成本问题，近年来也被各大汽车厂商广泛应用。

从 20 世纪末开始，随着电子信息技术的广泛应用，汽车工业出现了从代步工具向智能移动机器人（或称轮式机器人）转变的第四次发展机遇，智能车就是此次转变的标志。随着 2011 年年末车载以太网络技术被提出，车载多媒体发展势头非常迅猛，其以改善车内舒适度和信息娱乐体验为发展目标，吸引了大量的汽车厂商和科技企业的目光。

9.4　典型应用

9.4.1　发动机电喷控制技术典型应用

在经历了化油器、单点电喷、多点电喷技术阶段之后，油气混合技术终于进入了直喷时代，越来越多的车型开始采用直喷发动机。随着各国对环境和能耗的要求日益严格，以及电控技术水平的长足发展，各大汽车生产厂商都加大了对 GDI 技术的研发力度，并取得了显著的成果。在国内，奇瑞公司开发的自主品牌 2.0L 8QR484J 汽油机使用了 GDI 技术。2007 年 7 月 15 日，在长春一汽集团技术中心成功研发出第一款自主汽油直喷发动机 JB8，其采用了自主独创的汽油直喷与气道喷射共用的燃烧系统和自主集成的电控汽油直喷系统。

共轨式喷油系统是目前缸内直喷汽油发动机应用最为广泛的一种喷油系统，缸内直喷汽油机的工作原理与柴油机中使用的高压共轨喷油系统基本相同，区别是汽油机的燃油共轨压力要低得多，为 5～20MPa。高压共轨系统的基本结构如图 9-13 所示，主要包括低压油泵、高压油泵、共轨管、喷油器、电控单元等组成部分。根据不同的生产厂商和所转配的发动机不同，各公司开发的共轨系统存在一些差异。

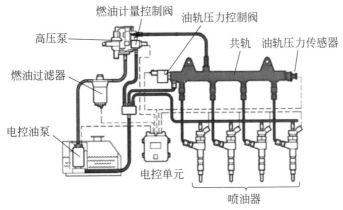

图 9-13　高压共轨系统的基本结构

共轨式喷油系统实现直喷的一个控制难点是共轨压力的控制，为了保证发动机在各复杂工况下都能保持最佳的燃烧状态，需要由控制器控制共轨系统中的轨压随着实际工况（发动机转速和负荷）的变化达到相应的目标值，从而保证精确的喷油。其中一种常规的控制策略框图如图 9-14 所示。通过控制高压泵入油口处的电磁阀开关时长，从而调节高压泵内的压力和流量，实现共轨管内压力的变化。一般流量信号不可测量，直接作为控制信号实现较难，通常将流量转换为电磁阀的开关持续时间所对应的角度进行处理。

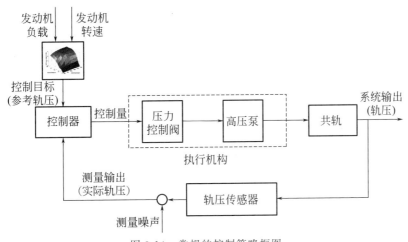

图 9-14　常规的控制策略框图

轨压控制常采用的控制器结构如图 9-15 所示，考虑到实现的可靠性和快速性，一般采用的控制方法是 PID 加补偿 map，PID 参数根据不同工况进行一定的调整，补偿控制则是基于温度、电流等的变化进行控制量的修正。随着喷油压力的提升，轨压控制的精度要求也在不断提高。轨压控制系统既要保证轨压控制的稳态性能，又要保证轨压的动态性能。工程上对轨压控制系统的性能评价没有直接统一的量化标准，有时轨压控制的好坏由喷油的精度来衡量。根据一些工程设计经验，认为稳态跟踪响应时间小于 100ms，无超调，跟踪误差在 1bar（1bar＝10^5Pa，下同）以内，瞬态跟踪误差小于 5bar 的控制性能满足要求。

基于模型的先进轨压控制方法的开发也成为目前这种技术的主要研究方向。文献［12］、

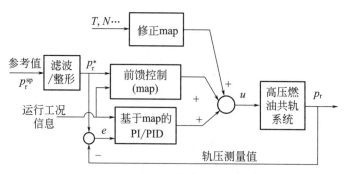

图 9-15 轨压控制常采用的控制器结构

N—发动机转速；T—温度

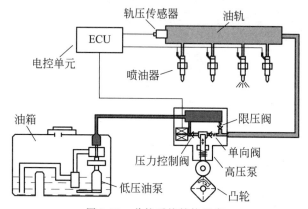

图 9-16 共轨系统结构示意

[13] 中针对图 9-16 所示结构的一种共轨系统进行轨压控制系统的设计，系统主要由低压回路、高压泵、共轨管、轨压传感器、喷油器和电控单元组成。基本的工作原理是：低压回路通过低压泵将油箱内的燃油送到高压泵的入油口，通常来说低压回路中的燃油压力较低，一般只有 3～6bar。高压泵的作用是提高燃油压力并将高压燃油泵到油轨中，高压泵入油口处安装有压力控制阀，压力控制阀的开关时刻与状态决定高压泵泵入油轨中的燃油量，对于固定体积的共轨管可以起到调节轨压的目的，一般轨压为 5～15MPa。高压泵的出油口处装有单向阀，使得共轨内的压力不能回流到高压泵内，从而保证了共轨内压力不会大幅度降低，方便快速地建立轨压。高压泵出油口处还设有限压阀，能够有效地防止出油口处压力过高而损坏相应部件，压力限值一般为 15～20MPa。当限压阀打开，燃油流回油箱时，出油口处及油轨内的燃油压力会迅速降低。电控喷油器是共轨系统最终的执行机构，直接安装在共轨管上，高压燃油最终通过喷油器被喷射到燃烧室内参与燃烧。

对以上系统的高压泵、共轨管、喷油器的性能进行动力学分析，基于流体动力学以及体积弹性模量的计算可建立系统动力学的一种描述型式。

$$\dot{p}_p = \frac{K_f}{V_p(\theta)}\left(A_p \omega_{rpm}\frac{\mathrm{d}h_p}{\mathrm{d}\theta} + q_u - q_{pr} - q_0\right)$$

$$\dot{p}_r = \frac{K_f}{V_r}(q_{pr} - q_{ri})$$

(9-1)

式中　p_p——高压泵腔内的瞬态压力；

　　　q_u——进油口处流量；

q_{pr}——出油口处流量；

q_0——燃油泄漏量；

K_f——有效体积弹性模量；

$V_p(\theta)$——高压泵腔内体积；

θ——凸轮的转角；

h_p——活塞的升程；

$\dot{p}_r$——共轨管压力；

V_r——共轨管的容积；

q_{ri}——共轨出油口处的流量；

ω_{rpm}——凸轮转速。

文中运用三步非线性设计方法推导出的轨压控制律为

$$u = u_s(x) + u_f(x) + f_P(x)e_1 + f_I(x)\int e_1 dt + f_D(x)\dot{e}_1 \tag{9-2}$$

其中

$$u_s(x) = -\frac{A_s(x)}{B(x)} \qquad u_f(x,\ddot{y}^*,\dddot{y}^*) = \frac{1}{B(x)}\dddot{y}^* - \frac{A(x)}{B(x)}\dot{y}^*$$

$$f_P(x) = \frac{1+k_0+k_1k_2}{B(x)} \qquad f_I(x) = \frac{k_0k_2}{B(x)} \qquad f_D(x) = \frac{k_1+k_2+A(x)}{B(x)}$$

控制律由三部分组成：稳态控制、参考动态前馈和误差反馈控制。最重要的是，三步非线性方法的控制律结构（图9-17）和工程采用的结构相似，易于被工程人员接受，对于控制理论的工程应用具有实际的指导意义。

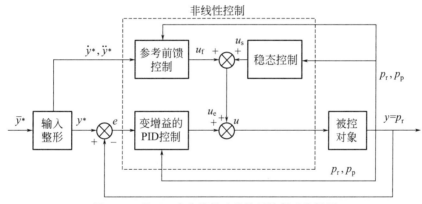

图 9-17　基于三步非线性法的轨压控制系统框图

当然，控制算法设计不仅仅是设计一个合理的控制器，还应当包括基于模型的控制器参数整定规律的获取和控制性能测试。控制方法的测试过程一般包括离线仿真测试和实时验证两个阶段，其中实时验证更具有实际意义。上文设计的控制系统的实时性能在一汽技术中心研制的发动机控制 HIL 实验平台和发动机实物台架上进行了初步验证，其平台如图 9-18 所示，如图 9-19 所示为 PID 增益 map，对应的测试工况和测试结果如图 9-20 所示[14,15]。

从实验结果可以看出，在不同的油门开度和发动机转速的对应的工况下，轨压调节总能保持在跟踪误差允许范围内。其中台架实验中，由于实际系统惯性和机械摩擦阻力，发动机的转速不会像离线仿真以及硬件在环试验中那样变化较快，因此在实验开始阶段轨压的跟踪效果要比在 HIL 阶段好很多。

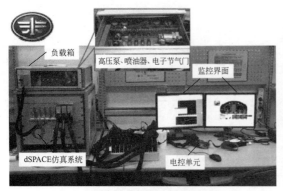
(a) GDI发动机控制HiL实验平台

(b) 发动机实物测试台架

图 9-18　控制器测试平台

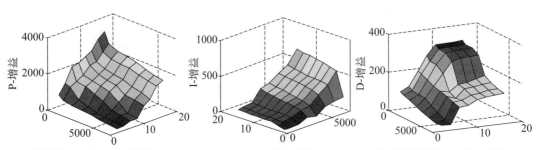
图 9-19　PID 增益 map

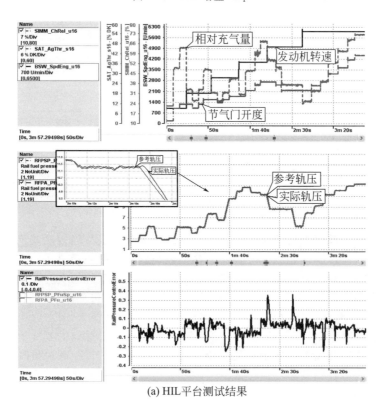
(a) HIL平台测试结果

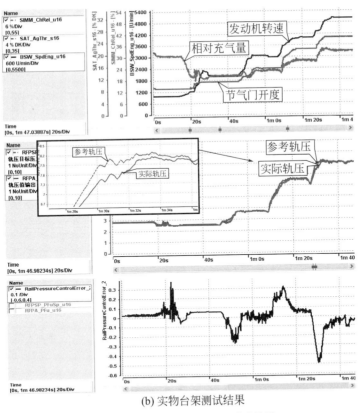

(b) 实物台架测试结果

图 9-20　对应的测试工况和测试结果

9.4.2　自动变速控制技术典型应用

电控机械式自动变速器（AMT）是在手动变速器基础上进行自动化改进的变速器类型，具有结构简单、效率高、成本低等优点，应用较为广泛，尤其是在很多类型的商用车以及微型乘用车中得到应用。

起步控制是 AMT 车辆控制的关键点和难点。由于 AMT 保留了手动变速器的干式离合器，发动机与传动系统的动力传递完全通过干式离合器的接合和分离来完成，所以 AMT 起步控制主要是对干式离合器结合过程的控制。干式离合器结合过程要求快速平顺，并且实现快速、准确的跟踪控制目标，同时保证存在模型参数变化和外界干扰时控制系统的鲁棒性。AMT 车辆的起步过程，主要是通过干式离合器的滑摩-接合-闭锁实现的，其接合过程要求时间短、平顺，同时离合器的滑摩功小，另外也要满足驾驶员的驾驶意图、道路情况的不确定性和车辆参数的时变性等，所以说起步控制是 AMT 研究和发展的关键技术。

AMT 起步过程中起主要作用的是干式离合器。干式离合器位于发动机和变速器之间，如图 9-21 所示，常被称为起步装置，其主要功能是通过离合器主、从动摩擦片直接摩擦而带动车辆起步。另外，在车辆换挡过程中，离合器也会起到断开和恢复发动机与变速器之间动力传递的作用，从而配合换挡动作。

如图 9-22 所示，干式离合器的主要元件是压盘、摩擦片、膜片弹簧。离合器工作时分为两个状态：接合状态和分离状态。在结合状态，膜片弹簧的压力迫使压盘将摩擦片紧紧压在发动机的飞轮上，发动机扭矩便可通过摩擦片传递到变速器。在分离状态，离合器执行机构通过推力轴承推动膜片弹簧小端，膜片弹簧发生变形，所施加给压盘和摩擦片的压力也变

313

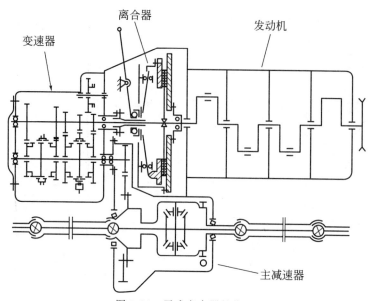

图 9-21　干式离合器的位置

小甚至消失，此时就切断了变速器与发动机之间的扭矩。另外，离合器的摩擦片上嵌有减振弹簧和阻尼元件，对发动机燃烧、做功、进排气等离散事件带来的发动机曲轴振动以及离合器结合过程的冲击产生缓冲和衰减作用。

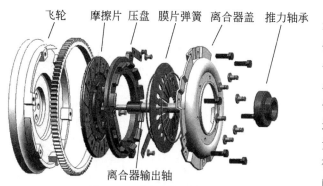

图 9-22　干式离合器的结构

对 AMT 车辆起步的评价指标有三个，即平顺性、经济性和动力性，据此提出了起步过程的干式离合器控制目标：冲击度小，滑摩功小，结合快速。干式离合器起步的优化控制算法框图如图 9-23 所示，通过对车辆传动系统模型的状态变量和控制变量构成的二次型函数进行最优求解，可以得到最优状态下的离合器输出转矩 T_c^*，通过离合器传递扭矩与离合器位置的关系 map 图查得相应的离合器结合位置 x^*。

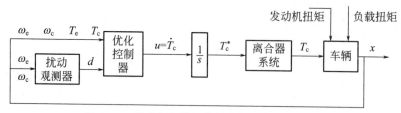

图 9-23　干式离合器起步的优化控制算法框图

ω_e—发动机转速；ω_c—离合器输出端转速；T_e—发动机输出转矩；T_c^*—离合器目标输出扭矩；
x—离合器实际位置；T_c—离合器输出转矩

以下针对一款中型乘用车（一汽奔腾 B50 轿车）进行研究。该车辆装备一个机械式自动变速器（AMT），该变速器包括一个干式离合器和五挡手动变速器[16]。对于起步过程的车辆，可以看成一个二质量系统。对于起步过程的车辆，可忽略传动系统中的弹性元件，将其简化为以离合器为分界的二自由度振动系统，包括离合器输入端（发动机部分）和离合器输出端至车轮部分（变速器、主减速器、驱动半轴、车辆以及整车质量），如图 9-24 所示。

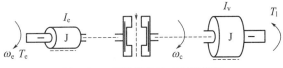

图 9-24　车辆传动系二质量模型

车辆的行驶工况复杂，附着系数、道路坡度等会随时变化，另外，车辆的参数也不是固定的，离合器摩擦片的摩擦系数会随着温度的变化而改变，车重也是随时变化的。这些变化会带来系统模型的不确定性，这里对于这些模型的不确定性用 $w = [w_1, w_2]$ 统一表示，w 可以用下面的公式进行估计。

$$\dot{\omega}_e = -\frac{C_e}{I_e}\omega_e + \frac{1}{I_e}T_e - \frac{1}{I_e}T_c + w_1 \tag{9-3}$$

$$\Delta\dot{\omega} = \left(\frac{C_v}{I_v} - \frac{C_e}{I_e}\right)\omega_e - \frac{C_v}{I_v}\Delta\omega - \left(\frac{1}{I_e} + \frac{1}{I_v}\right)T_c + \frac{1}{I_e}T_e + \frac{1}{I_v}T_l + w_2 \tag{9-4}$$

式中，$\Delta\omega = \omega_e - \omega_c$。

车辆的起步控制过程是一个多目标的控制问题，为了对车辆起步过程中的起步时间、起步冲击度和离合器的滑摩功同时进行优化，将目标函数 V 定义为下面的公式。

$$V = \frac{1}{2}\int_{t_0}^{\infty}(q_{\Delta\omega}\Delta\omega^2 + q_{摩擦}T_c\Delta\omega + r\dot{T}_c^2)\,\mathrm{d}t \tag{9-5}$$

式中，$q_{\Delta\omega}$、$q_{摩擦}$ 和 r 都是惩罚因子，通过对它们物理意义的分析，可以得出以下的结论。

① 因 $q_{\Delta\omega}\Delta\omega^2$ 对 AMT 起步滑摩阶段离合器输入和输出的转速差进行惩罚，可以使离合器输入和输出端的转速差尽快减小到 0，这一项可以优化离合器的闭锁时间，使其最短。

② $q_{摩擦}T_c\Delta\omega$ 可以优化离合器的滑摩功达到最小。

③ $r\dot{T}_c^2$ 保证了车辆起步的平顺性，因为离合器输出扭矩 T_c 直接决定了车辆加速度的大小，所以离合器输出扭矩的导数 $\dot{T}_c$ 可以反映车辆起步过程冲击。

根据设计好的观测器和优化控制器进行实车试验测试，试验样车如图 9-25 所示。

(a)

(b)

图 9-25　奔腾 B50 试验车

如图 9-26～图 9-28 所示是不同油门开度下起步控制算法的试验结果。在实际的驾驶过程中，驾驶员对车辆起步的速度有不同的要求，例如，在路况比较拥挤或者出库、入库时要求慢速起步，而在紧急情况需要快速起步，诸如此类，这些不同的起步意图体现在驾驶员踩油门踏板的程度。图 9-26～图 9-28 就体现了在驾驶员慢速、中速和快速起步意图时带有模型误差估计的优化算法的起步控制效果，其中，T_e 为发动机输出扭矩，Thr 为节气门开度变化，Clu 为离合器位移，ω_e 为发动机转速，ω_c 为离合器从动部分转速，$jerk$ 为车辆起步过程中的冲击度。

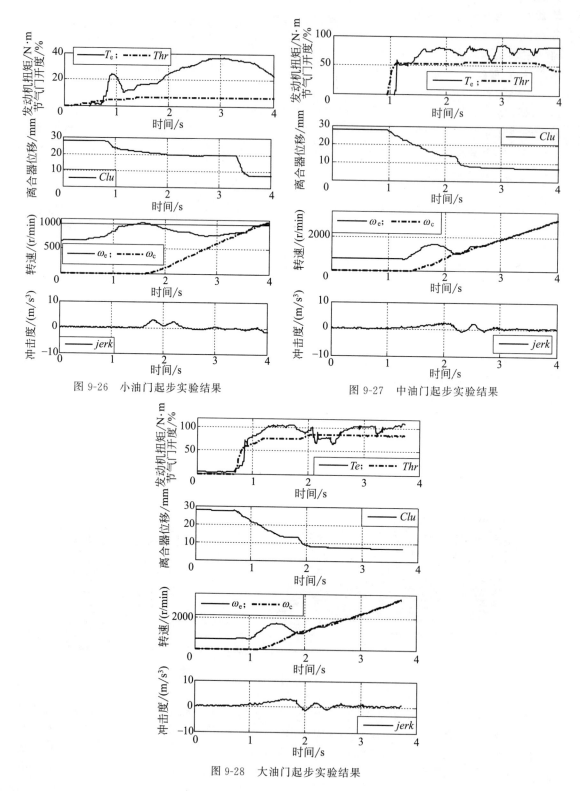

图 9-26　小油门起步实验结果

图 9-27　中油门起步实验结果

图 9-28　大油门起步实验结果

从试验结果可以看出，不同的节气门开度下的起步过程基本满足了不同起步意图的要求，同时，发动机转速的波动并不大，起步冲击度也较小，在 $10m/s^3$ 以内，车辆起步效果满足了动力性、经济性和平顺性的要求。带有模型误差估计的优化控制算法不仅具有优化控制策略的优势，能够满足驾驶员的起步意图，快速平顺起步，而且可以估计控制模型参数与实际车辆参数相比产生的误差，使车辆在参数和工况发生变化时依然可以快速平顺起步。

9.4.3　车辆轮胎建模与参数辨识技术典型应用

轮胎是位于车辆与路面之间的唯一部件，轮胎与路面的相互作用决定了车辆的运动状态。先进的底盘控制系统（如 ABS、TCS、ESC 等）的开发都是建立在轮胎力学特性的基础之上的。目前常见的轮胎模型主要有 Magic Fomula 模型、UniTire 模型、LuGre 模型、Dugoff 模型以及刷子理论模型等，而最具代表性的是 Magic Fomula 模型和 UniTire 模型，其中郭孔辉院士提出的 UniTire 模型采用无量纲表达形式，满足高阶理论边界条件，具有严格的理论框架，在复合工况的表达方面具有形式简洁、预测能力强的优势。

车辆控制系统的控制效果很大程度上依赖于控制系统所应用的车辆状态的准确程度，所以准确而实时地观测车辆行驶状态参数信息已经成为增强车辆主动安全性和实现底盘集成控制系统的重要问题。在相同传感器硬件配置下，车辆行驶状态估计一方面依赖于观测器中的估计算法，使得测量值能更好地修正预测带来的误差，使估计更加准确。常用的估计算法有卡尔曼滤波算法、鲁棒观测器、滑模观测器和基于李雅普诺夫理论推导的非线性观测器。另一方面取决于估计用的物理模型，从估计值精度的角度考虑，希望观测器中的车辆动力学模型尽可能准确，但是却会增大控制器的负担。相比之下，准确的轮胎模型比车辆模型的自由度更为重要。

以下介绍基于 UniTire 统一轮胎模型的七自由度车辆动力学模型进行车辆侧偏角和轮胎力的非线性状态观测器设计[18]。

9.4.3.1　车辆系统描述

七自由度车辆动力学模型如图 9-29 所示。

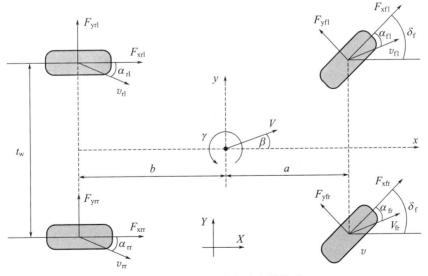

图 9-29　七自由度车辆动力学模型

车身纵向、侧向和横摆三自由度动力学方程为

$$m(\dot{v}_x - r v_y) = (F_{x\,fl} + F_{x\,fr})\cos\delta - (F_{y\,fl} + F_{y\,fr})\sin\delta + F_{x\,rl} + F_{x\,rr} \tag{9-6}$$

$$m(\dot{v}_y + r v_x) = (F_{x\,fl} + F_{x\,fr})\sin\delta + (F_{y\,fl} + F_{y\,fr})\cos\delta + F_{y\,rl} + F_{y\,rr} \tag{9-7}$$

$$I_z\dot{\gamma} = a(F_{x\,fl} + F_{x\,fr})\sin\delta + a(F_{y\,fl} + F_{y\,fr})\cos\delta - b(F_{y\,rl} + F_{y\,rr}) +$$

$$\frac{c}{2}(F_{x\,fr} - F_{x\,fl})\cos\delta + \frac{c}{2}(F_{x\,rr} - F_{x\,rl}) + \frac{c}{2}(F_{y\,fl} - F_{y\,fr})\sin\delta \tag{9-8}$$

四个轮胎的旋转自由度动力学方程为

$$I_w\dot{\omega}_{ij} = T_{ij} - R F_{x\,ij} \tag{9-9}$$

车辆侧偏角 β 定义为

$$\beta = \arctan\frac{v_y}{v_x} \tag{9-10}$$

式中　　m——车辆质量；

$\quad\quad I_z$——横摆转动惯量；

$\quad v_x, v_y$——纵向和侧向速度；

$\quad\quad \gamma$——横摆角速度；

$\quad\quad I_w$——车轮旋转转动惯量；

$\quad\quad \delta$——前轮转角；

$\quad a, b$——重心到前轴、后轴的距离；

$\quad\quad c$——轮距；

$\quad\quad R$——车轮有效滚动半径；

$F_{x\,ij}, F_{y\,ij}$——轮胎纵向力和侧向力，其中 i 表示前轴（f）或后轴（r），j 表示左（l）或右（r）；

$\quad\quad \dot{\omega}_{ij}$——车轮转速；

$\quad\quad T_{ij}$——车轮所受转动力矩。

非线性 UniTire 统一轮胎模型表达如下。

纵向滑移率S_x和侧向滑移率S_y分别为

$$S_x = \frac{\omega\gamma - v_x}{\omega\gamma} \quad S_y = \frac{-v_y}{\omega\gamma} \tag{9-11}$$

无量纲纵向滑移率ϕ_x、无量纲侧向滑移率ϕ_y和无量纲总滑移率ϕ分别为

$$\phi_x = \frac{K_x S_x}{\mu_x F_z} \quad \phi_y = \frac{K_y S_y}{\mu_y F_z} \quad \phi = \sqrt{\phi_x^2 + \phi_y^2} \tag{9-12}$$

式中　K_x, K_y——轮胎的纵滑和侧偏刚度；

$\quad \mu_x, \mu_y$——纵向和侧向摩擦系数；

$\quad\quad F_z$——轮胎垂向力。

满足高阶广义理论模型边界条件的 UniTire 轮胎模型纵向力F_x和侧向力F_y模型为

$$\overline{F} = 1 - \exp\left[-\phi - E\phi^2 - \left(E^2 + \frac{1}{12}\right)\phi^3\right] \tag{9-13}$$

$$F_x = \overline{F}\frac{\phi_x}{\phi}\mu_x F_z \quad F_y = \overline{F}\frac{\phi_y}{\phi}\mu_y F_z \tag{9-14}$$

根据 UniTire 轮胎模型 ［式(9-11)～式(9-14)］ 和式(9-10)，轮胎力可记为

$$F_{x\,ij} = f_{tx\,ij}(v_x, v_y, \gamma, \omega_{ij}, T_{ij}) \quad F_{y\,ij} = f_{ty\,ij}(v_x, v_y, \gamma, \omega_{ij}, T_{ij}) \tag{9-15}$$

因此由式(9-6)～式(9-9) 和式(9-15)，车辆系统可以简写为

$$\dot{\boldsymbol{\Gamma}} = f^7(\boldsymbol{\Gamma}, u) \tag{9-16}$$

其中，车辆状态向量 $\boldsymbol{\Gamma}$ 和控制输入向量 $\boldsymbol{u}$ 为

$$\boldsymbol{\Gamma}=[v_x,v_y,\gamma,\omega_{\mathrm{fl}},\omega_{\mathrm{fr}},\omega_{\mathrm{rl}},\omega_{\mathrm{rr}}]^T \quad \boldsymbol{u}=[\delta,T_{\mathrm{fl}},T_{\mathrm{fr}},T_{\mathrm{rl}},T_{\mathrm{rr}}]^T \tag{9-17}$$

9.4.3.2 全维状态观测器设计

$$\dot{\hat{\boldsymbol{\Gamma}}}=f^7(\hat{\boldsymbol{\Gamma}},u)-H(\hat{z}-z)-K\,\mathrm{sgn}(\hat{z}-z) \tag{9-18}$$

$$\hat{z}=c\,\hat{\boldsymbol{\Gamma}} \tag{9-19}$$

其中，车辆状态向量为 $\quad \hat{\boldsymbol{\Gamma}}=[\hat{v}_x,\hat{v}_y,\hat{\gamma},\hat{\omega}_{\mathrm{fl}},\hat{\omega}_{\mathrm{fr}},\hat{\omega}_{\mathrm{rl}},\hat{\omega}_{\mathrm{rr}}]^T \tag{9-20}$

车辆观测向量为

$$\hat{z}=[\hat{\gamma},\hat{\omega}_{\mathrm{fl}},\hat{\omega}_{\mathrm{fr}},\hat{\omega}_{\mathrm{rl}},\hat{\omega}_{\mathrm{rr}}]^T \tag{9-21}$$

滑模观测器阻尼系数矩阵 H 和鲁棒控制项系数矩阵 K 均为 7×5 的矩阵。

9.4.3.3 降维滑模观测器设计

根据降维观测器理论，由于系统的输出向量总是能够测量的，因此可以利用系统的输出向量来产生部分状态变量，其余的状态由降维观测器进行重构，从而降低观测器的维数，减小观测器的运算量。七维滑模观测器虽然准确，但是方程阶数高，运算量大。在车辆系统中，轮速信号直接可测，因此可以进一步简化全维观测器[19]。

由于四个车轮转动力矩是车辆观测器的控制输入量，结合车轮旋转自由度动力学方程式[式(9-10)]，有

$$F_{x_{ij}}=\frac{T_{ij}-I_w\dot{\omega}_{ij}}{R} \tag{9-22}$$

其中车轮角加速度 $\dot{\omega}_{ij}$ 可测，因此式(9-13)可以在实际中直接用于求解轮胎纵向力。

由此，式(9-16)和式(9-17)可以简化为

$$\dot{\boldsymbol{\xi}}=f^3(\boldsymbol{\xi},\boldsymbol{\chi}) \tag{9-23}$$

其中，车辆系统的状态向量 $\boldsymbol{\xi}$ 和控制输入向量 $\boldsymbol{\chi}$ 为

$$\boldsymbol{\xi}=[v_x,v_y,\gamma]^T;\boldsymbol{\chi}=[\delta,F_{x_{\mathrm{fl}}},F_{x_{\mathrm{fr}}},F_{x_{\mathrm{rl}}},F_{x_{\mathrm{rr}}}]^T \tag{9-24}$$

车辆系统的输出为车辆横摆角速度 γ，因此系统为单观测变量控制系统。

降维滑模观测器可以设计为

$$\dot{\hat{\boldsymbol{\xi}}}=f^3(\hat{\boldsymbol{\xi}},\boldsymbol{\chi})-\rho(\hat{\gamma}-\gamma)-K\,\mathrm{sgn}(\hat{\gamma}-\gamma) \tag{9-25}$$

其中，滑模观测器阻尼系数矩阵 H 和鲁棒控制项系数矩阵 K 均为 3X1 的列向量。

9.4.3.4 车辆状态观测器仿真验证

利用 CarSim 进行方向盘开环正弦输入仿真实验，对于观测器的输入，如车辆横摆角速度、车轮转速、车辆纵向和侧向加速度、车轮力矩等可测量状态，直接从 CarSim 中传递至观测器。最后，将观测器估计的车辆侧偏角和轮胎力，与 CarSim 输出的车辆侧偏角和轮胎力进行对比，验证滑模状态观测器的效果，如图 9-30 所示，全维滑模观测器（FO-SMO：Full-Order Sliding Mode Observer）及降维滑模观测器（RO-SMO：Reduced-Order Sliding Mode Observer）的估计值与 CarSim 模型的输出值偏差很小，经仿真验证对车辆侧偏角和轮胎力的观测精度均较高。

9.4.3.5 车辆状态观测器试验验证

利用自行焊接和组装的分布式驱动电动车为试验平台，对所设计的降维滑模状态观测器进行试验验证。试验车控制和采集系统布置如图 9-31 所示。整车试验选择双移线试验工况，其试验数据和观测器估计值的对比结果如图 9-32 所示。

图 9-31 的观测值均为 dSPACE 系统实时计算得出的，由图可以看出，滑模观测器

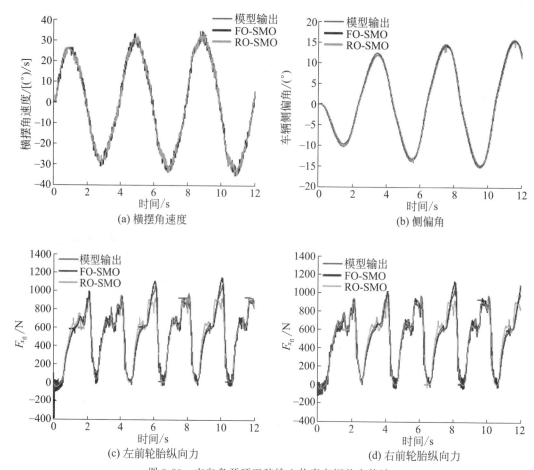

(a) 横摆角速度

(b) 侧偏角

(c) 左前轮胎纵向力

(d) 右前轮胎纵向力

图 9-30　方向盘开环正弦输入仿真车辆状态估计

图 9-31　试验车控制和采集系统布置

1—数据监控计算机；2—dSPACE 系统；3—车速传感器；4—陀螺仪；5—方向盘转角传感器

对车辆侧偏角的估计值非常准确，且对噪声也有很好的抑制作用。由于试验条件所限，无法直接验证轮胎力估计值的准确性。然而，轮胎力是计算车辆状态的关键中间变量，因此通过侧偏角、侧向加速度和横摆角速度估计值的准确性可知，轮胎力的计算应该

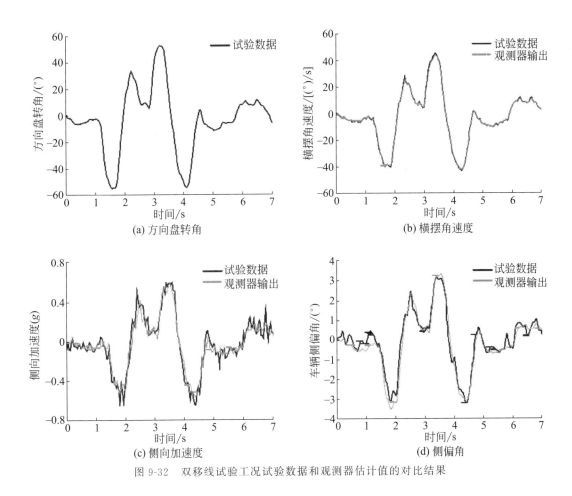

图 9-32 双移线试验工况试验数据和观测器估计值的对比结果

有较高的精度。

9.5 发展建议

9.5.1 技术发展建议

  在满足驾驶操控性和舒适性前提下，最大化行驶安全同时最小化能量消耗，是人类交通的理想状态。基于简化动力学模型设计控制器可以大大减少控制器参数以及标定工作量。然而实际得到汽车产业化应用的控制理论方法仍然大多局限于线形控制和线性鲁棒控制，其他高级控制算法还主要停留在研究阶段。其中一个原因是汽车对安全性有特殊要求，任何控制算法的改进都需要谨慎考察；另外还有一个主要原因是高级控制算法的掌握需要较强的数学基础，一般工程设计人员难以直接掌握，这就迫切需要跨学科的协作，将设计方法形成有针对性的、易操作的开发工具，这样才能推进控制理论方法在汽车控制工程中的应用。

  另外，在信息技术的快速发展下，汽车自动化技术面临新的挑战，由汽车、环境与人类构成的综合驾驶系统成为一个典型的深度融合及协同计算资源（通信、计算机、控制）和物理资源（车辆、交通设施、驾驶人）的信息-物理-人类系统（cyber-physical-human systems）。对于此类人机共驾系统，人机交互与一体化决策控制显得尤为重要，各大研究机构和公司正投入巨资研究机器学习与人工智能驱动的自动驾驶，并期望在此基础上实现大数据和车联网环境下的未来出行新模式。同时，如何检测并防止带有恶意的信息物理攻击，提高车辆信息物理系统的安全性，也成为计算机和控制学科的热门研究问题。

9.5.2 人才培养发展建议

汽车是自动化技术的载体，自动化技术是汽车控制系统的核心内容。要培养汽车电控领域的人才，离不开车辆和控制两个学科的交叉融合及跨学科培养。打通本科生和研究生的培养环节，促进跨专业研究生的保送机制的实施，对于有潜力的优秀苗子因材施教，及早发现特长，培养特长；整合不同学科优势资源，组建具有竞争力的研究团队，是人才培养的关键点。加强与本学科领域处于引领地位的国际著名大学和科研机构的合作，有计划地派遣年轻的学者到国际大学和科研机构学习，是促进人才水平提高的有效途径。

向广大民众传播控制的概念和工具也是很重要的方面。注重向青少年的科普宣传工作，让他们尽早了解反馈原则、动态系统控制和不确定工作的管理，从而培养其兴趣点，是长期但有深远意义的工作。

9.5.3 政策发展建议

汽车控制是一个高度学科交叉的行业，相关政策的制定要向打破学科壁垒倾斜，向促进控制与其他学科的交叉融合倾斜。以系统的角度出发，综合电控、传感器、执行器等领域，落实到具体汽车控制系统上，引导汽车电子控制产业技术发展，是保证自动化技术发展的长期任务。

自动化学会车辆控制与智能化专业委员会已经成立，会员具有多学科背景。发挥专委会作用，组织相关活动，一方面把握国际前沿；另一方面推进科研产业结合。从产业界吸取创新原动力，再反哺产业技术创新，可以极大地促进学术界与产业界沟通融合，确保汽车电子控制产业的健康发展。

参 考 文 献

[1] 刘志鹏. 从"刹车门"事件看质量成本管理 [J]. 机器人产业. 2016，04：101-103.

[2] 佚名. 中国强制召回"第一案"——大众在华三家企业因 DSG 问题召回 38 万余辆车 [J]. 汽车与安全. 2013 (3)：58-60.

[3] 周英峰. 跨国汽车零部件企业加速布局中国 [J]. 经理日报. 2007-10-29.

[4] Chen H，Gong X，Hu YF，et al. Automotive control：the state of the art and perspective [J]. Acta Automatica Sinica，2013，39 (4)：322-346.

[5] Mathur S，Malik S. Advancements in the V-Model [J]. International Journal of Computer Applications. 2010，1 (12)：30-35.

[6] 彦仁. 新能源汽车的电动助力转向系统 [J]. 汽车与配件. 2013，(5)：50-51.

[7] 张一京，王文源，王陶，等. 刚柔耦合汽车平顺性仿真及试验研究 [J]. 汽车技术. 2014，(5)：20-25.

[8] 李升波，徐少兵，王文军，等. 汽车经济性驾驶技术及应用概述 [J]. 汽车安全与节能学报. 2014，5 (02)：121-131.

[9] 郭露露，高炳钊，陈虹. 汽车经济性行驶优化 [J]. 中国科学：信息科学. 2016，46 (5)：560.

[10] 何玮. 汽车智能巡航技术发展综述 [J]. 北京汽车. 2006，(3)：36-39.

[11] 罗禹贡，陈涛，李克强. 混合动力汽车非线性模型预测巡航控制 [J]. 机械工程学报. 2015，51 (16)：11-21.

[12] Chen H，Gong X，Liu Q F，et al. A triple-step method to design nonlinear controller for rail pressure of GDI engines [J]. IET Control Theory and Applications. 2014，8 (11)：948-959.

[13] Liu Q F，Chen H，Hu Y F，et al. Modeling and control of the fuel injection system for rail pressure regulation in GDI engine [J]. IEEE/ASME Transactions on Mechatronics. 2014，19 (5)：1501-1513.

[14] Liu Q F，Gong X，Chen H，Xin B Y，Sun P Y. Nonlinear GDI rail pressure control：Design，analysis and experi-

mental implementation [C]. 34th Chinese Control Conference (CCC). 2015，8132-8139.

[15] 刘奇芳. 非线性控制方法研究及其在汽车动力总成系统中的应用 [D]. 长春：吉林大学. 2014.

[16] Gao B Z，Hong J L，Qu T，Wang B，Chen H. Linear-quadratic output regulator for systems with disturbance：Application to vehicle launch control [C]. 31st Youth Academic Annual Conference of Chinese Association of Automation（YAC）. 2016，135-140.

[17] 王斌. 考虑模型误差估计的 AMT 起步控制研究 [D]. 长春：吉林大学. 2016.

[18] 陈禹行. 分布式驱动电动汽车直接横摆力矩控制研究 [D]. 长春：吉林大学. 2013.

[19] Chen Y H，Ji YF，Guo K H. A reduced-order nonlinear sliding mode observer for vehicle slip angle and tyre forces [J]. Vehicle System Dynamics. 2013，52（12）：1716-1728.

第 9 章

第10章
列车运行控制及自动驾驶

10.1 概述

10.1.1 轨道交通运行控制系统构成及特点

近年来，我国轨道交通系统飞速发展。在高速铁路方面，截至 2015 年年底，我国高速铁路运营里程超过 1.9 万公里，位居世界第一，高速铁路网逐渐成形。"十三五"期间高速铁路运营里程将达到 3 万公里，覆盖 80% 以上人口超 50 万的城市；在最高速度方面，我国开通运营的高速铁路列车最高时速为 350km。试验列车最高时速已经达到了 487km，即将试验时速超过 500km 的更高速列车。与此同时，城市轨道交通的建设也是如火如荼。截至 2016 年 6 月，国家发改委已经批复了 44 座城市的轨道交通建设计划，拥有城市轨道交通运营线路的城市已经达到了 27 座，运营里程超过 3400 公里。其中北京、上海、广州等城市的轨道交通已经进入了网络化运营阶段。

轨道交通运行控制系统是轨道交通系统中确保列车安全高效运行，满足乘客、线路运营商和监督管理部门的需求的自动控制系统。由于轨道交通的用途为运输货物和人员，在线路和车辆确定的情况下，轨道交通运行控制系统的需求体现在以下三点。

① 保证行车安全　控制列车速度，防止列车超速，使列车在安全的防护下按计划运行。

② 提升服务质量　合理配置运输计划，为乘客和承运人提供准时、方便、快捷的客货运输方式。

③ 有效利用资源　充分利用线路、列车、人员、能源完成运输任务。

这里概括了对轨道交通运行控制系统的基本要求。随着人们对轨道交通系统的效率和密度的需求不断提高，进一步提高行车的高效性（包括提高能源利用效率）也成为必不可少的功能。

轨道交通运行控制系统的基本要求首先从两方面入手：控制全局和控制个体。控制全局是指以列车运行图为依据，调整所有列车的运行，使其尽可能按照运行图运行。而对个体的控制则首先要安全行车，确保列车在线路上移动的安全性，无论列车处于任何位置；其次是高效行车，满足对高效率、高密度的轨道交通系统的需求。因此根据这些要求，轨道交通运行控制系统的功能可以分为以下三类。

① 保护列车运行安全（个体控制中安全行车）　为列车分配移动权限范围，确保其他列车不会闯入该移动权限内和该列车不会闯出该移动权限。

② 保证运输服务质量（全局控制）　正常情况下要保证服务质量，特殊情况下（如出现重大事故等）控制服务质量降低的程度。

③ 提高行车效率（个体控制中高效行车）　包括以尽可能少的能源（燃油或电力）运输尽可能多的货物或人员，以及提高乘客舒适度和列车的准点率等。

目前得到普遍采用的轨道交通运行控制系统主要有欧洲列车运行控制系统（ETCS）、中国列车运行控制系统（CTCS）以及基于通信的列车运行控制系统（CBTC）。这些系统拥有很多类似的功能。这其中就包括列车自动防护 ATP（automatic train protection）和列车自动运行 ATO（automatic train operation）功能（注：列车自动驾驶是国内对 ATO 的另一种较为广泛的翻译，但在最新的行业规范中将 ATO 的翻译规范为列车自动运行）。

① ATP 子系统是保证行车安全、防止列车进入前方列车占用区段和防止超速运行的设备。ATP 负责全部的列车运行保护，是列车安全运行的保障。

② ATO 子系统在 ATP 子系统的防护下，配置车载计算机系统和必要的辅助设备，其基于地面传输的信息实现列车牵引、惰行和制动的控制，传送车门和屏蔽门同步开关信号，执行车站之间列车的自动运行、列车在车站的定点停车、在终点站的自动折返等功能。使用 ATO 子系统后，可以使列车运行规范化、减少人为影响，对列车在高密度、高速度运行条件下保证运行秩序有很大好处。

轨道交通运输是一种有组织的运输。其运行秩序通过对运行图的准确执行来保障。此外，与道路上车辆的运行方式不同，轨道交通列车是在固定的交路上径向运行。因此，正常情况下列车的运行，无论是高速铁路还是城市轨道交通，都具有显著的规律性。此规律性主要表现在两个方面：当前时刻和列车位置之间的关系以及列车位置和运行速度之间的关系。例如不同日期同一车次的列车其发车和到站时刻是相同的，执行同一车次的不同列车其在各个站间的运行速度位置曲线是类似的。基于此规律性，列车自动驾驶逐渐发展起来。显然，列车如果可以保持按照某个预定的速度曲线来运行，就可以保证列车位置和运行速度之间的规律性。因此列车自动驾驶采用了速度跟踪的方式，通过设计跟踪控制器，尽量使速度逼近预定速度曲线来保障列车准确执行运行图规定的运行计划。

10.1.2　列车运行控制技术发展历程

列车运行控制系统是轨道交通的主要技术装备，担负着指挥列车运行、保证行车安全、提高运输效率、实现列车运行自动化的重要任务。随着电气、电子、信息及自动化技术的快速发展，列车运行控制技术的功能不断增强和完善，且自动化程度不断提高，以满足高速度、高密度的运营需求。自 1804 年世界首条铁路在英国开始运营以来，列车运行控制技术经历了多次革命性的变革，列车运行控制系统逐步由以地面信号显示传递行车命令，发展到以车载设备给司机显示行车命令、实时计算列车的允许运行速度并自动监督列车运行，一旦列车实际运行速度超过允许速度，车载设备将自动实施常用制动或紧急制动，至今日的全自动无人驾驶技术，实现完全没有司机和乘务人员参与的全自动运行。

10.1.2.1　速度防护控制的发展

（1）地面人工信号

地面人工信号是指依靠人工（如人工安装指示牌、球体等）与列车司机传递信息，保证列车的行驶间隔，即"闭塞"。自轨道交通系统诞生以来，行车闭塞就应运而生，以解决如何控制列车间隔来保证行车安全的问题。在轨道交通系统的诞生初期，列车仅在白天运行，且轨道上仅有一列列车来回运行，所以不必考虑列车相撞的问题。但随着社会的发展，轨道交通系统客货运量不断增多、线路里程不断增长、车站及车辆数的不断增加，为防止列车相撞，列车运行控制技术显得尤为重要。为保证行车安全和减少交通事故的发生，地面信号显示系统被普遍应用于轨道交通系统中，此系统通过视觉信号（物体大致形状、灯光数目及颜色等）或听觉信号（音响信号等）将列车运行前方的各种运行条件指示给司机，提醒司机采取相应措施，以免发生列车正面冲突、追尾事故等。在 1832 年，美国在车站安装了球信号机，此信号机上挂有果物笼状的物品，外面包白布或黑布，吊在 10 米高的柱子上，以在车站与车站之间传递信息：

① 若发车站将白球挂在柱顶，则列车可从车站发车；

② 若接车站将白球挂在柱中间，则列车可进站停车；

③ 若接车站将白球挂在柱顶，则列车通过此车站；

④ 若接车站将白球挂在柱下，则列车停在站外；

⑤ 若发车站将黑球挂在柱顶，则表示列车晚点。

由于当时站间还没有通信手段，相邻车站用航海望远镜观察，根据球信号的颜色和位置向司机传送信号。在 1841 年，英国人戈里高利提出用长方形臂板作为信号显示，装设在伦敦车站，司机根据臂板的位置判断是通过信号还是停止信号。从那个时代起，信号机已经开始扮演着闭塞机的作用，只是两车站之间的闭塞关系靠人工保证，而非通过设备保证。

（2）地面自动信号

1872 年，美国人鲁滨逊发明了轨道电路，实现了列车占用钢轨线路状态的自动检查。信号机可根据轨道电路检测到的轨道占用状态进行显示，从而使得地面信号机的显示能真实反映线路状态（即空闲或占用），可有效防止列车冲突事故。此阶段，列车运行控制技术所采用的闭塞制式可为半自动闭塞或自动闭塞，其中半自动闭塞为人工办理闭塞手续，列车凭信号显示发车后，出站信号机自动关闭。而自动闭塞则是信号机根据列车运行及有关闭塞分区状态自动变换信号显示，司机凭信号显示行车。

（3）机车信号

地面信号显示易受到自然环境（如雾、风沙、大雨等）的影响及地形的限制，从而导致司机不能及时瞭望前方信号机的信号显示，可能有冒进信号的危险。机车信号设备可将列车前方信号机的显示通过技术手段引入司机室，使司机及时了解前方的线路状态并采取相应措施，提高了列车的运行效率和安全程度。在以地面信号为主体信号的信号系统中，地面信号显示仍是行车凭证，机车信号只是复示地面信号。

（4）自动停车装置

地面信号和机车信号仅能提醒司机根据前方线路状态及时采取措施，但无法避免因司机失去警惕而导致的列车运行安全事故。在列车的实际运行过程中确实会发生因司机精神不集中、睡觉、操纵错误等情况。在 1957 年铁道研究所（现为中国铁道科学研究院）的调查报告中指出，1955 年和 1956 年发生的全路列车冒进进站信号的事故中分别有 57.6% 和53.4% 的事故是因司机失去警惕而导致的。为了减少此类事故而研制的列车自动停车装置可在停车命令没有被司机执行时自动实施紧急制动，迫使列车停车。地面轨道电路、机车信号与自动停车装置三者构成了一个简单的列车自动控制系统，此系统不只是显示列车安全运行条件，而是与司机共同保证行车安全。

（5）列车自动防护系统

自动停车装置可有效消除因司机失去警惕而导致的信号冒进事故，但由于自动停车装置存在警惕按钮，若司机在不清醒的状态下仍习惯性按压警惕按钮，则自动停车装置仍不能防止事故的发生。另外，自动停车装置存在频繁报警的问题，且在报警声持续时间内，司机在操纵列车的同时还必须兼顾按压警惕按钮，给司机的正常操纵带来一定的影响。列车运行速度的逐渐提高导致司机瞭望信号显示与反应的时间逐渐缩短，依靠传统的地面信号显示不能保证行车安全和效率。列车自动防护系统实时显示地面发送的信息并计算列车允许的运行速度，自动监督列车运行，一旦列车运行速度超过允许速度，车载设备自动实施常用制动或紧急制动，从而有效防止事故的发生，确保行车安全。根据国际铁路联盟（UIC）的推荐：

① 列车最高运行速度为 140～160km/h 时，可依据地面信号行车；

② 列车速度为 160～200km/h 时，列车应安装机车信号或列车自动控制系统以增强地面信号；

③ 列车速度高于 200km/h 时，须采用带有速度监督的连续式列车自动控制系统，并以

机车信号为行车凭证。

10.1.2.2　自动驾驶 ATO 的发展

列车自动防护系统作为安全控制设备，只有在列车速度超过限制速度后，才会触发并且自动使列车制动或者紧急制动。在列车运行过程中，仍然需要司机全程进行人工的操纵驾驶，没有实现真正意义上的自动列车驾驶控制。为了降低司机工作强度，提高系统运营效率，1968 年通车的伦敦维多利亚线首先采用了列车自动驾驶装置系统，司机仅需要控制车门开关，系统自动控制列车速度运行至下一站。自此之后，随着通信、控制与计算机技术的飞速发展，列车自动驾驶（ATO）的研究成为轨道交通自动化的一个重要课题。

值得提出的是，虽然 ATO 系统投入使用仅仅经过了约 50 年，列车自动驾驶 ATO 系统的研究、发展和实际应用在逐步发展的过程已经产生了巨大的变化。2011 年，国际公共交通协会（UITP）根据列车运行自动化程度的发展，将轨道交通列车控制自动化程度分为 GoA 0 至 GoA 4 五个等级。其中 GoA0 与 GoA1 中，列车的驾驶均由司机手动完成，没有实现 ATO 自动驾驶。GoA2 中，列车配备了半自动驾驶系统（semi-automatic train operation），该系统能够控制列车自动发车、自动停车，但仍需要司机手动开关车门，在出现异常的时候切换为手动驾驶列车，并及时处理紧急情况。GoA3 等级中，列车在运行过程时，不需要司机进行干预，列车完全由 ATO 控制。但是该等级下，列车仍需配备车载工作人员，以处理紧急情况。最高级的 GoA4 则是完全无人控制的轨道交通系统，列车能够实现完全无人驾驶、自动操控车门、应急处置等，自动化程度最高。

由于城市轨道交通结构相对简单，迄今为止，城轨列车自动驾驶 ATO 已经得到了广泛的发展和应用。在 21 世纪以前投入使用的 ATO 系统（如英国伦敦维多利亚线）大都是半自动的驾驶系统；而今，很多城市轨道交通（如香港迪士尼线、迪拜地铁等）都已经实现了完全无人驾驶的 ATO 系统。北京地铁燕房线也实现了全自动的无人驾驶，驾驶室中的司机仅负责紧急情况的处理，不需要触碰任何设备按钮，全自动运行的列车能够在调度中心的指令下，自动完成开关车门、控制列车运行、折返等操作。

不同于城市轨道交通，重载铁路和高速铁路由于其自身的复杂性、网络庞大、车辆类型繁多等特点，尚未完全实现或应用列车自动驾驶 ATO 的功能。2015 年，英国泰晤士线首次在城际铁路的 ETCS 下，测试了列车自动驾驶 ATO 系统。该 ATO 系统由西门子公司开发，通过与 TCC 的无线通信，精确地控制列车跟踪目标速度曲线，实现列车自动驾驶、车门自动控制、自动停车等功能。此外欧盟的"下一代列车运行控制"（Next Generation Train Control，NGTC）项目也强调了高速铁路、干线铁路与重载铁路的列车自动驾驶标准化，以进一步提高干线铁路的自动化程度。此外，阿尔斯通公司也成立了"绿色铁路"（Green Rail）项目，旨在测试德国科林与比利时干线铁路的列车自动驾驶 ATO 系统的应用情况。目前，我国也正在开发城际、干线、高铁等线路中的 ATO 自动驾驶系统。由通号设计院、和利时公司、北京华铁与卡斯柯公司联合研发的珠三角城际"CTCS2＋ATO"列控系统已完成测试认证。该系统的正式运营有利于提高铁路运输的自动化程度，将在保障行车安全、提高运输效率、降低司机劳动强度等方面发挥重要的作用。

10.1.3　列车自动驾驶基本原理及系统组成

列车自动驾驶（ATO）是一种完整的闭环自动控制系统，如图 10-1 所示，即列车一方面检测自身的实际行车速度；另一方面连续获取地面给予的最大允许车速，经过计算机的解算，并依据其他与行车有关的因素如机车牵引特性、区间坡道、弯道等，求得最佳的行车速度，控制列车加速或减速，甚至制动。ATO 系统在列车自动防护（ATP）系统防护下工作，是实现列车自动行驶、精确停车、站台自动化作业、无人折返、列车自动运行调整等功能的列车自动控制系统。综合来讲，ATO 系统可自动控制列车完成启动、巡航、精确停车的过程，可自动开关车门并控制站台车门与安全门的联动，可自动完成列车跳停、扣车、站间运行调整等运营调整命令，并可为司机提供完善的辅助驾驶信息，指导司机行车。

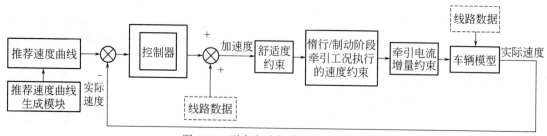

图 10-1　列车自动驾驶基本原理示意

ATO 系统由车载设备和轨旁设备组成。ATO 系统通常与 ATP 系统共用车载硬件设备，并没有独立的设备。ATO 系统的软件安装在与车载 ATP 系统共用的车载计算机中，但使用独立的 CPU。车载 ATO 设备为主备冗余，当主 ATO 单元发生故障时，自动从主 ATO 单元切换到备用 ATO。主 ATO 和备用 ATO 单元运行同样的软件，得到相同的传感器输入和独立计算，但是在一个时间，只有一个 ATO 单元是主 ATO，可以与其他子系统接口，如：ATP、车辆、TOD 和 ATS 等，而备用 ATO 不提供任何输出。

ATO 系统的功能详细描述如下。

（1）列车自动驾驶

① ATO 设备应自动控制列车的启动、加速、巡航、惰行、制动运行过程。

② ATO 设备在正常运行时，列车的冲击率应满足舒适度的要求。

③ ATO 设备的正常运行曲线应满足节能运行的要求。

④ ATO 设备进入自动驾驶前应经过 ATP 的授权和司机的确认。

⑤ 在 ATO 启动条件满足的情况下，司机按下启动按钮，ATO 设备应能自动控制列车启动。

⑥ 列车在车站内，当司机按下 ATO 启动按钮后，因车门或站台门打开或故障导致列车不能启动时，故障消失后应要求司机重新按压按钮，确认后才能启动列车。

⑦ CBTC 级别下区间停车后，在条件满足的情况下，ATO 设备宜能自动控制列车启动。

⑧ 当自动驾驶条件不满足时，ATO 设备应提示司机并自动退出 AM 模式。

（2）站台停车控制

① ATO 设备应自动控制列车在站内精确停车。

② ATO 设备控制列车在停车点停车时，应采用一次连续制动模式制动至目标停车点，中途不得缓解，且在进站前不应有非线路限速要求的减速台阶。

③ ATO 设备控制列车停车时应输出保持制动命令防止溜车；列车停车后，ATO 设备应持续输出保持制动命令。

（3）车门监控

① 列车在站台停车后，在确认车门已关闭且锁闭前（车门旁路时除外），ATO 设备应禁止启动列车。

② ATO 设备应能支持以下 3 种开、关门方式：a. 人工开门、人工关门；b. 自动开门、人工关门；c. 自动开门、自动关门。

（4）站台门监控

列车在站台停车后，在确认站台门已关闭且锁闭前（站台门互锁解除时除外），ATO设备应禁止启动列车。

（5）运行调整

① ATO设备应能支持跳停、扣车、调整停站时间、调整站间运行时间等多种运行调整方式。

a. 接收到跳停指令时，ATO设备判断满足跳停条件后，应能控制列车不停车通过站台。

b. ATO设备应能跳停一个或多个站台。

c. 接收到扣车指令时，ATO设备应保持列车在站停车状态，车门、站台门宜保持打开状态。

d. 接收到站间运行时间调整命令时，ATO设备应根据ATS期望的站间运行时间，选择不同的站间运行曲线，以使实际站间运行时间尽可能贴近期望的站间运行时间。

② ATO设备应向ATS报告列车运行状态信息，以便ATS能对在线运行的列车进行监控和调整。

（6）运营辅助

① ATO设备应向列车广播设备提供有关车载旅客信息显示的数据。

② ATO设备宜通过车载MMI向司机提供推荐速度、关门提示、发车提示、报警提示等辅助驾驶信息的显示。

（7）故障诊断和报警

① ATO设备应具有自诊断功能，发生故障时应立即退出自动驾驶模式，并向司机及ATP、ATS、维护支持等子系统报警。

② ATO设备应将运行状态、报警等信息发送给车载记录设备记录。记录内容包括但不限于：ATO报警类别、牵引/制动指令、牵引/制动力大小、车载设备的计算速度曲线及实际运行速度曲线、车载设备所接收到的地面信息、跳停指令、定点停车超精度范围显示及报警记录、运行时分及故障统计等。

10.1.4　列车自动驾驶系统性能指标

（1）停车精度

绝大多数地铁车站配有屏蔽门，ATO系统应实现精确停车，使车门和屏蔽门精确对齐，提高乘客上下车的效率。精确停车评价函数为

$$K_s = |\,\mathrm{stop} - s_0\,| \tag{10-1}$$

式中　　stop——列车实际停车点位移；

　　　　s_0——目标停车点位移。

通常，列车在车站站台的停车精度为30cm，应保证列车停在该停车精度范围内的概率为99.99%；列车在车站站台停车精度为50cm时，应保证列车停车精度范围内的概率为99.998%。

（2）舒适度

在自动驾驶过程中应当保证乘客的舒适度，在列车加速、巡航、制动过程中，均应保证列车平稳运行。加速度的变化会导致舒适度的变化，利用加速度的变化率即冲击率评价舒适度。

$$K_{j,\max} = \max\left(\frac{\mathrm{d}^2 v}{\mathrm{d}t^2}\right) \tag{10-2}$$

运行过程中的平均冲击率评价为：

$$K_{j,\mathrm{ave}} = \frac{\displaystyle\int\left(\frac{\mathrm{d}^2 v}{\mathrm{d}t^2}\right)\mathrm{d}t}{S} \tag{10-3}$$

式中 v——运行速度；

$\qquad S$——运行距离。

两个峰值评价值越小，说明舒适度越好。

另外，从舒适度的角度来看，在列车运行过程中，减少列车牵引或者制动等级的变化次数，对舒适度也有改善。牵引、制动等级切换频率评价函数为

$$K_{\mathrm{e,ave}}=\frac{n}{S} \tag{10-4}$$

式中 n——列车运行过程中手柄切换次数；

$\qquad S$——列车运行距离。

在列车运行过程中，该评价值越小，说明舒适度越好。

列车运行平稳性也可作为舒适度的一部分，列车综合乘坐舒适度应为一段时间内 3 个方向加速度 a 的加权均方根值。加权均方根值由水平方向和垂直方向的振动加速度通过加权曲线 W_{d} 和 W_{b} 进行滤波得到。

水平方向为

$$H_{\mathrm{D}}(s)=\frac{s+2\pi f_3}{s^2+\dfrac{2\pi f_4}{Q_2}s+4\pi^2 f_4^2}\times\frac{2\pi K f_4^2}{f_3} \tag{10-5}$$

垂直方向为

$$H_{\mathrm{B}}(s)=\frac{(s+2\pi f_3)\left(s^2+\dfrac{2\pi f_5}{Q_3}s+4\pi^2 f_5^2\right)}{\left(s^2+\dfrac{2\pi f_4}{Q_2}s+4\pi^2 f_4^2\right)\left(s^2+\dfrac{2\pi f_6}{Q_4}s+4\pi^2 f_6^2\right)}\times\frac{2\pi f_4^2 f_6^2}{f_3 f_5^2} \tag{10-6}$$

综合舒适度为

$$N=6\sqrt{(a_{\mathrm{XP}}^{W_{\mathrm{d}}})^2+(a_{\mathrm{YP}}^{W_{\mathrm{d}}})+(a_{\mathrm{ZP}}^{W_{\mathrm{b}}})^2} \tag{10-7}$$

可通过 N 值的大小将舒适度划分为 5 个等级，分别为非常舒适、舒适、还算舒适、不舒适、非常不舒适。

10.2 列车自动驾驶技术国内外发展现状

列车自动驾驶系统可实现无人自动驾驶，自动执行列车的全部牵引/制动控制、列车的站间运行和站内停车功能。ATO 系统是 ATC 控制系统的一部分。在选择自动驾驶时，ATO 系统控制列车的牵引制动设备，自动实现列车的启动、加速、巡航、惰行以及制动等驾驶功能。列车自动驾驶技术通常在地铁、轻轨、有轨电车等系统中使用，它可以减少人为驾驶的失误以确保列车的运行安全。尽管列车采用了自动驾驶技术，但通常还是会安排一名乘务人员，以应对设备失效或紧急事件的发生等情况。

列车在站间的自动驾驶控制主要是根据一定的追踪控制方法使列车按照推荐速度运行。因此，通常列车自动驾驶的全过程包括推荐速度的生成和追踪控制两个部分，两者共同决定了列车的实际驾驶策略。

10.2.1 列车驾驶曲线的优化技术

列车驾驶曲线的优化技术起源于 20 世纪 70 年代，最初的研究是假设列车行驶在平直的轨道上，并且区间没有被占用，列车的牵引效率不变，给出了列车节能速度曲线优化的数学模型，并利用庞德里亚金最大原则分析了其最优性条件，得出列车的最优速度曲

线包括"最大牵引、巡航、惰行、最大制动"四种工况。Howlett 进一步提出了求解工况转换点的非线性优化方法，包括了列车节能运行工况的求解、工况转换序列的分析以及工况转换点的计算，构成了求解列车节能速度曲线的基本方法。实际应用中，列车在站间的速度曲线主要是根据站间距离、站间运行时分、临时限速、线路条件、车辆牵引和制动特性等信息计算得出，并且要求在线计算的速度非常快。所以，"充分考虑现实列车站间运行过程中的约束条件"与"设计快速有效的算法"成为近年来列车节能速度曲线研究的焦点。例如，Khmelnitsky 考虑了线路坡度、最大牵引制动力的限制、限速以及再生制动技术，以动能为状态变量建立了列车速度曲线的最优化模型，将列车的节能速度曲线问题转化为最优控制问题，并给出了一种解析算法，得出列车在区间的节能速度曲线。另外，Liu 和 Golovitcher 同样考虑了依赖于速度的牵引制动能力、限速与线路坡度等实际限制条件，分析了列车的节能运行工况，给出了节能运行工况之间的转换关系，并设计了求解工况转换点的数值算法。除了列车节能速度曲线的解析和数值求解方法外，近年也有许多学者用现代的启发式和搜索算法解决列车的节能速度曲线问题。例如，Chang 提出一种充分利用列车惰行进行节能的方法，构建了以节能、舒适度和准时性为一体的优化目标，并采用遗传算法求得模型的近似最优解。Ke 等将列车运行区间划分成若干子区间，将最优控制问题转化为求解子区间上列车平均速度的非线性优化问题，并设计了 Max-Min 蚁群算法进行求解，同时证明该算法的计算速度明显优于遗传算法与动态规划算法。金炜东等研究了连续起伏型坡道线路上的列车节能速度曲线，作者首先将整个运行区间离散化，求解每个区间上的速度曲线，进一步使用神经元网络模拟典型区间上能耗与运行时分的关系，利用遗传算法分配站间运行时分以最小化总体能耗。付印平等设计了可变长度染色体遗传算法求解列车的节能速度曲线。另外，一些学者还针对离散建立了离散型列车速度曲线优化模型。其中以 Howlett 与程家兴研究的离散型列车节能速度曲线方法为典型代表，作者首先证明了离散型列车速度曲线优化问题解的存在性和唯一性，之后利用最大值原理分析了离散型模型中列车的节能运行工况，包括最大牵引、惰行和最大制动。区别于连续型列车节能运行模型，离散型列车节能运行的运行工况序列中没有巡航工况，主要是因为线路的条件是连续变化的，列车的牵引力输出是离散的，不能使列车的牵引力输出和运行阻力一直保持相同而使列车处于巡航状态。根据已知的节能运行工况，Howlett 利用 Kuhn-Tucker 条件求解了不同运行工况的转换点的关键方程指出任意连续可测的连续运行工况序列都可以由牵引-惰行离散工况序列逼近，建立了连续和离散型列车速度曲线优化问题的联系。

以上对列车驾驶优化技术的研究大都没将现有的 ATO 控制的特点考虑进去。换句话说，用以上方法对列车期望的节能驾驶策略（或驾驶曲线）进行了理论分析和计算，但是并不能直接应用于实际的 ATO 控制系统中。如果将求解的列车节能驾驶曲线作为列车的推荐速度应用于 ATO 系统，在实施控制过程后的实际列车驾驶曲线将与列车的节能驾驶曲线不同。因此，以往的研究并未将列车的推荐速度优化作为研究的重点，但是针对列车追踪控制方面的研究有很多。

10.2.2 列车速度跟踪控制技术

常见的列车速度跟踪控制技术包括 PID 控制和模糊控制学，使列车精确追踪推荐速度曲线运行。基于 PID 控制的列车自动驾驶基本原理示意如图 10-2 所示。

随着技术的发展，为应对控制过程中参数时变的自适应控制方法，有增强 ATO 可靠性的容错控制和自适应控制方法等。

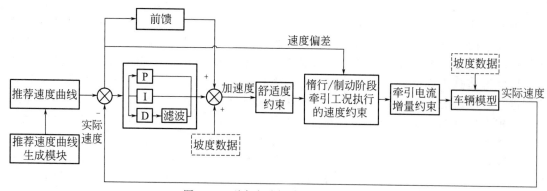

图 10-2　列车自动驾驶基本原理示意

（1）容错控制

随着控制理论和计算机技术的快速发展，控制系统变得越来越高级，越来越复杂。实际的应用对这些复杂系统的可靠性和可维护性的要求越来越高，需要它们具备容错的能力，以便在较长一段时间维持正常的运行。容错控制系统是一个在系统单元故障情况下仍能保持稳定性，并保证系统的性能在可接受水平的先进控制系统。容错控制可分为被动容错控制、主动容错控制和混合容错控制。被动容错控制被动的基本思路是：控制算法的设计使得该系统在无故障和有故障的情况下都能达到指定的性能。被动容错控制是应对系统不确定性能力更强的鲁棒控制，即将单元故障以系统参数变化的形式考虑在被控模型中，并根据变化的模型设计控制器算法。被动容错控制的缺点是在设计中常常以牺牲其他性能来使系统具备容错的能力，如为了使控制器具备容错能力而选取较大的反馈控制增益，这可能造成在正常情况下的控制出现超调的情况。主动容错控制的基本思路是：正常情况下，系统在标称控制的作用下达到预定的性能指标；在故障情况下，标称的控制机制以选择事先计算好的专门应对故障情况的控制机制或在线计算新的控制机制等方式进行重构，以补偿故障情况对系统的影响。积极容错控制依赖于故障检测与诊断的结果，因此要求检测和诊断过程要短且速度要快，以便保证系统的稳定性和标称性能的及时恢复。目前有大量的研究文献提出了许多主动容错控制机制的设计方法，如线性二次控制设计方法基于模型的预测控制设计方法，$H\infty$ 控制设计方法，线性参数变化设计方法，以及滑模分配控制设计方法等。线性参数变化设计方法的基本思想是：利用故障检测与诊断的结果结合系统状态的一些子空间来调整控制的参数。滑模分配控制设计方法的基本思想是：在故障情况下，将标称的控制信号分配到还在良好工作的执行器中，以保证系统标称的性能。积极容错控制的缺点是依赖于故障检测与诊断的结果，而且控制器的重构过程需要一定的时间，如果这个过程过长，则可能影响系统性能，甚至导致系统不稳定。混合容错控制结合了被动容错控制和积极容错控制的优点，它的大体思想是：若所发生的故障事先已经考虑到了，则以被动容错控制来应对这些故障，避免控制结构的变化；若所发生的故障事先没有考虑到，原本的控制结构无法应对这些故障，则进行控制器重构，恢复对系统的控制并维持系统的性能。目前，欧洲的 Action Group on fault tolerant control of the European GARTEUR 项目已成功将容错控制应用于提高飞机飞行控制的可靠水平。

（2）自适应控制

自适应控制的两个重要分支，即模型参考自适应控制和自校正控制，分别被国际学者提出概念并得到发展。1951 年，Draper 和 Li 首次提出了自适应控制系统的概念，设计了一种可以使存在不确定参数的内燃机系统能够实现最优性能的控制系统，该控制系统能够自动收敛于最优的操作点，而自适应控制的专有名词"自适应"是 Tsien 在其著作《工程控制论》一书中提出的。1963 年，Gibson 提出了一个相对具体的自适应控制的概念：一个自适应控制系统需要被控对象的实时状态的信息，即辨识对象；须将实时性能与期望或最优性能进行比较，并给出使系统收敛于期望或最优性能的决策；最后，还需要对控制器进行调整，以驱动系统收敛至最优点。1973 年，有学者提出自校正控制器的概念，通过实时估计系统模型中的未知参数，在线调整控制器的参数，从而保证系统能够自动应对运行环境的变化。1974 年，针对模型参考自适应控制，Landau 提出如下定义：自适应控制系统能够使用可调系统的输入状态和输出，进而计算某个性能指标，并与期望性能指标进行比较，最终通过自适应机构来调节系统的可调参数，或给出特定的辅助输入信号，以维持检测系统性能接近期望系统性能。自适应控制系统应具有如下三种功能：

① 实时辨识系统结构和参数，测量系统性能指标，获得系统当前状态及其变化情况；
② 按特定规律决定当前的控制方案；
③ 实时调整控制器的参数或增加特定的输入信号。

近些年，实际系统中也已经在研究将 ATO 技术引进至干线铁路系统，实现 CTCS2 中 ATO 的应用技术。例如，铁路总公司与广东省相关部门为"珠江三角洲"城际铁路确定了基于 CTCS-2 级扩展 ATO 功能的列控系统。

10.3 列车自动驾驶关键技术与方法

10.3.1 列车动力学建模技术与方法

列车动力学模型的研究主要是通过描述列车运动中的动态过程来分析列车的动态特性，根据算法的需求来适当抽象及化简列车动力学模型，并以此为基础来优化列车推荐速度曲线及控制器相关参数等，实时输出后续各时刻的运行速度及位置等相关信息。推荐速度曲线的优化问题，主要将列车动力学模型的参数输入作为控制变量，即牵引/制动力及牵引/制动控制比率，来调整列车下一时刻的速度，以满足相关约束及优化目标。此类问题一般研究列车整体输出速度的变化，一般不考虑信号传输过程的延迟。而针对 ATO 控制器精确停车的研究，需要考虑列车内部结构中的响应/传输延迟及不同运行场景下的列车阻力参数变化。在解决上述问题的过程中，针对不同的建模对象及场景，列车动力学模型可分为单质点模型和多质点模型。

单质点模型主要研究列车整体的运行情况，忽略列车的长度及各车厢间的相互作用，考虑列车的牵引/制动特性，利用动力学方程来描述列车的运动学特征，如加速、制动、惰行（阻力）、延迟特性等。针对不同的控制变量，如牵引/制动力及牵引/制动控制比率，建立列车牵引/制动系统模型，以模拟列车牵引/制动力的输出。同时，在一些控制过程中，考虑传输响应延迟的时间及牵引/制动系统建模的影响，以模拟列车实际系统中的受力变化。此外，考虑将列车视为单质点处的阻力情况，结合牵引/制动力的输出，模拟列车在实际线路中运行情况及相关速度等信息的变化。

而针对重载列车或机车等，将列车视为单质点已经无法准确地描述列车的受力情况，尤其针对变坡点处的各车厢受力情况不同、列车各车厢之间的弹簧形变程度不同以及制动时列车各车厢受力不同等场景。因而提出多质点模型，针对列车机车车辆及各车厢进行建模，将列车视为刚性车体以研究列车的结构特性及功能。多质点模型研究中分为两种，一种主要考虑列车运行中各车厢的参数不确定性及不相同，将列车视为单质点模型已经无法真实描述列车的受力情况，如乘客分布不均对应各车厢重量变化对列车运行阻力的影响等问题。因此针对列车各车厢受力情况不同，将多质点模型近似为单质点模型，即将施加于列车各车厢的力近似为同一质点。另一种主要考虑列车之间的车钩及弹簧形变产生的作用力，将列车各车厢视为不同质点，研究车厢之间的作用力及对列车整体运行情况的影响。

10.3.1.1 单质点模型

单质点模型，一般将列车视为整体，考虑推进系统输出及运行的阻力，研究列车输入控制指令来实现节能等目标。如推荐速度曲线优化、ATO 控制等。基于牛顿第二定律，列车动力学模型的基本表达如下两式 [注：在时间 t，牵引力 $F_{tra}(t)$ 和制动力 $F_{bra}(t)$ 中至少有一个为 0] 所示。

$$M \frac{\mathrm{d}v}{\mathrm{d}t} = F_{tra}(t) + F_{bra}(t) - F_{res}(t) \tag{10-8}$$

$$\rho M \frac{\mathrm{d}v}{\mathrm{d}t} = F(t) - F_{res}(t) \tag{10-9}$$

式中　M——列车质量；

　$F_{tra}(t)$——牵引力；

　$F_{bra}(t)$——制动力 $[B_{bra}(t) < 0]$；

　$F_{res}(t)$——列车总运行阻力；

　　　ρ——旋转质量参数。

（1）牵引力的计算

牵引力计算是模拟列车牵引系统，主要以牵引控制比率、牵引力、牵引功率、燃料供应比率为变量，在列车运行中计算牵引力。

① 以牵引控制比率为控制变量　参考文献 [1] 中，Liu 等以牵引控制比率 u_f 为控制变量，牵引力 F_{tra} 计算如下。

$$F_{tra} = u_f F_{tra_{max}}(v) \quad 或 \quad F_{tra} = u_f m a_{tra_{max}} \tag{10-10}$$

式中　u_f——牵引控制比率；

　m——列车车重；

　$F_{tra_{max}}$——最大牵引力，由实际牵引/制动特性曲线获得；

　$a_{tra_{max}}$——最大牵引加速度，基于列车牵引特性获得。

此外，参考文献 [2] 中，Tang 等建立了牵引网模型计算电能，列车的最大牵引力与列车所处位置的第三轨电压 U、速度相关 v，即

$$F_{tra} = u_f F_{tra_{max}}(U, v) \tag{10-11}$$

② 以牵引力为控制变量　参考文献 [3] 中，Wang 等基于式（10-11），以牵引力为控制变量，即 $F_{tra} \in [0, F_{tra_{max}}]$，基于列车特性，最大牵引力由分段函数表示，具体如下。

$$F_{tra_{max}} = c_{0,k} + c_{1,k}v + c_{3,k}v^2, \ v \in [v_k, v_{k+1}]$$
$$F_{tra_{max}} = c_{h,k}/v, \ v \in [v_k, v_{k+1}] \tag{10-12}$$

式中　$c_{0,k}, c_{1,k}, c_{3,k}, c_{h,k}$——常数；

　　　　　v——列车运行速度。

③ 以牵引功率为控制变量　参考文献 [4] 中，宿帅等基于式（10-11），以列车牵引输出功率 $P(t)$ 为控制变量来计算牵引力，具体表示如下。

$$F_{tra} = \frac{P(t)}{v} \tag{10-13}$$

式中　v——列车运行速度。

④ 以燃料供应比率为控制变量　以 Cheng 为代表的一系列论文 [5]，基于铁路柴油机车

（柴油机电力传动）建模，研究连续控制及分级控制的列车运行情况。

$$F_{\text{tra}} = \frac{A f(u_{\text{f}})}{v} \tag{10-14}$$

式中　u_{f}——牵引控制级别；

　　$f(u_{\text{f}})$——燃料供应比率（fuel supply rate）。

（2）制动力的计算

在制动力的计算中，通常以制动控制比率、制动力、制动功率为控制变量计算制动力以模拟列车的制动运行情况。此外，在控制问题中，列车动力学模型还考虑响应延迟及传输延迟对制动力输出的影响。

① 以制动控制比率为控制变量　参考文献［1］中，Liu 等基于式(10-10)以制动控制比率为控制变量，制动力计算如下。

$$B_{\text{tra}} = u_{\text{b}} B_{\text{bra}_{\max}}(v) \quad \text{或} \quad B_{\text{tra}} = u_{\text{b}} m a_{\text{bra}_{\max}} \tag{10-15}$$

式中　u_{b}——制动控制比率；

　　$B_{\text{bra}_{\max}}$——最大制动力，基于实际制动特性曲线获得；

　　$a_{\text{bra}_{\max}}$——最大制动加速度，基于列车制动特性获得。

此外，参考文献［2］中，Tang 等建立牵引网模型计算电能，列车的最大制动力与列车所处位置的第三轨电压 U、速度相关 v，表达如下。

$$B_{\text{tra}} = u_{\text{b}} B_{\text{bra}_{\max}}(U, v) \tag{10-16}$$

② 以制动力为控制变量　Wang 等[3]基于式(10-11)，以制动力为控制变量，即 $B_{\text{bra}} \in [B_{\text{bra}_{\max}}, 0]$。基于列车特性，认为最大制动力 $B_{\text{bra}_{\max}}$ 为常数。

③ 以制动功率为控制变量　宿帅等[4]基于式(10-11)，以列车输出制动功率 $q(t)$ 为优化目标，计算制动力如下。

$$B_{\text{tra}} = \frac{q(t)}{v} \tag{10-17}$$

式中　$q(t)$——输出制动功率；

　　v——列车运行速度。

④ 考虑响应延迟和传输延迟的制动系统建模　针对列车的制动系统进行建模，于振宇等[6]研究 ATO 控制器特性及实现精确停车，为获得列车针对输入控制指令的精确反应，往往考虑列车内部的传输延迟等特性。考虑目标加速度 $a_{\text{target}}(t)$ 与列车制动系统产生的加速度 $a_{\text{real}}(t)$ 之间的关系，加速度的变化量表达如下。

$$\begin{aligned} \Delta a(t) &= -\frac{1}{\tau} a_{\text{real}}(t) + \frac{1}{\tau} a_{\text{target}}(t - \sigma) \\ a_{\text{real}}(t+1) &= a_{\text{real}}(t) + \Delta a(t) \\ B_{\text{bra}} &= m a_{\text{real}} \end{aligned} \tag{10-18}$$

式中　$\Delta a(t)$——加速度变化量；

　　$a_{\text{real}}(t)$——列车实际加速度；

　　$a_{\text{target}}(t)$——列车目标加速度；

　　σ——传输延迟时间；

　　τ——响应延迟时间。

（3）运行阻力计算

列车运行阻力按产生的原因，主要分为基本阻力、启动阻力和附加阻力。

① 基本阻力　对车辆而言，由于影响基本阻力 F_{b} 的因素极其复杂，基本阻力一般由大量实验综合得出的经验公式来计算总值。基本阻力表达如下。

$$F_r = r_1 + r_2 v + r_3 v^2 \tag{10-19}$$

式中　v——列车运行速度;

r_1, r_2, r_3——系数。

针对铁路客运列车和货运列车,参数会各不相同。Bwo-Ren Ke[7] 在基本阻力中只考虑滚动阻力,具体表述如下。

$$F_b = 6.374m + 129n + cvm \tag{10-20}$$

式中　m——列车质量,t;

n——列车总轴数;

v——列车速度,km/h;

c——车轮参数,$c \in [0.0194, 0.137]$。

② 启动阻力　列车静止启动时的基本阻力又称为启动阻力。由于轴承正常润滑状态的滞后建立、轮轴间流动摩擦阻力增大、车钩间隙状态不同以致各动车逐步与拖车拉紧启动的复杂性等因素,列车的启动是一个复杂的随机过程。由于启动阻力维持时间短,计算时只能通过多次试验的办法得出计算公式。一般情况下,在城轨列车开始启动到速度为 5km/h 的时间内,取单位启动阻力 $w_{st} = 5N/kN$。

③ 附加阻力

a. 坡道阻力　列车在坡道上时,由于重力沿坡道下坡方向的分力形成坡道阻力,根据上下坡的情况不同,坡道阻力 F_g 有正负之分,表示如下。

$$F_g = mg \sin\alpha \tag{10-21}$$

式中　α——坡道千分度。

Bwo-Ren Ke[7] 基于坡道高度 $h(m)$ 计算如下。

$$F_g = mg \sin\left[\cot\left(\frac{h}{100}\right)\right] \tag{10-22}$$

b. 曲线阻力　曲线阻力 F_c 的大小与较多因素相关,包括曲线半径、轮轨加宽及车辆轴承、列车运行速度、曲线外轨超高等,故而很难由理论方法推导计算。一般采用综合经验公式计算单位曲线附加阻力,表示如下:

$$F_c = \frac{K}{R(x)} mg \tag{10-23}$$

式中　$R(x)$——曲率;

K——常数,600~700。

由铁路列车所受到的曲线阻力,得到如下曲线计算公式。

$$F_c = \begin{cases} \dfrac{6.3}{R(x)-55} mg & R(x) \geqslant 300m \\[2mm] \dfrac{4.91}{R(x)-30} mg & R(x) < 300m \end{cases} \tag{10-24}$$

式中　$R(x)$——线路曲率,m;

m——列车质量,kg。

c. 隧道阻力　Wang 等[3] 计算铁路列车的隧道阻力表达如下。

当隧道内没有限制坡道时(即在没有外在推力的情况下,列车可爬升的最大坡道)

$$f_t[l_t(s), v] = 1.296 \times 10^{-9} l_t(s) mg v^2 \tag{10-25}$$

当隧道内有限制坡道时

$$f_t[l_t(s), v] = 1.3 \times 10^{-7} l_t(s) mg \tag{10-26}$$

式中　$l_t(s)$——隧道长度,m。

10.3.1.2　多质点模型

多质点模型主要基于列车机车及重载列车等进行建模，利用一些仿真软件研究列车结构、功能等模拟刚体列车不同车厢之间的作用。第一种研究将列车车厢之间的作用力近似为施加到同一质点的力，构成近似的列车单质点模型；第二种研究将各车厢视为不同质点，考虑列车之间的弹簧等作用，建立列车动力学模型。

① 宋永端[8]、侯忠生等[9]针对各车厢乘客的分布不均及车重等参数不确定性等情况，认为将列车简单视为刚体已无法满足运行中的受力真实情况。为保证设计控制器中的列车模型精确化，提出将车厢之间的附加作用力等效为随机的附加力，最终将多节列车的多质点模型转化为单质点模型。

$$M\ddot{x} = (\lambda_1 \lambda_2 \cdots \lambda_n)\begin{pmatrix} F_1 \\ F_2 \\ \vdots \\ F_n \end{pmatrix} - F_d - F_I \tag{10-27}$$

$$F_d = \sum_{i=1}^{n}(a_0 + a_1\dot{x} + a_2\ddot{x}^2 + f_{r_i} + f_{c_i} + f_{t_i}) \tag{10-28}$$

$$F_I = \sum_{i=1}^{n-1}\Delta\ddot{x}_{d_i}\sum_{j=i+1}^{n}m_j \tag{10-29}$$

$$M = \sum_{i=1}^{n}m_i \tag{10-30}$$

式中　M——列车的总质量；

x，$\dot{x}$，$\ddot{x}$——列车的位置、速度和加速度；

λ_i——第 i 节车厢的牵引/制动效率常数；

F_i——第 i 节车厢施加的牵引/制动力；

F_d——列车受到的阻力，包括基本阻力和附加阻力；

f_{r_i}——坡度阻力；

f_{c_i}——线路曲率阻力；

f_{t_i}——列车隧道阻力；

F_I——列车车厢之间作用力的总和。

$\Delta\ddot{x}_{d_i}$——车厢之间的脱钩伸缩比率。

$$\Delta\ddot{x}_{d_i} = K\sin(0.1t)\sin(0.2t) \tag{10-31}$$

在该模型的基础上，考虑控制器输出为列车总体的牵引/制动力，在此基础上，对总体的牵引和制动力在各个车厢中，进行适当的分配。例如，自适应控制的控制器输出为

$$u = M(\ddot{x}^* - \beta\dot{e}) + A_0 + A_1\dot{x} + A_2\dot{x}^2 - k_0s \tag{10-32}$$

并且，考虑列车的手柄位对应的牵引/制动力输出限制（图 10-3）得式(10-33)。

$$\psi(u) = \begin{cases} u_{\max h} & u > u_{n+} \\ k_{i+}u + \zeta_{i+} & \begin{pmatrix} u_{(i-1)+} \leqslant u \leqslant u_{i+} \\ i = 2, \cdots, n \end{pmatrix} \\ k_{1+}u & 0 \leqslant u \leqslant u_{1+} \\ k_{1-}u & u_{1-} \leqslant u \leqslant 0 \\ k_{i-}u + \zeta_{i-} & \begin{pmatrix} u_{i-} \leqslant u \leqslant u_{(i-1)-} \\ i = 2, \cdots, n \end{pmatrix} \\ u_{\max l} & u < u_{n-} \end{cases} \tag{10-33}$$

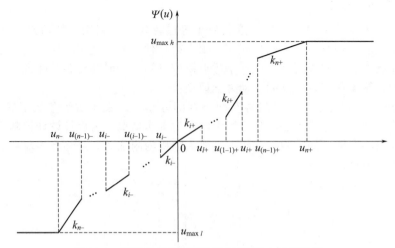

图 10-3　列车手柄位对应的牵引/制动力输出限制

② 将多质点列车之间的作用力近似为：车厢之间的车钩伸缩长度与车厢间的作用力成一定的函数关系（包括线性和非线性），在此基础上，构建多质点模型[10]，描述如图 10-4 所示。

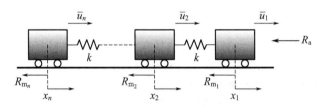

图 10-4　多质点模型示意

$$\begin{cases} m_1\ddot{x}_1 = -k\Delta x_{1,2} - R_{m1} - R_a + u_1 \\ m_i\ddot{x}_i = -k(\Delta x_{i,i-1} + \Delta x_{i,i+1}) - R_{mi} + u_i \\ m_n\ddot{x}_n = -k\Delta x_{n,n-1} - R_{mn} + u_n \end{cases} \tag{10-34}$$

式中　R_{m_1}，R_a——与列车速度线性化和二次化的阻力。

$$R_{m_i} = (c_0 + c_v\dot{x}_i)m_i \tag{10-35}$$
$$R_a = c_a M\dot{x}_1^2$$

式中　M——列车的质量总和。

$$k = k_0(1 + \varepsilon\xi^2) = \begin{cases} \varepsilon = 0, 线性弹簧 \\ \varepsilon < 0, 软弹簧 \\ \varepsilon > 0, 硬弹簧 \end{cases} \tag{10-36}$$

式中　k——刚度指数，且 k 的取值在一定范围内。

$$k^- \leqslant k \leqslant k^+$$
$$\Delta x_{i,j} = x_i - x_j \tag{10-37}$$

10.3.2　基于速度跟踪的列车自动驾驶技术与方法

列车如果可以保持按照某个预定的速度曲线来运行，就可以保证列车位置和运行速度之间的规律性。因此列车自动驾驶采用了速度跟踪的方式，通过设计跟踪控制器，尽量使速度逼近预定速度曲线来保障列车准确执行运行图规定的运行计划。

10.3.2.1 推荐速度的生成方法和技术

(1) 基本生成方法

由于车辆特性、线路限速、坡度、弯道等因素的影响，列车运行速度不能超过如图 10-5 所示的最大限制速度。列车自动驾驶系统控制列车运行过程中，为了保证列车不超速，列车自动防护系统根据列车当前位置、速度、车辆特性、线路限速等实时计算列车的紧急制动触发速度（图 10-5）。若列车运行速度大于紧急制动触发速度，列车自动防护系统将触发紧急制动迫使列车停车，以保证行车安全。因此在列车自动驾驶系统控制列车运行时，需保证其运行速度低于紧急制动触发速度。在实际的工程应用中，列车推荐速度的一个基本生成方法既是在紧急制动速度的基础上减去一个常数（例如 5km/h），见图 10-5 中车站 A 到车站 B 的推荐速度。值得指出的是，在停车阶段，为了实现列车在车站内的精确停车，对推荐速度的计算会采取更精确的计算方法，具体内容请参见 10.3.3 小节。

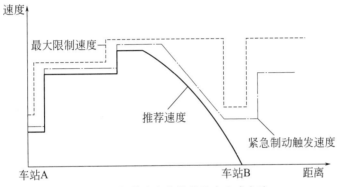

图 10-5　推荐速度曲线的基本生成方法

(2) 基于优化理论的推荐速度曲线生成方法和技术

针对列车运行推荐速度曲线优化的研究可追溯至 20 世纪的 60～70 年代，研究学者们通过引入各种优化理论（如最大值原理、遗传算法、动态规划等）对列车运行推荐速度曲线进行设计以实现列车的节能运行。列车推荐速度曲线的优化均是基于 10.3.1 小节中的单质点模型，将列车看为一个质点，忽略列车各车厢之间的相互作用与影响。一般情况下，列车推荐速度曲线生成的模型如下。

$$
\begin{aligned}
&\min E(T) = \int_0^T k_t F(v) v(t) \mathrm{d}t \\
&\text{s. t. } m\rho \frac{\mathrm{d}v}{\mathrm{d}t} = k_t(t)F(v) - k_b(t)B(v) - r(v) - g(v,s) \\
&\frac{\mathrm{d}s}{\mathrm{d}t} = v \\
&v(0) = v_0 \quad v(T) = v_T \\
&s(0) = s_0 \quad s(T) = s_T \\
&k_t \in [0,1] \quad k_b \in [0,1]
\end{aligned}
\tag{10-38}
$$

式中　　T——列车运行时间；

$E(T)$——列车运行能耗；

s——列车位置；

v——运行速度；

$F(v)$——列车的最大牵引力；

$B(v)$——最大制动力；

k_t——列车的相对牵引力；

k_b——相对制动力；

$r(v)$——列车运行过程中的运行阻力；

$g(v,s)$——坡道阻力。

为了求解式(10-38)中的列车推荐速度曲线生成模型，研究者们采用了各种优化算法对其进行求解，下面分别对这些优化算法进行介绍。

传统列车节能推荐速度曲线研究表明，当线路坡度一定时，列车的节能运行工况包括最大牵引、巡航、惰行和最大制动。列车节能推荐速度曲线可依据这4个节能运行工况的转换序列及其转换点来确定。工况转换序列与转换点的确定算法有如下几种。

① 基于能量分配的工况转换序列确定算法　在宿帅等[4]针对工况转换序列和转换点的研究中，将线路按照坡度和限速划分为多个区间，使得每个区间的坡度和限速均相同。在一个小区间上，节能运行工况序列可分为无工况转换、存在一个工况转换点、存在两个工况转换点和存在多个工况转换点的情况。在参考文献［4］中，针对一个区间内的四种工况转换情况进行详细分析，并提出如下单个区间中节能工况转换点求解算法。

a. 初始化给定区间的初速度，依据初速度和线路信息计算列车在该区间的最大运行能耗（工况序列为最大牵引或巡航-最大牵引）。

b. 如果初始化能耗为0，则计算惰行速度曲线。如果下一个区间的限速比此区间低，则根据下一区间的限速反推列车制动曲线，与计算的惰行曲线相交。

c. 如果初始化能耗大于0，则能耗用于更新列车的牵引工况速度序列，后续速度曲线由惰行和制动曲线构成。

d. 如果更新牵引工况速度序列时，列车达到了限速且能耗未用完，则开始更新列车的C-MA序列，直至初始能耗为0，后续速度曲线由惰行和制动曲线组成。

e. 如果更新牵引工况时，初始能耗为0，且列车运行在陡坡区间，则列车采用惰行运行，更新其惰行曲线，直至列车速度达到限速后，开始采用部分制动保持列车速度低于限速。

在上述单个区间节能工况转换点求解算法的基础上，宿帅等[11]进一步提出了多个区间运行工况转换点的求解方法，当能耗被分配至某一区间时，将更新此区间内的速度曲线，并保持其他区间的能耗不变。值得指出的是，当区间内的速度曲线更新后，本区间的末速度将会发生变化，而本区间的末速度将是下一区间的初速度，因此一个区间速度曲线的更新将导致后续区间的速度曲线也会随之改变。

在初始节能速度曲线的基础上，宿帅等[11]通过分配能量单元的方式缩短列车的运行时分。首先，根据列车单区间的能耗得到列车在每个区间的速度曲线，通过比较不同分配方法的节时效果，将能量单元分配至节时效果最好的区间，然后依据该决策更新每个区间的能耗和速度曲线作为新的最优解。如果分配过程中，某个区间的能耗已经达到最大值，也就是该区间的运行时分是最短运行时分，则不再向该区间分配能量单元。通过不断重复类似步骤，直至多区间的总运行时分与期望的运行时分（或者运行图规定的运行时分）相同为止，从而得到满足一定运行时分的推荐速度曲线，其具体流程如图10-6所示。

② 基于序列二次规划的工况转换序列确定算法　顾青等[12]也依据坡度和限速将线路划分为多个区间，使得每个区间只包含一种限速和坡度。根据限速和坡度的具体情况，如限速具体分为凸型限速、阶梯下降限速、凹型限速、阶梯上升限速，分别探讨区间内的最优节能工况序列，结果表明列车在每个区间内的节能工况序列为：最大牵引-巡航（最大牵引或部

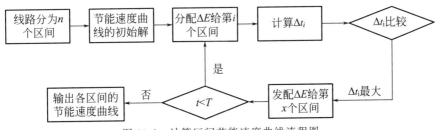

图 10-6　计算区间节能速度曲线流程图

分牵引）-惰行-巡航（最大制动或部分制动）-最大制动-最大牵引。在此分析的基础上，顾青等[12]将列车运行曲线中各工况的切换速度作为决策变量，以最小化列车能耗为目标，考虑运行时间约束、距离约束、限制速度约束等，并采用序列二次规划（sequential quadratic programming，SQP）实现列车推荐速度曲线的快速求解。由于优化驾驶模型是基于优化控制序列建立的，各区间仅包含 3～4 个决策变量，而城市轨道交通系统中站间距较短、坡道数不多，因此列车推荐速度曲线优化问题中一般仅包含几十个决策变量，序列二次规划方法可对其进行快速求解。整理后的推荐速度曲线优化问题可写为

$$\min E = \sum_{i=1}^{n} \Delta E_i$$
$$\text{s. t. } C_{eq}(x) = 0$$
$$C_{in}(x) \leqslant 0 \tag{10-39}$$

式中　　n——划分的区间个数；

　　ΔE_i——区间 i 所对应的列车运行能耗；

　　x——推荐速度曲线优化问题的自变量；

C_{eq}，C_{in}——等式约束和不等式约束。

序列二次规划算法可将式(10-39)中的优化问题近似为求解二次规划子问题。

a. 将等式约束通过引入拉格朗日乘子放入目标函数中，并将非线性不等式约束条件进行线性化，得到二次规划子问题。

b. 对二次规划问题进行求解获得变量搜索方向，并通过线性搜索算法计算步长。

c. 根据搜索方向和步长构造新的决策变量和 Hessian 矩阵。

d. 若满足约束且目标函数值不再下降，则结束；若不满足约束条件或目标函数还在下降，则继续对二次规划子问题进行求解。

③ 基于遗传算法的工况转换序列确定算法　付印平等[13]将遗传算法用于确定列车的工况转换序列，此算法也先将列车运行线路划分为多个小区间，与上述划分不同的是，这里的一个小区间可包括多个上坡道和下坡道。如前所述，列车推荐速度曲线生成问题是一个非线性有约束的最优化问题，所有的约束条件均通过惩罚函数法加入到目标函数中，将有约束的优化问题转变为无约束问题进行求解。对于一个典型的子区间，需确定牵引加速、匀速、惰行、制动等工况的运行距离，因此列车推荐速度曲线的优化问题即转化为确认如下工况转换点的位置 $X = (x_1, x_2, \cdots, x_m)$。

遗传算法是基于自然选择和基因遗传学原理的搜索算法，主要用于处理最优化学习和机器学习，尤其适用于处理传统搜索方法解决不了的复杂和非线性问题。在遗传算法中，群体中的每个个体表示搜索空间中的一个解，它从任意初始群体出发，通过个体染色体之间的选择、交叉、变异使得新一代个体包含上一代个体的大量信息，并保证新一代的个体在总体上胜过旧的一代，从而使整个群体向前进化发展，以获得一个较好的解。采用遗传算法求解列

第 **10** 章

车推荐速度曲线的具体步骤如下[13]。

　　a. 编码　实数编码具有精度高、便于搜索、运算简单的特点，因此工况转换点 $X = (x_1, x_2, \cdots, x_m)$ 的编码采用实数编码。

　　b. 初始种群　随机生成 m 个满足位置约束的实数 x_i 以生成一个染色体 $X = (x_1, x_2, \cdots, x_m)$，重复此过程，直至生成初始种群中的所需的个体数。

　　c. 适应度函数　采用优化的目标函数作为适应度函数，由于原目标函数为所求最小值，所以适应度函数取原目标函数的倒数。

　　d. 选择　使用正比选择策略得到选择概率，采用轮盘赌的方法进行选择操作，可保证适应度较大的染色体以较大概率参与选择过程。

　　e. 交叉　按较大的概率从种群中选择出两个个体，交换个体的某些位置，使新个体继承父代的基本特征，这里采用一致交叉算子，即均匀算术交叉来生成下一代染色体。

　　f. 变异　对于染色体，采用概率变异法；对于某个选中的染色体，随机产生 m 个 0~1 之间的数，如果该随机数大于变异概率，则该染色体对应的代码进行变异。

　　此外，还有多位国内研究学者采用遗传算法设计推荐速度曲线的生成方法与技术，如丁勇和马超云等，但求解思路类似，这里不再赘述。

　　除了上述基于节能工况转换序列生成列车推荐速度曲线的方法外，还有一些研究学者直接对推荐速度曲线问题进行求解，主要的优化算法有以下几种。

　　① 基于蚁群优化算法的推荐速度曲线生成方法　蚁群优化（ant colony optimization）算法是一种全局最优化搜索算法，与遗传算法一样来源于自然界的启示，并具有良好的搜索性能。蚁群优化算法是模拟蚂蚁觅食的过程，是一种解决离散组合优化问题的方法，其中最大最小蚂蚁优化（min-max ant system，MMAS）算法被用于推荐速度曲线的生成，因其具有以下优势：a. 利用基于近似计算的离散组合优化思想，具有优化速度快、计算快速的特点（范礼乾[14]）；b. 具有优良的分布式并行计算机制，已加入到列车自动驾驶设备中；c. 启发信息素的设置中，可借鉴列车司机经验，有效提高算法的收敛速度。在采用 MMAS 离散组合优化算法对列车推荐速度曲线进行求解时，需要将模型中的连续变量进行离散化处理。范礼乾[14]、于雪松[15] 将列车位置与推荐速度进行离散化处理，其离散化示意如图 10-7 所示。

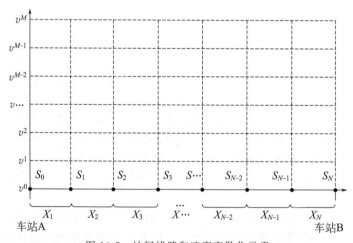

图 10-7　站间线路和速度离散化示意

　　若站间距离为 S，如图 10-7 所示，此距离被均分为 N 等分，则有

$$S_k = k \frac{S}{N} \quad k = 1, 2, \cdots, N \tag{10-40}$$

$$X = \{X_i = (S_{i-1}, S_i], \ i = 1, 2, \cdots, N\}$$

式中　X_i——从 S_{i-1} 到 S_i 的第 i 个离散分割段；

　　　X——离散分割段的集合。

与此同时，将列车最大允许速度 v_M 等分为 M 个等级的速度，即列车运行中可选择的推荐速度。

$$v = \left\{ v_i = i \frac{v_M}{M}, i = 1, 2, \cdots, M \right\} \tag{10-41}$$

采用 MMAS 算法所得到的列车推荐速度优化问题可写为

$$\begin{aligned} &\min E = \sum_{i=1}^{N} E_{(x_i, v_i)} \\ &X_i \in X \quad v_i \in v \\ &\sum_{i=1}^{N} X_i = S \quad i = 1, 2, \cdots, N \\ &T - \Delta t \leqslant \sum_{i=1}^{N} T_{(x_i, v_i)} \leqslant T + \Delta t \end{aligned} \tag{10-42}$$

式中　E——列车按组合后的位置和推荐速度计算的站间运行能耗；

　$E_{(x_i, v_i)}$——列车在每个离散段 X_i 内的能耗；

　　　T——运行图规定的站间运行时间；

　　　Δt——允许的时间误差。

MMAS 问题的求解包含两个重要部分，即路径构建和信息素更新，下面分别对这两部分进行简要概述。

a. 路径构建　路径构建依然是采用随机比例规则来进行下一步的选择。MMAS 算法的随机比例规则基本上和最早的 AS 算法是一致的，MMAS 算法对此并未进行改进，具体随机比例规则如下。

$$P^k_{(X_i, v_i)(X_{i+1}, v_{i+1})} = \begin{cases} \dfrac{\varepsilon \tau_{(X_i, v_i)(X_{i+1}, v_{i+1})} + (1-\varepsilon) \eta_{(X_i, v_i)(X_{i+1}, v_{i+1})}}{\sum\limits_{j+1 \in U} \left[\varepsilon \tau_{(X_i, v_i)(X_{i+1}, v_{i+1})} + (1-\varepsilon) \eta_{(X_i, v_i)(X_{i+1}, v_{i+1})} \right]} & v_{i+1} \in U \\ 0 & \text{其他} \end{cases} \tag{10-43}$$

式中　　　　　k——蚂蚁的标号；

$P^k_{(X_i, v_i)(X_{i+1}, v_{i+1})}$——蚂蚁化在列车处于离散点 X_i 处、追踪目标速度为 v_i 的情况下选择到达离散点 X_{i+1}、追踪目标速度为 v_{i+1} 时的概率；

　　　　　　ε——启发信息与信息素之间的平衡权重值；

$\tau_{(X_i, v_i)(X_{i+1}, v_{i+1})}$——列车处于离散点 X_i 处、追踪目标速度为 v_i 的情况下选择到达离散点 X_{i+1}、追踪目标速度为 v_{i+1} 时的信息素值；

$\eta_{(X_i, v_i)(X_{i+1}, v_{i+1})}$——列车处于离散点 X_i 处、追踪目标速度为 v_i 的情况下选择到达离散点 X_{i+1}、追踪目标速度为 v_{i+1} 时的启发信息值；

　　　　　　U——列车处于离散点 X_i 处、追踪目标速度为 v_i 的情况下选择到达离散点 X_{i+1} 所有可行的追踪目标的集合。

b. 信息素更新　在 MMAS 算法中，重点是对于信息素的更新进行了很大的改进，从而使得该算法拥有较好的性能。具体信息素更新规则如下。

$$\tau_{(X_i,v_i),(X_{i+1},v_{i+1})}=\begin{cases}(1-\rho)\tau_{(X_i,v_i),(X_{i+1},v_{i+1})}+\alpha\Delta\tau^k_{(X_i,v_i),(X_{i+1},v_{i+1})} & ifk \text{ 为本代最优蚂蚁}\\(1-\rho)\tau_{(X_i,v_i),(X_{i+1},v_{i+1})}+\beta\Delta\tau^k_{(X_i,v_i),(X_{i+1},v_{i+1})} & ifk \text{ 为全局最优蚂蚁}\\(1-\rho)\tau_{(X_i,v_i),(X_{i+1},v_{i+1})} & \text{其他}\end{cases}$$

(10-44)

$$\Delta\tau^k_{(X_i,v_i),(X_{i+1},v_{i+1})}=\begin{cases}\left(\dfrac{E_{so\text{-}far\text{-}best}}{E_{iteration\text{-}best}}\right)^\lambda & ifk \text{ 为本代最优蚂蚁}\\1\ ifk \text{ 为全局最优蚂蚁}\end{cases}$$

(10-45)

式中　　　　　　ρ——信息素的蒸发率，$0<\rho\leqslant1$；

　　　　　　　　α——迭代最优蚂蚁释放信息素的权重值，$0<\alpha<1$；

　　　　　　　　β——至今最优蚂蚁释放信息素的权重值，$0<\beta<1$；

$\Delta\tau^k_{(X_i,v_i),(X_{i+1},v_{i+1})}$——蚂蚁 k 在列车处于离散点 X_i 处、追踪目标速度为 v_i 的情况下选择到达离散点 X_{i+1}、追踪目标速度为 v_{i+1} 时释放的信息素值；

　　　　$E_{iteration\text{-}best}$——至今最优蚂蚁所选择的路径的能耗，$kW\cdot h$；

　　　　$E_{so\text{-}far\text{-}best}$——至今最优蚂蚁所选择的路径的能耗，$kW\cdot h$。

　　② 基于混合整数规划的推荐速度曲线生成方法　Wang[3]提出混合整数规划模型的分段仿射函数来近似非线性问题，混合整数规划模型可以有效地近似最优控制问题并保证得到全局最优解。

　　利用分段仿射函数模型，将目标函数 $f[E(k)]$ 变成多阶段最优控制问题，$f[E(k)]$ 写成如下形式，并如图 10-8 所示。

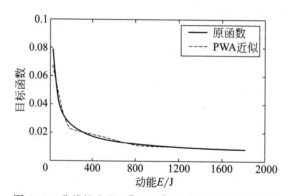

图 10-8　非线性方程 $f[E(k)]$ 的分段仿射模型近似

$$f_{PWA}[E(k)]=\begin{cases}\alpha_{1,k}E(k)+\beta_{1,k} & E_{0,k}\leqslant E(k)\leqslant E_{1,k}\\\alpha_{2,k}E(k)+\beta_{2,k} & E_{1,k}\leqslant E(k)\leqslant E_{2,k}\\\alpha_{3,k}E(k)+\beta_{3,k} & E_{2,k}\leqslant E(k)\leqslant E_{3,k}\end{cases}$$

(10-46)

式中　$\alpha_{1,k}$，$\alpha_{2,k}$，$\alpha_{3,k}$，$\beta_{1,k}$，$\beta_{2,k}$，$\beta_{3,k}$——线性常数；

　　　　$E_{0,k}$，$E_{1,k}$，$E_{2,k}$——分段点。

　　将上述优化问题的线性化模型写为如下形式。

$$\min C_J^T\widetilde{V}$$

$$s.t.\ F_1\widetilde{V}\leqslant F_2x(1)+f_3$$

(10-47)

$$F_4\widetilde{V}=F_5x(1)+f_6$$

式中　　$\widetilde{V} = [\widetilde{u}^T \widetilde{\delta}^T \ \widetilde{z}^T \widetilde{w}^T]$——决策变量 $\widetilde{\delta}^T$ 和相关变量 $\widetilde{u}^T$，$\widetilde{z}^T$，$\widetilde{w}^T$；

$$C_J——C_J = [\Delta s_1, \cdots, \Delta s_N, 0, \cdots, 0, \lambda, \cdots, \lambda]^T;$$

F_1，F_2，F_4，F_5，f_3，f_6——基于约束的相关参数。

10.3.2.2　速度跟踪的控制方法和技术

ATO 控制对象是受多方面复杂因素影响的列车系统，因此，ATO 控制算法需要综合考虑多方面的因素来确定控制变量，针对变化的环境因素需具备自适应特性，并需满足列车运行的安全性、能耗、运行时分、乘客舒适度等多目标要求。在 ATO 发展的过程中，相继出现了三大类控制算法。

① 基于 PID 控制的控制算法　这类方法的核心是基于列车动力学模型，以 PID 算法为基础，通过测量、比较和执行三个要素，以及比例、积分、微分环节对调速闭环系统进行反馈控制，驱动列车运行。此类方法实现简单，且不需要精确的系统模型，工程效果较好，但随着列车运行环境的不断复杂化，经典的 PID 控制算法渐渐变得力不从心，很难适应更小间隔下的列车自动运行及追踪控制。

② 基于模糊控制的控制算法　在传统的控制领域里，控制系统动态模式的精确与否是影响控制优劣的关键。然而，对于复杂的系统，由于变量太多，往往难以正确地描述系统的动态特性。于是，学者和工程师们开始研究利用模糊逻辑简化系统动态模型，以达到控制目的。这类方法运用模糊逻辑对控制器的参数调整策略进行优化，以降低各个参数的变化对整体控制算法的影响，提高控制算法的适应性和有效性。模糊控制利用模糊数学的基本思想和理论的控制方法，其内涵更丰富，更符合客观世界的描述方式。

③ 基于集成控制的控制算法　由于各类控制算法各有所擅长的方面，因此算法之间的优势互补在理论上是可行的，而且也将是有效的。学者们已经开始着眼于将各种智能控制算法集合为一体，使其具有各自的优点并加以综合利用，如神经网络、模糊系统、智能算法、迭代学习等内容的结合。对若干种控制方法或机理进行融合形成新的集成控制算法，是 ATO 算法未来的发展方向。

一般情况下，为了实现速度跟踪的控制，首先定义如下形式的误差信号。

$$\begin{aligned} e_p &= p - p_r \\ e_v &= v - v_r \end{aligned} \tag{10-48}$$

式中　　p，v——列车运行的实时位置和速度信息；

p_r，v_r——目标位置和目标速度信息。

通过对 e_p 和 e_v 的微分，将系统的控制信号引入到开环动力学，进而使得控制信号显含于开环动力学，有利于不同控制算法的开发与设计。

（1）PID 算法

PID 算法属于控制理论领域的经典算法。随着列车自动驾驶系统成为研究热点，PID 控制也开始被应用于 ATO 系统中。PID 控制器是一种线性调节器，它将设定值与输出值的偏差按比例、积分和微分进行控制。这种控制方法要事先设定距离-速度曲线，属于一种按照事先安排好的行车曲线进行速度控制的方法。这种方法的优点在于简单易懂，工程实现与应用都比较方便，缺点是控制速度时的加减切换次数过多，不利于平稳运行，也在一定程度上增加了能耗和降低了停车精度，因此，在实际的研究和应用中，多与其他方法如模糊理论、自适应控制、学习方法等进行结合运用，以提升整体的控制效果。

近年来，我国学者针对磁悬浮列车 PID 算法的不足，通过分析 PID 算法的特点，引入系统误差参数，设计出非线性 PID 控制器，实现悬浮系统稳定悬浮，结果表明该非线性 PID 算法响应快、无超调、精度高、抗扰动能力强，控制性能明显优于传统 PID 算法[16]；并基于现有列车运动力学模型，设计了列车速度闭环仿真模型，其中控制器采用 PID 控制算法，当系统输入波浪形 v-S 曲线时，在 PID 控制器控制参数设置恰当的情况下，系统输出的 v-S 曲线具有较为满意的跟随性，但在输出的加速度曲线中，在列车的启动阶段和中间速度波动阶段会有尖峰波动现象[17]。

PID 控制器参数整定的传统方法是在获取对象数学模型的基础上，根据某一整定原则来确定 PID 参数。然而在实际的工业过程控制中，许多被控过程机理都较复杂，具有高度非线性、时变不确定性和纯滞后等特点，在噪声、负载扰动等因素的影响下，过程参数，甚至模型结构，均会发生变化，这就要求 PID 算法在控制中，不仅 PID 参数的整定不依赖于对象数学模型，并且 PID 参数能在线调整，以满足实时控制的要求。自适应 PID 控制是解决这一问题的有效途径。2013 年，北京交通大学的宁滨教授团队针对传统的基于 PID 的列车自动驾驶控制算法不能很好地满足现代轨道交通发展需要的情况，开展列车自动驾驶控制算法的研究，以停车精度和乘客舒适性为目标，建立列车单质点停车模型。基于李雅普诺夫稳定性，设计带有输入饱和的自适应控制器；以停车精度和乘客舒适性为控制目标，建立列车多质点停车模型，研究带有输入饱和的鲁棒自适应控制方法；选取合适的采样周期，利用二阶慢时变差分方程构建列车动力学模型，基于模型进行全系数自适应控制研究；与迭代控制器和传统 PID 控制器相比，实验结果表明，在模型复杂度降低的同时，全系数自适应控制器在速度跟踪中具有较好的控制效果[18]。

常规的 PID 控制器在非线性时变、滞后较大的系统中鲁棒性不强，控制效果不理想，而模糊 PID 控制器，既具有模糊控制灵活而适应性强的优点，又具有常规 PID 控制精度高的特点，因而 PID 控制与模糊理论的结合也得到了深入的研究。2009 年北京交通大学的高冰针对 ATO 控制系统提出了模糊 PID 的切换控制方法，由于基于阈值的切换控制易产生扰动，同时不利于调速的舒适性，提出基于模糊推理控制两种控制器的强度切换，通过仿真以及坡道的干扰性分析，软切换控制在 ATO 控制系统调速的准确性、快速性以及舒适性上优于其他控制算法[19]。2009 年北京交通大学的董海荣等研究了列车自动驾驶（ATO）系统的调速制动，在对列车制动过程中列车牵引的特点和列车制动过程中的速度调整进行分析的基础上，依靠实验数据建立数学模型，并在 ATO 系统上利用模糊 PID 切换控制器，大大提高了系统的精度和响应[20]。后续我国学者利用 PID 控制算法和模糊控制算法，提出了根据误差阈值自动切换这两种控制算法的模糊 PID 控制算法，通过 LabView 对模糊 PID 算法的模拟显示，相比于单独使用 PID 或模糊控制算法，模糊 PID 切换控制算法具有很好的稳定性和鲁棒性[21]；提出集 PID 控制和模糊控制理论两者优点于一身的模糊自适应 PID 控制器。通过 Simulink 仿真测试，发现该控制器在解决非线性、多目标、运行环境变化大且复杂的 ATO 系统有较大的优势，在考虑实际线路中坡度随距离变化而变化的情况和其他环境干扰因素对列车运行控制的影响下，不但能较好地跟踪输入的 v-T 曲线，而且能有效地控制列车运行距离误差在 ATO 规定的范围之内，并且对列车运行的不定因素有较强的抗干扰能力[22]。由于列车控制系统具有非线性、大滞后等特点，且在运行过程中受到很多外界因素的干扰，设计了模糊自适应 PID 速度控制器，用于列车自动运行，仿真结果表明，与传统的 PID 速度控制器相比，模糊自适应 PID 速度控制器的调节时间、稳定性及鲁棒性均有所提高[23]。根据列车控制系统具有非线性且在运行过程中受外界干扰较多等特点，提出采用自适应模糊 PID 算法对 ATO 系统的速度进行控制的算法，利用模糊算法动态调节 PID 参数。仿真表明，该算法较传统 PID 控制算法，能够有效改善速度控制的快速性与精度，提高乘客舒适性[24]。同时提出基于模糊-PID 控制的 ATO 系统速度控制算法，实现对列车牵引、制动等运行状态的合理规划控制，分别用 PID 控制系统和模糊-PID 控制系统对其目标速度曲线进行跟踪控制的仿真计算，验证该算法的可行性[25]。

346

与此同时，为了有效利用 PID 和其他理论方法各自的优势，探索更好的集成型方法，PID 算法与其他理论方法的结合也得到了学者们的广泛关注。为减小磁浮列车气隙控制中非线性的影响，将粒子群优化（PSO）算法用于磁浮列车控制器参数优化，并在线性递减权重粒子群算法的基础上，提出了一种改进的粒子群优化算法，算法采用了邻域结构、停滞检测以及对全局最佳粒子的微扰，以改善算法的优化速度和收敛性；仿真和实验结果表明，将改进算法获得的优化参数用于磁浮列车的比例积分微分（PID）控制器，比原有 PID 控制器的输出超调减小 45%[26]。2013 年，中国铁道科学研究院通信信号研究所的徐伟，针对城市轨道交通中列车动力学模型具有非线性、不稳定、多变量耦合以及模型不确定等特点，以 CMAC 自适应学习率的控制规律为基础，提出一种基于 CMAC-PID 算法的控制曲线跟踪方法，该方法克服了常规 PID 算法容易出现超调、收敛效果不佳等缺陷，在一定程度上抑制了模型参数的变化和受外部干扰的影响，仿真实验证明该方法在跟踪能力以及系统鲁棒性两个方面改进了现有系统，获得较为满意的效果[27]；并在列车动力学模型基础上，以速度跟随性和准点运行为直接控制目标，建立 GPC-PID 串级控制算法。内环控制以目标等级速度曲线作为跟随输入，采用 PID 控制算法自动调整列车速度跟随目标速度，从衰减率和衰减角频率角度建立 PID 算法参数整定的方法，外环控制以准点运行作为控制目标，采用广义预测控制 GPC（generalized predictive control）算法对内环输入量即目标速度进行调整，实现时分调整，并分析 GPC 控制参数随速度的取值变化，建立仿真系统验证列车的自动调速功能，仿真结果表明了控制算法的有效性[28]。2014 年，卡斯柯信号有限公司的杨艳飞针对城市轨道列车动力学模型具体参数未知，因设备老化和环境变化造成的列车性能变化，以及存在外界干扰等问题，设计了基于曲线跟踪的滑模 PID 组合控制器，该控制器能驱动列车运行状态，使其达到事先指定的滑动超平面，使得列车能够跟踪理想目标运行曲线，完成站间运行并精确停车，且对列车系统参数的不确定性和外界干扰具有较强的鲁棒性[29]；基于对列车自动驾驶系统（ATO）的研究，提出了基于重新参数化的 B 样条神经网络以及粒子群算法的 PSO-B-PID 控制器，该控制器能通过 PSO 搜索找到最佳适合的因子，从而得到适合本网络权值搜索的最佳的重新参数化 B 样条基函数。实验结果表明，PSO-B-PID 控制过程的误差变化最为缓和，其超调量也最小，因此，该控制器能够提高 ATO 系统控制的快速性、乘坐舒适度以及停车精度[30]。

　　（2）基于模糊控制的控制算法

　　利用模糊逻辑可以简化系统动态的特性，与控制方法相结合，可以得到更加符合客观世界描述方式的控制方法，同时可以降低系统参数变化对整体控制算法表现的影响，提高控制算法的适应性和有效性。1993 年，我国原铁道科学院电子所学者分析了列车自动驾驶系统（ATO）的构成，在 ATO 系统中运用模糊控制实现站间行走控制、定位停车控制、加减速度的校正以及 ATO 模糊控制程序的处理流程[31]；随后，上海铁道大学计算技术研究所的学者提出了一种改进的预测型模糊控制列车自动驾驶系统方案，并用仿真方法验证了该方案的可行性，并讨论了它的性能指标的隶属度函数和控制规则的选取问题[32]；基于预测性模糊逻辑列车自动运行控制系统的基础，提出了几种采用神经网络的模糊逻辑列车自动运行控制系统的新方案，大大改善了列车自动运行控制系统的性能，从而实现列车自动运行的智能控制[33]。2001 年，北京交通大学唐涛教授团队分析了模糊神经网络与遗传算法之间相互结合的可能性，并提出了基于遗传算法的模糊神经网络控制算法，该算法使模糊神经网络和遗传算法的优点很好地结合起来，并将新算法用于列车自动驾驶系统[34]。随后，将两种不同的模糊神经网络分别应用于地铁列车控制中的站间运行阶段和定位停车阶段，仿真取得了令人满意的结果。为了降低控制系统的复杂度，提高系统的泛化能力，采用了在误差函数中引入正则项的方法，同时采用了基于扩展的自适应神经-模糊推理系统（简称 ANFIS），获取模糊规则数和训练隶属度函数中心及宽度的方法，可以保证较好的舒适性、速度跟随性和停车准确性[35]；基于分析牵引计算模型、列车自动运行理论、列车动力学模型，给出了列车运行线路数据处理方法、列车自动运行优化的操作原则和策略，将模糊神经网络理论运用于列车自动驾驶系统，对列车自动驾驶系统进行了仿真研究并设计了相应的仿真软件，采用模糊神经网络理论的控制技术可以保证列车高质量地运行[36]。2008 年，西南交通大学学者用两级模糊神经网络对高速列车运行过程进行控制，参照当前列车运行速度、线路状况、列车编组、列车时刻表、距目标点距离以及目标点所允许的速度，前一子网模拟优秀司机的操纵，可获得在当前状态下应采取的最佳列车运行工况；后一子网根据运行工况、线路状况、列车在线路上位置、列车编组、列车时刻表、距目标点距离和目标点允许速度，得到列车在该工况及当前条件下的运行速度。仿真实验结果表明，该方法正确有效，达到了期望的效果[37]。2008 年，北京交通大学学者分析了模糊逻辑和预测控制相结合的各种形式，对模糊预测控制在列车自动驾驶系统中的应用和仿真进行了深入研究，设计了列车自动驾驶速度跟随系统的模糊预测控制，对比常规的 PID 控制器，通过 Matlab 仿真，结果表明，采用模糊预测控制器，列车的安全性、舒适性、停车精度等性能指标有了明显改善[38]。2010 年，北京交通大学的董海荣等人研究了具有多个工况自动列车驾驶系统的问题，针对优化和预测列车的运行距离，设计的控制策略实现了速度跟踪控制。考虑到实际工作条件，利用模糊规则调整不同工作条件下的操作速度，为避免模糊规则带来的时间延误，恰当的距离预测可以用在正在制动的列车的速度调整上，通过仿真速度控制算法证明是有效的。这个算法还可改善在列车运行时的许多功能，如效率、安全、效率和避免因时间延误等问题[39]；随后，采用自适应模糊控制对列车自动驾驶系统（ATO）的速度进行控制，利用变论域收缩因子优化模糊控制器的量化因子，模糊推理实现比例因子的自调整。通过仿真表明，该算法能够有效改善速度控制的快速性与精度，提高乘客舒适性与运行效率，从而完成定位停车任务[40]。同时研究了列车自动驾驶系统（ATO）的主要任务，包括准确的速度位置跟踪、舒适性、节能等目标，结合这些需求设计的新型列车动态模型，比单质点模型能更好地反映列车的动态特性，同时计算量比多质点模型少，实现了一个带有自我调节算法的模糊逻辑控制器，通过数值仿真证明了所提出的算法的有效性[41]。2013 年，兰州交通大学学者将 GA 模糊神经网络算法应用于列车自动驾驶系统中，将线路等因素对列车运行的影响用模糊控制量的补偿作用来抵消，设计了基于 GA 模糊神经网络算法的速度控制器，仿真结果表明，将 GA 模糊神经网络算法应用于列车自动驾驶系统中能够取得较好的控制效果[42]。

与此同时，模糊方法也在其他结合型控制方法如预测控制、神经网络控制等中得到了广泛的研究。1995 年，北京交通大学学者利用以真值流描述知识流为基础的动态模糊推理神经网络，构造了一个模糊推理控制系统，用于控制列车在区间恒速区的匀速运行。通过一个权值矩阵生成模块，利用司机的驾驶经验来获取相应的控制策略逻辑蕴含强度，生成一簇对应的权值矩阵，并利用该权值矩阵和当前列车走行速度为输入变量，经过动态模糊神经网络的推理，最后可以得到某个收敛的控制输出变量，该输出变量能够较好地体现司机的控制思维过程和控制策略[43]。随后，基于预测型模糊控制技术，对地铁列车的驾驶进行控制，通过控制系统对列车运行状况的监测，利用模糊控制规则不断对列车的牵引及制动进行控制，同时预测机车的行驶，对控制量进行修正，使列车行驶达到最佳状态[44]。2004 年，西南交通大学学者分析了模糊控制器的解析结构和模糊控制系统的函数逼近能力的稳定性，使模糊控制技术与其他软计算方法如神经网络、遗传算法相结合，通过对模糊 PI 控制器最敏感的参数，如比例因子和隶属度函数等进行寻优，使系统性能得到了显著改善[45]；并对预测控制算法进行了研究，建立了满意的优化模型和机车最大操作能力的关联算法。此外提出了列车最大能力操纵控制的策略，对提出的模型和算法的列车运行过程进行模拟，试验结果表明了模型和算法的有效性[46]。2008年，北京交通大学学者在基于模糊神经网络结构的基础上，通过分析影响建立模糊神经网络模型的主要因素，建立了用于列车运行控制的控制器模型，并且给出了相关参数的辨识方法，以货物列车为仿真对象，采用带有动量因子的BP反向传播算法对整个控制模型进行了仿真。仿真结果表明，基于模糊神经网络的智能算法能够满足列车制动控制的安全性、准确性及舒适性的要求，将其运用于列车制动控制是可行的[47]。2008年，西南交通大学学者以多目标优化方法和理论为基础，建立以能耗、准点率和停靠准确性为目标，安全性为约束的多目标列车运行过程优化模型。采用微粒群算法求解多目标列车运行过程优化问题，提出了相应的改进优化算法，将决策者对解的基本要求融入解的更新过程中，以引导寻优过程向期望区域运动。为了进一步加速迭代收敛过程，根据列车运行速度-距离曲线，将列车运行过程分为六种模式，其中只有一种模式是所期望的结果，算法迭代过程中产生的解必然对应于其中某一种模式。针对每种所不期望的模式，提出相应的调整策略[48]。2011年，同济大学学者分析了高速列车运行的控制问题，建立了高速列车运行的动力学模型，以给定的牵引和制动特性曲线得到参考速度曲线，将模糊控制技术应用于列车的运行控制中，实现了高速列车运行速度的智能控制。在Simulink中进行仿真研究，仿真结果表明，采用模糊控制的控制系统能确保列车实际运行速度很好地跟踪给定速度，系统的鲁棒性良好[49]。针对列车的速度控制特点，提出了基于Takagi-Sugeno（T-S）模型的模糊预测函数控制方法，设计了一种列车速度模糊预测函数控制器，并针对不同运行状况以及列车在启动、停止和运行过程中的特点采取相应的控制策略，将整个控制过程分为多个子空间，每个子空间对应一个线性预测模型。通过仿真研究，验证了该控制器具有良好特性曲线跟踪能力[50]。

（3）基于集成控制的控制算法

由于列车的运行环境具有很强的不确定性、非线性，随着列车运行间隔的逐步缩小，对于列车ATO系统的要求越来越高，对自动驾驶方法的准确性、快速性、鲁棒性等特性都有了更高的要求。传统的单一控制方法已经渐渐不能完全满足系统的需求，学者和工程师们已经开始着眼于利用多种智能控制方法各自的优点和互相之间的互补，进行集成型智能控制方法在列车自动驾驶方面的研究。

1998年，原铁道部科学研究院学者对列车运行模拟系统进行了分析，运用人工神经网络和计算机自学习机制组成具有自适应功能的列车运行模拟系统的智能控制模型，实现了列车运行控制和列车运行模拟系统的功能[51]。2000年，上海铁道大学学者提出了一种综合使用神经网络、模糊系统和遗传算法等方法的集成型地铁列车智能控制方法，分别采用模糊控制的BP网络及基于遗传算法的模糊神经网络，对地铁列车站间运行控制和停车控制进行了研究，通过仿真验证了其所提出方法的精度、适应性和鲁棒性[52]。2004年，西南交通大学学者针对列车运行多目标、多个互相联系的受控对象控制问题，对列车一体化控制概念和智能化控制的方法进行了探讨。文中指出了列车运行控制的约束集、限制集合指标集，并运用包括模糊逻辑、神经网络、遗传算法等智能控制理论和技术，构造了一体化列车运行智能控制的分布式并行框架结构[53]。2007年，西南交通大学学者指出，传统的控制方法不能适应列车运行参数的非线性和时变性，而采用智能控制方法较为有效。同时，分别对基于专家系统、模糊控制和模糊神经网络的列车自动驾驶系统（ATO）进行了分析与建模，并对控制效果进行对比分析[54]。2010年，南车四方机车车辆股份有限公司研究人员采用自适应模糊控制方法，在总结分析基础上，充分利用现场操作人员经验，建立初始的模糊逻辑系统。以列车运行过程中的相关数据对模糊系统有关参数进行实时修正，得到一个既能够利用专家经验信息又可以利用数据信息的自适应模糊系统，对离线优化所得到的控制策略进行调整，并通过仿真研究指出该方法可以有效消除列车总重、线路坡道、车辆类型等不确定因素对列车

第 **10** 章

控制的影响，能够获得满意的效果[55]；后续学者结合高速开关电磁阀组成的 EP 转换单元，提出了一种结合 Bang-Bang 控制思想与模糊 PID 控制的复合控制器，并构建了制动试验台进行相关试验，指出其具有转换精度高、响应速度快等优势[56]。

迭代学习（iterative learning control，ILC）最初由 Uchiyama 于 1978 年提出。通过反复应用先前试验得到的信息来获得能够产生期望输出轨迹的控制输入，以改善控制质量。与传统的控制方法不同，迭代学习控制能以简单的方式处理不确定度较高的动态系统，且仅需较少的先验知识和计算量，同时适应性强，易于实现，不依赖于动态系统的精确数学模型，是一种以迭代产生优化输入信号，使系统输出尽可能逼近理想值的算法。2008 年，北京交通大学学者将迭代学习控制理论（ILC）应用于列车自动驾驶系统（ATO）以跟踪目标速度曲线，提出了一种将每一次运行的全部信息用于指导下一次列车运行的控制方式，并通过仿真分析验证了其在多次学习机制之后的良好效果[57]。根据城轨列车停车阶段的重复特性，利用迭代学习调节列车初始状态以克服重复不确定性。在求解列车制动模型微分动态的基础上，获取系统梯度，进而求取满足收敛条件的学习参数，定义多目标优化函数，将方法推广到多变量、多目标调节的情况，仿真验证其满足停车精度和乘坐舒适性的要求[58]。后续在列车速度跟踪控制方法的基础上加入了基于 D 型迭代学习控制的超速防护与列车发车间隔控制功能，通过仿真验证了其良好的控制效果，并进一步结合基于数据驱动的无模型控制对牵引制动力受限制的情况进行了分析和方法的应用[59]。

预测控制是近年发展起来的一类新型的计算机控制算法。由于它采用多步测试、滚动优化和反馈校正等控制策略，因而控制效果较好，适用于控制不易建立精确数字模型且比较复杂的控制过程。2013 年，兰州交通大学学者在分析列车牵引制动系统的基础上计算了列车运行的理想曲线，并对模糊控制、预测控制、PID 控制以及模糊预测控制的阶跃响应作了对比分析，将模糊控制的快速响应能力并能尽快达到稳态的特点和预测控制能够提前预测的优点相结合，设计了模糊预测控制器，控制列车跟踪理想运行曲线仿真表明其效果良好[60]；并结合 ATO 系统的结构与功能，在优化列车运行目标曲线的基础上，采用模糊广义预测控制算法进行控制器设计，并利用所设计的控制器进行目标曲线跟踪，验证了其良好的跟踪特性[61]。同年，北京交通大学学者在考虑列车自动驾驶系统（ATO）的多功能需求基础上，使用模型预测控制方法与多变量模糊控制算法结合，设计了列车自动驾驶系统（ATO）中的列车速度自动控制方法，并通过权值的分配，在考虑了舒适度、节能和停车精度等多个指标的情况下，得到了良好的多目标优化效果[62]。2014 年，北京交通大学学者针对中国干线列车，基于速度限制变化的场景，提出了列车节能运行控制的实时优化问题，并对模糊预测控制方法进行了研究，仿真结果与实测数据相比，得到了 4% 的节能效果[63]；同年，兰州交通大学学者针对模糊控制在地铁 ATO 系统中所存在的速度控制精度较低的问题，将灰色 GM（1,1）预测模型应用于地铁列车速度控制系统中，对列车速度进行预测并设计控制器进行列车速度跟踪，结合上海轨道交通 3 号线测试数据进行仿真实验，验证了系统的预测精度与控制效果[64]。2015 年，北京交通大学学者对多优化目标和多约束条件下的列车自动驾驶控制问题展开研究，通过分段线性化列车运行阻力并引入列车运行状态整数变量，建立混合整数列车运行模型；并提出基于混合系统模型预测控制 HMPC 的列车自动驾驶策略，应用输入分块化技术和显式模型预测控制对算法进行改进，仿真结果表明该控制器可以保证列车准时及节能高效地运行，改进的算法可显著降低计算量[65]。2016 年，华东交通大学学者针对现有的单一自适应控制方法的 ATO 控制器所出现的控制偏差问题展开研究，采用双自适应广义预测控制方法设计 ATO 控制器用于列车自动驾驶系统。采用可变遗忘因子递推最小二乘法（VFF-RLS）实时辨识动车组制动过程的模型参数，根据实时辨识的模型参数自适应建模和计算控制器调优参数，并设计了监督机制确保控制方法的稳定性[66]。

此外，为了使控制方法能够更好地解决实际问题，2013 年，北京交通大学宁滨教授团队提出了一种基于在线逼近的鲁棒自适应控制方法并应用于列车自动驾驶系统（ATO），可有效消除列车运行过程中未知变量带来的影响，并保证闭环系统的稳定性。考虑执行器饱和情况下的系统非线性特性，提出了进一步的控制方法并验证了其较好的控制效果[67]。随后，结合数据驱动控制理论及优秀司机驾驶经验，提出数据驱动推理控制方法，考虑列车运行控制的复杂性，在推理控制方法的基础上引入牛顿迭代学习法以减少运行误差，通过仿真手段对其结果进行了对比，表明其符合驾驶经验，且提高了舒适度、降低了能耗，同时满足停车精度和运行时间的要求[68]。2016 年，针对列车 ATO 系统为非线性时变滞后复杂系统，具有建模难和鲁棒性要求高等特点，将无模型自适应控制方法引入 ATO 目标速度曲线追踪控制器的设计问题中，通过与 PID 控制方法对比，基于 MFAC 的 ATO 目标速度曲线追踪控制算法，具有追踪效果好、速度误差小、停车精度高、舒适度高、能耗少等特点[69]。

10.3.3　精确停车控制技术与方法

10.3.3.1　ATO 精确停车原理

精确停车控制是车载 ATO 子系统的一项重要功能[70]。ATO 模式下列车的停车过程，主要是 ATO 车载设备根据安装在车载计算机中的线路数据库（track date base，包括线路坡度、信号机、道岔、车站位置以及运营停车点）和列车的实时位置速度，精确跟踪一条给定的推荐速度曲线。

为了实现精确跟踪速度曲线，以保证停车精度，ATO 停车控制车载设备需要得到列车的实时精确位置、速度信息。实际应用中，定位主要通过地铁站台安装的应答器或感应环线来实现。例如，西门子公司和阿尔斯通公司研发的 CBTC 系统都使用了应答器（balise）作为车站精确停车控制的定位装置。当列车经过应答器时，列车车上的天线发送连续电磁波信号，如果该信号激活轨旁应答器，则应答器将数据发送至车载计算机。其他的列车车站定位方式还有感应环线定位，该定位方式通过每一段距离交叉布置感应环线，列车经过交叉点，感应到相位的变化，从而实现精确定位。在实际运营中，地铁站台停车区域内通常每隔一段距离布置一个定位信标，来校正列车的定位；在站台内接近停车点的位置信标布置较密（图 10-9）。

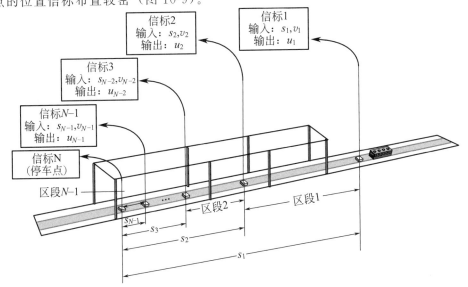

图 10-9　利用站台信标实现精确停车控制

为了提高停车精度，列车在精确停车控制过程中，制动曲线的生成也与 ATO 站间运行阶段不同，它采用了更加精细的制动曲线生成方式：列车车载 ATO 系统收到列车精确的位置速度信息，并通过线路数据库中的站台和停车位置信息，计算当前列车离停车点的距离。考虑到站台线路的坡度、列车制动性能等，车载计算机首先计算一条推荐速度曲线，并且根据列车当前速度-位置，实时调整制动命令，使列车运行速度尽量与推荐速度相同；列车驶抵中间标志器时，产生第二制动模式曲线，并对第一阶段制动进行缓解控制，以使列车离停车点更近；当列车收到内方标志器传来的停车信息时，产生第三制动模式曲线，列车再次进行缓解控制，使列车离定位停车点的距离更近；列车收到站台标志器送来的校正信息，即转入停车模式，产生第四制动曲线，列车再次缓解制动控制。经多次制动、缓解控制，确保列车定位停车的精度控制在规定范围内，当车载定位天线与地面定位天线对齐时，又收到一个频率信号，立即实施常用制动，可将列车车头精确地停在停车线上。

10.3.3.2　精确停车研究现状

精确停车控制研究（即制动曲线的跟踪控制）要求控制跟踪的精度更高，该领域也一直是 ATO 的一个研究热点。在当前的实际应用中，运营商主要采用的是 PID 控制或者自适应 PID 控制。在确定跟踪性能指标，即超调量和调节时间的基础上，首先得到 PID 控制器的参数整定范围，之后在仿真模拟路线和实际路上进行反复试验，最终得到精确停车控制器的参数选择。如王道敏[71]根据北京地铁五号线 ATO 停车功能实现过程中遇到的问题，提出了多种提高停车控制精度的方法，根据不同制动系统的步长和延时特性，使用不同的电-空气制动转换策略等。

然而，实际列车运行中，ATO 受到很多不确定因素的影响，常规的参数辨识方法往往很难准确预测设备由于老化或者环境变化而产生的影响。因此，研究人员对经典 PID 控制做出了很多改进，以实现更高的停车精度和停车可靠性。如罗仁士、王义慧等根据城轨列车的制动模型设计了自适应控制器[72]，针对列车制动模型参数的变化，该控制器能够进行自适应调节，使得列车更加精确地追踪制动曲线。仿真结果表明，该方法在保证停车精度的同时，能够自动适应模型参数未知及变化的情况。

侯忠生等人提出，在列车在每天反复进入车站停车的过程中能够得到很多停车数据，可利用这些数据，如停车初始位置、制动力、停车误差等，通过迭代学习的方式，逐渐提高列车制动跟踪精度，达到精确、可靠停车的目的[73]。由此设计了两种基于终端迭代控制算法的精确停车控制策略，并从理论上证明了算法的可收敛性。

近年来，随着机器学习技术的快速发展，周骥等提出将机器学习方法用于精确停车控制，利用离线的停车数据训练模型参数。随后，陈德旺和郜春海等人建立了基于软计算方法的列车精确停车模型，利用历史停车数据训练模型，来提高实际中列车的停车精度[74]。考虑到实际运营中，列车利用应答器信息来定位，他们还提出了三种基于应答器信息的列车精确停车在线学习算法[75]，即列车每经过一个应答器接收到位置速度信息之后，根据实际的位置速度与期望位置速度信息的差值，进行在线调整，以提高列车到达最终停车点时的停车精度。

此外，文献［76］提出了基于模型预测控制 MPC（model predictive control）的 ATO 停车精确控制算法。其中，王义惠等还考虑了 ATP 限速对于停车控制过程的影响。实际的仿真结果显示，与传统 PID 控制相比，基于模型预测控制的 ATO 算法能够实现更好的停车曲线跟踪精度，并且实际运行速度不超过 ATP 限速，从而保证了列车的运行效率和舒适度。

10.4 应用情况

10.4.1 北京地铁亦庄线列车自动驾驶系统

10.4.1.1 系统概述

北京地铁亦庄线采用以 LCF-300 型 ATP/ATO 为核心的 CBTC 信号系统,该系统是基于无线通信的列车自动控制系统,可以实现最先进的、最小间隔的列车运行安全控制技术——移动闭塞。该系统是按照国际 IEEE1474 需求标准设计、国际安全苛求系统安全设计与评估标准进行全过程风险控制而研发的列车运行控制系统。该系统于 2010 年 12 月 28 日在北京地铁亦庄线全功能、顺利开通运营,成为我国首条 CBTC 示范工程,并在昌平线得到进一步验证的国产信号系统。

LCF-300 型 ATP/ATO 系统的列车自动运行(ATO)子系统采用高可靠性的硬件结构和软件设计,应用单质点、多质点结合的列车动力学模型,采用分层式架构,实现长周期的运行曲线优化和短周期的实时控制有机结合,使列车在自动驾驶控制下准点、精确、舒适和节能平稳地运行。

LCF-300 型 ATP/ATO 系统的列车自动运行(ATO)子系统在 ATP 子系统的安全防护下,根据 ATS 提供的信息自动控制列车运行,完成列车的自动调整、定点停车和节能控制。

ATO 系统主要实现的功能是根据当前车辆的速度、距离,考虑线路限速、ATS 控制命令等信息,在 ATP 的防护下,控制列车安全、舒适、高效的行驶。通过与 ATP 共同的测速定位系统通信得到列车准确的速度和位置。ATO 对车辆输出牵引制动指令,控制车辆行驶。系统原理框图如图 10-10 所示。

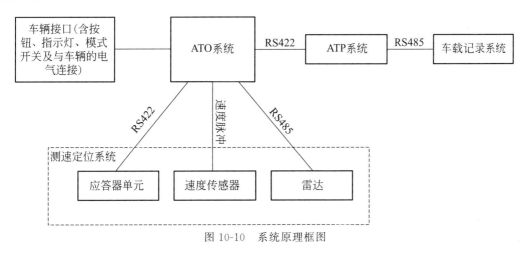

图 10-10 系统原理框图

ATO 系统能自动控制列车的启动、巡航、精确停车以及车门和安全门的自动打开关闭,ATO 对列车的控制是在 ATP 的监督下完成的,安全将由 ATP 完全保证。

10.4.1.2 基本构成

ATO 子系统由轨旁 ATO 设备和车载 ATO 设备组成,在 LCF-300 型 ATP/ATO 为核心的 CBTC 系统解决方案中,由于采用一体化设计思路,能够使轨旁 ATO 设备与轨旁 ATP 设备共用。在设备共用的基础上,针对 ATO 精确停车的要求对应答器设备进行相应的系统设计，如设置站内精确停车应答器以满足 ATO 更高的列车定位与精确停车要求。共用的地面 ATP 设备包括：ZC、DSU、应答器、LEU 及次级轨道占用检测设备。整个 ATO 子系统由车载 ATO 设备以及与 ATP 子系统共用的车载 BTM 天线、轨旁 ZC、DSU 和 LEU 组成。如图 10-11 所示，图中的虚线框住的部分代表 ATO 车载子系统以及 ATO 子系统与 ATP 共用的轨旁设备。

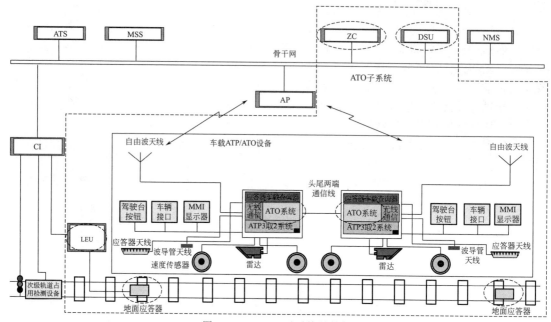

图 10-11　ATO 子系统的结构

10.4.1.3　典型功能

（1）精确停车

ATO 能确保车辆的精确停车功能。列车在站台的高精确度停车归功于车辆和 ATO 子系统的紧密协调。ATO 子系统的相关设计具体应用车辆参数在设计联络阶段确定。在站台的正确停车通过高精度的测速定位功能实现。为了保证停车阶段的位置精度，需要在进站过程中布置精确定位应答器来对停车过程中的车辆位置进行校正。通过在车站区域布置的应答器，两个连续应答器之间的距离与车载电子地图位置数据不断地进行比较。应答器信息被用来确定列车当前位置并逐步提高列车定位精度。进入停车过程后，ATO 根据列车速度、预先确定的制动率和到停车点的距离计算制动曲线，ATO 通过改变牵引和制动指令来使列车按照制动曲线运行。

列车进站时，在进站停车过程中，考虑到运行舒适度与效率，ATO 子系统计算出既高效且冲击率较小的一次性制动曲线。ATO 子系统根据进站停车制动曲线，控制列车采用连续的制动以及恒定的制动率，一次性制动至目标停车点。中途制动不缓解，且为了保证进站的运行效率，进站前不设置非线路限速要求的减速。

图 10-12 描述了列车进站时，ATO 控制列车运行的速度曲线图，在 ATO 的控制下，列车可以平稳地停在停车点上。

系统根据停车点位置和当前速度，实时计算停车曲线，可以保证很高的停车精度（99.99% 的情况下，停车精度保证在 ±300mm，在 99.9998% 的情况下，停车精度保证在 ±500mm）。如果当前速度已经达到停车曲线，则进入精确停车过程，通过精确停车控制器

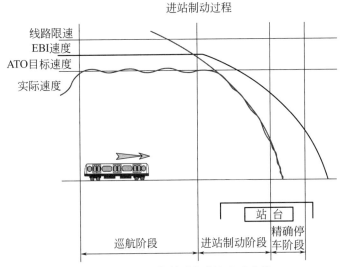

图 10-12　ATO 控制列车进站速度曲线

来控制车辆停在停车点误差范围内。

为了保证停车阶段的位置精度，需要在进站过程中布置精确定位应答器来对停车过程中的车辆位置进行校正。在完成精确停车的同时，ATO 子系统通过施加保持制动保证列车不会溜车。

当 ATO 子系统检测到列车即将停车时，输出保持制动命令。ATO 在输出牵引时取消输出保持制动状态。

保持制动的真正解除由车辆来负责，即 ATO 断开保持制动输出时，车辆并不会立即解除保持制动，是否真正解除保持制动由车辆根据牵引力是否能满足保证列车前进条件来判断。

（2）自动折返

当列车处于 ATO 有人/无人自动折返模式时，ATO 将控制列车进行折返。

① 无人驾驶自动折返模式　初始状态是车辆在可折返站停车。此时司机按下自动折返按钮，ATO 控制车辆自动驾驶停在折返区域停车点上。

此时由 ATP 设备完成列车头尾控制端的转换以及吸起和放下 AR 继电器的工作。

ATP 发送 ATO 启动信息给尾端 ATO，尾端 ATO 设备接收到 ATO 启动按钮信息后，开始控制车辆自动驾驶至站台停车，并打开车门、屏蔽门，等待司机上车手动关闭车门、屏蔽门，并按下 ATO 启动按钮，控制列车前进。

列车到达折返站能可靠实现无人自动折返的正确率不低于 99.99%。

② ATO 有人监督折返模式　初始状态是车辆在可折返站停车。此时司机按下 ATO 启动按钮，ATO 控制列车行驶至折返区域停车窗停车。

司机来到列车尾端，打开钥匙，ATO 启动灯闪亮。司机按下 ATO 启动按钮，ATO 控制列车行驶至站内停车，打开车门，待停站时间到，关闭车门。ATO 判断启动条件，若满足，闪亮 ATO 启动灯，等待司机按下 ATO 启动按钮，控制车辆发车行驶至下一站停车。

（3）管理列车车门

经 ATP 子系统允许后，ATO 子系统向列车发送开车门的开门命令。在 ATO 发出关门命令，并接收到车门及安全门均已关闭的信息后，才允许在车站启动列车。

第 **10** 章

如果关门命令发出后，规定时间内列车车门没有关闭并锁闭，系统会记录并报警。

ATO应在输出打开车门命令的同时模拟司机按压打开车门按钮，发送开门信息给ATP。

在ATO驾驶列车时，系统具备以下三种开/关门模式：

① 自动开车门，人工关闭车门；

② 人工开车门，人工关闭车门；

③ 自动开、关车门。

对于特殊列车（如空车、观光列车或特快列车），能够按照特殊车次号决定是否能够打开车门。

（4）管理站台安全门

① ATO具有向地面设备发送正确站台、正确侧安全门打开/关闭的功能。

② ATO只能在ATP发出安全门开门允许信号之后，方可发出屏蔽门开门使能命令。

③ 在对车门和安全门进行控制时，监测安全门和车门状态，如果在规定时间内安全门和车门没有按照命令打开或者关闭，则ATO发出报警信号提示司机，并对故障进行记录。

（5）速度曲线控制

ATO子系统在ATP子系统的防护下，计算自动驾驶跟踪的目标速度曲线。地面ATP子系统实时地对列车进行追踪间隔控制，从而计算出列车当前运行的MA，再通过车-地通信将计算好的MA发送到车载ATP子系统，车载ATP子系统再将此信息发送到车载ATO子系统，车载ATO子系统根据接收到的MA及当前位置、坡度、静态限速、是否需要站台停车及节能运行等因素计算列车运行的推荐速度，通过对列车当前速度的控制（控制列车按照推荐速度运行）来保证列车运行时的安全行车间隔。

若ATS下发了临时限速指令，ATO子系统能根据ATP转发的临时限速的起点、终点和限速值，计算临时限速条件下的列车目标速度曲线，保证在临时限速下的列车高效舒适地运行。

（6）列车自动启动

① 车站自动发车　当发车条件满足时，ATO子系统给出启动提示（司机台上ATO启动灯闪烁），司机按下启动按钮，ATO子系统使列车从制动停车状态转为启动状态。保持制动将由车辆缓解，然后列车加速。ATO通过当前速度与目标速度曲线的偏差提供牵引控制，该牵引控制可使列车平稳加速。

ATO车站发车条件包括：

a. 到目标点距离满足要求；

b. 紧急制动出发速度满足要求；

c. 车门关闭；

d. 屏蔽门关闭；

e. 停站时间到时（由ATS或车载存储数据库两个停站时间源，ATS发送的停站时间优先）。

② 区间自动启动　在区间内，由于前方有车或红灯信号等原因，ATO控制列车停在MA终点之前，此时若前方车辆开走或信号开放，则MA会自动延伸，并发送给ATO，ATO会重新计算运行曲线并检查是否具备启动条件，条件具备后ATO子系统使列车自动启动。若停车过程中由于司机手柄被移至非零位置，导致列车退出ATO模式，那么必须由司机按下ATO启动按钮来重新进入ATO模式。

（7）站间运行时间控制

为保证ATO对站间运行时间的精确控制，根据ATS发送的站间运行时间，ATO对牵引、制动与巡航阶段分别调整，来控制列车准点节能运行。

① 牵引/制动阶段的控制方式　在保证冲击率符合要求的前提下，ATO 根据运行时间控制牵引力与制动力的大小，调整列车的加速和制动时间。

② 巡航阶段的控制方式　ATO 在区间巡航过程中通过计算 ATS 发送的站间运行级别与当前的运行速度得出可满足的惰行余量，在此基础上尽量保证惰行工况，以实现列车的准点运行并对于降低列车运行能耗有着较为明显的作用。

（8）管理跳停

当列车接近站台，车载 ATO 子系统根据 ATS 子系统发送的跳停后目标点信息，计算列车能够驶离站台时，将在该站台执行跳停命令，列车不停车直接通过站台。如果判断不能驶离站台，则将列车停在站外，直至条件具备后，直接通过站台。

如图 10-13 所示，表示允许跳停和不允许跳停的条件。

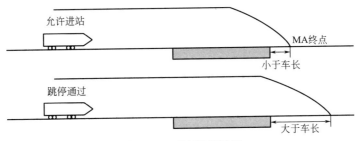

图 10-13　列车跳停示意

（9）管理扣车

列车在站停车窗内停稳后，打开车门，发出打开屏蔽门命令，并判断是否在该站存在扣车命令。

① 如果存在扣车命令　进行停站计时，不发出关闭车门、屏蔽门命令，记录扣车状态。

② 如果扣车命令取消　判断是否超过最短停站时间，如果超过最短停站时间，关闭车门，判断是否满足发车条件，如果满足发车条件，闪亮 ATO 启动灯，等待司机确认发车。

（10）自动驾驶舒适度控制

为保证车载 ATO 子系统控制列车的服务质量，正常运行时，ATO 通过逐级增加牵引力以及恒定的一次制动等方式，减少列车在线路上运行的冲击率。并尽量降低牵引制动的切换频度以提高列车运行的舒适度，满足列车在曲线上运行的未被平衡的离心加速度不超过 $0.4 \mathrm{m/s^2}$、冲击率（jerk 值）不超过 $0.3 \mathrm{m/s^3}$ 的要求。

（11）计算牵引和制动命令

当列车在 AM 模式下，一旦生成离站命令，ATO 子系统便会给出详细的驾驶命令，包括加速、制动和惰行指令以及指令值的大小。

列车在 AM 模式下，向列车发送的牵引/制动信息从请求的目标加速度命令转化后得出，同时考虑列车参数，以及当前列车位置和速度。

（12）列车节能运行

当列车在区间运行时，反复的牵引制动会导致耗电量远大于经常处于惰行状态下的列车；所以在亦庄线通过列车惰行时间最大化来实现节能。

ATO 根据地面控制中心发送的到达目的站的时间和当前运行时间之差，调整对列车进行牵引制动的控制，保证列车在这个时间段内惰行最大化。也可以在非高峰时段，向 ATO 发送运行节能等级命令，车载系统根据该指令，对列车运行耗能进行控制。

第 **10** 章

357

10.4.2　北京地铁燕房线全自动运行系统

燕房线工程由主线、支线两部分组成，均为高架线，其中：主线长约 14.4km，由燕化站至阎村北站，车站 8 座，其中换乘站 2 座，全部为高架线，停车场 1 座；支线长约6.1km，设站 3 座，初、近期采用 4 辆编组，与房山线分段运营。燕房线是我国第一条采用自主化全自动运行技术的线路，将于 2017 年年底通车。

10.4.2.1　基本构成

全自动运行是涉及土建、设备系统的综合性工程，需要各专业紧密配合完成。全自动运行系统主要包括信号系统、车辆、通信系统、行车综合自动化系统（图 10-14）。

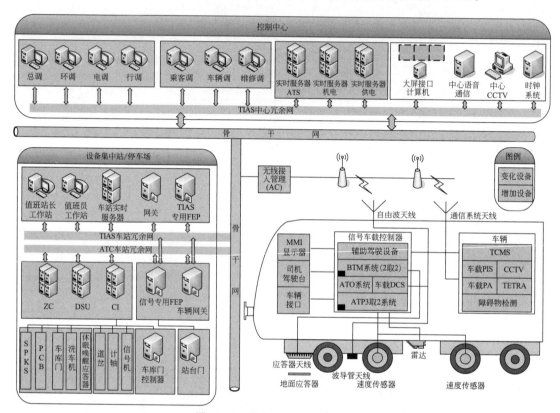

图 10-14　全自动运行系统架构图

具体设备包括行调工作站、总调工作站、电调工作站、环调工作站、乘客调工作站、车辆调工作站、维修调工作站、实时服务器（ATS、机电、供电）、大屏接口设备、站值班员工作站、车站值班站长工作站、网关计算机、信号专用 FEP、车辆网关以及 ZC、DSU、CI、DCS 系统设备、车载系统设备、车辆设备、通信系统设备等。

10.4.2.2　系统特点

实现全自动运行要求各专业必须高度自动化、系统之间深度集成，其主要特点如下。

① 高度自动化，深度集成　以行车为核心，信号与车辆、综合监控、通信等多系统深度集成，提升轨道交通运行系统的整体自动化水平。

自动化体现在：列车上电、自检、段内行驶、正线区间行驶、车站停车及发车、端站折返、列车回段、休眠断电、洗车等全过程自动控制。

② 充分的冗余配置　信号在既有设备冗余的基础上，增强了冗余配置，包括头尾终端

358

设备冗余、ATO 冗余配置、与车辆接口冗余配置等。

车辆加强了双网冗余控制，增加与信号、PIS 的接口冗余配置等。

③ 完善的安全防护　实现列车运行全过程的安全防护：

a. 增强运营人员防护功能，在车站及车辆段增设人员防护开关，对进入正线及车场自动化区域人员进行安全防护；

b. 增强乘客防护功能，对乘客上下车及车内安全进行防护；

c. 扩大了 ATP 的防护范围，车场自动化区域内列车运行进行 ATP 防护；

d. 增加了轨道障碍物检测功能，车上加装脱轨/障碍物检测器实现轨道障碍物检测功能；

e. 增加应急情况下的各个系统联动功能，如火灾情况下，通风、行车、供电、视频、广播的联动等。

④ 丰富的中心功能　列车全自动运行的全面监控；详细的各设备系统监测与维护调度；远程的面向乘客的服务。

a. 控制中心新增车辆调度及乘客调度，实现车辆远程控制、状态监控及乘客服务的功能。

b. 控制中心新增综合维修调度，实现供电、机电、信号、车辆的维护调度功能。

10.4.2.3　系统优势

全自动运行系统优势如下。

(1) 减少人为误操作，提升系统安全性

① 不仅考虑运行中列车的安全（防止追尾、正面相撞、侧冲、脱轨与障碍物相撞），而且考虑乘客及运营人员的安全（上下车乘客、车厢内乘客、站台上乘客、维护人员）。

② 实现列车运行全过程（除正线外，还包括车辆段、停车场）、各种运行工况（正常和异常）的自动安全防护，有效地防止人为误操作引起的事故。

③ 增强列车上的视频监控和紧急对讲功能，提高应急处置及反恐能力。

(2) 运营组织的灵活性

实现全自动运行，摆脱了有人驾驶系统司机配置和周转的制约，由此可以：

① 根据运输需求灵活地调整运营间隔，随时增、减列车，提高系统对突发大客流（大型活动，如体育比赛）的响应能力；

② 有助于实现 24h 不间断的运输服务；

③ 低峰或夜间以更低的成本和更灵活的运营提供可变的服务。

(3) 提高系统可靠性，提升运营能力

① 实现列车运行全过程自动化，进一步减少人为因素对运营的影响，提升运营能力。

② 自动化程度的提高，使系统可以快速、有效地应对运营过程中的扰动，具备更强调整能力。

(4) 实现节能减排

① 可以实施多列车的自动、实时、协同控制，实现列车、车站机电设备节能优化运行，降低系统整体的能耗（节能 10%～15%）。

② 合理安排列车交会，避免列车交会中的启停。

③ 防止列车同时启动，避免负载集中。

④ 实现列车、机电设备最佳化运行。

(5) 优化人力资源配置

① 提高了系统的自动化程度，增强设备的自诊断功能，运营维护功能得到加强，降低了运营人员劳动强度。

② 将司机从重复作业中解放出来，列车上可以配置乘务人员，提高对乘客的服务水平，

第 10 章

同时兼顾监视列车运行状态。

10.4.2.4 典型功能

（1）列车唤醒

控制中心车辆调工作站根据运营计划远程自动唤醒休眠列车或者由车辆调远程人工唤醒休眠列车，列车和车载设备自动上电，并执行设备自检、静态测试、动态测试，替代由司机执行的一系列测试工作。

静态测试和动态测试通过后，中心 TIAS 远程指定运行方向、提供全自动驾驶授权、停站倒计时信息并获得移动授权自动驾驶列车出库运行。

（2）列车休眠

列车休眠是指列车接收到休眠指令后，与 ZC 完成休眠注销并完成全列断电（除AOM），此后车载 VOBC 不再与 ZC 和 TIAS 通信，但对于系统此列车仍为通信列车。

（3）精确停车

列车能够实现自动精确停车，当出现欠标或过标时，将以跳跃控制的方式自动对标停车。

（4）对位隔离

对位隔离包括车门故障隔离站台门和站台门故障隔离车门；当列车车门故障隔离后，本列车停站时对应的站台门应能保持锁闭，不参与停站的开、关门作业，但此站台门打开时车载 VOBC 仍对其打开状态进行防护。当车站站台门故障或被人工锁闭隔离后，列车在该站台时，该侧站台的所有列车相对应的车门也保持锁闭，不参与停站的开、关门作业。

（5）自动折返

由中心 TIAS 根据运行图自动触发折返进路，并适时办理折出进路。

车载 VOBC 在 FAM 模式下可完成与 ZC 的注销和换端后移动授权申请，完成自动换端；车载 VOBC 换端完成后根据 TIAS 发送的停站时间完成自动关门并发车。

站前折返时，列车在站台对标停稳后自动打开车门，车辆通过自身的零速信息保持车门打开。

站后折返时，列车在终端站台对标停稳后自动打开车门不关闭，触发车辆清客广播，提醒乘客下车。

（6）自动洗车

由停车场派班室人员根据当天运营计划选择空档时间设置待洗列车的车组号、洗车时刻。

系统自动提前向洗车库门发送开洗车库门命令，行调工作站自动提示洗车请求，行调确认洗车；人工为洗车机上电，系统自动控制进行洗车。

（7）再关门控制

当车门夹人，自动开闭车门三次后仍未关闭，系统汇报防夹故障；站台值班员/站台综合站务员确认可以关门后，按压站台关门按钮；系统自动输出关门指令。

（8）应急疏散

① 车站疏散 若发生紧急情况，车载信号继续运行至下一站站台打开车门疏散乘客。列车在站台对标停稳后，打开车门不关闭，由综合站务员处理。

在区间发生紧急情况导致列车零速后，TIAS 系统产生报警，将异常列车的任意一个摄像头图像推送到中心乘客调。

TIAS 将区间对应的摄像头的图像推送给乘客调，中心乘客调通过 CCTV 监视列车情况，并通过人工广播对乘客进行相应广播。

② 区间疏散 此种情况下中心电调根据行调指令控制三轨断电（防止提早断电导致救

援列车无法接近）。

乘客调可通过人工广播远程指导乘客通过每一个门上方或侧方的车内门解锁开关解锁车门，解锁车门（解锁开关和零速联锁，不与门使能联锁）后，乘客手动打开车门。

前车在区间进行疏散时，系统通过远程人工设置扣车将后车扣在最近的站台等候，不允许发车，如果后车已进入区间，则可远程对后车实施紧急制动。

（9）紧急呼叫

客室内设置紧急呼叫按钮，当乘客触发客室内的紧急呼叫按钮后，可与中心调度台通话。

当乘客触发对讲按钮时，控制中心为乘客调提供的 TETRA 调度台提供报警，车辆 PIS 系统将紧急区域的画面主动推送给地面乘客调 CCTV 监视器。

（10）车辆段自动运行

列车在车辆段内能够根据派班计划实现自动运行出库、入库及自动调车功能。

系统提前为列车设定头码，向列车发送运行方向，并同时发送倒计时。待命列车根据运行方向激活列车驾驶室，获得移动授权，在发车时间倒计时为 0 时出库运行。

系统根据回库计划自动或者人工为列车设置头码，自动触发回库进路，列车自动运行回库。

通过人工设置头码实现自动调车。

（11）障碍物检测

列车碰撞到障碍物或发生脱轨后，车辆自动紧急制动。

车辆调和行调自动报警并联动区间 CCTV，行调通过 CCTV 查看现场情况，安排人员到事发地。

邻线运行的列车自动紧急制动停车，自动提示行调对邻线即将进入该区域的列车实施扣车，行调确认障碍物/脱轨列车对邻线列车无影响时，取消向邻线列车的紧急制动命令，自动发车。

（12）车辆火灾

车辆通过网络方式给车载 VOBC 提供火灾报警信息，同时车辆通过硬线的方式给车载 VOBC 提供火灾报警信息，车载 VOBC 将火灾报警上报 TIAS。

车辆 PIS 系统将火灾报警区域的画面推送给地面车辆调、乘客调 CCTV 监视器和司机台 CCTV 监视器。

列车发生火灾时，列车打开车门不关闭，疏散乘客。TIAS 本站邻线站台提示行调设置跳停。

行调调度员人工设置上下行相邻车站的扣车；行调对相邻区间内正在接近的列车，实施紧急制动。

（13）车站火灾

待进站列车接收到 TIAS 发送的车站火灾应急指令后，若出站信号开放，满足跳停条件，则实施跳停，否则，实施紧急制动停在站外。

当该火灾站台存在停站列车时，停站列车应关闭车门，行车调度员应立即发车。

行车调度员应执行相邻上一站站台扣车；扣车后，如列车车门和站台门关闭，则车载 VOBC 应重新打开车门和站台门，并自动广播；扣车命令取消后，列车应自动关门并发车。

10.4.3 列车自动驾驶技术在城际铁路中的应用

城际铁路是指专门服务于相邻城市间或城市群，旅客列车设计速度为 200km/h 及以下的快速、便捷的交通设施。我国《中长期铁路规划（2016～2030）》中明确指出建设服务于京津冀、长江三角洲、珠江三角洲、长江中游、成渝、中原、山东半岛等城市群的城际铁路网。城际铁路列车运行速度高于城市轨道交通，但其运营服务的规律性具有明显的城市轨道交通运输特征。因此中国铁路总公司提出了《城际铁路 CTCS2＋ATO 列控系统暂行技术总体方案》，并率先在莞惠城际和广佛肇城际开展 CTCS2 级加装 ATO 功能的应用验证试验。

莞惠城际铁路全长 97km，起点东莞望洪站，终点惠州小金口站，全线设置 18 个站点，2016 年 3 月 30 日先期开通常平东站至小金口站 10 个站，全天 16 趟列车，6 时 30 分发出第一趟车，此后一小时开通一班次。7 月 1 日起，增加 5 对列车，全天发车间隔为 25～70min 不等。

广佛肇城际铁路全长 84.52km，于 2016 年 3 月 30 日开通佛山西站至肇庆站，经佛山接入广州站，后续将接入广州南站。全线设置 11 个车站，分别为佛山西站、狮山站、狮山北站、三水北站、云东海站、大旺站、四会站、鼎湖东站、鼎湖山站、端州站、肇庆站。线路设置高架线 74.59km，地下线 2.03km，隧道 2.203km，路基线 4.544km。设计时速 200km/h，运营时间为早 7 点至晚 9 点，每日开行 10 对。

为了适应城际铁路服务的运营需求，在《城际铁路 CTCS2＋ATO 列控系统暂行技术总体方案》规范中规定了 ATO 应具备的功能。ATO 应具备站间自动运行、车站定点停车及车站通过、列车运行自动调整、列车运行节能控制、折返驾驶、车门自动控制及设备自动诊断、记录、报警等功能。ATO 应能提供起车、加速、巡航、惰行、制动停车等多种工况的控制，满足不同行车间隔和节能的运行要求，适应列车运行自动调整的需要。当 ATO 未接收到有效运行计划信息时，可按默认停车策略实现站台定点停车。ATO 停车控制过程应满足舒适度和停车精度的要求。ATO 控制列车减速度的变化率宜小于 0.75m/s^3，站台定点停车精度宜小于 $\pm0.35\text{m}$。

截至目前，应用的 ATO 系统可以根据调度集中发送的列车运行计划，自动控制列车区间牵引、惰行、制动运行，减少司机的操作，在进站停车时自动控制列车精确停车，停准率可达到 99.99%。

10.4.3.1 列车自动运行

（1）车站出发

① 列车在股道完成站台作业。

② 到达预定的发车时间后，司机瞭望检查完成旅客乘降作业后进行关门操作（或由 ATO 自动关门）。

③ 车载设备和地面设备进行车门与站台门联动控制，车门和站台门同步关闭。

④ 联锁检测到站台门锁闭后，允许已办好进路的出站信号开放，此时 TCC 控制轨道电路发送机车信号允许码。

⑤ 车载设备根据轨道电路发送的机车信号允许码更新行车许可。

⑥ ATO 确认车门关闭，司机驾驶手柄位置正确，且相关条件具备后，闪烁"ATO 发车"指示灯提示司机。

⑦ 司机确认车门关闭后，根据发车提示按压"ATO 启用"按钮，ATO 根据列车运行计划及行车许可，自动驾驶列车。

⑧ 若发车时车载设备无法转入 AM 模式，需由司机人工驾驶列车从车站出发。

（2）区间运行

① 列车通过出站口应答器组时，接收应答器发送的线路数据信息和通信控制服务器呼叫信息。若从出站口应答器组获得的通信控制服务器呼叫信息与当前通信控制服务器不同，则车载设备呼叫新的通信控制服务器建立通信。

② ATO 根据运行计划信息及列车运行状况采用牵引、制动、惰行等控制策略，自动驾

驶列车在区间运行。

③ 区间信号关闭时，ATO 应按照 ATP 防护曲线在 ATP 目标停车点前一定距离（25m，可配置）自动停车。

④ 区间信号开放后，车载设备获得行车许可。ATO 判断具备发车条件时闪烁"ATO 发车"指示灯，此时司机可按压"ATO 启动"按钮，由 ATO 自动驾驶列车。

(3) 进站停车

① 列车经过股道精确定位应答器时，车载设备通过 BTM 获得定位信息并对列车位置进行精确校正。车载设备同时获得本股道的运营停车点位置信息和门侧信息。

② ATO 根据列车运行状况（位置、速度等）控制列车牵引、制动、惰行，使列车准确地停在运营停车点处。若列车未达到运营停车点，允许司机人工驾驶列车继续前行停车对位；若列车越过运营停车点，允许司机人工驾驶列车后退，一次后退距离不超过 5m。

10.4.3.2　列车运行自动调整

① 调度集中根据实际运营情况，以日班计划为依据，结合列车的运行能力，生成运行计划信息，并通过通信控制服务器向 ATO 发送。列车运行过程中，通信控制服务器向 ATO 周期性发送列车运行计划信息，当运行计划发生变化时，立即向 ATO 发送。

② 通信控制服务器向 ATO 至少发送两段运行计划信息，包括当前站间运行计划信息和下一站间的运行计划。

③ ATO 接收的运行计划以一个站间为基本范围，其基准点为 LRBG 应答器组，其内容主要包括本次运营停车点、目的站、站间运行时分和停站后站台作业（站停时分、通过、折返信息等）。

④ ATO 识别出运行计划中的基准点信息有效时，判定该运行计划有效，否则该运行计划无效。

⑤ ATO 收到有效运行计划信息后，调整列车的控制曲线，自动驾驶列车运行。

⑥ 列车在股道停车后，根据运行计划信息执行站台作业（站停时分调整、通过/到发、折返等）。

10.5　发展建议

10.5.1　列车自动驾驶技术发展建议

为了提高城市轨道交通网络化建设的先进性，同时提高系统的运营效率和自动化水平，列车自动驾驶技术向着列车全自动运行技术发展趋势越加明显。

全自动运行是一种全自动化的、高度集中控制的列车运行控制系统，具备列车自动唤醒启动和休眠、自动出入停车场、自动清洗、自动行驶、自动停车、自动开/关车门等功能，并具有常规运行、降级运行和灾害工况等多重运行模式。

全自动运行技术有以下技术优势。

① 全自动运行地铁具有列车唤醒启动、休眠、出入停车场、清洗、行驶、停车、开关车门、故障恢复等一系列的自动功能，并具有常规运行、降级运行、运行中断等多种运行模式，可有效提高运量和系统运行效率。

② 全自动运行列车由于起动和制动的均匀性，乘客乘坐更加舒适。此外，列车最高速度可达到更高，同时高新的技术保障了运营的安全。

③ 全自动运行地铁自动化程度较高，节省了人力、物力。虽然初期建设成本较普通地铁要高，但维护成本低，降低了运营成本。

第 10 章

早在 20 世纪 70 年代，欧洲就开始提出列车全自动运行的想法，以巴黎地铁 1 号线为代表的一些欧洲地铁线路，全自动运行技术已得到成熟的应用。在我国，已经有部分城市轨道交通线路开始采用全自动运行技术。

① 北京地铁机场线采用全自动无人驾驶列车。运用成熟的设计思想和运行辅助系统，确保其具有较高的安全可靠性。同时，通过辅助系统实现了列车的精确定位、高速运行、实时跟踪和自动折返，缩短了列车运行间隔，提高了行车密度和旅行速度。根据客流自动调整列车开行密度和运营策略，灵活适应高、低峰客流。

② 上海地铁 10 号线为国内首次运用全自动运行技术的线路。在原技术基础上，升级了列车安全检测系统，车门、车厢内及重要设备的监控能力进一步提高，进一步保障了乘客乘坐的安全性。

③ 北京地铁燕房线（计划于 2017 年 12 月开通）采用全自动无人驾驶系统，且已从运能、安全性、可用性、准点性、舒适性、快捷性、灵活性等方面进行了详细分析求证，为线路的开通运营做足了前期准备。燕房线是具有完全自主知识产权的我国第一条全自动运行线路，也是我国首个全自动运行系统国家级示范工程。

全自动运行技术是一项全世界领先的技术，虽然已经发展到了相对成熟的地步，但是我国在此方面还相对落后，北京地铁机场线和上海地铁 10 号线均采用国外技术，只有北京地铁燕房线是具有完全自主知识产权的我国第一条全自动运行线路。而且，随着技术的革新和新技术的产生及发展，势必会融入更多的、更全面的车辆、信号、运营的相关新技术，而更先进的列车运行控制系统的开发无疑是保证列车更安全可靠运行的基石，下一步建议进行基于全自动运行技术的新一代列车运行控制系统的开发。

10.5.2　轨道交通相关人才培养建议

轨道交通的快速发展很大程度上满足了人们城际间的远距离出行和市内的短距离出行，缓解了城市交通的拥堵状况，同时造就了轨道交通行业的快速发展。随之而来的是轨道交通行业对轨道交通人才的巨大需求，尤其是列车运行自动化控制相关人才极为短缺。本小节对培养轨道交通信号与控制高层次人才所涉及的关键因素（即教学团队、实验室和实训基地、科研团队、课程体系和实践体系、教学方法）进行探讨，结合高校的实际情况，提出五个关键因素建设方面的建议，以提高轨道交通信号与控制高层次人才的质量，满足轨道交通行业对人才的需求。

（1）教学团队

轨道交通行业是一个新兴行业，除北京交通大学、西南交通大学、兰州交通大学等原属铁道部高校和铁道科学研究院在硕士及博士阶段培养轨道交通信号与控制人才外，很少有高校在硕士及博士阶段培养轨道交通信号与控制高层次人才，仅有的这些人才也大部分到城市轨道交通运营企业、科研院所以及各铁路局电务段等部门工作，造成高校在轨道交通信号与控制方面的师资极度缺乏。

教学团队的建设可采取"短期聘用、长期培训和人才引进"相结合的策略。建设初期，高校可通过校校合作或校企合作等方式来聘用师资，以缓解燃眉之急。聘用会增加高校的办学成本并且只能临时解决师资短缺问题。长远来看，高校需要通过对教师的培训和人才引进方式来积累属于自己的师资队伍。高校可每年有计划地输送一些具有控制理论知识的青年教师到具有丰富教学经验的高校进行培训，以提高师资队伍的整体实力。

（2）课程体系和实践体系

课程体系关系到人才的知识体系结构，而实践体系关系到人才将知识转换为生产力的能力，即分析和解决问题的能力。构建合理的课程体系和实践体系是一个非常重要的环节。轨道交通信号涉及列车位置和速度的检测、进路控制、列车控制、列车运行调度、车地之间和相关子系统之间的通信、综合监控等技术，城市轨道交通还涉及屏蔽门、闸门、环境监控等。从知识面上讲，轨道交通信号涉及轨道交通运营管理、控制理论、计算机、通信等方面的知识，其中控制理论知识是核心。可见，轨道交通信号与控制是一个典型的跨学科专业，其课程体系必然包含多个学科的专业基础课。因此课程体系的构件应在轨道交通运营管理的基础上，以控制理论、电子和信息技术方面的课程为核心来构建。

实践体系应围绕专业基础课和专业课两方面来构建。专业基础课实践体系的目的是让学生加深对控制理论、电子信息、软件设计等专业基础知识的理解，给学生奠定扎实的理论基础。专业课实践体系的目的是让学生加深对轨道交通信号系统的理解，同时将所掌握的专业基础理论知识在轨道交通信号系统中加以应用。根据轨道交通信号系统的组成，专业课实践体系应包括区间信号的设计、微机联锁系统设计、列控系统设计等设计性项目，尽量减少一些操作类的实验，如列车驾驶等。

（3）实践基地

实践基地是实施实践体系的主要场所。与实践体系类似，实践基地的建设应分为两大部分：专业基础课的实践基地和专业课的实践基地。目前，高校最欠缺的是专业课的实践基地。新开设轨道交通信号与控制专业的高校基本都建设了专业课实验室，主要以模拟沙盘、模拟驾驶、调度中心等为主。尽管与实际信号设备相差较大（大多采用二取二、三取二或二乘二取二安全型计算机），但对于培养学生的动手能力和创造性思维、明确信号设备的内部工作原理还是有很大的帮助。

由于轨道交通信号设备价格昂贵，并且占地面积比较大，因此高校在内部建立实验室的基础上，可与本地轨道交通运营企业或轨道交通信号制造企业合作来建立另外的实践基地，以完成实施实践体系规定的实践教学任务。通过与本地运营企业合作，既可以降低高校培养人才的成本，又可以满足企业对人才的"拿来即用"的要求。

（4）教学方法

教学方法是实施课程体系的关键因素，体现的是"教"与"学"之间的关系，是师生互动的方式、手段和途径。对于轨道交通信号专业课程，由于学生对信号设备知之甚少，难免会感觉到比较抽象，纯粹的课堂教学不会起到太好的效果，因此对于轨道交通信号专业课程的教学不能局限于纯粹的课堂教学方式，应采用课堂教学法、现场教学法和项目教学法相结合的方式。对于那些涉及理论基础知识的课程可采用课堂教学法，如专业基础课和信号基础设施课程等。在采用课堂教学法时，一定要充分利用多媒体技术，通过图文并茂、视频动画形式，让学生对轨道交通信号系统的工作原理有充分的理解。对于涉及具体信号设备的课程宜采用现场教学方式，如转辙机的工作原理课程。通过现场教学方式，学生可通过现场操作、现场拆解设备等方式获取设备构造、工作原理等方面的知识，对知识的掌握程度要远胜于纯粹的课堂教学。对于轨道交通信号与控制人才的培养，项目教学法是指以实践体系中规定的设计性实验为导向，以学生为主、教师为辅的方式对学生的分析问题和解决问题的能力进行培养的过程。在实施项目教学过程中，在教师的指导下，学生运用所学的专业知识对实验项目进行分析和设计，并对遇到的问题进行分组讨论。一方面可培养学生的分析问题能力和解决问题的能力；另一方面可使学生将所学的知识在项目中得到应用，加深学生对专业基础知识和专业知识的理解及掌握。

（5）科研团队

科研团队作为高校科研的核心力量，对促进学科建设、提升高校综合竞争力和培养高层次人才而言至关重要，是培养高层次人才必不可少的。北京交通大学、西南交通大学、兰州交通大学等原属铁道部院校经过长年积累均形成了强势的科研团队，并且交通信息工程及控制成为国家级或地方级的重点学科。新成立轨道交通信号与控制专业的院校在该方面的建设几乎为零，对于高层次人才的培养极其不利。

轨道交通信号科研团队的建设首先是人才队伍的建设，而人才欠缺是高校普遍面临的问题。对于科研团队的建设，建议从以下方面着手：确定人才结构，组建科研团队。根据轨道交通信号所涉及的理论和技术，科研团队应至少包含轨道交通运营规划、自动化、通信、信息技术等方面的人才。建设初期，高校可通过校企合作方式与企业共同组建科研团队，一方面可解决人才短缺问题；另一方面可使科研团队的研究目标与实际紧密结合，有利于科研成果的转化。科研团队负责人。高素质的科研团队负责人是科研团队的核心，对团队的管理至关重要。建设初期，高校可从轨道交通行业的科研院所或从具有轨道交通行业背景的高校中聘请高素质的人才。对于科研团队的内部运行管理，注意对硕士和博士研究生的管理，应以团队方式或实际科研项目方式对硕士和博士研究生进行管理，确定硕士和博士研究生的研究方向，以提高高层次人才的培养质量。

10.5.3 我国城市轨道交通政策发展建议

根据当前我国城市轨道交通发展面临的问题，总结以下针对我国城市轨道交通列车自动驾驶政策发展建议。

列车全自动运行系统作为引导轨道交通列车自动驾驶发展趋势的客运交通系统，具有突出的技术先进性、高度的安全性和可靠性、提高运营管理水平与服务水平等诸多优势。在我国，以北京和上海为代表性的大城市，在经历了十多年的轨道交通建设和运营中，积累了丰富的经验，且装备技术水平也得到了很大的发展，已具备实施列车全自动运行系统的良好条件，符合国家要求的科技创新、可持续发展、节源增效的基本国策。对此，我们提出以下发展建议：

① 鼓励列车全自动运行相关新技术的研发和部署，提供更多的资金支持；

② 通过政策引导，消除技术创新的障碍和推广延迟；

③ 鼓励学界和业界合作，包括高校、各研究所、企业等，加速新技术的应用；

④ 虽然各城市的城市轨道交通运营部门都有自己对列车全自动运行系统规定，但国家的政策方针将为各城市的规则制定和统一监管提供政策建议。

参 考 文 献

［1］ Rongfang Liu，IM Golovitcher. Energy-efficient operation of rail vehicles. Transportation Research Part A：Policy&Practice. 2003，37（10）：917-932.

［2］ Haichuan Tang，Tyler Dick，P. E. C.，Yunfeng Xiao. A Coordinated Train Control Algorithm to Improve Regenerative Energy Receptivity in Metro Transit Systems，Journal of the Transportation Research Board，2015.

［3］ Yihui Wang，BD Schutter，TJJVD Boom，et al. Optimal trajectory planning for trains-A pseudospectral method and a mixed integer linear programming approach. Transportation Research Part C：Emerging Technologies. 2013，29（29）：97-114.

［4］ Shuai Su，Tao Tang，Lei Chen，et al. Energy-efficient train control in urban rail transit systems. Proceedings of the Institution of Mechanical Engineers Part F Journal of Rail & Rapid Transit. 2015，229（4）.

［5］ Cheng Jiaxin，Phil Howlett. A Note on the Calculation of Optimal Strategies for the Minimization of Fuel Consumption in the Control of Trains. IEEE Transactions on Automatic Control. 1993，38（11）：1730-1734.

［6］ 于振宇和陈德旺. 城轨列车制动模型及参数辨识. 铁道学报. 2011，33（10）：37-40.

［7］ Bwo-Ren Ke，Meng-Chieh Chen，Chun-Liang Lin. Block-Layout Design Using MAX-MIN Ant System for Saving Energy on Mass Rapid Transit Systems. IEEE Transactions on Intelligent Transportation Systems. 2009. 10（2）：226-235.

［8］ Qi Song，Yongduan Song，et al. Adaptive control and optimal power/brake distribution of high speed trains with uncertain nonlinear couplers. Control Conference（CCC）. 2010：1966-1971.

［9］ H. Ji，Z SHou. Adaptive iterative learning control for high-speed trains with unknown speed delays and input saturations. IEEE Transactions on Automation Science and Engineering. 2015，13（1）：1-14.

[10] Shu-Kai L，Li-Xing Y，Ke-Ping L. Robust output feedback cruise control for high-speed train movement with uncertain parameters. Chinese Physics B. 2015，24（1）：184-189.

[11] Shuai Su，Tao Tang，Xiang Li，et al. Optimization of Multitrain Operations in a Subway System. IEEE Transactions on Intelligent Transportation Systems. 2014，15（2）：673-684.

[12] Qing Gu，Tao Tang and Fang Cao，et al. Energy-Efficient Train Operation in Urban Rail Transit Using Real-Time Traffic Information. IEEE Transactions on Intelligent Transportation Systems. 2014，15（3）：1216-1233.

[13] 付印平和李克平. 列车运行节能操纵优化方法研究. 科学技术与工程. 2009，9（5）：1337-1340.

[14] 范礼乾. 基于蚁群算法的列车推荐速度曲线优化. 北京：北京交通大学，2016.

[15] 于雪松. 城市轨道交通列车节能优化及能耗评估. 北京：北京交通大学，2016.

[16] 陈强，李晓龙，刘少克. 磁悬浮列车悬浮系统的非线性 PID 控制. 机车电传动. 2014（1）：52-54.

[17] 王先明，陈荣武，蔡哲扬. 基于 PID 算法 ATO 系统的仿真研究. 铁路计算机应用. 2015，24（4）：44-47.

[18] 亓叔虎. 基于自适应控制列车 ATO 调速系统的若干研究 ［D］. 北京：北京交通大学，2013.

[19] 高冰. 基于模糊 PID 软切换的列车自动驾驶系统控制算法及仿真研究. 北京：北京交通大学. 2009.

[20] Bing Gao，Hairong Dong，Yanxin Zhang. Speed adjustment braking of automatic train operation system based on fuzzy-PID switching control. Fuzzy Systems and Knowledge Discovery. 2009. FSKD'09. Sixth International Conference on. IEEE，2009，3：577-580.

[21] 倪志刚. 模糊 PID 控制在列车 ATO 系统中的仿真研究. 科学之友：下. 2011（1）：5-6.

[22] 李子钧. 基于模糊自适应 PID 控制的列车自动驾驶系统的研究. 北京：北京交通大学. 2010.

[23] 刘亚丽. 基于基模糊自适应 PID 的 ATO 优化研究. 电子测量技术. 2013（6）：56-59.

[24] 罗强. 基于模糊 PID 的列车自动驾驶算法研究. 自动化应用. 2015（9）：26-28.

[25] 陈优. 基于模糊 PID 的 ATO 系统速度控制算法的研究. 湘潭大学，2015.

[26] 刘东，冯全源，蒋启龙. 基于改进 PSO 算法的磁浮列车 PID 控制器参数优化. 西南交通大学学报. 2010，45（3）：405-410.

[27] 徐伟，肖宝弟. 基于 CMAC-PID 算法的列车控制仿真. 第 25 届中国控制与决策会议论文集. 2013.

[28] 马文. 基于 GPC-速度分级 PID 串级控制的 ATO 速度控制器设计与仿真. 西南交通大学，2014.

[29] 杨艳飞，崔科，吕新军. 列车自动驾驶系统的滑模 PID 组合控制. 铁道学报，2014，36（6）：61-67.

[30] 皇甫立群. 基于新型 PID 控制器的列车自动驾驶调速系统. 计算机测量与控制. 2014，22（1）.

[31] 张玉臣. 模糊控制在列车自动运行系统中的应用. 中国铁路. 1993（5）：20-22.

[32] 刘晖，江建慧，胡谋. 预测型模糊控制列车自动运行系统方案及其仿真. 上海铁道大学学报. 1996，02：22-26.

[33] 胡谋. 基于模糊逻辑及神经网络的列车自动运行控制系统方案. 上海铁道大学学报. 1996，02：16-21.

[34] 黄良骥，程琳香，唐涛. 遗传算法模糊神经网络在列车驾驶中的应用. 辽宁工程技术大学学报（自然科学版）. 2001，05：640-643.

[35] 吴桂云，武妍. 一种基于模糊神经网络的正则化学习算法的地铁列车运行控制. 计算机工程与应用. 2004，02：201-204.

[36] 康太平. 基于模糊预测控制的列车自动驾驶系统研究：［学位论文］. 重庆：西南交通大学. 2006.

[37] 余进，钱清泉，何正方. 两级模糊神经网络在高速列车 ATO 系统中的应用研究. 铁道学报. 2008，05：52-56.

[38] 周家猷. 模糊预测控制及其在列车自动驾驶中的应用. 北京：北京交通大学. 2008.

[39] Hairong Dong，Li Li，Bin Ning，et al. Fuzzy tuning of ATO system in train speed control with multiple working conditions. Proceedings of the 29th Chinese Control Conference. Beijing. 2010，1697-1700.

[40] 董海荣，高冰，宁滨. 列车自动驾驶调速系统自适应模糊控制. 动力学与控制学报. 2010，01：87-91.

[41] Hairong Dong，Shigen Gao，Bin Ning，Li Li. Modeling and simulation of automatic train operation system based on self-regulating fuzzy algorithm. Control Conference（CCC）. 2011 30th Chinese，Yantai. 2011：5610-5613.

[42] 陈晶. 基于 GA 模糊神经网络的列车自动驾驶优化研究. 兰州：兰州交通大学. 2013.

[43] 李群，汪希时. 利用动态模糊推理神经网络实现列车速度自动控制. 铁道学报. 1995（s2）：74-78.

[44] 吴亚娟，王强. 地铁列车驾驶的模糊控制技术. 城市轨道交通研究. 2000，03：30-32.

[45] 向静，陶然，蒲云. 模糊控制理论的研究进展及其在铁路货物列车自动化控制系统中的应用. 中国铁道科学. 2004，02：108-114.

[46] Jinling Zhu，Xiaoyun Feng，Qing He，Jian Xiao. The simulation research for the ATO model based on fuzzy predictive control. Proceedings Autonomous Decentralized Systems. 2005：235-241.

[47] 吴海俊，丁勇，毛保华，姚宪辉. 基于模糊神经网络的列车制动控制智能算法研究. 交通与计算机. 2008，01：55-58.

第 **10** 章

［48］ 余进. 多目标列车运行过程优化及控制策略研究. 西南交通大学，2009.

［49］ 周宇恒. 基于模糊控制的高速列车运行控制系统研究. 科技广场. 2011，06：11-14.

［50］ 马建华，王德元，张辉. 基于 T-S 模型的模糊预测控制在列车速度控制器中的应用研究. 吉林师范大学学报（自然科学版）. 2012，33（1）：50-53.

［51］ 张琦，王建英，刘皓玮. 列车运行模拟系统的智能控制模型的研究. 铁路计算机应用. 1998（3）：41-42.

［52］ 武妍，施鸿宝. 基于神经网络的地铁列车运行过程的集成型智能控制. 铁道学报. 2000，22（3）：10-15.

［53］ 邵华平，贾利民，覃征. 基于计算机技术的一体化列车运行智能控制系统. 中国铁道科学. 2004，25（1）：56-61.

［54］ 陈荣武，刘莉，诸昌钤. 基于 CBTC 的列车自动驾驶控制算法. 计算机应用. 2007，27（11）：2649-2651.

［55］ 余进，何正友，钱清泉，徐涛. 列车运行过程的自适应模糊控制. 铁道学报. 2010，32（4）：44-49.

［56］ 张昱，刘钊，程海鹰. 列车制动"电-空"转换的 Bang-Bang 与模糊 PID 复合控制. 城市轨道交通研究. 2013，16（2）：76-80.

［57］ Zhongsheng Hou, Xingyi Li. A novel automatic train operation algorithm based on iterative learning control theory. Service Operations and Logistics，and Informatics. 2008 IEEE International Conference on. IEEE. 2008，2：1766-1770.

［58］ 王呈，唐涛，罗仁士. 列车自动驾驶迭代学习控制研究. 铁道学报. 2013，35（3）：48-52.

［59］ Heqing Sun, Zhongsheng Hou, Dayou Li. Coordinated iterative learning control schemes for train trajectory tracking with overspeed protection. IEEE Transactions on Automation Science and Engineering. 2013，10（2）：323-333.

［60］ 马泳娟，陈小强，侯涛. 基于模糊预测控制的高速列车速度控制研究. 计算机测量与控制. 2013，21（1）：96-99.

［61］ 陈晶，滕青芳. 模糊广义预测控制的列车自动驾驶优化研究. 计算机测量与控制，2013，21（3）：645-647.

［62］ Xiaofan Mo, Tao Tang, Chunzhao Dong, Yuan Yao, Xiaofei Yao. A realization and simulation of ATO speed control module—Predictive fuzzy control algorithm. Intelligent Rail Transportation (ICIRT)，2013 IEEE International Conference on. IEEE，2013：263-267.

［63］ Yun Bai, Tin Kin Ho, Baohua Mao, Yong Ding, Shaokuan Chen. Energy-efficient locomotive operation for Chinese mainline railways by fuzzy predictive control. IEEE Transactions on Intelligent Transportation Systems，2014，15（3）：938-948.

［64］ 张睿兴，陶彩霞，谭星. 灰色预测模糊控制在列车自动运行系统中的应用. 城市轨道交通研究. 2014，17（1）：30-32.

［65］ 王龙生，徐洪泽，张梦楠，段宏伟. 基于混合系统模型预测控制的列车自动驾驶策略. 铁道学报. 2015，37（12）：53-60.

［66］ 李中奇，杨振村. 动车组自动驾驶制动过程双自适应优化控制［J］. 计算机仿真. 2016（6）：121-126.

［67］ Shigen Gao, Hairong Dong, Yao Chen, Bin Ning, Guanrong Chen, Xiaoxia Yang. Approximation-based robust adaptive automatic train control：an approach for actuator saturation. IEEE Transactions on Intelligent Transportation Systems. 2013，14（4）：1733-1742.

［68］ 冷勇林，陈德旺，阴佳腾. 基于数据驱动的列车智能驾驶算法研究. 铁路计算机应用. 2013，22（10）：1-4.

［69］ 石卫师. 基于无模型自适应控制的城轨列车自动驾驶研究. 铁道学报. 2016，38（3）：72-77.

［70］ 张强，等. 城市轨道交通 ATO 系统性能指标评价. 都市快轨交通. 2011，24（4）：26-29.

［71］ 王道敏. ATO 站台精确停车功能实现的制约因素分析. 铁道通信信号工程技术（RSCE）. 2012，9（4）：41-43.

［72］ 罗仁士，王义惠，于振宇，唐涛. 城轨列车自适应精确停车控制算法研究. 铁道学报. 2012，34（4）：64-68.

［73］ Zhongsheng Hou, Yi wang, Chenkun Yin, Tao Tang. Terminal iterative learning control based station stop control of a train. International Journal of Control. 2011，84（7）：1263-1274.

［74］ Dewang Chen, Chunhai Gao Soft computing methods applied to train station parking in urban rail transit. Applied Soft Computing. 2012，12：759-767.

［75］ Dewang Chen, Rong Chen, Yidong Li, Tao Tang. Online learning algorithms for train automatic stop control using precise location data ofbalises. IEEE Transactions on Intelligent Transportation Systems. 2013，14（3）：1526-1535.

［76］ 王义惠，罗仁士，于振宇，宁滨. 考虑 ATP 限速的 ATO 控制算法研究. 铁道学报. 2012，34（5）：59-64.

第11章

航天航空自动化

11.1 航天航空自动化背景介绍

11.1.1 引言

为了提高航天器和航空器的稳定性及性能指标，航天器和航空器的控制过程中都应用自动控制系统。航天器的自动控制是指对航天器的姿态和轨道的自动控制。航天器是一个有交叉耦合的多自由度（即多个状态变量）的系统。各种测量值和系统状态又是间接相关的，在系统和测量中存在各种干扰因素，为解决这些复杂难题，需要应用多变量控制、统计滤波、最优控制和随机控制等理论。在大型的航天器和未来的航天站（由各种模块组装而成）上有许多设备需要控制；航天站上各种挠性体需要稳定；站上各种观测仪的定向要求控制；以及航天飞机在航天站停靠时引起的扰动力矩应当克服等。这样的控制对象又是一个典型的大系统，要求有一个多级的、分布式的控制系统。大系统理论为设计这样的控制系统提供了理论依据。航天站的系统结构和控制可以在轨道上经常改变，因此它的控制系统应具有自适应和自组织的能力。此外，当航天器在星际航行时，要求它的控制系统不仅更可靠、更精确，而且应具有自动维修、自行学习、自行分析和判断的能力，能够自动改进控制方法和修改系统的性能，最好地完成复杂的任务。系统学、模式识别、人工智能与专家系统等为分析设计这样的智能控制系统创造了条件。

航空器采用主动控制技术。主动控制技术主要包括：放宽静稳定度要求的控制、阵风减缓与乘坐品质控制、机动载荷控制、结构振动控制和道接力控制。采用主动控制技术后飞机性能有了极大的提高。在飞机上实现主动控制技术，要求综合许多信息和控制许多操纵面，靠飞机上原有的机械操纵系统是难以胜任的，或者说会使机械操纵系统变得复杂和笨重。为解决此矛盾，可采用电传操纵。所谓电传操纵，是指用电信号来传递飞行员的操纵信息，这样可省去机械操纵系统，改善了飞机的性能。但要看到机械操纵系统有可靠性高的优点，一般的电子、电气系统达不到如此高的可靠性。为提高电传操纵系统的可靠性，目前最主要的手段是采用余度技术，即相同的多套系统同时工作。当某一套出故障时，监控/表决器诊断出故障并将此套系统隔离。余下的系统仍保证正常工作。这样，可保证电传操纵系统有与机械操纵系统相同的可靠性。近代飞机的功能既多又全，而且各种功能都由相应的自动控制分系统来实现，例如自动飞行控制系统、自动导航系统、自动推力控制系统等。为了协调这些分系统的动作，由飞机上的飞行管理计算机来统一管理和控制，这就形成了飞行管理系统。这仅仅是将各分系统联合起来使某种性能达到最好的水平。但在军用飞机上要进一步提高战斗力和生存能力，采用简单的联合不能满足要求，由此出现了综合控制。在综合控制中许多复杂的自动控制和高指标都是按人们所希望实现的那样去控制及操纵飞机，这里已包含了智能控制的因素。此外，为进一步提高系统的可靠性，不仅可以采用余度技术，而且可以采用自组织控制等。

11.1.2 航天航空自动化系统简介

11.1.2.1 航天航空飞行器的自动控制

航天航空飞行器的自动控制是一个含义很广的概念，它是指为了完成飞行任务而对飞行器实施的各种控制和引导技术。在目前常见的飞行器中，按它们的任务特点和飞行范围，可分为航空器、航天器和火箭及导弹三大类。在这三大类飞行器中，控制系统的任务是不完全相同的。

飞机是航空器中的主要飞行器。飞机的自动控制是指对飞机的自动稳定及引导飞机沿一定航线从一处飞到另一处的技术。飞机的自动稳定包括对其姿态和高度的稳定，实现这种自动稳定的系统常称为自动驾驶仪。引导飞机沿预定航线从一处飞到另一处的系统常称为导航系统。因而飞机的自动控制系统可包括自动稳定系统及导航系统两部分。

导弹的自动控制系统的任务，包含对弹体姿态（和高度）的自动稳定及按一定规律引导导弹飞向目标。实现导弹弹体姿态（和高度）自动稳定的系统常称为自动稳定系统或自动驾驶仪；引导导弹飞向目标的系统常称为导引系统。这两者的组合被称为制导系统。导弹导引系统和飞机导航系统的任务均是引导飞行器飞向目标。但是，导航系统常指引导至固定目的地的自动控制系统；而导引系统常指引导至活动目标的自动控制系统。因而在导引系统中需要包含能测量出目标相对导弹方位或坐标的装置。

航天器的自动控制系统的任务，主要包含对航天器姿态的稳定和控制，以及对航天器轨道的控制。航天器的自动控制系统常被称为航天器的控制和导航系统。

从以上简述可见，这三大类飞行器的控制系统的任务是不完全相同的。一般笼统地说，飞行器控制系统的任务是姿态和轨迹控制。但是由于这三大类飞行器的不同特点，它们控制系统的作用原理和构成均有相当大的差别，因此，下面将分别介绍三大类飞行器的控制系统。

11.1.2.2 飞机的导航系统

飞机导航系统根据工作原理的不同可分为以下几类。

（1）仪表导航系统

利用飞机上简单仪表所提供的数据，通过人工计算得出各种导航参数。这些仪表是空速表、磁罗盘、航向陀螺仪和高度表等。后来由人工计算发展为自动计算而有了自动导航仪。各种简单仪表也逐渐发展成为航向姿态系统和大气数据计算机等。

（2）无线电导航系统

利用地面无线电导航台和飞机上的无线电导航设备对飞机进行定位及引导。无线电导航系统按所测定的导航参数分为5类。

① 测角系统　如无线电罗盘和伏尔导航系统（VOR）。

② 测距系统　如无线电高度表和测距器（DME）。

③ 测距差系统　即双曲线无线电导航系统，如罗兰C导航系统和奥米加导航系统。

④ 测角测距系统　如塔康导航系统和伏尔-DME系统。

⑤ 测速系统　如多普勒导航系统。

作用距离在400km以内的导航系统为近程无线电导航系统，达到数千千米的导航系统为远程无线电导航系统，1万公里以上的导航系统为超远程无线电导航系统和全球定位导航系统。全球定位导航需借助于导航卫星。此外，利用定向和下滑无线电信标可组成仪表着陆系统。

（3）惯性导航系统

利用安装在惯性平台上的3个加速度计测出飞机沿互相垂直的3个方向上的加速度，由计算机将加速度信号对时间进行一次和二次积分，得出飞机沿 3 个方向的速度和位移，从而能连续地给出飞机的空间位置。测量加速度时也可以不采用惯性平台，而把航向系统和姿态系统提供的信息一并输入计算机，计算出飞机的速度和位移，这就是捷联式惯性导航系统。

(4) 天文导航系统

以天体（如星体）为基准，利用星体跟踪器或敏感器测定水平面与对此星体视线间的夹角（称为星体高度角）。高度角相等的点构成的位置线是地球上的一个大圆。测定两个星体的高度角可得到两个大圆，它们的交点就是飞机的位置。

(5) 复合导航系统

由以上几种导航系统组合起来所构成的性能更为完善的导航系统。

11. 1. 2. 3　导弹的制导系统

导弹制导系统的任务是控制导弹以一定的精度飞向目标。为了控制导弹能准确地飞向目标，制导系统一方面需要测量目标和导弹的相对位置，确定导弹的飞行轨迹；另一方面还要保证导弹能沿上述确定的轨迹稳定地飞行。在导弹制导系统中完成前一任务的称导引系统；完成后一任务的称稳定系统。因此制导系统可分为导引系统和稳定系统两部分。导引系统的任务是确定目标和导弹的相对位置并按预定规律加以计算和处理，形成控制信号；而稳定系统的任务是执行导引系统给出的控制导弹飞行轨迹的命令，并保证导弹沿理想的轨迹稳定飞行。

通常，制导系统按照产生导引信号的来源不同可分为自主式制导系统、遥控式制导系统和自动寻的式制导系统。

(1) 自主式制导系统

在这种系统中，导引信号的产生不依赖于目标或指挥站（地面的或空中的），而仅由装在导弹内的测量仪器测出飞行器本身或地球或宇宙空间的物理特征，从而决定导弹的飞行轨迹。例如，根据物质的惯性，测量导弹运动的加速度来确定导弹飞行航迹的惯性导航系统；根据某星体与地球的相对位置来进行导引的天文导航系统；根据预定方案控制导弹飞行的方案制导系统；以及根据目标地区附近的地形特点导引导弹飞向目标的地形匹配制导系统等。自主式制导系统的特点是它不与目标或指挥站联系，从而不易受到干扰。此外，用这种系统制导的导弹，一旦发射出去，就不能再改变其预定的航迹，因而单用自主式系统制导的导弹不能攻击活动目标。

(2) 遥控式制导系统

在这种系统中，导引信号由设在导弹外部的指挥站发出。指挥站可设在地面，也可设在空中。它测定目标和导弹的相对位置，通过人或计算机形成导引信号，然后发送给导弹，控制导弹飞向目标。这种系统可用于攻击活动目标。遥控式制导系统按遥控信号的传输方式不同又可分为波束制导系统和指令制导系统。在波束制导系统中，按波束的物理特性不同可分为雷达波束和激光波束制导系统。在指令制导系统中，按指令传输线不同可分为有线指令系统和无线指令系统两类；而按目标观测线来分，又可分为目视、光学、雷达及电视指令系统等几类。

(3) 自动寻的式制导系统

这种系统依靠导弹上的设备直接感受目标辐射或反射的各种电磁波（如无线电波、红外线、可见光等）来测量目标和导弹的相对位置并形成导引信号，控制导弹自动飞向目标。显然，这种系统也适用于攻击活动目标。自动寻的式制导系统按信号的来源不同可分为主动式、半主动式和被动式三种；按信号的物理特性不同可分为红外、电视及雷达式三种；还可以按把目标当作点源或面源进行分类。分为点源跟踪系统和成像制导系统两种。

综上所述，导弹制导系统的分类如图 11-1 所示。

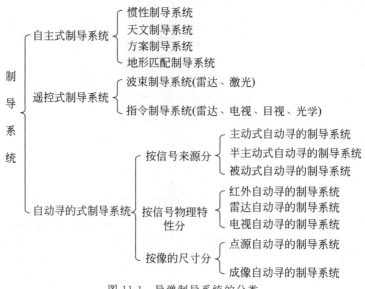

图 11-1   导弹制导系统的分类

图 11-1 所列的制导系统，在一个具体的导弹上，可能只采用一种，例如在射程较短的导弹上；也可能采用由两种或三种组成的复合制导系统，例如在射程较远的导弹上。

11.1.2.4   航天器控制

一个刚体航天器的运动可以由它的位置、速度、姿态和姿态运动来描述。其中，位置和速度描述航天器的重心运动，这属于航天器的轨道问题；姿态和姿态运动描述航天器绕重心的运动，属于姿态问题。从运动学的观点来说，一个航天器的运动具有 6 个自由度，其中 3 个位置自由度表示航天器的轨道运动，另外 3 个绕重心的转动自由度表示航天器的姿态运动。

航天器在轨道上运动时会受到各种力和力矩的作用。从刚体力学的角度来说，力使航天器的轨道产生摄动，力矩使航天器姿态产生扰动。因此，航天器的控制可以分为两大类，即轨道控制和姿态控制。

对航天器的重心施以外力，以有目的地改变其运动轨迹的技术，称为轨道控制；对航天器绕重心施加力矩，以保持或按需要改变其在空间的定向的技术，称为姿态控制。

（1）轨道控制

获取航天器的位置和速度信息是实现轨道控制的前提，这个过程称为轨道确定，而轨道控制就是在轨道确定的基础上，根据航天器现有位置、速度、飞行的最终目标，对重心施以控制力，以改变其运动轨迹的技术，有时也称为制导。

轨道控制按应用方式不同可分为四类。

① 轨道机动   指使航天器从一个自由飞行段轨道转移到另一个自由飞行段轨道的控制。例如，地球静止卫星在发射过程中为进入地球静止轨道，在其转移轨道的远地点就须进行一次轨道机动。

② 轨道保持   指克服摄动影响，使航天器轨道的某些参数保持不变的控制。例如，地球同步轨道卫星为精确保持其定点位置而定期进行的轨道修正；太阳同步轨道和回归轨道卫星为保持其倾角及周期所进行的控制；有的低轨道卫星为克服大气阻力，延长轨道寿命，所进行的控制。

③ 轨道交会   指一个航天器能与另一个航天器在同一时间以相同速度达到空间同一位

置而实施的控制过程。

④ 再入返回控制　指使航天器脱离原来的轨道，返回进入大气层及大气层内的控制。

（2）姿态控制

获取航天器相对于某个基准的姿态角和姿态角速度信息是实现姿态控制的前提，这个过程称为姿态确定。参考的基准可以是惯性基准或者人们所感兴趣的某个基准，例如地球。姿态确定一般采用姿态敏感器和相应的数据处理方法，姿态确定的精度取决于数据处理方法和航天器敏感器所能达到的精度。姿态控制是航天器在规定或预先确定的方向（可称为参考方向）上定向的过程，它包括姿态稳定和姿态机动。姿态稳定是指使姿态保持在指定方向，而姿态机动是指航天器从一个姿态过渡到另一个姿态的再定向过程。

姿态控制通常包括以下几个具体概念。

① 定向　指航天器的本体或附件（如太阳能电池阵、观测设备、天线等）以单轴或三轴按一定精度保持在给定的参考方向上。此参考方向可以是惯性的，如天文观测；也可以是转动的，如对地观测。由于定向需要克服各种空间干扰以保持在参考方向上，因此需要通过控制加以保持。

② 再定向　指航天器本体从对一个参考方向的定向改变到对另一个新参考方向的定向。再定向过程是通过连续的姿态机动控制来实现的。

③ 捕获　又称为初始对准，是指航天器由未知不确定姿态向已知定向姿态的机动控制过程。如航天器入轨时，星箭分离，航天器从旋转翻滚等不确定姿态进入对地、对日的定向姿态；又如航天器运行过程中因故障失去姿态后的重新定姿等。为了使控制系统设计更为合理，捕获一般分为粗对准和精对准两个阶段进行。

a. 粗对准　指初步对准，通常须用较大的控制力矩以缩短机动的时间，但不要求很高的定向精度。

b. 精对准　指粗对准或再定向后由于精度不够而进行的修正机动，以保证定向的精度要求。精对准一般用较小的控制力矩。

④ 跟踪　指航天器本体或附件保持对活动目标的定向。

⑤ 搜索　指航天器对活动目标的捕获。

从上述概念可知，定向属于姿态稳定问题，而再定向和捕获则属于姿态机动问题。姿态稳定要求控制系统在航天器的整个工作寿命中进行工作，这种控制一般是长期而持续的，所要求的控制力矩较小。姿态机动一般是短暂过程，需要较大的控制力矩，使姿态在较短的时间内发生明显改变。由于这两种姿态控制的目标有显著差别，所以这两种控制在工程上所基于的系统结构也往往不同。

总之，姿态控制是获取并保持航天器在空间定向的过程。例如，卫星对地进行通信或观测，天线或遥感器要指向地面目标；卫星进行轨道控制时，发动机要对准所要求的推力方向；卫星再入大气层时，要求制动防热面对准迎面气流。这些都需要使星体建立和保持一定的姿态。

姿态稳定是保持已有姿态的控制，航天器姿态稳定方式按其姿态运动的形式可大致分为两类。

① 自旋稳定　卫星等航天器绕其一轴（自旋轴）旋转，依靠旋转动量矩保持自旋轴在惯性空间的指向。自旋稳定常辅以主动姿态控制，来修正自旋轴指向误差。

双自旋卫星由自旋体和消旋体两部分组成，相互间由消旋轴承连接。自旋体绕轴承轴（自旋轴）旋转而获得自旋轴定向；消旋体在自旋轴定向的基础上又受轴承轴上消旋电动机控制而获得三轴稳定。有效载荷一般放在消旋体中。

② 三轴稳定　依靠主动姿态控制或利用环境力矩，保持航天器本体三条正交轴线在某一参考空间的方向。

（3）姿态控制与轨道控制的关系

航天器是一个比较复杂的控制对象，一般来说轨道控制与姿态控制密切相关。为实现轨道控制，航天器姿态必须符合要求。也就是说，当需要对航天器进行轨道控制时，同时也要求进行姿态控制。在某些具体情况或某些飞行过程中，可以把姿态控制和轨道控制分开来考虑。某些应用任务对航天器的轨道没有严格要求，而对航天器的姿态却有要求。例如，空间环境探测卫星绕地球的运行往往不需要轨道控制，卫星在开普勒轨道上运行就能满足对环境探测的要求。在这种情况下，航天器只有姿态控制。

航天器控制按控制力或力矩的来源可以分为两大类。

① 被动控制　其控制力或力矩由空间环境和航天器动力学特性提供，不需要消耗星上能源。例如利用气动力或力矩、太阳辐射压力、重力梯度力矩、磁力矩等实现轨道或姿态的被动控制，而不消耗工质或电能。

② 主动控制　包括测量航天器的姿态和轨道，处理测量数据，按照一定的控制规律产生控制指令，并执行指令，产生对航天器的控制力或力矩。主动控制需要消耗电能或工质等星上能源，由星载或地面设备组成闭环系统来实现。

综上所述，图 11-2 给出了航天器控制所包含的基本概念、内容和分类，以及相互之间的关系。

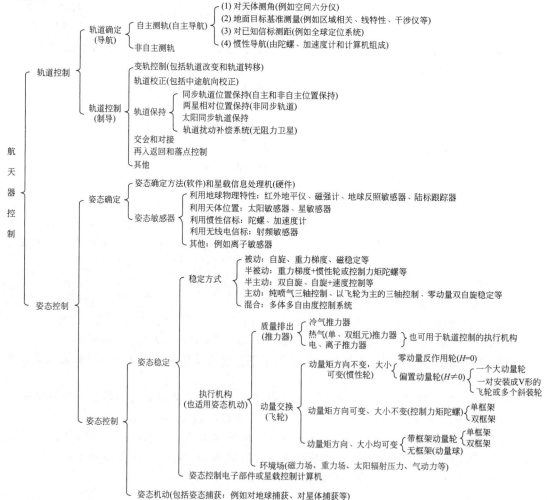

图 11-2　航天器控制基本内容和分类

（4）主动控制系统的组成

航天器主动控制系统，无论是姿态控制系统还是轨道控制系统，都有两种组成方式。

① 星上自主控制　指不依赖于地面干预，完全由星载仪器实现的控制，其自主控制方框图如图 11-3 所示。例如双自旋卫星的消旋控制和三轴稳定卫星姿态控制，一般都采取自主控制方式。有的地球同步静止轨道卫星东西位置保持也采用了自主式轨道控制。

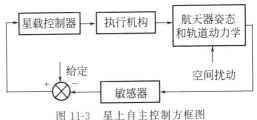

图 11-3　星上自主控制方框图

② 地面控制　或称星-地大回路控制，指依赖于地面干预，由星载仪器和地面设备联合实现的控制，其控制方框图如图 11-4 所示。例如，自旋和双自旋卫星的姿态机动及目前多数卫星的轨道控制均采用地面控制方式。

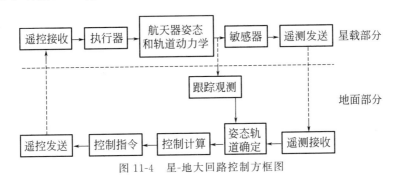

图 11-4　星-地大回路控制方框图

随着航天技术的发展，航天器的规模越来越大，大型挠性附件（如太阳能电池阵、天线等）振动、储箱内液体（液体燃料、生活用水等）晃动、多体结构刚挠性耦合等的影响已成为航天器控制，特别是姿态控制中重要而复杂的问题。

11.1.3　航天航空产业概况

航空航天产业处于装备制造业的制高点，是一个国家科技水平、国防实力、工业水平和综合国力的集中体现和重要标志。

11.1.3.1　全世界航空航天产业

在航空产业领域，不仅美国、欧洲等发达国家和地区加快发展民用航空工业，巴西、日本、韩国、印度等国家也将民用航空工业作为战略性产业重点发展。世界干线飞机市场基本被美国波音公司和欧洲空客公司瓜分，支线飞机市场主要由庞巴迪宇航公司、巴西航空工业公司垄断。通用飞机市场排名前十位的制造商占据全球总产量的 90% 以上，高端公务机市场被庞巴迪、塞斯纳、湾流等公司垄断，民用直升机市场被贝尔公司、罗宾逊公司、西科斯基公司等占领。预测未来 20 年，世界干线飞机需求超过 3 万架，价值 3 万亿美元，支线飞机需求超过 1.2 万架，价值 6 千亿美元。未来 10 年，全球通用飞机需求超过 5 万架，价值 4 千亿美元。

在航天产业领域，美国、俄罗斯、欧洲、日本及印度等国家和地区持续加大航天产业投入，加强空间基础设施建设，为航天产业快速发展提供坚实基础。全世界航天产业进入高速成长期，航天制造业发展势头强劲，航天服务业占据产业最大比重，卫星通信、导航、遥感商业化程度不断加大，卫星应用成为航天产业保持快速发展的重要带动力。2013 年，全世界航天产业收入超过 3300 亿美元。

11.1.3.2 我国航空航天产业

在航空产业领域，近年来我国 C919 大型客机、ARJ21 涡扇支线飞机、歼十五舰载战斗机、中型直升机等产品研制稳步推进，民用飞机由研制生产中小型飞机逐渐向大型飞机延伸发展。随着低空领域改革进程的加快，我国通用航空产业将步入发展快车道。2012 年中国航空装备产值 2300 亿元，较 2011 年增长 20%，其中，支线飞机、通航飞机及相关配套装备是推动行业增长的主要力量，基本形成了以陕西、珠江三角洲、东北地区为中心，以北京、天津、四川、江西等研发、制造为支撑的航空装备产业格局。我国已成为世界第二大民用航空市场，为我国航空产业提供了巨大的发展空间，预计 2009～2028 年间，中国需要补充各型民用客机 3800 架，其中，大型喷气客机 2900 架，支线客机 900 架，价值约 4000 亿美元。

在航天产业领域，我国已具备快速发展的基础条件，发展前景广阔。据测算，2013 年我国航天产业产值约 1700 亿元，卫星制造、运载系统、地面设备和卫星应用各领域均实现快速增长。目前我国在轨卫星 100 余颗，空间基础设施具备一定基础，为发展航天产业提供了基本物质、技术条件。卫星应用产业的加快发展及卫星运营服务能力的不断提高，成为推动航天产业跨越发展的生力军。下一步，我国航天产业将由试验应用型向业务服务型加速转变，正步入以需求为牵引、以应用为核心的产业化发展轨道，将从满足国家战略需求拓展到全面服务经济社会发展，并从以国家投入为主向多层次、多渠道投资体系转变。

11.2 航天航空自动化技术国内外现状

11.2.1 航天航空自动化技术现状

在航天领域，由于自身的特点，对可靠性有特殊的要求。"挑战者"号航天飞机由于一个垫片失效，导致 7 人丧生的悲剧，令人记忆犹新。在航空方面，许多致命的飞行事故是由于飞行员误用信息、知识和能力。例如，飞行员是利用从仪表方面得到有关飞机精确状况信息来操纵飞机的。不精确的或局部的信息会使飞行员丧失安全驾驶飞机所必要的对策。此外，飞行员的粗心大意或没有经验会导致知识的误用。还有，在现代飞机上操纵面是有余度的，例如，副翼坏了，可用襟翼来代替。但如果飞行员的能力太差，无法用襟翼来操纵飞机，这表征误用能力的结果。

综上所述，航天航空技术的发展对控制方面可归纳出三方面的要求：

① 要求保证有极高的可靠性；
② 要求进一步提高航天航空器的性能；
③ 要求减轻宇航员或飞行员的负担。

为了解决这三个问题，利用了自动控制技术，并进一步引入了人工智能技术，将自动控制技术和人工智能技术相结合，形成智能控制技术。

为提高航天航空器的可靠性，除保证设备、系统的固有性能和余度外，还必须加强故障诊断、定位、隔离和系统重构。由于飞行器上的设备和系统极其复杂，单靠飞行员是无法完成操作的。专家系统应用的主要领域是故障诊断、定位。因此利用为诊断问题求解的实时知识基的专家系统就可实现提高可靠性要求。

在改进性能方面，例如要提高武器发射的精度，要实现自动、自主式航天器的交会等，因为周围的环境过于复杂，要考虑的因素很多，单靠宇航员或飞行员是难以实现的，而这些可以采用分级递阶智能控制系统或专家控制系统来实现。

11.2.2 高超声速飞行器控制领域的研究现状

自 20 世纪 50 年代提出高超声速燃烧的概念以来，中国、美国、俄罗斯、法国、德国、日本和印度等国家经过多年不懈的努力，陆续取得了技术上的重大进展，制订出多项高超声速飞行器发展计划，并进行了地面和飞行试验。下面对高超声速飞行器的发展历程和高超声速飞行器控制技术的国内外研究现状进行简要回顾及分析。

11.2.2.1 高超声速飞行器控制技术国内外研究现状

（1）控制建模研究现状

建立吸气式高超声速飞行器的动力学模型是控制系统设计的前提[1]。如何建立能够更全面反映高超声速飞行器独特动态特性和物理机理的动力学模型，并以此为基础采取合适技术手段建立更有利于控制系统设计的面向控制模型，是高超声速飞行器建模技术所面临的主要问题。

传统的飞行器建模一般是基于牛顿力学推导出飞行器的六自由度刚体动力学与运动学模型，并认为弹性模态与刚体动力学分属于两个不同的带宽范围，因此将弹性模态作为模型的动态不确定性进行处理。在传统飞行器的建模过程中，一般将空气动力学与推进系统分别看成两个相互解耦的控制回路，气动力和力矩的建模采用较为完备可靠的空气动力学风洞数据拟合得到，推进系统则单独采用二阶振荡环节近似描述。但是，由于高超声速飞行器采用了超燃冲压发动机和机体/发动机一体化构型，使得其建模与传统飞行器的建模极为不同。机体和发动机之间的严重耦合以及飞行姿态与发动机推进效率之间的相互作用关系，使得高超声速飞行器的建模不能按照传统飞行器的建模方式进行。

目前，由于计算流体力学（CFD）方法的复杂性、风洞模拟设备的局限性和飞行试验的高风险、高代价性以及各种实验数据不足等原因，高超声速飞行器面向控制建模的能力十分有限[2]。现有文献中的高超声速飞行器建模工作主要采用理论上的解析式建模方法和数值计算方法相结合，力求建立面向控制的高超声速飞行控制模型，刻画飞行器的主要动力学行为和固有特性，为飞行控制系统设计提供研究平台。作为高超声速飞行器的预研阶段，考虑到问题的复杂性，现有文献中大多数仅考虑飞行器的纵向动力学模型，力求描述其主要的动力学特性[3]。

但是，即使是针对纵向动力学建模问题，现有文献中面向控制模型也是多种多样，其中，按照飞行器构型、建模方法等大体上可归纳为四大类：带翼锥形体模型（winged-cone model）、一体化解析式模型（Schmidt-Chavez model）、通用高超声速飞行器模型（CSULA-GHV model）、面向控制一体化解析模型（AFRL-OSU model）。其中，早期得到的前三类模型主要是通过忽略或者简化高超声速飞行器的某些特征，如弹性影响、不确定性因素等，以得到简化的纵向动力学方程来描述高超声速飞行器的主要特性。因此，可将这些模型统一概括为"简化解析式动力学模型"。与上述提及的三类简化解析式模型不同，俄亥俄州立大学的 Serrani、Parker 和 Sigthorsson 等学者在 Bolender 及 Doman 建立的复杂机理模型基础上，初步尝试了"面向控制"的模型简化与处理思路，得到了便于控制系统设计的解析式面向控制模型，并将其成功应用于不同方法的控制系统设计。因此，从控制系统设计角度出发，作为面向控制建模的一个开端，第四类模型可以被称为高超声速飞行器的真正"面向控制模型"。

① 简化解析式动力学模型

a. 翼锥形体模型（winged-cone model）　在高超声速飞行器面向控制建模的研究初期，带翼锥形体（winged-cone）构型就被广泛应用于具有锥形加速器结构的纵向刚体建模。早在 1990 年，美国 NASA 兰利研究中心就对这种结构的建模及其动力参数进行了详细讨论，并首次向全世界公布了这种构型的风洞实验数据和 CFD 计算结果[3]。在锥形体建模的推导过程中，一般将机体视为刚体，完全忽略空气动力学、推进系统与结构动力学之间的耦合效应。在 NASAP 的支持下，文献［4］描述了一个六自由度水平起飞的概念型高超声速飞行器。Bushcek 和 Calise 基于一个工作点处的线性模型建立了控制系统的不确定性模型，将耦合效应考虑为线性模型的加性不确定性，将推进系统对空气动力学的耦合考虑为俯仰力矩对攻角系数的参数不确定性，采用加权函数以附加的不确定性的形式在频域内将弹性自由度与刚体动力学的耦合信息包含进来。这种建模方法的缺点在于，首先是一个线性模型，所包含的信息非常有限，而且完全将耦合效应作为不确定性处理，必然给控制器设计带来巨大麻烦，而且也很难实际地描述高超声速飞行器所独特的耦合动力学特性。虽然该模型与目前文献中广泛研究的基于乘波体理论设计的机体/发动机一体化构型有显著不同，但是限于高超声速技术的保密性和这一构型所具有的一定的代表性，此后许多学者对该带翼锥形体模型进行了大量研究，并以此为基础建立了多个面向控制的模型，以用于控制器设计方面的研究。其中，最具代表性的是 Heller 和 Stengel 等学者在文献［5~7］中研究了这类模型的气动力及力矩的拟合近似，给出了简化解析式模型，为后续开展这类飞行器刚性模态的飞行控制研究奠定了基础。

近些年来，Keshmiri 和 Lee 等学者对带翼锥形体构型的建模问题做了进一步的深入研究[11]，例如，Colgren 和 Keshmiri 等在文献［9］中基于刚体飞行器的六自由度运动方程组结合风洞试验和计算流体力学，考虑导弹重心、重心位置和转动惯量的时变性以及气动环节和推进系统之间的相互耦合，建立了某外形为带翼锥形的通用高超声速飞行器的十自由度非线性仿真模型。如果不考虑导弹的不确定性因素和干扰，该模型是一个比较完备的可用于做机理分析和设计的面向控制模型。

b. 一体化解析式模型（Schmidt-Chavez model） 1994 年，以美国马里兰大学 Schmidt 和 Chavez 为首的研究小组在机体/发动机一体化建模方面做出了开创性工作[10~13]，以至于在后续对高超声速飞行器乘波体模型的一体化解析式建模中基本上都参考了他们的工作。文献［13］给出了一体化解析式建模的详细推导过程：对飞行器的前体采用了牛顿撞击理论获得表面压力分布以及发动机进气口的热力学参数；发动机的进气道与尾喷管部分近似处理为准一维等熵流动，燃烧室建模为具有恒定截面积的一维加热流动；发动机的后体建模计算比较复杂，给出了一个近似的压力分布表达式；将飞行器考虑为简单的悬臂梁结构，将弹性变形考虑到飞行器的几何变形中，使其耦合到气动力建模中。该模型考虑了空气动力学、推进系统与结构动力学之间的耦合效应，对以后的一体化建模起到了重要的指导意义。文献［14］提出了一个降阶气动热弹性模型用于时域研究，并对降阶模型和保真模型进行了比较。在后续文献［15］中，详细讨论了模型的不确定性来源，建立了实参数、非结构以及结构的三类不确定性模型，力求采用线性鲁棒控制方法设计高超声速飞行控制器。另外，在文献［14］中详细的推导了基于拉格朗日方程的弹性飞行器的刚体与结构动力学一体化建模过程，在后续的研究工作中，对弹性与刚体动力学耦合问题的考虑都是在此模型基础上做一般性简化假设，力求描述其主要动力学特征，以减小控制器的设计复杂度。

c. 通用高超声速飞行器模型（CSULA-GHV model） 自 2000 年以后，后续的面向控制建模工作也大都是在 Schmidt 的基础上做一些改进与扩展工作，其中以 Mirmirani 和 Bolender 等学者的工作最具代表性[16~19]。由于近期的研究方向转为高超声速巡航飞行器，因此飞行器的前体多采用斜激波理论，而早期采用的牛顿撞击理论是采用简单表达式对斜激波理论的高马赫数近似，当飞行马赫数较低时，会产生很大的误差[19]。Mirmirani 等学者自 2005 年开始就与多个研究机构合作开发通用高超声速飞行器模型（CSULA-GHV model)[18]。Mirmirani 等分别采用斜激波理论和普朗特-迈耶尔膨胀波理论对前体及后体建模，发动机建模仍然采用了 Schmidt 的方法。文献［20,21］基于风洞和 CFD 数据，给出了 GHV 关于 MATLAB 的六自由度数据库，充分描述了飞行器的动态数据。不同于其他学者，Mirmirani 等学者在建模过程中加入了计算流体力学（CFD）数值方法来得到面向控制的简化模型，然后将 CFD 模型与理论解析模型进行数值对比，验证模型的准确性和对飞行器主要动力学特性的描述[22]。目前，已有许多高超声速飞行器控制系统设计工作是基于这类模型进行的[23]。

② 控制一体化解析模型（AFRL-OSU model）　美国空军研究实验室的 Bolender 和 Doman 从 2005 年开始一直致力于吸气式高超声速飞行器的解析式建模，并一直将该模型推广应用于控制系统设计，使其成为目前控制系统设计中应用最为广泛的一类飞行控制模型[24~26]。文献[27]建立了三维六自由度的高超声速模型，从面向控制的角度更细致地刻画了飞行器的动态特性。主要进行了刚体运动方程、几何外形的参数、气动载荷和推进模型的研究。同样，Bolender 和 Doman 的建模也是以 Schmidt 的工作为基础展开的，但他们改进得到的机理模型更全面地刻画了吸气式高超声速飞行器的纵向动力学行为，有助于深入理解高超声速飞行器独特的动力学特性和物理机理。但是，由于该模型无法得到闭环的解析模型且部分表达式过于复杂，不适合直接将其应用于控制系统设计。为此，俄亥俄州立大学的 Parker、Sigthorsson 以及 Fiorentini 等学者在此基础上进行了面向控制的模型简化，并将所其成功应用于不同方法的控制系统设计[28]。为此，可将这类模型称为"面向控制一体化解析模型"。

目前，这类模型仍在发展和改进中，如考虑非最小相位特点而增加鸭翼舵面控制，或者考虑气动热、气动黏性、推力敏感度以及制导与控制一体化等[29]。综上所述，各个模型主要针对高超声速飞行器的部分动力学特性进行了面向控制建模，各有优缺点和研究问题的侧重点。虽然目前还有很多学者在这方面做出了大量的工作，但是吸气式高超声速飞行器的面向控制动力学建模问题还远没有完全解决，上述提及的面向控制一体化解析模型也只是面向控制建模的一个开端，需要进一步的完善和发展，因此值得继续关注和深入研究[30,31]。

（2）控制方法研究现状

从现有文献调研的结果来看，当前有关飞行控制系统设计的所有方法均已应用于高超声速飞行控制系统设计中，内容遍及古典控制、现代控制、时域方法、频域方法、线性控制、非线性控制、鲁棒控制、自适应控制、预测控制、智能控制等诸多范围。因此，可以采取多种不同的分类方法或描述角度对高超声速飞行器控制系统设计方法研究现状进行综述[32]。

从控制系统设计中所基于的高超声速飞行器模型类别的角度出发，大体上可以将这些成果分为三大类：基于线性化模型的控制方法，基于非线性模型的控制方法以及基于线性时变/参变模型的控制方法。下面对一些主要成果进行简要的综述。

① 基于线性化模型的控制方法　在基于线性化模型的控制设计方面，以 Schmidt 为首的众多学者针对 Schmidt-Chavez model，采用古典多变量控制方法在高超声速飞行器动力学特性分析、不确定性建模和控制器设计方面做了大量研究工作[33,34]。Thompson 和 Myers 也采用常规飞行器自动驾驶仪的设计方法对高超声速飞行器进行了控制系统设计[35]。Vu 和 Biezad 研究了飞行员操作高超声飞行器的直接升力控制方法，给出了较为详细的控制器设计方法和控制效果评估[36]。胡永琴以 winged-cone 刚性模型为对象，先后给出了工程中易于实现的 PID 古典控制系统设计和基于部分自抗扰理论的 LQ 控制器的设计[37]。此外，德国学者 Heller 和 Breitsamter 等分别在文献[38,39]中研究了高超声速飞行器侧向运动的动力学特性，并给出了控制系统设计方法，是现有关于高超声速飞行器控制系统中为数不多的侧向运动控制结果。

基于现代鲁棒控制理论，文献［40］是鲁棒设计的里程碑。Gregory 等针对线性化模型的大气干扰和模型不确定性等因素，以加权函数描述系统的约束性能指标，设计了 H_2 和 H_∞ 综合控制器。文献［41］在统一结构下采用优化方法设计了 H_2 和 H_∞ 综合控制器。文献［42］采用 H_∞ 和 μ 控制方法为高超声速飞行器在 $v=8\mathrm{Ma}$ 和 $h=2612\mathrm{km}$ 平衡条件下的线性化模型设计鲁棒控制器，并认为其状态变量是可测的。文献［43］将 T-S 模糊模型用于研究离散时间非线性系统范数有界的参数不确定性和马尔可夫跳跃参数。文献［44］讨论了带有时变时滞和时变范数有界参数不确定性的离散随机系统的鲁棒 H_∞ 控制。Buschek 和 Calise 对推进系统的摄动和气动弹性导致的机身弯曲进行了不确定性建模，并考虑到控制系统的阶次问题，设计了三个固定阶次的 H_∞ 控制器。Lohsoonthorn 等学者针对 winged-cone 刚性模型，分别采用特征结构配置和频域加权受限 H_∞ 方法研究了长周期模态和短周期模态的解耦控制问题[45]。Cai 等在文献［46］中对于高超声速巡航飞行器，基于平衡点线性化模型设计了鲁棒参数化方法的跟踪控制器；鲁棒控制的优点在于抑制干扰和补偿未建模动态，但鲁棒设计往往是在考虑最坏条件下获得的，通常过于保守，在一定程度上牺牲了性能指标。将经典的鲁棒控制与其他控制方法相结合，在航天航空领域也有广泛的应用前景。此外，在对于非平衡点状态下，文献［47］采用正切线性化方法设计了巡航条件下的姿态跟踪控制器。朱云骥基于 Riccati 方程和 LMI 两种方法研究了高超声速飞行器不确定系统鲁棒控制器设计。Mooij 利用模型参考自适应方法研究了高超声速飞行器的姿态控制问题。文献［48］针对小扰动线性化得到的模型，给出了基于 LMI 方法的保性能控制器设计。孟中杰和闫杰在文献［49］中考虑气动参数和模态参数的大范围摄动，采用主动控制策略，基于鲁棒 H_∞ 理论和 LQR 理论设计了精细姿态控制系统。

针对计算流体力学模型的线性化结果，Huo 等在文献［50］中采用自适应线性二次型控制方法研究了高度和速度跟踪控制问题。Kuipers 等学者采用自适应的增益调度线性二次性跟踪控制方法设计了高超声速巡航飞行器的高度和速度跟踪控制器；其后，他们进一步考虑了空气弹性结构影响，将一种新的多模型自适应混合控制策略应用于具有不确定性的高超声速飞行器纵向模型，取得了良好的控制效果。

针对 Bolender 和 Doman 建立的改进解析式模型，Serrani 与其他学者合作展开了一系列的姿态控制系统设计研究，其中，基于线性化模型的设计结果有：Groves 和 Sigthorsson 分别在文献［51,52］中给出的基于隐式模型跟踪和积分扩展方法的线性二次型调节器，以及基于内模原理和鲁棒伺服理论的输出反馈控制器。Ochi 和 Dong 分别在文献［53,54］中研究了基于线性化模型的切换控制；Li 等在文献［55］中针对带弹性的模型研究了参考跟踪控制，并考虑了模型的时滞和不确定性影响。

另外，在基于线性化模型进行设计的成果中，有一大批是基于增益调度的控制方法。增益调度控制是当前最常规的飞行控制设计方法，其核心思想是用线性控制器的设计方法来解决非线性控制问题。飞行器控制中通常的增益调度，是以攻角、高度等作为调度变量。高度的变化影响了大气压力、温度、空气密度，从而直接影响到导弹的气动参数。文献［56］中增益调度控制系统采用高度作为调度变量，针对大空域机动反舰导弹飞行空域大、速度变换范围大的特点，在理想弹道计算的基础上选取特征点，保证导弹在所有特征点的性能要求。文献［57］提出一种基于近似变结构控制及模糊局部控制器网络的鲁棒增益调度控制设计方法。引入了模糊控制技术的隶属函数，将它当作增益调度控制器的有效度函数，得到模糊局部控制器网络。文献［58］提出了基于协调增益调度策略的姿态控制器设计方法，建立了有别于小扰动线性化的各通道线性化模型，独立设计了各通道的增益调度控制器。

虽然上述方法各不相同，但是控制器设计的出发点基本相同，即首先将非线性模型在特征点附近线性化，然后基于线性化模型和所考虑问题的侧重点，采用不同的控制策略设计姿态控制器，使闭环系统达到稳定并满足一定的控制性能，如考虑渐近跟踪性能、鲁棒性以及自适应性等。

② 基于非线性模型的控制方法　考虑到线性化处理可能对非线性模型动态信息的丢失，以及基于平衡点线性化方法所设计控制器存在的局限性，许多学者直接针对非线性模型研究飞行器的控制系统设计。Stengel 等在文献［59,60］中，针对 winged-cone 刚性模型及其气动参数和惯性量的参数不确定性，综合利用随机鲁棒控制、遗传算法以及非线性动态逆方法，在随机意义下设计了鲁棒控制器，并取得了较好的控制效果。Tournes 等最先在文献［61］中将滑模控制方法应用于高超声速飞行器控制系统设计；之后，Xu 和 Mirmirani 等采用反馈线性化方法将非线性模型转化为等价的线性模型，再利用自适应滑模控制和滑模观测器方法设计了滑模控制器[62]。

考虑到原始机理模型的复杂性，文献［63］研究了面向控制的模型简化，并基于反馈线性化和非线性动态逆方法设计了反馈线性化控制器。在此基础上，Fiorentini 和 Serrani 等在文献［64］和［65］中研究了一种鲁棒自适应非线性控制设计方法，考虑将吸气式高超声速纵向飞行控制系统分解为多个子系统，然后将反步法与自适应动态逆相结合对每个子系统设计控制律，最后利用 Lyapunov 方法对闭环系统进行了稳定性分析。

Ataei A 和 Wang 在文献［66］中给出了一种基于多项式平方和方法及非线性动态逆方法的具有不确定性模型的高超声速飞行控制设计。文献［67］给出了具有弹性动力学的一种非线性自适应控制方法。Gao 等给出了一种基于动态面方法的模糊自适应控制方法[68]。Vaddi 和 Sengupta 利用模型预测方法研究了状态及输入受限的轨迹控制问题[69]。Li 等利用高增益观测器进行了非线性输出反馈控制设计[70]。基于非线性动态逆控制方法，文献［71］给出了相应的设计结果。应用 Backstepping 方法或 DSC 方法，文献［72,73］分别给出了非线性控制器设计结果。文献［74］研究了非线性输出反馈控制跟踪控制器，基于假设发动机推力和速度是有界的，给出了非线性观测器用于估计一个对于输出反馈反步法控制器的不可测状态。Saeks 和 Cox 等针对美国空军和 NASA 在 LoFLYTER 计划中的高超声速飞行器模型设计了自适应神经网络控制器[75]。澳大利亚学者 Austin 采用遗传算法设计了高超声速飞行模糊控制器[76]。Chamitoff 利用先验和在线信息将智能优化算法应用于高超声速飞行器的实时飞行控制[77]。刘燕斌在文献[78]中采用反馈线性化、自适应反步法、变结构反步法以及模糊神经网络方法等综合设计了具有内外回路的控制器。基于一类不确定非线性系统控制方法，文献［79］设计了高超声速飞行器的自适应鲁棒输出容错控制律。Gao 和 Sun 将 T-S 模糊控制理论应用于高超声速飞行控制设计中，以近似拟合系统中非线性和不确定性因素[80]。

目前，除了上述提及的典型的基于非线性化模型的控制设计外，还有很多将不同非线性控制方法进行结合应用的控制设计思路，如文献［81］研究了高超声速飞行器纵向有神经网络补偿的非线性自适应动态逆控制。但是，通过分析不难发现，在高超声速飞行器控制系统设计的非线性方法中，主要有以下几类方法：第一类，利用反馈线性化或非线性动态逆控制结构，将非线性系统模型进行精确得到等价的线性化模型，然后利用现有的线性化方法设计控制器；第二类，利用反步法（backstepping）或其改进方法（如动态面控制方法）等非线性控制方法直接针对非线性模型进行控制器设计，其中可以加入模糊系统、神经网络等智能算法以实现控制系统的自主智能或自适应性；第三类，利用现有的智能算法或凸优化算法直接进行非线性控制设计；第四类，利用常规的线性化方法将非线性模型转化为线性模型，但是针对具体的问题，在控制器设计过程中加入非线性因素，如饱和、输入受限、时滞等，甚至有些学者开始综合考虑制导与控制一体化、气动热弹性效应、超燃冲压发动机控制与姿态控制系统设计一体化等问题。

③ 基于线性时变/参变模型的控制方法　考虑到吸气式高超声速飞行器在大包络范围内飞行时的快时变特性、严重不确定性以及传统增益调度方法的不足，近年来有学者开展了基于线性时变和线性参变模型的控制研究。Lind 用线性变参数模型建立了气动热效应对结构动力学特性的影响，并利用线性参变控制技术设计了动态补偿器[82]；之后，Lind 和 Bhat 等学者在文献［83,84］中进一步针对机体周围的热量梯度变化所引起的气动热弹性效应，进行了详细动力学特性分析并建立温度依赖的线性变参数模型，同时利用线性参变模型方法、Lyapunov 稳定方法和鲁棒控制方法设计了基于 Lyapunov 的连续鲁棒控制器，稳定性分析和仿真结果验证了闭环控制系统的鲁棒性及有效性。Sigthorsson 和 Serrani 等详细地给出了高超声速飞行器的线性参变建模过程，并针对过驱动姿态控制问题设计了 LPV 鲁棒控制器，仿真结果验证了控制系统的鲁棒稳定性和控制性能[85]。Cai 等在文献［86］中针对高超声速飞行控制系统，建立了一套基于变化率方法的线性变参数建模、控制器设计与仿真实现的框架。针对具有弹性作用的高超声速飞行器纵向动力学模型，Qin 等在文献［87］中基于线性参变方法分别研究了高超声速飞行控制系统的鲁棒模型预测控制和鲁棒变增益控制。在文献［88］中，Yu 等建立了高超声速飞行器的线性参变模型，并以此为基础利用 μ 综合方法设计了增益调度鲁棒控制器。Fidan 等通过建立高超声速飞行器纵向运动模态的线性时变模型，给出了线性时变系统的自适应极点配置控制方法[89]。Ma 和 She 将多时间尺度连续时变控制方法应用于具有建模不确定性及外界扰动的高超声速飞行控制系统的指令跟踪控制设计[90]。

从以上关于高超声速飞行控制系统设计的研究现状分析可知，现有文献中有关一般飞行控制系统设计的方法在高超声速飞行器姿控系统设计中几乎都有所应用，而且每种方法都存在着一定的优缺点。成熟的线性时不变控制系统设计理论使基于线性化方法的飞行控制设计对模型的精度性要求较低，有利于系统的稳定性分析与控制性能设计，但对于具有快时变、强耦合、强非线性以及严重不确定性的高超声速飞行控制系统而言，一般的基于线性化的控制设计方法存在着不同程度的局限性。

相比之下，非线性控制设计方法更加符合高超声速飞行控制系统的非线性本质，所设计的控制器更具有全局性，但非线性控制方法对模型结构和精确性要求较高，且不便于进行稳定性和鲁棒性分析，这对于具有较强模型参数、结构不确定性以及未建模动态的高超声速飞行器控制系统而言，限制了许多非线性控制理论与方法的应用。

基于线性时变/参变模型的控制方法是近年来高超声速飞行控制研究中备受关注的一个方向，但目前由于线性时变控制理论还远不及线性时不变控制理论发展的那么完善，因此所得到的研究结果十分有限。近年来基于线性变参数控制理论的飞行控制系统设计方法发展日趋成熟，尤其是对具有快时变、强耦合、强非线性和严重不确定性的高超声速飞行控制系统具有广阔的应用前景。线性变参数系统不仅自身具有的时变特性能够描述高超声速飞行器的快时变特性，而且既能以线性化形式表示具有强非线性的高超声速姿控系统，又能推广利用现有的成熟的线性控制理论解决非线性控制设计问题。因此，基于线性变参数模型的控制理论与方法有望成为解决高超声速飞行控制系统设计这一重要科学难题的可能技术手段。

11.2.2.2　重点文献评析

在 SCI 的科学引文索引中，输入主题 hypersonic 和主题 control 有 1877 篇文献，在研究方向精炼"automation control systems"有 580 篇文献，这些文献中有 238 篇是来自中国的，183 篇来自美国，被引频次最高的文献［91］是 50 次，其次是文献［92］，被引频次 43 次，2008 年的文献［93］被引频次也高达 25 次。国外 Bolender 和 Doman、Fiorentini、Serrani 等学者在高速超声速飞行器方面也做了大量的工作。国内清华大学孙增圻教授，哈尔滨工业大学段广仁教授，高会军教授团队在这方面也做了大量的工作。

① Marrison C I, Stengel R F. Design of robust control systems for a hypersonic air-craft. AIAA J Guidance, Control, and Dynamics, 1998, 21 (1): 58-63.

被引频次居于首位的文献 [93] 用泰勒展开式将高超声速飞行器的简化非线性模型在平衡条件下做近似的线性化处理，然后采用二次最优调节器来抑制不确定扰动和线性化误差。文献 [93] 在考虑系统的不确定因素时，将文献 [94] 给出的带翼锥形（winged-cone）飞行器纵向平面动态的模型参数用系统参数与 28 个随机参数的函数表示。令具有随机不确定参数 v 的系统模型为 G_v，定义在控制器 K 下某性能指标的违反程度为

$$P(K) = \int_{v \in V} T(G_v, K) \mathrm{pr}(v) \mathrm{d}v \tag{11-1}$$

式中　　v——随机不确定参数；

$\quad\quad G_v$——系统模型；

$\quad\quad K$——控制器；

$\quad T(G_v, K)$——示性函数。

在控制器 K 作用下，该性能指标满足 $T(G_v, K) = 0$，否则 $T(G_v, K) = 1$。$P(K)$ 值越小，表明在该性能指标要求下控制器 K 的鲁棒性越强。为便于计算，基于蒙特卡洛采样建立如下近似公式。

$$\hat{P}(K) = \frac{1}{N_v} \sum_{i=1}^{N_v} T(G_{vi}, K) \tag{11-2}$$

式中　N_v——足够大的采样次数。

定义性能泛函

$$J(K) = f[P_1(K), P_2(K) \cdots] \tag{11-3}$$

其近似

$$\hat{J}(K) = f[P_1(K), P_2(K) \cdots] \tag{11-4}$$

因此，鲁棒控制器的设计问题就转化为最小化性能泛函 $\hat{J}(K)$ 的一个最优控制问题。

在平衡点

$$v = 15\mathrm{Ma}, h = 110000\mathrm{ft}(33.528\mathrm{km}), \gamma = 0°, q = 0°/\mathrm{s}$$

进行线性化，得到如下模型。

$$\dot{x} = F_x(v) \Delta x + F_u(v) \Delta u \tag{11-5}$$

则控制量为

$$u = u_0 + \Delta u = u_0 + \Delta u_d + \Delta u_s$$

式中　u_0——平衡点的标称控制量；

$\quad \Delta u_d$——平衡点转移的控制量；

$\quad \Delta u_s$——确保稳定和平衡点转移过程性能的控制量。

选取性能泛函

$$\hat{J}(K) = \sum_{i=1}^{39} [W_i \hat{P}_i^2(K)] \tag{11-6}$$

采用鲁棒线性二次型（LQ）方法设计 Δu_s，得到

$$\Delta u_s = -k_R K_{LQ} [\Delta x^T V_I h_I] \tag{11-7}$$

式中　k_R——一个待设计的常数，$k_R > 0$；

$\quad K_{LQ}$——线性二次型调节器增益。

$$V_I(t) = \int_0^t [V(\tau) - V_c] \mathrm{d}\tau \tag{11-8}$$

$$h_1(t) = \int_0^t [h(\tau) - h_c] d\tau \tag{11-9}$$

式中 V_c, h_c——待跟踪的设定点指令。

与一般的控制器设计相比较，在该最优控制器作用下，不稳定的概率从 0.014 下降到 0.001，响应时间减少，其他的性能都有相应提高。但是，该类方法的应用难点在于如何将建模不确定性转化为随机参数进行描述。

② Parker J T, Serrani A, Yurkovich S, et al. Control-oriented modeling of an air-breathing hypersonic vehicle. AIAA J Guidance, Control, and Dynamics, 2007, 30: 856-869.

为了设计控制器，首先设定模型（假设地球半径无限大且忽略地球自转），即

$$\dot{h} = V\sin\gamma \tag{11-10}$$

$$\dot{v} = \frac{1}{m}(T\cos\alpha - D) - g\sin\lambda \tag{11-11}$$

$$\dot{\gamma} = \frac{1}{mV}(T\sin\alpha + L) - \frac{g}{V}\cos\gamma \tag{11-12}$$

$$\dot{\theta} = Q \tag{11-13}$$

$$\alpha = \theta - \gamma \tag{11-14}$$

$$I_{yy}\dot{Q} = M + \widetilde{\Psi}_1 \ddot{\eta}_1 + \widetilde{\Psi}_2 \ddot{\eta}_2 \tag{11-15}$$

$$k_1\ddot{\eta}_1 = -2\zeta_1\omega_1\dot{\eta}_1 - \omega_1^2\eta_1 + N_1 - \widetilde{\Psi}_1\frac{M}{I_{yy}} - \frac{\widetilde{\Psi}_1\widetilde{\Psi}_2\ddot{\eta}_2}{I_{yy}} \tag{11-16}$$

$$k_1\ddot{\eta}_2 = -2\zeta_2\omega_2\dot{\eta}_2 - \omega_2^2\eta_2 + N_2 - \widetilde{\Psi}_2\frac{M}{I_{yy}} - \frac{\widetilde{\Psi}_1\widetilde{\Psi}_2\ddot{\eta}_1}{I_{yy}} \tag{11-17}$$

上述非线性动力学模型为真实模型，采用如下近似关系。

$$L \approx \frac{1}{2}\rho V^2 S C_L(\alpha, \delta_e) \tag{11-18}$$

$$D \approx \frac{1}{2}\rho V^2 S C_D(\alpha, \delta_e) \tag{11-19}$$

$$M \approx Z_T T + \frac{1}{2}\rho V^2 S \bar{c} C_{M,\alpha}(\alpha) + C_{M,\delta_e}(\delta_e) \tag{11-20}$$

$$T = C_T^{\alpha^3}\alpha^3 + C_T^{\alpha^2}\alpha^2 + C_T^{\alpha}\alpha + C_T^0 \tag{11-21}$$

$$N_1 \approx N_1^{\alpha^2}\alpha^2 + N_1^{\alpha}\alpha + N_1^0 \tag{11-22}$$

$$N_2 \approx N_2^{\alpha^2}\alpha^2 + N_2^{\alpha}\alpha + N_2^0 \tag{11-23}$$

通过数据拟合的方法得到气动系数关于攻角、舵偏、等效油气比等状态或输入的函数关系式。

$$C_L = C_L^{\alpha}\alpha + C_L^{\delta_e}\delta_e + C_L^0 \tag{11-24}$$

$$C_D = C_D^{\alpha^2}\alpha^2 + C_D^{\alpha}\alpha + C_D^{\delta_e^2}\delta_e + C_D^{\delta_e} + C_D^0 \tag{11-25}$$

$$C_{M,\alpha} = C_{M,\alpha}^{\alpha^2}\alpha^2 + C_{M,\alpha}^{\alpha}\alpha + C_{M,\alpha}^0 \tag{11-26}$$

$$C_{M,\delta_e} = c_e\delta_e \tag{11-27}$$

$$C_T^{\alpha^3} = \beta_1(h,\bar{q})\Phi + \beta_2(h,\bar{q}) \tag{11-28}$$

$$C_T^{\alpha^2} = \beta_3(h,\bar{q})\Phi + \beta_4(h,\bar{q}) \tag{11-29}$$

$$C_T^{\alpha} = \beta_5(h,\bar{q})\Phi + \beta_6(h,\bar{q}) \tag{11-30}$$

$$C_T^0 = \beta_7(h,\bar{q})\Phi + \beta_8(h,\bar{q}) \tag{11-31}$$

进而得到解析的曲线拟合模型。然后忽略系统中的弹性模态、高度动态和一系列的弱耦合作用，即令

$$\dot{h} = 0 \tag{11-32}$$

$$I_{yy}\dot{Q} = M \tag{11-33}$$

$$C_L = C_L^\alpha \alpha + C_L^0 \tag{11-34}$$

$$C_D = C_D^{\alpha^2} \alpha^2 + C_D^\alpha \alpha + C_D^0 \tag{11-35}$$

并引入一个二阶的发动机动态

$$\ddot{\Phi} = -2\zeta\omega\dot{\Phi} - \omega^2\Phi + \omega^2\Phi_c \tag{11-36}$$

得到一个具有全矢量相对阶的面向控制模型，并在此模型基础上采用近似反馈线性化方法设计了动态逆控制器。

将所设计的控制器应用于真实模型，仿真结果表明在整个设定的机动区域范围内系统具有极好的跟踪性能。但是，如果进一步考虑弹性模态的耦合作用，系统模型会出现不匹配且所设计的控制器失效。为此，文献［94］中进一步考虑了带有振动耦合的真实模型，并将文献［95］中鸭翼（canard）作为附加控制面引入进来。鸭翼与升降舵联动。假设鸭翼的舵偏为 δ_c，升力系数与攻角 α、升降舵偏 δ_e、鸭翼舵偏 δ_c 的关系是

$$C_L = C_L^\alpha \alpha + C_L^{\delta_e} \delta_e + C_L^{\delta_c} \delta_c + C_L^0 \tag{11-37}$$

且有

$$k_{ec} = -\frac{C_L^{\delta_e}}{C_L^{\delta_c}} \tag{11-38}$$

如果保证

$$\delta_c = k_{ec}\delta_e \tag{11-39}$$

就可以消除升降舵偏对于升力的影响，并消除非最小相位特性。

③ Sigthorsson D O，Jankovsky P，Serrani A，et al. Robust linear output feedback control of an airbreathing hypersonic vehicle. AIAA J Guidance，Control，and Dynamics，2008，31（4）：1052-1066.

文献［95］基于高超声速飞行器的 AFRL 简化模型进行了鲁棒输出反馈控制器的设计。控制器的设计目标为仅利用有限的状态信息，在存在模型不确定性和变化的飞行条件下，实现飞行速度和高度的鲁棒跟踪。文中首先基于鲁棒全维观测器进行了基本控制器设计，但从非线性仿真中得出，该控制器在由燃料消耗所引起的飞行器动态变化情形下未能提供充分的鲁棒性能。接下来，为了提高控制性能，文中取消了状态估计，采用鲁棒输出反馈设计中的鲁棒伺服理论和一种新的内模原理设计控制器。在第二种设计方法中，利用测量得到的俯仰率对不稳定零动态进行了鲁棒补偿，并引入了传感器配置策略来改善系统的可观性。最后，通过对比仿真验证了所设计控制器的有效性。

④ Groves K P，Serrani A，Yurkovich S，et al. Anti-windup control for an air-breathing hypersonic vehicle model. AIAA，2006.

抗饱和控制对于大气层飞行器通常情况下都是必要的，因为发动机的油气比、舵偏的大小和变化速率都不可能是无限大的。吸气式高超声速飞行也不例外。为了维持超燃冲压发动机的正常工作，速度回路的控制输入等效油气比（FER）是受到约束的，而且这种约束随着状态的变化而变化。如果为了保证控制量不饱和在性能指标中加大对控制量的惩罚，那么必将限制参考轨迹的跟踪速度，使得一些情况下执行器的驱动能力得不到发挥。因此，控制律设计应该充分考虑执行器的饱和因素，最大限度发挥执行器的控制能力。对于吸气式高超声速飞行器来说，考虑执行器约束的抗饱和控制律的设计目前成果并不多，需要根据飞行器的

实际特性将抗饱和设计的最新成果引入进来。在对飞行速度、高度、攻角等参考轨迹进行跟踪的线性控制器设计过程中，抗饱和控制允许明确地考虑输入受限问题。抗饱和措施的存在缓解了为避免饱和而在性能指标中对控制项加大惩罚的需要，这使得可以进一步调整控制器以得到更快、更精确的轨迹跟踪。文献［96］将一种改进的抗饱和控制器设计方法应用于吸气式高超声速飞行器纵向平面控制器的设计中。基于非线性模型的仿真结果验证了所设计控制器的有效性。而文献［98］在文献［96,97］的基础上，进一步将自适应参考轨迹与抗饱和控制集成用于高超声速飞行器纵向平面控制器的设计中，得到了一个非线性的抗饱和控制器。

⑤ Serrani A，Zinnecker A，Fiorentini L，et al. Integrated adaptive guidance and control of constrained nonlinear air-breathing hypersonic vehicle models. In：Proceedings 2009 American Control Conference. St. Louis，Missouri，USA，2009：3172-3177.

在高超声速条件下，飞行条件的变化速度远快于其他低速飞行器，加之大速度变化范围大，为了实现鲁棒稳定的高性能飞行，有必要将传统的制导与控制的外环、内环设计集成起来，充分考虑双方各自的设计要求与性能极限，最终实现整体的性能最优。为了维持超燃冲压发动机的正常工作，速度回路的控制输入等效油气比（FER）受到状态依赖约束的制约。针对这种实际控制中的约束，文献［99］将文献［98］中的一种非线性自适应内环控制策略与一种新型自适应制导律相结合，提出了一种制导与控制一体化设计的方案。该方案没有通过修正内环自适应控制律来保证控制量满足约束要求，而是将避免控制量饱和的工作交给了制导律。一方面，制导律通过修正参考模型的带宽以减慢期望响应速度使得控制量的上限不被超过；另一方面，若有足够的控制能力就恢复期望的响应速度以保证控制性能。数值仿真证明了该方案的有效性。

⑥ Serrani 教授团队　现有文献中的高超声速飞行器的面向控制模型有一大类是由美国空 Bolender 和 Doman 与俄亥俄州立大学学者共同得到的面向控制模型——AFRL-OSU model。Bolender 等在文献［100,101］中对空气动力学和发动机建模做了详细的讨论，并推导了刚体与弹性体一体化建模过程。在 Bolender 和 Doman 发展的机理模型的基础上，俄亥俄州立大学的 Serrani 教授团队中的几位学者分别与 Bolender 和 Doman 等人合作，进行了大量的高超声速飞行控制系统设计研究，取得了大量创新性的研究成果。其中，最具代表性的有 Parker、Fiorentini、Groves 以及 Sigthorsson 等学者，他们的研究工作有一个很大的共同点，就是在 Bolender 和 Doman 所发展的原始机理模型基础上，通过对气动系数进行拟合得到较为简化的面向控制设计的控制模型，然后在此基础上设计合适的控制器并在原始模型上进行仿真验证。近些年来，俄亥俄州立大学的 Fiorentini 等学者研究一种完全的鲁棒自适应非线性控制设计方法，文中将吸气式高超声速纵向飞行控制系统分解为速度子系统、高度/飞行路径角子系统、攻角/俯仰率子系统，其中将反步法与自适应动态逆相结合，分别对每个子系统采用自适应动态逆和虚拟控制设计控制律，实现了速度和高度参考轨迹的稳定跟踪以及攻角期望设定值的保持，并利用李亚普诺夫方法对闭环系统进行了稳定性分析，实现了真正的非线性自适应控制，仿真结果较好地验证了所提出方法的有效性。

⑦ 高道祥. 基于 Backstepping 的高超声速飞行器模糊自适应控制. 控制理论与应用，2008，25（5）：805-810.

在国内方面，文献［102］提出了高超声速飞行器的模糊自适应控制方法。根据飞行器纵向模型的特点，分别设计了基于动态逆的速度控制器和基于反步法（backstepping）的高度控制器，模糊自适应系统用来在线辨识飞行器模型由于气动参数的变化而引起的不确定性，采用 Lyapunov 理论设计的自适应律保证了系统的稳定性与指令跟踪的精确性。仿真使用了高超声速飞行器的纵向模型对算法进行了验证，得到了较满意的控制效果。

⑧ 刘燕斌，陆宇平．基于反步法的高超音速飞机纵向逆飞行控制．控制与决策，2007，22（3）：313-317．

文献［103］同样采用了非线性动态逆控制与反步法相结合的方法对飞行器纵向模型设计飞行控制系统。该系统以非线性动态逆控制作为控制内环，通过将非线性的多输入和多输出系统进行精确线性化，解除了多变量之间的强耦合关系；并以反步法作为控制外环，保证系统的全局稳定以及抑制不确定参数的扰动。

⑨ 李扬，陈万春．高超声速飞行器BTT非线性控制器设计与仿真．北京航空航天大学学报，2006，32（3）：249-253．

文献［104］根据奇异摄动理论将动力学系统的受控状态变量分为快变量和慢变量两个部分，应用非线性动态逆理论分别对快逆回路和慢逆回路进行设计，其中慢逆回路控制器的输出作为快逆回路控制器的输入指令，最后对于所设计的系统在高超声速下的倾斜转弯运动进行了仿真验证。

11.2.3 航天器轨道控制领域的研究现状

11.2.3.1 航天器轨道控制技术国内外研究现状

下面对航天器轨道控制中的轨道机动和轨道交会对接进行简要的介绍和分析。

（1）轨道机动技术的国内外发展概况

航天器轨道机动可以分成两大类。

绝对轨道机动，指航天器相对引力中心（地心）的轨道运动。主要包括轨道改变或轨道转移，即大幅度改变轨道要素，例如从低轨道转移到高轨道，从椭圆轨道转移到圆轨道和改变轨道平面等。这种转移一般需要大冲量的发动机。

相对轨道机动，指追踪航天器相对目标航天器的运动。主要包括空间交会、拦截、悬停和绕飞，这是指追踪航天器通过一系列的机动动作，与目标航天器保持一定的位置和速度关系，此时要控制航天器的相对运动。

① 绝对轨道机动　国内外学者在航天器连续推力轨道转移优化方面做了大量工作。连续推力轨迹优化问题的整个转移时间较长，推进系统是连续推力型，一般求解相对困难，只能给出数值解。传统上轨迹优化的数值方法主要分为间接法和直接法，但是并非所有方法都可归为上述两类，例如奇异值摄动法、动态规划法等[105]。

间接法利用Pontryagin极大值原理或变分法推导最优控制的一阶必要条件，将最优控制变量表示成为状态变量和协态变量的函数，从而连续空间的最优控制问题转化为求解一系列联立非线性微分方程组的求解问题，即一个两点边值问题，然后应用Bound间接打靶法、临近极值法等数值方法进行求解。间接法的优点是计算过程收敛速度较快，解的精度较高，并且最优解满足一阶最优性必要条件。但是该方法也有不足之处，例如，其推导过程过于复杂和烦琐，对于初值的猜测较敏感，尤其是对于毫无物理意义的协态变量初值的猜测比较困难，复杂约束条件下的求解相对困难。

直接法无需求解协态变量的最优解，而是离散化原始问题并将其转化为一个参数优化问题，即将连续空间的最优控制问题转化为一个非线性规划问题，应用罚函数法、序列二次规划等数值方法或者遗传算法、神经网络算法等非数值算法进行求解。直接法的优点是不需要满足一阶最优性必要条件，收敛域相对更广，对初值的猜测精度要求不高，无需猜测协态变量初值，易于程序化。直接法同样也有不足之处。例如，直接法由于未利用协态变量信息，得到的解有可能并非原问题的最优解；节点越多使得计算量越大。

间接法求解连续推力轨道转移优化问题已有大量文献可考。间接法将轨迹优化问题转化为两点边值问题，其数值计算方法主要有单点打靶法、多点打靶法、最小化边界条件方法和

Pathed 方法等。文献［106］利用单点打靶法求解了时间最优轨道转移问题。Gergaud 和 Haberkorn 利用单点打靶法求解了燃料最优轨道转移问题[107]。但是单点打靶法在某些情形下是不充分的，此时可以采用多点打靶法，目前比较常用的是 Oberle 发展的 Boundsco 算法[108]，文献［109］利用该算法求解最优轨道转移问题。最小化边界条件方法[110]是由 Chuang 在 1987 年提出的，它是单点打靶法的改进，通过移除一个边界条件来扩大可行解集，而这个边界条件的选取是任意的，未知数的个数没有改变，可行解变成一个一维族。由于可行解域变大，求解相对应的边值问题更加容易。上述求解完成后，将寻找与边界条件不符的解看作最小化问题，计算梯度用于更新初始状态直到最后一个边界条件满足。Chuang 利用该方法研究最优轨道转移问题，结果表明最小化边界条件方法在处理两点边值问题上与文献［111］中的算法同样有效。Goodson 利用 Pathed 方法研究了燃料最优轨道转移问题[112]。Yue、Yang 和 Geng 利用改进轨道根数描述的高斯动力学方程应用间接法设计最优轨道机动控制律[113]。1987 年 Hargraves 和 Paris 提出了直接配点法（direct point collocation method），通过配点策略离散化运动方程，将原始的最优控制问题转化为 NLP 问题[114]。1991 年 Enright 和 Conway 采用直接配点法，利用分段多项式表示状态变量和控制变量，将航天器的有限推力轨迹优化问题转化为 NLP 问题进行求解，同时利用已知分段最优轨迹（滑行段），从而无需计算，减小了计算量[115]；1992 年他们针对求解 NLP 问题过程中离散化运动方程精度问题，采用了一种龙格-库塔"平行-打靶"方法（Runge-Kutta "parallel-shooting" method）提高精度[116]。Betts 在轨迹优化方面取得了一系列的研究成果：Betts 和 Huffman 首先提出了稀疏矩阵方法与非线性规划方法相结合的优化算法，即稀疏非线性规划[117]。随后 Betts 利用该方法解决了带路径约束的轨迹优化问题[118]，同时 Betts 和 Huffman 又利用该方法计算低推力最优轨道转移[120]；Betts 利用直接变换方法求解了地球到金星的轨道转移问题，结果表明，该方法在求解轨迹优化问题方面是十分有效的[119]；1998 年，Betts 发表了一篇综述，总结了早期的轨迹优化算法[105]，该文献被广泛引用；针对极小推力轨道转移问题，Betts 利用直接变换方法给出了轨道转移的解[120]。Scheel 和 Conway 利用直接变化方法研究了连续极小推力最短时间轨道转移问题，主要包括由低地轨道（low earh orbit，LEO）到地球静止轨道（geostationary earth orbit，GEO）和由 GEO 到指定轨道半径的轨道转移[121]。Tang 和 Conway 利用配点法结合非线性规划求解了低推力行星际最短时间轨道转移[122]。Herman 和 Conway 利用基于高阶 Gauss-Lobatto Quadrature 定律的配点法求解最省燃料轨道转移轨迹[123]。Herman 和 Spencer 研究了最优地球轨道转移问题，采用高阶配点法来进行求解[124]。Chen 和 Sheu 研究了极坐标系下的共面轨道转移问题，利用参数优化方法和二阶梯度法求解了最省燃料轨道转移问题[125]。另外，一些随机搜索方法也被引入到轨道转移之中，如遗传算法、进化算法、模拟退火算法等[126,127]。

国内学者在连续推力轨道转移方面也有一定的研究。在文献［128］中，王明春、荆武兴和杨涤等利用非线性规划解决了能量最省有限推力同平面轨道转移问题。在文献［129，130］中，荆武兴、吴瑶华和杨涤基于交会概念给出了最省燃料共面和异面有限推力轨道转移方法。在文献［131］中，梁新刚和杨涤研究了一种应用非线性规划求解有限推力作用下异面最优轨道转移问题的方法。在文献［132］中，任远、崔平远和栾恩杰基于标称轨道研究了推力可变情况下燃料最省小推力轨道转移问题。另外，他们还基于退火遗传算法研究了小推力轨道优化问题。

② 相对轨道机动　航天器相对轨道机动涉及两个航天器，即追踪航天器和目标航天器。大多数研究都是基于线性化相对运动方程，即 Clohessy 和 Wiltshire 推导出的 $C\text{-}W$ 方程[133] 与 Tschauner 和 Hempel 推导出的 $T\text{-}H$ 方程[134]，前者适用于目标航天器运行在圆轨道，而后者适用于椭圆轨道。

Carter 和他的合作者在连续推力最优交会方面取得了一系列的研究成果。他们的研究最早可以追溯到 20 世纪 80 年代，Carter 基于 C-W 方程研究了邻近圆轨道给定交会时间的最省燃料交会问题，假设追踪航天器固定推力大小及其质量均为常数，利用 Pontryagin 极大值原理转化为两点边值问题，分别研究了深空和近地两种情况的交会问题，指出所有非奇异解情形下最优推力曲线由最大推力弧段和滑行段组成，并且一个轨道周期内其数目不超过七段，同时也给出了奇异解的情形[135]。Carter 和 Humi 把文献［135］的结果推广到一般的开普勒轨道，同样利用 Pontryagin 极大值原理求解，指出非圆的开普勒轨道交会问题无奇异解，最优推力曲线的组成与文献［135］的结果相同[136]。

　　然而上述最优控制律都是开环的，鲁棒性较差，对于外界的干扰极其敏感，而且求解过程相对复杂，实时性较差，因此很多学者开始研究基于 C-W 方程的闭环控制方法。在文献［137］中，Lopez 和 McInnes 提出了人工势函数（artificial potential function）进行交会制导，该方法的精度较高、相对简单，对于具有路径约束和障碍规避的情形十分有效。在文献［138］中，Ortega 利用模糊控制方法解决了地球静止轨道两个卫星的交会、对接和停靠问题。在文献［139］中，Singla、Subbarao 和 Junkins 研究了带有测量误差的交会对接问题，给出了模型参考输出反馈控制律，并分析了有界输出误差对于控制器性能的影响。在文献［140］中，Gao、Yang 和 Shi 利用 H-infinity 控制解决了航天器交会过程中的鲁棒多目标优化问题。

　　由于上述的制导和控制方法都基于 C-W 方程，因此只适用于目标圆轨道的交会问题。目前，对目标航天器运行在椭圆轨道上的交会问题有了一定研究，Carter 和 Wolfsberger[141,142]分别给出了任意椭圆轨道的状态转移矩阵，但其形式对于工程应用过于复杂。在文献［143］中，Melton 将相对运动方程的偏心率作级数展开进行求解。在文献［144］中，Inalhan、Tillerson 和 How 考虑线性化方程的解，推导出椭圆参考轨道的初始化程序。在文献［145］中，Yamanaka 和 Ankersen 通过线性化给出了任意椭圆轨道相对运动方程更为简单的状态转移矩阵。在文献［146］中，陈统和徐世杰设计了滑模和势函数制律实现控制力定常的椭圆轨道自主交会。在文献［147］中，卢山和徐世杰应用自适应控制解决了缺少绝对轨道信息时的航天器椭圆轨道交会问题。

　　（2）轨道交会技术的国内外发展概况

　　交会对接（rendezvous and docking，RVD）技术是指两个航天器（一个称为目标航天器，另一个称为追踪航天器）于同一时间在轨道同一位置以相同速度相会合并，在结构上连成一个整体的技术。空间交会对接技术分为空间交会和空间对接两个方面。所谓交会是指追踪航天器执行一系列的轨道机动，与目标航天器在空间轨道上按预定位置和时间相会。交会的预定位置范围随着空间交会目的不同有各种不同的规定，例如以目标航天器为中心的若干千米为半径的球形范围。所谓对接是指在完成交会后，两个航天器在空间轨道上接近、接触、捕获和校正，最后紧固连接成一个复合航天器的过程。

　　下面简要介绍在航天器空间交会对接的发展史上一些具有划时代意义的标志性事件。

　　1965 年 12 月 15 日，美国 Gemini 6 号与 7 号飞船在航天员的参与下，实现了世界上第一次载人空间交会对接。

　　1966 年 3 月 16 日，美国 Gemini 8 号飞船通过手动操作，与无人操作的 Agena 航天器对接，实现了两个航天器之间的首次交会对接。

　　1967 年 10 月 30 日，苏联的 Cosmos 186 号与 188 号飞船完成了苏联的首次自主交会对接，也是历史上第一次自主交会对接。

　　1975 年 7 月 17 日，美国 Apollo 飞船和苏联 Soyuz 飞船完成了联合飞行，实现了从两个不同发射场发射的航天器之间的交会对接。

1984 年 4 月，美国 Challenger 航天飞机利用交会接近技术，辅以遥控机械臂和航天员的舱外作业，在地球轨道上成功地追踪、捕获并修复了已失灵的 Solar Max 观测卫星。

1987 年 2 月 8 日，苏联 Soyuz-TM2 号飞船与在轨道上运行的 Mir 空间站实现了自主交会对接。

1995 年 6 月 29 日，美国 Atlantis 航天飞机与在空间运行的俄罗斯 Mir 空间站对接成功。这次对接与 20 年前美国和苏联飞船对接相比，规模大、时间长，而且合作的项目多。

1998～2005 年，国际空间站进行组装、航天员的替换以及物资补给。

2007 年，ATV（automated transfer vehicle）与国际空间站交会对接成功，其主要参与对国际空间站进行的推进和补给任务的一部分。

相比于国外，中国在载人航天工程的研究上投入得比较晚。1992 年，中国开始载人航天工程，总装备部载人航天工程办公室成立了交会对接工程总体方案论证组，对以我国飞船和空间实验室（空间站）为背景的交会对接技术进行了总体研究。中国空间技术研究院、上海航天技术研究院、国防科技大学、北京航空航天大学、哈尔滨工业大学等单位对交会对接技术进行了更为细致的研究，取得了面向工程实用的一系列研究成果。同年，中国开始实施载人航天工程，计划分三步：第一步的任务是以飞船起步，发射几艘无人飞船和一艘有人飞船，将航天员安全地送入近地轨道，进行适量的对地观测及科学实验，并使航天员安全返回地面，实现载人航天的历史突破；第二步除继续进行对地观测和空间实验外，重点完成交会对接、出舱活动实验和发射长期自主飞行、长期有人照料的空间实验室，尽早建成我国完整配套的空间工程大系统，解决我国一定规模的空间应用问题；第三步是建造更大的长期有人照料的空间站。

1999 年 11 月 20 日，中国自主研制的第一艘载人试验飞船"神舟一号"发射成功，经过 21 小时 11 分钟的太空飞行，在轨正常运行 14 圈后，顺利返回地球。中国载人航天工程首次飞行试验取得圆满成功。2001 年 1 月 10 日，"神舟二号"无人飞船发射升空，10min 后成功进入预定轨道。飞船按照预定轨道在太空飞行近 7 天，环绕地球 108 圈，并顺利完成预定空间科学和技术试验任务。2002 年 3 月 25 日，"神舟三号"飞船在酒泉发射中心由长征二号 F 火箭发射升空，准确进入预定轨道；4 月 1 日，"神舟三号"飞船在太空飞行了 108 圈后，完成了它的太空之旅，胜利、准确地返回我国内蒙古中部地区。2002 年 12 月 30 日，具备载运航天员能力的"神舟四号"飞船成功地降落地面并被收回。2003 年 10 月 15 日，我国首位航天员杨利伟乘坐"神舟五号"飞船升空，在轨运行 21h 后于 16 日安全返回地面，实现了我国载人航天历史性的突破。2005 年 10 月 12 日，中国第二艘载人飞船"神舟六号"发射升空，航天员费俊龙和聂海胜完成了在天空 115h 的飞行后于 10 月 17 日胜利返回地面，表明了我国载人航天技术日趋完善。根据我国载人航天三步走的发展战略，"神舟五号"和"神舟六号"飞船的安全返回标志着我国载人航天第一步任务目标已完成。2011 年 9 月 29 日，我国发射首个空间站"天宫一号"，该空间站的使用寿命约为两年，"天宫一号"的发射标志着中国迈入中国航天"三步走"战略的第二步第二阶段（即掌握空间交会对接技术及建立空间实验室）；同时也是中国空间站的起点，标志着中国已经拥有建立初步空间站，即短期无人照料的空间站的能力。之后，我国又成功发射"神舟八号"飞船、"神舟九号"飞船、"神舟十号"飞船，分别与"天宫一号"进行交会对接的飞行试验。通过飞行实验，我国已突破无人飞船与有人飞船交会对接技术。

11.2.3.2 重点文献评析

对于具有饱和执行机构的航天器轨道交会系统，其高性能控制律的综合问题一直被认为是该领域中具有挑战性的问题。近年已经有很多的研究结果。其中，解决此问题的方法之一就是低增益反馈方法。

低增益反馈方法最早提出时，是为了实现控制受限线性系统的半全局镇定。1993 年，Z. Lin 和 A. Saberi 等在 System &Control letters 上发表论文《Semi-global exponentialstabilization of linear systems subject to 'input saturation' via linear feedbacks》，首先提出了此方法，此文在 SCI 库中查询的被引频次为 206 次。此文针对控制受限的 ANCBC 线性系统 [即 (A，B) 是可稳的，且开环系统的所有极点均在闭左半平面内] 基于特征结构配置方法设计低增益反馈控制器，保证了闭环系统的半全局稳定性。

基于此，随着低增益控制理论的发展，已经建立了三种设计低增益反馈控制器的方法：基于特征结构配置的设计方法，基于小参数 Riccati 方程的设计方法，以及基于参量 Lyapunov 方程的设计方法[148]。

考虑线性系统

$$\dot{x} = Ax + Bu，x \in R^n，u \in R^m \tag{11-40}$$

式中，x 是状态向量；u 是控制输入；$u = \mathrm{sat}_a(u)$，其中，$\mathrm{sat}_a(\cdot)$ 是向量值饱和函数。

假设：矩阵对 (A,B) 在有界控制信号下是渐近零可控的（ANCBC）：

① (A,B) 是可稳的。

② 矩阵 A 的所有特征值均在闭的左半平面内。

下面给出三种控制器设计方法。

（1）特征结构配置方法

特征结构配置方法是在文献 [149] 中提出的，将特征结构配置方法设计低增益反馈的步骤总结如下。

步骤 1   通过非奇异矩阵 T_s 和 T_1，将 A、B 转化成如下形式。

$$T_s^{-1} A T_s = \begin{bmatrix} A_1 & 0 & \cdots & 0 & 0 \\ 0 & A_2 & \cdots & 0 & 0 \\ \vdots & \vdots & \ddots & \vdots & \vdots \\ 0 & 0 & \cdots & A_l & 0 \\ 0 & 0 & \cdots & 0 & A_0 \end{bmatrix} \tag{11-41}$$

$$T_s^{-1} B T_1 = \begin{bmatrix} B_1 & B_{12} & \cdots & B_{1l} & * \\ 0 & B_2 & \cdots & B_{2l} & * \\ \vdots & \vdots & \ddots & \vdots & \vdots \\ 0 & 0 & \cdots & B_l & * \\ B_{01} & B_{02} & \cdots & B_{0l} & * \end{bmatrix} \tag{11-42}$$

式中，A_0 包含矩阵 A 的所有左半开环极点，对于 $i = 1, 2, \cdots, l$，A_i 的所有特征值都在虚轴上，此时 (A_i, B_i) 是可控的，这里

$$A_i = \begin{bmatrix} 0 & 1 & \cdots & 0 \\ \vdots & \vdots & \vdots & \vdots \\ 0 & 0 & \cdots & 1 \\ -a_{i,n_i} & -a_{i,n_i-1} & \cdots & -a_{i,1} \end{bmatrix} \tag{11-43}$$

$$B_i = \begin{bmatrix} 0 \\ \vdots \\ 0 \\ 1 \end{bmatrix} \tag{11-44}$$

式中   *——不关注的子矩阵。

步骤 2 设 $F_i(\varepsilon) \in R^{1*n_i}$ 是状态反馈增益，对于 (A_i, B_i) 有

$$\lambda[A_i + B_i F_i(\varepsilon)] = -\varepsilon + \lambda(A_i) \in C^-, \varepsilon \in (0, 1] \qquad (11\text{-}45)$$

注意，$F_i(\varepsilon)$ 是唯一的。

步骤 3 针对系统（11-40）构建一组低增益反馈控制律。

$$u = F(\varepsilon)x \qquad (11\text{-}46)$$

其中，低增益矩阵 $F(\varepsilon)$ 为

$$F(\varepsilon) = T_1 \begin{bmatrix} F_1(\varepsilon) & 0 & \cdots & 0 & 0 \\ 0 & F_2(2) & \cdots & 0 & 0 \\ \vdots & \vdots & \ddots & \vdots & \vdots \\ 0 & 0 & \cdots & F_l(\varepsilon) & 0 \\ 0 & 0 & \cdots & 0 & 0 \end{bmatrix} \qquad (11\text{-}47)$$

$F(\varepsilon)$ 是一个关于 ε 的多项式矩阵且 $\lim F(\varepsilon) = 0$，所以式（11-46）称为低增益反馈控制律，其中 ε 为低增益参数。

此方法的基本思想是不改变开环系统的特征结构，只将其特征值向左半平面平移一个小的距离 ε。显然，若 ε 趋于零，那么反馈增益也趋于零。这种方法最大的缺点是必须对开环系统进行特征结构分解，不仅计算量大，还存在数值稳定性的问题。此外，这种方法无法提供闭环系统的 Lyapunov 函数，不利于稳定性的证明和控制律的进一步利用。

（2）基于小参数黎卡提方程方法[150]

步骤 1 解下面的代数黎卡提方程得到唯一正定对称解 $P(\varepsilon)$。

$$A^T P + PA - PBB^T P + Q(\varepsilon) = 0, \varepsilon \in (0, 1] \qquad (11\text{-}48)$$

式中，$Q(\varepsilon)$：$(0, 1] \to R^{n \times n}$ 是正定矩阵且满足

$$\lim_{\varepsilon \to 0} Q(\varepsilon) = 0 \qquad (11\text{-}49)$$

步骤 2 构建一组低增益状态反馈控制律。

$$u = F(\varepsilon)x \qquad (11\text{-}50)$$

式中，$F(\varepsilon) = -B^T P(\varepsilon)$。

这种方法的好处是理论结果比较好，无需过分地关注系统的细节，且能提供闭环系统显式的 Lyapunov 函数。但它也有严重的缺点，即需要求解含有小参数的非线性代数 Riccati 方程，从而计算量大，数值稳定性也差。如果是在线计算，这是致命的缺点。

（3）基于参量 Lyapunov 方程方法[148]

步骤 1 求解下面的 Lyapunuv 方程。

$$W\left(A + \frac{\varepsilon}{2}I\right)^T + \left(A + \frac{\varepsilon}{2}I\right)W = BB^T, \varepsilon \in (0, 1] \qquad (11\text{-}51)$$

得到唯一正定解 $W(\varepsilon)$。

$$W(\varepsilon) = \int_0^\infty e^{-\left(A + \frac{\varepsilon}{2}I\right)t} BB^T e^{-\left(A + \frac{\varepsilon}{2}I\right)^T t} \mathrm{d}t \qquad (11\text{-}52)$$

步骤 2 计算矩阵 $P(\varepsilon)$。

$$P(\varepsilon) = W^{-1}(\varepsilon) \qquad (11\text{-}53)$$

步骤 3 构建一组低增益反馈控制律。

$$u = F(\varepsilon)x \qquad (11\text{-}54)$$

式中，$F(\varepsilon) = -B^T P(\varepsilon)$。

此方法的主要优点：

① 只需求解线性方程；

② 是闭式的设计方法，设计好参数 ε 后回代即得控制器；

③ 此方法相当于将二次最优控制中的权重矩阵 Q 的选择转换到对参数 ε 的选择，后者是一个标量，方便设计者设计；

④ 参数 ε 与闭环系统的极点位置密切相关，设计者可根据对闭环系统特征值位置，动态响应特性的要求选择 ε 值；

⑤ 直接得到显式的二次 Lyapunov 函数，便于其他进一步的分析和综合。

哈尔滨工业大学周彬教授等近年考虑了实际中航天器交会控制系统具有输入受限和输入时滞的问题，分别针对椭圆轨道航天器交会系统和圆轨道航天器交会系统进行了分析和设计，取得了一些研究成果。下面对部分成果进行评述。

① Zhou B，Lin Z，Duan G R. Lyapunov differential equation approach to elliptical orbital rendezvous with constrained controls. Journal of Guidance，Control，and Dynamics，2011，34（2）：345-358.

Zhou 等在文献 [151] 中提出了具有输入受限的椭圆轨道航天器交会控制系统的设计方法。

考虑椭圆轨道航天器交会运动模型（T-H 方程）

$$\begin{bmatrix} \ddot{x} \\ \ddot{y} \\ \ddot{z} \end{bmatrix} = \begin{bmatrix} -k\omega^{\frac{3}{2}}x + 2\omega\dot{z} + \dot{\omega}z + \omega^2 x \\ 2k\omega^{\frac{3}{2}}z - 2\omega\dot{x} - \dot{\omega}x + \omega^2 z \\ -k\omega^{\frac{3}{2}}y \end{bmatrix} + a_f \tag{11-55}$$

考虑到 T-H 方程 in-plane 运动和 out-of-plane 运动是解耦的，通过非奇异 Lyapunov 变换可得如下的周期时变方程。

In-plane 子系统

$$\dot{\xi}_i(\theta) = A_i(\theta)\xi_i(\theta) + B_i(\theta)u_i(\theta) \tag{11-56}$$

Out-of-plane 子系统

$$\dot{\xi}_o(\theta) = A_o(\theta)\xi_o(\theta) + B_o(\theta)u_o(\theta) \tag{11-57}$$

式中，控制输入满足：$\|u\|_{L_\infty} \leqslant \mu_\infty$ 和 $\|u\|_{L_2} \leqslant \mu_2$，$\mu_\infty$ 和 μ_2 是给定的正常数。

针对椭圆轨道航天器交会的周期系统模型以及设计交会控制器所面临的输入受限，深入研究了一般周期系统的受限控制问题，证明了航天器交会控制系统（T-H 方程）是 ANCBC 和 NCVE 的。从而该文献将航天器交会问题转化为一个具有控制约束和控制品质的线性周期系统的半全局镇定问题。

运用周期变量 Lyapunov 设计方法提出了如下满足控制约束和控制品质的半全局反馈控制器。

对于 in-plane 子系统提出了线性周期控制律。

$$u_i(\theta) = -R_i^{-1}(\theta)B_i^T(\theta)P_i(\theta)\xi_i(\theta) \tag{11-58}$$

式中，$P_i(\theta)$ 是如下周期变量 Riccati 微分方程的正定解。

$$-\dot{P}_i(\theta) = A_i^T(\theta)P_i(\theta) + P_i(\theta)A_i(\theta) + \gamma_i P_i(\theta) - P_i(\theta)B_i(\theta)R_i^{-1}(\theta)B_i^T(\theta)P_i(\theta) \tag{11-59}$$

式中，$R_i(\theta)$ 是任意 2π 周期正定矩阵，$\gamma_i \in (0, D_i]$，$D_i > 0$。

对于 out-of-plane 子系统提出了线性周期控制律。

$$u_o(\theta) = -R_o^{-1}(\theta)B_o^T(\theta)P_o(\theta)\xi_o(\theta) \tag{11-60}$$

式中，$P_o(\theta)$ 是周期变量 Riccati 微分方程式[式(11-61)] 的正定解。

$$-\dot{P}_o(\theta) = A_o^T(\theta)P_o(\theta) + P_o(\theta)A_o(\theta) + \gamma_o P_o(\theta) - P_o(\theta)B_o(\theta)R_o^{-1}(\theta)B_o^T(\theta)P_o(\theta) \tag{11-61}$$

第 **11** 章

393

式中，$R_o(\theta)$ 是任意 2π 周期正定矩阵，$\gamma_o \in (0, D_o]$，$D_o > 0$。

由于仅仅需要对一个线性 Lyapunov 微分方程在线求解，从而所提出的控制律最大的优势是控制器易于工程实现。

② Zhou B，Li Z Y. Truncated predictor feedback for periodic linear systems with input delays with applications to the elliptical spacecraft rendezvous. IEEE Transactions on Control Systems Technology，2015，23（6）：2238-2250.

Zhou 等在文献 [152] 中提出了具有输入时滞的航天器交会控制系统的设计方法。考虑具有输入时滞的椭圆轨道航天器交会控制系统模型

$$
\begin{cases}
\ddot{x}(t) = 2\dot{\theta}(t)\dot{y}(t) + \ddot{\theta}(t)y(t) + \left[\dot{\theta}^2(t) + \dfrac{2\mu}{R_o^3}\right]x(t) + a_x^f(t - \tau_i) \\[2mm]
\ddot{y}(t) = -2\dot{\theta}(t)\dot{x}(t) - \ddot{\theta}(t)x(t) + \left[\dot{\theta}^2(t) - \dfrac{\mu}{R_o^3}\right]y(t) + a_y^f(t - \tau_i) \\[2mm]
\ddot{z}(t) = -\dfrac{\mu}{R_o^3}z(t) + a_z^f(t - \tau_i)
\end{cases}
\tag{11-62}
$$

通过非奇异 Lyapunov 变换可得如下状态空间方程。

$$
\dot{X}(\theta) = A(\theta)X(\theta) + B(\theta)U(\theta - \theta_i)
\tag{11-63}
$$

其中

$$
A(\theta) = \begin{bmatrix}
0 & 0 & 0 & 1 & 0 & 0 \\
0 & 0 & 0 & 0 & 1 & 0 \\
0 & 0 & 0 & 0 & 0 & 1 \\
3/\rho & 0 & 0 & 0 & 2 & 0 \\
0 & 0 & 0 & -2 & 0 & 0 \\
0 & 0 & -1 & 0 & 0 & 0
\end{bmatrix}
$$

$$
B(\theta) = \frac{1}{k^4 \rho^3}\begin{bmatrix} 0 \\ I_3 \end{bmatrix}
$$

$$
\rho = 1 + e\cos(\theta)
$$

式中，$\theta_i \geq 0$ 代表输入时滞。

针对椭圆轨道航天器交会的周期系统模型以及设计交会控制器所面临的输入时滞，文献 [152] 将航天器交会问题转化为一个具有时变时滞的周期线性系统的截断预估器反馈镇定问题。该文献深入研究了时滞周期系统的控制问题，将截断预估器反馈方法拓展到了周期系统，运用截断预估器方法提出了航天器交会系统基于截断预估器的反馈控制器。

$$
U(\theta) = -R^{-1}(\theta)B^T(\theta + \theta_i)\Phi_A^T(\theta, \theta + \theta_i)\beta(\theta)X(\theta)
\tag{11-64}
$$

式中，$R(\theta)$ 是给定的 2π 周期正定矩阵；$\beta(\theta) = \beta(\gamma, \theta)$ 是如下的微分 Riccati 方程的唯一正定周期解。

$$
-\dot{\beta} = A^T\beta + \beta A - \beta\Phi_A BR^{-1}B^T\Phi_A^T\beta + \gamma\beta, \forall \gamma \in (0, \gamma^*), \theta \geq \theta_0
\tag{11-65}
$$

③ Zhou B，Wang Q，Lin Z，et al. Gain scheduled control of linear systems subject to actuator saturation with application to spacecraft rendezvous. IEEE Transactions on Control Systems Technology，2014，22（5）：2031-2038.

Zhou 等在文献 [153] 中提出了具有输入受限的圆轨道航天器交会控制系统的增益调度设计方法。对具有输入受限的圆轨道航天器交会控制系统的控制问题进行了深入的研究。基于 C-W 方程，建立了由饱和非线性引起的参数不确定性的数学模型。通过结合 Zhou 等前期提出的参量 Lyapunov 方法和增益调度技术，提出了基于增益调度的镇定控制器。通过在线

调度控制器中的设计参数，提高了状态的收敛速率。

文献 [153] 中建立了饱和非线性引起的参数不确定性的数学模型。

$$\dot{X} = AX + B \operatorname{sat}(U) \tag{11-66}$$

其中

$$A(\theta) = \begin{bmatrix} 0 & 0 & 0 & 1 & 0 & 0 \\ 0 & 0 & 0 & 0 & 1 & 0 \\ 0 & 0 & 0 & 0 & 0 & 1 \\ 3\omega^2 & 0 & 0 & 0 & 2\omega & 0 \\ 0 & 0 & 0 & -2\omega & 0 & 0 \\ 0 & 0 & -\omega^2 & 0 & 0 & 0 \end{bmatrix} \quad B = \begin{bmatrix} 0 \\ I_3 \end{bmatrix} D$$

由于线性化模型是 ANCBC 的，从而该文献将相对运动控制问题转化为了一个输入受限的线性系统的镇定问题。通过结合 Zhou 等前期提出的参量 Lyapunov 方法和增益调度技术，提出了基于增益调度的镇定控制器。

$$U = -(1+\eta)B^T P(\gamma)X, \forall \eta \geqslant 0 \tag{11-67}$$

式中，$P(\gamma)$ 是代数 Riccati 方程 $A^T P + PA - PBB^T P = -\gamma P$ 的唯一正定解，调度函数满足

$$\dot{\gamma} = \Gamma(\gamma, x) = \frac{x^T P(\gamma) x \gamma^2}{\rho + \tau \left[x^T P(\gamma) x + \gamma x^T \dfrac{\partial P(\gamma)}{\partial \gamma} x \right]} \tag{11-68}$$

所提出的控制器通过在线调度控制器中的设计参数，提高了状态的收敛速率。

④ Zhou B，Lam J. Global stabilization of linearized spacecraft rendezvous system by saturated linear feedback. IEEE Transactions on Control Systems Technology，2017，25 (6)：2185-2193.

Zhou 等在文献 [154] 中提出了具有输入受限的圆轨道航天器交会控制系统的线性反馈设计方法。主要基于圆轨道航天器交会系统模型（Hill 方程）。

$$\begin{cases} \ddot{x} = 2n\dot{y} + 3n^2 x + \sigma_{\delta_1}(a_x) \\ \ddot{y} = -2n\dot{x} + \sigma_{\delta_2}(a_y) \\ \ddot{z} = -n^2 z + \sigma_{\delta_3}(a_z) \end{cases} \tag{11-69}$$

式中，$\sigma_\delta(\cdot)$ 是饱和函数。

Hill 方程通过解耦可得如下两个子系统。

In-plane 子系统

$$\dot{\chi} = nA_i \chi + nB_i \sigma(u) \tag{11-70}$$

其中

$$A_i = \begin{bmatrix} 0 & 1 & 0 & 0 \\ 0 & 0 & 0 & 0 \\ 0 & 0 & 0 & 1 \\ 0 & 0 & -1 & 0 \end{bmatrix} \quad B_i = \begin{bmatrix} \dfrac{2}{3}\mu & 0 \\ 0 & 1 \\ \dfrac{1}{2}\mu & 0 \\ 0 & 1 \end{bmatrix} \quad \mu = \frac{\delta_1}{\delta_2} \geqslant 0$$

Out-of-plane 子系统

$$\dot{\zeta} = nA_o \zeta + nB_o \sigma(v) \tag{11-71}$$

其中

395

$$A_o = \begin{bmatrix} 0 & 1 \\ -1 & 0 \end{bmatrix} \quad B_o = \begin{bmatrix} 0 \\ 1 \end{bmatrix} \quad v = \frac{1}{\delta_3} a_z$$

从而文献 [154] 将航天器交会问题转化为了一个输入受限的线性系统的全局镇定问题。运用绝对稳定性理论，提出了如下的饱和线性状态反馈控制器。

对于 in-plane 子系统提出了饱和线性控制律：

$$u = F_i \chi \quad F_i = \begin{bmatrix} 0 & 0 & -\mu k_1 & \mu k_2 \\ -k_3 & -k_4 & -k_5 & 0 \end{bmatrix} \tag{11-72}$$

其中

$$k_1 > 0 \quad k_2 \geqslant 0 \quad k_3 > 0 \quad k_5 > 0$$

$$k_4 > \frac{[4k_3(k_1^2 + k_2^2) + 3k_1^2 k_5]^2}{36(k_1^2 + k_2^2)(2 + \mu^2 k_2)k_1 k_5} \mu^2$$

最优的线性反馈增益为

$$(k_1, k_2, k_3, k_4, k_5) = (0.61, 2.97, 2.17, 5.7138, 1.21) \tag{11-73}$$

对于 out-of-plane 子系统提出了线性控制律：

$$v = F_o \zeta \quad F_o = [-f_1 \quad -f_2] \tag{11-74}$$

所提出的饱和线性控制器最大的优势在于所设计的控制器是线性的并保证了闭环系统全局渐近稳定，其中对于平面内子系统给出了其最优的控制增益。

哈尔滨工业大学高会军教授等近年考虑了在实际中航天器所携带的燃料及推力器所能产生的推力是有限的航天器交会问题，针对目标飞行器运行在圆轨道的航天器交会系统进行了分析及设计，得到了一些研究结果。

其中高会军教授等于 2009 年在 "IEEE Transactions on Control Systems Technology" 上发表了论文《Multi-objective robust H∞ Control of spacecraft rendezvous》，这篇文章基于 Lyapunov 理论，设计了具有参数不确定性、外部干扰及控制受限的航天器轨道交会系统的多目标鲁棒 $H\infty$ 控制器。

建模方面：用考虑了外部干扰的 C-W 方程来描述两航天器的相对运动。

在控制器求解方面：将 $H\infty$ 性能指标、控制输入约束条件及闭环系统极点约束条件转化为一组线性矩阵不等式，将控制器的求解问题转化为求解带有 LMI 约束条件的凸优化问题。如果优化问题可解，则可以得到期望的控制器。

此方法不仅成功实现了交会任务，且交会所需时间相对较少，在整个交会过程中保证了控制输入不会超过最大控制输入及闭环系统的鲁棒稳定性。

不足之处是最终的控制器比较复杂。

文献 [155] 在空间交会状态模型的基础上，通过分析航天器的轨道动力学方程，给出了空间最省燃料交会轨迹和空间最优交会轨迹跟踪控制问题的数学描述。基于线性系统的特征结构配置和模型参考方法，提出了一种空间最优交会轨迹跟踪控制的参数化方法。应用该方法设计了系统的反馈镇定控制器和前馈跟踪控制器。

方法分析：

针对具有结构摄动的二阶动力学系统的鲁棒渐近跟踪问题提出了鲁棒参数化的设计方法。二阶系统的鲁棒渐近跟踪问题可以分成鲁棒反馈镇定器和前馈跟踪补偿器的设计问题，利用特征结构配置和模型参考跟踪理论给出控制器的参数化形式。进一步，建立了闭环极点关于开环系统矩阵中参数摄动灵敏度的参数表达形式，并在此基础上给出了一个简单并且有效的算法。该算法不仅利用系统中的所有自由度，而且不含有"返回"过程。进而将鲁棒渐近跟踪问题转化为带有约束的参数优化问题，利用适当的优化算法即可求解。

11.2.4 航天器姿态控制领域的研究现状

11.2.4.1 航天器姿态控制技术国内外研究现状

经过将近 40 年的发展历史，航天器姿态控制领域取得了丰硕的研究成果，推动着航天事业不断发展，也促进了控制科学的不断进步。姿态控制的发展经历了由经典控制到现代控制，由线性控制到非线性控制，由确定性控制到鲁棒控制、自适应控制的发展历程。下面对以现代控制理论为主导的航天器姿态控制的国内外研究概况进行简要叙述与分析。

（1）线性控制

随着状态空间方法在系统描述、分析与设计中的逐渐兴起，现代控制理论被广泛用于航天器姿态控制之中。航天器姿态控制本质上是一个多输入和多输出的动态系统，在以往利用经典控制理论的姿态控制器设计中，只能忽略系统状态变量之间的耦合关系，将姿态运动强行分解为三个独立的单输入和单输出系统。而现代控制理论可以很好地解决上述问题，直接针对航天器三个轴向的耦合动力学模型进行设计。在现代控制理论发展初期，线性系统理论的研究占据了研究的主导地位。因此，现代控制理论中的 LQG 优化控制，H_2/H_∞ 控制，以及基于 LMI 的多目标控制，先后被用于航天器的姿态控制系统设计之中。

① LQG 控制　将 LQG 方法应用于航天器姿态控制的研究集中在 20 世纪 80～90 年代。Sundararaja 在大型空间天线精确指向控制系统综合中使用了 LQG/LTR 方法，得到了在满足指向精度的同时保持着对未建模动态具有鲁棒稳定性的结果[156]。Tahk 等给出了一种柔性结构控制的参数鲁棒 LQG 设计综合法[157]。Bhat 等使用改进的 LQG 理论为太阳电推进航天器设计了最优低阶动态姿态控制器[158]。Parlos 等采用了 LQR 法和增益调度相结合的方法，设计了大角度姿态机动控制器[159]。Grewal 使用 LQG/LTR 方法研究了空间站的姿态与振动同时控制问题[160]。

② H_∞ 控制　H_∞ 控制理论是线性控制理论中备受青睐的一个分支，其出现也使鲁棒控制理论得到突破性进展。鲁棒控制在一定程度上弥补了现代控制理论对数学模型依赖过高的缺点。1989 年，Wie 等首先考虑将 H_∞ 控制方法应用到空间站的姿态控制中，考虑空间站惯量变化时采用全状态鲁棒 H_∞ 综合[161]，后续又进行一系列研究。文献 [162] 研究了空间站姿态和角动量控制问题中 H_∞ 控制方法的应用，与典型的线性二次型综合相比较，H_∞ 控制可以明显提升系统对转动惯量结构不确定性的鲁棒稳定性。文献 [163] 结合所谓的内部模型原理研究了持续干扰抑制的鲁棒 H_∞ 控制方法，取得了良好的效果。文献 [164] 将鲁棒 H_∞ 控制方法用于对哈勃望远镜的姿态控制应用当中。文献 [165] 通过引入内部反馈回路，在控制设计过程中集成了系统的结构参数不确定性，使航天器控制系统的鲁棒稳定性得到了显著改善。其他学者也在这方面做了大量的工作。Meirovitch 等研究了存在常值干扰和附件运动时的姿态控制及振动抑制问题，文中的工作是采用摄动方法求解时变 Riccati 方程。该控制器需要已知伪模态坐标、伪模态坐标的导数及二阶导数，实际中较难实现。Li 等研究了采用动量轮进行姿态控制和振动抑制的问题，文中结果表明采用动量轮可以有效地控制姿态，同时能抑制振动[166]。后来，Li 等又采用动量轮和压电陶瓷同时控制姿态并抑制柔性附件的振动。根据压电陶瓷适合于抑制小幅振动的特点，当附件振动比较大的时候，采用动量轮控制姿态并抑制振动，当振动由动量轮得到有效抑制，振动幅值足够小的时候，采用压电陶瓷进行高精度振动抑制，同时可以提高姿态控制精度。由于数值技术和地面实验水平的限制，挠性航天器的一个重要特点是结构频率和阻尼水平的不准确，这导致控制器对系统频率和阻尼的建模误差十分敏感。Balas 等集成这些模型误差于控制设计过程中，设计出对系统频率误差较不敏

感的鲁棒控制器，在结构自然频率存在较大误差时也可以获得较好的系统性能[167]。ETS-VI是日本国家航空局于1994年发射的第六颗工程测试卫星，是带有双翼太阳帆板的三轴稳定地球同步卫星。它采用双自由度的H_∞控制器以保证卫星的鲁棒稳定性，并通过在轨测试证明了方法的有效性，测试结果还表明了系统具有快速的跟踪响应和很强的扰动抑制能力，所得到的测试结果可以应用到未来的卫星姿态控制系统设计中。Sandrine等使用回路成型方法研究了地球观测卫星SPOT-4的姿态控制器的设计问题，太阳帆板的转动引起卫星模型动力学的变化，并且挠性模态频率具有±30%的不确定性，使用H_∞互质分解方法进行卫星控制器设计，设计过程包括经典回路成型和H_∞鲁棒稳定两个步骤，使用μ分析保证了控制律的鲁棒性，由于获得的控制器阶次较高，必须对控制器进行降阶处理[168]。由于挠性航天器出现大挠性、低频率的特点，H_∞反馈具有较好的抗外界干扰能力和良好的鲁棒性，因此得到了较多的应用。Charbonnel等把回路成型H_∞控制方法应用于具有强不确定性的微弱阻尼模态的对地观测卫星姿态控制设计中，研究了由LMI方法得到最小阶控制器的方法，且在控制律的鲁棒稳定性分析中，使用了不同结构的奇异值上界和不确定性描述以使混合分析的计算量最小。Fujisaki等人利用结构参数的对称正定特性设计了两个控制器，这两个控制器都是仅利用输出反馈，不依赖于模态阶数、刚度阵、阻尼阵以及耦合矩阵等结构信息，对参数不确定性和未建模动态具有完全的鲁棒性。Bai研究了当传感器和执行器同位布置时的静态输出反馈H_∞控制问题。首先根据有界实引理得到了一般系统H_∞范数的一个上界。然后对输出反馈H_∞控制问题得到了控制器增益的一个明确的参数化表示。和标准的H_∞问题相比，其结果更适合于数值计算。Wen等人针对刚体航天器姿态跟踪问题，分别设计了H_∞最优鲁棒姿态跟踪器和H_∞逆最优鲁棒姿态跟踪器。然而，由于采用H_∞控制方法设计的控制器将会增加系统的维数，并且有时控制器的阶次比较高，在实际应用中存在一定的局限性[169]。

③ 多目标控制　进入21世纪以来，随着LMI技术在H_2、H_∞控制中的发展和成熟，人们逐渐开始研究多目标综合技术在航天器控制问题中的应用。Pittet等研究了基于LMI的多目标综合在挠性微小卫星控制中的应用，使用H_∞优化技术综合系统干扰、传感器时延、执行器饱和以及挠性模态等因素，设计了微小卫星的动态输出反馈控制器[170]。Yang等人研究了基于LMI的混合H_2/H_∞控制在微小卫星上的应用[171]。基于LMI的多目标综合技术不仅能保证控制系统的鲁棒稳定性，而且可以优化多个性能指标，满足各种约束情况，比较接近实际情况。

(2) 非线性控制

现代航天器由于实际任务的需要，例如，对机动目标持续跟踪，大范围对地观测等，通常要求具备姿态机动或姿态跟踪能力。为了描述航天器的任意角度姿态机动，通常使用姿态四元数或修正罗德里格参数作为姿态运动参数。由其构成的航天器姿态动力学系统是一个只包含二次项的非线性常微分方程组。针对这样的动力学模型，需要使用非线性控制方法进行控制器设计，同时还要考虑系统的鲁棒性能。利用非线性方法设计姿态控制器的研究起始于20世纪末，进入21世纪之后，得到了大量学者的研究，已经成为姿态控制研究的主流方法。

① 基于Lyapunov直接方法的控制　1892年，俄国数学家A. M. Lyapunov发表了论文《运动稳定性的一般问题》，奠定了现代稳定性理论的基础。Lyapunov直接法又称Lyapunov第二方法，它的特点是直接由原系统出发，通过构造一个类似于"能量"的Lyapunov函数，并分析它和其一次导数的定号性而获得系统稳定性的相关结论，该法概念直观，方法具有一般性，并且物理意义清晰，因此，Lyapunov直接法在姿态控制领域得到了良好的发展，

该方法也是目前比较完善的非线性控制方法之一。Wie 等人利用 Lyapunov 方法分析了基于四元数的刚体航天器的姿态控制器设计，得到了一种经典的 PD 控制器结构，并分析了该控制器对于转动惯量参数的鲁棒性能[163]。Akella 针对修正罗德里格参数作为姿态描述，基于 Lyapunov 方法，通过构建合适的动态滤波器设计了输出反馈姿态跟踪控制器[172]。Fragopoulos 等人分析了用四元数描述卫星姿态时，以往选择的一些 Lyapunov 函数会导致闭环系统出现不稳定的平衡点，为解决这种现象，选择了不同的 Lyapunov 函数，设计了不连续的控制器，保证了闭环系统的全局渐近稳定性，同时还考虑了闭环系统的收敛速度问题[173]。Subbarao 等提出了非线性 PI 姿态调节控制器，研究通过积分控制项减小常值干扰力矩引起的定常调节误差，但在用 Lyapunov 定理进行闭环稳定性分析的时候，模型中没有显式地考虑干扰力矩的影响，只是在最后的仿真中验证了积分控制对消除稳态误差的有效性[174]。Park 研究了存在外部干扰的卫星姿态调节的鲁棒和最优镇定问题，文章中首先设计了具有传统 PD 形式的线性鲁棒控制器，并采用 Lyapunov 稳定性定理证明了闭环系统的全局渐近稳定性，然后通过最小最大法和逆最优法给出了所设计鲁棒控制器的最优特性，即它相对于某个性能指标是最优的[175]。

Lyapunov 直接法不仅可以直接用来设计航天器姿态控制器，而且也是滑模控制、Backstepping 控制、自适应控制等其他非线性控制方法中，分析闭环系统稳定性时不可缺少的工具。基于 Lyapunov 直接法进行控制器设计的最大缺点是没有一种构造 Lyapunov 函数的通用有效方法，因而不得不采用凭经验和直觉的试凑方法。当研究问题比较复杂时，Lyapunov 函数的构造比较困难。

② 滑模变结构控制　变结构控制思想由苏联学者 Emelyanov 于 1964 年首次提出。该方法于 20 世纪 70 年代传入欧洲其他国家和美国，经过学者 Utkin 和 Itkis 对早期的变结构控制的总结及发展，奠定了滑模变结构控制的基础。滑模变结构控制被广泛地应用于卫星姿态机动和姿态跟踪的控制器设计当中。对于刚体航天器，Vadali 针对大角度机动控制提出了全局变结构控制算法，但因其忽略了卫星动力学中的非线性因素，导致其理论分析上的不完整性[176]。Singh 等人采用欧拉角描述航天器的姿态，在设计变结构控制器的过程中考虑了不确定性的因素，文中给出的控制器可以实现航天器对期望欧拉角的渐近跟踪[177]。Lo 等人针对转动惯量存在摄动以及受到外干扰的刚体航天器姿态跟踪问题，基于四元数描述，提出了一种模型，参考滑模控制来改善系统状态在到达阶段的动态特性[178]。Chiou 等在滑模控制中引入神经网络以克服滑模控制的颤振和高控制增益，并将其应用于航天器姿态控制。针对挠性航天器姿态控制存在模型不确定性与干扰的问题，Zheng 等人将变结构控制方法应用于挠性航天器的姿态控制中，基于输出反馈变结构控制理论提出了一种自适应控制器的设计方法，该控制器在实现姿态机动控制的同时，可有效地抑制挠性结构的振动。Shen 等人分析了在状态不完全可测时带有非线性输入系统的控制问题，提出了一种输出反馈变结构控制方法[179]。Matthew 等人将变结构控制成功应用到挠性系统中，改进常用的减少抖动的边界层法，实现动特性与稳态特性的折中，较好地解决了挠性系统的姿态机动控制问题[180]。Liang 等使用改进的变结构控制方法设计了具有模型不确定性和外部干扰的航天器姿态跟踪控制器，解决了符号型变结构控制器固有的抖振问题，并加强了其一致最终有界性。反作用飞轮在低速过零时，摩擦力矩的突变严重影响了小卫星姿态控制的精度和稳定度。近年来，终端滑模控制（terminal sliding mode control）研究引起了国内外学者的重视。与通常的滑模控制不同，终端滑动模态方法采用特殊的非线性切换面（终端滑动模态），可以使状态沿着滑动模态在有限时间内到达平衡点。Feng 等人提出了非奇异终端滑模控制技术，解决了二阶系统终端滑模控制的奇异问题，并得到了有限时间收敛性质[181]。Yu 等人提出了一类新型连续终端滑模，它不仅具有一般终端滑模面的有限时间收敛属性，同时通过终端滑模控

制律能使系统状态在有限时间内抵达终端滑模面[182]。Bang 等人针对挠性航天器的结构振动问题，将原有的针对刚体航天器姿态控制的滑模控制器进行了改进，这种新控制器提供了更多的自由度来设计挠性航天器的动态响应。Morteza 等为使对象不确定性和扰动的影响最小化，提出了一种混合滑动面的自适应滑模控制方法。Yen 等针对航天器姿态镇定问题，基于变结构方法给出了一个可靠性控制系统，利用一个观测器来检测航天器执行机构的故障。该文设计方法的优点是无需求解 Hamilton-Jacobi（H-J）方程[183]。Li 等针对受到未知外干扰力矩以及系统参数不确定的刚体航天器，设计了姿态跟踪滑模控制器，并要求其控制器的输出在执行机构的最大幅值范围内，实现了对控制输入受限问题的解决。Hu 针对同时考虑了参数不确定性、外部扰动和某种控制非线性的柔性航天器姿态控制问题，进行了大量的研究，给出了鲁棒变结构姿态控制器的设计方法。文献［184］比较了三种用于刚体航天器姿态跟随的时变滑模变结构控制方法。Jin 研究了带有挠性部件的三轴航天器姿态跟踪控制问题，给出了两种控制方案：基于比例微分型滑模面的控制器与基于时变滑模面的控制器，以克服滑模控制中控制器因使用符号函数而引起的抖振问题。滑模控制缺点主要有：为实现滑模控制，往往需要获得全部状态信息，这在多数情况下是较困难的；由于控制能量的有限性和惯性的存在，控制切换必然伴随滞后，这种不连续的控制将会产生高频颤振，这一本质问题迄今还没有完全解决。

③ 反步法控制　反步法（backstepping）是一种非线性的递推设计方法，其要求被控系统是满足"三角"形式的非线性系统。针对卫星姿态动力学方程和运动学方程的级联结构，反步法控制在航天器姿态控制中也得到了应用。Singh 等人设计了反步法姿态控制器[185]。Kim 等人采用鲁棒反演法解决了卫星的回转机动控制问题，在设计时没有考虑干扰和转动惯量对系统的影响[186]。

④ 非线性 H_∞ 控制　当卫星系统考虑外部扰动以及参数不确定性时，非线性 H_∞ 控制也是解决航天器姿态控制问题的主要方法之一。Dalsmo 等人通过选择了一个普遍意义下的 Hamilton-Jacobi 函数，避免了对 HJIPDI 的直接求解，从而导出了适合 LMI 的设计框架，紧接着给出姿态稳定以及扰动抑制的 LMI 描述，并计算得到控制器参数。Wu 等人采用欧拉姿态角描述的非线性动力学方程，统一设计了非线性二次最优跟踪控制器、非线性 H_∞ 姿态跟踪控制器以及非线性混合 H_2/H_∞ 姿态跟踪控制器，文中将这三种控制设计都看成是微分对策问题的特例，因此，求解两个耦合时变的 Riccati-like 微分方程是求解三种控制器的首要步骤。紧接着通过适当的状态变换将 Riccati-like 微分方程转换为 Riccati-like 代数方程，并采用 Cholesky 分解法来求解，最后得出简化的 H_2、H_∞ 以及混合 H_2/H_∞ 跟踪控制律[187]。随后，Wu 等又在考虑转动惯量不确定和外干扰存在时，提出了自适应混合 H_2/H_∞ 姿态控制方法，使得在满意的 H_∞ 性能指标限制下获得更好的 H_2 最优控制性能[188]。Show 等人利用非线性 H_∞ 方法对航天器姿态控制问题进行了一系列的研究。其中，文献［189］将姿态调节问题扩展到姿态跟踪问题上，并同样采用了欧拉姿态角描述设计了控制器。Luo 等人将逆最优方法与非线性 H_∞ 控制相结合，研究了航天器姿态跟随控制问题。另外，Luo 等人还考虑了外部扰动因素的影响，设计了鲁棒逆最优控制器，所设计的控制律具有传统的 PD 控制形式，而且对于由跟踪误差、控制能量及外部扰动所限定的性能指标是最优的。

⑤ 自适应控制　自适应控制是处理被控系统不确定性问题的有效手段之一。很多文献都已成功地应用自适应方法实现卫星的各种姿态控制任务。Wen 等人研究了卫星姿态的自适应控制问题，自适应控制律依赖于一个足够小的参数以保证系统的全局渐近稳定，但没有考虑非参数不确定性的影响，系统的鲁棒性难以保证[191]。Ahmed 等针对航天器的姿态跟踪问题，提出了基于全状态反馈的自适应姿态控制器设计方法[192]。Schaub 等针对普遍意义下的有界干扰设计了自适应姿态调节控制器并完成了对干扰的估计。Singh 等针对挠性模

态不可测，采用输出反馈模型参考自适应控制律，设计了一个单轴的鲁棒控制器，控制结果表明在模型存在不确定边界的情况下，偏航角跟踪以及附件振动的抑制都有很好的效果[193]。此外，Singh 等人针对一个单轴机动的挠性飞行器模型，在系统所有模型参数完全未知的情况下，设计了一个自适应模型跟踪控制器，然而，由于其利用挠性模态直接进行反馈，在实际情况下很难实现。Shahravi 等人针对挠性航天器姿态控制问题，将转动惯量参数不确定性当作未知参数，设计了鲁棒自适应跟踪控制器，但没有考虑干扰的影响。Nalin 等人针对航天器含有参数不确定的情况，采用自应适控制器估计惯性矩阵，构造了一种鲁棒自适应控制器。Hu 等人提出了一种将自适应控制与变结构输出反馈控制相结合的一类姿态控制器设计方法，在仅利用姿态输出信息的同时，避免了确定外部干扰上界的困难[194]。Seo 等人基于确定性等价原理，通过构造合适的参数估计算法，设计姿态自适应反馈跟踪控制器，使得参数不确定情况下的闭环系统控制性能迅速恢复到确定参数时的理想控制水平，突破了经典的确定性等价性原理。事实上，在轨航天器必将受到各种外干扰力矩，且这些干扰将对姿态控制产生一定的影响，为了消除这种影响，Scarritt 等人提出了一种模型参考自适应控制算法，实现对因执行机构安装偏差以及惯量矩阵摄动而引起的系统参数不确定的航天器姿态跟踪鲁棒控制[195]。

⑥ 反馈线性化控制　　反馈线性化方法是非线性控制理论中发展比较成熟的一种控制设计方法。Singh 等人采用反馈线性化方法研究了卫星姿态控制问题，通过设计非线性控制规律，使得闭环系统的运动方程是线性的，然后根据线性系统理论如极点配置等设计控制参数[196]。文献［197］应用反馈线性化控制方法设计了刚性航天器姿态大角度机动控制问题。反馈线性化的缺点是要求精确的模型知识，模型的变动通常会导致精确线性化的失败，同时需要很大的控制力矩来抵消非线性项。

⑦ 无源化控制　　无源化控制方法是分析非线性系统的一个有力工具。Lizarralde 等采用无源化方法，设计了滤波器方程，实现了输出反馈控制，然后通过 Lyapunov 稳定性证明是全局渐近稳定的[198]。Tsiotras 等人采用类似的方法设计了输出反馈控制器[199]。主要不同在于 Lizarralde 等人是采用罗德里格参数和修正罗德里格参数作为姿态描述的，而 Tsiotras 等人采用的是四元数作为姿态描述。Jin 等人在考虑航天器姿态受到参数不确定性和外部力矩的影响下，利用无源化理论设计了两个扩展 PD 控制器，实现了航天器姿态运动的全局渐近稳定性[200]。

⑧ 控制输入受限的控制　　在实际的控制系统中，由于控制系统执行机构自身的物理特性，系统控制输入的幅值总是有限的，即存在控制输入受限问题。在航天器姿态控制方面，飞轮等执行机构只能提供有限的控制力矩，当其输入较小时其输出能够随着输入的增大而增大，但是当输入达到一定程度时，执行机构输出将不随输入的增大而增大，并最终产生饱和非线性问题。该问题在某种程度上将影响航天器姿态控制精度，甚至使得整个姿态控制系统不稳定。Bang 等人针对执行机构输出受限的航天器大角度姿态调节问题，设计了一种改进型 PID 控制器，该控制器应用 anti-windup 控制策略来解决因积分控制而引起的控制幅值快速增加问题[201]。Boskovic 等人针对控制输入受限的刚体航天器姿态控制问题，利用 Lyapunov 第二方法，给出了一种鲁棒变结构控制器设计，该控制器对于航天器面临的参数不确定性和外部干扰都具有鲁棒性[202]。Akella 等人针对卫星姿态跟踪问题，采用四元数作为姿态描述，在控制力矩幅值和控制量变化率受限的情况下，设计了无需角速度反馈的姿态控制器[203]。Wallsgrove 等人在控制输入饱和下针对姿态调节问题设计了鲁棒控制器，对并无外干扰和有界干扰下的情况进行了分析，所设计的控制器能保证闭环系统是全局渐近稳定的。Zhu 等人在考虑控制输入饱和的同时考虑了航天器面临的参数不确定性和外界干扰，设计了自适应滑模控制器[204]。在挠性航天器的输入饱和非线性问题方面，Hu 等人针对带有大型

挠性部件的航天器大角度机动问题，设计了控制受限的鲁棒控制器，实现对挠性部件振动的主动振动控制[205]。

（3）我国在航天器姿态控制领域的研究概况

根据 SCI 数据库的信息（检索主题词""'spacecraft'，'attitude' and 'control'""），中国在该领域被 SCI 收录的期刊文章仅次于美国，排在第二位。并且，很多文章发表在该领域很有影响力的期刊当中。可见，随着中国航天事业的快速发展，我国在该领域的研究已经接近了世界先进水平。

11.2.4.2 重点文献评析

本小节对姿态控制中一些解决了重要问题的突出研究成果进行评述。需要说明的是，下列的文献只是众多优秀研究成果中的一部分，只是由于作者能力和精力所限，这里不能将所有的优秀成果一一叙述。

（1）具有输入受限的三轴磁力矩姿态控制

Zhou 在文献（Zhou B. Global stabilization of periodic linear systems by bounded controls with applications to spacecraft magnetic attitude control. Automatica，2015，60：145-154. 中提出了具有输入受限的三轴磁力矩姿态控制系统的线性设计方法。

小卫星的姿态运动学模型

$$\dot{q} = \frac{1}{2} \begin{bmatrix} 0 & \omega_{rz} & -\omega_{ry} & \omega_{rx} \\ -\omega_{rz} & 0 & \omega_{rx} & \omega_{ry} \\ \omega_{ry} & -\omega_{rx} & 0 & \omega_{rz} \\ -\omega_{rx} & -\omega_{ry} & -\omega_{rz} & 0 \end{bmatrix} q \tag{11-75}$$

小卫星的姿态动力学模型

$$\begin{cases} J_x \dot{\omega}_x + (J_z - J_y)\omega_y\omega_z = T_{gx} + T_{mx} \\ J_y \dot{\omega}_y + (J_x - J_z)\omega_x\omega_z = T_{gy} + T_{my} \\ J_z \dot{\omega}_z + (J_y - J_x)\omega_y\omega_x = T_{gz} + T_{mz} \end{cases} \tag{11-76}$$

式中　　　ω_0——卫星绕地球旋转的角速度；

ω_r——卫星本体坐标系 F_b 相对于轨道坐标系 F_o 的相对角速度，$\omega_r = [\omega_{rx}, \omega_{ry}, \omega_{rz}]^T$；

J_x，J_y，J_z——航天器的转动惯量；

ω——卫星本体坐标系 F_b 相对地心赤道惯性坐标系 F_i 的角速度，$\omega = [\omega_x, \omega_y, \omega_z]^T$；

T_g——重力梯度力矩；

T_m——磁力矩；$T_m = [T_{mx}, T_{my}, T_{mz}]^T$，表示为 $T_m = mb$，其中 $m = m(t) = [m_x(t), m_y(t), m_z(t)]^T$ 是磁力矩器产生的磁偶极矩。

实际控制器设计必须考虑控制受限的情况，即要求 $|m_k(t)| \leqslant \overline{\omega}_k$，$k = x$，$y$，$z$，其中 $\overline{\omega}_k > 0$，$k = x, y, z$，表示磁力矩器在地心赤道惯性坐标系中的 k 轴上能产生的最大磁偶极矩分量。

选取状态向量 $\chi = [q_1, q_2, q_3, \dot{q}_1, \dot{q}_2, \dot{q}_3]^T$、控制向量 m 和输出向量 $y(t) = [q_1, q_2, q_3]^T$，可得其线性化模型。

$$\begin{cases} \dot{\chi}(t) = A\chi(t) + B(t)m(t) \\ y(t) = C\chi(t) \end{cases} \tag{11-77}$$

式中，A 是系统矩阵；$B(t)$ 是输入矩阵；C 是输出矩阵，分别有如下形式。

$$A = \begin{bmatrix} 0 & 0 & 0 & 1 & 0 & 0 \\ 0 & 0 & 0 & 0 & 1 & 0 \\ 0 & 0 & 0 & 0 & 0 & 1 \\ -4\omega_0^2\sigma_1 & 0 & 0 & 0 & 0 & \omega_0(1-\sigma_1) \\ 0 & -3\omega_0^2\sigma_2 & 0 & 0 & 0 & 0 \\ 0 & 0 & -\omega_0^2\sigma_3 & \omega_0(\sigma_3-1) & 0 & 0 \end{bmatrix}$$

$$B(t) = \begin{bmatrix} 0 & 0 & 0 \\ 0 & 0 & 0 \\ 0 & 0 & 0 \\ 0 & \dfrac{b_3(t)}{J_x} & -\dfrac{b_2(t)}{J_x} \\ -\dfrac{b_3(t)}{J_y} & 0 & \dfrac{b_1(t)}{J_y} \\ \dfrac{b_2(t)}{J_z} & -\dfrac{b_1(t)}{J_z} & 0 \end{bmatrix} \quad C = \begin{bmatrix} 1 & 0 & 0 \\ 0 & 1 & 0 \\ 0 & 0 & 1 \\ 0 & 0 & 0 \\ 0 & 0 & 0 \\ 0 & 0 & 0 \end{bmatrix}^T$$

受磁力矩特性的影响，线性化模型是输入受限的线性周期系统，从而该文献将三轴磁力矩姿态控制问题转化为一个输入受限的线性周期系统的全局镇定问题。故 Zhou 针对一般线性周期时变系统的有界输入全局镇定问题进行了研究。考虑如下的输入受限的线性周期系统。

$$\begin{cases} \dot{x}(t) = Ax(t) + B(t)\mathrm{sat}_a[u(t)] \\ y(t) = Cx(t) \end{cases} \tag{11-78}$$

式中，$x \in R^n$、$u \in R^r$ 和 $y \in R^p$ 分别代表系统的状态、控制和输出向量；$A(t)$、$B(t)$ 和 $C(t)$ 是相应维数的 T 周期矩阵函数；$\mathrm{sat}_a(\cdot)$ 是向量值饱和函数。

该文献提出了一种基于状态反馈线性控制器［式(11-79)］和一种动态输出反馈的线性控制器［式(11-80)］。

$$u(t) = -\eta B^T(t)P_0(t)x(t) \tag{11-79}$$

式中，$\eta > 0$ 是任意常数。

$$\begin{cases} \dot{\xi}(t) = A\xi(t) + B(t)\mathrm{sat}_a[u(t)] - L[y(t) - C(t)\xi(t)] \\ u(t) = -\eta B^T(t)P_0(t)\xi(t) \end{cases} \tag{11-80}$$

式中，矩阵 L 使得 $A+LC$ 是 Hurwitz 的；$\eta > 0$ 是任意常数；$\xi(t)$ 是观测器的状态。

通过利用与开系统相关的 Lyapunov 微分方程的解构造了显式的 Lyapunov 函数，证明了闭环系统的全局渐近稳定性。为了将所提出的理论方法应用于三轴磁力矩姿态控制系统的设计，建立了保证开环线性化系统是临界稳定的充要条件：当 $(\sigma_1, \sigma_2, \sigma_3)$ 满足式(11-81)时，系统矩阵 A 的特征值都在虚轴上，并且特征值的代数重数和几何重数都是 1，即系统矩阵 A 是 Lyapunov 稳定或临界稳定的；并给出了相应 Lyapunov 方程的显式解。

$$\begin{cases} 0 < \sigma_2 \\ 0 < \sigma_1\sigma_3 := \phi_1 \\ 0 < 3\sigma_1 + \sigma_3\sigma_1 + 1 := \phi_2 \\ 0 < (3\sigma_1 + 1 + \sigma_3\sigma_1)^2 - 16\sigma_1\sigma_3 = \phi_2^2 - 16\phi_1 \end{cases} \tag{11-81}$$

$$P_0 = H^T P H \quad P = \begin{bmatrix} P_2 & & \\ & P_1 & \\ & & P_3 \end{bmatrix} \tag{11-82}$$

其中，$P_2 = \mathrm{diag}\{3\sigma_2\gamma_2, \gamma_2\}$，$\gamma_2$ 为任意常数。

$$\begin{cases} P_1 = \begin{Bmatrix} \sigma_3 \left[\gamma_3 + (1-\sigma_1)\gamma_{13} \right] & -\sigma_3\gamma_{13} \\ -\sigma_3\gamma_{13} & \gamma_1 \end{Bmatrix} \\ P_3 = \begin{Bmatrix} 4\sigma_1 \left[\gamma_1 + (1-\sigma_3)\gamma_{13} \right] & 4\sigma_1\gamma_{13} \\ 4\sigma_1\gamma_{13} & \gamma_3 \end{Bmatrix} \end{cases} \tag{11-83}$$

式中，γ_1、γ_3 和 γ_{13} 是任何标量，并使得式(11-84) 成立。

$$(1-\sigma_1)\left(\gamma_1 - \frac{J_x}{J_z}\gamma_3\right) + (4\sigma_1 - \sigma_3)\gamma_{13} = 0 \tag{11-84}$$

如果选择 $\gamma_{13} = 0$ 和 $\gamma_1 = \dfrac{J_x}{J_z}\gamma_3$，得正定矩阵。

$$P_1 = \operatorname{diag}\left\{\sigma_3\gamma_3, \frac{J_x}{J_z}\gamma_3\right\} \quad P_2 = \operatorname{diag}\{3\sigma_2\gamma_2, \gamma_2\} \quad P_3 = \operatorname{diag}\left\{4\frac{J_x}{J_z}\sigma_1\gamma_3, \gamma_3\right\} \tag{11-85}$$

从而利用所建立的理论方法设计了三轴磁力矩姿态控制系统的显式全局镇定控制律。

① 状态反馈磁力矩姿态镇定控制器

$$m(t) = -\operatorname{sat}_{\bar{\omega}}\left[\eta B^T(t)P_0\chi(t)\right] \tag{11-86}$$

② 基于观测器的磁力矩姿态镇定控制器

$$\begin{cases} \dot{\xi}(t) = A\xi(t) + B(t)\operatorname{sat}_{\bar{\omega}}[m(t)] - L[y(t) - C\xi(t)] \\ m(t) = -\operatorname{sat}_{\bar{\omega}}[\eta B^T(t)P_0\xi(t)] \end{cases} \tag{11-87}$$

所得的三轴磁力矩姿态控制律最大的优势之处在于给出了显式的反馈增益，在考虑执行器饱和的情况下保证了闭环系统的全局稳定性并对系统参数具有一定的鲁棒性。

(2) 刚体航天器鲁棒姿态机动控制

Wie 等在文献 ［Wie B，Weiss H，Arapostathis A. Quaternion feedback regulator for spacecraft eigenaxis rotations. Journal of Guidance，Dynamics and Control，1989，12（3）：375-380. 被引频次：126］中给出了较为经典的结果。由于最优控制在 20 世纪 90 年代初期在控制领域的发展中占据重要位置，因此，该文献中给出的解决航天器姿态机动问题的两种控制器设计方案，分别考虑了航天器姿态机动的路径最优设计和能量最优设计。

第一种控制器为：

$$u = -\omega J\omega - dJ\omega - kJq \tag{11-88}$$

式中　d，k——正常数；

　　　　J——航天器转动惯量矩阵。

该控制器可以保证航天器在 rest-to-rest 姿态机动时，沿某一固定的欧拉轴进行旋转，此时，航天器旋转所经过的路径最小，具有路径最优性。但是这种控制方法也存在一定的问题：首先，它要求航天器姿态机动之前，严格满足姿态角速度矢量 $\omega(0)=0$ 或角速度矢量 $\omega(0)$ 与四元数矢量部分 $q(0)$ 满足平行关系；其次，该控制器需要利用精确已知的航天器的动惯量参数；再次，该控制器在设计时并没有考虑航天器所受到的外界干扰力矩影响。

第二种控制器为：

$$u = -a_1\omega - a_2q \tag{11-89}$$

式中　a_1，a_2——正常数。

该控制器的优点是对于航天器转动惯量参数具有鲁棒性，并且在忽略欧拉方程式中的陀螺项 $\omega \times J\omega$ 时，满足对于下列的最优性能指标的最优性。

$$J = \frac{1}{2}\int_0^\infty (a_1^2 q^T J^{-1}q + 2a_1a_2 q^T J^{-1}\omega - a_1 q_0 \omega^T \omega + u^T J^{-1}u)\mathrm{d}t \tag{11-90}$$

该控制器作为一种刚体航天器姿态机动的 PD 控制器设计方案，被后续众多研究者所继承和发展。另外值得一提的是，在证明该控制器作用下的闭环系统稳定性时，所构造的

Lyapunov 函数［式(11-91)］也成为众多文献中姿态控制器设计中构造 Lyapunov 函数的原型。

$$V = \frac{1}{2}\omega^T J\omega + q^T q + (q_0 - 1)^2 \tag{11-91}$$

$$= \frac{1}{2}\omega^T J\omega + 2(1 - q_0)$$

类似地，Panagiotis 在文献［Panagiotis T. Stabilization and optimality Results for the attitude control problem. Journal of Guidance，Control，and Dynamics，1996，19（4）：772-779.］中针对航天器姿态机动问题给出了一种 PD 控制器。

$$u = -k_1 r - k_2 \omega \tag{11-92}$$

式中 k_1, k_2——正常数。

该控制器不仅对于航天器转动惯量参数的不确定性具有鲁棒性，而且对于式(11-93) 最优性能指标具有最优值［式(11-94)］。

$$J = \frac{1}{2}\int_0^\infty [k_1^2 \parallel r(t) \parallel^2 + \parallel \omega(t) \parallel^2]\mathrm{d}t \tag{11-93}$$

$$J^* = 2k_1 \ln(1 + \parallel r(0) \parallel^2) \tag{11-94}$$

同时，文中在证明该控制器作用下的闭环系统稳定性时，所构造的 Lyapunov 函数［式(11-95)］也成为后来姿态控制器设计中构造 Lyapunov 函数的原型。

$$V = \frac{1}{2}\omega^T J\omega + k_1 \ln(1 + r^T r) \tag{11-95}$$

上述文献中给出的控制器设计方法，解决了航天器面临的转动惯量参数的不确定性问题，并且控制器结构具有一定的最优性。存在的问题是没有考虑航天器所面临的外部干扰力矩。

（3）刚体航天器鲁棒滑模姿态控制

由于滑模控制对模型的参数不确定性和外界干扰具有很好的鲁棒性，因此成为一种研究广泛的鲁棒非线性控制方法。该方法也被用于解决航天器的鲁棒姿态控制问题，以使得闭环系统对于外界干扰力矩具有鲁棒性。众所周知，滑模控制器的设计包括两个部分：滑模面设计和滑模控制器设计。在已有文献中，Vadali 在文献（Vadali S R. Variable-structure control of spacecraft large-angle maneuvers. Journal of Guidance，Control and Dynamics，1986，9(2)：235-239. 被引频次：108 次）中首次提出了如下形式的滑模面。

$$s = \omega + kq \tag{11-96}$$

式中 k——正常数。

该滑模面的优势在于满足如下性能指标的最优性。

$$J = \frac{1}{2}\int_0^\infty (\omega^T R\omega + q^T K^2 q)\mathrm{d}t \tag{11-97}$$

式中 R, K——正定阵，$R, K = \mathrm{diag}\ \{k,\ k,\ k\}$。

该滑模面被后来的众多研究者所采用。

Lo 在文献［Lo S C，Chen Y P. Smooth sliding-mode control for spacecraft attitude tracking maneuvers［J］. Journal of Guidance，Control and Dynamics，1995，18(6)：1345-1349. 被引频次：74 次］中采用该滑模面对刚体航天器的鲁棒姿态跟踪问题设计了如下的控制器。

$$u = \omega J\omega + 2JT^{-1}(q)[\ddot{q}_d - T(\dot{q})T^{-1}(q)\dot{q}_d] + \Delta JK[0.5T(q)\omega - \dot{q}_d] + d + \dot{J}s$$
$$= (\psi_1 \psi_2 \psi_3)^T \tag{11-98}$$

式中 $\dot{q}_d$——航天器期望四元数；

K——对角正定参数阵；

ΔJ, J——转动惯量的摄动和时间导数，并满足范数有限性。

$$T(q)=\begin{pmatrix} q_0 & -q_3 & q_2 \\ q_3 & q_0 & -q_1 \\ -q_2 & q_1 & q_0 \end{pmatrix} \tag{11-99}$$

该控制器对于航天器的转动惯量参数和外界干扰力矩具有鲁棒性，但是不足之处在于需要已知转动惯量参数和外界干扰力矩的先验知识（范数上界）。

（4）挠性航天器鲁棒姿态机动与振动抑制控制

考虑如下的挠性航天器动力学模型。

$$\begin{cases} J\dot{\omega}+\delta^T\ddot{\eta}+\omega(J\omega+\delta^T\dot{\eta})+u+d \\ \ddot{\eta}+C\dot{\eta}+K\eta+\delta\dot{\omega}=-\delta_2 u_p \\ \dot{q}_0=-\dfrac{1}{2}\omega^T q \\ \dot{q}=\dfrac{1}{2}(q_0\omega+q\omega) \end{cases} \tag{11-100}$$

式中　δ——挠性部件与航天器本体的耦合作用矩阵；

　　　δ_2——压电元件作用于挠性部件时的作用力分配参数阵；

　　C，K——挠性部件振动方程的阻尼阵和刚度阵。

其中 C，K 具体形式为

$$C=\text{diag}\{2\zeta_i\omega_{ni}, i=1,2,\cdots,N\} \tag{11-101}$$

$$K=\text{diag}\{\omega_{ni}^2, i=1,2,\cdots,N\} \tag{11-102}$$

式中　N——模型所考虑的挠性模态的阶数；

　　　ω_{ni}——第 i 阶挠性模态的振动频率；

　　　ζ_i——第 i 阶挠性模态的振动阻尼。

控制器的设计目标是使得闭环系统满足

$$\begin{cases} \lim\limits_{t\to\infty}\omega=0 \\ \lim\limits_{t\to\infty}\dot{\eta}=0 \\ \lim\limits_{t\to\infty}\eta=0 \\ \lim\limits_{t\to\infty}q_0=1 \\ \lim\limits_{t\to\infty}q=0 \end{cases} \tag{11-103}$$

Gennaro 在文献〔Gennaro Di S. Passive attitude control of flexible spacecraft from quaternion measurements〔J〕. Journal of Optimization Theory and Applications，2003，116(1)：41-66. 被引频次：30 次〕中利用 Lyapunov 直接法设计了如下的动态输出反馈控制器。

$$\begin{cases} u=-k_p q-k_d\hat{\omega}-\delta^T(K-P+\delta_2 F_1)\hat{\eta}-\delta^T(C+CP+\delta_2 F_2)\hat{\psi} \\ u_p=F_1\hat{\eta}+F_2\hat{\psi} \\ \begin{pmatrix} \dot{\hat{\eta}} \\ \dot{\hat{\psi}} \end{pmatrix}=\begin{pmatrix} \hat{\psi}-\delta\hat{\omega} \\ -C\hat{\psi}-K\hat{\eta}+C\delta\hat{\omega}-\delta_2(F_1\hat{\eta}+F_2\hat{\psi}) \end{pmatrix}+ \\ \Gamma^{-1}\left[\begin{pmatrix} K\delta \\ C\delta-k_d\delta J_{mb}^{-1} \end{pmatrix}\hat{\omega}+P\begin{pmatrix} -I \\ C \end{pmatrix}\delta\hat{\omega}+\begin{pmatrix} 0 & F_1^T\delta_2^T \\ 0 & F_2^T\delta_2^T \end{pmatrix}p\begin{pmatrix} \hat{\eta} \\ \hat{\psi} \end{pmatrix}\right] \end{cases} \tag{11-104}$$

式中 k_p, k_d——正常数；

$\quad J_{mb}$——$J_{mb} = J - \delta^T\delta$；

$\quad F_1, F_2$——使矩阵$\begin{bmatrix} 0 & I \\ -(K+\delta_2 F_1) & -(C+\delta_2 F_2) \end{bmatrix}$为 Hurwizt 阵的参数阵；

$\quad P$——式(11-105) 矩阵方程的解；

$\quad \Gamma$——式(11-106) 矩阵方程的解。

$$P\begin{bmatrix} 0 & I \\ -K-\delta_2 F_1 & -C-\delta_2 F_2 \end{bmatrix} + \begin{bmatrix} 0 & I \\ -K-\delta_2 F & -C-\delta_2 F_2 \end{bmatrix}^T P = -2R \quad (11\text{-}105)$$

$$\Gamma\begin{bmatrix} 0 & I+\delta J_{mb}^{-1}\delta^T \\ -K & -CI_0 \end{bmatrix} + \begin{bmatrix} 0 & I+\delta J_{mb}^{-1}\delta \\ -K & -CI_0 \end{bmatrix} = -2Q \quad (11\text{-}106)$$

式中 I_0——正定矩阵；

$\quad Q$——满足下面的矩阵不等式(11-107) 的矩阵。

$$Q - \left\{ \begin{matrix} F_1^T \delta_2^T P_2 & F_1^T \delta_2^T P_3 + (P_1 - P_2 C - K)\delta J_{mb}^{-1}\delta^T \\ F_2^T \delta_2^T P_2 & F_2^T \delta_2^T P_3 + [(P_2^T - P_3 C - C)\delta + k_d \delta J_{mb}^{-1}] J_{mb}^{-1}\delta^T \end{matrix} \right\} > 0 \quad (11\text{-}107)$$

该控制器的优点是仅使用航天器姿态四元数作为反馈信号，并且文中还证明了该控制器对于有界外部干扰 d 满足系统状态的最终一致有界。不足之处是控制器结构十分复杂，并且使用了系统参数矩阵 C、K、δ、2δ，因此对于参数矩阵的摄动较为敏感。

Hu 等在文献［Hu Q L. Sliding mode maneuvering control and active vibration damping of three-axis stabilized flexible spacecraft with actuator dynamics. Nonlinear Dynamics，2008，52(3)：227-248. 被引频次：11 次］中给出了一种针对挠性航天器鲁棒姿态机动的分级控制策略，即利用滑模控制器镇定航天器姿态，同时利用 SRF（strain rate feedback）控制方法来设计压电元件的主动振动抑制策略。该文献将挠性振动对于航天器本体的耦合力矩与外部干扰力矩统一视为一个新的干扰力矩。

$$T_d = d - \delta^T \ddot{\eta} - \omega\delta^T \dot{\eta} \quad (11\text{-}108)$$

并满足假设条件

$$\| T_d \| \leqslant \gamma \quad (11\text{-}109)$$

式中 γ——正常数。

该文献还进一步将作为挠性航天器姿态执行机构的反作用飞轮的动态特性加入航天器动力学模型中，其具体模型如下所示。

$$\begin{cases} (J - J_r)\dot{\omega} - \omega(J\omega + J_r\mathbf{\Omega}) + u + T_d \\ \ddot{\eta} + C\dot{\eta} + K\eta + \delta\dot{\omega} = -\delta_1 u_p \\ u = J_r \overline{K}_t \overline{T}_m^{-1} e_a - J_r T_m^{-1}(\omega + \mathbf{\Omega}) \\ \dot{q}_0 = -\dfrac{1}{2}(q_0 + q\omega) \\ \dot{q} = -\dfrac{1}{2}(q_0\omega + q\omega) \end{cases} \quad (11\text{-}110)$$

式中 J_r——飞轮的转动惯量矩阵；

$\quad \mathbf{\Omega}$——飞轮的角速度矢量；

$\quad \overline{K}_t$——飞轮电动机的增益阵；

$\quad \overline{T}_m^{-1}$——飞轮电动机的时间常数阵；

$\quad e_a$——飞轮电动机的电枢电压。

此时，e_a 代替 u 成为新的控制输入变量。

文中选取滑模面为

$$\sigma = \omega + \Lambda q \tag{11-111}$$

式中　Λ——正定参数矩阵。

进一步给出了动态滑模控制器。

$$\begin{cases} e_a = T_m(J_r\,\overline{K_t})^{-1}\left[-\omega(J\omega + J_r\Omega) + \dfrac{1}{2}(J - J_r)\Lambda(q_0\omega + q\omega)\right] + \\ T_m(\overline{K_m}\,\overline{K_t})^{-1}(\omega + \Omega) + T_m(J_r\,\overline{K_t})^{-1}\left(K_1\sigma + \dfrac{\dot\gamma}{\|\sigma\|}\sigma\right) \\ \dot{\hat\gamma} = -\mu(t)\hat\gamma + \dfrac{1}{p}\|\sigma\| \\ \dot\mu(t) = -\beta\mu(t) \end{cases} \tag{11-112}$$

式中　K_t——控制参数矩阵；

　　　p,β——正常数；

　　　$\hat\gamma$——干扰力矩范数 γ 上界的估计值。

该控制器的优势在于可以保证挠性航天器在外界干扰力矩的扰动下仍能保持渐近稳定性，并且不需要事先知道干扰力矩的界。不足之处在于该控制器设计时并没有考虑挠性航天器的结构参数的不确定性。

Jin 等在文献（Jin Erdong, Sun Zhaowei. Passivity-based control for a flexible spacecraft in the presence of disturbances. International Journal of Non-Linear Mechanics，2010，45：348-356.）中基于无源性理论设计了一种扩展 PD＋变结构的控制器设计方法，在设计该控制器时，明确地考虑了挠性附件振动对于航天器的耦合力矩，并且将外部干扰力矩考虑为系统状态变量的函数，并且满足如下假设。

$$\|d(t,q,\omega,\eta)\| \leqslant \alpha^T g(\psi) \tag{11-113}$$

式中　$\alpha = (\alpha_1\quad \alpha_2)^T$——已知正常数向量；

　　　$g(\psi)$——$g(\psi) = [\sigma(\psi)\quad 1]^T$，$\sigma(\psi) \geqslant 0$；

　　　ψ——$\psi = (q^T\quad \omega^T\quad \theta^T)$；

　　　θ——$\theta = [\eta^T\quad (\dot\eta + \delta\omega)^T]^T$。

文中控制器的具体形式如下。

$$u = -k_p q - k_d\omega - k_e s - \hat\alpha^T g(\psi)\,\mathrm{sgn}(s) \tag{11-114}$$

式中　$\mathrm{sgn}(s)$——定义为 $\mathrm{sgn}(s) = [\mathrm{sgn}(s_1)\quad \mathrm{sgn}(s_2)\quad \mathrm{sgn}(s_3)]^T$。

$$\dot{\hat\alpha} = \Gamma g(\psi)\sum_{i=1}^{3}|S_i| \tag{11-115}$$

式中　$\hat\alpha$——α 的估计值；

　　　Γ——正定参数阵。

该控制器的优势在于，对于挠性航天器的参数不确定性和外界干扰力矩都具有鲁棒性。

（5）带有控制输入饱和的姿态控制

Wie 等在文献［Wie B, Lu J B. Feedback Control logic for spacecraft eigenaxis rotations under slew rate and control constraints. Journal of Guidance，Control and Dynamics，1995，18(6)：1372-1379.］中首次考虑了航天器姿态控制受限问题，给出了如下的控制器设计方案。

$$u = Q_2\,\mathrm{sat}[P_2\omega + Q_1\,\mathrm{sat}(P_1 q)] \tag{11-116}$$

式中 P_1，P_2，Q_1，Q_2——具有正定性的对角矩阵。

$\text{sat}(x)$ 为具有如下性质的饱和函数：

$$\text{sat}(x)=\begin{cases} x & \parallel x \parallel_2 < 1 \\ \dfrac{x}{\parallel x \parallel_2} & \parallel x \parallel_2 \geqslant 1 \end{cases} \tag{11-117}$$

Wallsgrove 等在文献〔Wallsgrove R J，Akella M R. Globally stabilizing saturated attitude control in the presence of bounded unknown disturbances. Journal of Guidance，Control and Dynamics. 2005，28(5)：957-963.〕中给出了一种既能满足控制力矩受限要求，又能对转动惯量不确定性和外部干扰力矩具有鲁棒性的类 PD 动态控制器：

$$u=-\beta\,\overline{u}_m q-(1-\beta)\overline{u}_m \text{Tanh}\frac{\omega+kq}{p^2} \tag{11-118}$$

式中 $\overline{u}_m$——可输出控制力矩的最大值，满足假设条件 $\overline{u}_m>d_{max}>|d_i|,\,(i=1,2,3)|$，

$\qquad\quad d_i$ 表示干扰力矩分量；

$\qquad \beta$——满足条件 $0<\beta<\left(1-\dfrac{d_{max}}{u_{max}}\right)\leqslant 1$；

$\text{Tanh}(\cdot)$——双曲正切函数；

$\quad k,p^2$——满足式(11-119) 和式(11-120) 的自适应律：

$$\dot{k}=-\gamma(1-\beta)\overline{u}_m q^T\left[\text{Tanh}\frac{\omega+kq}{p^2}+\text{Tanh}\frac{kq}{p^2}\right]-\gamma_k\gamma_c k^2(q^Tq+\gamma_d) \tag{11-119}$$

$$\frac{\text{d}}{\text{d}t}(p^2)=-\gamma_p C^2 p^2+\gamma_p\gamma_c k^2(q^Tq+\gamma_d) \tag{11-120}$$

式中 $\gamma_k,\gamma_c,\gamma_d,\gamma_p$——正常数；

$\qquad C^2$——满足式(11-121)。

$$C^2>6x(1-\tanh x)(1-\beta)\overline{u}_m>0 \tag{11-121}$$

式中 x——方程 $\exp(-2x)+1-2x=0$ 的解。

Boskovic 等在文献〔Boskovic D J，Li S M，Mehra K R. Robust adaptive variable structure control of spacecraft under control input saturaion. Journal of Guidance，Control，and Dynamics，2001，24(1)：14-22.〕中给出了一种基于时变滑模面的变结构控制器设计，用以解决考虑控制输入受限时的鲁棒姿态控制问题。其时变滑模面的具体形式如下。

$$s=\omega+kq \tag{11-122}$$

$$\dot{k}=-\gamma\,\overline{u}_m\sum_{i=1}^{3}[\text{sgn}(k)|q_i|+q_i\text{sgn}(s_i)] \tag{11-123}$$

式中 γ——正常数；

$\qquad \overline{u}_m$——可输出控制力矩的上限，满足式(11-124)。

$$\overline{u}_m>|d_i|\,(i=1,2,3) \tag{11-124}$$

该控制器不仅满足控制力矩受限的要求，同时对于转动惯量参数和外界干扰都具有良好的鲁棒性。

11.2.5 航天器姿轨联合控制领域的研究现状

11.2.5.1 航天器姿轨联合控制技术国内外研究现状

航天器相对运动的姿态轨道一体化建模与控制方式突破了传统上将姿态与轨道独立处理的局限性，具有效率高、机动性强和控制精度高等诸多突出的优点及广阔的应用前景。然

而，如上一小节所述，姿态轨道耦合动力学系统所呈现的高维、强耦合、强非线性，甚至欠驱动特性也给对航天器姿态轨道联合控制问题的研究带来很大的难度。直至 20 世纪 90 年代末期，国内外学者开始针对这一具有重要理论意义和工程应用价值的挑战性课题逐渐开展了研究，下面针对建模和控制两方面来说明研究现状，并给予必要的分析。

（1）姿轨一体化建模

控制系统设计的首要问题就是确立被控对象的动力学模型。因此，航天器相对运动的姿态轨道耦合动力学建模是姿态轨道联合控制的基础。针对这一问题，现阶段主要有以下几类建模方式。

① 姿态轨道"独立-耦合"建模方式　在现有的研究中，这种建模方法占据主流地位。它的主要思想是，针对航天器轨道运动和姿态运动，分别采用合适的数学工具进行建模，再根据两者的耦合关系，将两部分动力学联立在一起形成姿态轨道耦合动力学模型。

以单个刚体航天器为研究对象，如空间碎片清除任务中的轨道机动器（orbital maneuvering vehicle，OMV）[206]，文献 [207,208] 在惯性坐标系下，建立了六自由度姿态轨道耦合动力学模型，其中，对于轨道子系统在笛卡尔坐标系中利用牛顿定律和哥氏定理建立；而对于姿态子系统，为避免姿态运动学的奇异问题，利用四元数来建立其姿态运动学模型。轨道与姿态的耦合关系集中体现在姿态角速度对轨道运动的影响。并且，文献 [210] 还分析了轨控发动机的偏心安装对姿态运动的影响作用。同样是针对单个航天器，文献 [209] 建立了重力作为耦合源的情况下空间站的轨道与姿态的耦合动力学方程，其中轨道子系统基于球坐标建立；而姿态子系统则利用欧拉角来描述。Naasz 等学者针对一种特殊推力器配置的纳卫星（nanosatellite）建立了姿轨耦合动力学模型，其中轨道子系统利用六个轨道根数描述，而姿态子系统则采用单位四元数和欧拉方程建立。

针对多航天器参与的空间近距离任务，文献 [210~213] 给出了基于主动航天器本体坐标系建立的相对姿轨耦合动力学模型，其中相对姿态运动利用四元数来描述，而相对轨道动力学利用哥氏定理及牛顿定律建立，姿态与轨道的本质耦合关系可以在表达式中很明确地显示出来，尽管非线性较强，但这类模型适用范围较前述模型更广，不仅能够涵盖目标为开普勒运动的情形，而且还能包含目标做非开普勒运动的情形。

可以看出，姿态轨道独立建模方式的特点就是，所用的数学工具都只是对各自问题最有效的，如采用轨道六要素或者笛卡尔坐标描述航天器的轨道运动，采用欧拉角、姿态四元数或修正的罗德里格参数等描述航天器的姿态运动。所得到的动力学方程的状态变量具有明确的物理意义。

② 基于对偶四元数建模方式　Chasles 定理指出：任意刚体的运动均可通过绕一轴的转动加上平行于该轴的移动实现。这种旋转加平移的运动组合类似于一种螺旋运动。根据此定理，刚体变换对应了旋转变换群。同时，文献 [214,215] 还指出，归一化的对偶四元数（单位对偶四元数）构成的像空间能够对旋转变换群形成双覆盖。换言之，利用对偶四元数能够同时描述刚体的位姿变化。对偶四元数已率先在空间机器人、机械、捷联惯导、计算机辅助设计等领域中，应用于对刚体运动学和动力学问题的处理，并显示了其数学表达式直观、明了、计算效率高等诸多优势。目前，国内外一些学者已逐步开始利用对偶四元数这一数学工具描述刚体航天器姿态轨道一体化运动。

武元新等学者利用对偶四元数重新解释了捷联式惯性导航的基本原理，得到了基于对偶四元数的刚体航天器运动学方程，其形式均与姿态四元数微分方程一致。借鉴成熟的姿态四元数积分的双速算法结构，构建了基于对偶四元数的捷联惯性导航算法。该运动学模型也被应用到了文献 [218~220] 中。韩大鹏等学者基于李群结构，利用对偶四元数进行了多自由度空间机械臂位姿控制的研究。Brodsky 等学者利用对偶四元数及对偶向量描述了刚体的动力学方程。随后，基于文献［216，217］提出的一体化的姿轨运动学模型和文献［221］中提出的一体化动力学模型，文献［222，223，224］给出了基于对偶四元数的相对姿轨一体化模型。这种建模方式所得到的动力学方程形式较为简单，但是由于对偶四元数特殊的运算规则较为复杂，传统的基于矢量的运算规则并不能直接应用于这类模型，给控制律的设计带来较大的不便。

③ 其他建模方式　采用一体化手段描述航天器轨道和姿态的运动学与动力学已引起了国内外学者的关注，除上述的对偶四元数外，Ploen 等学者应用矢阵（vectrix）方法将航天器姿态运动和轨道运动统一到同一代数框架内，建立了单个刚性航天器和 N 个编队航天器的姿态及轨道耦合动力学模型。Gaulocher 等针对空间干涉成像的编队多航天器，考虑到测量装置的要求，在小角度近似和一系列假设下，建立了线性化的姿轨耦合动力学模型。Sinclair 等学者分析了四维刚体旋转运动与航天器一般空间运动（包括姿态和轨道运动）之间的类推关系，从而将姿态运动模型的形式扩展到航天器一般空间运动的表示中，并利用 Cayley 形式在同一数学框架内建立了航天器姿态和轨道运动的耦合动力学模型。然而这些数学工具或者不能统一地描述航天器的相对运动，或者在描述时物理意义并不明确，因而应用性受到很大限制，并未引起更多的关注。

（2）执行机构配置

在前文中提到，航天器的姿态动力学与轨道动力学耦合的一个主要来源是执行机构配置。因此，在进行姿轨耦合动力学建模时，执行机构如何配置以实现轨道机动和姿态调整所需的控制力和控制力矩，是一个必须说明的问题。根据上文对航天器相对运动的划分，现作两点分析。一方面，考虑到在空间近距离操作任务中，航天器相对位姿运动的时间与空间尺度差异并不大，文献［225～227］设计了统一的姿态与轨道控制系统共用的推力器配置方案，通过设计推力器的个数和布局，能够为姿轨耦合动力学系统提供足够的控制维数，同时产生姿轨联合控制所需要的力和力矩，使得航天器的相对位姿同时变化。文献［228～230］虽然并未提及执行机构的配置问题，但通过对航天器六自由度的相对姿轨运动的六维控制律设计过程可以看出，这些研究成果均假设在空间近距离操作中的姿轨耦合动力学系统是一个全驱动控制系统，所配置的执行机构能够提供足够的控制维数来实现航天器相对位姿控制。另一方面，当相对轨道运动与相对姿态运动的时间或空间尺度差异较大的时候，航天器往往配置一台大推力轨道发动机用以实现轨道机动，但推力方向的变化需由姿态系统来完成，因而控制维数小于系统的自由度，姿轨耦合动力学系统表现出欠驱动特性。这种情形往往存在于相对轨道机动中，如空间交会、月面软着陆和部分编队飞行任务。

11.2.5.2　重点文献评析

根据 SCI 库中的对"姿轨联合控制"相关条目的检索结果，我们对以下几篇文献进行重点分析。

① Terui F. Position and attitude control of a spacecraft by sliding mode control. Proceedings of the 1998 American Control Conference. Philadelphia，USA：IEEE Press，1998. 217-221.

日本学者 Terui 在 1998 年美国控制会议的文章 "Position and attitude control of spacecraft by sliding mode control" 首次提出了姿轨联合控制的概念。这篇文章指出，针对如轨道机动器（orbital maneuvering vehicle）等新型航天器，为实现在轨服务，需要同时进行快速和复杂的轨道机动及姿态机动，而且在这种情况下，传统的控制设计方法不再适用。该文献以一个刚体航天器为对象，建立了下述姿轨耦合动力学模型。

$$\begin{cases} \dot{r} = -\omega r + v \\ \dot{v} = -\omega r + \dfrac{1}{m}f \\ \dot{q} = \dfrac{1}{2}\Omega(\omega)q \\ I\dot{\omega} = -\omega I\omega + \rho f + \tau \end{cases} \tag{11-125}$$

并指出了动力学模型中姿态与轨道的本质耦合作用 ωr、ωv，以及由于发动机的偏心安装引起的附加耦合力矩 ρf。针对此模型，该文献根据参考信号建立误差信号：

$$\begin{cases} r_e = r - \Phi r_c \\ v_e = v - \Phi v_c \\ q_e = Q_c^{-1}q \\ \omega_e = \omega - \Phi \omega_c \end{cases} \tag{11-126}$$

式中，坐标转换矩阵 Φ 成为航天器相对运动中姿态与轨道的另一个耦合来源。随后，文献利用滑模变结构控制方法设计了姿轨联合跟踪控制律：

$$u = u_{eq} - \begin{bmatrix} \alpha_p & 0 \\ 0 & \alpha_p \end{bmatrix}(GB)^{-1}\frac{s_e}{\|s_e\|} \tag{11-127}$$

式中 u_{eq}——等效控制，满足式(11-128)。

$$u_{eq} = -(GB)^{-1}Gf(x) + (GB)^{-1}G\dot{x}_c \tag{11-128}$$

这篇文献的主要贡献在于首次考虑了姿轨联合控制，并给出了姿轨耦合动力学模型，但由于系统具有全驱动控制特性，利用成熟的滑模变结构技术设计姿轨联合控制律过程较为直观，但却为全驱动情形下的单个航天器姿轨联合跟踪控制提供了一个设计思路。

② Kristiansen R，Nicklasson P J，Gravdahl J T. Spacecraft coordination control in 6DOF：Integrator backstepping vs passivity-based control. Automatica，2008，44：2896-2901.

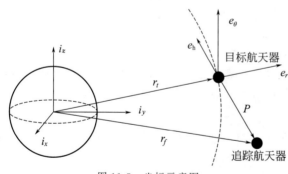

图 11-5　坐标示意图

挪威学者 Kristiansen 的研究团队对于全驱动控制情形的姿轨联合控制做了较为深入的研究[231,212,232]。其中，较为突出的是在 2008 年发表在《Automatica》杂志上的 "Spacecraft coordination control in 6DOF：Integrator backstepping vs passivity-basedcontrol"（被引频次：15 次），以主从式卫星（leader-follower）编队飞行为背景，考虑了两个航天器的相对姿轨联合控制问题，如图 11-5 所示。该文献推导了追踪航天器相对于目标航天器的相对姿轨耦合动力学模型：

$$\begin{cases} \dot{p} = v \\ m_f\dot{v} + C_f(\gamma)v + D_t(\gamma,\dot{\gamma},r_f)p + n_t(r_1,r_f) = F_a + F_d \\ \dot{q} = \dfrac{1}{2}\begin{bmatrix} -\varepsilon^T \\ \eta I + S(\varepsilon) \end{bmatrix}\omega \\ J_f\dot{\omega} + C_r(\omega) + n_r(\omega) = \tau_d + \tau_a \end{cases} \tag{11-129}$$

并利用单位四元数的性质和反对称矩阵的变换，使得耦合动力学转换为一类具有级联结构特性的非线性系统。

$$\begin{cases} \dot{x}_1 = \Lambda(x_1)x_2 \\ M_f\dot{x}_2 + C(\gamma,\omega)x_2 + D(\gamma,\dot{\gamma},r_f)x_1 + n(\omega,r_1,r_f) = U + W \end{cases} \tag{11-130}$$

这种模型变换为控制律的设计带来了较大的便利，该文献随后利用 Backstepping、无源控制技术和广义 PD 技术分别构造了姿轨联合控制律，并比较了三种控制律的特点。

该文献对姿轨耦合动力学的变换降低了模型的高维非线性所带来的控制律设计难度，所提供的控制算法进一步拓宽了姿轨联合控制的研究思路。

③ Wu Y H，Cao X B，Xing Y J，et al. Relative motion coupled control for formation flying spacecraft via convex optimization. Aerospace Science and Technology，2010，14：415-428.

需要指出的是，以上两篇典型文献虽并未涉及执行机构配置方案设计，但控制律的设计过程是在控制全驱动的假设下进行的，而对于欠驱动情形的姿轨联合控制问题，研究成果相对较少，较为典型的文献是我国学者 Wu 于 2010 年发表在《Aerospace Science and Technology》上的"Relative motion coupled control for formation flying spacecraft via convex optimization"，这篇文献较新，因而被引频率相对不高，但可以被认为是欠驱动情形的一个代表作。该文献考虑了编队飞行中欠驱动执行机构配置下的"主从式"航天器的相对姿轨联合控制问题，如图 11-6 所示。文献建立了配置单台轨控发动机的航天器相对于目标航天器的相对姿轨耦合动力学模型。

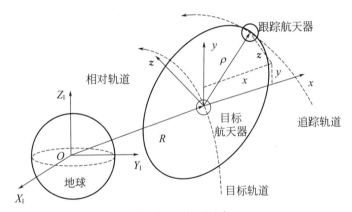

图 11-6　坐标系示意

$$\dot{r} = v \tag{11-131}$$

$$\dot{v} = -2C_1v - Q + C(q)a \tag{11-132}$$

$$\dot{q} = \frac{1}{2}\Omega[\omega - R(q)\omega_0^{RM}]q \tag{11-133}$$

$$J\dot{\omega} = -\omega J\omega + \tau + \tau_d \tag{11-134}$$

同时，该文献指出，模型所体现出的欠驱动特性及高维非线性和强耦合为控制律的设计带来较大的难度，很难利用传统的控制技术直接对其进行设计，因此，作者针对轨道子系统，利用伪谱法设计了满足状态约束的最优推力向量变化轨迹 $\{a,q^*\}$，随后基于此，利用变结构控制技术设计了姿态跟踪控制律使得航天器姿态四元 $q \to q^*$。

这篇文献最大贡献在于推导了相对轨道机动任务中的欠驱动姿轨耦合动力学模，并利用数学公式明确地表示了在这种情形下轨道推力矢量对姿态定向的依赖，及式（11-132）中的 $C(q)a$ 项。虽然后期的控制律设计并未摆脱姿轨独立控制的模式，但却为欠驱动情形下的姿轨联合控制问题提供了一个研究思路。

11.2.6 空间联合体控制领域的研究现状

11.2.6.1 空间联合体控制技术的国内外现状

自从 20 世纪 50 年代以来，科学技术和工业生产的发展促使人们不得不面对空间联合体系统，例如绳系卫星、空间机器人和交会对接等。随着科学技术及航天事业的发展，航天器联合体系统姿态动力学与控制问题具有重要的学术价值和工程实践意义。

（1）多体系统现状分析

航天器多体系统动力学已有 20 多年的历史，并广泛地应用到航天、航空和地面机构各领域。随着近几年宇航技术的急速发展，使得航天器多体系统动力学的研究对象体的组成数目变得越来越多，因此对多体系统动力学的计算效率提出了更高的要求，计算机技术的发展使得高效率计算得到了硬件保证。

① 动力学建模问题　多体挠性航天器动力学建模大致可分为三个发展阶段：带挠性附件的航天器动力学建模；大型挠性空间结构的航天器动力学建模；挠性多体航天器动力学建模。

a. 带挠性附件的航天器动力学建模　早在 20 世纪 70 年代，一些学者就对挠性系统做了大量的研究。文献［233］对复杂航天器建模的各种动力学原理进行了工作量和方程形式上的比较，指出了 Kane 方法在复杂系统建模中的优越性。

b. 大型挠性空间结构的航天器动力学建模　20 世纪 70 年代后期，国外许多学者针对未来大型航天器的发展趋势，开始转入大型空间结构动力学建模方面的理论研究工作，主要研究对象是大型空间平台、大型载人空间站和空间基地等。

c. 挠性多体航天器动力学建模　20 世纪 80 年代以后，随着计算机技术和有限元技术的发展，挠性多体系统动力学的研究开始受到一定程度的关注。挠性多体航天器姿态动力学的主要任务是建立拓扑结构多体系统的具有程式化和通用性的数学模型，分析中心体和挠性体之间的耦合关系。

文献［234］对挠性多体系统动力学的建模作了简要的总结，基于 Kane 方程建立了高计算效率的多体系统动力学方程，并且扩展到带约束的系统中，反映了挠性多体系统动力学建模开始从理论研究向工程应用发展。

国内在挠性多体系统动力学建模领域虽然起步较晚，但近年来也取得了较大进展，发表了不少文章，出版了多本专著，其中有代表性的是洪嘉振、黄文虎、邵成勋、陆佑方和覃正等人的研究成果。

② 控制问题

a. 基于线性模型的控制研究现状　在低速运行的情形，对于单轴柔性航天器和单臂柔性机械臂等联合体对象，此时模型通常是线性的。目前以此为背景，基于线性模型提出了各种控制方案，现代控制理论得到了广泛应用，同时这也促进了现代控制理论自身的发展和进一步完善。目前常用的控制方案包括最优控制、鲁棒控制、自适应控制、滑模变结构控制、智能控制等。

b. 基于非线性模型的控制研究现状　柔性多体系统的非线性来源于两个方面：一是速度要求较高时，柔性体动态特性受到大范围运动的影响呈现较强的非线性；二是柔性多体系统可能具有耦合非线性之外的其他非线性因素。广泛采用的非线性模型有零次近似耦合模型和一次近似耦合模型。采用的非线性控制方法主要有模糊控制、非线性滑模控制、自适应变结构控制和反馈线性化等。

（2）绳系卫星现状分析

绳系卫星是指用柔性系绳将两个或者两个以上的航天器连接在一起所构成的空间飞行系

统，其中最具代表性的是将一颗卫星（子星）通过柔性系绳连接到另一颗重量较大的飞行器（基星）上，构成基星-系绳-子星空间组合体，基星可以是卫星、飞船、航天飞机、空间站等多种空间飞行器，甚至可以是废弃的运载火箭上面级。

该系统具有广阔的应用前景，如人工重力、绳系交会、太空发电、深空探测、行星际航行、航天器轨道保持与升降以及大气层的研究等。

空间绳系具有很长的长度，可以通过释放或者回收系绳的长度来改变整个系统的构型和运动状态。空间绳系还具有柔性大、阻尼小、非线性强等特点。动力学与控制是空间绳系研的两个重要内容，建立精确的绳系动力学模型并选择合适的控制策略是研究的重点和难点。

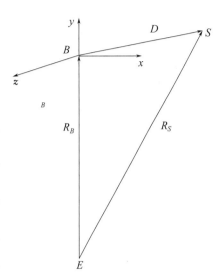

图 11-7　卫星几何位置和轨道坐标系

① 建模问题　文献 [235,236] 对绳系卫星系统的动力学进行了研究，建立了绳系在视线坐标系下的动力学模型，重点对系绳系统的定常运动进行了讨论，分析了其稳定性。

a. 含无重量系绳的卫星系统的动力学　图 11-7 中的 E、B 和 S 分别为地心、基星和子星的空间位置，以及由它们构成的位置向量 R_B 和 R_S；BS 为两星间视线，相对位置向量用 $D = R_S - R_B$ 表示，取 B_{xyz} 和 $B_{s\varphi\theta}$ 分别为固连于基星上的轨道坐标系及视线坐标系，则绳系卫星的运动方程为

$$
\begin{cases}
\ddot{D} - D\dot{\theta}^2 - D(\dot{v} + \dot{\varphi})\cos^2\theta = \dfrac{\mu}{R_B^2}D(3\cos^2\theta\sin^2\varphi - 1) - \dfrac{T}{m} \\[2mm]
D(\ddot{v} + \ddot{\varphi}) + 2\dot{D}(\dot{v} + \dot{\varphi}) - 2D(\dot{v} + \dot{\varphi})\dot{\theta}\tan\theta = 3\dfrac{\mu}{R_B^3}D\cos\varphi\sin\varphi \\[2mm]
D\ddot{\theta} + 2\dot{D}(\dot{v} + \dot{\varphi})^2 - \cos\theta\sin\theta = -3\dfrac{\mu}{R_B^3}D\sin^2\varphi\cos\theta\sin\theta
\end{cases}
\tag{11-135}
$$

式中　μ——地球引力常数；

　　　　v——基星轨道的真近点角；

　　　　m——子星重量；

　　　　T——系绳张力；

　　　　φ——轨道平面内的相位角；

　　　　θ——偏轨角。

b. 有分布质量系绳的卫星系统的动力学　这种情况下动力学模型很复杂，这里仅给出不可拉长的系绳系统的轨道面内的留位运动方程。此时系统状态变量不仅是时间 t 的函数，同时也是系绳长度 s 的函数，下文 "·" 表示对 t 微分，而 "'" 表示对 s 微分。系绳拉长后的密度为 ρ，其他各符号的意义同上。

$$
\begin{cases}
\ddot{D} - D(v + \varphi)^2 - \dfrac{T}{\rho_0}[D'' - D(\varphi')^2] = \dfrac{\mu}{R_B^3}D(3\sin^2\varphi - 1) + \dfrac{T'}{\rho_0}D' + f_1 \\[2mm]
D(\ddot{v} + \ddot{\varphi}) + 2\dot{D}(v + \varphi) - \dfrac{T}{\rho_0}(D\varphi'' + 2D'\varphi') = 3\dfrac{\mu}{R_B^3}D\cos\varphi\sin\varphi + \dfrac{T'}{\rho_0}D\varphi' \\[2mm]
(D')^2 + D^2(\varphi')^2 = 1
\end{cases}
\tag{11-136}
$$

求其数字积分仍是一个极困难的理论计算问题。但是作为应用科学研究，可以避开该计算问题，代以研究系统的定常运动和它的稳定性。

c. 其他动力学建模　文献［237］采用拉格朗日方法建立了基于椭圆轨道的绳系卫星动力学模型，通过模型分析证明了面内伸展运动是稳定的，选择匀速和指数型展开控制律对面内伸展运动进行了仿真，给出了子卫星释放后轨道半长轴及偏心率的计算公式。

文献［238］建立了绳系子卫星在有偏置位移情况下的动力学方程，通过简化方程组深入讨论了绳系子卫星的展开策略及相应的运动特征。

文献［239］建立了绳系卫星三维空间动力学方程，运用 Pontryagin 极小值原理求出了释放过程中张力优化控制规律，得到了最佳的释放速度变化曲线，并对子卫星工作阶段的动力学进行了分析。

② 控制问题　对于绳系卫星的动力学与控制问题，目前的文献都试图用接近绳系实际特性的模型描述系统的动力学，然后进行控制，取得了很多研究成果。但由于绳系系统本身的复杂性以及缺乏足够的空间试验支持，绳系动力学和控制方面还有很多问题亟待解决。

a. 姿态稳定性　文献［240］讨论了单一绳系的稳定性问题，控制的目标更为严格，不但要求卫星的姿态控制，还要与系绳的运动一致。通过两个方法实现，首先将姿态动力学从绳系动力学里解耦，然后设计线性反馈使姿态稳定，也可以使用卡尔曼分解使不可控的模态解耦，再用线性反馈使可控模态稳定。作者推断滚转和偏航姿态稳定比俯仰控制要求更严格，卡尔曼分解方法非常有效，只要求很少的激励器动作，并且对绳系动力学影响较小。

b. 姿态控制　文献［241］认为绳系航天器姿态的稳定非常重要，并研究了姿态控制问题。研究发现，单一绳系需要进行反馈控制才能确保卫星的稳定性，但是两绳系统可以提高性能。作者提出非线性无量纲化的拉格朗日模型，通过对平衡状态线性化系统的稳定性分析得知物理约束对于稳定性是必要的。文献［242］提出了三维空间绳系卫星的非线性姿态控制方法。

c. 回收控制问题　文献［243］研究了远程机器人从航天器上释放后回收的控制问题，机器人重心的平动要通过绳系张力来控制，角动量要通过绳系附着点和系绳控制来实现。这些控制通过系绳张力和关节运动来操控。文献［244］提出了电动式绳系卫星回收时的模型预测反馈控制方法。反馈控制器的设计基于简单的模型，优化只需较少的计算量，但具有较好的有效性和鲁棒性。

d. 释放子星后基星的补偿控制　文献［245］基于绳系卫星系统的概念研究了由大型平台释放绳系子星的补偿控制，补偿机制建立在绳系末端平台附有的操控器具有水平和垂直方向运动能力，反馈线性化技术用来控制姿态动力学，同时鲁棒 LQG 控制算法用来控制振动模态，全面的补偿算法可以有效调节平台的斜度和绳系振动，但是对绳系姿态调节不是很有效，它需要更大的补偿运动。

（3）空间机器人现状分析

由于机械臂工作过程中的运动必然引起载体的耦合运动，使得空间机器人系统的运动学、动力学及控制问题与地面固定基座机器人相比有许多新的特点。首先，由于动量守恒和动量矩守恒的约束，系统雅可比矩阵不仅取决于系统的运动学特性，还取决于机械臂和载体本体的质量分布等动力学特性。其次，空间机器人系统的工作空间不仅与系统的几何参数有关，还与系统的质量、惯性矩等动力学参数有关，这些参数的变化会引起工作空间范围的很大变化。这些问题使得自由漂浮空间机器人系统运动学、动力学分析和控制算法的设计比地面机器人复杂得多[246]。

以下针对空间机器人系统的建模、路径规划和轨迹跟踪控制三方面问题说明国内外研究现状。

① 系统的建模　空间机器人动力学模型（图 11-8）的建立属于多体系统动力学的研究

范畴，多体系统动力学的建模方法对空间机器人都是适用的。但同时自由漂浮空间机器人的机械臂运动会对载体产生反作用力，干扰载体的位置和姿态，因此各国学者在建立空间机器人模型的过程中都考虑了空间机器人与载体的动力学耦合问题。目前主要的建模方法可分为如下几类。

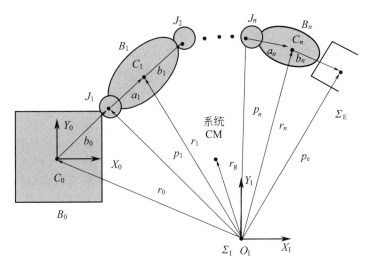

图 11-8　空间机器人动力学模型

a. 基于 Lagrange 方程　文献 [247] 和 [248] 分别基于 Lagrange 方程建立了空间机器人单臂及多臂的动力学模型。这种方法原理清晰，能够得到解析形式的公式。由于系统不受重力，因此机器人的势能为零，结合动能定理和拉格朗日方程，得到了描述系统运动速度、加速度和力矩的动力学模型。

空间机器人系统的微分运动学模型可以描写为

$$\begin{bmatrix} v_e \\ \omega_e \end{bmatrix} = J_b \begin{bmatrix} v_0 \\ \omega_0 \end{bmatrix} + J_m \dot{\Theta} \tag{11-137}$$

式中　J_b——基座的 Jacobian 矩阵；

$\quad\quad J_m$——机械臂的 Jacobian 矩阵。

考虑末端执行机构和目标的接触，空间机器人系统动力学模型可以描述为

$$\begin{bmatrix} H_b & H_{bm} \\ H_{bm}^T & H_m \end{bmatrix} \begin{Bmatrix} \ddot{x}_b \\ \ddot{\Theta}_s \end{Bmatrix} + \begin{bmatrix} c_b \\ c_m \end{bmatrix} = \begin{bmatrix} F_b \\ \tau_m \end{bmatrix} + \begin{bmatrix} J_b^T \\ J_m^T \end{bmatrix} F_h \tag{11-138}$$

可以看出，空间机器人系统模型非线性，强耦合。

b. 广义雅克比矩阵　文献 [249] 提出了反映空间机器人微分运动的广义雅可比矩阵 (generalized jacobian matrix，GJM)。将线动量守恒和角动量守恒方程与系统的特征方程相结合，并假设初始动量为零，可得：

$$\begin{bmatrix} v_e \\ \omega_e \end{bmatrix} = (J_m - J_b H_b^{-1} H_{bm}) \begin{bmatrix} v_0 \\ \omega_0 \end{bmatrix} \tag{11-139}$$

$$J_g = J_m - J_b H_b^{-1} H_{bm} \tag{11-140}$$

称其为广义雅克比矩阵。

与地面固定基座机器人的雅可比矩阵不同，GJM 不仅与机器人的几何参数有关，还与机器人各部分的惯性参数如质量、转动惯量等有关。GJM 可应用于分解运动速度控制、分解运动加速度控制和转置雅可比控制等不同控制方法中。

c. 虚拟机械臂　文献 [250,251] 在空间机器人系统不受外力作用下，系统重心在运动过程中位置保持不变的前提下，提出了虚拟机械臂（virtual manipulator，VM）的概念。

系统线动量守恒是一致约束，可以用于消去 3 个非独立变量。通过计算可得

$$p_e = r_g + \hat{b}_0 + \sum_{i=1}^{n}(\hat{a}_i + \hat{b}_i) \tag{11-141}$$

其中

$$\hat{b}_i = \frac{\sum\limits_{q=0}^{i} m_q}{M} b_i \quad a_i = \frac{\sum\limits_{q=0}^{i} m_q}{M} a_i \tag{11-142}$$

从上式中可以看出，向量 $\hat{a}_i$ 和 $\hat{b}_i$ 分别平行于 a_i 和 b_i，长度与 a_i 和 b_i 成正比。因此，$\hat{a}_i$ 和 $\hat{b}_i$ 称为虚拟链向量。当真实的空间机械手运动时，VM 的运动和真实机械手上的选择点的运动保持一致。

文献 [251] 分析了单臂和多臂、开链和闭链空间机器人的基于 VM 的建模方法，并将它应用在工作空间分析和逆向运动学求解等方面。VM 方法的理论基础为微重力环境下的线动量守恒和角动量守恒，将虚拟机械臂的基座定义在真实机械臂与其载体共同的重心上，再通过几何原理构造出虚拟机械臂结构，以使地面机器人的控制方法可以应用到上述 VM 结构。然而，VM 方法只适用于空间机器人的运动学建模。

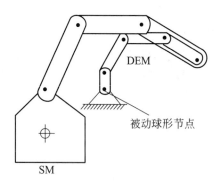

图 11-9　空间机器人和相应的动力学等价臂

d. 动力学等价臂　文献 [252] 提出了动力学等价臂（dynamic equation manipulator，DEM）的概念（图 11-9），将自由漂浮空间机器人等价成一个通常的固定基座上的机器人，阐述了 DEM 与空间机器人动力学的等价性。它继承了虚拟机械臂的优良性质，但 DEM 是真正的机械臂，在实际中可以建造出来。DEM 的第一个关节是被动、球形三自由度关节，表示空间机器人基座的自由漂浮特性。动力学等价臂的参数与原空间机械臂相应参数满足线性关系。

该方法能较好地描述系统的动力学特性，同时它本身的几何定义包含了线动量守恒约束，从而降低了系统的维数，简化了系统的模型，有助于分析、设计和控制空间机器人系统。但该建模方法需要大量的前期处理，增加了建模过程中的计算量，并且系统模型不直观。

② 路径规划　空间机器人系统载体自由漂浮，位置、姿态控制系统在机械臂操作期间常处于关闭状态，机械臂与载体之间存在强烈的动力学耦合作用，搭载在载体上的机械手的运动会对载体产生反作用力，引起载体姿态发生变化，且整个系统遵守动量及动量矩守恒关系，这使得空间机器人系统的控制问题变得非常复杂。

控制方法主要可以分为以下几类。

a. 自适应控制方法

ⓐ 增广变量法　为了克服自由漂浮空间机器人动力学方程无法线性参数化和系统不确定性的影响，文献 [253] 将机械臂末端与关节角坐标组成增广变量，使系统动力学方程中的惯性参数符合线性规律，并通过引入的中间变量及精心构造的 Lyapunov 函数，得到系统的控制规律和参数自适应规律。在此基础上，陈力及他的团队改进了增广变量法，将其应用于自由漂浮单臂和双臂空间机器人系统中，进行了其他一系列研究，从 1997 年至今发表论

文 70 余篇。

ⓑ 运动学和动力学不确定性　现有大部分轨迹控制器都是假设空间机器人系统运动学特性精确已知，而在有些情况下，系统的运动学参数不可能精确得到。文献［254,255］提出了针对同时带有运动学和动力学不确定性的空间机器人系统的自适应 Jacobian 控制器。文献［256］提出了基于无源性的自适应 Jacobian 控制器，包含转置 Jacobian 反馈和动力学补偿项，参数自适应率由类 Lyapunov 稳定性分析得出，并且定义了新的参考速度，以避免使用加速度。

ⓒ 基于四元数表示　2008 年至今，IEEE 上发表了大量基于四元数表述的空间机器人方面的论文。这种方法可以避免三参数表述产生的奇异点。

b. 鲁棒控制法　鲁棒控制一般与其他方法相结合。文献［257］提出一种鲁棒自适应控制策略，可以适用于实时控制。文献［258］提出了一种基于神经网络的鲁棒 H_∞ 控制器，控制器设计步骤可以分为：计算力矩控制、变结构滑模控制和神经网络鲁棒控制。

c. 智能控制方法　建立在精确模型基础上的空间机器人动力学控制在面临不确定性（包括参数不确定性和非参数不确定性）时遇到很大的困难。而模糊控制、神经网络控制等智能控制方法不需要建立被控对象的精确数学模型也能实现对非线性系统的控制，并且智能控制对系统参数的变化具有较强的鲁棒性，因而引起了人们越来越多的关注。

③ 轨迹跟踪控制　从目前的发展情况来看，对空间合作目标的抓捕技术已相对成熟，并成功应用于在轨服务中。然而，对空间非合作目标的抓捕，还没有进行过在轨演示验证。因此这里主要考虑非合作目标的交会对接问题。

a. 碰撞动力学建模问题　抓捕过程中的接触碰撞属于非连续动力学问题，接触碰撞过程以其作用时间短、强度大的特点给系统动力学性态造成了巨大影响，已成为系统分析和控制中不可忽略的重要因素，同时也给动力学建模和数值仿真带来一定的困难。现有的研究多是做了大量简化，并从多体系统本身考虑接触碰撞动力学建模，方法包括冲量动量法、连续碰撞力模型、基于连续介质力学的有限元方法等。

实际上，空间机器人系统涉及的学科领域很多，包括机械、电气、自动控制、计算机、航天器姿态及轨道动力学等，整个系统是多个领域交互的结果。未来将考虑从多学科出发，开展多领域统一建模与仿真研究，以实现多学科优化设计的目标。

b. 组合体稳定控制问题　抓捕完成后，空间机器人需要计算组合体的中心，并对组合体进行稳定调整。空间非合作目标往往是具有一定运动速度（线速度和角速度）的目标，因此，抓捕后组合体的动量将发生突变，有可能引起空间机器人基座的失稳。

如果开启飞轮进行控制，由于飞轮本身所能吸收的角动量和控制力矩很有限，无法有效稳定基座；如果开启喷气进行姿态控制，将消耗宝贵的燃料。因此，组合体的稳定需要通过协调控制来完成。

11.2.6.2 重点文献评析

（1）Aghili F. A prediction and motion-planning scheme for visually guided robotic capturing of free-floating tumbling objects with uncertain dynamics. IEEE Transactions on Robotics. 2012，28(3)：634-649.

① 论文背景　目标航天器姿轨控制系统失效时，目标航天器的姿态是在空间中自由翻滚，捕获目标点随着姿态的翻滚而运动。另外，由于目标卫星为非合作目标，动力学参数未知。针对目标航天器自由翻滚且动力学参数未知情况下，研究了空间机器人捕获目标卫星的方法。本论文由 F. Aghili 于 2012 年发表在 IEEE Transactions on Robotics 杂志上。

② 方法描述　文献［259］针对机械臂捕获带有未知动力学的非合作目标的路径规划问题，提出了最优控制和估计理论。机械臂捕获自由漂浮翻滚目标如图 11-10 所示。

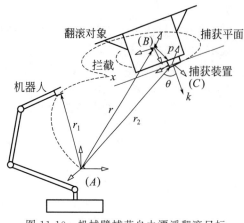

图 11-10　机械臂捕获自由漂浮翻滚目标

用于最优估计运动状态和参数的非合作目标随机模型为：

$$\dot{q}=\frac{1}{2}\Omega(\omega)q \quad \dot{\omega}=d(\omega,p)+B(p)\varepsilon_T \quad \dot{v}=\varepsilon_f$$

$$(11\text{-}143)$$

当 $\varepsilon_T=\varepsilon_f=0$ 时，代表模型的确定部分，用于机械臂最优路径规划。

首先，扩展 Kalman 滤波器（extended kalman filter，EKF）给出了运动状态和自由漂浮目标动力学参数的可靠估计，滤波器一旦收敛，就可以得到目标运动的可靠估计。滤波器是否收敛可以由滤波器状态矩阵判断。

然后，规划机械臂拦截目标的最优路径，最小化代价函数，且满足约束使得机械臂末端执行器和目标的对接装置同时以相同速度到达交会点。代价函数是行程时间、距离、视线角的余弦和加速度模值的线性加权。最优路径规划问题转化为求解系统 Hamiltonian 函数问题，可以通过一些数值工具，例如 Newton-Raphson 方法求解。从而，交会时目标的位置速度可以通过目标动力学模型计算。捕获漂浮目标的预测规划控制方法框图如图 11-11 所示。

最后，最优轨迹通过简单的反馈形式得到。设计扩展 Kalman 滤波器需要的矩阵以闭环形式得出，使得预测运动规划策略有较好的实时性。

（2）Wang H，Xie Y. Passivity based adaptive Jacobian tracking for free-floating space manipulators without using spacecraft acceleration. Automatica，2009(45)：1510-1517.

① 论文背景　当空间机器人抓取不同目标时，运动学和动力学具有不同的特性，并且很难精确得知。以前的很多研究都只针对动力学不确定性，提出的控制器在运动学存在不确定性时，性能下降，甚至系统变得不稳定。因此研究空间机器人同时存在运动学和动力学不确定时，轨迹跟踪的控制具有重要意义。平面自由漂浮空间机器人模型如图 11-12 所示。

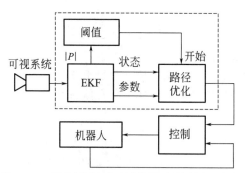

图 11-11　捕获漂浮目标的预测规划控制方法框图

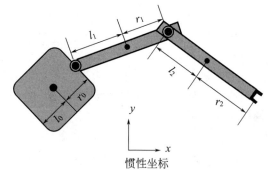

图 11-12　平面自由漂浮空间机器人模型

本论文由 H. Wang 等于 2009 年发表在 Automatica 上。针对空间机器人系统存在运动学和动力学不确定性，提出基于无源性的自适应 Jacobian 跟踪控制器，使得在任务空间中，机器人末端执行器位置 x 跟踪给定轨迹 x_d，并且满足 x_d，$\dot{x}_d$ 和 $\ddot{x}_d$ 有界。

② 方法描述　空间机器人系统的运动学可以描述为

$$\begin{cases} x=h(q) \\ \dot{x}=J(q)\dot{q}=Y_k(q,\dot{q})a_k \end{cases} \quad (11\text{-}144)$$

空间机器人的动力学模型可以表述为

$$M(q)\ddot{q} + C(q,\dot{q})\dot{q} = \tau \tag{11-145}$$

$$\begin{cases} M_{bb}\ddot{q}_b + M_{bm}\ddot{q}_m + C_{bb}\dot{q}_b + C_{bm}\dot{q}_m = Y_{b_1}(q,\dot{q},\ddot{q})a_d = 0 \\ M_{bm}^T\ddot{q}_b + M_{mm}\ddot{q}_m + C_{mb}\dot{q}_b + C_{mm}\dot{q}_m = Y_{m_1}(q,\dot{q},\ddot{q})a_d = \tau_m \end{cases} \tag{11-146}$$

各符号的意义参见文献 [256]。a_k 和 a_d 分别为运动学及动力学自适应参数。

控制器设计的目标为使得末端执行器在任务空间跟踪给定轨迹。由文献 [256] 所给的控制框图（图 11-13）可知，提出的控制器包含转置 Jacobian 反馈器和一个动力学补偿项，运动学和动力学的自适应律由类 Lyapunov 稳定性分析工具得出。

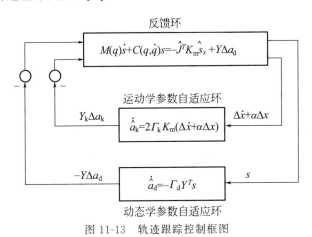

图 11-13 轨迹跟踪控制框图

自适应控制器可以表示为

$$\begin{cases} \tau_m = -\hat{J}_m^T K_m \hat{S}_x + Y_m(q,\dot{q},\dot{q}_r,\ddot{q}_r)\hat{a}_d \\ \dot{\hat{a}}_d = -\Gamma_d Y^T(q,\dot{q},\dot{q}_r,\ddot{q}_r)s \\ \dot{\hat{a}}_k = 2\Gamma_k Y_k^T K_m(\Delta\dot{x} + \alpha\Delta x) \end{cases} \tag{11-147}$$

式中 s——参考变量，称作空间机器人的参考速度。

s 的引入避免了测量加速度。论文同时证明了所提出的控制律满足末端执行器的追踪误差收敛到零，即

$$\lim_{t\to\infty}\Delta x = 0, \lim_{t\to\infty}\Delta\dot{x} = 0 \tag{11-148}$$

11.2.7 航天器编队飞行控制领域的研究现状

11.2.7.1 航天器编队飞行控制技术国内外研究现状

航天器编队飞行凭借巨大的技术优势、广阔的应用前景，从诞生之初就获得了世界各航天大国的青睐，成为当今一大热门研究领域。各国学者对航天器编队飞行的研究从 20 世纪 90 年代到现在始终热情不减，而且该领域研究得到了各国政府部门和科研机构的有力支持。各国分别提出并实施了一系列航天器编队研究计划。目前，对航天器编队飞行的研究已经在工程上和理论上取得了一定的成果。下面对航天器编队飞行控制在工程上和理论上的国内外现状进行简要阐述和分析。

（1）工程实践

① 美国的航天器编队飞行控制技术在工程上的发展概况　美国凭借其航天领域的雄厚实力，始终走在航天器编队飞行技术研究的前列。"航天器编队飞行技术"已被美国科学咨

询委员会空间技术展望小组确定为导向性的空间应用范例的革命性概念。美国宇航局和美国空军则把航天器编队飞行技术定位为未来空间任务的支撑技术。美国通过 TechSat-21 项目对航天器编队飞行技术进行了验证，并以此推动本国航天器编队飞行技术的发展。

最早的验证航天器编队飞行概念的实例是 NASA 的 EO-1 卫星与地球资源 7 号卫星（Landsat-7）进行的编队飞行试验[260]。该实验将两颗编队航天器对地面同一目标区域拍摄的图像进行科学对照，来检验编队飞行对地观测的效果。EO-1 卫星发射于 2000 年 11 月，与 Landsat-7 卫星运行于同一轨道并跟随其运行，两颗航天器相距大约 450km，大约 1min 的飞行距离。通过此次编队飞行实验，检验了 EO-1 的自主导航能力。试验过程中还对编队成员进行了保证测量"同步"的轨道控制，控制要求编队卫星的飞行时间的误差在 7.5s 之内（约 50km），EO-1 与 Landsat-7 的地面轨迹偏离不超过 3km。在整个轨道保持控制过程中，EO-1 和 Landsat-7 共享导航数据及任务规划，成功实现了粗略编队飞行。

"新千年计划"（NMP）是 NASA 的另一个卫星编队飞行技术验证项目。这项计划包含多个编队飞行任务：StarLight 任务、ST-5 任务等，目的是为了验证航天器编队飞行的概念和与应用相关的关键技术。

21 世纪初，由美国国防部、NASA 和工业界投资，旨在验证一系列纳米卫星（质量小于 10kg）相关技术的"美国大学纳米卫星计划"全面启动。"美国大学纳米卫星计划"支持 10 所大学进行纳米卫星的应用研究，该计划中关于航天器编队飞行技术验证的项目有电磁辐射和闪电探测项目，任务的目的是验证闪电和电离层结构以及航天器编队飞行所需要的自主运行技术；电离层观测纳米星编队（ION-F）是一项用来验证编队航天器协同工作能力的编队飞行任务，同时对先进的绳系系统、微推力器、磁力姿态控制等先进技术和设备进行了验证。

Orion（猎户座微卫星工程）是 NASA 支持的另一个演示验证航天器编队飞行技术的项目，其主要验证内容有两个：应用于微小航天器的多通道 GPS 接收机的实时轨道和姿态确定技术，以及控制多个航天器形成预定编队构形的技术。该航天器编队由一颗 Orion 卫星和两颗 Emerald 卫星构成，具体任务目标是：三颗航天器中至少两颗航天器能够实现星间距离为 1km 的沿轨迹编队飞行，而且能够控制航天器保持住这个编队构形达到 30min 以上，利用 GPS 实现编队飞行的实时定轨精度达到 50m，无线电星间测距精度为 5m，相对位置控制精度达到 20m。MUSTANG 项目是英国国家空间中心（BNSC）资助的用于演示验证航天器编队飞行技术的项目，该项目由两颗质量不到 10kg 的纳卫星组成，整个任务工作期内将演示多种相对位置测量技术、大型编队构形技术以及检验燃料最优的构形初始化和保持算法[261]。

② 欧洲的航天器编队飞行控制技术在工程上的发展概况　由航天器编队构成天基雷达是编队飞行的一个重要应用方向。法国空间局提出的 CartWheel 计划是一个利用编队飞行技术实现分布式合成孔径雷达（SAR）任务的空间计划。编队中参考航天器为常规 SAR 卫星，3 颗具有接收功能的伴随航天器飞行在主星之前或之后约 100km，并且在整个轨道上通过编队构形来进行干涉测量。这一方案能克服当前获取干涉雷达数据的限制，可以获取全世界高精度的数字模型数据和充分利用现有的 SAR 星资源。

NASA 和德国地球科学中心（GFZ）联合实现了空间任务 GRACE 计划。GRACE 计划由两颗运行于 500km 高度轨道上的航天器组成，两星组成距离为 170～270km 的串行编队。利用 K 波段微波测量装置可测量星间相对距离，测量精度可以达到微米级。通过分析相对距离的变化最终得出较精确的重力场模型。GRACE 所获得的数据还将被用于研究地球系统各部分的变化因素。

Cluster Ⅱ 则是航天器编队飞行在多点同步测量方面得到成功应用的例子。这项任务的目标是探测和研究地球空间等离子体边界层结构、地球空间环境三维小尺度结构及电磁场和粒子的时空变化。整个项目由欧空局领导，该项目还是"国际日地物理计划"的一部分。

③ 中国的航天器编队飞行控制技术在工程上的发展概况　我国在积极研究利用航天器编队飞行技术来组建天基雷达，而且已经正式开展航天器编队飞行技术飞行试验研究，并在神舟七号载人飞船运行过程中成功进行了小航天器与载人飞船的编队飞行试验，取得了许多宝贵经验。但由于我国对航天器编队飞行的研究起步比较晚，在编队飞行技术的在轨试验验证方面与先进国家的发展水平相比，还存在一定的差距。

（2）理论成果

对航天器编队飞行动力学控制方面的研究主要包括编队初始化，构形保持控制以及构形重构。而编队动力学控制研究主要围绕相对运动模型以及编队控制器设计两方面展开。

① 编队飞行相对运动模型　航天器编队飞行相对运动模型包括运动学模型和动力学模型。基于运动学方法（利用坐标变换）建立的相对运动方程是代数方程，解算速度快，在编队构形分析和设计方面有优势，但无法基于该类模型设计控制器。动力学模型是微分方程模型，可基于此类模型设计控制器。动力学模型有两类：一类是以相对位置和相对速度为状态变量的微分方程；另一类是所谓的高斯摄动方程，即以轨道根数为状态变量的微分方程。在航天器编队飞行的研究初期，研究对象主要是以圆或近圆 Kepler 轨道为参考轨道的编队。此时，广泛用于描述航天器编队飞行相对轨道运动的动力学模型为 C-W 方程（Hill 方程）。C-W 方程是 20 世纪 60 年代 Clohessy 和 Wiltshire 在研究航天器交会对接问题时提出的近距离航天器相对运动的线性化方程。C-W 方程形式简单，物理意义明确，很容易求得其解析解。但是 C-W 方程描述的航天器编队飞行对编队成员有诸多限制条件，如主星必须运行在圆轨道上，编队成员间的相对距离与主星轨道半径相比为小量，而且未考虑空间摄动对编队飞行影响。Yan 等将 C-W 方程离散化，从而得到了航天器编队飞行相对轨道运动的离散模型，并利用脉冲控制方法设计了相应的控制器。然而，此离散模型的误差过大，对于大多数编队飞行任务来说是不可接受的。在文献［262,263］中，Queiroz 和 Kapila 等分别研究了圆参考轨道航天器编队飞行相对运动的非线性模型，但仍未考虑空间摄动对编队飞行的影响。在文献［264］中，Alfriend 研究了地球引力函数的带谐项（即 J2 项）对 C-W 方程描述的相对运动影响，得出了若考虑 J2 项的影响，可以减小相对运动的退化，节约控制过程中消耗的燃料的结论。在该文中，Alfriend 还用几何方法推导出了航天器近距离相对运动的状态转移矩阵。文献［265］假设参考轨道为圆轨道，在考虑 J2 项影响的情况下，改进了 C-W 方程，利用非线性仿真验证了其推导的改进方程的准确性，但圆参考轨道的假设条件，仍然限制了其研究成果的应用范围。

在文献［266］中，Tschauner 和 Hempel 以椭圆轨道航天器交会对接为研究背景，假设航天器间距与其地心距的比值为一阶小量，将上述非线性微分方程简化为线性时变方程即 T-H 方程，得到二体条件下用偏近点角描述的解析解。该方程是 C-W 方程的推广，可描述任意偏心率轨道航天器间的近似相对运动。在文献［267］中，Lawden 提出用积分常数描述 T-H 方程的解，其最终形式包含奇点和长期项。在文献［268］中，Carter 得到方程解的另一个积分常数表达式，消除了原解中的奇点，并给出始末相对运动状态间的转移矩阵，但仍含有长期项。在文献［269,270］中，Melton 和 Vadali 将 T-H 方程相对偏心率作级数展开，分别忽略三阶和四阶以上高阶项，得到关于时间的显式解，但该解仅适用于偏心率小于 0.3 的轨道。

航天器编队相对运动模型还可以用主、从航天器绝对轨道根数或相对轨道根数表示。Battin 最早给出了以平均轨道根数为状态变量的高斯变分方程。在文献［271,272］中，Balaji 等给出用主航天器重心轨道坐标表示相对运动矢量以主、从航天器，12 个绝对轨道根数为变量的相对运动方程。在文献［273］中，Vadali 提出单位球模型，即先在主航天器重心轨道坐标系中得到主、从航天器单位球面投影位置矢量之差，再经过转化推导出真实相对位置矢量，该模型可用主航天器绝对轨道根数和主、从航天器相对轨道根数描述。

② 编队飞行控制　航天器编队飞行的本质是利用了多颗星之间的相对运动特性，因此编队构形的保持是一个关键问题。由于参与编队飞行的每个成员不可能同时处在同一空间位置，并保持相同的姿态，因此所受的地球引力摄动、大气阻力、太阳光压、第三体引力等摄动的影响不尽相同。这些因素会使相对运动构形产生漂移，甚至导致构形失败。要保持精确的相对运动构形，就必须对编队实施轨道控制。编队构形保持控制贯穿系统的整个任务周期，是编队飞行任务顺利开展和完成的基础。

早期的编队构形保持控制研究大多围绕圆参考轨道的线性化相对运动方程（即 C-W 方程）展开。Vassar 和 Redding 等最早利用 C-W 方程轨道面内运动与轨道平面法线方向的运动相互解耦的特性，设计了圆参考轨道的编队构形控制器。针对脉冲推力器的工作性质，Kapila 等设计了基于离散化的 C-W 方程的全状态反馈控制器。受发动机安装位置的限制，航天器上往往不能提供地心径向方向的推力。在文献 [274] 中，Yedavalli 等采用混合系统稳定性分析技术来研究编队飞行相对轨道运动"连续"而执行器"离散"的控制问题，将控制能耗和相对位置导航精度同时考虑在内，设计了相应的控制器。燃料消耗问题是编队构形保持研究中一个需要重点考虑的问题，在文献 [275] 中，Sparks 以地面投影圆构形编队为研究对象，设计了离散时间线性二次型调节器，并且估算了地球扁率摄动影响下构形保持所需要的能量，通过仿真得出了控制能耗与控制脉冲频率有关的结论。

由于航天器编队飞行成员间的相对运动本质上是非线性的，因此利用线性控制方法设计的相对轨道构形保持控制律会带来一定的误差，而非线性的相对轨道构形控制方法可以在一定程度上弥补这个不足。在文献 [276] 中，Qi 考虑了 C-W 方程所产生的模型误差，基于Lyapunov 方法，设计了相对轨道构形保持的非线性输出反馈控制律，该控制律对卫星重量的变化和常值摄动具有较好的鲁棒性。在文献 [277] 中，Queiroz 等以非线性轨道动力学方程描述编队飞行相对运动，考虑了摄动影响和模型参数不确定，设计了能够保持位置控制误差大范围渐近稳定的非线性反馈控制律。为了使控制器对模型参数不确定性具有较好的鲁棒性，在文献 [278] 中，Yeh 将滑模控制方法应用到编队构形控制器的设计中，得到了较好的控制效果。在文献 [279] 中，王鹏基将模糊控制与时间燃料最优控制相结合，利用两种控制方法取长补短，设计了一种轨道构形保持的最优控制器，可以在提高系统响应速度的同时降低燃料消耗。

对于椭圆参考轨道编队飞行的控制问题，一些学者也进行了相关研究。在文献 [280]中，Tillerson 和 How 以线性时变相对运动方程为动力学模型，提出了一种确定椭圆参考轨道理想相对运动状态的线性规划方法。崔海英、李俊峰和高云峰描述了 J2 项摄动和大气阻力对近地轨道编队构形的影响，基于 T-H 方程，通过选择合适的加权矩阵使用二次型最优调节器实现了在有控制约束条件下对椭圆参考轨道航天器编队构形的保持控制。文献 [281]将鲁棒控制参数化方法用于椭圆参考轨道航天器相对运动控制中，该方法不依赖绝对轨道信息。文献 [282] 利用相平面控制法设计了一种相对轨道构形保持控制器，充分利用了空间干扰的作用，在实现精确控制的同时节约了燃料。

此外，很多学者基于 Gauss 变分方程提出了航天器编队的非线性连续推力控制方法和脉冲控制方法。文献 [283] 指出在任意时刻均可以计算两航天器实际与理想相对轨道根数间的差异，并将其作为反馈量设计编队飞行动力学系统的非线性控制律。Schaub 等以绕飞航天器平均轨道根数误差作为反馈输入，将 J2 项不变轨道作为控制目标，设计了相对轨道构形保持控制器，并将平均轨道根数反馈控制与笛卡尔状态变量反馈控制的控制效果做了对比。在此基础上，Schaub 在文献 [284] 中用轨道根数差来表示绕飞航天器的目标轨道，用笛卡尔相对状态描述绕飞航天器的实际轨道，设计了一种笛卡尔状态变量和轨道根数的混合反馈控制律，在生成反馈控制的过程中，需要将轨道根数差转换为笛卡尔相对状态的映射。通过分析用轨道根数描述的航天器编队飞行相对运动方程，在文献［285］中，Naasz 设计了一种相对轨道构形保持的非线性控制律，并在此基础上分析了不同参考轨道情况下的反馈增益优化问题。Breger 和 How 将 J2 项引入到 Gauss 变分方程中，使用模型预测方法对其进行控制。模型预测控制使用线性规划的方法，很容易在相对运动模型中引入控制约束及其他控制器的性能指标，其在燃料最优控制方面具有较大的优势。Schaub 和 Alfriend 基于 Gauss 变分方程提出了一种四脉冲控制方法[286]。

11.2.7.2　重点文献评析

① Gao H J，Yang X B，Shi P. Multi-objective robust H_∞ control of spacecraft rendezvous. IEEE Transactions on Control Systems Technology，2009，17(4)：794-802.

该文献考虑了圆参考轨道航天器相对运动过程，即系统的初始状态变量经过时间 t_f 转化为理想状态的过程。在控制器的设计过程中，同时考虑到如下三个约束条件。

a. 参数不确定性

$$n = n_0(1+\delta) \tag{11-149}$$

式中　n_0——理论轨道角速度；

δ——不确定性参数。

b. 控制输入约束

$$\|u(t)\|_2 \leqslant u_{\max} \tag{11-150}$$

式中　$u_{\max}$——推力输出上限值。

c. 极点区域约束　文中考虑一类圆盘形区域 $O(\eta, r)$ 作为对闭环系统极点的约束。得到系统的状态方程。

$$\begin{cases} \dot{q}(t) = \widetilde{A}q(t) + Bu(t) + B_\omega\omega(t) \\ \widetilde{A} = A_0 + \Delta A \\ \|\Delta A\| \leqslant \alpha \end{cases} \tag{11-151}$$

式中　A_0——标称系统系数矩阵；

ΔA——摄动矩阵，且其上界为 α。

文中要设计一种状态反馈控制器，得到相对运动闭环系统如下。

$$\begin{cases} \dot{q}(t) = \overline{A}q(t) + B_\omega\omega(t) \\ f(t) = Cq(t) \end{cases} \tag{11-152}$$

则原鲁棒控制器的设计问题可以总结成如下的优化问题。

$$\min\gamma \text{ s. t.} \begin{cases} \|T_{f\omega}\| < \lambda \\ \|u(t)\|_2 \leqslant u_{\max} \\ \text{OC} \end{cases} \tag{11-153}$$

式中　OC——闭环系统稳定和极点约束。

该文献将上述优化问题转化为了一个凸优化问题。具体构造的 LMI 条件如下。

$$\begin{pmatrix} \Xi_{11} & \Xi_{12} & \varepsilon_2 B_\omega & S^T C^T & \varepsilon_1 S^T & \varepsilon_2 S^T \\ \Xi_{12} & \Xi_{22} & \varepsilon_1 B_\omega & 0 & 0 & 0 \\ \varepsilon_2 B_\omega & \varepsilon_1 B_\omega & -\gamma I & 0 & 0 & 0 \\ S^T C^T & 0 & 0 & -\gamma I & 0 & 0 \\ \varepsilon_1 S^T & 0 & 0 & 0 & -\varepsilon_1 I & 0 \\ \varepsilon_2 S^T & 0 & 0 & 0 & 0 & -\varepsilon_2 I \end{pmatrix} < 0 \tag{11-154}$$

$$\begin{pmatrix} u_{\max}^2 & L \\ L & \dfrac{1}{\rho}\widetilde{P}_1 \end{pmatrix} \geqslant 0 \qquad (11\text{-}155)$$

$$\begin{pmatrix} \rho & q^T(0) \\ q^T(0) & S+S^T-\widetilde{P}_1 \end{pmatrix} \geqslant 0 \qquad (11\text{-}156)$$

$$\begin{pmatrix} \Pi_{11} & \Pi_{12} & 0 \\ \Pi_{12} & -r^2\,\widetilde{P}_2 & S^T \\ 0 & S^T & -\varepsilon_3 I \end{pmatrix} < 0 \qquad (11\text{-}157)$$

最后通过 Matlab 的 LMI 工具箱求解出状态反馈控制器。

$$K = LS^{-1} \qquad (11\text{-}158)$$

② Yeh H，Nelson E. Sparks A. Nonlinear tracking control for satellite formation. Journal of Guidance，Control and dynamics，2002，25（2）：376-386.

Yeh 等使用滑模控制方法对圆参考轨道的航天器编队飞行进行了保持控制。该文献调整了时间尺度，令 $\tau=\omega t$，使得当 $\tau=1$ 时，主星在圆轨道上经过一个弧度。在将独立变量 t 变为 τ 后，C-W 方程变成如下的形式。

$$\begin{cases} \ddot{x}-2\dot{y}-3x=u_x+d_x \\ \ddot{y}+2\dot{x}=u_y+d_y \\ \ddot{z}+z=u_z+d_z \end{cases} \qquad (11\text{-}159)$$

式中　u_i——加速度，满足 $u_i=u_{0i}/\omega^2(i=x，y，z)$；

$\quad\quad d_i$——扰动，包括引力场摄动，大气阻力，太阳光压，第三体引力影响和未建模动态等，满足 $d_i=d_{0i}/\omega^2(i=x，y，z)$。

由于相对运动在 xy 平面上和 z 轴上是解耦的，因此可以分别写出 xy 平面上和 z 轴上的相对运动状态方程如下。

$$\begin{cases} \dot{x}_1=x_2 \\ \dot{x}_2=A_1x_1+A_2x_2+u_{xy}+d_{xy} \\ y_1=x_1 \end{cases} \qquad (11\text{-}160)$$

$$\begin{cases} \dot{\xi}_1=\xi_2 \\ \dot{\xi}_2=-\xi_1+u_z+d_z \\ z=\xi_1 \end{cases} \qquad (11\text{-}161)$$

其中

$$x_1=(x，y)^T \quad x_2=(\dot{x}，\dot{y})^T \quad u_{xy}=(u_x，u_y)^T \quad d_{xy}=(d_x，d_y)^T$$

$$A_1=\begin{pmatrix} 3 & 0 \\ 0 & 0 \end{pmatrix} \quad A_2=\begin{pmatrix} 0 & 2 \\ -2 & 0 \end{pmatrix}$$

相对运动参考轨迹由如下方程生成。

$$\begin{cases} \dot{\hat{x}}_1=\hat{x}_2 \\ \dot{\hat{x}}_2=A_1\hat{x}_1+A_2\hat{x}_2 \\ \hat{y}_1=\hat{x}_1 \\ \hat{x}_1(0)=[r\sin(\theta),2r\cos(\theta)]^T \\ \hat{x}_2(0)=[r\cos(\theta),-2\sin(\theta)]^T \end{cases} \qquad (11\text{-}162)$$

$$\begin{cases} \dot{\hat{\xi}}_1 = \hat{\xi}_2 \\ \dot{\hat{\xi}}_2 = -\hat{\xi}_1 \\ \hat{z} = \hat{\xi}_1 \\ \hat{\xi}(0) = [mr\sin(\theta)+2nr\cos(\theta), mr\cos(\theta)-2nr\sin(\theta)]^T \end{cases} \quad (11-163)$$

文献基于系统的相对阶向量来设计滑模面，即

$$\sigma[e(t)] = \begin{bmatrix} \sigma_1[e_1(t)] \\ \sigma_2[e_2(t)] \\ \vdots \\ \sigma_m[e_m(t)] \end{bmatrix} = K_\alpha e^{(\alpha-1)}(t) + K_{\alpha-1} e^{(\alpha-2)}(t) \cdots K_1 e(t) + K_0 e_s(t) + K_s e_{ss}(t)$$

$$(11-164)$$

其中

$$e(t) = \hat{y}(t) - y(t) \quad e^{(\alpha)}(t) = [e_1^{(\alpha_1)}(t), e_2^{(\alpha_2)}(t) \cdots e_m^{(\alpha_m)}(t)]^T \quad (11-165)$$

$$e_s(t) = \int e(t)\mathrm{d}t \quad e_{ss}(t) = \int e_s(t)\mathrm{d}t \quad (11-166)$$

$$\sigma_i[e_i(t)] = k_{\alpha_i}^i e_i^{(\alpha_i-1)}(t) + k_{\alpha_i-1}^i e_i^{(\alpha_i-2)}(t) \cdots k_1^i e_i(t) + k_0^i e_{is}(t) + k_s^i e_{iss}(t)$$

$$(11-167)$$

设计滑模控制器即使得系统状态到达并且保持在滑模面上，也就是要找到一个 $u(t)$ 使得 $\sigma^T(e)\dot{\sigma}(e)$ 是负定的。考虑到航天器推力器输出值的不变性，基于 Lyapunov 方法，文献给出了一种非连续的滑模控制器，即

$$u(t) = \rho \mathrm{sgn}[B^{*T}(x,t)\sigma(e)], \rho_i > \max \| B_i^{*-1}(x,t)\tilde{u}(t) \|, i=1,2,\cdots,m$$

$$(11-168)$$

其中

$$B^*(x,t) = \begin{bmatrix} L_G L_f^{\alpha_1-1} h_1(x,t) \\ \vdots \\ L_G L_f^{\alpha_m-1} h_m(x,t) \end{bmatrix}, a^*(x,t) = \begin{bmatrix} L_f^{\alpha_1} h_1(x,t) \\ \vdots \\ L_f^{\alpha_{1/m}} h_m(x,t) \end{bmatrix}$$

$$\tilde{u}(t) = \hat{y}^{(\alpha)}(t) + K_{\alpha-1} e^{\alpha-1}(t) \cdots K_0 e(t) + K_s e_s(t) - a^*(x,t)$$

为了减弱抖振，该文献对已设计的滑模控制律进行改进，得到如下的形式。

$$u_i(t) = \begin{cases} \rho_i, \delta_i < B_i^{*T}(x,t)\sigma(e) \\ 0, -\delta_i \leq B_i^{*T}(x,t)\sigma(e) \leq \delta_i, \rho_i > \max \| B_i^{*-1}(x,t)\tilde{u}(t) \|, i=1,2 \cdots m \\ -\rho_i, B_i^{*T}(x,t)\sigma(e) < -\delta_i \end{cases}$$

$$(11-169)$$

由相对运动系统可以确定其在 xy 平面上和 z 轴上相对阶为（2，2）和 2。因此可以具体确定 3 阶滑模面如下。

$$\sigma(e) = \frac{\mathrm{d}}{\mathrm{d}\tau} e(\tau) + K_1 e(\tau) + K_0 e_s(\tau) + K_s e_{ss}(\tau) \quad (11-170)$$

基于误差系统动态响应特性可以确定 3 阶滑模面系数如下。

$$\begin{cases} u_i(\tau) = \begin{cases} \rho_i, \delta_i < \dot{e}_i(\tau) + 0.25 e_i(\tau) + 0.025 e_{s_i}(\tau) + 0.0015 e_{ss_i}(\tau) \\ 0, -\delta_i \leq \dot{e}_i(\tau) + 0.25 e_i(\tau) + 0.025 e_{s_i}(\tau) + 0.0015 e_{ss_i}(\tau) \leq \delta_i \\ -\rho_i, \dot{e}_i(\tau) + 0.25 e_i(\tau) + 0.025 e_{s_i}(\tau) + 0.0015 e_{ss_i}(\tau) < -\delta_i \end{cases} \\ \rho_i > \max |\tilde{u}_i(\tau)|, i=x,y,z \end{cases} \quad (11-171)$$

该文献同时还将原来的 3 阶滑模面进行简化，消去 2 阶积分项得到 2 阶滑模面，基于此滑模面给出了相应的控制律如下。

$$
\begin{cases}
u_i(\tau) = \begin{cases}
\rho_i, \delta_i < \dot{e}_i(\tau) + 0.1e_i(\tau) + 0.01e_{s_i}(\tau) \\
0, -\delta_i \leqslant \dot{e}_i(\tau) + 0.1e_i(\tau) + 0.01e_{s_i}(\tau) \leqslant \delta_i \\
-\rho_i, \dot{e}_i(\tau) + 0.1e_i(\tau) + 0.01e_{s_i}(\tau) < -\delta_i
\end{cases} \\
\rho_i > \max|\tilde{u}_i(t)|, i = x, y, z
\end{cases}
\tag{11-172}
$$

滑模控制对有界的不确定性和扰动具有鲁棒性，其控制律总是可以驱动系统向滑模面运动。当系统到达滑模面后，误差系统动态特性由滑模面参数决定。因此，对于航天器编队飞行，滑模控制可以有效地保持编队构形。

③ 顾大可，段广仁. 航天器椭圆轨道自主交会的鲁棒参数化设计. 哈尔滨工业大学学报，2011（43）：1-6.

该文献提出了一种在缺少绝对轨道信息时椭圆参考轨道航天器相对运动控制系统的鲁棒参数化设计方法。文中将方程中的时变参数单独归类，建立相应的不确定模型，然后基于鲁棒参数化方法，采用特征结构配置和模型参考理论设计航天器椭圆参考轨道相对运动的鲁棒控制律。

文中首先基于特征结构配置理论将反馈控制器参数化，即

$$
K = WV^{-1} \tag{11-173}
$$

$$
\begin{cases}
V = [N(s_1)g_1, N(s_2)g_2 \cdots N(s_6)g_6] \\
W = [D(s_1)g_1, D(s_2)g_2 \cdots D(s_6)g_6]
\end{cases}
\tag{11-174}
$$

式中，$N(s)$ 和 $D(s)$ 满足右互质分解式。

为了提高相对运动闭环系统的鲁棒稳定性，文献通过优化参数化反馈控制器中提供的闭环极点及自由参数来极小化 $\|P\|_2$，这里的 P 为满足如下 Lyapunov 方程的对称正定矩阵，即

$$
A_c^T P + PA_c = -2I \tag{11-175}
$$

式中 A_c——闭环系统矩阵，即 $A_c = A + BK$。

该文献将相对运动控制问题转化为了一个非线性规划问题。其中待优化的性能指标为

$$
J(s_i, g_i, i = 1, 2 \cdots 6) = p\|K\|_2 + q\|P\|_2 \tag{11-176}
$$

式中 p, q——加权系数。

利用 Matlab 提供的优化工具箱，可以求解上述问题，得到系统闭环极点和自由参数向量的值，从而计算得到符合设计指标要求的反馈矩阵。

11.3 航天航空自动化技术与方法

11.3.1 高超声速飞行器控制技术发展中的前沿研究

11.3.1.1 高超声速飞行器控制的新技术和新方法

（1）横向转弯控制技术

针对高超声速飞行器飞行过程系统参数大范围剧烈变化以及存在严重不确定性的特点，同时考虑外界环境干扰复杂，内部干扰严重的特殊问题，提出了一种新型强鲁棒自适应控制器构型。该新型强鲁棒自适应控制器将控制器分为标称控制器和补偿控制器。标称控制器可采用成熟的控制理论来设计，主要考虑闭环系统的性能；采用合适的手段估计系统参数大范围剧烈变化、系统的不确定性以及内、外部干扰等"系统扰动"作为补偿控制器的输入，通过设计强鲁棒补偿控制器对"系统扰动"进行补偿，使整个闭环控制系统对"系统扰动"具

有强鲁棒性。将新型强鲁棒自适应控制器应用于高超声速飞行器的姿态控制系统的设计，大大提高了高超声速飞行器控制系统对内、外部干扰的抑制和对系统参数大范围剧烈变化以及严重不确定性的适应能力，可满足高超声速飞行器飞行控制的需求。

为了提高飞行器的生存率以及更好地打击目标，目前各国除在积极发展高超声速巡航飞行器的总体技术以外，也在积极开展巡航段的机动变轨突防技术，特别是横向转弯控制技术研究。

飞行器转弯控制技术主要分为 STT 和 BTT 两类。目前，世界大多数飞行器都是采用 STT 控制技术。BTT 控制技术是当今飞行器控制领域内的一项先进技术。对于高超声速巡航飞行器来说，采用 BTT 控制技术是一种很好的选择。原因主要在于：首先，采用 BTT 控制技术相比较采用 STT 控制技术而言可以充分利用飞行器的高升阻比，明显地提高飞行器的机动能力，缩短作战时间，扩大飞行器的作战空域，能够达到高精度、高命中率攻击机动目标的目的；另外，BTT 控制技术具有提高飞行器的气动稳定性、与冲压发动机进气道的设计兼容、降低飞行器定向战斗部的设计复杂性等一系列优点，成为国内外热门的研究课题。而采用 BTT 技术直接导致飞行器系统的三通道强耦合特性，针对耦合控制问题，国内外学者进行了许多研究，最优控制、滑模变结构控制、鲁棒控制等现代控制方法均得到了应用。

（2）基于特征模型的全系数自适应控制

特征模型理论由北京控制工程研究所的吴宏鑫院士提出，是一种结合对象动力学特征、环境特征和控制性能要求进行的建模，而不是仅仅基于对象精确动力学分析的建模。基于特征模型的全系数自适应控制方法，能够保证参数未知系统在参数尚未收敛情况下闭环系统的稳定性，具有简单的形式，调试方便，直接给出控制器的离散形式，易于硬件实现，有着极强的鲁棒性和适应性。目前，这一建模和控制方法，已经由北京控制工程研究所的技术人员成功应用于天宫一号、天宫二号与神舟八号~神舟十一号的交会对接[340]、嫦娥五号飞行试验器跳跃式返回再入[341,342]等关键航天任务中，取得了非常好的制导和控制效果。

2005 年以来，吴宏鑫院士课题组将这一原创性的建模与自适应控制方法应用于高超声速飞行器上升、滑翔和再入等几个典型机动过程的姿态控制中，在横纵平面内分别开展特征建模与自适应控制的研究，实现了 X-34 爬升段控制、类 X-20 滑翔段的控制以及大升力体飞行器的再入控制。针对再入过程大、不确定性和参数大范围变化的特点，提出了多特征模型的自适应控制方法以及黄金分割"鲁棒"自适应控制，同时结合模糊神经网络，实现了特征模型参数的快速准确辨识，较好地解决了通道耦合及参数大范围快速变化的控制难点。

（3）基于神经网络的智能控制方法

在高超声速飞行器的控制系统设计中，神经网络往往与其他控制方法相结合实现控制，主要包括基于神经网络的动态逆控制方法，基于神经网络的自适应控制方法，基于神经网络的滑模控制方法等。其中以单隐层前馈神经网络为主，激活函数有 Sigmoid 函数和径向基函数，此外也有少量文献采用递归神经网络。神经网络往往被用来补偿建模误差或动态逆误差，以及补偿控制分配误差。神经网络能够给控制系统设计带来如下两方面优点：①提高系统处理意外故障的能力；②飞行器结构或任务的小范围改动，不需要重新进行大量的地面调试。

X-33 亚轨道空天飞机项目于 1996 年启动，原计划在 1999 年 3 月进行首飞，但是由于发动机和燃料储箱故障，首飞一再推迟，直至 2001 年 3 月项目结束之日，X-33 都未能试飞。尽管如此，研究人员针对 X-33 开展了大量基于神经网络的先进控制方法研究。文献[306~308]详细介绍了 X-33 神经网络与模型参考自适应相结合的控制方案，其中，用于补偿动态逆误差的神经网络是一个 Sigmoid 型的单隐层前馈网络。

第 11 章

针对高超声速飞行器的未建模动态，文献［309］采用了单隐层神经网络的辨识方法，且基于神经网络模型进行控制器设计，从而避免了单纯自适应动态逆方法对被控对象可控性的限制。仿真表明，这一控制方法能够处理对象具有短周期不稳定模态的情形。

文献［310］以径向基函数作为激活函数，构建单隐层神经网络对自适应增益进行在线辨识，并在 X-45A 上进行了仿真验证。

文献［311］引入 Hopfiled 递归神经网络对高超声速飞行器模型中的未知参数进行辨识，以及求解最优控制增益。作者认为，基于神经网络的优化和控制，不但非常适用于非线性对象，同时对象模型小范围变化时，神经网络控制器的结构也无需改变。

国内学者也开展了大量相关研究。西北工业大学的许斌等[312]，采用了单隐层神经网络实现高超声速飞行器纵平面控制，但是为了避免反步学习算法在局部最优、过拟合和收敛速度等方面缺点，采用了极限学习方法（ELM），这一训练方法能够自动随机生成隐层单元，并通过调节输出层的权值达到收敛目的，而不是直接对隐层参数进行迭代学习。这一神经网络控制器通过数值仿真得以验证。哈尔滨工业大学的遆晓光等[313]和孔庆霞[314]，南京航空航天大学的鲁波等人[315]，利用单隐层结构的 Sigmoid 神经网络来重构因空气动力学模型不确定性产生的逆误差，以提高动态逆控制性能。东南大学的张瑞民[316]利用递归 Hermite 神经网络实现复合干扰的在线逼近，与二阶终端滑膜控制方法相结合，实现了动态参数不确定性和大干扰情况下的跟踪控制。其中，网络权值自适应估计采用了比例、积分形式以加快网络收敛。天津大学的张红梅[317]和南京航空航天大学的周丽等人[318]采用径向基函数的神经网络，与反步控制方法相结合，实现高超声速飞行器纵平面的姿态控制。

可以看出，高超声速飞行器领域涉及的神经网络，主要还是与其他控制方法如动态逆控制、滑模控制方法相结合，用于补偿建模误差，而不是直接对飞行器模型进行辨识，更没有直接进行控制器设计。这其中很重要的一个原因，是随着网络规模的复杂化，神经网络的训练速度受限，且容易陷入局部最优。而深度神经网络，正是针对上述问题的有效解决途径。

（4）基于模糊逻辑的智能控制方法

文献［319］针对 X-38 飞行器再入大气层的姿态控制问题，基于模糊逻辑的方法将其整个过程分为 5 个阶段，对应不同的执行器机构；在此基础上，文献［320,321,322］进一步研究针对 X-38 的模糊控制，详细讨论了再入模态中，在不同执行机构组合情况下，采用线性传递函数调节控制器输入，保证了同一模糊控制器可完成整个控制任务。文献［323］采用遗传算法设计模糊逻辑控制器，并应用于 X-34 的姿态控制中。文献［324,325］针对带有执行器故障的近空间高超声速飞行器，基于模糊系统理论设计了容错控制系统。文献［326］直接利用模糊规则，选择攻角和俯仰角速率作为逻辑变量，基于 14 条模糊规则，得到升降舵的控制量。数值仿真表明系统具有一定的鲁棒性。

国内方面，模糊规则用于在线补偿飞行器模型由于气动参数变化而引起的不确定性[327~329]；用于实现多个特征模型的融合，以缩短模型参数的收敛速度[331]；用于调节系统误差使其沿滑模面收敛到原点[331]；用于实现不同滑模控制器之间的切换[332]，或滑模控制器参数的在线调整[333]；也可直接基于模糊规则得到控制量[334,335]。

此外，文献［336,337］利用遗传算法优化控制器参数，实现了有动力高超声速飞行器纵平面轨迹跟踪。

11.3.1.2 重点文献评析

任章、廉成斌等在文献［287］中以助推滑翔式高超声速飞行器为被控对象，针对高超声速飞行器再入返回飞行过程中系统参数大范围剧烈变化以及存在严重不确定性的特点，同时考虑外界环境干扰复杂，内部干扰严重的特殊问题，提出了一种新型强鲁棒自适应控制器构型。新构型控制器分为主控制器和补偿控制器，且主控制器、补偿控制器可分开设计。主控制器面向标称系统，可采用成熟的控制理论来设计，比如设计 PID 控制器，使闭环系统具有工程要求的性能；将系统参数大范围剧烈变化、系统的不确定性以及内、外部干扰等视为"系统扰动"，采用合适的手段估计"系统扰动"并作为补偿控制器的输入，通过设计强鲁棒自适应补偿控制器对"系统扰动"进行补偿，在主控制信号和补偿控制信号的共同作用下，保证闭环系统稳定且满足工程要求的控制性能，从而使闭环系统对"系统扰动"具有强鲁棒性。这种强鲁棒自适应控制方法大大提高了高超声速飞行器控制系统对内、外部干扰的抑制能力和对系统参数大范围剧烈变化以及严重不确定性的适应能力。

1993 年，Huang 等人用变结构控制理论设计了 Have Dash II 的控制器，并与反馈线性化控制器进行了比较。仿真表明，大攻角下变结构控制器超调仍较小，显示出优越性[288]。2001 年，美国埃格林空军基地的 Cloutier 等人对具有 BTT/STT 混合飞行模式的吸气式空空飞行器提出了基于状态依赖 Ricatti 方程的自动驾驶仪设计方法，其控制器的设计按时间尺度分为内、外两环。通过求解自治终端时间无限的非线性调节器问题的代数 Ricatti 方程得到非线性反馈控制律。Shima 等人以零控脱靶量为滑动面，设计了制导姿控一体化的滑模控制器，仿真表明该方法对于拦截高机动目标，减小脱靶量非常有效[289]。谭峰等人针对某型号 BTT 导弹的俯仰/偏航通道自动驾驶仪，采用特征结构配置的参数化方法设计了一个不随滚动角速度变化的全空域稳定飞行且无须切换的定常反馈镇定律，同时基于模型参考控制采用前馈补偿实现了对过载的跟踪[290]。总体来看，尽管在飞行器控制器的工程实现上仍多采用经典控制方法，但随着对飞行器性能要求的不断提高，基于特征点固化系数法的设计方法逐渐显现出弊端。采用多种非线性控制方法相结合或采用多输入、多输出时变处理方式的现代控制理论，可以使 BTT 飞行器的性能更加优化。

11.3.2　航天器轨道控制技术发展中的前沿研究

11.3.2.1　航天器轨道控制的新技术和新方法

为解决基于局部线性化模型设计轨道保持控制器时存在的控制精度不高、模型精确性过度依赖等问题，应用自抗扰控制（ADRC）技术设计了轨道保持控制器。

太阳帆作为一种利用太阳光压获得连续推力而无需燃料的新型推进系统，受到了广泛关注。2010 年，日本"IKAROS"号太阳帆航天器成功发射并圆满完成了全部性能测试，昭示着太阳帆的巨大应用前景。然而，当前太阳帆仍处于技术萌芽阶段，相比之下，高比冲、能够提供连续小推力的太阳电推进技术更加成熟，目前已成功应用于 Deep Space1、SMART-1 以及 Dawn 等多项深空探测任务。

混合小推力航天器即结合太阳帆推进系统和太阳电推进系统的新型连续小推力航天器，其一方面具备了太阳帆推进无需能耗和太阳电推进工作效率高的双重优势；另一方面克服了太阳帆无法提供指向太阳方向的推进分量的缺陷，适合执行复杂的任务。

11.3.2.2　重点文献评析

文献［291］针对太阳帆、太阳电混合推进航天器日心悬浮轨道保持控制问题进行了研究。为解决基于局部线性化模型设计轨道保持控制器时存在的控制精度不高、模型精确性过度依赖等问题，应用自抗扰控制（ADRC）技术设计了轨道保持控制器。首先，采用圆形限制性三体问题（CRTBP）模型推导了混合小推力航天器日心悬浮轨道动力学方程；然后，考虑系统模型不确定性和外部扰动，提出了一种基于扰动估计和补偿的轨道保持控制方法；最后，数值仿真表明存在系统模型不确定性、初始入轨误差及地球轨道偏心率扰动等因素的情况下，所设计的控制器仅需很小的速度增量即可实现高精度的日心悬浮轨道保持控制。

11.3.3 航天器姿态控制技术发展中的前沿研究

11.3.3.1 航天器姿态控制的新技术和新方法

近几年，国内外研究人员针对在航天器姿态控制过程中遇到的问题进行了大量的研究，并针对不同的问题提出了相应的控制方案和解决办法。

胡庆雷、李理[292]针对航天器姿态控制过程中同时存在在输入饱和与姿态角速度受限的问题，提出了一种新型的姿态控制设计方法。并通过引入一个时变锐度参数来增强系统对外部干扰的抑制能力。胡庆雷、姜博严等针对受干扰的刚体航天器冗余执行器存在故障与控制受限的姿态跟踪控制问题，提出一类基于新型指数形式的非奇异快速滑模面（ENFTSM）与趋近律的姿态容错控制器设计方法。

韩治国、张科等[294]等针对存在外部干扰、转动惯量矩阵不确定、控制器饱和以及执行器故障的航天器姿态跟踪控制问题，提出了基于自适应快速非奇异终端滑模的有限时间收敛控制方案。

11.3.3.2 重点文献评析

文献［292］针对航天器姿态控制过程中同时存在输入饱和与姿态角速度受限的问题，提出了一种新型的姿态控制设计方法。该方法在保证系统渐近稳定的前提下，能够显式地给出输入力矩和姿态角速度的最大幅值，并通过引入一个时变锐度参数来增强系统对外部干扰的抑制能力；在此基础上，进一步考虑了由于四元数的冗余性所导致的退绕问题，设计了一组新的姿态偏差函数和偏差向量，使得控制器在满足上述约束的同时还具有抗退绕的优点。仿真结果表明，所提算法能够同时满足输入饱和与姿态角速度受限的约束，并且在较大外部干扰的情况下表现出了很强的鲁棒性，同时成功地规避了退绕现象。该算法为存在多重约束的航天器姿态控制问题提供了一个新的思路和解决方案，具有很好的实际应用价值。文献［293］针对受干扰的刚体航天器冗余执行器存在故障与控制受限的姿态跟踪控制问题，提出一类基于新型指数形式的非奇异快速滑模面（ENFTSM）与趋近律的姿态容错控制器设计方法。当部分推力器发生故障时，假设剩余推力器具有输出饱和特性且能提供足够推力保证航天器执行任务，相比一般终端滑模控制器，本文设计的控制器不仅能使系统状态以更快的速度到达平衡点，且不需要在线对执行器故障信息进行检测和分离。基于 Lyapunov 方法证明本文设计的控制器能保证闭环系统稳定，且能有效地抑制外部干扰、控制受限和执行器故障等约束。最后对提出的控制算法进行了数值仿真，其结果表明了该控制器的有效性。文献［294］针对存在外部干扰、转动惯量矩阵不确定、控制器饱和以及执行器故障的航天器姿态跟踪控制问题，提出了基于自适应快速非奇异终端滑模的有限时间收敛控制方案。通过引入能够避免奇异点的具有有限时间收敛特性的快速非奇异终端滑模面，设计了满足多约束的有限时间姿态跟踪容错控制器，并利用参数自适应方法使控制器设计不依赖于系统惯量信息和外部干扰的上界。此外，所设计的控制器显式考虑了执行器输出力矩的饱和幅值特性，使航天器在饱和幅值的限制下完成姿态跟踪控制任务，并且无需进行在线故障估计。Lyapunov 稳定性分析表明：在外部干扰、转动惯量矩阵不确定、控制器饱和以及执行器故障等约束条件下，所设计的控制器能够保证闭环系统的快速收敛性，而且对控制器饱和与执行器故障具有良好的容错性能。数值仿真校验了该控制器在姿态跟踪控制中的优良性能。

11.3.4 航天器姿轨联合控制技术发展中的前沿研究

11.3.4.1 航天器姿轨联合控制的新技术新方法

对于姿轨运动存在严重耦合的空间相对接近操作，必须解决相对运动的姿轨同步控制问题。传统的相对姿轨分开建模串行控制方法，忽略了姿轨耦合，控制周期长且姿轨同步性差，显然不能满足要求。朱占霞等[295]基于螺旋理论中的对偶数描述，建立了航天器六自由度相对运动模型，不仅包含了姿轨耦合项，而且形式统一，有利于同步控制律的设计。

为解决复杂的挠性航天器的姿轨控制问题，对于挠性航天器的姿轨耦合动力学建模与控制展开研究。杨一岱、荆武兴等基于对偶四元数原理，推导给出一套挠性航天器的姿轨一体化动力学模型。

以挠性太阳帆板耦合严重的追踪航天器为研究对象，吴宏鑫、解永春、胡军、孟斌等构建了以航天器本体三个姿态角为输出，以外部力矩为输入的多输入、多输出的特征模型，并进一步研究了与状态相关的特征模型的参数辨识问题。

针对交会对接过程中，追踪器挠性问题严重、姿轨耦合严重、发动机开机羽流干扰大、控制系统存在时间延迟等影响交会对接的精确控制的因素，解永春、胡军等在特征模型的基础上提出了带逻辑微分的黄金分割自适应相平面控制方法。

11.3.4.2 重点文献评析

文献[295]复杂的挠性航天器的姿轨控制问题，对于挠性航天器的姿轨耦合动力学建模与控制展开研究。基于对偶四元数原理，推导给出一套挠性航天器的姿轨一体化动力学模型。此种模型能够紧凑描述航天器的轨道和姿态，且能够自动引入航天器平动、转动与挠性附件振动三者之间的关联耦合作用。基于此模型设计了一种自适应位置姿态跟踪控制器，该控制器能够在航天器质量特性参数未知的情况下，对其位置和姿态进行轨迹跟踪控制，并使位置和姿态误差收敛。该自适应控制器还可对航天器上挠性附件对系统的耦合作用进行估计，进而在控制输出中对其进行补偿，提高卫星控制系统的稳定性。通过仿真对控制律进行校验，结果表明，该控制律对挠性航天器控制效果良好，具有一定的工程应用参考价值。

针对模型中的耦合项进行分析，给出了相对姿轨耦合产生的成因。建立了相对姿轨同步误差，考虑模型的非线性，基于非线性反馈设计了一种同步控制律以消除该误差，并利用Lyapunov理论证明了控制律的稳定性。以两航天器交会接近的最后逼近段进行数字仿真，并与PD控制相对比，验证了所提方法的有效性，同时验证了所提方法可以实现姿轨控制的同步收敛，对于空间相对运动的姿轨同步操作具有重要意义。

文献[339]在交会对接过程中，追踪器需要通过发动机开机频繁进行轨道和姿态机动，引发推进剂消耗，从而造成追踪器质量特性和惯量特性不断变化；执行交会对接任务的追踪航天器通常为大型航天器，其对象特性不确定性大、挠性强。此外，交会对接任务中进行姿态轨道控制的执行机构一般为发动机，其开机时的频率较为丰富，容易引发挠性体振动，导致姿态控制振荡或发散；发动机开机产生的羽流打在太阳帆板上会对追踪器产生随帆板转角变化的干扰力和干扰力矩；在相对距离较近时相对姿态和相对位置的控制存在耦合，控制系统存在时间延迟等，这都使得交会对接的精确控制成为一个难题。基于特征模型的智能自适应控制方法是吴宏鑫院士1992年提出的，经过20多年的研究，在理论和应用上均取得了重要进展。1992年证明了黄金分割自适应控制器的鲁棒稳定性。为改善系统的动态性能，1994年首次提出了逻辑微分控制律。但是，基于特征模型的黄金分割自适应控制器是线性控制器，不能直接用于解决交会对接这样的喷气非线性控制问题。为此项目组提出了带逻辑微分的黄金分割自适应相平面控制方法，这样不但保留了黄金分割自适应控制和逻辑微分控制的强鲁棒性及高精度，而且还使推进剂消耗大大降低。

11.3.5 空间联合体控制技术发展中的前沿研究

11.3.5.1 空间联合体控制的新技术和新方法

目前关于空间机器人捕获目标过程碰撞冲击效应的理论研究主要是针对单臂机器人，而为了能够操作更大的目标载荷，防止目标被弹开，以及满足多任务协调操作的灵活性要求，双臂或多臂协调操作空间机器人已成为新的发展趋势。相对于单臂空间机器人，双臂或多臂空间机器人更加复杂，特别是当各机械臂协作操作同一目标后形成的闭链混合系统，对其进行控制，除了要考虑控制系统的位形外，还要考虑各机械臂对目标操作时相互作用内力控制，这也增加了对空间机器人控制的难度。董楸皇和陈力[297]在建立漂浮基双臂空间机器人动力学模型的基础上，利用动量定理对漂浮基双臂空间机器人捕获翻滚目标后的冲击效应进行计算分析，并针对捕获目标后形成闭环链混合系统的空间机器人提出一种鲁棒控制算法进行镇定控制，以保持空间机器人系统漂浮基姿态和构型的稳定。

谢箭、刘国良等[298]提出了一种针对自由漂浮状态的空间机器人模型不确定性的神经网络自适应控制方法。通过 RBF 神经网络逼近模型的非线性函数和不确定性上界，无需预先估计系统的不确定性程度和外部干扰，提出的自适应控制律保证了权值的有界性，解决了神经网络权值的 UUB（unknown upper bound）问题，即未知上界有界问题，完成了笛卡尔空间内空间机器人轨迹规划任务。

11.3.5.2　重点文献评析

文献［297］分析了漂浮基双臂空间机器人捕获非合作目标所受的冲击影响效应，及捕获后空间机器人和目标组成的闭链混合系统对目标夹持内力与位形的鲁棒镇定控制。将捕获目标过程视为两机械臂末端与目标碰撞前、碰撞过程和碰撞后三个阶段。在碰撞前，空间机器人和目标是分离的两分体系统，利用第二类拉格朗日方程建立漂浮基双臂空间机器人系统的动力学模型。在机械臂末端与目标碰撞阶段，基于空间机器人与目标总动量守恒，利用动量定理计算翻滚目标对空间机器人运动状态的冲击影响效应。在碰撞后，双臂空间机器人已捕获翻滚目标并组成闭链混合系统，针对混合系统在碰撞阶段受冲击影响而产生不稳定运动，提出一种鲁棒控制算法对其进行镇定控制，以实现双臂对目标夹持内力和空间机器人位形的协调控制，并达到期望的稳定状态。文献［298］针对自由漂浮状态的空间机器人提出了一种基于 RBF 神经网络的自适应控制方法，利用 RBF 神经网络对非线性函数的逼近能力来补偿自由漂浮空间机器人的非线性项，然后通过 Lyapunov 稳定性分析设计神经网络在线权值调整算法，所提出的控制方法无需预先估计系统的不确定性程度和外部干扰，给出的自适应控制律保证了权值的有界性，解决了神经网络权值的 UUB（unknown upper bound）问题，即未知上界有界问题，同时也对空间机器人系统的不确定项进行了补偿。

11.3.6　航天器编队飞行控制技术发展中的前沿研究

11.3.6.1　航天器编队飞行控制的新技术和新方法

跟瞄设备是空间编队飞行中普遍使用的相对测量敏感器。目前，在相对导航滤波器设计中，普遍采用卡尔曼滤波以及扩展卡尔曼滤波作为滤波估计算法。当系统为线性并且噪声统计特性满足高斯分布时，卡尔曼滤波是最小方差估计器。当噪声不满足高斯分布，特别是噪声中含有粗差时，卡尔曼滤波的估计精度会大幅下降。由 Huber 提出的以其名字命名的滤波算法 Huber 滤波器，从鲁棒统计的角度出发，通过结合 L1 和 L2 范数估计器的特点，其估计性能在测量误差含有粗差的情况下具有较好的鲁棒性。冯刚、杨东春和颜根廷[299]结合 UKF 滤波器及 Huber 滤波器各自的优点，设计了用于空间编队飞行的 Huber-UKF 相对导航滤波器，该滤波器在测量误差不完全满足高斯分布或含有粗差情况下具有较好的鲁棒性。黄勇、李小将等[300]针对卫星编队飞行协同控制存在质量、转动惯量不确定性及外部扰动的问题，提出了一种应用虚拟结构的卫星编队飞行自适应协同控制方法。

11.3.6.2　重点文献评析

文献［299］结合 UKF 滤波器和 Huber 滤波器各自的优点，设计了用于空间编队飞行的 Huber-UKF 相对导航滤波器，该滤波器在测量误差不完全满足高斯分布或含有粗差情况下具有较好的鲁棒性。另外，考虑到追踪航天器可能距离目标航天器在较近距离进行编队飞行，从安全性角度出发，对追踪航天器的轨控加速度偏差进行了建模，基于 Twisting 算法设计了对推力故障具有一定容忍度的二阶滑模变结构控制器，该控制算法计算简单，具有工程参考价值。文献［300］针对卫星编队飞行协同控制存在质量、转动惯量不确定性及外部扰动的问题，提出了一种应用虚拟结构的卫星编队飞行自适应协同控制方法。首先，通过对虚拟结构模型的描述，建立了虚拟结构状态变量与编队卫星期望状态之间的表达式；其次，设计了编队卫星和虚拟结构的位置、姿态自适应协同控制器，通过在虚拟结构控制器中引入编队卫星的状态误差，实现了编队信息至虚拟结构的反馈。并采 Barbalat 引理证明了闭环系统的稳定性和对有界扰动的抑制；最后，以三星编队协同轨道机动和空间指向性偏转为例对所设计的控制器进行了仿真验证。

11.4　应用

11.4.1　先进控制技术在高超声速飞行器领域中的典型应用

从公开报道的文献来看，目前已经试飞的高超声速飞行器，所采用的控制方法还是基于 PID 的经典控制方法，如 X-43A 便是采用 PID 控制，根据马赫数和攻角进行调度[305]。因此，目前无法从公开资料中获知实际飞行试验所采用的先进控制技术。

（1）增益预置控制技术

增益预置控制方法的主要思想是将复杂的非线性控制问题分解成多个线性模型以及多个线性控制器的设计问题。对于分解成的局部模型可以应用一些标准的线性控制系统设计方法。它有非常显著的易于工程实现的优点，如设计调试简单、计算复杂度低，可以考虑系统的鲁棒性等。X-43A 试飞成功也表明增益预置方法仍旧是目前飞控系统设计的主流方案。

（2）反馈线性化控制技术

反馈线性化是非线性控制方法中最重要也是应用最广泛的方法之一，主要包括微分几何（differential geometry，DG）和动态逆（dynamic inverse，DI）两类方法。

DG 的主要思想是通过微分同胚变换把非线性系统变为形式上等价的线性系统，把非线性系统的综合问题转换为线性系统的综合问题。在反馈线性化理论研究中，DG 是发展较早的一种方法，主要包括状态反馈精确线性化和输入输出解耦线性化等。从工程应用角度讲，大多并不要求对非线性系统的全部状态线性化，只需要关心系统的输入输出，因此关于输入输出解耦线性化的研究更多。与其他线性化方法相比，DG 不产生较大的模型精度损失，因而受到控制科学家和工程师的广泛关注，并被应用到飞行器控制系统的研究中。

DI 方法是 FL 的另一类方法，适合多变量、非线性、强耦合和时变对象的控制，近年来也得到显著发展，在非线性系统线性化解耦控制方面取得了一系列的理论研究成果。已有的理论结果表明，系统的可解耦性与可逆性有着直接的联系，因此，DI 实际上属于解耦算法。对一般非线性系统应用 DI，其作用表现为解耦和线性化，在这一点上，DI 与输入输出解耦线性化十分相似。作为一种反馈线性化的具体方法，动态逆设计一方面要求对象精确的模型解析式；另一方面，有时即使建立了对象的非线性数学模型，也很难解析地求出模型的逆。

（3）滑模变结构控制方法

滑模变结构控制（sliding mode variable structure control，SMVSC）系统中所谓"变结构"，本质上是指系统内部的反馈控制器结构所发生的不连续非线性切变。当系统状态穿越不同区域时，反馈控制的结构按照一套由设计者根据系统性能指标要求制定的切换逻辑发生变化，使得控制系统对被控对象的内在参数变化和外部环境扰动等因素具有一定的适应能力，保证系统性能达到期望的性能指标要求。滑模变结构控制有两个主要的优点：首先，可以通过选择适当的滑模面来实现系统的动力学特征，以满足闭环系统的性能指标；其次，闭环系统响应对满足匹配条件的不确定性完全不敏感。目前，基于滑动模态的变结构控制理论在国际上受到了广泛重视。但是实际应用中变结构控制系统仍然存在诸多问题，如系统的颤振，需要较大的控制增益来抵消系统的参数不确定性和外扰，容易遭受测量噪声的影响等。此外，对于非线性系统的滑模变结构控制，等效控制的计算需要系统的精确数学模型，这就增加了对系统模型的依赖。为了克服这些缺陷，国内外许多学者提出了比较有效的方法。

11.4.2　先进控制技术在航天器轨道控制领域中的典型应用

文献［301］中介绍了将准最优控制理论用于航天器轨道自主快速交会控制中线性二次型调节器的设计。根据线性二次型调节器的设计方法和理论，为减少高阶模型的计算量，提出了基于准最优控制理论的线性二次型调节器设计。理论分析和仿真结果表明此方法正确、有效。就控制模型仿真而言，当参数 Q 和 R 设置合理时，用准最优控制理论设计的性二次型调节器的控制精度和能耗均与用最优控制理论设计的二次型调节器相当，但其运算时间和运算量远小于后者。本文方法具有一定的工程应用价值。

11.4.3　先进控制技术在航天器姿态控制领域中的典型应用

（1）自抗扰控制

为抑制航天器自身结构参数变化和内外扰动对姿态控制精度及姿态稳定度的影响，文献［302］设计了航天器姿态自抗扰控制器。自抗扰控制器（ADRC）由跟踪微分器（TD）、扩张状态观测器（ESO）和姿态反馈控制器（AFC）三部分组成。跟踪微分器负责安排姿态指令过渡过程，并提取其微分信号。扩张状态观测器（ESO）充分利用姿态敏感器与速率陀螺的量测信息，可对航天器姿态及内部和外部干扰进行观测。姿态反馈控制器则在补偿ESO估计的干扰的同时，实现航天器的姿态控制。与已有研究相比，扩张状态观测器采用复合量测信息对状态估计进行校正，性能较好。而自抗扰控制器只采用一个环路即可实现姿态控制及干扰补偿，结构简单。对某航天器姿态控制系统的仿真结果表明，以上自抗扰控制器是可行的。

（2）自适应鲁棒控制

基于自适应鲁棒控制思想，利用 Backstepping 和扩张状态观测器技术，设计了一种挠性航天器的分散自适应鲁棒姿态控制律，使得航天器存在转动惯量不确定性、外界干扰的情况下，能够完成对指令信号的跟踪，并基于 Lyapunov 理论给出了闭环系统的稳定性分析。通过数值仿真验证了控制律的有效性和鲁棒性。

11.4.4　先进控制技术在航天器姿轨联合控制领域中的典型应用

（1）变结构控制

其基本思想就是首先将系统的状态变量拉到一个事先选定滑模切换面上，再沿该滑模面趋近于原点。这种控制律具有结构简单、对于参数和外界的扰动具有很强的鲁棒性等优点，在控制理论界和工程领域受到了广泛关注。文献［303］针对单个航天器的姿轨耦合动力学模型，利用滑模变结构方法设计了姿轨联合控制律，并证明了系统的渐进稳定性。文献［304］利用高阶滑模设计方法，针对交会对接最后逼近段的追踪航天器设计了姿轨联合控制律，控制律有效地削弱了"抖振"现象，并提高了系统的鲁棒性。

（2）最优控制

最优控制是现代控制理论中较成熟的一个分支，在航天器的姿轨联合控制律的设计中也得到了应用。由于姿轨耦合动力学系统呈现出较强的非线性，因此，最优控制律的设计也集中于非线性最优控制方法的研究上。在非线性最优控制方面，众所周知，其最大障碍在于Hamilton-Jacobi-Bellman（HJB）方程很难求得解析解。为了克服这个困难，两种有效的数值解法被提出，一种是状态依赖 Riccati 方程（state dependent riccati equation，SDRE）方法，这种方法通过实时地求解一类状态依赖的 Riccati 方程，得到局部渐进稳定的次优反馈控制律。另一种是通过求 HJB 方程的黏性解，该方法在 20 世纪 80 年代由 Crandall 和 Lions 提出，黏性解是偏微分方程的一种非光滑解，它的主要特点是由上/下导数代替传统意义下的倒数，并且在这种温和的条件下还保持了解的唯一性。在解决最优控制问题时，这些特点使它成为一种强大的理论工具。

（3）自适应控制

该控制方法能够根据系统信号实时在线调整控制律中的部分参数，能够保证在被控对象含有部分未知参数的情况下，系统性能得以良好的保持。

（4）基于特征模型的智能自适应控制

该控制方法针对飞船时延大、挠性强、对象特性不确定性大、位置与姿态控制耦合强、羽流干扰大等问题，解决了自主交会对接过程中飞船姿态稳定控制问题，以及最后平移靠拢段高精度六自由度相对控制问题。已成功应用于神舟八号～神舟十号与天宫一号、神舟十一号与天宫二号交会对接过程中飞船绝对姿态控制和六自由度相对位置及相对姿态控制，自主交会过程中姿态稳定，6 次自主交会对接相对姿态精度均优于 $0.4°$，横向位置精度均优于5cm，居同类飞船国际领先水平。

11.4.5　先进控制技术在空间联合体控制领域中的典型应用

在低速运行的情形，对于单轴柔性航天器和单臂柔性机械臂等联合体对象，此时模型通常是线性的。目前以此为背景，基于线性模型提出了各种控制方案，现代控制理论得到了广泛应用，同时这也促进了现代控制理论自身的发展和进一步完善。目前常用的控制方案包括最优控制、鲁棒控制、自适应控制、滑模变结构控制、智能控制等。

在非线性模型情况下，常用的控制方法为模糊控制、非线性滑模控制、自适应变结构控制和反馈线性化等。

11.4.6　先进控制技术在航天器编队飞行控制领域中的典型应用

协同控制是航天器编队飞行的关键技术之一，常用的航天器编队协同控制策略包括基于主从式的方法、基于行为的方法和基于虚拟结构的方法。

基于主从式的方法是对传统单星跟踪控制的拓展，其基本思想是为每个成员航天器指定一个中心航天器，各成员航天器分别以一定的精度跟踪其中心航天器，进而实现编队协同。主从式是使用最广泛的协同控制方法。

基于行为的方法首先定义各种期望的系统行为，而后各航天器利用其期望行为的加权平均来决定自身的控制输入。基于行为的方法一般采用局部信息交互进行协同，本质上是一种分布式的协同控制方法。其系统鲁棒性和可靠性较好，但缺乏有效的稳定性分析工具。

基于虚拟结构的方法将整个编队的期望状态看成一个虚拟的刚体结构，通过定义虚拟结构的期望动力学分析得到各航天器的期望状态，再利用单星跟踪控制方法得到实际航天器的控制规律。

11.4.7 其他应用

先进的控制技术不仅在航空航天工程领域应用广泛，在其他领域也得到了广泛的应用。例如在石油化工企业，先进控制与优化技术作为一项节能降耗的技术措施，已经在石化化工中成功应用，在节能增效中发挥了重要的作用。

11.5 发展建议

11.5.1 技术发展建议

基于前文分析的结果，并借鉴国内外现有的成熟技术发展路线，我们提出如下建议。

① 加强航天航空相关技术的研究，为实现我国空间技术的跨越式发展提供坚实的基础。

② 对航天航空自动化系统的各个组成部分进行合理安排，从整体上推进航天航空自动化发展进程。

航天航空自动化领域覆盖多个学科，该领域的发展需要依靠其他领域的支持。因此，在大力发展航天航空自动化的同时，与其相配套的各项技术研究发展也应得到重视。

③ 遵循"先期概念研究-地面仿真、测试和试验-飞行试验-建设实用系统"的发展思路，稳步推进航天航空自动化系统的发展。

任何航天技术的研究和设备的研制，在上天飞行以前都需要经过地面的测试、仿真与演示。在其可行性得到验证之后方可进行飞行试验。通过飞行试验可以对在轨服务技术进行全面的测试和验证，并对其进行进一步完善，为最终迈向实用化奠定基础。通过合理制定地面和飞行的实验方案及演示计划，能够有效地提高研究效率，并实现该技术的稳步发展。

11.5.2 人才培养发展建议

将学生发展和社会需求作为教学改革的出发点，积极推进教学平台建设、实践教学体系建设和教学管理制度建设，使人才培养质量稳步提升。

① 优化学科专业结构。

② 创新教育教学方法。

③ 健全协同培养机制。

④ 探索技术型人才的培养方式。

⑤ 构建寓研于教的培养模式。

⑥ 在理论扎实的基础上，强化实践教学环节。

⑦ 加强和改进思想教育，培养德才兼备的人才。

11.5.3 政策发展建议

近几年，我国的载人航天和探月工程都取得了新的突破，获得了举世瞩目的成就，中国航天科学技术的发展进入了一个新的历史时期。在新时期、新形势下如何继续保持并加速中国航天事业的发展势头，是摆在我们航天科技工作者面前的一个重要课题。毫无疑问，我国的卫星轨道控制研究已迫在眉睫。由于国际上这类技术的保密，在文献中往往查不到这类关键技术的细节。因此，国内急需在相关的基础研究方面展开深入、细致、系统和大量的研究攻关，在不太长的时间内突破和掌握交会对接过程的关键技术，实现我国载人航天工程的跨越式发展。

从以下几个方面提出该领域的发展政策建议。

① 实施"顶层设计"，打破条块分割，统筹科学规划。

② 瞄准国际前沿，实行适当的倾斜政策，孕育重点突破。

③ 营造良好的科学环境，支持科学家潜心研究。

④ 加大科技投入，加强队伍建设和培养。

⑤ 加强国际合作，逐步形成以我为主的国际研究计划。

⑥ 加强项目的评审和管理。

参 考 文 献

[1] Fidan B，Mirmirani M，Ioannou P. Flight dynamics and control of air-breathing hypersonic vehicles：Review and new directions. AIAA，2003.

[2] Rodriguez A A，Dickeson J J，Sridharan S，et al. Control-relevant modeling，analysis，and design for scramjet-powered hypersonic vehicles. AIAA，2009.

[3] Shaughnessy J D，Pinckney S Z，McMinn J D，Cruz C I，Kelley M L. Hypersonic vehicle simulation model：winged-cone configuration. NASA TM-102610，1990.

[4] Shaughnessy J D，Pinckney S Z，McMinn J D. Hypersonic vehicle simulation model：winged-cone configuration. NASA Technical Memorandum 102610，NASA Langley，1991.

[5] Heller M，Sachs G，Gunnarsson K S，Frank H，Rylander D. Flight dynamics and robust controlof a hypersonic test vehicle with ramjet propulsion. AIAA，1998.

[6] Marrison C I，Stengel R F. Design of robust control systems for a hypersonic aircraft. Journal of Guidance，Control，and Dynamics，1998，21（1）：58-63.

[7] Wang Q and Stengel R F. Robust nonlinear control of a hypersonic aircraft. AIAA Journal of Guidance，Control，and Dynamics，2000. 23（4）：577-585.

[8] Lee J. Modeling and controller design for hypersonic vehicles. Ph. D. Dissertation，University of Kansas，2006.

[9] Colgren R，Keshmiri S，Mirmirani M. Nonlinear ten-degree-of-freedom dynamics model of a generic hypersonic vehicle. Journal of Aircraft，2009，46（3）：800-813.

[10] Schmidt D K. Integrated control of hypersonic vehicles -A necessity not just a possibility. AIAA，1993.

[11] Chavez F R，Schmidt D K. Analyticalaeropropulsive/aeroelastic hypersonic-vehicle model with dynamic analysis. Journal of Guidance，Control，and Dynamics，1994，17（6）：1308-1319.

[12] Bilimoria K，Schmidt D K. Integrated development of the equations of motion for elastic hypersonic flight vehicles. Journal of Guidance，Control，and Dynamics，1995，18（1）：73-81.

[13] Chavez F R，Schmidt D K. Uncertainty modeling for multivariable-control robustness analysis of elastic highspeed vehicles. Journal of Guidance，Control，and Dynamics，1999，22（1）：87-95.

[14] Nathan Falkiewicz，Carlos Cesnik，Andrew Crowellz and Jack McNamara. Reduced-order aerothermoelastic framework for hypersonic vehicle control simulation，AIAA Atmospheric Flight Mechanics Conference，Toronto，Ontario，2010.

[15] Chavez F R，Schmidt D K. Uncertainty modeling for multivariable-control robustness analysis of elastic highspeed vehicles. Journal of Guidance，Control，and Dynamics，1999，22（1）：87-95.

[16] Mirmirani M，Wu C，Clark A，Choi S，Fidan B. Airbreathing hypersonic flight vehicle modeling and control，review，challenges，and a CFD-based example. Proceedings of the Workshop on Modeling and Control of Complex Systems，Ayia Napa，Cyprus，2005，1-15.

[17] Mirmirani M，Wu C，Clark A，et al. Modeling for control of a generic airbreathing hypersonic vehicle. AIAA Guidance，Navigation and Control Conference and Exhibit，San Francisco，2005.

[18] Kuipers M，Ioannou P，Fidan B，Mirmirani M. Robust adaptive multiple model controller design for an airbreath-

ing hypersonic vehicle model. AIAA, 2008.

[19] Clark A, Mirmirani M, Wu C, Choi S, Mathew K. An aeropropulsion integrated elastic model of a generic air-breathing hypersonic vehicle. AIAA , 2006.

[20] Keshmiri S, Mirmirani M D. Six-DOF modeling and simulation of ageneric hypersonic vehicle for conceptual design studies. AIAA Modeling and Simulation Technologies Conference and Exhibit, AIAA, 2004. 1-12.

[21] Keshmiri S, Colgren R, Mirmirami M. Development of an aerodynamic database for a generic hypersonic air vehicle. AIAA Guidance, Navigation, and Control conference and Exhibit, 2005. 1-21.

[22] Mirmirani M, Wu C, Clark A, Choi S, Fidan B. Airbreathing hypersonic flight vehicle modeling and control, review, challenges, and a CFD-based example. Proceedings of the Workshop on Modeling and Control of Complex Systems, Ayia Napa, Cyprus, 2005, 1-15.

[23] Kuipers M, Ioannou P, Fidan B, Mirmirani M. Robust adaptive multiple model controller design for an airbreathing hypersonic vehicle model. AIAA, 2008.

[24] Bolender M A, Doman D B. A non-linear model for the longitudinal dynamics of a hypersonic air-breathingvehicle. AIAA Guidance, Navigation, and Control Conference, 2005. 3937-3958.

[25] Bolender M A, Doman D B. Flight path angle dynamics of air-breathing hypersonic vehicles. AIAA Paper 2006.

[26] Bolender M A, Doman D B. Nonlinear longitudinal dy-namical model of an air-breathing hypersonic vehicle. Journal of Spacecraft and Rockets, 2007, 44 (2): 374-38.

[27] ScottG. V. Frendreis, Torstens Skujins, Carlos E. S. Cesnik. Six-degree-of-freedom simulation of hypersonic vehicles, AIAA Atmospheric Flight Mechanics Conference, Chicago, Illinois, 2009: 1-19.

[28] Parker J T, Serrani A, Yurkovich S, Bolender M A, Doman D B. Control-oriented modeling of an air-breathing hypersonic vehicle. Journal of Guidance, Control, and Dynamics, 2007. 30 (3): 856-869.

[29] Skujins T, Cesnik C E S, Oppenheimer M W, Doman D B. Canard-elevon interactions on a hypersonic vehicle. Journal of Spacecraft and Rockets, 2010, 47 (1): 90-100.

[30] Frendreis S G V, Skujins T, Cesnik C E S. Six-degree-of-freedom simulation of hypersonic vehicles. AIAA , 2009.

[31] Dalle D J, Frendreis S G V, Driscoll J F, Cesnik C E S. Hypersonic vehicle °ight dynamics with coupled aerody-namics and reduced-order propulsive models. AIAA , 2010.

[32] Sigthorsson D O. Control-oriented modeling and output feedback control of hypersonic air-breathing vehicles. Ph. D. Dissertation, the Ohio State University, 2008.

[33] Bilimoria K, Schmidt D K. Integrated development of the equations of motion for elastic hypersonic flight vehicles. Journal of Guidance, Control, and Dynamics, 1995, 18 (1): 73-81.

[34] Chavez F R, Schmidt D K. Uncertainty modeling for multivariable-control robustness analysis of elastic highspeed vehicles. Journal of Guidance, Control, and Dynamics, 1999, 22 (1): 87-95.

[35] Thompson P M, Myers T T, Suchomel C. Conventional longitudinal axis autopilot design for a hypersonic vehicle. AIAA, 1995.

[36] Vu P, Biezad D J. Direct-lift design strategy for longitudinal control of hypersonicaircraft. Journal of Guidance, Control, and Dynamics, 1994, 17 (6): 1260-1266.

[37] 胡永琴. 冲压推进的高超声速导弹建模与控制方法研究. 哈尔滨工业大学硕士学位论文, 2005.

[38] Heller M, Sachs G, Gunnarsson K S, Frank H, Rylander D. Flight dynamics and robust controlof a hypersonic test vehicle with ramjet propulsion. AIAA, 1998.

[39] Breitsamter C, Cvrlje T, Laschka B, Heller M, Sachs G. Lateral-directional coupling and unsteady aerodynamic effects of hypersonic vehicles. Journal of Spacecraft and Rockets, 2001, 38 (2): 159-167.

[40] Gregory I M, Chowdhry R S, McMinn J D, et al. Hypersonic vehicle model and control law development using H_∞ techniques and μ-synthesis, NASA, 1994.

[41] Naidut D S, Banda S S, BufEngton J M. United approachto H2 and H_∞ optimal control of ahypersonic vehicle. Proceedings of the 1999 Amencan Control Conference, SanDiego, California, June 1999, 2737-2741.

[42] Hunter H , Wu F. H-infinity LPV state feedback control for flexible hypersonic vehiclelongitudinal dynamics. AIAA Guidance, Navigation, and Control Conference, Toronto, Ontario, AIAA, 2010.

[43] Wu H N, Cai K Y. Robust fuzzy control for uncertain discrete-time nonlinear Markovian jump systems without mode observations. Information Sciences, 2007. 177: 1509-1522.

[44] Xu S Y, Lam James, Chen T W. Robust H_∞ control for uncertain discrete stochastic time-delaysystems. Systems & Control Letters, 2004. 51: 203-215.

[45] Lohsoonthorn P, Jonckheere E, Dalzell S. Eigenstructure vs constrained H_∞ design for hypersonic winged cone.

440

Journal of Guidance，Control，and Dynamics，2001，24（4）：648-658.

[46] Cai G B，Duan G R，Hu C H，Tan F. Robust parametric approach for tracking control of an air-breathing hypersonic cruise vehicle. Journal of Harbin Institute of Technology，2010，17（1）：58-64.

[47] Cai G B，Duan G R，Hu C H，Zhou B. Tracking control for air-breathing hypersonic cruise vehicle based on tangent linearization approach. Journal of Systems Engineering and Electronics，2010，21（3）：469-475.

[48] Gao H，Si Y，Li H，et al. Modeling and control of an air-breathing hypersonic cehicle. Proceedings of the 7th Asian Control Conference，Hong Kong，China，August 2009，304-307.

[49] 孟中杰，闫杰. 弹性高超声速飞行器建模及精细姿态控制. 宇航学报，2011，32（8）：1683-1687.

[50] Huo Y，Mirmirani M，Ioannou P，Kuipers M. Altitude and velocity tracking control for an airbreathing hypersonic cruise vehicle. AIAA，2006.

[51] Groves K P，Sigthorsson D O，Serrani A，et al. Reference command tracking for a linearized model of an air-breathing hypersonic vehicle. In：Proceedings of AIAA Guidance，Navigation，and Control Conference and Exhibi，San Francisco，2005. 6138-6144.

[52] Sigthorsson D O. Control-oriented modeling and output feedback control of hypersonic air-breathing vehicles. Ph. D. Dissertation，the Ohio State University，2008.

[53] Ochi Y. Design of a fight controller for hypersonic fightexperiment vehicle. Asian Journal of Control，2004，6（3）：353-361.

[54] Dong C，Hou Y，Zhang Y，Wang Q. Model reference adaptive switching control of a linearized hypersonic fight vehi-cle model with actuator saturation. Proc. IMechE，Part I：J. Systems and Control Engineering，2010，224：289-303.

[55] Li H，Cheng Y，Si Y，Gao H. Reference tracking control for fexible air-breathing hypersonic vehicle with actuator delay and uncertainty. Journal of Systems Engineering and Electronics，2011，22（1）：141-145.

[56] 李聪颖，顾文锦，王土星，等. 大空域机动反舰导弹增益调度控制系统设计. 海军航空工程学院学报，2004：19（1）：101-104.

[57] 胡建波，苏宏业，褚健. 一种新的基于 AVSC 与模糊局部控制器网络的增益调度控制器. 控制理论与应用. 2000：17（3）：465-468.

[58] 许江涛，崔乃刚，吕世良. 协调增益调度的重复使用助推器姿态控制设计. 光学精密工程，2010：18（12）：2590-2596.

[59] Marrison C I，Stengel R F. Design of robust control systems for a hypersonic aircraft. Journal of Guidance，Control，and Dynamics，1998，21（1）：58-63.

[60] Wang Q，Stengel R F. Robust nonlinear control of a hypersonic aircraft. Journal of Guidance，Control，and Dynamics，2000，23（4）：577-585.

[61] Tournes C，Landrum D B，Shtessel Y，Hawk C W. Ramjet powered reusable launch vehicle control by sliding modes. Journal of Guidance，Control，and Dynamics，1998，21（3）：409-415.

[62] Xu，H J，Mirmirani，M D，Ioannou，P A. Adaptive sliding mode control design for a hypersonic flight vehicle. Journal of Guidance，Control and Dynamics. 2004. 27（5）：829-838.

[63] Parker J T，Serrani A，Yurkovich S，Bolender M A，and Doman D B. Control-oriented modeling of an air-breathing hypersonic vehicle. Journal of Guidance，Control，and Dynamics，2007. 30（3）：856-869.

[64] Fiorentini L，Serrani A，Bolender M A，Doman D B. Robust nonlinear sequential loop closure control design for an air-breathing hypersonic vehicle model. Proceedings of the 2008 American Control Conference，2008，3458-3463.

[65] Fiorentini L，Serrani A，Bolender M A，Doman D B. Nonlinear robust adaptive controller of fexible air-breathing hypersonic vehicles. Journal of Guidance，Control，and Dynamics，2009，32（2）：401-416.

[66] Ataei A，Wang Q. Non-linear control of an uncertain hypersonic aircraft model using robust sum-of-squares method. IET Control Theory & Applications，2012，6（2）：203-215.

[67] Lei Y，Cao C Y，Cliff E，Hovakimyan N，Kurdila A，Kevin Wise. L_1 adaptive controller for air-breathing hypersonic vehicle with fexible body dynamics. Proceedings of the 2009 American Control Conference，St. Louis，MO，USA，June 2009，3166-3171.

[68] Gao D X，Sun Z Q，Du T R. Dynamic surface control for hypersonic aircraft using fuzzy logic system. Proceedings of the IEEE International Conference on Automation and Logistics，Jinan，China，August 2007，2314-2319.

[69] Vaddi S S，Sengupta P. Controller design for hypersonic vehicles accommodating nonlinear state and control constraints. AIAA，2009.

[70] Li X，Xian B，Diao C. Nonlinear output feedback control design of a hypersonic vehicle via high gain observers. Proceedings

of the 2010 IEEE Multi-Conference on Systems and Control，Yokohama，Japan，September 2010，2391-2396.

[71] Holm-Hansen B，Lee H P. Neuro-fuzzy dynamic inversion control for a hypersonic cruise vehicle. AIAA，2010.

[72] Rehman O U，Fidan B，Petersen I. Uncertainty modeling for robust multivariable control synthesis of hypersonic fight vehicles. AIAA，2009.

[73] Cai G B，Duan G R，Hu C H. Neural network-based adaptive dynamic surface control for an airbreathing hypersonic vehicle. Proceedings of the 3rd International Symposium on Systems and Control in Aeronautics and Astronautics，Harbin，China，2010，598-603.

[74] Zong Q，Ji Y H，Zeng F L，Liu H L. Output feedback back-stepping control for a generic Hypersonic Vehicle via small-gain theorem. Aerospace Science and Technology，2011. 1-9.

[75] Saeks R，Jeidhoefer J，Cox C，Pap R. Neural control of the LoFLYTE[R] aircraft. Proceedings of IEEE International Conference on System，Man，and Cybernetics，San Diego，CA，USA，1998，3112-3117.

[76] Austin K J. Evolutionary design of robust fight control for a hypersonic aircraft. Ph. D. Dissertation，The University of Queensland，2002.

[77] Chamitoff G E. Robust intelligent fight control for hypersonic vehicles. Ph. D. Dissertation，Massachusetts Institute of Technology，1992.

[78] 刘燕斌，陆宇平. 基于反步法的高超音速飞机纵向逆飞行控制. 控制与决策，2007，22（3）：313-317.

[79] Gayaka S，Yao B. Output feedback based adaptive robust fault-tolerant control for a class of uncertain nonlinear systems. Journal of Systems Engineering and Electronics，2011，22（1）：38-51.

[80] Gao D X，Sun Z Q. Fuzzy tracking control design for hy-personic vehicles via T-S model. Science China Information Sciences，2011，54：1-18.

[81] Lu Y P. Nonlinear adaptive inversion control with neural network compensation for a longitudinal hypersonic vehicle model. 2009 IEEE International Conference on Intelligent Computing and Intelligent Systems，Proceedings，2009. 2：264-268.

[82] Lind R. Linear parameter-varying modeling and control of structural dynamics with aerothermoelastic effects. Journal of Guidance，Control，and Dynamics，2002，25（4）：733-739.

[83] Bhat S，Lind R. Linear parameter-varying control for variations in thermal gradients across hypersonic vehicles. AIAA . 2009.

[84] Fidan B，Kuipers M，Ioannou P A，Mirmirani M. Longitudinal motion control of air-breathing hypersonic vehicles based on time-varying models. AIAA，2006.

[85] Sigthorsson D O，Serrani A，Bolender M A，Doman D B. LPV control design for over-actuated hypersonic vehicles models. AIAA，2009.

[86] Cai G B，Duan G R，Hu C H. A velocity-based LPV modeling and control framework for an airbreathing hypersonic vehicle. International Journal of Innovative Computing，Information and Control，2011，7（5A）：2269-2281.

[87] Qin W，Zheng Z，Zhang L，Liu G. Robust model predictive control for hypersonic vehicle based on LPV. Proceedings of the IEEE International Conference on Information and Automation，Harbin，China，June 2010，1012-1017.

[88] Yu B，Zhu J，Xue X，Liu K. The design for robust controller for hypersonic vehicle based on LPV model. Proceedings of the International Conference on Intelligent Control and Information Processing，Dalian，China，August 2010，43-49.

[89] Fidan B，Kuipers M，Ioannou P A，Mirmirani M. Longitudinal motion control of air-breathing hypersonic vehicles based on time-varying models. AIAA，2006.

[90] Ma G F，She Z Y. Time-varying control via nominal trajectory linearization for an air-breathing hypersonic vehicle. Journal of Control Theory and Application，2011，9（4）：535-540.

[91] Marrison C I，Stengel R F. Design of robust control systems for a hypersonic aircraft. Journal of Guidance，Control，and Dynamics，1998，21（1）：58-63.

[92] Parker J T，Serrani A，Yurkovich S，Bolender M A，and Doman D B. Control-oriented modelingof an air-breathing hypersonic vehicle. Journal of Guidance，Control，and Dynamics，2007. 30（3）：856-869.

[93] Sigthorsson D O，Jankovsky P，Serrani A，Yurkovich S，Bolender M A，Doman D B. Robust linearoutput feedback control of an airbreathing hypersonic vehicle. Journal of Guidance，Control，and Dynamics，2008，31（4）：1052-1066.

[94] Shaughnessy J D，Pinckney S Z，McMinn J D. Hypersonic vehicle simulation model：winged-coneconfiguration. NASA Technical Memorandum 102610，NASA Langley，1991.

[95] Bolender M A，Doman D B. Flight path angle dynamics of air-breathing hypersonic vehicles. AIAA Paper 2006.

442

[96] Groves K，Serrani A，Yurkovich S，Bolender M，Doman D，Anti-Windup Control for an Air-Breathing Hypersonic Vehicle Model，in AIAA Guidance，Navigation，and Control Conf. and Exhibit，Paper No. AIAA，2006.

[97] Zinnecker A，Serrani A，Yurkovich S，et al. Combined reference governor and anti-windup designfor constrained hypersonic vehicles models. AIAA，2009.

[98] Fiorentini L，Serrani A，Bolender M，et al. Nonlinear robust adaptive controller of flexibleair-breathing hypersonic vehicles. AIAA Journal Guidance，Control，and Dynamics，2009. 32（2）：401-416.

[99] Serrani A，Zinnecker A，Fiorentini L，et al. Integrated adaptive guidance and control of constrained nonlinear air-breathing hypersonic vehicle models. In：Proceedings 2009 American Control Conference. St. Louis，Missouri，USA，2009：3172-3177.

[100] Bolender M A，Doman D B. Flight path angle dynamics of air-breathing hypersonic vehicles. AIAA Paper 2006.

[101] Bolender M A，Doman D B. Nonlinear longitudinal dy namical model of an air-breathinghypersonic vehicle. Journal of Spacecraft and Rockets，2007，44（2）：374-387.

[102] 高道祥. 基于 Backstepping 的高超声速飞行器模糊自适应控制. 控制理论与应用，2008，25（5）：805-810.

[103] 刘燕斌，陆宇平. 基于反步法的高超音速飞机纵向逆飞行控制. 控制与决策，2007，22（3）：313-317.

[104] 李扬，陈万春. 高超声速飞行器 BTT 非线性控制器设计与仿真. 北京航空航天大学学报，2006，32（3）：249-253.

[105] Betts. J.. Survey of Numerical Methods for Trajectory Optimization [J]. Journal of Guidance，Control，and Dynamics，1998，21（2）：193-207.

[106] Bonnard B.，Faubourg L.，Trelat E.. Optimal control of atmospheric arc of a space shuttle and numerical simulations with multiple shooting method [J]. Mathematical Models and Methods in Applied Sciences，2005，15（1）：109-140.

[107] Gergaud J.，Haberkorn T.. Homotopy method for minimum consumption orbit transfer problem [J]. ESAIM：Control，Optimisation and Calculus of Variations，2006，12：294-310.

[108] Oberle H.. Hinweise zur benutzung des mehrzielverfahrens fur die numerische liisung von randwerproblemen mit schaltbedingungen [J]. Hamburger Beitrage zur Angewandten Mathematik，1987.

[109] Chuang C.，Goodson T.，Hanson J.. Computation of optimal low- and medium-thrust orbit transfers [J]. AIAA-1993-3855-907.

[110] Chuang C.，Speyer J.. Periodic optimal hypersonic SCRAMjet cruise [J]. Optimal Control Applications and Methods，1987，8：231-242.

[111] Ryzhov S.，Grigoriev I.. On solving the problems of optimization of trajectories of many-revolution orbit transfers of spacecraft [J]. Cosmic Research，2006，44（3）：258-267.

[112] Goodson T.. Fuel-optimal control and guidance for low and medium thrust orbit transfer [D]. Georgia：Georgia Institute ans State University，1995.

[113] Yue X.，Yang Y.，Geng Z.. Indirect optimization for finite-thrust time-optimal orbital maneuver [J]. Journal of Guidance，Control，and Dynamics，2010，33（2）：628-634.

[114] Hargraves C.，Paris S.. Direct trajectory optimization using nonlinear programming and collocation [J]. Journal of Guidance，Control，and Dynamics，1987，10（4）：338-342.

[115] Enright P.，Conway B.. Optimal finite-thrust spacecraft trajectories using collocation and nonlinear programming [J]. Journal of Guidance，Control，and Dynamics，1991，14（5）：981-985.

[116] Enright P.，Conway B.. Discrete approximations to optimal trajectories using direct transcription and nonlinear programming [J]. Journal of Guidance，Control，and Dynamics，1992，15（4）：994-1002.

[117] Betts J.，Huffman W.. Application of sparse nonlinear programming to trajectory optimization [J]. Journal of Guidance，Control，and Dynamics，1992，15（1）：198-206.

[118] Betts J.，Huffman W.. Path-constrained trajectory optimization using sparse sequential quadratic programming [J]. Journal of Guidance，Control，and Dynamics，1993，16（1）：59-68.

[119] Betts J. Optimal interplanetary orbit transfers by direct transcription [J]. Journal of the Astronautical Sciences，1994，42（3）：247-268.

[120] Betts J.. Very low-thrust trajectory optimization using a direct SQP Method [J]. Journal of Computational and Applied Mathematics，2000，120（1-2）：27-40.

[121] Scheel W.，Conway B.. Optimization of very-low-thrust，many-revolution spacecraft trajectories [J]. Journal of Guidance，Control，and Dynamics，1994，17（6）：1185-1192.

[122] Tang S.，Conway B.. Optimization of low-thrust interplanetary trajectories using collocation and nonlinear program-

第 **11** 章

ming [J]. Journal of Guidance, Control, and Dynamics, 1995, 18 (3): 599-604.

[123] Herman A., Conway B.. Direct optimization using collocation based on high-order gauss-lobatto quadrature rules [J]. Journal of Guidance, Control, and Dynamics, 1996, 19 (3): 592-599.

[124] Herman A., Spencer D.. Optimal, Low-thrust earth-orbit transfers using higher-order collocation methods [J]. Journal of Guidance, Control, and Dynamics, 2002, 25 (1): 40-47.

[125] Chen Y., Sheu D.. Parametric optimization analysis for minimum-fuel low-thrust coplanar orbit transfer [J]. Journal of Guidance, Control, and Dynamics, 2006, 29 (6): 1446-1450.

[126] Igarashi J., Spencer D.. Optimal continuous thrust orbit transfer using evolutionary algorithms [J]. Journal of Guidance, Control, and Dynamics, 2005, 28 (3): 547-549.

[127] Sentinella M., Casalino L.. Genetic algorithm and indirect method coupling for low-thrust trajectory optimization [J]. AIAA-2006-4468.

[128] 王春明, 荆武兴, 杨涤, 等. 能量最省有限推力同平面轨道转移 [J]. 宇航学报, 1992, (2): 24-31.

[129] 荆武兴, 吴瑶华, 杨涤. 基于交会概念的最省燃料共面有限推力轨道转移方法 [J]. 哈尔滨工业大学学报, 1997, 29 (4): 132-135.

[130] 荆武兴, 吴瑶华. 基于交会概念的最省燃料异面有限推力轨道转移研究 [J]. 哈尔滨工业大学学报, 1998, 30 (2): 124-128.

[131] 梁新刚, 杨涤. 应用非线性规划求解异面最优轨道转移问题 [J]. 宇航学报, 2006, 27 (3): 363-368.

[132] 任远, 崔平远, 栾恩杰. 基于标称轨道的小推力轨道设计方法 [J]. 吉林大学学报 (工学版), 2006, 36 (6): 998-1002.

[133] Clohessy W., Wiltshire R.. Terminal guidance system for satellite rendezvous [J]. Journal of the Aerospace Sciences, 1960, 27 (9): 653-658, 674.

[134] Tschauner J., Hempel P.. Rendezvous zueinem in elliptischer bahn umlaufenden Ziel [J]. Astronautica Acta, 1965, 11 (2): 104-109.

[135] Carter T.. Fuel-optimal maneuvers of a spacecraft relative to a point in circular orbit [J]. Journal of Guidance, Control, and Dynamics, 1984, 7 (6): 710-716.

[136] Carter T., Humi M.. Fuel-optimal rendezvous near a point in general keplerian orbit [J]. Journal of Guidance, Control, and Dynamics, 1987, 10 (6): 567-573.

[137] Lopez I., McInnes C.. Autonomous rendezvous using artificial potential function guidance [J]. Journal of Guidance, Control, and Dynamics, 1995, 18 (2): 237-241.

[138] Ortega G.. Fuzzy logic techniques for rendezvous and docking of two geostationary satellites [J]. Telematics and Informatics, 1995, 12 (3-4): 213-227.

[139] P. Singla, K. Subbarao, J. L. Junkins. Adaptive output feedback control for spacecraft rendezvous and docking under measurement uncertainty [J]. Journal of Guidance, Control, and Dynamics, 2006 (29): 892-902.

[140] Gao H., Yang X., Peng. S. Multi-objective robust control of spacecraft rendezvous [J]. IEEE Tranzactions on Control Systems Technology [J], 2009 (17): 794-802.

[141] Carter T.. State transition matrices for rerminal rendezvous studies: brief survey and new example [J]. Journal of Guidance, Control, and Dynamics, 1998, 21 (1): 148-155.

[142] Wolfsberger W., Wei J., Rangnitt D.. Strategies and schemes for rendezvous on geostationary transfer orbit [J]. Acta Astronautica, 1983, 10 (8): 527-538.

[143] Melton R.. Time explicit representation of relative motion between elliptical orbits [J]. Journal of Guidance, Control, and Dynamics, 2000, 23 (4): 604-610.

[144] Inalhan G., Tillerson M., How J.. Relative dynamics and control of spacecraft formations in eccentric orbits [J]. Journal of Guidance, Control, and Dynamics, 2002, 25 (1): 48-59.

[145] Yamanaka K., Ankersen F.. New state transition matrix for relative motion on an arbitrary elliptical orbit [J]. Journal of Guidance, Control, and Dynamics, 2002, 25 (1): 60-66.

[146] 陈统, 徐世杰. 椭圆轨道航天器自主接近的制导律研究 [J]. 宇航学报, 2008, 29 (6): 1786-1791.

[147] 卢山, 徐世杰. 航天器椭圆轨道自主交会的自适应学习控制策略 [J]. 航空学报, 2009, 30 (1): 127-131.

[148] Zhou B., Duan G. and Lin Z.. A parametric lyapunov equation approach to the design of low gain feedback [J]. IEEE Transactions on Automatic Control, 2008, 53 (6): 1548-1554.

[149] Lin Z. and Saberi A.. Semi-global exponential stabilization of linearsystems subject to 'input saturation' via linear feedbacks [J], System &Control letters, 1993, 21 (3): 225-239.

[150] Lin Z., Saberi A. and Teel A. R.. Almost disturbance decoupling with internal stability for linear systems subject

to input saturation-state feedback case [J]，Automatica，1996，32：619-624.

[151] Zhou B，Lin Z，Duan G R. Lyapunov differential equation approach to elliptical orbital rendezvous with constrained controls [J]. Journal of Guidance，Control，and Dynamics，2011，34（2）：345-358.

[152] Zhou B and Li Z Y，Truncated predictor feedback for periodic linear systems with input delays with applications to the elliptical spacecraft rendezvous. IEEE Transactions on Control Systems Technology，2015，23（6）：2238-2250.

[153] Zhou B，Wang Q，Lin Z，et al. Gain scheduled control of linear systems subject to actuator saturation with application to spacecraft rendezvous [J]. IEEE Transactions on Control Systems Technology，2014，22（5）：2031-2038.

[154] Zhou B，Lam J. Global stabilization of linearized spacecraft rendezvous system by saturated linear feedback [J]. IEEE Transactions on Control Systems Technology，2017，25（6）：2185-2193.

[155] 顾大可，段广仁，付艳明，等. 空间优交会轨迹跟踪控制的参数化方法 [J]. 系统工程与电子技术，2010（1）：138-146.

[156] Sundararajan N，Joshi S M，Armstrong E S. Robust controller synthesis for a large flexible space antenna [J]. Journal of Guidance，Control，and Dynamics，1987，10（2）：201-208.

[157] Tahk M，Speyer J L. Parameter robust linear-quadratic-gaussian design synthesis with flexible structure control applications [J]. Journal of Guidance，Control，and Dynamics，1989，12（4）：460-468.

[158] Bhat M S，Sreenatha A G，Shrivastava S. K. Robust low order dynamic controller for flexible spacecraft [J]. IEE Proceedings，Part D：Control theory and applications，1991，138（5）：460-468.

[159] Parlos A G，Sunkel J W. Adaptive attitude control and momentum management for large-Angle spacecraft maneuvers [J]. Journal of Guidance，Control and Dynamics，1992，15（4）：1018-1028.

[160] Grewal A，Modi V J. Robust attitude and vibration control of the space station [J]. Acta Astronautica，1996，38（3）：139-160.

[161] Wie B，Byun K W，Warren V W，Geller D，Long D，Sunkel J. New approach to attitude/momentum control for the space station [J]. Journal of Guidance，Control and Dynamics，1989，12（5）：714-722.

[162] Byun K W，Wie B，Geller D，et al. Robust H_∞ control design for the space station with structured parameter uncertainty [J]. Journal of Guidance，Control，and Dynamics，1991，14（6）：1115-1122.

[163] Wie B，Gonzalez M. Control synthesis for flexible space structures excited by persistent disturbances [J]. Journal of Guidance，Control，and Dynamics，1992，15（1）：73-80.

[164] Wie B，Liu Q，Bauer F. Classical and robust H_∞ control redesign for the hubble space telescope [J]. Journal of Guidance，Control，and Dynamics，1993，16（6）：1069-1077.

[165] Wie B，Liu Q，Sunkel J. Robust stabilization of the space station in the presence of inertia matrix uncertainty. Journal of Guidance，Control，and Dynamics，1995，18（3）：611-617.

[166] Li Z，Bainum P. M. Momentum exchange-feedback control of flexible spacecraft maneuvers and vibration [J]. Journal of Guidance，Control，and Dynamics，1992，15（6）：1354-1360.

[167] Balas G J，Young P M. Control design for variations in structural natural frequencies [J]. Journal of Guidance，Control，and Dynamics，1995，18（2）：325-332.

[168] Sandrine B L，Gilles D. H_∞ control of an earth observation satellite [J]. Journal of Guidance，Control and Dynamics，1996，19（3）：628-635.

[169] Wen C L，Yun C C，Keck V L. H_∞ inverse optimal attitude-tracking control of rigid spacecraft [J]. Journal Of Guidance，Control And Dynamics，2006，29（3）：841-493.

[170] Pittet C，Mignot J，Fallet C. LMI based multi-objective H_∞ control of flexible micro-satellites [C]. Proceedings of the 39th IEEE Conference on Decision and Control，Sydney，Australia，2000：4000-4005.

[171] Yang C D，Sun Y P. Mixed H_2/H_∞ state-feedback design for micro-satellite attitude control [J]. Control Engineering Practice，2002，10（9）：951-970.

[172] Akella M R. Rigid Body Attitude tracking without angular velocity feedback [J]. Systems and Control Letters，2001，42（4）：321-326.

[173] Fragopoulos D，Innocenti M. Stability considerations in quaternion attitude control using discontinuous lyapunov functions [J]. IEE Proceedings of Control Theory and Applications，2004，151（3）：253-258.

[174] Subbarao K，Akella M R. Differentiator-free nonlinear proportional-integral controllers for rigid-body attitude stabilization. Journal of Guidance，Control and Dynamics，2004，27（6）：1092-1096.

[175] Park Y. Robust and optimal attitude stabilization of spacecraft with external disturbances [J]. Aerospace Science

第 11 章

and Technology, 2005, 9 (3): 253-259.

[176] Vadali S R. Variable-structure control of spacecraft large-angle maneuvers [J]. Journal of Guidance, Control and Dynamics, 1986, 9 (2): 235-239.

[177] Singh S A, Iyer A. Nonlinear decoupling sliding mode control and attitude control of spacecraft [J]. IEEE Transactions on Aerospace and Electronic Systems, 1989, 25 (5): 621-633.

[178] Lo S C, Chen Y P. Smooth sliding-mode control for spacecraft attitude tracking maneuvers [J]. Journal of Guidance, Control and Dynamics, 1995, 18 (6): 1345-1349.

[179] Shen Y, Liu C, Hu H. Output feedback variable structure control for uncertain systems with input nonlinearities [J]. Journal of Guidance, Control and Dynamics, 2000, 23 (4): 762-764.

[180] Matthew A, Franco B Z. Riccardo S. Sliding mode control of a large flexible space structure [J]. Control Engineering and Practice, 2000, 8 (8): 861-871.

[181] Feng Y, Yu X H, Man Z H. Non-singular terminal sliding mode control of rigid manipulators [J]. Automatica, 2002, 38 (12): 2159 -2167.

[182] Yu Shuanghe, Yu Xinghuo, Yu Bijan, Man Zhihong. Continuous finite-time control for robotic manipulators with terminal sliding mode. Automatica, 2005, 41 (11): 1957-1964.

[183] Yen Wen Liang, Sheng Dong Xu, Che Lun Tsai. Study of VSC reliable designs with applicationto spacecraft attitude stabilization [J]. IEEE Transactions on Control Systems Technology, 2007, 15 (2): 332-338.

[184] Jin Y, Liu X, Qiu W, et al. Time-varying sliding mode controls in rigid spacecraft attitude tracking [J]. Chinese Journal of Aeronautics, 2008, 21 (4): 352-360.

[185] Singh S N, Yim W. Nonlinear adaptive backstepping design for spacecraft attitude control using solar radiation pressure [C]. Proceedings of 41st IEEE Conference on Decision and Control, 2002: 1239-1244.

[186] Kim K S, Kim Y. Robust Backstepping Control for Slew Maneuver using Nonlinear Tracking Function [J]. IEEE Transactions on Control System and Technology. 2003, 11 (6): 822-829.

[187] Wu C S, Chen B S, Jan Y W. Unified design for H_2, H_∞, and mixed control of spacecraft [J]. Journal of Guidance, Control and Dynamics, 1999, 22 (6): 884-896.

[188] Wu C S, Chen B S. Adaptive attitude control of spacecraft: mixed H_2/H_∞ Approach [J]. Journal of Guidance, Control and Dynamics. 2001, 24 (4): 755-766.

[189] Show L L, Juang J C, Lin C T, Jan Y W. Spacecraft robust attitude tracking design: PID control approach [C]. American Control Conference, 2002: 1360-1365.

[190] Luo W, Chu Y C, Ling K V. H_∞ inverse optimal attitude-tracking control of rigid spacecraft [J]. Journal of Guidance, Control, and Dynamics, 2005, 28 (3): 481-494.

[191] Wen J T, Delgado K K. The attitude control problem [J]. IEEE Transactions on Automatic Control, 1991, 36 (10): 1148-1162.

[192] Ahmed J, Coppola V T, Bernstein D S. adaptive asymptotic tracking of spacecraft attitude motion with inertia matrix identification [J]. Journal of Guidance, Control and Dynamics, 1998, 21 (5): 684-691.

[193] Singh S N, Araujo De D. Adaptive control and stabilization of elastic spacecraft [J]. IEEE Transactions on Aerospace and Electronic Systems, 2002, 38 (1): 334-341.

[194] Hu Q L. Adaptive output feedback sliding mode maneuvering and vibration control of flexible spacecraft with input saturation [J]. IET Control Theory and Applications, 2008, 2 (6): 467-478.

[195] Scarritt S K. Nonlinear model reference adaptive control for satellite attitude tracking [C]. AIAA Guidance, Navigation and Control Conference and Exhibit, Honolulu, Hawaii, 2008: 7165-7175.

[196] Singh S N, Bossart T C. Feedback linearization and nonlinear ultimate boundedness control of the space station using CMG [C]. AIAA Guidance, Navigation, and Control Conference. 1990: 369-376.

[197] Schaub H, Akella M R, Junkins J L. Adaptive control of nonlinear attitude motions realizing linear closed loop dynamics [J]. Journal of Guidance, Control and Dynamics, 2001, 24 (1): 95-100.

[198] Lizarralde F, Wen J T. Attitude control without angular velocity measurement: a passivity approach [J]. IEEE Transactions on Automatic Control, 1996, 41 (3): 468-472.

[199] Tsiotras P. Further passivity results for the attitude control problem [J]. IEEE Transactions on Automatic Control, 1998, 43 (11): 1597-1600.

[200] Jin Erdong, Sun Zhaowei. Passivity-based control for a flexible spacecraft in the presence of disturbances [J]. International Journal of Non-Linear Mechanics, 2010, 45: 348-356.

[201] Bang H, Tahk M J, Choi H D. Large angle attitude control of spacecraft with actuator saturation [J]. Control

Engineering Practice，2003，11（9）：989-997.

[202] Boskovic D J，Li S M，Mehra K R. Robust adaptive variable structure control of spacecraft under control input saturaion [J]. Journal of Guidance，Control，and Dynamics，2001，24（1）：14-22.

[203] Akella M R，Valdivia A，Kotamraju G R. Velocity-free attitude controllers subject to actuator magnitude and rate saturations [J]. Journal of Guidance，Control and Dynamics，2005，28（4）：659-666.

[204] Zhu Z，Xia Y Q，Fu M Y. Adaptive sliding mode control for attitude stabilization with actuator saturation [J]. IEEE transactions on industrial Electronics，2011，58（10）：4898-4907.

[205] Xiao B，Hu Q L，Zhang A H. L2 Disturbance attenuation control for input saturated spacecraft attitude stabilization without angular velocity measurements [J]. International Journal of Control，Automation and Systems，2012，10（1）：71-77.

[206] Terui F. Position and attitude control of a spacecraft by sliding mode control. Proceedings of the 1998 American Control Conference. Philadelphia，USA：IEEE Press，1998. 217-221.

[207] Stansbery D T，Cloutier J R. Position and attitude control of a spacecraft using the state-dependent riccati equation technique. Proceedings of the 2000 American Control Conference. Chicago，USA：IEEE Press，2000：1867-1871.

[208] Terui F. Position and attitude control of a spacecraft by sliding mode control. Proceedings of the 1998 American Control Conference. Philadelphia，USA：IEEE Press，1998. 217-221.

[209] 荆武兴，杨涤，吴瑶华，等. 引力引起的空间站轨道与姿态耦合动力学方程的建立与计算. 哈尔滨工业大学学报，1991，6（3）：53-59.

[210] Curti F，Romano M，Bevilacqua R. Lyapunov-based thrusters' selection for spacecraft control：Analysis and Experimentation [J]. Journal of Guidance，Control and Dynamics，2010，33（4）：1143-1160.

[211] Fragopoulos D，Innocenti M. Autonomous spacecraft 6-DOF relative motion control using quaternions and H-infinity methods. Proceedings of AIAA Guidance，Navigation and Control Conference. San Diego，USA：AIAA Press，1996. AIAA Paper No. 1996-3725.

[212] Kristiansen R，Grotli E I，Nicklasson P J，et al. A Model of relative position and attitude in a leader-follower spacecraft formation. Proceedings of the 46th Scandinavian Conference on Simulation and Modeling. Trondheim，Norway. 2005.

[213] 吉莉，刘昆，项军华. 内编队重力场测量卫星全推力姿轨一体化控制研究. 中国科学：技术科学，2012，42（2）：220-229.

[214] Murray R M，Li Z，Sastry S S. A mathematical introduction to robotic manipulation. 1st. Florida：CRC Press，2000：30-110.

[215] 斯利格（著），杨向东（译）. 机器人学的几何基础. 第一版. 北京：清华大学出版社，2008：23-105.

[216] Wu Y，Hu X，Hu D，et al. Strapdown inertial navigation system algorithms based on dual quaternions. IEEE Transactions on Aerospace and Electronic Systems，2005，41（1）：110-132.

[217] 武元新. 对偶四元数导航算法与非线性高斯滤波研究. 长沙：国防科学技术大学，2005：18-53.

[218] Han D P，Wei Q，Li Z X. A Dual-quaternion method for control of spatial rigid Body. Proceedings of IEEE International Conference on Networking，Sensing and Control. Sanya，China：IEEE Press，2008：1-6.

[219] Han D P，Wei Q，Li Z X. Kinematic control of free rigid bodies using dual quaternions. International Journal of Automation and Computing，2008，5（3）：319-324.

[220] 韩大鹏. 基于四元数代数和李群框架的任务空间控制方法研究. 长沙：国防科学技术大学. 2008：18-53.

[221] Brodsky V，Shoham M. Dual numbers representation of rigid body dynamics. Mechanism and Machine Theory，1999，34：693-718.

[222] Wang X，Yu C. Feedback linearization regulator with coupled attitude and translation dynamics Based on Unit Dual Quaternion. 2010 IEEE International Symposium on Intelligent Control Part of 2010 IEEE Multi-Conference on Systems and Control. Yokohama，Japan：IEEE Press，2010：2380-2384.

[223] Wang J，Liang H. Relative motion coupled control based on dual quaternion. Aerospace Science and Technology，2012．

[224] Wang J，Sun Z. 6-DOF robust adaptive terminal sliding mode control for spacecraft formation flying. Acta Astronautica，2012，73：76-87.

[225] Curti F，Romano M，Bevilacqua R. Lyapunov-Based Thrusters' Selection for Spacecraft Control：Analysis and Experimentation [J]. Journal of Guidance，Control and Dynamics，2010，33（4）：1143-1160.

[226] Pena R S，Alonso R，Anigstein P A. Robust Optimal Solution to the Attitude/Force Control Problem. IEEE Transactions on Aerospace and Electronic Systems，2000，36（3）：784-792.

[227] Servidia P A，Pena R S. Thruster design for position/attitude control of spacecraft. IEEE Transactions on Aero-

space and Electronic Systems，2002，38（4）：1172-1180.

［228］ Chung S J，Ahsun U，Slotine J J E. Application of synchronization to formation flying spacecraft：Lagrangian Approach. Journal of Guidance，Control and Dynamics，2009，32（2）：512-526.

［229］ Fragopoulos D，Innocenti M. Autonomous spacecraft 6-DOF relative motion control using quaternions and H-infinity methods. Proceedings of AIAA Guidance，Navigation and Control Conference. San Diego，USA：AIAA Press，1996. AIAA Paper No. 1996-3725.

［230］ Kristiansen R，Nicklasson P J，Gravdahl J T. Spacecraft coordination control in 6DOF：Integrator backstepping vs passivity-based control. Automatica，2008，44：2896-2901.

［231］ Kristiansen R，Grotli E I，Nicklasson P J，et al. A Model of relative position and attitude in a leader-follower spacecraft formation. Proceedings of the 46th Scandinavian Conference on Simulation and Modeling. Trondheim，Norway. 2005.

［232］ Kristiansen R，Nicklasson P J，Gravdahl J T. Spacecraft coordination control in 6DOF：Integrator backstepping vs passivity-based control. Automatica，2008，44：2896-2901.

［233］ Kane T R，Levinson D A. Formulation of equations of motion for complex spacecraft. Journal of Guidance，Control，and Dynamics，1980，3（2）：99-112.

［234］ Arun K B. Multibody dynamics of systems with flexible components. Proceeding of International Symposium Advances in Aerospace Sciences and Engineering. 1992：53-65.

［235］ 于绍华，刘强. 含无质量系绳的卫星系统平面运动和常规动力学. 空间科学学报，2001a，21（2）：172-180.

［236］ 于绍华，刘强. 有分布质量系绳的卫星系统的动力学. 宇航学报，2001b，22（3）：52-61.

［237］ 崔乃刚，刘暾，林晓辉，等. 基于椭圆轨道的绳系卫星伸展及释放过程仿真研究. 哈尔滨工业大学学报，1996，28（4）：117-122.

［238］ 苟兴宇，马兴瑞，邵成勋，等. 绳系子卫星的展开. 哈尔滨工业大学学报，1998，30（1）：11-14.

［239］ 顾晓勤. 绳系卫星释放及工作态动力学分析. 空间科学学报，2002，22（2）：154-161.

［240］ Cho S，McClamroch N H. Attitude control of a tethered spacecraft. Proceedings of the American Control Conference. 2003：1104-1109.

［241］ Kumar K D，Yasaka T. Satellite attitude stabilization through kitelike tether configuration. Spacecraft Rockets，2002，39（5）：755-760.

［242］ Insu Chang，Sang-Young Park，Kyu-Hong Choi. Nonlinear attitude control of a tether-connected multi-satellite in three-dimensional space. IEEE Transactions on Aerospace and Electronic Systems，2010，46（4）：1950-1968.

［243］ Nohmi M，Nenchev D N，Uchiyama M. Momentum control of a tethered space robot through tether tension control. Proceedings of the IEEE International Conference on Robotics and Automation. 1998：920-925.

［244］ Wen H，Jin D，Hu H. Feedback control for retrieving an electro-dynamic tethered sub-satellite. Tsinghua Science and Technology. 2009：79-83.

［245］ Pradhan S，Modi V J，Misra A K. Tether-platform coupled control. Acta Astronautica，1999，44（5）：243-256.

［246］ Papadopoulos E，Moosavian S. Dynamics and control of space free-flyers with multiple manipulators. Advanced Robotics. 1995，9（6）：603-624.

［247］ Papadopoulos E. On the Dynamics and Control of Space Manipulators. Ph. D. Dissertation. MIT，Cambridge，MA. 1990.

［248］ Papadopoulos E，Moosavian S. Dynamics and control of space free-flyers with multiple manipulators. Advanced Robotics. 1995，9（6）：603-624.

［249］ Umetani Y，Yoshida K. Resolved motion rate control of space manipulators with generalized Jacobian matrix. IEEE Transactions on Robotics and Automation，1989，5（3）：303-314.

［250］ Vafa Z，Dubowsky S. On the dynamics of manipulators in space using the virtual manipulator approach. IEEE Proceeding in Robotics and Automation. 1987：579-585.

［251］ Vafa Z，Dubowsky S. The kinematics and dynamics of space manipulators：the virtual manipulator approach. International Journal of Robotics Research，1990，9（4）：3-21.

［252］ Liang B，Xu Y，Bergerman M. Mapping a space manipulator to a dynamically equivalent manipulator. ASME Journal of Dynamic Systems，Measurement，and control，1998，120（1）：1-7.

［253］ Gu Y L，Xu Y S. A normal form augmentation approach to adaptive control of space robot systems. IEEE International Conference on Robotics and Automation，1993，（2）：731-737.

［254］ Cheah C C，Liu C，Slotine J J E. Adaptive tracking control for robots with unknown kinematic and dynamic Properties. International Journal of Robotics Research，2006a，25（3）：283-296.

［255］ Cheah C C，Liu C，Slotine J J E. Adaptive Jacobian tracking control of robots with uncertainties in kinematic，dynamic and actuator models. IEEE Transactions on Automatic Control，2006b，51（6）：1024-1029.

［256］ Wang H，Xie Y. Passivity based adaptive Jacobian tracking for free-floating space manipulators without using spacecraft acceleration. Automatica，2009（45）：1510-1517.

［257］ Oh S B，Lee W S，Ha D W. A robust model reference adaptive control of robot system based on TMS320C3X Chips. International Conference on Control，Automation and Systems，COEX，Seoul，Korea. 2007：2304-2308.

［258］ Zuo Y，Wang Y N，Liu X Z. Neural network robust H_∞ tracking control strategy for robot manipulators. Applied Mathematical Modelling，2010（34）：1823-1838.

［259］ Aghili F. A prediction and motion-planning scheme for visually guided robotic capturing of free-floating tumbling objects with uncertain dynamics. IEEE Transactions on Robotics. 2012，28（3）：634-649.

［260］ Frayssinhes E.，Lansare E.. Mission Analysis of Clusters of Satellite. Acta Astronautica，1996，39（5）：347-353.

［261］ Naasz B. J.. Classical element feedback control for spacecraft orbital maneuvers. Master Thesis of Virginia Polytechnic Institute and State University，2002.

［262］ Queiroz D.，Kapila V.，Qi G. Y.. Adaptive nonlinear control of satellite formation Flying. AIAA Guidance，Navigation，and Control Conference and Exhibit，Portland，OR，9-11 August，1999（3）：1596-1640.

［263］ Queiroz D.，Qi G. Y.，Yang G.，et al.. Global output feedback tracking control of spacecraft formation flying with parametric uncertainty. Proceedings of the 38th Conference on Decision and Control，Phoenix，Arizona USA，1999：584-589.

［264］ Alfriend K. T.，Schaub H.，Gim D. W.. Gravitaional perturbations nonlinearity and circular orbit on formation flying control strategies. AAS Guidance and Control，2000：139-158.

［265］ Vadali S. R.，Alfriend K. T.，Vaddi S.. Hill's equations，Mean orbital elements，and formation flying of satellites. proceedings of the Texas A&M University/AAS Richard H. Battin Astrodynamics Symposium，College Station Texas，2000：187-203.

［266］ Tschauner J.，Hempel P.. Optimale beschleunigeungs programme fur das rendezvous-manover. Astronautica Acta，1964，10：296-307.

［267］ Marec J.. Optimal space trajectories. New York：Elsevier Scientific Publishing Company，1979. 84.

［268］ Carter T. E.，Brient J.. Linearized impulsive rendezvous problem. Journal of Optimization Theory and Applications，1995，86（1）：553-586.

［269］ Melton R. G.. Relative motion of satellites in elliptical orbits. Advances in the AstronauticalSciences，1997，97（2）：2075-2094.

［270］ Melton R. G.. Time-explicit representation of relative motion between elliptical orbits. Journal of Guidance，Control and Dynamics，2000，23（4）：604-610.

［271］ Balaji S. K.，Tatnall A. R.. Relative trajectory analysis of dissimilar formation flying spacecraft. AAS/AIAA Space Flight Mechanics Meeting，Ponce，Puerto Rico，2003：531-543. AAS 03-134.

［272］ 杨嘉墀，范剑峰. 航天器轨道动力学与控制. 北京：宇航出版社，1995.

［273］ Vadali S. R.. An analytical solution for relative motion of satellites. 5th International Conference on Dynamics and Control of Systems and Structures in Space. King's College，Cambridge，2002：309-316.

［274］ Yedavalli R. K.，Sparks A. G.. Satellite formation flying control design based on hybrid control system stability analysis. Proceeding of the American Control Conference，Chicago，IL，2000：2210-2214.

［275］ Sparks A.. Linear control of spacecraft formation flying. AIAA Guidance，Navigation，and Control Conference and Exhibit，Denver CO，2000：A00-37335.

［276］ Qi G. Y.. Nonlinear dynamics and output feedback control of multiple spacecraft in elliptical orbits. Proceedings of the American Control Conference，Chicago，Illinois，2000：839-843.

［277］ Queiroz D.，Qi G. Y.，Yang G.，et al.. Global output feedback tracking control of spacecraft formation flying with parametric uncertainty. Proceedings of the 38th Conference on Decision and Control，Phoenix，Arizona USA，1999：584-589.

［278］ Yeh H.，Nelson E.，Sparks A.. Nonlinear tracking control for satellite formation. Journal of Guidance，Control and Dynamics，2002，25（2）：376-386.

［279］ 王鹏基. 卫星编队飞行相对运动动力学与对性控制方法及应用研究. 哈尔滨工业大学博士学位论文，2004.

［280］ Tillerson M.，How J. P.. Advanced Guidance Algorithms for Spacecraft Formation-keeping. Proceedings of the American Control Conference，Anchorage，AK，2002：2830-2835.

[281] 顾大可，段广仁. 航天器椭圆轨道自主交会的鲁棒参数化设计，哈尔滨工业大学学报，2011（43）：1-6.

[282] 于萍，张洪华. 椭圆轨道编队飞行的典型模态与构形保持方法. 宇航学报，2005，26（1）：7-12.

[283] Breger L.，Ferguson P.，How J. P.. Distributed control of formation flying spacecraft Built on OA. AIAA Guidance，Navigation and Control Conference and Exhibit，Austin，Texas，2003：1-11. AIAA 2003-5366.

[284] Schaub H.，Alfriend K. T.. Impulsive feedback control to establish specific mean orbit elements of spacecraft formations. Journal of Guidance Control and Dynamics，2001，24（4）：739-745.

[285] Naasz B. J.. Classical element feedback control for spacecraft orbital maneuvers. Master Thesis of Virginia Polytechnic Institute and State University，2002.

[286] Schaub H.，Alfriend K. T.. Impulsive feedback control to establish specific mean orbit elements of spacecraft formations. Journal of Guidance Control and Dynamics，2001，24（4）：739-745.

[287] 任章，廉成斌，熊子豪. 高超声速飞行器强鲁棒自适应控制器设计新方法. 导航定位与授时，2014，1（1）：22-30.

[288] Huang J，Lin C F. Sliding mode control of have dash Ⅱ missile systems. Proc. of American Control Conference，June 1993：183-187.

[289] Shima T，Idan M，Golan O M. Sliding mode control for integrated missile autopilot guidance. AIAA Guidance，Navigation，and Control Conference and Exhibit，AIAA，2004.

[290] Tan F，Duan G R，Zhao L J. Robust controller design for autopilot of a BTT Missile. Proc. of the 6thWorld Congress on Intelligent Control and Automation，June，2006：6358-6362.

[291] 张楷田，楼张鹏，王永，陈绍青. 混合小推力航天器日心悬浮轨道保持控制. 航空学报，2015，36（12）：3910-3918.

[292] 胡庆雷，李理. 考虑输入饱和与姿态角速度受限的航天器姿态抗退绕控制. 航空学报，2015，36（4）：1259-1266.

[293] 胡庆雷，姜博严，石忠. 基于新型终端滑模的航天器执行器故障容错姿态控制. 航空学报，2014，35（1）：249-258.

[294] 韩治国，张科，吕梅柏，郭晓红. 航天器自适应快速非奇异终端滑模容错控制. 航空学报，2016，37（10）：3092-3100.

[295] 朱占霞，马家瑨，樊瑞山. 基于螺旋理论描述的空间相对运动姿轨同步控制. 航空学报，2016，37（9）：2788-2798.

[296] 杨一岱，荆武兴，张召. 一种挠性航天器的对偶四元数姿轨耦合控制方法. 宇航学报，2016，37（8）：946-956.

[297] 董楸皇，陈力. 双臂空间机器人捕获非合作目标冲击效应分析及闭链混合系统力/位形鲁棒镇定控制. 机械工程学报，2015，51（9）：37-44.

[298] 谢箭，刘国良，颜世佐，等. 基于神经网络的不确定性空间机器人自适应控制方法研究. 宇航学报，2010，31（1）：123-130.

[299] 冯刚，杨东春，颜根廷. 近程编队飞行鲁棒非线性导航滤波器设计及相对路径控制［J］. 指挥与控制学报，2015，1（2）：181-191.

[300] 黄勇，李小将，杨业伟，李志亮. 应用虚拟结构的卫星编队飞行自适应协同控制. 中国空间科学技术，2015，3（10）：73-83.

[301] 孙俊，刘胜忠. 准最优控制理论在航天器轨道交会中的应用. 上海航天，2007，5：14-18.

[302] 吴忠，黄丽雅，魏孔明，郭雷. 航天器姿态自抗扰控制. 控制理论与应，2013，30（12）：1617-1622.

[303] Terui F. Position and attitude control of a spacecraft by sliding mode control［C］，Proceedings of the 1998 American Control Conference. Philadelphia，USA：IEEE Press，1998：217-221.

[304] 李鹏，陈兴林，宋申民，等. 交会对接最后逼近段姿轨耦合控制［J］. 智能系统学报，2010，5（6）：530-533.

[305] Randall T. Voland，Lawrence D. Huebner，Charles R. McClinton，X-43A Hypersonic vehicle technology development，Acta Astronautica，59（2006）：181-191.

[306] E. N. Johnson，Anthony J. Calise，and Hesham A. EI-Shirbiny，Feedback linearization with neural network augmentation applied to X-33 attitude control，AIAA Guidance，Navigation，and Control Conference，2000.

[307] David B. Doman，Anhtuan Ngo，David B. Leggett，Meredith A. Saliers，and Meir Pachter，Development of a hybrid direct-indirect adaptive control system for the X-33，AIAA Guidance，Navigation，and Control Conference and Exhibit，2000.

[308] E. N. Johnson，Anthony J. Calise，and J. Eric Corban. Reusable launch vehicle adaptive guidance and control using neural networks，AIAA Guidance，Navigation，and Control Conference and Exhibit，2001.

[309] Hao J. Xu，Maj Mirmirani，and Petros A. Ioannou，Robust neural adaptive control of hypersonic aircraft，AIAA

450

Guidance，Navigation，and Control Conference and Exhibit，2003，AIAA 2003-5641.

[310] Yutaka Ikeda，James Ramsey，Eugene Lavretsky，and Patrick McCormick，Robust adaptive control of UCAVs，NASA tenical report，2004.

[311] S. N. Balakrishnan，J. Shen，J. R. Grohs，Hypersonic vehicle trajectory optimization and control，Nasa Technical Report，1997.

[312] Bin Xu，Yongping Pan，Danwei Wang，Fuchun Sun，Discrete-time hypersonic flight control based on extreme learning machine，Neurocomputing，128（2014）：232-241.

[313] 遆晓光，孔庆霞，余颖 . 基于自适应动态逆的高超声速飞行器姿态复合控制，宇航学报，34（7），2014：955-962.

[314] 孔庆霞 . 高超声速飞行器动力学建模与复合姿态控制问题研究，博士学位论文，哈尔滨工业大学，2012.

[315] 鲁波，陆宇平，方习高 . 高超声速飞行器的神经网络动态逆控制研究，计算机测量与控制，16（7）：966-968，2008.

[316] 张瑞民 . 近空间高超声速飞行器再入飞行的高阶滑模姿态控制研究，博士学位论文，东南大学，2013.

[317] 张红梅 . 高超声速飞行器的建模与控制，博士学位论文，天津大学，2011.

[318] 周丽，姜长生，都延丽 . 基于 FTRBFNN 的积分反步法及高超声速飞行器纵向控制，2008 全国博士生学术论坛 .

[319] Wu S-F，Engelen C，Babuska R，Chu Q-P，Mulder J. Intelligent flight controller design with fuzzy logic for an atmospheric re-entry vehicle. 38th Aerospace Sciences Meeting and Exhibit 2000：174.

[320] Wu S-F，Costa RR，Chu Q-P，Mulder J，Ortega G. Nonlinear dynamic modeling and simulation of an atmospheric re-entry spacecraft. Aerospace science and technology 2001；5：365-81.

[321] Wu S-F，Engelen C，Chu Q-P，Babuška R，Mulder J，Ortega G. Fuzzy logic based attitude control of the spacecraft X-38 along a nominal re-entry trajectory. Control Engineering Practice 2001；9：699-707.

[322] Wu S-F，Engelen C，Babuška R，Chu Q-P，Mulder J. Fuzzy logic based full-envelope autonomous flight control for an atmospheric re-entry spacecraft. Control Engineering Practice 2003，11：11-25.

[323] Jacobs P. Application of genetic algorithms to hypersonic flight control. IFSA World Congress and 20th NAFIPS International Conference，2001 Joint 9th；IEEE；2001. p. 2428-33.

[324] Shen Q，Jiang B，Cocquempot V. Fault-tolerant control for T-S fuzzy systems with application to near-space hypersonic vehicle with actuator faults. Fuzzy Systems，IEEE Transactions on 2012，20：652-658.

[325] Shen Q，Jiang B，Cocquempot V. Fuzzy logic system-based adaptive fault-tolerant control for near-space vehicle attitude dynamics with actuator faults. Fuzzy Systems，IEEE Transactions on 2013，21：289-300.

[326] Z. Zhou，Lin，C. -F.，and Burken，J.，Fuzzy logic based flight control system for hypersonic transporter，Decision and Control，1997.，Proceedings of the 36th IEEE Conference on，1997：2730-2735.

[327] 高道祥，孙增圻，罗熊，杜天容 . 基于 Backstepping 的高超声速飞行器模糊自适应控制 . 控制理论与应用 2008；25：805-10.

[328] 王士星，孙富春，许斌 . 高超声速飞行器的模糊预测控制，东南大学学报，43（z1），2013：22-27.

[329] 胡超芳，刘运兵 . 基于 ESO 的高超声速飞行器模糊自适应姿态控制，航天控制，33（2），2015：45-51.

[330] Xiong Luo，Jiang Li. Fuzzy dynamic characteristic model based attitude control of hypersonic vehicle in gliding phase，Science China Information Sciences，2011.

[331] 李菁菁，任章，宋剑爽 . 高超声速再入滑翔飞行器的模糊变结构控制，上海交通大学学报，45（2），2011：295-300.

[332] Jiao Xin，Fidan Baris，Jiang Ju，Kamel Mohamed. Adaptive mode switching of hypersonic morphing aircraft based on type-2 TSK fuzzy sliding mode control，Science China Information Sciences，58 070205：1-070205：15，2015.

[333] Junlong Gao，Ruyi Yuan，Jianqiang Yi. Adaptive fuzzy high-order sliding mode control for flexible air-breathing hypersonic vehicle，Mechatronics and Automation（ICMA），2014 IEEE International Conference on，2014：1515-1520.

[334] 刘燕斌，陆宇平，何真 . 高超声速飞机纵向通道的多级模糊逻辑控制，南京航空航天大学学报，39（6），2007：716-721.

[335] Fang Yang，Ruyi Yuan，Jianqiang Yi，Guoliang Fan，Xiangmin Tan. Direct adaptive type-2 fuzzy neural network control for a generic hypersonic flight vehicle，Soft Comput，17，2013：2053-2064.

[336] 王健 . 基于动态逆的高超声速飞行器高度控制方法，航天控制，30（3），2012：19-22.

[337] 朱纪立，刘向东，王亮，丛炳龙 . 巡航段高超声速飞行器的高阶指数时变滑模飞行控制器设计，宇航学报，32（9），2011：1945-1952.

第 **11** 章

［338］ 吴宏鑫，胡军，解永春. 基于特征模型的智能自适应控制［M］. 北京：中国科学技术出版社，2009.

［339］ 解永春，胡军. 基于特征模型的智能自适应控制方法在交会对接中的应用［J］. 系统科学与数学，2013，33（9）：1017-1023.

［340］ 胡军. 载人飞船全系数自适应再入升力控制，宇航学报，Vol 19（1），1998，8-12.

［341］ 胡军，张钊. 载人登月飞行器高速返回再入制导技术研究，控制理论与应用，Vol. 31（12），2014，1678-1685.

第*12*章
陆用装备自动化

12. 1 陆用装备自动化背景介绍

12.1.1 引言

陆用装备指地面战场使用的常规重型机械化装备和轻型地面作战装备及相应的作战指挥系统，主要包括：压制兵器、坦克与装甲车辆、防控武器、导航与指挥自动化系统、弹药与制导兵器，以及轻武器和反坦克武器等；也包括后勤支援装备（地面架桥工程装备、运输、供应和保养系统）和作战训练、作战指挥模拟、武器作战使用模拟训练系统。

近20年来由美国主导的多场高新技术条件下的局部战争，由空军、海军协同陆军地面部队和特种部队联合作战，每场都出现一种作战方式，有意创造一种作战理论和战法，以此牵引武器装备的发展。随着高科技的军事应用与发展，这种全方位、多层次、立体化的战争将是未来战争的主导形式；无疑，将指引武器装备向精确化、远程化、智能化、系统化方向发展；发展高技术武器及传统武器的信息化升级将成为各国争夺的制高点。

经过几十年的发展，我国在陆用装备控制技术方面的研究取得一定进展，但面向未来战争和战场需求，我们仍需明确陆用装备的发展转型方向，吸取国外陆用装备控制技术的长处，并继续对我国陆用装备中各领域的控制技术进行技术、理论、方法、应用的创新，以进一步提高我国陆用装备自动化水平。

12.1.2 陆用装备自动化系统的典型特征描述

12.1.2.1 陆用装备自动化系统的体系结构及组成描述

陆用装备自动化系统主要由陆上主战武器系统、信息支援系统、指挥控制系统以及装备保障系统四部分组成。

主战武器系统是用于直接毁伤对方兵力、武器装备和破坏对方设施的武器核心，辅以相关配套装备等构成的系统。该系统为异构系统，包含不同的武器平台，武器平台由不同的武器及武器控制系统构成。具体的主战装备包括轻武器、反坦克武器、压制武器、防空武器等。

信息支援系统是各陆用武器平台之间实现信息共享的基础和纽带。信息支援系统主要用于获取战场信息、目标信息、指挥控制指令，确保各类不同信息的传输与共享，此外该系统还为我方提供导航定位、气象、海洋等信息。具体设备包括通信设备、网络控制设备以及目标探测跟踪设备等。

指挥控制系统用于对各系统、各平台、各子系统进行协同控制，其将得到的各类信息自主进行分类、提炼、分析、融合，并以此为基础进行指挥决策，对不同系统或武器平台下达指令。该系统具备人机交互功能，便于自动控制和人工操控的交互进行。

装备保障系统旨在对装备进行补充、维修以及进行使用管理等。

在"平台为中心"向以"网络为中心"转变的大趋势下，网络化体系成为复杂一体化陆用装备系统的典型特征，而拓扑结构对武器系统的效能起到至关重要的作用。高效、灵活的拓扑结构不仅可以缩短"发现"到"打击"的决策链路长度，还可以增强系统对复杂环境、战场任务的适应性[1]。

网络共享资源的特点使得控制系统向着扁平化、分布化的方向发展，因此该系统采用了分层分布式的体系结构，形成了一种层次性的网络分布式管理控制[2]。

如图 12-1 所示，陆用装备自动化系统自下而上可分为三层，即单元层、分队层以及体系层，图中最下层表示作战单元；几个作战单元之间构成作战分队，相互协作完成分队级任务；中间层为分队层，由不同的作战分队组成，各分队具有其特定功能，几个作战分队相协调形成作战体系；最上层为体系层，不同作战体系为完成一定的作战任务，共同构成自动化联合作战系统。

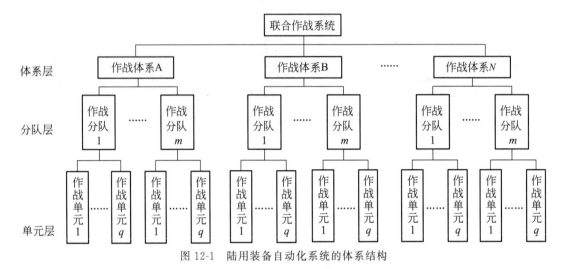

图 12-1　陆用装备自动化系统的体系结构

系统工作时，在从目标探测到火力实施的过程中，指挥控制系统与所辖的作战体系在逻辑上形成了多个闭环，如图 12-2 所示。

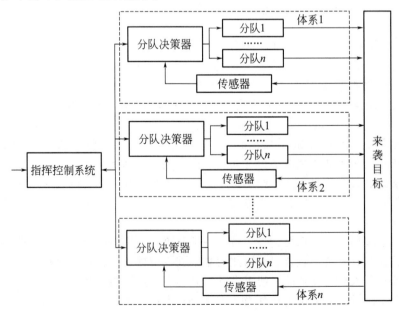

图 12-2　陆用装备自动化系统闭环反馈结构

454

12.1.2.2 陆用装备自动化系统的模型描述

陆用装备自动化系统的模型可分为物理层面、信息层面以及认知或决策层面三个部分[3]。

如图 12-3 所示为陆用装备自动化系统模型描述。信息层面主要负责搜集、获取、传递、共享信息，首先自该层面获取敌方信息，并进行信息协同以及信息流同步，将信息交由决策层面处理；由于不同单元对环境态势的认知不同，因此需要决策层协调进行交互、磋商形成共识，之后进行决策；最后打击层面根据获取的信息以及决策结果进行作战资源分配以及协同火力打击。三个层面环环相扣，形成完整的作战过程。

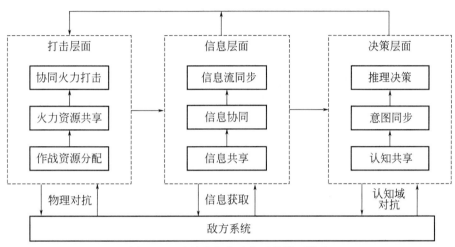

图 12-3 陆用装备自动化系统模型描述

12.1.2.3 陆用装备自动化系统的参量特征描述

陆用装备自动化系统分为陆上主战武器系统、信息支援系统、指挥控制系统以及装备保障系统四部分，因此该系统中的参量也分别描述并量化这四部分子系统的性能。

如在武器系统中，参量主要为武器参数以及对武器造成影响的环境变量等，用以描述武器平台的命中精度、打击效果、对不同环境的适应能力、对目标的反应能力等。

信息支援系统中，参量主要为各类传感器参数和网络参量等，用以描述信息获取能力、网络传输能力和稳定性。

指挥控制系统中，参量主要为决策算法参量以及战后统计结果，通过结果反应信息的处理与利用能力、认知能力、决策算法优劣等。

装备保障系统中，参量主要为装备的固有参数、耗材种类数量、调度数据等，用以描述维修能力和补给能力等。

12.1.2.4 陆用装备自动化系统的控制特征描述

（1）多平台多武器综合协同控制

多平台协同指挥控制是未来作战的主要模式，陆用装备自动化系统的协同指挥控制充分利用不同武器平台的"合同"优势，分析武器平台传感器和武器的资源能力和战术性能，确定协同作战的传感器、武器、弹药的信息接口、分配原则、使用原则和最佳组合方式。在空间、时间的范围内合理有效地利用武器资源来消除敌方威胁，保护己方重要设施[1]。

（2）打击环节控制闭环化

在体系化作战对抗中，要求武器单元及分队进一步提高首次打击命中率或首群覆盖率及

第12章

二次打击精度。除通过多源目标信息融合提供更为精确的目标坐标外，武器平台的打击控制将逐步趋于闭环。控制系统要将打击前后的控制纳入到控制范围内，智能弹药在发射过程中可为武器单元及分队的再次打击进行误差修正。控制系统要增加弹道跟踪功能，可实时、准确、自动地测量已发射弹的方向和距离偏差，并通过实时修正保证后续打击命中目标[4]。

（3）系统辅助决策自主、灵活

陆用装备自动化系统在无人参与的情况下，可自主进行势态感知，敌我识别；此外在有人参与情况下能够根据战场环境以及人的硬性要求实现策略的灵活多变，即结合实时情况，给出辅助策略，任务规划结果等。系统可以全天候工作，尽可能地减少乘员的作战压力。

12.1.2.5　陆用装备自动化系统的性能指标体系

性能指标是表述系统效能的基础，构建科学反映系统的指标体系是评估系统效能的关键。在陆用装备自动化系统中，性能指标紧密围绕将单元层、系统层、体系层组网后，信息在系统效能发挥中的关键作用，突出系统的信息优势，以及将多元信息优势转化为决策与控制优势的能力，即系统完成使命任务能力的程度，因此在构建性能指标体系时，通常从信息获取、信息处理、信息利用、信息保障的角度考虑，如图 12-4 所示为一种典型的陆用装备自动化系统性能指标体系。

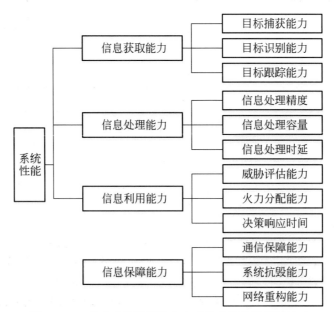

图 12-4　一种典型的陆用装备自动化系统性能指标体系

12.1.2.6　陆用装备自动化系统的评估体系

系统评估体系必须能充分反映出系统体系结构与功能特点，并给出定量的评估结果。对系统进行效能评估，是为了直接地反映出系统的优势，挖掘出系统本身存在的问题，找出制约系统的瓶颈因素，从而对其进行有针对性的改进使得系统性能得到提升。

在对系统进行评估之前，需要对系统性能指标进行度量。指标值的度量可以分为以下几种情况。一种其值是由系统物理特性指标直接决定的，如信息处理时延等，它们可直接由被评估系统物理参数经适当处理或计算仿真后获得。另一种是定性指标，如安全保密性等，只能由专家评分法确定。还有一种获取方法就是借助仿真系统，将仿真运行结果数据经过转化、统计分析等处理后得到度量结果。

另外，需要确定指标权重，指标权重确定属于数据处理中数据泛化的范畴，指标权重确定合理与否直接影响到系统效能分析的准确性。权重确定时一般采用多种模式相结合的机制，使得指标权重能更真实反映出系统指标对系统效能的敏感关系。

确定了指标权重之后，还要对评估方法进行选取。目前用于多属性系统评估的方法有很多，使得评估结果在一定范围和条件下才有很高的可信度，而且不可避免地夹杂着些许主观因素，使得结果存在一定的误差。因此评估方法要根据系统数据的特点、系统指标结构以及特定的评估目的等来决定。通常的方法是采用组合评估方法，将几种相容性评估方法有机地捆绑结合起来，扬长避短，以得到比较科学的结论，提高评估的可信度[5]。

如图 12-5 所示为综上所述得到的陆用装备自动化系统的评估体系结构。

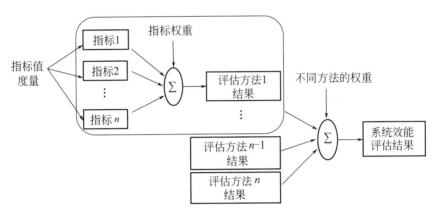

图 12-5　陆用装备自动化系统的评估体系结构

12.2　装备自动化技术国内外现状

12.2.1　陆用装备自动化技术现状

随着信息技术等各种高新技术在军事领域的广泛应用，陆用装备呈现出机械化与信息化综合集成的发展趋势。概括地说，围绕信息化和高技术化的主要技术特征，大致可以从网络化、一体化、智能化、无人化和协同化这五个方面来介绍陆用装备自动化的总体现状。

（1）网络化

为了掌握更精确的战场信息、缩短武器装备系统的反应时间，关于网络化武器装备系统的研究越来越引起人们的关注。网络化作战是以信息技术为核心的新技术革命推动的结果，是现代作战的发展趋势，也是军事理论发展的最新成果。网络化控制系统是通过网络闭环的反馈控制系统，是一个复杂的网络系统，该系统包含了现代战争过程中许多难以理清的物质流与信息流构成的反馈控制环路，并且这些物质流与信息流之间的相互作用关系极为复杂。自问题的提出以来，始终是人们研究的热点之一。

随着网络作战理论与概念的不断完善，网络化作战在世界各国得到了持续的推进和发展。近年来，国内外网络化作战的理论和实践得到了持续稳步的发展：通过相互连接的指挥、控制、通信、计算机、情报、监视、侦察构成的网络化武器装备系统的网络能力，达到了平台相互连接的联合作战能力，实现了构建一个完善的多传感器信息网络。不同于传统的作战系统，网络化控制系统中各节点可以互通互联并根据环境需求灵活重组，系统反应速度快，适应性和抗毁性强。并且总体发展态势是更向战术应用层发展，不断提高武器的网络化作战水平。数据链、网络瞄准、通信网络、动态组网等一系列关键技术也得到了良好的发展，为网络化作战理论和概念付诸实践提供了技术支持和保障。王刚等人基于"网络中心战"思想研究了区域防空网络化体系结构[6]。周燕等人探讨了战术数据链特点、发展情况及其在区域防空网络化作战系统中的体系结构、信息流等问题，并分析了专用数据链的一些关键技术[7]。陈晨等人设计了网络化防空火控系统体系结构和工作流程，建立了基于预测序列的信息传输方式，提出了相应的指挥体系重组方法，并通过仿真平台加以验证[2]。陈杰和陈晨等人以网络化防空作战为背景，提出并构建了基于联邦 Kalman 滤波技术的航迹融合技术，子滤波器可根据网络传输状态，处理数据丢包和时延情况[8]。

(2) 一体化

陆军航空兵装备的直升机具有超越坦克和装甲车辆的机动能力，尤其是其反坦克作战能力和登陆作战能力更是其他地面装备难以比拟的。另外，直升机和陆军无人机的侦察能力、电子战能力也是其他地面武器装备难以企及的。因此，很多国家都认识到，在未来联合作战中，武装直升机和无人机的作用及地位将更加突出，特别是武装直升机将成为地面部队的主要突击力量。而且地面装甲部队必须有直升机的配合才能参与大规模的作战行动。鉴于此，空中化的陆军武器装备将像地面装备一样获得发展，陆军武器装备向空地一体化也就成为一个发展必然趋势。

而针对地面武器平台的火力控制，随着计算机技术和通信技术的发展，原有的火力控制、指挥控制等分属多个领域的技术界限越来越模糊，控制、通信与计算一体化，控制、决策与管理的一体化，直接导致了火力控制与指挥控制的一体化。增强指挥者之间、平台与平台之间的信息交流、共享与互操作能力，从而使战场传感器网、指挥中心与火力打击单元网络通过信息网构成一个有机整体，实现火力控制与指挥控制的一体化。

因此，一体化已经成为 21 世纪陆军装备自动化发展的重要方向之一。当前，以美国为首的世界军事强国依据网络中心战理念，坚持综合集成的发展思路，积极构建基于信息系统的一体化联合作战武器装备体系，强调力量整合和同步作战动作，以发挥体系增能和增效作用，实现战斗力的整体跃升。网络化、一体化建设被置于优先发展地位，旨在以网络为依托，通过作战平台的信息化和网络信息系统建设，实现部队的"网络化"，打造能够有效实施诸军兵种联合作战及分布式协同作战的一体化作战能力。

(3) 智能化

随着信息化的发展，陆战战场日趋透明，打击将来自地面、空中的任何可能的方位；伴随着各种武器的高精度定位，各种装备的高速投入等，打击也不再是单一的某一类对手，而是多种武器、多种手段的综合打击；战场中留给地面武器装备平台的反应时间也越来越短。为满足陆用武器平台快速处理信息、进一步缩短反应时间、全天候作战和减少乘员负担的需求，地面武器平台向一个集战场侦察、战术决策、目标打击和杀伤性评估等于一体，并且具有全天候、自主性，在规定时间内完成作战任务的、同时极大减轻战斗人员负担的智能化控制系统方向发展。

现代化陆用装备的智能控制系统是一种在信息智能处理基础上给出任务决策、配合操作者完成作战任务的系统，具有自主性、灵活性、共享性和可靠性，能够完成态势感知、敌我识别、信息共享、自主诊断、辅助决策、任务链动态构架等功能，并具有良好的人机交互性。与传统控制系统相比，智能控制系统具有更加突出的特征。

① 自主性　在无人参与的情况下，进行势态感知和敌我识别，同时根据乘员给定的作战任务，给出辅助决策。可以全天候工作，尽可能地减少乘员的作战压力。

② 灵活性　智能化的控制系统能够根据战场环境以及人的硬性要求实现策略的灵活多变，即结合实时情况，给出辅助策略和任务规划结果等。同时乘员可以通过选择或者语音输入等便捷的方式改变任务流程。

③ 共享性　智能化控制系统的感知系统由传感器、网络等组成，可以实现车际信息共享、信息处理结果共享。通过更大范围内战场信息共享，掌握任务所需要的战场情报。

④ 可靠性　智能化的系统对于操作者而言更简单、易于操作，对于计算机系统而言内部组成更加复杂。因此智能化的系统应该具有更高的可靠性来保证系统长时间稳定的运行。自主诊断能力、冗余备份能力以及对简单问题的自我修复能力均为智能化系统可靠性包含内容。

智能化、自主化的控制系统一般建立在以智能算法基础的建模方式上，王连峰等采用AHP和Delphi法确定各属性权值，求取权值调节量，较好地解决了威胁因素间的相关性问题。李志刚等人研究了递阶算法大大规模活力规划问题求解中的应用[9]。随着计算机的不断发展，逐渐出现了很多现代智能方法，例如蚁群算法、神经网络法、遗传算法、模拟退火方法等。这些算法已经被大规模地应用于智能化控制系统中，比如智能辅助决策、态势感知以及故障诊断等各个方面。

（4）无人化

无人化武器装备多指无人操纵或驾驶的作战、侦察和通信平台。这类装备并不是完全不用人介入就能自主承担军事任务，只是不用人直接出现在平台或战场上，因而使用无人化武器装备最主要的优越性是能减少军事行动或战争中人员的伤亡，减轻对人员的各种保障负担、延长武器装备操纵和值守时间，增强其全天候和全时辰作战的能力，使其能更好地适应各种恶劣的气象和地形条件。无人化装备的进一步发展就是采用智能控制技术，能自动识别、自主打击目标并自动进行杀伤评估的"会思考"的武器系统。

陆用无人装备的智能化主要表现在智能化的无人驾驶飞机与直升机以及智能化的无人化车辆等方面。目前，世界主要军事强国都在为陆军研制新型无人侦察机、无人作战飞机和无人化车辆等。美国甚至在为陆军研制采用纳米技术的高度智能化的无人作战飞机。在无人化车辆（包括无人作战、无人侦察、无人扫雷和布雷车辆等）的研制方面，美国更是走在各国前列。我国也正进行多种无人化装备的研制，如单兵/班组无人平台、地面无人战车、无人作战飞机等。显然，世界各军事大国都在为应对未来"机器人战争"作着积极准备。随着无人作战平台的发展，陆用装备"无人化"发展势在必行。

（5）协同化

多智能体系统（multi-agent system，MAS）是由多个具备一定感知和通信能力的智能体组成的集合，该系统可以通过无线通信网络协调一组智能体的行为（知识、目标、方法和规划），以协同完成一个任务或是求解问题，各个单智能体可以有同一个目标，也可以有多个相互作用的不同目标，它们不仅要共享有关问题求解方法的指示，而且要就单智能体间的协调过程进行推理。

近年来，多智能体系统已发展成为陆用装备控制系统领域的重要研究方向。基于多智能体的地面无人系统协同控制具有两层含义，即行为协同和任务协同，而对多智能体系统的研究为协同控制提供了理论与技术支撑。目前针对陆用装备的协同研究主要集中在以下方面。

① 对坦克以及陆航直升机等陆用装备通过多智能体协同执行任务。相对于个体来说，群体协作能实现并充分获取当前的环境信息，有利于实现侦察、搜寻、排雷、安全巡逻等；在对抗性环境中能增强多个体抵抗外界攻击的能力；在一些具体任务（如物资运输）中，保持协调关系能加快任务的完成，提高工作效率；具有较大的冗余，能提高系统鲁棒性和容错性。

② 利用MAS技术构建火力分配模型，实现火力模型通用化、智能化，使火力分配更精确、高效，也是目前研究的热点之一。

12.2.2　目标搜索、捕获、识别与环境感知自动化技术现状

随着计算机视觉的快速发展，越来越多的研究人员开始关注战场中的搜索、捕获、识别

与环境感知等研究领域。这些研究方向在军事领域有着重大的意义，尤其是在现代化战争与智能武器领域。

所谓视觉搜索，是利用视觉信息完成目标的发现，是陆军装备中的重要一环。视觉搜索过程可以分为两个阶段，分别叫作搜索阶段（search stage）和决策阶段（decision stage）。搜索阶段是指搜索者搜索并找到目标的这一时间阶段；决策阶段是指搜索者判定所搜索到的目标是否为真，并作出决策（例如目标为有效目标）的这一时间阶段。其中"搜索阶段"还可以细化为"搜索阶段"和"发现阶段"；"决策阶段"细化为四阶段搜索模型中的"判断阶段"和"决策输出阶段"。视觉搜索策略可以分为随机搜索策略、系统搜索策略以及介于两者之间的半系统化搜索策略。

目标捕获通常应用在武器系统中的跟瞄装置中，目标捕获与目标跟踪是这些装置中的重要环节。如何控制摄像头的运行轨迹来实现对目标的捕获，被称为光电跟瞄装置目标捕获的算法。我国研制的 DGC 电视跟踪测量经纬仪是中国科学院光电技术研究所 20 世纪 90 年代中期研制的产品。它具有捕获电视和跟踪测量电视传感器及激光测距传感器，动态测角精度为 10 秒。采用力矩电动机驱动，可对超低空、近距离的小目标进行捕获、跟踪和测量，采用的也是复合控制和速度滞后补偿技术，跟踪运动速度为 $400/s$、加速度为 $200/s^2$ 的目标，跟踪误差小于 2.5′。美国海军的舰载自卫系统（SSDS）计划中的光电系统，采用了红外摄像机来捕捉目标，然后由激光雷达来测距和识别。该系统装备于美海军"Ashland"号。类似的系统还有法国 MSP-DTL 光学传感器平台，该实验设备由 STNATLAS 电子公司和 Zeiss-Eltro 光学公司研制，并装备德国海军。

目标识别及其属性识别是现代战争中取得战场制信息权的关键之一。现代战争的作战环境十分复杂，作战双方都在采用相应的伪装、隐蔽、欺骗和干扰等手段及技术，进行识别和反识别斗争。目前，各国对民用车辆的探测识别主要采用光学手段，对军事车辆的探测识别主要有声波、地震波和电磁波三种方式，其中电磁波包括激光、红外和微波等，对于光学、激光和红外探测，主要在图像域进行特征提取；对于声波和地震波，主要在信号的时/频域进行特征提取；对于微波雷达，可对包含目标的合成/逆合成孔径雷达（SAR/ISAR）图像进行特征提取，也可以在时/频域进行处理。常用的技术有：基于红外图像特征的识别技术；基于 SAR 图像特征的识别技术；基于极化图像特征的识别技术；基于激光雷达图像特征的识别技术；基于光学/视频图像特征的识别技术；基于震动信号特征的识别技术；基于声信号特征的识别技术；基于磁信号特征的识别技术；基于雷达回波信号特征的识别技术。

在目标识别领域还有一个非常重要的研究热点是对地面目标的分类，主要有基于模板匹配的分类方法、基于模型的分类方法、基于人工神经网络的分类方法以及基于核机器学习的分类方法。近年来深度学习大放异彩，基于深度网络结构的目标识别与分类方法达到了最先进水平。

战场环境感知主要是对战场地形、战场气象、战场水文等信息的实时掌握。环境感知能力体现了参战人员对敌、友和地理环境理解的水平与速度，保持战术部队与支援部队对战场态势理解的一致性的能力，对预测战情、控制战争进程及夺取作战优势有着重要的意义。为增强未来信息化战争下的战场感知能力，各军事强国均在加强相关系统的开发。例如，美军开始研制的"战场感知与数据分发"系统，计划通过三个阶段的先期概念技术演示，实现该系统与全球军事指挥控制系统联网，建成分布式全球信息管理系统，随时为分散在美国本土和世界各地的美军提供不断更新的陆、海、空战场综合态势图。

目前世界上的大多智能武器都会涉及目标搜索、捕获、识别与环境感知这四个技术领域的一个或多个。所谓智能武器，是指具有人工智能的武器，通常由信息采集与处理系统、知识库系统、辅助决策系统和任务执行系统等组成。能够自行完成侦察、搜索、瞄准、攻击目标和收集、整理、分析、综合情报等军事任务。得益于人工智能在近些年的飞速发展，武器变得越来越智能，尤其是计算机视觉领域的发展对智能武器的贡献可以说是最大的。由于智能武器在战场上发挥出的独特效能以及智能弹药具有比现有精确制导武器高出十几倍甚至几十倍的打击精度，也使其形成独特的威慑力，因此，世界各国对智能武器十分重视，争相研制出出色的智能武器系统。例如，由美国研制的"Black Knight"无人地面战车配有强大的传感器系统，感知和控制模块包括激光雷达（LADAR）、高灵敏度立体摄像机、FLIR 红外热像仪和 GPS。通过其无线数据链路，传感器套件支持完全自主和辅助（或半自主）驱动，"Black Knight"无人地面战车结合了多感器融合、无人系统、障碍物检测、路径规划、自主和远程操作等多方面的技术，可日夜作战，在地面战场上有着重要的意义。美国的 Multi Sensor Reconnaissance & Surveillance System（MRSS）提供全面的监控、侦察和针对地面部队的定位解决方案，可以完全定制提供有效、广泛的智能操作场景。利用日夜传感器、雷达、激光测距仪/指示器的组合以及机载迷你无人机系统（UAS），实现全方位的周视环境感知与特殊目标识别跟踪的功能。由瑞典的 SAAB GROUP 公司研制的 TRACKFIRE 远程武器跟踪火力系统可安装在任意作战平台，能够实现对敌方目标的捕获、跟踪与精确打击。

12.2.3 陆用装备指挥控制系统技术现状

随着 21 世纪国际战略形势的变化，战争要素信息化程度的提高，战争形态发生了巨大的改变，并逐步向信息化方向发展。高技术条件下的局部战争是现代战争的缩影，包括了复杂和多维度的空间战场，需要进行高级别的指挥控制。网络中心战是信息化战争发展的必然趋势，指挥控制系统是指挥信息系统的核心，是网络中心战中的重要组成部分，是战略部署必备的信息化指挥手段，是打赢信息化条件下局部战争的前提[10]。指挥控制系统的核心作用和关键因素主要是能有效提高战斗效率和未来战争中网络环境下的收益。指挥控制系统要结合全面集中指挥和局部分散指挥的需要，在新形势下的战场上，系统相互之间要实现可互通、无障碍操作[11]。指挥控制系统能够处理极为庞大和繁杂的战术信息，实现信息获取和信息传输全方位，信息处理智能化，信息显示清晰直观，指挥决策快速便捷。指挥控制系统为武器系统作战提供实时、可靠的作战指挥决策，在军事战斗中使部队和武器装备能力得到最大的展示和发挥。

陆用装备指挥控制系统，是指装载在陆用装备上，以计算机和软件为核心，可以根据作战任务、敌我态势等进行战术数据处理，提供辅助指挥决策并在作战过程中产生、传输、显示、处理、控制和记录指挥控制信息的电子信息系统装备或装置。指挥控制系统综合运用了现代科学和军事技术，集指挥、控制、通信、计算机、侦察情报、定位导航、敌我识别、电子对抗等电子信息技术为一体，实现作战信息的收集、传递、处理的自动化和决策方法的科学化，以保障对部队的高效指挥。指挥控制系统是 C4I 系统的一部分[12]。

美军在长期作战技术研究和实践经验的累积下，树立了明确的指挥控制系统建设思想，拥有全世界领先的指挥控制系统。美军在军事信息化系统建设方面一直将指挥控制系统的研发放在头等地位，并于 20 世纪 60 年代初最先研发组建了指挥控制系统，被称为全球军事指挥控制系统（WWWCCS），之后的 30 年对指挥控制系统的投入更是不断加大，按照统一部署的发展思路，建立了数字化战场指挥控制系统[13]。美军指挥系统主要包括陆军作战指挥系统、海军指挥控制系统、空军指挥控制系统和联合指挥控制系统四大类。美军在 2003 年伊拉克战争中，使用通用作战图系统开展联合作战，参战人员配备了个人微型计算机，该计算机拥有实时网络，体积小巧，便于携带在腰间，计算机上安装了"漫游者"软件，在网络环境下使用通用作战图系统可以及时下载更新战争图示，进行实时战争互动信息交流，加强了士兵对战争空间情况和战略形势的掌握，有效地提高了作战效能，并且陆、海、空军指挥控制系统进行了联网，及时快捷地传输信息和数据[14]。但是，由于各系统的技术差异大，在信息融合和集成方面存在问题，因此美军指挥控制系统向信息时代转型，逐步向"网络中心战"的模式发展。

除美军外，其他世界主要军事强国也在不断发展和完善综合军事信息系统，以获得作战信息的感知和共享。俄军自动化指挥系统可分为战略级和战术级两个层次。战略级自动化指挥系统由战略预警探测系统、指挥控制中心和战略通信系统组成。预警探测设施包括地面雷达站、预警卫星、大型预警机等，能探测任何洲际导弹的发射，可提供 30min 预警时间，卫星通信网包括三层网络，并有极低频对潜通信系统。现阶段，俄军战术级自动化指挥控制系统的主要发展方向是增强信息交换和数据处理方面的能力，继续扩大卫星通信在战术指挥控制中的作用，完善自动化指挥控制系统的架构，实现数据的分布式处理，并与全军指挥控制系统保持兼容设备的软硬件设施，实现标准化和统一化扩大通信服务范围，增开实时传输多媒体数据的功能，使用新的数字信号处理技术和免干扰技术，逐步改变通信信道的加密方法，由原先的硬件加密法，改为软件加密法，开辟新的频带和波段[15]。

我军的指挥控制系统开发是按照各兵种自主研发，在各兵种系统的相互配合方面，按照指定标准和规范进行相互沟通。与国外相比，最大差距在于系统未经过实战检验，因此国内指挥控制系统的研究主要集中在系统建设和评估方面。在指挥控制系统建设方面，研究人员根据新时期下多维的作战空间和多变的战场态势，根据军队对指挥控制系统提出的新需求，开展了多域指挥控制系统的建设。在指挥控制系统的分析评估方面，主要采用计算机软件与数学基础理论结合的方式，建立评估模型，对指挥控制系统进行测量和效能评估，相关研究包括：利用计算机软件选择优化方法，建立网络指挥控制组织的评估模型，对目标组织进行测量和评估；利用应用最广的 Petri 离散时间系统的方法建立数学模型，开展防空系统和陆用武器传统作战模式的仿真分析，得出在网络化作战模式下两者的不同的系统结构对目标打击效能会产生的不同影响；建立网络控制论系统在各个阶段的网络数据模型，通过参数定义、权重分析、归一化处理、指标制定和综合评价的方式进行网络控制的评估，从而获得优化的战略指挥策略。

随着信息技术等高新技术的飞速发展和在社会各个领域中的全面深化，指挥控制系统的发展方向必然是一体化、网络化、智能化和信息化等多个方面，真正成为军事系统的核心，为未来战争中电子信息服务[13]。多平台协同指挥控制是未来作战的主要模式，网络化武器系统的协同指挥控制需要充分利用多个武器平台的合同优势，在空间、时间的范围内合理有效地利用武器资源来消除敌方威胁，保护己方重要设施。在信息化、网络化的作战过程中，战场信息收集与共享、作战态势的分析与评估、作战方案拟定与优化等活动，都将以一个高度集成化的指挥控制系统为核心展开。由此，在未来的装备体系建设中，构建一体化指挥控制系统十分重要。如何对作战资源进行有效的管理、部署、分配、调度和控制对作战效能具有决定性影响。一体化指挥控制中的优化与决策总体上可以分为决策模型和决策方法两个研究内容。具体来讲，作战资源的部署问题、分配问题以及网络化指挥控制问题，是陆用多平台协同指挥中涉及的最具代表性的几类决策优化问题。

（1）作战资源优化部署与动态规划技术

作战资源的部署可以分为传感探测资源的部署和火力资源的部署，作战部署的目的是针对可能出现的作战情形对各种资源进行空间配置，从而为实际作战奠定基础。现实中，作战资源的部署依赖于作战指挥人员的经验，部署效果难以量化评估。

（2）作战资源动态分配技术

作战资源分配问题可以根据分配资源的类型进行划分，例如雷达等传感探测资源的分配问题、导弹和火炮等火力单元的分配问题等。但是，这些针对不同对象的分配问题无论在数学描述形式上还是求解方法上都非常相似。武器-目标分配问题（weapon-target assignment problem，WTA 问题），是军事运筹学研究中的一个经典组合优化问题。高级传感器和信息系统的发展使得现代战争不断向网络化作战模式转变，这使得 WTA 问题的求解变得更加重要。这一问题的合理有效求解对于制定正确的军事指挥决策具有至关重要的作用。

WTA 问题按应用背景的差异可以分为两种基本类型：进攻性 WTA 问题和防御性 WTA 问题。前者主要以最大程度地摧毁敌方目标为目的，而后者以最大程度地保护己方（防御方）资源为目的。在与防御性 WTA 问题对应的作战情形中，防御方需要在适当的作战时机分配可用的武器打击来袭目标，从而达到一定的防御性战术目的。当前的 WTA 研究可以分为模型和算法两个方面。美国贝尔实验室的 Hosein 和麻省理工学院的 Athans 早在 20 世纪 90 年代就提出了静态 WTA（SWTA）和动态 WTA（DWTA）的概念，并为一般的 WTA 问题建立了模型，但是 Hosein 给出的 DWTA 模型不是真正的动态模型，只是通过动态规划进行求解。按照模型所强调的不同作战目标，WTA 又可以分为基于目标（target-based）的 WTA 和基于防御方资源（asset-based）的 WTA，前者强调消灭来袭目标，因此其模型中直接考虑目标的威胁程度，优化的主要目的是尽可能地减小目标的总体威胁；后者强调保护己方设施，优化的主要目的是使己方资源被破坏的程度最小。

（3）网络化指挥控制技术

网络化指挥控制系统区别于传统的指挥控制系统，利用通信网络将作战区域内的作战节点连成一个统一的整体，把各平台内的目标信息进行融合、威胁评估、任务规划，并把信息分发给相应的平台使平台执行相应的任务。它是一个分布式的控制系统，其传感器节点和火力节点被分散地布置在防空区域内，各节点通过信息交互达到防空目的[16]。

网络化控制系统是通过网络闭环的反馈控制系统，是一个复杂的网络系统，该系统包含了现代战争过程中许多难以理清的物质流与信息流构成的反馈控制环路，并且这些物质流与信息流之间的相互作用关系极为复杂。随着网络化作战理论与概念的不断完善，网络化作战在世界各国得到了持续的推进和发展。近年来，国外网络化作战的理论和实践得到了持续稳步的发展，总体发展态势是更向战术应用层而发展，不断提高武器的网络化作战水平[17]。根据美国国防部提出了八项网络中心行动关键计划和美国科学院国家研究委员会在 2005 年 11 月出版的研究报告《网络科学》，军方的重点研究内容涵盖网络性能的评估和优化、超大型网络建模仿真和测试、结构迅速变化的无线-有线网络及其自同步、网络抗毁伤能力、自动恢复和重组能力、基于动物群体网络自适应行为的无人平台群体网络优化等[18]。在第十三届国际指挥控制会议上，美国陆军研究实验室的 Hansberger 博士等基于代理对指挥控制网络内的合作和理解进行了分析[19]，而引自美国空军研究实验室在 2002 年的一篇报告，美国空军早就计划利用第二代互联网技术进行网络化指挥控制系统的研究，并基于分布式计算机系统构建面向合作研究和协同训练的空军分布式导弹训练研究网络，就复杂环境对网络性能进行仿真研究[20]。数据链、网络瞄准、通信网络、动态组网等一系列关键技术也得到了良好的发展，为网络化作战理论和概念付诸实践提供了技术支持和保障。在国内，已经有研究人员提出将复杂网络的研究成果引入未来指挥控制系统，并进行了抗毁性分析，这为认识和理解网络化指挥控制系统的复杂性、鲁棒性以及自适应性提供了新的研究视角和分析方法[21]。

由于现有的规则网络、小世界网络、无尺度网络等典型网络拓扑模型主要针对结构相对松散的互联网，侧重于互联网局部特性的建模和演化分析，缺乏复杂网络的整体视图描述，而指挥控制系统需要进行全局管理和控制，拓扑构造和管理控制存在很大的差异，而且实时性和安全抗毁等方面的要求较高。因此，现有的网络拓扑理论还无法针对网络化指挥控制系统的特点和需求进行拓扑建模及定量分析，适合网络化指挥控制系统的拓扑理论还有待进一步研究。

12.2.4 陆用装备火力控制系统技术现状

火控系统是火力控制系统的简称，陆用装备火控系统是控制射击武器或投掷武器自动实施瞄准与发射的系统总称。它与火力、火炮（枪械）、弹药系统和运载系统一起构成完整的武器系统，其作用是最大限度地发挥火力系统对目标的毁伤能力。

陆用装备火控系统通常由三部分组成：搜索和跟踪系统、火控计算系统、武器瞄准系统。其功能简而言之，即通过精确测量敌我双方的当前坐标，推算出目标未来坐标，精确计算发射弹药的弹道，实施高精度打击效果。因为打击目标性质和武器平台载体的运动特性的不同，陆用装备火控系统可分为防空与反导火控系统、地炮火控系统和坦克与战车火控系统。上述火控系统的功能侧重有所不同，因此系统的功能模块复杂程度也有所差异。

陆用装备火控系统通常具备如下功能：

① 探测和识别目标；
② 目标定位与跟踪；
③ 测定气象数据或接收气象通报，并测定各种修正量；
④ 计算射击诸元，传输射击指令；
⑤ 战场信息传输与实时处理；
⑥ 火炮指向与控制；
⑦ 测定弹道参数并修正；
⑧ 观察和报告射击效果；
⑨ 抗干扰能力；
⑩ 全天候工作。

12.2.4.1 地炮火控系统

地炮火控系统如图 12-6 所示。

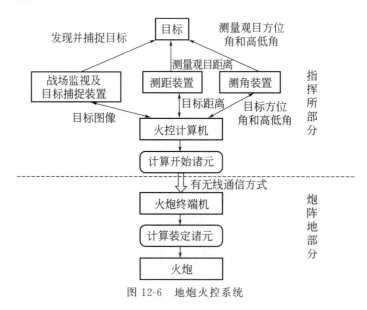

图 12-6　地炮火控系统

由图 12-6 可见，地火炮的主要功能是遂行火力压制任务，通常需要打击视距外的地面目标，因此地火炮的火控系统需要依赖指挥系统和侦察装备（雷达、光学测距机、激光测距机或声测机、电视跟踪仪等）来提供敌方目标，测定目标坐标和炸点的参数；由光电火控系统测量火炮的位置坐标及自身运动参数，利用温度计、气压计、风速计、弹速测定仪等，测量气象和弹道条件，火控计算机接收、存储和处理信息及数据，计算得到地火炮射击的装定诸元，最终控制数据传输设备、地火炮随动系统等，精确赋予地火炮的射向并实施射击。

国外装备的先进地炮火控系统包括：法国的 ATILA 炮兵自动化系统、挪威的 KMT400多用途军事终端、西班牙的 CID 地炮火控系统、英国的战场炮兵目标攻击系统（BATES）、挪威的 ODIN 炮兵火力控制系统、意大利的 SEPA 炮兵火控系统、美国的阿法兹先进野战战术数据系统和理想单兵战斗武器系统、德国的 ARES 火箭炮兵用系统。

12.2.4.2 防空火控系统

防空火控系统用于控制高炮对空中目标实施有效射击。当前各国装备的防空火控系统均为指挥仪式火控系统，主要由搜索雷达、跟踪雷达、激光测距机、陀螺稳定光学瞄具和火控计算机组成。工作过程是：依据指挥系统下达的敌方来袭目标数据，搜索雷达发现目标后，由跟踪雷达或陀螺稳定光学瞄具跟踪目标，测出目标距离、方位角和高低角、车辆倾斜、火炮初速等修正量。火控计算机根据这些参数求出直角坐标内的目标速度分量，以及气温、气压、气密、风向、药温等测量数据，进而计算射击提前角，传输到随动系统，使火炮瞄向目标未来点。现役防空火控系统包括瑞士"防空卫士"（Skyguard）火控系统、"炮星"（Gunstar）火控系统、荷兰信号仪器公司的 ADADS 高炮火控系统、芬兰"诺基亚"（Nokia）防空炮兵火控系统。

随着对付空中武装与直升机和低空固定翼飞机日益增长的需求，世界各国进一步发展了防空弹炮结合火控系统，如俄罗斯的"通古斯卡"（Tungska）（自行）和"潘茨伊尔"-S1（Pantzir-S1）（轮式）、美国的"火焰"（也即"运动衫"Gatling）、斯洛伐克的"斯特罗普"（Strop）、波兰的"索佩尔"（Sopel）、荷兰的"京燕"（Flycatcher）。

在防空火控系统方面出现了网络化火控系统的发展趋势，比如美军正在实施防空/反导和控制系统计划（AMDPCS），主要为防空旅提供了火控系统，该系统是一个通用的网络化火控系统，其将防御计划、态势感知和综合控制系统集成于一体，实现区域内作战部队、感知系统、火力系统等信息共享和协同作战。

12.2.4.3 坦克火控系统

坦克火控系统普遍采用指挥仪式，即瞄准镜与火炮分开安装，火炮和瞄准镜分别独立稳定，火控系统还包含能够测定目标距离、目标速度、炮耳倾角、横风、温度、大气压力等参数的传感器及数字式弹道计算机。这种火控系统在"动对动"的情况下具备自动瞄准和跟踪所选定目标的能力，确保坦克用普通炮弹攻击 2500m 内的小型目标时的命中率达 85%，用制导武器攻击 2500m 以外的目标时命中率可达 90%。车体稳定控制系统提高了坦克在行进间的射击精度，其行进间的射击精度能够达到静止射击时的 80%～85%。

目前，世界先进的主战坦克均为稳像式火控系统。如日本的 90 式坦克，德国的"豹"2坦克，美国的 M1A1、M1A2 坦克，英国的"挑战者"2 坦克，法国的"勒克莱尔"坦克，俄罗斯的 T-90 坦克，以色列的"梅卡瓦"3 型坦克，意大利 C1"公羊"坦克等。我国新型主战坦克 96A、96B 和 99 式主战坦克上均安装了我国自行研制的指挥仪式坦克火控系统。

12.2.5 陆用装备维护保障自动化技术现状

装备的维修保障是部队战斗力的关键因素之一，随着新军事变革浪潮的兴起、信息化装备的普遍应用，战争的胜负对装备的性能依赖程度越来越大。装备性能的发挥很大程度上取决于装备的完好无损。一旦装备出现故障，就会减弱部队战斗力，进而可能危及国家和人民的生命及财产安全。要想让装备良好地运转，离不开维护和保障。大力提高军事装备维修和保障水平已经成为世界上各军事大国着力解决的重大问题[22]。

装备维修保障系统，是指为满足装备作战需要，运用诊断与修复技术，对故障装备进行损伤评估，并根据需要修复损伤部位，使装备能够恢复战斗力，并完成某项预定任务或实施自救的保障系统[23]。装备维修技术包括装备状态监测、故障诊断与预测技术，装备修复关键技术，装备维修保障综合化信息化关键技术，装备延寿与再制造技术，装备维修技术创新性研究，以及装备现场抢修技术等方面[24]。它需要多学科的交叉融合，本小节主要介绍装备维护保障中的自动化技术，其主要集中在装备故障诊断方面。

12.2.5.1 装备故障诊断含义

装备故障诊断的重要思路是通过加强和完善监测监控手段，掌握装备的工作状态，进行科学统计和预测，推断出装备发生故障的趋势，及时发现问题并采取相应对策，提出装备维护建议，使有些故障在发生之前得到有效预防，有些严重的故障可以在有轻微故障苗头时得到控制并被排除[25]。故障诊断从广义上讲包括故障预测、健康管理技术和故障诊断评估技术。

（1）装备的故障预测与健康管理技术

故障预测与健康管理技术属于预防性的维修保障技术，包括在线监控、离线监控、检测技术和故障预测。它是指利用尽可能少的传感器来采集系统的各种数据信息，借助各种智能推理算法来评估系统自身的健康状态，在系统故障发生前对其故障进行预测，并结合各种可利用的资源信息提供一系列的维修保障措施，以实现系统的视情维修[26]。

（2）装备故障诊断评估技术

故障诊断技术属于修复性的维修保障技术，它可分为故障隔离、故障定位、故障机理分析、基于信息融合的故障诊断和人工智能故障诊断。与健康管理技术不同，装备故障诊断与评估技术通常针对的对象是已经发生故障的装备。随着传感器技术、数据处理技术、人工智能技术、无线通信技术等相关技术的发展，装备故障诊断技术的发展趋势是传感器的精密化、多维化，诊断理论、诊断模型的多元化，诊断技术的智能化等。基于网络的远程协作诊断技术、人工智能专家系统、小波分析等相关技术的发展，将有力推动装备故障诊断技术水平的提升[26]。

12.2.5.2 诊断技术及其在武器装备中的应用

故障诊断技术作为保持和提高武器装备使用性能的有效手段，对保证装备时刻处于良好的性能状态，及早发现潜在故障，防患于未然，确保各项训练和作战任务的圆满完成，进而取得战场的主动权，乃至赢得战争的胜利起着至关重要的作用，具有重要的军事意义，而且还可以提高武器装备的运行管理水平及维修效能，节省维修费用，具有显著的经济效益[27]。

当前应用于武器装备维修与保障中的故障诊断方法主要有基于模型和非模型的故障诊断方法，还有利用武器装备系统的输出频率、相位、相关性以及直接测量被测物的输出与标准量相比较的一些传统方法，当然基于输入输出和信号处理、状态估计、状态参数估计、故障树、案例分析等一些故障诊断方法在自动测试技术、监控技术、信息处理技术和图像分析技术上取得了相当数量的理论成果和实质性进展。而且已在现代武器装备的合理应用、安全运行、事故分析、质量及性能评估、技术决策和视情维修中得到了广泛应用。

军械工程学院的王会来等人以某型号武器系统制导站的发射制导车为研究对象，针对以往驻训、打靶、重大军事演习和日常装备管理中，发射制导车的平均无故障时间只有十几个小时，不能随时处于良好技术状态的现状，对制导发射车的常见故障进行了汇总，精心绘制了故障流程图，并在总装军械研究所的科研项目中得到了应用[28]。

美国国防部已经正式颁布了基于状态的维修指令，形成包含传感器、数据采集设备、故障检测子系统和诊断子系统的状态检测系统，确保降低维修和后勤保障费用，提高维修效能，便于汇总保障维修和后勤行动的信息资源[25]。

此外，近些年来，非线性故障诊断技术作为故障诊断技术领域中一个年轻且极富活力的分支，成为故障诊断研究领域中的热点。它从根本上提高诊断精度和效率。研究非线性故障诊断技术，并将其应用于武器装备之中，不但可以提高故障诊断的精度和效率，而且可以从根本上解决当前武器装备的维修与保障难题。非线性故障诊断方法通常可以分为基于解析模型的方法、基于知识和基于信号处理的方法的方法三大类，如图 12-7 所示。

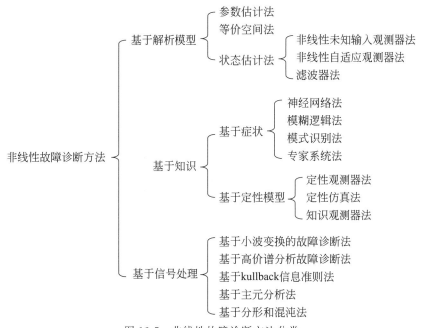

图 12-7　非线性故障诊断方法分类

智能故障诊断技术是其中的一个重要内容。它以计算机为工具，并借助人工智能技术来模拟人类专家智能，对故障进行分析、判断、推理、诊断和维修决策等活动。以应用广泛的专家系统为例，根据故障现象，利用汇集专家知识和经验建立计算机仿真系统或者专家系统，包括建立系统的仿真模型，实时采集信号，模拟系统运行状态，通过分析仿真结果来判断故障，或者建立故障特征综合库、知识库、推理机、解释机、维修策略信息库、人机交互系统等，或采用基于案例推理的方式，进行故障检测与诊断，以便为设备管理人员或维修人员提供故障检测与诊断的智能决策。智能故障诊断技术包括模糊技术、灰色理论、模式识别、失效树分析、诊断专家系统等。前几种技术只是在某种程度上运用了逻辑推理知识，部分解决了诊断过程中诸如信息模糊、不完全、故障分类和定位等问题；而诊断专家系统可以以自身为平台，综合其他诊断技术，形成智能故障诊断系统[25]。

装备维修和保证需要自动、快速、准确的故障检测诊断能力，因此各国大力研制多种配套的装备故障诊断与检测设备。主要包括：系列化综合检测设备；嵌入式传感器故障诊断设备等。1996 年，美国陆军研制成功系列化综合检测设备，这是美国陆军的标准化自动检测设备，支持各维修级别对各种装备进行故障诊断和修理。美军已在 155mm 自行榴弹炮等装备上使用嵌入式传感器故障诊断设备，提高了装备维修保障能力。

机内测试技术是为系统和设备内部提供检测、故障隔离的能力。美国在 20 世纪 70 年代就将其用于军用电子设备，随着计算机技术的发展，此技术功能日益强大，正发展成为集状

第12章

态监测、故障诊断为一体的综合系统[26]。

纵观故障诊断技术在武器装备中的应用现状，它与装备的维修和保障紧密相关。随着现代科学技术和智能化技术的发展，故障诊断等维护保障技术也越来越具有预测化、智能化的能力。目前国内在便携式诊断仪、专家数据库和状态检测等方面已经开展了一些活动，一些仪器设备已投入到装备日常维修保障中，但是在体系和规范上还未形成制度，尚未普及推广[25]。而且与世界发达国家相比，我们在故障诊断技术的理论研究和实践应用上还存在很大的差距，武器装备的维修与保障缺乏准确性和时效性。可以积极借鉴国外先进经验，以故障诊断技术为依托，开发和推广维修新技术来改善和提高装备保障水平、充分发挥装备保障效能[26]。

12.2.6　陆用装备的效能评估技术现状

武器装备作战效能是部队形成战斗力的重要基础，对装备进行效能评估，目的是为装备的发展论证、装备的作战使用、作战方案的制定和模拟训练等提供决策依据和参考建议。为了能够使装备作用最大化，并且降低战略决策失误，需要对装备的效能有准确把握。因此，关于装备效能评估技术的研究很有价值。

关于作战效能评估技术的研究，国外开始得比较早。专门的陆用武器装备系统效能分析研究是从第二次世界大战以后开始的。20世纪60年代，Aunann在研究多目标的系统评估问题时，提出了效用函数法；美国的L. A. Zadeh教授提出了模糊集合的概念以处理客观世界中诸多具有不确定性的问题，之后，水本雅晴将其推广到科学决策领域，推动了模糊系统评估理论的发展；美国工业界武器效能咨询委员会提出了一种典型的效能评估模型——ADC模型；70年代中期，美国运筹学家T. L. Satty提出了层次分析法（AHP），它是一种实用的多准则决策方法；70年代末，美国运筹学家A. Chaens和W. W. Cooper提出了一种借助于凸分析和线性规划进行分析的评估方法——数据包络分析法；1982年，波兰学者Z. Pawlak提出粗糙集理论[29]。现在，美国已经成功把效能评估模型应用到各种军事装备研制的分析评估中，效能评估已经在美军作战装备系统的研发决策中扮演着关键角色。

国内系统的开展作战效能评估研究工作的时间比较短，20世纪80年代后期才开始。效能评估技术的研究大都借鉴了国外的效能评估模型，并根据具体的军事应用需求进行完善和发展。目前国内陆用装备效能评估的方法大致可以分为4种：指标体系综合方法、模型解析法、指数法和计算机模拟仿真法。

指标体系综合方法主要用于处理较难评价的多目标评估问题。其主要步骤是先科学合理地建立评估指标体系，而后量化各项指标，最后将各项指标总合成最终得分。即把各指标的得分按照一定方法进行综合评估，而后就能根据综合评估值得到装备的优劣顺序。

模型解析法可以根据效能指标和给定环境条件的函数关系建立数学模型，利用公式进行精确的理论计算得到装备效能指标的评估值。此类方法适合于宏观性质的效能评估，美国工业界武器效能咨询委员会（WSEIAC）效能模型、陆军的AAM导弹模型等都是典型的方法。

指数法是以某一特定对象为基础，把其他各类分析对象按照相同的条件与其比较，得到无量纲的性能值，这样方便综合比较。此类方法可以反映诸多人员和武器在一定条件下相对平均的能力，避开了大量系统不确定性因素，在宏观与整体角度的评估中十分有效[30]。

计算机模拟仿真法历史不长，但是发展十分迅速。它将智能分析的数学模型与算法输入计算机系统，利用仿真技术进行模拟分析，可以实现装备效能的评估以及优化。

为了系统地研究国内外已有的装备效能评估技术，可以将它们进行分类，常见的分类标准有：主客观程度、得出评估结果基本途径、评估过程、评估时机和其他方法[31]。国内外装备效能评估方法的分类如图12-8所示。

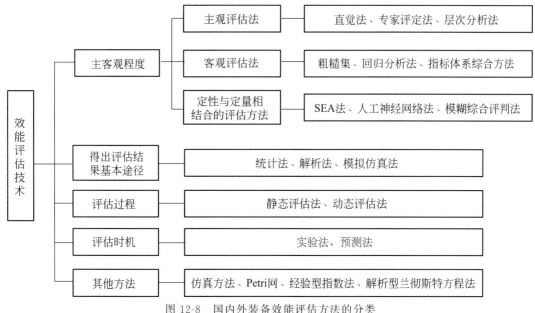

图 12-8　国内外装备效能评估方法的分类

　　纵观国内外陆用装备效能评估技术的发展，虽然研究取得了很多成果，并在相应的系统中得到了肯定，但还是存在一些诸如多方法评估结论非一致性、理论研究与实际应用相脱节等问题。未来系统评估的发展趋势主要包括两方面：一方面是评估方法的发展，主要由权威的研究机构针对系统性能研究中的某一方面立题，研究更深层次的问题，力求在解决某一局部问题上有所突破；另一方面是评估应用的发展，主要是从实际应用出发，针对具体问题，在问题分析的基础上建立整体的概念，确定合适的评估方法来解决相应的问题[32]。两者结合，相互促进，使得系统效能评估向新的深度和广度发展。

　　装备效能评估技术还需要不断创新。效能概念需要创新：随着新型高新技术武器装备系统的发展，需要构建更加合适的度量指标来合理评估新型武器的效能；系统建模需要创新：利用计算机模拟仿真，将复杂的数学模型有效地转化成仿真模型，使效能评估更加精确通用。评估方法需要创新：要寻求一种更加高效的效能动态评估方法来处理复杂装备中存在的不确定性、非线性等问题[33]。

12.3　陆用装备自动化的新技术与新方法

12.3.1　复杂陆用装备自动化系统体系结构的多目标优化技术

　　中国人民解放军石家庄陆军指挥学院从陆军防空作战的实际需求出发，描述了火力配系的概念、特点和要求，提出了建立火力配系时应重点解决火力协同和战斗队形优化等问题的观点，在火力作用区域、综合火力效能、突出掩护重点和火力重叠次数等方面建立了评估火力配系效果的数学模型，阐述了建立与加强火力配系、确定合理火力分配方案的基本方法和工作内容。

　　解放军炮兵学院针对当前作战目标转移速度快、转移方向多样化的特点，运用排队论方法，建立一种基于排队论的侦察配系效能分析模型。该模型综合考虑各种因素对侦察配系效能的影响，当目标转移方式有所变化时，依然可以灵活地对侦察系统做出准确的效能分析。陆军军官学院的赵瑾等人归纳了目前对兵力与装备部署优化问题的两个主要认识，即作为对多个兵力与装备部署方案的优选问题和作为某种约束条件下的优化与决策问题；研究了静态和动态兵力与装备部署优化问题的技术准备过程与技术实施重点；提出了兵力与装备部署优化方法的新思路；总结了研究现状并提出了下一步研究建议。

中国人民解放军装备指挥技术学院的乔熔岩等人以要地防空的兵力与装备部署为研究对象，运用军事运筹学的思想和方法，对防空兵力与装备部署的各个阶段进行了系统的分析，建立了相应的数学模型，并总结了指挥员在兵力与装备部署过程中应把握的原则和指挥流程。通过实例求解，说明了所研究的兵力与装备部署模型具有一定的应用价值。

防空兵指挥学院针对防空兵群兵力与装备分配的问题，运用动态规划方法建立数学模型。其求解多阶段决策过程包括：定义阶段、决策及状态变量，确定状态转移方程，求解指标函数及目标最优值函数。

空军工程大学结合现代防空作战部署的特点，对防空作战运筹中兵力与装备分配问题进行探讨，建立兵力与装备分配问题的数学模型，对遗传算法做了改进，并给出模型求解的方法和步骤。实例表明，该方法可为决策者做出科学、有效的决策提供有力的支持。

解放军理工大学工程兵工程学院为解决战场工程保障时效性和兵力与装备不足等难点，提出了一种兵力与装备分配的建模方法，目的在于提供计算机兵力生成的算法基础。即采用网络计划分析方法，描述战场工程保障作业项目及其特征要求，确立兵力与装备流在网络中的平衡与约束准则，据此构建基于"时间-兵力与装备-闲置"优化的兵力与装备分配模型；挖掘工程保障作业工序兵力与装备需求呈现的"区间数""关键线路"的时间约束特征，给出了一种求解模型的网络迭代算法。该模型反映了战场工程保障任务的动态化特征与深层逻辑联系，是对工程保障多目标的控制与资源均衡优化。

防空兵指挥学院提出了一种基于遗传模拟退火算法的空袭兵力与装备分配及优化方法。首先对遗传模拟退火算法中的交叉、变异操作进行了改进，并实施了最优保留策略，形成了改进遗传模拟退火算法。以突击效果最大化和兵力与装备损失最小化为目标函数，以空袭兵力与装备总量的限制、空袭兵器挂载类型的限制等为约束条件，建立了空袭兵力与装备分配及优化模型。在考虑兵力与装备分配模型特点的基础上，利用改进遗传模拟退火算法求解。通过与多目标数学规划和标准遗传算法优化进行的比较表明，该方法能够有效地解决带约束的多目标优化问题。

军械工程学院计算机工程系针对以往防空兵力与装备阵地选择过程中无法很好兼顾客观条件和主观决策的问题，分析了影响防空导弹分队阵地选择和分配的相关因素。确定了阵地选择的指标体系，设计了一种基于灰色综合关联分析法和改进的层次分析法的优选方法，提高了阵地选择的决策速度；并针对以往防空兵力与装备阵地分配模型动态性、机动性差的缺点，利用模糊数学等方法建立了防空导弹分队的阵地分配模型，并运用蜜蜂双种群进化遗传算法对阵地分配模型进行了求解，取得了良好的效果。该方法将定性与定量相结合，模型简单规范，为防空导弹分队兵力与装备部署提供了一种有效的方法和途径。

石家庄陆军指挥学院针对信息化条件下陆军合成部队如何进行战斗部署的问题，构建一种陆军合成部队战斗部署方案评估指标体系。将兵力与装备部署、火力分配和兵力与装备三方面展开作为评估对象，建立了数学模型来评估战斗部署方案，利用军事运筹学理论，从战斗部署的三个方面构建相应的数学模型，并采用定性和定量相结合的方法进行实例评估。评估结果表明：该指标体系提高了决策的科学性、精确性，可为指挥员提供辅助决策。

12.3.2 陆用装备自动化系统的层次型建模技术与方法

传统火控系统各作战单元信息传递机制的复杂性和封闭性，给系统的互联互通带来困难，阻碍了信息共享范围的扩展。随着网络化技术的高速发展，将计算机技术和网络通信技术运用到野战防空火控系统中是现代防空作战的发展趋势。野战防空网络化火控系统将野战防空各级部门的终端连接起来，形成指挥自动化系统，达成指挥所与作战单元，以及作战单元之间作战信息资源的共享，完成野战防空系统的一体化整合，减少指挥层次，提高反应速度，从而形成一个可以随时互联互通，能适应环境和具体作战需求不断变化的野战防空网络化火控系统。野战防空网络化火控系统在既定的体系结构下，将分布在一个或多个地域内，不同种类、不同数量的防空火控系统通过网络连接起来，构成一个能够实时传输数据和命令的连通网络，从而实现多作战单元的协同作战以及多目标的攻击。然而，由于野外作战环境的复杂、困难、恶劣和对抗现实条件，火控系统中的节点作战单元易受到敌方的攻击摧毁而失效，有可能会造成作战信息无法正常传递，这对于瞬息万变的野外防空作战来说后果是非常严重的。因此，一个灵活、可靠和抗毁的拓扑结构是野战防空网络化火控系统顺利进行分布式协同控制的重要保障。

此外，传统的野战防空网络化火控系统，只是单纯地通过网络的方式将各级火控作战单元连接起来，没有考虑到作战环境复杂和恶劣，忽略了拓扑结构对系统分布式协同控制的影响。因此，在网络化火控系统的体系结构基础上，从图论角度出发，针对传统网络化火控系统平面型对等拓扑结构，在复杂和恶劣的应用环境中缺乏灵活性，无法有效地描述、组织大规模群体的天然缺陷，依据"群体系统拓扑抽象"的概念，提出基于簇的双连通拓扑控制机制，采用基于权重的分簇算法，提取执行层系统的信息交互骨干集；通过部署与控制载有无线通信设备的无人中继节点，构建一个具有抗毁性的双连通拓扑结构，从而形成一个适应性和抗毁性强的野战防空网络化火控系统。

以下内容分为小部分：第一部分设计野战防空网络化火控系统的体系结构；第二部分将层次型网络的概念引入执行层系统中，提出基于权重的分簇算法，通过层次型建模实现执行层系统平面型拓扑结构的立体化；第三部分针对执行层系统，利用图论中双连通特性，提出双连通抗毁性拓扑结构构建的方法。

12.3.2.1　野战防空网络化火控系统体系结构设计

野战防空网络化火控系统由火控指挥中心和火控作战单元组成。火控指挥中心是整个系统的指挥层，火控作战单元是系统的执行层。火控作战单元包括载有网络通信设备的火控系统和火力系统，其中火控系统主要包括火控探测设备和火控计算机，火力系统主要包括炮控计算机和高炮随动系统。

野战防空网络化火控系统体系结构设计如图 12-9 所示。从图中可以看到，整个系统分为指挥层系统和执行层系统，所有指控中心构成指挥层系统，所有的火控作战单元构成执行层系统，执行层系统又分为多个子系统，各个子系统通过其各自的网络化火控指控中心连接起来。

火控指挥中心是系统的指挥控制节点，是系统的中枢单元。同时，火控指挥中心作为上级指挥节点不可能对系统内每个火控作战单元进行直接指挥，需要在火控指挥中心的协调调度下根据上级作战意图分散地执行防空任务。火控指挥中心既要作为指挥控制层，掌握整体态势信息，确定原则和任务分配；又要作为火力控制层对系统内火控作战单元进行任务分配。指挥层体系结构是建立在网络化作战系统本身体系结构基础上的，应包括探测器（雷达站、侦查站等）链路子系统、指挥控制系统（本级指挥中心、上下级指挥中心等）链路子系统等。

执行层子系统由各个火控作战单元通过自组网方式形成一个无线多跳移动网络，根据具体任务需求，按照最优节点部署方案部署在一定的区域内，彼此之间可以进行信息的交互。例如在网络化火控系统的协同打击任务中，无论本火控作战单元是否能发现目标，只要系统内任一火控作战单元发现目标，系统内的所有火控作战单元都能够共享这个目标探测信息，所以无论系统内哪个节点发现目标，均可由位置最有利的火力系统负责打击。

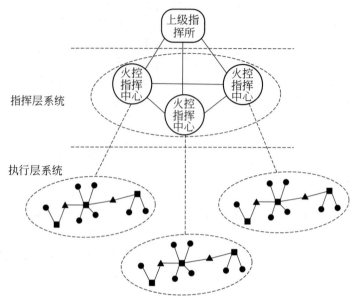

图 12-9　野战防空网络化火控系统体系结构设计

这是一个完全开放式的分级体系结构，同一区域内的火控作战单元可以直接或间接相互通信，而不同区域内的火控作战单元需通过指控中心进行通信。这种分级体系结构，从系统功能上进行分级，分为指挥层和执行层，使整个作战体系指挥层次明确。在指挥层中，火控指挥中心根据上级指挥所作战意图和自己面临的实际态势规划作战行动；在执行层中，同级作战单元之间协同合作使作战决策任务分布在各个不同的子系统中，避免了系统对集中指挥的依赖，从而整体上提高系统的运行效率。

从信息数据流的角度，这种分级体系打破自上而下烟囱式的传统指挥控制结构，实现集中与自主相结合的扁平化体制，系统内信息既能实现上下级节点的纵向指挥联系，又可以实现同层次火控作战单元间的横向通信，增强了各作战单元对全局态势信息的掌握能力。

12.3.2.2　基于簇的层次型拓扑结构构建算法

野战防空网络化火控系统的指挥层系统和执行层系统一般都是平面型的拓扑结构。所谓平面型拓扑结构是相对于层次型拓扑结构而言的。传统的平面对等型拓扑结构缺乏灵活性，具有无法有效地描述、组织大规模群体的天然缺陷。如图 12-10 所示，这里把火控指挥中心或者火控作战单元抽象为节点，整个野战防空网络化火控系统中每个节点不存在控制优先级的差别，同时每个节点的通信感知范围相同（圆圈代表感知范围），相互的信息交互没有权值限制。相互感知的两个节点可以进行通讯，这样就可以把系统抽象为一个平面对等的无向图。对于野战防空网络化火控系统，节点之间的信息交互是系统协同控制的保障，虽然平面型拓扑结构的连接规则简单，但是会造成信息冗余，增大整个系统的信息交互量，降低系统的运行效率，如果扩大节点的数量，可能会导致每个节点信息交互量过大，最终可能导致整个系统崩溃。

因此，引入层次型网络的概念，通过提取系统的信息交互骨干层，对系统的拓扑结构进行层次型建模。对于野战防空网络化火控系统的指挥层系统和执行层系统来说，其系统信息交互骨干层的本质是按照特定的任务需求将系统节点划分为不同的角色，使得系统中部分特殊节点能够组成具有相同功能的临时性的核心层。通过构建信息交互骨干层可将整个系统动

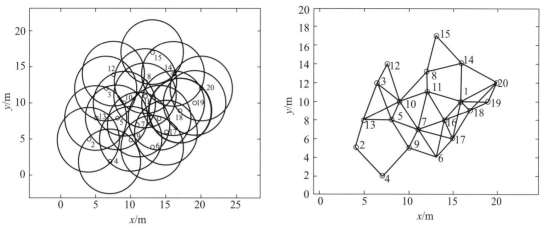

图 12-10　平面型拓扑结构模型

态划分为若干域，每个域由骨干节点和隶属于它的多个从属节点组成。本小节将具体的任务作为启发式信息，考虑到野战防空网络化火控系统的火控作战单元节点属性，采用基于权重的分簇算法实现信息交互骨干层的分布式提取与构建。

分簇是按照系统要求设计某种控制机制，将整个系统划分为相互连通且全局覆盖的若干个簇。每个簇由一个簇首节点、网关节点以及多个成员节点组成。簇首节点与网关节点形成高一级的骨干层，从而生成系统的层次型分级结构。基于分簇的层次型拓扑结构，能够最大化利用系统中的有限能量和资源。在系统分簇的初始阶段，系统中的各个节点通过收发广播探测消息来获得整个系统的拓扑信息，当系统的拓扑结构实时发生变化时，各个节点通过更新自身的邻居信息表，对已发生变化的部分进行调整，实时更新簇结构以维护系统的正常运行。如图 12-11 所示。

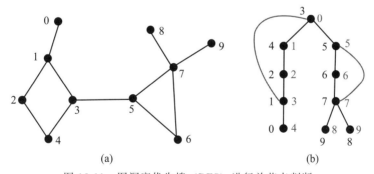

图 12-11　图深度优先搜（DFS）进行关节点判断

经过系统信息交互骨干层提取，确定出骨干节点与非骨干节点的层次型隶属关系，得到可以动态适应任务变化和环境变化，并且考虑野战防空网络化火控系统中节点身份属性、动态特性、运动能力和能量等的系统层次型模型，实现了最佳的层次型建模。基于簇的层次型拓扑结构有利于均衡系统能量消耗，与平面型拓扑结构相比，其扩展性好，系统通信开销低，控制负载低，并在移动管理和资源分配方面具有重要的作用。

12.3.2.3　双连通拓扑控制机制

野战防空网络化火控系统的指挥层系统和执行层系统的拓扑结构通常用无向图 $G = (V; E)$ 表示。该无向图是由顶点集合 V 和边集合 E 构成。在无向图中，如果一个图的任何两个节点之间至少有一条简单路径，那么称这个图是单连通的。在无向连通图中，如果任意两个节点之间至少存在两条点不相交路径，那么该图是双连通的。删除双连通图中的任意一个节点都不会破坏该图的连通性。

基于簇的层次型拓扑结构是初始单连通的，为了增强野战防空网络化火控系统的拓扑结构在复杂、恶劣和对抗环境下的抗毁性，本小节以基于簇的层次型拓扑结构为基础，在关节点算法的指引下，通过部署与控制载有无线通信设备的中继节点，无需移动系统中任意节点，实现系统拓扑结构的双连通，保证不会由于某一节点的失效而导致整个系统拓扑结构的断裂，提高系统拓扑结构的可靠性和抗毁性。

在野战防空网络化火控系统信息交互骨干层提取和层次型拓扑结构基础上，采用基于邻居节点信息的多点中继分布式策略，通过关节点的判断和中继节点运动控制相结合的分布式算法，使系统中的所有关节点变为非关节点，构建一个双连通的拓扑结构，从而增强整个系统拓扑结构的灵活性、抗毁性和可靠性（图12-12）。

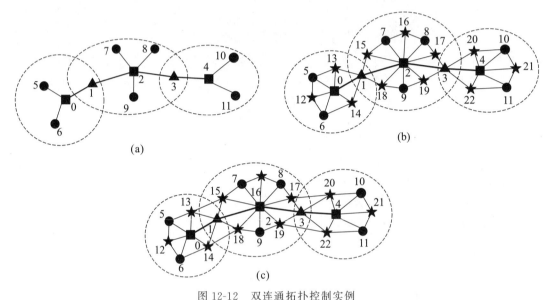

图 12-12　双连通拓扑控制实例

——表示骨干链路；■表示簇首；▲表示网关；——表示骨干链路；●表示普通节点；★表示无人车节点

12.3.3　野战多元信息获取与信息融合技术

未来信息化陆战场，作战行动呈现高度联合化、体系化、网络化的特征。目标探测、跟踪识别、指挥控制、火力打击、毁伤评估、战场机动、综合防护等诸行动"联动化"；作战力量高度综合化、一体化、复杂化；传感器系统、指挥控制系统、打击系统和保障系统之间更加强调实时、可靠的协同。为实现这种"以网络为中心、以信息为驱动"的作战模式，要求通过多传感器系统为武器平台提供前所未有的空间感知，先敌发现，先敌了解，先敌决策，先敌行动。震动传感器、声响传感器、磁性传感器、红外传感器、压力传感器等各种地面传感器和火力搜索雷达、侦察车、无人机、电子侦察装备等构成的多传感器，是信息化陆战场的重要装备系统，是实现上述功能的一组关键性平台（装备）。因此，如何从如此庞大的信息中获取出有助于指挥人员决策的信息，这就需要用到多传感器的信息融合技术。

多传感器信息融合的实质是对人脑综合处理来自人体各个传感器（耳、鼻、眼等）的信息（声音、气味、景物）组合的一种功能模仿。多传感器信息融合也称为信息融合，根据国内外研究成果，信息比较确切的定义可以概括为：利用计算机技术对按时序获得的若干传感器的观测信息在一定准则下加以自动分析、综合以完成所需的决策和估计任务而进行的信息处理过程。

12.3.3.1　信息融合的功能模型

由于应用领域的不同，信息融合的功能模型也不尽相同。信息融合的历史上出现过很多种不同的信息融合模型，在军事领域一般使用美国国防部下属单位提出的 JDL 功能模型，如图 12-13 所示。

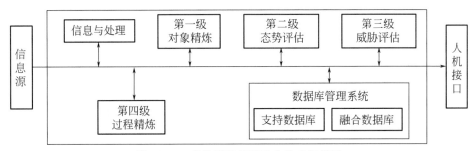

图 12-13　多传感器信息融合的功能模型

该模型每个模块的基本功能如下。

① 信息源　与信息融合系统相连的各种不同局部传感器，例如雷达、红外、声呐、ELINT（电子支援）、IFF（敌我识别器）、MST（红外搜索与跟踪）、EO（光电传感器）、GPS（全球定位系统）等，及其相关数据，例如数据库和人的先验知识等。

② 信息预处理　这一部分主要负责对数据进行时空配准、野值剔除以及分类处理等。目的是提高融合中心的信息质量以及减小系统计算量。

③ 第一级对象精炼　主要是提取目标的参数信息，对目标的主要特征进行提取，有利于目标的识别和判决。具体功能包括：

a. 数据配准；

b. 数据关联；

c. 数据融合；

d. 属性融合。

④ 第二级态势评估　通过第一级对象精炼对目标的信息提取，结合当前环境对目标进行初步判决。

⑤ 第三级威胁评估　通过数据库内的时事政治、敌我信息等多方面的信息对上述过程获得的信息进行综合，对敌方进行威胁程度的判断。

⑥ 第四级过程精炼　这一过程主要是针对系统全局对各个环节进行实时控制和调整，能够有效地对多传感器获得的量测信息进行调节和分配，起到优化融合系统的目的，主要的功能包括：

a. 实时反馈控制信息；

b. 对有利于融合结果的信息进行判别；

c. 信息提取；

d. 信息分配。

⑦ 人机接口　通过计算机界面实现对融合系统的各个环节进行信息交互、控制等功能。

⑧ 数据库管理系统　该系统主要是对数据进行整理和储存，便于系统的信息调用。

在 JDL 功能模型中，每一级别都具有相应的功能并可划分为不同的子集形式，利用这些层次的集成和交叉构成了信息融合系统。最初，JDL 模型用于防御系统，由于其较强的

第 12 章

可扩展性，使得该模型广泛应用于非军事行业。目前，信息融合领域已经将 JDL 模型作为一个参考模型来对模型中的各个环节进行深入的研究。其中对第一级对象精炼过程是重点部分。

12.3.3.2 多传感器数据融合的技术方法

信息融合是一门多学科交叉的新兴技术，在不同的融合层次中涉及不同的算法和模型，目前，国内外一直致力于关于信息融合算法的研究，也取得了一定的进展，下面列举一些多传感器信息融合技术中需要用到的一些经典算法。

（1）加权平均法

加权平均法是一种最简单和直观的信息融合方法，即将多个传感器提供的信息进行加权平均后作为最终的融合值。加权平均法最大的难点和问题是如何对传感器获得的数据进行权值分配，以及如何选取适当的权值计算形式。

（2）卡尔曼滤波法

卡尔曼滤波能够根据前一时刻的状态估计值和当前时刻的量测值来估计信号的当前值，并进行递推计算。数据级融合中，传感器接收到的原始数据存在较大误差，利用卡尔曼滤波的方式能够有效减小量测数据的误差，提高融合质量。

（3）经典推理法

经典推理法根据给定的先验假设计算出观测值的概率，即先对态势环境中的总体做出某种假设，然后通过传感器测量来决定假设是否成立。这种方法的优点是计算简单，不足之处是仅有两种情况的估计结果，当变量维数相对较多时，很难对形成估计结果。

（4）Bayes 推理法

Bayes 推理方法具有公理基础和易于理解的数学性质，而且仅需中等的计算时间。但是 Bayes 推理法需要先验概率，并且要求各证据互不相容或相互独立，这在实际应用中很难满足，因此 Bayes 推理法具有很大的局限性。

（5）统计决策理论．

利用选择最优的决策函数准则来对目标进行决策能够提高目标的融合效果，其中，损失函数是统计决策理论的重要参数之一，如何选取损失函数是统计决策理论的难点之一。

（6）DS 证据推理法

DS 证据推理方法最大的特点和优点是能够有效地描述不确定信息。通过信任函数和怀疑函数将证据区间分为支持区间、信任区间和拒绝区间，以此来对信息的不确定和未知进行表达。DS 证据推理具有严格的理论推导，相对于贝叶斯等推理方法，能够不需要先验概率而对数据进行合成处理。此外，在量测数据提供的证据相差不大的情况下，DS 证据合成公式能够有效地对量测数据进行融合，获得更加准确的判决结果[34]。但是，该理论也存在一票否决、主观影响过大等问题。

（7）聚类分析法

通过适当的数学建模，将混乱的数据按照一定的规律或要求进行分类。聚类分析的最大特点是能够快速地处理数据量比较大的集合，有利于数据的提取和分类。聚类分析方法可以应用于信息融合技术的数据级的处理部分，通过对传感器采集的数据进行分类和特征提取能够有效减小融合中心的计算负担，提高信息融合算法的性能。

（8）神经网络法

神经网络是采用分布式并行信息处理方式，通过大量的网络节点模拟人类的神经元系统来处理信息。其特点是可以高速处理并行信息，能够解决信息融合系统中信息量过大的问题。神经网络还具有处理非线性关系的能力，而且算法易于计算机的实现。神经网络融合算法主要的弊端是学习方法自身还存在一些问题，例如，稳性问题、泛化能力、缺乏有效的学习机制等。

（9）熵法

熵的概念起源于热力学，目前熵的概念主要用来表示事物的不确定性程度，可以利用信息熵的思想对事物的不确定性进行判决。信息熵的大小决定着系统不确定性的强弱，当信息熵最小时，系统的无序程度也是最低的。信息熵的概念广泛用于信息融合过程之中，在特征层融合中，可以利用信息熵的思想对数据进行特征提取，并在融合中心对特征值进行融合来获取最终的判决结果。信息熵理论具有严格的理论推导，利用信息熵的思想可以有助于信息融合系统中数学模型的建立与扩展[35]。

（10）模糊理论

模糊理论是模仿人类思维方式的一种算法，通过对客观事物的认知过程中对事物的共同特点进行抽象提取的方式来进行概括总结。在计算机上是以模糊规则来实现某些函数指标的提取。模糊理论的多学科交叉性良好，能够与不同算法相结合来解决不确定性的问题，在信息融合系统中利用模糊理论能够有效提高融合效果。但是，模糊理论的难点在于如何构造合理有效的隶属函数和指标函数。

（11）随机集理论

随机集理论是基于统计、几何的思想提出的，其中有限集合统计学理论能够解决多传感器、多目标和多平台信息融合的许多问题，同时可以应用于多目标的跟踪。目前，越来越多的国内外学者开始关注于随机集理论在信息融合技术中的应用问题，基于随机集理论的框架能够很好地对不确定信息进行处理[36]。

（12）博弈论

信息融合系统中最关键的一个环节是对信息的决策过程，由于不同传感器获得信息在数据类型、数据结构、数据属性上都会存在一定的区别，因此合理地提取信息之间的关联部分、剔除冗余信息、判别信息之间的逻辑关系有助于融合结果的判决。博弈论能够在复杂的数据中提取出所需的特征，并通过特征值构成特征值的集合，结合其他数据提供的信息对集合内特征值的影响，综合对结果进行判决[37]。因此，博弈论在某些融合系统下能够定量地对数据进行分析，完成决策过程。

（13）粗糙集理论

粗糙集理论最初是用来对数据进行分析和推理，通过对数据的筛选来对数据进行分类的过程。粗糙集理论能够在不需要先验信息的前提下对具有不确定性、模糊性的数据进行处理，并且具有强大的分析功能。这些特点使其能够很好地在信息融合系统中发挥作用，尤其是对大量数据信息进行特征提取和对数据进行分类，目前，粗糙集理论已经广泛应用于各个领域。

（14）支持向量机理论

支持向量机在解决样本数目不大、具有非线性特征等情况下的数据时表现出特有的优势。该理论具有严格的理论推导，便于数学模型的建立。通过支持向量机方法可以有效地发现目标函数的全局最小值，实现对数据的分类。在多传感器信息融合中，采用支持向量机的方法可以实现对多传感器获得的原始数据进行分类。

（15）多智能体技术

智能体技术属于人工智能技术的范畴，其最大特点是通过结合多个智能体来解决大型、复杂的实际问题。通过智能体之间的通信、协调、控制、管理来表述系统的结构、功能、行为等特性。这一特点与信息融合技术极为相似，如何将智能体技术和信息融合技术相结合，提高信息融合系统内部协调性、沟通性是值得进一步研究。

12.3.4 信息分发、传输、识别与利用的技术与方法

目前，整个社会处于信息化高速发展的阶段，同时战争形态也朝着信息化战争方向发展。要达到战场的信息化，就要通过数字化来转变之前的机械化战场，因此许多国家军队都在加紧数字化战场建设[38]。在信息化战争中，共享实时的战场态势图，并将适当的战术数据在适当的时机传输到适当的位置，构成了现代数据化指挥的基础。而在部队的信息化建设过程中，战场信息的传输和分发系统建设是重中之重。但是建设信息化战场的过程中也有许多之前没有过的问题。一是战场的组织、指挥与控制日趋困难；二是战场的后勤保障任务日趋艰巨。其中的通信、导航、识别等信息量庞大且种类众多。解决这些问题的基本方法是实现战场信息的共享，即战场信息的随时准确感知、快速收集、快速传输、快速处理和快速分发[38]。

信息的分发、传输、识别等技术的研究，最终目的是为了提高军队作战的协同性。协同作战是未来战争发展的必然趋势，要实现协同作战，就必须有提供战场态势信息共享能力的系统。美军为了适应新时期海军防御协同作战的需要，开发出了一套新式协同作战系统，它充分利用计算机、通信网络和性能优越的处理器，实现了目标跟踪与识别、航机复合、雷达信息捕获提示以及所有作战单位协同作战的功能[39]。在军事指挥控制系统中，首先由雷达捕获信息，将获取到的目标信息传递给模式识别系统来识别目标的各项信息，随后将识别的结果传送到决策指挥系统，由决策控制系统指挥相应的作战单位采取适当的行动。整个系统的各个部分完成自己相应的工作，最终实现战场的协同作战。

12.3.4.1 新式协同作战系统特征

（1）分布性

该系统的工作流程反映出它是一个典型的分布式实时系统，整个系统由多个相对独立的部分组成，每个部分既需要自身有准确的计算识别能力，又需要在与其他部分进行协同时具有足够的鲁棒性。因此系统有较强的分布异构特性和互联互操作需求。

（2）实时性

在战场上应用的系统必须满足一定的实时性指标，有很严格的时间限制要求，否则会导致不可挽回的后果。因此，该协同作战系统具有很好的实时性。实时性除了通过处理器等硬件设施来提升之外，还需要在软件算法上进行优化，从而提高数据处理能力和整体协同能力。

（3）安全可靠性

在保证实时性的前提下，信息传输和处理的可靠性也必须得到保证。特别是在无线传输的信道上，信号传输过程中可能出现衰落现象从而影响信号的正常传输。在数据传输过程中，设备接收到的数据中可能存在一定的错误，因此需要采用先进的编码和译码技术，同时用恰当的算法来检验数据的正确性，从而降低数据传输过程中的误码率。

同时，军事上为了保证自己的信息不被敌方窃取，在数据传输过程中需要采用加密算法对数据进行保密，降低机密泄露的概率。比如在对多媒体进行加密时，可以采用部分加密法来加密多媒体数据，即选择加密多媒体码流中的一部分数据，这种加密方式可以通过降低计算复杂程度来满足实时性要求[40]。

（4）动态性

传统的实时协同系统的设计和资源分配都采用静态的方式进行。由于系统分布性的特点，在复杂多变的战场环境中很难用静态的分析方法来取得理想的效果，所以静态的分配和分析方式存在局限性。在机器学习和人工智能高速发展的今天，军事上采用的信息协同系统采用的是动态实时分析的方式来对资源进行更充分利用，这样才能根据战场上的突发情况做出快速、准确的响应。

（5）一致性

在这类系统中，为了避免信息在网络交换时因格式转化造成的时延，保证信息的实时性，需要规定统一的信息格式。指挥控制系统按格式编辑需要通过数据链传输的目标信息，以便于自动目标识别和对目标信息进行处理[39]。

以上的几个重要特征保证了系统在信息化时代的战场上的有效性，不符合条件的系统则需要向这种标准靠拢。例如美军的 16 号数据链就经过了几次改良，最终在战场上发挥稳定的作用。16 号数据链是美国各军种共同使用的一种战术数据信息传输系统，是美军实施联合作战的重要物质系统。其中，联合战术信息分发系统（JTIDS）是第一代 16 号数据链终端，多功能信息分发系统（MIDS）是第二代 16 号数据链终端。由于 JTIDS 不能在半秒或者更短的时间内传输 1 兆位的信息流，即实时性欠缺；以及缺乏可靠性，系统的平均作战任务故障时间仅为 26.4h，与质保要求的 323h 相去甚远，因此被改良之后的 MIDS 代替[41]。

20 世纪 50 年代，美国就开始战略指挥控制系统的研制，60 年代初期开始组建全世界军事指挥控制系统。70 年代开始，美国国防部和各军兵种着手进行面向战略和战役级的、以指挥控制为主的各种军事信息系统建设。1994 年，美国提出建设国防信息基础设施 DII 的构想，从而满足"端到端"的信息传输和处理需求。1996 年，美军开始建设战场信息传输系统 BITS，以提升数字化指挥控制系统的信息容量和信息处理能力。2004 年初，俄罗斯国防部开始逐步完善一体化数字通信网络，目标是保障指挥功能的自动化、指挥过程的智能化以及各种专业系统和信息系统的一体化，实现现代形式的信息交换，形成指挥系统统一的信息空间，提高各级指挥机关综合利用信息的能力[38]。

12.3.4.2 信息分发、传输和识别的研究情况

（1）信息分发技术

目前对于信息分发的实时性要求日益提升，而信息分发的实时性取决于网络本身的物理特性、信息分发模型、信息分发策略[39]。因此，在网络物理特征已经确定的情况下，需要一个适当的信息分发模型和分发策略来提升信息分发的效率。

P/S 模型可以很好地简化通信网络中的一对多数据传输。在这种模型中，发布方只需要匿名地发布数据，订购方只需要匿名地接收数据，双方都不需要了解网络中的节点数目和对方的地址。另一种模型是实时发布订购模型（RTPS），它延续了 P/S 模型的优点，在此基础上又做了一定的扩展。RTPS 结构适用于复杂数据流的分布式实时应用，因为这种结构能够在应用程序运行时灵活地控制内存，并调整好实时性和可靠性之间的平衡。RTPS 模型具有良好的动态性和完善的时间控制机制，在分布式实时系统中得到了广泛的运用。

（2）信息传输技术

战场系统的各个作战单元之间通过信息传输系统连接起来。通常通信网有以下两种网络连接方式：一种是将所有的终端均连接在同一电台网内；另一种是按照终端之间的功能划分子网络连接方式。两种方式都有自己的优点，第一种方式连接方便简单，软件架构实现起来也比较容易；第二种网络连接方式更加灵活，可扩展性强，并且在一定程度上可以减轻电台网的宽带负荷。

战术信息传输系统所包含的功能模块主要是：通信管理模块、地理信息模块、指挥控制模块、情报侦察模块、火力支援模块、勤务保障模块、数据库管理模块和系统设置模块[38]。

通常的信息传输系统架构分为应用层、路由层和传输层三层。应用层面向各级的指挥用户，可以满足各个指挥端的各种业务需求；路由层主要实现转发路径选择以及进行网络路由维护；传输层则针对信息通道，完成数据的传输、发送与接收。

（3）信息识别技术

信息的分发和传输是整个战场指挥系统的纽带，而信息识别的效率和精确程度则是战场

作战系统精确打击和实时响应的前提。在现代信息化作战条件下，作战双方都采用响应的伪装、隐蔽、欺骗和干扰等手段进行反跟踪。因此战场系统对于信息识别准确性的要求日益提升。目前世界范围内都在开展自动目标识别系统（ATR）、激光雷达跟踪、红外识别等技术的研究[42]。目前ATR已经成为欧洲和美国目标识别研究计划的重要组成部分。主要研究目标是研制出针对不同形式的伪装和有遮蔽情况下的目标进行有效识别的综合式识别算法。经过几年的研究开发，目前已经开发出性能较为完善的识别系统（MSTAR）。该系统已经可以对任何配置的20种战略价值各不相同的目标进行有效识别。

红外成像识别跟踪系统是当代精确制导技术发展的主流方向。红外影像技术具有极强的抗干扰能力，同时低空引导精度高，具有多目标全景观察、追踪及目标识别能力。目前，中国在近红外和中红外技术的研究领域已有较高水准，其中单元及多元近红外和中红外光敏元件的生产技术比较成熟，用于武器系统的目标点源探测、追踪和引导，已经在中国军队中得到了广泛应用。

目前，各国学者就识别与跟踪在全世界范围内进行了广泛研究，并且已经取得相应成果。比如说在人脸识别、视频监控、车辆识别等应用场合，将目标识别与现阶段热门的机器学习结合，大大提高了目标识别的准确性。

12.3.5　陆用装备的环境信息感知与定位技术

世界军事技术强国都极为重视陆用信息感知与定位侦察装置的技术推进，并逐步将其与火力作战分队、机动作战部队的指挥控制系统进行紧密地衔接与融合，以在各种作战环境中赢得先机。

12.3.5.1　陆用装备的环境信息感知技术

国外陆用装备的环境信息感知组成基本采用模块化方式，能够通过各种异类传感器收集远距离目标信息，并通过高效的战术网络支援系统与控制中心通信并引导远距离火力打击。某些定型产品还具有目标识别、目标跟踪等能力。应用广泛的陆用装备的环境信息感知与定位系统主要由光电探测模块、测角模块、定位模块、定向模块、数据处理模块、控制驱动模块、遥控界面模块、无线数传模块等组成。

我国在陆用装备的环境信息感知技术领域与欧洲和美国等发达国家及地区的先进侦察技术相比，还有较大差距。目前我国陆用战场信息感知侦察装备主要包括由激光测距机、红外热像仪、机电测角仪、机械式方向盘等装备；在侦察功能集成方面已经有定型产品得到应用。但目前此类装备功能集成度不高，各类传感器缺乏有机的整合；且在传统作战模式框架下，仅具备目标数据测量和发送功能，缺乏目标图像信息的有效应用；不具备侦察、指挥一体化的作战能力。目前依据地面战场监视与侦察的作战需求变化，采用新一代光电探测技术、信息处理技术、微电子集成技术，构造具有目标自动捕获与识别功能、高精度自动测量功能、集成的智能辅助决策射击指挥功能的侦察装备是当前陆用装备环境信息感知技术发展趋势。

目前国内研究集中于侦察装备多功能集成化技术、侦察装备模块化技术、侦察装备探测方式多波段化技术、侦察装备通信网络化技术、侦察装备轻量化技术、侦察装备信息融合技术研究等方面。即以集成方式将红外探测、激光测距、可见光侦察、CCD摄像等功能融为一体。且逐渐从单一的观察、测量功能向侦察、指挥、通信一体化方向发展，并融入各兵种战场信息共享网络，可直接指挥射击平台实施火力打击，满足作战探测打击一体化的需求，提高打击目标的快速性和精确性。以模块组合方式将激光测距、红外夜视、图像监控、定位、定向等各类传感器件进行组合，便于用户根据任务需要选择配置。采用多波段组合技术，工作频段范围包括跨可见光、红外等频段，以提高装备的目标捕获能力。装备侦察信息通过野战战术无线数据通信网络进行信息实时共享。运用微电子集成技术、MEMS技术，将功能模块体积进行有效缩减，大幅提高装备的携行性能、战场机动能力和隐蔽能力。运用先进的异类多元信息融合技术，将各种探测原理、侦测器材获取的信息进行有效的融合利用，进一步拓展侦察范围，增强战场态势感知能力、提高目标侦察的准确性。

12.3.5.2　战场定位技术

各类侦察器材对目标的定位包含定向和测距两个方面，其中定向技术研究甚多，且比较成熟；而测距，尤其被动测距技术是实现光电定位的关键，是目前现代军事高科技中一个十分重要而又急需解决的技术难题。

被动目标定位、高效能目标照射、多功能集成、便携式、小型化是未来地面侦察装置技术发展的重要方向。尤其在作战分队的前沿侦察方面，往往操作人员需要携带多种器材，测量后需要经过中间多个处理、解算等指挥控制环节后，火力平台才能得到最终射击指令，这在很大程度上制约了作战分队火力反应能力的提高。

目前较为可行的被动测距技术可分为三大类：基于角度测量的几何测距法、基于目标图像的分析法和基于目标光谱辐射及大气光谱传输特性的测距法。几何法测量需要多个站点同时对目标进行几何定位，通过解算位置、角度的关系来求解目标距离。相比其他测量原理，几何法测量精度高，但如何利用图像处理、模式识别等技术提高测量过程的自动化，缩短测量准备时间，提高操作便捷性，是当前研究的重点。

基于目标图像双目立体视觉测距方法是通过双目立体图像的处理获取场景三维信息，得到以深度图表示的测量结果，经过进一步处理可得到三维空间中的景物位置信息。其测量过程的关键是保证图像匹配的准确性，需要选择合理的匹配特征和匹配准则。20世纪80年代以来，计算机视觉的研究者们对视觉系统的各阶段中的各功能模块进行研究，大量的科研成果应用于实际工程项目中。目前双目测距技术主要应用于机器人导航、地图绘制以及人类无法观测到的未知场景的距离测量等领域。目前计算机视觉技术已经发展成熟，尤其在人机体验以及机器智能领域中应用较多。常见的表现形式有3D扫描、全景重建，各种自然交互方式的获取，以及机器智能化分析、监控等。相关产品设计时充分考虑到用户的使用方便性，镜头畸变和相机位置偏差无需手动校正，可自动校正。目前基于目标图像双目立体视觉测距方法主要应用于无人机控制、移动机器人导航与定位、生产线检测等，适用于近距离目标的测量；但就双目测距系统的发展现状来说，它与人类自身的视觉系统相比还很不健全，处于一个不成熟阶段，在最大测程、测距精度、小型化和实用性等方面，距离装备使用需求还有很大的差距。

国内在基于目标光谱辐射和大气光谱传输特性的测距法研究方面，包括单站双波段红外被动测距法和基于O_2或CO_2等气体衰减吸收特征关系的被动测距法等。近几年来，国内多家公司一直在强化红外成像单站定位技术方面的研究开发工作。有采用红外焦平面阵列凝视成像，增大了探测距离和定位精度；有采用探测列阵传感器，可连续地给出来袭导弹的精确位置，还能根据威胁程度自动地发出告警信号。但基于目标光谱辐射和大气光谱传输特性的测距方法，尚需对基于目标物体辐射和大气传输特性进行深入的理论研究分析，其测距方法在测量精度上和测量范围等方面都有着较大的提升空间。

国内在基于目标图像双目立体视觉测距研究方面，北京控制工程研究所研究的一种基于特殊标定场的双目立体视觉相机可安装于月球车上，通过左右摄像机所获取目标图像的视差计算，从而获得月球车车体周围区域的三维地形信息，为月球车提供导航服务。浙江大学机械系基于双目立体视觉技术，通过一组图像对中相应特征点的三维坐标的获取，实现了多自由度机械装置的动态位姿的精确检测。

国内在红外成像单站定位技术方面研究工作起步较晚，目前的研究工作基本上处于定位体制探索和原理方案研究阶段，相继提出了交叉视线法、双波段法、能量法以及红外成像跟踪、序列图像处理和运动分析法等诸多定位体制和算法。如西安电子科技大学、华中理工大学、国防科技大学等院校进行了光电单站被动定位的研究。

对比各类被动定位技术，双站几何法测量技术具有精测量度高、测量范围远、适应性强的特点，并且能够拓展战场态势感知范围，是小型昼夜侦察、指示系统能够采用的、极具研究价值和应用前景的技术途径。

12.3.6 分布式指挥控制与火力控制一体化控制系统的技术和方法

12.3.6.1 陆用指挥控制系统核心关键技术

陆用指挥控制系统核心关键技术包括：不确定条件下作战资源优化部署技术、作战资源动态分配技术、网络化指挥控制技术等。

（1）不确定条件下作战资源优化部署技术

作战资源的部署主要分为传感探测资源的部署和火力资源的部署，作战部署的目的是针对可能出现的作战情形对各种资源进行空间配置，从而为实际作战奠定基础。在作战资源部署的问题中，需要对目标状态预测的不确定性、信息获取的不确定性、通信网络的不确定性等进行考虑。现有的研究中常设定参数为固定，分析得到的结果带有一定的特殊性。同时，动态部署问题中交战过程导致的战场态势变化同样带来不确定性。该技术的难点在于需要充分考虑资源部署过程中的不确定因素，刻画不确定因素并建立相应模型。考虑不确定性因素时，不同条件下最优的部署方案有很大的局限性，因此需要设计一种带有鲁棒性的优化部署方法。

针对不确定条件下作战资源优化部署技术，有学者通过想定描述不确定参数，建立不确定条件下的优化目标。当不确定性参数分布已知时，建立随机优化模型，通过概率分布采样，对不确定性近似，利用期望转化为确定性单目标优化问题；不确定性参数分布未知时，建立鲁棒优化模型，通过描述参数的不确定性范围，在此范围下，比较劣势情况下的表现。该方法可以得到不确定性条件下的部署策略，但对不确定性因素的考虑还不够充分。

（2）作战资源动态分配技术

作战资源分配分配问题可以根据分配资源的类型进行划分，例如雷达等传感探测资源的分配问题，导弹和火炮等火力单元的分配问题等，其中最为典型的分配问题为武器-目标分配问题。武器-目标分配问题按照有无考虑时间因素可分为静态 WTA（SWTA）和动态 WTA（DWTA），当前对 SWTA 技术的研究较多，对 DWTA 技术的研究还不够充分。而在真实作战环境中，战场态势瞬息万变，不考虑时间窗口的静态分配技术远不能满足作战需求。只有成熟的动态资源分配技术，才能在激烈复杂的战争环境中减少人工决策的差错，提高指挥效率，充分发挥各火力单元的整体优势。

作战资源动态分配技术的难点在于其算法需要兼顾快速性和实时性，实际作战中，指挥控制系统必须对当前战场态势做出快速决策并分配任务，在遇到突发情况后能对决策实时做出调整。其数学模型需要尽可能符合战场真实情况，若以简化的数学模型表示会导致决策结果的实用性降低。

针对该技术，有学者使用博弈论的思想方法分析了由异类作战单元构成的战斗小组作战过程中进行动态目标分配的纳什均衡策略。考虑陆用火力和来袭目标的多次对抗，假设攻防对抗双方都是积极主动、智能的，都能够根据对方的变化调整自己的策略，符合实际作战过程。但该方法仅适用于小规模的资源动态分配过程，若问题中资源数量增加会导致求解速度大幅下降。也有学者将动态分配技术问题描述为一个最优化问题，利用优化算法求解：以多阶段后存活的资源期望总价值为优化目标，同时考虑了作战可行性约束、武器资源约束、交战策略约束和武器性能等约束，并给出了一种基于启发式的动态分配求解框架。该方法建模准确，算法求解快速，但在实时性上稍有欠缺。

（3）网络化指挥控制技术

传统的陆用装备指挥控制结构是树状结构，在这种结构中，不同地域的装备将各自信息发送到唯一的指控网络中心中，由指控中心进行任务规划和决策，再逐级下达，功能集中、抗毁性差。传统的指挥控制系统已经不能满足现代战争快速化、信息化的要求，因此网络化指挥控制技术十分关键。网络化指挥控制系统与传统指挥控制系统的区别是，它利用通信网络将作战区域内的作战节点连成一个统一的整体，把各平台内的信息进行融合并决策，把指挥控制信息分发给相应的平台，使平台执行相应的任务。

网络化控制系统是通过网络闭环的反馈控制系统，是一个复杂的网络系统，该系统包含了现代战争过程中许多难以理清的物质流与信息流构成的反馈控制环路，并且这些物质流与信息流之间的相互作用关系极为复杂。近年来，我国网络化作战的理论和实践得到了持续稳步的发展，不断提高陆用装备的网络化作战水平。

针对该技术难题，有学者提出了一种采用可变中心节点的分布式网络结构，采用分层、分布式的网络结构将处于不同地域、各自独立的节点连接在一起，各节点以系统的通信结构为基础，经过信息交流获取其他区域的战场态势，进而可以感知战场的全局态势，实现了战场上的信息共享。同时，各层节点间的相互通信实现了战场节点的全连通，有效避免了节点失效带来的影响，减少了系统的损失。

12.3.6.2 陆用装备火控系统核心关键技术

未来地面战的中心将是进攻方的火炮、坦克、武装直升机、无人机等与防守方陆用武器之间的较量。相比于传统的陆军作战形式，未来的数字化作战样式的改变对陆用装备火控系统提出了更高要求。

为适应未来陆战需求，陆用装备火控系统核心关键技术包括以下内容。

（1）陆用装备火控系统的综合集成技术

陆用装备火控系统本质上是一个复杂系统，包含了目标搜索与识别、目标指示、目标跟踪测量、系统管理、射击诸元解算、火力随动、脱靶量测量、载体姿态测量、载体定位与定向、跟踪线与武器线稳定、弹道与气象测量、电源与供配电等子系统。该火控系统主要完成目标探测、目标跟踪、目标测量与航迹预测、目标威胁度判定、目标分配、射击诸元解算、火炮随动控制、选择弹种、供输弹、火力最佳时刻发射控制等功能。为满足未来作战需求，目前火控系统除完成目标探测和识别、目标定位与跟踪、武器指向与控制、武器发射等基本功能外，还需具备电子对抗、故障诊断和自动维修、内装式测试、战场态势显示、战损评估及全天候工作等多种功能，形成多功能集成综合火控系统。

火控系统综合集成技术需针对信息、接口、功能、性能、价格等多约束指标，多个子系统和大量核心部件进行优化分配及综合设计，因此约束条件下的优化设计技术是陆用装备火控系统的综合集成技术的重要组成部分。

（2）新型网络化火控系统的构建技术

网络化火力控制系统是指在打破传统地域限制，利用信息化网络将分布在作战区域内的各个武器系统连接在一起，通过网络共享来自多个节点的探测信息，对敌方进攻企图进行判断，控制网络内的火力节点，协同对来袭目标进行火力打击，达到最优的火力打击效果。网络化火力控制系统是传统火控系统在网络化条件下的体系升级和功能延伸。

为构建网络化火控系统，首先要分析研究火控网络结构的物理、逻辑及应用层的框架结构，将传统的火控探测器和火控计算机在结构上区分开，基于分布式通信网络，将一个地域内的多种型号火控探测器和该地域内的多种型号防空火力单位的火控计算机连接起来，研究基于分布式计算的网络化控制技术，使每个火力单位都能够根据任意一个或几个火控探测器测得的目标坐标来组合目标航路、计算射击诸元，直接控制本单位的火力装置进行射击，既能独立作战，又能与其他武器平台协同作战，提高整个火控系统的作战能力。

同时研究火控网络化协同能力，在提高各火力节点快速反应能力基础上，建立火力分配数学模型和求解分配算法，在给定约束条件下优化计算得到全局最优的目标分配方案。

为了既能充分利用有限的网络带宽资源，又能保证闭环系统的稳定性，需要设计有效的调度方法，对网络中的每一个系统进行传输调度，使得控制系统能够满足控制周期和任务限制的实时要求，保证控制任务的信息传递在一定的通信时间内完成，最大限度降低由于信息丢失或传输时延对系统造成的性能影响。

在作战过程中，一部分火控系统和火力系统会发生损毁或失效，而新的火控系统和火力系统又会加入网络中重构系统使其继续工作。因此需要研究网络动态重构技术，有效解决由节点故障或链路故障引发的信息流重构，使目标数据信息能够安全、及时地传输。

（3）态势感知和威胁评估技术

态势感知指通过综合敌我双方兵力、部署及地理、气象等环境因素，分析并确定事件发生的深层次原因，将得到的双方兵力结构、使用特点等直观呈现在战场环境中，形成战场综合态势图，包括态势表示、态势预测、态势关联和态势评估等。威胁评估是关于敌方兵力对我方威胁程度的评价和估计。它根据战场敌我双方的态势，综合敌方的杀伤力、机动能力、运动模式及行为企图，得到敌方的战术含义，推断敌方对我方的威胁程度，为我方进一步的决策和指挥提供支持。

态势感知依赖于火控系统的信息感知功能，所感知信息主要包括两部分：一是来自共享的网络信息；二是自身对周围环境的检测信息。其中通过共享网络信息，火控系统可以获取战场环境全局信息、友邻单位信息等，综合多个传感器的数据信息进行数据的实时相关和融合，研究基于专家系统和人工神经网络等智能数据融合方法，获得更准确的结果，为火控系统的操作人员自动提供战场全景、自动搜索和识别目标及自动测定目标距离和方位等直观信息。

（4）复杂背景下小目标快速识别与精确跟踪技术

由于进攻方的武器平台越来越趋近于小型化，同时速度和隐蔽性也得到显著提高，因此需要提升火控系统对于小目标的发现概率和跟踪能力，集成多种传感器，研究具有探测发现隐身目标（RCS≤0.01m²）的技术，并解决复杂背景条件下的目标发现问题，使得火控系统既能在复杂背景下提取目标特征，分析目标类型，同时又具备在各种干扰或者遮蔽条件下，对目标进行全程跟踪的能力。

针对高速来袭目标，研究全自动的快速跟踪瞄准技术，使其满足对于超音速目标的快速探测、识别和连续跟踪要求，同时降低人员的工作负荷，有利于减少人员成本。

（5）高精度稳定跟踪技术

除了目标坐标和运动规律的测量精度外，陆用武器火控系统的最终打击精度取决于武器的稳定跟踪精度。而武器载体通常处于高速机动状态，在这种状态下，火力打击的目标还增加了武装直升机、无人机等高速目标，因此必须解决在载体运行的路面起伏、载体平台的重心不平衡、悬挂系统的振动等外界干扰下的武器、瞄准镜独立稳定和高精度伺服跟踪。为实现载体行进间瞄准和跟踪稳定，首先需要研究高性能的目标跟踪理论及算法，突破高效数字跟踪滤波器及数字滤波技术。

从陆用武器的作战使用来看，影响稳定和伺服跟踪精度的因素主要来自如下几个方面：传感器、系统内的电磁噪声、负载扰动、摩擦和传动间隙等本质非线性因素。因此开展高精度、高传输速率、抗冲击的传感器技术，电磁干扰和噪声抑制技术，以及能够克服多种强扰动和非线性因素影响的高精度、高动态伺服控制理论及方法研究是今后面临的重要课题。

（6）人机智能交互和显示技术

人机智能交互技术将以人工智能理论为依托，集合多种先进技术，如语音识别技术、触控技术等，以计算机的强大计算能力为前提，通过人性化的人机交互界面，实现人与系统的实时交流，智能提供人员所需信息，满足未来信息化、一体化、智能化战争下的需求。人机智能交互技术具备网络化、智能化的特点，具备触摸控制、语音控制、视线控制等多种人性化操作方式，满足信息化作战的快速响应需求，不同于传统人机交互技术的单一键盘按钮的操作模式。智能人机交互技术包括可触摸液晶显示屏、平视显示系统、语音识别系统等，增加获取的信息量，减少内部复杂冗余的按钮开关，加快乘员的反应速度，降低乘员的失误操作。

实时信息显示需要借助于智能控制的方法，对于大量的战场态势信息和武器平台载体信息、目标信息、系统健康状态信息等进行组织及分级管理，并通过智能计算方法动态确定数据输出的优先级别，按照作战流程有序推送相应数据进行图形化的直观显示。需要结合多媒体技术，综合处理声音、视频、图像等多种媒体信息，对多媒体硬件、软件、数据压缩、通信等技术进行研究。

（7）火控系统仿真与建模技术

仿真与建模技术可优化系统设计，预先评估系统性能，节省时间，降低成本，因而是未来陆用火控系统的关键技术之一。

仿真技术为网络火力控制系统关键技术的研究和验证试验提供了一条可行的途径。通过建立网络化火力控制的通信网络及各功能单元的仿真模型，建立网络化火控仿真系统。结合未来战场的作战想定，开展系统仿真实验，从而对关键技术的性能指标、通信网络的结构层次、功能设计进行仿真和测试，获得各关键技术的能力评价，进而发现系统的能力瓶颈。在此基础上对于系统技术进行优化，加快技术研究和开发的进度。

为达到此目的，需要借助于分布式交互仿真（DIS）和高层体系结构（HLA）等仿真技术，开发网络化的火控系统仿真模型。这是一项非常庞大和艰巨的工作，决定了仿真系统的真实性和有效性。

12.3.6.3　陆用装备分布式控制系统的技术与方法

尽管已有许多文献针对多异构平台的一致性问题展开了研究，取得了初步的研究成果，但在相关研究方面依然存在较大的局限性，具体表现如下。

① 很多成果所采用的系统模型多为平面型对等网络结构，其结构和功能相对简单，对环境和任务的动态变化缺乏灵活性和适应性。不仅如此，研究中多数是从集中式或半分布式控制的角度进行系统拓扑建模，因而给在复杂动态环境下多异构平台间的信息流通的维护带来巨大的计算负担，消耗不容忽视的通信代价，严重时还会产生网络风暴。

② 研究中通常人为割裂拓扑连通性保持和分布式运动协同控制之间的联系，往往片面强调连通性保持而忽视了具体控制任务的需求，缺乏将连通性作为约束条件、从而与具体的协同控制任务目标相结合的一体化综合控制方案。

③ 以往的异构多无人平台协同与一致性控制多考虑只有一个控制目标的单平衡态控制，未能实现多个目标的多平衡态控制。而对于一个包含有大规模、异构个体且群聚系数较高的异构多无人平台系统而言，目前常见的方法往往局限于使异构多无人平台系统中所有节点的状态趋同，即群体的一致性平衡点是唯一的。但对于异构多无人平台而言，群聚特性体现出明显的组织划分，不同群（组）的异构平台往往期望收敛到不同的平衡态上，因此对传统的单平衡态的一致性研究无法满足异构多无人平台协同作战的需求。

关键技术问题有如下几个。

（1）异构无人平台的动态分组理论及其体系结构设计与优化

由于异构平台的功能不同，为了达到特定的目标，某些平台可在一段时间内联合附近的其他部分作战平台形成临时协作小组，灵活的动态分组机制可有效提高各异构平台的执行能力、活动范围和感知范围，从而提高系统整体的协作效率。集中式或半分布式控制容易带来巨大的计算负担和通信代价。为此，应着力构建层次型拓扑结构以提高系统对复杂环境和任务动态变化的适应性，从而降低系统的通信开销，便于控制指令的分解与下发；更进一步，对于大规模异构平台系统而言，通过提取简洁、没有冗余的拓扑"抽象"结构，可以利用少数具有代表性的个体描述系统整体特性，克服大规模异构平台系统的管理与任务分解难题。

（2）拓扑连通性保持条件下的异构无人平台协同与一致性控制

拓扑连通性保持条件下的一致性协同控制既需要考虑拓扑结构的连通性约束，同时还需要完成目标任务的一致性控制。根据异构多无人平台系统的抽象特性构建起系统层次型模型，该模型把系统的节点划分为骨干节点和非骨干节点，用少数骨干节点"引导"多数非骨干节点来实现对系统的整体控制，这种灵活的分布式运动协同控制的思想可以大大降低对系统整体连通性的要求，有助于骨干节点与非骨干节点之间在连通性保持约束下实现跨层协同控制。

从控制器设计角度出发，通过控制骨干节点之间以及骨干节点与非骨干节点之间的相对位置，设计出兼顾连通性约束以及典型控制任务需求的协同控制算法，使得系统的运动在满足拓扑连通性约束的同时完成既定的目标任务。关键问题在于：设计具有连通性保持功能的势场函数，基于这一势场函数，在骨干子网内部设计出面向具体任务的骨干子网分布式有界输入控制，而在骨干子网与非骨干子网之间，设计有限时间跨层蜂群跟踪控制算法。

（3）异构多无人平台的分组一致性控制与分组平衡态分析

广义 Laplacian 矩阵描述了异构多无人平台系统中节点因受自身动态特性以及邻域内其他节点影响而产生的动态演化机理，广义 Laplacian 矩阵的零特征值的几何重数决定了异构多无人平台系统能够实现分组一致的平衡点的数目，而广义 Laplacian 矩阵的其他特征值的分布决定了分组一致的收敛性。通过对广义 Laplacian 矩阵零特征值以及与零特征值相关的左右特征向量的分析，可以证明异构多无人平台系统的分组一致性的最终收敛状态是否为均值一致，因此广义 Laplacian 矩阵谱特性的分析以及零空间标准正交基的快速分解算法是异构多无人平台系统分组一致性研究的关键性基础问题。

进而，在组间输入度为平衡对/非平衡对的条件下，采用平衡点线性化、分块矩阵谱特征分析，双树变换，公共 Lyapunov 方法，慢时变系统指数收敛引理等方法，分别针对固定拓扑、切换拓扑、慢时变拓扑进行分组牵引一致的研究，研究各自实现分组牵引一致性的充要条件。

12.3.7 陆用装备故障诊断、自修复与保障自动化的技术与方法

在高科技的推动和部队需求的牵引下，武器装备的发展日新月异，一大批功能强大、结构复杂的武器装备被研究出来。随着武器装备技术水平越来越先进，技术性能越来越高，装备的保障资源和保障条件要求越来越多，造成装备的使用和保障费用急剧增加。自动化是装备保障的一个重要趋势，随着计算机辅助工程和 CAD 技术的日益广泛应用，以计算机为中心的装备保障设计与分析自动化将改善 21 世纪武器装备保障设计和分析的质量，缩短研制周期，提高装备水平；故障检测与诊断自动化以及维修和后勤保障的自动化将会大大改善装备的保障能力，缩短保障时间，提高新一代武器装备的战备完好性，大大降低装备的使用和保障费用；装备故障管理和信息收集及处理的自动化将大大提高装备的装备保障管理效率，提高装备故障信息收集速度，提高收集精确度，从根本解决

装备故障信息的收集和分析处理方面的问题，最终提高装备的保障水平。所以本小节主要介绍陆用装备的故障诊断技术。

为了提高装备可靠性和维修能力，降低事故风险，故障诊断技术成为这其中的关键所在。故障诊断主要研究如何对系统中出现的故障进行检测、分离、辨识以及预测，即判断故障是否发生，定位故障发生的部位和种类，以及确定故障的大小和发生的时间等。国内的陆用装备故障诊断方法，将其整体上分为定性分析的方法和定量分析的方法两大类[43]。

12.3.7.1 定性的分析方法

（1）图论方法

基于图论（graph theory）的诊断方法是一种定性的故障诊断方法，基于图论的模型表达直观、清晰并且修改方便，在解析模型不够精准的时候，也能指出故障传播路径并做出故障解释，能够脱离历史数据进行故障信息诊断，对新故障的识别准确性高。但是此方法诊断有缺点：搜索空间较大、推理速度较慢、诊断精度较低、易由于解决多个故障冗余而出现"组合爆炸"等问题[44]。基于图论的故障诊断方法主要包括符号有向图（signed directed graph，SDG）方法和故障树（fault tree）方法。

（2）专家系统

基于专家系统（expert system）的故障诊断方法是利用领域专家在长期实践中积累起来的经验建立知识库，并设计一套计算机程序模拟人类专家的推理和决策过程进行故障诊断。专家系统主要由知识库、推理机、综合数据库、人机接口及解释模块等部分构成。基于专家系统的故障诊断方法能够利用专家丰富的经验知识，无需对系统进行数学建模，并且诊断结果易于理解，因此得到了广泛的应用。但是，这类方法也存在不足，主要表现在：知识的获取比较困难；诊断的准确程度依赖于知识库中专家经验的丰富程度和知识水平的高低；当规则较多时，推理过程中存在匹配冲突、组合爆炸等问题，使得推理速度较慢、效率低下。

（3）定性仿真

定性仿真（qualitative simulation）是获得系统定性行为描述的一种方法，定性仿真得到的系统在正常和各种故障情况下的定性行为描述可以作为系统知识用于故障诊断。基于定性微分方程约束的定性仿真方法是定性仿真中研究最为成熟的方法之一。这种方法首先将系统描述成一个代表物理参数的符号集合以及反映这些物理参数之间相互关系的约束方程集合，然后从系统的初始状态出发，生成各种可能的后继状态，并用约束方程过滤掉那些不合理的状态，重复此过程直到没有新的状态出现为止。

12.3.7.2 定量的分析方法

（1）基于解析模型的方法

基于系统解析模型故障诊断方法的基本原理是，将实际测量的信息与由基于系统模型所得到的信息进行比较，这个差值称为残差，通过对残差的处理以及与特定的门限值进行比较，从而判断是否有故障发生。这个方法的核心包括残差的产生和对残差的评估。当知道系统的精确数学模型时，基于解析模型的故障检测和诊断是最佳的方法。不但能够对故障进行实时的检测和诊断，而且具有故障预测功能，精度很高。这些优点使其成为故障诊断中发展最早、最成熟的技术。但是，对于大型、复杂系统，存在模型庞大、模型不确定性和建模误差等实际问题，从而使得该方法的应用受限，其精度和可靠性也随之降低。总体来说，这类方法包括状态估计（state estimation）方法、参数估计（parameter estimation）方法和等价空间（parity space）方法等。

（2）数据驱动的方法

数据驱动的故障诊断方法就是对过程运行数据进行分析处理，从而在不需知道系统精确解析模型的情况下完成系统的故障诊断。这类方法可分为机器学习类方法、多元统计分析类方法、信号处理类方法、信息融合类方法和粗糙集方法等。

12.3.8　陆用装备作战效能实时评估技术与方法

装备作战效能评估是对装备的单项效能、系统效能或作战效能的定量或定性表述，是对其效能作出的科学评价，在现代军事和作战问题研究领域中发挥着重要作用。效能评估有误，会导致对双方的军事实力分析失去准确性，使得作战决策失误，其后果是十分严重的。因此，作战部门和指挥机构都力图准确了解和掌握敌我双方主要武器装备的效能，装备作战效能实时评估技术与方法越来越受到重视[45]。

国内对装备作战效能评估的研究起步比较晚，但是发展迅速。在消化吸收国外效能评估模型相关研究的基础上，专家学者根据实际应用情况对评估技术方法进行了完善和发展。目前，评估方法种类很多，各有优缺点，国内常用的效能评估技术方法如下。

（1）解析法

解析法是以数学为基础，所用的解析表达式描述了效能指标和给定条件之间的函数关系。常用的解析法包括：ADC法、SEA法、层次分析法、模糊综合评判法等。

① ADC法　这是1965年美国工业界系统效能咨询委员会提出的效能指标计算模型，其解析式为：$E=ADC$。式中，E是系统效能指标向量；A是可用度或有效性向量，是表征系统在执行任务的开始时刻，系统可用程度的度量，反映武器系统的使用准备程度；D是任务可信度，它表示系统在使用过程中完成规定功能的概率；C是系统运行或作战的能力。但这种方法的局限性在于不能很好地反映系统要素之间的复杂联系及其对系统效能的影响。

② SEA法　即系统有效性分析方法，由A. H. Levis等人提出。SEA方法通过对部件特性、操作方法、系统结果与系统可用性及性能之间的关系进行研究，在同一公共属性空间内比较系统能力和使命要求，从而得到有效性评价。应用SEA方法对系统与使命建模时，具有一定的主观性，评估结果将会受到模型准确程度的直接影响。SEA法的优点在于贴近效能评估的基本含义，能充分体现出系统构件、组织和战术的变化对系统效能的影响，具有较高的有效性和广泛的适用性，但在对操作性要求较高、需要反映复杂因素对系统影响的情况下该方法不适用[31]。

③ 层次分析法（AHP）　20世纪70年代中期，美国匹茨堡大学教授SaatytyT. L. 提出了一种多准则决策方法即层次分析法。该方法将复杂的问题分解成不同组成要素，并按支配关系将这些要素进行分组，从而形成有序的递阶层次结构；再通过各个要素之间的两两对比判断来确定各要素在每一层次中的相对重要性程度；最后在递阶层次结构内进行合成，从而得到各个决策因素相对于目标层重要性程度的总排序。AHP法是一种结合定性与定量分析的多准则评估方法，其特点是可以通过数量形式，将人的主观判断进行表达和处理。

④ 模糊综合评判法　对具有多种属性的事物，或总体优劣受多种因素影响的事物，借助模糊推理的方法来得出一个合理的、综合的总体评判。模糊综合评判法不需要知道被评判对象的数学模型，是一种反映人类智慧思维的智能活动，也是一种结合定量分析和定性分析的综合评判方法。其局限性是不能给出具有明确物理意义的定量评估结果，并且需要在实践中不断修正才可以得到具体问题的隶属函数[31]。

（2）试验统计法

试验统计法是通过采集装备武器系统在演习中的各项数据，利用统计学方法来评估作战效能指标。这种方法比较可靠且有理论依据，但是需要有明确的数学模型为前提，才能表征所有统计数据的随机特性。所以统计法一般只限于对已有武器进行效能评估[33]。

（3）模拟仿真法

模拟仿真法利用的是计算机设计的系统仿真模型，结合多媒体技术和虚拟现实技术等，按照既定的仿真想定或脚本仿真模拟作战过程，通过对仿真过程和结果数据的分析给出评估结果。这种方法适应时代的发展要求，可以详细考虑影响系统的诸多因素，但是建立模型的难度大、编程任务重、试验周期长，所建立仿真模型的可信度会受到涉及因素数量影响。

（4）指数法

指数是多种指标的平均综合反映，且指数的量是相对的，可以用来衡量武器装备的效能。指数法反映的是一种平均的潜在作战效能，是一种静态的定量分析方法。指数法避开了大量系统不确定性因素，具有较高的可靠性与准确度，一般应用于宏观与整体角度的评估中，但其局限性在于对专家经验有依赖性，只考虑了主要敏感因素[46]。

（5）基于智能的效能评估方法

近年来，智能方法凭借其良好的非线性特性、自适应和较强的抗干扰能力等优点在武器装备作战效能评估中应用越来越广泛。目前在这个方向的研究中，专家系统更多地应用于作战决策，而在效能评估方面应用较少，常与其他智能方法结合使用。神经网络技术则主要应用于根据已经选好的指标数据进行效能评估。模糊方法应用的代表为模糊综合评判。此外，还有很多研究人员将较新的智能算法或混合智能算法应用到装备作战效能实时评估中，如基于进化计算的神经网络、模糊 Petri 网、粗糙集理论等[33]。这类方法适用于复杂程度大、对精确度要求高的武器系统效能评估。

上述介绍的国内常用的装备作战效能评估方法，每种都有其特定的应用范围和局限性，因为各种方法的评估机理与模型不同、属性层次各异等因素，评估方法产生的结论存在非一致性的问题。针对这一问题，专家学者提出了"组合评估"的理念，即将多种评估技术方法相结合，扬长避短，从而得到更加科学准确的评估结果。组合评估方法主要分为两种：一种是基于评估指标赋权的组合评估；另一种是基于评估方法的组合评估。目前，对于组合评估方法，国内外还处于初步研究阶段，装备作战效能实时评估技术还有很多问题亟待解决，需要在效能概念、系统建模和评估方法等方面有所创新。

12.4 应用

12.4.1 自动化火炮系统的典型应用

现代火炮具有力密集、反应迅速、抗干扰能强、可以发射制导弹药和灵巧实施精确打击等特点。随着时代的发展和技术的进步以及现代战场的不断扩展，火炮的概念在逐步成熟与完善，火炮的内涵也在不断扩大。火炮已经从最初简单地将炮弹发射演变为了现代完整的火炮武器系统，火炮武器系统是包含火炮系统、搜索跟踪系统（搜索雷达、气象雷达、侦校雷达等）、指挥控制系统（指挥车）、弹药补给系统（弹药车）、后勤保障系统（机械维修车、电气维修车等）等可以完成整个作战功能的所有武器系统的总称。

作为火炮武器系统核心的火炮系统，应该是由火力分系统（包括发射系统和弹药）、炮塔分系统、火控分系统、底盘分系统、辅助武器及其他系统组成的复杂系统。而在陆用装备中，火炮又可以分为高射炮、地面压制火炮、坦克炮三种，下面主要介绍我国目前最先进的三种类型的自动化火炮系统。

（1）PLZ-05 式 155mm 自行加榴炮

PLZ-05 式 155mm 自行加榴炮作为一种达到世界先进水平的现代化大口径自行压制火炮系统，具有高度的火力反应速度、火力毁伤速度、强大的野战生存能力和先进的火控指挥及操瞄自动化水平。PLZ05 能够使用 155mm 口径的各类炮弹，既有普通非制导炮弹，也有使用激光或卫星制导的炮射导弹。因此 PLZ05 式 155mm 自行加榴炮能够执行多样化作战任务，既能打击面状目标，又能消灭小型目标。在使用激光制导炮弹时，可打击 20km 外的点目标；在发射常规炮弹时，射程可达 30km；在发射增程底排弹时，射程可达 40km。此外 PLZ05 式 155mm 自行加榴炮还具备单炮多发同时弹着能力。因此，其基本能够适应未来信息化战场环境和作战需求的远距离纵深作战、精确作战、机动作战、自主作战、协同作战、持续作战和多功能作战等多种作战方式。

PLZ05 式 155mm 自行加榴炮配备由弹道计算器和全套瞄准仪组成的数字火控系统。在直接瞄准射击时，可以使用位于车顶火炮左侧的车长全景瞄准仪，以及炮塔前板处的潜望瞄准仪。这些瞄准仪都有两个目标搜索和日间、夜间射击通道。在得到战车和目标方位，以及其他数据之后，可以使用数字火控系统从隐蔽阵地射击，具有较高的自动化程度。PLZ05 式 155mm 自行加榴炮的核心技术之一是弹药自动装填系统，能够实现弹丸任意角度自动装填、药筒任意角度半自动装填，最初 3 发炮弹能在 15s 内发射，之后的射速降至 8 发/min。火炮射击后，空药筒从身管下方抛壳窗被抛出，避免了射击后膛内残留有毒气体，污染炮塔战斗舱空气。

(2) PLL-05 式 120mm 自行迫榴炮

PLL-05 式 120mm 自行迫榴炮发射高爆榴弹的最大射程为 9.5km，发射迫击炮弹的最大射程为 8.5km，发射破甲弹的最大射程为 1.2km。采用半自动装填方式，因此能始终保持高射速：发射高爆榴弹时 6～8 发/min，发射迫击炮弹时 10 发/min，发射破甲弹时 4～6 发/min。该炮的瞄准与作战模式可根据需要选择自动、半自动和手动方式。炮塔上装有 4 具固定潜望镜，还有 1 具双向稳定昼/夜周视瞄准镜装备，使它具有夜间和行进间对运动目标进行攻击的能力。

PLL-05 式 120mm 迫榴炮具有很高的自动化操炮能力，是一款全数字化的自行火炮，它首次实现了迫击炮的全自动操瞄，标志着中国传统迫击炮向信息化的跨越式发展。该炮的数字化系统包括数字化指挥通信系统、数字化火控系统、数字化炮控系统以及车内数据总线系统等。其火控系统包括弹道计算机、光学直瞄镜和周视间瞄镜，具备自主导航能力，初始对准定位定向能力；数字化的炮控系统包括炮控计算机、高低电伺服系统、方向电传动系统。连长炮车可作为射击指挥中心，由连长炮车计算射击诸元，并通过数据通信电台将射击指令下达到其他火炮，控制全连实施全自动调炮和射击。

(3) ZPT98 式 125mm 滑膛炮

ZPT98 式 125mm 滑膛炮是中国目前实际装备的威力最大的坦克炮，该坦克炮的服役让中国主战坦克的火力达到了世界水准。可发射尾翼稳定脱壳穿甲弹、破甲弹和榴弹三种不同类型的炮弹，列装了激光制导炮射导弹系统。该坦克炮的火控系统则采用了国际上先进而流行的猎-歼式火控系统（也称双指挥仪式）。其最显著的特点是：车长可以对火控系统进行超越（炮长的）控制，包括射击、跟踪目标和指示目标等；在坦克炮塔后部装有激光目眩压制干扰装置。最大作用距离 4000m，"激光压制观瞄系统"，就目前来看，相对于西方主要国家的主战坦克，我们的这套系统的确可以称得上是独具特色，夜战能力，装有热成像仪，夜间或复杂气象条件下，对坦克目标观察距离达 2000m，具备了在昼/夜间丁运动状态下对运动目标射击能力。

12.4.2　我国防空装备自动化系统典型应用

我国防空装备包括：远程/中程/近程、高空/中空/低空导弹武器系统，近程、低空高炮武器系统和火箭武器系统等。防空装备担负的使命包括：国土防空反导、野战防空反导和海上防空反导等。

为纪念世界反法西斯战争胜利 70 周年而举行的"9.3"大阅兵分列式上，我国向全世界公开展示了中国自主研制的五型地面防空装备，其中包括 PGZ-07 履带式自行高炮、HQ-9 防空导弹、HQ-12 防空导弹、HQ-6A 弹炮结合武器系统（由 HQ-6 低空导弹和 LD-2000 近防高炮组成）。以下重点介绍五型地面防空装备的自动化系统。

（1）PGZ-07 履带式自行高炮自动化系统

PGZ-07 履带式自行高炮自动化系统是我国新一代双 35mm 自行高炮，是目前解放军陆军最先进的自行高炮武器系统，射击速度快、命中精度高、抗干扰能力强。PGZ-07 自行高炮主要担负部队野战防空任务，可对 50～5000m 范围内的直升机、无人机、巡航导弹等常规目标进行有效拦截。

PGZ-07 自行高炮火控系统包括搜索雷达、跟踪雷达、激光测距仪、红外测角仪、热像跟踪仪、光学瞄准镜等探测设备。PGZ-07 自行高炮的雷达火控系统和光电火控系统相互独立。搜索雷达最大搜索距离 20km，配有敌我识别装置，可在静止和行进间不间断对空监视，并将捕捉到的信号自动传输给跟踪雷达。PGZ-07 自行高炮火控系统的工作过程是：由搜索雷达对空域进行大范围搜索，当发现攻击目标后将目标信息交给火控跟踪雷达或光电跟踪装置，火炮同时随动，当攻击条件满足时，火炮对目标进行自动射击。

（2）HQ-9 防空导弹自动化系统

HQ-9 防空导弹是我国第三代低空导弹武器系统，具备抗饱和攻击、复杂电磁环境作战和拦截多种空袭兵器能力。HQ-9 防空导弹最大射程 200km，最大射高 30km，能够精确拦截飞机、中短程弹道导弹、巡航导弹、精确制导滑翔弹、无人机等空中目标。

HQ-9 导弹指控系统从雷达接触目标到发射导弹所需的反应时间约为 10s，能一次控制 6 枚导弹，同时拦截 3～6 个不同方向的目标，对同一个空中目标可先后动用 2 枚导弹进行重复攻击，导弹发射间隔时间约 5s。导弹导引方式采取惯性＋指令＋TVM，对飞机目标一次使用 1～2 枚导弹，对弹道目标则加倍，发射间隔约 5s。能同时跟踪 300km 内、7Ma 以下的 100 个空中目标，并自动进行威胁评估，选出 6 个威胁最大的目标分配给发射车。

（3）HQ-12 防空导弹自动化系统

HQ-12 防空导弹是我国第一种采用相控阵雷达技术的防空导弹武器系统。HQ-12 防空导弹武器系统可打击在 0.5～25km 的高度上飞行的目标，倾斜发射时射程为 7～42km，主要用于对付固定翼飞机和直升机，同时对空地导弹和空中发射的精确制导武器也有一定的防御能力。

HQ-12 防空导弹指控系统雷达探测距离 115km，追踪距离 80km，导引距离 50km。该雷达的工作波段是 G 波段，可同时导引 6 枚导弹攻击 3～6 个目标，具备一定抗干扰能力。

（4）HQ-6A 弹炮结合武器自动化系统

HQ-6A 弹炮结合防空系统由两部分组成：红旗 6 地空导弹和陆盾 2000 近防炮。HQ-6 地空导弹是一种中低空地空导弹武器系统。HQ-6 导弹指控系统具备了处理器智能模块技术，使全系统变成有人工干预能力的指令控制系统，使其抗干扰能力、目标识别能力、反应能力大幅提高。

LD-2000 近防炮系统主要用于机场、指挥中心、交通枢纽等重要阵地的末段防御，可以有效拦截空地导弹、巡航导弹以及直升机等低空目标。LD-2000 高炮指控系统可直接使用 HQ-6A 的雷达站信息，可直接控制相邻阵地发射的 HQ-6 导弹，形成信息共享体制。

12.4.3 坦克装甲装备自动化系统典型应用

交互式多模型（IMM）算法与单模型算法相比，因其可以在多个模型间实现快速、平滑的切换，可以适应突发的机动情形，近年来得到了广泛的应用。

在 IMM 算法中，模型集合是需要预先确定的，模型集过小可能无法覆盖目标运动模式，增加模型数量可以提高精度，但是计算量也会随之增大，而且引入过多的模型竞争会使

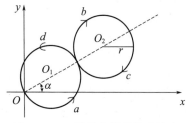

算法的性能受到影响。针对地面装甲装备目标常通常采用的匀速、匀加速及 S 形战术规避机动等实际情况，选用一个匀速（CV）模型、一个匀速率转弯（CT）模型与一个"当前"统计（CS）模型作为模型集合，每个模型都采用卡尔曼滤波器进行滤波处理。

S 形战术规避机动可用图 12-14 描述的过程建模。分别取运动轨迹的连心线与 x 轴正方向的夹角 α 为 $0°$、$45°$ 和 $90°$ 的三种较为典型的情况进行仿真。图 12-15～

图 12-14　S 形战术规避机动轨迹

图 12-20 给出了 IMM 算法对目标机动速度和加速度在 x 轴方向的估计值，作为对比还给出了单独采用"当前"统计模型滤波算法的结果。表 12-1～表 12-3 给出算法收敛后的误差分析。

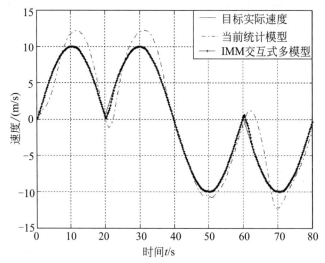

图 12-15　$\alpha=0°$ 时目标速度估计（一）

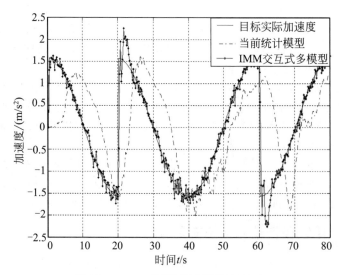

图 12-16　$\alpha=0°$ 时目标速度估计（二）

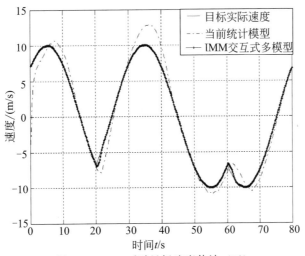

图 12-17　$\alpha=0°$ 时目标速度估计（三）

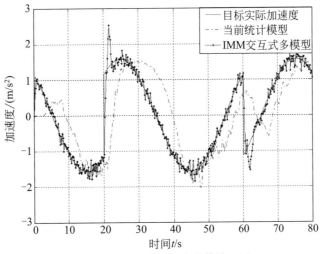

图 12-18　$\alpha=0°$ 时目标速度估计（四）

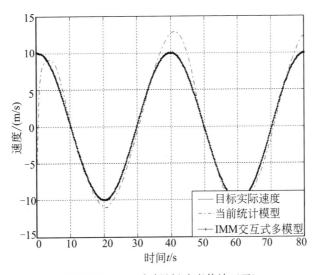

图 12-19　$\alpha=0°$ 时目标速度估计（五）

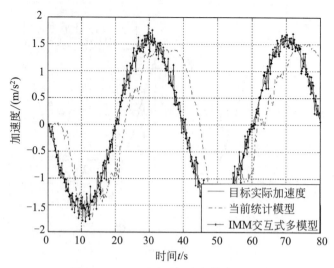

图 12-20　$\alpha = 0°$ 时目标速度估计（六）

表 12-1　$\alpha = 0°$ 时误差分析

机动目标模型	位置/m		速度/(m/s)		加速度/(m/s²)	
	ME	RMSE	ME	RMSE	ME	RMSE
"当前"统计模型	1.1313	2.0774	0.4611	1.7154	−0.0110	0.8140
IMM 交互式多模型	−0.0004	0.0400	0.0059	0.1595	0.0057	0.1869

表 12-2　$\alpha = 45°$ 时误差分析

机动目标模型	位置/m		速度/(m/s)		加速度/(m/s²)	
	ME	RMSE	ME	RMSE	ME	RMSE
"当前"统计模型	1.1177	2.6342	0.2999	1.1757	−0.0201	0.9603
IMM 交互式多模型	0.0004	0.0373	0.0038	0.1776	0.0082	0.1707

表 12-3　$\alpha = 90°$ 时误差分析

机动目标模型	位置/m		速度/(m/s)		加速度/(m/s²)	
	ME	RMSE	ME	RMSE	ME	RMSE
"当前"统计模型	1.0378	2.5036	0.2481	1.4939	0.0361	0.8587
IMM 交互式多模型	0.0003	0.0387	−0.0006	0.2180	−0.0023	0.1581

综上，对于典型的目标 S 形规避机动，IMM 算法对于目标运动状态的估计优于单模型的"当前"统计模型算法，体现了其算法优越性。

12.4.4　我国防化装备自动化系统典型应用

经过 60 多年的发展，我国防化装备已经初步形成覆盖多领域、适应多工况、应对多场景的完整防化装备体系。虽然整体自动化水平和信息化水平还有待提升，但也取得了一定的成果。在防化自动化装备方面，我军已装备装甲型防化侦察车、洗消车、发烟车等新型自动化防化装备。

12.4.4.1　侦察领域

核生化侦察为核生化处置行动提供依据，是进行核生化军事行动、核生化事故救援、核生化恐怖防范的主要信息来源，是国土防御与环境监测的重要技术手段。在整个防化装备体系中处于最前端，是开展一切相关工作的前提。

（1）核生化监测预警网络

核生化监测预警网络可实现对区域或全域核生化监测预警。能够对突发核生化事件自动快速识别、分析、响应，为事故应急救援力量提供重要目标或区域的核生化态势感知、预警信息，行动辅助决策及应急处置服务平台。能够做到军地协同，各部门之间互联互通、信息共享。具备对各类风险源实时在线监测、预警，完成趋势预测，后果评价。对收集的各类监测、报警信息，能够进行融合处理，正确分发。对全国核生化应急资源进行信息化管理，对应急救援过程进行可视化指挥，形成协同共享、高效互动的应急处置能力。

（2）某型装甲防化侦察车

2016 年代表我国参加俄罗斯"2016 国际军事比赛"的某型装甲防化侦察车是核生化自动化侦察装备的典型代表（图 12-21）。

图 12-21　某型装甲防化侦察车

该型防化侦察车采用 8×8 装甲底盘，由核生化侦察系统、指控系统、辅助系统和软件系统组成。集成红外遥测技术、质谱检测技术、生物免疫检测技术、计数管探测技术。具备化学毒剂遥测、行进间核生化自动化侦察、网络通信、标记沾染或染毒边界等功能，能够遂行快速、大面积核生化侦察任务。可快速侦测核爆，自动识别高爆、低爆并采取不同的集体防护措施。能有效识别辐射种类与强度，并快速进行边界标定。侦测数据经主控系统分析汇总并通过通信设备上传上级指挥节点，为标绘战场核袭击态势图提供依据。其配备的红外毒剂遥测报警器可采集环境背景红外噪声形成本底参考系并加以滤除，提取出毒剂红外辐射信号，经后端电路放大判别，从而实现毒剂云团遥测报警。其指挥控制信息流程紧贴核生化侦察任务，实现了核生化侦察综合信息自动获取、快速处理和网络传输功能，可与上级指挥作战单元互联互通。

该车实现了核生化侦察装备的信息化与自动化整合，完成了核生化侦察自动化控制与指挥流程，为我军防化自动化装备系统提供了情报来源以辅助决策。

12.4.4.2　防护领域

核生化防护是为避免和减轻核生化武器袭击造成的毁伤所采取的必要防护措施，是保障人员装备安全、提升人员装备在核生化条件下战场生存能力的重要技术手段。

特种车辆核生化集体防护系统又称"三防"系统，是保护车辆内人员和设备免遭核生化威胁的集体防护装置。特种车辆核生化集体防护系统为防范生化毁伤提供了有效防护屏障。系统由辐射报警器、毒剂报警器、MCU、关闭机和通风滤毒装置等组成。当装甲车辆遭遇核生化袭击或行驶至污染区时，MCU可自动识别攻击类型和污染程度，并向控制机构发出指令，控制关闭机使其自动关闭，隔绝车内与外界的气体交换。与此同时，自动启动增压风机和切换气路。将外界气体抽入通风滤毒装置进行过滤消毒，供给车内人员正常呼吸的同时建立车内超压，使得外界气体不会从缝隙渗入车内，威胁人员生命安全。

12.4.4.3 洗消领域

洗消作业分为场地洗消、装备洗消、人员洗消、小物品洗消，主要是对遭受核生化沾染的场地、装备、人员、小物品进行消毒与消除。目前我军装备的洗消装备主要包括喷洒车、淋浴车、燃气射流车、洗消机器人、一体化洗消站等。

（1）某型洗消机器人

洗消机器人分为源头封堵机器人（图12-22）、阵地洗消机器人、扬尘压制机器人。控制方式主要分为遥控和线控，可适应多场景快速洗消作业。

图 12-22　某型源头封堵机器人

2015年9月22日，火箭军某部核生化救援演练中，某型源头封堵机器人迅速通过沾染区复杂地面，对污染源实施快速封堵作业。该机器人采用小型履带底盘，可遥控进入狭小密闭空间，通过高压水炮对污染源进行压制，从而实现源头封堵，避免核生化威胁进一步扩散。

（2）某型淋浴车

某型淋浴车（图12-23）可快速自动建立流动洗消点，提升了洗消点综合机动性，提高了其战场生存能力。全车自动化程度高，可快速展开与撤收。淋浴系统可对淋浴作业流程进行全过程自动调节与控制。具备故障自检功能，可对漏电、过载、缺水进行自动检测与处置，提升了系统安全性。

（3）某一体化洗消站

2003年"非典"期间，我军某多功能一体化洗消站集成多种洗消作业单元，快速自动构建"洗消走廊"对遭受病毒污染的人员、衣物、小物品进行全方位洗消，有效地防范了"非

图 12-23　某型淋浴车

典"病毒的二次污染，保障了人民的健康和生命安全。该洗消走廊还可用于核生化战争、核生化应急救援、疫情控制等场景。且可实现灵活配置，满足复杂地形条件下的洗消作业需求。

12.4.4.4　保障领域

烟幕具有阻碍敌军侦察与火力打击，掩护我方军事目标和军事行动的功能。现代烟幕保障还具有反红外、激光、电子制导武器的功能。烟幕保障主要装备有烟幕弹、发烟罐、发烟车。

为对抗广泛使用的精确制导武器，我军某火箭发烟车（图 12-24）依据激光、红外制导武器特点，将特制颗粒气溶胶填充至薄壳火箭弹中。该装备采用 6×4 通用轮式运载平台机动，通过 4×9 阵列发射器进行发射角度调节，以急速齐射方式在 $50 \sim 200m$ 空中展开一道能够持续不短于 1min 的"烟雾墙"。微颗粒气溶胶可大幅削弱激光、红外穿透性并将其散射，致使激光、红外武器制导光束失效，从而实现对作战部队、武器装备、工事掩体、军用设施的烟幕遮蔽，提升战场生存能力。

图 12-24　某型火箭发烟车

12.4.4.5　指控领域

现代战争的核心是通信和指挥。防化装备自动化系统不可能脱离全军指控系统而独立存在。基于全军指控系统的防化自动化指挥通信系统已初步完成。

该系统通过前端核生化侦察体系将侦察、监测、报警信息进行自动化收集汇总并通过软件模型进行初步分析形成处置建议书，为指挥员提供决策依据。同时将指挥、通信、情报三位一体、融合统一，提升合成军整体作战指挥效能。

第 **12** 章

12.4.5 轻武器及单兵装备自动化系统典型应用

单兵装备正在向穿戴式一体化设备发展。穿戴式设备作为指挥控制的新工具、协同联络的新装备、装备操作的新手段和单兵作战能力的"倍增器",势必对军事领域产生重大影响,并成为军事强国竞逐的新焦点。

穿戴式设备是一种将计算机"穿戴"在人体上进行各种应用的国际性前沿计算机技术,是智能环境的一个主要研究课题。穿戴式设备的基本工作原理是利用传感器、射频识别、导航定位等信息模块,按约定的协议接入移动互联网,实现人与物在任何时间、任何地点的连接与信息交互。该技术在军事领域蕴藏着巨大的应用价值,特别是在作战指挥、单兵装备、安全管理和后勤装备保障方面。针对现代战争"战争要素信息化程度越来越高,战争形态向信息化方向发展"的特点,对穿戴式设备的研究将成为我军信息化、智能化建设的需求。

(1) 美军"陆地勇士"系统

该系统为单兵综合战斗系统,是通过将可穿戴的微型计算机、传感器、侦察成像装备、通信导航设备嵌入单兵战斗装具,打造出包含智能头盔、防护装备、武器、计算/无线电设备和软件五个子系统的战斗装备系统,从而提高单个士兵在战场上的指挥通信、导航定位、态势感知、协同行动、自身防护等综合战斗能力。该系统可以帮助步兵在战场上准确、迅速地了解自己和战友所处的位置,以及在不暴露的情况下利用热感观测器和摄影机测定敌人的身份及方位,并通过钢盔上的小屏幕接受指挥员发出的每一条命令。此外,它还可以通过计算机向本部发出火力支援的请求。

(2) 俄罗斯"战士"未来士兵系统

该系统包括 40 多个不同组件,如武器、防弹衣、光学装置、通信与导航设备、生命保障系统、电源、防护眼罩、耳罩、保暖服、净水装置以及护膝和护肘等,可供普通步兵、伞兵、火箭筒射手、机枪手、驾驶员和侦察员使用。"战士"系统的防弹衣采用陶瓷板和凯夫拉纤维制成,因此能够有效防御狙击步枪的枪弹。由复合材料制成的头盔上配有摄像头,能进行视频监控,实时传输作战情况。"战士"系统的作战服由合成面料制成,具有防火、防碎片功能,并且还具有防红外探测的能力,在红外摄像机内不可见。该衣料透气性好,被称为是一套"会呼吸"的作战服,士兵可穿着该作战服 2 天不用脱掉。

(3) 美军"Smart Shirt"士兵生理状态监测的传感器和技术平台

"Smart Shirt"主要用于对士兵生理状态进行监视和对其伤情进行检测。此系统集成了传感器、监测装置、信息处理装置,提供了多种生理信号采集监测平台。它可作为"可穿戴主板",允许各类生理传感器方便地嵌入士兵的战服中。嵌入"Smart Shirt"中的光纤数据总线将信号传递到处理器(smart shirt controller)中。处理器将对生理数据进行分析判断,并且将处理结果通过无线发送到远程监控和战伤分检处理中心。

(4) 美军"远程自动分检急救信息处理系统"

2003 年,由美国陆军通信电子指挥中心资助开发了"远程自动分检急救信息处理系统(automated remote triage and emergency management information system,ARTEMIS)"。ARTEMIS 将通信领域和信息分析领域中的尖端技术集于一身,帮助战地医务人员对伤员进行快速高效的急救处理。ARTEMIS 主要由具有无线通信能力的手持式计算机系统和多功能无创式传感器组成。嵌入在士兵作战服中的传感器将对士兵的多种生理参数进行实时连续采样。手持计算机通过分析处理传感器感知的多种生理信号,对伤员的伤势进行整体的判断和评估。若判断检测出有士兵出现非正常生理状态,那么系统将通过无线通信方式告知战地医务人员。同时,手持计算机将实时地接收到相应的急救信息。这些信息包括病历档案、急救方法、抢救材料、救护直升机安排以及有关技术支持等。通过有效利用 ARTEMIS,将在很大程度上减轻医务人员的工作压力，提高其工作效率。

12.5 发展建议

12.5.1 技术发展建议

未来陆用装备系统的核心理念将向着敏捷性、自适应的方向发展；在信息技术方面，大数据技术、知识图谱将大幅提升情报分析与决策支持能力；在辅助决策方面，传统作战辅助决策向知识化、智能化方向发展，应用人工智能技术、实时动态规划、基于知识的智能辅助决策成为辅助决策系统新的发展方向；面对各类无人平台、网络空间等新型作战力量，陆用装备的指控系统将逐步向人、机一体的方向发展。

12.5.2 人才培养发展建议

创新人才培养模式，建立学校教育和实践锻炼相结合、国内培养和国际交流合作相衔接的开放式培养体系。探索并推行创新型教育方式方法，突出培养学生、人才的科学精神、创造性思维和创新能力。加强实践培养，依托国家重大科研项目和重大工程、重点学科和重点科研基地、国际学术交流合作项目，建设一批高层次创新型科技人才培养基地。加强领军人才、核心技术研发人才培养和创新团队建设，形成科研人才和科研辅助人才衔接有序、梯次配备的合理结构，提高自主创新能力。

12.5.3 政策发展建议

把深化改革作为推动人才发展的根本动力，坚决破除束缚人才发展的思想观念和制度障碍，构建有利于科学发展的人才发展体制机制，最大限度地激发人才的创造活力。把充分发挥各类人才的作用作为人才工作的根本任务，围绕用好用活人才来培养人才、引进人才，积极为各类人才干事创业和实现价值提供机会及条件。

参 考 文 献

[1] 陈杰，方浩，辛斌，等. 数字化陆用武器系统中的建模，优化与控制. 自动化学报，2013. 39（7）：943-962.

[2] 陈晨，陈杰，张娟，等. 网络化防空火控系统体系结构研究. 兵工学报，2009.（09）：1253-1258.

[3] 李元左，杨晓段，尹向敏，等. 陆军武器装备综合集成体系的系统分析. 中国控制与决策会议论文集（2）. 2009.

[4] 朱元武，卢志刚. 陆军武器平台网络化火控系统发展思路. 火力与指挥控制，2013. 38（10）：114-118.

[5] 陈国宏，李美娟，陈衍泰. 组合评估及其计算机集成支持系统研究. 北京：清华大学出版社. 2007. 6.

[6] 王刚，李为民，何晶. 区域防空网络化作战体系结构研究. 现代防御技术，2003，31（6）：19-23.

[7] 周燕，张金成. 区域防空网络化作战系统中战术数据链应用. 火力与指挥控制，2006，31（8）：1-3.

[8] 陈杰，陈晨，夏元清，等. 网络化防空火控系统中的航迹融合. 控制理论与应用，2009，26（9）：977-982.

[9] 王连锋，刘卫东. 导弹阵地空袭目标威胁评估. 指挥控制与仿真，2009，31（4）：33-36.

[10] 刘晶，徐伯夏. 信息时代指挥控制系统关键技术分析. 2013第一届中国指挥控制大会论文集，2013.

[11] 王凯，吴小良. 数字化战场指挥控制系统体系结构. 火力与指挥控制，2008，33（1）：4-8.

[12] 梁计春. 坦克指挥控制系统发展综述. 国外坦克，2015（2015年06）：52-56.

[13] 曹旭，许锦洲. 数字化战场指挥控制系统的发展. 情报指挥控制系统与仿真技术，2005，27（5）：29-33.

[14] 张维明，阳东升. 美军联合作战指挥控制系统的发展与演化. 军事运筹与系统工程，2014，28（1）：9-12.

[15] 郭正祥. 俄罗斯陆军战术指挥控制系统发展（3）. 国外坦克，2013（7）：53-56.

[16] 王文普，刘光耀，杨慧，等. 指挥控制网络化作战能力评估方法. 指挥控制与仿真，2015：1-4，11.

[17] 武思军. 防空反导网络化作战发展研究. 现代防御技术，2012，2（1）：55-59.

[18] 曾宪钊. 网络科学·第二卷. 北京：军事科学出版社，2006.

[19] Hansberger J T，Schreiber C，Spain R D. C2 Network Analysis: Insights into Coordination & Understanding: [Re-

port]. America：ARMY RESEARCH LAB SUFFOLK VA，2008.

[20] Barnes C，Elliott L R，Tessier P，et al. Collaborative Command and Control Research：Networking Multiple Simulation Platforms：[Report]. America：VERIDIAN BROOKS AFB TX，2002.

[21] 朱涛，常国岑，郭戎潇，等. 指挥控制系统复杂网络特性研究. 微计算机信息，2008，24（21）：34-35.

[22] 邹小军. 军地一体化装备维修保障模式研究：[学位论文]. 长沙：国防科学技术大学，2007.

[23] 王亮亮，赵美，荣丽卿. 基于 SD 的战时陆军装备维修保障系统效能优化模型. 价值工程，2016，35（21）.

[24] 张树森. 推进我军装备维修技术深入发展的思考. 全国军事技术哲学学术研讨会. 2013.

[25] 冯健，王度桥. 国外电子装备维修技术发展综述. 舰船电子工程，2013，33（2）：23-25.

[26] 李长青，马世宁. 装备维修技术体系初探. 中国表面工程，2013，26（5）：111-116.

[27] 王新军，蔡艳平，成曙. 故障诊断技术在武器装备维修中的应用研究. 中国修船，2006，19（s1）：23-27.

[28] 郑国禹，陈亮，谭佐富. 军械装备维修技术研究进展. 四川兵工学报，2007，28（2）：18-20.

[29] 马庆跃. 武器装备体系作战效能综合评估技术研究：[学位论文]. 哈尔滨：哈尔滨工业大学，2015.

[30] 王赟. 车载信息平台仿真系统设计与系统评估决策分析：[学位论文]. 北京：北京理工大学，2013.

[31] 牛作成，吴德伟，雷磊. 军事装备效能评估方法探究. 电光与控制，2006，13（5）：98-101

[32] 彭小迪. 网络化火控系统的多级备件仓库选址及系统效能评估分析：[学位论文]. 北京：北京理工大学，2016.

[33] 刘婷. 武器系统效能评估中毁伤概率研究：[学位论文]. 哈尔滨：哈尔滨工业大学，2012.

[34] 徐从富，耿卫东，潘云鹤. 面向数据融合的 DS 方法综述. 电子学报，2001，29（3）：393-396.

[35] 孙即祥，史慧敏，王宏强. 信息融合中的有关熵理论. 计算机学报，2003，26（7）：796-801.

[36] 彭冬亮，文成林，徐晓滨，等. 随机集理论及其在信息融合中的应用. 电子与信息学报，2006，28（11）：2199-2204.

[37] 王从陆，尹长林. 基于博弈论的安全决策信息融合. 中国安全科学学报，2005，15（4）：74-76.

[38] 余新胜. 战术信息传输系统的研究：[学位论文]. 上海：复旦大学，2008.

[39] 艾小锋. 协同作战能力（CEC）中实时信息分发控制技术研究：[学位论文]. 长沙：国防科技大学研究生院，2007.

[40] 雷红雨. 指挥自动化中多媒体安全若干关键问题研究：[学位论文]. 南京：南京理工大学，2007.

[41] 乔榕. 美军战术数据信息链路"改朝换代". 现代军事，2003：41-42.

[42] 张丽. 军事运动目标的识别与跟踪研究：[学位论文]. 辽宁：东北大学，2009.

[43] 周东华，胡艳艳. 动态系统的故障诊断技术. 自动化学报，2009，35（6）：748-758.

[44] 吴军强，梁军. 基于图论的故障诊断技术及其发展. 机电工程，2003，20（5）：188-190.

[45] 丁海波. 基于体系对抗的导弹武器系统效能评估：[学位论文]. 沈阳：东北大学，2014.

[46] 郭齐胜，袁益民，郅志刚. 军事装备效能及其评估方法探究. 装甲兵工程学院学报，2004，18（1）：1-5.